ATMOSFERA, TEMPO E CLIMA

Os autores

Roger G. Barry é Distinguished Professor de geografia da Universidade do Colorado em Boulder, Diretor do World Data Center for Glaciology e do National Snow and Ice Data Center, além de Fellow do Cooperative Institute for Research in Environmental Sciences.

O falecido **Richard J. Chorley** foi professor de geografia da Universidade de Cambridge.

B281a	Barry, Roger G.
	Atmosfera, tempo e clima / Roger G. Barry, Richard J. Chorley ; tradução: Ronaldo Cataldo Costa ; revisão técnica: Francisco Eliseu Aquino. – 9. ed. – Porto Alegre : Bookman, 2013.
	xvi, 512 p. : il. color. ; 25 cm.
	ISBN 978-85-65837-10-1
	1. Geodésia. 2. Atmosfera – Clima. I. Chorley, Richard J. II. Título.
	CDU 52-852

Catalogação na publicação: Natascha Helena Franz Hoppen CRB10/2150

ROGER G. BARRY
RICHARD J. CHORLEY

ATMOSFERA, TEMPO E CLIMA

NONA EDIÇÃO

Tradução:
Ronaldo Cataldo Costa

Consultoria, supervisão e revisão técnica desta edição:
Francisco Eliseu Aquino
Geógrafo pela Universidade Federal do Rio Grande do Sul
Mestre em Geociências pela Universidade Federal do Rio Grande do Sul
Professor de Climatologia e Oceanografia Física do Departamento de Geografia,
Instituto de Geociências/UFRGS

2013

Obra originalmente publicada sob o título
Atmosphere, Weather and Climate, 9th Edition
ISBN 9780415465700

Copyright © 2010 by Routledge, 2 Park Square, Milton Park, Abington, Oxon OX14 4RN.
Routledge is an imprint of the Taylor & Francis Group and informa business.
All Rights Reserved.

Authorised translation from the English language edition published by Routledge, a member of the Taylor & Francis Group.

Capa: *Rogério Grilho (arte sobre capa original)*

Imagem da capa: *©2011 Joint Typhoon Warning Center. Ciclone Tropical 08P (Wilma). (NASA/Jeff Schmaltz).*

Preparação de original: *Monica Stefani*

Coordenadora editorial: *Denise Weber Nowaczyk*

Projeto e editoração: *Techbooks*

Reservados todos os direitos de publicação, em língua portuguesa, à
BOOKMAN EDITORA LTDA., uma empresa do GRUPO A EDUCAÇÃO S.A.
Av. Jerônimo de Ornelas, 670 – Santana
90040-340 – Porto Alegre – RS
Fone: (51) 3027-7000   Fax: (51) 3027-7070

É proibida a duplicação ou reprodução deste volume, no todo ou em parte, sob quaisquer formas ou por quaisquer meios (eletrônico, mecânico, gravação, fotocópia, distribuição na Web e outros), sem permissão expressa da Editora.

Unidade São Paulo
Av. Embaixador Macedo Soares, 10.735 – Pavilhão 5 – Cond. Espace Center
Vila Anastácio – 05095-035 – São Paulo – SP
Fone: (11) 3665-1100   Fax: (11) 3667-1333

SAC 0800 703-3444 – www.grupoa.com.br

IMPRESSO NO BRASIL
PRINTED IN BRAZIL

Agradecimentos

Os autores são gratos ao Sr. A. J. Dunn por sua considerável contribuição à primeira edição; ao falecido Professor F. Kenneth Hare, da Universidade de Toronto, Ontário, por suas críticas criteriosas e com autoridade ao texto preliminar e suas valiosas sugestões de melhorias; também ao Sr. Alan Johnson, do Barton Peveril College, Eastleigh, Hampshire, por seus comentários úteis nos Capítulos 1 a 3; e ao Dr. C. Desmond Walshaw, anteriormente do Cavendish Laboratory, Cambridge, e ao Sr. R. H. A. Stewart, do Nautical College, Pangbourne, pelas críticas e sugestões inestimáveis no estágio inicial de preparação dos manuscritos originais. Nossa gratidão também às seguintes pessoas por seus comentários pertinentes em relação à quarta edição: Dr. Brian Knapp, da Leighton Park School, Reading; Dr. L. F. Musk, da Universidade de Manchester; Dr. A. H. Perry, da University College Swansea; Dr. R. Reynolds, da Universidade de Reading; e Dr. P. Smithson, da Universidade de Sheffield. O Dr. C. Ramage, da Universidade do Havaí, fez inúmeras sugestões interessantes na revisão do Capítulo 6 para a quinta edição. O Dr. Z. Toth e o Dr. D. Gilman, do National Meteorological Center de Washington, D.C., auxiliaram na atualização do Capítulo 4, e o Dr. M. Tolbert, da Universidade do Colorado, ajudou no âmbito da química ambiental na sétima edição. Estamos gratos também ao Dr. N. Cox, da Durham University, por suas sugestões no texto que contribuíram muito para o aprimoramento da sétima edição. Os autores assumem a responsabilidade por eventuais erros textuais remanescentes.

As figuras coloridas redesenhadas foram preparadas pelo Sr. Paul Coles, do Departamento de Geografia da Universidade de Sheffield, Inglaterra, com base na imaginação ilustrativa e na expertise cartográfica do Sr. M. Young, do Departamento de Geografia da Cambridge University. Os autores agradecem muito a esses dois profissionais.

Agradecimentos também para Natasha Vizcarra, Jessica Erven, Jody Hoon-Starr, Sam Massey e Mike Laxer, do NSIDC, pelo apoio administrativo para a nona edição; e para a Drª. Eileen McKim pela preparação do índice.

Os autores gostariam de agradecer as sociedades científicas, editoras, organizações e pessoas pela permissão para reproduzir figuras, tabelas e pranchas.

ENTIDADES DE ENSINO

American Association for the Advancement of Science pela Figura 7.32 de *Science*.

American Geographical Society pela Figura 2.17 de *Geographical Review*.

American Geophysical Union pela Figura 13.3 de *Review of Geophysics and Space Physics*; pelas Figuras 2.4, 2.12 e 5.20 de *Journal of Geophysical Research*; pela Figura 13.6 de *Geophysical Research Letters* e pela Figura 10.39 de *Arctic Meteorology and Climatology* por D. H. Bromwich e C. R. Stearns (eds).

American Meteorological Society pelas Figuras 2.2, 3.22A, 3.26C, 5.11, 7.21C, 9.29 e 10.34 de *Bulletin*; pela Figura 9.8 e 10.38 de *Journal of Applied Meteorology*; pelas Figuras 7.21A, B e 9.33 de *Journal of Atmospheric Sciences*; pela Figura 10.24 de *Journal pf Climate;* pela Figura 4.12 de *Journal of Hydrometeorology*, Figures 7.8, 7.24, 7.25, 8.1, 9.2B, 9.6, 9.10, 11.5, 11.11 e 11.33 de *Monthly Weather Review*; pela Figura 7.28 de *Journal of Physical Oceanography* e pelas Figuras 9.9, 9.15 e 9.17 de *Extratropical Cyclones* por C. W. Newton e E. D. Holopainen (eds).

American Planning Association pela Figura 12.30 de *Journal*.

Association of American Geographers pela Figura 4.21 de *Annals*.

Geographical Association pela Figura 10.4 de *Geography*.

Geographical Society of China pelas Figuras 11.34 e 11.37.

Institute of British Geographers pelas Figuras 4.11 e 4.14 de *Transactions*; e pela Figura 4.21 de *Atlas of Drought in Britain 1975–76* por J. C. Doornkamp e K. J. Gregory (eds).

Institution of Civil Engineers pela Figura 4.15 de *Proceedings*.

International Glaciological Society pela Figura 12.6.

Royal Meteorological Society pelas Figuras 9.12, 10.7, 10.8, 11.3 e 12.14 de *Quarterly Journal*; pelas Figuras 5.17 e 10.9 de *Journal of Climatology*; e pelas Figuras 4.7, 4.8, 5.9, 5.13, 5.15, 9.30, 10.5, 10.12, 11.55 e 12.20 e pela Figura 10.5, 10.12 de *Weather*.

Royal Society of Canada pela Figura 3.15 de *Special Publication* 5.

Royal Society of London pela Figura 9.27 de *Proceedings, Section A*.

US National Academy of Sciences pelas Figuras 13.4 e 13.5 de *Natural Climate Variability on Decade-to-century Time Scales* por P. Grootes.

PUBLICAÇÕES

Advances in Space Research pelas Figuras 3.8 e 5.12.

American Scientist pela Figura 11.49.

Climate Monitor pela Figura 13.13.

Endeavour pela Figura 5.18.

Erdkunde pelas Figuras 11.21, 112.31 e A1.2B.

Geographical Reports of Tokyo Metropolitan University pela Figura 11.36.

International Journal of Climatology (John Wiley & Sons, Chichester) pelas Figuras 4.16, 10.33 e A1.1.

Japanese Progress in Climatology pela Figura 12.28.

Meteorological Magazine pelas Figuras 9.11, 10.6, 10.35 e 11.31.

Meteorological Monographs pelas Figuras 9.2 e 9.4.

Meteorologische Rundschau pela Figura 12.9.

Meteorologiya Gidrologiya (Moscow) pela Figura 11.17.

New Scientist pelas Figuras 9.25 e 9.28.

Science pela Figura 7.32 .

Tellus pelas Figuras 10.10, 10.11 e 11.25.

Zeitschrift für Geomorphologie pela Figura 12.4 de *Supplement 21*.

EDITORAS

Academic Press, New York, pelas Figuras 9.13, 9.14, 9.31 e 11.10 de *Advances in Geophysics*; pela Figura 11.15 de *Monsoon Meteorology* por C. S. Ramage.

Allen e Unwin, London, pelas Figuras 3.14 e 3.16B de *Oceanography for Meteorologists* por H. V. Sverdrup.

Butterworth-Heinemann pela Figura 7.27 de *Ocean Circulation* por G. Beerman.

Cambridge University Press pela Figura 5.8 de *Clouds, Rain and Rainmaking* por B. J. Mason; pela Figura 7.7 de *World Weather and Climate* por D. Riley e L. Spalton; pela Figura 10.30 de *The Warm Desert Environment* por A. Goudie and J. Wilkinson; pela Figura 12.21 de *Air: Composition and Chemistry* por P. Brimblecombe (ed.); pelas Figuras 2.4, 2.5, 2.8, 13.15 e 13.16 de *Climate Change: The IPCC Scientific Assessment 2001*; pela Figura 13.10 de *Climate Change 1995: The Science of Climate Change., IPCC 1996;* pelas Figuras 13.1, 13.14, 13.17, 13.18, 13.19, 13.20, 13.21 e 13.22 de *Climate Change 2007: The Physical Science Basis, IPCC 2007;* pela Figura 8.2 de *Climate System Modelling* por K. E. Trenberth; Figures 3.19, 4.20 e 11.44 de *Mountain, weather and climate* por Roger Barry; e pela Figura 11.52 de *Teleconnections Linking Worldwide Climate Anomalies* por M. H. Glantz et al. (eds).

Chapman and Hall, New York, pela Figura 7.30 de *Elements of Dynamic Oceanography* por D. Tolmazin; pela Figura 10.40 de *Encyclopedia of Climatology* por J. Oliver and R. W. Fairbridge (eds) e pela Figura 9.22 de *Weather Systems* by L.F. Musk.

The Controller, Her Majesty's Stationery Office (Crown Copyright Reserved) pela Figura 11.31 de *Geophysical Memoir 115* por J. Findlater; pelas Figuras 9.11, 10.6 e 11.31 de *Meteorological Magazine*; pela Figura 9.11 de *A Course in Elementary Meteorology* por D. E. Pedgley; pelas Figuras 10.26 e 10.27 de *Weather in the Mediterranean 1*, 2nd edn (1962); pela base do tefigrama da Figura 5.1 de *RAF Form 2810;* e pela Figura 7.33 de *Global Ocean Surface Temperature Atlas* por M. Bottomley et al.

CRC Press, Florida, pela Figura 3.6 de *Meteorology Theoretical and Applied,* por E. Hewson and R. Longley.

Elsevier Science, Amsterdam, pela Figura 11.38 de *Palaeogeography, Palaeoclimatology, Palaeoecology*; e pela Figura 11.47 de *Climates of Central and South America* por W. Schwerdtfeger (ed.); pela Figura 10.29 de *Climates of the World* por D. Martyn; pela Figura 10.29 de *Climates of the Soviet Union* por P. E. Lydolph, e pelas Figuras 11.11 e 11.12 de *Advances in Geophysics.*

Generalstabens Litografiska Anstalt, Stockholm, pela Figura 9.18 de *Klimatologi* por G. H. Liljequist.

Hutchinson, London, pela Figura 12.20A e 12.27 de the *Climate of London* por T. J. Chandler; e pelas Figuras 11.41 e 11.42 de *Climatology of West Africa* por D. F. Hayward and J. S. Oguntoyinbo.

Kluwer Academic Publishers, Dordrecht, Holland, pela Figura 2.1 de *Air–Sea Exchange of Gases and Particles* por P. S. Liss and W. G. N. Slinn (eds); pelas Figuras 4.5 e 4.17 de *Variations in the Global Water Budget* por A. Street-Perrott et al. (eds).

Longman, London, pela Figura 7.17 de *Contemporary Climatology* por A. Henderson-Sellers and P. J. Robinson.

McGraw-Hill Book Company. New York, pela Figura 7.23 de *Dynamical and Physical Meteorology* por G. J. Haltiner and F. L. Martin; pelas Figuras 12.12A e 12.13B de *Forest Influences* por J. Kittredge; pelas Figuras 4.9 e 5.17 de *Introduction to Meteorology* por S. Petterssen; pelas Figuras 11.1 e 11.6 de *Tropical Meteorology* por H. Riehl; e pela Figura 11.21 de *Earth's Problem Climates* por G. T. Trewartha.

National Academy Press, Washington, DC, pela Figura 13.5.

North-Holland Publishing Company, Amsterdam, pela Figura 4.18 de *Journal of Hydrology*.

Plenum Publishing Corp., New York, pela Figura 10.35B de *Geophysics of Sea Ice* por N. Untersteiner (ed.).

D. Reidel, Dordrecht, pela Figura 10.31 de *Climatic Change*; pela Figura 12.26 de *Interactions of Energy and Climate* por W. Bach, J. Pankrath and J. Williams (eds).

Rowman & Littlefield, Lanham, MS, pelas Figuras 3.20, 12.11, 12.12 e 12.13 de *Climate near the Ground* por R. Geiger (1965). Pelas Figuras 11.41 e 11.42 de *Climatology of West Africa* por D. F. Hayward and J. S. Oguntoyinbo.

Routledge, London, pela Figura 7.20 de *Models in Geography* por R. J. Chorley and P. Haggett (eds); pelas Figuras 12.2, 12.5, 12.7, 12.15, 12.19, 12.23, 12.24, 12.25 e 12.29 de *Boundary Layer Climates* por T. R. Oke; pela Figura 11.51 de *Climate SinceAD1500* por R. S. Bradley and P. D. Jones (eds); e pela Figura 13.12 de *Climate of the British Isles* por P. D. Jones et al.

Scientific American Inc., New York, pela Figura 3.25 por R. E. Newell e pela Figura 2.12B por M. R. Rapino and S. Self.

Springer-Verlag, Heidelberg, pelas Figuras 11.22 e 11.24.

Springer-Verlag, Vienna, pela Figura 6.10 de *Archiv für Meteorologie, Geophysik und Bioklimatologie*.

University of California Press, Berkeley, pela Figura 11.7 de *Cloud Structure and Distributions over the Tropical Pacific Ocean* por J. S. Malkus and H. Riehl.

University of Chicago Press pelas Figuras 3.1, 3.5, 3.20, 3.27, 4.4B, 4.5, 12.8 e 12.10 de *Physical Climatology* por W. D. Sellers.

University of Wisconsin Press pela Figura 10.20 de *The Earth's Problem Climates* por G. Trewartha.

Van Nostrand Reinhold Company, New York, pela Figura 11.56 de *Encyclopedia of Atmospheric Sciences and Astrogeology* por R. W. Fairbridge (ed.).

Walter De Gruyter, Berlin, pela Figura 10.2 de *Allgemeine Klimageographie* por J. Blüthgen.

John Wiley, Chichester, pelas Figuras 10.9, 11.30. 11.43 e A1.1 de *International Journal of Climatology*; pelas Figuras 2.7 e 2.10 de *The Greenhouse Effect, Climatic Change, and Ecosystems* por G. Bolin et al. pela Figura 3.6 de *Meteorology, Theoretical and Applied* por E. W. Hewson and R. W. Longley; pelas Figuras 11.16, 11.28, 11.29, 11.32 e 11.34 de *Monsoons* by J. S. Fein and P. L. Stephens (eds) e pela Figura 7.31 de *Ocean Science* por K. Stowe.

ORGANIZAÇÕES

Climate Diagnostics Center, NOAA pela Prancha 7.3.

Deutscher Wetterdienst, Zentralamt, Offenbach am Main, pela Figura 11.27.

Directorate-General Science, Research and Development, European Commission, Brussels, pela Figura 10.25.

Geographical Branch, Department of Energy, Mines and Resources, Ottawa, pela Figura 10.15 de *Geographical Bulletin*.

Laboratory of Climatology, Centerton, New Jersey, pela Figura 10.22.

Goddard Institute for space sciences, NASA, pelas Figuras 13.7, 13.8 e 13.9.

National Academy of Sciences, Washington, DC, pela Figura 13.4.

National Aeronautics and Space Administration (NASA) pelas Figuras 2.16 e 7.26, e pelas Pranchas 3.2, 5.2, 5.15, 5.17, 9.1, 9.3 e 11.3.

National Environmental Research Council, UK, pelas Figuras 2.7 e 4.4A de *NERC News*, July 1993 por K. A. Browning.

National Geophysical Data Center, NOAA, Boulder, pela Figura 3.2 e pela Prancha 3.1.

National Oceanic and Atmospheric Administration (NOAA), United States Department of Commerce, Washington, DC, pelas Figuras 7.3, 7.4, 7.9, 7.10, 7.12, 7.15, 8.5, 8.6, 8.7,

8.8, 10.13, e pelas Pranchas 5.1, 5.6, 5.9, 5.16, 9.4, 11.1, 11.2 e 11.4.

National Snow and Ice Data Center, Boulder, pela Prancha 3.3.

New Zealand Alpine Club pela Figura 5.15.

New Zealand Meteorological Service, Wellington, New Zealand, pelas Figuras 11.26 e 11.57 de Proceedings of the Symposium on Tropical Meteorology por J. W. Hutchings (ed.).

Nigerian Meteorological Service pela Figura 11.39 de Technical Note 5.

Quartermaster Research and Engineering Command, Natick, MA., pela Figura 10.17 por J. N. Rayner.

Risø National Laboratory, Roskilde, Denmark, pelas Figuras 6.24 e 10.1 de *European Wind Atlas* por I. Troen and E. L. Petersen.

Smithsonian Institution, Washington, DC, pela Figura 2.12A.

United Nations Food and Agriculture Organization, Rome, pela Figura 12.17 de *Forest Influences*.

United States Department of Health, Education and Welfare pela Figura 12.22.

United States Department of Agriculture, Washington, DC, pela Figura 12.16 de *Climate and Man*.

United States Environmental Data Service pela Figura 4.10.

United States Geological Survey, Washington, DC, pelas Figuras 10.19, 10.21 e 10.23 de *Professional Paper 1052* e pela Figura 10.23 sobretudo de *Circular 1120-A*.

United States Naval Oceanographic Office pela Figura 7.29.

United States Weather Bureau pela Figura 9.21 de *Research Paper 40*.

University of Tokyo pela Figura 11.35 de *Bulletin of the Department of Geography*.

World Meteorological Organization pela Figura 11.50 de *Global Climate System 1982–84*; pela Figura 3.24 de *GARP Publications Series, Rept No. 16*; e pela Figura 13.2 de WMO *Publication No. 537*.

PESSOAS

Dr Mark Anderson pelas Pranchas 5.14 e 9.3.

Dr R.M. Banta pela Figura 6.12.

O falecido Dr R. P. Beckinsale, da Oxford University, pela modificação sugerida à Figura 9.7.

Dr Otis B. Brown, da University of Miami, pela Prancha 7.4.

O falecido Dr R. A. Bryson pela Figura 10.15.

O falecido Dr M. I. Budyko pela Figura 4.6.

Dr N. Caine pela Prancha 5.13.

Dr T. J. Chinn, do Institute of Geological Sciences, Dunedin, pela Figura 5.16.

Dr G. C. Evans, da University of Cambridge, pela Figura 12.18A.

O falecido Professor H. Flohn, da University of Bonn, pelas Figuras 7.14 e 11.14.

Dr S. Gregory, da University of Sheffield, pelas Figuras 11.13 e 11.53B.

Dr S. L. Hastenrath, da University of Wisconsin, pela Figura 4.19.

Dr R. A. Houze, Jr., da University of Washington, pelas Figuras 9.13, 9.14, 11.11 e 11.12.

Dr Patrick Koch pela Prancha 7.2.

Dr V. E. Kousky, de São Paulo, pela Figura 11.48.

Dr Y. Kurihara, de Princeton University, pela Figura 11.10.

Dr Kiuo Maejima, da Tokyo Metropolitan University, pela Figura 11.36.

Dr J. Maley, da Université des Sciences et des Techniques du Languedoc, pela Figura 11.40.

Dr. M. E. Manu da Pennsylvania State University pela Figura 13.6.

O falecido Dr J. R. Mather, da University of Delaware, pela Figura 10.22.

Dr Yale Mintz, da University of California, pela Figura 7.17.

The late Dr L. F. Musk, da University of Manchester, pelas Figuras 9.22 e 11.9.

Dr T. R. Oke, da University of British Columbia, pelas Figuras 6.11, 12.2, 12.3, 12.7, 12.15. 12.19, 12.23, 12.24, 12.25 e 12.29.

Dr W. Palz pela Figura 11.25.

Dr L. R. Ratisbona, do Servicio Meteorologico Nacional, Rio de Janeiro, pelas Figuras 11.46 e 11.47.

Mr D. A. Richter, da Analysis and Forecast Division, National Meteorological Center, Washington, DC, pela Figura 9.24.

Dr J. C. Sadler, do University of Hawaii, pela Figura 11.19.

O falecido Dr B. Saltzman, of Yale University, pela Figura 8.4.

Dr Glenn E. Shaw, da University of Alaska, pela Figura 2.1A.

Dr Tao Shi-yan, da Chinese Meteorological Society, pelas Figuras 11.24 e 11.34.

Dr W. G. N. Slinn pela Figura 2.1B.

Dr K. Stowe, do California State Polytechnic College, pela Figura 7.31.

O falecido Dr. A. N. Strahler, de Santa Barbara, Califórnia, pelas Figuras 3.3C e 5.10.

Se algum detentor de direito autoral não foi devidamente reconhecido, entre em contato com os editores da obra original e eles tomarão as providências cabíveis para retificar eventuais erros ou omissões em edições futuras.

Prefácio

Esta 9ª edição revisada de *Atmosfera, Tempo e Clima* é inestimável para todos aqueles que estudam a atmosfera da Terra e o clima mundial, seja a partir da perspectiva ambiental, atmosférica e das ciências da Terra, geografia, ecologia, agricultura, hidrologia ou perspectivas de disciplinas afins.

Atmosfera, Tempo e Clima é uma introdução abrangente dos processos atmosféricos e das condições climáticas. Começamos com uma síntese introdutória do desenvolvimento histórico do campo e de seus principais componentes. A seguir, apresentamos uma abordagem expandida da composição atmosférica e energia, enfatizando o balanço de calor da Terra e as causas do efeito estufa. Depois disso, enfocamos as manifestações e a circulação da umidade na atmosfera, incluindo a estabilidade atmosférica e os padrões de precipitação no espaço e no tempo. Uma consideração do movimento atmosférico e oceânico em pequenas a grandes escalas leva a um capítulo sobre a modelagem da circulação atmosférica e do clima, que também discute a previsão do tempo em diferentes escalas temporais. Esse capítulo foi revisado por meu colega, o Dr. Tom Chase do CIRES e do Departamento de Geografia da Universidade do Colorado, em Boulder. Em seguida, há uma discussão sobre a estrutura de massas de ar, o desenvolvimento de ciclones frontais e não frontais e de sistemas convectivos de mesoescala em latitudes médias. A abordagem ao tempo e clima em latitudes temperadas começa com estudos da Europa e América do Norte, estendendo-se para as condições de suas margens subtropicais e de altas latitudes, incluindo o Mediterrâneo, a Australásia, a África Setentrional, os ventos de oeste meridionais e as regiões subárticas e polares. O tempo e o clima tropicais também são descritos por meio de uma análise dos mecanismos climáticos de monções na Ásia, África, Austrália e Amazônia, junto com as margens tropicais da África e Austrália e os efeitos do movimento dos oceanos e do El Niño-Oscilação Sul e teleconexões. Os climas de pequena escala – incluindo climas urbanos – são considerados pela perspectiva dos balanços de energia. O último capítulo, revisado pelo Dr. Mark Serreze do CIRES, enfatiza a estrutura e operação do sistema atmosfera-Terra-oceano e as causas de suas mudanças climáticas. Desde o lançamento da edição anterior, em 2003, houve uma aceleração no ritmo da pesquisa sobre o sistema climático e na atenção às mudanças climáticas globais. Abordamos as diversas estratégias de modelagem adotadas para a previsão das mudanças climáticas, particularmente em relação aos modelos de 1990-2007 do IPCC, incluindo uma consideração sobre outros impactos ambientais das mudanças climáticas.

A nova era da informação e o amplo uso da Internet levaram a mudanças significativas nas formas de apresentação. Além dos Capítulos 8 e 13 revisados, todas as figuras foram redesenhadas em cores. Sempre que possível, as críticas e sugestões de colegas e revisores foram consideradas na preparação desta última edição.

Esta edição teve o grande benefício das ideias e do trabalho de meu velho amigo e coautor professor Richard J. Chorley, que infelizmente faleceu em 12 de maio de 2002. A falta de seu conhecimento, entusiasmo e inspiração é duramente sentida.

Roger G. Barry
CIRES e Departamento de Geografia
Universidade do Colorado, Boulder

Sumário

1	**Introdução e história da meteorologia e climatologia**	**1**
A	Atmosfera	1
B	Energia solar	3
C	Circulação global	3
D	Climatologia	4
E	Distúrbios em latitudes médias	5
F	As regiões polares	6
G	Clima tropical	7
H	Paleoclimas	8
I	O sistema climático global	9

2	**Composição, massa e estrutura da atmosfera**	**13**
A	A composição da atmosfera	13
	1 Principais gases	13
	2 Gases de efeito estufa	14
	3 Espécies gasosas reativas	15
	4 Aerossóis	16
	5 Variações com a altitude	18
	6 Variações com a latitude e a estação	20
	7 Variações com o tempo	21
B	A massa da atmosfera	29
	1 Pressão total	30
	2 Pressão de vapor	31
C	A estratificação da atmosfera	32
	1 Troposfera	32
	2 Estratosfera	35
	3 Mesosfera	35
	4 Termosfera	36
	5 Exosfera e magnetosfera	36

3	**Radiação solar e o balanço de energia global**	**40**
A	Radiação solar	40
	1 Emissão solar	40
	2 Distância do Sol	44
	3 Altura do Sol	46
	4 Duração do dia	46
B	Incidência da radiação solar na superfície e seus efeitos	46
	1 Transferência de energia dentro do sistema Terra-atmosfera	46
	2 O efeito da atmosfera	47
	3 O efeito da cobertura de nuvens	49
	4 O efeito da latitude	50
	5 O efeito da terra e do mar	52
	6 O efeito da elevação e do aspecto	60
	7 Variação da temperatura do ar livre com a altitude	60
C	Radiação infravermelha terrestre e efeito estufa	63
D	Balanço de calor da Terra	65
E	Energia atmosférica e o transporte horizontal de calor	69
	1 O transporte horizontal de calor	70
	2 Padrão espacial dos componentes do balanço de calor	73

4	**Balanço da umidade atmosférica**	**78**
A	O ciclo hidrológico global	78
B	Umidade	80

		1	Teor de umidade	80
		2	Transporte de umidade	82
	C	Evaporação		84
	D	Condensação		88
	E	Características e medição da precipitação		90
		1	Formas de precipitação	90
		2	Características da precipitação	91
		3	O padrão mundial de precipitação	95
		4	Variações regionais da máxima precipitação com a altitude	97
		5	Seca	100

5 Instabilidade atmosférica, formação de nuvens e processos de precipitação   107

- A Mudanças adiabáticas na temperatura   107
- B Nível de condensação   110
- C Estabilidade e instabilidade do ar   110
- D Formação de nuvens   114
  1. Núcleos de condensação   114
  2. Tipos de nuvens   116
  3. Cobertura global de nuvens   118
- E Formação da precipitação   122
  1. A teoria de Bergeron-Findeisen   122
  2. Teorias de coalescência   126
  3. Precipitação sólida   129
- F Tipos de precipitação   129
  1. Precipitação do tipo convectivo   129
  2. Precipitação do tipo ciclônico   131
  3. Precipitação orográfica   131
- G Trovoadas   134
  1. Desenvolvimento   134
  2. Eletrificação de nuvens e relâmpagos   136

6 Movimentos atmosféricos: princípios   143

- A Leis do movimento horizontal   143
  1. A força do gradiente de pressão   144
  2. A força defletora rotacional da Terra (Coriolis)   144
  3. Vento geostrófico   145
  4. A aceleração centrípeta   146
  5. Forças friccionais e a camada limite planetária   147
- B Divergência, movimento vertical e vorticidade   149
  1. Divergência   149
  2. Movimento vertical   150
  3. Vorticidade   150

	C	Ventos locais		151
		1	Ventos de montanha e vale	152
		2	Brisas terrestres e marinhas	153
		3	Ventos causados por barreiras topográficas	155

7 Movimentos em escala planetária na atmosfera e no oceano   161

- A Variação da pressão e velocidade do vento com a altitude   161
  1. Variação vertical de sistemas de pressão   162
  2. Padrões médios do ar em níveis superiores   164
  3. Condições dos ventos de altitude   166
  4. Condições de pressão na superfície   171
- B Os cinturões de ventos globais   174
  1. Os ventos Alísios   176
  2. Os ventos equatoriais de oeste   177
  3. Os ventos de latitudes médias de oeste (Ferrel)   177
  4. Os ventos polares de leste   178
- C A circulação geral   178
  1. Circulações nos planos vertical e horizontal   180
  2. Variações na circulação do Hemisfério Norte   187
- D Estrutura e circulação dos oceanos   191
  1. Acima da termoclina   191
  2. Interações de águas no oceano profundo   197
  3. Os oceanos e a regulação atmosférica   202

8 Modelos numéricos da circulação geral, previsão do tempo e do clima   206

- A Fundamentos de um modelo da circulação geral (MCG)   206
- B Simulações por modelos   209
  1. MCG   209
  2. Modelos mais simples   211
  3. Modelos regionais   211
- C Fontes de dados para previsão   211
- D Previsão numérica   214
  1. Previsões de curto e médio prazo   215
  2. Previsão imediata (nowcasting)   217
  3. Perspectivas de longo prazo   218

9 Sistemas sinóticos e de mesoescala em latitudes médias 224

- A O conceito de massa de ar 224
- B A natureza da área-fonte 224
  - 1 Massas de ar frio 225
  - 2 Massas de ar quente 226
- C Modificação de massas de ar 227
  - 1 Mecanismos de modificação 229
  - 2 Os resultados da modificação: massas de ar secundárias 229
  - 3 A idade da massa de ar 231
- D Frontogênese 231
  - 1 Ondas frontais 232
  - 2 A depressão de ondas frontais 232
- E Características frontais 234
  - 1 A frente quente 234
  - 2 A frente fria 236
  - 3 A oclusão 239
  - 4 Famílias de ondas frontais 241
- F Zonas de desenvolvimento de ondas e frontogênese 242
- G Relações entre o ar superficial e superior e a formação de ciclones frontais 245
- H Depressões não frontais 248
  - 1 O ciclone de sotavento 250
  - 2 A baixa térmica 250
  - 3 Baixas polares 250
  - 4 A baixa fria 252
- I Sistemas convectivos de mesoescala 252

10 O tempo e o clima em latitudes médias e altas 267

- A Europa 267
  - 1 Condições de vento e pressão 267
  - 2 Maritimidade e continentalidade 268
  - 3 Padrões de vento e suas características climáticas nas Ilhas Britânicas 270
  - 4 Singularidades e o ciclo sazonal 274
  - 5 Anomalias sinóticas 276
  - 6 Efeitos topográficos 277
- B América do Norte 281
  - 1 Sistemas de pressão 282
  - 2 A costa oeste temperada e a cordilheira 286
  - 3 Interior e leste da América do Norte 288
- C As margens subtropicais 296
  - 1 O sudoeste semiárido dos Estados Unidos 296
  - 2 O sudeste dos Estados Unidos 299
  - 3 O Mediterrâneo 300
  - 4 África do norte 305
  - 5 Australásia 307
- D Altas latitudes 309
  - 1 Os ventos de oeste meridionais 309
  - 2 O Subártico 311
  - 3 As regiões polares 313

11 O tempo e o clima tropical 322

- A Convergência intertropical 323
- B Perturbações tropicais 326
  - 1 Perturbações ondulatórias 328
  - 2 Ciclones 331
  - 3 Agrupamentos de nuvens tropicais 339
- C As monções da Ásia Meridional 341
  - 1 Inverno 343
  - 2 Primavera 347
  - 3 Começo do verão 349
  - 4 Verão 351
  - 5 Outono 356
- D Monções de verão no leste asiático e na Austrália 357
- E África Central e Meridional 360
  - 1 A monção africana 360
  - 2 África Meridional 367
- F Amazônia 368
- G Eventos de El Niño-Oscilação Sul (ENSO) 371
  - 1 O Oceano Pacífico 371
  - 2 Teleconexões 376
- H Outras fontes de variações climáticas nos trópicos 379
  - 1 Correntes oceânicas frias 379
  - 2 Efeitos topográficos 380
  - 3 Variações diurnas 382
- I Previsão do tempo tropical 383
  - 1 Previsões de curto e médio prazo 383
  - 2 Previsões de longo prazo 384

12 Climas da camada limite 392

- A Balanços energéticos em superfície 393
- B Superfícies naturais sem vegetação 394
  - 1 Rocha e areia 394
  - 2 Água 395
  - 3 Neve e gelo 395
- C Superfícies com vegetação 397
  - 1 Cultivos verdes de pequeno porte 397
  - 2 Florestas 399
- D Superfícies urbanas 406
  - 1 Modificação da composição atmosférica 406

		2	Modificação do balanço de calor	411
		3	Modificação das características da superfície	419
		4	Climas urbanos tropicais	421

13 Mudanças climáticas 427

- A Considerações gerais 427
- B Forçantes, *feedbacks* e respostas climáticas 430
  - 1 Forçante climática 431
  - 2 Feedbacks climáticos 434
  - 3 Resposta climática 435
  - 4 A importância do modelo 436
- C O registro climático 437
  - 1 O registro geológico 437
  - 2 O último ciclo glacial e condições pós-glaciais 438
  - 3 Os últimos 1000 anos 441
- D Entendendo as mudanças climáticas recentes 447
  - 1 Mudanças na circulação 447
  - 2 Variabilidade solar 450
  - 3 Atividade vulcânica 450
  - 4 Fatores antropogênicos 452
- E Projeções de mudanças na temperatura ao longo do século XXI 454
  - 1 Aplicações de modelos da circulação geral 454
  - 2 As simulações do IPCC 454
- F Mudanças projetadas em outros componentes do sistema 459
  - 1 Ciclo hidrológico e circulação atmosférica 459
  - 2 O nível do mar 460
  - 3 Neve e gelo 462
  - 4 Vegetação 466
- G Posfácio 468

Apêndice 1 – Classificação climática 473

- A Classificações genéricas relacionadas com o crescimento de plantas ou vegetação 473
- B Classificações do balanço de energia e umidade 476
- C Classificação genética 478
- D Classificações de conforto climático 479

Apêndice 2 – Unidades do Sistema Internacional (SI) 482

Apêndice 3 – Mapas sinóticos do tempo 483

Apêndice 4 – Fontes de dados 485

- A Mapas e dados meteorológicos diários 485
- B Dados de satélite 485
- C Dados climáticos 485
- D Fontes selecionadas de informações na internet 486

Notas 487

- 2 Composição, massa e estrutura da atmosfera 487
- 3 Radiação solar e balanço de energia global 487
- 5 Instabilidade atmosférica, formação de nuvens e processos de precipitação 488
- 6 Movimentos atmosféricos: princípios 488
- 7 Movimentos em escala planetária na atmosfera e no oceano 488
- 9 Sistemas sinóticos e de mesoescala em latitudes médias 488
- 10 O tempo e o clima em latitudes médias e altas 488
- 11 O tempo e o clima tropicais 488
- 13 Mudanças climáticas 489

Bibliografia geral 491

Índice 495

Introdução e história da meteorologia e climatologia

1

> **OBJETIVOS DE APRENDIZAGEM**
>
> Depois de ler este capítulo, você:
> - estará familiarizado com conceitos básicos em meteorologia e climatologia; e
> - saberá mais sobre a evolução desses campos de estudo e as contribuições de indivíduos importantes.

A ATMOSFERA

A atmosfera, vital à vida terrestre, envolve a Terra em uma espessura de apenas 1% do raio do planeta. Ela evoluiu à sua atual forma e composição há pelo menos 400 milhões de anos, quando uma considerável cobertura vegetal já havia se desenvolvido sobre o solo. Em sua base, a atmosfera repousa sobre a terra e a superfície do oceano, o qual, atualmente, cobre aproximadamente 71% da superfície do globo. Embora o ar e a água compartilhem de propriedades físicas um tanto semelhantes, eles diferem em um aspecto importante – o ar é compressível, ao passo que a água é basicamente incompressível. Em outras palavras, ao contrário da água, se fôssemos "apertar" uma determinada amostra de ar, seu volume diminuiria. O estudo da atmosfera tem uma longa história, envolvendo observações, teorias e, desde a década de 1960, modelagem numérica. Como a maioria dos campos científicos, o progresso incremental foi intercalado com momentos de grande *insight* e avanço rápido.

As mensurações científicas somente se tornaram possíveis com a invenção de instrumentos adequados, cuja maioria teve uma evolução longa e complexa. Galileu inventou um termômetro no começo do século XVII, mas os termômetros precisos, com líquidos contidos em recipientes de vidro e escalas calibradas, não existiam até o começo do século XVIII (Fahrenheit) ou a década de 1740 (Celsius). Em 1643, Torricelli inventou o barômetro, e demonstrou que o peso da atmosfera no nível do mar sustentaria uma coluna de 10 metros de água, ou uma coluna de 760 mm de mercúrio líquido. Pascal usou o barômetro de Torricelli para mostrar que a pressão diminui com a altitude, levando um barômetro até o Puy de Dome na França. Esse feito abriu o caminho para Boyle (1660) demonstrar a compressibilidade do ar, propondo sua lei que postula que o volume é inversamente proporcional à pressão. Somente em 1802 Charles fez a descoberta de que o volume do ar também é diretamente proporcional à sua temperatura. Combinando as leis de Boyle e Charles, tem-se a lei do gás ideal, que relaciona a pressão, o volume e a temperatura, uma das relações fundamentais na ciência atmosférica. Ao final do século XIX, os principais constituintes da atmosfera seca (nitrogênio 78,08%, oxigênio 20,98%, argônio 0,93% e dióxido de carbono 0,035%) haviam sido identificados. Há muito se suspeita que as atividades humanas possam ter o potencial de alterar o clima. Embora o "efeito estufa" atmosférico tenha sido descoberto em 1824 por Joseph Fourier, a primeira consideração séria de uma relação entre as mudanças climáticas, o efeito estufa e as alterações na concentração atmosférica de dióxido de carbono, também emergiu no final do século XIX, por meio dos *insights* do cientista sueco Svante Arthenius. Sua expectativa de que os níveis de dióxido de carbono e a temperatura aumentariam devido à queima de combustíveis fósseis, infelizmente, se mostrou correta.

O higrógrafo de cabelo, que mede a umidade relativa (a quantidade de vapor de água na atmosfera, relativa a quanto ela pode manter em saturação, expressa como porcentagem), foi inventado em 1780 por de Saussure. Existem registros de pluviosidade desde o final do século XVII na Inglaterra, embora as primeiras medições sejam descritas na Índia no século IV a.C., na Palestina por volta de 100 d.C., e na Coreia na década de 1440. Um esquema de classificação das nuvens foi criado por Luke Howard em 1803, mas não foi plenamente desenvolvido e implementado na prática observacional até a década de 1920. Igualmente vital foi o estabelecimento de redes de estações de observação, seguindo um conjunto padronizado de procedimentos para observar o clima e seus elementos, e um meio rápido de trocar os dados (o telégrafo). Esses dois avanços ocorreram simultaneamente na Europa e na América do Norte nos anos 1850-1860.

A maior densidade da água, comparada com a do ar (um fator de aproximadamente 1000 com a pressão média no nível do mar), confere a ela um calor específico maior. Em outras palavras, é necessário muito mais calor para elevar a temperatura de um metro cúbico de água em 1°C do que para elevar a temperatura de um volume igual de ar na mesma quantidade. É interessante observar que apenas os 10-15 cm superficiais das águas oceânicas contêm a mesma quantidade de calor que toda a atmosfera; o calor total do oceano, por sua vez, é muito maior do que o da atmosfera. Como se sabe hoje, esse imenso reservatório de calor na camada superficial dos oceanos e suas trocas com a atmosfera são fundamentais para a compreensão da variabilidade climática. Outro aspecto importante do comportamento do ar e da água aparece durante o processo de evaporação ou condensação. Conforme mostrou Black, em 1760, durante a evaporação, a energia calorífica da água se transforma em energia cinética de moléculas de vapor de água (isto é, calor latente), ao passo que a condensação subsequente em uma nuvem ou nevoeiro libera energia cinética, que retorna como energia calorífica. A quantidade de água que pode ser armazenada no vapor de água depende da temperatura do ar. É por isso que a condensação de ar tropical quente e úmido libera grandes quantidades de calor latente, aumentando a instabilidade das massas de ar tropicais. Isso pode ser considerado parte do processo de convecção pelo qual o ar aquecido se expande, diminui de densidade e sobe, resultando talvez em precipitação, ao passo que o ar frio se contrai, aumenta de densidade e desce.

O uso combinado do barômetro e do termômetro permitiu que a estrutura vertical da atmosfera fosse investigada. Embora o fato de que a temperatura tende a diminuir com a altitude seja uma experiência comum para aviadores e montanhistas, o padrão inverso da temperatura aumentar com a altitude, conhecido como inversão, também é bastante comum e predomina em certas regiões e níveis atmosféricos. Uma inversão térmica de baixo nível (isto é, perto da superfície) foi descoberta em 1856, a uma altura de 1 km sobre uma montanha em Tenerife. Investigações posteriores revelaram que essa chamada Inversão Térmica dos Alísios é encontrada sobre a área oriental dos oceanos subtropicais, onde o ar seco e de alta pressão descendente se sobrepõe ao ar marítimo frio e úmido, localizado próximo da superfície do oceano. Essas inversões inibem movimentos verticais (convectivos) do ar e, consequentemente, atuam como uma tampa que bloqueia certas atividades atmosféricas. Na década de

1920, demonstrou-se que a Inversão Térmica dos Alísios difere em elevação entre 500 m e 2 km em diferentes partes do Oceano Atlântico na faixa de 30°N a 30°S. Por volta de 1900, balões revelaram a existência de uma inversão térmica mais importante, contínua e ampla a aproximadamente 10 km do equador e a 8 km em latitudes altas. Esse nível de inversão (a tropopausa) foi reconhecido como o topo da chamada troposfera, dentro da qual se forma e decai a maioria dos sistemas climáticos. Em 1930, balões equipados com uma variedade de instrumentos para medir a pressão, temperatura e umidade, e informá-las para a Terra por rádio (radiossonda), investigavam a atmosfera rotineiramente. Observações de pipas e balões também revelam que inversões fortes, estendendo-se até 1000 m, são uma característica quase ubíqua do Ártico no inverno.

B ENERGIA SOLAR

O aquecimento solar diferencial de latitudes baixas e altas é o mecanismo que move as circulações atmosféricas e oceânicas de grande escala na Terra. A maior parte da energia que vem do Sol e entra na atmosfera como radiação de ondas curtas (ou insolação) chega à superfície da Terra. Parte dela é refletida de volta para o espaço; o resto é absorvido pela superfície, que aquece a atmosfera acima. A atmosfera e a superfície, juntas, irradiam radiação de ondas longas (térmica) de volta ao espaço. Embora as porções de terra e oceano da superfície absorvam quantidades diferentes de radiação solar e tenham características térmicas diferentes, entre as latitudes baixas e altas, o aquecimento solar diferencial é preponderante, promovendo um gradiente do equador aos polos na temperatura da atmosfera e da camada superior dos oceanos.

Embora o maior aquecimento solar das regiões tropicais, se comparado com as altitudes maiores, seja conhecido há bastante tempo, foi somente em 1830 que Schmidt fez um cálculo crucial dos ganhos e das perdas de calor para cada latitude com a radiação solar incidente e a radiação de ondas longas que deixa a Terra. Esse cálculo mostrou que, das latitudes de 35° ao equador, existe um excesso de energia solar incidente em relação à energia de ondas longas que deixa a Terra, ao passo que, entre essas latitudes e os polos, a perda de ondas longas excede o influxo solar. Se, em cada latitude, a perda de ondas longas para o espaço igualasse o influxo de radiação solar (denominado equilíbrio radiativo), esse padrão não seria observado. Sua existência é evidência direta de que deve haver uma transferência geral de energia das latitudes menores para as maiores, por meio das circulações atmosféricas e oceânicas. Dito de outra forma, enquanto o aquecimento solar diferencial dá vazão ao gradiente de temperatura do equador para os polos, os transportes de energia para os polos atuam de maneira a reduzir esse gradiente. Cálculos posteriores e mais refinados mostraram que o fluxo de energia atmosférica no sentido dos polos alcança um máximo ao redor das latitudes de 30° e 40°, com o transporte oceânico máximo ocorrendo em latitudes menores. O transporte total para os polos em ambos os hemisférios é dominado, por sua vez, pela atmosfera. A quantidade de energia solar recebida e irradiada novamente a partir da superfície da Terra pode ser calculada teoricamente por matemáticos e astrônomos. Com base em Schmidt, muitos cálculos foram feitos, notavelmente por Meech (1857), Wiener (1877) e Angot (1883), que apuraram a quantidade de insolação extraterrestre recebida nos limites externos da atmosfera em todas as latitudes. Cálculos teóricos da insolação no passado, realizados por Milankovitch (1920, 1930), e os valores calculados por Simpson (1928-1929) sobre o balanço da insolação sobre a superfície terrestre, foram contribuições importantes para a compreensão dos controles astronômicos do clima. No entanto, a radiação solar recebida pela Terra somente foi determinada com precisão por satélites na década de 1990.

C CIRCULAÇÃO GLOBAL

Considerando que o aquecimento solar diferencial da superfície e o gradiente da temperatura atmosférica que ele gera promovem o transporte de energia em grande escala da região equatorial para as regiões polares, quais são os mecanismos pelos quais se dá esse transporte atmosférico? Embora saibamos agora que o transporte se dá por intermédio da circulação de Hadley em latitudes menores e por meio de perturbações no fluxo ocidental (de oeste para leste) básico na forma de ciclones e anticiclones transitórios nas latitudes maiores, é fascinante comentar sucintamente como emergiu a nossa visão moderna da circulação global.

A primeira tentativa de explicar a circulação atmosférica global baseia-se em um conceito convectivo simples. Em 1686, Halley associou os ventos Alísios de leste à convergência baixa no cinturão equatorial de maior aquecimento (isto é, equador térmico). Esses fluxos são compensados em níveis elevados por fluxos de retorno mais altos. Partindo dessas regiões convectivas em direção aos polos, o ar esfria e desce, para alimentar os ventos Alísios de nordeste e sudeste na superfície. Todavia, esse mecanismo simples apresentava dois problemas significativos: que mecanismo produzia a pressão alta observada nos subtrópicos e que era responsável pelos cinturões de ventos predominantemente de oeste em direção aos polos nessa zona de alta pressão? É interessante observar que somente em 1883 Teisserenc de Bort produziu o primeiro mapa-múndi do nível médio do mar mostrando as principais zonas de alta e baixa pressão. A significância climática do trabalho de Halley está também em sua teoria convectiva térmica para a origem das monções asiáticas, que se baseava no comportamento térmico diferencial da terra e do mar; ou seja, a terra reflete mais e armazena menos da radiação solar incidente e, portanto, se aquece e esfria mais rapidamente. Esse aquecimento faz as pressões da superfície continental serem geralmente inferiores às oceânicas no verão e mais altas no inverno, causando inversões sazonais dos ventos. O papel dos movimentos sazonais do equador térmico nos sistemas de monções somente foi reconhecido muito depois. Algumas das dificuldades enfrentadas pela teoria simplista da circulação de grande escala de Halley começaram a ser abordadas por Hadley em 1735, o qual estava particularmente preocupado com a deflexão dos ventos em um globo em rotação para a direita (esquerda) no Hemisfério Norte (Sul). Como Halley, ele defendia um mecanismo circulatório térmico, mas ficou perplexo com a existência dos ventos de oeste. Após a análise matemática de corpos em movimento em uma Terra rotatória por Coriolis (1831), Ferrel (1856) desenvolveu um modelo de três células da circulação atmosférica hemisférica, sugerindo um mecanismo para a produção de alta pressão nos subtrópicos (isto é, 35° de latitude N e S). A tendência do ar frio superior de descer nos subtrópicos, junto com o aumento latitudinal na força deflexiva (a força de Coriolis, o produto da velocidade do vento e o parâmetro de Coriolis que aumenta com a latitude) aplicada pela rotação terrestre ao ar acima do Cinturão dos ventos Alísios e na direção dos polos, causaria um acúmulo de ar (e, portanto, de pressão) nos subtrópicos. Mais para o equador em relação a esses picos subtropicais, as células térmicas de Hadley dominam o Cinturão dos ventos Alísios, mas, em direção aos polos, o ar tende a fluir para latitudes maiores na superfície. Esse fluxo de ar, cada vez mais defletido com a latitude, constitui os ventos de oeste em ambos os hemisférios. No Hemisfério Norte, a margem norte altamente variável dos ventos de oeste está situada onde eles são cortados pelo ar polar no sentido equatorial. Essa margem foi comparada com uma frente de batalha por Bergeron, que, em 1922, a denominou de Frente Polar. Assim, as três células de Ferrel consistiam de duas células térmicas de Hadley (onde o ar quente sobe e o ar frio desce), separadas por uma célula de Ferrel fraca e indireta em latitudes médias. A relação entre a distribuição da pressão e a velocidade e direção do vento foi demonstrada por Buys-Ballot em 1860.

D CLIMATOLOGIA

Durante o século XIX, tornou-se possível montar um grande banco de dados climáticos e usá-lo para fazer generalizações regionais. Em 1817, Alexander von Humboldt produziu seu valioso tratado sobre as temperaturas globais, contendo um mapa de isotermas (linhas de mesma temperatura) anuais médias para o Hemisfério Norte, mas foi somente em 1848 que Dove publicou os primeiros mapas-múndi com a temperatura média mensal. Um mapa da precipitação mundial havia sido produzido por Berghaus em 1845; em 1882, Loomis produziu o primeiro mapa da precipitação mundial empregando isoietas (linhas de mesma precipitação); e, em 1886, de Bort publicou os primeiros mapas-múndi com a nebulosidade anual e mensal. Essas generalizações possibilitaram, nas décadas seguintes do século, tentativas de classificar os climas regionalmente. Na década de 1870, Wladimir Koeppen, biólogo formado em St. Petersburg, começou a produzir mapas climáticos com base na geografia vegetal, assim como de Candolle (1875) e Drude (1887). Em 1883, surgiu o grande tratado em três volumes de Hann, *Handbook of Climatology*, que permaneceu como padrão até 1930-40, quando o trabalho de Koeppen e Geiger, com cinco volumes e mesmo título, o substituiu. Ao final da Primeira Guerra Mundial, Koeppen (1918) produziu a primeira classificação detalhada de climas mundiais com base na cobertura vegetal terrestre. Essa obra foi seguida pela classificação climática de Thornthwaite (1931-1933) empregando quantidades de evaporação e precipitação, que o autor tornou mais aplicável em 1948 com o conceito teórico de evapotranspiração potencial. O período entreguerras foi notável pelo surgimento de diversas ideias climáticas que não foram levadas à fruição até a década de 1950. Entre elas, o uso de frequências de diversos tipos climáticos (Federov 1921), os conceitos de variabilidade da temperatura e pluviosidade (Gorczynski 1942 e 1945) e a microclimatologia, o estudo da estrutura climática fina perto da superfície (Geiger 1927).

Apesar dos problemas para obter medidas detalhadas ao longo de grandes áreas oceânicas, no final do século XIX houve muitas pesquisas climáticas interessadas na distribuição da pressão e dos ventos. Em 1868, Buchan produziu os primeiros mapas-múndi da pressão média mensal; oito anos depois, Coffin compôs as primeiras cartas eólicas mundiais para áreas terrestres e marinhas e, em 1883, L. Teisserenc de Bort elaborou os primeiros mapas da pressão global média mostrando "centros de ação" ciclônicos e anticiclônicos, nos quais baseia-se a circulação geral. Em 1887, de Bort começou a produzir mapas de distribuições de pressão no ar superior e, em 1889, seu mapa-múndi das pressões médias de janeiro nos 4 km inferiores da atmosfera conseguiu representar o grande cinturão da corrente ocidental entre as latitudes 30° e 50° norte.

E DISTÚRBIOS EM LATITUDES MÉDIAS

As ideias teóricas sobre a atmosfera e seus sistemas climáticos evoluíram em parte por causa das necessidades dos marinheiros do século XIX por informações sobre ventos e tempestades, especialmente previsões do comportamento futuro. Em níveis baixos no cinturão ocidental (aproximadamente latitudes 40° a 70°), observa-se um padrão complexo de sistemas móveis de alta e baixa pressão, enquanto, entre 6.000 m e 20.000 m, existe um fluxo de ar constante do oeste. Dove (1827 e 1828) e Fitz Roy (1863) defenderam a teoria da formação de ciclones segundo "correntes opostas" (isto é, depressão), onde a energia para os sistemas era produzida por fluxos de ar convergentes. Espy (1841) propôs uma teoria mais clara da convecção para a produção de energia em ciclones, com a liberação de calor latente (condensação de vapor d'água) como a fonte principal. Em 1861, Jinman postulou que as tempestades se desenvolvem onde correntes de ar opostas formam linhas de confluência (depois denominadas "frentes"). Ley (1878) apresentou um quadro tridimensional de um sistema de baixa pressão, com uma cunha de ar frio por trás de uma descontinuidade abrupta da temperatura cortando o ar mais quente, e Abercromby (1883) descreveu sistemas de tempestade em termos de um padrão de isóbaras (linhas fechadas de mesma pressão) com os tipos de clima típicos associados. Nessa época, embora a energética estivesse longe de estar clara, emergia um quadro, correto em seus aspectos básicos, de tempestades de latitude média serem geradas pela mistura de ar tropical quente e polar frio como resultado fundamental dos gradientes latitudinais de temperatura criados pelos padrões de radiação solar incidente e de radiação emanante da Terra. Mais para o fim do século XIX, dois importantes grupos de pesquisa europeus estavam lidando com a formação de tempestades: o grupo de Viena, com Margules, incluindo Exner e Schmidt; e o grupo sueco, liderado por Vilhelm Bjerknes. Os primeiros estavam preocupados com as origens da energia cinética (energia do movimento) ciclônica, que, aparentemente, advinha de diferenças na energia potencial de massas de ar opostas de temperaturas diferentes. A energia potencial é a energia associada à altura de parcelas de ar acima da superfície. Os gradientes de energia potencial em uma superfície de pressão proporcionam condições para converter energia potencial em cinética. Isso foi proposto no trabalho de Margules (1901), que mostrou que a energia potencial de uma depressão típica é menor que 10% da energia cinética dos ventos que a constituem. Em Estocolmo, o grupo de V. Bjerknes concentrou-se no desenvolvimento de frentes (Bjerknes, 1897 e 1902), mas suas pesquisas foram particularmente importantes durante o período de 1917-1929, depois que J. Bjerknes se mudou para Bergen e trabalhou com Bergeron. Em 1918, foi identificada a frente quente, o processo de oclusão foi descrito em 1919, e a teoria completa da Frente Polar no desenvolvimento de ciclones foi apresentada em 1922 (J. Bjerknes e Solberg). Depois de 1930, a pesquisa meteorológica concentrou-se cada vez mais na importância de influências da troposfera média e superior para os fenômenos climáticos globais. Essa tendência foi liderada por Sir Napier Shaw na Grã-Bretanha e por Rossby, com Namias e outros, nos Estados Unidos. O fluxo de ar na camada de 3-10 km de altura do vórtex polar dos ventos de oeste no Hemisfério Norte forma ondas horizontais de grande escala (Rossby) devido aos gradientes latitudinais no parâmetro de Coriolis, cuja influência foi simulada em experimentos com antenas giratórias nas décadas de 1940 e 1950. O número e a amplitude dessas ondas parecem depender do gradiente ou "índice" energético hemisférico. Em momentos de índice elevado, especialmente no inverno, pode haver até três ondas de Rossby de pequena amplitude causando um forte fluxo zonal (isto é, de oeste para leste). Um gradiente energético hemisférico mais fraco (ou seja, índice baixo) é caracterizado por quatro a seis ondas de Rossby de maior amplitude. Como a maioria dos fluxos amplos e fluidos na natureza, observações realizadas nas décadas de 1920 e 1930, e particularmente aquelas feitas em aviões na Segunda Guerra Mundial, demonstraram que as correntes ocidentais superiores contêm linhas estreitas de alta velocidade, batizadas de "correntes de jato" por Seilkopf em 1939. As correntes de jato mais altas e mais importantes se dispõem aproximadamente ao longo de ondas de Rossby. A principal corrente de jato, localizada a 10 km, afeta o clima superficial, guiando sistemas de baixa pressão que tendem a se formar abaixo dela. Além disso, o ar descendente abaixo das correntes de jato fortalece as células subtropicais de alta pressão.

F AS REGIÕES POLARES

A visão mais antiga da circulação atmosférica ártica é atribuída ao trabalho de von Helmholtz, no final do século XIX, o qual argumentava que a região era dominada por uma célula superficial mais ou menos permanente de alta pressão, uma visão desenvolvida na primeira parte do século XX por Hobbs e sua teoria do "anticiclone glacial". Em 1945, Hobbs aprofundou essa ideia básica, defendendo a existência de um anticiclone permanente sobre a camada de gelo da Groenlândia, que teria fortes impactos em latitudes médias. Devido à falta geral de dados até as décadas de 1940 e 1950, essa concepção tão errônea não surpreende. As análises da pressão ao nível do mar produzidas durante a Segunda Guerra Mundial na série de mapas US Historical Weather continham fortes vieses positivos para antes da década de 1930 fora do setor do Atlântico Norte. Parte do problema, conforme observado por Jones, era que esses mapas haviam sido preparados por analistas relativamente pouco treinados, que tendiam a extrapolar para a região ártica, que carecia de dados, com a visão prevalecente de uma célula ártica de alta pressão. Mesmo no começo da década de 1950, alguns estudos representaram ciclones móveis erroneamente como restritos à periferia do Oceano Ártico. A emergência, na América do Norte, de visões mais modernas da circulação ártica no final da década de 1950 e na de 1960, promovidas pelo crescente banco de dados sobre observações da atmosfera superior e superficial, apareceu no trabalho dos grupos de pesquisa da McGill University, liderado por F. K. Hare, e da Universidade de Washington, liderado por R. J. Reed. R. G. Barry participou do trabalho da McGill, e fez muitas contribuições. É interessante observar que, na União Soviética, uma visão relativamente moderna da circulação de verão já havia sido formulada em 1945 por B. L. Dzerdzeevskii.

O conhecimento da Antártica ficou para trás em relação ao do Ártico. A distância e as condições extremamente severas desse continente foram barreiras ao progresso. Além disso, enquanto o Ártico era uma região estratégica durante a Guerra Fria, levando a extensivas pesquisas e ao rápido estabelecimento de redes de observação, a Antártica não se beneficiou da atividade da Guerra Fria na mesma medida. Alguns aspectos foram reconhecidos há muito, como a existência de uma zona de baixa pressão ao redor do continente e de fortes ventos catabáticos (descendentes). Houve um considerável progresso após as observações feitas durante o Ano Geofísico Internacional (IGY) de 1957-1958, modelado com base nos Anos Polares Internacionais de 1882-1883 e 1932-1933 (Quadro 1.1). Um levantamento preliminar das correntes ocidentais do Hemisfério Sul, baseado em parte nas observações da atmosfera superior durante o IGY, foi publicado por H. H. Lamb em 1959. Mesmo hoje, as observações diretas são muito mais esparsas na Antártica do que no Ártico. As previsões do tempo nessa região baseiam-se especialmente em dados coletados por satélites orbitais.

CLIMA TROPICAL

O sucesso da modelagem do ciclo de vida da depressão frontal nas latitudes médias e seu valor como instrumento de previsão levaram a tentativas, no período imediatamente antes da Segunda Guerra Mundial, de aplicá-la às condições atmosféricas que predominam nos trópicos (30°N-30°S), compreendendo a metade da área superficial do planeta. Essa tentativa estava condenada ao fracasso, como demonstraram as observações feitas durante a guerra aérea no Pacífico. O fracasso se deveu à ausência de descontinuidades frontais na temperatura entre massas de ar e à ausência de um efeito de Coriolis forte e, portanto, de ondas de Rossby. As descontinuidades nas massas de ar tropicais baseiam-se em diferenças de umidade. O clima tropical resulta principalmente de características convectivas intensas, como fluxos de calor, ciclones tropicais (furacões e tufões) e a Zona de Convergência Intertropical (ZCIT), cujo eixo representa a linha que separa os ventos Alísios de sudeste e nordeste dos hemisférios Norte e Sul. A enorme instabilidade das massas de ar tropicais significa que mesmo uma leve convergência nos ventos Alísios dá vazão a ondas atmosféricas no sentido oeste com padrões climáticos característicos.

Acima dos oceanos Pacífico e Atlântico, a ZCIT é semiestacionária, com um deslocamento anual de 5° ou menos, mas, em outros locais, ela varia entre as latitudes de 17°S e 8°N em janeiro e entre 2°N e 27°N em julho – isto é, durante as estações das monções de verão no sul e norte, respectivamente. O movimento sazonal da ZCIT e a existência de outras influências convectivas tornam as monções do sul e leste asiáticos o mais importante fenômeno climático sazonal global.

Investigações sobre as condições do tempo em grandes extensões dos oceanos tropicais começaram a ter o apoio de observações por satélite depois de 1960. As observações de ondas nos ventos de leste tropicais começaram no Caribe na metade da década de 1940, mas a estrutura de mesoescala dos agrupamentos de nuvens e tempestades associadas somente foi reconhecida na década de 1970. As observações por satélite também se mostraram muito valiosas para detectar a geração de furacões em grandes áreas dos oceanos tropicais.

No final da década de 1940 e subsequentemente, foram feitos trabalhos importantes sobre as relações entre o mecanismo de monções do sul asiático relacionado com a corrente de jato subtropical de oeste e a barreira de montanhas do Himalaia e o deslocamento da ZCIT. A significativa ausência das monções indianas de verão em 1877 levou Blanford (1860) na Índia, Todd (1888) na Austrália, e outros a procurarem correlações entre a pluviosidade de monções na Índia e outros fenômenos climáticos, como a quantidade de neve que cai sobre o Himalaia (que influencia o aquecimento diferencial de grande escala entre a terra e o oceano) e a intensidade do centro de alta pressão do Oceano Índico meridional. Essas correlações foram estudadas intensivamente por Sir Gilbert Walker e seus colegas na Índia entre 1909 e o final da década de 1930. Em 1924, houve um grande avanço, quando Walker identificou a "Oscilação Sul" – uma alternância de pressão entre leste e oeste, com pluviosidade resultante (isto é, correlação negativa) entre a Indonésia e o Pacífico Oriental. Outras oscilações climáticas norte-sul foram identificadas no Atlântico Norte (Açores *vs.* Islândia, conhecida como Oscilação do Atlântico Norte) e Pacífico Norte (Alasca *vs.* Havaí). Na fase da Oscilação Sul em que existe alta pressão sobre o Pacífico Oriental, o movimento oeste das águas de superfície do Pacífico central, com uma consequente ressurgência de água fria rica em plâncton na costa da América do Sul, é associado ao ar ascendente que causa fortes chuvas de verão sobre a Indonésia. Periodicamente, o enfraquecimento e o rompimento de células de alta pressão no Pacífico Leste levam a consequências importantes, cujas principais envolvem o ar descendente e secas sobre a Índia e a Indonésia e a remoção do mecanismo de ressurgência fria na costa da América do Sul, que resulta no fracasso na pesca. A presença de água quente ao longo da costa é denominada "El Niño". Embora o papel central dos sistemas de alta pressão nas latitudes menores sobre as circulações globais da atmosfera e dos oceanos seja reconhecido, a causa da mudança de pressão no Pacífico Leste que gera o El Niño ainda não foi totalmente compreendida. Houve um certo desinteresse na Oscilação Sul e nos fenômenos associados a ela durante a década de 1940 até meados da de 1960, mas o trabalho de Berlage (1957), o aumento no número de secas na Índia, de 1865 a 1990, e especialmente o forte El Niño que causou grandes dificuldades econômicas em 1972, levaram a um renascimento no interesse e nas pesquisas. Um aspecto dessa pesquisa é o estudo minucioso das "teleconexões" (correlações entre condições climáticas em regiões bastante separadas da Terra) apontadas por Sir Gilbert Walker.

H PALEOCLIMAS

Antes da metade do século XX, 30 anos de registros eram considerados suficientes para definir um determinado clima. Na década de 1960, a ideia de um clima estático era indefensável. Novas abordagens à paleoclimatologia, o estudo de climas passados, foram desenvolvidas nas décadas de 1960 e 1970. A teoria astronômica para explicar as grandes eras glaciais do Pleistoceno, proposta por Croll (1867) e desenvolvida matematicamente por Milankovitch (1920), parecia estar em conflito com evidências de mudanças climáticas datadas. Todavia, em 1976, Hays, Imbrie e Shackleton recalcularam a cronologia de Milankovitch usando novas técnicas estatísticas poderosas e mostraram que ela tinha uma boa correlação com registros de temperaturas passadas, especialmente para paleotemperaturas oceânicas derivadas de razões isotópicas ($^{18}O/^{16}O$) em organismos marinhos, registradas em testemunhos oceânicos. A ideia por trás das forçantes de Milankovitch é que mudanças periódicas na excentricidade da órbita da Terra, na inclinação do eixo da Terra e no momento dos equinócios causam variações na quantidade de radiação solar recebida em diferentes momentos do ano sobre diferentes partes da superfície. Como é amplamente aceito hoje, as grandes eras glaciais ao longo dos últimos 2 milhões de anos refletem influências desses ciclos de Milankovitch e *feedbacks* climáticos consequentes que amplificam a mudança. As informações paleoclimáticas obtidas a partir de testemunhos oceânicos e fontes terrestres são complementadas por testemunhos de gelo coletados em mantos de gelo da Groenlândia e Antártica, campos de gelo no Canadá e em outros locais. Além de documentar as relações climáticas com os ciclos de Milankovitch, esses registros proporcionam evidências de mudanças rápidas e de grande escala no clima. O mais longo registro disponível de testemunhos de gelo do Domo C na região Antártica Leste cobre 800.000 anos e mostra que os períodos interglaciais antes de 450.000 anos atrás eram mais fracos (menos quentes) do que os posteriores. Os registros de temperatura reconstruídos a partir dos testemunhos de gelo são obtidos com base nas razões entre isótopos de oxigênio ($\partial^{18}O$). Amostras de atmosferas passadas aprisionadas como bolhas em testemunhos de gelo documentam uma forte relação entre o clima e as concentrações de dióxido de carbono atmosférico, e mostram, de maneira convincente, que as concentrações atuais desse gás de efeito estufa são maiores do que em qualquer momento durante pelo menos os últimos 800.000 anos.

Outras informações paleoclimáticas são obtidas com anéis anuais em árvores, que refletem a temperatura e umidade da estação de crescimento, sedimentos de lagos e pântanos que contêm registros de pólen da vegetação regional, registros de temperatura reconstruídos a partir de razões de isótopos de oxigênio em estalagmites de cavernas e anéis anuais de crescimento em corais oceânicos.

Houve importantes avanços na reconstrução paleoclimática pelo uso de modelos de circulação geral com condições limítrofes passadas (paleogeografia, paleovegetação) e características diferentes da órbita terrestre.

O SISTEMA CLIMÁTICO GLOBAL

Sem dúvida, o mais importante resultado do trabalho realizado na segunda metade do século XX foi o reconhecimento da existência do sistema climático global (ver Quadro 1.1). O sistema climático envolve não apenas os elementos atmosféricos, como os cinco principais subsistemas: a atmosfera (o mais instável e com mudanças mais rápidas); o oceano (muito lento em termos de sua inércia térmica e, portanto, importante para regular as variações atmosféricas); a neve e a cobertura de gelo (a criosfera); e a superfície de terra, com sua cobertura vegetal (a litosfera e a biosfera). Processos físicos, químicos e biológicos ocorrem nesses subsistemas complexos e entre eles. A interação mais importante ocorre entre a atmosfera, pela qual a energia solar entra no sistema, e os oceanos, que armazenam e transportam grandes quantidades de energia (especialmente térmica), agindo assim como um regulador para mudanças atmosféricas mais rápidas. Outra complicação advém da matéria viva da biosfera, que influencia a radiação incidente e a rerradiação emanante e afeta a composição atmosférica por meio dos gases de efeito estufa. Nos oceanos, a biota marinha desempenha um papel importante na dissolução e no armazenamento de CO_2. Todos os subsistemas são ligados por fluxos de massa, calor e momento, formando um todo muito complexo. O sistema climático formado sempre foi e sempre será caracterizado pela variabilidade em diversas escalas temporais e espaciais. Todavia, a introdução dos seres humanos no sistema acrescenta uma nova dimensão. De fato, na aurora do século XXI, acumulam-se evidências avassaladoras de um impacto humano discernível e crescente sobre o clima global.

O mecanismo motor das mudanças climáticas globais é chamado de "forçante radiativa". Em um estado climático de equilíbrio, a energia solar global média absorvida pelo sistema da Terra é balanceada pela radiação média global de ondas longas que é emitida para o espaço. Em outras palavras, existe equilíbrio radiativo no topo da atmosfera. Um desequilíbrio, ou forçante radiativa, é definido como positivo quando menos energia é emitida do que absorvida, e negativo no caso contrário. Em resposta à forçante radiativa, o sistema tenta buscar um novo equilíbrio, com base, respectivamente, no aquecimento ou resfriamento na superfície. Os desequilíbrios de radiação ocorrem a partir de processos naturais (p.ex., efeitos astronômicos sobre a radiação solar incidente de ondas curtas, mudanças na produção solar total e erupções vulcânicas, que carregam a atmosfera com aerossóis, minúsculas partículas suspensas no ar) e influências humanas (p.ex., alterações em gases de efeito estufa e concentrações de

AVANÇOS SIGNIFICATIVOS DO SÉCULO XX

1.1 O Programa de Pesquisa Atmosférica Global (GARP) e o Programa de Pesquisa Climática Global (WCRP)

A ideia de estudar o clima global por meio de programas intensivos e coordenados de observações emergiu por intermédio da Organização Meteorológica Mundial (WMO: http://www.wmo.ch) e do Conselho Internacional para as Ciências (ICSU: http://www.icsu.org) na década de 1970. Três linhas de atividades foram planejadas: uma base física para previsão do tempo no longo prazo; variabilidade climática interanual; e tendências climáticas de longo prazo e sensibilidade climática. As observações meteorológicas globais se tornaram uma grande preocupação, e isso levou a uma série de programas observacionais. O primeiro foi o Programa de Pesquisa Atmosférica Global (GARP), que tinha diversos componentes relacionados, mas semi-independentes. Um dos primeiros foi o GARP Atlantic Tropical Experiment (GATE) no Atlântico Norte Oriental, na costa da África Ocidental, em 1974-1975. O objetivo era analisar a estrutura da inversão dos ventos Alísios e identificar as condições associadas ao desenvolvimento de distúrbios tropicais. Foi realizada uma série de experimentos com as monções na África Ocidental e no Oceano Índico no final da década de 1970 e começo da de 1980, e também um Experimento Alpino. O First GARP Global Experiment (FGGE), de novembro de 1978 a março de 1979, reuniu as observações climáticas globais. Junto com esses programas observacionais, também houve um esforço coordenado para melhorar a modelagem numérica de processos climáticos globais.

O Programa de Pesquisa Climática Mundial (WCRP: http://www.wmo.ch/web/wcrp/prgs.htm), estabelecido em 1980, é patrocinado pela WMO, ICSU e a Comissão Oceânica Internacional (ICO). O primeiro esforço global foi o Experimento sobre a Circulação Oceânica Global (WOCE), que proporcionou uma compreensão detalhada das correntes oceânicas e da circulação termoalina global. Ele foi seguido, na década de 1980, pelo Tropical Ocean Global Atmosphere (TOGA).

Projetos atuais importantes do WCRP são Variabilidade e Previsibiliade Climática (CLIVAR: http://www.clivar.org/), o Experimento sobre Energia Global e Ciclo da Água (GEWEX), Processos Estratosféricos e seu papel no Clima (SPARC) e Clima e Criosfera (CliC; http://clic.npolar.no). Dentro do GEWEX, existem o International Satellite Cloud Climatology Project (ISCCP) e o International Land Surface Climatology Project (ISCSCP), que fornecem conjuntos de dados valiosos para análise e validação de modelos. O CliC, que aborda todos os componentes importantes da criosfera terrestre (geleiras, calotas polares e coberturas de gelo, gelo marinho, cobertura de neve) desenvolveu-se a partir do antigo Arctic Climate System (ACSYS). O WCRP também se envolveu ativamente no planejamento e na implementação do terceiro Ano Polar Internacional (IPY), um grande programa científico internacional sobre o Ártico e a Antártica, de março de 2007 a março de 2009.

Referência

Houghton, J. D. and Morel, P. (1984) The World Climate Research Programme. In J. D. Houghton (ed.) *The Global Climate*, Cambridge University Press, Cambridge, pp. 1–11.

aerossóis por causa da queima de combustíveis fósseis e diversas outras atividades, como o desmatamento e a agricultura). Medições diretas da radiação solar são feitas por satélites desde aproximadamente 1980, mas a correlação entre mudanças pequenas na radiação solar e na economia térmica do sistema climático global ainda está um tanto incerta. Todavia, os aumentos induzidos pelo homem no teor de gases de efeito estufa na atmosfera (0,1% da qual é composto pelos gases-traço dióxido de carbono, metano, óxido nitroso e ozônio) parecem ter sido muito significativos para ampliar a proporção de radiação terrestre de ondas longas aprisionada pela atmosfera (uma forçante radiativa positiva), elevando a temperatura do ar superficial ao longo dos últimos 100 anos.

Os ajustes em uma forçante radiativa ocorrem em questão de meses nos subsistemas superficial e troposférico, mas são mais lentos (séculos ou mais) no oceano. Por sua vez, a quantidade de aquecimento superficial para uma determinada forçante radiativa (denominada sensibilidade climática) depende de *feedbacks* que amplificam ou reduzem a resposta climática à forçante. No caso de gases de efeito estufa, a questão é ainda mais complicada, pois a própria forçante radiativa está mudando. *Feedbacks* importantes envolvem o papel da neve e do gelo refletindo a radiação solar incidente e o vapor de água atmosférico que absorve a rerradiação terrestre, e são de caráter positivo. Por exemplo: a Terra aquece; o vapor de água atmosférico aumenta; isso, por sua vez, aumenta o efeito estufa; o resultado é que a Terra aquece ainda mais. Um aquecimento semelhante ocorre quando temperaturas mais elevadas reduzem a cobertura de neve e gelo, permitindo que a terra e o oceano absorvam mais radiação. As nuvens desempenham um papel mais complexo e ainda pouco compreendido, refletindo radiação solar (radiação de ondas curtas), mas também aprisionando radiação terrestre emanante. O *feedback* negativo, quando o efeito da mudança é reduzido, é um aspecto muito menos importante da operação do sistema climático, que explica em parte a tendência recente de aquecimento global. O impacto dos aerossóis é uma das principais áreas de incerteza. Enquanto o efeito de resfriamento dos aerossóis, espalhando a radiação solar de volta para o espaço, é bem conhecido e, em parte, mascara o efeito de aquecimento dos gases de efeito estufa, alguns aerossóis, como a fuligem, absorvem radiação solar. Os aerossóis também afetam o número e a densidade das gotículas de chuva, alterando as propriedades óticas das nuvens.

Um fator crucial nos processos do tempo e do clima é a imprevisibilidade. Os sistemas climáticos apresentam sensibilidade a suas condições iniciais, ou seja, uma mudança muito pequena no estado inicial de um sistema climático talvez tenha um efeito grande e desproporcional sobre todo o sistema. Isso foi reconhecido inicialmente por E. Lorenz (1963), ao afirmar que uma borboleta batendo asas em Pequim poderia afetar o clima a milhares de milhas de distância alguns dias depois. Essa sensibilidade de hoje é conhecida como "efeito-borboleta". Ela é estudada em experimentos de modelagem numérica, fazendo-se muitas simulações com variações mínimas nas condições iniciais e avaliando-se os resultados de um conjunto de projeções.

O Painel Intergovernamental sobre Mudanças Climáticas (IPCC), estabelecido conjuntamente em 1988 pela WMO e pelo Programa das Nações Unidas de Meio Ambiente (PNUMA), serviu como ponto focal para a pesquisa sobre mudanças climáticas, e publicou seu Quarto Relatório em 2007. Uma das mais importantes ferramentas do IPCC envolve modelos numéricos do sistema climático. Desde o desenvolvimento inicial dos modelos de circulação geral da atmosfera na década de 1960, os modelos atuais se tornaram mais sofisticados, e são essenciais para entender as complexidades da forçante radiativa, dos *feedbacks* e das respostas climáticas. Eles hoje incorporam submodelos acoplados dos oceanos, da terra e da biosfera. O quadro emergente que esses modelos retratam é de um mundo muito mais quente e diferente ao final deste século, representando desafios para a sociedade, incluindo, mas não limitados a, níveis mais elevados dos mares e mudanças em zonas agrícolas. No entanto, permanecem grandes incertezas, particularmente em relação às mudanças climáticas em escalas regionais.

A primeira edição deste livro data de 1968, antes de muitos dos avanços descritos nas edições posteriores serem sequer concebidos. Todavia, nosso objetivo ao escrever tem sido sempre o de proporcionar uma narrativa simples de como a atmosfera funciona, contribuindo para a compreensão dos fenômenos climáticos e climas globais. Conforme observado na 8ª edição, uma explicação maior resulta inevitavelmente em um aumento na variedade de fenômenos que exigem explicação. Como resultado, este livro continua a crescer com o tempo.

> **TEMAS PARA DISCUSSÃO**
>
> - Como os avanços tecnológicos contribuíram para a evolução da meteorologia e climatologia?
> - Reflita sobre as contribuições relativas da observação, teoria e modelagem para o nosso conhecimento sobre os processos atmosféricos.

REFERÊNCIAS E SUGESTÃO DE LEITURA

Livros

Allen, R., Lindsay, J. and Parker, D. (1996) *El Niño Southern Oscillations and Climatic Variability*, CSIRO, Australia, 405pp. [Modern account of ENSO and its global influences]

Fleming, J. R. (ed.) (1998) *Historical Essays in Meteorology, 1919–1995*, American Meteorological Society, Boston, MA, 617pp. [Valuable accounts of the evolution of meteorological observations, theory and modeling and of climatology]

Houghton, J.T., Ding, Y., et al. (eds) (2001) *Climate Change 2001; The Scientific Basis; The Climate System: An Overview*, Cambridge University Press, Cambridge, 881pp. [Working Group I contribution to The Third Assessment Report of the Intergovernmental Panel on Climate Change (IPCC); a comprehensive assessment from observations and models of past, present and future climatic variability and change. It includes a technical summary and one for policy makers]

Peterssen, S. (1969) *Introduction to Meteorology*, 3rd edn., McGraw Hill, New York, 333pp. [Classic introductory text, including world climates]

Stringer, E.T. (1972) *Foundations of Climatology: An Introduction to Physical, Dynamic, Synoptic, and Geographical Climatology* Freeman and Co., San Francisco, CA, 586pp. [Detailed and advanced survey with numerous references to key ideas; equations are in Appendices]

Van Andel, T.H. (1994) *New Views on an Old Planet*, 2nd edn, Cambridge University Press, Cambridge, 439pp. [Readable introduction to earth history and changes in the oceans, continents and climate]

Artigos científicos

Browning, K.A. (1996) Current research in atmospheric sciences. *Weather* 51, 167–72.

Grahame, N. S. (2000) The development of meteorology over the last 150 year as illustrated by historical weather charts. *Weather* 55(4),108–16.

Hare, F.K. (1951) Climatic classification. In: *London Essays in Geography*, L. D. Stamp and S. W. Wooldridge (eds). Longmans, London, pp. 111–34.

Composição, massa e estrutura da atmosfera

OBJETIVOS DE APRENDIZAGEM

Depois de ler este capítulo, você:

- estará familiarizado com a composição da atmosfera – seus gases e outros componentes;
- entenderá como e por que a distribuição de gases-traço e aerossóis varia com a altitude, a latitude e o tempo;
- saberá como a pressão atmosférica, a densidade e a pressão do vapor de água variam com a altitude; e
- estará familiarizado com as camadas verticais da atmosfera, sua terminologia e importância.

Este capítulo descreve a composição da atmosfera – seus principais gases e impurezas, sua distribuição vertical e variações ao longo do tempo. Os diversos gases de efeito estufa e sua importância são discutidos; a distribuição vertical da massa atmosférica e a estrutura da atmosfera, particularmente a variação vertical da atmosfera, são analisadas.

A A COMPOSIÇÃO DA ATMOSFERA

1 Principais gases

O ar é uma mistura mecânica de gases, e não um composto químico. O ar seco, em volume, é composto em mais de 99% de nitrogênio e oxigênio (Tabela 2.1). Observações realizadas com foguetes mostram que esses gases são misturados em proporções constantes até aproximadamente 100 km de altitude. Apesar de sua predominância, esses gases são de pouca importância climática.

Tabela 2.1 Composição média da atmosfera seca abaixo de 25 km

Componente	Símbolo	Volume % (ar seco)	Peso molecular
Nitrogênio	N_2	78,08	28,02
Oxigênio	O_2	20,95	32,00
*‡Argônio	Ar	0,93	39,88
Dióxido de carbono	CO_2	0,037	44,00
‡Neônio	Ne	0,0018	20,18
*‡Hélio	He	0,0005	4,00
†Ozônio	O_3	0,00006	48,00
Hidrogênio	H	0,00005	2,02
‡Criptônio	Kr	0,00011	
‡Xenônio	Xe	0,00009	
§Metano	CH_4	0,00017	

Obs.: *Produtos do decaimento do potássio e urânio. †Recombinação do oxigênio. ‡Gases inertes. §Na superfície.

2 Gases de efeito estufa

Apesar de sua relativa escassez, os chamados *gases de efeito estufa* desempenham um papel crucial na termodinâmica da atmosfera (ver Quadro 2.1). Eles aprisionam a radiação emitida pela Terra, produzindo assim o *efeito estufa* (ver Capítulo 3C). Além disso, as concentrações desses gases-traço são afetadas pelas atividades humanas (isto é, antrópicas).

1. O dióxido de carbono (CO_2) está envolvido em um complexo ciclo global (ver 2A.7). Ele é liberado a partir do interior da Terra, e produzido pela respiração da biota, de micróbios do solo, da queima de combustíveis e da evaporação oceânica. Em contrapartida, é dissolvido nos oceanos e consumido pela fotossíntese vegetal. O desequilíbrio entre as emissões e a absorção pelos oceanos e a biosfera terrestre leva ao aumento líquido observado na atmosfera.

2. O metano (CH_4) é produzido principalmente por meio de processos anaeróbicos (isto é, deficientes em oxigênio) em áreas úmidas naturais e plantações de arroz (juntas, por volta de 40% do total), bem como pela fermentação entérica em animais, por térmites, pela extração de carvão e óleo, pela queima de biomassa e por aterros sanitários e lixões.

$$CO_2 + 4H_2 \rightarrow CH_4 + 2H_2O$$

Quase dois terços da produção total estão relacionados com a atividade antropogênica.

O metano é oxidado a CO_2 e H_2O por um complexo sistema de reação fotoquímica.

$$CH_4 + O_2 + 2x \rightarrow CO_2 + 2x\, H2$$

onde x denota qualquer espécie que destrua o metano (p.ex., H, OH, NO, Cl ou Br).

3. O óxido nitroso (N_2O) é produzido principalmente por fertilizantes nitrogenados (50-75%) e processos industriais. Outras fontes são o transporte, a queima de biomassa, as pastagens e os mecanismos biológicos nos oceanos e solos. Ele é destruído por reações fotoquímicas na estratosfera, envolvendo a produção de óxidos nitrogenados (NOx).

4. O ozônio (O_3) é produzido pela quebra de moléculas de oxigênio na atmosfera superior pela radiação ultravioleta do Sol e é destruído por reações envolvendo óxidos nitrogenados (NO_x) e cloro (Cl) (este gerado por CFC, erupções vulcânicas e queima de vegetação) na estratosfera média e superior.

5. Os clorofluorcarbonetos (CFC: principalmente o $CFCl_3$ (F-12) e o CF_2Cl_2 (F-12) são totalmente antropogênicos, produzidos por propelentes de aerossóis, gases refrigerantes em refrigeradores (p.ex., "freon"), produtos de limpeza e condicionadores de ar, e não estavam presentes na atmosfera até a década de 1930. As moléculas de CFC ascendem lentamente até a estratosfera e avançam em direção aos polos, sendo decompostas por processos fotoquímicos em cloro, ao longo de um período médio de vida de aproximadamente 65-130 anos.

6. Os halocarbonetos hidrogenados (HFC e HCFC) também são gases totalmente antropogênicos. Aumentaram nitidamente na atmosfera nas últimas décadas, após começarem a ser usados como substitutos para os CFC. O tricloroetano ($C_2H_3Cl_3$), por exemplo, usado na lavagem a seco e em agentes desengordurantes, aumentou em quatro vezes na década de 1980 e tem um tempo de residência de 7 anos na atmosfera. Geralmente, eles têm vidas de poucos anos, mas ainda causam um impacto substancial no efeito estufa. O papel dos *halógenos* de carbono (CFC e HCFC) na destruição do ozônio e na estratosfera é descrito a seguir.

O vapor de água (H_2O), o principal gás de efeito estufa, é um componente atmosférico vital. Sua média é de 1% em volume, mas ele é muito variável no espaço e no tempo, estando envolvido em um complexo ciclo hidrológico global (ver o Capítulo 3).

3 Espécies gasosas reativas

Além dos gases de efeito estufa, importantes *espécies gasosas reativas* são produzidas pelos ciclos do enxofre, nitrogênio e cloro, que desempenham papéis cruciais na chuva ácida e na destruição do ozônio. As fontes dessas espécies são:

- *Espécies nitrogenadas.* As espécies reativas do nitrogênio são o óxido nítrico (NO) e o dióxido de nitrogênio (NO_2). O termo NO_x se refere a essas e outras espécies de nitrogênio com oxigênio. Sua principal significância é como catalisador para a formação de ozônio troposférico. A queima de combustíveis fósseis (aproximadamente 40% no transporte e 60% em outros usos energéticos) é a principal fonte de NO_x (principalmente NO), representando $\sim 25 \times 10^9$ kg N/ano. A queima de biomassa e a atividade de raios são outras fontes importantes. As emissões de NO_x aumentaram em 200% entre 1940 e 1980. A fonte total de NO_x é de aproximadamente 40×10^9 kg N/ano. Cerca de 25% desse total entram na estratosfera, onde sofrem dissociação fotoquímica, sendo também removidos como ácido nítrico (HNO_3) na neve. Outras formas de nitrogênio também são liberadas como NH_x pela oxidação da amônia e por animais domésticos (6–10×10^9 Kg N/ano).
- *Espécies sulfurosas.* As espécies reativas são o dióxido de enxofre (SO_2) e o enxofre reduzido (H_sS, DMS). A origem do enxofre atmosférico é quase totalmente antropogênica: 90% da combustão de carvão e óleo, e grande parte do resto vem da fundição de cobre. As principais fontes são dióxido de enxofre (80–100×10^9 kg S/ano), sulfeto de hidrogênio (H_2S) (20–40×10^9 g S/ano) e sulfeto de dimetila (DMS) (35–55×10^9 Kg S/ano). O DMS é gerado principalmente pela produtividade biológica perto da superfície dos oceanos. As emissões de SO_2 aumentaram em aproximadamente 50% entre 1940 e 1980, mas diminuíram na década de 1990. A China é a principal fonte de emissões, embora os Estados Unidos tenham a maior contribuição *per capita*. A atividade vulcânica libera aproximadamente 10^9 Kg S/ano como dióxido de enxofre. Como a vida do SO_2 e do H_2S na atmosfera é de apenas um dia, o enxofre atmosférico ocorre principalmente como sulfeto de carbonila (COS), que tem uma vida de aproximadamente um ano. A conversão do gás H_2S em partículas de enxofre é uma importante fonte de aerossóis atmosféricos.

  Apesar de sua vida curta, o dióxido de enxofre é transportado facilmente por longas distâncias. Ele é removido da atmosfera quando os núcleos de condensação de SO_2 são precipitados como chuva ácida com ácido sulfúrico (H_2SO_4). A acidez da deposição em nevoeiros pode ser mais séria, pois até 90% das gotículas do nevoeiro podem se depositar.

- A *deposição ácida* envolve a chuva e neve ácidas (deposição úmida) e a deposição seca de particulados. A acidez da precipitação representa um excesso de íons positivos de hidrogênio [H^+] em uma solução aquosa. A acidez é medida na escala de pH ($1 - \log[H^+]$), que varia de 1 (mais ácido) a 14 (mais alcalino); 7 é neutro (isto é, os cátions de hidrogênio são equilibrados por ânions de sulfato, nitrato e cloreto). As leituras máximas de pH no leste dos Estados Unidos e na Europa são $\leq 4,3$.

  Acima dos oceanos, os principais ânions são Cl^- e SO_4^{2-} do sal marinho. O nível basal de acidez na chuva tem pH aproximado de 4,8 a 5,6, pois o CO_2 atmosférico reage com a água para formar ácido carbônico. As soluções ácidas na água da chuva são formadas por reações envolvendo a química da fase gasosa e da fase aquosa com dióxido de enxofre e dióxido de nitrogênio. Para o dióxido de enxofre, caminhos rápidos são fornecidos por:

$$HOSO_2 + O_2 \rightarrow HO_2 + SO_3$$

$$H_2O + SO_3 \rightarrow H_2SO_4 \text{ (fase gasosa)}$$

e $H_2O + HSO_3 \rightarrow H^+ + SO_4^{2-} + H_2O$ (fase aquosa)

O radical OH é um importante catalisador na reação gasosa, e o peróxido de hidrogênio (H_2O_2), na fase aquosa.

A deposição ácida depende das concentrações de emissão, do transporte atmosférico e da atividade química, do tipo de nuvem, dos processos microfísicos das nuvens e do tipo de precipitação. Observações realizadas na década de 1970 no norte da Europa e no leste da América do Norte, em comparação com metade da década de 1950, mostram um aumento de duas a três vezes na deposição do íon hidrogênio e na acidez da chuva. As concentrações de sulfato na água da chuva na Europa aumentaram, nesse período de 20 anos, em 50% no sul da Europa e em 100% na Escandinávia, embora tenha havido uma redução posterior, associada aparentemente à redução nas emissões de enxofre na Europa e na América do Norte. As emissões oriundas de carvão e óleo combustível nessas regiões têm um elevado teor de enxofre (2-3%) e, como as principais emissões de SO_2 ocorrem a partir de chaminés elevadas, o SO_2 é transportado facilmente pelos ventos baixos. As emissões de NO_x, por outro lado, são principalmente de automóveis e, assim, o NO_3^- é depositado principalmente em âmbito local. O SO_2 e o NO_x têm tempos de residência de um a três dias na atmosfera. O SO_2 não se dissolve com facilidade nas nuvens ou gotas de chuva, a menos que oxidado por OH ou H_2O_2, mas a deposição seca é bastante rápida. O NO é insolúvel em água, mas é oxidado a NO_2 por reação com o ozônio e, finalmente, a HNO_3 (ácido nítrico), que se dissolve com facilidade.

No oeste dos Estados Unidos, onde existem menos fontes importantes de emissão, as concentrações do íon H^+ na água da chuva são de apenas 15-20% dos níveis observados no leste, ao passo que as concentrações dos ânions sulfato e nitrato são de um terço à metade das do leste. Na China, o carvão com elevado teor de enxofre é a principal fonte de energia, e as concentrações de sulfato na água da chuva são elevadas; observações no sudoeste da China mostram níveis seis vezes maiores que os de Nova York. No inverno, no Canadá, a neve contém mais nitrato e menos sulfato do que a chuva, aparentemente porque a neve que cai arrasta o nitrato de forma mais rápida e efetiva. Consequentemente, o nitrato explica cerca da metade da acidez encontrada na neve. Na primavera, o derretimento da neve causa um fluxo ácido que pode ser prejudicial a populações de peixes em rios e lagos, especialmente nos estágios de ovos e larvais.

Em áreas com nevoeiro frequente, ou nuvens em montanhas, a acidez pode ser maior do que com a chuva; dados norte-americanos indicam valores de pH médios de 3,4 no nevoeiro. Isso resulta de vários fatores. Pequenas gotículas de nevoeiro ou nuvens têm uma área superficial maior, níveis maiores de poluentes proporcionam mais tempo para reações químicas da fase aquosa, e os poluentes podem agir como núcleos para a condensação das gotículas da neblina. Na Califórnia, valores de pH de 2,0-2,5 são comuns em nevoeiros costeiros. A água da neblina em Los Angeles tem concentrações elevadas de nitrato, devido ao trânsito de automóveis durante a hora do *rush* matinal.

O impacto da precipitação ácida depende da cobertura de vegetação, do solo e do tipo de rochas. A neutralização pode ocorrer pela adição de cátions no dossel da vegetação ou na superfície. Essa proteção é maior se há rochas carbonáticas (cátions de Ca, Mg); de outra forma, a elevada acidez aumenta a lixiviação normal de bases do solo.

4 Aerossóis

Existem quantidades significativas de *aerossóis* na atmosfera. Eles são partículas suspensas de sulfato, sal marinho, poeira mineral (particularmente silicatos), matéria orgânica e carbono negro. Os aerossóis entram na atmosfera por meio de uma variedade de fontes naturais e antropogênicas (Tabela 2.2). Alguns se originam como partículas, que são emitidas diretamente

Tabela 2.2 Estimativas da produção de aerossóis, com menos de 5μm de raio (10^9 kg/ano) e concentrações típicas perto da superfície (μg m^{-3}) em áreas remotas e urbanas

	Produção	Concentração Remota	Concentração Urbana
Natural			
Produção primária:			
Sal marinho	2300	5–10	
Partículas minerais		900–1500	0,5–5*
Vulcânica	20		
Incêndios florestais e detritos biológicos	50		
Produção secundária (gás → partícula):			
Sulfatos de H_2S	70	1–2	
Nitratos de NO_x	22		
Hidrocarbonetos vegetais convertidos	25		
Natural total	3600		
Antropogênica			
Produção primária:			
Partículas minerais	0–600		
Poeira industrial	50		
Combustão (carbono negro)	10	100–500†	
(carbono orgânico)	50		
Produção secundária (gás → partícula):			
Sulfato de SO_2	140	0,5–1,5	10–20
Nitratos de NO_x	30	0,2	0,5
Combustão de biomassa (orgânicos)	20		
Antropogênica total	290–890		

Fontes: Ramanthan et al. 2001; Schimel et al. 1996, Bridgman 1990.
Obs.: *10–60μg m^{-3} durante episódios de poeira do Saara sobre o Atlântico.
†Partículas suspensas totais. 10^9 kg = 1Tg.

para a atmosfera – partículas de poeira mineral de superfícies secas, fuligem de carbono da queima de carvão e biomassa, e poeira vulcânica. A Figura 2.1B mostra suas distribuições por tamanho. Outros são formados na atmosfera por processos de conversão de gás para partícula (enxofre do SO_2 antropogênico e H_2S natural; sais de amônio derivados de NH_3; nitrogênio de NO_x). Os aerossóis sulfatados, dois terços dos quais vêm de emissões de usinas termoelétricas a carvão, desempenhavam um papel importante no controle dos efeitos do aquecimento global, refletindo a radiação solar incidente durante as décadas de 1960–1980, mas esse chamado "escurecimento global" foi invertido posteriormente ("clareamento global") (ver o Capítulo 13). Outras fontes de aerossóis são os sais marinhos e a matéria orgânica (hidrocarbonetos vegetais e antropogênicos). Em escala global, as fontes naturais são várias vezes maiores do que as antropogênicas, mas as estimativas são variadas. A poeira mineral é particularmente difícil de estimar, devido à natureza episódica de eventos eólicos e à considerável variabilidade espacial. Por exemplo, o vento carrega aproximadamente 1500Tg (10^{12}g) de material crostal anualmente, a metade do Saara e da Península da Arábia (ver Prancha 2.1). A maior parte disso é depositada pelo vento sobre o Atlântico. Existe um transporte semelhante do oeste da China e da Mongólia para o leste, sobre o Oceano Pacífico Norte. Partículas de grande tamanho originam-se da poeira mineral, do *spray* da água do mar, e de esporos vegetais (Figura 2.1A), que mergulham rapidamente para a superfície ou são lavadas (carreadas) pela chuva depois de alguns dias. As partículas finas oriundas de erupções vulcânicas podem residir de um a três anos na atmosfera superior.

As partículas pequenas (de Aitken) se formam pela condensação de produtos de reações da fase gasosa e de moléculas orgânicas e polímeros (fibras naturais e sintéticas, plásticos, borrachas e vinil). Existem 500-1000 partículas de Aitken por cm^3 no ar sobre a Europa. As partículas de tamanho médio (modo de acumulação) originam-se de fontes naturais como o solo, da combustão, ou acumulam-se por coagulação aleatória e por ciclos repetidos de condensação e evaporação (Figura 2.1A). Sobre a Europa, são encontradas 2000-3500 dessas partículas por cm^3. As partículas com diâmetros < $2,5\mu m$ ($MP_{2,5}$) – que podem causar problemas de saúde – são documentadas separadamente. Partículas com diâmetros de $0,1$-$1,0\mu m$ são altamente efetivas ao espalhar a radiação solar (Capítulo 3B.2), e as de $0,1\mu m$ de diâmetro são importantes na condensação das nuvens. Os efeitos climatológicos de aerossóis sobre a precipitação são complexos, e o impacto geral é incerto (ver p. 115).

Com essas generalizações sobre a atmosfera, examinaremos agora as variações que ocorrem na composição com a altitude, a latitude e o tempo.

5 Variações com a altitude

Podemos esperar que os gases leves (especialmente o hidrogênio e o hélio) se tornem mais abundantes na atmosfera superior, mas a mistura turbulenta em grande escala impede essa separação difusora até pelo menos 100 km acima da superfície. As variações que ocorrem na altura estão relacionadas com as fontes dos dois principais gases não permanentes – vapor de água e ozônio. Como ambos absorvem radiação

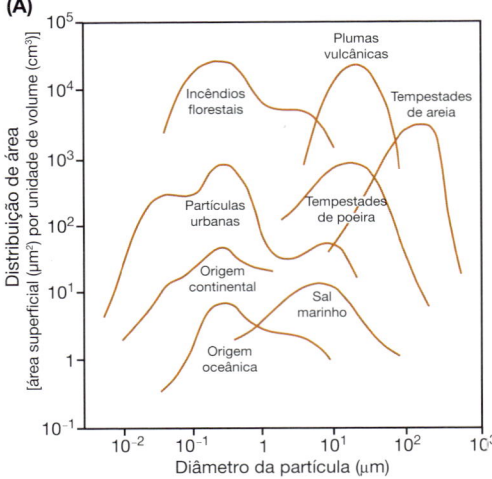

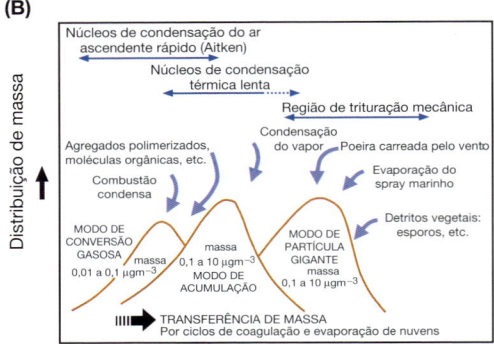

Figura 2.1 Partículas atmosféricas. (A): distribuição de massa, com uma representação dos processos superfície-atmosfera que criam e modificam aerossóis atmosféricos, ilustrando os três modos de tamanho. Os núcleos de Aitken são partículas sólidas e líquidas que agem como núcleos de condensação e capturam íons, logo, desempenham um papel na eletrificação das nuvens. (B): distribuição da área superficial por unidade de volume.

Fontes: (A): Glenn E. Shaw, University of Alaska, Geophysics Institute; (B): Slinn (1983).

solar e terrestre, o balanço de calor e a estrutura vertical da temperatura da atmosfera são afetados consideravelmente pela distribuição desses dois gases.

O vapor de água compreende até 4% da atmosfera em volume (por volta de 3% em peso) perto da superfície, mas apenas 3-6 ppmv (partes por milhão em volume) acima de 10 a 12 km. Ele é fornecido para a atmosfera pela eva-

Prancha 2.1 Plumas de poeira sobre o Mar Vermelho, sensor MODIS, em 15 de janeiro de 2009. NASA.

poração da água superficial ou pela transpiração das plantas, e transferido para níveis mais elevados pela turbulência atmosférica. A turbulência é mais efetiva abaixo de 10-15 km e, como a densidade máxima possível do vapor de água no ar frio é muito baixa (ver B.2, neste capítulo), existe pouco vapor de água nas camadas superiores da atmosfera.

O ozônio (O_3) se concentra principalmente entre 15 e 35 km. As camadas superiores da atmosfera são irradiadas pela radiação ultravioleta do Sol (ver C.1, neste capítulo), que causa a quebra das moléculas de oxigênio em altitudes acima de 30 km ($O_2 \rightarrow O + O$). Esses átomos separados (O + O) podem então se combinar individualmente com outras moléculas de oxigênio para criar ozônio, conforme ilustrado pelo esquema fotoquímico simples:

$$O_2 + O + M \rightarrow O_3 + M$$

onde M representa a energia e o balanço de momento proporcionado pela colisão com um terceiro átomo ou molécula; esse ciclo de Chapman é mostrado na Figura 2.2A. Essas colisões

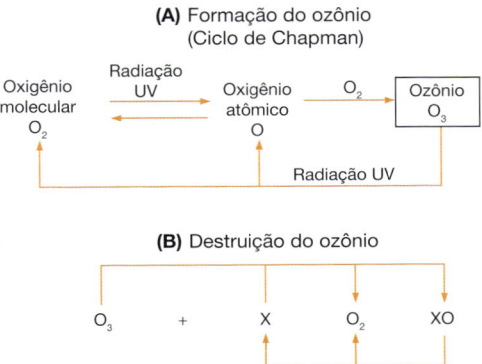

Figura 2.2 Ilustrações esquemáticas (A) do ciclo de Chapman da formação do ozônio e (B) destruição do ozônio. X é qualquer espécie que destrua o ozônio (p.ex., H, OH, NO, CR, Br).

Fonte: Hales (1996) *Bulletin of the American Meteorological Society*, American Meteorological Society.

de três corpos são raras a 80 a 100 km, devido à baixíssima densidade da atmosfera, enquanto, abaixo de 35 km, a maior parte da radiação ultravioleta incidente já foi absorvida em níveis maiores. Portanto, o ozônio é formado principalmente entre 30 e 60 km, onde as colisões entre O e O_2 são mais prováveis. O próprio ozônio é instável; sua abundância é determinada por três interações fotoquímicas diferentes. Acima de 40 km, o oxigênio livre é destruído principalmente por um ciclo envolvendo oxigênio molecular; entre 20 e 40 km, predominam os ciclos de NO_x, enquanto, abaixo de 20 km, o responsável é o radical de hidrogênio e oxigênio (HO_2).

Outros ciclos importantes envolvem as cadeias de Cloro (ClO) e Bromo (BrO) em altitudes variadas. Colisões com oxigênio monoatômico podem recriar oxigênio (ver Figura 2.2B), mas o ozônio é destruído principalmente por ciclos envolvendo reações catalíticas, algumas das quais são fotoquímicas associadas à radiação ultravioleta de ondas mais longas (2,3-2,9 μm). A destruição do ozônio envolve uma recombinação com o oxigênio atômico, causando uma perda líquida de oxigênio livre. Isso ocorre por meio do efeito catalítico de um radical como o OH (hidroxila):

$$\left. \begin{array}{l} H + O \rightarrow HO_2 \\ HO_2 + O \rightarrow OH + O_2 \\ OH + O \rightarrow H + O_2 \end{array} \right\} \text{líquido: } 2O \rightarrow O_2$$

Os átomos de hidrogênio livre e OH resultam da dissociação do vapor de água, hidrogênio molecular e metano (CH_4).

O ozônio estratosférico também é destruído na presença de óxidos de nitrogênio (NO_x, isto é, NO_2 e NO) e radicais de cloro (Cl, ClO). O gás-fonte do NO_x é o óxido nitroso (N_2O), produzido por combustão e uso de fertilizantes, enquanto os clorofluorcarbonetos (CFC), fabricados para o "freon", dão vazão aos cloros livres. Esses gases-fonte são transportados da superfície até a estratosfera e convertidos por oxidação em NO_x, e por fotodecomposição com UV em radicais cloro, respectivamente.

A cadeia do cloro envolve:

$2(Cl + O_3 \rightarrow ClO + O_2)$
$ClO + ClO \rightarrow Cl2O_2$

e

$Cl + O_3 \rightarrow ClO + O_2$
$OH + O_3 \rightarrow HO_3 + 2O_2$

Ambas as reações resultam na conversão de O_3 para O_2 e na remoção de todos os oxigênios livres. Outro ciclo pode envolver uma interação entre os óxidos de cloro e bromo (Br). Parece que o aumento em espécies de Cl e Br durante as décadas de 1970 a 1990 explica a redução observada do ozônio estratosférico sobre a Antártica (ver Quadro 2.1). Um mecanismo que talvez promova o processo catalítico envolve nuvens estratosféricas polares, que podem se formar durante a primavera austral (outubro), quando as temperaturas caem para 185-195K, permitindo a formação de partículas de gelo e água gelada de ácido nítrico (HNO_3). Todavia, está claro que as fontes antropogênicas de gases-traço são o principal fator no declínio do ozônio. As condições no Ártico são um pouco diferentes, pois a estratosfera é mais quente e existe mais mistura de ar de latitudes menores. Entretanto, atualmente, são observadas reduções no ozônio na primavera boreal na estratosfera ártica.

A metamorfose constante do oxigênio para ozônio e de ozônio de volta para oxigênio envolve um conjunto complexo de processos fotoquímicos, que tendem a manter um equilíbrio aproximado acima de 40 km. Todavia, a razão de mistura do ozônio alcança seu máximo aproximadamente a 35 km, ao passo que a concentração máxima de ozônio (ver Nota 1) ocorre mais abaixo, entre 20 e 25 km em latitudes baixas e entre 10 e 20 km em latitudes altas. Isso é resultado de um mecanismo de circulação que transporta o ozônio para baixo, para níveis onde sua destruição é menos provável, permitindo que haja um acúmulo do gás. Apesar da importância da camada de ozônio, é essencial que se compreenda que, se a atmosfera fosse comprimida ao nível do mar (na temperatura e pressão normais no nível do mar), o ozônio contribuiria com apenas 3 mm da espessura atmosférica total de 8 km (Figura 2.3).

6 Variações com a latitude e a estação

As variações da composição atmosférica com a latitude e a estação são particularmente importantes no caso do vapor de água e do ozônio estratosférico.

O teor de ozônio é baixo sobre o equador e alto em latitudes subpolares na primavera (ver Figura 2.3). Se a distribuição fosse resultado unicamente de processos fotoquímicos, o máximo ocorreria em junho perto do equador, de modo que o padrão anômalo deve resultar do transporte de ozônio em direção aos polos. Aparentemente, o ozônio muda de níveis altos (30-40 km) em latitudes baixas para níveis mais baixos (20-25 km) em latitudes altas durante os meses do inverno. Ali, o ozônio é armazenado durante a *noite polar*, levando a uma camada rica em ozônio no começo da primavera em condições naturais. É esse aspecto que é perturbado pelo "buraco" da camada de ozônio estratosférica, que hoje se forma a cada primavera na Antártica e, em alguns anos recentes, também no Ártico (ver Quadro 2.1). Ainda não conhecemos com certeza o tipo de circulação responsável por essa transferência, embora não pareça ser simples e direta.

O teor de vapor de água da atmosfera está relacionado com a temperatura do ar (ver B.2, neste capítulo, e os Capítulos 4B e C) e, portanto, é maior no verão e em latitudes baixas. Todavia, existem exceções óbvias a essa generalização, como as áreas tropicais desertas do mundo.

O teor de dióxido de carbono do ar, que tinha uma média de 387 partes por milhão (ppm) em 2007, apresenta uma grande variação sazonal nas latitudes maiores do Hemisfério Norte, associada à fotossíntese e à decomposição na biosfera. A 50°N, a concentração varia de 380 ppm no outono a 393 ppm na primavera. Os baixos valores do verão estão relacionados com a assimilação de CO_2 pelos mares polares frios. Ao longo do ano, ocorre uma pequena transferência líquida de CO_2 de latitudes baixas para altas, mantendo um equilíbrio nos teores do ar.

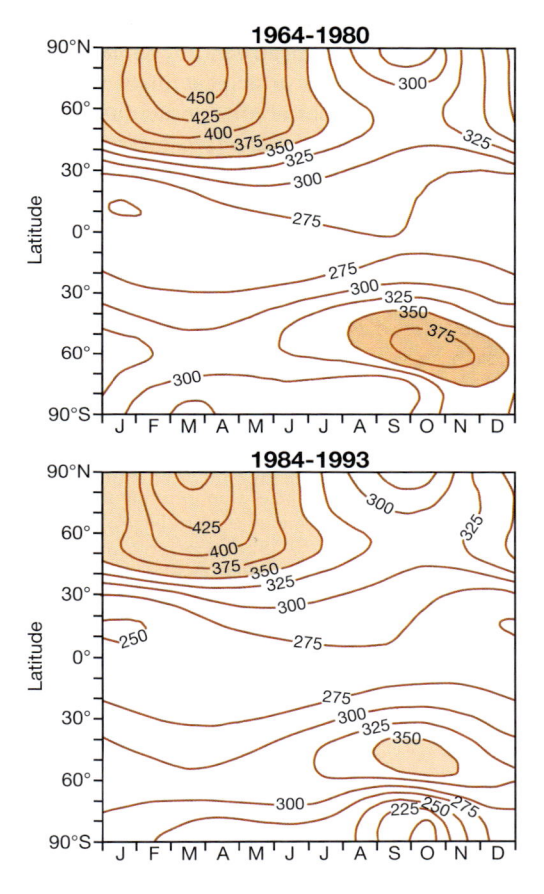

Figura 2.3 Variação do ozônio total com a latitude e a estação em unidades de Dobson* para dois intervalos de tempo: (superior) 1964-1980 e (inferior) 1984-1993. Valores acima de 350 unidades estão sombreados.

Fonte: Bojkov e Fioletov (1995) *Journal of Geophysical Research*, 100(D), Fig. 15, p. 16, 548. American Geophysical Union.

7 Variações com o tempo

As quantidades de dióxido de carbono, outros gases de efeito estufa e partículas na atmosfera sofrem variações de longo prazo que podem ter um papel importante no balanço de radiação da Terra. As medidas dos gases-traço atmosféricos mostram aumentos em quase todos eles desde o início da Revolução Industrial, por volta de 1750 (Tabela 2.3). A queima de combustíveis fósseis é a principal fonte dessas concentrações crescentes de gases-traço. O aquecimento,

---

* N. de R. T.: Uma VD = $2,6 \times 10^{20}$ moléculas de D_3 cm^{-2}. A unidade Dobson é a medida da quantidade de ozônio em uma coluna de ar na atmosfera, especialmente na estratosfera. É a medida da espessura em cm da camada de ozônio, assumindo que todo o ozônio fosse isolado e trazido ao nível do mar.

o transporte e as atividades industriais geram quase 5×10^{20} J/ano de energia. O consumo de petróleo e gás natural representa 60% da energia global, e o carvão, por volta de 25%. O gás natural é quase 90% metano (CH_4), ao passo que a queima de carvão e óleo combustível libera não apenas CO_2, mas também nitrogênio livre (NO_x), enxofre e monóxido de carbono (CO). Outros fatores relacionados com certas práticas agrícolas (desmatamento, agricultura, cultivo de arroz irrigado e pecuária) também contribuem para modificar a composição atmosférica. As concentrações e fontes dos gases de efeito estufa mais importantes são consideradas a seguir.

- *Dióxido de carbono* (CO_2). Os principais reservatórios de carbono estão em sedimentos calcários e combustíveis fósseis. A atmosfera contém aproximadamente 800×10^{12} kg de carbono (C), correspondendo a uma concentração de CO_2 de 387 ppm (Figura 2.4). Os principais fluxos de CO_2 resultam da solução/dissolução no oceano e da fotossíntese/respiração e decomposição pela biota. O tempo médio necessário para que uma molécula se dissolva no

---

AVANÇOS SIGNIFICATIVOS DO SÉCULO XX

2.1 Ozônio na estratosfera

As primeiras medições do ozônio foram feitas na década de 1930. Elas têm duas propriedades de interesse: (1) o ozônio total em uma coluna atmosférica, que é medido com o espectrofotômetro de Dobson, comparando a radiação solar em um comprimento de onda onde ocorre absorção de ozônio com a de outro comprimento onde esses efeitos estão ausentes; e (2) a distribuição vertical do ozônio, que pode ser medida por sondagens químicas da estratosfera, ou calculada na superfície usando o método de *Umkehr*; aqui, mede-se o efeito do ângulo de elevação do Sol sobre o espalhamento da radiação solar. As medidas do ozônio, iniciadas na Antártica durante o Ano Geofísico de 1957-1958, apresentavam um ciclo anual regular, com um pico na primavera austral (outubro a novembro) à medida que o ar rico em ozônio das latitudes médias era transportado em direção aos polos quando o vórtice polar do inverno na estratosfera se desfazia. Os valores diminuíam sazonalmente de 450 unidades de Dobson (DU) na primavera a 300 DU no verão, e continuavam aproximadamente nesse nível durante o outono e o inverno. Os cientistas da British Antarctic Survey observaram um padrão diferente na Base Hadley a partir da década de 1970. Na primavera, com o retorno da luz do Sol, os valores diminuíram constantemente entre 12 e 20 km de altitude. Também na década de 1970, sondas começaram a mapear a distribuição espacial do ozônio sobre as regiões polares, revelando que os valores baixos formavam um núcleo central, e passou a ser usado o termo "buraco da camada de ozônio". Desde meados da década de 1970, os valores começam a diminuir no final do inverno e agora alcançam mínimas de 95-100 DU na primavera austral.

Usando um limite de 220 DU (correspondendo a uma camada de ozônio fina, de 2,2 mm, se todo o gás fosse trazido à temperatura e pressão do nível do mar), a extensão do buraco da camada de ozônio ao final de setembro tinha uma média de 21 milhões de km^2 durante 1990-1999. O buraco se expandiu e cobria 27 milhões de km^2 no começo de setembro de 1999 e em 2000, e continuou nesse nível até a primavera de 2006.

No Ártico, as temperaturas na estratosfera não são tão baixas quanto sobre a Antártica, mas, nos últimos anos, a depleção do ozônio tem sido grande quando as temperaturas caem muito abaixo do normal na estratosfera no inverno. Em fevereiro de 1996, por exemplo, foram registrados totais por coluna com média de 330 DU para o vórtice ártico, comparados com 360 DU ou mais para os outros anos. Uma série de miniburacos foi observada sobre a Groenlândia, o Atlântico Norte e o norte da Europa, com um mínimo absoluto abaixo de 180 DU sobre a Groenlândia. É menos provável que um buraco amplo se desenvolva na camada de ozônio sobre o Ártico, pois sua circulação estratosférica mais dinâmica, comparada com a da Antártica, transporta o ozônio das latitudes médias para os polos.

Para combater as reduções no ozônio, o Protocolo de Montreal foi assinado internacionalmente em 1987, para reduzir a produção de substâncias consideradas responsáveis pela depleção do ozônio. As concentrações dos clorofluorcarbonetos (CFC) mais importantes se estabilizaram ou diminuíram, mas o tamanho do buraco na camada de ozônio ainda não reagiu.

Tabela 2.3 Mudanças antropogênicas na concentração de gases-traço atmosféricos

Gás	Concentração 1850*	2008	Aumento anual (%) 1990s	Fontes
Dióxido de carbono	280ppm	385ppm	0,4	Combustíveis fósseis
Metano	800ppbv	1775ppbv	0,3	Arrozais irrigados, gado, banhados
Óxido nitroso	280ppbv	320ppbv	0,25	Atividade microbiológica, fertilizantes, combustíveis fósseis
CFC–11	0	0,27ppbv	≈0	Freon[†]
HCFC–22	0	0,11ppbv	5	Substituto CFC
Ozônio (troposfera)	?	10–50ppbv	≈0	Reações fotoquímicas

Fontes: Atualizado de Schimel et al. (1996), in Houghton et al. (1996).
Obs.: *Os níveis pré-industriais derivam principalmente de medições em testemunhos de gelo, onde bolhas de ar ficam aprisionadas à medida que a neve se acumula nos mantos de gelo polar. [†]Produção começou na década de 1930.

ppm = partes por milhão; ppbv = partes por bilhão em volume.

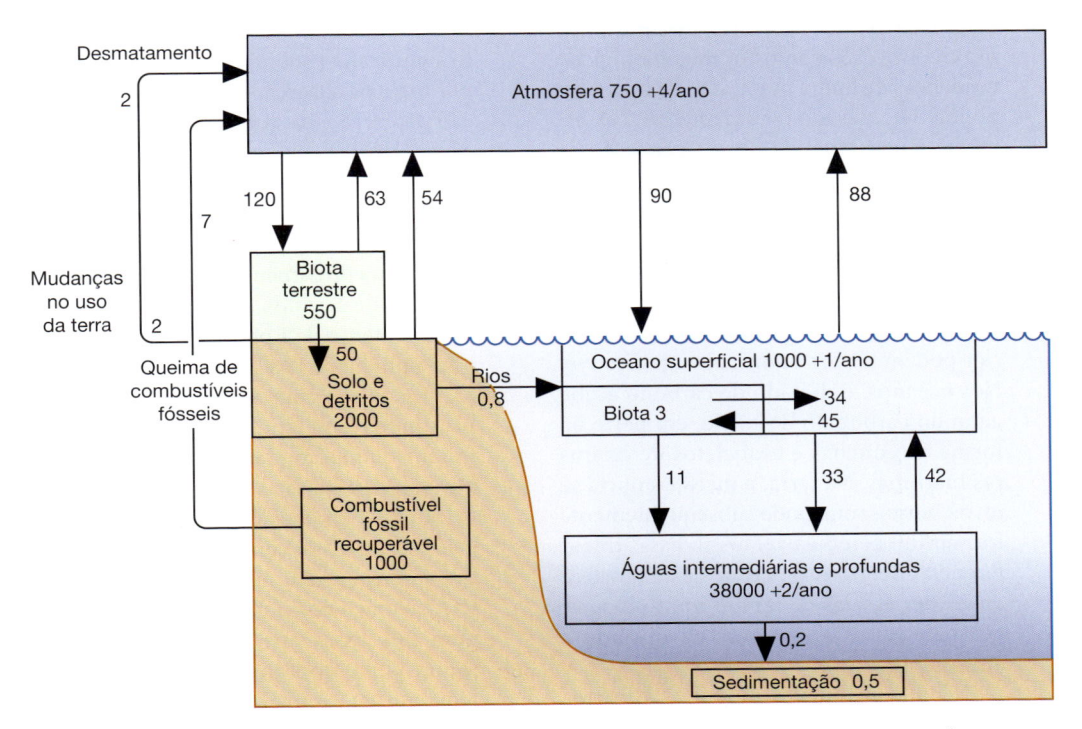

Figura 2.4 Reservatórios globais de carbono (gigatoneladas de carbono (GtC): onde 1 Gt = 10^9 toneladas métricas = 10^{12} kg) e fluxos anuais brutos (GtC ano^{-1}). Os números nos reservatórios sugerem o acúmulo anual líquido devido a causas antropogênicas.

Fonte: Adaptado de Sundquist, Trabalka, Bolin and Siegenthaler; IPCC (1990 e 2001).

oceano ou seja absorvida por plantas é de aproximadamente quatro anos. A atividade fotossintética que leva à produção primária na Terra envolve 50×10^{12} kg de carbono anualmente, representando 7% do carbono atmosférico; isso explica a oscilação anual observada no CO_2 no Hemisfério Norte devido à sua extensa biosfera terrestre.

Os oceanos desempenham um papel fundamental no ciclo global do carbono. A fotossíntese do fitoplâncton gera compostos orgânicos de dióxido de carbono aquoso. Depois de um tempo, parte da matéria orgânica afunda na água mais profunda, onde sofre decomposição e oxidação, transformando-se novamente em dióxido de carbono. Esse processo transfere dióxido de carbono da água superficial e o sequestra no oceano profundo. Como consequência, as concentrações atmosféricas de CO_2 podem ser mantidas em um nível mais baixo do que ocorreria. Esse mecanismo é conhecido como "bomba biológica"; mudanças de longo prazo em sua operação podem ter causado o aumento no CO_2 atmosférico ao final da última glaciação. A produtividade da biomassa oceânica é limitada pela disponibilidade de nutrientes e pela luz. Assim, ao contrário da biosfera terrestre, aumentar os níveis de CO_2 não afeta necessariamente a produtividade oceânica; os influxos de fertilizantes em rios podem ser um fator mais significativo. Nos oceanos, o dióxido de carbono acaba gerando carbonato de cálcio, em parte na forma de conchas e esqueletos de criaturas marinhas. Na terra, a matéria morta se torna húmus, que pode subsequentemente formar um combustível fóssil. Essas transferências dentro dos oceanos e da litosfera envolvem escalas de tempo muito longas, comparadas com as trocas envolvendo a atmosfera.

Conforme mostra a Figura 2.4, as trocas entre a atmosfera e os outros reservatórios são mais ou menos equilibradas. Ainda assim, esse equilíbrio não é absoluto; entre 1750 D.C. e 2008, estima-se que a concentração de CO_2 atmosférico tenha aumentado em 38%, de 280 para 387 ppm, o maior valor em 650.000 anos! (Figura 2.5). A metade desse aumento ocorreu desde meados da década de 1960; atualmente, os níveis atmosféricos de CO_2 estão aumentando em 1,5-2 ppmv por ano. A principal fonte líquida é a queima de combustíveis fósseis, representando hoje $6,55 \times 10^{12}$ kg C/ano. O desmatamento e os incêndios tropicais podem contribuir com mais 2×10^{12} kg C/ano; a cifra ainda é incerta. Os incêndios destroem apenas a biomassa acima do solo, e uma grande fração do carbono é armazenada como carvão no solo. O consumo de combustíveis fósseis na verdade deve ter produzido um aumento de quase o dobro do observado. A absorção e a dissolução nos oceanos e na biosfera terrestre explicam a diferença.

O dióxido de carbono tem um impacto significativo sobre a temperatura global, por meio da absorção e reemissão de radiação da Terra e da atmosfera (ver Capítulo 3C). Cálculos sugerem que o aumento de 320 ppm na década de 1960 para 387 ppm (2008) elevou a temperatura do ar superficial em 0,6°C (na ausência de outros fatores). A taxa de aumento do CO_2 desde 2000 tem sido de cerca de 2 ppm/ano, comparada com menos de 1 ppm na década de 1960 e 1,5 ppm na de 1980.

Pesquisas com testemunhos de gelo profundos coletados na Antártica permitem que as mudanças na composição atmosférica passada sejam calculadas, extraindo-se bolhas de ar aprisionadas em gelo antigo. Essas análises mostram grandes variações naturais na concentração de CO_2 ao longo dos ciclos de eras glaciais (Figura 2.6). Essas variações de até 100 ppm foram contemporâneas de mudanças de temperatura estimadas em 10°C. Essas variações de longo prazo no dióxido de carbono e no clima são discutidas novamente no Capítulo 13.

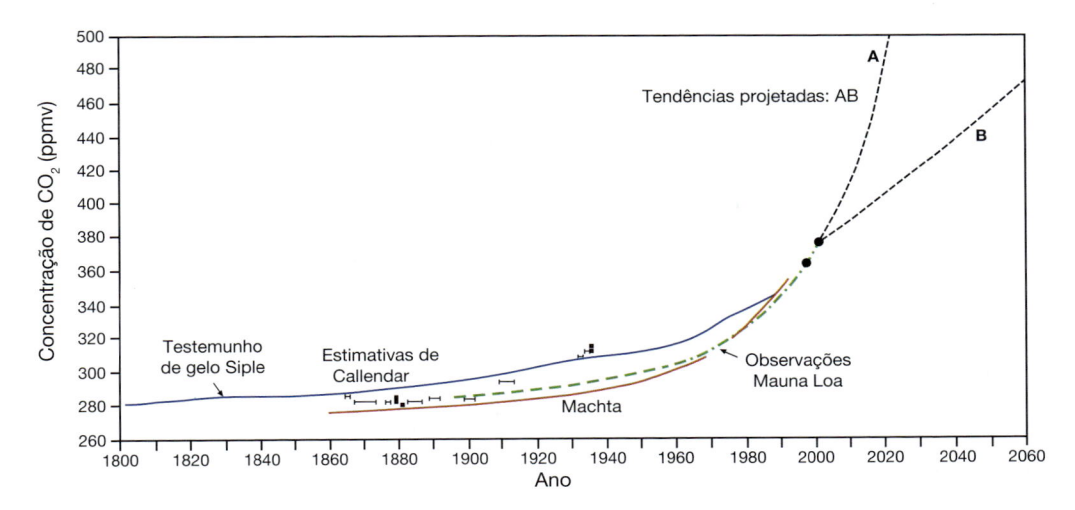

Figura 2.5 Concentração estimada de dióxido de carbono: desde 1800, a partir de bolhas de ar em um testemunho de gelo antártico, primeiras medidas de 1860-1960; observações em Mauna Loa, Havaí, desde 1957; e tendências projetadas para este século.

Fonte: Keeling, Callendar, Machta, Broecker e outros.

Obs.: (a) e (b) indicam diferentes cenários do uso global de combustíveis fósseis (IPCC, 2001).

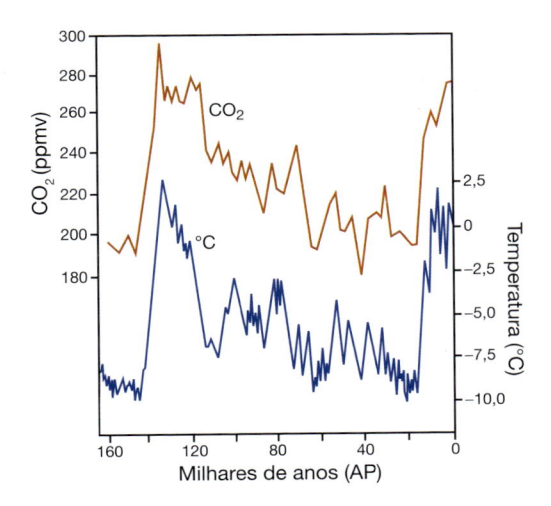

Figura 2.6 Mudanças na concentração atmosférica de CO_2 (ppmv: partes por milhão em volume) e estimativas dos desvios resultantes na temperatura global a partir do valor atual observado no ar aprisionado em bolhas no gelo em testemunhos cobrindo 160.000 anos em Vostok, Antártica.

Fonte: Our Future World, Natural Environment Research Council (NERC) 1989.

- A concentração de *metano* (CH_4) (1,775 ppbv) é mais que o dobro do nível pré-industrial (750 ppbv). Ela vinha aumentando em aproximadamente 4-5ppbv por ano na década de 1990, mas essa taxa se aproxima de zero desde 1999-2000 (Figura 2.7). Por razões desconhecidas, as concentrações aumentaram novamente em 2008. O metano tem um tempo de vida de aproximadamente nove anos na atmosfera, e é responsável por aproximadamente 18% do efeito estufa. As populações de gado aumentaram em 5%/ano ao longo de 30 anos, e a área de arroz irrigado, em 7%/ano, embora não se saiba se isso explica quantitativamente o aumento anual de 120 ppbv no teor de metano, observado ao longo da última década. A Tabela 2.4, que mostra a liberação e o consumo médios anuais, indica as incertezas em nosso conhecimento sobre suas fontes e sumidouros.
- O *óxido nitroso* (N_2O), relativamente inerte, origina-se principalmente da atividade microbiana (nitrificação) nos solos e nos oceanos (4 a 8 × 10^9kg N/ano), com

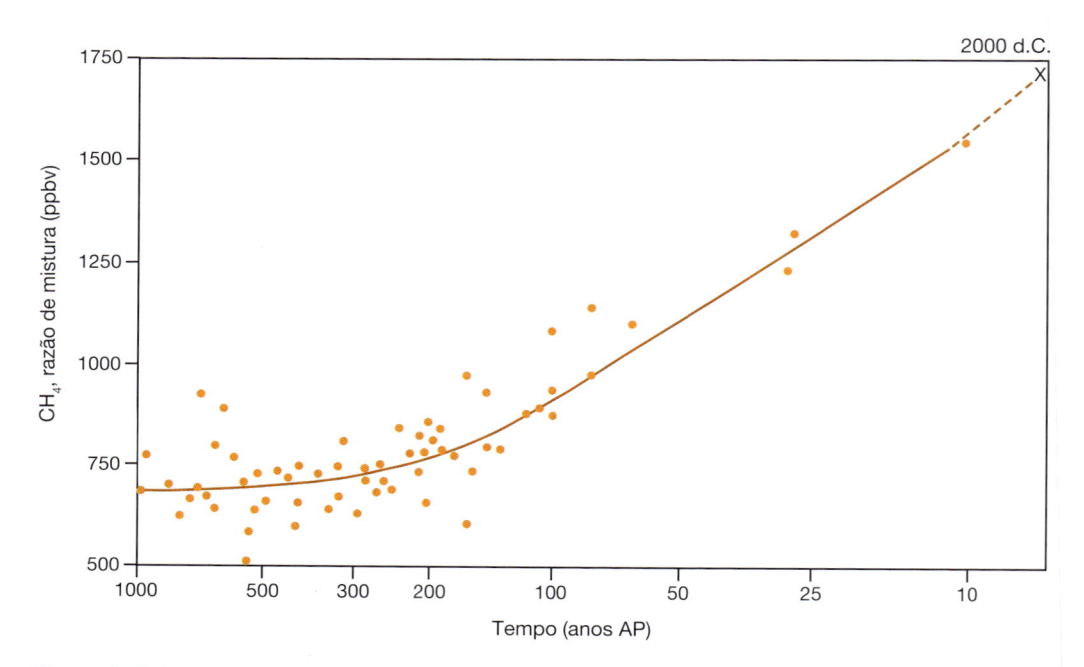

Figura 2.7 Concentração de metano (partes por milhão em volume) nas bolhas de ar aprisionadas em gelo de 1000 anos AP obtida de testemunhos de gelo na Groenlândia e na Antártida e a média global para 2000 d.C. (X).
Fonte: Dados de Rasmussen e Khalil, Craig e Chou, e Robbins; Modificado de Bolin et al. (eds) *The Greenhouse Effect, Climatic Change, and Ecosystems* (SCOPE 29). Copyright © 1986. Reimpresso com permissão de John Wiley & Sons, Inc.

Tabela 2.4 Liberação e consumo anuais médios de CH_4 ($T_g = 10_g^{12}$)

	Média	Amplitude
(A) Liberação		
Áreas úmidas naturais	115	100–200
Arrozais	110	25–170
Fermentação entérica (mamíferos)	80	65–110
Prospecção de gás	45	25–50
Queima de biomassa	40	20–80
Térmites	40	10–100
Lixões e aterros	40	20–70
Total	c. 530	
(B) Consumo		
Solos	30	15–30
Reação com OH	500	400–600
Total	c. 530	

Fonte: Tetlow-Smith (1995).

aproximadamente $1{,}0 \times 10^9$ kg N/ano de processos industriais. Outras fontes antropogênicas importantes são os fertilizantes nitrogenados e a queima de biomassa. A concentração de N_2O aumentou de um nível pré-industrial de aproximadamente 285 ppbv para 320 ppbv (no ar limpo). Seu aumento começou por volta de 1940 e está em cerca de 0,8 ppbv/ano (**Figura 2.8A**). O principal sumidouro de N_2O está na estratosfera, onde é oxidado para NO_x.

- Os *clorofuorcarbonetos* (CF_2Cl_2 e $CFCl_3$), mais conhecidos como "freons" CFC–11 e CFC–12, respectivamente, começaram a ser produzidos na década de 1930 e hoje têm uma carga atmosférica total de 10^{10} kg. Eles aumentaram em uma taxa de 4-5% ao ano até 1990, mas o CFC–11 diminuiu lentamente desde a metade da década de 1990, e o CFC–12 mantém-se estático, depois de um pico em 2003, como resulta-

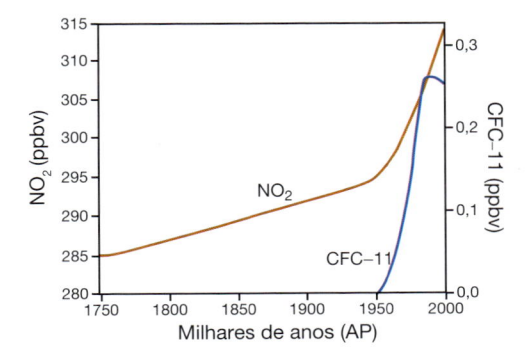

Figura 2.8 Concentração de (A) óxido nitroso, N_2O (escala à esquerda), que aumentou desde a metade do século XVIII e especialmente desde 1950; e de (B) CFC–11 desde 1950 (escala à direita). Ambos em partes por bilhão em volume (ppbv).
Fonte: IPCC (1990 e 2001).

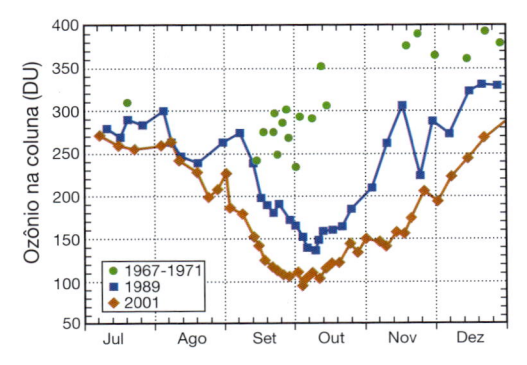

Figura 2.9 Medições do ozônio total de ozôniossondas sobre o Polo Sul para 1967-1971, 1989 e 2001, mostrando um aprofundamento do buraco da camada de ozônio na Antártica.
Fonte: Climate Monitoring and Diagnostics Laboratory, NOAA.

do dos acordos do Protocolo de Montreal para reduzir a produção e usar substitutos (ver Figura 2.9B). Embora sua concentração seja <1 ppbv, os CFC explicam quase 10% do efeito estufa. Eles têm um tempo de residência de 55-130 anos na atmosfera. Embora a substituição dos CFC por hidrohalocarbonetos (HCFC) possa reduzir significativamente a depleção do ozônio estratosférico, os HCFC ainda têm um grande potencial como gases de efeito estufa.

- O *ozônio* (O_3) se distribui de forma bastante desigual com a altura e a latitude (ver Figura 2.4) como resultado da complexa fotoquímica envolvida em sua produção (A.2, neste capítulo). Desde o final da década de 1970, foram detectados declínios significativos no ozônio total na primavera em latitudes meridionais elevadas. A elevação normal no ozônio estratosférico associada ao aumento na radiação solar na primavera aparentemente não ocorre. Observações realizadas na Antártica mostram uma redução no ozônio total de setembro a outubro, de 320 DU (3mm à temperatura e pressão atmosférica normais) na década de 1960 para em torno de 100 na década de 1990. Medidas de satélite do ozônio estratosférico (Figura 2.9) ilustram a presença de um "buraco na camada de ozônio" sobre a região polar sul (ver Quadro 2.1). Reduções semelhantes também são evidentes no Ártico e em latitudes menores. Entre 1979 e 1986, houve uma redução de 30% no ozônio na altitude de 30-40 km entre as latitudes de 20 e 50°N e S (Figura 2.10); além disso, houve um aumento no ozônio

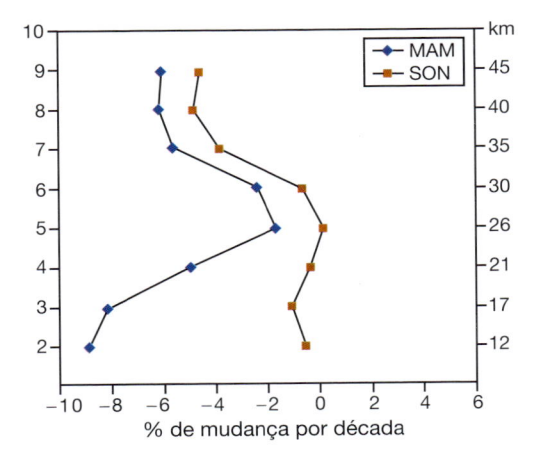

Figura 2.10 Mudanças no teor de ozônio estratosférico (% por década) de março a maio e de setembro a novembro 1978-1997 sobre a Europa (composição de Belsk, Polônia, e Arosa, Suíça, e Observatório de Haute Provence, França) baseadas em medidas *umkehr*.
Fonte: Adaptado de Bojkov *et al.* (2002) *Meteorology and Atmospheric Physics*, 79, p. 148, Fig. 14a.

nos 10 km inferiores como resultado de atividades antrópicas. O ozônio troposférico representa em torno de 34 DU, comparado com 25 na era pré-industrial. Essas mudanças na distribuição vertical da concentração de ozônio provavelmente levarão a alterações nos processos de aquecimento atmosférico (Capítulo 2C), com implicações para as tendências climáticas futuras (ver Capítulo 11). O total da coluna média global diminuiu de 306 DU em 1964-1980 para 297 em 1984-1993 (ver Figura 2.4). O declínio observado nos últimos 25 anos excedeu os 7% em latitudes médias e altas.

Os efeitos da redução no ozônio estratosférico são particularmente importantes por seu dano biológico potencial às células vivas e à pele humana. Estima-se que uma redução em 1% no ozônio total aumente a radiação ultravioleta B em 2%, por exemplo, e a radiação ultravioleta a 0,30 μm é 1.000 vezes mais prejudicial para a pele do que a 0,33 μm (ver Capítulo 3A). A redução no ozônio também seria maior em latitudes maiores. Todavia, os gradientes de radiação latitudinais e altitudinais médios implicam que os efeitos de um aumento de 2% no UV-B em latitudes médias poderiam ser compensados pelo movimento de 20 km em direção aos polos ou 100 m mais abaixo em altitude! Observações polares recentes sugerem mudanças consideráveis. Os totais de ozônio estratosférico observados na década de 1990 sobre a estação Palmer, na Antártica (65°S), hoje mantêm níveis baixos de setembro ao começo de dezembro, em vez de se recuperarem em novembro. A partir daí, a altitude do Sol tem sido mais alta e a radiação incidente tem sido muito maior do que nos anos anteriores, especialmente a comprimentos de onda $\leq$ 0,30 μm. Todavia, os possíveis efeitos do aumento na radiação UV sobre a biota ainda precisam ser determinados.

- A carga de *aerossóis* pode mudar por causa de processos naturais e antropogênicos. As concentrações de partículas atmosféricas derivadas da poeira vulcânica são extremamente irregulares (ver Figura 2.11), mas as emissões vulcânicas individuais se difundem de forma rápida geograficamente. Conforme mostra a Figura 2.12, uma forte circulação de ventos de oeste carregou a poeira do El Chichón em uma velocidade média de 20 m s^{-1}, de modo que ela envolveu o globo em menos de três semanas. O espalhamento da poeira do Krakatoa em 1883 foi mais rápido e mais amplo, devido à maior quantidade de poeira fina lançada à estratosfera. Em junho de 1991, a erupção do Monte Pinatubo nas Filipinas injetou 20 megatoneladas de SO$_2$ na estratosfera. Contudo, apenas 12 erupções produziram cortinas de poeira mensuráveis nos últimos 120 anos, e ocorreram principalmente entre 1883 e 1912, e entre 1982 e 1992.

As erupções vulcânicas, que injetam poeira e dióxido de enxofre na estratosfera, causam um pequeno déficit no aquecimento superficial, com um efeito global de −0,1°C a −0,2°C, mas que é efêmero, durando apenas um ano depois do evento (ver Quadro 13.1). Além disso, a menos que a erupção seja em latitudes baixas, a poeira e os aerossóis de sulfato permanecem em um hemisfério e não cruzam o equador.

A contribuição de partículas criadas pelo homem (principalmente os sulfatos e a poeira mineral) tem aumentado de forma progressiva, e hoje explica cerca de 30% da carga troposférica total de aerossóis. As emissões de sulfatos diminuíram na Europa e América do Norte desde a década de 1990, mas aumentaram no sul e leste da Ásia; as emissões globais de sulfato diminuíram desde a década de 1980. O efeito geral dos aerossóis na atmosfera inferior é incerto; os poluentes urbanos geralmente aquecem a atmosfera por absorção e reduzem a radiação solar que alcança a superfície (ver Capítulo 3C). Os aerossóis podem reduzir o albedo planetário acima de uma superfície de albedo elevado, como um deserto ou camada de neve, mas aumentá-lo sobre uma superfície oceânica. Desse modo, é difícil avaliar o papel global dos

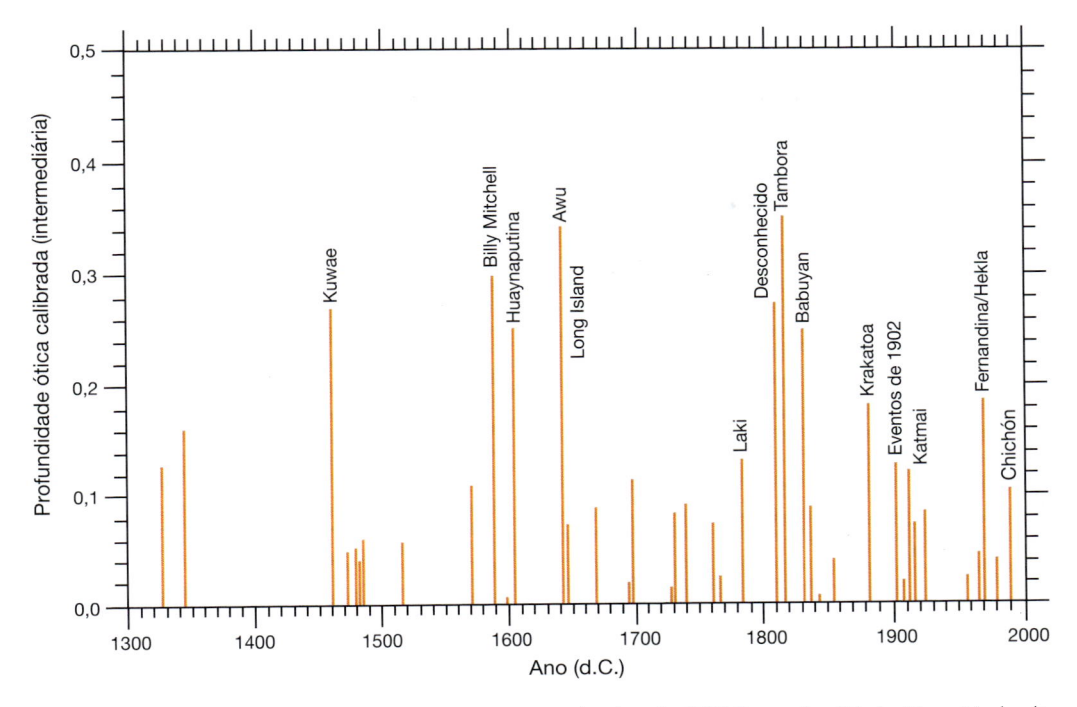

Figura 2.11 Registro de erupções vulcânicas no testemunho de gelo GISP 2 e profundidade ótica visível calibrada para 1300-2000 d.C., com os nomes de erupções vulcânicas importantes.

Observe que o registro reflete erupções no Hemisfério Norte e na região equatorial; as estimativas da profundidade ótica dependem da latitude e da técnica usada para calibração.

Fonte: Modificado de Zielinski (1995) *Journal of Geophysical Research*, 100(D10), p. 20,950, Fig. 6.

aerossóis troposféricos, embora a maioria das autoridades considere que hoje é de resfriamento.

B A MASSA DA ATMOSFERA

Os gases atmosféricos obedecem algumas leis simples em resposta a mudanças na pressão e temperatura. A primeira, a lei de Boyle, postula que, em uma temperatura constante, o volume (V) de uma massa de gás varia inversamente à sua pressão (P), isto é,

$$P = \frac{k_1}{V}$$

(k_1 é uma constante); e a segunda, a lei de Charles, diz que, em uma pressão constante, o volume varia diretamente com a temperatura absoluta (T) medida em graus Kelvin (ver Nota 2):

$$V = k_2 T$$

Essas leis implicam que as três qualidades da pressão, temperatura e volume são completamente interdependentes, de modo que qualquer mudança em uma delas causará uma mudança de compensação em uma ou nas outras duas. As leis dos gases podem ser combinadas e gerar a seguinte relação:

$$PV = RmT$$

onde m = massa de ar e R = uma constante gasosa para o ar seco (287 J kg^{-1} K^{-1}) (ver Nota 3).

Se m e T são mantidos constantes, obtemos a lei de Boyle; mantendo m e P fixos, obtemos a lei de Charles. Como é conveniente usar a densidade, ρ (= massa/volume), em vez do volume ao estudar a atmosfera, podemos reescrever a equação na forma conhecida como equação de estado:

$$P = R\rho T$$

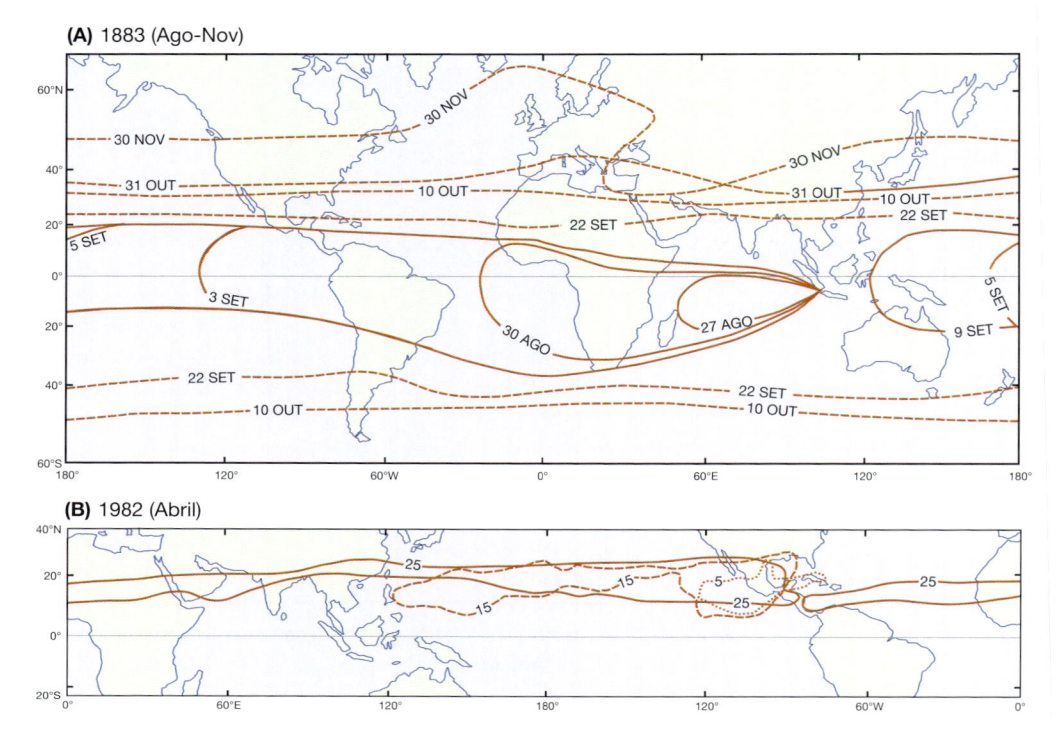

Figura 2.12 O espalhamento do material vulcânico na atmosfera após grandes erupções: (A) distribuições aproximadas de fenômenos celestiais óticos observados, associados ao espalhamento da poeira vulcânica do Krakatoa entre a erupção de 26 de agosto e 30 de novembro de 1883; (B) o espalhamento da nuvem de poeira vulcânica após a principal erupção do vulcão El Chichón no México em 3 de abril de 1982. São mostradas distribuições em 5, 15 e 25 de abril.

Fontes: Russell and Archibald (1888), Simkin and Fiske (1983), Rampino and Self (1984), Robock and Matson (1983). (A) com permissão do Smithsonian Institution.

Assim, a uma pressão qualquer, um aumento na temperatura causa redução na densidade, e vice-versa.

1 Pressão total

O ar é altamente compressível, de modo que suas camadas inferiores são muito mais densas do que as superiores. Da massa total de ar, 50% são encontrados abaixo de 5 km (ver Figura 2.13), e a densidade média diminui de cerca de 1,2 kg m^{-3} na superfície para 0,7 kg m^{-3} a aproximadamente 5000 m, perto do limite extremo para a habitabilidade humana.

A pressão é medida como força por unidade de área. Uma força de 10^5 newtons atuando sobre 1 m^2 corresponde ao Pascal (Pa), que é a unidade de pressão do Sistema Internacional

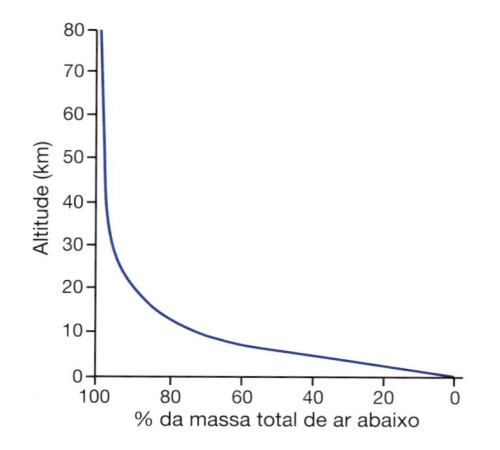

Figura 2.13 Porcentagem da massa total da atmosfera abaixo de elevações de até 80 km. Isso ilustra o caráter raso da atmosfera da Terra.

(SI). Os meteorologistas ainda usam a unidade milibar (mb); 1 milibar = 10^2 Pa (ou 1 hPa; h = hecto) (ver Apêndice 2). As leituras de pressão são feitas com um barômetro de mercúrio, que, em efeito, mede a altura da coluna de mercúrio que a atmosfera consegue sustentar em um tubo de vidro vertical. A extremidade superior fechada do tubo tem um espaço com vácuo, e sua extremidade inferior aberta fica imersa em uma cisterna de mercúrio. Exercendo pressão de cima para baixo sobre a superfície de mercúrio na cisterna, a atmosfera consegue sustentar uma coluna de mercúrio no tubo de aproximadamente 760 mm (29,9 pol. ou aproximadamente 1013 mb). O peso do ar sobre uma superfície no nível do mar é de cerca de 10.000 kg por metro quadrado.

As pressões são padronizadas de três maneiras. As leituras de um barômetro de mercúrio são ajustadas para corresponder às de uma temperatura padrão de 0°C (para permitir a expansão térmica do mercúrio); são referenciadas com base em um valor padrão de gravidade de 9,81 ms^{-2} na latitude de 45° (para permitir a leve variação latitudinal em g de 9,78 ms^{-2} no equador para 9,83 ms^{-2} nos polos); e são calculadas para o nível médio do mar para eliminar o efeito da elevação da estação. Essa terceira correção é a mais importante, pois a pressão perto do nível do mar diminui com a altura em aproximadamente 1 mb a cada 8 m. Deve-se supor uma temperatura fictícia entre a estação e o nível do mar e, em regiões montanhosas, isso geralmente causa um viés na pressão calculada do nível médio do mar (ver nota 4).

A pressão média no nível do mar (p_0) pode ser estimada a partir da massa total da atmosfera (M, a aceleração média da gravidade (g_0) e o raio médio da Terra (R)):

$$P_0 = g_0 (M/4 \pi R_E^2)$$

cujo denominador é a área superficial de uma Terra esférica. Substituindo os valores nessa expressão: $M = 5,14 \times 10^{18}$ kg, $g_0 = 9,8$ ms^{-2}, $R_E = 6,36 \times 10^6$ m, temos $p_0 = 10^5$ kg ms^{-2} = 10^5 Nm^{-2}, ou 10^5 Pascals. Assim, a pressão média no nível do mar é de aproximadamente 10^5 Pa, ou 1000 mb. O valor médio global é de 1013,25 mb. Em média, o nitrogênio contribui com aproximadamente 760 mb, o oxigênio com 240 mb, e o vapor de água com 10 mb. Em outras palavras, cada gás exerce uma pressão parcial independentemente dos outros.

A pressão atmosférica, que depende do peso da atmosfera acima, diminui logaritmicamente com a altura. Essa relação é expressa pela *equação hidrostática*:

$$\frac{\partial p}{\partial z} = -g\rho$$

ou seja, a taxa de mudança de pressão (p) com a altura (z) depende da gravidade (g) multiplicada pela densidade do ar (ρ). Com o aumento da altura, a queda na densidade do ar causa um declínio nessa taxa de redução da pressão. A temperatura do ar também afeta essa taxa, que é maior para o ar denso frio (ver Capítulo 7A.1). A relação entre a pressão e a altura é tão significativa que os meteorologistas em geral expressam as elevações em milibar: 1000 mb representam o nível do mar, 500 mb representam aproximadamente 5500 m e 300 mb representam em torno de 9000 m. Um nomograma de conversão para uma atmosfera idealizada (padrão) é fornecido no Apêndice 2.

2 Pressão de vapor

A uma dada temperatura, existe um limite na densidade de vapor de água no ar, com um consequente limite superior na pressão de vapor, denominada *pressão de vapor de saturação* (e_s). A Figura 2.14A ilustra como e_s aumenta com a temperatura (a relação de Clausius-Clapeyron), alcançando um máximo de 1013 mb (1 atmosfera) no ponto de ebulição. As tentativas de introduzir mais vapor no ar quando a pressão de vapor está em saturação geram condensação de uma quantidade equivalente de vapor. A Figura 2.14B mostra que, enquanto a pressão de vapor de saturação tem um valor único a qualquer temperatura acima do ponto de congelamento, abaixo de 0°C a pressão de vapor de saturação acima de uma superfície de gelo é menor do que acima de uma superfície de água super-resfriada. A significância disso será discutida no Capítulo 5D.1.

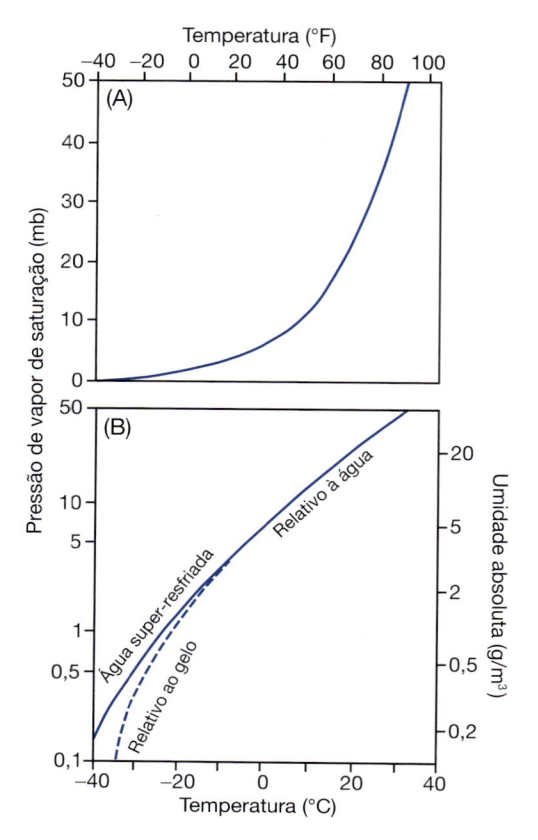

Figura 2.14 Gráficos de pressão de vapor de saturação em função da temperatura (isto é, curva do ponto de orvalho): (A) diagrama semilogarítmico; (B) mostra que, abaixo de 0°C, a pressão de vapor de saturação atmosférica é menor em relação a uma superfície de gelo do que em relação a uma gota de água. Assim, pode haver condensação de um cristal de gelo com menos umidade do ar do que seria necessário para a formação de gotas de água.

A pressão de vapor (e) varia com a latitude e a estação, de aproximadamente 0,2 mb sobre o norte da Sibéria em janeiro, a mais de 30 mb nos trópicos em julho, mas isso não reflete no padrão de pressão superficial. A pressão diminui na superfície quando uma parte do ar se desloca horizontalmente e, de fato, o ar em áreas de alta pressão em geral é seco por causa de fatores dinâmicos, particularmente o movimento vertical do ar (ver o Capítulo 7A.1), ao passo que as áreas de baixa pressão costumam ser úmidas.

C A ESTRATIFICAÇÃO DA ATMOSFERA

A atmosfera pode ser dividida de maneira conveniente em diversas camadas horizontais diferenciadas, com base principalmente na temperatura (Figura 2.15). As evidências dessa estrutura vêm de balões meteorológicos, pesquisas com ondas de rádio e, mais recentemente, de sistemas de sondagem em foguetes e satélites. Existem três camadas relativamente quentes (perto da superfície; entre 50 e 60 km; e acima de 120 km), separadas por duas camadas relativamente frias (entre 10 e 30 km; e 80-100 km). As seções relativas às temperaturas médias de janeiro e julho ilustram as consideráveis variações latitudinais e as tendências sazonais que complicam o esquema (ver a Figura 2.15).

1 Troposfera

A camada inferior da atmosfera se chama troposfera. É a zona onde os fenômenos climáticos e a turbulência atmosférica são mais acentuados, e contém 75% da massa molecular ou gasosa total da atmosfera e praticamente todo o vapor de água e aerossóis. Nessa camada, existe uma diminuição geral na temperatura com a altura, a uma taxa média de aproximadamente 6,5°C/km. A redução ocorre porque o ar é compressível e sua densidade diminui com a altura, permitindo que o ar ascendente se expanda e, assim, resfrie. Além disso, a transferência turbulenta de calor da superfície aquece a atmosfera inferior, e não a absorção direta de radiação. A troposfera é limitada na maioria dos locais por um nível com inversão térmica (isto é, uma camada de ar relativamente quente acima de uma camada mais fria) e, em outras, por uma zona isotérmica com a altura. A troposfera, dessa forma, permanece, em grande medida, autocontida, pois a inversão atua como uma "tampa" que efetivamente limita a convecção (ver Capítulo 4E). Esse nível de inversão ou teto climático é chamado de *tropopausa* (ver Nota 5 e Quadro 2.2). Sua altura não é constante no espaço e no tempo. Parece que a altura da tropopausa em um determinado ponto está correlacionada com a temperatura e pressão no nível do mar,

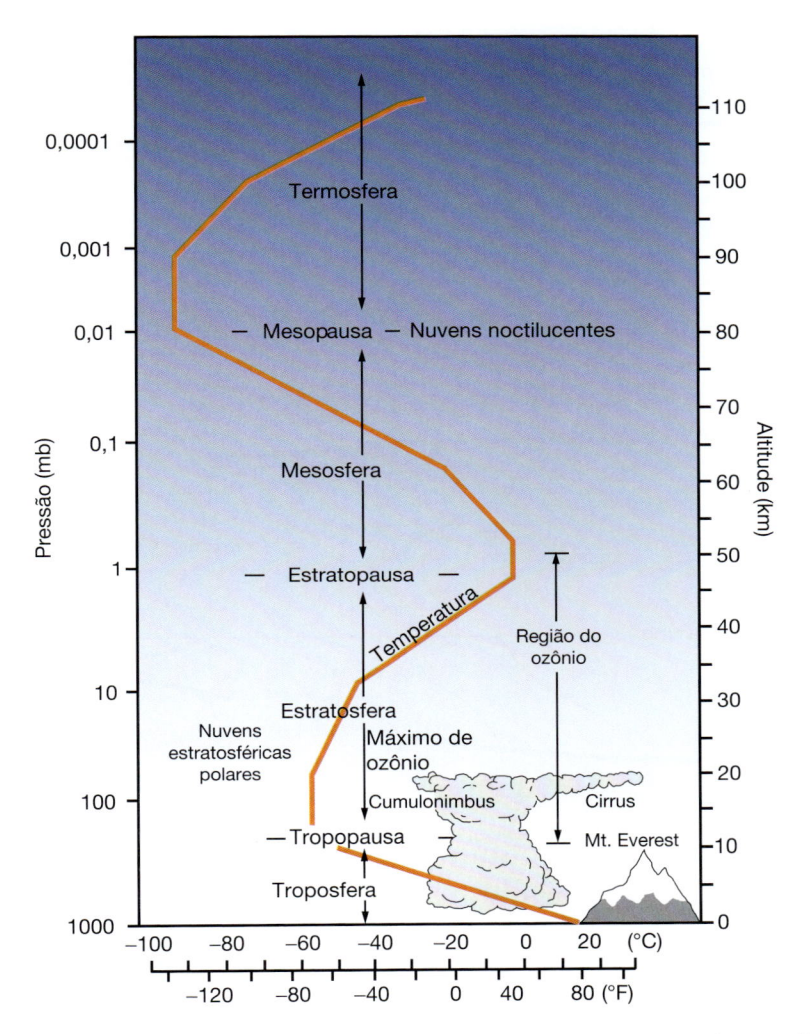

Figura 2.15 Distribuição vertical generalizada da temperatura e pressão até aproximadamente 110 km. Observe particularmente a tropopausa e a zona de concentração máxima de ozônio com a camada quente acima. São indicadas as altitudes típicas das nuvens noctilucentes e estratosféricas polares.
Fonte: NASA (n.d.). Cortesia da NASA.

que, por sua vez, estão relacionadas com alterações latitudinais, diárias e sazonais na pressão superficial. Existem variações acentuadas na altitude da tropopausa com a latitude (Figura 2.16), de aproximadamente 16 km no equador, onde existe forte aquecimento e turbulência convectiva vertical, a apenas 8 km nos polos.

Os gradientes de temperatura do equador aos polos (meridionais) observados na troposfera no verão e inverno são quase paralelos, assim como as tropopausas (ver Figura 2.16), e o forte gradiente de temperatura em latitudes médio-inferiores na troposfera é refletido nas quebras da tropopausa (ver também Figura 7.8). Nessas zonas, pode haver trocas importantes entre a troposfera e a estratosfera, e vice-versa. Traços de vapor de água podem penetrar na estratosfera por esse meio, enquanto ar estratosférico seco e rico em ozônio pode descer à troposfera em latitudes médias. Desse modo,

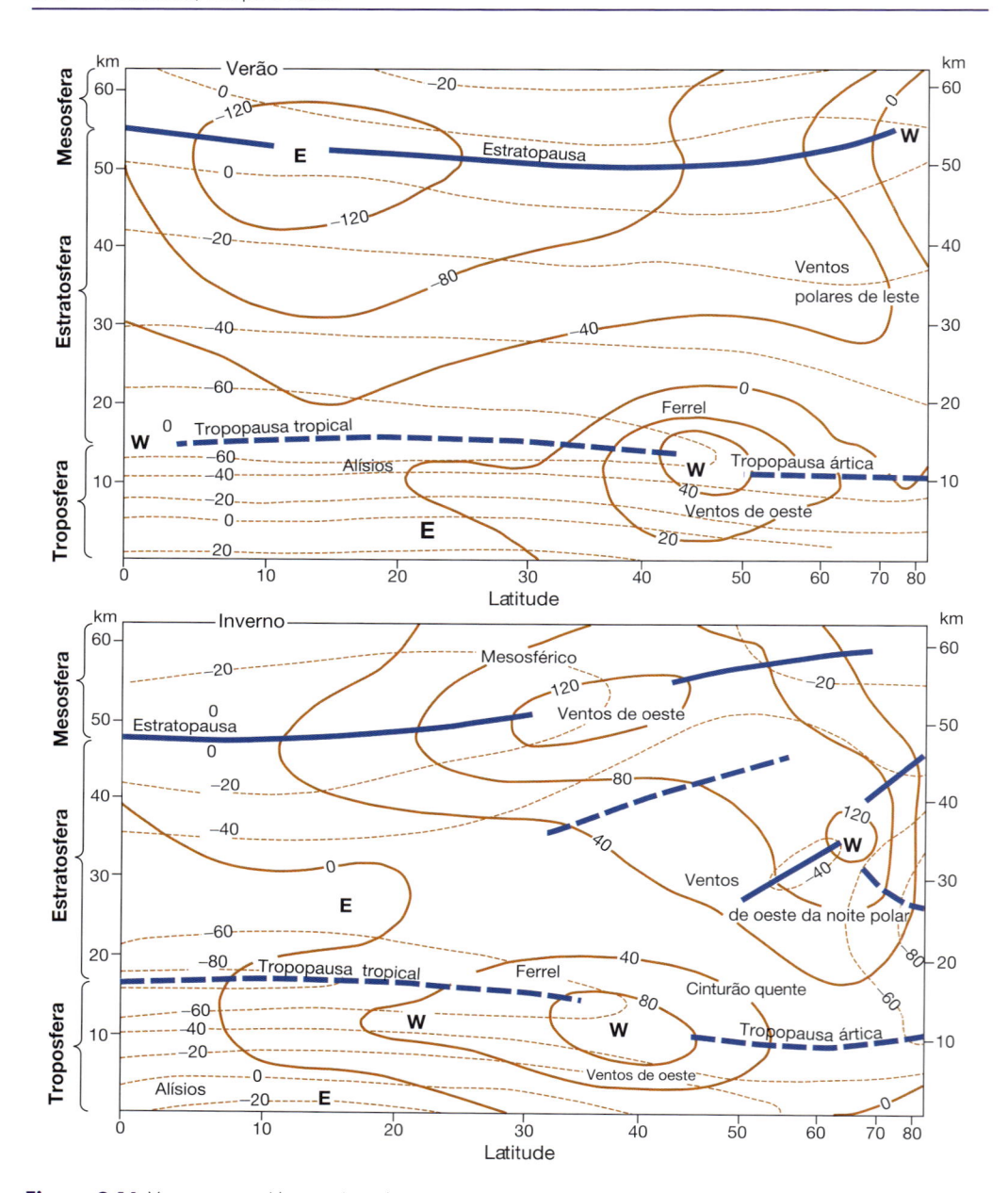

Figura 2.16 Ventos zonais (de oeste) médios (isolinhas contínuas, em nós; valores negativos do leste) e temperaturas (em °C, isolinhas tracejadas), mostrando a quebra da tropopausa próxima à corrente de jato média de Ferrel.

Fonte: Boville (in Hare 1962).

Obs.: O termo "Ferrel Westerlies" foi proposto por F. K. Hare em homenagem a W. Ferrel (ver p. 179). As linhas pretas contínuas denotam as inversões do gradiente de temperatura vertical da tropopausa e da estratopausa. Verão e inverno referem-se ao Hemisfério Norte.

> **AVANÇOS SIGNIFICATIVOS DO SÉCULO XX**
>
> ## 2.2 A descoberta da tropopausa e da estratosfera
>
> As primeiras explorações científicas da atmosfera superior começaram com voos de balões tripulados na metade do século XIX. Entre eles, é notável a viagem de Glaisher e Cox em 1862. Glaisher perdeu a consciência devido à falta de oxigênio a aproximadamente 8800 m de altitude e quase não sobreviveu à hipoxia. Em 1902, Teisserenc de Bort, na França, relatou uma observação totalmente inesperada: que as temperaturas deixam de diminuir em altitudes de aproximadamente 12 km. De fato, em elevações maiores, normalmente observava-se que as temperaturas começavam a aumentar com a altitude. Essa estrutura é mostrada na Figura 2.13.
>
> Os termos troposfera (esfera turbulenta) e estratosfera (esfera estratificada) foram propostos por Teisserenc de Bort em 1908; o uso do termo "tropopausa" para denotar a inversão ou camada isotérmica que as separa foi proposto na Grã-Bretanha durante a Primeira Guerra Mundial. As feições características da estratosfera são a sua estabilidade em relação à troposfera, sua secura e sua alta concentração de ozônio.

são observadas concentrações de ozônio acima da média na porção posterior de sistemas de baixa pressão em latitudes médias, onde a elevação da tropopausa tende a ser baixa. Esses fatos provavelmente resultam da subsidência estratosférica, que aquece a estratosfera inferior e faz o ozônio descer.

2 Estratosfera

A estratosfera se estende da troposfera até aproximadamente 50 km e representa cerca de 10% da massa atmosférica. Embora a troposfera contenha grande parte do ozônio atmosférico total (ele alcança uma densidade máxima em 22 km), as temperaturas máximas associadas à absorção da radiação ultravioleta do Sol pelo ozônio ocorrem na *estratopausa*, onde podem exceder os 0°C (ver Figura 2.15). A densidade do ar é muito menor ali, de modo que mesmo uma absorção limitada causa um grande aumento na temperatura. As temperaturas aumentam em geral com a altura no verão, com o ar mais frio na tropopausa equatorial. No inverno, a estrutura é mais complexa, com temperaturas muito baixas, de −80°C em média, na tropopausa equatorial, que é mais alta nessa estação. Temperaturas baixas semelhantes são encontradas na estratosfera média em latitudes elevadas, ao passo que, em 50-60°N, existe uma região notavelmente quente, com condições quase isotérmicas de aproximadamente −45 a −50°C.

No vórtice circumpolar de baixa pressão, sobre ambas as regiões polares, nuvens estratosféricas polares ocorrem às vezes a uma altitude de 20-30 km. Elas têm uma aparência perolada, e podem absorver nitrogênio e, assim, causar a destruição catalítica do ozônio.

As grandes alterações sazonais da temperatura afetam a estratosfera. A fria "noite polar" estratosférica no inverno do Ártico costuma sofrer *aquecimentos súbitos* associados à subsidência devido a mudanças na circulação no final do inverno ou começo da primavera, quando as temperaturas a 25 km podem saltar de −80°C a −40°C em um período de dois dias. O resfriamento de outono é um processo mais gradual. Na estratosfera tropical, existe um regime de ventos quase bienal (26 meses), com ventos de leste na camada de 18 a 30 km por 12 a 13 meses, seguidos de ventos de oeste por um período semelhante. A inversão começa primeiro em níveis elevados e leva aproximadamente 12 meses para descer de 30 para 18 km (10 a 60 mb).

Até onde os eventos que ocorrem na estratosfera estão ligados a mudanças na temperatura e na circulação na troposfera permanece sendo tema para pesquisas meteorológicas. Essas interações sem dúvida são complexas.

3 Mesosfera

Acima da estratopausa, as temperaturas médias chegam a um mínimo de aproximadamente

−133°C (140K) a cerca de 90 km (Figura 2.15). Essa camada costuma ser denominada de mesosfera, embora ainda não exista uma terminologia universal para as camadas atmosféricas superiores. A pressão é muito baixa na mesosfera, diminuindo de 1 mb a 50 km para 0,01 mb a 90 km. Acima de 80 km, as temperaturas começam a subir novamente, e essa inversão é conhecida como "mesopausa". As bandas de absorção de ozônio e oxigênio molecular contribuem para o aquecimento ao redor de 85 km de altitude. É nessa região que as *nuvens noctilucentes* são observadas nas "noites" de verão, particularmente em latitudes elevadas a uma altitude de 80-90 km. Sua presença parece se dever a partículas de poeira meteórica, que agem como núcleos de cristais de gelo quando traços de vapor de água são carregados para cima pela convecção de alto nível causada pela redução vertical na temperatura na mesosfera. Todavia, sua formação também pode estar relacionada com a produção de vapor de água pela oxidação de metano atmosférico, pois elas não eram observadas antes da Revolução Industrial. As camadas entre a tropopausa e a termosfera inferior são chamadas de *atmosfera média*, com a atmosfera superior designando as regiões acima de 100 km de altitude.

4 Termosfera

Acima da mesopausa, as densidades atmosféricas são extremamente baixas, embora os efeitos da inércia da atmosfera rarefeita arrastem veículos espaciais acima dos 250 km. A porção inferior da termosfera é composta principalmente por nitrogênio (N_2) e oxigênio nas formas molecular (O_2) e atômica (O), ao passo que, acima de 200 km, o oxigênio atômico predomina sobre o nitrogênio (N_2 e N). As temperaturas aumentam com a altura, devido à absorção da radiação ultravioleta extrema (0,125-0,205 μm) pelo oxigênio molecular e atômico, provavelmente se aproximando de 800-1200 K a 350 km, mas essas temperaturas são essencialmente teóricas. Por exemplo, os satélites artificiais não captam essas temperaturas por causa do ar rarefeito. As "temperaturas" na atmosfera superior e na exosfera sofrem amplas variações diurnas e sazonais. Elas são mais altas durante o dia e também durante máximas de luz solar, embora as mudanças sejam apenas representadas em variações na velocidade das moléculas esparsas de ar.

Acima de 100 km, a radiação cósmica, os raios X solares e a radiação ultravioleta afetam cada vez mais a atmosfera, causando *ionização*, ou carga elétrica, com a separação de elétrons com carga negativa de átomos neutros de oxigênio e moléculas de nitrogênio, deixando o átomo ou molécula com uma carga positiva líquida (um *íon*). O termo *ionosfera* costuma ser aplicado às camadas acima de 80 km. A Aurora Boreal e a Aurora Austral são produzidas pela penetração de partículas ionizadas através da atmosfera de 300 km para 80 km, particularmente em zonas em torno de 10-20° de latitude dos polos magnéticos da Terra. Ocasionalmente, porém, a aurora pode aparecer em altitudes de até 1000 km, demonstrando a imensa extensão da atmosfera rarefeita.

5 Exosfera e magnetosfera

A base da exosfera fica entre 500 km e 750 km. Ali, átomos de oxigênio, hidrogênio e hélio (dos quais aproximadamente 1% é ionizado) formam a atmosfera rarefeita, e as leis dos gases (ver B, neste capítulo) deixam de valer. Átomos neutros de hélio e hidrogênio, que têm pesos atômicos baixos, podem escapar para o espaço, pois a chance de colisões moleculares os desviarem para baixo se torna menor à medida que aumenta a altura. O hidrogênio é substituído pela decomposição de vapor de água e metano (CH_4) perto da mesopausa, enquanto o hélio é produzido pela ação da radiação cósmica sobre o nitrogênio e a partir da lenta mas constante quebra de elementos radiativos na crosta terrestre.

As partículas ionizadas aumentam de frequência na exosfera e, além de 200 km, na magnetosfera, existem apenas elétrons (negativos) e prótons (positivos) derivados do vento solar – que é um plasma de gás conduzido pela eletricidade.

CAPÍTULO 2   Composição, massa e estrutura da atmosfera

RESUMO

A atmosfera é uma mistura de gases com proporções constantes até 80 km ou mais. As exceções são o ozônio, que se concentra na estratosfera inferior, e o vapor de água na troposfera inferior. O principal gás de efeito estufa é o vapor de água. O dióxido de carbono, metano e outros gases-traço aumentaram de forma significativa desde a Revolução Industrial, especialmente no século XX, devido à queima de combustíveis fósseis, a processos industriais e a outros efeitos antropogênicos, mas houve flutuações naturais maiores durante o passado geológico.

Os gases reativos são o nitrogênio e o enxofre, bem como espécies de cloro. Eles desempenham papéis importantes na chuva ácida e na destruição do ozônio. A precipitação ácida (por deposição úmida ou seca) resulta da reação de gotículas de nuvens com emissões de SO_2 e NO_x. Existem grandes variações geográficas na chuva ácida. Os processos que levam à destruição do ozônio estratosférico são complexos, mas os papéis de óxidos de nitrogênio e radicais de cloro são muito importantes como causa de buracos na camada de ozônio polar. Os aerossóis originam-se na atmosfera, a partir de fontes naturais e antropogênicas, e desempenham um papel importante mas complexo no clima.

O ar é altamente compressível, de modo que a metade da sua massa ocorre nos 5 km mais baixos, e a pressão diminui logaritmicamente com a altura, a partir de um valor médio de 1013 mb no nível do mar. A estrutura vertical da atmosfera compreende três camadas relativamente quentes – a troposfera inferior, a estratopausa e a termosfera superior – separadas por uma camada fria acima da tropopausa (na estratosfera inferior) e da mesopausa. O perfil da temperatura é determinado pela absorção atmosférica de radiação solar, e pela redução da densidade com a altitude.

TEMAS PARA DISCUSSÃO

- Quais propriedades distinguem as camadas da atmosfera?
- Que diferenças existiriam em uma atmosfera seca, em comparação com a atmosfera real?
- Qual é o papel do vapor de água, ozônio, dióxido de carbono, metano e CFC no balanço de radiação da atmosfera?
- Devido ao forte gradiente de pressão a partir da superfície, por que não há um fluxo ascendente de ar em grande escala?

REFERÊNCIAS E SUGESTÃO DE LEITURA

Livros

Andreae, M. O. and Schimel, D. S. (1989) *Exchange of Trace Gases Between Terrestrial Ecosystems and the Atmosphere*, J.Wiley&Sons, Chichester, 347pp. [Detailed technical treatment]

Bolin, B., Degens, E. T., Kempe, S. and Ketner, P. (eds) (1979) *The Global Carbon Cycle* (SCOPE 13), J. Wiley & Sons, Chichester, 528pp. [Important early overview]

Bolin, B., Döös, B. R., Jäger, J. and Warrick, R. A. (eds) (1986) *The Greenhouse Effect*, Climatic Change, and Ecosystems (SCOPE 29), J. Wiley & Sons, Chichester, 541pp.

Bridgman, H. A. (1990) *Global Air Pollution: Problems for the 1990s*, Belhaven Press, London, 201pp. [Broad survey of air pollution causes and processes by a geographer; includes greenhouse gases]

Brimblecombe, P. (1986) *Air: Composition and Chemistry*, Cambridge University Press, Cambridge, 224pp.

Craig, R. A. (1965) *The Upper Atmosphere: Meteorology and Physics*, Academic Press, New York, 509pp. [Classic text on the upper atmosphere, prior to the recognition of the ozone problem]

Crowley, T. J. and North, G. R. (1991) *Paleoclimatology*, Oxford University Press, New York and Oxford, 339pp. [Thorough, modern overview of climate history]

Houghton, J. T., Jenkins, G. J. and Ephraums, J. J. (eds) (1990) *Climate Change: The IPCC Scientific Assessment*, Cambridge University Press, Cambridge, 365pp. [The first comprehensive assessment of global climate change]

Kellogg, W. W. and Schware, R. (1981) *Climate Change and Society*, Westview Press, Boulder, CO., 178pp. [Early coverage of the societal implications of climate change]

NERC (1989) *Our Future World: Global Environmental Research*, NERC, London, 28pp. [Brief overview of major issues]

Rex, D. F. (ed.) (1969) *Climate of the Free Atmosphere*, Vol.1: World Survey of Climatology, Elsevier, Amsterdam,

450pp. [Useful reference on atmospheric structure and the stratosphere]

Roland, F. S. and Isaksen, I. S. A. (eds) (1988) *The Changing Atmosphere*, J. Wiley & Sons, Chichester, 296pp. [Treats atmospheric chemistry, especially trace gases, aerosols, tropospheric pollution and acidification]

Russell, F. A. R. and Archibold, E. D.(1888) *The Eruption of Krakatoa and Subsequent Phenomena*, Report of the Krakatoa Committee of the Royal Society, London.

Simkin, T. and Fiske, R. S. (1983) Krakatau 1883: *The Volcanic Eruption and Its Effects*, Washington, DC: Smithsonian Institution Press, 464pp.

Artigos científicos

Bach, W. (1976) Global air pollution and climatic change. *Rev. Geophys. Space Phys.* 14, 429–74.

Bojkov, R. D. and Fioletov, V. E. (1995) Estimating the global ozone characteristics during the last 30 years. *J. Geophys. Res.* 100(D8), 16537–551.

Bojkov, R. D. et al. (2002) Vertical ozone distribution characteristics deduced from ~ 44,000 re-evaluated Umkehr profiles (1957–2000). *Met. Atmos. Phys.* 79(3-4), 1217–58.

Bolle, H-J., Seiler, W. and Bolin, B. (1986) Other greenhouse gases and aerosols, in Bolin, B. et al. (eds) *The Greenhouse Effect, Climatic Change, and Ecosystems*, J. Wiley & Sons, Chichester, 157–203.

Brugge, R. (1996) Back to basics: atmospheric stability. Part I – Basic concepts. *Weather* 51(4), 134–40.

Defant, F. R. and Taba, H. (1957) The threefold structure of the atmosphere and the characteristics of the tropopause. *Tellus* 9, 259–74.

Ghan, S. J. and Schwartz, S. E. (2007) Aerosol properties and processes: a path from field and laboratory measurements to global climate models. *Bull. Amer. Met. Soc.* 88(7): 1059–83.

Hales, J. (1996) Scientific background for AMS policy statement on atmospheric ozone. *Bull. Amer. Met. Soc.* 77(6), 1249–53.

Hare, F. K. (1962) The stratosphere. *Geog. Rev.* 52, 525–47.

Hastenrath, S. L. (1968) Der regionale und jahrzeithliche Wandel des vertikalen Temperaturgradienten und seine Behandlung als Wärmhaushaltsproblem. *Meteorologische Rundschau* 1, 46–51.

Husar, R. B. et al. (2001), Asian dust events of April 1998. *J. Geophys. Res.* 106(D16), 18317–330.

Jiang, Y. B., Yung, Y. L. and Zurek, R. W. (1996) Decadal evolution of the Antarctic ozone hole. *J. Geophys. Res.* 101(D4), 8985–9000.

Kondratyev, K. Y. and Moskalenko, N. I. (1984) The role of carbon dioxide and other minor gaseous components and aerosols in the radiation budget, in Houghton, J. T. (ed.) *The Global Climate*, Cambridge University Press, Cambridge, 225–33.

LaMarche, V. C., Jr. and Hirschboeck, K. K. (1984) Frost rings in trees as records of major volcanic eruptions. *Nature* 307, 121–6.

Lashof, D. A. and Ahnja, D. R. (1990) Relative contributions of greenhouse gas emissions to global warming. *Nature* 344, 529–31.

London, J. (1985) The observed distribution of atmospheric ozone and its variations, in Whitten, R. C. and Prasad, T. S. (eds) *Ozone in the Free Atmosphere*, Van Nostrand Reinhold, New York, 11–80.

Mason, B. J. (1990) Acid rain – cause and consequence. *Weather* 45, 70–9.

McElroy, M. B. and Salawitch, R. J. (1989) Changing composition of the global stratosphere. *Science*, 243, 763–70.

Machta, L. (1972) The role of the oceans and biosphere in the carbon dioxide cycle, in Dyrssen, D. and Jagner, D. (eds) *The Changing Chemistry of the Oceans*, Nobel Symposium 20, Wiley, New York, 121–45.

Neuendorffer, A. C. (1996) Ozone monitoring with the TIROS-N operational vertical sounders. *J. Geophys. Res.* 101(D13), 8807–28.

Paffen, K. (1967) Das Verhältniss der Tages – zur Jahreszeitlichen Temperaturschwankung. *Erdkunde* 21, 94–111.

Pearce, F. (1989) Methane: the hidden greenhouse gas. *New Scientist* 122, 37–41.

Plass, G. M. (1959) Carbon dioxide and climate. *Sci. American* 201, 41–7.

Prather, M. and Enhalt, D. (eds) (2001) Atmospheric chemistry and greenhouse gases, in Houghton, J.T. et al. Climate Change 2001: *The Scientific Basis*, Cambridge University Press, Cambridge, pp.239–87.

Prospero, J. M. (2001) African dust in America. *Geotimes* 46(11), 24–7.

Ramanathan, V., Cicerone, R. J., Singh, H. B. and Kiehl, J. T. (1985) Trace gas trends and their potential role in climatic change, *J. Geophys. Res.* 90(D3), 5547–66.

Ramanathan, V., Crutzen, P. J., Kiehl, J. T. and Rosenfeld, D. (2001). Aerosols, climate, and the hydrologic cycle. *Science* 294 (5549): 2119 -24.

Rampino, M. R. and Self, S. (1984) The atmospheric effects of El Chichón. *Sci. American* 250(1), 34–43.

Raval, A. and Ramanathan, V. (1989) Observational determination of the greenhouse effect. *Nature* 342, 758–61.

Robock, A. and Matson, M. (1983) Circumglobal transport of the El Chichón volcanic dust cloud. *Science* 221, 195–7.

Rodhe, H. (1990) A comparison of the contribution of various gases to the greenhouse effect. *Science* 244, 763–70.

Schimel, D. et al. (1996) Radiative forcing of climate change, in Houghton, J. T. et al. (eds) *Climate Change 1995: The Science of Climate Change*, Cambridge University Press, Cambridge, 65–131.

Shanklin, J. D. (2001). Back to basics: the ozone hole. *Weather*, 56, 222–30.

Shine, K. (1990) Effects of CFC substitutes. *Nature* 344, 492–3.

Slinn, W. G. N. (1983) Air-to-sea transfer of particles, in Liss, P. S. and Slinn, W. G. N. (eds) *Air–Sea Exchange of Gases and Particles*, D. Reidel, Dordrecht, 299–407.

Solomon, S. (1988) The mystery of the Antarctic ozone hole. *Rev. Geophys.* 26, 131–48.

Staehelin, J., Harris, N. R. P., Appenzeller, C. and Eberhard, J. (2001). Ozone trends: a review. *Rev. Geophys.* 39(2), 231–90.

Strangeways, I. (2002) Back to basics: the 'met. enclosure': Part 8(a) – barometric pressure, mercury barometers. *Weather* 57(4), 132–9.

Tetlow-Smith, A. (1995) Environmental factors affecting global atmospheric methane concentrations. *Prog. Phys. Geog.* 19, 322–35.

Thompson, R. D. (1995) The impact of atmospheric aerosols on global climate. *Prog. Phys. Geog.* 19, 336–50.

Trenberth, K. E., Houghton, J. T. and Meira Filho, L. G. (1996) The climate system: an overview, in Houghton, J. T. et al. (eds) *Climate Change 1995: The Science of Climate Change*, Cambridge University Press, Cambridge, 51–64.

Webb, A. R. (1995) To burn or not to burn. *Weather* 50(5), 150–4.

World Meteorological Organization (1964) Regional basic networks. *WMO Bulletin* 13, 146–7.

Zielinski, G. A. (1995) Stratospheric loading and optical depth estimates of explosive volcanism over the last 2100 years derived from the Greenland Ice Sheet Project 2 ice core. *J. Geophys. Res.* 100(20),937–955.

3 Radiação solar e o balanço de energia global

> **OBJETIVOS DE APRENDIZAGEM**
>
> Depois de ler este capítulo, você:
> - conhecerá as características da radiação solar e do espectro eletromagnético;
> - conhecerá os efeitos da atmosfera sobre a radiação solar e terrestre;
> - entenderá a causa do efeito estufa atmosférico; e
> - entenderá o balanço de calor da Terra e a importância das transferências horizontais de energia como calor sensível e latente.

Este capítulo descreve como a radiação do Sol entra na atmosfera e alcança a superfície. São analisados os efeitos absorventes de gases e dispersantes de aerossóis sobre a radiação solar. Depois disso, a radiação terrestre de ondas longas (infravermelho) é discutida para explicar o balanço de radiação. Na superfície, existe um balanço de energia devido às transferências adicionais de calor sensível e latente para a atmosfera. Finalmente, são apresentados os efeitos do aquecimento sobre as características da temperatura superficial.

A RADIAÇÃO SOLAR

A fonte da energia injetada em nossa atmosfera é o Sol, que está constantemente liberando uma parte da sua massa por meio de ondas irradiantes de energia eletromagnética e partículas de alta energia para o espaço. Essa emissão constante representa toda a energia disponível para a Terra (exceto por uma pequena quantidade que emana do decaimento radiativo de minerais da Terra). A quantidade de energia recebida no topo da atmosfera é afetada por quatro fatores: emissão solar, a distância entre o Sol e a Terra, a altura do Sol e a duração do dia.

1 Emissão solar

A energia solar origina-se de reações nucleares dentro do núcleo quente do Sol (16×10^6 K), e é transmitida para a superfície do Sol pela radiação e convecção de hidrogênio. A radiação solar visível (luz) vem de uma camada superficial externa e "fria" (~6000 K), chamada de *fotosfera*. As temperaturas aumentam novamente na cromosfera exterior (10000 K) e na corona (10^6 K), que está se expandindo constantemente para o espaço. Os gases quentes (plasma) que emanam do Sol, chamados de *vento solar* (com uma velocidade de $1,5 \times 10^6$ km hr^{-1}), interagem com o campo magnético e a atmosfera superior da Terra. A Terra intercepta a radiação eletromagnética normal e as partículas energéticas emitidas durante as explosões solares.

O Sol comporta-se praticamente como um *corpo negro*; ou seja, ele absorve toda a energia recebida e irradia energia à taxa máxima possível para uma determinada temperatura. A energia emitida por um radiador perfeito de uma certa temperatura em um determinado comprimento de onda é descrita por uma relação proposta por Max Planck. As curvas do corpo negro na Figura 3.1 ilustram essa relação. A área em cada curva dá a energia total emitida por um corpo negro (F); seu valor é encontrado por integração da equação de Planck, conhecida como lei de Stefan:

$$F = \sigma T^4$$

onde $\sigma = 5{,}67 \times 10^{-8}$ W m^{-2} K^{-4} (a constante de Stefan-Boltzmann), isto é, a energia emitida é proporcional à quarta potência da temperatura absoluta do corpo (T).

A produção solar total para o espaço, pressupondo-se uma temperatura de 5760 K para o Sol, é de $3{,}84 \times 10^{26}$ W, mas apenas uma minúscula fração disso é interceptada pela Terra, pois a energia recebida é inversamente proporcional ao quadrado da distância solar (150 milhões de quilômetros). A energia recebida no topo da atmosfera sobre uma superfície perpendicular ao feixe de luz solar para a distância solar média é denominada *constante solar* (ver Nota 1). Medidas feitas por satélites desde 1980 indicam um valor de cerca de 1366 W m^{-2}, com uma incerteza absoluta de aproximadamente ±2 W m^{-2}. A Figura 3.1 mostra a faixa de comprimentos de onda da radiação solar (ondas curtas) e a radiação infravermelha (ondas longas) emitida pela Terra e pela atmosfera. Para a radiação solar, por volta de 8% são compostos de radiação ultravioleta (0,2–0,4 μm), 40%, de luz visível (0,4–0,7 μm), e 52%, de radiação próxima à infravermelha (>0,7 μm); (1 μm micrômetro = 10^{-6} m). A figura ilustra as curvas de radiação do corpo negro para 6000 K no topo de atmosfera (que excede levemente a radiação extraterrestre observada), para 300 K e para 263 K. A temperatura média da superfície da Terra é de aproximadamente 288 K (15°C), e a da atmosfera, de 250 K (−23°C). Os gases não se comportam como corpos negros, e a Figura 3.1 mostra as bandas de absorção na atmosfera, que fazem sua emissão ser muito menor do que a de um corpo negro equivalente. O comprimento de onda da emissão máxima (λmax) varia inversamente com a temperatura absoluta do corpo irradiante:

$$\lambda\max = \frac{2897}{T} 10^{-6} \text{m (Lei de Wien)}$$

Assim, a radiação solar é muito intensa e principalmente de ondas curtas entre 0,2 e 4,0 μm, com um máximo (por unidade de comprimento de onda) de 0,5 μm, pois $T \sim 6000$ K. A radiação terrestre, muito mais fraca com $T \approx 280$ K, tem intensidade máxima de cerca de 10 μm e variação de 4 a 100 μm.

A constante solar passa por variações periódicas de apenas 1 W m^{-2} relacionadas com a atividade das manchas solares. O número e a posição das manchas mudam de maneira regular, fato conhecido como ciclos das manchas solares. As medições feitas por satélites durante o último ciclo apresentam uma pequena redução na produção solar à medida que o número de manchas solares se aproxima de seu *mínimo*, e uma recuperação subsequente. As *manchas solares* são áreas escuras (ou seja, mais frias) visíveis na superfície do Sol. Embora as manchas solares sejam frias, áreas claras de atividade conhecidas como *fáculas* (ou *plages*), com temperaturas maiores, as rodeiam (Prancha 3.1). O efeito líquido é que a produção solar varia paralelamente ao número de manchas. Assim, a "irradiação" solar diminui em aproximadamente 1,1 W m^{-2} do máximo para o mínimo de manchas. Os ciclos das manchas solares têm comprimentos de onda médios de 11 anos (o ciclo de Schwabe, que varia entre 8 e 13 anos), o ciclo magnético (Hale) de 22 anos, de maneira muito menos importante 37,2 anos (18,6 anos – a oscilação Lua-Sol) e 88 anos (Gleissberg). A Figura 3.2 mostra a variação estimada na atividade das manchas solares desde 1610. Entre os séculos XIII e XVIII, a atividade das manchas era baixa em geral, exceto durante 1350-1400 e 1600-1645. A produção dentro da parte ultravioleta do espectro apresenta considerável variabilidade, com até 20 vezes mais radiação ultravioleta emitida em determinados compri-

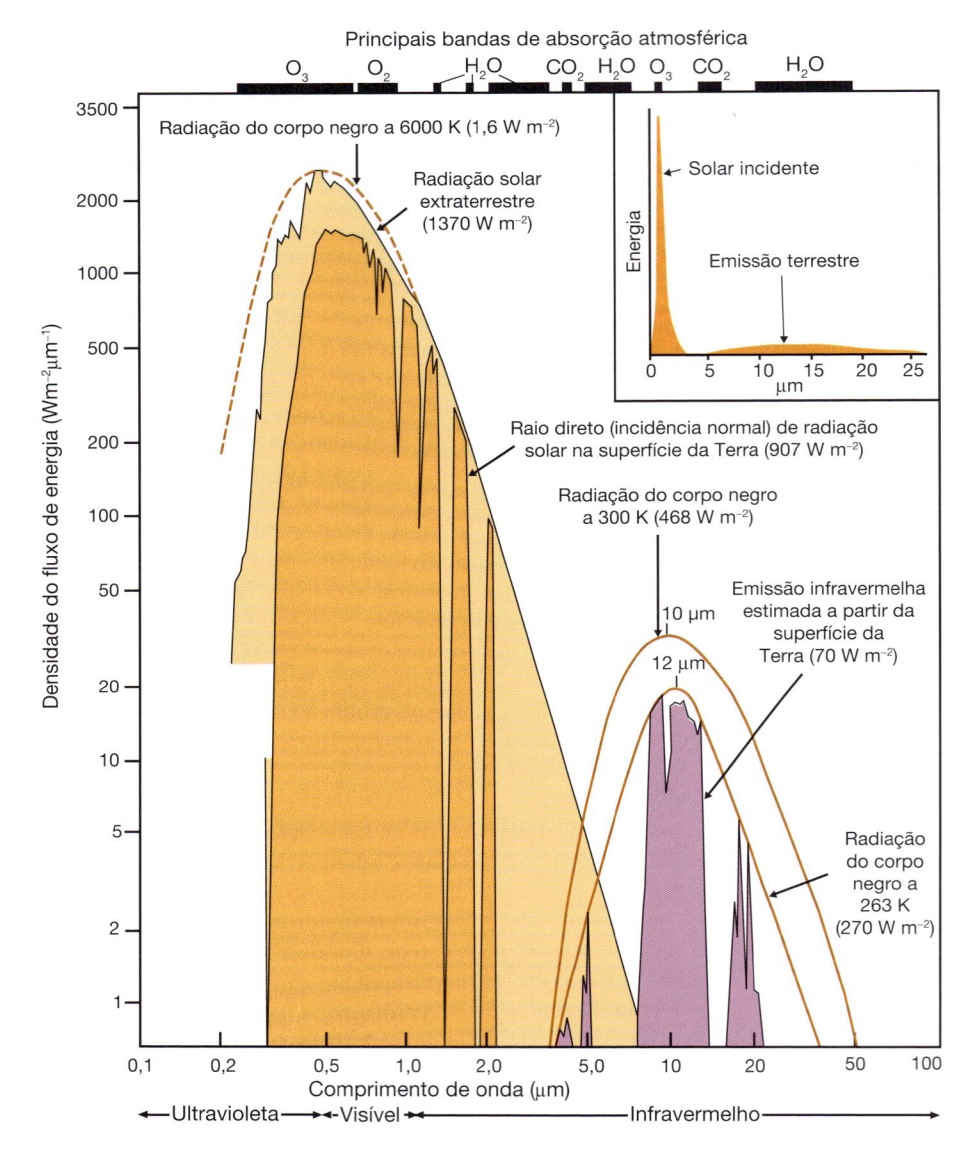

Figura 3.1 Distribuição espectral da radiação solar e terrestre, plotada logaritmicamente, com as principais bandas de absorção atmosférica devido a gases-traço (topo). As áreas sombreadas no espectro intravermelho indicam as "janelas atmosféricas" onde a radiação escapa para o espaço. A radiação do corpo negro a 6000 K é a proporção do fluxo que seria incidente no topo da atmosfera. O detalhe mostra as mesmas curvas para radiação incidente e emitida com o comprimento de onda plotado aritmeticamente em uma escala vertical arbitrária.

Fonte: Sellers (1965). Cortesia de University of Chicago Press.

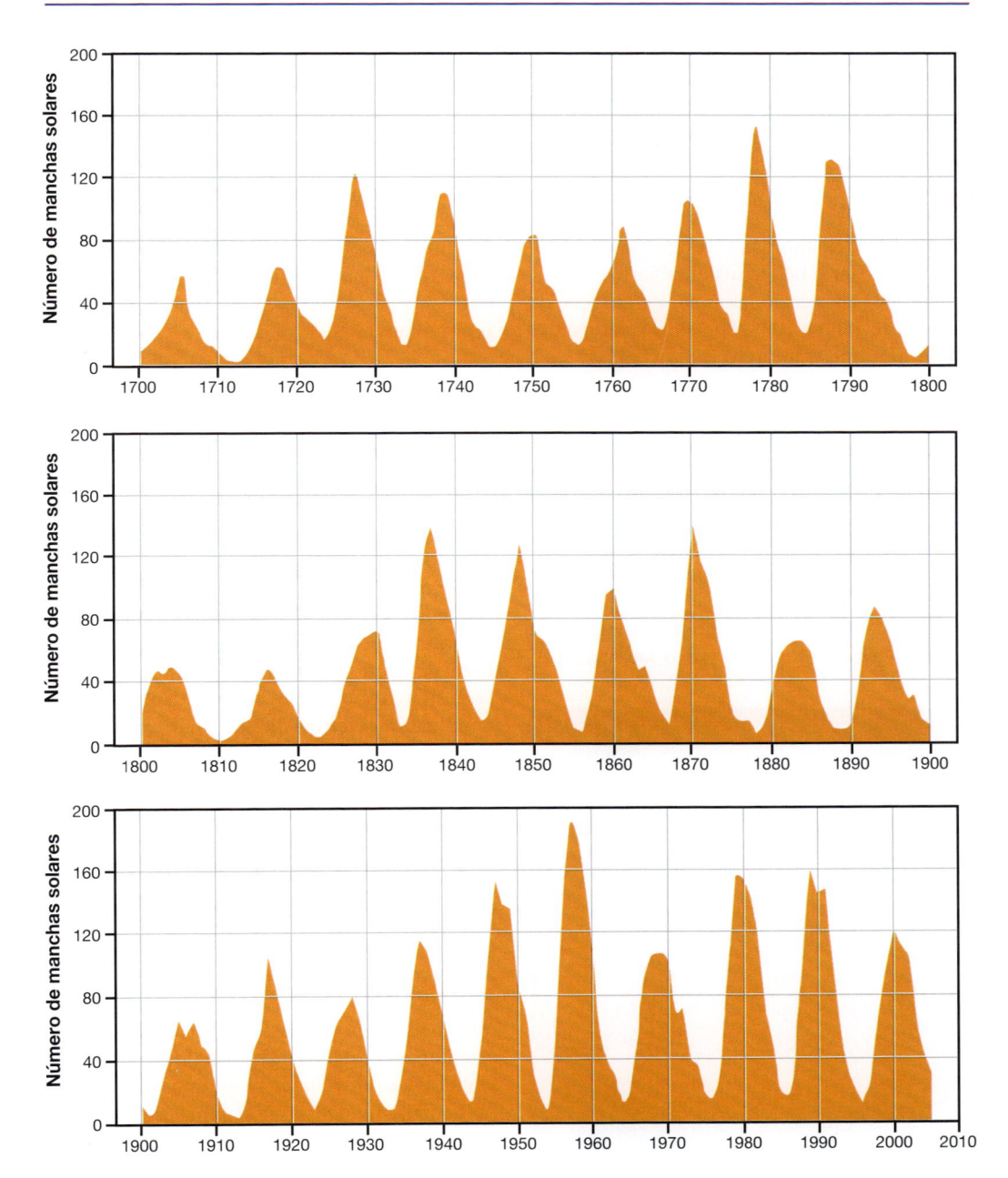

CAPÍTULO 3   Radiação solar e o balanço de energia global   **43**

Figura 3.2 Número de manchas solares anuais para a superfície visível do Sol no período 1700-2005.
Fontes: Reproduzido de National Geophysical Data Center, NOAA, Boulder, Colorado.

mentos de onda durante um período com mais manchas do que períodos com menos.

Como traduzir a atividade das manchas solares em radiação solar e temperaturas terrestres é questão de debate. Foi sugerido que o Sol é mais ativo quando a duração dos ciclos de manchas solares é curta, mas isso é questionável. Todavia, as anomalias de temperatura sobre áreas de terra no Hemisfério Norte estão inversamente correlacionadas com a duração do ciclo entre 1860 e 1985. Períodos prolongados com um número mínimo (p.ex., 1645-1715, o Mínimo de Maunder) e máximo de manchas (p.ex., 1895-1940 e após 1970) geram um resfriamento e aquecimento globais mensuráveis, respectivamente. A radiação solar pode ter reduzido em 0,25% durante o Mínimo de Maunder. Sugere-se que quase três quartos das variações na temperatura global entre 1610 e 1800 possam ser atribuídos a flutuações na radiação solar e, durante o século XX, existem evidências de uma contribuição modesta da forçante solar. As relações de curto prazo são mais difíceis de provar, mas as temperaturas anuais médias foram correlacionadas com os ciclos solares combinados de 10-11 e 18,6 anos. Supondo que a Terra se comporte como um corpo negro, uma anomalia persistente de 1% na constante solar poderia mudar a temperatura média efetiva da superfície da Terra em até 0,6°C. Todavia, as flutuações observadas de aproximadamente 0,1% mudariam a temperatura global média em ≤0,06°C (com base em cálculos de equilíbrio radiativo).

2 Distância do Sol

A distância entre o Sol e a Terra, que muda a cada ano, gera variações sazonais na energia solar recebida pela Terra. Graças à excentricidade da órbita terrestre ao redor do Sol, a recepção de energia solar sobre uma superfície normal ao raio é 7% maior em 3 de janeiro no periélio do que em 4 de julho no afélio (Figura 3.3). Em teoria (ou seja, descontando a interposição da atmosfera e a diferença no grau de condutividade entre grandes massas de terra e mar), essa diferença deve produzir um aumento nas temperaturas efetivas da superfície mundial em janeiro de aproximadamente 4°C em relação às de julho. Ela também deve tornar os invernos mais quentes no norte do que no Hemisfério Sul, e os verões no sul mais quentes do que os do Hemisfério Norte. Na prática, a circulação de calor atmosférico e os efeitos da continentalidade mascaram essa tendência global, e o contraste sazonal verdadeiro entre os hemisférios se inverte. Além disso, o semestre de verão no norte (21 de março a 22 de setembro) é cinco dias mais longo do que o verão austral (22 de setembro a 21 de março). Essa diferença muda lentamente; por volta de 10000 anos atrás, o afélio ocorria no inverno no Hemisfério Norte, e os verões do norte recebiam 3-4% mais radiação do que atualmente (Figura 3.3B). Esse mesmo padrão retornará daqui a 10000 anos.

A Figura 3.4 ilustra graficamente as variações sazonais na recepção de energia conforme a latitude. As quantidades verdadeiras de radiação recebida em uma superfície horizontal fora da atmosfera são fornecidas na Tabela 3.1. A

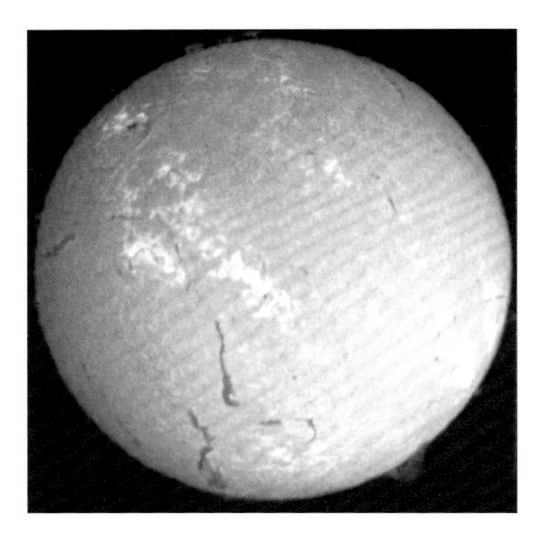

Prancha 3.1 Imagem Hydrogen-Alpha do Sol em 22 de janeiro de 1990, do espectroheliógrafo do Observatório de Paris. As áreas claras ativas são denominadas *plages*, e as bandas escuras são filamentos relacionados com campos magnéticos (as manchas solares somente aparecem sob luz visível).

Fonte: Cortesia de National Geophysical Data Center, NOAA.

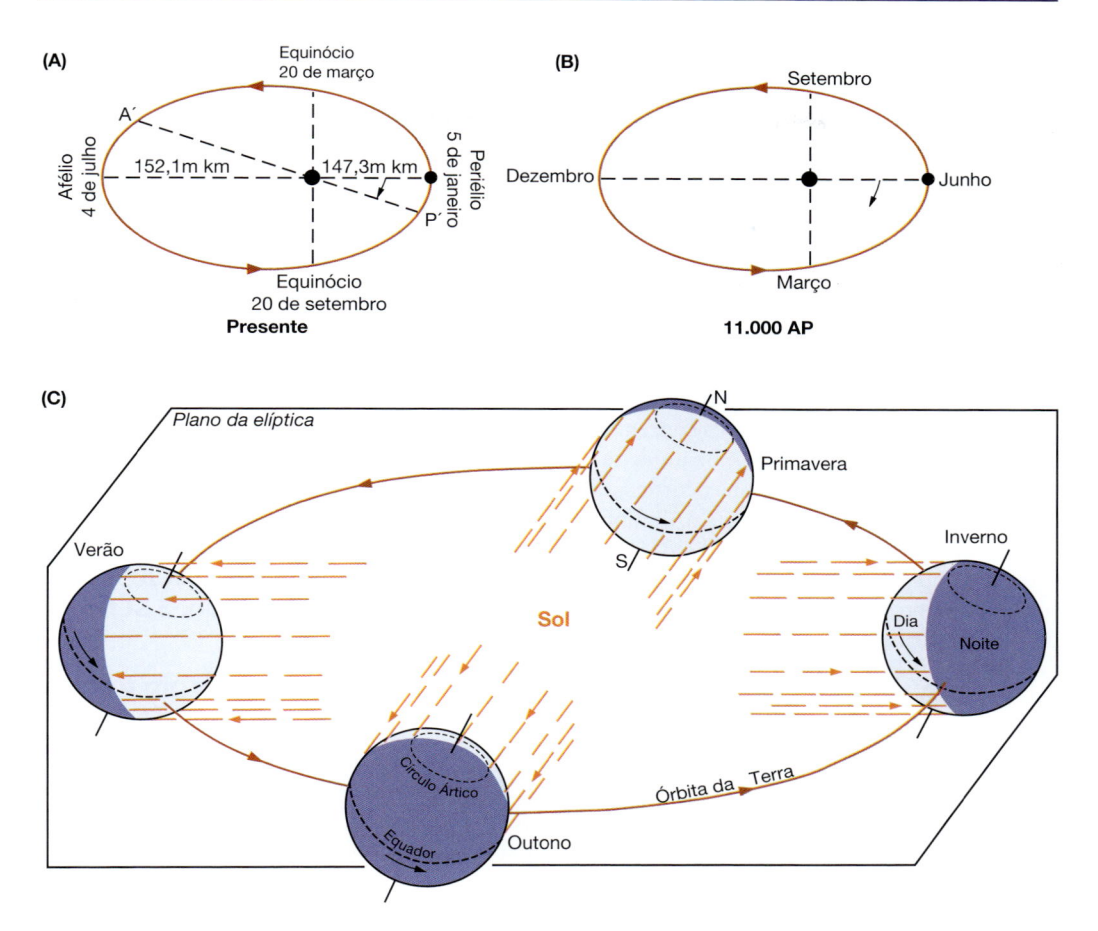

Figura 3.3 Mudanças no periélio: (A) momento atual do periélio; (B) direção de sua mudança e situação em 11000 anos AP; (C) geometria das estações atuais (Hemisfério Norte).
Fonte: Adaptado de Strahler (1965).

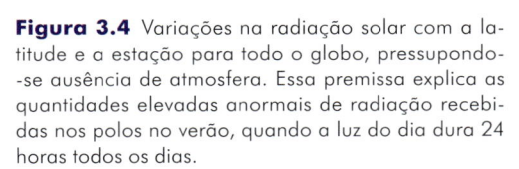

Figura 3.4 Variações na radiação solar com a latitude e a estação para todo o globo, pressupondo-se ausência de atmosfera. Essa premissa explica as quantidades elevadas anormais de radiação recebidas nos polos no verão, quando a luz do dia dura 24 horas todos os dias.
Fonte: W. M. Davis. (1894).

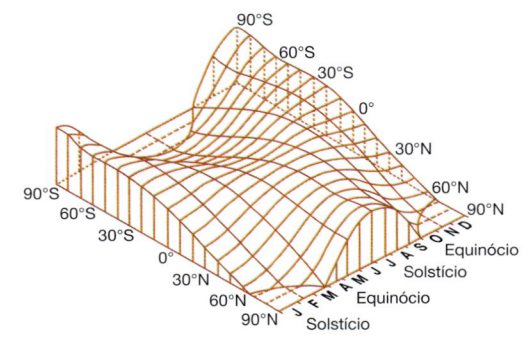

intensidade em uma superfície horizontal (I_h) é determinada com:

$$I_h = I_0 \operatorname{sen} d$$

onde I_0 = constante solar e d = ângulo entre a superfície e o raio solar.

3 Altura do Sol

A altura do Sol (isto é, o ângulo entre seus raios e o plano tangente à superfície da Terra no ponto de observação) também afeta a quantidade de radiação solar recebida na superfície da Terra. Quanto maior a altura do Sol, mais concentrada será a intensidade da radiação por unidade de área na superfície da Terra e mais curto será o caminho do raio através da atmosfera, diminuindo a absorção atmosférica. Além disso, existem variações importantes relacionadas com a altura solar na proporção da radiação refletida pela superfície, particularmente no caso de uma superfície de água (ver B.5, neste capítulo). Os principais fatores que determinam a altura do Sol, são a latitude do local, a hora do dia e a estação (ver Figura 3.3). No solstício de junho, a altura do Sol está em um nível constante de 23 ½° no decorrer do dia no Polo Norte, e o Sol está no zênite ao meio-dia no Trópico de Câncer (23 ½° N).

4 Duração do dia

A duração do período diurno também afeta a quantidade de radiação recebida. Obviamente, quanto mais tempo o Sol brilha, maior a quantidade de radiação que uma determinada porção da Terra recebe. No equador, por exemplo, a duração do dia fica perto de 12 horas em todos os meses, ao passo que, nos polos, ela varia entre 0 e 24 horas do inverno (noite polar) ao verão (ver Figura 3.3).

A combinação de todos esses fatores gera o padrão de recepção de energia solar no topo da atmosfera mostrado na Figura 3.4. As regiões polares recebem suas quantidades máximas de radiação solar durante seus solstícios de verão, que é o período de dia contínuo. A quantidade recebida durante o solstício de dezembro no Hemisfério Sul é teoricamente maior do que a recebida pelo Hemisfério Norte durante o solstício de junho, devido ao caminho elíptico já mencionado da Terra ao redor do Sol (ver Tabela 3.1). O equador tem dois máximos de radiação nos equinócios e dois mínimos nos solstícios, devido à passagem do Sol durante seus dois movimentos anuais entre os Hemisférios Norte e Sul.

B INCIDÊNCIA DA RADIAÇÃO SOLAR NA SUPERFÍCIE E SEUS EFEITOS

1 Transferência de energia dentro do sistema Terra-atmosfera

Até aqui, descrevemos a distribuição da radiação solar como se ela estivesse toda disponível para a superfície da Terra. Isso certamente não é realista, por causa do efeito da atmosfera sobre a transferência de energia. A energia térmica pode ser transferida por três mecanismos:

1 *Radiação*: ondas eletromagnéticas transferem energia (calor e luz) entre dois corpos, sem a ajuda de um meio material interveniente, em uma velocidade de 300×10^6 m s^{-1} (a velocidade da luz). Isso ocorre com a energia solar através do espaço, ao passo que a atmosfera da Terra permite a passagem de radiação apenas em determinados

Tabela 3.1 Radiação solar diária sobre uma superfície horizontal fora da atmosfera: W m^{-2}

Data	90°N	70	50	30	0	30	50	70	90°S
21 de dez	0	0	86	227	410	507	514	526	559
21 de mar	0	149	280	378	436	378	280	149	0
22 de jun	524	492	482	474	384	213	80	0	0
23 de set	0	147	276	373	430	372	276	147	0

Fonte: Berger (1996).

comprimentos de onda, e a restringe em outros.

A radiação que entra na atmosfera pode ser absorvida em certos comprimentos de onda por gases atmosféricos, mas, como mostra a Figura 3.1, a maior parte da radiação de ondas curtas é transmitida sem absorção. A dispersão ocorre se a direção de um fóton de radiação for alterada pela interação com gases e aerossóis atmosféricos. Há dois tipos de dispersão. Para moléculas gasosas menores do que o comprimento de onda da radiação (λ), há *dispersão de Rayleigh* em todas as direções (ou seja, ela é *isotrópica*) e é proporcional a $(1/\lambda^4)$. Como resultado, a dispersão da luz azul ($\lambda \sim 0{,}4 \mu m$) é uma ordem de magnitude (i.e., × 10) maior do que a da luz vermelha ($\lambda \sim 0{,}7 \mu m$), criando assim o céu azul do dia. Todavia, quando gotículas de água ou partículas de aerossóis, com tamanhos semelhantes (0,1-0,5 μm de raio) ao comprimento de onda da radiação, estão presentes, a maior parte da luz é dispersa para frente. Essa *dispersão de Mie* confere a aparência acinzentada das atmosferas poluídas.

Dentro de uma nuvem, ou entre nuvens baixas e uma superfície coberta de neve, a radiação sofre dispersão múltipla. No segundo caso, ocorrem as condições de "branco total" das regiões polares no verão (e tempestades de neve em latitudes médias), quando as feições superficiais e o horizonte se tornam indistinguíveis.

2 *Condução*: por intermédio desse mecanismo, o calor atravessa uma substância, de uma parte mais quente para uma mais fria, pela transferência de vibrações moleculares adjacentes. O ar é um mau condutor, então, esse tipo de transferência de calor é desprezível na atmosfera, mas é importante no chão. A condutividade térmica aumenta com o conteúdo de água em um determinado solo, e é maior no solo congelado do que no solo normal.

3 *Convecção*: ocorre em fluidos (incluindo gases) que podem circular internamente e distribuir partes aquecidas da massa. É o principal meio de transferência de calor atmosférico devido à baixa viscosidade do ar e seu movimento quase contínuo. A *convecção forçada* (turbulência mecânica) ocorre quando se formam redemoinhos no fluxo de ar sobre superfícies irregulares. Na presença de aquecimento superficial, há *convecção livre* (térmica).

A convecção transfere energia de duas formas. A primeira é o teor de *calor sensível* do ar (chamado de entalpia pelos físicos), que é transferido diretamente pela ascensão e mistura do ar aquecido. Ele é definido como $c_p T$, onde T é a temperatura e c_p (= 1004 J kg^{-1} K^{-1}) é o calor específico a uma pressão constante (o calor absorvido por unidade de massa por unidade de aumento de temperatura). O calor sensível também é transferido por condução. A segunda forma de transferência de energia por convecção é indireta, envolvendo *calor latente*. Nesse caso, existe uma mudança de fase, mas não de temperatura. Sempre que a água é convertida em vapor de água por evaporação (ou ebulição), necessita-se de calor. Chama-se isso de calor latente de vaporização (L). A 0°C, L é 2,50 × 10^{6}J kg^{-1} de água. De maneira mais geral,

$$L\,(10^6 J\,kg^{-1}) = (2{,}5 - 0{,}00235T)$$

onde T está em °C. Quando a água condensa na atmosfera (ver Capítulo 4D), é liberada a mesma quantidade de calor latente que a usada para a evaporação *na mesma temperatura*. De maneira semelhante, para derreter gelo a 0°C, precisa-se do calor latente de fusão, que é 0,335 × 10^{6}J kg^{-1}. Se o gelo evapora sem derreter, o calor latente desse processo de sublimação é 2,83 × 10^{6}J kg^{-1} a 0°C (ou seja, a soma dos calores latentes de fusão e vaporização). Em todas essas mudanças de fase de água, existe transferência de energia. Discutiremos outros aspectos desses processos no Capítulo 4.

2 O efeito da atmosfera

A radiação solar está quase toda na faixa de comprimentos de ondas curtas, menos de 4 μm (ver Figura 3.1). Por volta de 18% da energia incidente são absorvidos diretamente pelo ozônio e pelo vapor de água. A absorção pelo ozônio se concentra em três bandas espectrais solares (0,20-0,31, 0,31-0,35 e 0,45-0,85 μm), enquanto o vapor de água absorve em um grau menor em diversas bandas entre 0,9 e 2,1 μm (ver Figura 3.1). Comprimentos de ondas solares menores que 0,285 μm raramente penetram abaixo de 20 km de altitude, ao passo que aqueles >0,295 μm alcançam a superfície. Assim, a coluna de 3 mm (equivalente) do ozônio estratosférico atenua a radiação ultravioleta quase que totalmente, exceto por uma janela parcial em torno de 0,20 μm, onde a radiação alcança a estratosfera inferior. Por volta de 30% da radiação solar incidente são imediatamente refletidos de volta da atmosfera, das nuvens e da superfície da Terra para o espaço, deixando aproximadamente 70% para aquecer a Terra e sua atmosfera. A superfície absorve quase a metade da energia incidente disponível no topo da atmosfera e a irradia novamente como ondas longas (infravermelhas) de comprimento maior que 3 μm (ver Figura 2.1). Grande parte dessa energia irradiada de ondas longas é absorvida pelo vapor de água, dióxido de carbono e ozônio da atmosfera, e o resto escapa por *janelas* atmosféricas de volta para o espaço, principalmente entre 8 e 13 μm (ver Figura 3.1). Essa retenção de energia pela atmosfera é vital para a maioria das formas de vida, pois, de outro modo, a temperatura média da superfície da Terra cairia aproximadamente 40°C!

A dispersão atmosférica, citada anteriormente, dá vazão à radiação *difusa* (ou celeste), que é medida às vezes separadamente da radiação direta do feixe de luz. Em média, sob condições de céu claro, a razão entre a radiação solar difusa e a total (ou global) é de aproximadamente 0,15-0,20 na superfície. Para a nebulosidade média, a razão é de 0,5 na superfície, diminuindo a cerca de 0,1 a 4 km, como resultado da redução em gotículas de nuvens e aerossóis com a altitude. Durante um eclipse solar total sobre grande parte da Europa Ocidental em agosto de 1999, a eliminação da radiação direta fez a radiação difusa cair de 680 W m^{-2} às 10h30 da manhã para apenas 14 W m^{-2} às 11h da manhã em Bracknell, no sul da Inglaterra.

Entre 1961 e 1990, a recepção de radiação solar global diminuiu 4%, um fenômeno chamado "escurecimento global"; a quantidade de radiação se recuperou na década de 1990 ("clareamento"). A razão para essas tendências parece ter sido uma maior absorção por aerossóis (carbono negro) e reflexão (por sulfatos, nitrato e poeira) durante o primeiro período e uma redução na carga de aerossóis posteriormente. Os aerossóis de sulfato têm uma forçante radiativa direta em nível global de −0,4 W m^{-2}, o carbono negro combustível, +0,2 W m^{-2}, e a poeira mineral, −0,1 W m^{-2}, de um efeito total dos aerossóis de −0,5 W m^{-2}. Também há um efeito indireto nas nuvens, pelo qual os aerossóis aumentam o número de gotículas de água e aumentam o albedo das nuvens, conferindo um efeito refrigerador de aproximadamente −0,7 W m^{-2}.

A Figura 3.5 ilustra os papéis relativos da atmosfera, das nuvens e da superfície da Terra

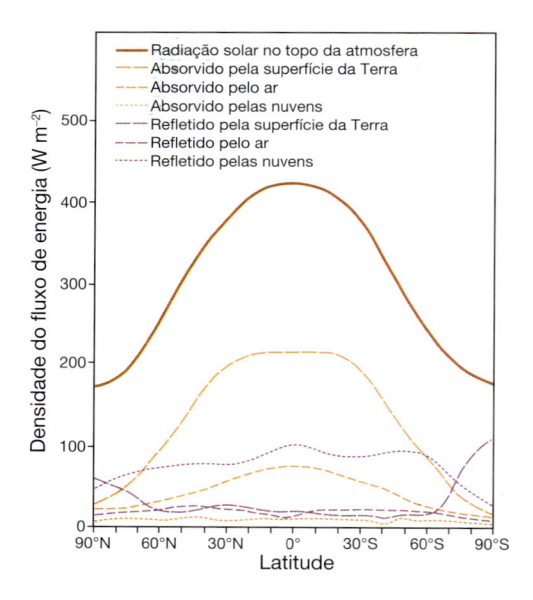

Figura 3.5 Média anual da disposição latitudinal de radiação solar em W m^{-2}. De 100% da radiação que entra no topo da atmosfera, por volta de 20% são refletidos para o espaço pelas nuvens, 3%, pelo ar (com poeira e vapor de água) e 8%, pela superfície da Terra; 3% são absorvidos pelas nuvens, 18%, pelo ar e 48%, pela Terra.

Fonte: Sellers (1965). University of Chicago Press.

em refletir e absorver a radiação solar em diferentes latitudes. (Uma análise mais completa do balanço de calor do sistema Terra-atmosfera é apresentada em D, neste capítulo.)

3 O efeito da cobertura de nuvens

Uma cobertura espessa e contínua de nuvens forma uma barreira significativa à penetração de radiação. A queda na temperatura superficial que ocorre às vezes em dias ensolarados quando uma nuvem corta temporariamente a radiação solar direta ilustra a nossa necessidade da energia radiante do Sol. Quanta radiação é refletida realmente pelas nuvens depende da quantidade de cobertura e da sua espessura (Figura 3.6). A proporção da radiação incidente que é refletida se chama *albedo*, ou coeficiente de reflexão (expresso como fração ou porcentagem). O tipo de nuvem afeta o albedo. Medidas feitas por aviões mostram que o albedo de uma cobertura total varia de 44 a 50% para cirrostratus a 90% para cumulonimbus. Os valores médios do albedo, determinados por satélites, aviões e medições na superfície, são sintetizados na Tabela 3.2 (ver nota 2).

Deve-se observar que o albedo (α) é definido pela razão da radiação refletida (S↑) pela radiação incidente (S↓) recebida no topo da atmosfera, no topo da nuvem, no topo do dossel da vegetação, ou na superfície terrestre:

α = S↑ / S↓, expresso como fração ou porcentagem.

A radiação total (ou global) recebida na superfície em dias nublados é

$$S = S_0 [b + (1 - b)(1 - c)]$$

onde S_0 = radiação solar global para céus claros;
c = nebulosidade (fração do céu coberta);
b = um coeficiente que depende do tipo e da espessura das nuvens; e a profundidade da atmosfera pela qual a radiação deve passar.

Para valores mensais médios para os Estados Unidos, $b \approx 0{,}35$, de modo que

$$S \approx S_0 [1 - 0{,}65c]$$

O efeito da cobertura de nuvens também opera no sentido inverso, pois serve para reter grande parte do calor que, de outra forma, seria perdido da Terra pela radiação de ondas longas durante o dia e a noite. Desse modo, a cobertura de nuvens diminui a faixa de temperatura diurna consideravelmente, impedindo uma máxima elevada de dia e uma mínima baixa à noite. Além de interferirem na transmissão da radiação, as nuvens atuam como reservatórios térmicos temporários, pois absorvem uma certa proporção da energia que interceptam. Os efeitos modestos da reflexão e absorção de

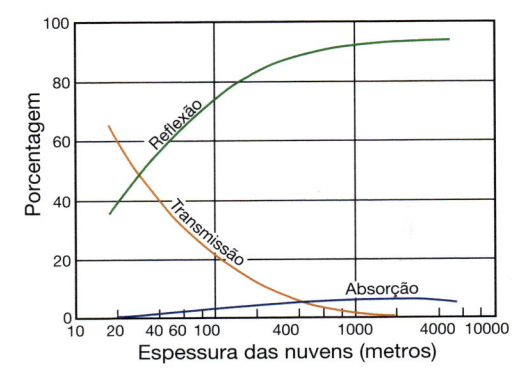

Figura 3.6 Porcentagem de reflexão, absorção e transmissão de radiação solar por camadas de nuvens de espessuras diferentes.

Fonte: Hewson e Longley (1944).

Tabela 3.2 Albedo fracional (integrado) médio de superfícies variadas

Planeta Terra	0,31
Superfície global	0,14–0,16
Nuvens globais	0,23
Cumulonimbus	0,9
Stratocumulus	0,6
Cirrus	0,4–0,5
Neve recente	0,8–0,9
Neve em derretimento	0,4–0,6
Areia	0,30–0,35
Grama, plantações de cereais	0,18–0,25
Floresta decídua	0,15–0,18
Floresta conífera	0,09–0,15
Floresta tropical	0,07–0,15
Corpos d'água*	0,06–0,10

Obs.: *Aumenta nitidamente em ângulos solares baixos.

radiação solar pelas nuvens são ilustrados nas Figuras 3.5 a 3.7.

Ainda não se conhece a nebulosidade global com precisão. As observações são feitas principalmente em estações de superfície e se referem a uma área pequena (~250 km^2). As estimativas feitas por satélites são derivadas de medidas da radiação refletida de ondas curtas e da irradiação infravermelha, com diversos patamares propostos para a presença/ausência de nuvens; geralmente, elas se referem a uma área de 2500 a 37.500 km^2. As observações realizadas na superfície tendem a ser 10% maiores do que as estimativas de satélite, devido à perspectiva do observador. As distribuições médias de inverno e verão da quantidade total de nuvens em observações superficiais são mostradas na Figura 3.8. As áreas mais nebulosas são o Oceano Sul e as trilhas de tempestades em latitudes médias a altas do Pacífico Norte e Atlântico Norte. As menores quantidades ocorrem sobre a área desértica do Saara-Arábia. A cobertura global total de nuvens é de pouco mais de 60% em janeiro e julho. A fração de nuvens em latitudes baixas é mostrada na Prancha 3.2.

4   O efeito da latitude

Conforme a Figura 3.4, diferentes partes da superfície da Terra recebem diferentes quantidades de radiação solar. O momento do ano é um fator que controla isso, sendo recebida mais radiação no verão do que no inverno, por causa da maior altura do Sol e dos dias mais longos. A latitude é um controle muito importante, pois determina a duração do período diurno e a distância que os raios oblíquos do Sol percorrem na atmosfera. Todavia, os cálculos mostram que o efeito dela é desprezível perto dos polos, aparentemente devido ao baixo teor de vapor do ar limitando a absorção troposférica. A Figura 3.7 mostra que, na atmosfera superior sobre o Polo Norte, existe um máximo notável de radiação solar no solstício de junho, mas apenas 30% são absorvidos na superfície. Isso pode ser comparado com a média global de 48% da radiação solar absorvida na superfície. A explicação está na alta nebulosidade média sobre o Ártico no verão e também na alta refletividade das superfícies de neve e gelo. Esse exemplo ilustra a complexidade do balanço de radiação e a necessidade de levar em conta a interação entre vários fatores.

Uma característica especial da recepção latitudinal da radiação é que as temperaturas máximas observadas na superfície da Terra não ocorrem no equador, como seria de esperar, mas nos trópicos. Diversos fatores devem ser considerados. A aparente migração do Sol vertical é relativamente rápida durante sua passagem pelo equador, mas sua velocidade diminui à medida que alcança os trópicos. Entre 6°N e 6°S, os raios do Sol se mantêm quase verticalmente a pino por apenas 30 dias durante os equinócios da primavera e do outono, permitindo pouco tempo para um acúmulo grande de calor e altas temperaturas na superfície. Por outro lado, entre 17,5° e 23,5° de latitude, os raios do Sol brilham quase verticalmente por 86 dias consecutivos durante o período do solstício. Esse intervalo maior, combinado com o fato de que os trópicos têm dias mais longos do que o equador, faz as zonas de aquecimento máximo ocorrerem mais perto dos trópicos do que do equador. No Hemisfério Norte, esse deslocamento da zona de aquecimento máximo em direção aos polos é aumentado pelo efeito da *continentalidade* (ver B.5, neste capítulo), enquanto a baixa nebulosidade associada aos cinturões subtropicais de alta pressão é um fator adicional. Os céus claros permitem grandes recepções anuais de radiação solar nessas áreas. O

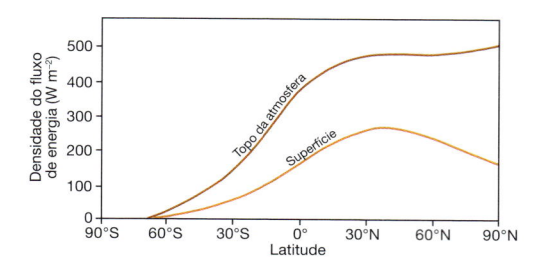

Figura 3.7 Recepção média de radiação solar com a latitude no topo da atmosfera e na superfície da Terra durante o solstício de junho.

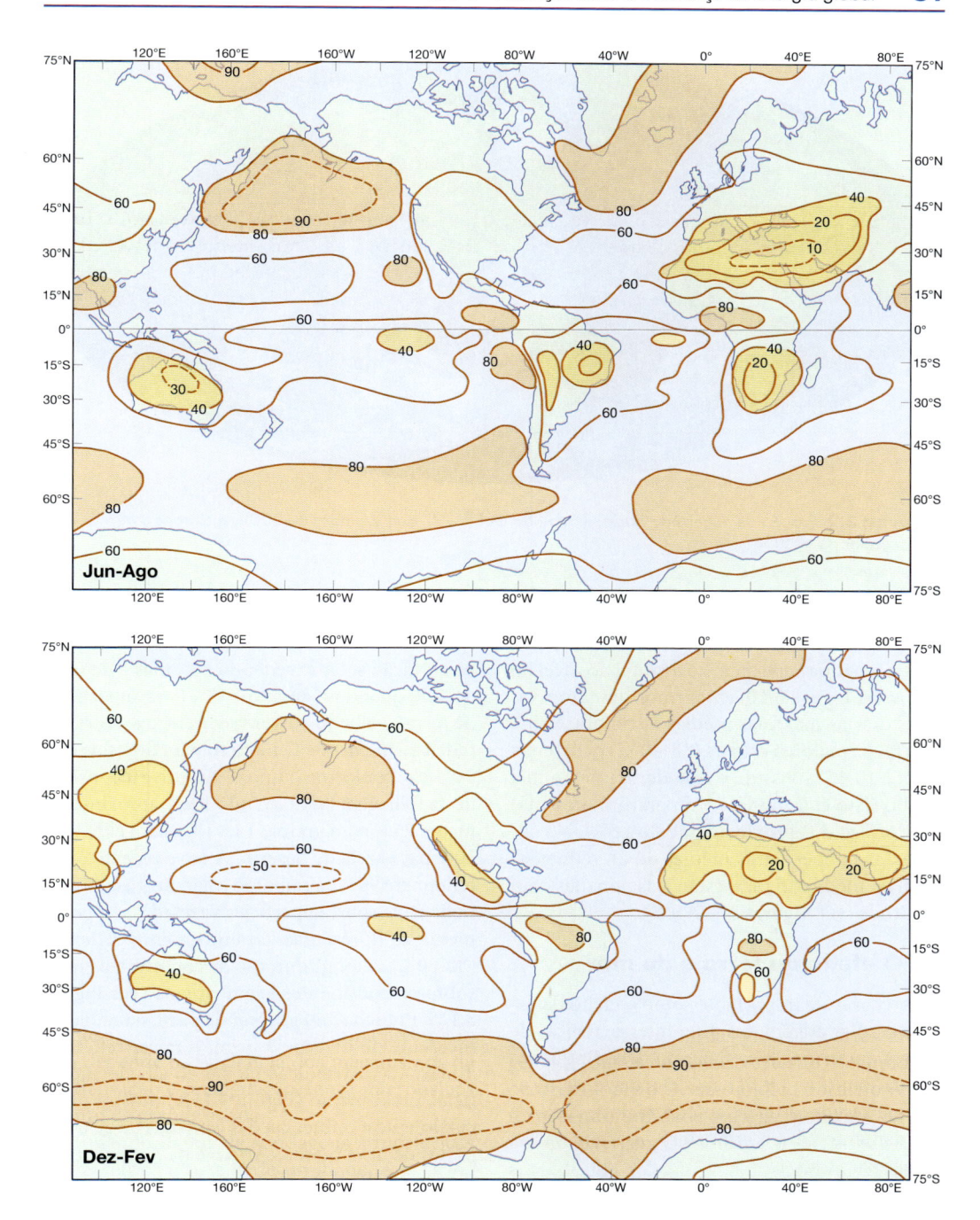

CAPÍTULO 3   Radiação solar e o balanço de energia global   **51**

Figura 3.8 Distribuição global da quantidade total de nuvens (percentual) derivada de observações superficiais durante o período 1971-1981, com média para os meses de junho a agosto (superior) e dezembro a fevereiro (inferior). As porcentagens altas estão sombreadas, e as porcentagens baixas, tracejadas.
Fonte: London et al. (1989).

Prancha 3.2 Fração de nuvens de baixa altitude do CERES, 27 de dezembro de 2008, mostrando as máximas dos oceanos.
Fonte: Jesse Allen, NASA.

resultado líquido dessas influências é mostrado na Figura 3.9 em termos da radiação solar anual média em uma superfície horizontal no nível do solo, e na Figura 3.10, em termos das temperaturas diárias máximas médias à sombra. Sobre a terra, os maiores valores (38-40°C) ocorrem a 23°N e 10-15°S. Assim, o *equador térmico* anual médio (isto é, a zona de temperatura máxima) está localizado aproximadamente a 5°N. No entanto, as temperaturas médias do ar, reduzidas ao nível médio do mar, estão relacionadas com a latitude (ver Figuras 3.11A e B).

5 O efeito da terra e do mar

Outro controle importante sobre o efeito da radiação solar advém das diferentes maneiras de a terra e o mar se beneficiarem dela. Enquanto a água tem uma tendência de armazenar o calor que recebe, a terra, ao contrário, o devolve rapidamente para a atmosfera. Existem várias razões para isso.

Uma grande proporção da radiação solar incidente é refletida de volta para a atmosfera sem aquecer a superfície da Terra. A proporção depende do tipo de superfície (ver Tabela 3.2). Uma superfície marinha reflete pouquíssimo, a menos que o ângulo de incidência dos raios do Sol seja grande. O albedo para uma superfície de águas calmas é de apenas 2 a 3% para um ângulo de elevação solar excedendo 60°, mas é de mais de 50% quando o ângulo é 15°. Para superfícies de terra, o albedo costuma ser entre 8 e 40% da radiação incidente. O número para florestas é de 9 a 18%, conforme o tipo de árvore e a densidade da folhagem (ver Capítulo 10C), aproximadamente 25% para grama, 14 a 18% para cidades e 30% para areia de deserto. A neve recente pode refletir até 90% da radiação solar, mas a cobertura de neve sobre superfícies vegetadas, especialmente as florestadas, é muito menos reflexiva (30-50%). A longa duração da cobertura de neve sobre os continentes setentrionais (ver Figura 3.12 e Prancha 3.3) faz grande parte da radiação incidente do inverno à primavera ser refletida. Todavia, a distribuição global do albedo superficial anual médio (Figura 3.13A) mostra principalmente a influência das camadas de gelo cobertas de neve no mar Ártico e na Antártica (cf. Figura 3.13B para o albedo planetário).

A radiação solar global absorvida na superfície é determinada a partir de medições da radiação incidente sobre a superfície e seu albedo (α), e pode ser expressa como

$$S{\downarrow}(100 - \alpha)$$

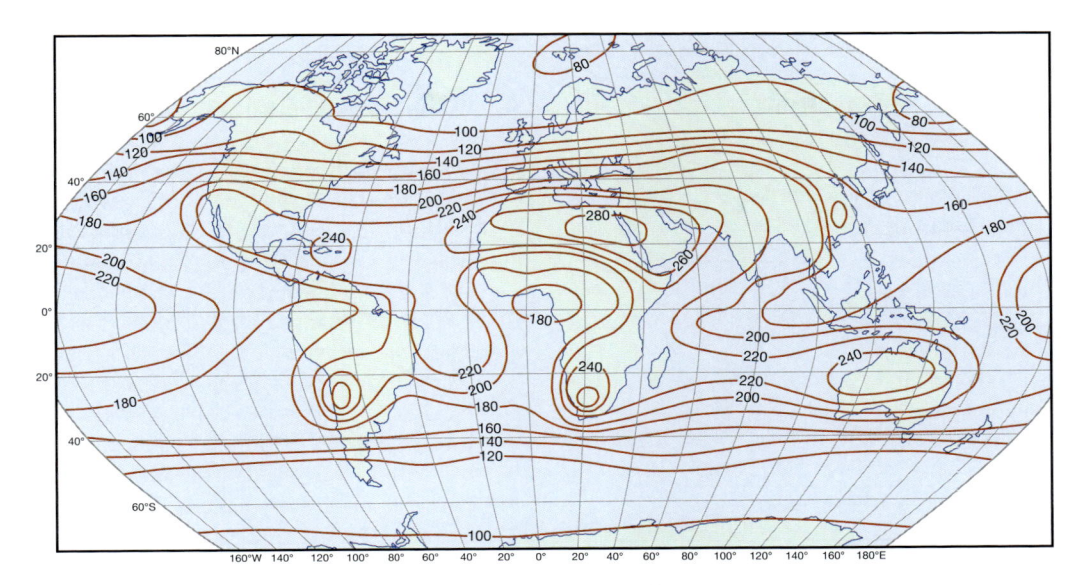

Figura 3.9 Média da radiação solar global anual (Q + q) (W m^{-2}) (em uma superfície horizontal no nível do solo). As máximas são encontradas nos desertos quentes do mundo, onde até 80% da radiação solar incidente sobre o topo da atmosfera, que é livre de nuvens, alcançam o solo.
Fonte: Budyko et al. (1962).

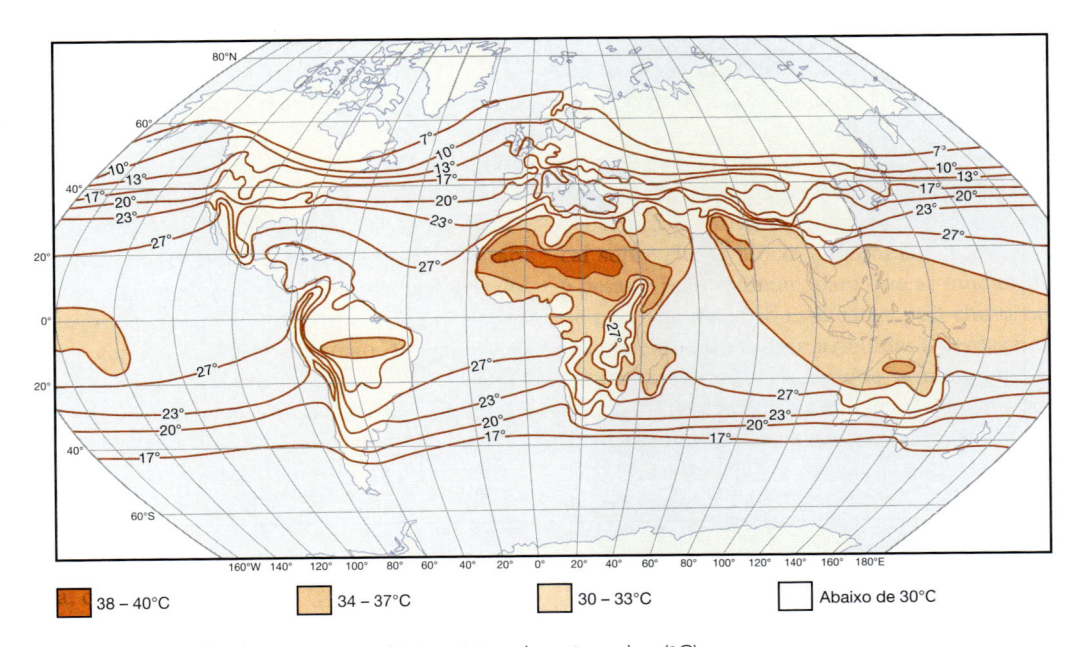

38 – 40°C 34 – 37°C 30 – 33°C Abaixo de 30°C

Figura 3.10 Média da temperatura diária máxima do ar à sombra (°C).
Fonte: Ransom (1963). Royal Meteorological Society.

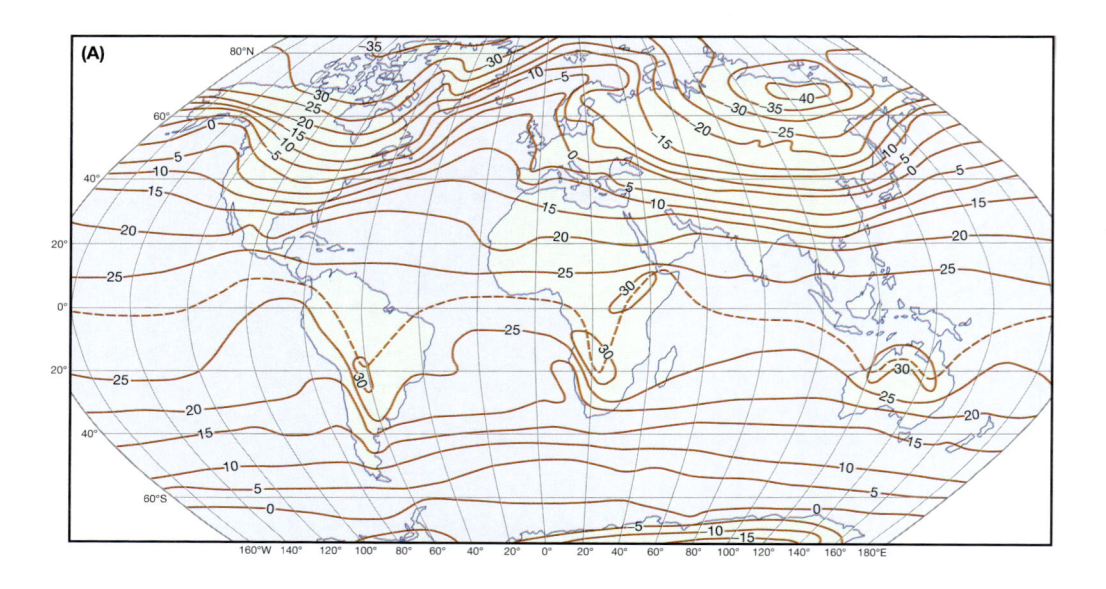

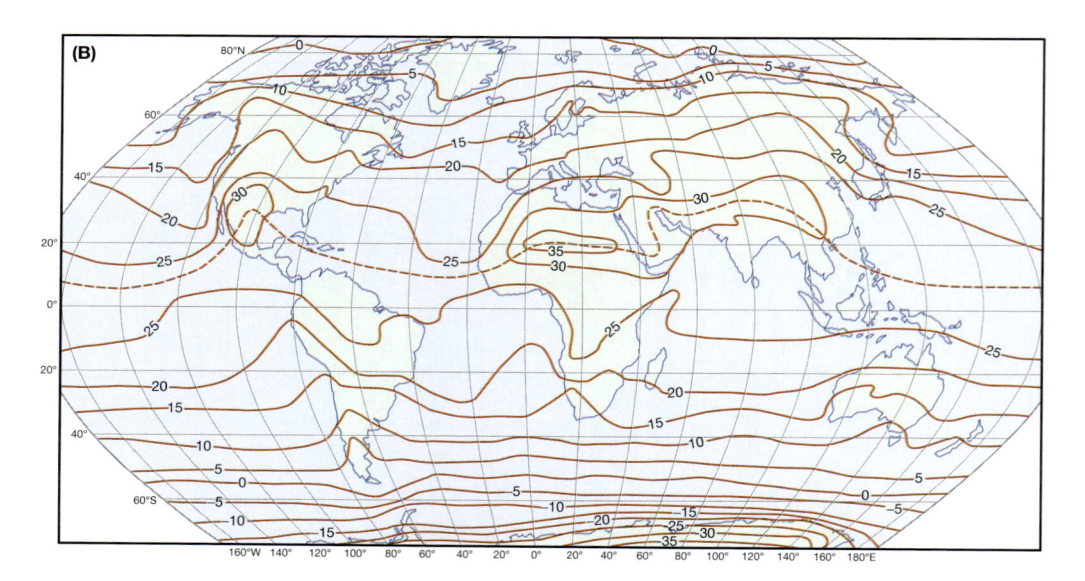

Figura 3.11 (A): temperaturas (°C) médias no nível do mar em janeiro. A posição do equador térmico é mostrada aproximadamente pela linha tracejada; (B): temperaturas (°C) médias no nível do mar em julho. A posição do equador térmico é mostrada de forma aproximada pela linha tracejada.

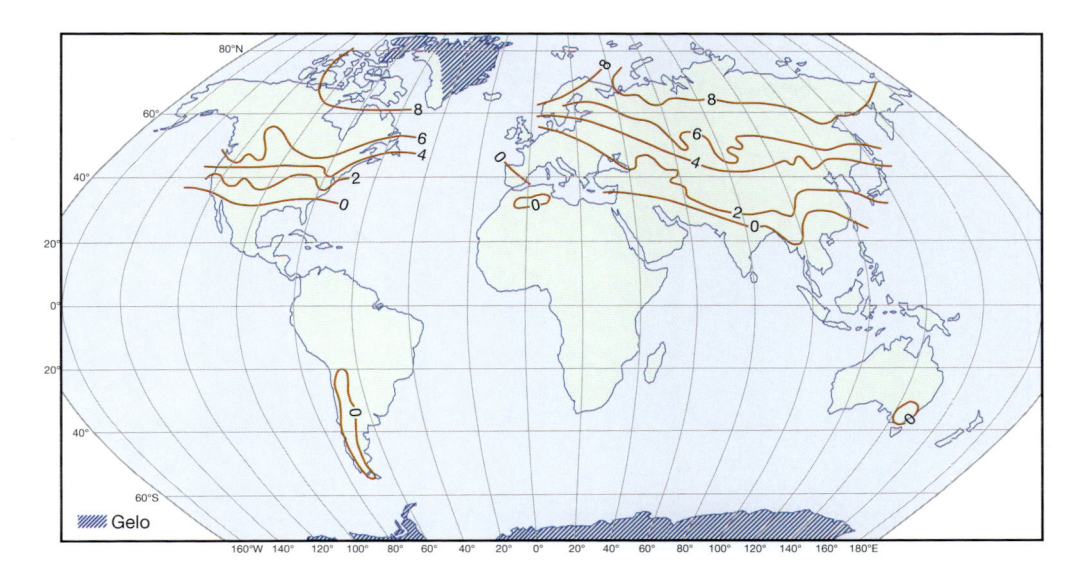

Figura 3.12 Duração média anual da cobertura de neve (meses).
Fonte: Henderson-Sellers and Wilson (1983). Cortesia de American Geophysical Union.

onde o albedo é uma porcentagem. Uma cobertura de neve absorverá apenas por volta de 15% da radiação incidente, ao passo que, para o mar, essa cifra geralmente excede 90%. A capacidade do mar de absorver o calor recebido também depende de sua transparência. Até 20% da radiação penetra a 9 m (30 pés). A Figura 3.14 ilustra quanta energia é absorvida pelo mar em diferentes profundidades. Todavia, o calor absorvido pelo mar é levado a profundidades consideráveis pela mistura turbulenta de massas de água, pela ação de ondas e correntes. A Figura 3.15, por exemplo, ilustra as variações mensais médias com a profundidade nos 100 metros superiores das águas do Pacífico Norte Oriental (por volta de 50°N, 145°W), mostrando o desenvolvimento da termoclina sazonal sob as influências do aquecimento superficial, da mistura vertical e da condução superficial.

Uma medida da diferença entre as subsuperfícies de terra e mar é apresentada na Figura 3.16, que mostra as temperaturas do solo em Kaliningrado (Königsberg) e os desvios na temperatura do mar em relação à média anual em diversas profundidades na Baía da Biscaia. A transmissão de calor no solo ocorre quase totalmente por condução, e o grau de condutividade varia com o teor de umidade e a porosidade de cada tipo de solo.

O ar é um condutor extremamente fraco e, por essa razão, uma superfície de solo arenoso inconsolidado aquece rapidamente durante o dia, pois o calor não é conduzido ao longe. A umidade do solo tende a elevar a condutividade, preenchendo os poros do solo, mas umidade demais aumenta a capacidade térmica do solo, reduzindo assim a resposta em termos de temperatura. As profundidades relativas sobre as quais as variações anuais e diurnas na temperatura são efetivas em solos secos e úmidos são as seguintes:

	Variação diurna	Variação anual
Solo úmido	0,5 m	9 m
Areia seca	0,2 m	3 m

Todavia, a mudança *real* na temperatura é maior em solos secos. Por exemplo, os valores a

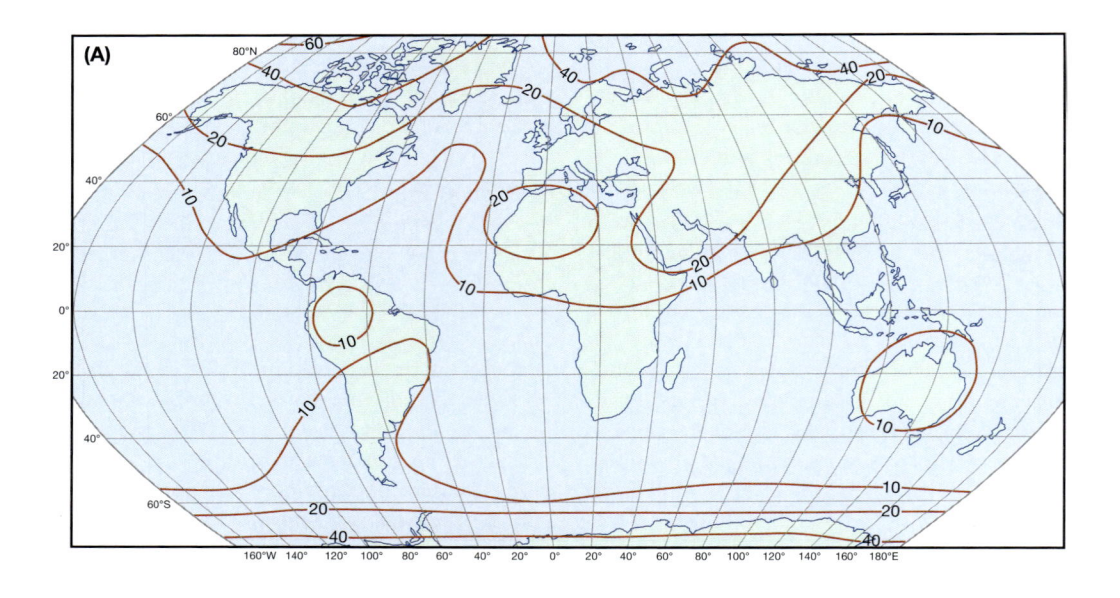

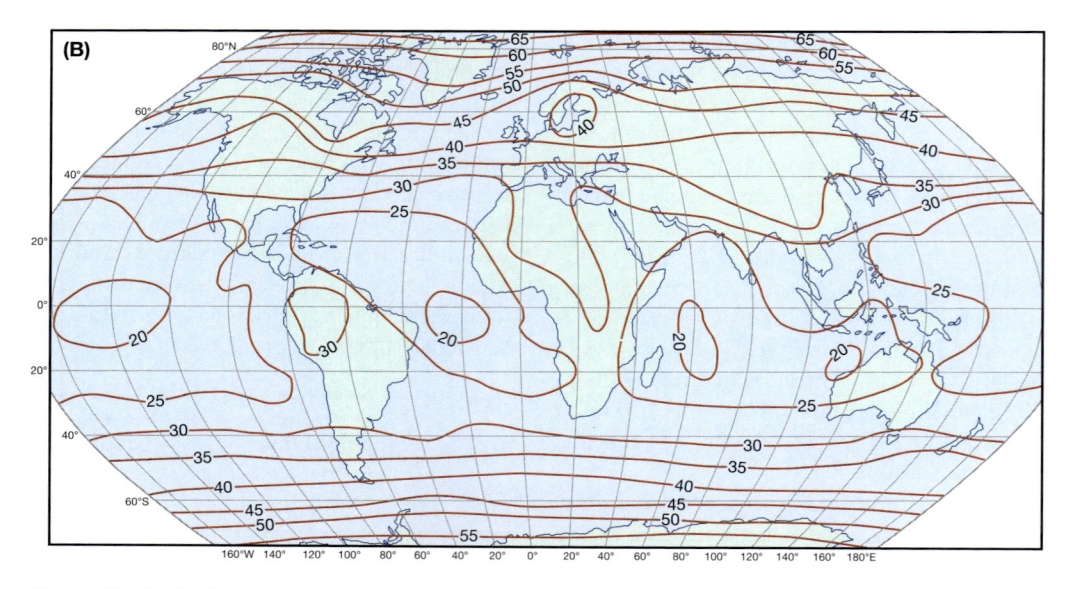

Figura 3.13 Albedos anuais médios (porcentagem): (A) na superfície da Terra; (B) sobre uma superfície horizontal no topo da atmosfera.

Fonte: Adaptado de Hummel and Reck; de Henderson-Sellers and Wilson (1983); e Stephens *et al.* (1981).

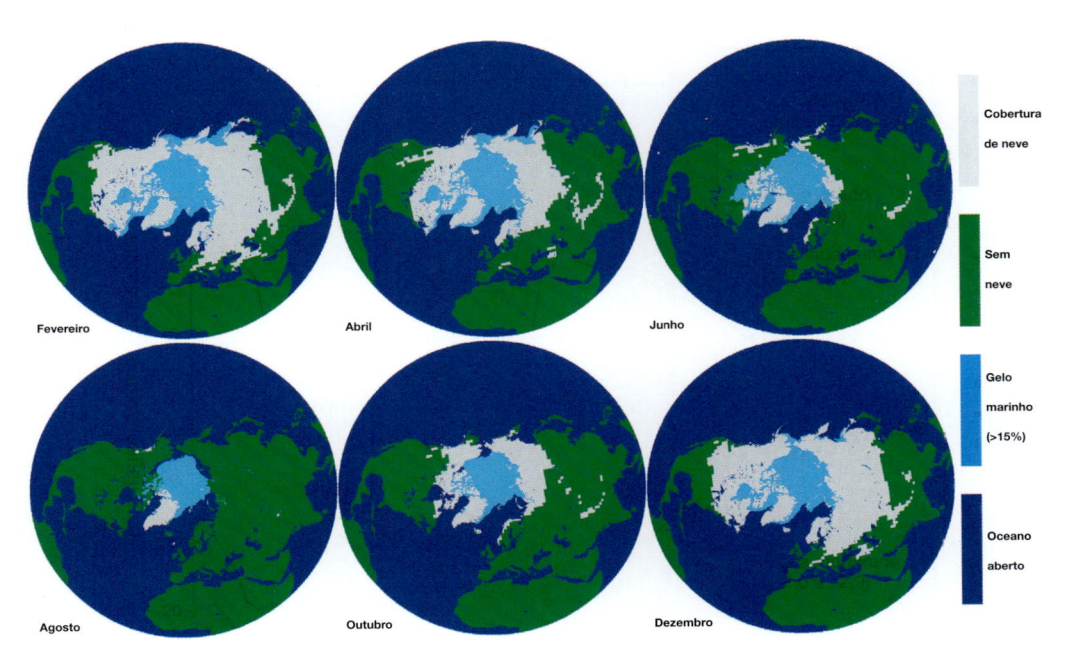

Prancha 3.3 Cobertura de neve média e extensão do gelo marinho no Hemisfério Norte para os meses de fevereiro, abril, junho, agosto, outubro e dezembro, derivadas de dados semanais para o período 1978-2007.
Fonte: National Snow and Ice Data Center (NSIDC), Boulder, Colorado (cortesia Mary Jo Brodzik, NSIDC).

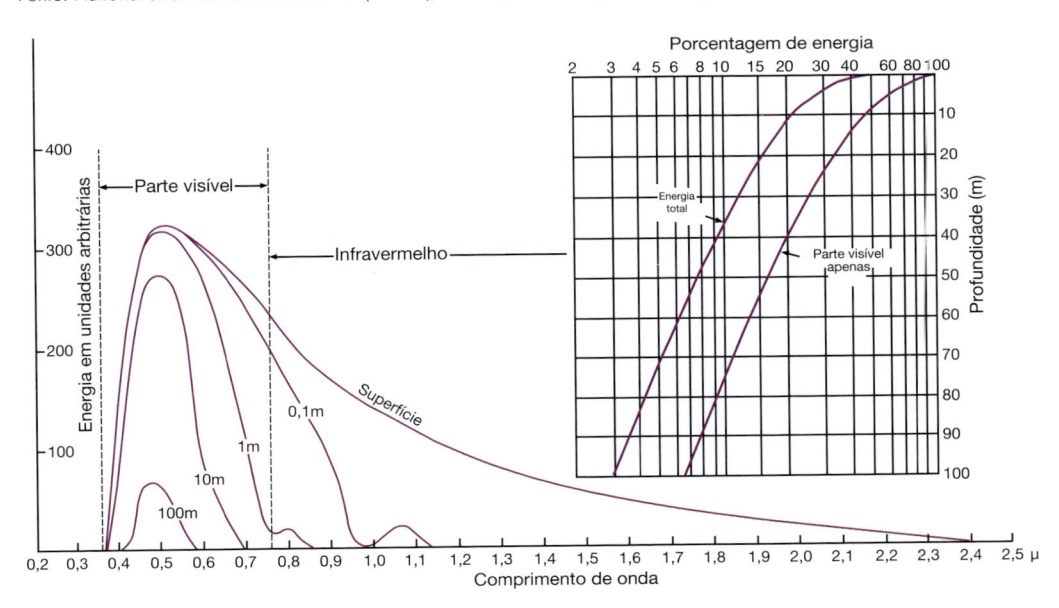

Figura 3.14 Representação esquemática do espectro energético da radiação solar (em unidades arbitrárias) que penetra na superfície do mar a profundidades de 0,1, 1, 10 e 100 m. Isso ilustra a absorção de radiação infravermelha pela água, bem como as profundidades em que a radiação visível (luz) penetra.
Fonte: Sverdrup (1945). Cortesia de Allen & Unwin.

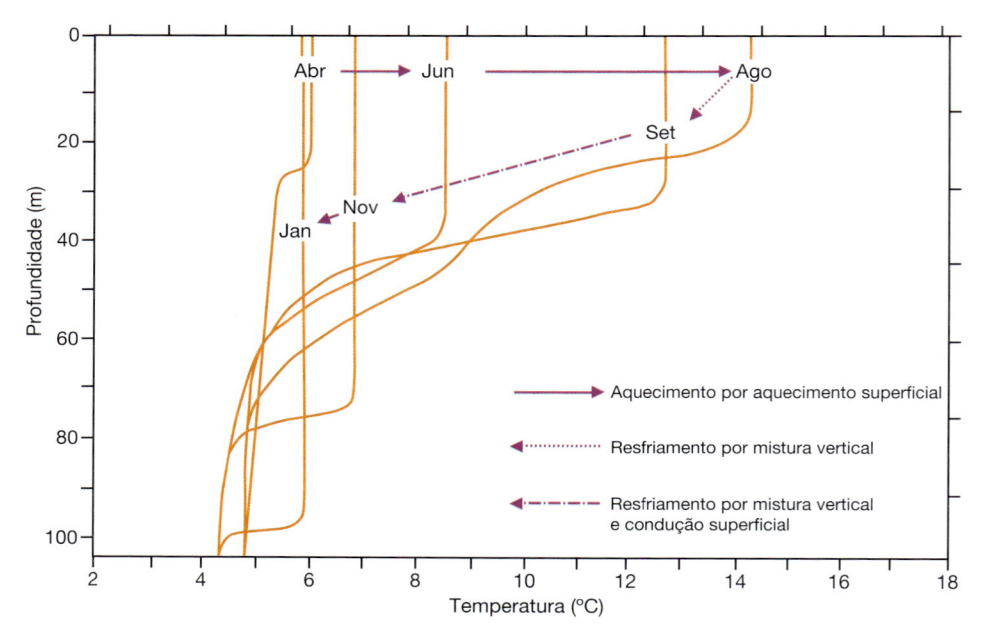

Figura 3.15 Variações mensais médias de temperatura com a profundidade nas águas superficiais do Pacífico Norte Oriental. A camada de mudança súbita na temperatura é denominada termoclina.
Fonte: Tully and Giovando (1963, p. 13, Fig. 4). Reproduzido mediante permissão de Royal Society of Canada.

seguir para a faixa de temperatura diurna foram observados em dias ensolarados de verão em Sapporo, no Japão:

	Areia	Lama	Turfa	Argila
Superfície	40°C	33°C	23°C	21°C
5 cm	20	19	14	14
10 cm	7	6	2	4

As diferentes qualidades caloríficas da terra e da água também são explicadas em parte por seus diferentes *calores específicos*. O calor específico (c) de uma substância é representado pelo número de unidades térmicas necessárias para elevar uma unidade de massa da substância em 1°C (4184 J kg^{-1} K^{-1}). O calor específico da água é muito maior do que o da maioria das outras substâncias comuns (a água deve absorver cinco vezes mais energia térmica para elevar sua temperatura na mesma quantidade que uma massa comparável de solo seco). Assim, para a areia seca, $c = 840$ J kg^{-1} K^{-1}.

Se forem considerados volumes unitários de água e solo, a capacidade térmica (ρc) da água, onde ρ = densidade ($\rho c = 4{,}18 \times 10^6$ J m^{-3} K^{-1}), excede a da areia em aproximadamente três vezes ($\rho c = 1{,}3 \times 1{,}6$ J m^{-3} K^{-1}) se a areia estiver seca, e duas vezes se estiver úmida. Quando essa água é resfriada, a situação se inverte, pois é liberada uma grande quantidade de calor. Uma camada de um metro de água do mar sendo resfriada em apenas 0,1°C libera calor suficiente para elevar em 10°C a temperatura de uma camada de ar de 30 m. Desse modo, os oceanos atuam como um reservatório efetivo para grande parte do calor do mundo. De maneira semelhante, a evaporação da água do mar causa um grande gasto de calor, pois é necessária muita energia para evaporar mesmo uma pequena quantidade de água (ver Capítulo 3C).

O papel térmico do oceano é importante e complexo (ver Capítulo 7D). O oceano tem três camadas térmicas:

1 Uma camada mista superior, ou limite sazonal, localizada acima da termoclina. Tem

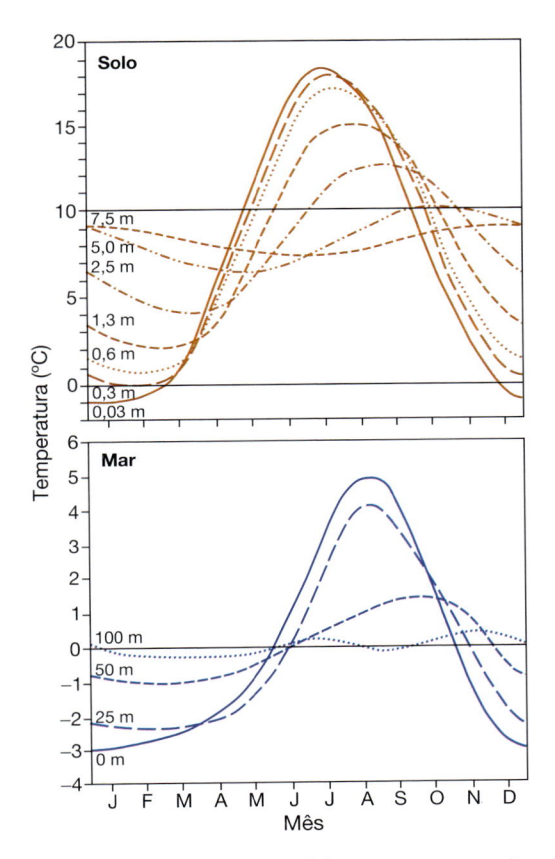

Figura 3.16 Variação anual da temperatura em diferentes profundidades no solo em Kaliningrado, Rússia Europeia (superior) e na água da Baía de Biscaia (aproximadamente 47°N, 4°W, inferior), ilustrando a penetração relativamente profunda da energia solar nos oceanos, diferentemente das superfícies de terra. A figura inferior mostra os desvios na temperatura em relação à média para cada profundidade.

Fontes: Geiger (1965) and Sverdrup (1945).

menos de 100 m de profundidade nos trópicos, mas centenas de metros nos mares subpolares. Está sujeita a uma mistura térmica anual a partir da superfície.

2   Uma esfera de água quente ou camada mista inferior. Localizada abaixo da camada 1, com a qual troca calor lentamente, até várias centenas de metros.

3   O oceano profundo. Contém aproximadamente 80% do volume total de água oceânica e troca calor com a camada 1 nos mares polares.

Essa circulação térmica vertical permite que o calor global seja conservado nos oceanos, reduzindo os efeitos globais das mudanças climáticas produzidas pela forçante térmica (ver Capítulo 13). O tempo para que a energia térmica se difunda dentro da camada mista superior é de dois a sete meses, na camada mista inferior, de sete anos, e no oceano profundo, de 300 anos. A cifra comparativa para a camada térmica externa da Terra sólida é de apenas 11 dias.

Essas diferenças entre mar e terra ajudam a produzir o que se chama de *continentalidade*. A continentalidade implica, em primeiro lugar, que uma superfície de terra aquece e esfria muito mais rapidamente do que a de um oceano. Sobre a terra, a defasagem entre períodos máximos (mínimos) de radiação e a temperatura superficial máxima (mínima) é de apenas um mês, mas, sobre o oceano e em estações costeiras, pode durar até dois meses. Em segundo lugar, as variações anuais e diurnas da temperatura são maiores em locais continentais do que costeiros. A Figura 3.17 ilustra a variação anual de temperatura em Toronto, no Canadá, e em Valentia, no sudoeste da Irlanda, enquanto as variações da temperatura diurna em áreas continentais e marítimas são descritas a seguir. O terceiro efeito da continentalidade resulta da distribuição global das massas de terra. A menor área oceânica do Hemisfério Norte faz o verão boreal ser mais quente, mas seus invernos são mais frios em média do que os equivalentes austrais do Hemisfério Sul (verão, 22,4°C *versus* 17,1°C; inverno, 8,1°C *versus* 9,7°C). O armazenamento de calor nos oceanos os torna mais quentes no inverno e mais frios no verão do que a terra na mesma latitude, embora as correntes oceânicas causem algumas exceções locais a essa regra. A distribuição de anomalias de temperatura para a latitude em janeiro e julho (Figura 3.18) ilustra a significância da continentalidade e a influência das correntes quentes no Atlântico Norte e no Pacífico Norte no inverno.

As temperaturas da superfície do mar podem ser estimadas com o uso de imagens de satélite em infravermelho (ver C, neste capítulo). A Prancha 7.4 mostra uma imagem térmica de

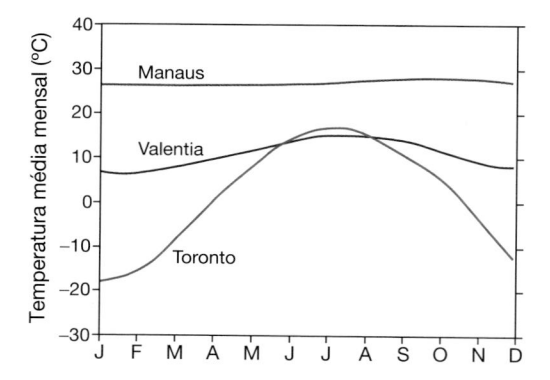

Figura 3.17 Regimes anuais médios de temperatura em climas diversos: Manaus, Brasil (equatorial), Valentia, Irlanda (marítimo temperado) e Toronto, Canadá (continental temperado).

satélite em falsa cor do Atlântico Norte Ocidental, com a relativamente quente e meandrante Corrente do Golfo. Hoje, a criação de mapas das temperaturas da superfície do mar com essas imagens tornou-se rotina.

6 O efeito da elevação e do aspecto

Quando chegamos à escala local, as diferenças na elevação e o seu *aspecto* (isto é, a direção para a qual a superfície está orientada) controlam a quantidade de radiação solar recebida.

Grandes elevações que têm uma massa de ar muito menor sobre elas (ver Figura 2.13) recebem consideravelmente mais radiação solar direta sob céus limpos do que locais perto do nível do mar, devido à concentração de vapor de água na troposfera inferior (Figura 3.19). Em latitudes médias, a intensidade da radiação solar incidente aumenta em média 5-15% para cada 1000 m de aumento na elevação na troposfera inferior. A diferença entre pontos a 200 e 3000 m nos Alpes, por exemplo, pode chegar a 70 W m^{-2} em dias de verão sem nuvens. Todavia, também existe uma perda líquida maior correspondente de radiação terrestre em elevações maiores, pois a baixa densidade do ar sobrejacente resulta na absorção de uma fração menor da radiação. O efeito geral é invariavelmente complicado pela maior nebulosidade associada à maioria das cadeias montanhosas e, portanto, é impossível generalizar a partir dos poucos dados disponíveis.

A Figura 3.20 ilustra o efeito do aspecto e do ângulo de inclinação sobre a recepção máxima de radiação solar em dois pontos do hemisfério norte. O efeito geral da latitude sobre a quantidade de insolação é mostrado, e fica claro também que um aumento na latitude causa uma perda relativamente maior de radiação para superfícies voltadas para o norte, ao contrário de superfícies voltadas para o sul. A intensidade da radiação sobre uma superfície inclinada (Is) é

$$Is = Io \cos i$$

onde i = o ângulo entre o raio solar e um raio normal à superfície inclinada. O relevo também pode afetar a quantidade de insolação e a duração da luz solar direta, quando uma barreira montanhosa bloqueia o Sol em fundos e laterais de vales em certos momentos do dia. Em muitos vales alpinos, os assentamentos e as plantações se concentram, de maneira notável, nos lados da montanha voltados para o sul (o lado ensolarado ou *adret*), ao passo que os lados voltados para o norte (lado sombreado ou *ubac*) permanecem florestados.

7 Variação da temperatura do ar livre com a altitude

O Capítulo 2C descreveu as características mais importantes do perfil vertical da temperatura na atmosfera. Analisaremos agora o gradiente vertical da temperatura na troposfera inferior.

Os gradientes verticais de temperatura são determinados, em parte, por trocas de energia e, em parte, pelo movimento vertical do ar. Os diversos fatores interagem de maneira bastante complexa. Os termos energéticos são a liberação de calor latente por condensação, o resfriamento radiativo do ar e a transferência de calor sensível a partir do solo. A advecção horizontal da temperatura, pelo movimento de massas de ar frio e quente, também pode ser importante. O movimento vertical depende do tipo de sistema de pressão. Áreas de alta pressão costumam estar associadas à subsidência e ao aquecimento

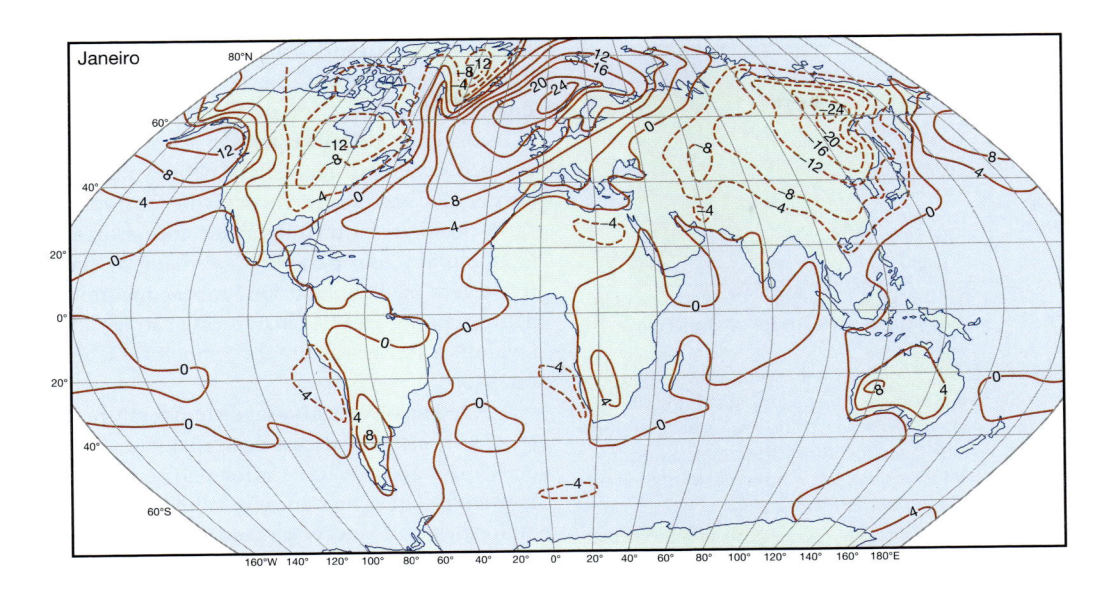

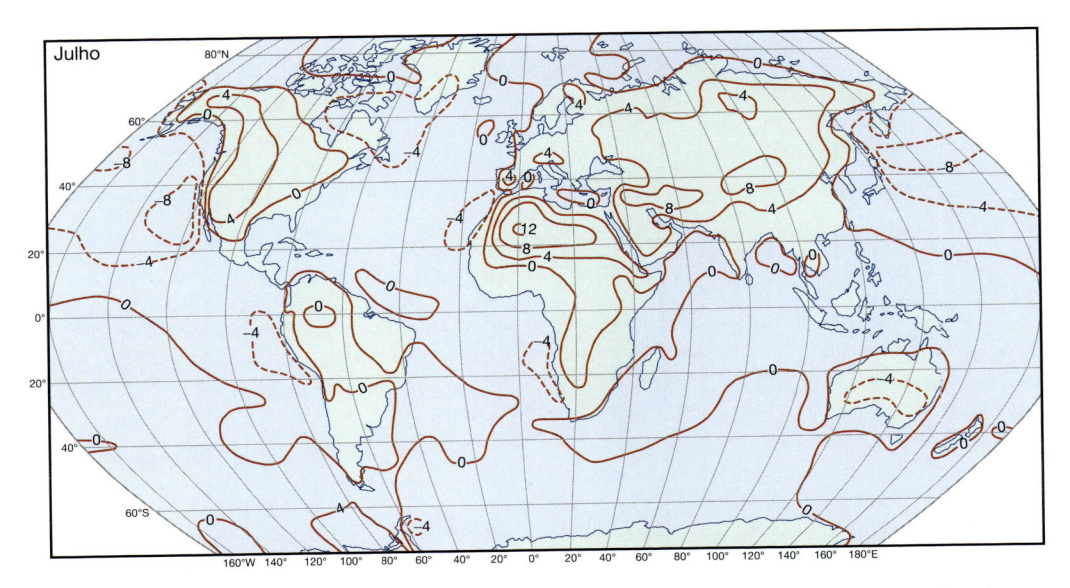

CAPÍTULO 3 Radiação solar e o balanço de energia global

Figura 3.18 Anomalias de temperatura (°C) mundiais (isto é, a diferença entre temperaturas registradas e a média para a latitude) para janeiro e julho. Linhas contínuas indicam anomalias positivas, e linhas tracejadas, anomalias negativas.

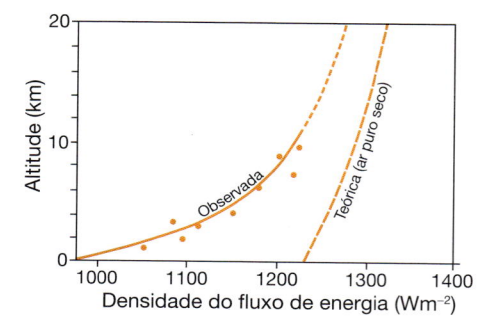

Figura 3.19 Radiação solar direta em função da altitude observada nos Alpes europeus. Os efeitos absorventes do vapor de água e poeira, particularmente abaixo de 3000 m, são mostrados em comparação com uma curva teórica para uma atmosfera ideal sem vapor de água ou aerossóis.

Fonte: Conforme Albetti, Kastrov, Kimball and Pope; de Barry (2008).

de camadas profundas de ar, reduzindo o gradiente de temperatura e causando inversões frequentes da temperatura na troposfera inferior. Já os sistemas de baixa pressão são associados à ascensão de ar, que resfria pela expansão e aumenta o gradiente vertical da temperatura. A umidade é outro fator que complica (ver Capítulo 3E), mas permanece verdadeiro que a troposfera média e superior é relativamente fria acima de uma área de baixa pressão superficial, levando a um gradiente de temperatura mais intenso.

A redução vertical geral da temperatura, ou *gradiente*, na troposfera é de aproximadamente 6,5°C/km. Todavia, esse valor não se mantém constante com as mudanças em altitude, estação ou localização. Valores globais médios calculados por C. E. P. Brooks para julho mostram que

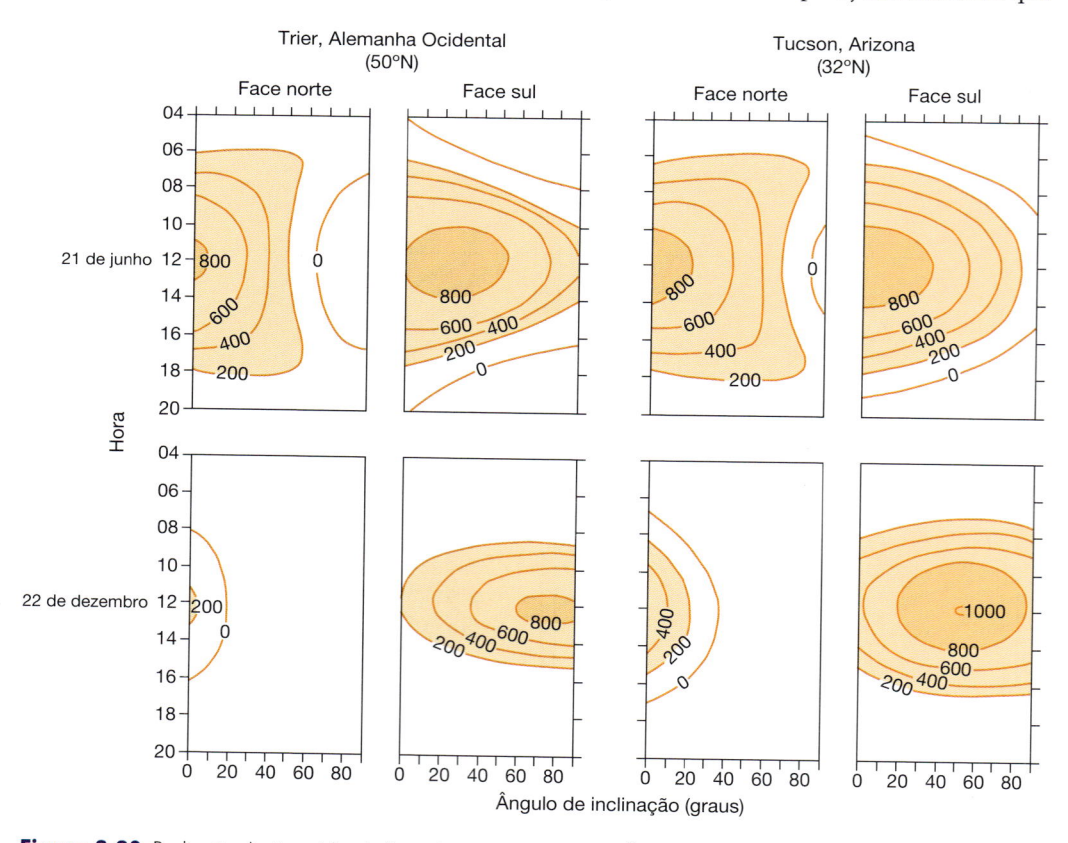

Figura 3.20 Radiação direta média do feixe de raios solares (W m^{-2}) incidente na superfície com céus sem nuvens em Trier, Alemanha Ocidental, e Tucson, Arizona, em função da inclinação, aspecto, hora do dia e estação do ano.

Fonte: Adaptado de Geiger (1965) and Sellers (1965).

o gradiente aumenta com a altitude: por volta de 5°C/km nos primeiros 2 km, 6°C/km entre 4 e 5 km, e 7°C/km entre 6 e 8 km. O regime sazonal é acentuado em regiões continentais com invernos frios. Os gradientes de temperatura do inverno em geral são baixos e, em áreas como a região central do Canadá ou o leste da Sibéria, podem até ser negativos (ou seja, as temperaturas aumentam com a altitude na camada mais baixa) como resultado do resfriamento radiativo excessivo sobre as superfícies nevadas. Uma situação semelhante ocorre quando o ar denso e frio se acumula em bases de montanhas em noites calmas e limpas. Nessas ocasiões, os topos das montanhas podem estar muitos graus mais quentes do que o fundo do vale abaixo (ver Capítulo 5C.1). Por essa razão, o ajuste da temperatura média em estações elevadas para o nível médio do mar pode gerar resultados enganosos. Observações feitas no Colorado em Pike's Peak (4301 m) e Colorado Springs (1859 m) mostram que o gradiente de temperatura médio é de 4,1°C/km no inverno e 6,2°C/km no verão. É preciso ressaltar que esses gradientes topográficos podem ter pouca relação com os gradientes no ar livre em condições de radiação noturnas, e os dois devem ser distinguidos com cuidado.

No Ártico e sobre a Antártica, as inversões da temperatura superficial persistem pela maior parte do ano. No inverno, essas inversões se devem ao intenso resfriamento radiativo na superfície de neve/gelo que resfria a camada de ar acima até uma altura de aproximadamente 1 km; no verão, elas resultam do resfriamento superficial, por condução, do ar mais quente que é advectado (transportado horizontalmente) sobre as superfícies geladas das regiões polares. As inversões persistem graças às condições predominantes de alta pressão, que impedem a dispersão da cobertura de nuvens associada a sistemas de tempestades. Os desertos tropicais e subtropicais têm gradientes bastante altos no verão, causando uma considerável transferência de calor da superfície e um movimento ascendente, em geral; a subsidência associada às células de alta pressão é predominante nas zonas desérticas no inverno. Sobre os oceanos subtropicais, o ar descendente leva ao aquecimento e a uma inversão por subsidência perto da superfície (ver Capítulo 13).

C RADIAÇÃO INFRAVERMELHA TERRESTRE E EFEITO ESTUFA

A radiação do Sol é predominantemente de ondas curtas, ao passo que a radiação que deixa a Terra é de ondas longas, ou infravermelha (ver Figura 3.1). A emissão infravermelha da superfície é levemente menor do que a de um corpo negro na mesma temperatura e, desse modo, a equação de Stefan (ver p. 41) é modificada por um coeficiente de emissividade (ϵ), que geralmente fica entre 0,90 e 0,95, ou seja, $F = \epsilon \sigma T^4$. A Figura 3.1 mostra que a atmosfera tem grande capacidade de absorver radiação infravermelha (devido aos efeitos do vapor de água, dióxido de carbono e outros gases-traço), exceto entre 8,5 e 13,0 μm – a "janela atmosférica". A opacidade da atmosfera à radiação infravermelha, em relação à sua transparência à radiação de ondas curtas, costuma ser chamada de *efeito estufa*. Todavia, no caso de uma estufa verdadeira, o efeito do teto de vidro provavelmente seja tão significativo para reduzir o resfriamento, restringindo a perda turbulenta de calor, quanto para reter a radiação infravermelha.

O "efeito estufa" total resulta da capacidade líquida de absorção de radiação infravermelha do vapor de água, do dióxido de carbono e de outros gases-traço – metano (CH_4), óxido nitroso (N_2O) e ozônio troposférico (O_3). Esses gases absorvem bastante em comprimentos de onda dentro da região da janela atmosférica, além de suas outras bandas de absorção (ver Figura 3.1 e Tabela 3.3). Além disso, como as concentrações desses gases-traço são baixas, seus efeitos radiativos aumentam de forma aproximadamente linear com a concentração, ao passo que o efeito do CO_2 está relacionado com o logaritmo da concentração. Além disso, graças ao longo tempo de residência do óxido nitroso na atmosfera (132 anos) e dos CFC (65-140 anos), os efeitos cumulativos das atividades humanas serão substanciais. Estima-se que, entre 1765 e 2000, o efeito radiativo da maior concentração de CO_2 foi de 1,5 W m^{-2}, e o de todos os gases-traço, de aproximadamente 2,5 W m^{-2} (*cf* o valor da constante solar de 1366 W m^{-2}).

A contribuição líquida dos gases naturais de efeito estufa (não antropogênicos) para o aquecimento da temperatura planetária "efetiva" média de 255 K (correspondendo à radiação infravermelha emitida) é de aproximadamente 33 K. O vapor de água representa 21 K dessa quantidade, o dióxido de carbono, 7 K, o ozônio, 2 K, e outros gases-traço (óxido nitroso, metano), por volta de 3 K. A temperatura média da superfície global é de 288 K, mas a superfície era consideravelmente mais quente durante a evolução inicial da Terra, quando a atmosfera continha grandes quantidades de metano, vapor de água e amônia. A atmosfera de Vênus, composta principalmente por dióxido de carbono, cria um efeito estufa de 500 K naquele planeta.

O ozônio estratosférico absorve grandes quantidades de radiação ultravioleta incidente, prejudicial à vida, e radiação de ondas longas emitida da Terra, de modo que o seu papel térmico geral é complexo. Seu efeito líquido sobre as temperaturas na superfície terrestre depende da elevação em que a absorção se dá, sendo, até certo ponto, uma compensação entre a absorção de ondas curtas e de ondas longas, pois:

1 Um aumento no ozônio acima de aproximadamente 30 km absorve relativamente mais radiação incidente de ondas curtas, causando uma *redução* líquida das temperaturas superficiais.

2 Um aumento no ozônio abaixo de 25 km absorve relativamente mais radiação emitida de ondas longas, causando um *aumento* líquido nas temperaturas superficiais.

A radiação de ondas longas não é meramente terrestre, no sentido restrito. A atmosfera irradia para o espaço, e as nuvens são particularmente efetivas uma vez que atuam como corpos negros. Por essa razão, a nebulosidade e a temperatura no topo das nuvens podem ser mapeadas por satélites durante o dia e à noite, usando sensores infravermelhos. O resfriamento radiativo de camadas de nuvens tem uma média de 1,5°C por dia.

Para o planeta como um todo, medições feitas com satélite mostram que, em condições sem nebulosidade, a radiação solar absorvida média é de aproximadamente 285 W m^{-2}, ao passo que a radiação terrestre emitida é de 265 W m^{-2}. Incluindo as áreas cobertas por nuvens, os valores globais correspondentes são 235 W m^{-2} para ambos os termos. As nuvens reduzem a radiação solar absorvida em 50 W m^{-2}, mas diminuem a radiação emitida em apenas 30 W m^{-2}. Assim, a cobertura global de nuvens causa uma perda radiativa líquida de cerca de

Tabela 3.3 Influência de gases de efeito estufa na temperatura atmosférica

Gás	Centros das principais bandas de absorção (μm)	Aumento da temperatura (K) para o dobro da concentração atual	Potencial de aquecimento global com base no peso (kg^{-1} de ar)[†]
Vapor de água (H_2O)	6,3–8,0, > 15 (8,3–12,5)*		
Dióxido de carbono (CO_2)	(5,2), (10), 14,7	3,0 ± 1,5	1
Metano (CH_4)	6,52, 7,66	0,3–0,4	11
Ozônio (O_3)	4,7, 9,6, (14,3)	0,9	
Óxido nitroso (N_2O)	7,78, 8,56, 17,0	0,3	270
Clorofluorometanos ($CFCl_3$) (CF_2Cl_2)	4,66, 9,22, 11,82 8,68, 9,13, 10,93	0,1	3400 7100

Fontes: Campbell; Ramanathan; Lashof and Ahuja; Luther and Ellingson; IPCC (1992).
Obs.: *Importante em atmosferas úmidas.
[†]Refere-se à forçante radiativa direta anual para o sistema superfície-troposfera.

> **AVANÇOS SIGNIFICATIVOS DO SÉCULO XX**
>
> ## 3.1 O efeito estufa
>
> O efeito estufa natural da atmosfera da Terra pode ser atribuído principalmente ao vapor de água. Ele explica 21 K da diferença de 33 K entre a temperatura efetiva de uma atmosfera seca e a atmosfera real, por meio do aprisionamento da radiação infravermelha. O vapor de água é bastante absorvente em torno de 2,4-3,1 μm, 4,5-6,5 μm, e acima de 16 μm. O conceito de aquecimento induzido por gases de efeito estufa costuma ser aplicado aos efeitos dos aumentos em concentrações de dióxido de carbono atmosférico resultantes das atividades antrópicas, principalmente a queima de combustíveis fósseis. Sverre Arrhenius, na Suécia, chamou a atenção para essa possibilidade em 1896, mas evidências observacionais somente surgiram 40 anos depois (Calendar 1938, 1961). Todavia, não se tinha um registro detalhado das concentrações atmosféricas até que Charles Keeling instalou instrumentos calibrados no Observatório de Mauna Loa, no Havaí, em 1957. Em uma década, essas observações se tornaram a referência global. Elas mostravam um ciclo anual de aproximadamente 5 ppm no Observatório, causado pela absorção e liberação da biosfera, e um aumento de 0,4% no teor de CO_2, de 315 ppm em 1957 para 383 ppm em 2007, devido à queima de combustíveis fósseis. O aumento anual representa quase a metade da emissão total pela absorção de CO_2 pelos oceanos e pela biosfera terrestre. A principal banda de absorção para a radiação pelo dióxido de carbono é em torno de 14-16 μm, mas existem outras a 2,6 e 4,2 μm. A maior parte do efeito do aumento na concentração de CO_2 se dá pela maior absorção na última faixa, pois a banda principal está quase saturada. A sensibilidade da temperatura média do ar global a uma duplicação no teor de CO_2 está na faixa de 2-5°C, enquanto a remoção de todo o CO_2 atmosférico poderia reduzir a temperatura superficial média em mais de 10°C.
>
> O importante papel de outros gases-traço de efeito estufa (metano, óxido nitroso, fluorcarbonos) foi reconhecido na década de 1980, e muitos outros gases-traço passaram a ser monitorados. O último foi o trifluoreto de nitrogênio usado durante a fabricação de telas planas de cristal líquido, células solares e microcircuitos. Embora as concentrações do gás atualmente sejam de apenas 0,454 partes por trilhão, ele é 17 mil vezes mais potente como agente do aquecimento global do que uma massa semelhante de dióxido de carbono.
>
> Os históricos passados dos gases de efeito estufa, reconstruídos a partir de registros obtidos com testemunhos de gelo, mostram que o nível pré-industrial de CO_2 era de 280 ppm, e o de metano, 750 ppb, comparados com os níveis atuais de 383 ppm e 1790 ppb, respectivamente. Suas concentrações diminuíram a cerca de 180 ppm e 350 ppb, respectivamente, durante as fases máximas da glaciação continental na Idade do Gelo do Pleistoceno.
>
> O efeito de *feedback* positivo do CO_2, que envolve o aquecimento induzido por gases de efeito estufa e leva a um aumento no ciclo hidrológico e uma elevação no teor de vapor atmosférico e, portanto, mais aquecimento, ainda não foi determinado quantitativamente.

20 W m^{-2}, devido à dominância do albedo das nuvens, reduzindo a absorção de radiação de ondas curtas. Em latitudes menores, esse efeito é muito maior (até −50 a −100 W m^{-2}), ao passo que, em latitudes elevadas, os dois fatores estão perto do equilíbrio, ou a maior absorção do infravermelho pelas nuvens pode levar a um pequeno valor positivo. Esses resultados são importantes em termos das concentrações inconstantes dos gases de efeito estufa, pois a forçante radiativa líquida pela cobertura de nuvens é quatro vezes a esperada com a duplicação do CO_2 (ver Capítulo 13).

D BALANÇO DE CALOR DA TERRA

Podemos então sintetizar o efeito líquido das transferências de energia no sistema Terra-atmosfera, com médias globais e ao longo de um período anual.

A radiação solar incidente média ao longo do globo é

$$\text{Constante solar} \times \pi r^2 / 4\pi r^2$$

onde r = raio da Terra e $4\pi r^2$ é a área superficial de uma esfera. Esse número é aproximadamente 342 W m^{-2}, ou 11×10^9 J m^{-2} ano^{-1} (10^9 J = 1 GJ);

por conveniência, consideraremos como 100 unidades. Segundo a Figura 3.21, a radiação incidente é absorvida na estratosfera (3 unidades), principalmente por ozônio, e 20 unidades são absorvidas na troposfera por dióxido de carbono (1), vapor de água (12), poeira (3) e gotículas de água em nuvens (3); 20 unidades são refletidas de volta para o espaço a partir das nuvens, que cobrem em torno de 62% da superfície da Terra, em média. Outras 9 unidades são refletidas da superfície e 3 unidades são devolvidas pela dispersão atmosférica. A radiação refletida total é o *albedo planetário* (31%, ou 0,31). As 49 unidades restantes alcançam a Terra diretamente ($Q = 28$) ou como radiação difusa ($q = 21$) transmitida pelas nuvens ou por dispersão voltada para baixo.

O padrão de radiação que emana da Terra é bastante diferente (ver Figura 3.22). A radiação do corpo negro, pressupondo-se uma temperatura superficial média de 288 K, equivale a 114 unidades de radiação infravermelha (de ondas longas). Isso é possível porque a maior parte da radiação emanante é reabsorvida pela atmosfera; a perda *líquida* de radiação infravermelha na superfície é de apenas 19 unidades. Essas trocas representam um estado médio, no sentido temporal, para todo o globo. Lembre-se de que a radiação solar afeta apenas o hemisfério iluminado, onde a radiação incidente ultrapassa os 342 W m^{-2}. Da mesma forma, nenhuma radiação solar é recebida pelo hemisfério noturno. Todavia, as trocas infravermelhas continuam, devido ao calor acumulado no solo. Apenas 12 unidades escapam diretamente da superfície pela janela atmosférica. A própria atmosfera irradia 57 unidades para o espaço (48 da emissão pelo vapor de água atmosférico e CO_2 e 9 da emissão pelas nuvens), totalizando 69 unidades (L_u); a atmosfera então irradia 95 unidades de volta para a superfície (Ld). Assim, $Lu + Ld = Ln$ é negativo.

Essas transferências de radiação podem ser expressas simbolicamente:

$$R_n = (Q + q)(1 - \alpha) + L_n$$

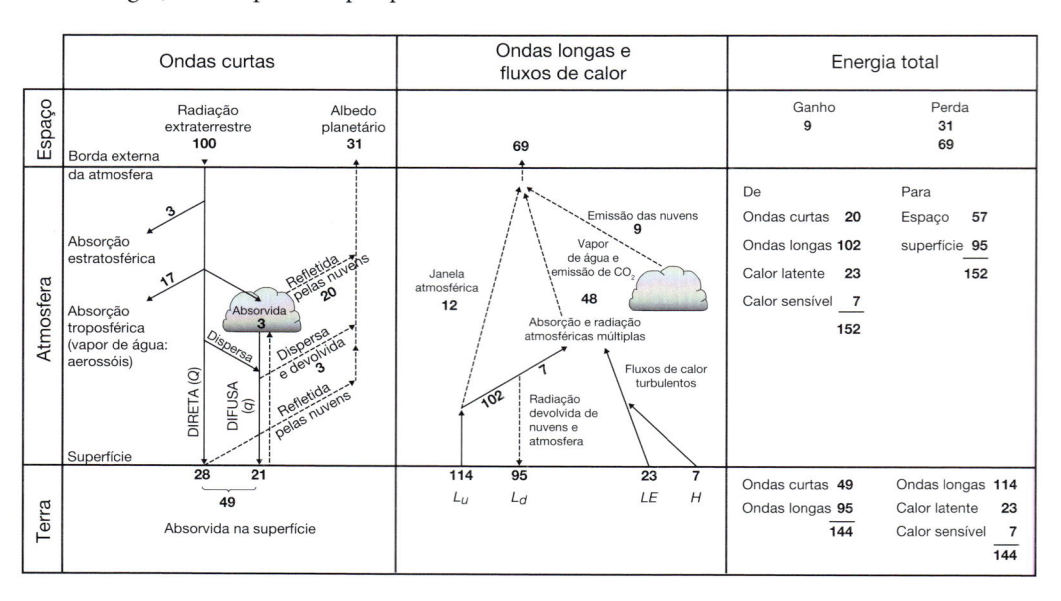

Figura 3.21 O equilíbrio do balanço de energia na atmosfera. As transferências são explicadas no texto. Linhas contínuas indicam ganhos pela atmosfera e superfície no diagrama à esquerda e pela troposfera no diagrama à direita. As trocas se referem a 100 unidades de radiação solar incidente no topo da atmosfera (igual a 342 W m^{-2}).

Fonte: Kiehl and Trenberth (1997) *Bulletin of the American Meteorological Society*, com permissão de American Meteorological Society.

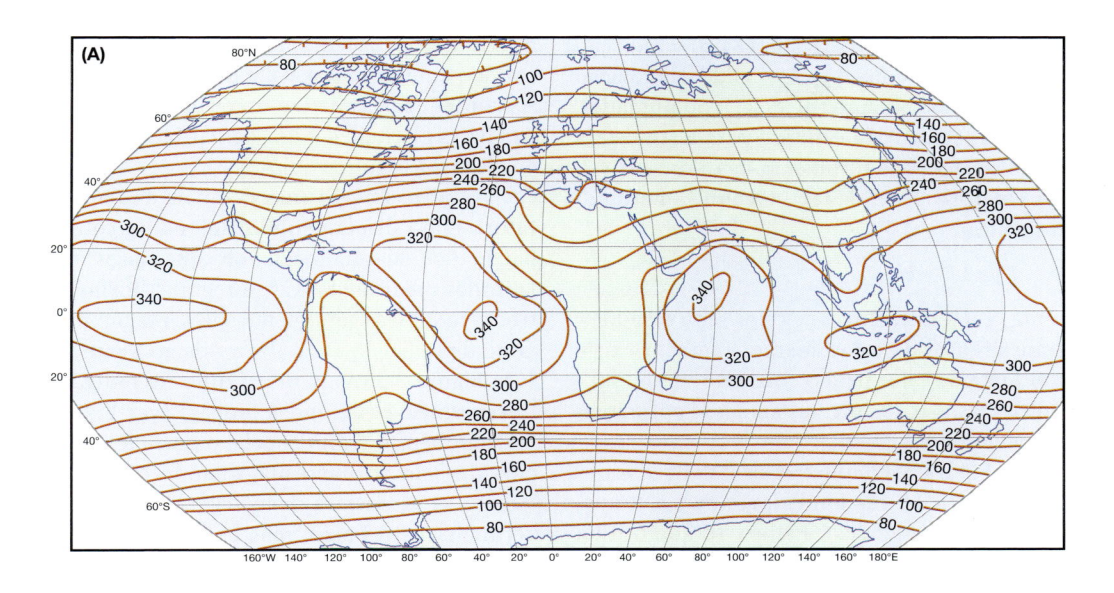

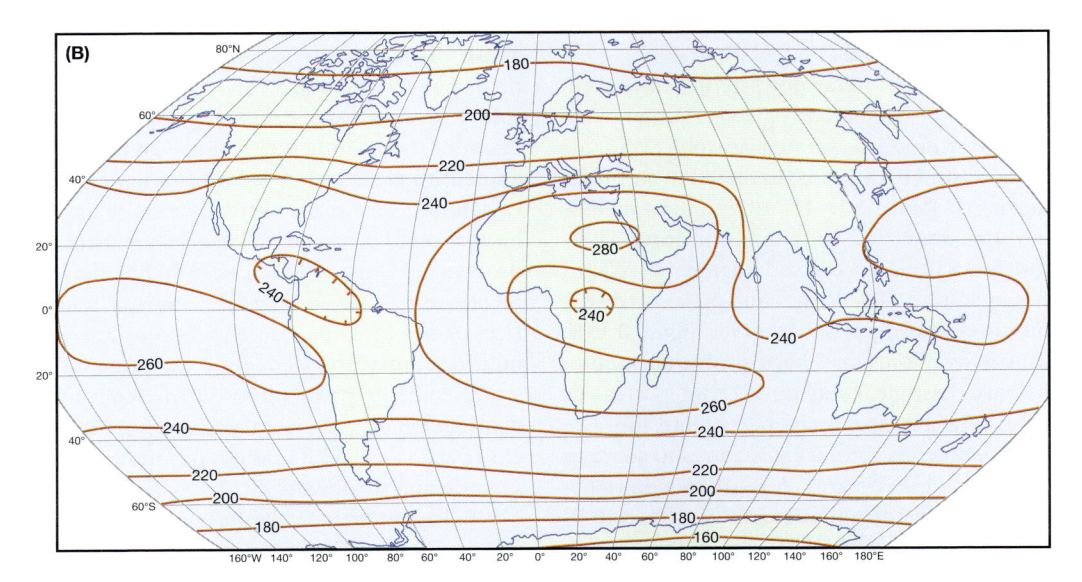

Figura 3.22 Radiação planetária de ondas curtas e longas (W m^{-2}): (A) radiação de ondas curtas absorvida, média anual de abril de 1979 a março de 1987; (B) saldo de radiação planetária de ondas longas (L_n), média anual sobre uma superfície horizontal no topo da atmosfera.

Fontes: (A) Ardanuy et al. (1992) and Kyle et al. (1993) Bulletin of the American Meteorological Society, com permissão de American Meteorological Society. (B) Stephens et al. (1981).

onde R_n = saldo de radiação, $(Q + q)$ = radiação solar global, α = albedo e L_n = saldo de radiação ondas longas. Na superfície, R_n = 30 unidades. Esse excedente é transmitido para a atmosfera pela transferência turbulenta de calor sensível, ou entalpia (7 unidades), e calor latente (23 unidades),

$$R_n = LE + H$$

onde H = transferência de calor sensível e LE = transferência de calor latente. Também existe um fluxo de calor para o chão (B.5, neste capítulo), mas, para as médias anuais, é aproximadamente zero.

A Figura 3.22 sintetiza os balanços totais na superfície (± 144 unidades) e para a atmosfera (± 152 unidades). Estima-se que o total de radiação solar absorvida e radiação emitida para todo o sistema Terra-atmosfera seja de ±7GJ m^{-2}ano^{-1} (± 69 unidades), mas ainda restam várias incertezas por resolver nessas estimativas. Os balanços de radiação de ondas curtas e longas têm uma incerteza de aproximadamente 20 W m^{-2}, e os fluxos turbulentos de calor, de 10 W m^{-2}.

As medidas feitas por satélites hoje apresentam visões globais do balanço de energia no topo da atmosfera. A radiação solar incidente é quase simétrica perto do equador na média anual (cf. Tabela 3.1). Os totais anuais médios em uma superfície horizontal no topo da atmosfera são de aproximadamente 420 W m^{-2} no equador e 180 W m^{-2} nos polos. A distribuição do albedo planetário (ver Figura 3.13B) mostra os valores mais baixos sobre os oceanos de baixa latitude, comparados com as áreas de cobertura nebulosa mais persistente sobre os continentes. Os valores mais altos são sobre os mantos de gelo polares. A resultante da radiação planetária de ondas curtas varia de 340 W m^{-2} no equador a 80 W m^{-2} nos polos. O saldo de radiação de ondas longas (emanante) (Figura 3.22B) apresenta as menores perdas onde as temperaturas são mais baixas, e perdas maiores sobre os céus claros do deserto do Saara e sobre os oceanos de baixas latitudes. A diferença entre a Figura 3.22A e 3.23B representa o saldo de radiação do sistema Terra-atmosfera, que alcança o equilíbrio por volta da latitude de 30°. As consequências de um excedente de energia nas baixas latitudes e um déficit nas altas são analisadas a seguir.

As variações diurnas e anuais da temperatura estão diretamente relacionadas com o balanço de energia local. Sob céus claros, em latitudes médias e baixas, o regime diurno de trocas radiativas geralmente apresenta um máximo de radiação solar absorvida ao meio-dia (ver Figura 3.23A). Um máximo de radiação infravermelha (de ondas longas) (ver Figura 3.1) também é emitido pela superfície aquecida do solo ao meio-dia, quando está mais quente. A atmosfera devolve radiação infravermelha para baixo, mas existe uma perda líquida na superfície (L_n). A diferença entre a radiação solar absorvida e L_n é o saldo de radiação, R_n; ela em geral é positiva entre uma hora após o nascer do Sol e uma hora antes do poente, com um máximo ao meio-dia. O atraso na ocorrência da temperatura máxima do ar até por volta de 14:00, horário local (Figura 3.23B), é causado pelo aquecimento gradual do ar por transferência convectiva a partir do solo. A R_n mínima ocorre no começo da noite, quando o solo ainda está quente, e há um leve aumento a partir daí. A redução na temperatura depois do meio-dia é lenta por causa do calor fornecido pelo solo. A temperatura mínima do ar ocorre logo após o nascer do Sol, devido ao atraso na transferência de calor da superfície para o ar. O padrão anual do balanço líquido de radiação e do regime de temperatura é quase análogo ao padrão diurno, com uma defasagem sazonal na curva da temperatura, em relação ao ciclo da radiação, conforme observado anteriormente.

Existem variações latitudinais acentuadas nas amplitudes térmicas diurnas e anuais. Em um sentido amplo, a amplitude térmica anual tem seu máximo em latitudes maiores, com valores extremos a cerca de 65°N, relacionados com os efeitos da continentalidade e a distância do oceano no interior da Ásia e América no Norte (Figura 3.24). Já nas baixas latitudes,

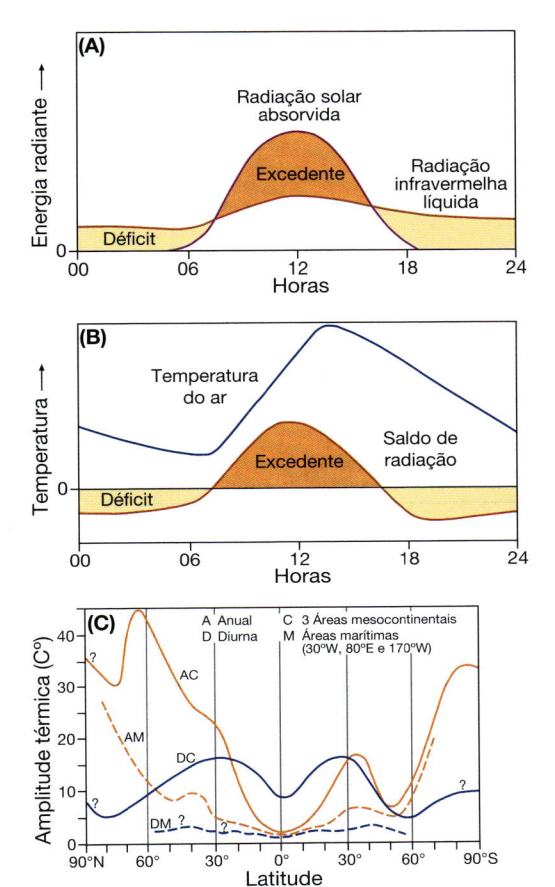

Figura 3.23 Curvas mostrando variações diurnas na energia radiante e temperatura. (A) Variações diurnas na radiação solar absorvida e radiação infravermelha em médias e baixas latitudes. (B) Variações diurnas no saldo de radiação e temperatura do ar em latitudes médias e baixas. (C) Amplitude térmica anual (A) e diurna (D) em função da latitude e da localização continental (C) ou marítima (M).

Fonte: Paffen (1967). Cortesia *Erdkunde*.

a amplitude térmica anual difere pouco entre a terra e o mar, devido à semelhança térmica entre as florestas tropicais e os oceanos tropicais. A amplitude térmica diurna tem seu máximo sobre as áreas de terra tropicais, mas é na zona equatorial que a variação diurna no aquecimento e resfriamento excede a variação anual (Figura 3.23C), devido à pequena mudança sazonal no ângulo de elevação solar no equador.

E ENERGIA ATMOSFÉRICA E O TRANSPORTE HORIZONTAL DE CALOR

Até aqui, fizemos uma narrativa do balanço de calor da Terra e de seus componentes. Comentamos duas formas de a energia: a energia interna (ou calor), devido ao movimento de moléculas individuais de ar, e a energia latente, que é liberada pela condensação do vapor de água. Duas outras formas de energia são importantes: a energia geopotencial, ligada à gravidade e à altitude acima da superfície, e a energia cinética, associada ao movimento do ar.

A energia geopotencial e a energia interna estão inter-relacionadas, pois a adição de calor a uma coluna de ar aumenta não apenas a sua energia interna, mas também seu geopotencial, como resultado da expansão vertical da coluna de ar. Em uma coluna que se estende ao topo da atmosfera, o geopotencial é aproximadamente 40% da energia interna. Essas duas, portanto, são consideradas em conjunto e denominadas energia potencial total (*PE*). Para a atmosfera como um todo

$$\text{energia potencial} \approx 10^{24} \text{J}$$
$$\text{energia cinética} \approx 10^{10} \text{J}$$

Em uma seção posterior (Capítulo 6C), veremos como a energia é transferida de uma forma para outra, mas, aqui, consideraremos apenas a energia térmica. Certamente a recepção de energia térmica é bastante desigual geograficamente, e isso deve levar a grandes transferências laterais de energia pela superfície da Terra. Por sua vez, essas transferências dão vazão, pelo menos indiretamente, aos padrões observados de climas globais.

As quantidades de energia recebidas em diferentes latitudes variam substancialmente, com o equador recebendo, em média, 2,5 vezes mais energia solar anual do que os polos. Se esse processo não fosse mudado de algum modo, as variações na recepção de energia causariam um acúmulo considerável de calor nos trópicos (associado a aumentos graduais de temperatura) e uma deficiência correspondente nos polos. Ainda assim, isso não acontece, e a Terra como um

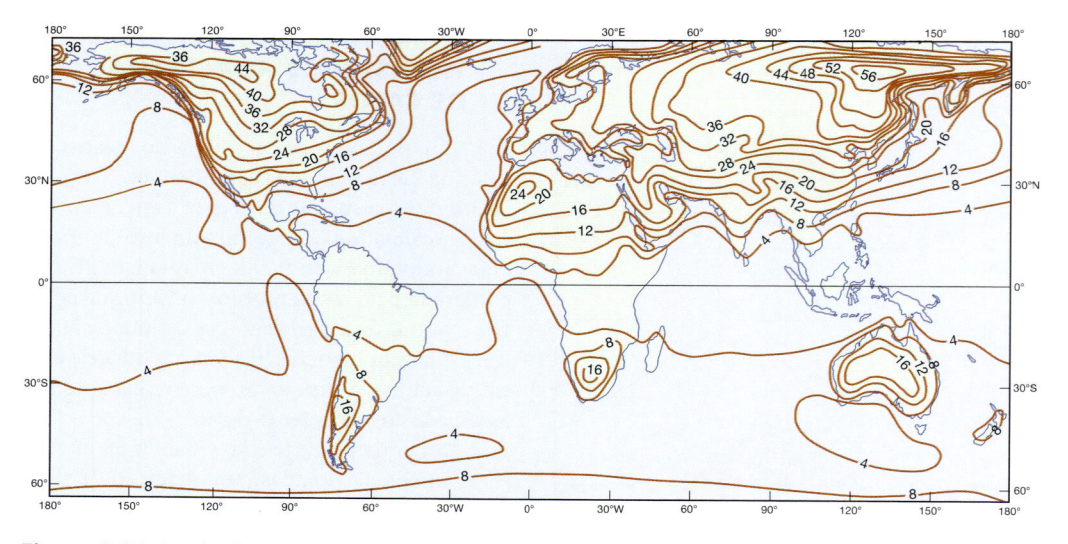

Figura 3.24 Amplitude térmica anual média (°C) na superfície da Terra.
Fonte: Monin (1975). Cortesia de World Meteorological Organization.

todo está em um estado aproximado de equilíbrio térmico. Uma explicação para esse equilíbrio pode ser que, para cada região do mundo, exista equalização entre a quantidade de radiação incidente e radiação emitida. Todavia, observações mostram que isso não ocorre (Figura 3.25), pois, embora a radiação incidente varie muito com as mudanças na latitude, sendo mais alta no equador e diminuindo até um mínimo nos polos, a radiação emanante tem uma distribuição latitudinal mais regular, por causa das variações pequenas na temperatura atmosférica. Portanto, outra explicação se faz necessária.

1 O transporte horizontal de calor

Se calcularmos o saldo de radiação para todo o sistema Terra-atmosfera, observaremos que existe um balanço positivo entre 35°S e 40°N, como mostra a Figura 3.26C. Os cinturões latitudinais em cada hemisfério que separam as zonas de balanços positivos e negativos do saldo de radiação oscilam muito com a estação (Figura 3.26A e B). Como os trópicos não ficam progressivamente mais quentes, ou as latitudes altas, mais frias, deve haver uma redistribuição constante da energia térmica mundial, na forma de um movimento contínuo de energia dos trópicos para os polos. Desse modo, os trópicos liberam seu calor excessivo, e os polos, sendo sumidouros globais de calor, não chegam a extremos de frio. Se não houvesse uma troca meridional de calor, o equilíbrio de radiação em cada latitude somente seria alcançado se o equador fosse 14°C mais quente, e o Polo Norte, 25°C mais frio do que atualmente. Esse

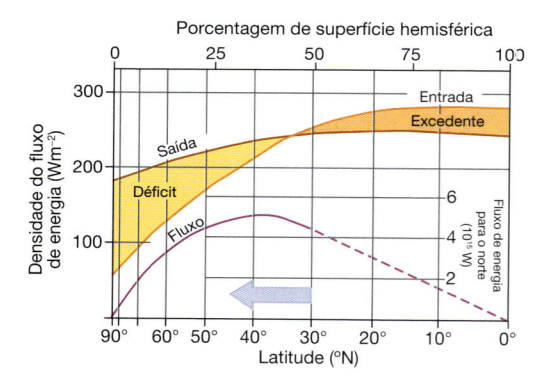

Figura 3.25 Ilustração meridional do balanço entre a radiação solar incidente e a radiação emitida da Terra e atmosfera*, na qual as zonas de excedente e déficit permanentes são mantidas em equilíbrio por uma transferência de energia em direção aos polos.†
Fontes: *Dados de Houghton; conforme Newell (1964). †Conforme Gabites.

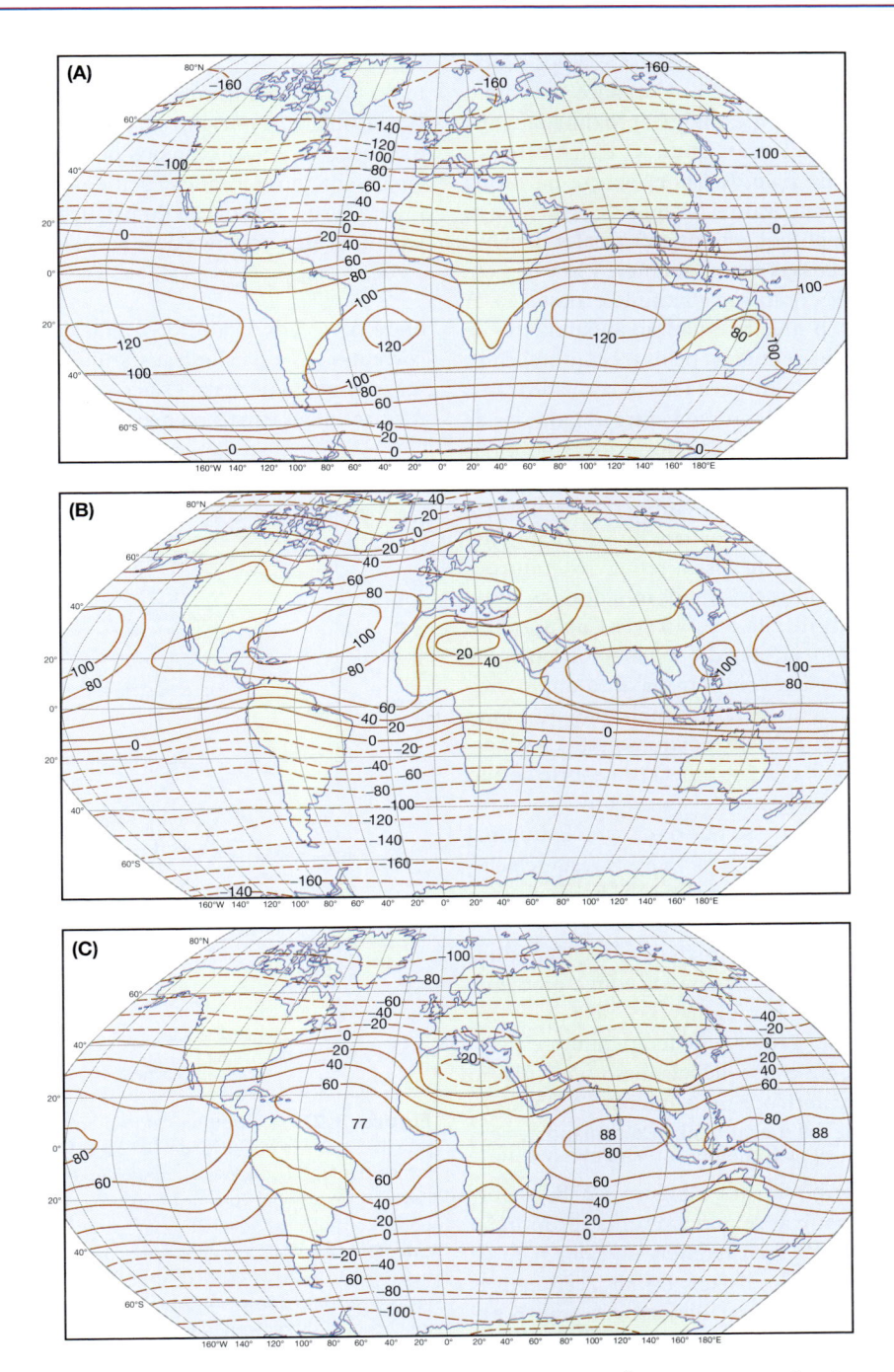

Figura 3.26 Balanço do saldo de radiação planetária média (R_n) (W m^{-2}) para uma superfície horizontal no topo da atmosfera (i.e., para o sistema Terra-atmosfera). (A) Janeiro, (B) julho, (C) anual.

Fontes: Ardanuy *et al.* (1992), Kyle *et al.* (1993) and Stephens et al. (1981). C: De *Bulletin of the American Meteorological Society*, com permissão de American Meteorological Society.

transporte de calor em direção aos polos ocorre dentro da atmosfera e dos oceanos, e estima-se que a primeira explique aproximadamente dois terços do total exigido. O transporte horizontal (*advecção* de calor) ocorre na forma de calor latente (ou seja, vapor de água, que se condensa subsequentemente) e calor sensível (ou seja, massas de ar quente). Ele varia em intensidade conforme a latitude e a estação. A Figura 3.27B mostra o padrão anual médio de transferência de energia pelos três mecanismos. A zona latitudinal com a taxa máxima de transferência total é encontrada entre as latitudes de 35° e 45° em ambos os hemisférios, embora os padrões para os componentes individuais sejam bastante diferentes entre si. O transporte de calor latente, que ocorre quase totalmente nos primeiros 2 ou 3 km, reflete os cinturões globais de ventos em ambos os lados das zonas subtropicais de alta pressão (ver Capítulo 8B). A transferência meridional mais importante de calor sensível tem um máximo duplo, não apenas no sentido latitudinal, mas no plano vertical, onde existem máximas perto da superfície e por volta de 200 mb. O transporte de alto nível é particularmente significativo sobre os subtrópicos, ao passo que o máximo latitudinal principal, por volta de 50° a 60°N, está relacionado com os sistemas móveis de baixa pressão dos ventos de oeste.

A intensidade do fluxo de energia em direção aos polos está relacionada com o gradiente de temperatura meridional (i.e., norte-sul). No inverno, esse gradiente de temperatura está no máximo e, em consequência disso, a circulação do ar hemisférico é mais intensa. A natureza dos complexos mecanismos de transporte será discutida no Capítulo 8C.

Conforme mostra a Figura 3.27B, as correntes oceânicas explicam uma proporção significativa da transferência de calor para os polos nas latitudes baixas. De fato, estimativas recentes feitas com satélites sobre o transporte energético necessário total em direção aos polos indicam que os números anteriores eram baixos demais. O transporte oceânico pode ser 47% do total em 30-35°N e até 74% em 20°N; a Corrente do Golfo e a corrente de Kuroshio são particularmente importantes. No Hemisfério Sul, o transporte em direção aos polos se dá principalmente nos Oceanos Pacífico e Índico (ver Figura 8.30). A equação do balanço de energia para uma área oceânica deve ser expressa como

$$R_n = LE + H + G + \Delta A$$

onde ΔA = advecção horizontal de calor por correntes e G = o calor transferido para e do armazenamento na água. O armazenamento para médias anuais é mais ou menos zero.

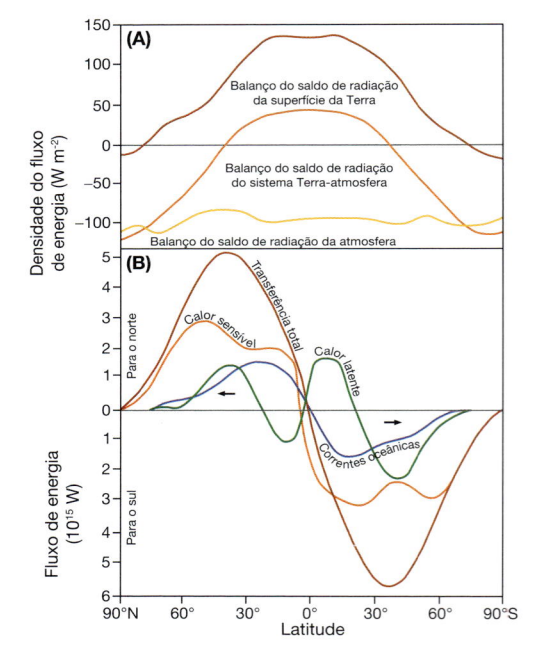

Figura 3.27 (A): Balanço do saldo de radiação para a superfície da Terra, de 101 W m^{-2} (radiação solar incidente, de 156 W m^{-2}, menos energia de ondas longas que emana para a atmosfera, de 55 W m^{-2}); para a atmosfera, de −101 W m^{-2} (radiação solar incidente de 84 W m^{-2}, menos energia de ondas longas que emana para o espaço, de 185 W m^{-2}); e para todo o sistema Terra-atmosfera, de zero. (B): Distribuição latitudinal anual média dos componentes da transferência de energia em direção aos polos (em 10^{15} W) no sistema Terra-atmosfera.

Fonte: Sellers (1965). Cortesia de University of Chicago Press.

2 Padrão espacial dos componentes do balanço de calor

Os valores latitudinais médios dos componentes do balanço de calor discutidos ocultam grandes variações espaciais. A Figura 3.28 mostra a distribuição global do saldo de radiação anual na superfície. De forma ampla, sua magnitude diminui em direção aos polos a partir da latitude de 25°. Todavia, como resultado da elevada absorção de radiação solar pelo mar, o saldo de radiação é maior sobre os oceanos – excedendo 160 W m^{-2} em latitudes de 15-20° – do que sobre áreas de terra, onde é de 80-105 W m^{-2} nas mesmas latitudes. O saldo de radiação também é menor em áreas continentais áridas do que em áreas úmidas, pois, apesar da maior insolação sob céus claros, existe, ao mesmo tempo, maior perda líquida de radiação terrestre.

As Figuras 3.29 e 3.30 mostram as transferências verticais anuais de calor latente e sensível para a atmosfera. Ambos os fluxos se distribuem de forma muito diferente sobre a terra e os mares. O gasto de calor para a evaporação se encontra em um máximo em áreas oceânicas tropicais e subtropicais, onde excede 160 W m^{-2}. Ele é menor perto do equador, onde a velocidade do vento é um pouco menor, e o ar tem uma pressão de vapor próxima do valor de saturação (ver Capítulo 3A). Fica claro, a partir da Figura 3.29, que as principais correntes quentes aumentam a taxa de evaporação. Na terra, a transferência de calor latente é maior em regiões quentes e úmidas. Ela é menor em áreas áridas com pouca precipitação e em altas latitudes, onde existe pouca energia disponível ou umidade.

A maior troca de calor sensível ocorre sobre os desertos tropicais, onde mais de 80 W m^{-2} são transferidos para a atmosfera (ver Figura 3.30). Ao contrário do calor latente, o fluxo de calor sensível é menor, de um modo geral, sobre os oceanos, chegando apenas a 25-40 W m^{-2} em áreas de correntes quentes. De fato, valores negativos ocorrem (transferência *para* o oceano) onde massas de ar continental quente avançam em direção ao mar sobre correntes frias.

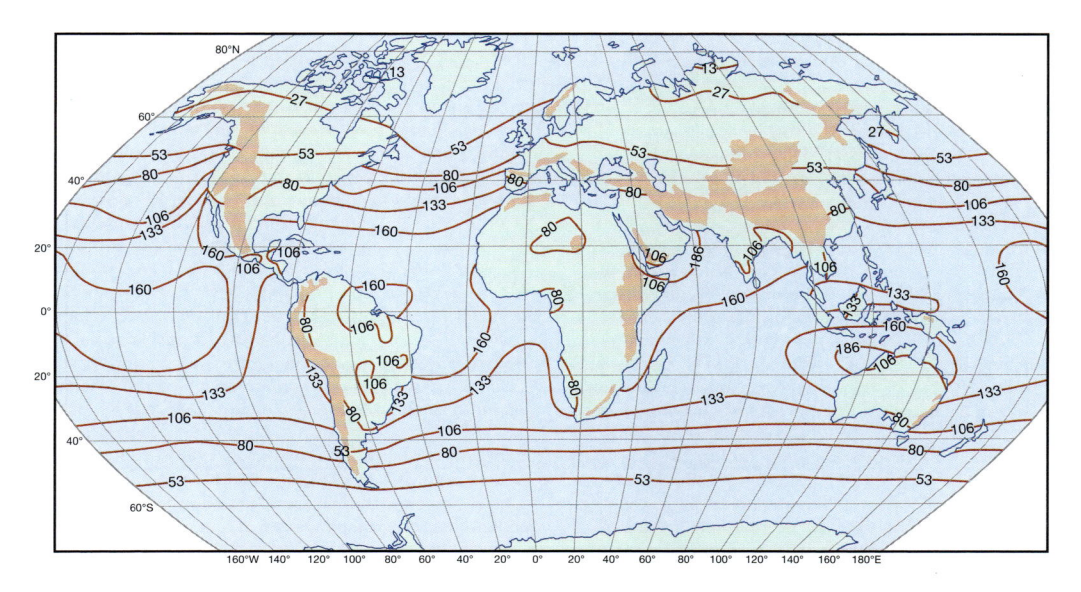

Figura 3.28 Distribuição global do saldo de radiação anual na superfície, em W m^{-2}.
Fonte: Budyko et al. (1962).

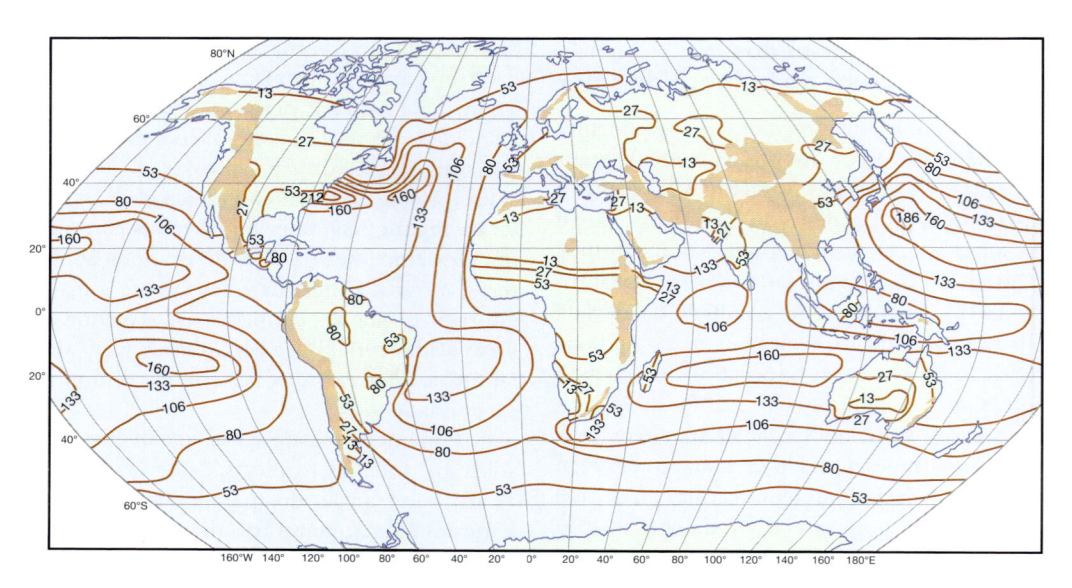

Figura 3.29 Distribuição global da transferência vertical de calor latente, em W m^{-2}.
Fonte: Budyko et al. (1962).

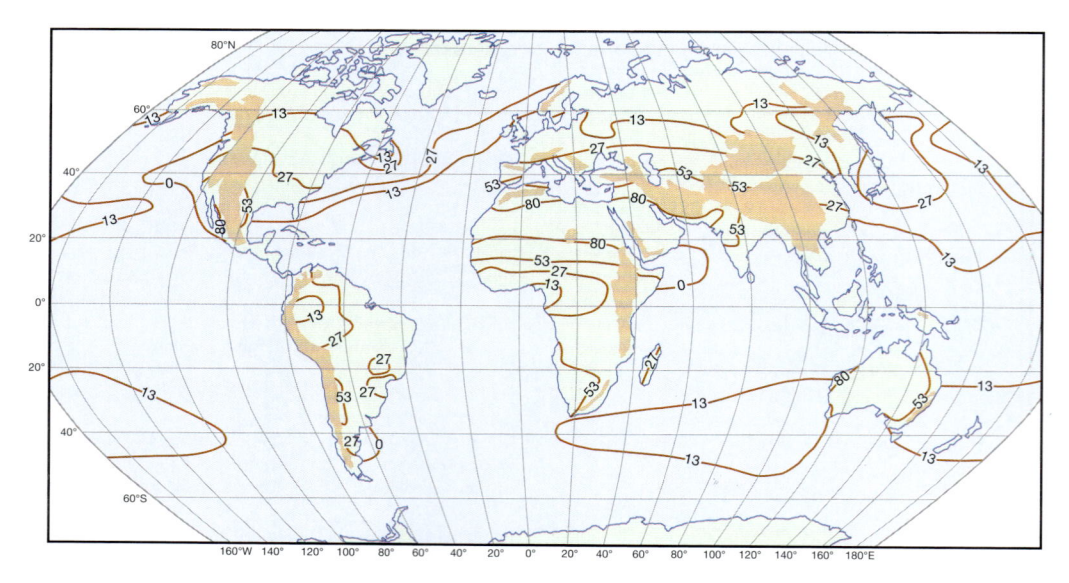

Figura 3.30 Distribuição global da transferência vertical de calor sensível, em W m^{-2}.
Fonte: Budyko et al. (1962).

RESUMO

Quase toda a energia que afeta a Terra deriva da radiação solar, que é de ondas curtas (<4 μm) devido à alta temperatura do Sol (6000 K) (isto é, a Lei de Wien). A constante solar tem um valor de aproximadamente 1366 W m^{-2}. O Sol e a Terra irradiam quase como corpos negros (Lei de Stefan, $F = \sigma T^4$), ao passo que os gases atmosféricos não. A radiação terrestre, de um corpo negro equivalente, representa quase 270 W m^{-2}, devido à sua baixa temperatura de irradiação (263 K); isso significa radiação infravermelha (de ondas longas) entre 4 e 100 μm. O vapor de água e o dióxido de carbono são os principais gases absorventes para a radiação infravermelha, ao passo que a atmosfera é basicamente transparente à radiação solar (o efeito estufa). Os aumentos observados nos gases-traço estão intensificando o efeito estufa "natural" (33 K). A radiação solar é perdida por reflexão, principalmente das nuvens, e por absorção (principalmente por vapor de água). O albedo planetário é de 31%; 49% da radiação extraterrestre chegam à superfície. A atmosfera é aquecida principalmente a partir da superfície pela absorção de radiação infravermelha terrestre e pela transferência turbulenta de calor. A temperatura diminui com a altura, a uma taxa média de aproximadamente 6,5°C/km na troposfera. Na estratosfera e na termosfera, ela aumenta com a altitude, devido à presença de gases que absorvem radiação.

O excesso do saldo de radiação em latitudes mais baixas leva a um transporte de energia de latitudes tropicais para os polos por correntes oceânicas e pela atmosfera. Isso ocorre na forma de calor sensível (massas de ar quente/água oceânica) e calor latente (vapor de água atmosférico). A temperatura do ar em um determinado ponto é afetada pela radiação solar incidente e por outras trocas verticais de energia, propriedades superficiais (inclinação, albedo, capacidade calorífica), distribuição e elevação da terra e dos mares, e também por advecção horizontal por causa dos movimentos das massas de ar e das correntes oceânicas.

TEMAS PARA DISCUSSÃO

- Explique os respectivos papéis da órbita da Terra ao redor do Sol e da inclinação do eixo de rotação para o clima global.
- Explique as diferenças entre a transmissão de radiação solar e terrestre pela atmosfera.
- Qual é a importância relativa da radiação solar incidente, das trocas de energia turbulentas e de outros fatores ao determinar as temperaturas locais durante o dia?
- Considere o papel das nuvens no clima global, de uma perspectiva radiativa.
- Que efeitos as correntes oceânicas têm sobre os climas regionais? Considere os mecanismos envolvidos nas correntes quentes e frias.
- Explique o conceito de "continentalidade". Que processos climáticos estão envolvidos e como eles atuam?

REFERÊNCIAS E SUGESTÃO DE LEITURA

Livros

Barry, R. G. (2008) *Mountain Weather and Climate*, 3rd edn, Cambridge University Press, Cambridge, 506pp. [comprehensive survey]

Budyko, M. I. (1974) *Climate and Life*, Academic Press, New York, 508pp. [Provides ready access to the work of a pre-eminent Russian climatologist]

Campbell, I. M. (1986) *Energy and the Atmosphere: A Physical–Chemical Approach* (2nd edn), John Wiley & Sons, Chichester, 337 pp.

Davis, W. M. (1894) *Elementary Meteorology*, Ginn & Co., Boston, MA.

Essenwanger, O. M. (1985) *General Climatology, Vol. 1A: Heat Balance Climatology. World Survey of Climatology*. Elsevier, Amsterdam, 224pp. [Comprehensive overview of net radiation, latent, sensible and ground heat fluxes; units are calories]

Fröhlich, C. and London, J. (1985) *Radiation Manual*, World Meteorological Organization, Geneva. [standard handbook]

Geiger, R, (1965) *The Climate Near the Ground*, Harvard University Press, Cambridge, MA, 611pp.

Herman, J. R. and Goldberg, R. A. (1985) *Sun, Weather and Climate*, Dover, New York, 360pp. [Useful survey of solar variability (sunspots, electromagnetic and corpuscular radiation, cosmic rays and geomagetic sector structure), long- and short-term relations with weather and climate, and design of experiments]

Hewson, E. W. and Longley, R. W. (1944) *Meteorology: Theoretical and Applied*, Wiley, New York, 468pp.

Miller, D. H. (1981) *Energy at the Surface of the Earth*. Academic Press, New York, 516pp. [Comprehensive treatment of radiation and energy fluxes in ecosystems and fluxes of carbon; many original illustrations, tables and references]

NASA (n.d.) *From Pattern to Process: The Strategy of the Earth Observing System* (Vol. III), EOS Science Steering Committee Report, NASA, Houston, TX.

Sellers, W. D. (1965) *Physical Climatology*, University of Chicago Press, Chicago, IL, 272pp. [Classic treatment of the physical mechanisms of radiation, the budgets of energy, momentum and moisture, turbulent transfer and diffusion]

Simpkin, T. and Fiske, R. S. (1983) *Krakatau 1883*, Smithsonian Institution Press, Washington, DC, 464pp.

Strahler, A. N. (1965) *Introduction to Physical Geography*, Wiley, New York, 455pp.

Sverdrup, H.V. (1945) *Oceanography for Meteorologists*, Allen & Unwin, London, 235pp.

Artigos científicos

Ahmad, S. A. and Lockwood, J. G. (1979) Albedo. *Prog. Phys. Geog.* 3, 520–43.

Ardanuy, P. E., Kyle, H. L. and Hoyt, D. (1992) Global relationships among the earth's radiation budget, cloudiness, volcanic aerosols and surface temperature. *J. Climate* 5(10), 1120–39.

Barry, R. G. (1985) The cryosphere and climatic change, in MacCracken, M. C. and Luther, F. M. (eds) *Detecting the Climatic Effects of Increasing Carbon Dioxide*, DOE/ER-0235, US Department of Energy, Washington, DC, 109–48.

Barry, R. G. and Chambers, R. E. (1966) A preliminary map of summer albedo over England and Wales. *Quart. J. Roy. Met. Soc.* 92, 543–8.

Beckinsale, R. P. (1945) The altitude of the zenithal sun: a geographical approach. *Geog. Rev.* 35, 596–600.

Berger, A. (1996) Orbital parameters and equations, in Schneider, S. H. (ed.) *Encyclopedia of Climate and Weather*, Vol. 2, Oxford University Press, New York, 552–7.

Budyko, M. I., Nayefimova, N. A., Zubenok, L. I. and Strokhina, L. A. (1962) The heat balance of the surface of the earth. *Soviet Geography* 3(5), 3–16.

Callendar, G. S. (1938) The artificial production of carbon dioxide and its influence on climate. *Quart. J. Roy. Met. Soc.* 64, 223–40.

Callendar, G. S. (1961) Temperature fluctuations and trends over the earth. *Quart. J. Roy. Met. Soc.* 87, 1–12.

Currie, R. G. (1993) Luni-solar 18.6 and solar cycle 10–11 year signals in U.S.A. air temperature records. *Int. J. Climatology* 13, 31–50.

Foukal, P. V. (1990) The variable sun. *Sci. American* 262(2), 34–41.

Garnett, A. (1937) Insolation and relief. *Trans. Inst. Brit. Geog.* 5 (71pp.).

Henderson-Sellers, A. and Wilson, M. F. (1983) Surface albedo data for climate modeling. *Rev. Geophys. Space Phys.* 21(1),743–78.

Kiehl, J. T. and Trenberth, K. E. (1997) Earth's annual global mean energy budget. *Bull. Amer. Met. Soc.* 78, 197–208.

Kraus, H. and Alkhalaf, A. (1995) Characteristic surface energy balances for different climate types. *Int. J. Climatology* 15, 275–84.

Kung, E. C., Bryson, R. A. and Lenschow, D. H. (1964) Study of a continental surface albedo on the basis of flight measurements and structure of the earth's surface cover over North America. *Mon. Weather Rev.* 92, 543–64.

Kyle, H. L. et al. (1993) The Nimbus Earth Radiation Budget (ERB) experiment: 1975–1992. *Bull. Amer. Met. Soc.* 74, 815–30.

Lean, J. (1991) Variations in the sun's radiative output. *Rev. Geophys.* 29, 505–35.

Lean, J. and Rind, D. (1994) Solar variability: implications for global change. *EOS* 75(1), 1 and 5–7.

London, J., Warren, S. G. and Hahn, C. J. (1989) The global distribution of observed cloudiness – a contribution to the ISCCP. *Adv. Space Res.* 9, 161–5.

Lumb, F. E. (1961) Seasonal variation of the sea surface temperature in coastal waters of the British Isles, Sci. Paper No. 6, Meteorological Office, HMSO, London (21pp.).

McFadden, J. D. and Ragotzkie, R. A. (1967) Climatological significance of albedo in central Canada. *J. Geophys. Res.* 72(1),135–43.

Minami, K. and Neue, H-U. (1994) Rice paddies as a methane source. *Climatic Change* 27, 13–26.

Monin, A. S. (1975) The role of the oceans in climatic models, in *The Physical Basis of Climate and Climate Modelling*, GARP Publishing, Series No. 16, World Meteorological Organization, Geneva, 201–5.

Newell, R. E. (1964) The circulation of the upper atmosphere. *Sci. Amer.* 210, 62–74.

Paffen, K. (1967) Das Verhaeltniss der Tages zur Jahrzeitlichen Temperaturschwankung. *Erdkunde* 21, 94–111.

Ramanathan, V., Barkstrom, B. R. and Harrison, E. F. (1990) Climate and the earth's radiation budget. *Physics Today* 42, 22–32.

Ramanathan, V., Cess, R. D., Harrison, E. F., Minnis, P., Barkstrom, B. R., Ahmad, E. and Hartmann, D. (1989) Cloud-radiative forcing and climate: results from the Earth Radiation Budget Experiment. *Science* 243, 57–63.

Ransom, W. H. (1963) Solar radiation and temperature. *Weather* 8, 18–23.

Sellers, W. D. (1980) A comment on the cause of the diurnal and annual temperature cycles. *Bull. Amer. Met. Soc.* 61, 741–55.

Stephens, G. L., Campbell, G. G. and Vonder Haar, T. H. (1981) Earth radiation budgets. *J. Geophys. Res.* 86(C10), 9739–60.

Stone, R. (1955) Solar heating of land and sea. *J. Geography* 40, 288.

Strangeways, I. (1998) Back to basics: the 'met. enclosure'. Part 3: Radiation. *Weather* 53, 43–9.

Tully, J. P. and Giovando, L. F. (1963) Seasonal temperature structure in the eastern subarctic Pacific Ocean, in *Maritime Distributions, Roy. Soc. Canada, Spec.Pub.* 5, Dunbar, M. J. (ed.), 10–36.

Weller, G. and Wendler, G. (1990) Energy budgets over various types of terrain in polar regions. *Ann. Glac.* 14, 311–14.

Wilson, R. C. and Hudson, H. S. (1991) The sun's luminosity over a complete solar cycle. *Nature* 351, 42–3.

4 Balanço da umidade atmosférica

OBJETIVOS DE APRENDIZAGEM

Depois de ler este capítulo, você:

- estará familiarizado com os principais componentes atmosféricos do ciclo hidrológico;
- conhecerá os principais controles da evaporação e condensação;
- conhecerá as características espaciais e temporais da umidade atmosférica, da evaporação e da precipitação;
- conhecerá as diferentes formas de precipitação e as características estatísticas;
- conhecerá os principais padrões geográficos e altitudinais de precipitação e suas causas básicas; e
- entenderá a natureza e as características das secas.

Este capítulo considera o papel da água em suas diversas fases (sólida, líquida e gasosa) no sistema climático e das transferências (ou ciclagem) de água entre os principais reservatórios – os oceanos, a superfície terrestre e a atmosfera. Discutimos medidas de umidade, o transporte de umidade em grande escala, o balanço de umidade, a evaporação e a condensação.

A O CICLO HIDROLÓGICO GLOBAL

A hidrosfera global consiste de uma série de reservatórios interconectados pela ciclagem da água em diversas fases. Esses reservatórios são os oceanos; os mantos de gelo e as geleiras; a água terrestre (rios, umidade do solo, lagos e água subterrânea); a biosfera (água em plantas e animais); e a atmosfera. Os oceanos, com uma profundidade média de 3,8 km e cobrindo 71% da superfície da Terra, contêm 97% de *toda* a água do planeta ($23,4 \times 10^6$ km^3). Aproximadamente 70% da água *doce* total estão aprisionados nos mantos de gelo e nas geleiras, ao passo que o restante se encontra na forma subterrânea. É extraordinário o fato de que os rios e lagos contêm apenas 0,3% de toda a água doce, e a atmosfera, meros 0,04% (Figura 4.1). O tempo de residência médio da água dentro desses reservatórios varia de centenas ou milhares de anos para os oceanos e gelo polar a apenas 10 dias para a atmosfera. A ciclagem da água envolve a evaporação, o transporte de vapor de água na atmosfera, a condensação, a precipitação e o escoamento terrestre. As equações do balanço de água para a atmosfera e para a superfície são, respectivamente:

$$\Delta Q = E - P + D_Q$$
e
$$\Delta S = P - E - r$$

onde ΔQ é a mudança temporal no teor de umidade em uma coluna atmosférica, E = eva-

CAPÍTULO 4 Balanço da umidade atmosférica

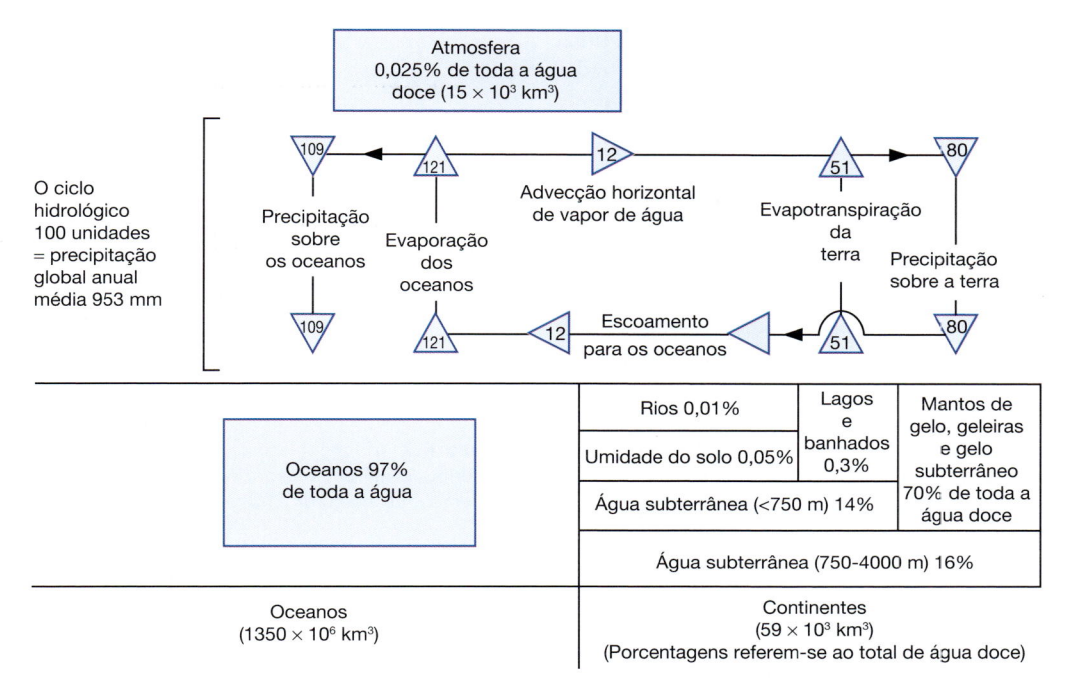

Figura 4.1 O ciclo hidrológico e o armazenamento de água do globo. As trocas no ciclo são em referência a 100 unidades, o que equivale à precipitação global anual média de 953 mm. Os percentuais de armazenamento para água atmosférica e continental são porcentagens de toda a água *doce*. As águas salinas oceânicas compreendem 97% de *toda* a água. A advecção horizontal do vapor de água indica a transferência *líquida* dos oceanos para a terra. O escoamento terrestre de 29 unidades corresponde a 12 unidades sobre os oceanos – uma razão de área de 0,42.
Fonte: Rudolfl and Rubel (2005).

poração, P = precipitação, D_Q = divergência de umidade fora da coluna, ΔS = armazenamento superficial de água e r = escoamento. Para processos de curto prazo, pode-se considerar o balanço de água da atmosfera em equilíbrio; todavia, em períodos de dezenas de anos, o aquecimento global pode aumentar a sua capacidade de armazenar água.

Devido à sua grande capacidade calorífica, a ocorrência e o transporte globais de água estão intimamente ligados à energia global. O vapor de água atmosférico é responsável pela maior parte da energia global total perdida para o espaço na forma de radiação infravermelha. Mais de 75% do influxo de energia da superfície para a atmosfera resultam da liberação por condensação do calor latente (que é gerado durante a evaporação) e, principalmente, pela formação de nuvens e produção de chuva.

O armazenamento médio de vapor de água na atmosfera (Tabela 4.1), chamado de teor de água precipitável (por volta de 25 mm), é suficiente para um suprimento de chuva, para a Terra como um todo, por apenas 10 dias. Todavia, o intenso influxo (horizontal) de umidade para o ar sobre uma determinada região possibilita totais de chuva bem acima dos 30 mm no curto prazo. O fenomenal recorde total de 1870 mm caiu sobre a ilha de Reunião, em Ma-

Tabela 4.1 Teor médio de água na atmosfera (equivalente a mm de precipitação)

	Hemisfério Norte	Hemisfério Sul	Mundo
Janeiro	19	25	22
Julho	34	20	27

Fonte: Sutcliffe (1956).

dagascar, durante 24 horas em março de 1952, e intensidades muito maiores foram observadas durante períodos mais curtos (ver E.2a, neste capítulo).

B UMIDADE

1 Teor de umidade

A pressão atmosférica engloba o vapor de água, bem como gotículas de água e cristais de gelo nas nuvens. O teor de umidade é determinado pela evaporação local, pela temperatura do ar e pelo transporte atmosférico horizontal de umidade. A água das nuvens, em média, representa apenas 4% da umidade atmosférica. O teor de umidade da atmosfera pode ser expresso de várias maneiras, separadamente da pressão de vapor (p. 31), dependendo de qual aspecto se quer enfatizar. Uma dessas medidas é a massa total de água em um determinado volume de ar (i.e., a densidade do vapor de água), denominada *umidade absoluta* (r_w) e medida em gramas por metro cúbico (g m^{-3}). As medições volumétricas raramente são usadas na meteorologia, sendo mais conveniente a *razão de mistura de massa* (x), que representa a massa de vapor de água em gramas por quilograma de ar seco. Para a maioria dos usos práticos, a *umidade específica* (q) é idêntica, sendo a massa de vapor por quilograma de ar, incluindo sua umidade.

Mais de 50% do teor de umidade atmosférica se localizam abaixo de 850 mb (aproximadamente 1450 m) e mais de 90%, abaixo de 500 mb (5575 m). A Figura 4.2 ilustra distribuições verticais típicas da primavera em latitudes médias. Também fica claro que o efeito sazonal é mais acentuado nos primeiros 3000 m (ou seja, abaixo de 700 mb). A temperatura do ar estabelece um limite superior para a pressão de vapor de água – o valor de saturação (isto é, umidade relativa de 100%). Consequentemente, podemos esperar que a distribuição do teor de vapor médio reflita esse controle. Em janeiro, valores mínimos de 1-2 mm (equivalente em profundidade de água) ocorrem no interior continental setentrional e em latitudes altas, com mínimas

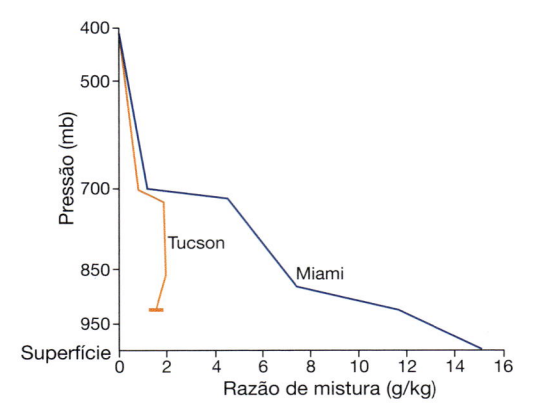

Figura 4.2 Variação vertical do teor de vapor atmosférico (g/kg) em Tucson, AZ, e Miami, FL, a 12 UTC em 27 de março de 2002.

secundárias de 5-10 mm em áreas desérticas tropicais, onde existe subsidência de ar (Figura 4.3). Teores de vapor máximos de 50-60 mm ocorrem sobre o Sul da Ásia durante as monções de verão e sobre as latitudes equatoriais da África e América do Sul.

Outra medida importante é a *umidade relativa* (r), que expressa o teor real de umidade de uma amostra de ar como porcentagem do contido no mesmo volume de ar saturado na mesma temperatura. A umidade relativa é definida em referência à razão de mistura, mas pode ser determinada aproximadamente de várias maneiras:

$$r = \frac{x}{x_s} \times 100 < \frac{q}{q_s} \times 100 < \frac{e}{e_s} \times 100$$

onde o s subscrito refere-se aos respectivos valores de saturação à mesma temperatura; e denota a pressão de vapor.

Outro índice de umidade é a temperatura do ponto de orvalho. Ela representa a temperatura em que ocorre saturação se o ar for resfriado à pressão constante sem adição ou remoção de vapor. Quando a temperatura do ar e o ponto de orvalho são iguais, a umidade relativa é de 100%, e é evidente que a umidade relativa também pode ser determinada por:

$$\frac{e_s \text{ ao ponto de orvalho}}{e_s \text{ à temperatura do ar}} \times 100$$

CAPÍTULO 4 Balanço da umidade atmosférica **81**

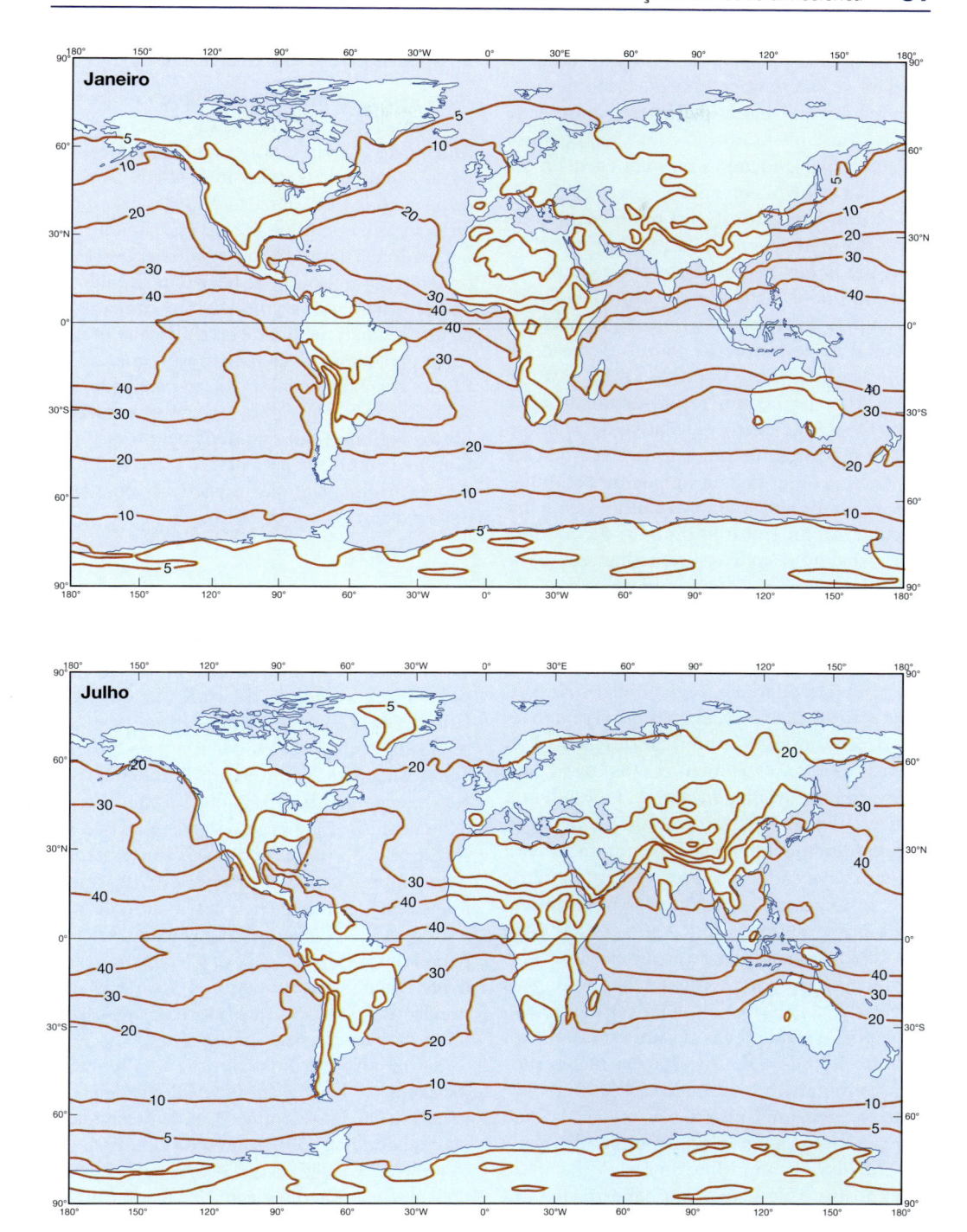

Figura 4.3 Teor médio de vapor de água atmosférico em janeiro e julho, 1970-1999, em mm de água precipitável.
Fonte: Climate Diagnostics Center, CIRES-NOAA, Boulder, CO.

A umidade relativa de uma parcela de ar mudará se sua temperatura ou razão de mistura mudarem. De um modo geral, a umidade relativa varia inversamente com a temperatura durante o dia, tendendo a ser mais baixa no começo da tarde e maior à noite.

A umidade atmosférica pode ser medida por pelo menos seis tipos de instrumentos. Para medições de rotina, o *termômetro de bulbo úmido* é instalado em um abrigo protegido para instrumentos (tela de Stevenson). O bulbo do termômetro padrão é envolvido em musselina, que é mantida úmida por um pavio a partir de um reservatório de água pura. O resfriamento evaporativo desse bulbo úmido proporciona uma leitura que pode ser usada, em conjunto com uma leitura simultânea da temperatura em um bulbo seco, para calcular a temperatura do ponto de orvalho. Um instrumento portátil semelhante – o *psicrômetro* aspirado – usa um fluxo forçado de ar, a uma taxa fixa, sobre os bulbos seco e úmido. Um instrumento sofisticado para determinar o ponto de orvalho, com base em um princípio diferente, é o *higrômetro de ponto de orvalho*, que detecta quando a condensação ocorre em uma superfície resfriada. Três outros tipos de instrumentos são usados para determinar a umidade relativa. O *higrógrafo* utiliza a expansão/contração de um feixe de cabelo humano, em resposta à umidade, para registrar a umidade relativa continuamente pelo acoplamento mecânico a uma caneta sobre um tambor rotativo, e uma precisão de ±5–10%. Para medidas do ar superior, um elemento com *cloreto de lítio* detecta mudanças na resistência elétrica a diferenças na pressão de vapor. As alterações na umidade relativa têm precisão de ±3%. As estações meteorológicas automáticas costumam usar um método elétrico, onde um fino filme de material muda sua capacitância em relação à umidade relativa. O material é um filme de metal fino sobre um substrato de vidro fino coberto por um polímero orgânico que forma o dielétrico do capacitor.

2 Transporte de umidade

A atmosfera transporta umidade nos planos horizontal e vertical. A Figura 4.1 mostra um transporte líquido dos oceanos para áreas de terra. A umidade também deve ser transportada no sentido meridional (sul-norte) para manter o balanço de umidade necessário em uma determinada latitude; ou seja, evaporação – precipitação = transporte horizontal líquido de umidade para uma coluna de ar. A comparação de totais anuais médios de precipitação e evaporação para zonas de latitude mostra que, em latitudes baixas e médias, $P > E$, ao passo que, nos subtrópicos, $P < E$ (Figura 4.4A). Esses desequilíbrios regionais são mantidos pelo transporte líquido de umidade para dentro (convergência) e fora (divergência) das respectivas zonas (D_Q, onde a divergência é positiva).

$$E - P = D_Q$$

Um aspecto crucial é o transporte no sentido equatorial em latitudes baixas e o transporte para os polos em latitudes médias (Figura 4.4B). A umidade atmosférica é transportada pelos sistemas globais de ventos de oeste das latitudes médias para latitudes altas e pelos sistemas de ventos Alísios de leste para a região equatorial (ver Capítulo 8). Também ocorrem trocas significativas de umidade entre os hemisférios. De junho a agosto, existe um transporte de umidade para o norte através do equador, de $18,8 \times 10^8$ kg s^{-1}; de dezembro a fevereiro, o transporte para o sul é de $13,6 \times 10^8$ kg s^{-1}. O transporte líquido anual do sul para o norte é de $3,2 \times 10^8$ kg s^{-1}, com um excedente anual de precipitação líquida de 39 mm no Hemisfério Norte, que retorna como escoamento superficial para os oceanos.

É importante enfatizar que a evaporação local, em geral, não é a principal fonte de precipitação local. Por exemplo, 32% da precipitação sazonal de verão sobre a bacia do rio Mississippi e entre 25 e 35% da que ocorre sobre a bacia do Amazonas são de origem "local", e o restante é transportado para essas bacias por advecção de umidade. Mesmo quando a umidade está

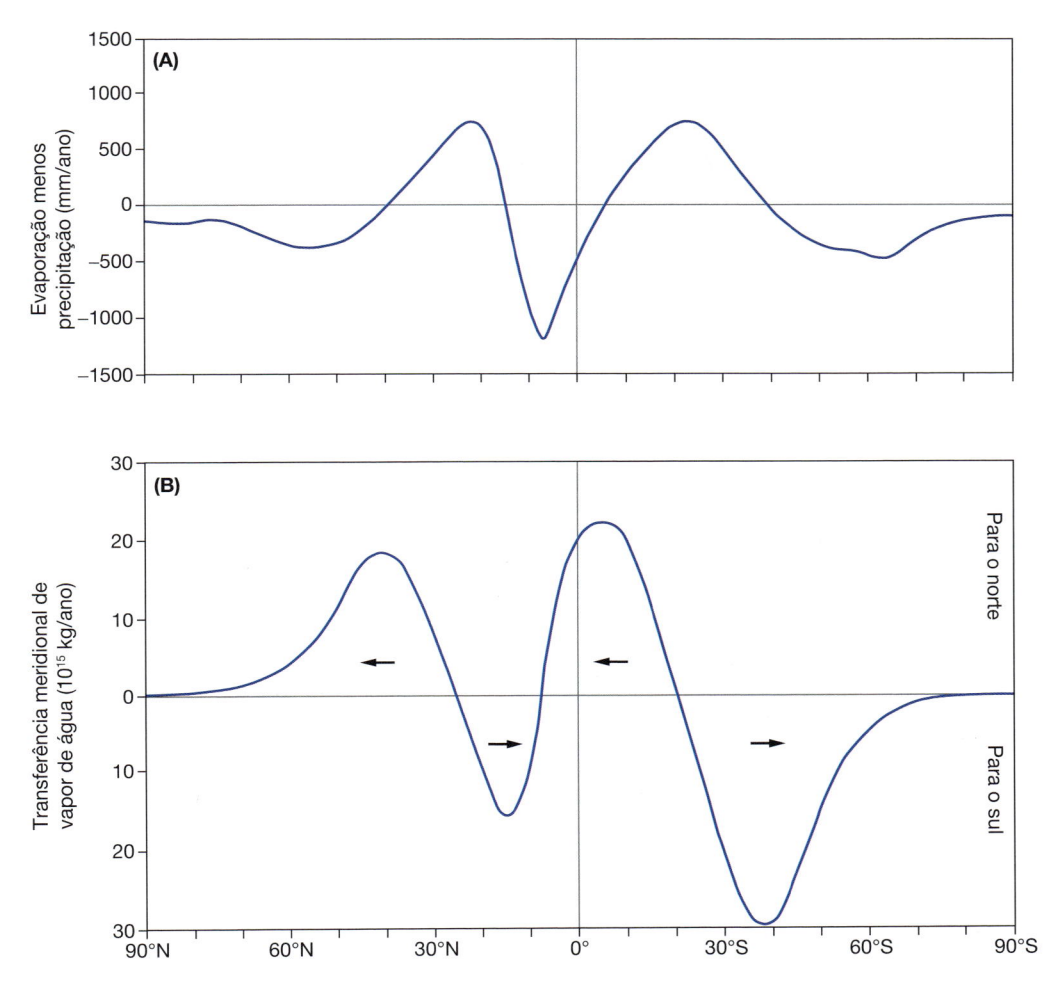

Figura 4.4 Aspectos meridionais da umidade global. (A): estimativas anuais da evaporação menos precipitação anual (em mm) em função da latitude; (B): transferência meridional anual de vapor de água (em 10^{15}kg).
Fonte: (A): J. Dodd. in Browning 1993. NERC. B: Sellers 1965. Cortesia de University of Chicago Press.

disponível na atmosfera sobre uma região, somente uma pequena porção costuma precipitar. Isso depende da eficiência dos mecanismos de condensação e precipitação, tanto microfísicos quanto de grande escala.

Usando dados de sondagens atmosféricas sobre ventos e o teor de umidade, é possível determinar os padrões globais de divergência ($E - P > 0$) ou convergência ($E - P < 0$) no fluxo médio de vapor de água. A distribuição das "fontes" ($P < E$) e "sumidouros" ($P > E$) de umidade atmosférica forma uma importante base para entender os climas globais. Fortes divergências (fluxos no sentido externo) de umidade ocorrem sobre o Oceano Índico norte no verão, fornecendo umidade para as monções. As zonas de divergência subtropical são associadas a áreas de alta pressão. As altas subtropicais oceânicas são fontes de evaporação; a divergência sobre massas de terra pode refletir um suprimento subterrâneo de água ou ser um artefato de dados esparsos.

C EVAPORAÇÃO

A evaporação (incluindo a transpiração das plantas) fornece umidade para a atmosfera; os oceanos fornecem 87%, e os continentes, 13%.

Os mais altos valores anuais (1500 mm), em médias zonais ao redor do globo, ocorrem sobre os oceanos tropicais, associados aos cinturões de ventos Alísios, e sobre áreas continentais equatoriais em resposta à elevada recepção de radiação solar e ao exuberante crescimento da vegetação (Figura 4.5A). As maiores perdas evaporativas oceânicas observadas no inverno, para cada hemisfério (Figura 4.5B), representam o efeito de fluxos externos de ar frio continental sobre correntes oceânicas quentes no Pacífico Norte Ocidental e no Atlântico Norte (Figura 4.6), e dos ventos Alísios mais fortes na estação fria do Hemisfério Sul.

A evaporação exige uma fonte de energia em uma superfície que tenha suprimento de umidade; a pressão de vapor no ar deve estar abaixo do valor saturado (es); e o movimento do ar remove a umidade transferida para a camada superficial de ar. Conforme ilustrado na Figura 2.16, a pressão de vapor de saturação aumenta com a temperatura. A mudança de estado de líquido para gasoso exige um gasto de energia para superar as atrações intermoleculares das partículas de água. Essa energia normalmente é adquirida pela remoção de calor do entorno imediato, causando uma aparente perda de calor (*calor latente*), conforme discutido na pág. 72, e uma consequente queda na temperatura. O calor latente de vaporização necessário para evaporar 1 kg de água a 0°C é $2,5 \times 10^6$ J. Da mesma forma, a condensação libera esse calor, e a temperatura de uma massa de ar em que está ocorrendo condensação aumenta à medida que o vapor de água reverte para o estado líquido. No caso do gelo, o calor latente de fusão ($0,33 \times 10^6$ Jkg^{-1}) é necessário para derreter o gelo para água a 0°C. A mesma quantidade de calor é liberada durante o congelamento. A sublimação/deposição de gelo diretamente para vapor, ou vice-versa, envolve a soma dos dois calores latentes (i.e., $2,83 \times 10^6$ Jkg^{-1}) e, portanto, a sublimação é menos comum que a evaporação. No entanto, em climas ventosos e secos, 15-30% do pacote de neve anual podem se perder por sublimação *in situ*, combinada

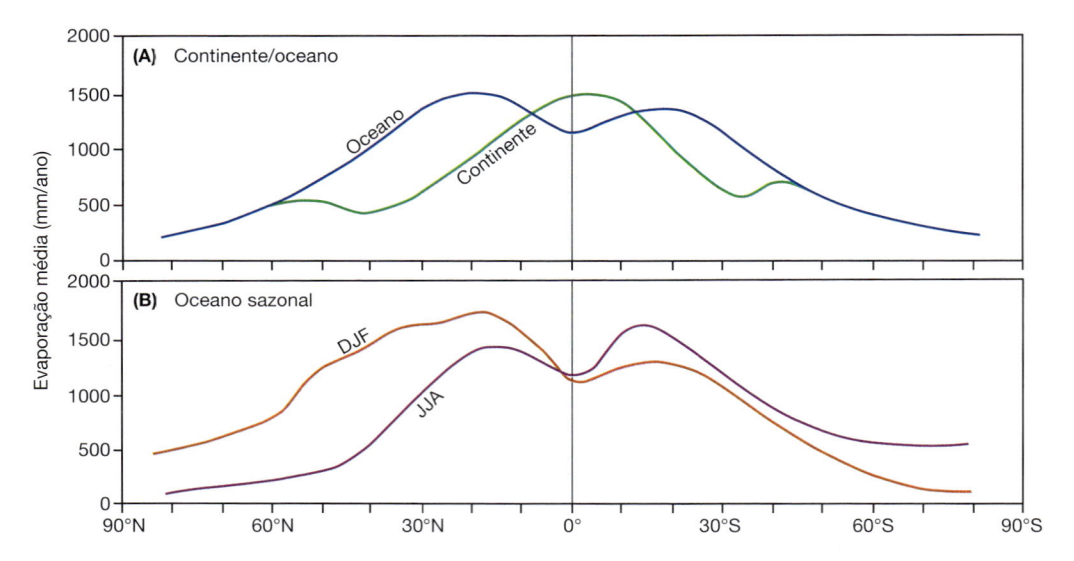

Figura 4.5 Distribuição zonal da evaporação média (mm/ano). (A): anualmente para oceanos e superfícies continentais; (B): sobre os oceanos para dezembro a fevereiro (DJF) e junho a agosto (JJA).

Fontes: Peixoto e Oort (1983), Fig 22. Copyright (c) D. Reidel, Dordrecht, com permissão de Kluwer Academic Publishers. Sellers (1965).

com a sublimação da neve soprada pelo vento, que é mais importante.

A variação diurna de temperatura pode ser moderada pelo ar úmido, quando há evaporação durante o dia e condensação à noite. A relação da pressão de vapor de saturação com a temperatura (Figura 2.14) significa que os processos de evaporação limitam a temperatura superficial dos oceanos em latitudes baixas (i.e., onde a evaporação está no máximo) a valores de aproximadamente 30°C. Isso tem um papel importante ao regular a temperatura das superfícies oceânicas e do ar sobrejacente nos trópicos.

A taxa de evaporação depende de diversos fatores. Os dois principais são a diferença entre a pressão de vapor de saturação na superfície da água e a pressão de vapor do ar, e a existência de um suprimento contínuo de energia para a superfície. A velocidade do vento também afeta a taxa de evaporação, pois o vento em geral está associado à advecção de ar insaturado, que absorve a umidade disponível.

A perda de água de superfícies vegetais, predominantemente das folhas, é um processo complexo, denominado *transpiração*. Ela ocorre quando a pressão de vapor nas células das folhas é maior do que a pressão de vapor atmosférica. É crucial como função vital, no sentido de que causa a ascensão dos nutrientes do solo para a planta e resfria as folhas. As células das raízes dos vegetais exercem uma tensão osmótica de até 15 atmosferas sobre os filmes d'água entre as partículas adjacentes do solo. Todavia, à medida que esses filmes d'água diminuem, a tensão dentro deles aumenta. Se a tensão dos filmes do solo excede a tensão osmótica radicular, rompe-se a continuidade da absorção de água pela planta, e a planta murcha. A transpiração é controlada pelos fatores atmosféricos que determinam a evaporação, bem como fatores da própria planta, como o estágio de crescimento vegetal, a área foliar e a temperatura foliar, e também pela quantidade de umidade no solo (ver Capítulo 12C). Ela ocorre principalmente durante o dia, quando os *estômatos* (pequenos poros das folhas), pelos quais a transpiração ocorre, se abrem. Essa abertura é determinada principalmente pela intensidade da luz. A transpiração varia naturalmente com a estação e, durante os meses de inverno em latitudes médias, as coníferas perdem apenas 10-18% de suas perdas anuais totais por transpiração, e as árvores decíduas, menos de 4%.

Na prática, é difícil separar a água evaporada do solo, a água *interceptada* (líquida ou sólida), que permanece em superfícies vegetais após a precipitação e evapora ou sublima posteriormente, e a transpiração. Por essa razão, a palavra evaporação, ou o termo composto *evapotranspiração*, pode ser usada para se referir à perda total. Sobre a terra, a evaporação anual é de 52% por transpiração, 28% por evaporação do solo e 20% por interceptação.

As perdas por evapotranspiração a partir de superfícies naturais não podem ser mensuradas diretamente. Porém, existem diversos métodos indiretos de avaliação, assim como fórmulas teóricas. Um método de estimação baseia-se na equação do balanço de umidade na superfície:

$$P - E = r + \Delta S$$

ΔS é a mudança no total armazenado no bloco de solo, e esse termo também pode incluir a água armazenada no pacote de neve. Essa equação aplica-se a uma bacia hidrográfica calibrada, onde são medidas a precipitação e o escoamento (r), ou a um bloco de solo. Neste caso, medimos a percolação por meio de um bloco fechado de solo com cobertura vegetal (em geral grama, mas ocasionalmente uma grande área de cobertura arbórea) e registramos a chuva que cai sobre ele. O bloco, denominado *lisímetro*, é pesado regularmente, para que as mudanças de peso que não são explicadas pela chuva ou escoamento possam ser atribuídas a perdas por evapotranspiração, desde que se mantenha a grama curta! A técnica permite a determinação das quantidades diárias de evapotranspiração. Se o bloco de solo é "irrigado" regularmente, de modo que a cobertura vegetal sempre esteja gerando a máxima evapotranspiração possível, a perda de água se chama *evapotranspiração potencial* (ou PE). De maneira mais geral, a evapotranspiração potencial pode ser definida como a perda de água correspondente à energia disponível. A evapotranspiração potencial forma a base para a classificação climática desenvolvida por C. W. Thornthwaite (ver Apêndice 1).

Em regiões onde a cobertura de neve é duradoura, pode-se estimar a evaporação/sublimação a partir do pacote de neve com lisímetros (caixas ou pratos coletores) enterrados na neve, que são pesados regularmente.

Uma solução meteorológica para o cálculo da evaporação usa instrumentos sensíveis para medir o efeito líquido de vórtices de ar que transportam umidade para cima e para baixo perto da superfície. Nessa técnica de "correlação dos vórtices" (ou covariância dos vórtices), a componente vertical do vento e o teor de umidade atmosférica são medidos simultaneamente no mesmo nível (digamos, 1,5 m) a cada 10^{-1} s (10 Hz). Calcula-se então a média do produto de cada par de medidas ao longo de um período de tempo de 15-60 minutos para determinar a evaporação (ou condensação). Esse método exige instrumentos delicados e de resposta rápida, de modo que não pode ser utilizado em condições de muito vento. Anemômetros sônicos são usados para avaliar as componentes vertical e horizontal do vento, usando pulsos sonoros para medir a diferença no tempo que o som leva para andar a favor e contra o vento, permitindo calcular a sua velocidade. A umidade é determinada medindo-se a absorção de radiação infravermelha pelo vapor de água no ar.

Os métodos teóricos para determinar as taxas de evaporação seguem duas linhas. A primeira relaciona a evaporação mensal média (E) de grandes corpos d'água com a velocidade média do vento (u) e a diferença média na pressão de vapor entre a superfície da água e o ar ($e_w - e_d$), da seguinte forma:

$$E = Ku(e_w - e_d)$$

onde K é uma constante empírica. Essa abordagem é chamada de abordagem aerodinâmica (ou *bulk*), pois considera os fatores responsáveis por remover o vapor da superfície da água. O segundo método baseia-se no balanço de energia. O *saldo* de radiação solar e terrestre na superfície (R_n) é usado para a evaporação (E) e a transferência de calor para a atmosfera (H). Uma pequena proporção também aquece o solo durante o dia, mas, como quase tudo isso se perde à noite, ela pode ser desconsiderada. Desse modo:

$$R_n = LE + H$$

onde L é o calor latente de evaporação ($2,5 \times 10^6$ J kg^{-1}). Rn pode ser medido com um radiômetro, e a razão $H/LE = \beta$, chamada de razão de Bowen, pode ser estimada a partir de medidas da temperatura do ar e do teor de vapor (ponto de orvalho) em dois níveis perto da superfície, geralmente 0,5 e 2 m. β varia de <0,1 para a água a ⩾10 para uma superfície desértica. O uso dessa razão pressupõe que as transferências verticais de calor e vapor de água por turbulência ocorrem com a mesma eficiência. A evaporação é determinada a partir de uma expressão com a seguinte forma:

$$E = \frac{R_n}{L(1 + \beta)}$$

A conversão da evaporação para unidades de energia é 1 mm de evaporação = $2,5 \times 10^6$ J m^{-2}.

O mais satisfatório método climatológico já criado combina o balanço de energia e as abordagens aerodinâmicas. Desse modo, H. L. Penman conseguiu expressar as perdas por evaporação em termos de quatro elementos meteorológicos medidos regularmente, pelo menos na Europa e na América do Norte: o saldo de radiação (ou uma estimativa baseada na duração da luz do Sol), a temperatura média do ar, a umidade média do ar e a velocidade média do vento (que limita as perdas de calor e vapor da superfície).

Os papéis relativos são ilustrados pelo padrão global de evaporação (ver Figura 4.6). As perdas diminuem nitidamente em latitudes elevadas, onde existe pouca energia disponível. Em latitudes médias e baixas, existem diferenças notáveis entre a terra e o mar. As taxas são naturalmente elevadas sobre os oceanos, tendo em vista a disponibilidade ilimitada de água e, sazonalmente, as taxas máximas ocorrem em janeiro sobre o Pacífico Ocidental e o Atlântico, onde o ar continental frio sopra através das correntes oceânicas quentes.

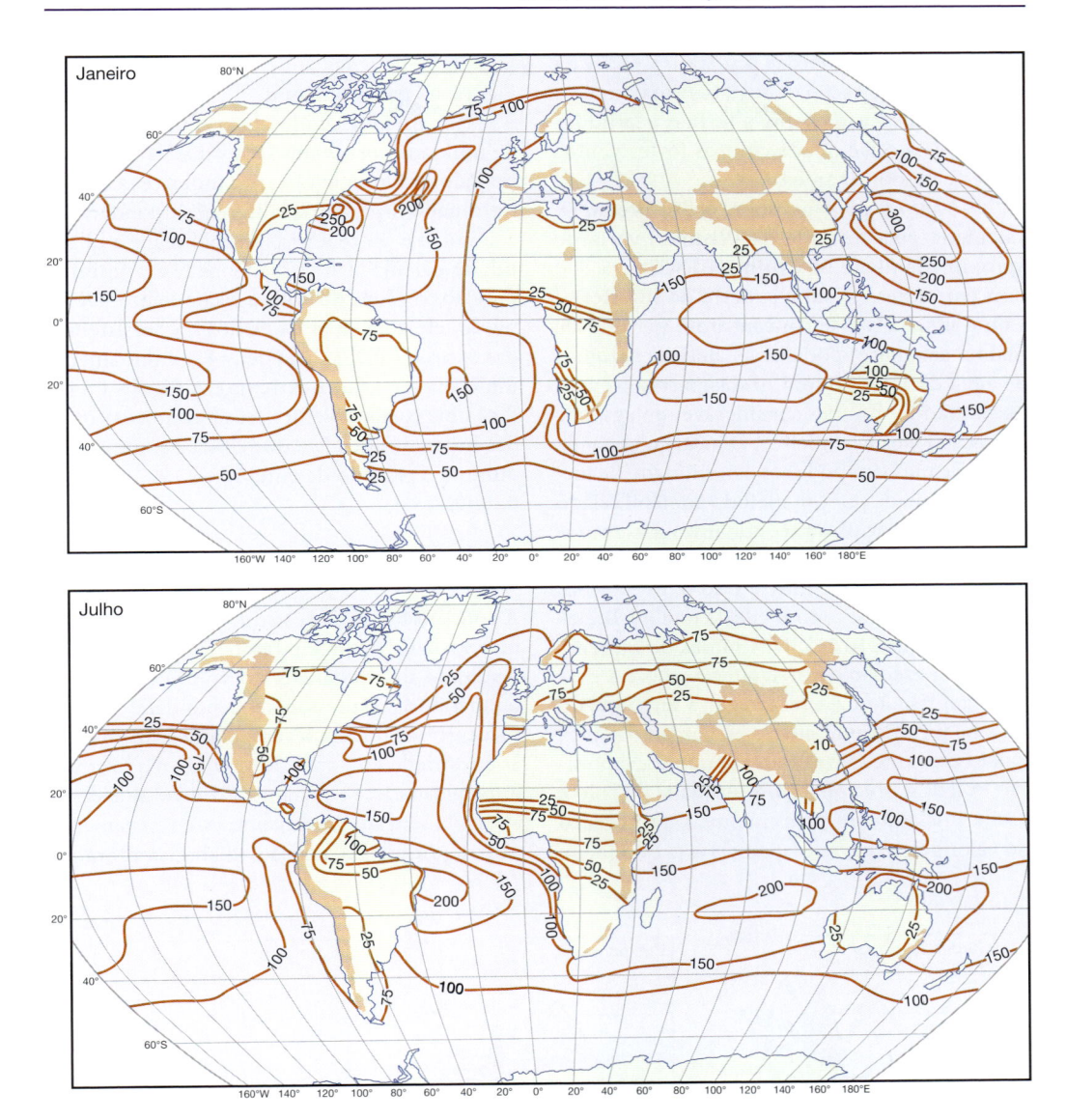

Figura 4.6 Evaporação média (mm) para janeiro e julho (conforme M. I. Budyko, *Heat Budget Atlas of the Earth*, 1958).

Anualmente, as perdas oceânicas máximas ocorrem por volta de 15-20°N e 10-20°S, nos cinturões dos ventos Alísios constantes (ver Figura 4.5B e 4.6). As maiores perdas anuais, estimadas em 2000 mm, ocorrem no Pacífico Ocidental e no Oceano Índico Central, perto de 15°S (cf. Figura 3.30); 2460MJ m^{-2} a^{-1} (78 W m^{-2} ao longo do ano) equivalem a uma evaporação de 1000 mm de água/cm^2. Existe uma mínima equatorial subsidiária sobre o oceano como resultado das baixas velocidades do vento no cinturão de calmaria equatorial e da proximidade da pressão de vapor do ar com o seu valor de saturação. A máxima da terra ocorre mais ou menos no equador, devido ao recebimento relativamente alto de radiação solar e às grandes perdas por transpiração da exuberante vegetação da região. A máxima secundária observada sobre a terra em latitudes médias está relacionada com os fortes ventos de oeste predominantes.

A evaporação anual sobre a Grã-Bretanha, calculada pela fórmula de Penman, varia de aproximadamente 380 mm na Escócia a 500 mm em partes do sul e sudeste da Inglaterra. Como essa perda se concentra no período de maio a setembro, pode haver déficits sazonais de água de 120-150 mm nessas partes do país, necessitando um uso considerável de água de irrigação pelos fazendeiros. O balanço anual de umidade também pode ser determinado de forma aproximada por um método contábil criado por C. W. Thornthwaite, que estima a evapotranspiração potencial a partir da temperatura média. A Figura 4.7 ilustra isso para estações nas regiões oeste, central e leste da Grã-Bretanha (cf. Figura 10.25). Nos meses de inverno, existe um excesso de precipitação sobre a evaporação; isso ajuda a recarregar a umidade do solo, bem como aumentar o escoamento superficial excedente. No verão, quando a evaporação excede a precipitação, a umidade do solo é usada inicialmente para manter a evaporação no valor potencial, mas, quando esse estoque se esgota, há deficiência de água, como mostra a Figura 4.7 para Southend.

Nos Estados Unidos, as condições mensais de umidade costumam ser avaliadas com base no Palmer Drought Severity Index (PDSI), determinado a partir das diferenças ponderadas acumuladas entre a precipitação real e a quantidade calculada necessária para evapotranspiração, recarga do solo e escoamento. Desse modo, ele considera os efeitos da persistência das secas. O PDSI varia de ≥ 4 (extremamente úmido) a ≤ -4 (seca extrema). A Figura 4.8 indica uma oscilação entre seca e condições úmidas incomuns nos Estados Unidos continentais durante o período de outubro de 1992 a agosto de 1993.

D CONDENSAÇÃO

A condensação é a causa direta de todas as formas variadas de precipitação. Ela ocorre como resultado de mudanças no volume do ar, na temperatura, na pressão ou na umidade. Quatro mecanismos podem levar à condensação: (1) o ar é resfriado ao ponto de orvalho, mas seu volume permanece constante; (2) o volume do ar aumenta sem adição de calor; esse resfriamento ocorre porque a expansão adiabática promove

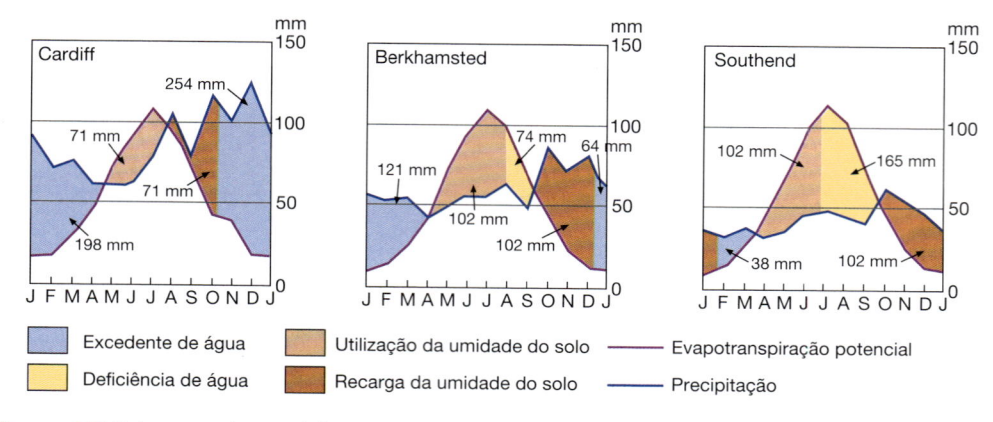

Figura 4.7 Balanço médio anual de umidade nas regiões oeste, central e leste da Grã-Bretanha, determinado pelo método de Thornthwaite. Quando a evaporação potencial excede a precipitação, usa-se a umidade do solo; em Berkhamsted, no centro da Inglaterra, e Southend, na costa leste, ela se esgota em julho ou agosto. O excesso de precipitação de outono em relação à evaporação potencial repõe a umidade do solo até alcançar a capacidade dos campos.

Fonte: Howe (1956). Cortesia da Royal Meteorological Society.

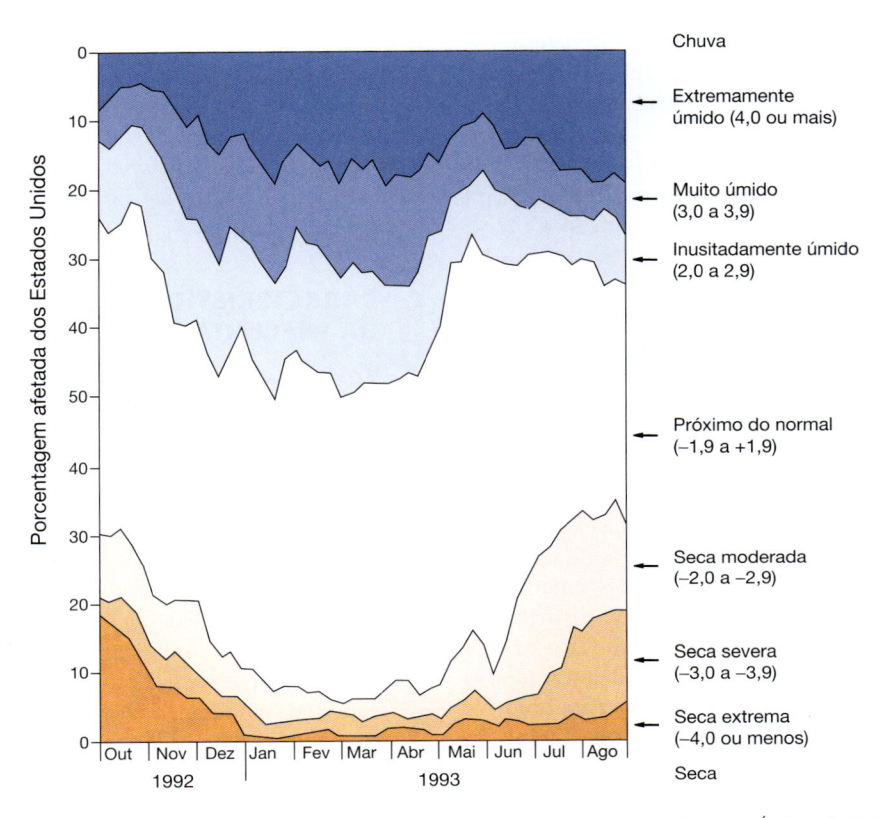

Figura 4.8 Porcentagem dos EUA afetada por períodos úmidos ou seca, com base no Índice de Palmer (ver escala à direita), entre outubro de 1992 e agosto de 1993.

Fontes: US Climate Analysis Center and Lott (1994). Reimpresso de *Weather* com permissão da Royal Meteorological Society. Crown copyright ©.

o consumo de energia por meio de trabalho (ver Capítulo 5); (3) uma mudança conjunta de temperatura e volume reduz a capacidade do ar de reter umidade para abaixo do teor de umidade existente; ou (4) a evaporação acrescenta umidade ao ar. A chave para entender a condensação está no tênue equilíbrio entre essas variáveis. Sempre que o equilíbrio entre uma ou mais delas é perturbado além de um certo limite, pode haver condensação.

As circunstâncias mais comuns que favorecem a condensação são aquelas que geram uma queda na temperatura do ar; ou seja, resfriamento por contato, resfriamento radiativo, mistura de massas de ar de temperaturas diferentes e resfriamento dinâmico da atmosfera. O resfriamento por contato ocorre dentro de uma massa de ar quente e úmida que passa sobre uma superfície de terra fria. Em uma noite limpa de inverno, a intensa perda de radiação resfriará a superfície rapidamente. Esse resfriamento superficial se estende de modo gradual para o ar úmido mais abaixo, reduzindo a temperatura a um ponto onde ocorre condensação na forma de orvalho, nevoeiro ou geada, dependendo da quantidade de umidade envolvida, da espessura da camada de ar frio e do valor do ponto de orvalho. Quando este fica abaixo de 0°C, é chamado de ponto de congelamento de geada, se o ar estiver saturado em relação ao gelo.

A mistura de camadas contrastantes dentro de uma única massa de ar, ou de duas massas de ar diferentes, também pode gerar condensação. A Figura 4.9 indica como a mistura horizontal de duas massas de ar (A e B), com determinadas características de temperatura e umidade, produz uma massa de ar (C) supersaturada na temperatura intermediária e que, consequentemente, forma nuvens. A mistura vertical de uma camada de ar, discutida no Capítulo 5 (ver Figura 5.7), pode ter o mesmo efeito. O nevoeiro, ou nuvens stratus baixas, com garoa – conhecida como "crachin" – é comum ao longo das costas do sul da China e do Golfo de Tonkin em fevereiro e abril, desenvolvendo-se pela mistura de massas de ar ou advecção quente sobre uma superfície mais fria.

A adição de umidade por evaporação ao ar perto da superfície ocorre quando o ar frio passa sobre uma superfície de água quente. Isso pode produzir nevoeiro com vapor, que é comum em regiões árticas. Em relação à modificação de climas locais, houve progresso nas tentativas de dispersão do nevoeiro. Os nevoeiros frios são dissipados em âmbito local com o uso de gelo seco (CO_2 congelado) ou pela liberação de gás propano com bicos de expansão, para produzir congelamento e a subsequente queda dos cristais (cf. p. 125). Os nevoeiros quentes (i.e., com gotas acima das temperaturas de congelamento) representam problemas maiores, mas as tentativas de dissipação tiveram sucesso limitado na evaporação de gotículas por aquecimento artificial, pelo uso de grandes ventiladores para puxar ar seco de cima, pela expulsão de partículas de nevoeiro com jatos de água e pela injeção de cargas elétricas no nevoeiro para produzir coagulação.

A principal causa da condensação, sem dúvida, é o processo dinâmico de resfriamento adiabático associado à instabilidade, discutido no próximo capítulo.

E CARACTERÍSTICAS E MEDIÇÃO DA PRECIPITAÇÃO

1 Formas de precipitação

Estritamente, *precipitação* se refere a todas as formas de água líquida e congelada. As principais são:

- *Chuva* – gotas de chuva que caem, com um diâmetro de pelo menos 0,5 mm, e geralmente de 2 mm; gotículas de menos de 0,5 mm são denominadas *garoa*. A chuva tem uma taxa de acumulação de ≥1mm/hora. A chuva (ou a garoa) que cai sobre uma superfície em temperaturas abaixo de zero forma uma camada de gelo e é denominada *chuva congelante*. Durante a prolongada "tempestade de gelo" de 5-9 de janeiro de 1998 no nordeste dos Estados Unidos e no leste do Canadá, certas áreas receberam até 100 mm de chuva congelante.
- *Neve* – cristais de gelo que caem em grupos ramificados, como flocos. A neve molhada tem cristais ligados por água líquida em poros e cavidades interiores. Os cristais individuais têm uma forma hexagonal (agulhas ou plaquetas). Em temperaturas baixas (−40°C), os cristais podem flutuar no ar, formando "poeira de diamante".
- *Granizo* – grãos, bolas ou massas duras e irregulares de gelo, com pelo menos 5 mm de diâmetro; forma-se a partir de camadas alternadas de gelo opaco e claro. O núcleo de uma pedra de granizo é formado por uma gota de água congelada (um grão de gelo) ou uma partícula de gelo (graupel).
- *Graupel* – grãos de neve, partículas de gelo cônicas ou arredondadas e opacas, com 2-5 mm de diâmetro e formadas pela agregação de cristais de gelo.

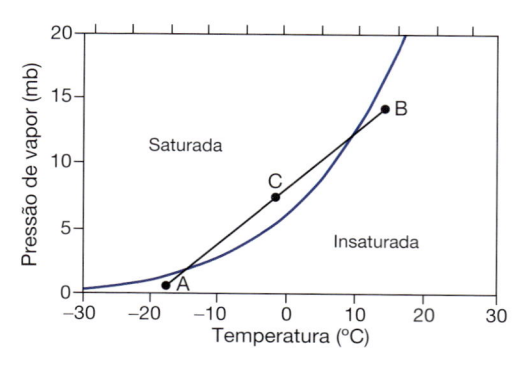

Figura 4.9 Efeito da mistura de massas de ar. A mistura horizontal de duas massas de ar insaturadas A e B produz uma massa de ar supersaturada C. A figura mostra a curva da pressão de vapor de saturação (cf. Figura 2.13B, que é um diagrama semilogarítmico).
Fonte: Petterssen (1969).

- *Saraiva* – refere-se, no Reino Unido, a uma mistura de chuva-neve; na América do Norte, a pequenos grãos translúcidos de gelo (gotas de chuva congeladas) ou flocos de neve que derreteram e congelaram novamente.
- *Orvalho* – gotículas de condensação sobre superfícies de solo ou grama, depositadas quando a temperatura da superfície está abaixo da temperatura do ponto de orvalho do ar. A *geada* é a forma congelada, quando cristais de gelo se depositam sobre uma superfície.
- *Rime* – gelo cristalino ou granular claro, depositado quando nevoeiro ou gotículas de nuvens supercongeladas encontram uma estrutura vertical, árvores ou cabos suspensos. O depósito de *rime* cresce na direção do vento em uma forma triangular, relacionada com a velocidade do vento. É comum em climas marítimos frios e em montanhas em latitudes médias no inverno.

De modo geral, apenas a chuva e a neve contribuem significativamente para os totais de precipitação. Em muitas partes do mundo, o termo *chuva* pode ser usado em vez de precipitação. A precipitação é medida em um pluviômetro, um tubo cilíndrico coberto por um funil para reduzir as perdas evaporativas, que geralmente fica no chão. Sua altura é de cerca de 60 cm, e seu diâmetro, de 20 cm. Existem mais de 50 tipos de pluviômetros em uso por serviços meteorológicos ao redor do mundo! Em regiões com muito vento e neve, eles são equipados com um escudo de vento para aumentar a eficiência de coleta. Deve-se enfatizar que os registros de precipitação são apenas *estimativas*. Fatores ligados à localização do aparelho, sua altura acima do solo, turbulência no fluxo de ar, espirramento e evaporação introduzem erros na coleta. Diferenças no desenho do aparelho afetam o fluxo de ar sobre a abertura, a retenção por umidificação e as perdas do tubo por evaporação. A neve que cai está sujeita aos efeitos do vento, podendo resultar em uma representação inferior da verdadeira quantidade em 50% ou mais. Foi provado que uma cerca de neve dupla em torno do aparelho aumenta a quantidade medida. Correções de dados devem considerar a proporção da precipitação que cai na forma líquida e sólida, a velocidade dos ventos durante a precipitação e a intensidade da precipitação. Estudos realizados na Suíça sugerem que os totais observados subestimam as quantidades verdadeiras em 7% no verão e 11% no inverno abaixo de 2000 m, mas até 15% no verão e 35% no inverno nos Alpes entre 2000 e 3000 m.

A densidade das redes de pluviômetros limita a precisão das estimativas de precipitação por área. O número de pluviômetros por 10000 km^2 varia de 245 na Grã-Bretanha a 10 nos Estados Unidos e apenas três no Canadá e na Ásia. A cobertura é esparsa em regiões montanhosas e polares. Em muitas áreas de terra, radares meteorológicos fornecem informações singulares sobre sistemas de tempestades e estimativas quantitativas da precipitação média por área (ver Quadro 4.1). Dados dos oceanos chegam de estações em ilhas e de observações a partir de navios sobre a frequência e intensidade relativa das precipitações. O sensoriamento remoto por satélite, usando dados de micro-ondas passivas e infravermelhos, proporciona estimativas independentes da chuva em grande escala sobre os oceanos.

2 Características da precipitação

As características climatológicas da precipitação podem ser descritas em termos da precipitação média anual, do ciclo anual, da variabilidade anual e de tendências decenais. Todavia, os hidrólogos estão interessados nas propriedades de tempestades individuais. As observações do tempo em geral indicam a quantidade, duração e frequência da precipitação, que possibilitam determinar outras características delas derivadas. Três dessas serão discutidas a seguir.

Intensidade da chuva

A intensidade (= quantidade/duração) da chuva durante uma tempestade específica, ou um período ainda mais curto, é vital para hidrólogos e engenheiros hídricos preocupados com a previsão e prevenção de enchentes, bem como

AVANÇOS SIGNIFICATIVOS DO SÉCULO XX

4.1 Meteorologia por radar

O radar (*radio detection and ranging*), desenvolvido para a detecção de aeronaves durante a Segunda Guerra Mundial, logo passou a ser aplicado para acompanhar as áreas de precipitação a partir de ecos de radar. Ondas de rádio transmitidas por uma antena na faixa de comprimento de onda de centímetros (geralmente 3 e 10 cm) são refletidas pelas gotas de chuva e partículas de gelo, bem como por gotículas das nuvens, particulados, enxames de insetos e bandos de pássaros. O sinal de retorno e sua defasagem temporal fornecem informações sobre os objetos localizados no caminho do feixe e sua direção, distância e altitude. A necessidade de detectar tempestades tropicais levou aos primeiros programas de formação em interpretação de radar em 1944. Em 1946-1947, o Thunderstorm Project, dirigido por H. R. Byers, usou o radar para acompanhar o crescimento e a organização de tempestades na Flórida e em Ohio. Gradualmente, foram criados indicadores da gravidade das tempestades, com base na forma e no arranjo dos ecos, em sua extensão vertical e na intensidade da reflexão medida em decibéis (dB). Grande parte desse processo hoje é automática. Radares meteorológicos projetados especificamente para esse fim para o U.S. Weather Bureau somente surgiram em 1957. Na década de 1970, o radar Doppler, que usa uma alteração na frequência produzida por um alvo móvel para determinar o movimento horizontal relativo à localização do radar, começou a ser usado para pesquisas sobre granizo e tornados. Sistemas de Doppler Dual são usados para calcular o vetor horizontal do vento. O Next Generation Weather Radar (NEXRAD), lançado na década de 1990 nos Estados Unidos, e sistemas semelhantes no Canadá e em países europeus, são instrumentos modernos de Doppler. O perfil vertical de ventos na atmosfera pode ser determinado com um radar Doppler no sentido vertical, operando nas faixas VHF (30 MHz) a UHF (3 GHz). A velocidade do vento é calculada a partir de variações no índice refrativo do ar limpo causado pela turbulência. A partir da década de 1980, mas mais particularmente ao longo dos últimos 10 anos, radares com comprimentos de onda de milímetros (35 e 94 GHz) passaram a ser usados para estudar pequenas gotículas e cristais de gelo em nuvens. Em 2006, um radar de 94 GHz foi lançado com o satélite CloudSat.

Uma aplicação importante do radar é estimar a intensidade da precipitação. R. Wexler e J. S. Marshall e colegas estabeleceram uma relação entre a refletividade do radar e a taxa de precipitação em 1947. Eles observaram que a refletividade, Z, depende da concentração de gotículas (N), multiplicada pela sexta potência do diâmetro (D^6). As estimativas geralmente são calibradas com referência a medições feitas com o pluviômetro.

Referência

Kollias, P. *et al*. (2006) Millimeter-wavelenght radars. *Bull Amer. Met. Soc.* 88(10), 1608-24.
Rogers, R. R. and Smith, P. L. (1996) A short history of radar meteorology, in Fleming, J. R. (ed.) *Historical Essays on Meteorology 1919–1995*. American Meteorological Society, Boston, MA, 57–98.

---

conservacionistas que lidam com a erosão do solo. Os registros da taxa de pluviosidade (*hietogramas*) são necessários para avaliar a intensidade, que varia notavelmente com o período de tempo selecionado. As intensidades médias são maiores para períodos mais curtos (chuvaradas do tipo tempestade), como ilustra a Figura 4.10 para Milwaukee, nos Estados Unidos.

No caso de taxas extremas em diferentes pontos do planeta (Figura 4.11), a intensidade recorde em 10 minutos é aproximadamente três vezes maior do que para 100 minutos, e esta excede na mesma proporção a intensidade recorde para 1000 minutos (i.e., 16,5 horas). Observe que muitos dos recordes para eventos com duração maior que um dia ocorrem nos trópicos. Os recordes de 24 horas e de 12 meses da Índia ocorreram em Cherrapunji – 1563 mm e 22992 mm, respectivamente.

A chuva de alta intensidade é associada a gotas de maior tamanho, em vez de um número maior de gotas. Por exemplo, com intensidades de precipitação de 0,1, 1,3 e 10,2 cm/h, os diâmetros mais frequentes de gotas são 0,1, 0,2 e 0,3 cm, respectivamente. A Figura 4.12 mostra precipitações máximas esperadas para tempes-

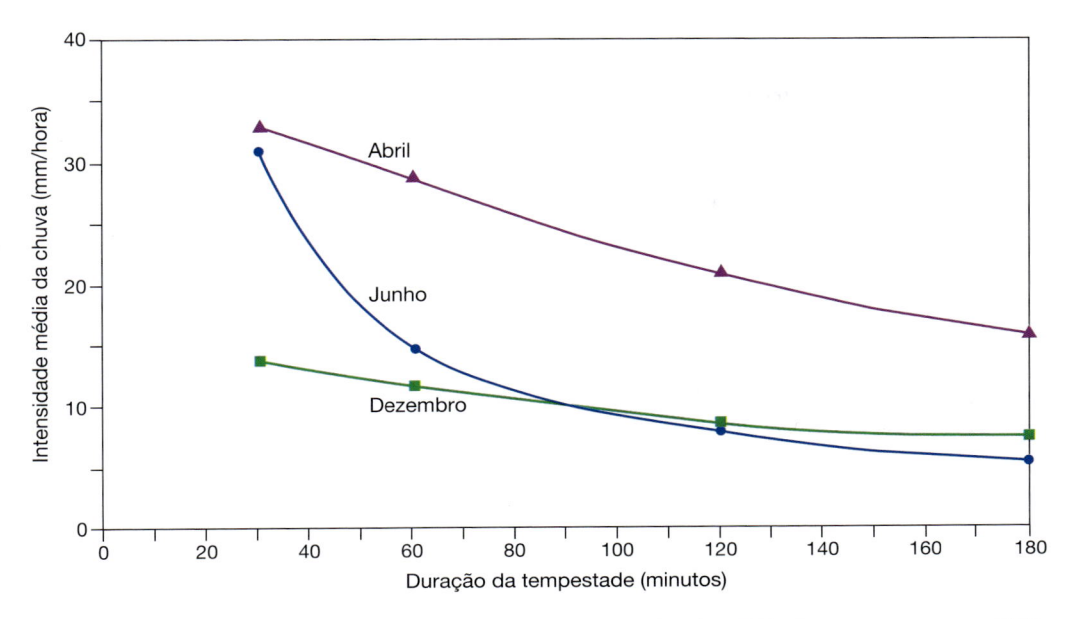

Figura 4.10 Relação entre a intensidade e duração da chuva em Milwaukee, EUA, durante três meses em 1973.
Fonte: US Environmental Data Service (1974). Cortesia de US Environmental Data Service.

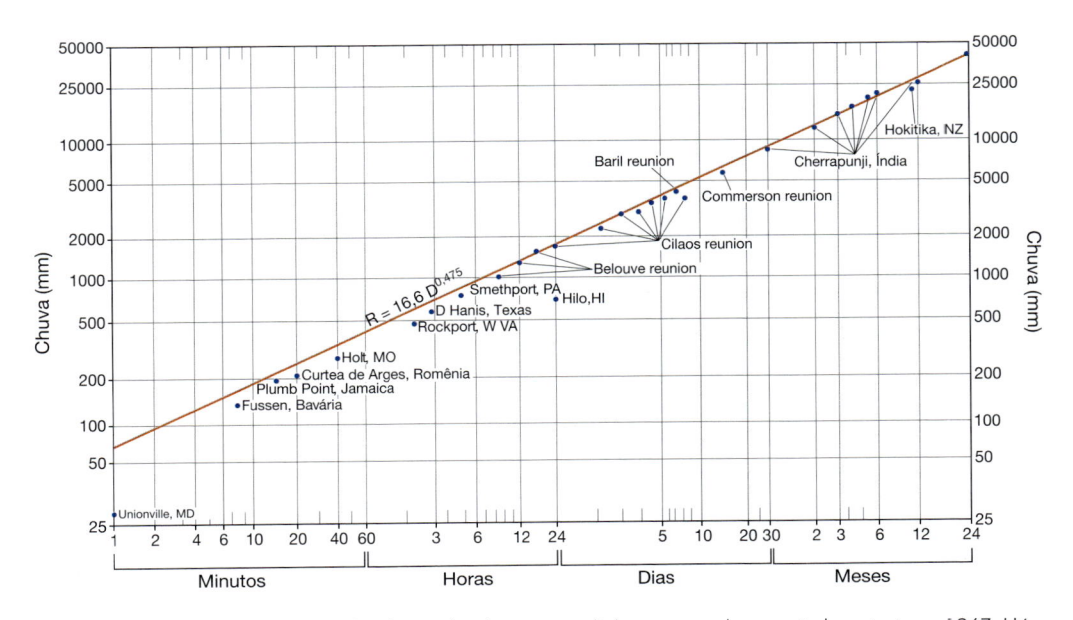

Figura 4.11 Recordes mundiais de chuvas (mm) com uma linha separando o período anterior a 1967. Há a equação da linha e o estado ou país onde foram estabelecidos recordes importantes.
Fonte: Modificado e atualizado de Rodda (1970). Cortesia de Institute of British Geographers.

tades de diferente duração e frequência nos Estados Unidos. As máximas são ao longo da Costa do Golfo e na Flórida.

Extensão de uma tempestade de chuva

Os totais de pluviosidade recebidos em um determinado período de tempo dependem do tamanho da área considerada. As médias de pluviosidade para uma tempestade de 24 horas cobrindo 100.000 km^2 podem ser apenas um terço a um décimo das de uma tempestade em uma área de 25 km^2. A relação curvilínea é semelhante à usada para a duração e intensidade da chuva. A Figura 4.13 ilustra a relação entre a área e a frequência de ocorrência de chuva em Illinois, nos Estados Unidos. Nesse caso, um histograma apresenta uma linha reta. Para 100 anos, ou chuvas mais fortes, a frequência de tempestades nessa região pode ser estimada por 0,0011 (área)^{0,896}, onde a área é em km^2.

Frequência de tempestades de chuva

É importante conhecer o período de tempo médio em que podemos esperar que uma determinada quantidade ou intensidade de chuva ocorra uma vez, o que é denominado *intervalo de recorrência* ou *tempo de retorno*. A Figura 4.14 mostra esse tipo de informação para seis estações contrastantes. A partir dela, parece que, em média, a cada 20 anos, é provável que haja uma chuva de 24 horas de pelo menos 95 mm em Cleveland, e de 216 mm em Lagos. Todavia, esse tempo de retorno *médio* não significa que essas chuvas ocorram necessariamente no vigésimo ano de um período escolhido. De fato, elas podem ocorrer no primeiro, ou nunca! Essas estimativas exigem longos períodos de dados observacionais, mas as relações lineares aproximadas mostradas nesses gráficos são de grande significância prática para a criação de sistemas de controle de enchentes, represas e reservatórios.

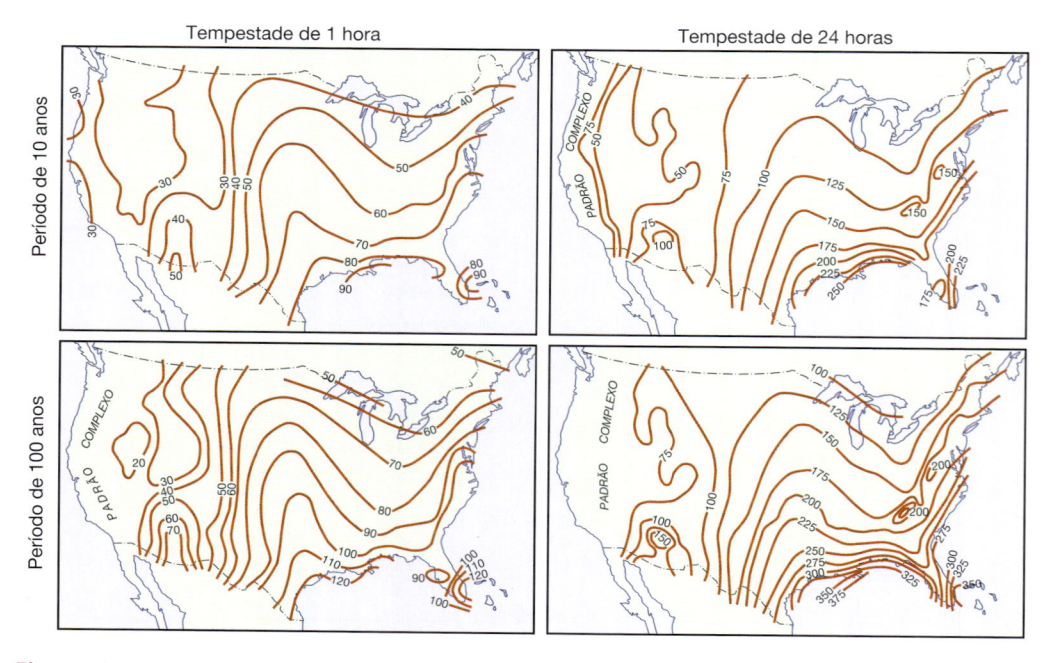

Figura 4.12 Precipitação máxima esperada (mm) para tempestades de 1 hora e de 24 horas de duração, ocorrendo uma vez em 10 anos e uma vez em 100 anos sobre os Estados Unidos, calculada a partir de registros anteriores a 1961.

Fonte: US National Weather Service Cortesia NOAA.

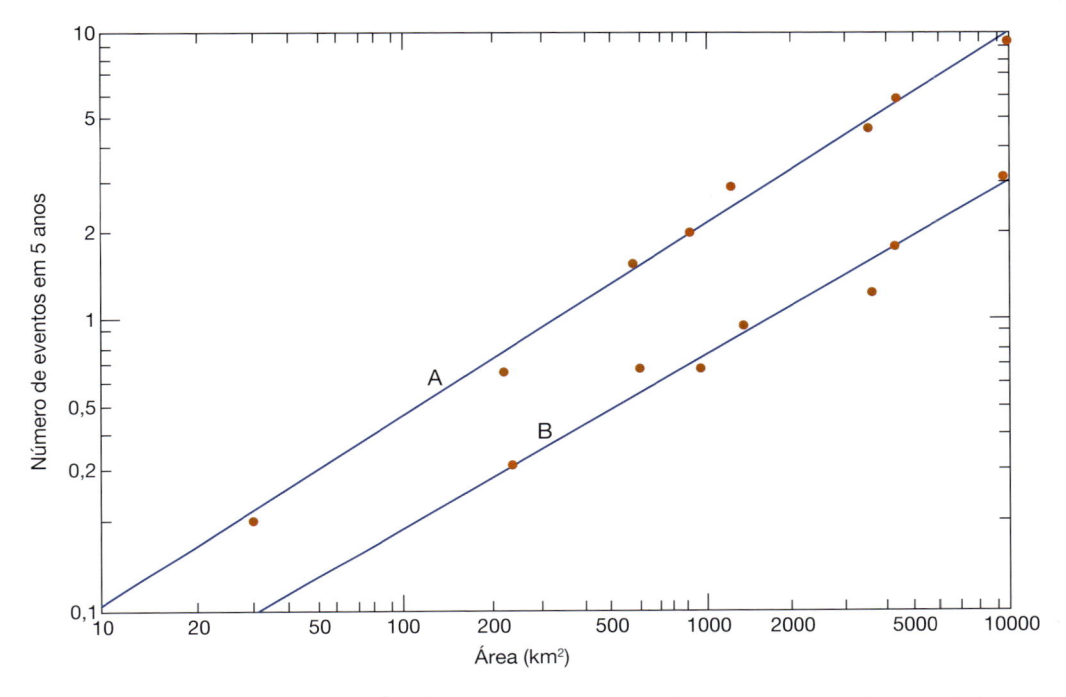

Figura 4.13 Relação entre área (km²) e frequência de ocorrência, durante cinco anos, de tempestades que produzem quantidades de chuva de (A): 25 anos e (B) 100 anos ou mais pesadas, para períodos de 6-12 horas sobre 50% ou mais de cada área em Illinois.
Fonte: S.A. Chagnon (2002). *Journal of Hydrometeorology* com permissão da American Meteorological Society.

Estudos sobre eventos de tempestade foram realizados em diversas áreas climáticas. Um exemplo para o sudoeste da Inglaterra é mostrado na Figura 4.15. A tempestade de 24 horas teve um tempo de retorno estimado de 150-200 anos. Em comparação, as tempestades tropicais têm intensidades muito maiores e intervalos de recorrência mais curtos para totais comparáveis.

3 O padrão mundial de precipitação

Em âmbito global, 79% da precipitação total caem nos oceanos e 21%, sobre a terra (Figura 4.1). Uma olhada rápida nos mapas da quantidade de precipitação para dezembro a fevereiro e junho a agosto (Figura 4.16) indica que as distribuições são consideravelmente mais complexas do que aquelas, por exemplo, da temperatura média (ver Figura 3.11). A comparação da Figura 4.16 com o perfil meridional de precipitação média para cada latitude (Figura 4.17) mostra as grandes variações longitudinais que se sobrepõem no padrão zonal. O padrão zonal tem vários aspectos significativos:

1 O máximo "equatorial", que é deslocado para o Hemisfério Norte. Isso está relacionado principalmente com os sistemas convergentes dos ventos Alísios e os regimes de monções do hemisfério de verão, particularmente no sul da Ásia e oeste da África. Os totais anuais sobre áreas extensas são da ordem de 2000-2500 mm ou mais.

2 A máxima da costa oeste em latitudes médias associada às trilhas de tempestades dos ventos de oeste. A precipitação nessas áreas tem um elevado grau de confiabilidade.

3 As áreas secas das células de alta pressão subtropicais, que incluem muitos dos prin-

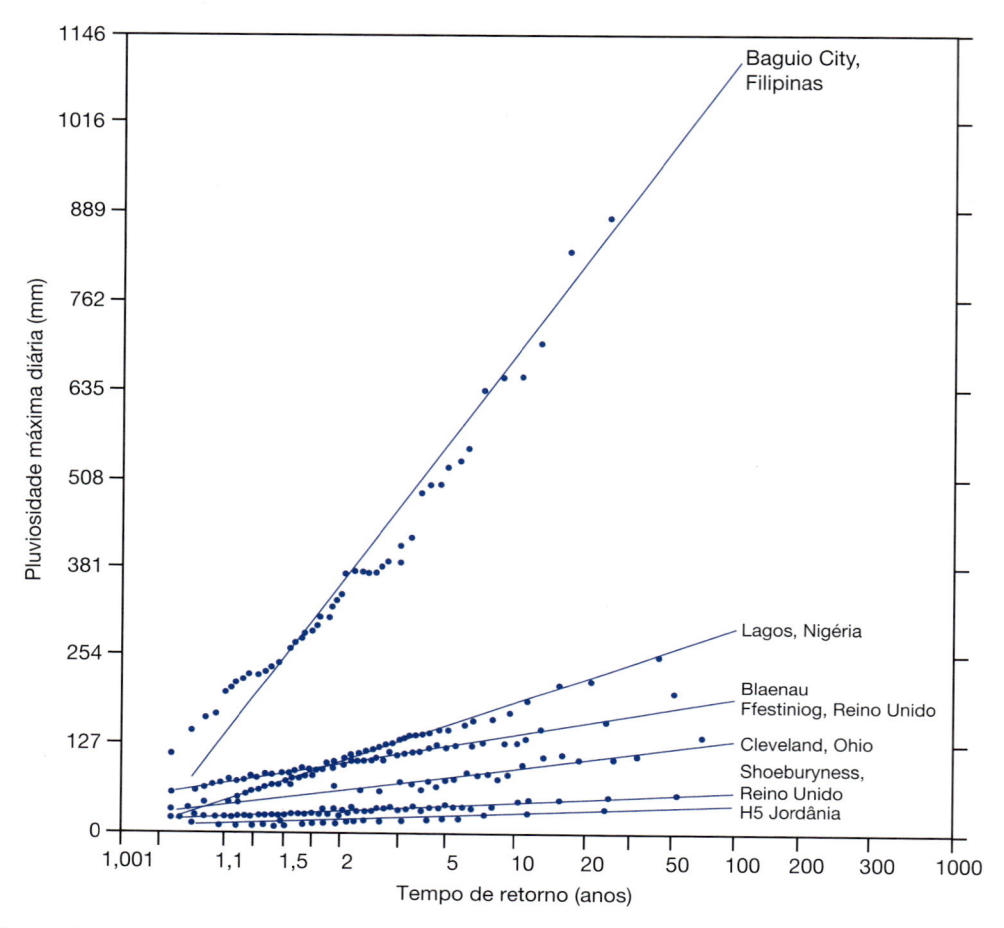

Figura 4.14 Diagramas de pluviosidade/duração/frequência para chuvas máximas diárias em relação a uma variedade de estações, do deserto da Jordânia a uma elevação de 1462 m nas Filipinas monçônicas.
Fonte: Rodda (1970); Linsley and Franzini (1964); Ayoade (1976).

cipais desertos do mundo, bem como vastas extensões oceânicas. No Hemisfério Norte, o caráter remoto dos interiores continentais estende essas condições secas para latitudes médias. Além de totais anuais médios muito baixos (menos de 150 mm), essas regiões têm uma considerável variabilidade de ano para ano.

4   Baixa precipitação em latitudes elevadas e no inverno sobre os interiores continentais do hemisfério norte. Isso reflete o baixo teor de vapor do ar extremamente frio. A maior parte dessa precipitação ocorre na forma sólida.

A Figura 4.16 demonstra por que os subtrópicos não aparecem como particularmente secos no perfil meridional, apesar da conhecida aridez das áreas subtropicais de alta pressão (ver Capítulo 10). Nessas latitudes, os lados orientais dos continentes recebem considerável pluviosidade no verão.

Diante dos complexos controles envolvidos, nenhuma explicação rápida para essas distribuições de precipitação será satisfatória. Diversos aspectos de regimes de precipitação selecionados são examinados nos Capítulos 10 e 11, após uma consideração das ideias fundamentais sobre o movimento atmosférico e

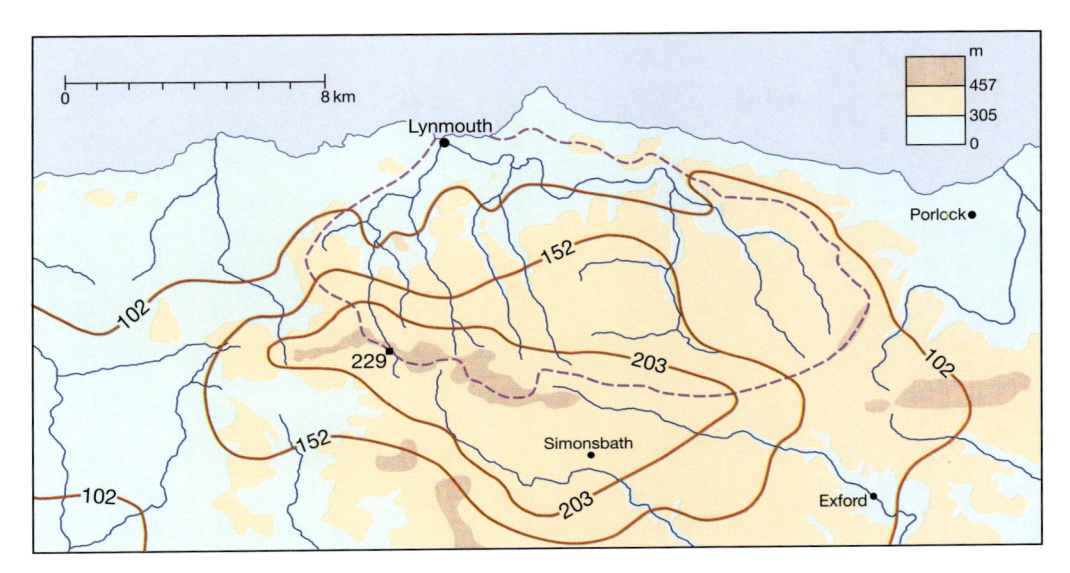

Figura 4.15 Distribuição da pluviosidade (mm) sobre Exmoor, sudoeste da Inglaterra, durante um período de 24 horas em 15 de agosto de 1952, que gerou enchentes locais catastróficas em Lynmouth. A bacia está marcada (linha tracejada); 75% da chuva caíram em apenas sete horas.
Fonte: Dobbie and Wolf (1953). Cortesia de Institute of Civil Engineers.

os distúrbios climáticos. Aqui, simplesmente apontamos quatro fatores que devem ser considerados ao estudar as Figuras 4.16 e 4.17:

1 O limite imposto sobre o teor máximo de umidade da atmosfera pela temperatura do ar, o que é importante em latitudes altas e no inverno em interiores continentais.

2 As principais zonas latitudinais de influxo de umidade devido à advecção atmosférica. Isso, em si, é reflexo da circulação atmosférica global e de seus distúrbios (i.e., os sistemas convergentes dos ventos Alísios e particularmente os ventos ciclônicos de oeste).

3 A distribuição das massas de terra. O Hemisfério Sul não possui os vastos e áridos interiores continentais em latitudes médias observados no Hemisfério Norte. As grandes áreas oceânicas do Hemisfério Sul permitem que as tempestades de latitudes médias aumentem a precipitação zonal média a 45°S em um terço, comparadas com as do Hemisfério Norte a 50°N. Os regimes de monções também criam irregularidades longitudinais, especialmente na Ásia.

4 A orientação de cadeias montanhosas com relação aos ventos predominantes.

4 Variações regionais da máxima precipitação com a altitude

O aumento na precipitação média com a altitude ao longo de declives montanhosos é uma característica comum de latitudes médias, embora os perfis de precipitação difiram regional e sazonalmente. Pode-se observar um aumento até pelo menos 3000-4000 m nas Montanhas Rochosas do Colorado. No oeste da América do Norte, a máxima ocorre a barlavento em declives de Sierra Nevada, ao passo que, no oeste do Canadá, existe uma associação entre o relevo e os máximos de precipitação. Nos Alpes, os padrões variam, com máximas em altas elevações nos Alpes centrais e elevações baixas nas cadeias montanhosas externas ao norte e sul. No oeste da Grã-Bretanha, com montanhas de aproximadamente 1000 m, as precipitações máximas são registradas a sotavento dos picos. Isso provavelmente reflete a tendência geral de o ar subir por um certo período depois de cruzar a linha de cumes e a defasagem tem-

98 Atmosfera, Tempo e Clima

Dezembro-Fevereiro

Junho-Agosto

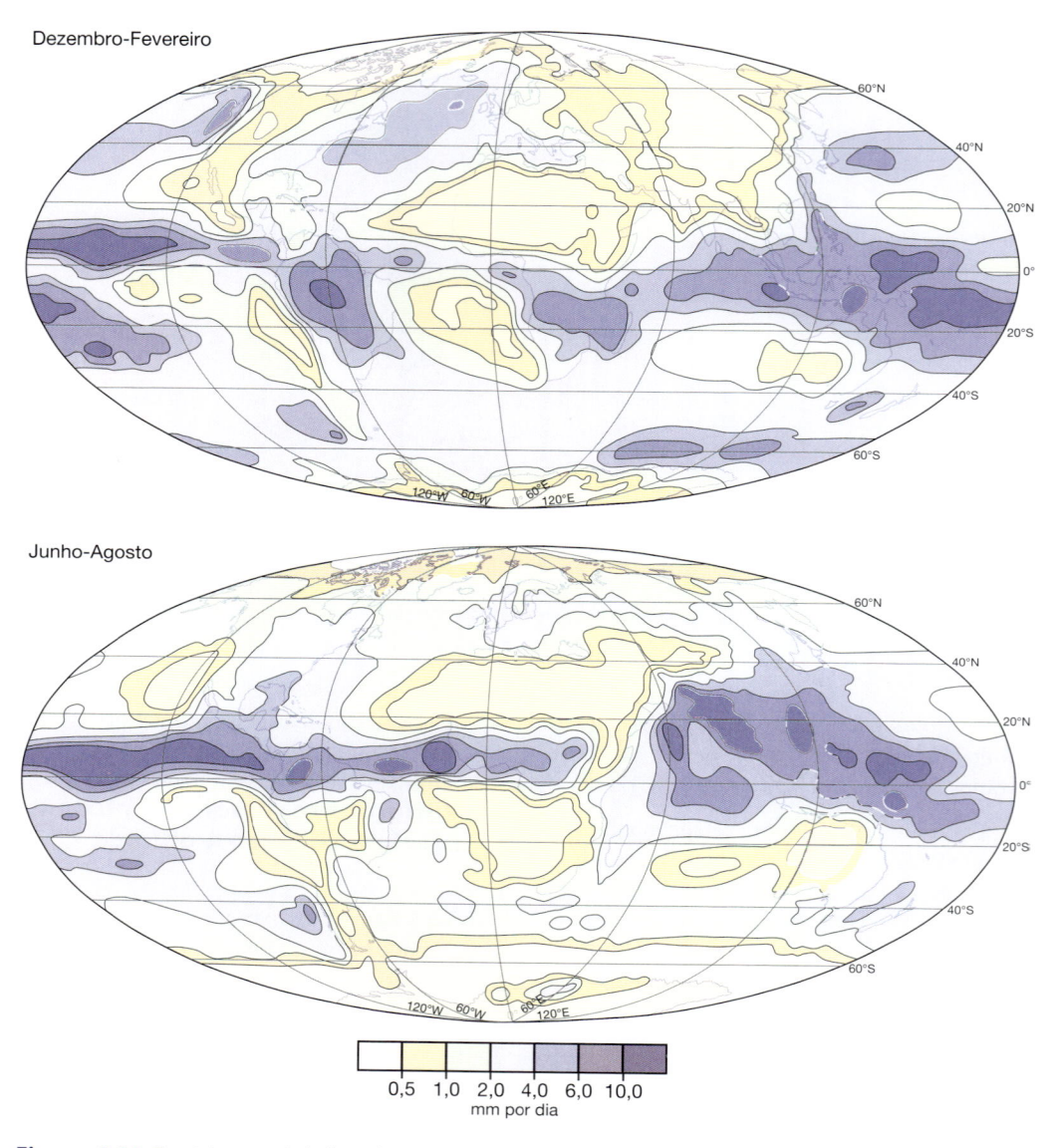

0,5 1,0 2,0 4,0 6,0 10,0
mm por dia

Figura 4.16 Precipitação global média (mm por dia) para os períodos de dezembro a fevereiro e junho a agosto.

Fonte: Legates (1995). De *International Journal of Climatology*, copyright © John Wiley & Sons Ltd. Reproduzido com permissão.

poral envolvida no processo de precipitação após a condensação. Sobre elevações estreitas, a distância horizontal talvez não proporcione tempo suficiente para a acumulação máxima de nuvens e a ocorrência de precipitação. Todavia, outro fator pode ser o efeito dos vórtices, criados pelo fluxo de ar através das montanhas, sobre o acúmulo de água nos pluviômetros. Estudos realizados no observatório de Hohenpeissenberg, na Baviára, mostram que os pluviômetros comuns podem superestimar as quantidades em aproximadamente 10% nos declives a sotavento e subestimá-las em 14% a barlavento.

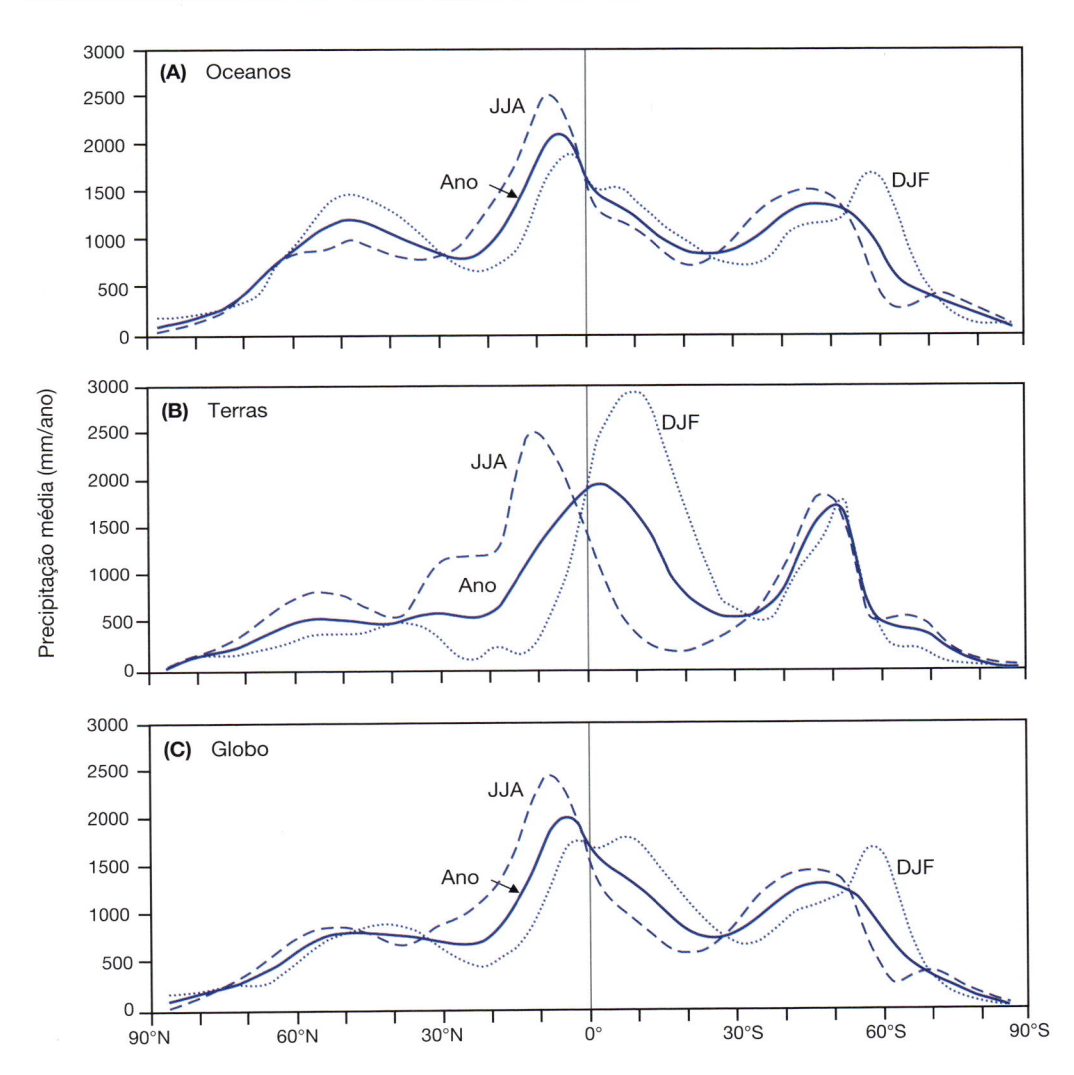

Figura 4.17 Precipitação média (cm/ano) sobre (A): os oceanos; (B): a terra, e (C): globalmente para dezembro-fevereiro, junho-agosto e anualmente.

Fonte: Peixoto and Oort (1983), Fig. 23. Copyright © D. Reidel, Dordrecht, com permissão de Kluwer Academic Publishers.

Nos trópicos e subtrópicos, a precipitação máxima ocorre abaixo dos picos montanhosos mais elevados, e seu nível diminui em direção ao cume. As observações costumam ser esparsas para os trópicos, mas vários registros de Java mostram que a elevação média de maior precipitação é de aproximadamente 1200 m. Acima de 2000 m, a diminuição nas quantidades se torna notável. Aspectos semelhantes são observados sobre o Havaí e, em uma elevação bastante maior, sobre as montanhas no leste da África (ver Capítulo 11H.2). A Figura 4.19A mostra que, apesar da ampla variedade de registros para estações individuais, esse efeito é visível ao longo do flanco do Pacífico das montanhas da Guatemala. Mais ao norte ao longo da costa, a ocorrência de uma máxima de precipitação abaixo da crista montanhosa é observada em Sierra Nevada, apesar de algumas complicações introduzidas pelo efeito protetor das cadeias montanhosas costeiras (Figura 4.18B), mas, nas Montanhas Olimpic de Washington, a precipitação aumenta até os cumes. Os pluviômetros instalados nas cristas montanhosas podem subestimar a precipitação real, devido aos efeitos dos vórtices, e isso se aplica particularmente onde a maior parte da precipitação cai na forma de neve, que é suscetível a ser soprada pelo vento.

Uma explicação para a diferença orográfica entre a pluviosidade tropical e a temperada baseia-se na concentração de umidade em uma camada razoavelmente rasa de ar perto da superfície nos trópicos (ver Capítulo 11). Grande parte da precipitação orográfica parece derivar de nuvens quentes (particularmente cumulus congestus), compostas por gotículas de água, que em geral têm um limite superior de cerca de 3000 m. É provável que a altitude da zona de precipitação máxima esteja perto da base média das nuvens, pois os maiores tamanhos e números de gotas ocorrem naquele nível. Desse modo, as estações localizadas acima do nível da base média das nuvens recebem apenas uma proporção do incremento orográfico. Em latitudes temperadas, grande parte da precipitação, especialmente no inverno, cai de nuvens estratiformes, que em geral se estendem por uma profundidade considerável da troposfera. Nesse caso, uma fração menor da profundidade total das nuvens tende a estar abaixo do nível da estação. Essas diferenças relacionadas com o tipo e a profundidade das nuvens são visíveis mesmo diariamente em latitudes médias. Também são observadas variações sazonais na altitude do nível médio de condensação e na zona de máxima precipitação. Por exemplo, nas montanhas de Pamir e Tien Shan na Ásia Central, a máxima ocorre aproximadamente a 1500 m no inverno e 3000 m ou mais no verão. Outra diferença entre os efeitos orográficos na precipitação nos trópicos e em latitudes médias está relacionada com a grande instabilidade de muitas massas de ar tropicais. Quando as montanhas obstruem o fluxo de massas de ar tropicais úmidas, a turbulência contrária ao vento pode ser suficiente para desencadear convecção, produzindo uma máxima de pluviosidade em elevações baixas. Isso é ilustrado na Figura 4.19A para Papua-Nova Guiné, onde existe um regime eólico sazonalmente alternado – de noroeste (sudeste) no verão (inverno) austral. Já em fluxos de ar mais estáveis em latitudes médias, a pluviosidade máxima está relacionada com a topografia (ver Figura 4.19B para os Alpes suíços).

5 Seca

O termo "seca" acarreta a ausência de precipitação significativa por um período suficientemente longo para causar déficits de umidade no

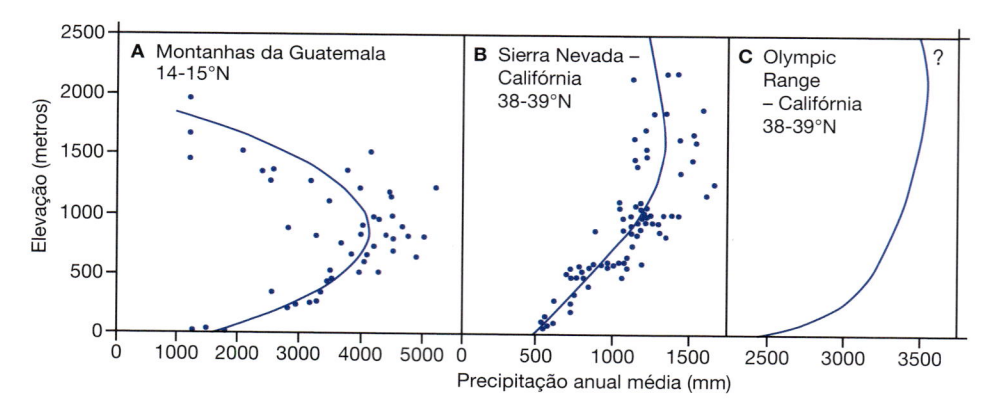

Figura 4.18 Curvas generalizadas mostrando a relação entre a elevação e a precipitação anual média para declives montanhosos voltados para oeste na América Central e do Norte. Os pontos dão uma indicação da ampla dispersão das leituras individuais da precipitação.

Fonte: Modificado de Hastenrath (1967) and Armstrong and Stidd (1967).

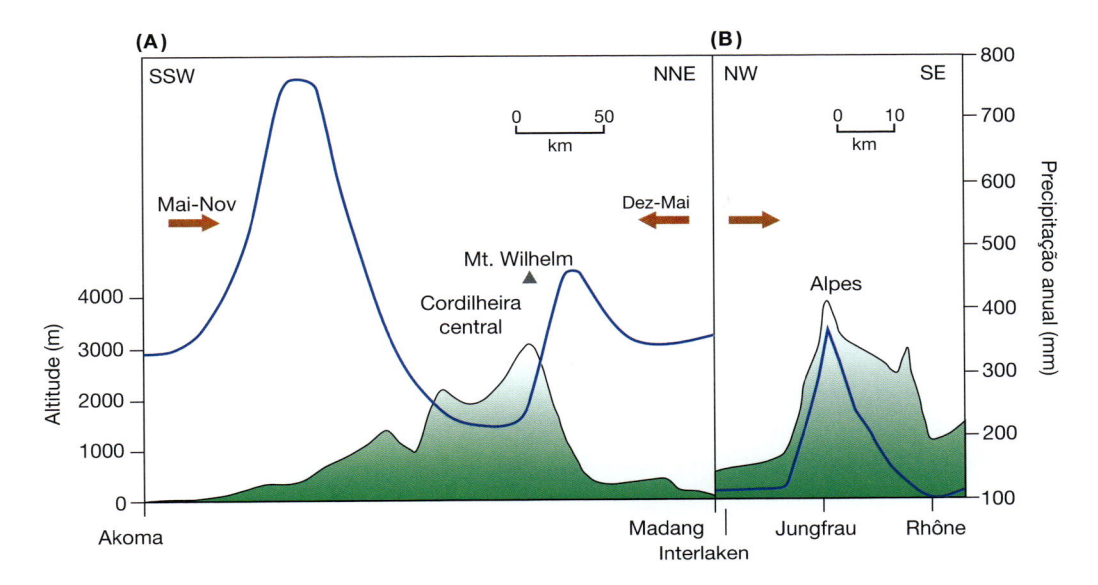

Figura 4.19 Relação entre a precipitação (linha) e o relevo nos trópicos e em latitudes médias. (A): as massas de ar altamente saturadas sobre a Cordilheira Central de Papua-Nova Guiné geram precipitações sazonais máximas nos declives a barlavento das montanhas, com alterações na circulação monçônica; (B): ao longo do maciço de Jungfrau, nos Alpes suíços, a precipitação é muito menor do que em (A) e está relacionada com a topografia do lado a barlavento das montanhas. As flechas mostram as direções predominantes do fluxo de ar.
Fontes: (A) Barry (2008). (B) Maurer and Lütschg de Barry (2008).

solo por evapotranspiração e reduções no fluxo dos córregos, atrapalhando as atividades biológicas e humanas normais. Danos em plantações e falta de água são resultados típicos de condições de seca. Assim, uma seca pode ocorrer após apenas três ou quatro semanas sem chuva em partes da Grã-Bretanha, ao passo que certas áreas dos trópicos passam por muitos meses secos sucessivos. Não existe uma definição universalmente aplicável de seca. Especialistas em meteorologia, agricultura, hidrologia e estudos socioeconômicos, que têm perspectivas diferentes, sugerem pelo menos 150 definições díspares! Todas as regiões sofrem a condição temporária, mas de recorrência irregular, da seca, com destaque àquelas com climas marginais influenciados alternativamente por mecanismos climáticos diferentes. As causas das condições de seca são:

1. Aumentos no tamanho e na persistência de células de alta pressão subtropicais. As principais secas no Sahel africano (ver Figura 13.11) são atribuídas à expansão do anticiclone dos Açores para leste e sul.
2. Mudanças na circulação das monções de verão, o que pode causar postergação ou ausência de incursões tropicais úmidas em áreas como o oeste da África ou o Punjab na Índia. Na Índia, a ausência das monções nos anos 1965-1966, 1972 e 1987 produziu as secas mais longas e prejudiciais registradas entre 1950-2000.
3. Temperaturas baixas anômalas nas superfícies oceânicas produzidas por mudanças em correntes ou pela maior ressurgência de águas frias. A pluviosidade na Califórnia e no Chile pode ser afetada por esses mecanismos (ver p. 373), e a pluviosidade adequada na região do nordeste brasileiro, suscetível à seca, parece depender de temperaturas elevadas na superfície do mar entre 0-15°S no Atlântico sul. As águas oceânicas quentes da costa do Peru e as teleconexões associadas (ver p. 371-379)

causaram secas severas na Austrália em 1982-1983.

4 Deslocamento de trilhas de tempestade em latitudes médias, o que pode estar associado à expansão dos ventos ocidentais circumpolares para latitudes menores, ou ao desenvolvimento de padrões de circulação bloqueadores e persistentes em latitudes médias (ver Figura 8.25). Foi sugerido que as secas nas Great Plains, a leste das Montanhas Rochosas, nas décadas de 1890 e 1930, se deveram a essas mudanças na circulação geral. Todavia, as secas das décadas de 1910 e 1950 nessa área foram causadas por uma pressão elevada persistente no sudeste e pelo deslocamento de trilhas de tempestade para norte (Figura 4.20).

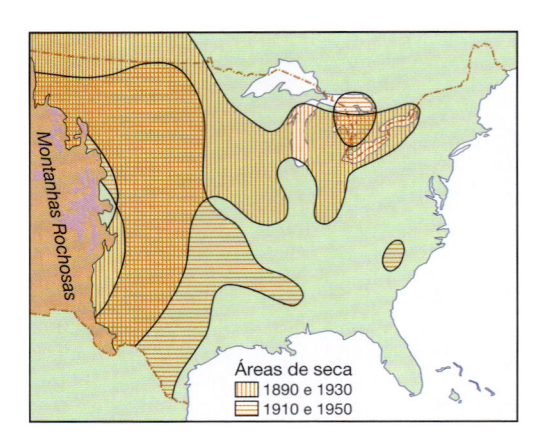

Figura 4.20 Áreas de seca na região central dos EUA, com base nas áreas que recebem menos de 80% da precipitação normal para julho-agosto.

Fonte: Borchert (1971). Cortesia de Association of American Geographers.

A partir de uma análise global de variações simuladas na umidade do solo, secas de até 6 meses tendem a ocorrer nos trópicos e em latitudes médias, onde existe uma elevada variabilidade climática interanual, enquanto secas de 7-12 meses são mais frequentes em latitudes médias a altas. Secas com duração de 12 meses ou mais se limitam ao Sahel e a latitudes setentrionais maiores. Secas severas em geral ocorrem no norte da Ásia, com anomalias persistentes de inverno na umidade do solo.

De maio de 1975 a agosto de 1976, algumas partes do noroeste europeu, da Suécia ao oeste da França, tiveram condições de seca severas. O sul da Inglaterra recebeu menos de 50% da chuva média, a seca mais severa e prolongada desde que os registros começaram em 1727 (Figura 4.21). As causas imediatas desse regime foram o estabelecimento de um bloqueio atmosférico e persistente de alta pressão sobre a área, deslocando as linhas de depressão 5-10° de latitude ao norte, sobre o Atlântico Norte Oriental. Mais acima, a circulação sobre o Pacífico Norte já havia mudado, com o desenvolvimento de uma célula mais forte de alta pressão e ventos de oeste mais altos e mais fortes, talvez associados à superfície do mar mais fria do que a média. Os ventos de oeste foram deslocados para norte sobre o Atlântico e o Pacífico. Sobre a Europa, as condições secas na superfície aumentaram a estabilidade da atmosfera, reduzindo ainda mais a possibilidade de precipitação. Outras secas importantes na Inglaterra e no País de Gales (1800-2006) ocorreram da primavera de 1990 ao verão de 1992 e da primavera de 1995 ao verão de 1997. A chuva de abril a agosto de 1995 sobre a Inglaterra e o País de Gales foi de apenas 46% da média (em comparação com 47% em 1976), novamente, associada a uma extensão do anticiclone dos Açores para o norte. Esse déficit tem um tempo de retorno estimado de mais de 200 anos! Outra seca ocorreu em 2004-2006, e foi extremamente severa no sul da Inglaterra. Todavia, essas secas não se comparam em duração com as secas de 1854-1860 e 1890-1910.

As secas severas e persistentes envolvem combinações entre vários mecanismos. A seca prolongada no Sahel – uma zona de 3000 por 700 km, estendendo-se ao longo da borda sul do Saara, da Mauritânia ao Chade – que começou em 1969 e continua até o presente com algumas interrupções (ver Figura 13.11) –, foi atribuída a vários fatores, incluindo a expansão do vórtice ocidental circumpolar, deslocando

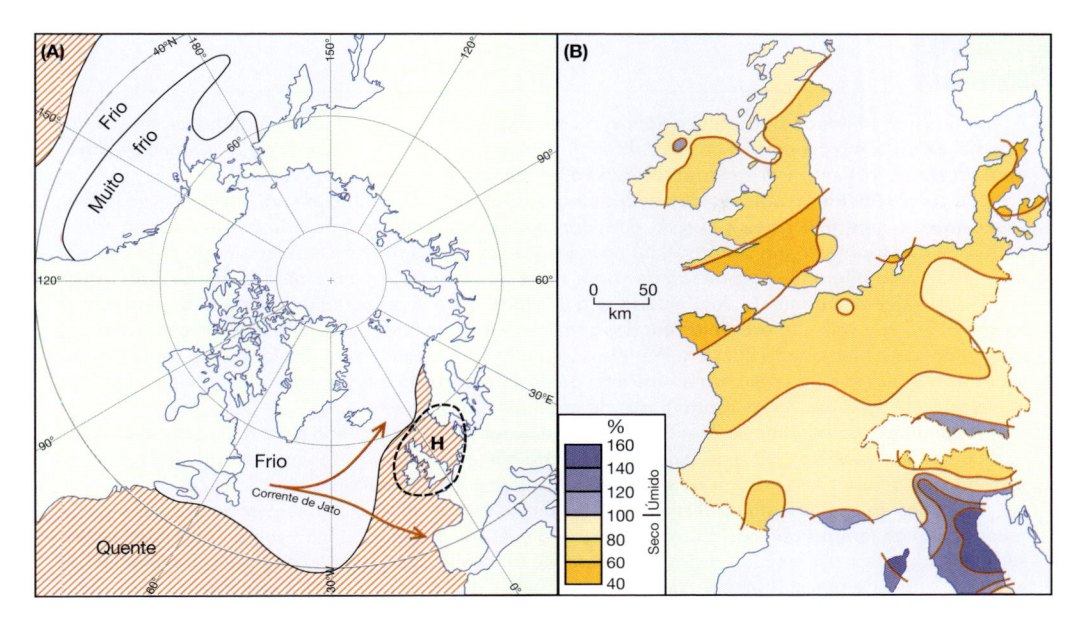

Figura 4.21 A seca do noroeste da Europa entre maio de 1975 e agosto de 1976. (A): condições de bloqueio por alta pressão sobre a Grã-Bretanha, bifurcação da corrente de jato e baixas temperaturas na superfície do mar; (B): pluviosidade sobre o oeste europeu entre maio de 1975 e agosto de 1976, expressa em porcentagem da média de 30 anos.

Fonte: Doornkamp *et al*. (1980). Cortesia de Institute of British Geographers.

o cinturão de alta pressão subtropical para o equador, e as temperaturas baixas na superfície do mar no Atlântico Norte Oriental. Não existem evidências de que a alta pressão subtropical estivesse mais ao sul, mas o fluxo de ar seco do leste era mais forte ao longo da África durante os anos de seca. Várias secas ocorreram em 1983-1984. Em setembro de 1984, por exemplo, 69% do Sahel (10-20°N, 20°W-20°E) tiveram seca, e 18 dos 20 meses avaliados de extensão espacial de seca foram observados na década de 1980.

A seca de 1988 na região central dos Estados Unidos é a primeira (1950-2000) em termos de extensão da seca de verão, e estima-se que causou perdas de UU$30 bilhões na agricultura. As causas de seu desenvolvimento e longevidade são atribuídas a anomalias estacionárias da circulação atmosférica, anomalias na temperatura da superfície do mar e *feedbacks* de precipitação de umidade para o solo.

A definição meteorológica de seca se torna nebulosa com o tema da *desertificação*, particularmente desde a conferência das Nações Unidas sobre o tema, realizada em 1977, em Nairóbi. Essa preocupação foi despertada pela seca prolongada, resultando em dessecação, em grande parte da zona do Sahel. Por sua vez, acredita-se que a remoção da vegetação, que aumenta o albedo superficial e reduz a evapotranspiração, resulte em menor pluviosidade. O problema para os climatologistas é que a desertificação envolve mais degradação da terra como resultado das atividades humanas, especialmente em áreas de savana e estepe ao redor das principais regiões desérticas. Essas áreas sempre foram sujeitas a *flutuações* climáticas (diferentes das *mudanças* climáticas) e a impactos humanos (p.ex., desmatamento, manejo inadequado da irrigação, pastoreio excessivo), dando início a alterações na cobertura superficial, que modificam o balanço de umidade.

RESUMO

As medidas da umidade atmosférica são: a massa absoluta de umidade em unidades de massa (ou volume) de ar, como proporção do valor de saturação; e a pressão de vapor de água. Quando resfriado à pressão constante, o ar se torna saturado à temperatura do ponto de orvalho.

Os componentes do balanço de umidade superficial são a precipitação total (incluindo a condensação sobre a superfície), a evaporação, a mudança no estoque de água no solo ou em uma cobertura de neve e o escoamento (na superfície ou no solo). A taxa de evaporação é determinada pela energia disponível, pela diferença na pressão de vapor entre a superfície e o ar, e pela velocidade do vento, supondo-se que o suprimento de umidade seja ilimitado. Se o suprimento de umidade for limitado, a tensão hídrica do solo e fatores relacionados com a vegetação afetam a taxa de evaporação. A evapotranspiração é determinada com um lisímetro. De outra forma, pode ser calculada com fórmulas baseadas no balanço de energia, ou no método do perfil aerodinâmico, usando os gradientes medidos de velocidade do vento, temperatura e teor de umidade perto do solo.

A condensação na atmosfera pode se dar pela evaporação continuada para o ar; pela mistura de ar de diferentes temperaturas e pressões de vapor, de maneira a alcançar o ponto de saturação; ou por resfriamento adiabático do ar por ascensão, até alcançar o nível de condensação.

A pluviosidade é descrita estatisticamente pela intensidade, extensão e frequência (ou intervalo de recorrência) de tempestades de chuva. A orografia intensifica a precipitação sobre encostas a barlavento, mas existem diferenças geográficas nesse efeito de altitude. Os padrões globais de quantidade e regime anual de precipitação são determinados pela circulação atmosférica regional, pela proximidade com áreas oceânicas, pela orografia, pelas temperaturas da superfície do mar e pelo balanço de umidade atmosférica. As secas podem ocorrer em muitas regiões climáticas diferentes, devido a diversos fatores causais. Em latitudes médias, os anticiclones bloqueadores são um fator importante. A principal causa da seca prolongada no Sahel africano parece envolver as flutuações climáticas.

TEMAS PARA DISCUSSÃO

- Trace os caminhos possíveis de uma molécula de água pelo ciclo hidrológico e considere as mensurações necessárias para determinar as quantidades de água envolvidas nas diversas transformações.
- Que processos levam a mudanças de fase da água na atmosfera e quais são algumas de suas consequências?
- Qual é a significância das nuvens no balanço global de água?
- Compare o balanço de umidade de uma coluna de ar com o de uma pequena bacia de drenagem.
- Quais são as diversas análises estatísticas usadas para caracterizar os eventos de pluviosidade e para quais aplicações específicas elas são importantes?
- Considere como um diagrama do balanço anual de água pode diferir entre um ano úmido e um ano seco no mesmo local.

REFERÊNCIAS E SUGESTÃO DE LEITURA

Livros

Anderson, B. R. (1975) *Weather in the West. From the Midcontinent to the Pacific.* American West, Palo Alto, CA, 223pp. [Popular account]

Barry, R. G. (2008) *Mountain Weather and Climate*, 3rd edn, Cambridge University Press, Cambridge, 506pp. [Comprehensive survey]

Baumgartner, A. and Reichel, E. (1975) *The World Water Balance: Mean Annual Global, Continental and Maritime Precipitation, Evaporation and Runoff*, Elsevier, Amsterdam, 179 pp. [Statistical assessment of the major components of the hydrological cycle; one of the standard summaries]

Bruce, J. P. and Clark, R. H. (1966) *Introduction to Hydrometeorology.* Oxford: Pergamon, 319pp.

Brutsaert, W. (1982) *Evaporation into the Atmosphere: Theory, History and Applications.* Kluwer, Dordrecht, 279pp. [Thorough survey of evaporation processes and applications]

Doornkamp, J. C., Gregory, K. J. and Burn, A.S. (eds) (1980) *Atlas of Drought in Britain 1975-6*. Institute of British Geographers, London, 82pp. [Detailed case study of a major UK drought]

Gash, J. and Shuttleworth, J. (2007) *Evaporation*. International Association of Hydrological Sciences, Wallingford, UK, Benchmark Papers in Hydrology Series No. 2, 524pp. [Comprehensive modern survey]

Korzun, V. I. (ed.-in-chief), USSR Committee for the International Hydrological Decade (1978) *World Water Balance and Water Resources of the Earth*. UNESCO, Paris (translation of Russian edition, Leningrad, 1974), 663pp. [Comprehensive account of atmospheric and terrestrial components of the water balance for the globe and by continent; numerous figures, tables and extensive references]

Linsley, R. K. and Franzini, J. B. (1964) *Water Resources Engineering*, McGraw-Hill, New York, 654pp.

Linsley, R.K., Franzini, J. B., Freyberg. D. L. and Tchbanoglous, G. (1992) *Water-resources Engineering*, 4th edn. McGraw-Hill, New York, 841pp. [Chapters on descriptive and quantitative hydrology and ground water; water supply and engineering topics predominate]

Miller, D. H. (1977) *Water at the Surface of the Earth*. Academic Press, New York, 557pp. [Comprehensive treatment of all components of the water cycle and water in ecosystems; well illustrated with many references]

Pearl, R. T. et al. (1954) *The Calculation of Irrigation Need*. Tech. Bull. No. 4, Ministry of Agriculture Fish and Food, HMSO, London, 35pp. [Handbook based on the Penman formulae for the UK]

Peixoto, J. P. and Oort, A. H. (1992) *Physics of Climate*. American Institute of Physics, New York, ch. 12 [Deals with the water cycle in the atmosphere]

Penman, H. L. (1963) *Vegetation and Hydrology*. Tech. Comm. No. 53, Commonwealth Bureau of Soils, Harpenden, 124pp. [A survey of the literature on the effects of vegetation on the hydrological cycle through interception, evapotranspiration, infiltration and runoff, and of related catchment experiments around the world]

Petterssen, S. (1969) *Introduction to Meteorology*, 3rd edn, McGraw-Hill, New York, 416pp.

Rudolf, B. and Rubel, F. (2005) Global precipitation, in Hantel, M. (ed.) *Observed Global Climate*. Springer, Berlin, pp. 11.1–11.43 [An up-to-date overview]

Sellers, W. D. (1965) *Physical Climatology*, University of Chicago Press, Chicago, IL, 272 pp.

Strangeways, I. C. (2003) *Measuring the Natural Environment*, 2nd edn. Cambridge University Press, Cambridge, 548pp. [A complete account of all kinds of instrumentation]

Sumner, G. (1988) Precipitation. *Process and Analysis*. J. Wiley and Sons, Chichester, 455 pp. [Comprehensive discussion of cloud and precipitation formation, precipitation systems, surface measurements and their analysis in time and space]

World Meteorological Organization (1972) *Distribution of Precipitation in Mountainous Areas* (2 vols). WMO No. 326, Geneva, 228 and 587pp. [Conference proceedings with many valuable papers]

Artigos científicos

Acreman, M. (1989) Extreme rainfall in Calderdale, 19 May 1989. *Weather* 44, 438–46.

Agnew, C. T. and Chappell, A. (2000). Desiccation in the Sahel, in McLaren, S. J. and Kniveton, D. R. (eds), *Linking Climate Change to Land Surface Changes*, Kluwer, Dordrecht, 27–48.

Armstrong, C. F. and Stidd, C. K. (1967). A moisture balance profile on the Sierra Nevada. *J. Hydrol.* 5, 258–68.

Atlas, D., Chou, S-H. and Byerly, W. P. (1983) The influence of coastal shape on winter mesoscale air-sea interactions. *Monthly Weather Review* 111, 245–52.

Ayoade, J. A. (1976) A preliminary study of the magnitude, frequency and distribution of intense rainfall in Nigeria. *Hydro. Sci. Bull.* 21(3), 419–29.

Bannon, J. K. and Steele, L. P. (1960) Average water-vapour content of the air. *Geophysical Memoirs* 102, Meteorological Office (38pp.).

Borchert, J. R. (1971) The dust bowl in the 1970s. *Ann. Assn Amer. Geogr.* 61, 1–22.

Browning, K. (1993) The global energy and water cycle. *NERC News* July, 21–3.

Bryson, R. A. (1973) Drought in the Sahel: who or what is to blame? *The Ecologist* 3(10), 366–71.

Chacon, R. E. and Fernandez, W. (1985) Temporal and spatial rainfall variability in the mountainous region of the Reventazon River Basin, Costa Rica. *J. Climatology* 5, 175–88.

Chagnon, S. A. (2002) Frequency of heavy rainstorms on areas from 10 to 10,000km^2, defined using dense rain gauge networks. *J. Hydromet.* 3(2), 220–3.

Choudhury, B. J. (1993). Desertification, in Gurney, R. J., et al. (eds) *Atlas of Satellite Observations Related to Global Change*, Cambridge University Press, Cambridge, 313–25.

Deacon, E. L. (1969) Physical processes near the surface of the earth, in Flohn, H. (ed.) *General Climatology*, World Survey of Climatology 2, Elsevier, Amsterdam, 39–104.

Dobbie, C. H. and Wolf, P. O. (1953) The Lynmouth flood of August 1952. *Pro. Inst. Civ. Eng.*, Part III, 522–88.

Dorman, C. E. and Bourke, R. H. (1981) Precipitation over the Atlantic Ocean, 30°S to 70°N. *Monthly Weather Review* 109, 554–63.

Garcia-Prieto, P. R., Ludlam, F. H. and Saunders, P. M. (1960) The possibility of artificially increasing rainfall on Tenerife in the Canary Islands. *Weather* 15, 39–51.

Gilman, C. S. (1964) Rainfall, in Chow, V. T. (ed.) *Handbook of Applied Hydrology*, McGraw-Hill, New York, section 9.

Guhathakurta, P. (2007) Highest recorded point rainfall over India. *Weather* 62, 349.

Harrold, T. W. (1966) The measurement of rainfall using radar. *Weather* 21, 247–9 and 256–8.

Hastenrath, S. L. (1967) Rainfall distribution and regime in Central America. *Archiv. Met. Geophys. Biokl.* B. 15(3), 201–41.

Hershfield, D. M. (1961) Rainfall frequency atlas of the United States for durations from 30 minutes to 24 hours and return periods of 1 to 100 years. *US Weather Bureau, Tech. Rept.* 40.

Howarth, D. A. and Rayner, J. N. (1993) An analysis of the atmospheric water balance over the southern hemisphere. *Phys. Geogr.* 14, 513–35.

Howe, G. M. (1956) The moisture balance in England and Wales. *Weather* 11, 74–82.

Iesanmi, O. O. (1971) An empirical formulation of an ITD rainfall model for the tropics: a case study for Nigeria. *J. App. Met.* 10(5), 882–91.

Jaeger, L. (1976) Monatskarten des Niederschlags für die ganze Erde, *Berichte des Deutsches Wetterdienstes* 18(139), Offenbach am Main, 38pp. + plates.

Jiusto, J. E. and Weickmann, H. K. (1973) Types of snowfall. *Bull. Amer. Met. Soc.* 54, 148–62.

Kelly, P. M. and Wright, P. B. (1978) The European drought of 1975–6 and its climatic context. *Prog. Phys. Geog.* 2, 237–63.

Klemes, V. (1990). The modeling of mountain hydrology: the ultimate challenge, in Molnar, L. (ed.) *Hydrology of Mountainous Areas, Int. Assoc. Hydrol. Sci., Publ.* 190: 29–43.

Landsberg, H. E. (1974) Drought, a recurring element of climate. Graduate Program in Meteorology, University of Maryland, Contribution No. 100, 47pp.

Legates, D. R. (1995) Global and terrestrial precipitation: a comparative assessment of existing climatologies. *Int. J. Climatol.* 15, 237–58.

Legates, D. R. (1996) Precipitation, in Schneider, S. H. (ed.) *Encyclopedia of Climate and Weather*, Oxford University Press, New York, 608–12.

Lott, J. N. (1994) The U.S. summer of 1993: a sharp contrast in weather extremes. *Weather* 49, 370–83.

MacDonald, J. E. (1962) The evaporation–precipitation fallacy. *Weather* 17, 168–77.

Markham, C. G. and McLain, D. R. (1977) Seasurface temperature related to rain in Ceará, north-eastern Brazil. *Nature* 265, 320–3.

Marsh, T., Cole, G. and Wilby, R. (2007) Major droughts in England and Wales, 1800–2006. *Weather* 62(4), 87–93.

Mather, J. R. (1985) The water budget and the distribution of climates, vegetation and soils, *Publications in Climatology* 38(2), University of Delaware, Center for Climatic Research, Newark, Del. 36 pp.

McCallum, E. and Waters, A. J. (1993) Severe thunderstorms over southeast England, 20/21 July 1992. *Weather* 48, 198–208.

Möller, F. (1951) Vierteljahrkarten des Niederschlags für die ganze Erde. *Petermanns Geographische Mitteilungen*, 95 (Jahrgang), 1–7.

More, R. J. (1967) Hydrological models and geography, in Chorley, R. J. and Haggett, P. (eds) *Models in Geography*, Methuen, London, 145–85.

Palmer, W. C. (1965) Meteorological drought, Research Paper No. 45, US Weather Bureau, Washington, DC.

Parrett, C., Melcher, N. B. and James, R. W., Jr. (1993) Flood discharges in the upper Mississippi River basin. *U.S. Geol. Sur. Circular* 1120–A (14pp.).

Paulhus, J. L. H. (1965) Indian Ocean and Taiwan rainfall set new records. *Monthly Weather Review* 93, 331–5.

Peixoto, J. P. and Oort, A. H. (1983) The atmospheric branch of the hydrological cycle and climate, in Street-Perrott, A., Beran, M. and Ratcliffe, R. (eds) *Variations in the Global Water Budget*, D. Reidel, Dordrecht, 5–65.

Pike, W. S. (1993) The heavy rainfalls of 22–23 September 1992. *Met. Mag.* 122, 201–9.

Ratcliffe, R. A. S. (1978) Meteorological aspects of the 1975–6 drought. *Proc. Roy. Soc. Lond. Sect. A* 363, 3–20.

Reitan, C. H. (1960) Mean monthly values of precipitable water over the United States, 1946–56. *Mon. Weather Rev.* 88, 25–35.

Roach, W. T. (1994) Back to basics: Fog. Part 1–Definitions and basic physics. *Weather* 49(12), 411–15.

Rodda, J. C. (1970) Rainfall excesses in the United Kingdom. *Trans. Inst. Brit. Geog.* 49, 49–60.

Rodhe, H. (1989) Acidification in a global perspective. *Ambio* 18, 155–60.

Rossow, W. B. 1993. Clouds, in Gurney, R. J., Foster, J. L. and Parkinson, C. L. (eds) *Atlas of Satellite Observations Related to Global Change*, Cambridge University Press, Cambridge., 141–63.

Schwartz, S. E. (1989) Acid deposition: unravelling a regional phenomenon. *Science* 243, 753–63.

Sevruk, B. (ed.) (1985) Correction of precipitation measurements. *Zürcher Geogr. Schriften* 23 (also appears as WMO Rep. No. 24, Instruments and Observing Methods, WMO, Geneva) (288pp.).

Sheffield, B. and Wood, E. F. (2007) Characteristics of global and regional drought, 1950–2000: analysis of soil moisture data from off-line simulation of the terrestrial hydrologic cycle. *J. Geophys. Res.* 112, D17115, 21pp.

Shuttleworth, W. J. (2008) Evapotranspiration: measurement methods. *Southwest Hydrol.* 7, 22–3.

Smith, F. B. (1991) An overview of the acid rain problem. *Met. Mag.* 120, 77–91.

So, C. L. (1971) Mass movements associated with the rainstorm of June 1966 in Hong Kong. *Trans. Inst. Brit. Geog.* 53, 55–65.

Strangeways, I. (1996) Back to basics: the 'met. enclosure' Part 2: Raingauges. *Weather* 51, 274–9; 298–303.

Strangeways, I. (2001) Back to basics: the 'met. enclosure' Part 7: Evaporation. *Weather* 56, 419–27.

Sutcliffe, R. C. (1956). Water balance and the general circulation of the atmosphere. *Quart. J. Roy. Met. Soc.* 82. 385–95.

Weischet, W. (1965) Der tropische-konvektive und der ausser tropischeadvektive Typ der vertikalen Niederschlagsverteilung. *Erdkunde* 19, 6–14.

Wilhite, D. A. and Glantz, M. H. (1982) Understanding the drought phenomenon: the role of definitions, *Water Internat.* 10, 111–30.

Yarnell, D. L. (1935) Rainfall intensity–frequency data. US Dept. Agr., Misc. Pub. No. 204.

Instabilidade atmosférica, formação de nuvens e processos de precipitação

5

> **OBJETIVOS DE APRENDIZAGEM**
>
> Depois de ler este capítulo, você:
>
> - conhecerá os efeitos de deslocamentos verticais sobre a temperatura de parcelas de ar insaturado e saturado;
> - saberá o que determina a estabilidade/instabilidade atmosférica;
> - estará familiarizado com os tipos básicos de nuvens e como eles se formam;
> - entenderá os dois mecanismos principais que levam à formação de precipitação; e
> - conhecerá as características básicas das tempestades e saberá como os raios se formam.

Para entender como as nuvens se formam e a precipitação ocorre, discutiremos primeiramente a mudança na temperatura com a altitude em uma parcela de ar ascendente, e os gradientes térmicos verticais. Depois disso, consideraremos a estabilidade/instabilidade atmosférica e o que faz o ar subir e haver condensação. Os mecanismos e as classificações de nuvens são então descritos, seguidos por uma discussão sobre o crescimento das gotas de chuva e os processos de precipitação e, finalmente, as tempestades.

A MUDANÇAS ADIABÁTICAS NA TEMPERATURA

Quando uma parcela de ar se desloca para um ambiente de menor pressão (sem troca de calor com o ar circundante), seu volume aumenta. O aumento do volume envolve trabalho e a transformação de energia, reduzindo o calor disponível por unidade de volume e, assim, a temperatura diminui. Essa mudança na temperatura, que não envolve subtração (ou adição) de calor, é denominada *adiabática*. Os deslocamentos verticais de ar são a principal causa das mudanças adiabáticas da temperatura.

Perto da superfície da Terra, a maior parte das mudanças que ocorrem na temperatura são não adiabáticas (também denominadas *diabáticas*), por causa da transferência de energia da superfície e da tendência de o ar se misturar e modificar suas características com o movimento lateral e a turbulência. Quando uma parcela de ar se desloca verticalmente, as mudanças que ocorrem costumam ser adiabáticas, pois o ar é um mau condutor térmico, e a parcela de ar tende a reter a sua própria identidade térmica, que o distingue do ar circundante. Todavia, em algumas circunstâncias, deve-se levar em conta a mistura do ar com o seu entorno.

Considere as mudanças que ocorrem quando uma parcela de ar sobe: a queda na pressão (e densidade) faz o seu volume aumentar e a temperatura diminuir (ver Capítulo 2B). A taxa em que a temperatura diminui em uma parcela de ar ascendente e em expansão chama-se *gradiente adiabático*. Se o movimento ascendente do ar não gera condensação, a energia adiabática usada na expansão fará a temperatura da massa cair num *gradiente adiabático seco* (GAS) constante (9,8°C/km). Todavia, o resfriamento prolongado do ar invariavelmente gera condensação e, quando isso ocorre, há liberação de calor latente, que compensa a queda da temperatura adiabática seca até um certo ponto. Portanto, o ar ascendente e saturado resfria-se a uma taxa mais lenta (o *gradiente adiabático saturado* ou *úmido*, ou GAU) do que o ar insaturado. Outra diferença entre os gradientes adiabáticos seco e saturado é que, ao passo que o GAS é constante, o GAU varia com a temperatura. Isso se dá porque o ar, em temperaturas mais altas, consegue reter mais umidade e, portanto, libera uma quantidade maior de calor latente durante a condensação. Em temperaturas elevadas, o gradiente adiabático saturado pode ser de apenas 4°C/km, mas ele aumenta com a queda na temperatura, chegando a 9°C/km a −40°C. O GAS é reversível (ou seja, o ar descendente se aquece a 9,8°C/km), ao passo que a saturação do ar persiste em nuvens descendentes, pois há evaporação de gotículas de água.

Devemos distinguir três gradientes diferentes: dois dinâmicos e um estático. O estático, o *gradiente ambiental* (ELR), é a redução real na temperatura com a altitude em qualquer ocasião, como registraria um observador subindo em um balão ou escalando uma montanha (ver Capítulo 2C.1). Esse, portanto, não é um gradiente adiabático, e pode assumir qualquer valor, dependendo do perfil vertical local da temperatura do ar. Em comparação, os *gradientes adiabáticos seco e saturado* (ou taxas de resfriamento) se aplicam a parcelas de ar ascendentes que se deslocam por seu ambiente. Acima de uma superfície aquecida, o gradiente da temperatura vertical às vezes excede o gradiente adiabático seco (ou seja, é superadiabático). Isso é comum em áreas áridas no verão. Sobre a maioria das superfícies secas, o gradiente se aproxima do valor adiabático seco a uma elevação de aproximadamente 100 m.

As propriedades mutáveis de parcelas de ar ascendente podem ser determinadas plotando-se curvas sobre gráficos especialmente construídos, como o diagrama T-log p e o *tefigrama*, ou T-ϕ-grama, onde ϕ se refere à entropia. Um tefigrama (Figura 5.1) apresenta cinco conjuntos de linhas representando propriedades da atmosfera:

1 Isotermas – isto é, linhas de temperatura constante (linhas paralelas do canto inferior esquerdo ao superior direito).
2 Adiabáticas secas (linhas paralelas do canto inferior direito ao superior esquerdo).
3 Isóbaras – ou seja, linhas de pressão constante e contornos de altitude correspondentes (linhas quase horizontais e levemente curvas).
4 Adiabáticas saturadas (linhas curvas que se inclinam da direita para a esquerda).
5 Linhas da razão de mistura de saturação (a um pequeno ângulo em relação às isotermas).

A temperatura do ar, a temperatura do ponto de orvalho e a velocidade do vento são determinadas a partir de sondagens atmosféricas feitas por uma *rawinsonde* (sondagens de vento por radar). Balões de hélio com um pacote de instrumentos suspenso e um refletor de radar para rastreá-los são liberados em estações aerológicas ao redor do mundo uma ou duas vezes por dia. Os instrumentos contidos no pacote são um barômetro aneroide para determinar a altitude, um sensor de temperatura e um sensor do ponto de orvalho. Usa-se o radar para rastrear o balão à medida que ele sobe e para calcular a velocidade e direção do vento. Os dados são informados em níveis padronizados (1000, 850, 700, 500, 300, 200, 100, 50, 20 e 10 mb) e em níveis intermediários, onde observam-se afastamentos significativos, através de interpolação linear entre os níveis padrão.

A temperatura do ar e a temperatura do ponto de orvalho são as variáveis que costumam ser plotadas em um diagrama adiabático. As adiabáticas secas também são linhas de temperatura potencial constante, θ (ou isentrópicas). A temperatura potencial é a temperatura

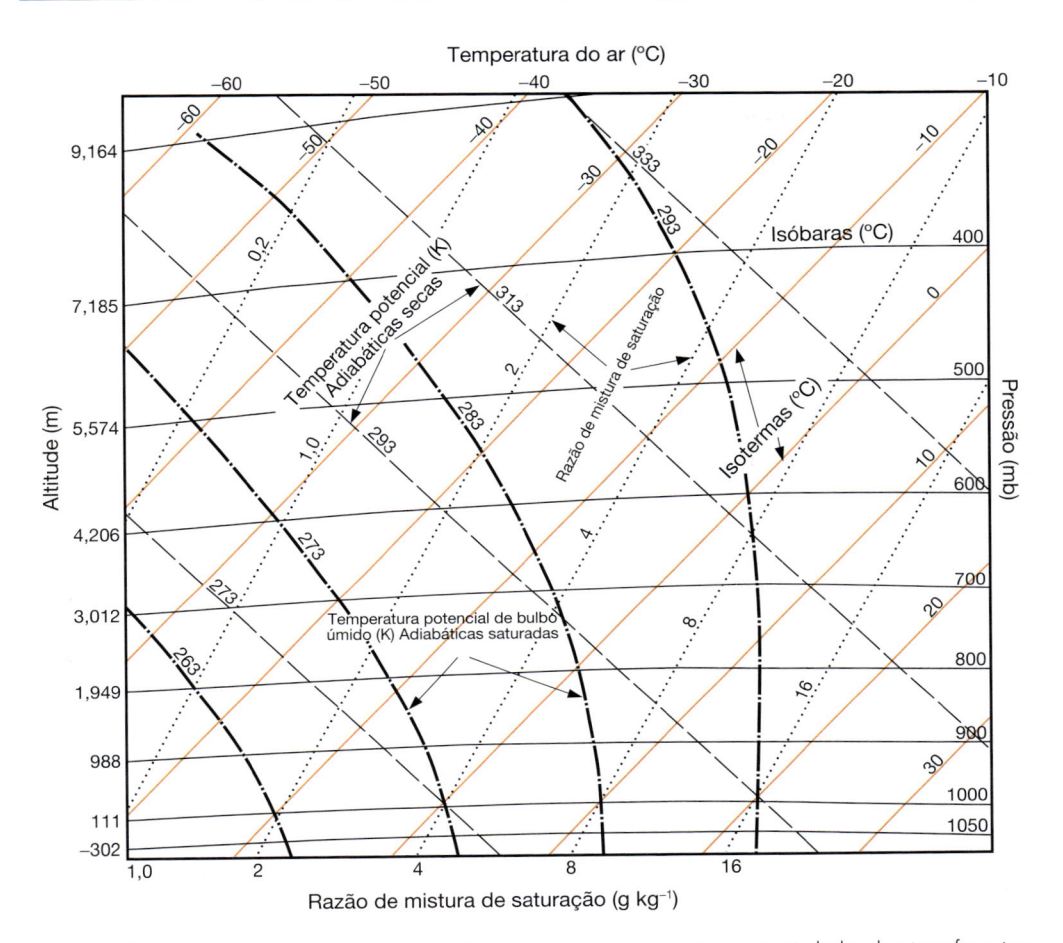

CAPÍTULO 5 Instabilidade atmosférica, formação de nuvens e processos de precipitação

Figura 5.1 Diagramas adiabáticos, como o tefigrama, mostram as seguintes propriedades da atmosfera: temperatura, pressão, temperatura potencial, temperatura potencial de bulbo úmido e razão de mistura de saturação (umidade).

de uma parcela de ar trazida por meio de um processo adiabático seco até uma pressão de 1000 mb. Matematicamente,

$$\theta = T \left\{ \frac{1000}{p} \right\}^{0,286}$$

onde θ e T estão em K e p = pressão (mb).

A relação entre T e θ e entre T e θ_w, a temperatura potencial de bulbo úmido (onde a parcela de ar é trazida a uma pressão de 1000 mb por um processo adiabático saturado), é mostrada na **Figura 5.2**. A temperatura potencial proporciona uma referência importante para características de massas de ar, pois, como

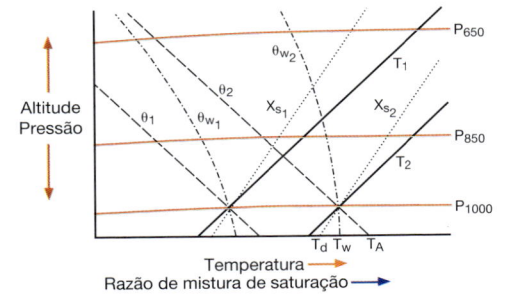

Figura 5.2 Diagrama mostrando as relações entre a temperatura (T), a temperatura potencial (θ), a temperatura potencial de bulbo úmido (θ_w) e a razão de mistura de saturação (X_s); T_d = temperatura do ponto de orvalho, T = temperatura de bulbo úmido e T_A = temperatura do ar.

o ar é afetado apenas por processos adiabáticos secos, a temperatura potencial permanece constante. Isso ajuda a identificar massas de ar diferentes e indica quando foi liberado calor latente por meio da saturação das massas de ar ou quando houve mudanças não adiabáticas na temperatura.

B NÍVEL DE CONDENSAÇÃO

O ar ascendente resfria à medida que as parcelas de ar se expandem, e o nível de umidade relativa do ar aumenta.

Depois de alcançar a saturação – 100% de umidade relativa – ocorre condensação e formam-se nuvens acima do nível de condensação. Pode haver convecção, na forma de convecção livre ou forçada. A *convecção livre* é causada por diferenças de densidade na atmosfera, que dão origem às térmicas – correntes ascendentes causadas pelo aquecimento diferencial da atmosfera. A *convecção forçada* envolve a ascensão por forças mecânicas, como fluxos sobre barreiras orográficas, ascensão frontal, turbulência decorrente de fricção na superfície ou ascensão por convergência de ventos.

A Figura 5.2 ilustra uma propriedade importante do tefigrama. Uma linha ao longo de uma adiabática seca (θ) através da temperatura de bulbo úmido do ar superficial (T_A), uma isopleta da razão de mistura de saturação (x_s) através do ponto de orvalho (T_d) e uma adiabática saturada (θ_w) através da temperatura de bulbo úmido (T_w), todas se cruzam em um ponto correspondente à saturação para a massa de ar. Essa relação, conhecida como teorema de Normand, é usada para estimar o *nível de condensação por elevação* (ver Figura 5.3). Por exemplo, com uma temperatura do ar de 20°C e um ponto de orvalho de 10°C a 1000 mb de pressão na superfície na Figura 5.1, o nível de condensação de elevação está a 860 mb com uma temperatura de 8°C. A altura desse "ponto" característico é de aproximadamente

$$h \text{ (m)} = 120(T - T_d)$$

onde T = temperatura do ar e T_d = temperatura do ponto de orvalho na superfície em °C.

O nível de condensação por elevação (LCL) não leva em conta a mistura vertical. Um cálculo modificado define um *nível de condensação convectivo* (CCL). Na camada próxima à superfície, o aquecimento superficial pode estabelecer um gradiente térmico superadiabático, mas a convecção o modifica para o perfil GAS. O aquecimento diurno aumenta a temperatura do ar superficial gradualmente de T_0 para T_1, T_2 e T_3 (Figura 5.4). A convecção também equaliza a razão de mistura de umidade, considerada igual ao valor para a temperatura inicial. O CCL se localiza na intersecção da curva de temperatura ambiental, com uma linha de razão de mistura saturada correspondente à razão de mistura média na camada superficial (1000-1500 m). Expressa de outra forma, a temperatura do ar superficial é a mínima que permite a formação de nuvens como resultado da convecção livre. Como o ar perto da superfície costuma estar bem misturado, o CCL e o LCL, na prática, são quase idênticos.

A experimentação com um tefigrama mostra que os níveis de condensação por elevação e convectivo aumentam conforme a temperatura superficial, com pouca alteração do ponto de orvalho. Isso costuma ser observado no começo da tarde, quando a base de nuvens cumulus tende a estar em níveis mais elevados.

C ESTABILIDADE E INSTABILIDADE DO AR

Se o ar estável (instável) é forçado a subir ou descer, ele tem a tendência de retornar (continuar a se afastar) à sua posição anterior uma vez que cessa a força. A Figura 5.3 mostra a razão para essa característica importante. A curva da temperatura ambiental (A) se encontra à direita de qualquer curva descrita representando o gradiente de uma parcela de ar não saturado resfriando-se pela adiabática seca quando forçada a subir. Em qualquer nível, a parcela em ascensão é mais fria e mais densa do que o seu entorno e, portanto, tende a retornar ao seu nível anterior. De maneira semelhante, se o ar é forçado a descer, ele aquecerá segundo o gradiente adiabático seco; a parcela sempre será mais quente e menos densa do que o ar circundante, e tenderá a retornar à sua posição anterior (a menos que algo a impeça). Todavia, se o aquecimento superficial local faz o gradiente ambiental perto da superfície exceder o gradiente adiabático seco (B), o resfriamento adiabático de uma parcela de ar convectiva permite que ela permaneça mais quente e menos densa do que o ar circundante, de modo que ela continua a subir por flutuação. A característica do ar instável é a tendência de continuar a se afastar de seu nível original quando colocado em movimento. A transição entre os estados estável e instável é denominada *neutra*.

Podemos sintetizar os cinco estados básicos de estabilidade estática que determinam a capacidade do ar em repouso de permanecer laminar ou se tornar turbulento por flutuação: a chave é a temperatura da parcela de ar deslocada em relação à do ar circundante.

Estável absoluta: ELR < GAU
Neutra saturada: ELR = GAU
Condicionalmente instável: GAU < ELR < GAS
Neutra seca: ELR = GAS
Absolutamente instável: ELR > GAS

Quando está mais frio que o seu entorno, o ar tende a descer. O resfriamento na atmosfera geralmente resulta de processos radiativos, mas a subsidência também pode resultar da convergência horizontal do ar troposférico superior (ver Capítulo 6B.2). O ar descendente tem uma velocidade vertical típica de apenas 1-10 cm s^{-1},

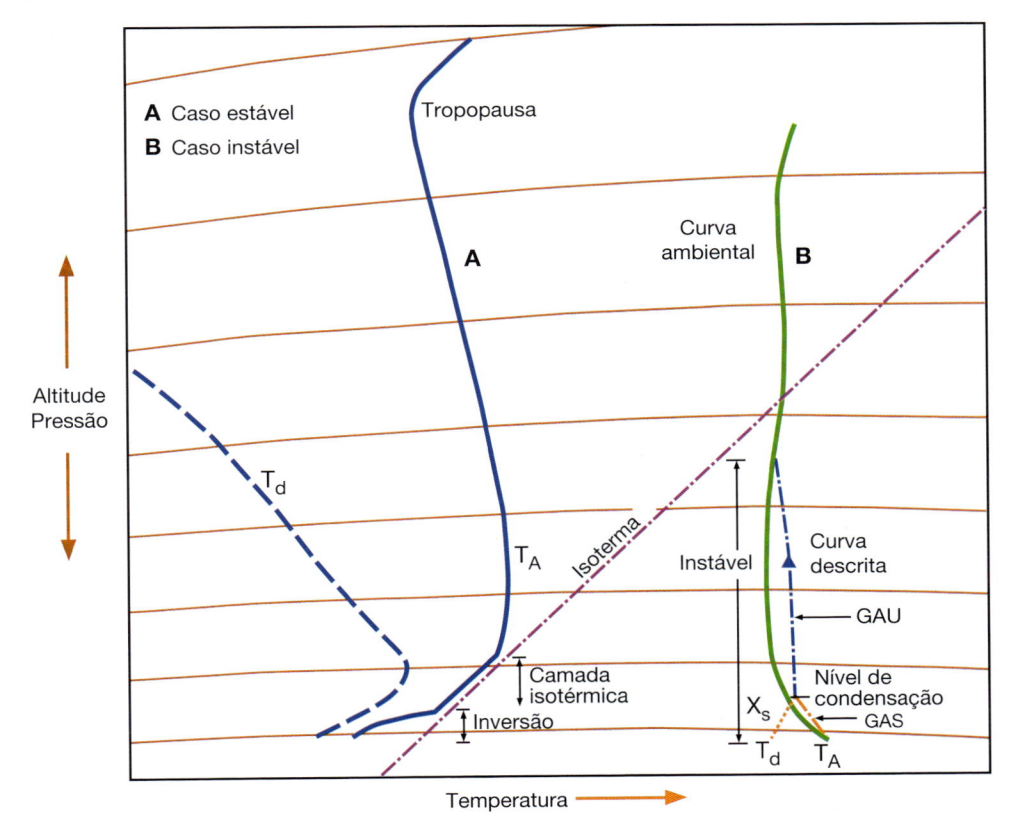

Figura 5.3 Tefigrama mostrando (A) caso de ar estável — T_A é a temperatura do ar e T_d é o ponto de orvalho; e (B) caso de ar instável. O nível de condensação por elevação é mostrado, junto com a curva descrita por uma parcela de ar ascendente (indicada pela flecha). X_s é a linha da razão de mistura saturada através da temperatura do ponto de orvalho (ver texto).

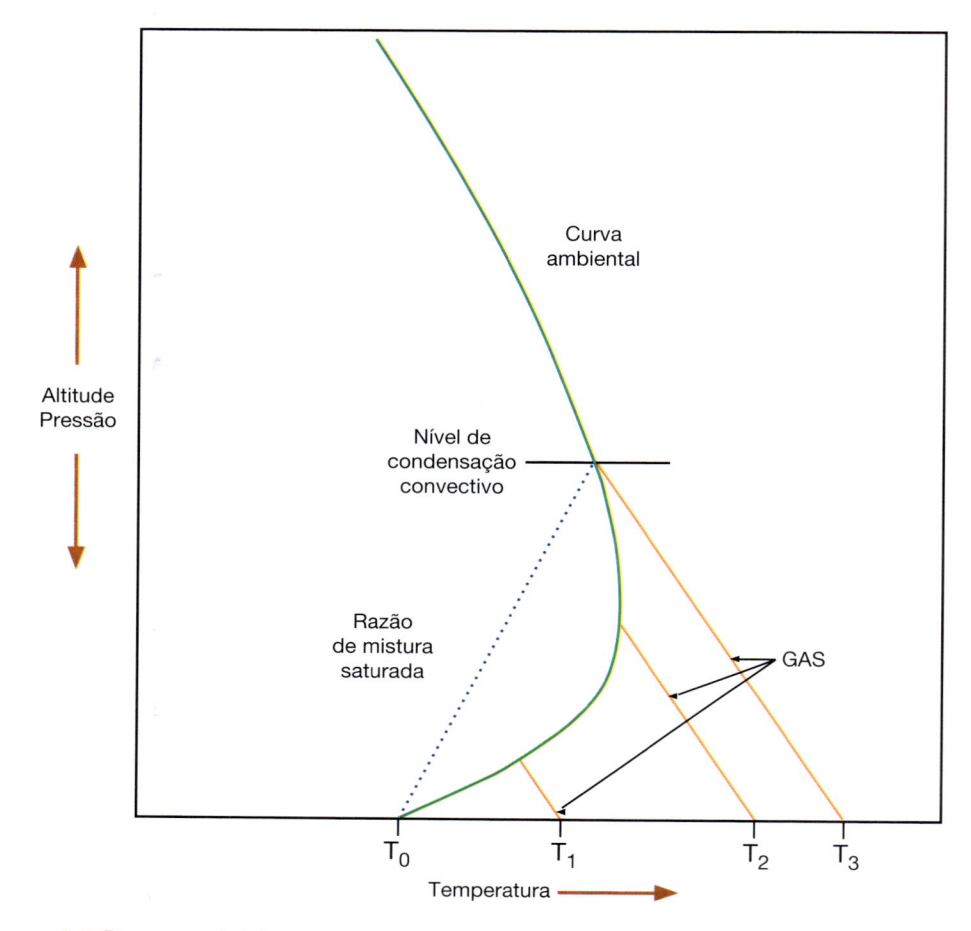

Figura 5.4 Diagrama adiabático esquemático usado para determinar o nível de condensação convectivo. T_0 representa a temperatura na madrugada; T_1, T_2 e T_3 ilustram o aquecimento do ar superficial durante o dia.

a menos que predominem fluxos descendentes convectivos (ver a seguir). A subsidência pode gerar mudanças substanciais na atmosfera; por exemplo, se uma massa de ar típica desce aproximadamente 300 m, todas as gotículas de nuvens de tamanho médio evaporam por meio do aquecimento adiabático.

A Figura 5.5 ilustra uma situação comum em que o ar se encontra estável nas camadas inferiores. Se o ar for forçado a subir por uma cadeia montanhosa ou pelo aquecimento superficial local, a curva descrita pode cruzar para a direita da curva ambiental (o nível de convecção livre). O ar, agora mais quente do que seu entorno, é flutuante e está livre para subir. Chama-se isso de *instabilidade condicional*; o desenvolvimento de instabilidade depende da massa de ar estar saturada. Como o gradiente ambiental costuma estar entre os gradientes adiabáticos seco e saturado, o estado de instabilidade condicional é comum. A curva descrita cruza a curva ambiental a 650 mb. Acima desse nível, a atmosfera é estável, mas a energia ganha pela parcela flutuante ascendente possibilita que ela penetre bastante nessa região. O limite superior teórico de desenvolvimento de nuvens pode ser estimado a partir do tefigrama, determinando-se uma área (B) acima da intersecção da curva ambiental e da curva descrita, igual à observada entre as duas curvas desde o nível de convecção

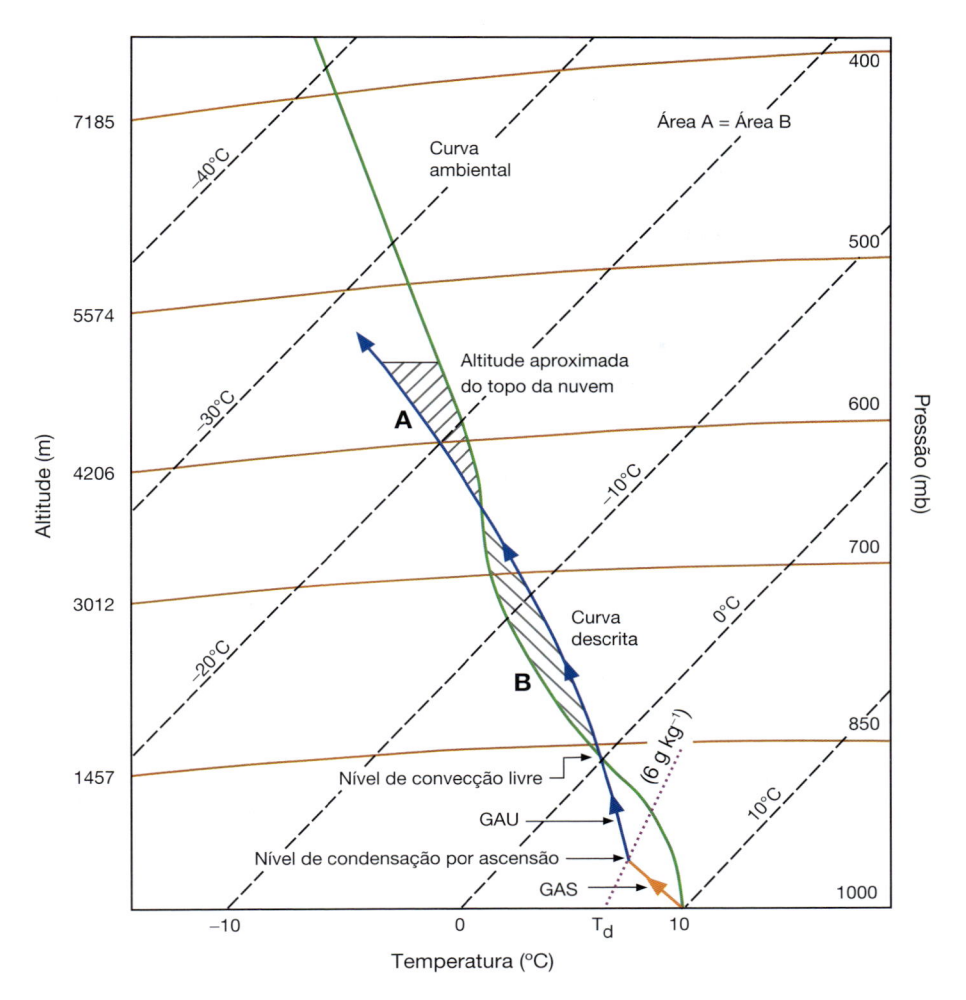

Figura 5.5 Tefigrama esquemático ilustrando as condições associadas à instabilidade condicional de uma massa de ar que é forçada a subir. A razão de mistura saturada é a linha pontilhada (6g kg⁻¹) e o nível de condensação por ascensão (base da nuvem) encontra-se abaixo do nível de convecção livre.

livre até a intersecção (A) na Figura 5.5. O tefigrama é construído de modo que áreas iguais representam energia igual.

Esses exemplos pressupõem que uma pequena parcela de ar está sendo deslocada sem uma forma de compensação, com movimento de ar ou mistura da parcela com seu entorno. Essas suposições são irrealistas. A diluição de uma parcela de ar ascendente, por mistura com o ar circundante por arraste reduz a sua energia de flutuação. Todavia, o método da parcela costuma ser satisfatório para previsões de rotina, pois as suposições se aproximam das condições observadas nas correntes ascendentes das nuvens cumulonimbus.

Em certas situações, uma camada profunda de ar pode se deslocar sobre uma ampla barreira topográfica. A Figura 5.6 mostra um caso em que o ar nos níveis superiores está menos úmido do que abaixo. Se toda a camada for forçada a subir, o ar mais seco em B resfria pelo gradiente adiabático seco e, assim, o mesmo ocorrerá inicialmente com o ar ao redor de A. Finalmente, o ar mais baixo alcança o nível de condensação, depois do qual a camada resfria pelo gradiente adiabático saturado. Isso resulta em um aumento no gradiente real de toda a espessura da camada elevada e, se esse novo gradiente exceder o gradiente adiabático saturado, a camada de ar se torna instável e pode desestabilizar-se. Isso é chamado de *instabilidade convectiva* (ou *potencial*).

A mistura vertical de ar foi identificada anteriormente como uma causa possível da condensação. Isso é mais bem ilustrado com o uso de um tefigrama. A Figura 5.7 mostra uma distribuição inicial da temperatura e do ponto de orvalho. A mistura vertical leva a uma média dessas condições ao longo da camada afetada. Assim, o *nível de condensação por mistura* é determinado a partir da intersecção entre os valores médios da razão de mistura saturada e da temperatura potencial. As áreas acima e abaixo dos pontos onde essas linhas de valores médios cruzam as curvas ambientais iniciais são iguais.

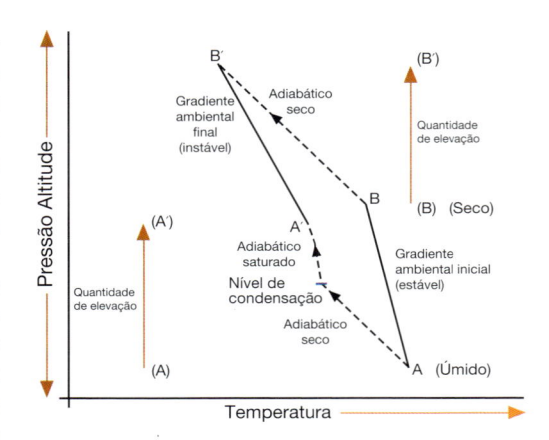

Figura 5.6 Instabilidade convectiva. AB representa o estado inicial de uma coluna de ar; úmido em A, seco em B. Depois da elevação de toda a coluna de ar, o gradiente de temperatura A'B' excede o gradiente adiabático saturado, de modo que a coluna de ar fica instável.

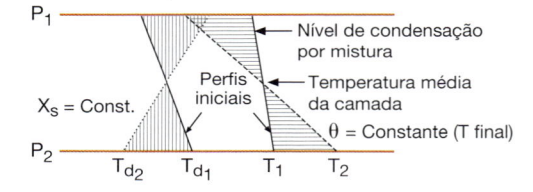

Figura 5.7 Gráfico ilustrando os efeitos da mistura vertical sobre uma massa de ar. As linhas horizontais são superfícies de pressão (P_1, P_2). A temperatura inicial (T_1) e os gradientes da temperatura do ponto de orvalho (T_{d1}) são modificados pela mistura turbulenta para T_2 e T_{d2}. O nível de condensação ocorre onde a adiabática seca em T_1 cruza a linha da razão de mistura de saturação (x_s) em T_{d2}.

D FORMAÇÃO DE NUVENS

A formação de nuvens depende da instabilidade atmosférica e do movimento vertical, mas também envolve processos de microescala, que discutiremos antes de analisar o desenvolvimento e os tipos de nuvens.

1 Núcleos de condensação

De modo notável, a condensação ocorre com mais dificuldade no ar *limpo*; a umidade precisa de uma superfície adequada para se condensar. Se o ar resfria abaixo de seu ponto de orvalho, ele se torna *supersaturado* (ou seja, a umidade relativa excede os 100%). Para manter uma gota de água pura de raio 10^{-7}cm (0,001 μm), exige-se uma umidade relativa de 320% e, para uma de 10^{-5}cm, (0,1 μm), apenas 101%.

Geralmente, a condensação ocorre sobre uma superfície estranha, podendo ser uma superfície de solo ou uma superfície vegetal no caso de orvalho ou geada, ao passo que, no ar livre, a condensação começa em *núcleos higroscópicos*, que são partículas microscópicas – aerossóis – cujas superfícies têm a propriedade da *molhabilidade*. Os aerossóis compreendem poeira, fumaça, sais e compostos químicos. Os sais marinhos, particularmente higroscópicos, entram na atmosfera pela explosão de bolhas de ar da espuma. Eles são um componente importante da carga de aerossóis sobre a superfície oceânica, mas tendem a ser removidos rapidamente por causa do seu tamanho. Outras contribuições são de partículas finas de solo e de diversos produtos naturais ou oriundos da combustão industrial e doméstica elevados pela ação do vento. Outra fonte é a conversão de gases-traço atmosféricos em partículas por meio de reações fotoquímicas, particularmente sobre áreas urbanas. Os núcleos variam em tamanho, de um raio de 0,001 μm, que não são efetivos por causa da grande supersaturação necessária para a sua ativação, a *gigantes* de mais de 10 μm, que não permanecem muito tempo no ar (ver p. 16-18). Em média, o ar oceânico contém 1 milhão de núcleos de condensação por litro (dm^3), e o ar terrestre carrega em torno de 5 ou 6 milhões. Na troposfera marinha, existem partículas finas, principalmente de sulfato de amônia. A origem fotoquímica associada a atividades antropogênicas explica cerca da metade desse valor no Hemisfério Norte. O dimetil-sulfato (DMS), associado à decomposição de algas, também sofre oxidação para sulfato. Sobre os continentes tropicais, os aerossóis são produzidos pela vegetação florestal e liteira, bem como pela queima de biomassa, com o predomínio de carbono orgânico particulado. Em latitudes médias, distantes de fontes antropogênicas, as partículas grosseiras são principalmente de origem crustal (cálcio, ferro, potássio e alumínio), ao passo que as partículas crustais, orgânicas e sulfatadas são representadas quase na mesma proporção na carga de aerossóis finos.

Os aerossóis têm um efeito substancial nas propriedades das nuvens e, portanto, no início da precipitação. As atmosferas poluídas em geral têm concentrações de aerossóis 10-100 vezes acima das observadas em massas de ar oceânicas em locais prístinos. Os efeitos dos aerossóis sobre as nuvens envolvem processos radiativos e efeitos microfísicos. As camadas de aerossóis diminuem a radiação solar que alcança a superfície, agindo de maneira a reduzir as temperaturas superficiais e a evaporação e a convecção. Os aerossóis também atuam como núcleos de condensação de nuvens, os quais, agregando grandes quantidades de gotículas, retardam a conversão das gotículas das nuvens em gotas de chuva. O efeito líquido parece ser a redução da precipitação de nuvens rasas, mas há o aumento da precipitação de nuvens convectivas profundas com bases quentes. O aumento máximo ocorre para valores intermediários de núcleos de condensação de nuvens, ao passo que, em concentrações maiores, os efeitos radiativos e microfísicos atuam no sentido de diminuir a liberação de energia convectiva.

Os aerossóis higroscópicos são solúveis. Isso é muito importante, pois a pressão de vapor de saturação é menor sobre uma gotícula de solução (por exemplo, cloreto de sódio ou ácido sulfúrico) do que sobre uma gota de água pura de mesmo tamanho e temperatura (Figura 5.8). De fato, a condensação começa sobre partículas higroscópicas antes de o ar estar saturado; no caso de núcleos de cloreto de sódio, à umidade relativa de 78%. A Figura 5.8 ilustra curvas de Kohler mostrando raios de gotículas para três conjuntos de gotículas de soluções de cloreto de sódio (um sal marinho comum) em relação à sua umidade relativa em equilíbrio. As gotículas em um ambiente onde os valores estão abaixo/acima da curva adequada evaporam/crescem. Cada curva tem um máximo além do qual a gotícula pode crescer no ar com menos supersaturação.

Uma vez formadas, o crescimento das gotículas de água não é simples. Nos estágios iniciais, o efeito da solução é predominante, e as pequenas gotículas crescem mais rapidamente do que as grandes, mas, conforme aumenta o

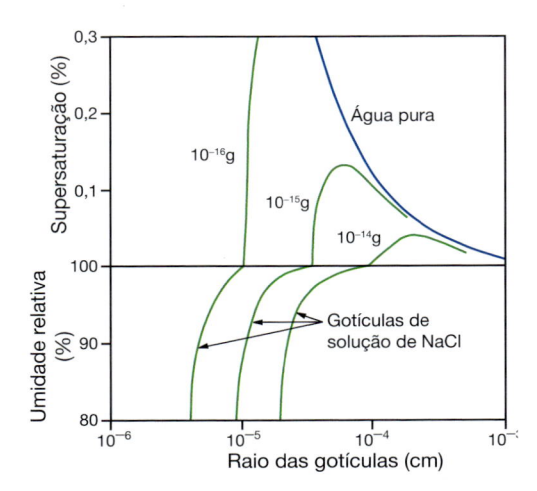

Figura 5.8 Curvas de Kohler mostrando a variação da supersaturação ou umidade relativa em equilíbrio (%) com o raio da gotícula, para água pura e gotas de solução de NaCl. Os números mostram a massa de cloreto de sódio (uma família semelhante de curvas pode ser obtida para soluções de sulfato). A linha da gotícula de água pura ilustra o efeito de curvatura.

tamanho de uma gotícula, sua taxa de crescimento por condensação diminui (Figura 5.9). A taxa de crescimento radial diminui conforme aumenta o tamanho da gota, pois existe uma área superficial maior a ser coberta a cada incremento no raio. Todavia, a taxa de condensação é limitada pela velocidade com que o calor latente liberado pode ser perdido da gota por condução para o ar; esse calor reduz o gradiente de vapor. Além disso, a competição entre gotículas pela umidade disponível atua para reduzir o grau de supersaturação.

A supersaturação em nuvens raramente excede 1% e, como a pressão de vapor de saturação é maior sobre uma superfície curva da gota do que sobre uma superfície de água plana, gotículas minúsculas (raio <0,1 μm) evaporam com facilidade (ver Figura 5.8). Inicialmente, o tamanho do núcleo é importante; para uma supersaturação de 0,05%, uma gotícula de 1 μm de raio com um núcleo de sal de massa 10^{-13}g alcança 10 μm em 30 minutos, ao passo que uma com um núcleo de sal de 10^{-14}g levaria 45 minutos. Mais tarde, quando o sal dissolvido deixa de ter um efeito significativo, a taxa de crescimento radial diminui, devido à redução na supersaturação.

A Figura 5.9 ilustra o crescimento muito lento de gotículas de água por condensação – nesse caso, a 0,2% de supersaturação a partir de um raio inicial de 10 μm. Como existe uma diferença imensa de tamanho entre gotículas de nuvens (<1 a 50 μm de raio) e as gotas de chuva (>0,5 mm de raio), o processo gradual de condensação não parece explicar as taxas de formação de gotas de chuva que costumam ser observadas. Por exemplo, na maioria das nuvens, a precipitação se desenvolve dentro de uma hora. O mecanismo alternativo de coalescência ilustrado na Figura 5.9 é descrito a seguir (p. 128). Deve-se lembrar também que, durante a precipitação, as gotas de chuva sofrem evaporação no ar insaturado abaixo da base das nuvens. Uma gotícula de 0,1 mm de raio evapora depois de cair apenas 150 m a uma temperatura de 5°C e umidade relativa de 90%, mas uma gota de 1 mm de raio cairia 42 km antes de evaporar. Em média, as nuvens contêm apenas

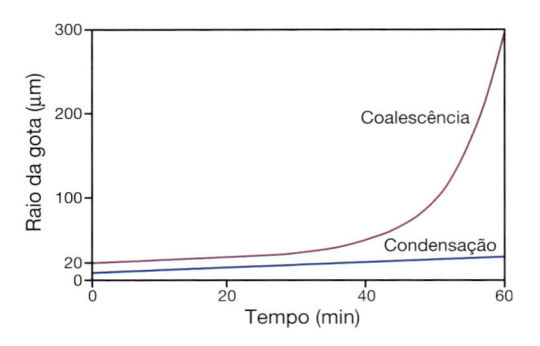

Figura 5.9 Crescimento de gotículas por condensação e coalescência.

Fonte: Jonas (1994a). Reimpresso da Weather com permissão da Royal Meteorological Society. Crown copyright ©.

4% da água total da atmosfera em um determinado momento, mas são um elemento crucial no ciclo hidrológico.

2 Tipos de nuvens

A grande variedade de formas de nuvem exige uma classificação para fins de divulgação meteorológica. O sistema adotado internacionalmente baseia-se (1) na forma geral, estrutura e extensão vertical das nuvens, e (2) em sua altitude. Essa abordagem foi desenvolvida originalmente por Luke Howard em 1803.

Essas características primárias são usadas para definir os 10 grupos (ou gêneros) básicos, mostrados na Figura 5.10. As nuvens altas cirriformes são compostas de cristais de gelo, conferindo-lhes uma aparência fibrosa. As nuvens estratiformes dispõem-se em camadas, enquanto as nuvens cumuliformes têm uma aparência amontoada e em geral apresentam desenvolvimento vertical progressivo. Outros prefixos são *alto–* para nuvens de nível médio, e *nimbo–* para nuvens espessas e baixas, com aspecto cinza-escuro e com chuvas contínuas.

A altura da base da nuvem apresenta uma considerável variação para qualquer um desses tipos, e muda com a latitude. Os limites aproximados em milhares de metros para as diferentes latitudes são mostrados na Tabela 5.1

Seguindo a prática taxonômica, a classificação subdivide os principais grupos em espécies e variedades com nomes em latim, segundo a

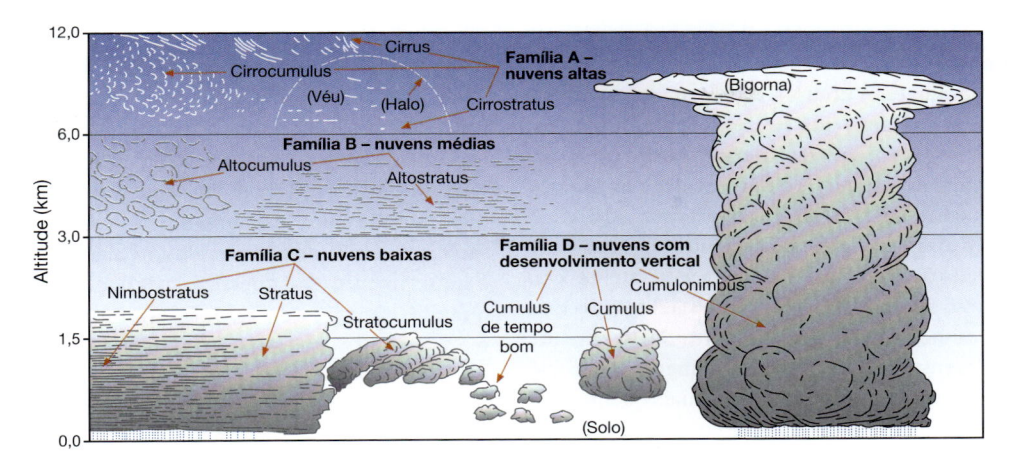

CAPÍTULO 5   Instabilidade atmosférica, formação de nuvens e processos de precipitação

Figura 5.10 Os 10 grupos básicos de nuvens classificados segundo altitude e forma.
Fonte: Adaptado de Strahler (1965).

sua aparência. O *International Cloud Atlas* e as Pranchas 5.1-5.15 apresentam ilustrações.

As nuvens podem ser agrupadas conforme o seu modo de origem. Pode-se fazer um agrupamento genético baseado no mecanismo de movimento vertical que produz condensação. As categorias são:

1. ascensão gradual de ar sobre uma área ampla em associação a um sistema de baixa pressão;
2. convecção térmica;
3. ascensão por turbulência mecânica (*convecção forçada*);
4. ascensão sobre uma barreira orográfica.

O grupo 1 compreende uma ampla variedade de tipos de nuvens e é discutido em mais detalhe no Capítulo 9D.2. Com as nuvens cumuliformes (grupo 2), correntes convectivas ascendentes (térmicas) formam plumas de ar quente que, à medida que sobem, expandem-se e são arrastadas pelo vento. As torres em nuvens cumulus e em outras nuvens são causadas não por térmicas de origem superficial, mas por aquelas formadas *dentro* da nuvem como resultado da liberação de calor latente por condensação. As térmicas perdem seu ímpeto gradualmente conforme a mistura de ar mais frio e mais seco do entorno dilui o ar quente mais flutuante. As torres de cumulus também tendem a evaporar à medida que os fluxos ascendentes diminuem, deixando uma nuvem "plataforma" ovalada e rasa (*stratocumulus cumulogenitus*), que pode se amalgamar com outras para produzir uma cobertura elevada. O grupo 3 inclui nevoeiro, stratus e stratocumulus, e é importante sempre que o ar perto da superfície é resfriado ao ponto de orvalho por condução ou radiação noturna e o ar é agitado por irregularidades no solo. O último grupo (4) inclui nuvens estratiformes ou cumulus produzidas pela elevação forçada de ar sobre as montanhas. O nevoeiro da montanha, simplesmente, é uma nuvem estratiforme envolvendo uma área elevada. Uma categoria especial e importante é a nuvem em onda (lenticular), que ocorre quando o ar escoa sobre as montanhas, criando um movimento de onda na corrente de ar a jusante da cadeia (ver Capítulo 6C.2). Se o ar atingir o seu nível de condensação, formam-se nuvens na crista dessas ondas.

Tabela 5.1 Altura da base da nuvem (x 1000 m)

	Trópicos	Latitudes médias	Latitudes altas
Nuvem alta	6-18	5-13	3-8
Nuvem média	2-8	2-7	2-4
Nuvem baixa	Abaixo de 3	Abaixo de 2	Abaixo de 2

Os satélites meteorológicos operacionais proporcionam informações sobre a nebulosidade global, bem como sobre os padrões de nuvens em relação aos sistemas meteorológicos. Eles fornecem imagens de leituras diretas e informações que não podem ser obtidas em observações a partir do solo. Foram criadas classificações especiais de elementos e padrões de nuvens para analisar as imagens de satélite. Um padrão comum em imagens de satélites é o celular, ou hexagonal, com diâmetro de 30 km, que se desenvolve a partir do movimento de ar frio sobre uma superfície oceânica mais quente. Um padrão celular aberto, onde nuvens cumulus se dispõem ao longo dos lados das células, forma-se onde houver uma grande diferença entre a temperatura do ar e do mar, ao passo que células poligonais fechadas ocorrem se essa diferença for pequena. Em ambos os casos, existe subsidência acima da camada de nuvens. As células abertas (fechadas) são mais comuns sobre correntes oceânicas quentes (frias) a leste (oeste) dos continentes. O padrão hexagonal é atribuído à mistura convectiva de mesoescala, mas as células têm uma razão largura-profundidade aproximada de 30:1, ao passo que as células de convecção térmica em laboratório têm uma razão correspondente de apenas 3:1. Assim, a explicação verdadeira talvez seja mais complicada. Menos comum é o padrão celular radiante. Outro padrão comum sobre os oceanos e o terreno uniforme ocorre em "ruas" lineares de nuvens cumulus. O movimento helicoidal nessas células bidimensionais desenvolve-se com o aquecimento da superfície, particularmente quando erupções de ar polar avançam sobre mares quentes e se forma uma capa de inversão.

3 Cobertura global de nuvens

Existem dificuldades para determinar a cobertura e a estrutura estratificada das nuvens a partir de observações de satélite e do solo. As estimativas a partir da superfície da quantidade de nuvens são aproximadamente 10% maiores do que as derivadas de satélites, por causa do problema para estimar aberturas perto do horizonte. As maiores discrepâncias ocorrem no verão nos subtrópicos e em regiões polares. As quantidades totais de nuvens apresentam distribuições geográficas, latitudinais e sazonais características (ver Figuras 3.8 e 5.11). Durante

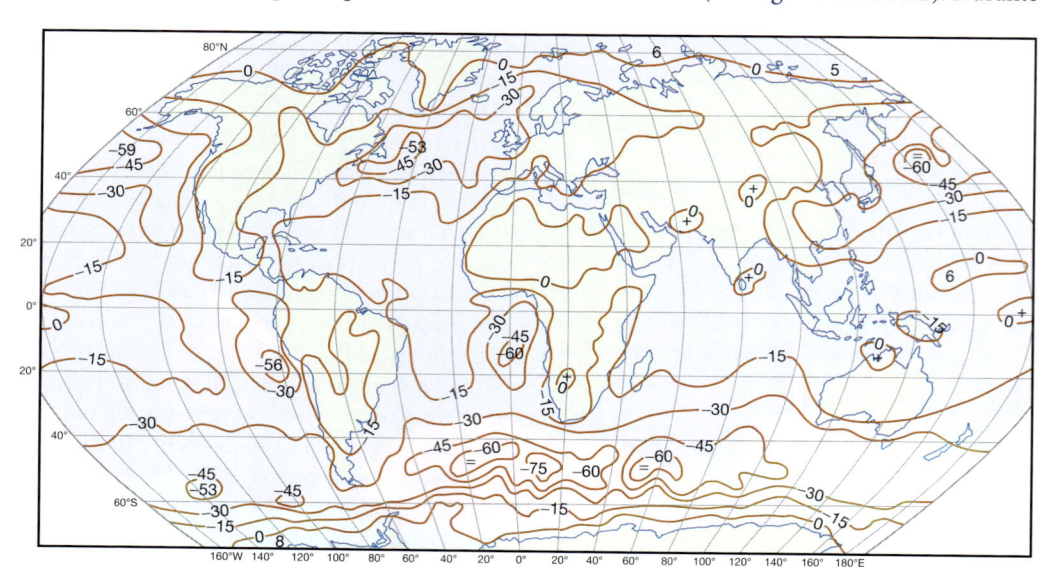

Figura 5.11 Média anual da forçante líquida das nuvens (W m^{-2}) observada pelo satélite *Nimbus-7* ERB entre junho de 1979 e maio de 1980.

Fonte: Kyle *et al.* (1993). *Bulletin of the American Meteorological Society*, com permissão da American Meteorological Society.

CAPÍTULO 5 Instabilidade atmosférica, formação de nuvens e processos de precipitação

Prancha 5.1 Cumulus de bom tempo sobre Coconut Creek, Flórida, dezembro de 1977.
Fonte: National Weather Service (NWS) Collection. Fotógrafo: Ralph F. Kresge #0655.

Prancha 5.2 Cumulus humilis sobre Swanage, Dorset.

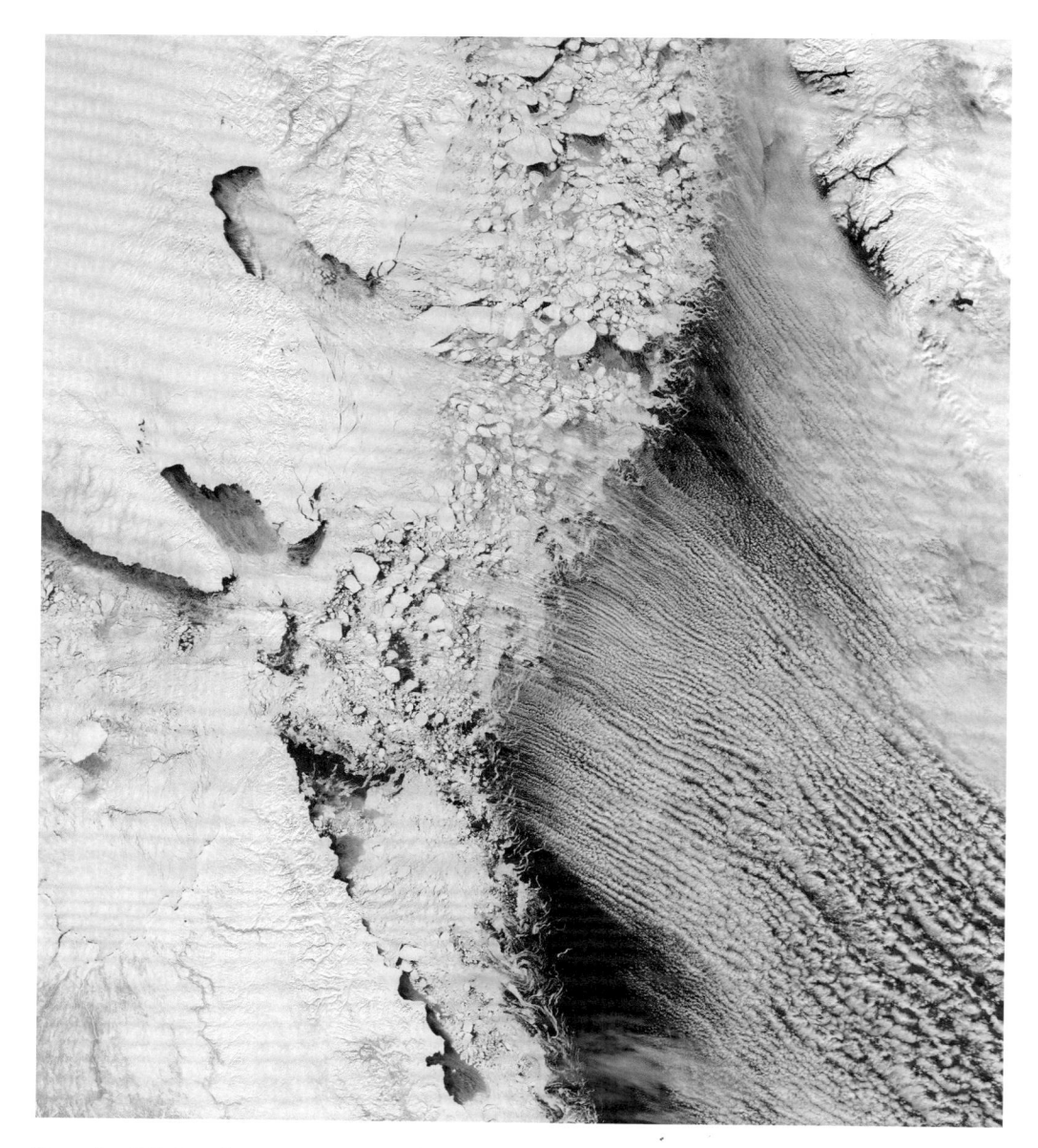

Prancha 5.3 Ruas de nuvens no estreito de Davis, em imagem MODIS visível. No final de março de 2002, o gelo do inverno ainda estava bloqueando uma grande parte da porção norte do estreito. Os fluxos de nuvens são chamados de "ruas de nuvens", e se formam quando o ar ártico frio avança sobre águas abertas mais quentes. Geralmente, as ruas são alinhadas na direção de um vento de baixo nível.

Fonte: Jacques Descloitres, MODIS Land Rapid Response Team, NASA/GSFC. NASA Earth Observatory.

Prancha 5.4 Nuvens cumulus sobre o Monte Etna, formadas pelo calor e vapor fornecidos pelo vulcão.

o verão setentrional, ocorrem porcentagens elevadas sobre a África Ocidental, o noroeste da América do Sul e o Sudeste Asiático, com mínimas sobre os continentes do Hemisfério Sul, a Europa meridional, o norte da África e o Oriente próximo. Durante o verão austral, ocorrem porcentagens elevadas sobre áreas de terra tropicais no hemisfério sul, em parte devido à convecção ao longo da Zona de Convergência Intertropical, e em áreas oceânicas subpolares devido à advecção de ar úmido. Uma cobertura de nuvens mínima é associada a regiões de alta pressão subtropicais ao longo do ano, ao passo que a cobertura máxima ocorre sobre o cinturão de tempestades do Oceano Austral em 50-70°S e sobre grande parte da área oceânica ao norte de 45°N (Figura 5.12).

A nuvem atua como um importante sumidouro para a energia radiativa no sistema Terra-atmosfera, por absorção, e também como fonte, devido à reflexão e rerradiação (ver Capítulo 3B, C). Em âmbito global, a forçante média anual líquida das nuvens é negativa ($\sim -20\text{Wm}^{-2}$), pois o efeito do albedo sobre a radiação solar incidente é maior que a absorção infravermelha. Todavia, a forçante das nuvens é complexa; por exemplo, um total maior de nuvens implica mais absorção de radiação terrestre emitida (forçante positiva, levando a aquecimento) ao passo que mais nuvens altas produzem maior reflexão da

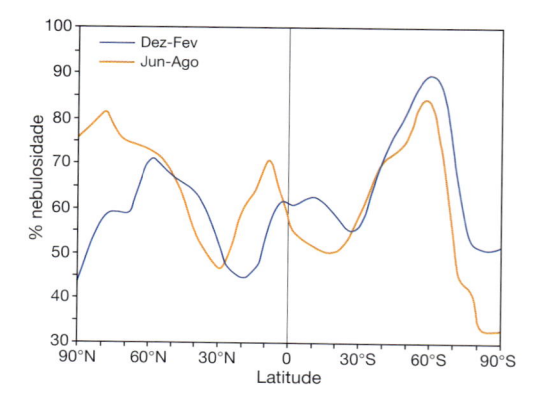

Figura 5.12 Distribuição zonal média da quantidade total de nuvens (%), derivada de observações desde a superfície sobre a área global total (isto é, terra e água) para os meses de dezembro-fevereiro e junho-agosto entre 1971-1981.

Fonte: London et al. (1989). Cortesia de Cospar and Elsevier.

radiação solar incidente (forçante negativa, levando a resfriamento) (Figura 5.11).

Existem evidências de que as quantidades de nuvens aumentaram no decorrer do século XX. Por exemplo, houve um aumento notável na cobertura de nuvens sobre os Estados Unidos (especialmente entre 1940 e 1950). Isso pode estar associado a uma elevação nas concentrações atmosféricas de sulfato em decorrência do aumento na queima de carvão. A relação com a temperatura não está clara.

E FORMAÇÃO DA PRECIPITAÇÃO

O enigma da formação de gotas de chuva já foi citado. O simples crescimento de gotículas de chuva por condensação aparentemente é um mecanismo inadequado, e é preciso pensar em processos mais complexos.

Várias das primeiras teorias sobre o crescimento das gotas de chuva podem ser descartadas. As propostas eram que gotículas com cargas diferentes coalesciam por atração elétrica, mas parece que as distâncias entre as gotas são grandes demais e a diferença entre as cargas elétricas é muito pequena para que isso aconteça. Foi sugerido que as grandes gotas podem crescer à custa das pequenas. Todavia, as observações mostram que a distribuição do tamanho das gotículas em uma nuvem tende a manter um padrão regular; o raio médio é entre 10 e 15 μm, e poucas são maiores que 40 μm. Outra ideia era que a turbulência atmosférica poderia colocar gotículas frias e quentes em conjunção. A supersaturação do ar em referência às gotículas frias e a subsaturação em referência às quentes as faria evaporar, e as gotículas frias se desenvolveriam à sua custa. Todavia, exceto talvez em algumas nuvens tropicais, a temperatura das gotículas de nuvens é baixa demais para que esse mecanismo diferencial atue. A Figura 5.13 mostra que, abaixo de aproximadamente −10°C, o grau de inclinação da curva da pressão de vapor de saturação é baixo. Outra teoria era que as gotas de chuva crescem ao redor de núcleos de condensação excepcionalmente grandes (observados em certas tempestades tropicais). Os grandes núcleos apresentam uma taxa mais rápida de condensação no início, mas, depois desse estágio, estão sujeitos às mesmas taxas limitantes de crescimento que se aplicam a todas as gotas de chuva.

As atuais teorias para o rápido crescimento das gotas de chuva envolvem o crescimento de cristais de gelo à custa das gotas de água, ou a coalescência de pequenas gotículas pela ação de arrasto das gotas que caem.

1 A teoria de Bergeron-Findeisen

Essa teoria amplamente aceita baseia-se no fato de que, em temperaturas abaixo de zero, a pressão de vapor atmosférica diminui mais rapidamente sobre uma superfície de gelo do que sobre a água (Figura 2.14). A pressão de vapor saturante sobre a água se torna maior do que sobre o gelo, especialmente entre temperaturas de −5 e −25°C, onde a diferença excede os 0,2 mb. Se cristais de gelo e gotículas de água super-resfriadas ocorrem simultaneamente em uma nuvem, as gotas tendem a evaporar, havendo deposição direta do vapor sobre os cristais de gelo.

É necessário haver *núcleos de congelamento* antes que possam se formar partículas de gelo – em geral em temperaturas de aproximadamente −15 a −25°C. De fato, as pequenas gotículas de

Prancha 5.5 Chuva de primavera sobre o Front Range, vista da montanha Niwot, CO.

Prancha 5.6 Trovoada em forma de torre com o topo em bigorna.

Prancha 5.7 Stratocumulus sobre o Indian House Lake, Quebec.

Prancha 5.8 Nuvem estratiforme sobre as High Plains, vista da montanha Niwot, CO.

água podem ser super-resfriadas em ar puro a −40°C antes que ocorra congelamento espontâneo. Porém, os cristais de gelo predominam em nuvens onde as temperaturas estão abaixo de −22°C. Os núcleos de congelamento são muito menos numerosos do que os núcleos de condensação; pode haver até 10 por litro a −30°C e, raramente, mais de 1000. Todavia, alguns se tornam ativos em temperaturas maiores. A caulinita, um mineral comum de argila, se torna ativa inicialmente a −9°C e, em ocasiões subsequentes, a −4°C. A origem dos núcleos de congelamento é tema de acirrados debates, mas as partículas de solo muito finas são consideradas uma fonte importante. Os aerossóis biogênicos emitidos por vegetais em decomposição, na forma de compostos químicos complexos, também servem como núcleos de congelamento. Na presença de certas bactérias associadas, pode haver nucleação com gelo a apenas −2 a −5°C.

Cristais de gelo minúsculos crescem rapidamente por deposição de vapor, desenvolvendo diferentes formas hexagonais em diferentes faixas de temperatura. O número de cristais de gelo também tende a aumentar progressivamente, pois pequenas lascas são tiradas pelas correntes de ar durante o crescimento, atuando como novos núcleos. O congelamento de gotas d'água super-resfriadas também pode produzir lascas de gelo (ver F, neste capítulo). A Figura 5.13 mostra que uma densidade baixa de partículas de gelo é capaz de apresentar um crescimento rápido em um ambiente de gotículas de água das nuvens. Isso resulta em uma redução mais lenta no tamanho médio do número muito maior de gotículas da nuvem, embora ainda ocorra em uma escala temporal de 101 minutos. Os cristais de gelo agregam-se facilmente ao colidirem, devido à sua forma ramificada (dendrítica), e dezenas de milhares de cristais podem formar um único floco de neve. Temperaturas entre 0 e −5°C são favoráveis à agregação, pois os finos filmes de água sobre as superfícies dos cristais congelam quando dois cristais se tocam, unindo um ao outro. Quando a velocidade de queda da massa crescente de gelo excede as velocidades existentes nas correntes de ar ascendentes, o floco de neve cai, derretendo-se em

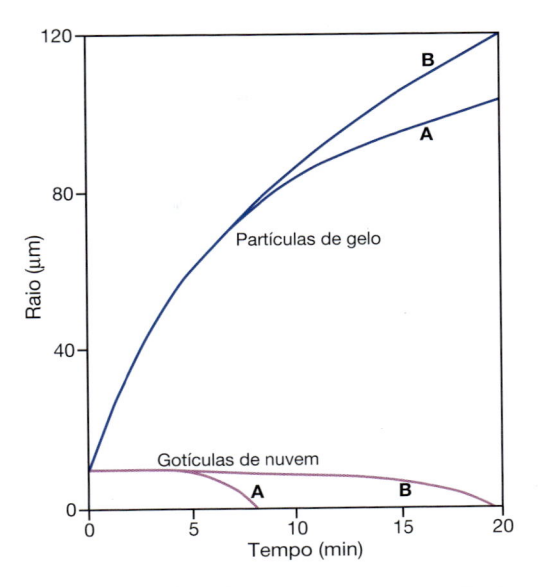

Figura 5.13 Efeito de uma pequena proporção de gotículas inicialmente congeladas sobre o relativo aumento/redução nos tamanhos de partículas de gelo e água das nuvens. As gotículas iniciais estavam à temperatura de −10°C e em saturação. A: densidade de 100 gotas por cc, 1% das quais se supõe estar congelado. B: densidade de 1000 gotas por cc, 0,1% das quais se supõe estar congelado.

Fonte: Jonas 1994a. Reimpresso de Weather com permissão da Royal Meteorological Society. Copyright ©.

uma gota de chuva se cair aproximadamente 250 m abaixo do nível de congelamento.

Essa teoria pode explicar a maior parte da precipitação em latitudes médias e altas, mas não é completamente satisfatória. Nuvens cumulus sobre os oceanos tropicais podem gerar chuva quando estão com apenas 2000 m de espessura e a temperatura no topo da nuvem for de 5°C ou mais. Em latitudes médias no verão, a precipitação pode cair de nuvens cumulus sem uma camada com temperaturas inferiores a 0°C (*nuvens quentes*). Um mecanismo sugerido nesses casos é o da "coalescência de gotículas", discutida a seguir.

As tentativas práticas de *fazer chover* que basearam-se na teoria de Bergeron tiveram um certo grau de sucesso. A base para esses experimentos é o núcleo de congelamento. Nuvens super-resfriadas (água) entre −5 e −15°C são *semeadas* com materiais especialmente efetivos, como o iodeto de prata ou "gelo seco" (CO_2) a partir de aviões ou de geradores de iodeto de prata no solo, promovendo o crescimento de cristais de gelo e estimulando a precipitação. É provável que a semeadura de nuvens cumulus nessas temperaturas produza um aumento médio na precipitação de 10-15% em nuvens que já estão em precipitação ou que estejam "para precipitar". Foram obtidos aumentos de até 10% com a semeadura de tempestades orográficas de inverno. Todavia, parece provável que nuvens com uma abundância de cristais de gelo naturais, ou com temperaturas acima do ponto de congelamento, não sejam suscetíveis a essas tentativas de fazer chover. A liberação prematura de precipitação pode destruir os fluxos ascendentes e causar a dissipação da nuvem. Isso explica por que certos experimentos de semeadura na verdade *diminuíram* a chuva! Em outros casos, o crescimento de nuvens e a precipitação foram efetivados por meio desses métodos na Austrália, na China e nos Estados Unidos. Durante vários anos, foram implementados programas visando a aumentar a queda de neve no inverno no lado oeste de Sierra Nevada e das Montanhas Rochosas, ao semear tempestades ciclônicas, com resultados dúbios. Seu sucesso depende da presença de nuvens super-resfriadas adequadas. Em um experimento recente em Wyoming, a semeadura começou exclusivamente a partir do solo no inverno de 2006-2007 e, em 2007-2008, houve o envolvimento de um avião e de 25 estações de solo. A avaliação do grau de sucesso está em andamento. Existem pelo menos duas razões para a dificuldade em estabelecer o impacto da semeadura de nuvens: a falta de correspondência entre a escala do impacto e a escala em que a semeadura opera; e a grande variabilidade natural da precipitação em comparação com o efeito relativamente pequeno da semeadura.

Quando várias camadas de nuvens estão presentes na atmosfera, a semeadura natural pode ser importante. Por exemplo, se cristais de gelo caem de cirrostratus ou altostraus de alto nível (uma nuvem semeadora) em uma nimbostratus (uma nuvem alimentadora) composta de gotículas de água super-resfriadas, esta pode crescer rapidamente pelo processo de Bergeron, e essas situações talvez levem a uma grande e prolongada precipitação. Essa é uma ocorrência frequente em sistemas ciclônicos no inverno, e é importante na precipitação orográfica (ver E3, neste capítulo).

2 Teorias de coalescência

As teorias sobre o crescimento das gotas de chuva usam a colisão, a coalescência e o "arrasto" como mecanismos de crescimento. Originalmente, pensava-se que as colisões de partículas de nuvens decorrentes da turbulência atmosférica fariam uma proporção significativa delas coalescer. Todavia, as partículas também se quebram quando submetidas a colisões. Langmuir propôs uma variação dessa ideia simples. Ele afirmou que as gotas que caem têm velocidades terminais (em geral, 1-10 cm s^{-1}) relacionadas diretamente com seus diâmetros, de modo que as gotas maiores podem atropelar e absorver as gotículas menores, que também podem ser arrastadas na esteira das gotas maiores e ser absorvidas por elas. A Figura 5.9 apresenta resultados experimentais da taxa de crescimento de gotas de água por coalescência, a partir de um raio inicial de 20 mm em uma nuvem com um conteúdo de água de 1g/m^3 (pressupondo eficiência máxima). Embora a coalescência seja lenta inicialmente, as gotas alcançam 100-200 μm de raio em 50 minutos. Além disso, a taxa de crescimento é rápida para gotas com raios acima de 40 μm. Os cálculos mostram que as gotas devem exceder os 19 μm de raio antes que possam coalescer com outras; gotículas menores são arrastadas para o lado sem colidir. A presença inicial de algumas gotículas muito grandes sugere a disponibilidade de núcleos gigantes (p.ex., partículas de sal) se o topo da nuvem não passar do nível de congelamento. Observações mostram que as nuvens marítimas têm relativamente poucos núcleos de condensação grandes (10-50 μm de raio) e um conteúdo elevado de água na forma líquida, ao passo que o ar continental tende a conter muitos núcleos pequenos (~1 μm) e menos água líquida. Assim, o início rápido de aguaceiros é possível pelo mecanismo de coalescência em nuvens marítimas. De maneira

Prancha 5.9 Nuvens altocumulus.
Fonte: National Weather Service (NWS) Collection. Fotógrafo: Ralph F. Kresge #0863.

Prancha 5.10 Nuvens de onda de sotavento e "pilha de pratos" sobre Boulder, CO.

Prancha 5.11 Nuvens de onda de sotavento ao entardecer sobre Boulder, CO.

Prancha 5.12 Cirrus uncinus sobre Cape Dyer, Ilha de Baffin.

alternativa, se houver poucos cristais de gelo em níveis mais altos na nuvem (ou se houver semeadura, com cristais de gelo caindo de nuvens mais altas), eles podem cair através da nuvem como gotas, e o mecanismo de coalescência entra em ação. A turbulência em nuvens cumulus serve para estimular colisões nos estágios iniciais. Assim, o processo de coalescência permite um crescimento mais rápido do que uma simples condensação, e é, de fato, comum em nuvens "quentes" em massas de ar marítimo tropical, mesmo em latitudes temperadas.

Tentou-se produzir chuvas artificiais em nuvens quentes por meio da semeadura higroscópica de nuvens com compostos como sais de sódio, lítio e potássio. A ideia é gerar gotículas maiores, ou proporcionando núcleos maiores para condensação ou facilitando a formação de grandes gotas pela junção de pequenas gotículas.

3 Precipitação sólida

Discutimos a chuva detalhadamente porque ela é a forma mais comum de precipitação. A neve ocorre quando o nível de congelamento está tão próximo da superfície que as agregações de cristais de gelo não têm tempo para derreter antes de chegarem ao chão. De modo geral, isso significa que o nível de congelamento deve estar abaixo de 300 m. A mistura de neve e chuva (*sleet*, na forma britânica) tem probabilidade de ocorrer quando a temperatura do ar na superfície for de cerca de 1,5°C. Raramente, há queda de neve com uma temperatura do ar superficial acima de 4°C.

Bolos de granizo macio (grãos de gelo opacos e aproximadamente esféricos com bastante ar incluído) ocorrem quando o processo de Bergeron atua em uma nuvem com um pequeno conteúdo de água líquida, e as partículas de gelo crescem principalmente por deposição de vapor de água. A acresção limitada de pequenas gotículas super-resfriadas forma um agregado de partículas macias e opacas de gelo com aproximadamente 1 mm de raio. Chuvas dessas bolas são bastante comuns no inverno e na primavera, desde nuvens cumulonimbus.

Grãos de gelo podem se formar se o granizo macio cair sobre uma região com um conteúdo elevado de água líquida acima do nível de congelamento. A acresção forma uma capa de gelo transparente ao redor do grão. De maneira alternativa, um grão de gelo constituído inteiramente de gelo transparente pode resultar do congelamento de uma gota de chuva ou do recongelamento de um floco de neve derretido.

As verdadeiras pedras de granizo são acresções aproximadamente concêntricas de gelo transparente e opaco. O embrião é uma gota de chuva carregada em uma corrente ascendente e congelada. As acresções sucessivas de gelo opaco (*rime*) ocorrem devido ao impacto de gotículas super-resfriadas, que congelam instantaneamente. O gelo transparente (*glaze*) representa uma camada superficial úmida, desenvolvida como resultado do acúmulo muito rápido de gotas super-resfriadas em partes da nuvem com um grande conteúdo de água líquida, que foi congelada sucessivamente. Uma dificuldade importante nas primeiras teorias era a necessidade de postular que correntes ascendentes com flutuações violentas conferiam à pedra de granizo a sua estrutura em bandas. Os modelos modernos de tempestades conseguem explicar isso (ver Capítulo 9I). Em certas ocasiões, as pedras podem alcançar um tamanho gigante, pesando até 0,76 kg cada (registrado em setembro de 1970 em Coffeyville, Kansas). Devido à sua rápida queda, as pedras de granizo podem cair em distâncias consideráveis com pouco derretimento. As tempestades de granizo causam danos severos a plantações e ao patrimônio quando as pedras que caem são grandes.

É comum identificar três tipos principais de precipitação – convectiva, ciclônica e orográfica – conforme o modo primário de ascensão do ar. O conhecimento dos sistemas de tempestades é essencial para essa análise. Eles são tratados em capítulos posteriores, e o neófito ao tema talvez prefira ler a seção seguinte antes de avançar ao Capítulo 9.

F TIPOS DE PRECIPITAÇÃO

1 Precipitação do tipo convectivo

Associado a nuvens cumulus em torre (cumulus congestus) e cumulonimbus. Três subcategorias

Prancha 5.13 Nevoeiro de vale de nuvens que deslizam sobre as montanhas ao norte de Katmandu, Nepal, 20 de novembro de 1979.

Fonte: Cortesia de Nel Caine, University of Colorado.

Prancha 5.14 Nuvens mammatus. Formam-se na base das cumulonimbus, geralmente como presságio de uma trovoada.

Fonte: Cortesia de Mark Anderson, University of Nebraska.

podem ser distinguidas segundo seu grau de organização espacial.

1. Células convectivas dispersas desenvolvem-se por meio do forte aquecimento da superfície do solo no verão, especialmente quando as baixas temperaturas na troposfera superior facilitam a liberação da instabilidade condicional ou convectiva (ver B, neste capítulo). A precipitação, muitas vezes com granizo, é do tipo trovoada, embora não ocorram necessariamente trovões e relâmpagos. Áreas pequenas (20 a 50 km^2) são afetadas por pancadas fortes individuais, que duram aproximadamente de 30 minutos a uma hora.

2. Pancadas de chuva, neve ou granizo leve podem se formar quando ar frio, úmido e instável passa sobre uma superfície mais quente. As células convectivas que avançam com o vento produzem uma distribuição da precipitação em faixas, paralela à direção do vento. Essas células tendem a ocorrer paralelamente à superfície de uma frente fria no setor quente de uma depressão (às vezes, uma linha de instabilidade) ou paralela e anteposta à frente quente (ver Capítulo 9D). Assim, a precipitação é dispersa, embora de duração limitada em cada localidade específica.

3. Em ciclones tropicais, células de cumulonimbus se organizam ao redor do centro em bandas espirais (ver Capítulo 13B.2). Particularmente nos estágios de dissipação desses ciclones, geralmente sobre a terra, a chuva pode ser forte e prolongada, afetando áreas de milhares de quilômetros quadrados.

2 Precipitação do tipo ciclônico

As características da precipitação variam conforme o tipo de sistema de baixa pressão e seu estágio de desenvolvimento, mas o mecanismo essencial é a ascensão de ar pela convergência horizontal de correntes de ar em uma área de baixa pressão (ver Capítulo 6B). Em depressões extratropicais, isso é reforçado pela subida de ar quente e menos denso ao longo do limite de uma massa de ar (ver Capítulo 9D.2). Essas depressões geram precipitação moderada e contínua sobre áreas muito grandes à medida que se deslocam, em geral no sentido leste, nos cinturões de ventos de oeste entre as latitudes de 40 e 65°aproximadamente. O cinturão de precipitação no setor dianteiro da tempestade pode afetar uma localidade em seu caminho por 6 a 12 horas, ao passo que o cinturão posterior traz um período mais curto de precipitação do tipo trovoada. Desse modo, esses setores às vezes são distinguidos em classificações de precipitação, e uma análise mais detalhada é ilustrada na Tabela 9.2. As baixas polares (ver Capítulo 9H.3) combinam os efeitos da convergência de correntes de ar e da atividade convectiva da categoria 2 (seção anterior, F.1), enquanto as depressões na área de baixa pressão equatorial geram precipitação convectiva como resultado da convergência de correntes de ar nos ventos de leste tropicais (ver Capítulo 13B.1).

3 Precipitação orográfica

A precipitação orográfica é considerada um tipo distinto, mas exige uma qualificação cuidadosa. As montanhas não são eficientes para remover a umidade das correntes de ar que as atravessam, mas, como a precipitação ocorre repetidamente mais ou menos nos mesmos locais, os totais cumulativos são grandes. Uma barreira orográfica pode produzir vários efeitos, dependendo de seu alinhamento e tamanho, entre os quais: (1) ascensão forçada em uma encosta suave, produzindo resfriamento adiabático, condensação e precipitação; (2) desencadeamento de instabilidade condicional ou convectiva, bloqueando o fluxo de ar e ascendência a montante; (3) desencadeamento de convecção pelo aquecimento diurno das encostas e ventos ascendentes; (4) precipitação de nuvens baixas sobre as montanhas, pela "semeadura" de cristais de gelo ou gotículas de uma nuvem alimentadora mais elevada (Figura 5.14); e (5) maior precipitação frontal, pelo retardamento do movimento de sistemas

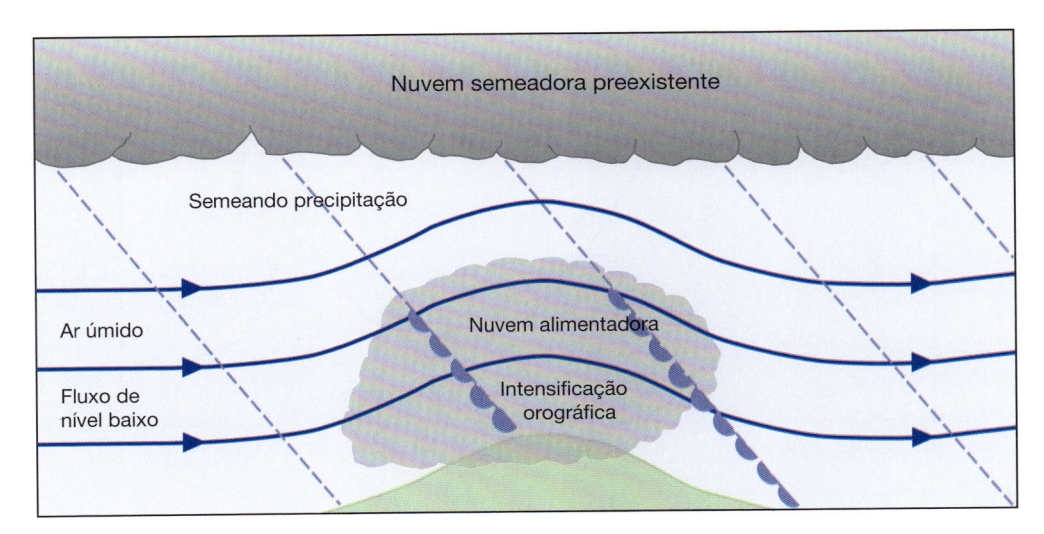

Figura 5.14 Modelo de nuvens "semeadora-alimentadora" de T. Bergeron de precipitação orográfica sobre colinas.

Obs.: Este processo também pode atuar em camadas Nimbostratus espessas.

Fonte: Browning e Hill (1981), com permissão da Royal Meteorological Society.

ciclônicos e frentes. As montanhas da costa oeste com fluxo do mar, como os Ghats Ocidentais, na Índia, durante as monções de sudoeste no verão; a costa oeste do Canadá, Washington e Oregon; e a costa da Noruega nos meses de inverno supostamente ilustram a ascensão forçada e suave, embora muitos outros processos pareçam estar envolvidos. A largura limitada de certas cadeias costeiras, com velocidades médias de vento, em geral proporciona tempo insuficiente para que os mecanismos básicos da precipitação atuem (ver Figura 4.9). Devido à complexidade dos processos envolvidos, Tor Bergeron propôs usar o termo precipitação "orogênica" em vez de "orográfica" (uma origem relacionada com diversos efeitos produzidos oroficamente). Um exemplo extremo de precipitação orográfica é encontrado na encosta oeste dos Alpes sulinos da Nova Zelândia, onde a precipitação média anual excede os 10 metros (Figura 5.15).

Em áreas de latitudes médias onde a precipitação é predominantemente de origem ciclônica, os efeitos orográficos tendem a aumentar a frequência e a intensidade da precipitação de inverno, ao passo que, durante o verão e em climas continentais com um nível de condensação mais alto, o principal efeito do relevo é desencadear precipitação intensa ocasional do tipo trovoada.

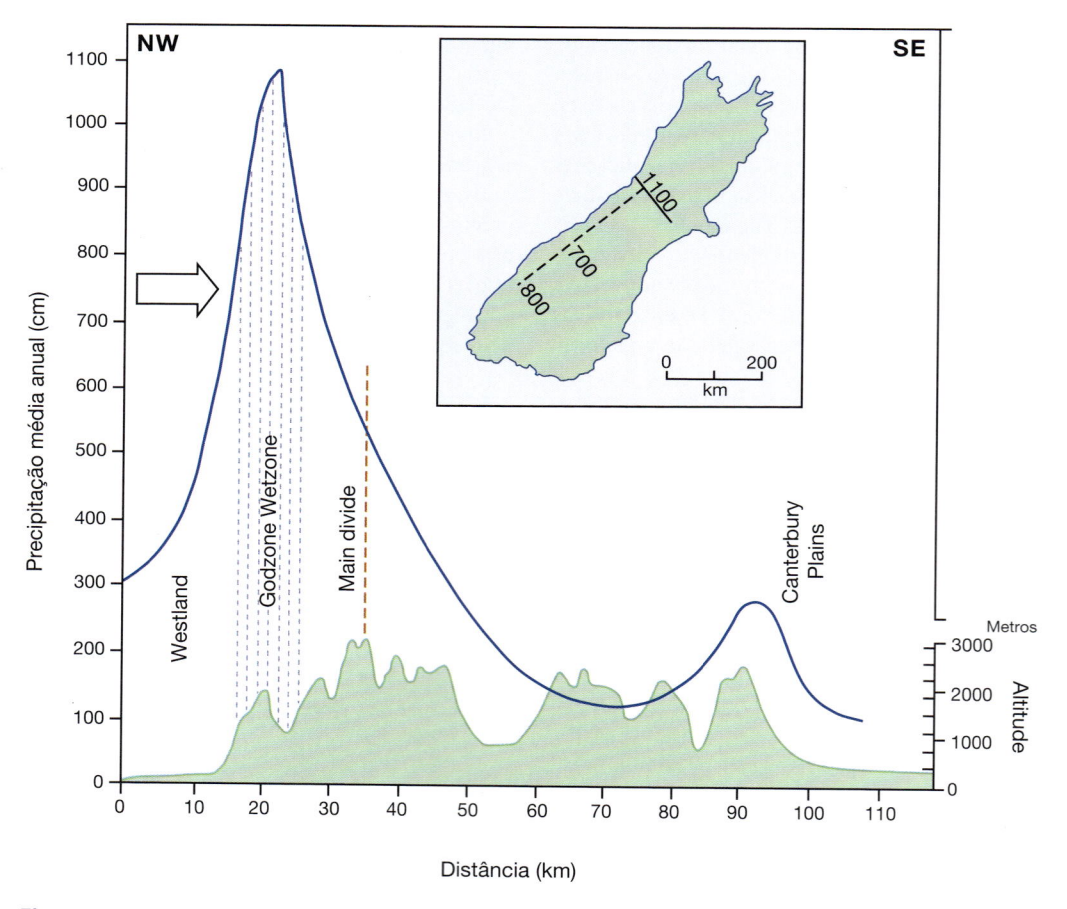

Figura 5.15 Precipitação média anual (1951-1980) ao longo do transecto da Ilha Sul da Nova Zelândia, mostrado como a linha contínua no mapa. A linha tracejada indica a posição da Godzone Wetzone e os números representam os picos de precipitação (cm) em três locais ao longo da Godzone Wetzone.

Fonte: Chinn (1979) e Henderson (1993), com permissão da New Zealand Alpine Club Inc. e T. J. Chinn.

No caso de uma atmosfera estável, a influência orográfica ocorre apenas perto do solo em locais altos. Estudos com radar mostram que o efeito principal nesse caso é de redistribuição, ao passo que, no caso de uma atmosfera instável, a precipitação parece aumentar, ou pelo menos se redistribuir em uma escala maior, pois os efeitos orográficos podem se estender muito a sotavento, devido à ativação de bandas de chuva de mesoescala (ver Figura 9.13).

Em áreas altas tropicais, existe uma distinção mais clara entre as contribuições orográficas e convectivas para a chuva total do que no cinturão ciclônico de média latitude. A Figura 5.16 mostra que, nas montanhas da Costa Rica, o caráter temporal das chuvas convectivas e orográficas e suas ocorrências sazonais são bastante distinguíveis. A chuva convectiva ocorre principalmente de maio a novembro, quando 60% da chuva caem à tarde, entre as 12 e 18 horas; a chuva orográfica predomina entre dezembro e abril, com um máximo secundário em junho e julho, coincidindo com uma intensificação dos ventos Alísios.

Mesmo colinas baixas podem ter um efeito orográfico. Pesquisas realizadas na Suécia mostram que colinas florestadas, elevadas a apenas 30-50 m acima das terras baixas circundantes, aumentam a quantidade de precipitação localmente em 50-80% durante períodos ciclônicos. Antes de os estudos com radar Doppler sobre o movimento das gotas de chuva se tornarem possíveis, os processos responsáveis por esses efeitos

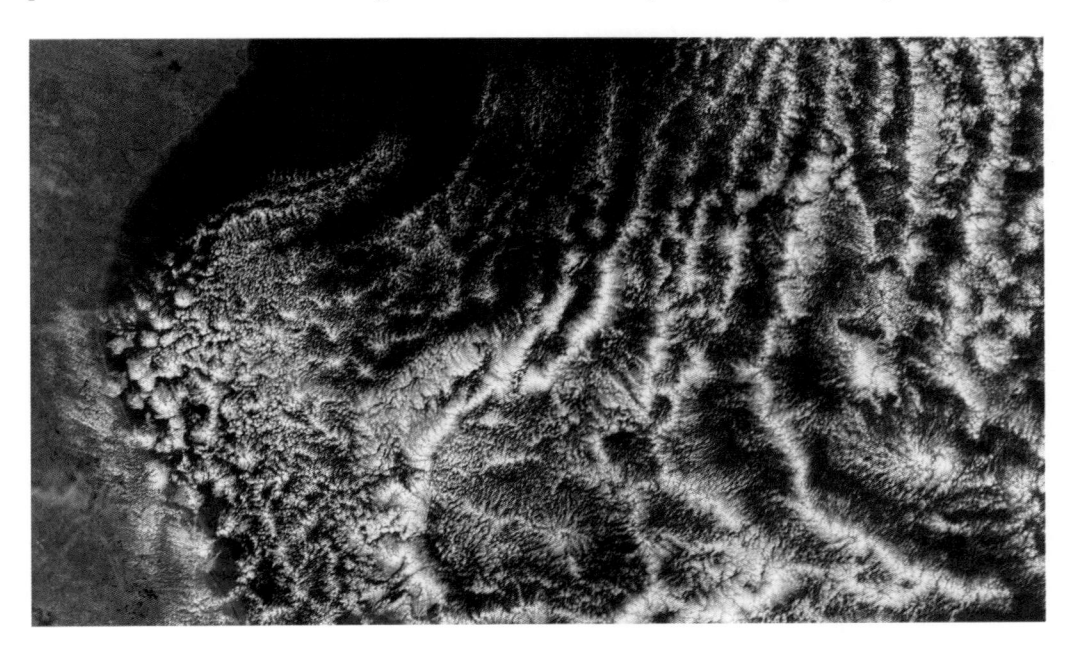

Prancha 5.15 O que os cientistas atmosféricos chamam de formação de nuvens em células abertas é uma ocorrência regular no lado posterior de um sistema de baixa pressão ou ciclone em latitudes médias. No Hemisfério Norte, um sistema de baixa pressão arrasta o ar circundante e o gira no sentido anti-horário. Isso significa que, no lado posterior do centro de baixa pressão, o ar frio será puxado do norte e, no lado anterior, ar quente será puxado de latitudes mais próximas ao equador. Esse movimento de massas de ar se chama advecção e, quando ocorre advecção de ar frio sobre águas mais quentes, o resultado é a formação de nuvens em células abertas.

Essa imagem MODIS mostra a formação de nuvens em células abertas sobre o Oceano Atlântico, junto à costa sudeste dos Estados Unidos e as Bahamas em 19 de fevereiro de 2002. Essa formação é resultado de um sistema de baixa pressão no Oceano Atlântico Norte, algumas centenas de quilômetros a leste de Massachusetts. O ar frio está sendo conduzido do norte no lado oeste da baixa e as nuvens cumulus de célula aberta se formam à medida que o ar frio passa sobre as águas mais quentes do Caribe.

Fonte: Jacques Descloitres, MODIS Land Rapid Response Team, NASA/GSFC.

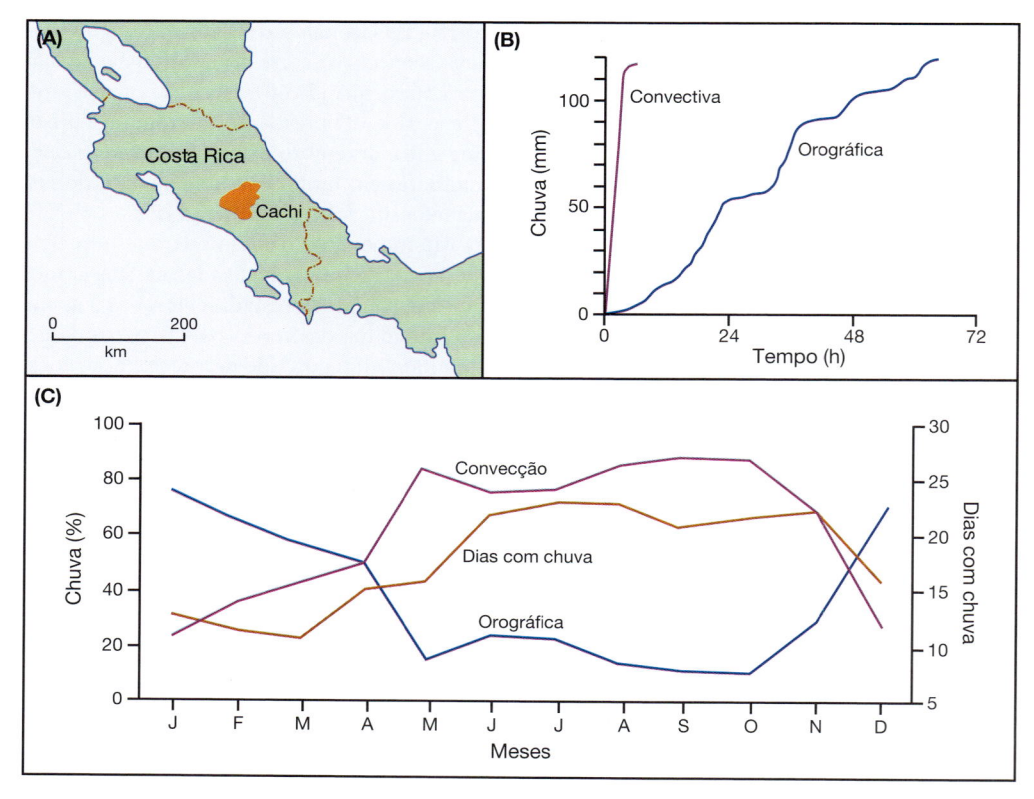

Figura 5.16 Precipitação orográfica e convectiva na região de Cachi na Costa Rica para o período 1977-1980: (A) região de Cachi, elevação 500-3000 m; (B): distribuições típicas de chuva acumulada para chuva convectiva (duração 1-6 horas, intensidade alta) e orográfica (1-5 dias, baixa intensidade exceto durante intensas atividades convectivas); (C) chuva mensal dividida em porcentagens de convectiva e orográfica, mais dias com chuva, para Cachi (1018 m).

Fonte: Chacon and Fernandez (1985), com permissão da Royal Meteorological Society.

eram desconhecidos. Uma causa importante é o mecanismo das nuvens "semeadoras-alimentadoras" ("liberadora-consumidora"), proposto por Tor Bergeron e ilustrado na Figura 5.14. Em fluxos de ar úmidos e estáveis, forma-se uma rasa cobertura de nuvens sobre os topos montanhosos. A precipitação que cai de uma camada superior de altostratus (a nuvem semeadora) cresce rapidamente pela queda de gotículas na nuvem mais baixa (alimentadora). A nuvem semeadora pode liberar cristais de gelo, que se derretem posteriormente. A precipitação da camada de nuvens superior, por si só, não traria quantidades significativas sobre o solo, pois as gotículas teriam tempo insuficiente para crescer no fluxo de ar, que pode cruzar as colinas em 15-30 minutos. A maior parte da intensificação da precipitação acontece no quilômetro mais baixo da camada de ar úmido que se move rapidamente.

G TROVOADAS

1 Desenvolvimento

Em latitudes médias, o exemplo mais espetacular de alterações no teor de umidade e a liberação associada de energia na atmosfera é a trovoada[*]. Movimentos ascendentes e descendentes extre-

---

[*] N. de R.T.: Por trovoada entenda-se uma célula convectiva formadora de cumulonimbus e não o ruído característico gerado pelas faíscas elétricas que esse gênero de nuvem pode produzir.

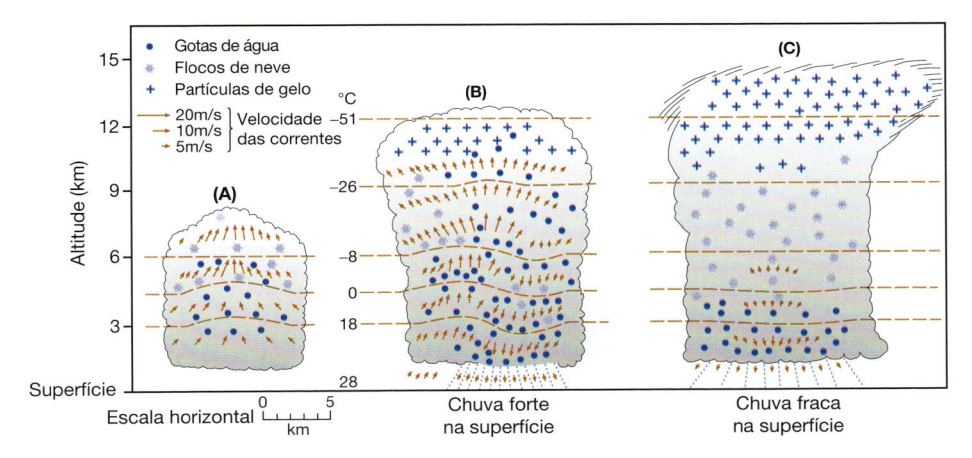

Figura 5.17 Visão clássica do ciclo de uma trovoada local. As setas indicam a direção e velocidade das correntes de ar. (A) estágio de desenvolvimento da corrente ascendente inicial; (B) estágio maduro com correntes ascendentes, descendentes e chuva forte; (C) estágio de dissipação, dominado por correntes descendentes frescas.
Fonte: Byers and Braham; modificado de Petterssen (1969).

mos de ar são os principais ingredientes e a força motriz dessas trovoadas. Elas ocorrem: (1) devido às células ascendentes de ar úmido excessivamente aquecido em uma massa de ar instável; (2) pelo desencadeamento de instabilidade condicional por subida de ar sobre montanhas; ou (3) por circulações de mesoescala ou ascensão de ar ao longo de linhas de convergência (ver p. 252).

O ciclo de vida de uma trovoada local dura apenas algumas horas e começa quando uma parcela de ar está mais quente do que o ar circundante ou é ativamente soerguida por uma invasão de ar mais frio. Em ambos os casos, o ar começa a subir, e o embrião da célula de trovoada forma-se com um fluxo ascendente e instável de ar quente (Figura 5.17). À medida que a condensação começa a formar gotículas de nuvem, o calor latente é liberado e o ímpeto inicial da parcela de ar ascendente é potencializado pela expansão e redução da densidade, até que toda a massa esteja totalmente fora de equilíbrio térmico com o ar circundante. Nesse estágio, as correntes ascendentes podem aumentar de 3-5 m s^{-1} na base da nuvem para 8-10 m s^{-1} aproximadamente 2-3 km mais acima, podendo exceder os 30 m s^{-1}. A liberação constante de calor latente injeta suprimentos novos e contínuos de energia, que aceleram o fluxo ascendente. A massa de ar continua a subir enquanto sua temperatura for maior (ou, em outras palavras, sua densidade for menor) do que a do ar circundante. Nuvens cumulonimbus se formam onde o ar já está úmido como resultado da penetração anterior de torres de um grupo de nuvens, e a ascensão persiste.

As gotas de chuva começam a se desenvolver rapidamente quando o estágio de congelamento é alcançado pelo acúmulo vertical da célula, permitindo que o processo de Bergeron atue. Elas não caem imediatamente ao chão, pois as correntes ascendentes conseguem sustentá-las. A profundidade mínima em nuvens cumulus para chuvas sobre áreas oceânicas parece ser entre 1 e 2 km, mas 4-5 km são mais comuns sobre o continente. Os intervalos mínimos correspondentes necessários para as pancadas de chuva desde cumulus são de aproximadamente 15 minutos sobre áreas oceânicas e ⩾30 minutos no continente. As quedas de granizo necessitam dos processos especiais de nuvens descritos na última seção, envolvendo fases de crescimento "seco" (acresção de *rime*) e "úmido" sobre os grãos de granizo. O estágio maduro de uma tempestade (ver Figura 5.18B) geralmente está associado a pancadas de precipitação e raios (ver Prancha 5.16). A precipitação produz por fricção correntes descendentes de ar frio. À medida que elas adquirem momen-

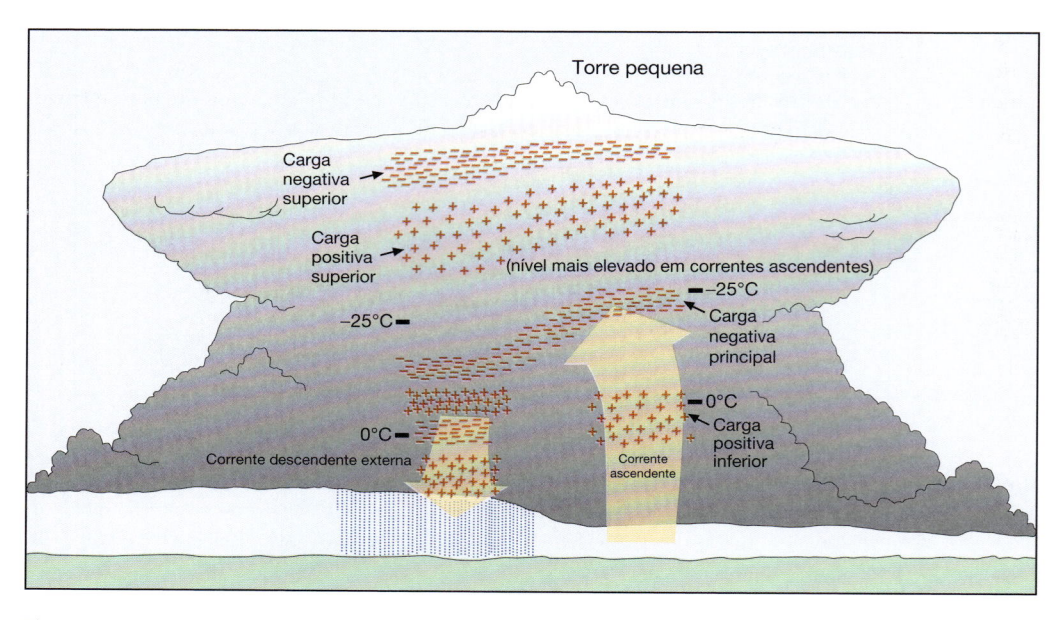

Figura 5.18 Estrutura das cargas elétricas em trovoadas de massa de ar no Novo México, tempestades com supercélulas e os elementos convectivos de sistemas convectivos de mesoescala (ver Capítulo 9), com base em sondagens com balão do campo elétrico – 33 em correntes ascendentes e 16 fora delas. Existem quatro zonas verticais na região ascendente e seis na descendente, mas o tamanho, a intensidade e as posições relativas das correntes ascendentes e descendentes variam, assim como a altitude e as temperaturas mostradas.

Fonte: Stolzenburg et al. (1998) *J. Geophys. Res.* 103, p.14,101, Fig. 3. Cortesia da American Geophysical Union.

to, o ar frio pode se espalhar abaixo da célula de trovoada, em uma cunha. Gradualmente, conforme a umidade da célula é consumida, o suprimento de calor latente liberado diminui, as correntes descendentes ganham força sobre as correntes quentes ascendentes, e a célula se dissipa.

Para simplificar a explicação, foi ilustrada uma trovoada com apenas uma célula. Geralmente, essas tempestades são muito mais complexas em sua estrutura e consistem de várias células organizadas em grupos de 2-8 km de extensão, 100 km de comprimento e estendendo-se até 10 km ou mais em altitude. Esses sistemas são conhecidos como linhas de instabilidade (ver Capítulo 9).

2 Eletrificação de nuvens e relâmpagos

Duas hipóteses gerais ajudam a explicar a eletrificação em trovoadas. Uma envolve a indução na presença de um campo elétrico, e a outra é uma transferência de carga não indutiva. A ionosfera, a 30-40 km de altitude, tem carga positiva (graças à ação ionizante da radiação cósmica e solar ultravioleta), e a superfície da Terra tem carga negativa durante períodos de tempo bom. Assim, as gotículas das nuvens podem adquirir uma carga positiva induzida em seu lado inferior e uma carga negativa em seu lado superior. A transferência de carga não indutiva exige o contato entre a nuvem e as partículas da precipitação. Segundo J. Latham, o principal fator na eletrificação das nuvens é a transferência de carga não indutiva envolvendo colisões entre cristais de gelo que crescem por difusão de vapor e grãos mais quentes de granizo macio (*graupel*) que crescem por acúmulo de gotas de água congelada. Recentemente, dados do satélite TRMM mostraram que essa transferência não indutiva de cargas elétricas é o mecanismo dominante na separação de cargas em todas as regiões do planeta. A acresção de gotículas super-resfriadas sobre o granizo produz uma

CAPÍTULO 5 Instabilidade atmosférica, formação de nuvens e processos de precipitação   **137**

superfície irregular, que é aquecida quando as gotículas liberam calor latente durante o congelamento. Os impactos dos cristais de gelo sobre essa superfície irregular geram carga negativa, enquanto os cristais adquirem carga positiva. A carga negativa geralmente está concentrada entre −10°C e −25°C em uma nuvem de trovoada, onde as concentrações de cristais de gelo

Prancha 5.16 Fotografia com lapso de tempo de descargas elétricas das nuvens ao chão durante uma trovoada noturna em Norma, Oklahoma, março de 1978.
Fonte: C. Clark; NOAA Photo Library, National Severe Storms Laboratory, Norman, OK, NOAA.

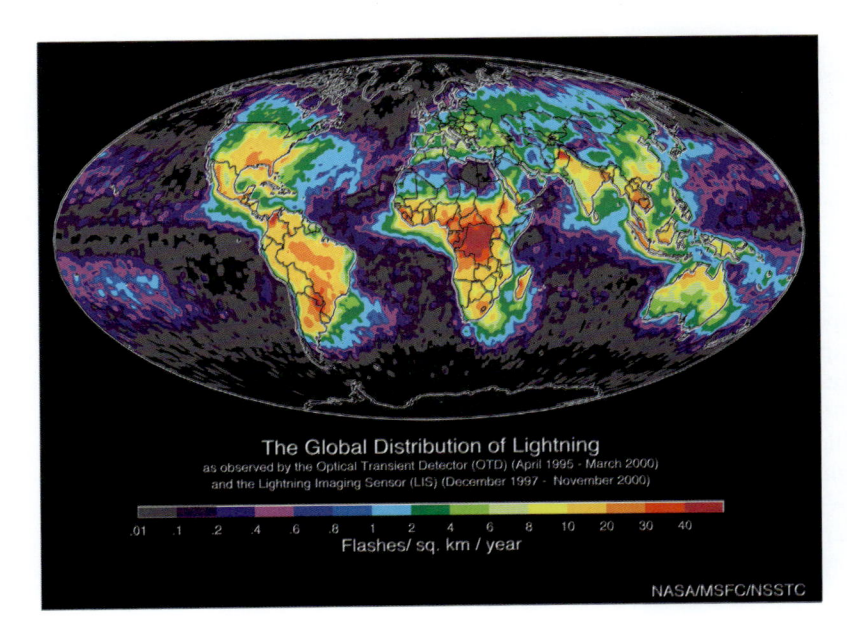

Prancha 5.17
Distribuição global de descargas elétricas observadas pelo Optical Transient Detector (abril de 1995 a março de 2000) e do Lightning Image Sensor.

Fonte: Cortesia do NASA Marshal Space Flight Center, NSSTC.

são altas, devido à fragmentação de cristais no nível de 0° a −5°C e à ascensão dos cristais em correntes ascendentes. A separação de cargas elétricas de sinais opostos pode envolver diversos mecanismos. Um é o movimento diferencial de partículas pela gravidade e pelas correntes ascendentes convectivas. Outro é a fragmentação de cristais de gelo durante o congelamento de gotículas das nuvens. Isso atua da seguinte maneira: uma gotícula super-resfriada congela da superfície para dentro, e isso cria um núcleo mais quente e com carga negativa (íons OH^-) e uma superfície mais fria com cargas positivas, devido à migração de íons H^+ para fora, seguindo o gradiente de temperatura. Quando essa pedra macia de granizo se rompe durante o congelamento, pequenos fragmentos de gelo com carga positiva são ejetados pela capa de gelo e preferencialmente elevados à parte superior da célula convectiva nas correntes ascendentes. Todavia, o mecanismo de fragmentação do gelo parece funcionar apenas para uma faixa limitada de condições de temperatura, e a transferência de cargas é pequena.

A distribuição vertical de cargas em uma cumulonimbus, com base em sondagens feitas com balão, é mostrada na Figura 5.18. Esse esquema geral se aplica a tempestades em massas de ar no sudoeste dos Estados Unidos, bem como a tempestades em supercélulas e sistemas convectivos de mesoescala descritos no Capítulo 9. Existem quatro bandas alternativas de cargas positivas e negativas na corrente ascendente e seis fora da área de ascensão. As três bandas inferiores das quatro da corrente ascendente são atribuídas a processos de colisão. Os cristais de gelo levados para cima podem explicar por que a parte superior da nuvem (acima da isoterma de −25°C) tem carga positiva. O *graupel* negativamente carregado explica a principal região de cargas negativas. Existe um limiar de temperatura em torno de −10°C a −20°C (dependendo do conteúdo de água líquida na nuvem e da taxa de acresção sobre o *graupel*), onde ocorre inversão do sinal das cargas elétricas. Acima (abaixo) da altitude desse limiar, os grãos de *graupel* possuem carga negativa (positiva). A área inferior com carga positiva representa partículas maiores de precipitação que adquirem carga positiva em temperaturas superiores àquelas desse limiar. A origem da zona mais alta de carga negativa é incerta, mas pode envolver indução (a formação da chamada "camada de separação"), uma vez que fica perto do limite superior da nuvem, e a ionosfera é positivamente carregada. A estrutura sem correntes ascendentes pode representar variações espaciais ou uma evolução temporal do sistema de trovoada. A origem da área positiva na base da nuvem fora da corrente ascendente é incerta, mas pode ser uma camada de separação.

Estudos com radar mostram que as descargas elétricas estão associadas às partículas de gelo nas nuvens e às correntes de ar ascendentes que carregam pequenos grãos de granizo. As descargas começam mais ou menos simultaneamente às pancadas, e a quantidade de chuva parece estar correlacionada com a densidade de relâmpagos. A forma mais comum de descarga elétrica (em torno de dois terços de todos os relâmpagos) ocorre dentro da nuvem e é visível como relâmpago laminar. Mais significativas são as descargas da nuvem ao solo. Com frequência, elas vão da parte inferior da nuvem ao solo, que tem uma carga positiva induzida localmente (Figura 5.19A). O primeiro estágio (líder) do relâmpago, que traz carga negativa da nuvem, é encontrado por volta de 30 m acima do solo por uma descarga de retorno, que rapidamente leva a carga positiva ao longo do canal de ar ionizado, já formado. Assim como o líder é neutralizado pela descarga de retorno, a nuvem a neutraliza por sua vez. Líderes e descargas de retorno subsequentes drenam as regiões mais altas da nuvem, até que seu suprimento de cargas negativas é temporariamente esgotado. A descarga total, com aproximadamente oito descargas de retorno, em geral dura 0,5 segundos (Figura 5.19). O extremo aquecimento e a expansão explosiva do ar imediatamente ao redor do caminho do raio lançam ondas sonoras intensas, fazendo o trovão ser ouvido. O som viaja a aproximadamente 300 m s^{-1}. Com menos frequência, os raios da nuvem ao solo ocorrem a partir da região positiva superior (Figura 5.19B, caso (1)), e predominam no setor de nuvens

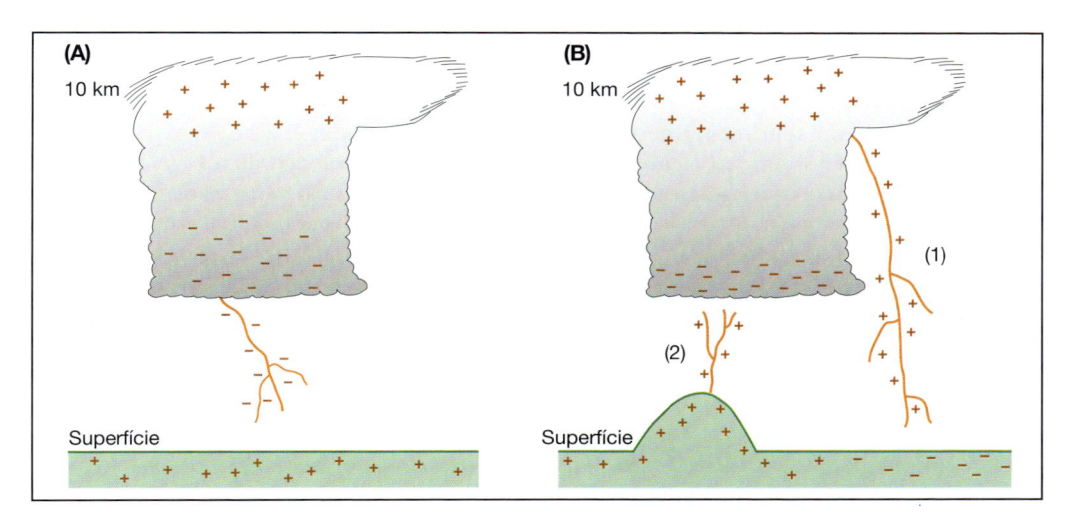

Figura 5.19 Visão clássica da distribuição vertical de cargas eletrostáticas em uma nuvem de trovoada e no solo. (A) mostra a transferência comum de cargas negativas para a superfície em uma descarga elétrica; (B) mostra outros casos: (1) quando cargas positivas da parte superior da nuvem são transferidas para uma área com indução local de cargas negativas na superfície; (2) a transferência de cargas positivas ocorre de uma elevação ou estrutura na superfície para a base da nuvem.

estratiformes de uma tempestade convectiva em movimento (Capítulo 9). As cargas positivas também podem ser transferidas do topo de uma montanha ou estrutura elevada para a base da nuvem (caso (2)). Nos Estados Unidos, mais de 20% dos raios são positivos no Meio-Oeste, ao longo da Costa do Golfo e na Flórida. A Figura 5.19 representa um modelo bipolar simples de eletricidade em nuvens; ainda devem ser desenvolvidos esquemas para a complexidade mostrada na Figura 5.18.

As descargas elétricas representam apenas um aspecto do ciclo da eletricidade atmosférica. Durante tempo bom, a superfície da Terra tem carga negativa, e a ionosfera, carga positiva. O gradiente potencial desse campo elétrico vertical durante tempo bom é de aproximadamente 100 V m^{-1} próximo à superfície, diminuindo a aproximadamente 1 V m^{-1} a 25 km, ao passo que, embaixo de uma nuvem de trovoada, ele alcança 10.000 V m^{-1} imediatamente antes de uma descarga. O "potencial de colapso" para que haja descarga elétrica no ar seco é de 3 × 10^6 V m^{-1}, mas isso é 10 vezes superior que o maior potencial observado em nuvens de trovoada. Daí a necessidade de processos localizados de carregamento de gotículas de nuvens/cristais de gelo, conforme já descritos, para iniciar raios líderes. Os íons atmosféricos conduzem a eletricidade da ionosfera até a Terra e, assim, deve haver um suprimento de retorno para manter o campo elétrico observado. Uma fonte importante é a *descarga pontual* lenta, de objetos como prédios e árvores, de íons com carga positiva, induzida pela base negativa da nuvem de tempestade.

Recentemente, foram descobertas correntes ascendentes acima das regiões estratiformes de grandes sistemas de tempestades convectivas com raios positivos da nuvem ao solo. Emissões luminosas breves, decorrentes de descargas elétricas, aparecem na mesosfera e se estendem até 30-40 km abaixo. Esses chamados *duendes* (sprites) são vermelhos na porção superior, com filamentos azuis mais abaixo. A cor vermelha advém de moléculas neutras de nitrogênio agitadas por elétrons livres. Na ionosfera mais acima, pode ocorrer um anel de expansão luminosa (chamado "elfo"). Bastante acima de uma trovoada com relâmpagos, observa-se uma descarga, pois o campo elétrico imposto com dipolo vertical excede o potencial de colapso do ar de baixa densidade. A ionosfera, eletricamente condutiva, impede que essas "duendes" se estendam acima da altitude de 90 km.

A outra fonte do suprimento de retorno (estimado como menor em seu efeito sobre a Terra como um todo do que as descargas pontuais) é a transferência ascendente e instantânea de cargas positivas por raios, deixando a Terra com carga negativa. Acredita-se que a operação conjunta dessas correntes, em aproximadamente 1800 trovoadas ao redor do planeta em um dado momento, seja suficiente para equilibrar o vazamento ar-Terra, e esse número corresponde razoavelmente às observações.

Em âmbito global, as trovoadas são mais frequentes entre 12 e 21 horas no horário local, com um mínimo por volta das 3hs da madrugada. Uma análise de raios em imagens de satélite no canal visível à meia-noite local mostra uma predominância de raios sobre áreas de terra tropicais entre 15°N e 30°S (Prancha 5.17). No verão austral, as assinaturas de raios ocorrem ao longo da depressão equatorial e ao sul, até aproximadamente 30°S sobre o Congo, a África do Sul, o Brasil, a Indonésia e o norte da Austrália, com atividade ao longo de rotas ciclônicas no hemisfério norte. No verão boreal, a atividade se concentra na região central e setentrional da a América do Sul, a África Ocidental – Congo, o norte da Índia e no Sudeste Asiático e no sudeste dos Estados Unidos. A Rede Norte-Americana de Detecção de Raios registrou 28-31 milhões de raios por ano em 1998-2000. As tempestades severas nos Estados Unidos podem ter picos nas taxas de raios das nuvens para o solo com mais de 9000 raios por hora. Na Flórida e ao longo da Costa do Golfo, a densidade média de raios é de 9 raios/km^2. A corrente máxima média é de 16kA. O raio é um risco ambiental significativo. Apenas nos Estados Unidos, ocorrem 100-150 mortes por ano, em média, como resultado de acidentes envolvendo raios.

RESUMO

O ar pode ser elevado por meio da instabilidade decorrente do aquecimento superficial ou por turbulência mecânica, ascensão do ar em uma zona frontal, ou elevação forçada sobre uma barreira orográfica. A instabilidade é determinada pela taxa real de redução na temperatura com a altitude na atmosfera, relativa ao gradiente adiabático apropriado. O gradiente adiabático seco (GAS) é de 9,8°C/km; o gradiente adiabático saturado (GAU) é menor do que o gradiente seco, devido à liberação de calor latente por condensação. Ele é menor (por volta de 5°C/km) em temperaturas altas, mas aproxima-se do GAU em temperaturas abaixo de zero.

A condensação exige a presença de núcleos higroscópicos como partículas de sal no ar. Senão, ocorre supersaturação. De maneira semelhante, os cristais de gelo somente se formam naturalmente em nuvens contendo núcleos de congelamento (partículas minerais de argila). De outra forma, as gotículas de água podem se super-resfriar a −39°C. Pode haver presença de gotículas super-resfriadas e cristais de gelo simultaneamente em nuvens com temperatura de −10°C a −20°C.

As nuvens são classificadas em gêneros básicos segundo a altitude e a forma da nuvem. Os satélites têm fornecido novas informações sobre os padrões espaciais de nebulosidade, revelando áreas celulares (favos de mel) e ruas lineares de nuvens, bem como padrões de tempestade em grande escala.

As gotas de precipitação não se formam diretamente pelo crescimento de gotículas de nuvem por condensação, podendo haver dois processos envolvidos – coalescência de gotas de tamanhos diferentes ao caírem, e o crescimento de cristais de gelo por deposição de vapor (o processo de Bergeron-Findeisen). As nuvens mais baixas podem ser semeadas naturalmente por cristais de gelo caídos de camadas de nuvens superiores, ou pela introdução de núcleos artificiais. Não existe uma causa única para a intensificação orográfica dos totais de precipitação, podendo ser distinguidos pelo menos quatro processos contribuintes.

As trovoadas são geradas por ascensão convectiva (que pode resultar do aquecimento diurno), ascensão orográfica, sistemas frontais ou linhas de instabilidade. O processo de congelamento parece ser um elemento importante na eletrificação de nuvens nas trovoadas. Os raios desempenham um papel crucial na manutenção do campo elétrico entre a superfície e a ionosfera.

CAPÍTULO 5 Instabilidade atmosférica, formação de nuvens e processos de precipitação

TEMAS PARA DISCUSSÃO

- Explique a diferença entre os gradientes adiabático, adiabático seco e adiabático saturado.
- Que processos determinam a presença de estabilidade e instabilidade na troposfera?
- Que fatores fazem o ar subir/descer em pequenas e grandes escalas e quais são os resultados climáticos associados?
- Faça um registro dos gêneros e da quantidade de nuvens durante alguns dias e compare o que você observa com a cobertura de nuvens mostrada para a sua região em imagens de satélite de um *site* adequado (ver Apêndice 4D).
- Faça um corte transversal da elevação do terreno e dos totais de precipitação em estações ao longo de um transecto em sua região/país. Use dados diários, mensais ou anuais, conforme disponíveis. Além disso, observe a direção predominante do vento com relação às montanhas/colinas.
- A partir de registros/*sites* nacionais, examine a ocorrência de sistemas convectivos (trovoadas, tornados, raios) em seu país e determine se são tempestades de massas de ar conectadas com baixas frontais, ou sistemas convectivos de mesoescala.

REFERÊNCIAS E SUGESTÃO DE LEITURA

Livros

Byers, H. R. and Braham, R. R. (1949) *The Thunderstorm*, US Weather Bureau. [Classic study of thunderstorm processes]

Cotton, W. R. and Anthes, R. A. (1989) *Storm and Cloud Dynamics*, Academic Press, San Diego, CA, 883pp. [Discusses cloud types and physical and dynamical processes, mesoscale structures, and the effects of mountains on airflow and cloud formation]

Kessler, E. (ed.) (1986) *Thunderstorm Morphology and Dynamics*, University of Oklahoma Press, Norman, OK, 411pp. [Comprehensive accounts by leading experts on convection and its modeling, all aspects of thunderstorm processes and occurrence in different environments, hail, lightning and tornadoes]

Ludlam, F. H. (1980) *Clouds and Storms. The Behavior and Effect of Water in the Atmosphere*, Pennsylvania State University, University Park and London, 405pp. [A monumental work by a renowned specialist]

Mason, B. J. (1975) *Clouds, Rain and Rainmaking* (2nd edn), Cambridge University Press, Cambridge and New York,189pp. [Valuable overview by a leading cloud physicist]

Petterssen, S. (1969) *Introduction to Meteorology*, 3rd edn, McGraw-Hill, New York, 416pp.

Strahler, A. N. (1965) *Introduction to Physical Geography*, John Wiley & Sons, New York, 455pp.

World Meteorological Organization (1956) *International Cloud Atlas*, Geneva. [Cloud classification and photographs of all sky types]

Artigos científicos

Andersson, T. (1980) Bergeron and the oreigenic (orographic) maxima of precipitation. *Pure Appl. Geophys.* 119, 558–76.

Bennetts, D. A., McCallum, E. and Grant, J. R. (1986) Cumulonimbus clouds: an introductory review. *Met. Mag.* 115, 242–56.

Bergeron, T. (1960) Problems and methods of rainfall investigation, in *The Physics of Precipitation*, Geophysical Monograph 5, Amer. Geophys. Union, Washington, DC, 5–30.

Bering, E. A. III., Few, A. A. and Benbrook, J. R. (1998 The global electric circuit. *Physics Today* 51(9), 24–30.

Braham, R. R. (1959) How does a raindrop grow? *Science* 129, 123–9.

Browning, K. A. (1980) Local weather forecasting. *Proc. Roy. Soc. Lond. Sect. A* 371, 179–211.

Browning, K. A. (1985) Conceptual models of precipitation systems. *Met. Mag.* 114, 293–319.

Browning, K. A. and Hill, F. F. (1981) Orographic rain. *Weather* 36, 326–9.

Brugge, R. (1996) Back to basics. Atmospheric stability: Part 1. Basic concepts. *Weather* 51(4), 134–40.

Chacón, R. E. and Fernandez, W. (1985) Temporal and spatial rainfall variability in the mountainous region of the Reventazón river basin,Costa Rica. *Int. J. Climatol.* 5, 176–88.

Chinn, T. J. (1979) How wet is the wettest of the wet West Coast? *New Zealand Alpine Journal* 32, 85–7.

Dudhia, J. (1996) Back to basics: thunderstorms. Part 1. *Weather* 51(11), 371–6.

Dudhia, J. (1997) Back to basics: thunderstorms. Part 2, Storm types and associated weather. *Weather* 52(1), 2–7.

Durbin, W. G. (1961) An introduction to cloud physics. *Weather* 16, 71–82 and 113–25.

East, T. W. R. and Marshall, J. S. (1954) Turbulence in clouds as a factor in precipitation. *Quart. J. Roy. Met. Soc.* 80, 26–47.

Eyre, L. A. (1992) How severe can a 'severe thunderstorm' be? *Weather* 47, 374–83.

Griffiths, D. J., Colquhoun, J. R., Batt, K. L. and Casinader, T. R. (1993) Severe thunderstorms in New South Wales: climatology and means of assessing the impact of climate change. *Climatic Change* 25, 369–88.

Henderson, R. (1993) Extreme storm rainfalls in the Southern Alps, New Zealand, in *Extreme Hydrological Events: Precipitation, Floods and Droughts (Proceedings of the Yokohama Symposium)*, IAHS Pub. No. 213, 113–20.

Hirschboeck, K. K. (1987) Catastrophic flooding and atmospheric circulation anomalies, in Mayer, L. and Nash, D. (eds) *Catastrophic Flooding*, Allen & Unwin, Boston, MA, 23–56.

Hopkins, M. M., Jr. (1967) An approach to the classification of meteorological satellite data. *J. Appl. Met.* 6, 164–78.

Houze, R. A., Jr. and Hobbs, P. V. (1982) Organization and structure of precipitating cloud systems. *Adv. Geophys.* 24, 225–315.

Jonas, P. R. (1994a) Back to basics: why do clouds form? *Weather* 49(5), 176–80.

Jonas, P. R. (1994b) Back to basics: why does it rain? *Weather* 49(7), 258–60.

Kyle, H. L. *et al.* (1993) The Nimbus Earth radiation budget (ERB) experiment: 1975 to 1992. *Bull. Amer. Met Soc.* 74, 815–30.

Latham, J. (1966) Some electrical processes in the atmosphere. *Weather* 21, 120–7.

Latham, J. *et al.* (2007) Field identification of a unique globally dominant mechanism of thunderstorm electrification. *Quart. J. Roy. Met. Soc.* 133, 1453–7

London, J., Warren, S. G. and Hahn, C. J. (1989) The global distribution of observed cloudiness – a contribution to the ISCPP. *Adv. Space Res.* 9(7), 161–5.

Mason, B. J. (1962) Charge generation in thunderstorms. *Endeavour* 21, 156–63.

Orville, R. E. *et al.* (2002) The North American lightning detection network (NALDN) – First results: 1998–2000. *Mon. Wea. Rev.* 130(8), 2098–109.

Pearce, F. (1994) Not warming, but cooling. *New Scientist* 143, 37–41.

Pike, W. S. (1993) The heavy rainfalls of 22–23 September 1992. *Met. Mag.* 122, 201–9.

Qiu, J. and Cressey, D. (2008) Taming the sky. *Nature* 453, 970–4.

Rosenfeld, D. *et al.* (2008) Flood or drought: How do aerosols affect precipitation? *Science* 321(5894): 1309–13.

Sawyer, J. S. (1956) The physical and dynamical problems of orographic rain. *Weather* 11, 375–81.

Schermerhorn, V. P. (1967) Relations between topography and annual precipitation in western Oregon and Washington. *Water Resources Research* 3, 707–11.

Schultz, D. M. *et al.* (2006) The mysteries of mamatus clouds: observations and formation mechanisms. *J. Atmos. Sci.*, 63, 2409–35.

Smith, R. B. (1989) Mechanisms of orographic precipitation. *Met. Mag.* 118, 85–8.

Stolzenburg, M., Rust, W. D. and Marshal, T. C. (1998) Electrical structure in thunderstorm convective regions. 3. Synthesis. *J. Geophys. Res.*103(D12), 14097–108.

Sumner, G. (1996) Precipitation weather. *J. Geography* 81(4), 327–45

Weston, K. J. (1977) Cellular cloud patterns. *Weather* 32, 446–50.

Wratt, D. S. *et al.* (1996) The New Zealand Southern Alps Experiment. *Bull. Amer. Met. Soc.* 77(4), 683–92.

Movimentos atmosféricos: princípios

6

OBJETIVOS DE APRENDIZAGEM

Depois de ler este capítulo, você:

- conhecerá as leis básicas do movimento horizontal na atmosfera;
- saberá como surge e atua a força de Coriolis;
- poderá definir vento geostrófico;
- saberá como o atrito modifica a velocidade do vento na camada limite;
- entenderá os princípios da divergência/convergência e vorticidade e seus papéis nos processos atmosféricos; e
- entenderá os fatores termodinâmicos, dinâmicos e topográficos que levam a regimes característicos de vento local.

A atmosfera está em movimento constante em escalas que variam de rajadas locais de curta duração a sistemas de tempestades que cobrem vários milhares de quilômetros e duram cerca de uma semana, bem como cinturões de ventos globais mais ou menos constantes que circundam a Terra. Antes de considerarmos os aspectos globais, porém, é importante analisar os controles imediatos do movimento do ar. O campo gravitacional da Terra, que atua para baixo, causa a redução observada na pressão conforme nos afastamos da superfície da Terra e que é representada na distribuição vertical da massa atmosférica (ver Figura 2.13). Esse equilíbrio mútuo entre a força da gravidade e o gradiente vertical de pressão é chamado de *equilíbrio hidrostático* (p. 31). Esse estado de equilíbrio, junto com a estabilidade geral da atmosfera e sua pouca profundidade, limita bastante o movimento vertical do ar. As velocidades horizontais médias do vento são da ordem de 100 vezes maiores que os movimentos verticais médios, embora ocorram exceções individuais – particularmente em tempestades convectivas.

A LEIS DO MOVIMENTO HORIZONTAL

Há quatro controles sobre o movimento horizontal do ar perto da superfície da Terra: a força do gradiente de pressão, a força de Coriolis, a aceleração centrípeta e as forças friccionais. A principal causa do movimento do ar é o desenvolvimento de um gradiente de pressão horizontal por meio das diferenças espaciais no aquecimento superficial e das mudanças consequentes na densidade e pressão do ar. O fato de que esse gradiente pode persistir (em vez de ser destruído pelo movimento do ar rumo à baixa pressão) resulta do efeito da rotação da Terra, dando origem à força de Coriolis.

1 A força do gradiente de pressão

A força do gradiente de pressão tem componentes verticais e horizontais, mas, como já foi observado, a componente vertical está mais ou menos em equilíbrio com a força da gravidade. As diferenças horizontais na pressão advêm de contrastes no aquecimento térmico ou de causas mecânicas, como barreiras montanhosas, e essas diferenças controlam o movimento horizontal de uma massa de ar. O gradiente de pressão horizontal serve como a força motriz que faz o ar se mover de áreas de alta pressão para áreas onde a pressão é menor, embora outras forças impeçam o ar de atravessar as isóbaras (linhas de mesma pressão). A força do gradiente de pressão por unidade de massa é expressa matematicamente como

$$\frac{1}{\rho} \frac{dp}{dn}$$

onde ρ = densidade do ar e dp/dn^* = gradiente horizontal de pressão. Assim, quanto mais próximo o espaçamento das isóbaras, mais intenso o gradiente de pressão e maior a velocidade do vento. A força do gradiente de pressão também é inversamente proporcional à densidade do ar, e essa relação é de especial importância para entender o comportamento dos ventos superiores.

2 A força defletora rotacional da Terra (Coriolis)

A força de Coriolis advém do fato de que o movimento de massas sobre a superfície da Terra é referenciado a um sistema de coordenadas móveis (ou seja, a rede de latitude e longitude, que "gira" com a Terra). A maneira mais simples de visualizar como essa força defletora opera é imaginar um disco giratório, onde objetos em movimento são desviados. A Figura 6.1 mostra o efeito dessa força defletora operando sobre

---

* N. de R.T.: dp/dn é a diferença de pressão dividida pela distância entre a alta e a baixa pressão.

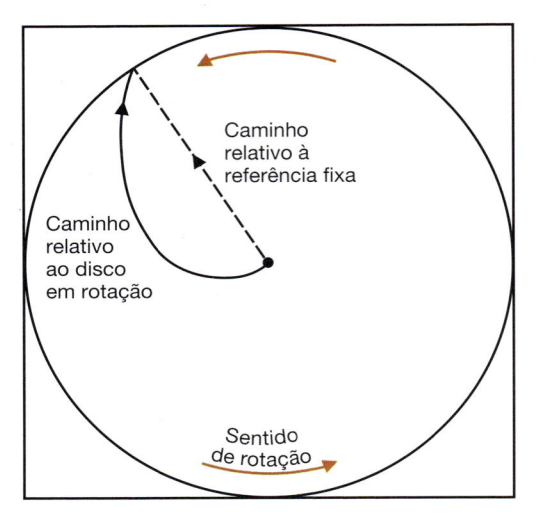

Figura 6.1 A força defletora de Coriolis atuando sobre um objeto que se move para fora a partir do centro de um disco em rotação.

uma massa que se dirige para fora a partir do centro de um disco giratório. O corpo segue um caminho reto em relação a uma base de referência fixa (por exemplo, uma caixa que contenha o disco giratório), mas, em relação a coordenadas que giram com o disco, o corpo anda para a direita de sua linha inicial de movimento. Esse efeito é facilmente demonstrado desenhando-se uma linha a lápis do centro à borda de um disco branco em uma plataforma giratória. A Figura 6.2 ilustra um caso em que o movimento não é a partir do centro da plataforma giratória, e o objeto possui um momento inicial em relação à sua distância do eixo de rotação. Observe que o modelo da plataforma giratória não é estritamente análogo, pois existe uma força centrífuga envolvida dirigida para fora. No caso da Terra em rotação (com coordenadas de latitude e longitude giratórias), existe uma deflexão visível de objetos em movimento para a direita de sua linha de movimento no Hemisfério Norte e para a esquerda no Hemisfério Sul, vista por observadores sobre a Terra. A ideia da força defletora é creditada ao trabalho do matemático francês G.G. Coriolis, na década de 1830. A "força" (por unidade de massa) é expressa por:

$$-2\,\Omega\,V\,\text{sen}\,\phi$$

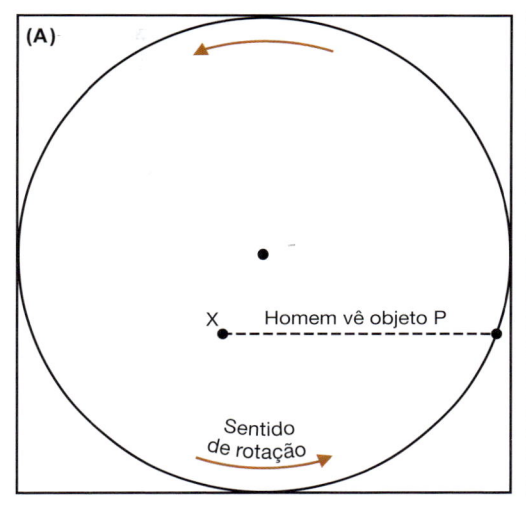

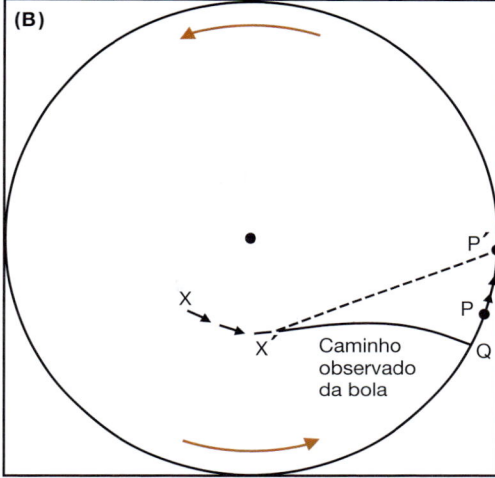

Figura 6.2 A força defletora de Coriolis sobre uma plataforma giratória: (A) um observador em X vê o objeto P e tenta lançar uma bola em direção a ele. Ambos estão girando no sentido anti-horário; (B) a posição do observador agora é X' e o objeto está em P'. Para o observador, a bola parece seguir um caminho curvo e cai em Q. O observador ignorou o fato de que a posição P estava andando no sentido anti-horário e que o caminho da bola seria afetado pelo impulso inicial devido à rotação do ponto X.

onde Ω = velocidade angular ($2\pi/24$ radianos h^{-1} para a Terra = $7,29 \times 10^{-5}$ radianos s^{-1}); ϕ = latitude e V = velocidade da massa. 2Ω sen ϕ chama-se de parâmetro de Coriolis (f). A velocidade angular é um vetor que representa a taxa de rotação de um objeto em torno do eixo de rotação; sua magnitude é a taxa temporal de deslocamento de qualquer ponto do corpo.

A magnitude da deflexão é diretamente proporcional: (1) à velocidade horizontal do ar (o ar que se move a 10 m s^{-1} tem a metade da força defletora operando sobre ele do que quando se move a 20 m s^{-1}); e (2) ao seno da latitude (sen 0° = 0; sen 90° = 1). O efeito, portanto, é máximo nos polos (onde o plano da força defletora é paralelo à superfície da Terra). Ela diminui com o seno da latitude, tornando-se zero no equador (onde não existe componente de deflexão em um plano paralelo à superfície). A "força" de Coriolis depende do movimento em si. Assim, ela afeta a direção, mas não a velocidade do movimento do ar, que envolveria trabalho (mudança da energia cinética). A força de Coriolis sempre atua em ângulos retos em relação à direção do movimento do ar, à direita no Hemisfério Norte (f positivo) e à esquerda no Hemisfério Sul (f negativo). Os valores absolutos de f variam com a latitude, conforme a tabela a seguir:

Latitude	0°	10°	20°	43°	90°
$f(10^{-4} s^{-1})$	0	0,25	0,50	1,00	1,458

A rotação da Terra também produz uma componente vertical da rotação sobre um eixo horizontal. Ela é máxima no equador (zero nos polos) e causa uma deflexão vertical para cima (baixo) para ventos de oeste/leste. Todavia, esse efeito tem importância secundária devido ao equilíbrio hidrostático.

3 Vento geostrófico

Observações na *atmosfera livre* (acima do nível afetado pelo atrito superficial entre aproximadamente 500 e 1000 m) mostram que o vento sopra mais ou menos em ângulos retos em relação ao gradiente de pressão (paralelo às isóbaras), com alta pressão à direita e baixa pressão à esquerda quando visto a favor do vento (para o Hemisfério Norte). Isso implica que, para um movimento estável, a força do gradiente de pressão é equilibrada exatamente pela deflexão de Coriolis, que atua na direção diametralmente oposta (Figura 6.3A). O vento nesse caso idealizado se chama *vento geostrófico*, cuja velocidade (Vg) é dada pela seguinte fórmula:

$$Vg = \frac{1}{2\Omega \operatorname{sen} \phi} \frac{dp}{dn}$$

onde dp/dn = gradiente de pressão. A velocidade é inversamente dependente da latitude, de modo que o mesmo gradiente de pressão associado a um vento geostrófico de velocidade 15 m s^{-1} na latitude 43° produzirá uma velocidade de apenas 10 m s^{-1} na latitude 90°. Exceto em latitudes baixas, onde o parâmetro de Coriolis fica próximo de zero, o vento geostrófico se aproxima do movimento do ar observado na atmosfera livre. Como os sistemas de pressão raramente são estacionários, esse fato implica que o movimento do ar deve mudar constantemente em busca de um novo equilíbrio. Em outras palavras, existem ajustes mútuos constantes entre o vento e os campos de pressão. O argumento comum de "causa e efeito" de que, quando um gradiente de pressão se forma, o ar começa a avançar rumo à baixa pressão antes de entrar em equilíbrio geostrófico, é uma simplificação exagerada e inadequada da realidade.

4 A aceleração centrípeta

Para um corpo seguir um caminho curvo, deve haver uma aceleração (c) para o centro da rotação, expressa por:

$$c = -\frac{mV^2}{r}$$

onde m = massa em movimento, V = sua velocidade e r = raio da curvatura. Esse efeito, por conveniência, às vezes é considerado uma "força" centrífuga que atua no sentido radial para fora (ver Nota 1). No caso da Terra, isso é válido. O efeito centrífugo devido à rotação tem, de fato, resultado em uma leve protuberância da massa da Terra nas latitudes baixas e em um achatamento perto dos polos. A pequena redução na gravidade em direção ao equador (ver Nota 2) reflete o efeito da força centrífuga atuando contra a atração gravitacional dirigida ao centro da Terra. Portanto, é necessário considerar apenas as forças envolvidas na rotação do ar ao redor de um eixo local de alta ou baixa pressão. Aqui, o caminho curvo do ar (paralelo às isóbaras) é mantido por uma aceleração que atua em direção ao centro, ou centrípeta.

A Figura 6.4 mostra (para o Hemisfério Norte) que, em um sistema de baixa pressão, o fluxo equilibrado é mantido em um caminho curvo (chamado vento gradiente) pelo fato de que a força de Coriolis é mais fraca do que a força da pressão. A diferença entre as duas dá a aceleração centrípeta líquida para o interior. No caso da alta pressão, a aceleração para dentro (centrípeta) existe porque a força de Coriolis excede a força da pressão. Como se supõe que os gradientes de pressão são iguais, as diferentes contribuições da força de Coriolis em cada caso implicam que a velocidade do vento ao redor da baixa pressão deve ser menor do que o valor geostrófico (*subgeostrófica*), ao passo que, no caso da alta pressão, é *supergeostrófica*. Na

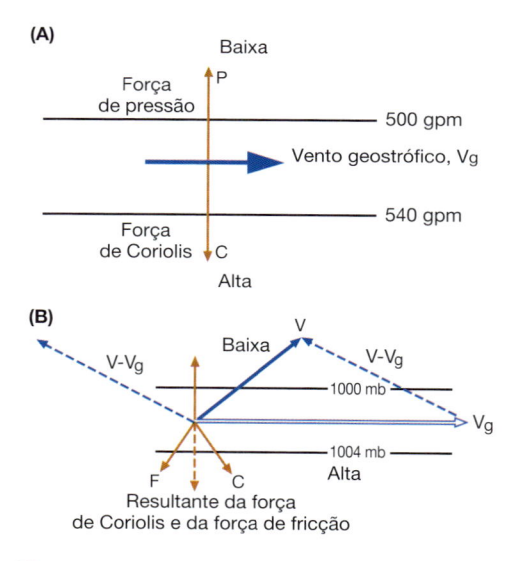

Figura 6.3 (A): o caso do vento geostrófico do movimento equilibrado (Hemisfério Norte) acima da camada de fricção (contornos de altura em gpm); (B) vento superficial V representa um equilíbrio entre o vento geostrófico, (Vg), e a resultante da força de Coriolis; (C) e a força de fricção (F). Observe que F em geral não é diretamente oposta ao vento na superfície.

(A) Baixa pressão

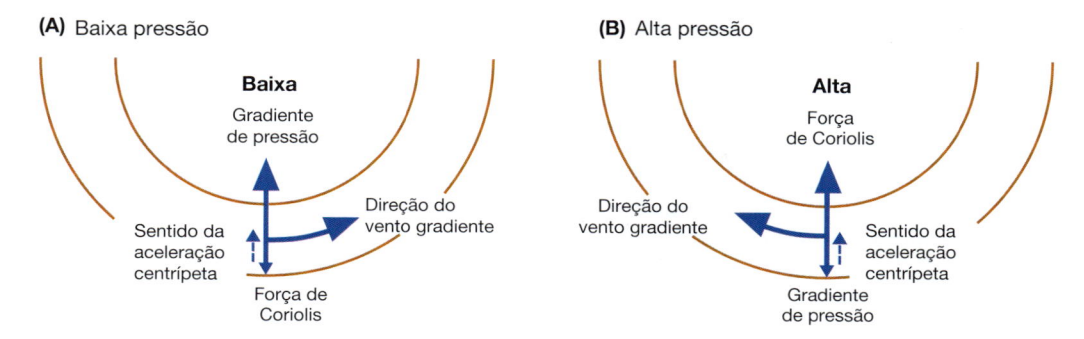

(B) Alta pressão

Figura 6.4 O caso do vento gradiente, com movimento equilibrado ao redor da baixa pressão (A) e alta pressão (B) no Hemisfério Norte.

realidade, esse efeito é obscurecido pelo fato de que o gradiente de pressão em uma alta costuma ser muito mais fraco do que em uma baixa. Além disso, o fato de que a rotação da Terra é ciclônica impõe um limite na velocidade do fluxo anticiclônico. A máxima ocorre quando a velocidade angular é $f/2$ (= V sen ϕ), em cujo valor a rotação absoluta do ar (visto do espaço) é apenas ciclônica. Além desse ponto, o fluxo anticiclônico se rompe ("instabilidade dinâmica"). Não existe velocidade máxima no caso da rotação ciclônica.

A magnitude da aceleração centrípeta geralmente é pequena, mas ela se torna importante onde ventos de alta velocidade estão se movendo em caminhos muito curvos (isto é, ao redor de um vórtice intenso de baixa pressão). Dois casos têm significado meteorológico: primeiro, em ciclones intensos perto do equador, onde a força de Coriolis é desprezível; e, em segundo lugar, em um pequeno vórtice, como um tornado. Nessas condições, quando a grande força do gradiente de pressão proporciona a aceleração centrípeta necessária para o fluxo equilibrado paralelo às isóbaras, o movimento se chama *ciclostrófico*.

Os argumentos apresentados pressupõem condições estáveis de fluxo equilibrado. Essa simplificação é útil, mas, na realidade, dois fatores impedem um estado contínuo de equilíbrio. O movimento latitudinal altera o parâmetro de Coriolis, e o movimento ou a intensidade variável de um sistema de pressão leva à aceleração ou desaceleração do ar, causando um certo grau de escoamento através das isóbaras. A própria mudança na pressão depende do deslocamento do ar pelo rompimento do estado de equilíbrio. Se o movimento do ar fosse puramente geostrófico, não haveria crescimento ou decaimento de sistemas de pressão. A aceleração do ar em níveis superiores de uma região de curvatura isobárica ciclônica (vento subgeostrófico) para uma de curvatura anticiclônica (vento supergeostrófico) causa uma queda de pressão em níveis inferiores da atmosfera, para compensar a remoção do ar para cima. A significância desse fato será discutida no Capítulo 9G. A interação entre movimentos horizontais e verticais de ar é discutida em B.2 (neste capítulo).

Nos casos em que a curvatura do fluxo é fechada, como perto do olho de um ciclone tropical (ver Capítulo 11B.2), a aceleração centrípeta pode equilibrar a força do gradiente de pressão; o vento resultante é denominado ciclostrófico.

5 Forças fricionais e a camada limite planetária

A última força que tem um efeito importante sobre o movimento do ar é a decorrente do atrito da superfície da Terra. Perto da superfície (ou seja, abaixo de 500 m em terreno plano), o atrito devido ao arrasto sobre o relevo começa a reduzir a velocidade do vento abaixo do seu valor geostrófico. Essa desaceleração do vento perto da superfície modifica a força defletora, que depende da velocidade, fazendo com que também diminua. Inicialmente, a força de atrito é oposta à velocidade do vento, exceto em um estado de equilíbrio – quando a velocidade e, portanto, a deflexão de Coriolis diminuem (o vetor somatório das componentes de Coriolis e atrito equilibra a força do gradiente de pressão, Figura 6.3B). A força de atrito agora atua para a direita do vetor vento superficial. Assim, em níveis baixos, devido aos efeitos do atrito, o vento sopra de maneira oblíqua através das isóbaras na direção do gradiente de pressão. O ângulo de obliquidade aumenta com o efeito crescente do arrasto friccional produzido pela superfície da Terra, em média cerca de 10-20° sobre a superfície do mar e 25-35° sobre o continente.

Em resumo, o vento superficial (desconsiderando os efeitos de curvatura) representa um equilíbrio entre a força do gradiente de pressão e a força de Coriolis perpendicular ao movimento do ar, e o atrito quase paralelo, mas oposto, ao movimento do ar. Onde a força de Coriolis é pequena, o atrito pode equilibrar a força do gradiente de pressão e os fluxos de vento (conhecidos como antitrípticos) em direção à baixa pressão.

A camada de influência friccional é conhecida como *camada limite planetária* (CLP). Os perfiladores atmosféricos (lidar e radar) podem medir rotineiramente a variabilidade temporal da estrutura da camada limite planetária. Sua espessura varia sobre a Terra, de algumas centenas de metros à noite, quando o ar está estável por causa do resfriamento superficial noturno, até 1-2 km durante condições convectivas que costumam aparecer durante a tarde. Excepcionalmente, sobre superfícies quentes e secas, a mistura convectiva pode se estender até 4-5 km. Sobre os oceanos, ela costuma ter 1 km de espessura e, especialmente nos trópicos, é limitada por uma inversão devido ao ar descendente. A camada limite é estável ou instável. Ainda assim, por conveniência teórica, ela costuma ser tratada como neutra (o gradiente térmico é o mesmo do GAS, ou a temperatura potencial é constante com a altitude; ver Figura 5.1). Para esse estado ideal, o vento vira (gira) no sentido horário com maior altitude sobre a superfície, criando uma espiral de vento (Figura 6.5). Esse perfil espiral foi demonstrado pela primeira vez no giro das correntes oceânicas com o aumento da profundidade (ver Capítulo 7D1.a) por V. W. Ekman; ambos são chamados de *espirais de Ekman*. O influxo de ar rumo ao centro de baixa pressão gera movimento ascendente no topo da camada limite planetária, conhecido como *bombeamento de Ekman*.

A velocidade do vento diminui exponencialmente perto da superfície terrestre, devido aos efeitos friccionais, que consistem no arras-

Tabela 6.1 Rugosidades típicas associados a características de superfícies do terreno

Características de superfícies do terreno	Comprimentos das rugosidades (m)
Grupos de prédios altos	1-10
Floresta temperada	0,8
Grupos de prédios médios	0,7
Subúrbios	0,5
Árvores e arbustos	0,2
Superfícies agrícolas	0,05-0,1
Grama	0,008
Solo limpo	0,005
Neve	0,001
Areia lisa	0,0003
Água	0,0001

Fonte: Troen and Petersen (1989).

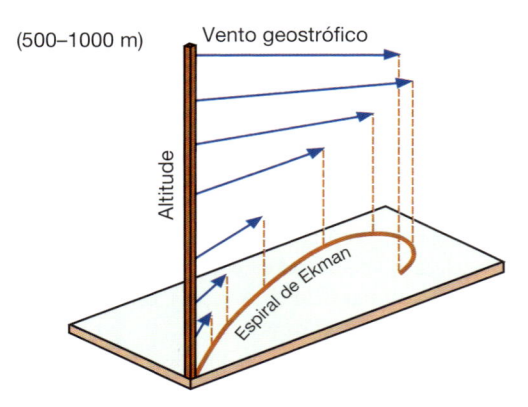

Figura 6.5 A espiral de vento de Ekman em função da altitude no Hemisfério Norte. O vento adquire a velocidade geostrófica entre 500 e 1000 m nas latitudes médias e mais altas, à medida que os efeitos do arraste friccional se tornam desprezíveis. Esse é um perfil teórico da velocidade do vento em condições de turbulência mecânica.

to sobre obstáculos (prédios, florestas, colinas) e na tensão friccional exercida pelo ar na interface com a superfície. O mecanismo de *arrasto* envolve a criação de pressão, localmente mais alta a barlavento de um obstáculo, e um gradiente de pressão lateral. A tensão eólica surge primeiro da resistência molecular do ar ao cisalhamento vertical do vento (a velocidade do vento aumenta com a altitude acima da superfície); essa viscosidade molecular atua em uma subcamada laminar com apenas alguns milímetros de espessura. Em segundo lugar, redemoinhos turbulentos, de poucos metros a dezenas de metros de diâmetro, diminuem o movimento do ar em escala maior (viscosidade turbulenta). A rugosidade aerodinâmica do terreno é descrita pelo *comprimento da rugosidade* (Z_0), ou a altitude em que a velocidade do vento cai a zero, com base na extrapolação do perfil de vento neutro. A Tabela 6.1 lista comprimentos típicos de rugosidade.

A turbulência na atmosfera é gerada pela alteração vertical na velocidade do vento (cisalhamento vertical do vento) e é suprimida pela ausência de flutuação. A razão adimensional da supressão flutuante da turbulência por sua geração por cisalhamento, conhecida como número de Richardson (*Ri*), proporciona uma medida da estabilidade dinâmica. Acima de um limiar crítico, é provável que ocorra turbulência.

B DIVERGÊNCIA, MOVIMENTO VERTICAL E VORTICIDADE

Esses três termos são a chave para a compreensão adequada dos sistemas de vento e pressão em escala sinótica e global. A subida e descida de ar em grande extensão ocorre em resposta a fatores dinâmicos relacionados com o fluxo de ar horizontal e é afetada apenas de forma secundária pela estabilidade das massas de ar. Daí a importância desses fatores para os processos meteorológicos.

1 Divergência

Diferentes tipos de fluxo horizontal são apresentados na Figura 6.6A. O primeiro painel mostra que o ar pode acelerar (desacelerar), levando à divergência (convergência) de velocidades. Quando as linhas de corrente (linhas de movimento instantâneo do ar) se espalham ou se espremem, chama-se isso de difluência ou confluência, respectivamente. Se o padrão de linhas de corrente é fortalecido pelas isótacas (linhas de igual velocidade do vento), conforme o terceiro painel da Figura 6.6A, pode haver divergência ou convergência de massa em um certo ponto (Figura 6.6B). Nesse caso, a compressibilidade do ar faz a densidade diminuir ou aumentar, respectivamente. Em geral, porém, a confluência é associada a um aumento na velocidade do ar, e a difluência, a uma redução.

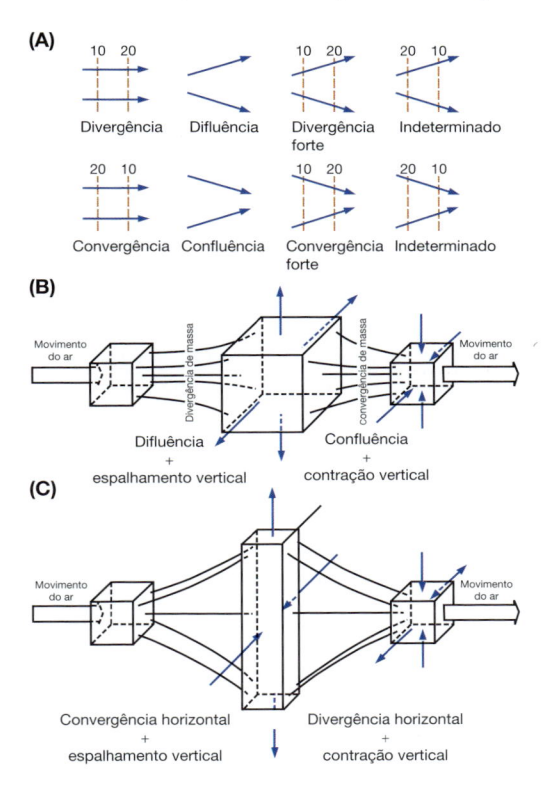

Figura 6.6 Convergência e divergência: (A) visão plana de padrões de fluxo horizontal produzindo divergência e convergência – as linhas tracejadas são isopletas esquemáticas da velocidade do vento (isótacas); (B) vista perspectiva de divergência e convergência de massa local, pressupondo mudanças na densidade; (C) relações típicas de espalhamento na convergência e de contração na divergência no fluxo atmosférico.

No caso intermediário, a confluência é equilibrada por um aumento na velocidade do vento, e a difluência, por uma redução na velocidade. Assim, a convergência (divergência) pode gerar um espalhamento (contração) vertical, conforme ilustrado na Figura 6.6C. É importante observar que, se todos os ventos fossem geostróficos, não haveria convergência ou divergência e, assim, não haveria o tempo meteorológico!

Também pode ocorrer convergência ou divergência como resultado de efeitos friccionais. Os ventos em direção à costa também sofrem convergência em níveis baixos, quando o ar desacelera ao cruzar a linha de costa, devido ao maior atrito sobre a terra, ao passo que os ventos em direção ao mar aceleram e se tornam divergentes. As diferenças friccionais também podem criar convergência (ou divergência) costeira se o vento geostrófico for paralelo à linha de costa, com terra à direita (ou esquerda) da corrente de ar, para o Hemisfério Norte*, vista a favor do vento.

2 Movimento vertical

Os fluxos horizontais perto da superfície devem ser compensados por movimentos verticais, conforme ilustrado na Figura 6.7, para que os sistemas de baixa ou alta pressão persistam e não haja elevação ou redução contínuas na densidade. O ar sobe sobre uma célula de baixa pressão e desce sobre a alta pressão, com divergência e convergência compensatórias, respectivamente, na troposfera superior. Na troposfera média, deve haver algum nível em que a divergência ou convergência horizontal é efetivamente zero; o "nível de não divergência" médio geralmente é em torno de 600 mb, correspondendo a aproximadamente 1000 m de altitude na atmosfera padrão. O movimento vertical de grande escala é extremamente lento, comparado com as correntes convectivas ascendentes e descendentes nas nuvens cumulus, por exemplo. As taxas típicas em grandes depressões e anticiclones são da ordem de ±5–10 cm s^{-1} (1,8–3,6 km/h), ao passo que as correntes ascendentes em cumulus podem exceder os 10m s^{-1} (136 km/h).

3 Vorticidade

A vorticidade implica a rotação, ou velocidade angular, de pequenas parcelas (imaginárias) em qualquer fluido. Podemos considerar que o ar dentro de um sistema de baixa pressão compreende um número infinito de pequenas parcelas de ar, cada uma girando no sentido ciclônico ao redor de um eixo vertical à superfície da Terra (Figura 6.8). A vorticidade tem três elementos – magnitude (definida como *duas* vezes a velocidade angular, Ω) (ver Nota 3), direção (o eixo horizontal ou vertical ao redor do qual a rotação ocorre) e o sentido de rotação. A ro-

---

* N. de R.T.: No Hemisfério Sul, a convergência costeira ocorre com a linha de costa à esquerda do vento, e a divergência, à direita.

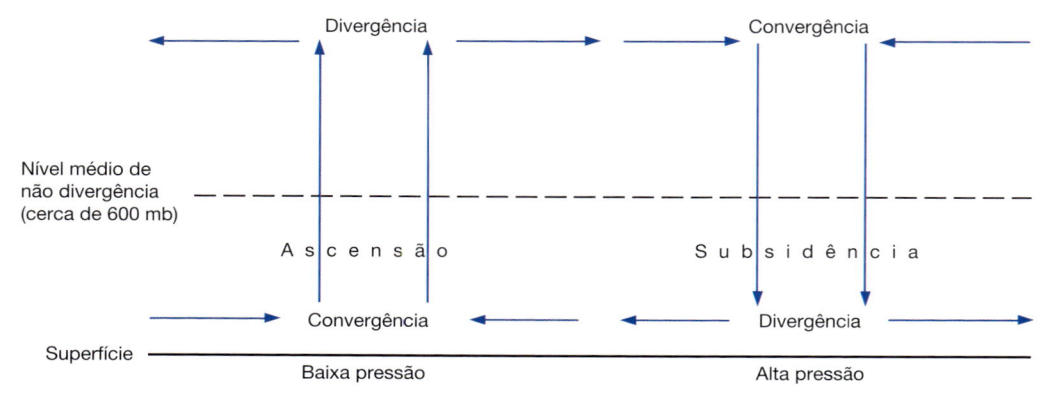

Figura 6.7 Seção transversal dos padrões de movimento vertical associados à divergência e à convergência (de massa) na troposfera, ilustrando a continuidade da massa.

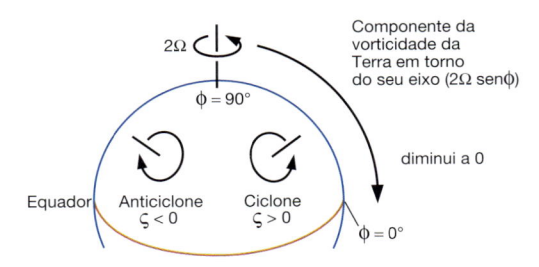

Figura 6.8 Esboço da vorticidade vertical relativa (ζ) ao redor de um ciclone e um anticiclone no Hemisfério Norte. A componente da vorticidade da Terra ao redor de seu eixo de rotação (ou parâmetro de Coriolis, f) é igual ao dobro da velocidade angular (Ω) vezes o seno da latitude (ϕ). No polo, $f = 2\Omega$, diminuindo até 0 no equador. A vorticidade ciclônica tem o mesmo sentido que a rotação da Terra em torno do seu próprio eixo, vista de cima, no Hemisfério Norte: essa vorticidade ciclônica é definida como positiva (ζ > 0).

tação no mesmo sentido que a rotação da Terra – ciclônica no Hemisfério Norte – é definida como positiva. A vorticidade ciclônica pode resultar da curvatura ciclônica das linhas de corrente, do cisalhamento ciclônico (ventos mais fortes no lado direito da corrente, vistos a favor do vento no hemisfério norte), ou de uma combinação dos dois (Figura 6.9). O cisalhamento lateral (ver Figura 6.9B) resulta de mudanças no espaçamento entre as isóbaras. A vorticidade anticiclônica ocorre com a situação anticiclônica correspondente. A componente da vorticidade ao redor de um eixo vertical à superfície da Terra é chamada de vorticidade vertical. Em geral, é a mais importante, mas, perto da superfície do solo, o cisalhamento friccional superficial causa vorticidade ao redor de um eixo paralelo à superfície e normal à direção do vento.

A vorticidade está relacionada não apenas com o movimento do ar ao redor de um ciclone ou anticiclone (*vorticidade relativa*), mas também com a localização do sistema na Terra em rotação. A componente vertical da *vorticidade absoluta* consiste na vorticidade relativa (ζ) e no valor latitudinal do parâmetro de Coriolis, $f = 2\Omega$ sen ϕ (ver Capítulo 6A). No equador, a vertical local está em ângulo reto com o eixo da Terra, de modo que $f = 0$, mas, no Polo Norte, a vorticidade ciclônica relativa e a rotação da Terra atuam no mesmo sentido (ver Figura 6.8) e $f = 2\Omega$.

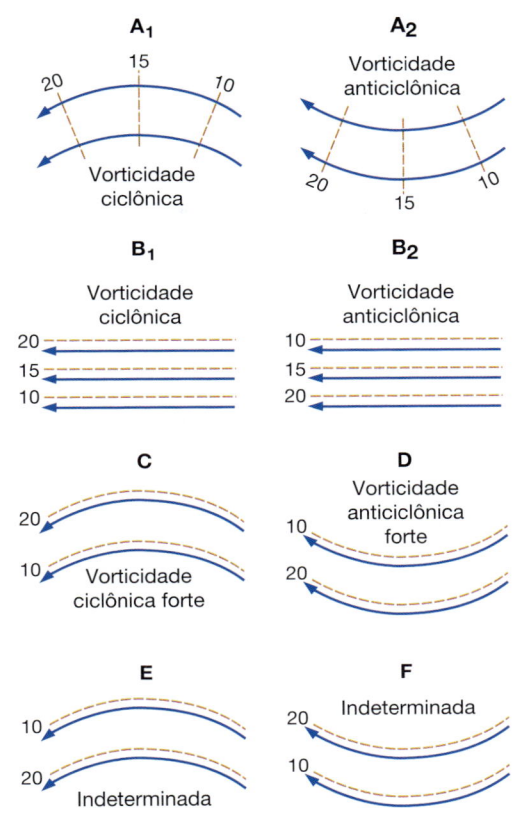

Figura 6.9 Modelos de linhas de corrente ilustrando uma visão em um plano dos padrões de fluxo com vorticidade ciclônica e anticiclônica no Hemisfério Norte. Em C e D, os efeitos da curvatura (a_1 e a_2) e o cisalhamento lateral (b_1 e b_2) são aditivos, ao passo que, em E e F, eles mais ou menos se anulam. As linhas tracejadas são isopletas esquemáticas da velocidade do vento.
Fonte: Riehl *et al.* (1954).

C VENTOS LOCAIS

Para um observador do tempo, os controles locais do movimento do ar representam mais problemas do que os efeitos das principais forças planetárias discutidas. As tendências diurnas se sobrepõem aos padrões de grande e pequena escala da velocidade do vento, sendo particularmente notáveis no caso de ventos locais. Em condições normais, as velocidades do vento tendem a ser menores perto do amanhecer, quando existe pouca mistura térmica vertical, e o ar mais baixo é menos afetado pela velocidade do ar acima (ver Capítulo 7A). Da mesma forma, as velocidades de certos ventos locais são maiores ao redor das 13-14 horas, quando o ar está mais sujeito ao aquecimento terrestre e ao movimento vertical, desse modo possibilitando um acoplamento com o movimento do ar superior (mais veloz). O ar sempre se move mais livremente longe da superfície, pois não está sujeito aos efeitos retardantes do atrito e da obstrução.

A Tabela 6.2 traz uma síntese da classificação de ventos locais, discutida a seguir.

1 Ventos de montanha e vale

As feições topográficas geram suas próprias condições meteorológicas especiais. Em dias quentes e ensolarados, o ar aquecido em um vale é lateralmente contraído, comparado com o de uma área equivalente de planície, tendendo a se expandir verticalmente. A razão de volume de ar planície/vale costuma ser de 2 ou 3:1, e essa diferença em aquecimento cria um diferencial de densidade e pressão, que faz o ar fluir da planície, subindo pelo eixo do vale. Esse vento de vale (Figura 6.10) geralmente é suave e exige um gradiente de pressão regional fraco para se formar. Esse escoamento ao longo do vale principal ocorre de forma mais ou menos simultânea com ventos *anabáticos* (encosta acima), que resultam do aquecimento maior dos lados do vale, comparado com o ar distante das vertentes aquecidas. Esses ventos de encosta ultrapassam os cumes e alimentam uma corrente de retorno mais alta ao longo da linha do vale, para compensar o vento de vale. Todavia, essa característica pode ser obscurecida pelo fluxo de ar regional. Suas velocidades alcançam o máximo por volta das 14 horas.

À noite, existe um processo inverso, à medida que ar frio mais denso em elevações maiores escoa para depressões e vales; esse vento é conhecido como vento *catabático*. Se o ar escoa encosta abaixo para um vale, ocorre um "vento de montanha" mais ou menos simultâneo ao longo do eixo do vale, fluindo em direção à planície, onde substitui o ar mais quente e menos

Tabela 6.2 Classificação de ventos locais

Nome	Características	Forçante
Anabático	Fluxo quente diurno, encosta acima	Gradiente horizontal de densidade em direção à encosta
Catabático	Fluxo frio noturno, encosta abaixo	Gravidade e gradiente horizontal de densidade afastando-se da encosta
Vento de montanha	Fluxo frio noturno, vale abaixo	Gradiente de densidade da montanha para a planície
Vento de vale	Vento quente diurno, vale acima	Gradiente de densidade da planície para a montanha
Vento antimontanha	Acima do vento de montanha na direção oposta	Corrente de compensação
Vento antivale	Acima do vento de vale na direção oposta	Corrente de compensação
Brisa marinha	Fluxo diurno do mar para a terra	Gradiente de densidade do mar fresco para o continente aquecido
Brisa terrestre	Fluxo noturno da terra para o mar	Gradiente de densidade do continente fresco para o mar mais quente
Föhn (Chinook)	Desce encosta a sotavento com temperatura crescente e menor umidade relativa	Fluxo bloqueado no lado a barlavento; ou fluxo cruzando montanhas com nuvens/precipitação na encosta a barlavento
Bora	Desce encosta a sotavento com ar mais frio do que o que substitui	Fluxo de ar frio bloqueado a montante
Vento de barreira	Fluxo baixo paralelo às montanhas, em direção aos polos	Bloqueio reduz a velocidade do fluxo normal à barreira, diminuindo a força de Coriolis

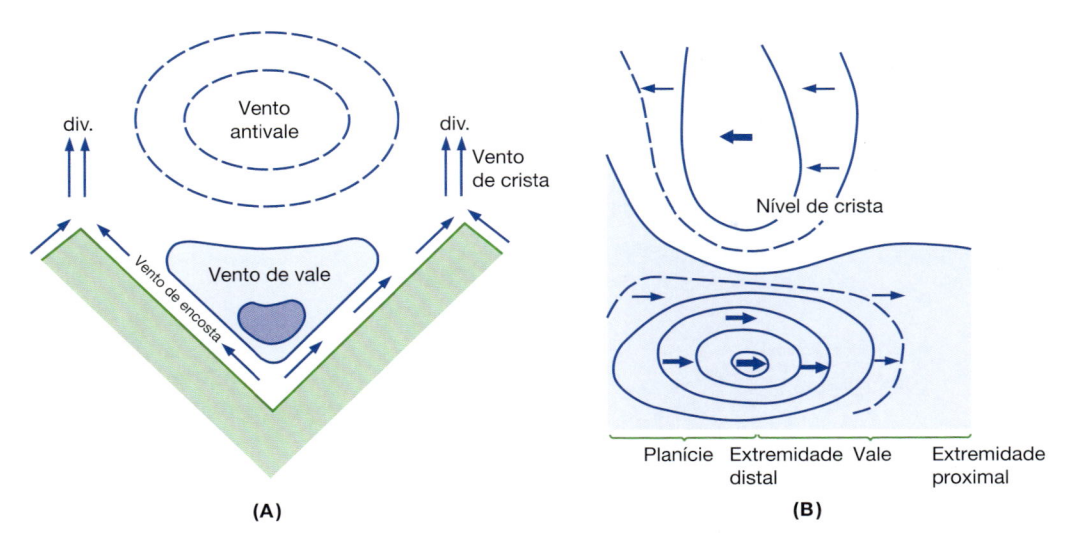

Figura 6.10 Ventos de vale em um vale ideal em forma de V: (A) seção transversal do vale. O vento de vale e o vento antivale são direcionados em ângulos retos ao plano do papel. As setas mostram o vento de encosta e crista no plano do papel, este divergindo (div.) para o sistema de vento antivale; (B) seção ao longo do centro do vale e fora da planície adjacente, ilustrando o vento de vale (abaixo) e o vento antivale (acima).
Fonte: Buettner e Thyer (1965).

denso. A velocidade máxima ocorre logo antes do nascer do Sol, no momento do resfriamento diário máximo. Como com o vento de vale, também há uma corrente de retorno, nesse caso vale acima, sobre o vento de montanha.

O escoamento catabático geralmente é citado como a causa de bolsões de geada em áreas de colinas e montanhosas. Debate-se que o maior resfriamento radiativo sobre as encostas, especialmente se estiverem cobertas de neve, leva a um fluxo de gravidade de ar frio e denso para o fundo dos vales. Porém, observações realizadas na Califórnia e em outros locais sugerem que o ar dos vales permanece mais frio do que o ar das encostas a partir do começo do resfriamento noturno, de modo que o ar que desce encosta abaixo flui sobre o ar mais denso no fundo do vale. Os ventos moderados de escoamento também atuam de modo a elevar as temperaturas dos vales por mistura turbulenta. É provável que os bolsões de ar frio no fundo de vales e depressões resultem da cessação da troca turbulenta de calor para a superfície em locais protegidos, em vez do escoamento de ar frio, que não costuma ocorrer.

2 Brisas terrestres e marinhas

Outro regime de ventos induzido por condições térmicas é representado pelas brisas terrestres e marinhas (ver Figura 6.11). A expansão vertical da coluna de ar que ocorre durante o aquecimento diurno sobre a terra, que esquenta mais rapidamente (ver Capítulo 3B.5), inclina as superfícies isobáricas perto da costa, causando ventos em direção à terra na superfície e compensando o movimento superior em direção ao mar. As diferenças de pressão típicas entre a terra e o mar são da ordem de 2 mb. À noite, o ar sobre o mar é mais quente, invertendo a situação, embora essa inversão também seja causada pelos ventos que sopram das encostas montanhosas em direção ao mar. A Figura 6.12 mostra que as brisas marinhas têm um efeito decisivo sobre a temperatura e umidade na costa da Califórnia. O fluxo básico em direção ao mar é perturbado durante o dia por uma brisa marinha de oeste. Inicialmente, a diferença de temperatura entre o mar e as montanhas costeiras da Califórnia central cria uma brisa marinha rasa, que, por volta do meio-dia, chega a 300 m de espessura. No começo da tarde, uma

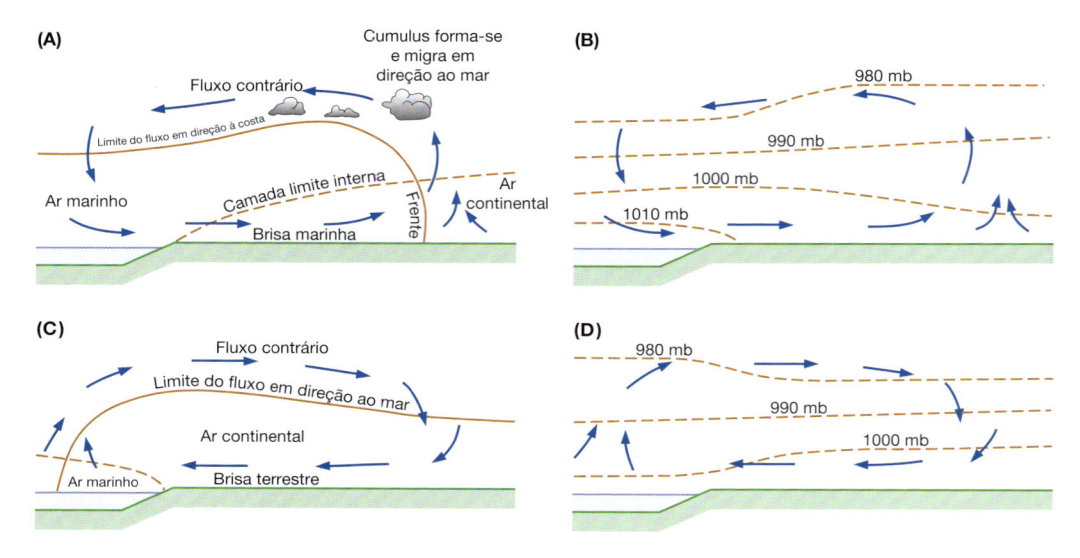

Figura 6.11 Brisas terrestre e marinhas diurnas. (A) e (B) circulação e distribuição da pressão em brisa marinha no começo da tarde durante tempo anticiclônico. (C) e (D) circulação e distribuição da pressão em brisa terrestre à noite durante tempo anticiclônico.
Fonte: A e C por Oke (1978).

circulação mais espessa de escala regional entre o oceano e os vales interiores quentes gera um escoamento de 1 km de espessura em direção à costa, que persiste de duas a quatro horas após o pôr do Sol. A brisa rasa e a mais espessa têm velocidades máximas de 6 m s^{-1} (21,6 km/h). Uma brisa terrestre noturna rasa ocorre por volta das 19 horas (hora local), mas é indistinguível em relação ao escoamento causado pelo gradiente em direção ao mar.

O ar marinho fresco que avança pode formar uma linha distinta (ou *frente*; ver Capítulo 8D) marcada pelo desenvolvimento de nuvens cumulus, atrás das quais observa-se um máximo distinto na velocidade do vento. Isso costuma ocorrer no verão, por exemplo, ao longo da Costa do Golfo no Texas. Em uma escala menor, essas feições são observadas na Grã-Bretanha, particularmente ao longo das costas sul e leste. A brisa marinha tem uma espessura aproximada de 1 km, embora diminua perto da extremidade frontal, podendo penetrar 50 km ou mais na terra por volta das 21h. As velocidades típicas do vento nessas brisas marinhas são de 4-7 m s^{-1} (14-25 km/h), embora possam aumentar bastante onde uma acentuada inversão térmica de baixo nível produz um "efeito Venturi", constringindo e acelerando o fluxo. As brisas marinhas mais rasas costumam ser fracas, por volta de 2 m s^{-1} (7,2 km/h). Os fluxos contrários em altitude geralmente são fracos e podem se tornar imperceptíveis pela circulação regional, mas estudos realizados na costa do Oregon sugerem que, sob certas condições, esse fluxo de retorno superior pode estar relacionado com as condições das brisas marinhas mais baixas, mesmo a ponto de espelhar seus máximos de velocidade. Em latitudes médias, a deflexão de Coriolis causa um desvio em uma brisa marinha bem desenvolvida (no sentido horário no Hemisfério Norte), de modo que pode soprar mais ou menos paralela à costa. Sistemas análogos de "brisa de lago" ocorrem adjacentes a grandes corpos d'água interiores, como os Grandes Lagos e mesmo o Great Salt Lake em Utah.

Circulações de pequena escala são geradas por diferenças locais em albedo e condutividade térmica. As planícies de sal (*playas*) nos desertos do oeste dos Estados Unidos e da Austrália, por exemplo, causam uma brisa que se afasta da *playa* durante o dia e um fluxo em direção

los, rumo à área de menor pressão no lado esquerdo do fluxo*. Isso cria um vento de barreira em baixa altitude, que pode configurar um jato de baixo nível (850 mb) de 20 m s^{-1} (72 km/h). Esses ventos são comuns a montante de Sierra Nevada, Califórnia.

O deslocamento ascendente sobre um obstáculo desencadeia instabilidade se o ar estiver condicionalmente instável e flutuante (ver Capítulo 5B), ao passo que o ar estável retorna ao seu nível original a sotavento de uma barreira, pois o efeito gravitacional contrapõe o deslocamento inicial. Esse movimento descendente normalmente forma a primeira de uma série de *ondas de sotavento* (ou ondas estacionárias) ao longo do fluxo, conforme a Figura 6.13. A forma da onda permanece mais ou menos estacionária em relação à barreira, com o ar movendo-se rapidamente através dela. Abaixo da crista das ondas, pode haver movimento circular de ar em um plano vertical, denominado *rotor*. A formação dessas feições é de interesse para os pilotos. A presença das ondas de sotavento costuma ser marcada pelo desenvolvimento de nuvens lenticulares e, ocasionalmente, um rotor causa inversão da direção do vento superficial a sotavento de montanhas elevadas.

Os ventos nos cumes de montanhas costumam ser fortes, pelo menos nas latitudes médias e altas. As velocidades médias nos cumes das montanhas rochosas no Colorado, nos meses de inverno, giram em torno de 12-15 m s^{-1} (43-54 km/h), por exemplo, e no Monte Washington, em New Hampshire, já foi registrado o valor extremo de 103 m s^{-1} (370 km/h). Picos de velocidade acima de 40-50 m s^{-1} (144-180 km/h) são típicos dessas áreas no inverno. O fluxo de ar sobre uma cadeia montanhosa faz o ar abaixo da tropopausa comprimir e, assim, acelerar, particularmente sobre e perto da linha de crista (o efeito Venturi), mas o atrito com o solo também retarda o fluxo, em comparação com o ar livre no mesmo nível. O resultado líquido é predominantemente de retardo, mas depende da topografia, da direção do vento e da estabilidade.

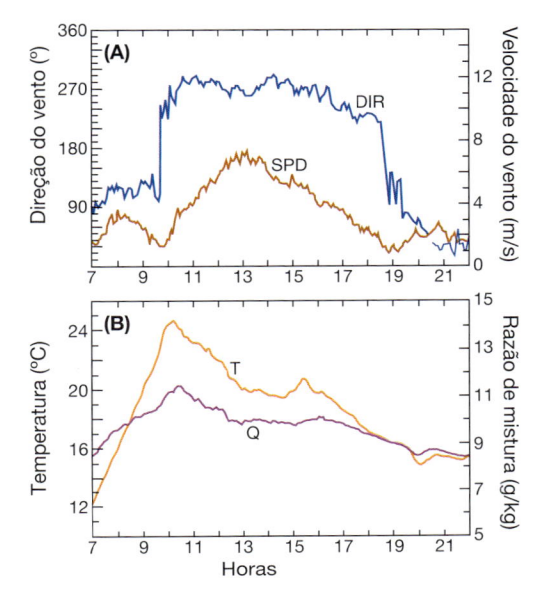

Figura 6.12 Efeitos de uma brisa marinha de oeste sobre a costa da Califórnia em 22 de setembro de 1987 em relação à temperatura e umidade. (A): direção do vento (DIR) e velocidade (SPD); (B): temperatura do ar (T) e razão de mistura da umidade (Q) em um mastro de 27 m perto de Castroville, Monterey Bay, Califórnia. O fluxo de gradiente observado pela manhã e à noite era de leste.

Fonte: Banta (1995, p. 3621, Fig. 8).

à *playa* à noite, devido ao aquecimento diferencial. A planície de sal tem um albedo elevado, e o substrato úmido resulta em uma elevada condutividade térmica em relação ao terreno arenoso do entorno. Os fluxos têm aproximadamente 100 m de espessura à noite e até 250 m durante o dia.

3 Ventos causados por barreiras topográficas

As cadeias montanhosas têm uma grande influência sobre os fluxos de ar que as cruzam. No lado das montanhas que fica fora da ação do vento, pode haver bloqueio do fluxo, quando este fica estável e não consegue cruzar a barreira. À medida que o fluxo se aproxima da barreira, ele desacelera, reduzindo a força de Coriolis. O desequilíbrio com a força do gradiente de pressão então faz o ar virar em direção aos po-

---

* N. de R.T.: No Hemisfério Sul, a área de menor pressão está à direita do fluxo.

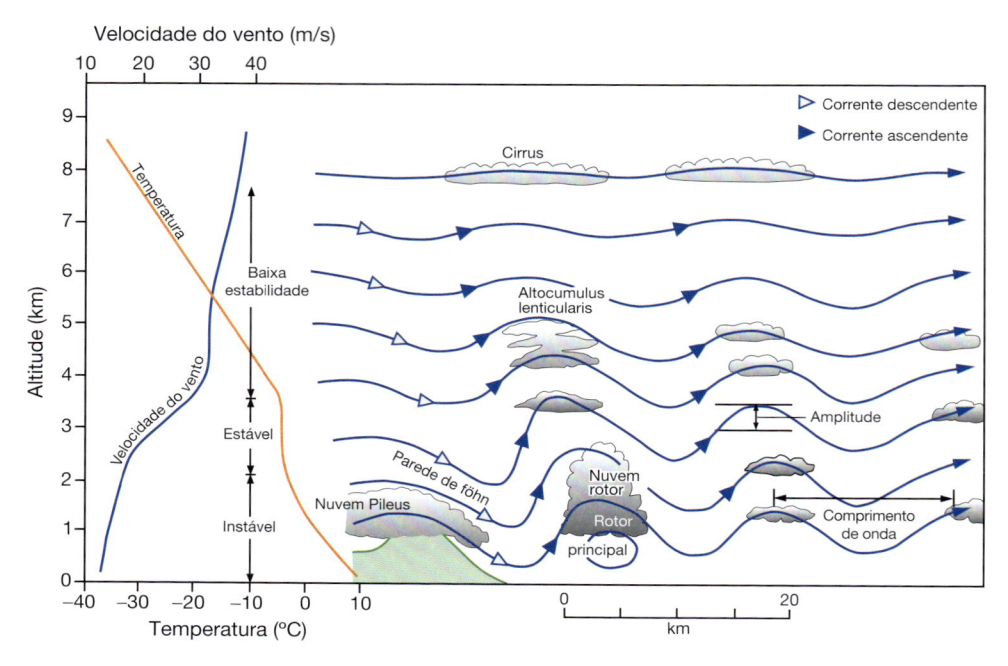

Figura 6.13 As ondas de sotavento e os rotores são produzidos por fluxos de ar através de uma longa cadeia montanhosa. A primeira crista de ondas geralmente se forma a menos de um comprimento de onda após a cadeia. Um forte vento superficial desce a encosta a sotavento. As características da onda são determinadas pelas relações entre a velocidade do vento e a temperatura, mostradas de forma esquemática à esquerda do diagrama. A existência de uma camada estável superior é particularmente importante.
Fonte: Ernst (1976).

Sobre colinas baixas, a camada limite se desloca para cima, com aceleração logo acima do topo. A Figura 6.14 mostra condições instantâneas de fluxos de ar através da colina Askervein (relevo aprox. 120 m) na ilha escocesa de South Uist do arquipélago das ilhas Hebrides, onde a velocidade do vento a uma altura de 10 m acima da crista chega a 80% mais do que a velocidade do vento mais adiante, onde está livre da perturbação. Em contrapartida, observa-se uma redução de 20% na subida inicial pela colina e uma redução de 40% a sotavento, provavelmente por divergência horizontal. O conhecimento desses fatores locais é crucial para a implementação de sistemas fixos de captação de energia eólica.

Um vento de importância local perto da montanha é o *föhn*, ou *chinook*, um vento seco, quente, forte e com rajadas, que ocorre a sotavento de uma cadeia montanhosa quando o ar estável é forçado a fluir através da barreira pelo gradiente regional de pressão; o ar que desce a sotavento aquece adiabaticamente. Às vezes, ocorre perda de umidade por precipitação a barlavento das montanhas (Figura 6.15). O ar, tendo resfriado conforme o gradiente adiabático saturado acima do nível de condensação, aquece subsequentemente à taxa do gradiente adiabático seco, que é maior, à medida que desce no lado a sotavento. Isso também reduz a umidade relativa (pelo aquecimento adiabático a sotavento) e absoluta (pela precipitação ocorrida a barlavento). Outras pesquisas mostram que, muitas vezes, não existe perda de umidade sobre as montanhas. Nesses casos, o efeito *föhn* resulta do bloqueio do ar a barlavento das montanhas por uma inversão da temperatura no nível da crista. Isso força o ar de níveis mais altos a descer e aquecer adiabaticamente. Os ventos *föhn* de sul são

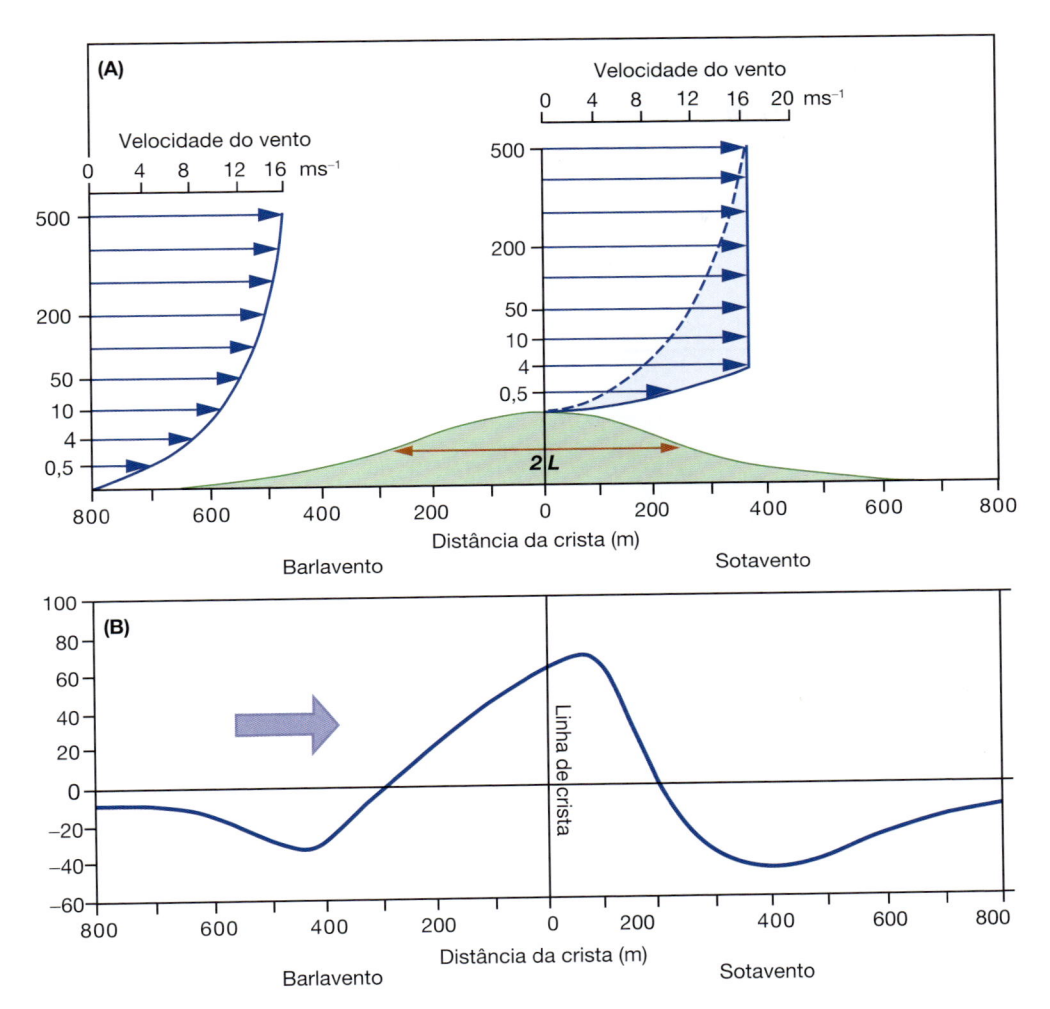

Figura 6.14 Fluxo de ar sobre a colina Askervein, South Uist, afastado da costa oeste escocesa. (A) perfis do fluxo de ar vertical (fora de escala) medidos simultaneamente 800 m a barlavento da crista e sobre a crista. L é o *comprimento característico* da obstrução (ou seja, a metade da largura da colina na elevação média, aqui 500 m) e também é a altura acima do nível do solo em que o fluxo aumenta devido à obstrução topográfica (sombreado). A aceleração máxima do fluxo de ar decorrente da convergência vertical sobre a crista é de aproximadamente 16,5 m s^{-1} à altura de 4 m. (B) aceleração relativa (%) do fluxo de ar a barlavento e sotavento da crista, medida 14 m acima do solo.
Fonte: Taylor, Teunissen and Salmon et al. De Troen and Petersen (1989).

comuns ao longo dos flancos setentrionais dos Alpes e das montanhas do Cáucaso e da Ásia Central no inverno e na primavera, quando o rápido aumento na temperatura que os acompanha pode ajudar a desencadear avalanches nas encostas cobertas de neve. Em Tashkent, na Ásia central, onde a temperatura média do inverno gira em torno do ponto de congelamento, as temperaturas podem chegar a mais de 21°C durante um *föhn*. Do mesmo modo, o *chinook* é uma característica significativa do sopé oriental dos Alpes da Nova Zelândia, dos Andes na Argentina (Zonda) e das Montanhas Rochosas. Em Pincher Creek, Alberta, observou-se um aumento de 21°C na temperatura em quatro minutos, com o estabelecimento de

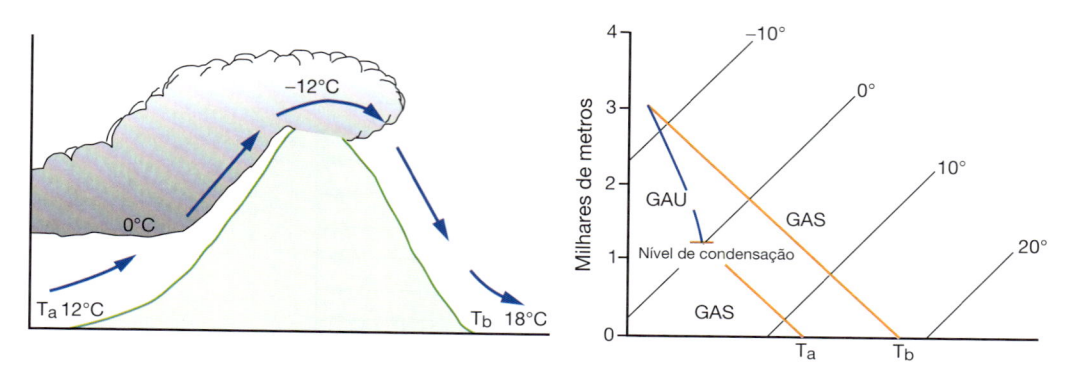

Figura 6.15 O efeito *föhn*, quando uma parcela de ar é forçada a atravessar uma cadeia montanhosa de 3 km de altura; T_a refere-se à temperatura no sopé a barlavento da cadeia, e T_b, à do sopé a sotavento.

um *chinook* em 6 de janeiro de 1966. Na Califórnia, o Santa Ana é um vento de leste comum na estação fria, que sopra dos desertos a leste de Sierra Nevada até a costa da Califórnia meridional. Ele tem uma frequência média de 20 eventos por ano e duração média de 1,5 dia, e é notável pelo ar seco, que aumenta em muito o risco de incêndios nos chaparrais. Também são observados efeitos menos espetaculares a sotavento das montanhas no País de Gales, dos montes Peninos e das Grampians na Grã-Bretanha, onde a importância dos ventos *föhn* está principalmente na dispersão de nuvens pelo ar seco descendente. Esse é um componente fundamental dos chamados efeitos de "sombra da chuva".

Em certas partes do mundo, os ventos que descem a sotavento de uma cadeia de montanhas são mais frios do que o ar que deslocam (apesar do aquecimento adiabático na descida). O exemplo típico desses "ventos catabáticos" é o *bora* do Adriático Setentrional, onde fluxos frios de nordeste atravessam os Alpes Dináricos, embora ventos semelhantes ocorram sobre a costa setentrional do mar Negro, na Escandinávia, em Novaya Zemlya e no Japão. Esses ventos ocorrem quando massas de ar frio continental são forçadas pelo gradiente de pressão através de uma cadeia de montanhas e, apesar do aquecimento adiabático, deslocam o ar mais quente; portanto, são um fenômeno principalmente de inverno.

No lado leste das Montanhas Rochosas no Colorado (e em áreas continentais semelhantes), podem ocorrer ventos do tipo *bora* ou *chinook*, dependendo das características iniciais do fluxo de ar. Em âmbito local, no sopé das montanhas, esses ventos atingem força de furacão, com rajadas excedendo 45 m s^{-1} (162 km/h). Tempestades desse tipo causaram prejuízos de milhões de dólares em propriedades em Boulder, Colorado, e nas proximidades. Essas tempestades de vento ocorrem quando uma camada estável próxima da crista das montanhas impede que o ar a barlavento as cruze. A amplificação extrema de uma onda de sotavento (ver Figura 6.13) arrasta ar de cima do nível da crista (4000 m) até as planícies (1700 m) a uma curta distância, gerando velocidades altas. Todavia, o fluxo não é simplesmente "encosta abaixo"; os ventos podem afetar as encostas das montanhas, mas não o sopé, ou vice-versa, dependendo da localização da calha da onda de sotavento. Ventos fortes são causados pela aceleração horizontal do ar rumo a essa mínima de pressão local.

RESUMO

O movimento do ar é descrito por suas componentes horizontais e verticais; estas são muito menores do que as velocidades horizontais. Os movimentos horizontais compensam os desequilíbrios verticais entre a aceleração gravitacional e o gradiente de pressão vertical.

O gradiente de pressão horizontal, o efeito rotacional da Terra (força de Coriolis) e a curvatura das isóbaras (aceleração centrípeta) determinam a velocidade horizontal do vento. Esses três fatores são considerados na equação do vento gradiente, mas isso pode ser aproximado no fluxo de grande escala pela relação do vento geostrófico. Abaixo de 1500 m, a velocidade e direção do vento são afetadas pelo atrito superficial.

O ar sobe (desce) em associação com a convergência (divergência) superficial de ar. O movimento do ar também está sujeito à vorticidade vertical relativa, como resultado da curvatura de linhas de corrente e/ou cisalhamento lateral; isso, junto com o efeito rotacional da Terra, forma a vorticidade vertical absoluta.

Os ventos locais ocorrem como resultado de diferenças térmicas de variação diurna que formam gradientes locais de pressão (ventos entre montanha e vale e brisas entre terra e mar) ou do efeito de uma barreira topográfica sobre o fluxo de ar que a atravessa (exemplos são os ventos *bora* e *föhn* de sotavento).

TEMAS PARA DISCUSSÃO

- Compare a direção e velocidade do vento obtidas em uma estação próxima com a velocidade do vento geostrófico determinada a partir do mapa de pressão no nível do mar para a mesma hora (fontes de dados são listadas no Apêndice 4).
- Por que não haveria "tempo" se os ventos fossem estritamente geostróficos?
- Quais são as causas da divergência (convergência) de massa e que papéis elas desempenham nos processos meteorológicos?
- Em que situações as condições locais do vento diferem notavelmente das esperadas para um determinado gradiente de pressão de grande escala?

REFERÊNCIAS E SUGESTÃO DE LEITURA

Livros

Barry, R. G. (2008) *Mountain Weather and Climate*, Cambridge University Press, 506 pp.) [Chapter on circulation systems related to orographic effects]

Oke, T. R. (1978) *Boundary Layer Climates*, Methuen, London, 372pp. [Prime text on surface climate processes in natural and humanmodified environments]

Scorer, R. S. (1958) *Natural Aerodynamics*, Pergamon Press, Oxford 312pp.

Simpson, J. E. (1994) *Sea Breeze and Local Wind*, Cambridge University Press, Cambridge, 234pp. [A well-illustrated descriptive account of the sea breeze and its effects; on e chapter on local orographic winds]

Troen, I. and Petersen, E. L. (1989) *European Wind Atlas*, Commission of the Economic Community, Risø National Laboratory, Roskilde, Denmark, 656pp.

Wells, N. (1986) *The Atmosphere and Ocean. A Physical Introduction*, Taylor & Francis, London 345pp. [Good account of both systems and their interactions]

Artigos científicos

Banta, R.M. (1995) Sea breezes: shallow and deep on the California coast. *Mon. Wea. Rev.* 123(12). 3614–22.

Beran, W. D. (1967) Large amplitude lee waves and chinook winds. *J. Appl. Met.* 6, 865–77.

Brinkmann, W. A. R. (1971) What is a foehn? *Weather* 26, 230–9.

Brinkmann, W. A. R. (1974) Strong downslope winds at Boulder, Colorado. *Monthly Weather Review* 102, 592–602.

Buettner, K. J. and Thyer, N. (1965) Valley winds in the Mount Rainer area. *Archiv. Met. Geophys. Biokl.* B 14, 125–47.

Eddy, A. (1966) The Texas coast sea-breeze: a pilot study. *Weather* 21, 162–70.

Ernst, J. A. (1976) SMS-1 night-time infrared imagery of low-level mountain waves. *Monthly Weather Review* 104, 207–9.

Flohn, H. (1969) Local wind systems, in Flohn, H. (ed.) *General Climatology*, World Survey of Climatology 2, Elsevier, Amsterdam, 139–71.

Galvin., J.F.P. (2007)The weather and climate of the tropics. Part 2 – The subtropical jet streams. *Weather* 62, 295–99.

Geiger, R. (1969) Topoclimates, in Flohn, H. (ed.) General Climatology, World Survey of Climatology 2, Elsevier, Amsterdam, 105–38.

Glenn, C. L. (1961) The chinook. Weatherwise 14, 175–82.

Johnson, A. and O'Brien, J. J. (1973) A study of an Oregon sea breeze event. J. Appl. Met. 12, 1,267–83.

Lockwood, J. G. (1962) Occurrence of föhn winds in the British Isles. Met. Mag. 91, 57–65.

McDonald, J. E. (1952) The Coriolis effect. Sci. American 186, 72–8.

Persson, A. (1998) How do we understand the Coriolis force. Weather 79(7), 1373–85.

Persson, A. (2000) Back to basics. Coriolis: Part 1 – What is the Coriolis force? Weather 55(5), 165–70; Part 2 – The Coriolis force according to Coriolis. Weather. 55(6), 182–8; Part 3 – The Coriolis force on the physical earth. Weather 55(7), 234–9.

Persson, A. (2001) The Coriolis force and the geostrophic wind. Weather 56(8), 267–72.

Raphael, M.N. (2003) The Santa Ana winds of California. Earth Interactions 7, 1–13.

Riehl, H., Alaka, M. A., Jordan, C. L. and Renard, R. J. (1954) The jet stream. Meteorol. Monogr. 2, 23–47

Scorer, R. S. (1961) Lee waves in the atmosphere. Sci. American 204, 124–34.

Singleton, F. (2008) The Beaufort scale of winds – its relevance, and its use by sailors. Weather 63, 37–41.

Steinacker, R. (1984) Area–height distribution of a valley and its relation to the valley wind. Contrib. Atmos. Phys. 57, 64–74.

Thompson, B. W. (1986) Small-scale katabatics and cold hollows. Weather 41, 146–53.

Waco, D. E. (1968) Frost pockets in the Santa Monica Mountains of southern California. Weather 23, 456–61.

Wallington, C. E. (1960) An introduction to lee waves in the atmosphere, Weather 15, 269–76.

Wickham, P. G. (1966) Weather for gliding over Britain. Weather 21, 154–61.

Movimentos em escala planetária na atmosfera e no oceano

7

> **OBJETIVOS DE APRENDIZAGEM**
>
> Depois de ler este capítulo, você:
>
> - aprenderá como e por que os padrões de pressão e velocidade dos ventos mudam com a altitude;
> - estará familiarizado com as relações entre os padrões de pressão superficiais e mesotroposféricos;
> - conhecerá as características dos principais cinturões de ventos globais;
> - estará familiarizado com os conceitos básicos da circulação geral da atmosfera;
> - entenderá a estrutura básica dos oceanos, sua circulação e papel no clima; e
> - conhecerá a natureza e o papel da circulação termohalina.

Neste capítulo, analisamos os movimentos atmosféricos de escala global e seu papel na redistribuição de energia, momento e umidade. Conforme observamos no Capítulo 3 (p. 72), existem relações entre a atmosfera e os oceanos, com estes prestando a principal contribuição para o transporte de energia em direção aos polos (ainda que menor do que o componente atmosférico). Assim, também discutimos a circulação oceânica e o acoplamento do sistema oceano-atmosfera.

A atmosfera atua como uma máquina térmica gigante, onde a diferença de temperatura entre os polos e o equador, causada pelo aquecimento solar diferencial, impulsiona a circulação atmosférica e oceânica planetária. A conversão de energia térmica em energia cinética para produzir movimento deve envolver ar ascendente e descendente, mas os movimentos verticais costumam ser menos óbvios do que os horizontais, que podem cobrir grandes áreas e persistir por períodos de alguns dias a vários meses. Iniciaremos analisando as relações entre os padrões de vento e pressão na troposfera e na superfície.

A VARIAÇÃO DA PRESSÃO E VELOCIDADE DO VENTO COM A ALTITUDE

As características da pressão e do vento mudam com a altitude. Acima do nível dos efeitos friccionais superficiais (por volta de 500-1000 m), o vento aumenta de velocidade e, exceto perto do equador, onde a força de Coriolis é muito pequena, torna-se mais ou menos geostrófico, ou seja, representando um equilíbrio entre o gradiente de pressão e a força de Coriolis. Em latitudes médias e mais altas, os gradientes de temperatura meridionais que estruturam gradientes de pressão promovem um aumento na velocidade do vento com a altitude, em certas áreas concentradas como faixas estreitas de ar com alta velocidade, denominadas *correntes de jato*. Existem variações sazonais na velocidade do vento em altitude, sendo os ventos muito fortes no Hemisfério Norte durante os meses de inverno, quando os gradientes de temperatura meridionais atingem o máximo. Essa variação sazonal é menos acentuada no hemisfério sul. Além disso, a persistência maior desses gradientes tende a fazer os ventos superiores do Hemisfério Sul serem mais constantes em sua direção. O Quadro 7.1 apresenta um histórico das observações do ar em níveis elevados.

1 Variação vertical de sistemas de pressão

A pressão do ar na superfície, ou a qualquer nível da atmosfera, depende do peso da coluna de ar sobrejacente. No Capítulo 2B, observamos que a pressão do ar é proporcional à sua densidade, e que a densidade varia inversamente com a temperatura do ar. Desse modo, elevar a temperatura de uma coluna de ar entre a superfície e, digamos, 3 km reduzirá a densidade do ar na coluna e, portanto, diminuirá a pressão do ar na superfície aumentando a pressão naquela altitude. De maneira correspondente, se compararmos as alturas de superfícies de pressão de 1000 e 700mb, o aquecimento da coluna de ar reduzirá a altura da superfície de 1000 mb, e aumentará a altitude da superfície de 700 mb (isto é, a espessura da camada 1000-700 mb aumenta).

Os modelos da Figura 7.1 ilustram as relações entre as condições de pressão superficiais e troposféricas. Uma célula de baixa pressão com núcleo frio ao nível do mar se intensifica com a elevação (Figura 7.1A), ao passo que uma célula com núcleo quente tende a enfraquecer e pode ser substituída por alta pressão. Uma coluna de ar quente de densidade relativamente baixa faz as superfícies de pressão se abaularem para cima e, da mesma forma, uma coluna de ar frio mais denso leva à contração das superfícies de pressão para baixo. Assim, uma célula superficial de alta pressão com núcleo frio (um *anticiclone frio*), como o anticiclone de inverno siberiano, enfraquece com o aumento da elevação e é substituída por baixa pressão mais acima (Figura 7.1B). Os anticiclones frios são rasos e

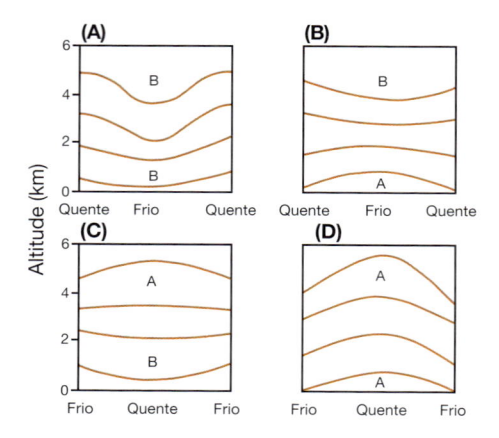

Figura 7.1 Modelos da distribuição vertical da pressão em colunas de ar frio e quente: (A) a baixa pressão superficial intensifica mais acima em uma coluna de ar frio; (B) a pressão superficial elevada enfraquece em níveis mais elevados e pode se tornar baixa pressão em uma coluna de ar frio; (C) a baixa pressão superficial enfraquece mais acima e pode se tornar alta pressão em uma coluna de ar quente; (D) uma alta pressão na superfície intensifica-se em altitude em uma coluna de ar quente.

raramente estendem sua influência acima de aproximadamente 2500 m. Já uma alta em superfície com núcleo quente (um *anticiclone quente*) se intensifica com a altitude (Figura 7.1D). Isso é característico das grandes células subtropicais, que mantêm seu calor por meio da subsidência dinâmica. A baixa quente (Figura 7.1C) e a alta fria (Figura 7.1B) são condizentes com os esquemas de movimento vertical ilustrados na Figura 6.7, ao passo que os outros dois tipos são produzidos por processos dinâmicos. A alta pressão superficial em um anticiclone quente está ligada, de forma hidrostática, ao ar frio e relativamente denso da estratosfera inferior. Do mesmo modo, a depressão fria (Figura 7.1A) está associada a uma estratosfera inferior quente.

As células de baixa pressão nas latitudes médias têm ar frio na porção posterior e, assim, o eixo de baixa pressão se inclina com a altitude em direção ao ar mais frio para noroeste (Hemisfério Norte). As células de alta pressão se inclinam em direção ao ar mais quente (Figura 7.2). Assim, as células de alta pressão subtropi-

CAPÍTULO 7 Movimentos em escala planetária na atmosfera e no oceano

AVANÇOS SIGNIFICATIVOS DO SÉCULO XX

7.1 Histórico de medições do ar em níveis superiores

Durante o século XIX, alguns voos de balões tripulados tentaram medir a temperatura do ar em níveis superiores, mas o equipamento era inadequado para esse propósito. As medições com pipas eram comuns na década de 1890. Durante e após a Primeira Guerra Mundial (1914-1918), medições das temperaturas e dos ventos eram feitas com balões, pipas e aviões nos primeiros quilômetros da atmosfera. Os precursores da radiossonda moderna, compreendendo um pacote de sensores de pressão, temperatura e umidade suspensos embaixo de um balão de hidrogênio e transmitindo sinais de rádio das medições durante a sua subida, foram desenvolvidos na França, na Alemanha e na União Soviética e usados em 1929-1930. As sondagens começaram a ser feitas aproximadamente a 3-4 km na Europa e América do Norte, na década de 1930, e a radiossonda foi muito utilizada durante e após a Segunda Guerra Mundial. Ela foi aperfeiçoada no final da década de 1940, quando o acompanhamento do balão com o radar possibilitou calcular a velocidade e direção do vento nos níveis superiores; o sistema foi denominado sonda eólica por radar, (radar wind sonde ou *rawinsonde*). Atualmente, existem em torno de 1000 estações de sondagem em altitude do ar ao redor do mundo, fazendo sondagens uma ou duas vezes por dia às 00 e 12 horas UTC e, às vezes, com uma frequência ainda maior. Além desses sistemas, programas de pesquisa meteorológica e voos de reconhecimento operacional atravessando ciclones tropicais ou extratropicais costumam usar sondas que são lançadas do avião e fazem um perfil da atmosfera abaixo dele.

Os satélites começaram a proporcionar uma nova fonte de dados sobre o ar em níveis superiores no começo da década de 1970, com o uso de sondagens verticais da atmosfera. Essas sondas são especialmente valiosas por proporcionarem dados de áreas onde a cobertura por radar é esparsa, como a Antártica, o Oceano Ártico e grandes áreas oceânicas globais. Elas operam nos comprimentos de onda infravermelho e micro-onda e fornecem informações sobre a temperatura e o teor de umidade de diferentes camadas da atmosfera, com base no princípio de que a energia emitida por uma determinada camada atmosférica é proporcional à sua temperatura (ver Figura 3.1) e também é função de seu teor de umidade. Os dados são obtidos por meio de uma técnica complexa de "inversão", pela qual as relações de transferência radiativa (p. 41) são invertidas de modo a calcular a temperatura (umidade) das radiâncias medidas. Os sensores de infravermelho operam apenas em condições livres de nuvens, ao passo que as sondas de micro-ondas fazem registros na presença de nuvens. Nenhum dos dois sistemas consegue medir temperaturas em níveis baixos na presença de uma inversão térmica baixa, pois o método pressupõe que as temperaturas sejam função exclusiva da altitude.

O sensoriamento remoto no solo é mais um meio de perfilar a atmosfera. Informações detalhadas sobre a velocidade do vento são obtidas com sistemas de radar potentes apontados para cima (varredura e detecção), para comprimentos de onda entre 10 cm (UHF) e 10 m (VHF). Esses perfiladores detectam movimento no ar limpo por meio de medições das variações na refratividade atmosférica, que dependem da temperatura e umidade atmosféricas. Os radares podem medir ventos até níveis estratosféricos, dependendo do seu alcance, com uma resolução vertical de metros. Esses sistemas estão em uso no Pacífico equatorial e na América do Norte. Informações sobre a estrutura geral da camada limite e turbulência em níveis baixos podem ser obtidas com os sistemas lidar (*light detection and ranging*) e sodar (*sound detection and ranging*), mas eles têm uma faixa vertical de cobertura de apenas alguns quilômetros.

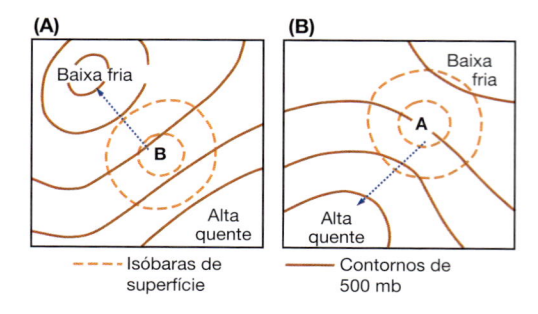

Figura 7.2 A inclinação característica dos eixos de células de baixa e alta pressão com a altitude no hemisfério norte.

cais do Hemisfério Norte desviam 10-15° em latitude em direção ao sul a 3 km para o oeste. Mesmo assim, essa inclinação dos eixos de alta pressão não é constante ao longo do tempo.

2 Padrões médios do ar em níveis superiores

Os padrões de pressão e vento na troposfera média são menos complicados em sua aparência do que na superfície, como resultado dos efeitos reduzidos das massas continentais. Em vez de usar mapas de pressão em uma determinada altitude, é mais conveniente representar a altitude de uma superfície de pressão selecionada; chamamos isso de *carta de contorno*, por analogia com um mapa de relevo topográfico (ver Nota 1). As Figuras 7.3 e 7.4 mostram que, na troposfera média do Hemisfério Sul, existe um vasto vórtice ciclônico circumpolar acima da latitude 30°S no verão e no inverno. O vórtice é mais ou menos simétrico ao redor do polo, embora o centro de baixa se aproxime do setor do Mar de Ross. Cartas correspondentes para o Hemisfério Norte também mostram um grande vórtice ciclônico, mas que é bem mais assimétrico, especialmente no inverno, quando os centros são encontrados sobre o Canadá e Sibéria orientais. O padrão de verão mostra um vórtice muito mais fraco, centrado sobre o polo. Os principais cavados e cristas, bem ilustrados para o inverno no Hemisfério Norte, formam as chamadas *ondas longas* (ou *ondas de Rossby*) no escoamento superior. É importante considerar

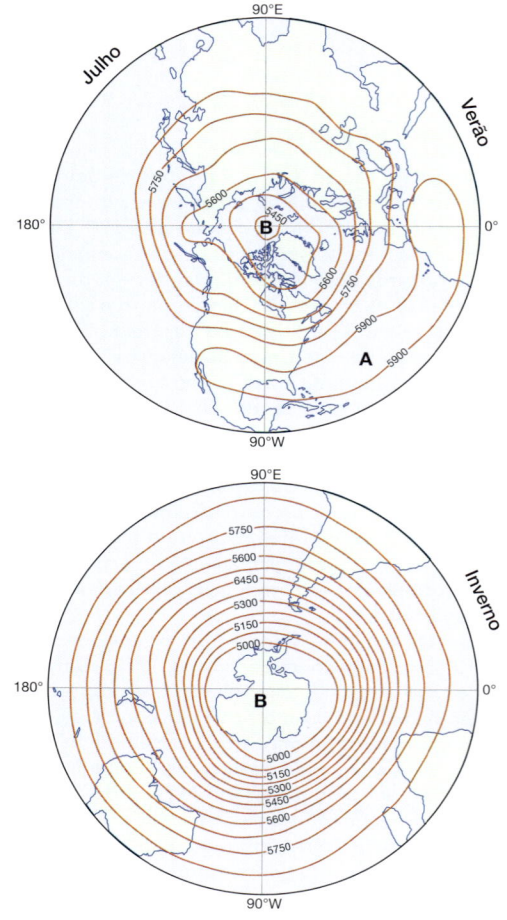

Figura 7.3 Contornos médios (gpm) da superfície de pressão de 500 mb em julho para os hemisférios norte (verão) e sul (inverno), respectivamente, 1970-1999. Gpm = metros geopotenciais.

Fonte: NCEP/NCAR Reanalysis Data de NOAA-CIRES climate Diagnostics Center.

por que os ventos de oeste hemisféricos apresentam essas ondas de grande escala. A chave para esse problema está na rotação da Terra e na variação latitudinal do parâmetro de Coriolis (Capítulo 6A.2). Para o movimento de grande escala, a vorticidade absoluta ao redor de um eixo vertical (a soma da vorticidade relativa e planetária, ou $f + \zeta$) tende a ser conservada aproximadamente, ou seja,

$$d(f + \zeta)/dt = 0$$

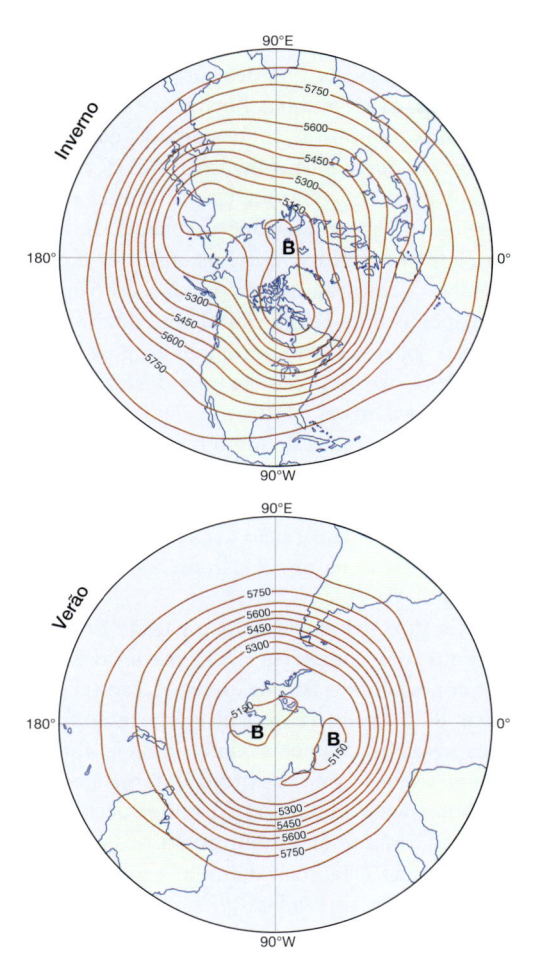

Figura 7.4 Contornos médios (gpm) da superfície de pressão de 500 mb em janeiro para os hemisférios norte (inverno) e sul (verão), respectivamente, 1970-1999.
Fonte: NCEP/NCAR Reanalysis de NOAA-CIRES Climate Diagnostics Center.

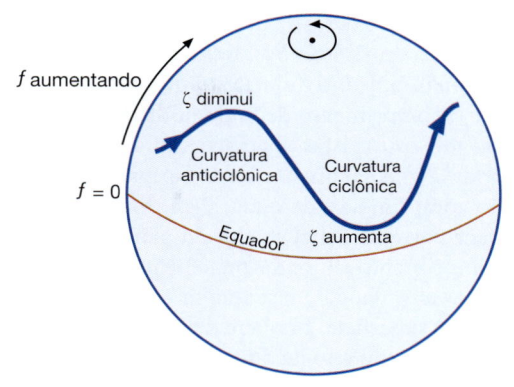

Figura 7.5 Ilustração esquemática do mecanismo de desenvolvimento de ondas longas nos ventos de oeste troposféricos.

O símbolo d/dt denota a taxa de mudança seguindo o movimento (um diferencial total). Consequentemente, se uma parcela de ar se move em direção ao polo, de modo que f aumente, a vorticidade ciclônica relativa tende a diminuir. A curvatura então se torna anticiclônica, e a corrente retorna para latitudes mais baixas. Se o ar se move em direção ao equador a partir de sua latitude original, f tende a diminuir (Figura 7.5), exigindo que ζ aumente, e a curvatura ciclônica resultante desvia novamente a corrente em direção ao polo. Desse modo, o fluxo de grande escala tende a oscilar em um padrão de onda.

Enquanto a conservação da vorticidade absoluta ajuda a explicar por que as ondas de Rossby existem, outra consideração importante é o movimento, ou a propagação, da própria forma da onda. As ondas de Rossby, como suas primas de menor comprimento de onda associadas a ciclones e anticiclones transitórios (ver Capítulo 9), podem, com simplificações adequadas, ser vistas como perturbações envolvidas em uma corrente zonal. O efeito da corrente zonal é propagar a onda no sentido leste em relação à superfície. Em outras palavras, a corrente zonal carrega a onda junto com ela. Todavia, existe um efeito contrário. O aumento latitudinal no parâmetro de Coriolis (conhecido como plano beta), associado ao conceito de conservação da vorticidade absoluta, age de maneira a propagar a onda no sentido oeste em relação à superfície. A importância relativa desses dois efeitos determina se, em relação à superfície, a onda permanece estacionária (os dois efeitos se anulam), migra para leste (o fluxo zonal predomina) ou migra para oeste (o efeito do plano beta vence). A relação formal, baseada na premissa de que a vorticidade absoluta é conservada seguindo o movimento, é:

$$c = U - \beta \left(\frac{L}{2\pi}\right)^2$$

onde *c* é a velocidade de fase (ou propagação) da onda em relação à superfície, *U* é a corrente zonal, $\beta = df/dy$ é o efeito do plano beta, e *L* é o comprimento de onda (a distância entre cavados ou cristas sucessivas que definem a onda). Imediatamente claro é o papel crucial do comprimento de onda. Para uma determinada corrente zonal e valor do plano beta, um comprimento de onda maior (menor) leva a uma velocidade de fase menor (maior) em relação à superfície. Também deve ficar claro que, se o comprimento de onda for suficientemente longo para a corrente zonal em questão, a onda de Rossby pode permanecer estacionária (c = 0) ou mesmo se mover no sentido oeste em relação à superfície (c < 0). Do mesmo modo, para duas ondas de igual comprimento e valor do plano beta, aquela associada ao maior vento zonal de fundo se propagará mais rapidamente. A observação geral é que ondas de Rossby longas tendem a ser semiestacionárias ou a mover-se lentamente para leste, embora sejam observadas ondas no sentido oeste em relação à superfície. Ondas mais curtas (muitas vezes chamadas simplesmente de ondas curtas) tendem a se mover para leste. É instrutivo calcular o comprimento da onda estacionária, onde c = 0 e $L = 2\pi\sqrt{(U/\beta)}$. Na latitude de 45°, esse comprimento da onda estacionária é de 3120 km para uma velocidade zonal de 4 m s^{-1}, aumentando para 5400 km com 12 m s^{-1}. Os comprimentos de onda na latitude 60° para correntes zonais de 4 e 12 m s^{-1} são, respectivamente, de 3170 e 6430 km. O padrão de ondas em uma carta de contorno de superfícies isobáricas da troposfera média pode ser um tanto complexo, com as ondas mais curtas tendendo a estar inseridas dentro das ondas longas. Um conceito importante é que as ondas mais curtas (associadas a ciclones e anticiclones transitórios) tendem a migrar juntas e ser direcionadas pelas ondas longas semiestacionárias. Portanto, conhecer o padrão das ondas longas fornece informações sobre o caminho das ondas curtas.

Voltando às Figuras 7.3 e 7.4, acredita-se que os dois principais cavados no Hemisfério Norte, a aproximadamente 70°W e 150°E, com maior expressão no inverno, sejam induzidos pela influência combinada da circulação superior causada por grandes barreiras orográficas, como as Montanhas Rochosas e o Planalto Tibetano, e fontes de calor, como as correntes oceânicas quentes (no inverno) ou as massas continentais (no verão). Observa-se que as superfícies continentais ocupam mais de 50% do Hemisfério Norte entre as latitudes de 40° e 70°N. O cinturão de alta pressão subtropical tem apenas uma célula claramente distinta em janeiro sobre o Caribe oriental, ao passo que, em julho, ocorrem células bem desenvolvidas sobre o Atlântico Norte e o Pacífico Norte. Além disso, o mapa de julho mostra a proeminência da alta subtropical sobre o Saara e o sul da América do Norte. O Hemisfério Norte apresenta uma intensificação acentuada do verão para o inverno na circulação média, explicada a seguir.

Conforme mencionado, o padrão de fluxo é muito mais simétrico no Hemisfério Sul, o que condiz com o fato de que os oceanos compõem 81% da superfície. Entretanto, as assimetrias são causadas pelos efeitos sobre a atmosfera de feições como os Andes, o domo elevado da Antártica oriental e as correntes oceânicas, particularmente as de Humboldt e Benguela (ver Figura 7.31), bem como as ressurgências costeiras frias associadas.

3 Condições dos ventos de altitude

Imagine dois conjuntos de pratos, sendo um tipo mais espesso do que o outro. Os pratos espessos e os pratos finos se encontram em pilhas separadas. À medida que adicionamos mais pratos a cada pilha, a altura da pilha de pratos espessos se torna cada vez maior do que a altura da pilha de pratos finos. De maneira semelhante, como a espessura entre os níveis de pressão é maior em latitudes menores do que em latitudes maiores (lembre, da seção A.1 e da Figura 7.1, que a espessura é proporcional à temperatura média da camada), a diferença em altitude de uma determinada superfície de pressão entre latitudes altas e baixas aumenta para cima. Isso significa que o vento geostrófico também

PCMDI
10 de abril de 2001

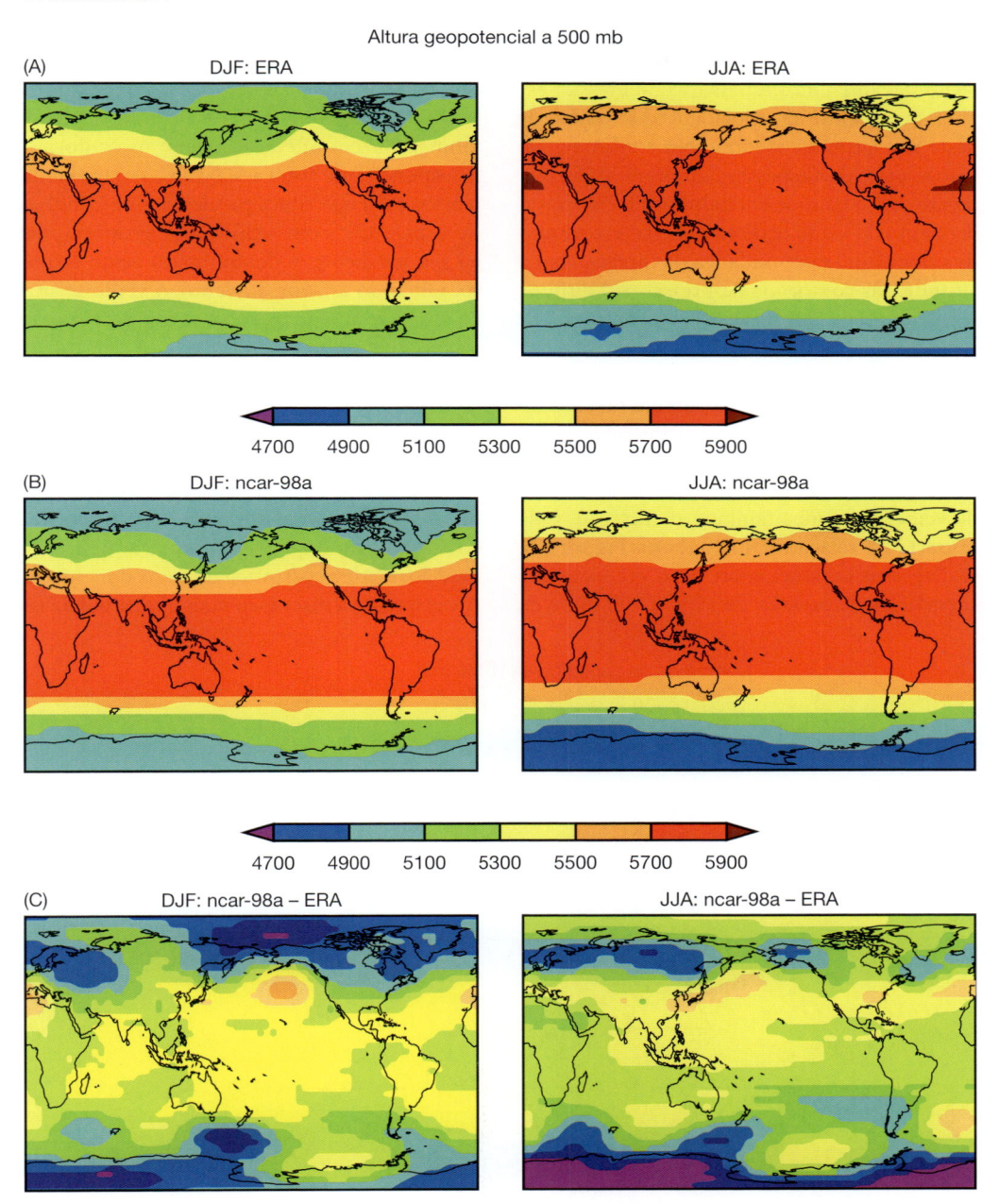

Altura geopotencial a 500 mb

(A) DJF: ERA | JJA: ERA

4700　4900　5100　5300　5500　5700　5900

(B) DJF: ncar-98a | JJA: ncar-98a

4700　4900　5100　5300　5500　5700　5900

(C) DJF: ncar-98a – ERA | JJA: ncar-98a – ERA

Prancha 7.1 Alturas geopotenciais de 500mb para o inverno (DJF) e verão (JJA) no Hemisfério Norte: (A) reanálise de observações do ECMWF; (B) simulações do NCAR CCM3; e (C) diferença entre o CCM3 e as observações.

Fonte: AMIP website.

aumenta com a altitude; ou seja, existe um cisalhamento vertical no vento. Os ventos zonais são mais fortes onde e quando o gradiente de temperatura meridional está no máximo. Esse efeito das diferentes espessuras de pressão explica o aumento na velocidade dos ventos de oeste nas latitudes médias com a altitude. No caso simples de a espessura diminuir uniformemente com a latitude em todos os níveis, o cisalhamento do vento ocorreria apenas em termos de velocidade, sem mudança de direção com a altitude. Os contornos de pressão em altitude seriam por sua vez paralelos aos contornos de espessura.

Entretanto, essa é uma simplificação. É comum observar que as nuvens em níveis diferentes se movem em direções diferentes. Isso é uma evidência de que pode haver cisalhamento vertical do vento, não apenas em termos de velocidade, mas também de direção. Essa importante relação é ilustrada na Figura 7.6. O diagrama mostra contornos hipotéticos das superfícies de pressão de 1000 e 500 mb e da espessura de 1000 a 500 mb. Ao contrário do caso simples apresentado no parágrafo anterior, o vento geostrófico nos dois níveis sopra em direções diferentes, para a direção superior direita a 1000 mb, e da esquerda para a direita a 500 hPa. Os contornos de altitude a 500 mb também fazem intersecção com os contornos da espessura de 1000 a 500 mb. O vetor vento teórico (V_T) que sopra paralelamente às linhas de espessura, com velocidade proporcional ao seu gradiente, é denominado *vento térmico*. Olhando a favor do vento, o vento térmico sopra com o ar frio (baixa espessura) para a esquerda no hemisfério norte. A velocidade do vento geostrófico a 500 mb (G_{500}) é o vetor soma do vento geostrófico a 1000 mb (G_{1000}) com o vento térmico (V_T), conforme mostra a Figura 7.6. Para o caso mais simples em que as direções dos ventos geostróficos de 1000 mb e 500 mb são as mesmas, o vento térmico é simplesmente proporcional à diferença na velocidade geostrófica entre os dois níveis. Antecipando a discussão mais aprofundada no

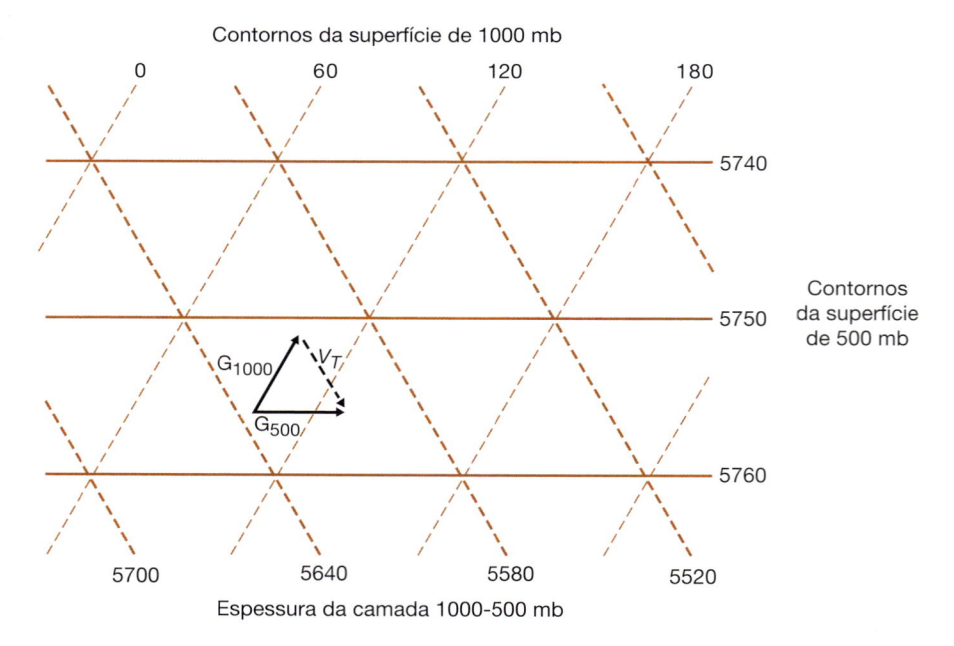

Figura 7.6 Mapa esquemático de contornos sobrepostos de altura isobárica e espessura da camada de 1000-500mb (em metros). G_{1000} é a velocidade geostrófica a 1000mb, G_{500} a 500mb, V_T é o "vento térmico" resultante que sopra paralelamente às linhas de espessura.

Capítulo 9, situações com cisalhamento direcional podem ser associadas ao crescimento de distúrbios no fluxo básico de oeste nas latitudes médias, observados na superfície como ciclones e anticiclones móveis, e como ondas curtas atmosféricas em níveis mais elevados. Lembre que essas ondas curtas tendem a se mover através das ondas longas de Rossby.

O fluxo básico de oeste, com suas perturbações inseridas, caracteriza ambos os hemisférios nas regiões voltadas para os polos das células de alta pressão subtropicais (centradas a aproximadamente 15° de latitude em altitude). Entre as células de alta pressão subtropicais e o equador, os ventos são de leste. A circulação dominante de oeste alcança velocidades máximas de 45-65 m s^{-1} (162-234 km/h^{-1}), que chegam a aumentar até 135 m s^{-1} (486 km/h^{-1}) no inverno. Essas velocidades máximas se concentram em faixas estreitas, geralmente entre 9000 e 15000 m, chamadas de correntes de jato (ver Nota 2 e Quadro 7.2).

Uma corrente jato é essencialmente um fluxo de ar de alta velocidade, que coincide com a latitude do gradiente de temperatura máximo em direção aos polos, ou zona frontal, mostrado esquematicamente na Figura 7.7. O efeito da espessura, descrito anteriormente, é um componente importante das correntes de jato, mas a razão básica para a concentração do gradiente de temperatura meridional em uma zona estreita (ou zonas) é dinâmica. Em essência, o gradiente de temperatura é acentuado quando o padrão de ventos superiores é confluente (ver Capítulo 6B.1). É útil introduzir o conceito de momento angular e sua conservação. O momento de uma parcela de ar é o produto de sua massa por sua velocidade; o momento angular é o produto da velocidade linear de um corpo que gira ao redor de um eixo e sua distância perpendicular do eixo. O momento angular tende a ser conservado, ou seja, se a distância radial de rotação de uma parcela de ar diminui (aumenta), a velocidade de rotação aumenta (diminui). Considere agora um cinturão de ventos de oeste na latitude 40°N. Se os ventos deslocam-se para o norte, a distância radial diminui e, assim, aumenta a velocidade do vento. Na atmosfera, a conservação do momento angular é o principal contribuinte à manutenção das correntes de jato de oeste.

A Figura 7.8 mostra uma seção transversal norte-sul generalizada, com três correntes de jato de oeste no Hemisfério Norte. Aquelas mais ao norte, denominadas *Corrente de Jato de Frente Polar* e *Corrente de Jato de Frente Ártica* (Capítulo 9E), estão associadas ao forte gra-

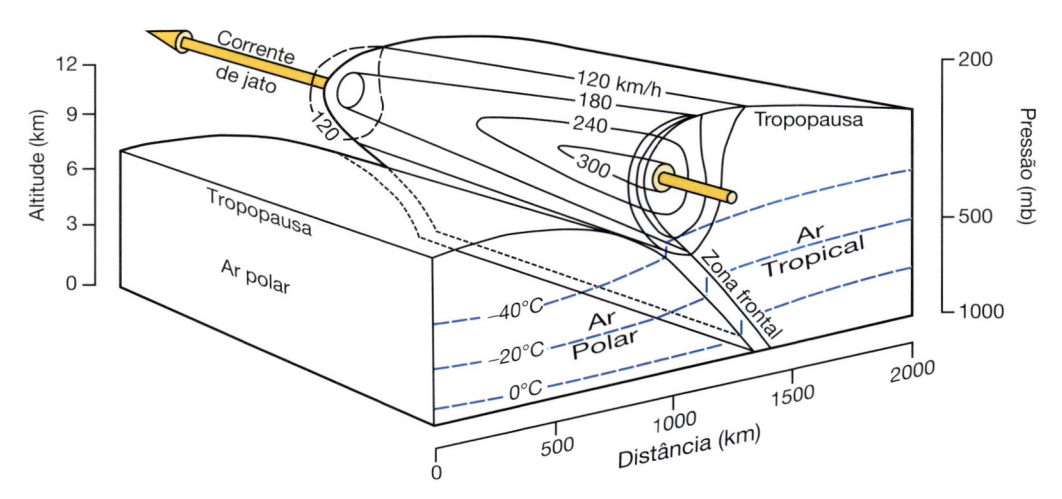

Figura 7.7 Estrutura da zona frontal de média latitude e corrente de jato associada, mostrando a distribuição generalizada, em altitude, da temperatura, pressão e velocidade do vento.
Fonte: Riley and Spalton (1981). Cortesia de Cambridge University Press.

> **AVANÇOS SIGNIFICATIVOS DO SÉCULO XX**
>
> ### 7.2 A descoberta das correntes de jato
>
> No final do século XIX, observadores do movimento das nuvens altas identificaram a existência ocasional de ventos fortes em níveis superiores, mas não suspeitavam de sua regularidade e persistência. O reconhecimento de que existem bandas coerentes de ventos muito fortes na troposfera superior foi uma descoberta operacional feita por pilotos de bombardeiros Aliados que sobrevoavam a Europa e o Pacífico Norte durante a Segunda Guerra Mundial. Voando na direção oeste, eles encontravam ventos de proa que às vezes se aproximavam da velocidade dos aviões. O termo *corrente de jato*, usado anteriormente para certos sistemas de correntes oceânicas, foi introduzido em 1944, sendo logo adotado de forma ampla. A palavra alemã correspondente Strahlstrome já havia, de fato, sido usada na década de 30.
>
> As bandas de fortes ventos em níveis superiores são associadas a intensos gradientes horizontais de temperatura. Gradientes de temperatura no sentido equador-polo, localmente intensificados, são associados às correntes de oeste, e gradientes no sentido polo-equador, às correntes de leste. As principais correntes de jato de oeste são a corrente de jato subtropical de oeste, a aproximadamente 150-200 mb, e a associada à principal frente polar, a aproximadamente 250-300 mb. A primeira se localiza entre as latitudes de 30-35°, e a segunda, entre 40-50° em ambos os hemisférios. Os núcleos mais fortes de correntes de jato tendem a ocorrer sobre a Ásia Oriental e o leste da América do Norte no inverno. Pode haver outros jatos associados a uma zona frontal ártica. No verão, existe um jato ártico persistente, ainda que geralmente fraco, mais visível sobre a Eurásia, que deve sua existência ao aquecimento superficial diferencial entre o Oceano Ártico frio e o continente, livre de neve adjacente. Nos trópicos, fortes correntes de jato de leste ocorrem no verão sobre a Índia, o Oceano Índico e a África Ocidental, associadas aos sistemas de monções.

diente de temperatura onde o ar tropical e o ar polar e ártico, respectivamente, interagem, mas a *Corrente de Jato Subtropical* está relacionada com um gradiente de temperatura confinado à troposfera superior, 12-15 km (~200 mb). As velocidades do vento sobre a Ásia Oriental regularmente excedem os 100 m s^{-1} (360 km/h^{-1}). A Corrente de Jato da Frente Polar é bastante irregular em termos latitudinais e longitudinais e em geral é descontínua, ao passo que a Corrente de Jato Subtropical é muito mais persistente e varia muito menos em latitude. Por essas razões, a localização da corrente de jato média em cada hemisfério e estação (Prancha 7.2) reflete primariamente a posição da Corrente de Jato Subtropical. O mapa do verão austral (DJF) mostra uma forte feição zonal ao redor de 50°S, enquanto a corrente do verão boreal é mais fraca e mais descontínua sobre a Europa e a América do Norte. Os mapas de inverno (Prancha 7.2 [A] e [D]) mostram uma estrutura dupla pronunciada no Hemisfério Sul, de 60°E para leste até 120°W, um análogo mais limitado sobre o Oceano Atlântico Norte oriental e central (0-40°W). Essa estrutura dupla representa as correntes subtropical e polar.

O padrão sinótico de ocorrência de correntes de jato é ainda mais complicado em alguns setores pela presença de zonas frontais adicionais (ver Capítulo 9E), cada uma associada a uma corrente de jato. Essa situação é comum no inverno sobre a América do Norte. Uma comparação entre a Figura 7.4 e a Prancha 7.2 indica que os principais núcleos de correntes de jato são associados aos principais cavados das ondas longas de Rossby. No verão, a *Corrente de Jato Tropical de Leste* se forma na troposfera superior sobre a Índia e a África, devido à reversão regional do gradiente de temperatura S-N (p. 355). As relações entre os sistemas de ventos troposféricos superiores e o tempo e o clima na superfície serão considerados mais adiante.

No Hemisfério Sul, a corrente de jato média no inverno é semelhante em intensidade ao seu correlato de inverno no Hemisfério Norte, e enfraquece menos no verão, pois o gradiente de temperatura meridional entre 30 e 50°S é reforçado pelo aquecimento sobre os continen-

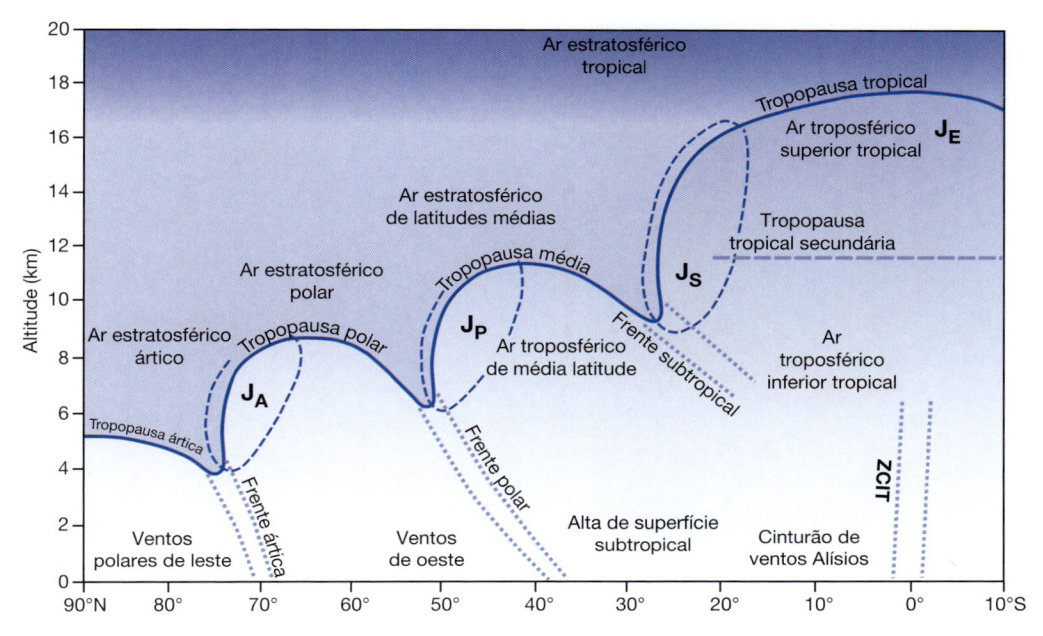

Figura 7.8 A estrutura meridiana da tropopausa e as principais zonas frontais primárias. A isótaca de 40 m s^{-1} (144 Km/h^{-1}) tracejada envolve as correntes de jato ártica (J_A), polar (J_P) e subtropical (J_S). A corrente de jato tropical de leste (J_E) também é mostrada. Ocasionalmente, as frentes e as correntes de jatos árticas e polares ou polares e subtropicais podem se fundir e formar sistemas únicos, onde 50% do gradiente de pressão mesotroposférico do polo-equador se concentra em uma única zona frontal de aproximadamente 200 km de largura. A corrente de jato tropical de leste pode ser acompanhada por uma corrente de leste mais baixa, a aproximadamente 5 km de altitude.
Fonte: Shapiro et al. (1987). *Monthly Weather Review* 115, p. 450, com permissão de American Meteorological Society.

tes meridionais, com particular importância do platô antártico (Prancha 7.2).

4 Condições de pressão na superfície

Os aspectos mais consistentes dos mapas de pressão ao nível médio do mar são as células de alta pressão subtropicais oceânicas (Figuras 7.9 e 7.10). Esses anticiclones se localizam a cerca de 30° de latitude, sugestivamente situados abaixo da posição média da Corrente de Jato Subtropical. Eles se movem alguns graus em direção ao equador no inverno e em direção ao polo no verão, em resposta à expansão e contração sazonais dos dois vórtices circumpolares. Os anticiclones localizados nos setores orientais do Atlântico Norte e Pacífico Norte subtropicais são rasos, ao contrário dos observados nos setores ocidentais. No Hemisfério Norte, as cristas subtropicais de alta pressão enfraquecem sobre os continentes aquecidos no verão, mas são termicamente intensificadas sobre eles no inverno. As principais células de alta pressão subtropicais se localizam: (1) sobre a região oceânica das Bermudas-Açores (a 500 mb, o centro dessas células fica sobre o Caribe); (2) sobre o sul e o sudoeste dos Estados Unidos (a célula da Great Basin ou de Sonora) – essa célula continental é sazonal, sendo substituída por um baixa térmica superficial no verão; (3) sobre o Pacífico leste e norte – uma célula grande e muito intensa (às vezes dividindo-se em duas, especialmente durante o verão); e (4) sobre o Saara – essa, como outras áreas-fonte continentais, tem variação sazonal em intensidade e extensão, sendo mais proeminente no inverno. No Hemisfério Sul, os anticiclones subtropicais são oceânicos, exceto sobre o sul da Austrália no inverno.

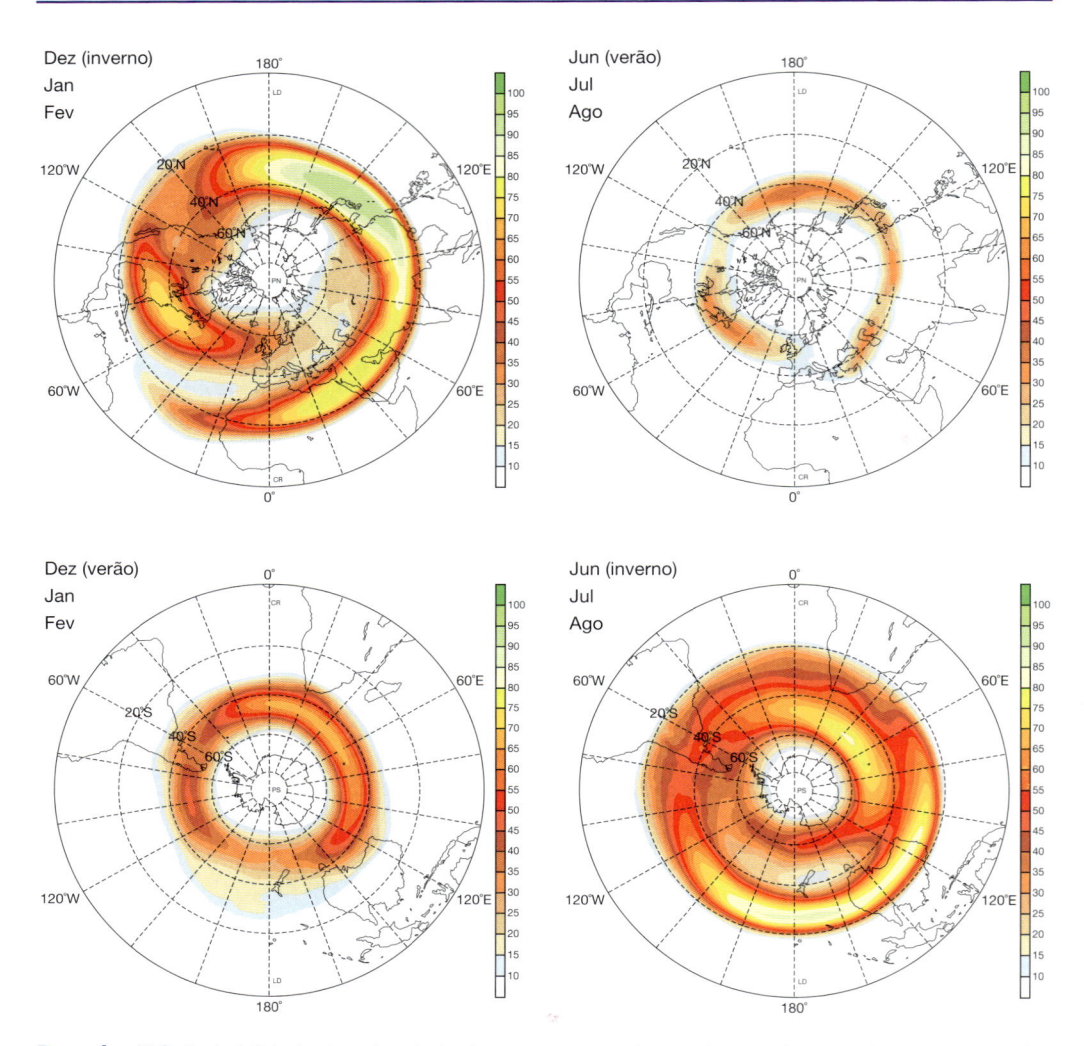

Prancha 7.2 Probabilidade da velocidade de uma corrente de jato (integrada verticalmente entre 100 e 400mb) excedendo a 30 m s⁻¹(108 km/h) com base na reanálise de dados do ECMWF 1982-1992. Unidades em porcentagem. (A) inverno no Hemisfério Norte, (DJF); (B) verão no Hemisfério Norte, (JJA); (C) verão no Hemisfério Sul, (DJF); (D) inverno no Hemisfério Sul, (JJA).

Cortesia de Patrick Koch and Sarah Kew, Institute for Atmospheric and Climate Science, ETH, Zurique.

A latitude do cinturão de alta pressão subtropical depende da diferença na temperatura meridional entre o equador e o polo e do gradiente da temperatura (i.e., estabilidade vertical). Quanto maior a diferença na temperatura meridional, mais próximo do equador se localiza o cinturão de alta pressão subtropical (Figura 7.11).

Nas baixas latitudes, existe um cavado equatorial de baixa pressão, amplamente associado à zona de máxima insolação e tendendo a migrar com ela, em especial rumo às regiões continentais interiores aquecidas no hemisfério de verão. Mais para os polos em relação aos anticiclones subtropicais, encontra-se uma zona geral de baixa pressão subpolar. No Hemisfério

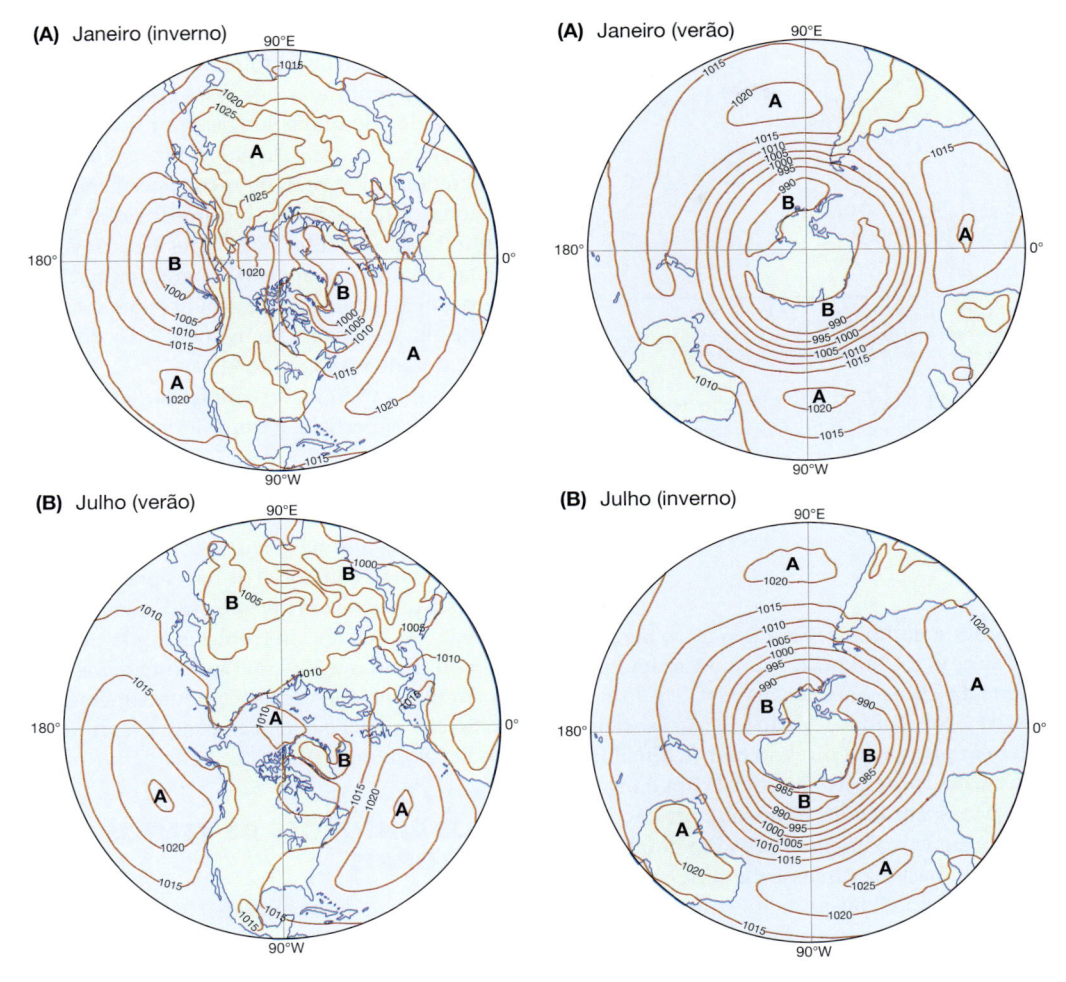

Figura 7.9 Distribuição da pressão média ao nível do mar (mb) em janeiro e julho para o hemisfério norte, 1970-1999.

Fonte: NCEP/NCAR Reanalysis Data do NOAA-CIRES Climate Diagnostics Center.

Figura 7.10 Distribuição da pressão média ao nível do mar (mb) em janeiro e julho para o hemisfério sul, 1970-1999. Isóbaras não são plotadas sobre a Antártica.

Fonte: NCEP/NCAR Reanalysis Data do NOAA-CIRES Climate Diagnostics Center.

Sul, esse cavado subantártico é praticamente circumpolar (ver Figura 7.10), ao passo que, no hemisfério norte, os principais centros estão perto da Islândia e nas ilhas Aleutas no inverno, e sobre as áreas continentais no verão. No inverno, a região ártica é afetada por células de alta e baixa pressão, com anticiclones semipermanentes de ar frio sobre a Sibéria e, em menor extensão, o noroeste do Canadá. Embora ainda seja dito que a região do ártico é dominada por condições anticiclônicas, esse fato claramente não procede. A alta siberiana pouco espessa resulta, em parte, da exclusão de massas de ar tropicais do interior devido ao planalto tibetano e ao Himalaia e, em parte, da presença de bolsões de ar frio em baixos níveis associados à ampla cobertura de neve. Há formação de centros sobre

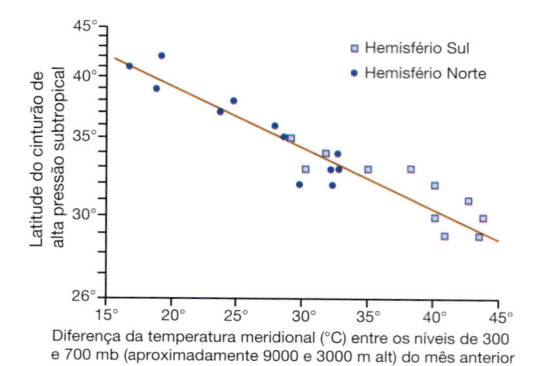

Figura 7.11 Diagrama da diferença de temperatura meridional ao nível de 300-700 mb no mês anterior, em relação à latitude do centro do cinturão de alta pressão subtropical, supondo um gradiente troposférico vertical constante.

Fonte: Flohn, in Proceedings of the World Climate Conference, WMO N0.537 (1979, p. 257, Fig.2).

mostradas em mapas de pressão mensais são refletidas em cartas sinóticas na passagem de depressões profundas por essas áreas a jusante dos cavados de ondas longas em níveis elevados. Todavia, as áreas de pressão média elevada representam altas mais ou menos permanentes. As zonas intermediárias localizadas a 50-55°N e 40-60°S são afetadas por depressões móveis e cristas de alta pressão; essas aparecem nos mapas de médias como zonas sem pressão notavelmente alta ou baixa. O movimento das depressões é tratado no Capítulo 9F.

Comparando as distribuições das médias de pressão superficial e troposférica para janeiro (ver Figuras 7.4, 7.5, 7.9 e 7.10), fica claro que somente as células de alta pressão subtropicais se estendem a níveis elevados. As razões para isso são evidentes nas Figuras 7.1B e D. No verão, o cinturão equatorial de baixa pressão também está presente em níveis elevados sobre o sul da Ásia. As células subtropicais ainda podem ser identificadas a 300 mb (aproximadamente), mostrando que são um aspecto fundamental da circulação global e não apenas uma resposta às condições de superfície.

o nordeste da Rússia, estendendo-se para leste em direção a Chukotka, sobre o Cazaquistão e o leste da China. Sobre os mantos de gelo elevados da Groenlândia e Antártica, não faz sentido falar em pressão ao nível do mar (é difícil fazer um ajuste da pressão superficial para o nível do mar), mas, em média, existe alta pressão sobre o platô antártico oriental, a 3-4 km de altitude.

Com base na discussão anterior, a circulação média no Hemisfério Sul é muito mais zonal a 700 mb (aproximadamente 3000 m de altitude) e no nível do mar do que no Hemisfério Norte, devido à área mais limitada e ao efeito das massas continentais. Também existe pouca diferença entre a intensidade da circulação no verão e no inverno (ver Figuras 7.3 e 7.10). É importante, neste ponto, diferenciar os padrões médios de pressão e as altas e baixas mostradas em cartas sinóticas diárias ou subdiárias. No Hemisfério Sul, a zonalidade da circulação média oculta um grau elevado de variabilidade cotidiana. A *carta sinótica* é uma "fotografia" diária ou subdiária dos principais sistemas de pressão sobre uma área muito grande, ignorando as circulações locais. As baixas subpolares sobre a Islândia e as Aleutas (ver Figura 7.9)

B OS CINTURÕES DE VENTOS GLOBAIS

A importância das células de alta pressão subtropicais fica evidente na discussão anterior. Dinâmicas, em vez de imediatamente térmicas em sua origem, e situadas entre 20° e 30° de latitude, elas parecem ser a chave para os principais cinturões de ventos do mundo, mostrados nos mapas da Figura 7.12. No Hemisfério Norte, os gradientes de pressão ao redor dessas células são mais fortes entre outubro e abril (inverno). Em termos da pressão real, porém, as células oceânicas têm sua pressão mais elevada no verão, e o cinturão é contrabalançado em níveis inferiores por baixas pressões térmicas sobre os continentes. Sua intensidade e persistência claramente as identificam como o fator dominante que controla a posição e as atividades dos ventos Alísios e de oeste.

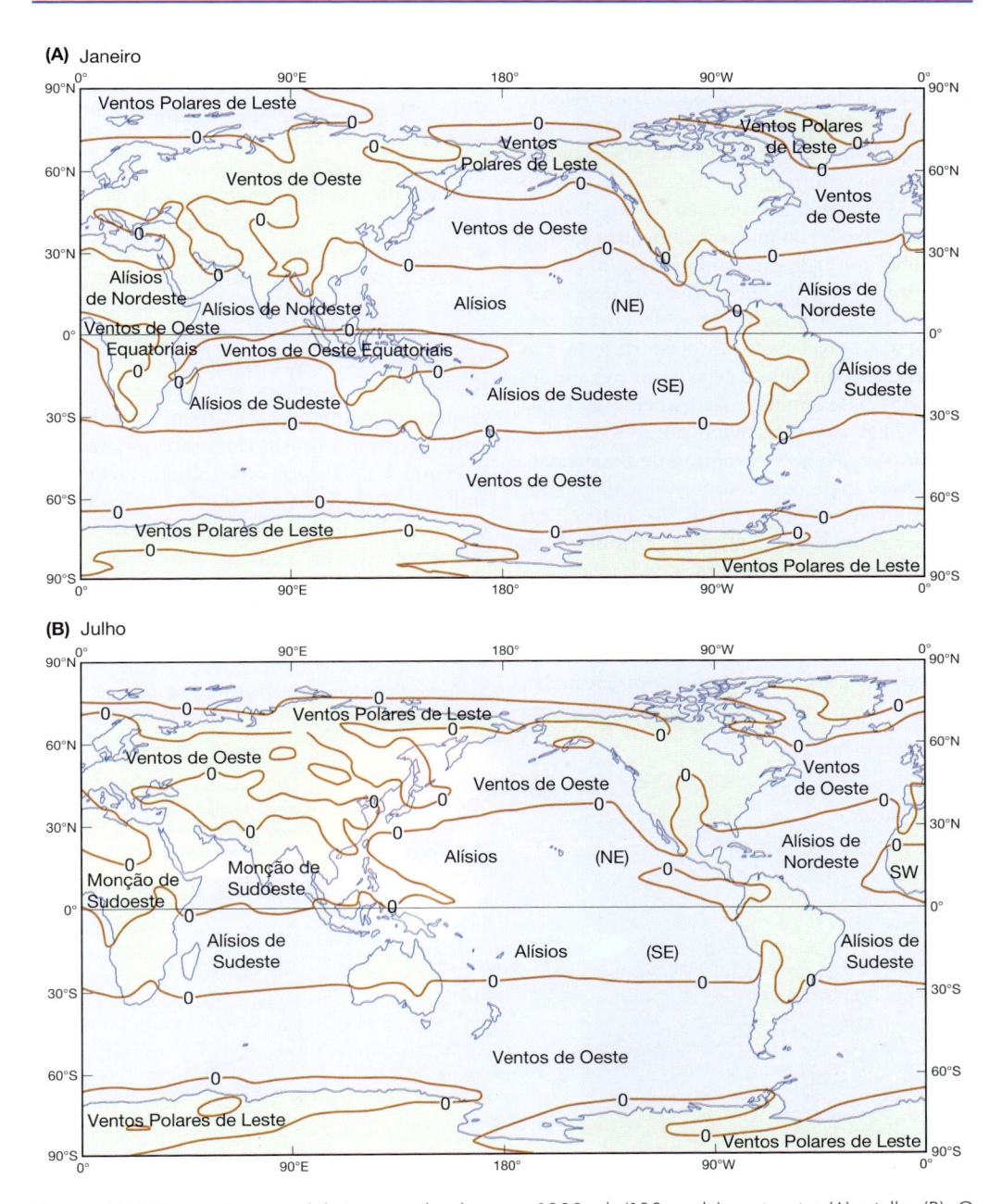

Figura 7.12 Zonas de vento globais generalizadas para 1000 mb (100 m alt.) em janeiro (A) e julho (B). O limite entre os ventos zonais de oeste e leste é a linha zero. Em grande parte do Pacífico central, os ventos Alísios são quase zonais. Baseado em médias para 1970-1999.

Fonte: NCEP/NCAR Reanalysis Data de NOAA-CIRES Climate Diagnostics Center.

N. de R.T.: Sobre o Oceano Índico (mapa A), os ventos Alísios de Nordeste correspondem aos ventos de monção hibernal. Já a monção de Sudoeste (mapa B) corresponde aos ventos de oeste equatoriais.

1 Os ventos Alísios

Pode-se pensar que a expressão *"Trade Winds"* originou-se da sua importância nos dias em que a navegação à vela era necessária para o comércio entre os continentes. Todavia, de acordo com a Wikipedia, a expressão *"Trade Winds"* deriva de *"trade"* do inglês médio, que significa "caminho" ou "trilha", levando à frase *"the wind blows trade"*, que significa "sopra de uma direção constante". Com relação ao sistema climático, os alísios (ou ventos tropicais de leste) são importantes por causa da sua grande extensão, afetando quase a metade do planeta (ver Figura 7.13). Eles se originam em latitudes baixas às margens das células subtropicais de alta pressão, e sua constância de direção e velocidade (por volta de 7 m s^{-1} ou 25 km/h^{-1}) é notável. Os ventos alísios, assim como os ventos de oeste, são mais fortes durante o semestre de inverno, o que sugere que sejam controlados pelo mesmo mecanismo fundamental.

Os dois sistemas de ventos Alísios tendem a convergir no *Cavado Equatorial* (de baixa pressão). Sobre os oceanos, particularmente o Pacífico central, a convergência dessas correntes de ar costuma ser pronunciada e, nesse setor, o termo *Zona de Convergência Intertropical* (ZCIT) é aplicável. Todavia, de modo geral, a convergência é descontínua no espaço e no tempo. Em direção ao equador, os principais cinturões dos alísios sobre o Pacífico leste e o Atlântico leste são regiões de ventos leves e variáveis, conhecidos tradicionalmente como *doldrums** e bastante temidos nos séculos passados pelas tripulações de veleiros. Sua extensão sazonal varia consideravelmente: de julho a setembro, eles se espalham para oeste no Pacífico central, enquanto, no Atlântico, estendem-se para a costa do Brasil. Uma terceira área importante de *doldrums* está localizada no Oceano Índico e no Pacífico ocidental. De março a abril, ela se espalha 16.000 km da África Oriental até a longitude de 180° e fica bastante ampla novamente de outubro a dezembro.

---

* N. de R.T.: Doldrums são células de calmarias com ventos fracos e direcionalmente variáveis. Normalmente nessas áreas ocorre a presença de uma cobertura de nuvens baixas.

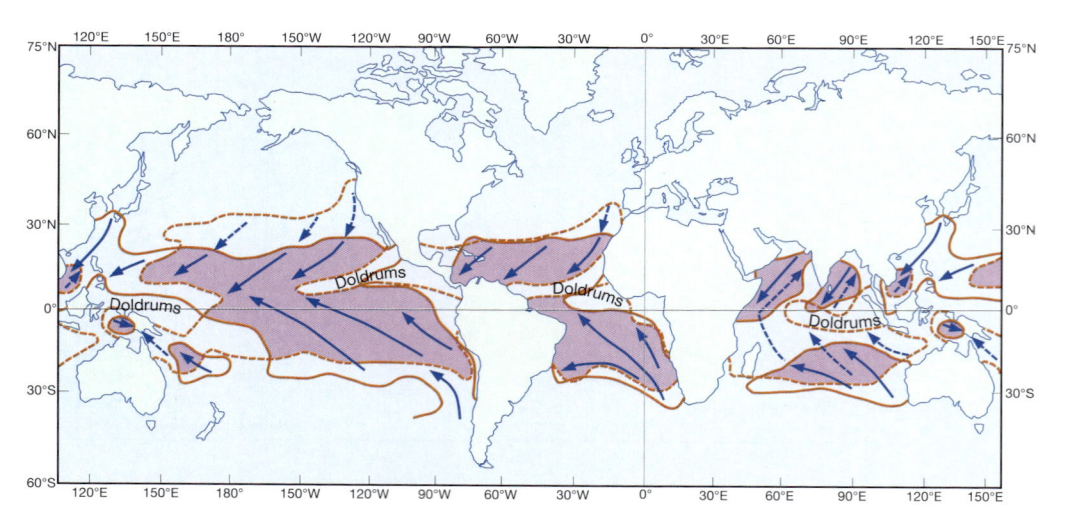

Figura 7.13 Mapa dos cinturões de ventos Alísios e *doldrums*. Os limites dos alísios – abrangendo a área dentro da qual 50% de todos os ventos são do quadrante predominante – são mostrados pelas linhas contínuas (janeiro) e tracejadas (julho). A área marcada é afetada pelos alísios em ambos os meses. Linhas de fluxo esquemáticas são indicadas pelas setas – tracejadas (julho) e contínuas (janeiro, ou nos dois meses).
Fonte: Crowe (1949, 1950).

2 Os ventos equatoriais de oeste

No hemisfério de verão, em especial sobre as áreas continentais, existe uma zona de ventos geralmente de oeste entre os dois cinturões de ventos Alísios (Figuras 7.12 e 7.14). Esse sistema de oeste é bem marcado sobre a África e o sul da Ásia no verão do Hemisfério Norte, quando o aquecimento térmico sobre os continentes auxilia o deslocamento do cavado equatorial para o norte (ver Figura 11.1). Sobre a África, os ventos de oeste atingem 2-3 km e, sobre o Oceano Índico, a 5-6 km. Na Ásia, esses ventos são conhecidos como "monções de verão", mas hoje são reconhecidos como um fenômeno complexo, cuja origem é parcialmente global e parcialmente regional (ver Capítulo 11C). Os ventos de oeste equatoriais não são apenas os alísios do hemisfério oposto que sofrem diversão ao cruzarem o equador (devido à mudança de direção da deflexão de Coriolis). Existe, *em média*, um componente de oeste no oceano Índico a 2-3°S em junho e julho e a 2-3°N em dezembro e janeiro. Sobre os Oceanos Pacífico e Atlântico, a ZCIT não se afasta suficientemente do equador para permitir o desenvolvimento desse cinturão de ventos de oeste.

3 Os ventos de latitudes médias de oeste (Ferrel)

Esses são os ventos das latitudes médias que emanam dos lados próximos dos polos da célula de alta pressão subtropical (ver Figura 7.12). Eles são muito mais variáveis em direção e intensidade do que os alísios, pois, nessas regiões, o caminho do movimento do ar é afetado frequentemente por células transitórias de alta e baixa pressão, que, embora orientadas pelas ondas longas e meandrantes de Rossby discutidos anteriormente, costumam se mover no sentido leste. Além disso, no Hemisfério Norte, a preponderância de áreas continentais, com seu relevo irregular e padrões sazonais de pressão, tende a obscurecer o fluxo de ar do oeste. As ilhas de Scilly, na costa sudoeste da Inglaterra, que sofrem a ação dos ventos de sudoeste, registram 46% dos ventos oriundos entre sudoeste e noroeste, mas 29% vêm do setor oposto, entre o nordeste e o sudeste.

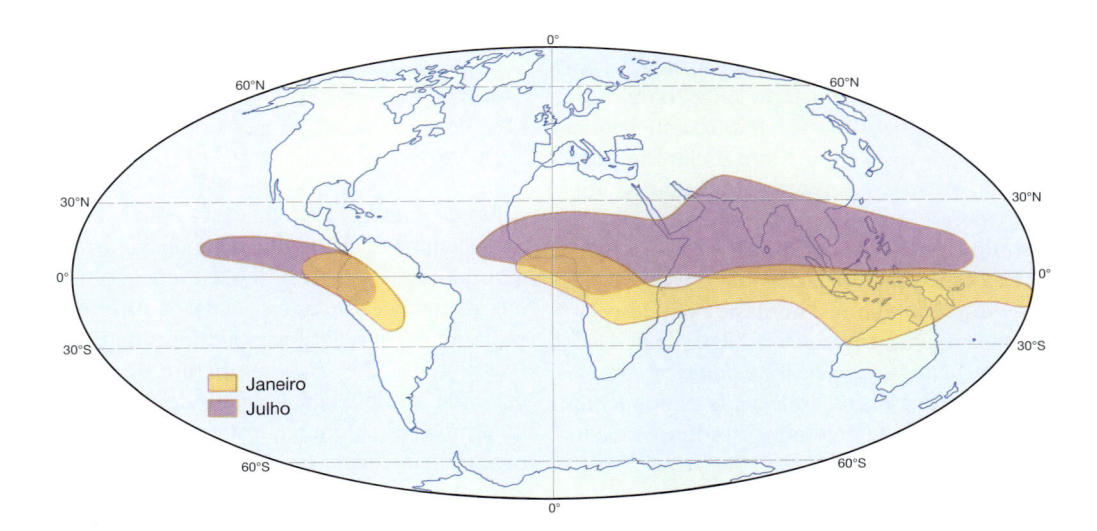

Figura 7.14 Distribuição dos ventos de oeste equatoriais em qualquer camada abaixo de 3 km para janeiro e julho.

Fonte: Indian Meteorological Department.

Os ventos de oeste do Hemisfério Sul são mais fortes e mais constantes em direção do que os do Hemisfério Norte, pois os amplos espaços oceânicos descartam o desenvolvimento de sistemas de pressão estacionários (Figura 7.15). A Ilha Kerguelen (49°S, 70°E) tem uma frequência anual de 81% de ventos oriundos entre o sudoeste e o noroeste, e a proporção comparável de 75% para a Ilha Macquaire (54°S, 159°E) mostra que essa predominância é disseminada sobre os oceanos meridionais. Todavia, a zonalidade aparente do vórtice circumpolar sul (ver Figura 7.10) oculta uma considerável variabilidade sinótica na velocidade do vento.

4 Os ventos polares de leste

Este termo é aplicado a ventos que ocorrem entre a alta pressão polar e a baixa pressão subpolar. A alta polar, como mencionado, não é uma feição quase permanente da circulação ártica. Os ventos de leste ocorrem principalmente nos lados próximos ao polo em depressões sobre o Atlântico Norte e o Pacífico Norte (Figura 7.12). Calculando-se as direções médias dos ventos para todos os cinturões de alta latitude, encontram-se poucos sinais de um sistema coerente de ventos polares de leste. A situação em altas latitudes do hemisfério sul é complicada pela presença da Antártica, mas os anticiclones parecem ser frequentes sobre o elevado platô oriental antártico, e ventos de leste predominam sobre a linha de costa antártica sobre o setor do Oceano Índico. Por exemplo, em 1902-1903, a expedição do navio *Gauss*, a 66°S, 90°E, observou ventos entre o nordeste e o sudeste em 70% do tempo e, em muitas estações costeiras, a constância dos ventos de leste pode ser comparada com a dos alísios. Todavia, as componentes de ventos de oeste predominam sobre os mares a oeste da Antártica.

C A CIRCULAÇÃO GERAL

A seguir, consideramos os mecanismos que mantêm a *circulação geral* da atmosfera –pa-

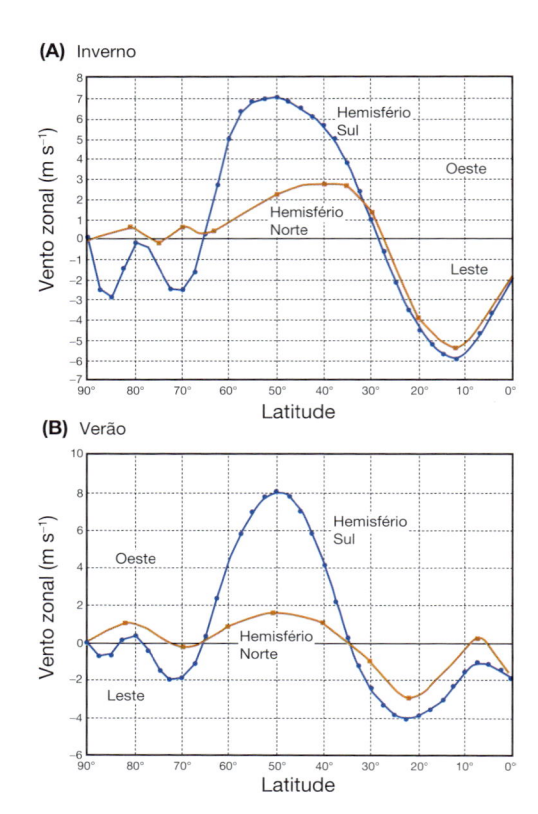

Figura 7.15 Perfis da componente média do vento de oeste (m s^{-1}) ao nível do mar nos hemisférios norte e sul durante suas respectivas estações de inverno (A) e verão (B), 1970-1999.

Fonte: NCEP/NCAR Reanalysis Data de NOAA-CIRES Climate Diagnostics Center.

drões de grande escala de vento e pressão que persistem no decorrer do ano ou que retornam sazonalmente. Já fizemos referência a uma das principais forçantes, o desequilíbrio da radiação entre as latitudes menores e maiores (ver Figura 2.26), mas também é necessário entender a importância das trocas de energia na atmosfera. A energia está constantemente mudando de forma, como mostrado na Figura 7.16. O aquecimento desigual da Terra e sua atmosfera pela radiação solar gera gradientes de energia potencial, parte da qual é convertida em energia cinética pela ascensão do ar quente e pela descida do ar frio. Em última análise,

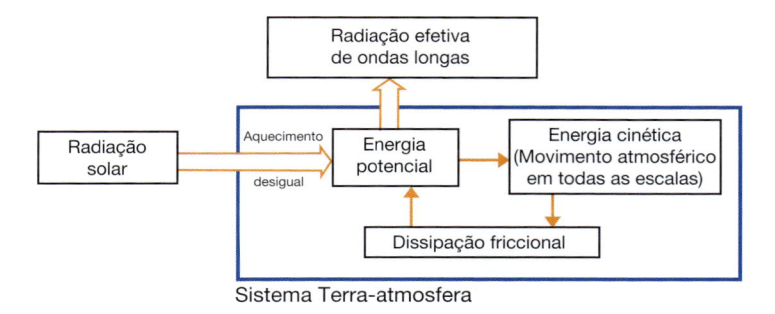

Figura 7.16 Esquema da troca de energia do sistema Terra-atmosfera.

a energia cinética do movimento atmosférico em todas as escalas é dissipada pela fricção e por vórtices turbulentos de pequena escala (isto é, viscosidade interna). Para manter a circulação geral, a taxa de geração de energia cinética deve obviamente equilibrar a sua taxa de dissipação. Essas taxas são estimadas em 2 W m^{-2}, o que representa apenas 1% da radiação solar global média absorvida na superfície e na atmosfera. Em outras palavras, a atmosfera é uma máquina térmica altamente ineficiente (ver Capítulo 2E).

Um segundo fator controlador é o momento angular da Terra e sua atmosfera, que é a tendência da atmosfera de se mover junto com a Terra ao redor do eixo de rotação. O momento angular é proporcional à taxa de rotação (ou seja, a velocidade angular) e ao quadrado da distância entre a parcela de ar e o eixo de rotação. Com uma Terra e atmosfera em rotação uniforme, o momento angular total deve permanecer constante (em outras palavras, existe uma *conservação do momento angular*). Se uma grande massa de ar muda de posição sobre a superfície da Terra, de modo que sua distância do eixo de rotação também se altere, a sua velocidade angular deve mudar a fim de permitir que o momento angular permaneça constante. Naturalmente, o momento angular absoluto é elevado no equador, o ponto mais distante do eixo de rotação (ver Nota 3), e diminui com a latitude, até chegar a zero nos polos (ou seja, o eixo de rotação), de modo que o ar que se move em direção aos polos tende a adquirir velocidades cada vez maiores na direção leste. Por exemplo, o ar que se deslocasse de 42° para 46° de latitude e conservasse seu momento angular aumentaria sua velocidade relativa à superfície da Terra em 29 m s^{-1} (104 km/h^{-1}). Esse é o mesmo princípio que faz um patinador do gelo girar mais rápido à medida que aproxima os braços do corpo. Na prática, o aumento da velocidade da massa de ar é compensado ou mascarado pelas outras forças que afetam o movimento do ar (particularmente o atrito), mas não há dúvida de que muitas das características importantes da circulação atmosférica geral resultam dessa transferência de momento angular para os polos.

A necessidade de um transporte de momento em direção aos polos é facilmente compreendida em termos da manutenção dos ventos de oeste de latitudes médias (Figura 7.15). Esses ventos transmitem momento relativo na direção oeste (leste) para a Terra por atrito constantemente, e estima-se que eles cessariam por completo devido a essa dissipação friccional de energia em pouco mais de uma semana se o seu momento não fosse reabastecido de forma contínua em outra parte. Em baixas latitudes, os amplos ventos tropicais de leste ganham momento relativo para oeste por atrito, como resultado da rotação da Terra em uma direção oposta ao seu fluxo (ver Nota 4). Esse excesso é transferido em direção aos polos, com o transporte máximo ocorrendo, de maneira significativa, nas adjacências da corrente de jato subtropical média a aproximadamente 250 mb a 30°N e 30°S.

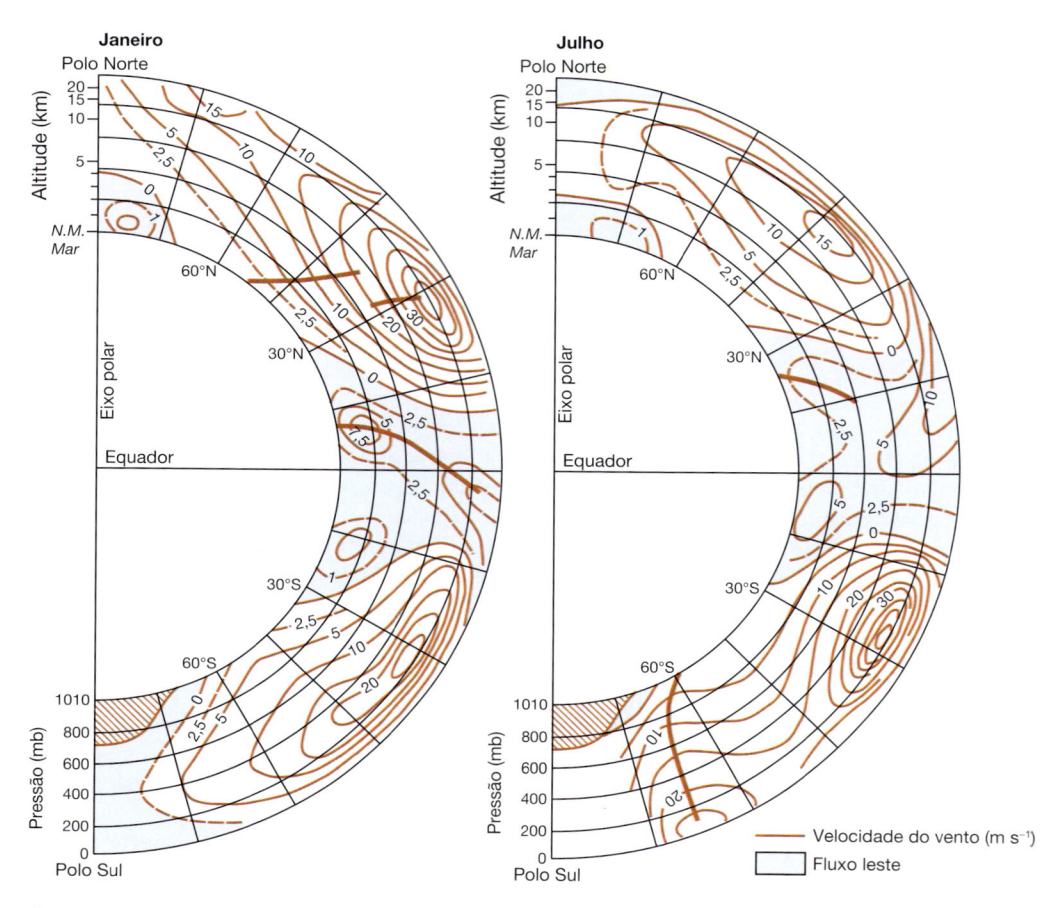

Figura 7.17 Velocidades médias dos ventos zonais (m s⁻¹) calculadas para cada latitude e para elevações de até mais que 20 km, nos meses de janeiro e julho. Observe o fraco fluxo leste em todos os níveis em latitudes baixas dominado pelas células de Hadley, e o forte fluxo de oeste em latitudes médias, localizado nas correntes de jato subtropicais. Observe o destaque dado para a presença do manto de gelo Antártico interrompendo os ventos zonais.
Fonte: Adaptado de Mintz; Henderson-Sellers and Robinson (1986).

1 Circulações nos planos vertical e horizontal

Existem duas maneiras possíveis de a atmosfera transportar calor e momento. Uma é pela circulação no plano vertical, conforme indica a Figura 7.17, que mostra três células meridionais em cada hemisfério. As *células de Hadley* em baixas latitudes eram consideradas análogas às circulações convectivas que se formam quando uma panela de água é aquecida sobre uma chama e são denominadas células *termicamente diretas*. Acreditava-se que o ar quente subisse e gerasse um fluxo baixo perto do equador e a rotação da Terra desviasse essas correntes, que formariam os ventos Alísios de nordeste e sudeste. Essa explicação foi proposta por G. Hadley em 1735, embora, em 1856, W. Ferrel tenha mostrado que a conservação do momento angular seria um fator mais provável como causa dos ventos de leste, pois a força de Coriolis é pequena em latitudes baixas. Correntes contrárias superiores e em direção aos polos completariam a célula de baixa latitude, segundo o esquema apresentado, com o ar descendo a aproximadamente 30° de latitude à medida que é resfriado pela radiação.

Todavia, esse esquema não está de todo correto. A atmosfera não tem uma fonte de calor simples no equador, os ventos Alísios não são contínuos ao redor do planeta (ver Figura 7.13) e o fluxo superior para os polos ocorre principalmente nos setores ocidentais das células de alta pressão (ver Figuras 7.4 e 7.10).

A Figura 7.18 mostra outra célula termicamente direta (polar) em altas latitudes, com ar denso e frio fluindo de uma alta de pressão polar. A realidade disso é questionável, mas, de qualquer modo, tem pouca importância para a circulação geral, devido à pequena massa envolvida. É importante observar que não é possível haver uma única célula direta em cada hemisfério, pois os ventos de leste perto da superfície reduziriam a rotação da Terra. Em média, a atmosfera deve girar com a Terra, exigindo um equilíbrio entre os ventos de leste e oeste ao redor do planeta.

A *célula de Ferrel* de latitude média mostrada na Figura 7.18 é termicamente indireta e precisaria ser movida pelas outras duas. Considerações ligadas ao momento indicam a necessidade de ventos de leste superiores nesse esquema, mas observações feitas com aviões e balões durante as décadas de 1930 e 1940 demonstraram a existência de ventos fortes de oeste na troposfera superior (ver A.3, neste capítulo). Rossby modificou o modelo de três células para incorporar esse fato, propondo que o momento de oeste seria transferido para latitudes médias a partir das ramificações superiores das células em latitudes altas e baixas. Cavados e cristas no escoamento superior poderiam, por exemplo, fazer essa mistura horizontal.

Essas visões passaram por alterações radicais a partir de 1948. Meios alternativos de transportar calor e momento – por circulações horizontais – haviam sido sugeridos na década de 1920 por A. Defant e H. Jeffreys, mas não puderam ser testados até que houvesse dados adequados sobre o ar em níveis superiores. Cálculos para o Hemisfério Norte, realizados por

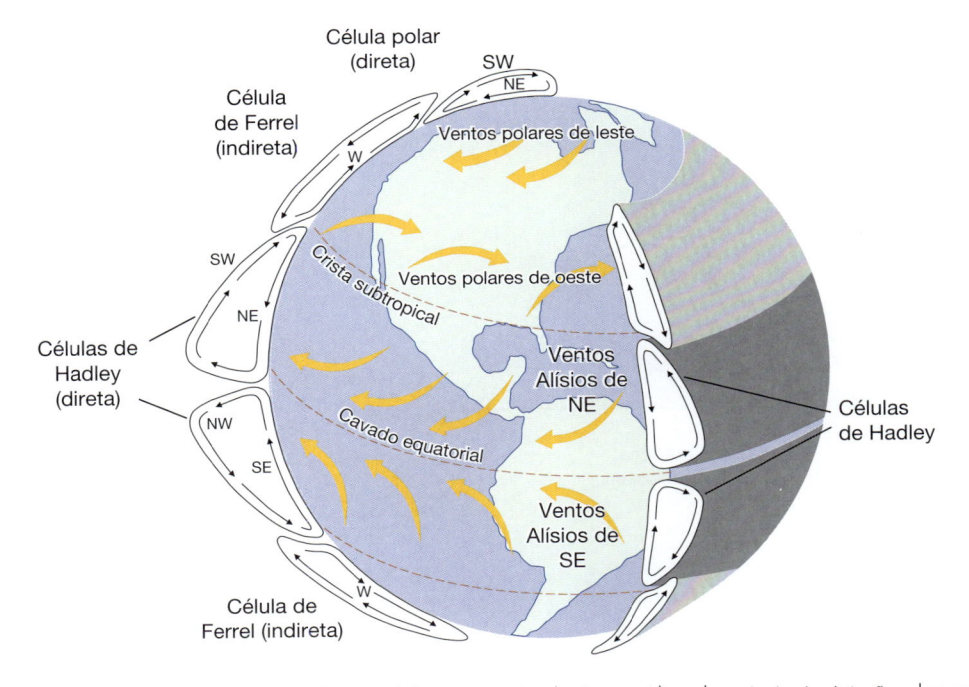

Figura 7.18 Modelo esquemático de três células para a circulação meridional e principais cinturões de ventos em cada hemisfério.
Fonte: Modificado de NASA.

V. P. Starr e R. M. White do Massachusetts Institute of Technology, mostram que, em latitudes médias, as células horizontais transportam a maior parte do calor e momento necessários em direção aos polos. Isso atua (1) por meio do mecanismo de altas semi-estacionárias e (2) pelas altas e baixas móveis perto da superfície, que atuam em conjunto com seus padrões de onda mais acima. O primeiro é conhecido como ondas estacionárias, e o segundo, como vórtices transitórios. A importância desses vórtices horizontais para o transporte de energia é mostrada na Figura 7.19 (ver também Figura 3.27B). O conceito moderno de circulação geral, portanto, considera a energia dos ventos zonais como derivada de ondas horizontais, e não de circulações meridionais. Em latitudes mais baixas, porém, o transporte por vórtices é insuficiente para explicar o transporte total de energia necessário para o equilíbrio energético. Por essa razão, a célula de Hadley média é um aspecto fundamental das representações atuais da circulação geral, como mostra a Figura 7.20. A circulação de baixa latitude é considerada complexa. Particularmente, o transporte vertical de calor na célula de Hadley é efetuado por nuvens cumulonimbus gigantes em sistemas associados ao Cavado Equatorial (baixa pressão), que se localiza em média a 5°S em janeiro e a 10°N em julho (ver Figura 11.1). A célula de Hadley do hemisfério de verão é, de longe, a mais importante, pois gera o fluxo transequatorial baixo para o hemisfério de verão. O modelo tradicional da circulação global com células gêmeas, simétrico ao redor do equador, é encontrado somente na primavera/outono.

Longitudinalmente, as células de Hadley estão ligadas aos regimes de monções do hemisfério de verão. O ar ascendente sobre o Sul

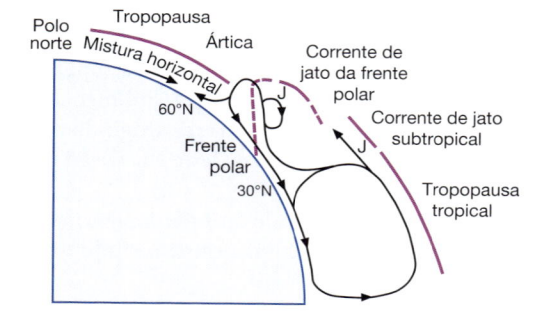

Figura 7.20 Modelo da circulação meridional geral para o Hemisfério Norte no inverno.
Fonte: Palmén, 1951; Barry (1967).

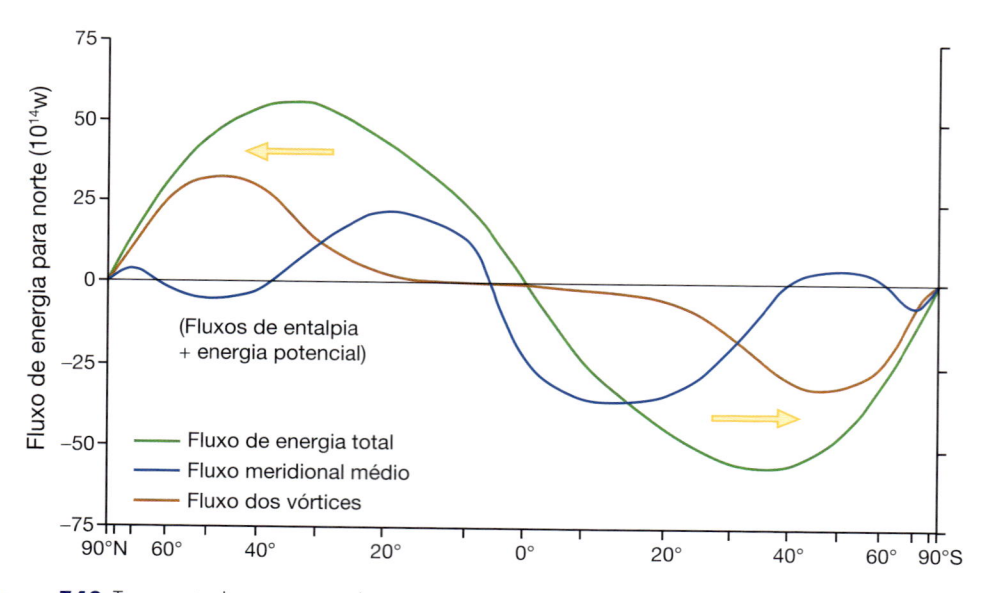

Figura 7.19 Transporte de energia em direção aos polos, mostrando a importância de vórtices horizontais em latitudes médias.

Asiático (e também sobre a América do Sul e a Indonésia) é associado ao fluxo leste-oeste (zonal) e esses sistemas são conhecidos como *circulações de Walker* (p. 375-380). O transporte de retorno das células de Hadley meridionais em direção aos polos acontece em cavados que se estendem para latitudes baixas a partir dos ventos de oeste em latitudes médias. Isso tende a ocorrer nos lados a oeste das células subtropicais de alta pressão na troposfera superior. A mistura horizontal predomina em latitudes médias e altas, embora também se acredite que exista uma célula indireta fraca e de forma bastante reduzida nas latitudes médias (Figura 7.20). A relação das correntes de jato com as regiões meridionais com gradiente súbito de temperatura já foi observada (ver Figura 7.7). Ainda não temos uma explicação completa para as duas máximas de vento e seu papel na circulação geral, mas elas sem dúvida são uma parte essencial da história.

À luz dessas teorias, reanalisamos a origem dos anticiclones subtropicais, que desempenham um papel crucial nos climas mundiais. Sua existência tem sido atribuída, de diversas maneiras: (1) ao empilhamento de ar que se move em direção aos polos à medida que é desviado para leste pela rotação da Terra e à conservação do momento angular; (2) à subsidência de correntes acima em direção aos polos pelo resfriamento radiativo; (3) à necessidade geral de alta pressão perto da latitude de 30°, separando zonas aproximadamente iguais de ventos de leste e oeste (também é possível a combinações desses mecanismos). Uma teoria adequada deve explicar não apenas a sua permanência, mas sua natureza celular e a inclinação vertical dos eixos. A discussão anterior mostra que as ideias de uma célula de Hadley simplificada e da conservação do momento estão apenas parcialmente corretas. Além disso, estudos recentes, de maneira surpreendente, não mostram uma relação, em termos sazonais, entre a intensidade da célula de Hadley e a das altas subtropicais. A subsidência ocorre perto de 25°N no inverno, ao passo que o norte da África e o Mediterrâneo são geralmente mais secos no verão, quando o movimento vertical é fraco.

Duas novas ideias foram propostas recentemente (Figura 7.21). Uma sugere que as altas subtropicais em níveis baixos observadas no verão no Pacífico Norte e Atlântico Norte são respostas remotas a ondas planetárias estacionárias geradas por fontes de calor sobre a Ásia. Ao contrário dessa visão da propagação de ondas a favor da corrente para leste, outro modelo propõe efeitos regionais do aquecimento sobre as regiões afetadas pelas monções de verão na Índia, na África Ocidental e no sudoeste da América do Norte, que atuam contra a corrente nas margens oeste e norte dessas fontes de calor. O aquecimento das monções indianas leva a uma célula vertical com subsidência sobre o Mediterrâneo oriental, o deserto do Saara oriental e o deserto de Kyzylkum-Karakum. Todavia, enquanto o ar ascendente tem origem nos ventos tropicais de leste, acredita-se que as ondas de Rossby nos ventos de oeste nas latitudes médias sejam a fonte do ar descendente, e isso pode ter uma ligação com o primeiro mecanismo. Nenhum desses argumentos aborda os anticiclones subtropicais de inverno. Certamente, essas características esperam uma explicação definitiva e abrangente.

É provável que as células anticiclônicas em níveis elevados, evidentes em cartas sinóticas (que tendem a se fundir em cartas de médias), estejam relacionadas com os vórtices anticiclônicos que se desenvolvem no lado equatorial das correntes de jato. Estudos teóricos e observacionais mostram que, como resultado da variação latitudinal do parâmetro de Coriolis, os ciclones nos ventos de oeste tendem a se mover em direção aos polos, e as células anticiclônicas, em direção ao equador. Assim, os anticiclones subtropicais são regenerados constantemente. Existe uma relação estatística entre a latitude das altas subtropicais e o gradiente da temperatura média meridional (ver Figura 7.11); um gradiente mais forte causa uma mudança na alta pressão no sentido do equador, e vice-versa. Essa mudança é evidente em termos sazonais. O padrão celular na superfície reflete de forma clara a influência de fontes de calor. As células são estacionárias e alongadas no sentido norte-sul sobre os oceanos do

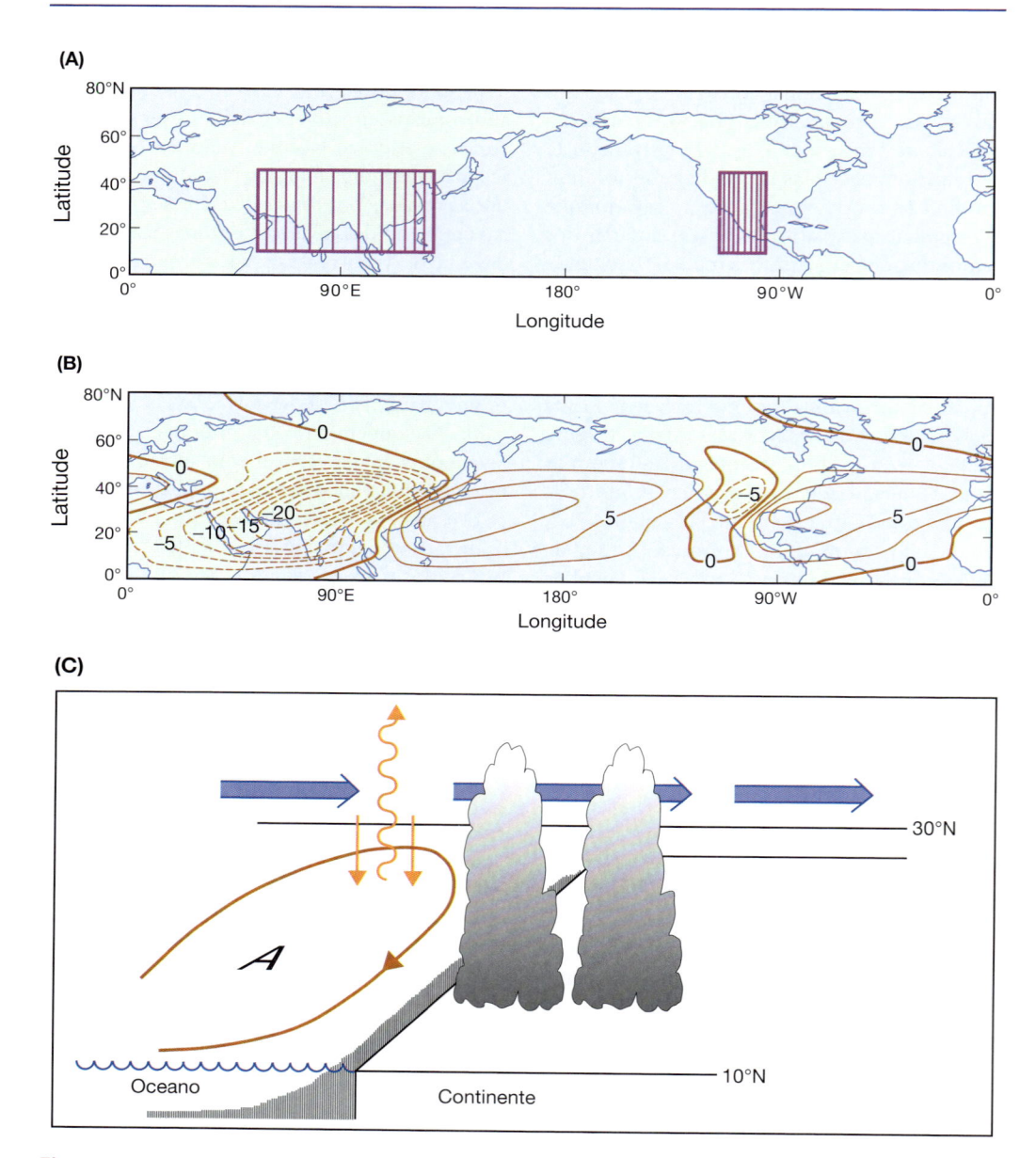

Figura 7.21 Ilustrações esquemáticas de processos sugeridos que formam/mantêm os anticiclones subtropicais setentrionais no verão: (A) quadros em que as fontes de calor do verão são impostas no modelo atmosférico; (B) padrão resultante de ondas planetárias estacionárias, (linhas contínuas/tracejadas denotam anomalias positivas/negativas da altura (Chen et al., 2001); (C) esquema dos elementos da circulação propostos por Hoskins (1996); aquecimento das monções sobre os continentes com subsidência para oeste e em direção aos polos onde existe interação com os ventos de oeste. A subsidência gera maior resfriamento radiativo, que atua como um *feedback* positivo, e movimento no sentido do equador; este último impulsiona a camada de Ekman oceânica e a ressurgência.

Fontes Chen et al. (2001) *J. Atmos. Sci.* 58, p. 1832, fig. 8(a); e Hoskins (1996) *Bull. Amer. Met. Soc.* 11, p. 1291, fig.5. American Meteorological Society.

Hemisfério Norte no verão, quando o aquecimento continental cria baixa pressão e o gradiente da temperatura meridional é fraco. No inverno, por outro lado, o fluxo zonal é mais forte em resposta a um gradiente mais intenso na temperatura meridional, e o resfriamento continental gera alongamento das células no sentido leste-oeste. Indubitavelmente, fatores ligados à superfície e aos níveis superiores reforçam um ao outro em alguns setores e tendem a se anular em outros.

Assim como as circulações de Hadley representam importantes componentes meridionais (norte-sul) da circulação atmosférica, as circulações de Walker representam as componentes zonais (leste-oeste) de grande escala do fluxo de ar tropical. Essas circulações zonais são movidas por grandes gradientes de pressão no sentido leste-oeste causados por diferenças no movimento vertical. Por um lado, o ar ascende sobre os continentes aquecidos e as partes mais quentes dos oceanos; por outro, o ar desce sobre partes mais frias dos oceanos, sobre áreas continentais onde sistemas profundos de alta pressão se estabeleceram, e em associação com células de alta pressão subtropicais. Sir Gilbert Walker identificou essas circulações em 1922-1923, com sua descoberta de uma correlação inversa entre a pressão sobre o Oceano Pacífico oriental e a Indonésia. A intensidade e a fase dessa chamada *Oscilação Sul* costumam ser medidas pela diferença de pressão entre o Taiti (18°S, 150°W) e Darwin, na Austrália (12°S, 130°E). O Índice da Oscilação Sul (Southern Oscilation Index – SOI) tem duas fases extremas (Figura 7.22):

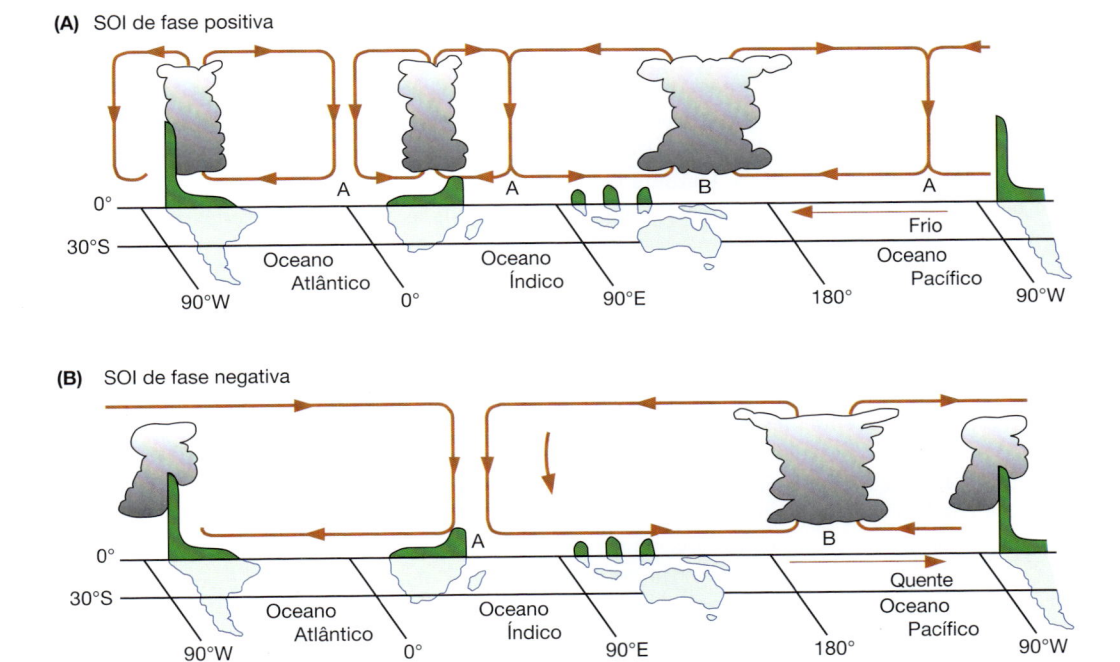

Figura 7.22 Seções transversais da circulação de Walker ao longo do equador (com base em cálculos de Y. M. Tourre) durante as fases positivas (A) e negativas (B) da Oscilação Sul (OS). As fases positivas (negativas) correspondem a padrões não ENSO (ENSO) (ver texto). Na fase positiva, há ar ascendente e chuvas fortes sobre a bacia amazônica, África central e Indonésia-Pacífico Ocidental. No padrão da fase negativa (ENSO 1982-1983), o ramo Pacífico ascendente é desviado para leste da linha Internacional de Mudança de Data e, em outras partes, a convecção é suprimida pela subsidência. O sombreado indica a topografia em escala vertical exagerada.
Fonte: K.Wyrtki (1985). World Meteorological Organization.

- *positiva,* quando existe uma forte alta pressão no Pacífico sudeste e uma baixa centrada sobre a Indonésia, com ar ascendente e precipitação convectiva;
- *negativa* (ou baixa), quando a área de baixa pressão e convecção é deslocada para leste em direção à linha Internacional de Mudança de Data.

Um SOI positivo (negativo) implica fortes ventos Alísios de leste (ventos de oeste equatoriais baixos) sobre o Pacífico centro-ocidental. Essas circulações de Walker estão sujeitas a flutuações em que uma oscilação (conhecida como Oscilação Sul-El Niño, ou ENSO) entre fases positivas (isto é, eventos não ENSO) e fases negativas (isto é, eventos de ENSO) é particularmente notável (ver Capítulo 11G.1):

1 *Fase positiva* (Figura 7.22A). Apresenta quatro grandes células zonais, envolvendo ramificações ascendentes de baixa pressão e precipitação acentuada sobre a Amazônia, a África central e a Indonésia/Índia; e ramificações de alta pressão descendentes sobre o Pacífico Oriental, o Atlântico Sul e o Oceano Índico oriental. Durante essa fase, ventos de baixos níveis de leste se intensificam sobre o Pacífico, e as correntes de jato subtropicais de oeste em ambos os hemisférios enfraquecem, assim como a célula de Hadley do Pacífico.

2 *Fase negativa* (Figura 7.22B). Essa fase tem cinco grandes células zonais, envolvendo ramificações ascendentes de baixa pressão e precipitação acentuada sobre o Atlântico sul, o Oceano Índico Ocidental, o Pacífico Ocidental e Oriental; e ramificações subsidentes de alta pressão e menor precipitação sobre a Amazônia, a África central, a Indonésia/Índia e o Pacífico central. Durante essa fase, ventos de oeste de baixos níveis e de leste de altos níveis predominam sobre o Pacífico, e as correntes de jato subtropicais de oeste se intensificam em ambos os hemisférios, assim como a célula de Hadley no Pacífico.

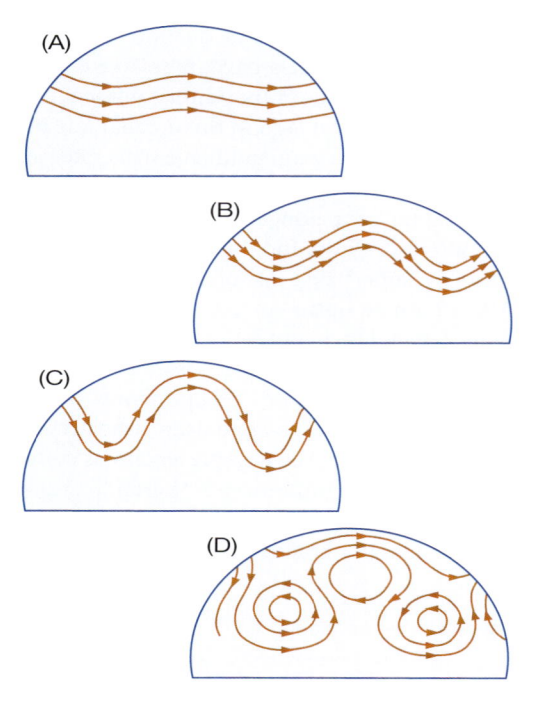

Figura 7.23 O ciclo do índice. Ilustração esquemática do desenvolvimento de padrões celulares nos ventos de oeste superiores, ocupando três a oito semanas e especialmente ativos em fevereiro e março no Hemisfério Norte. Estudos estatísticos indicam que não há periodicidade regular nessa sequência. (A) índice zonal elevado. A corrente de jato e os ventos de oeste se encontram a norte da sua posição média. Os ventos de oeste são fortes, os sistemas de pressão têm orientação predominante leste-oeste, e existe pouca troca de massa de ar norte-sul. (B) e (C) a corrente se expande e aumenta de velocidade, ondulando com oscilações cada vez maiores. (D) índice zonal baixo, associado a um rompimento e à fragmentação celular total dos ventos zonais de oeste, à formação de depressões frias profundas e fechadas estacionárias em latitudes médio-baixas e a anticiclones quentes e profundos originando bloqueios atmosféricos em latitudes maiores. Essa fragmentação começa geralmente no leste e se estende para oeste a uma taxa de aproximadamente 60° de longitude por semana.

Fonte: Namias; in Haltiner and Martin (1957).

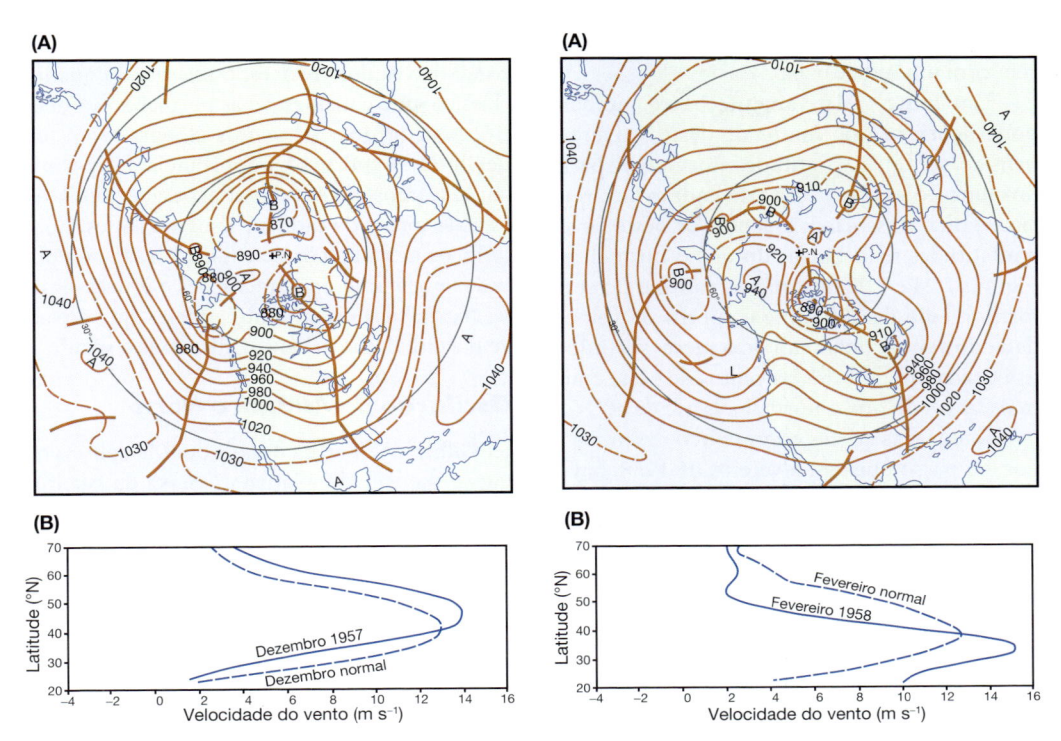

Figura 7.24 Contornos médios de 700 mb para dezembro de 1957, mostrando um fluxo de oeste rápido e de pequena amplitude, típico de um índice zonal elevado: (A) perfis médios da velocidade (m s^{-1}) do vento zonal a 700 mb no Hemisfério Ocidental para dezembro de 1957, em comparação com as velocidades de um dezembro normal. Os ventos de oeste estavam mais fortes do que o normal e deslocados para o norte (B).
Fonte: Dunn (1957).

2 Variações na circulação do Hemisfério Norte

A pressão e os padrões de contornos durante certos períodos do ano podem ser radicalmente diferentes dos indicados pelos mapas médios (ver Figuras 7.3 e 7.4). Diversos tipos de variabilidade têm importância. Na maior escala, estão as mudanças na intensidade da circulação hemisférica zonal de oeste ao longo de um período de semanas. Variações importantes em escalas mais regionais incluem as oscilações na pressão sobre o Atlântico Norte e o Pacífico Norte.

Figura 7.25 Contornos médios de 700 mb para fevereiro de 1958: (A) perfis médios da velocidade (m s^{-1}) do vento zonal a 700 mb no Hemisfério Ocidental para fevereiro de 1958, em comparação com as velocidades de um fevereiro normal. Os ventos de oeste estavam mais fortes do que o normal em latitudes baixas, com um pico a aproximadamente 33°N (B).
Fonte: Klein (1958).

Variações no índice zonal

Variações de três a oito semanas de duração são observadas na intensidade dos ventos de oeste zonais na média do hemisfério. Elas são mais notáveis nos meses de inverno, quando a circulação geral é mais forte. A natureza das alterações é ilustrada na Figura 7.23. Os ventos de oeste de latitudes médias formam ondas, e os cavados e as cristas se tornam acentuados, dividindo-se em um padrão celular, com um intenso fluxo meridional em certas longitudes. A intensidade dos ventos de oeste entre 35° e 55°N é denominada *índice zonal*; os fortes ventos zonais de oeste são representativos de um índice elevado, e padrões celulares pronunciados ocorrem com um índice baixo.

Um índice relativamente baixo também pode ocorrer se os ventos de oeste estiverem bem ao sul de suas latitudes normais e, paradoxalmente, essa expansão do padrão de circulação zonal é associada a ventos de oeste fortes em latitudes mais baixas do que o normal. As Figuras 7.24 e 7.25 ilustram os padrões do contorno médio de 700 mb e os perfis da velocidade do vento zonal para dois meses distintos. Em dezembro de 1957, os ventos de oeste eram mais fortes do que o normal a norte de 40°N, e os cavados e as cristas eram pouco desenvolvidos, ao passo que, em fevereiro de 1958, havia um baixo índice zonal e um vórtice circumpolar expandido, gerando ventos fortes de oeste em latitudes baixas. O padrão a 700 mb mostra altas subtropicais muito fracas, cavados meridionais profundos e um bloqueio anticiclônico junto ao Alasca (ver Figura 7.25A). A causa dessas variações ainda é incerta, embora aparentemente o fluxo zonal rápido seja instável e tenda a se decompor. Essa tendência certamente é maior no Hemisfério Norte, devido ao arranjo dos continentes e oceanos.

Estudos detalhados começam a mostrar que as flutuações irregulares do índice, junto com as características secundárias da circulação, como as células de alta e baixa pressão na superfície ou as ondas longas em níveis superiores, desempenham um papel importante na redistribuição de momento e energia. Experimentos de laboratório com "pratos" rotatórios de água para simular a atmosfera, e estudos com modelos numéricos computadorizados do comportamento da atmosfera, demonstram que uma circulação de Hadley não pode ser um mecanismo adequado para transportar calor em direção aos polos. Como consequência, o gradiente meridional de temperatura aumenta e o fluxo se torna instável no modo de Hadley, decompondo-se em vários vórtices ciclônicos e anticiclônicos. Esse fenômeno é chamado de *instabilidade baroclínica*. Em termos de energia, a energia potencial no fluxo zonal é convertida em energia potencial e cinética nos vórtices.

Sabe-se também que a energia cinética do fluxo zonal deriva *dos* vórtices, o inverso do quadro clássico, que considerava as perturbações dentro dos cinturões de ventos globais como um detalhe sobreposto. A importância das perturbações atmosféricas e as variações da circulação estão se tornando cada vez mais evidentes. Contudo, os mecanismos de circulação são complicados por numerosas interações e processos de *feedback*, particularmente aqueles que envolvem a circulação oceânica, discutida a seguir.

Oscilação do Atlântico Norte

Sir Gilbert Walker, na década de 1920, observou que a intensidade relativa da Baixa da Islândia e da Alta dos Açores oscila em escalas anuais a decenais; 50 anos depois, van Loon e Rogers discutiram a "gangorra" oeste-leste em temperaturas de inverno entre a Europa Ocidental e o oeste da Groenlândia, associada à mudança norte-sul no gradiente de pressão sobre o Atlântico Norte. O fenômeno em operação aqui é a Oscilação do Atlântico Norte (North Atlantic Oscillation – NAO). Embora Walker tenha originalmente definido um índice da NAO a partir de um conjunto de séries temporais altamente correlacionadas de temperatura do ar, pressão ao nível do mar e precipitação em estações bem separadas sobre o leste da América do Norte, Walker e Bliss sugeriram posteriormente que um índice simples poderia se basear na diferença de pressão entre a Islândia e os Açores. O índice NAO baseado nessa ideia descreve a intensificação e o enfraquecimento mútuos da baixa da Islândia (65°N) e da alta dos Açores (40°N). Quando ambas estão fortes (fracas), considera-se que a NAO está em seu modo, ou fase, positivo (negativo). Embora a NAO possa ser identificada em todas as estações, a maioria das pesquisas concentra-se na estação de inverno, quando tende a apresentar-se mais forte. A relação entre os modos positivo e negativo da NAO observada por Walker e a temperatura associada e outros padrões de anomalias são mostrados na Prancha 7.3 para dois meses de janeiro distintos. Quando as duas células de pressão estão bem desenvolvidas, como em janeiro de

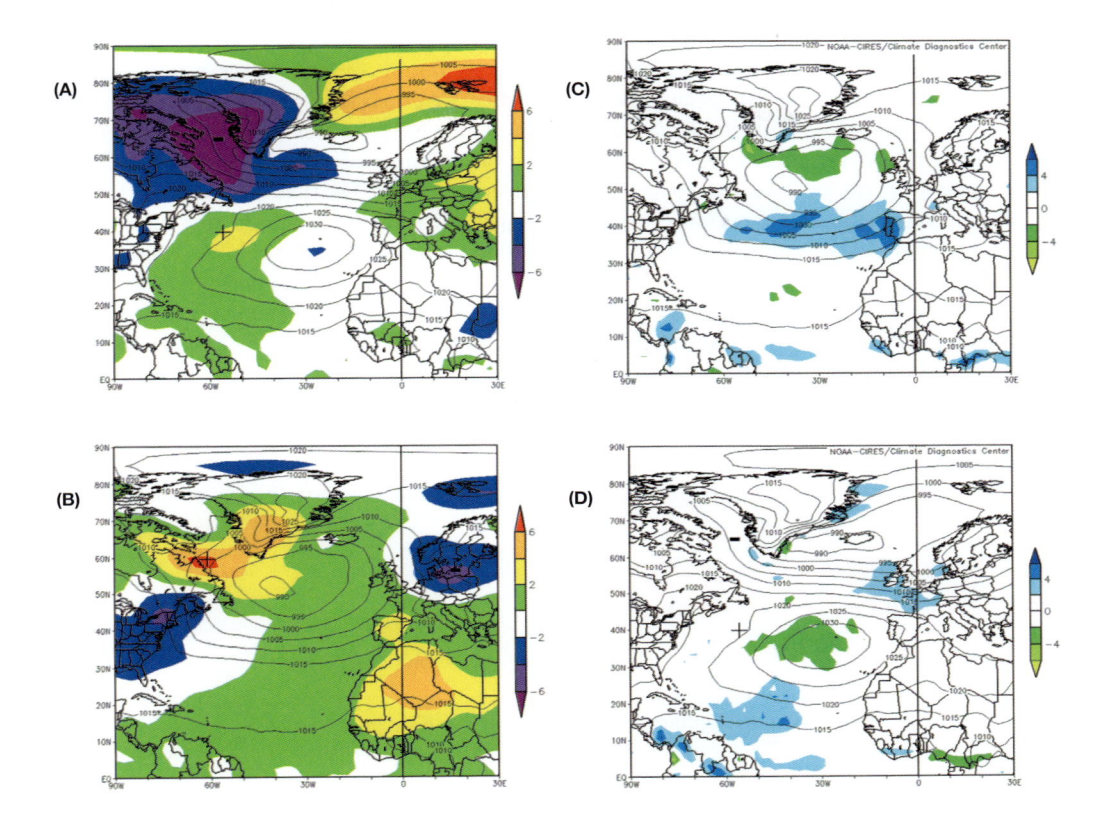

Prancha 7.3 Ilustração das fases positiva – janeiro de 1984 (A) – e negativa – janeiro de 1970 (B) da Oscilação do Atlântico Norte e suas anomalias associadas de temperatura e precipitação. Isóbaras no nível médio do mar em intervalos de 5mb; anomalias de temperatura em intervalos de 2°C; e da taxa de precipitação diária em 2 mm/dia.
Fonte: Climate Diagnostics Center, NOAA, CIRES, Boulder, CO.

1984, os ventos zonais de oeste são fortes. A Europa Ocidental tem um inverno brando, enquanto a intensa Baixa da Islândia causa um forte fluxo de norte na Baía de Baffin, temperaturas baixas no oeste da Groenlândia e muito gelo marinho no Mar de Labrador. Na fase negativa, as células são fracas, como em janeiro de 1970, formando-se anomalias opostas. Em casos extremos, a pressão pode ser maior perto da Islândia do que para o sul, causando ventos de leste ao longo da Europa Ocidental e no leste do Atlântico Norte.

Até o final da década de 1990 e começo dos anos 2000, seguindo o trabalho de D. Thompson, houve um considerável debate sobre se a NAO deveria ser considerada parte de uma oscilação mais geral de pressão (massa) entre a região polar norte e as latitudes médias, conhecida como Oscilação Ártica (Artic Oscillation – AO) ou Modo Anular do Norte (Northern Annular Mode – NAM). Parte do argumento para considerar o NAM fundamental é sua semelhança com uma oscilação de massa correspondente entre as latitudes altas e médias do Hemisfério Sul, conhecida como Oscilação Antártica (Antarctic Oscillation – AAO) ou Modo Anular do Sul (Southern Annular Mode – SAM). Em comparação com o NAM, a oscilação de massa associada ao SAM é muito mais simétrica zonalmente, ou anular; ou seja, a oscilação de massa é vista de modo mais claro em todas as longitudes. Acredita-se que, se não fosse pelas distorções causadas pelas influências da orografia e pelos contrastes terra-mar, o NAM também teria um padrão razoavelmente simétrico, em vez de ser dominado pela variabilidade no setor atlântico, com um centro de ação muito mais fraco no Pacífico Norte. Em outras palavras, assim como o SAM, o NAM é um padrão "inerentemente" simétrico, e a perda dessa simetria se deve às distorções mencionadas. Apesar disso, as séries temporais do NAM e da NAO apresentam elevada correlação e, para muitos usos, podem ser vistas como definições diferentes da mesma coisa. Os padrões do NAM e do SAM se estendem até a troposfera.

Com base em registros de pressão ao nível do mar, foram compiladas séries temporais do índice NAO para até aproximadamente 1870. Embora a NAO não tenha uma escala temporal de variabilidade preferida, podem ser definidas diversas épocas. De 1890 a 1900, ela esteve em um modo negativo, seguido por um período predominantemente positivo de 1900 a 1950. Depois disso, houve um período negativo de 1960 a 1980, seguido por um aumento geral até a metade da década de 1990. Esse aumento recente causou inversos que, comparados com o normal, eram mais quentes sobre grande parte da Eurásia setentrional, e condições mais úmidas (mais secas) sobre a Europa Setentrional-Escandinávia (Europa Meridional-Mediterrâ-

AVANÇOS SIGNIFICATIVOS DO SÉCULO XX

7.3 Observações oceanográficas

As medições meteorológicas e oceanográficas são feitas nos oceanos por aproximadamente 7.000 navios da frota de observação voluntária (Voluntary Observing Fleet) e por boias ancoradas ou flutuantes. "Navios selecionados" observam a temperatura do ar e da superfície do mar, a pressão e sua tendência, o vento, o tempo meteorológico presente e passado, a umidade, nuvens e ondas. Navios suplementares (ou auxiliares) fazem as mesmas observações, omitindo a temperatura da superfície do mar, a tendência da pressão, as ondas (e nuvens). O Meteorological Office do Reino Unido opera sete boias ancoradas em águas profundas na borda da plataforma continental a oeste das Ilhas Britânicas e duas no Mar do Norte. Existem boias semelhantes nos Oceanos Pacífico e Atlântico nas costas do Canadá e dos Estados Unidos, com cerca de 65 outras boias operadas nos Estados Unidos. Elas medem a pressão, temperatura do ar, umidade, velocidade do vento, temperatura da superfície do mar, e a altura e o período das ondas. As boias de deriva hoje são usadas em escala mundial, e medem a pressão barométrica e sua tendência, bem como a temperatura da superfície do mar, enquanto algumas também medem a temperatura do ar e a velocidade do vento. Os dados são transmitidos para os satélites Argos, que fixam a posição das boias e os transmitem para Oslo, Toulouse e Søndre Strømfiord na Groenlândia Ocidental, bem como para estações de solo Argos nos Estados Unidos e na França. As correntes oceânicas são determinadas a partir da deriva de navios, onde a diferença entre a posição estimada (*dead-reckoned*) de um navio – determinada a partir da sua posição anterior com base em uma referência de navegação – e sua posição real é atribuída unicamente ao efeito das correntes superficiais. Elas também são medidas por correntômetros na superfície e no fundo, instalados por navios de pesquisa oceanográfica e que podem operar por até dois anos antes de serem recuperados. As propriedades da temperatura e salinidade dos oceanos são determinadas a partir de sensores de condutividade, temperatura e profundidade (CTD) desenvolvidos na década de 1970. Esses aparelhos medem as resistências dos sensores às variações na condutividade, temperatura e pressão. A condutividade depende da temperatura e da salinidade, assim, a partir dessas medições, é criado um perfil de salinidade e temperatura, que é transmitido para o navio de pesquisa. Uma rede global de boias perfiladoras de deriva (Argo) que medem a temperatura e salinidade dos 2000 m superiores do oceano começou a operar no ano 2000 e tem 3000 boias espalhadas pelos oceanos do planeta. Os dados são recuperados periodicamente, quando a boia vem à tona, e são transmitidos para as estações receptoras por conexão via satélite.

neo), em associação com uma mudança para o norte nas rotas de tempestades. Desde o final da década de 1990, a NAO retornou a uma fase mais neutra, em geral.

PDO, NPO e PNA

Embora o ENSO já tenha sido discutido, devemos observar que ele pode ser relacionado em uma variedade de maneiras com os padrões "do tipo ENSO", para os quais existem sinais multidecenais proeminentes. Os sinais climáticos são bem demonstrados no Pacífico noroeste, incluindo o Alasca. Particularmente importante é a Oscilação Decenal do Pacífico (Pacific Decadal Oscillation – PDO), que tem um índice baseado nas temperaturas da superfície do mar no Pacífico Norte. Sua série temporal assemelha-se ao padrão dominante de variabilidade na pressão ao nível do mar no Pacífico. A relação básica é que temperaturas mais frias (mais quentes) que a média na superfície do mar tendem a ocorrer durante períodos de pressão abaixo (acima) da média sobre o Pacífico Norte central. A PDO está relacionada, por sua vez, com a Oscilação do Pacífico Norte (North Pacific Oscillation – NPO), que pode ser descrita com um índice simples baseado na média ajustada para a área da pressão ao nível do mar sobre o Pacífico Norte extratropical. A série temporal da PDO representa uma boa medida da intensidade da Baixa das Aleutas. Desde 1976, a PDO tem apresentado uma tendência geral de redução, ou seja, uma Baixa das Aleutas mais intensa, acompanhada por ventos de oeste mais fortes que o normal sobre o Pacífico Norte Central e um fluxo maior de sul a sudeste ao longo da costa oeste da América do Norte. Em um contexto maior, a variabilidade no ENSO, na PDO e na NPO está relacionada com a variabilidade no chamado padrão de teleconexão Pacífico Norte Americano (Pacific North American – PNA). O PNA descreve variações no padrão de ondas longas atmosféricas que se estende do Pacífico equatorial até o noroeste da América do Norte e à parte sudeste da América do Norte. O modo positivo do PNA se caracteriza por uma Baixa das Aleutas intensa, uma forte crista em altos níveis ao longo da costa oeste do Canadá, e um forte cavado concomitante sobre o sudoeste dos Estados Unidos.

D ESTRUTURA E CIRCULAÇÃO DOS OCEANOS

Os oceanos ocupam 71% da superfície da Terra, com mais de 60% da área oceânica global situados no Hemisfério Sul. Três quartos da área oceânica ficam entre 3000 e 6000 m de profundidade, ao passo que apenas 11% da área dos continentes excedem 2000 m de altitude.

1 Acima da termoclina

Vertical

Os principais processos interativos entre oceano e atmosfera (Figura 7.26) envolvem trocas de calor, evaporação, alterações de densidade e cisalhamento do vento. O efeito desses processos é gerar uma estratificação vertical no oceano, que tem grande importância climática:

1. Na superfície oceânica, os ventos produzem uma *camada superficial termicamente misturada*, com dezenas de metros de profundidade, em média, entre os polos e a latitude de 60°, 400 m na latitude 40° e 100-200 m no equador.

2. Abaixo dessa camada de mistura relativamente quente, encontra-se a *termoclina*, uma camada onde a temperatura diminui e a densidade aumenta (a *picnoclina*) subitamente com a profundidade. A termoclina, cuja estratificação estável tende a inibir a mistura vertical, atua como uma barreira entre a água superficial mais quente e a água profunda mais fria. No oceano aberto entre as latitudes de 60°N e 60°S, a termoclina estende-se de profundidades de cerca de 200 m a um máximo de 1000 m (no equador, de 200 a 800 m; na latitude de 40°, de 400 a 1100 m). Dos polos à latitude de 60°, a água fria da camada profunda se aproxima da superfície. A localização do gradiente mais súbito de temperatura é denominada *termoclina permanente*, que tem

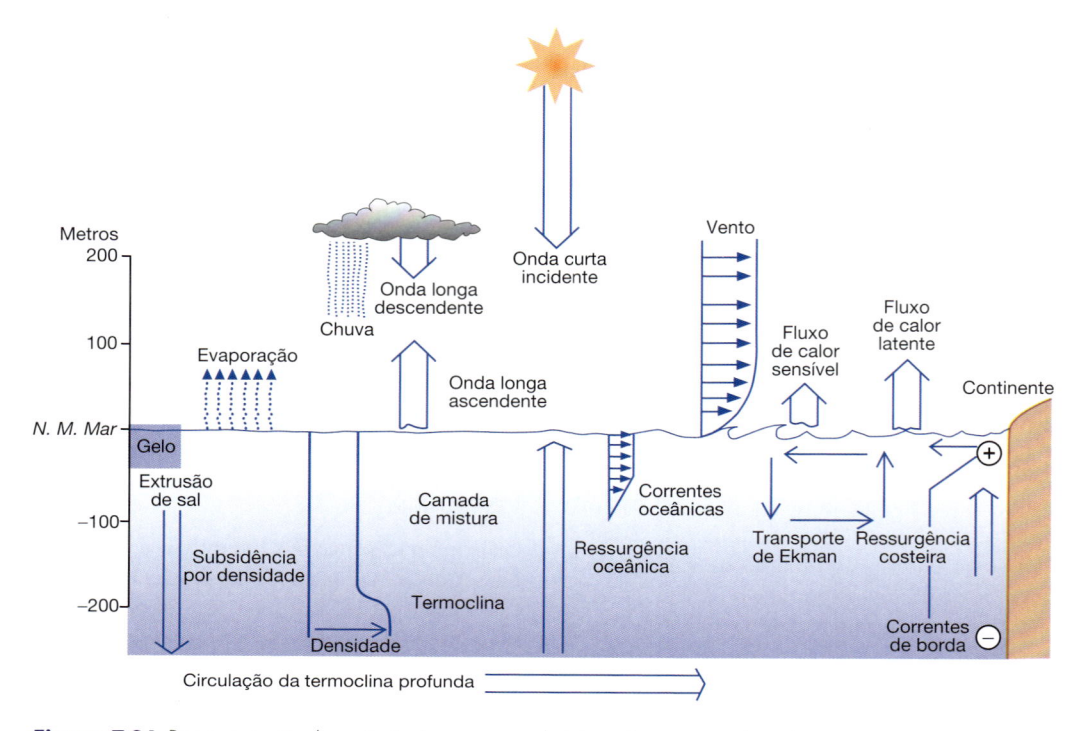

Figura 7.26 Representação dos principais processos de interação oceano-atmosfera.
Fonte: Modificado de NASA.

um efeito dinâmico inibidos no oceano, semelhante ao de uma grande inversão na atmosfera. Todavia, observam-se trocas de calor entre os oceanos e a atmosfera pela mistura turbulenta acima da termoclina permanente, assim como por ressurgência e subsidência. Abaixo da camada de mistura superficial (por exemplo, ártico), também existe um gradiente de salinidade, ou *haloclina*.

Durante a primavera e o verão nas latitudes médias, o aquecimento superficial acentuado leva ao desenvolvimento de uma *termoclina sazonal*, a profundidades de 50 a 100 m. O resfriamento superficial e a mistura causada pelo vento tendem a destruir essa camada no outono e inverno.

Abaixo da termoclina, há uma *camada profunda* de água fria e densa. Nessa camada, os movimentos da água são causados principal-

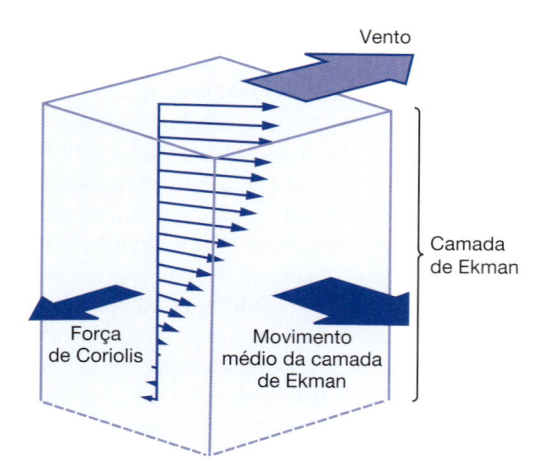

Figura 7.27 A espiral de Ekman no Hemisfério Norte.
Fonte: Open University 1989 de Ocean Circulation, Bearman (1989). Copyright © Butterworth-Heinemann, Oxford.

mente por variações de densidade, devidas normalmente a diferenças em salinidade (isto é, um mecanismo *termohalino*).

Também em termos de sua circulação, pode-se considerar que o oceano consiste de inúmeras camadas: a mais superior sujeita ao cisalhamento do vento, a próxima ao arraste friccional pela camada superior, e assim por diante; todas as camadas sofrem a ação da força de Coriolis. A água superficial tende a ser desviada para a direita (no Hemisfério Norte) em um ângulo de 45° em média em relação à direção do vento superficial e a cerca de 3% da sua velocidade. Essa deflexão aumenta com a profundidade, à medida que a velocidade da corrente causada pela fricção diminui exponencialmente (Figura 7.27). No equador, onde não existe a força de Coriolis, a água superficial se move na mesma direção que o vento superficial. Essa espiral teórica de Ekman foi desenvolvida com base em pressupostos idealizados da profundidade oceânica, constância de ventos, viscosidade uniforme da água e pressão hídrica constante em uma determinada profundidade. Isso raramente ocorre na realidade e, na maioria das condições oceânicas, a espessura da camada de Ekman, influenciada pelo vento, é de 100 a 200 m. Ao norte (sul) de 30°N, os ventos de oeste (leste) criam um transporte de água para sul (norte) na camada de Ekman, gerando convergência e subsidência de água a 30°N, conhecido como bombeamento de Ekman.

Horizontal

Geral

Podemos fazer comparações entre a estrutura e a dinâmica dos oceanos e da atmosfera quanto ao seu comportamento acima da termoclina permanente e abaixo da tropopausa – seus dois limites estabilizantes mais significativos. Dentro dessas duas zonas, as circulações flui-

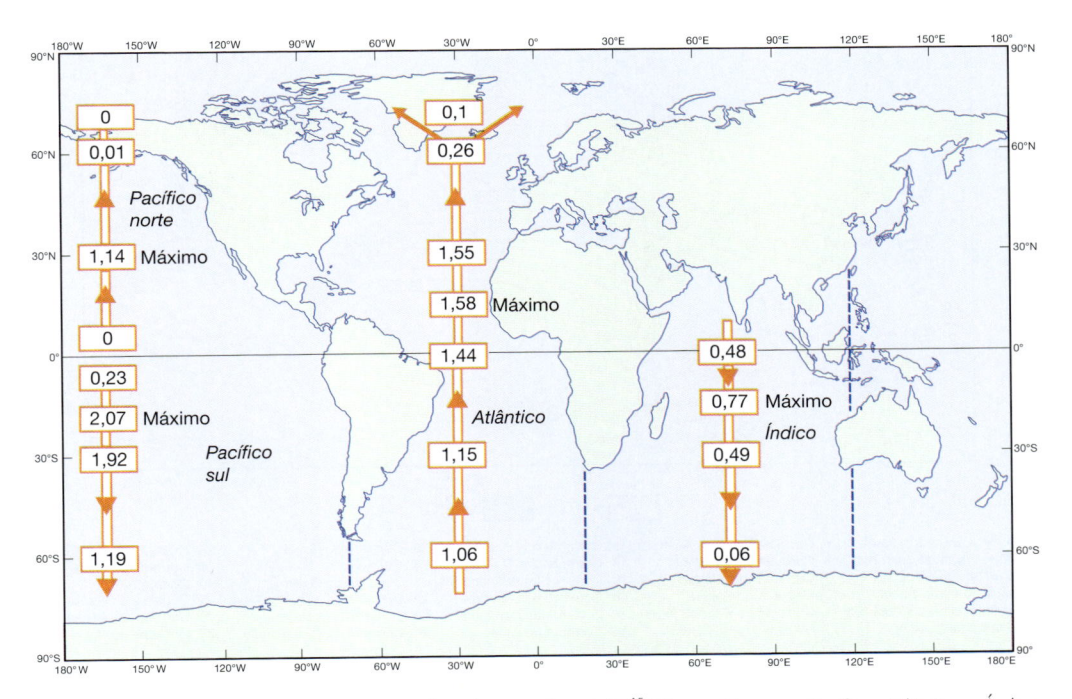

Figura 7.28 Médias anuais do transporte de calor meridional (10^{15} W) nos Oceanos Pacífico, Atlântico e Índico, respectivamente (delineadas pelas linhas tracejadas). São indicadas os sentidos e as latitudes de transporte máximo.

Fonte: Hastenrath (1980). Journal of Physical Oceanography com permissão da American Meteorological Society.

das são mantidas por gradientes meridionais de energia térmica, direcionados de maneira predominante para os polos (Figura 7.28) e sob ação da força de Coriolis. Antes da década de 1970, a oceanografia era estudada segundo um modelo espaço-temporal baseado em médias amplas, semelhante ao aplicado na climatologia clássica. Atualmente, porém, suas semelhanças com a meteorologia moderna são visíveis (Quadro 7.3). As principais diferenças de comportamento entre os oceanos e a atmosfera derivam da maior densidade e viscosidade das águas oceânicas e das restrições friccionais muito maiores impostas sobre seu movimento global.

Muitas características de grande escala da dinâmica oceânica se parecem com as da atmosfera, como a circulação geral, os grandes giros oceânicos (semelhantes às células subtropicais de alta pressão atmosférica), as correntes fortes e semelhantes às *correntes de jato*, como parte da Corrente do Golfo (ver Figura 7.29), as grandes áreas de subsidência e ressurgência, a camada estabilizante da termoclina permanente, os efeitos da camada limite, as descontinuidades frontais criadas por contrastes de temperatura e densidade e as regiões de massas de água ("águas modais").

As características de mesoescala que têm análogos atmosféricos são os vórtices oceânicos ciclônicos e anticiclônicos, os meandros de correntes, os vórtices livres, os filamentos de correntes e as circulações produzidas por irregularidades na Corrente Equatorial Norte.

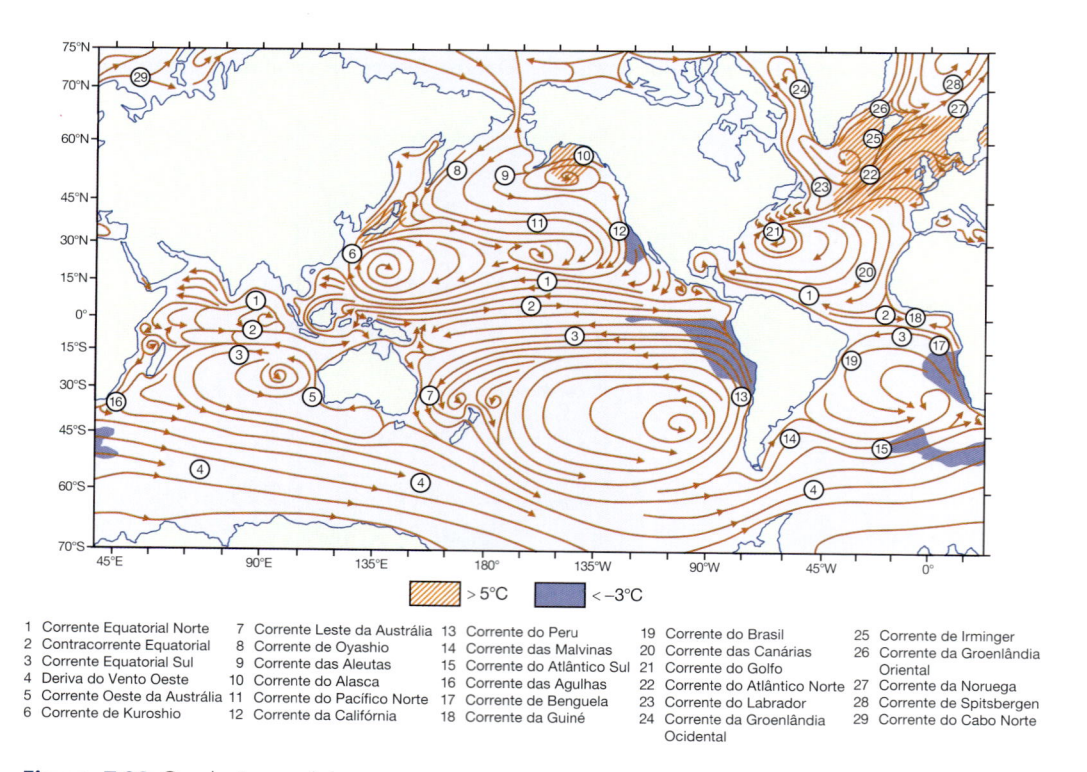

Figura 7.29 Circulação geral das correntes oceânicas em janeiro. Isso vale basicamente para o ano, com exceção de que, no verão no hemisfério norte, uma parte da circulação do Oceânico Índico setentrional é invertida pelo fluxo de ar das monções. As áreas sombreadas mostram anomalias anuais médias das temperaturas da superfície oceânica (°C) maiores que +5°C e menores que −3°C.

Fontes: US Naval Oceanographic Office and Niiler (1992). Cortesia do US Naval Oceanographic Office.

Macroescala

A característica mais óbvia da circulação oceânica superficial é o controle exercido sobre ela pela circulação de ventos planetários superficiais, especialmente pelas células oceânicas subtropicais de alta pressão e os ventos de oeste. A circulação oceânica também apresenta inversões de fluxo sazonais nas regiões de monções do Oceano Índico setentrional, perto da costa da África Oriental e do norte da Austrália (ver Figura 7.29). À medida que a água avança no sentido meridional, a conservação do momento angular acarreta mudanças na vorticidade relativa (ver p. 150 e 179), com as correntes direcionadas aos polos adquirindo vorticidade anticiclônica, e as correntes no sentido equatorial, vorticidade ciclônica.

As células atmosféricas subtropicais de alta pressão, mais ou menos simétricas, produzem giros oceânicos com centros deslocados para os lados ocidentais dos oceanos no hemisfério norte. Os giros no Hemisfério Sul têm posição mais simétrica do que os do norte, possivelmente por sua conexão com a poderosa Deriva do Vento Oeste. Isso, por exemplo, faz a Corrente do Brasil não ser muito mais forte do que a Corrente de Benguela. A corrente mais forte do Hemisfério Sul, a Corrente das Agulhas, nada possui de semelhante ao caráter de corrente de jato de seus correlatos do norte.

Entre o equador e as células subtropicais de alta pressão, os ventos Alísios persistentes geram as grandes Correntes Equatoriais Norte e Sul (ver Figura 7.29). Nos lados ocidentais dos oceanos, a maior parte dessa água desvia em direção ao polo junto com o fluxo de ar e, a partir daí, cada vez mais sofre influência da deflexão de Coriolis e do efeito da vorticidade anticiclônica. Todavia, uma parte da água tende a empilhar perto do equador, pois, ali, o efeito de Ekman está praticamente ausente, com pouca deflexão para o polo e sem inversão da corrente profunda. Adiciona-se a isso um pouco da água que é deslocada para norte na zona equatorial pelas circulações subtropicais de alta pressão do Hemisfério Sul, que são especialmente ativas. Essa água acumulada retorna para leste seguindo o gradiente hidrostático como contracorrentes equatoriais superficiais compensatórias, sem serem impedidas pelos fracos ventos superficiais. Perto do equador, no Oceano Pacífico, a ressurgência eleva a termoclina a uma profundidade de apenas 50-100 m e, dentro dessa camada, existem Subcorrentes Equatoriais rasas e rápidas, que fluem no sentido leste (ao longo dos gradientes hidrostáticos) a uma velocidade de 1 a 1,5 m s^{-1}.

À medida que as circulações desviam em direção aos polos perto das margens ocidentais das células oceânicas subtropicais de alta pressão, há uma tendência de a água se empilhar contra os continentes, causando, por exemplo, um nível notavelmente maior no mar no Golfo do México do que ao longo da costa Atlântica dos Estados Unidos. A água acumulada não consegue escapar por afundamento por causa da sua temperatura relativamente elevada e da estabilidade vertical resultante. Logo, ela continua em direção aos polos, movida pelo fluxo de ar superficial dominante, potencializado pela força geostrófica que atua em ângulos retos em relação à inclinação da superfície oceânica. Com esse movimento, a corrente ganha vorticidade anticiclônica, reforçando a tendência semelhante proporcionada pelos ventos, levando a correntes relativamente estreitas e de alta velocidade (por exemplo, as correntes de Kuroshio, do Brasil, de Moçambique-Agulhas e, em um grau menor, a Corrente Australiana Oriental). No Atlântico Norte, a configuração do mar do Caribe e do Golfo do México favorece esse empilhamento de água, que é liberado em direção ao polo através dos Estreitos da Flórida como a particularmente estreita e rápida Corrente do Golfo. Essas correntes para os polos são opostas por seu atrito com as margens continentais próximas e por perdas de energia por difusão turbulenta, como as que acompanham a formação e liberação de meandros na Corrente do Golfo. Essas correntes de borda (p. ex., a Corrente do Golfo e a Corrente de Kuroshio) têm cerca de 100 km de largura e alcançam velocidades superficiais de mais de 2 m s^{-1}. Isso difere das correntes de borda orientais mais lentas, amplas e difusas, como a Corrente das Canárias e a Corrente da Califórnia (com aproximadamente 1000 km de largura, e velocidades superficiais de menos de 0,25 m s^{-1}). A Corrente do Golfo, que flui para o norte, gera um fluxo de calor de $1,2 \times 10^{15}$W, 75% do qual se perdem para a atmosfera, e 25% ao aquecer a área dos mares da Groenlândia-Noruega. Nos lados das células subtropicais de alta pressão mais próximos aos polos, predominam correntes de oeste e, onde não são impedidos por massas de terra no Hemisfério Sul, formam a ampla e rápida Deriva do Vento Oeste. Essa corrente forte, causada por ventos livres, ocorre dentro da zona de 50 a 65°S e é associada a uma superfície oceânica inclinada para o sul, gerando uma força geostrófica que intensifica o fluxo. Dentro da Deriva do Vento Oeste, a ação da força de Coriolis produz uma zona de convergência a aproximadamente 50°S, marcada por correntes de jato submarinas de oeste que alcançam velocidades de 0,5 a 1 m s^{-1}. Ao sul da Deriva do Vento Oeste, forma-se a Divergência Antártica, que é causada pela água em ascensão entre ela e a Deriva do Vento Leste, mais perto da Antártica. No Hemisfério Norte, grande parte da corrente de leste no Atlântico desvia para o norte, levando a temperaturas anômalas muito elevadas no mar, sendo compensada por um fluxo sul de água fria ártica nas profundezas. Todavia, mais da metade da massa de água que compreende a Corrente do Atlântico Norte, e quase toda a Corrente do Pacífico Norte, desvia para o sul perto das extremidades orientais das células subtropicais de alta pressão, formando as Correntes das Canárias e da Califórnia. Seus equivalentes no Hemisfério Sul são as Correntes de Benguela, de Humboldt (ou do Peru) e a Corrente Australiana Ocidental (Figura 7.29).

As frentes oceânicas são associadas às margens próximas aos polos das correntes de borda ocidentais. Os gradientes de temperatura podem ser de 10°C ao longo de 50 km horizontalmente na superfície, e gradientes fracos são distinguidos a milhares de metros de profundidade. Também se formam frentes entre a água das plataformas e as águas profundas, onde ocorre convergência e subsidência.

Outra característica de grande escala da circulação oceânica, análoga à atmosfera, é a onda de Rossby. Essas grandes oscilações têm comprimentos de onda horizontais de centenas a milhares de quilômetros, e períodos de dezenas de dias. Elas se desenvolvem no oceano aberto em latitudes médias na forma de correntes para leste. Nas correntes equatoriais de oeste, ocorrem as ondas de Kelvin, mais rápidas e com comprimentos de onda muito longos (análogas àquelas observadas na estratosfera inferior).

Mesoescala

Vórtices e giros de mesoescala são gerados na porção superior do oceano por diversos mecanismos, às vezes por convergência ou divergência atmosférica, ou pela liberação de vórtices por correntes como a Corrente do Golfo, onde se torna instável, ao redor de 65°W (Figura 7.30). Os vórtices oceânicos ocorrem na escala de 50-400 km de diâmetro e são análogos aos sistemas atmosféricos de alta e baixa pressão. Os sistemas oceânicos de mesoescala são muito menores do que as depressões atmosféricas (que têm, em média, 1000 km de diâmetro), andam em velocidade muito mais lenta (alguns quilômetros por dia, em comparação com 1000 km por dia para uma depressão) e persistem de um a vários meses (comparados com o ciclo de vida de uma depressão, por volta de uma semana). Suas velocidades rotacionais máximas ocorrem a uma profundidade de cerca de 150 m, mas a circulação do vórtice é observada através da termoclina (aproximadamente 1000 m de profundidade). Alguns vórtices deslocam-se paralelamente à direção do fluxo principal, mas muitos se movem de forma irregular rumo ao equador ou aos polos. No Atlântico Norte, isso gera uma situação "sinótica", na qual até 50% da área podem ser ocupadas por vórtices de mesoescala (ver Prancha 7.4). Os giros ciclônicos de núcleo frio (100-300 km de diâmetro) são duas vezes mais numerosos do que os vórtices anticlônicos de núcleo quente

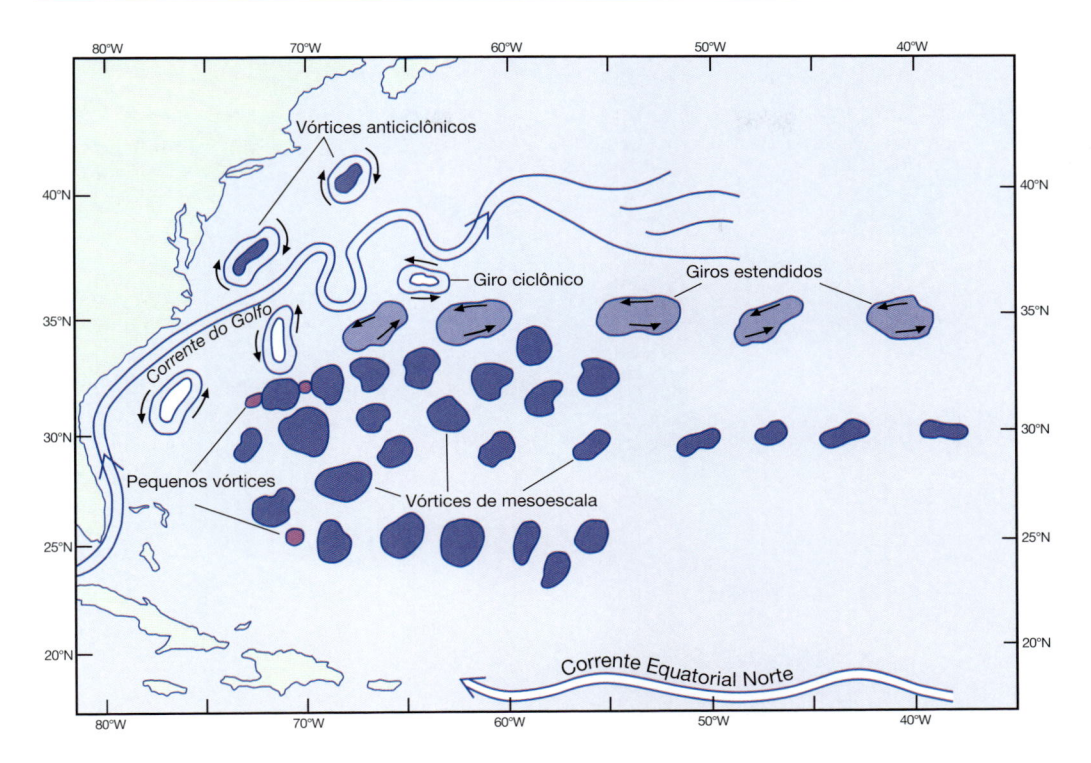

Figura 7.30 Mapa esquemático do Atlântico Norte ocidental, mostrando os principais tipos de circulação oceânica superficial.
Fonte: Tolmazin (1985).

(100 km de diâmetro), e têm uma velocidade rotacional máxima de 1,5 m s^{-1}. Por volta de 10 giros de núcleo frio são formados todos os anos pela Corrente do Golfo e podem ocupar 10% do Mar de Sargasso.

2 Interações de águas no oceano profundo

Ressurgência

Ao contrário das correntes nos lados ocidentais dos oceanos, as correntes de contorno leste no sentido do equador adquirem vorticidade ciclônica, que se opõe à tendência anticiclônica do vento, levando a fluxos relativamente amplos de baixa velocidade. Além disso, a deflexão causada pelo efeito de Ekman faz a água superficial se afastar das costas para oeste, levando à sua substituição pela ressurgência de águas frias de profundidades de 100-300 m (**Figura 7.31**). As taxas médias de ressurgência são baixas (1-2 m/dia), quase as mesmas que as velocidades das correntes superficiais *offshore*, com as quais se equilibram. A taxa de ressurgência, portanto, varia com o cisalhamento do vento superficial. Como ele é proporcional ao quadrado da velocidade do vento, pequenas mudanças na velocidade do vento podem levar a grandes variações nas taxas de ressurgência. Embora a faixa de ressurgência tenha amplitude limitada (por volta de 200 km para a Corrente de Benguela), o efeito de Ekman espalha essa água fria para oeste. Nas margens próximas aos polos dessas costas de águas frias, o desvio meridional dos cinturões de vento causa uma forte sazonalidade na ressurgência; a ressurgência da Corrente da Califórnia, por exemplo, é particularmente definida durante o período de março a julho.

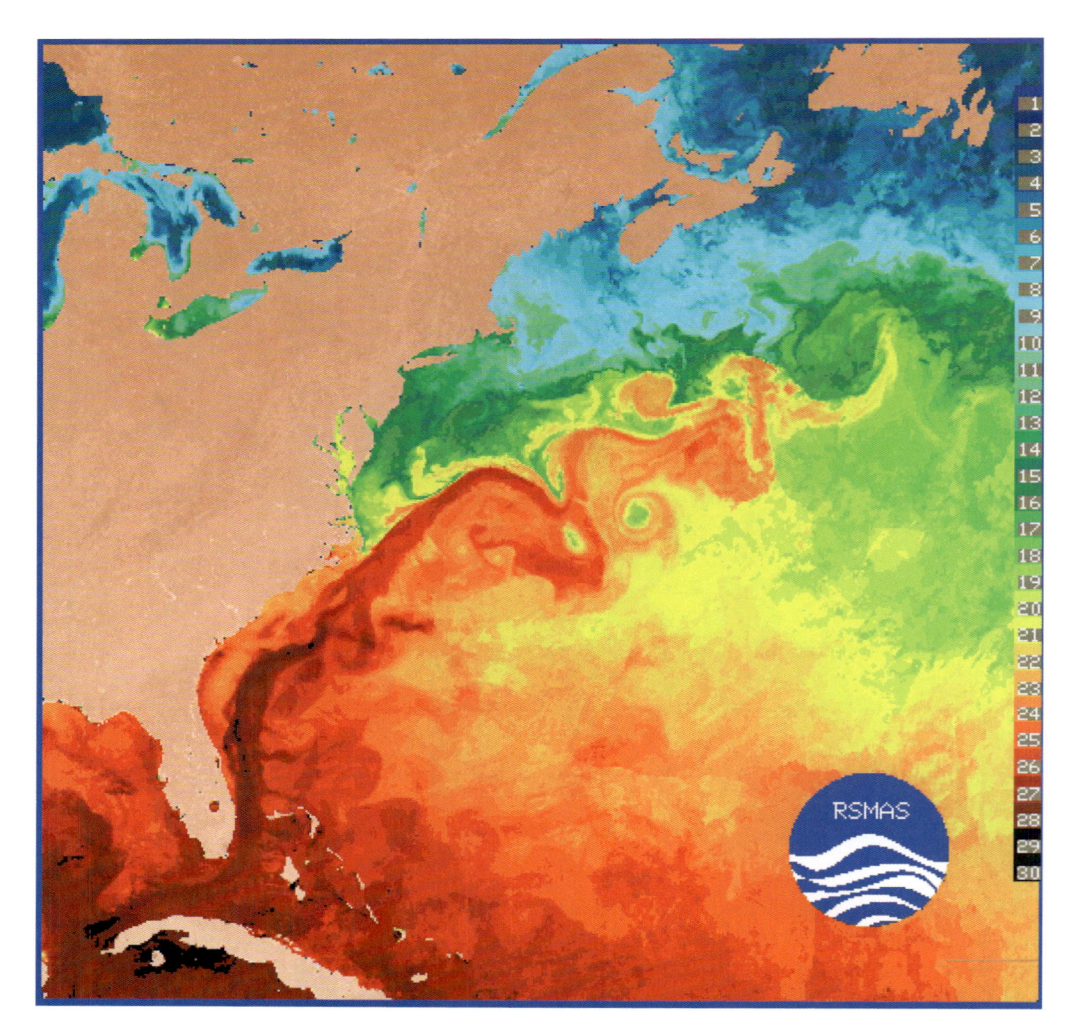

Prancha 7.4 Imagem de satélite em falsa cor do setor oeste do Atlântico Norte, indicando temperaturas da água superficial de fria a quente (azul, verde, amarelo, vermelho). Os aspectos de interesse são a Corrente do Golfo, um meandro da Corrente do Golfo, um giro ciclônico de núcleo frio e um vórtice anticiclônico de núcleo quente.

Fonte: Dados do NOAA/NESDIS/NCDC/SDSD. Cortesia de Otis B. Brown, Robert Evans and M. Carle, University of Miami; Rosenstiel School of Marine and Atmospheric Science, Florida.

Uma região importante de ressurgência de águas profundas ocorre ao longo da costa oeste da América do Sul (Figura 11.52), onde existe uma plataforma estreita de 20 km e ventos de leste do continente para o mar. O transporte é em direção ao mar nos 20 m superiores, mas para a praia à profundidade de 30-80 m. Esse padrão é forçado pelo fluxo de ar para o mar, normalmente associado à grande célula convectiva de Walker (ver Capítulos 7C.1 e 11G) que conecta o Sudeste Asiático-Indonésia com o Pacífico Sul Oriental. A cada dois anos, aproximadamente, essa diferença de pressão se inverte, gerando um evento de El Niño, com o enfraquecimento dos ventos Alísios e um pulso de água superficial quente que se espalha para leste sobre o Pacífico Sul, elevando as temperaturas superficiais locais do mar em vários graus.

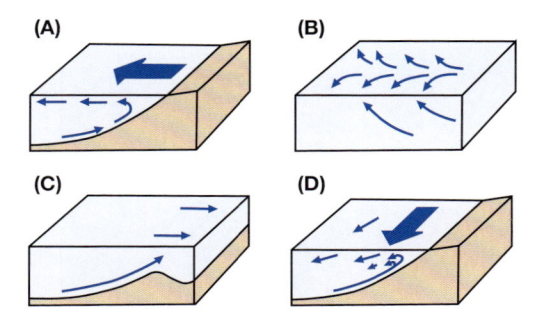

Figura 7.31 Ilustração esquemática dos mecanismos que causam a ressurgência oceânica. As setas grandes indicam a direção dominante do vento, e as pequenas, as correntes; (A) efeitos de um vento persistente no sentido terra-mar; (B) correntes superficiais divergentes; (C) ascensão de correntes profundas causada por elevações no assoalho oceânico; (D) movimento de Ekman com bloqueio costeiro (Hemisfério Norte).

Fonte: Modificado de Stowe, Ocean Science, © 1983 John Wiley & Sons, Inc. Reprodução sob permissão.

As ressurgências costeiras também são causadas por mecanismos menos importantes, como divergências em correntes superficiais ou o efeito da configuração do assoalho oceânico (ver Figura 7.31).

Circulação do oceano profundo

Acima da termoclina permanente, a circulação oceânica é impulsionada pelo vento, embora, no oceano profundo ela seja movida por gradientes de densidade devido a diferenças de salinidade e temperatura – uma circulação *termohalina*. Essas diferenças são causadas por processos superficiais, que alimentam as bacias oceânicas profundas com água fria e salina, em compensação pela água profunda levada à superfície por ressurgência. Embora a ressurgência em geral ocorra em áreas costeiras limitadas, a subsidência predomina em duas amplas regiões oceânicas – o Atlântico Norte setentrional e ao redor de certos setores do oceano Austral (p. ex., o Mar de Weddell).

No Atlântico Norte, particularmente no inverno, o aquecimento e a evaporação produzem água quente e salina, que flui no sentido norte perto da superfície na Corrente do Golfo-Atlântico Norte e em profundidades intermediárias ao redor de 800 m. Nos mares da Noruega, Groenlândia e Islândia, sua densidade aumenta pela evaporação causada pelos ventos fortes, pela formação de gelo no mar, que expele salmoura durante esse processo, e por resfriamento. Exposta à evaporação e às gélidas massas de ar nas altas latitudes, a água superficial resfria de 10 a 2°C, liberando quantidades imensas de calor para a atmosfera, complementando a insolação solar em cerca de 25-30% e aquecendo a Europa Ocidental.

A água densa resultante nas latitudes elevadas, equivalente em volume a aproximadamente 20 vezes a descarga combinada de todos os rios do mundo, desce até o fundo do Atlântico Norte. Essa Água Profunda do Atlântico Norte (APAN) alimenta uma corrente para o sul, que faz parte de uma circulação global de águas profundas, conhecida como "esteira global" (*conveyor belt*) Figura 7.32. Esse fluxo amplo, lento e difuso, que ocorre a profundidades maiores que 1500 m, é potencializado na região do Atlântico Sul/Antártica/Mar de Weddell e pela subsidência de água mais fria, salina e densa. A esteira global então flui para leste sob influência da força de Coriolis, voltando para norte no Oceânico Índico e, especialmente, no Pacífico. O tempo que a esteira global leva para ir do Atlântico Norte até o Pacífico Norte foi estimado em 500-1000 anos. Nos Oceanos Pacífico e Índico, uma redução na salinidade, devido à mistura de águas, faz a esteira subir e formar um fluxo menos profundo de retorno para o Atlântico. Assim, toda a circulação global ocupa aproximadamente 1500 anos. Um aspecto importante desse fluxo é que o Oceano Pacífico Ocidental contém uma fonte profunda de água quente no verão, 29°C (Figura 7.33). Esse diferencial de calor em relação ao Pacífico Oriental auxilia a fase positiva da circulação de Walker (ver Figura 7.22).

A significância térmica da esteira global implica que qualquer alteração nela promove mudanças climáticas em escalas temporais de várias centenas ou milhares de anos. Todavia, argumenta-se que qualquer impedimento à

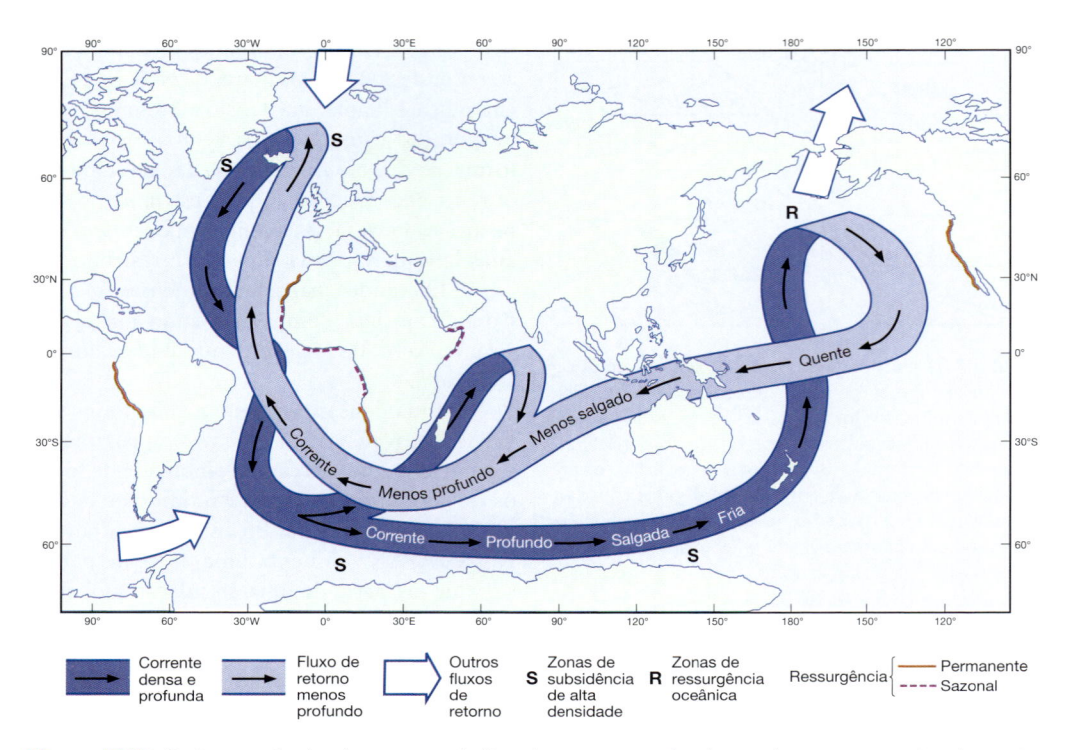

Figura 7.32 O sistema da circulação termohalina do oceano profundo que levou ao conceito de esteira global proposto por Broecker.

Fonte: Kerr (1988). Reproduzido com permissão de Science 239, Fig. 259. Copyright © 1988 American Association for the Advancement of Science.

ascensão da água profunda da esteira global poderia reduzir as temperaturas superficiais do oceano em 6°C em 30 anos nas latitudes ao norte de 60°N. As mudanças na circulação da esteira global podem ser iniciadas pela redução na salinidade da água superficial do Atlântico Norte, por exemplo, pelo aumento na precipitação, no derretimento de gelo ou no influxo de água doce. O papel da renovação superficial tem amparo em registros paleoclimáticos. Existem evidências de que, durante os períodos mais quentes do último grande ciclo glacial, a circulação termohalina foi perturbada por pulsos enormes de água doce do Atlântico Norte e da camada de gelo Laurenciana, na América do Norte, invocando períodos de rápido resfriamento. Todavia, a relação de causa e efeito ainda está sendo debatida. Algumas evidências observacionais diretas para o papel da água doce vêm da "Grande Anomalia de Salinidade" (GSA). Durante o final da década de 1960 até o começo da de 1970, os 100 m superiores das águas dos mares da Groenlândia, da Islândia e de Labrador sofreram reduções na salinidade, aparentemente por causa de um aumento no transporte de gelo marinho (o gelo marinho tem salinidade muito baixa) do Ártico para o mar da Groenlândia. A GSA causou a cessação temporária da convecção oceânica, conforme registrado na estação oceanográfica Bravo (56°N, 51°W). Outras linhas de evidências indicam que esse fato estava associado a uma redução na intensidade do sistema da Corrente do Golfo.

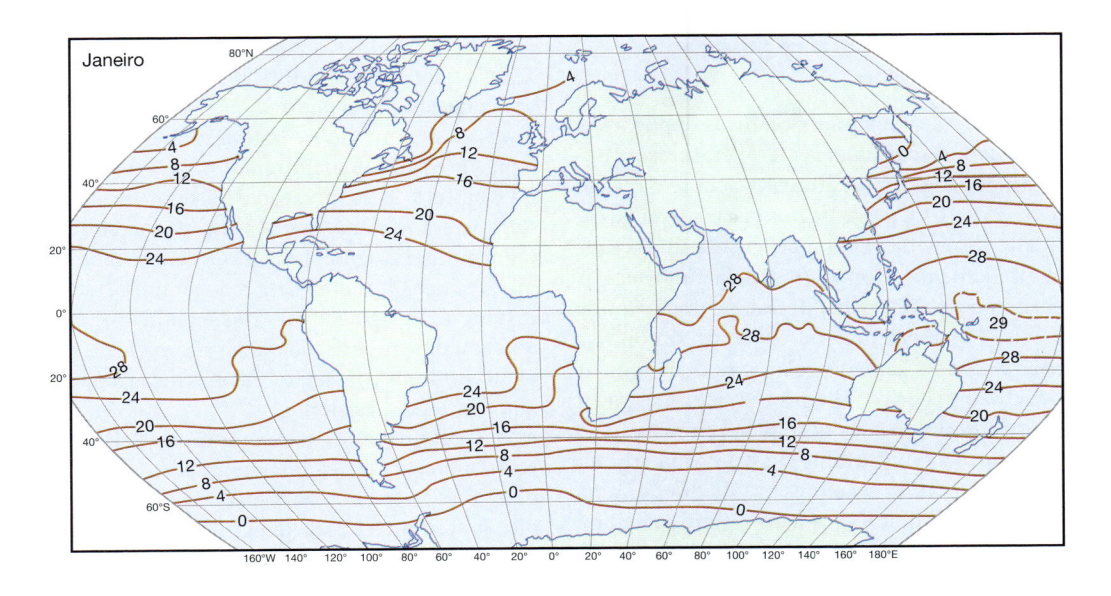

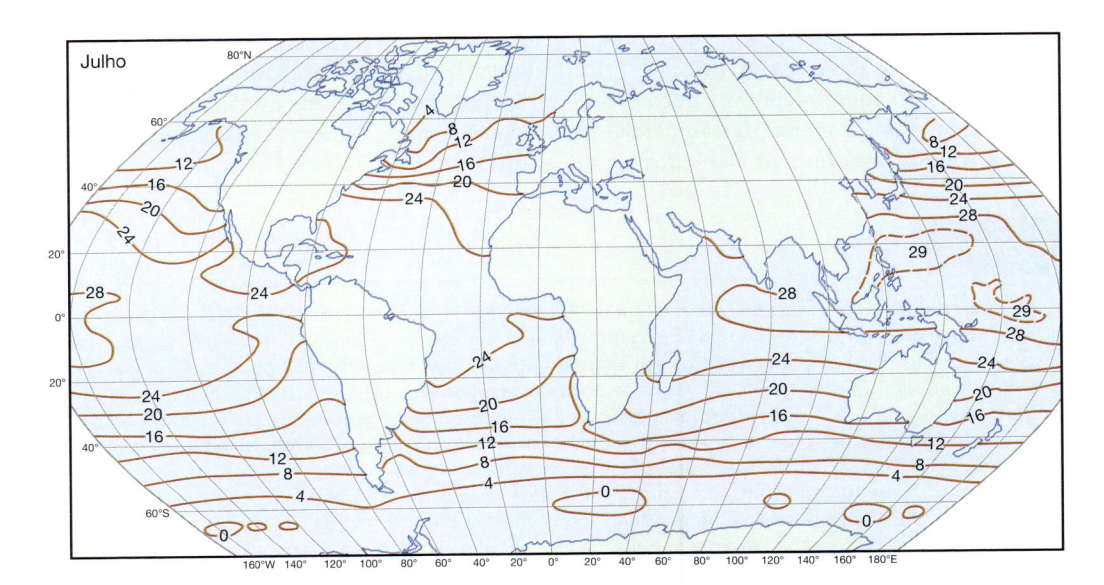

Figura 7.33 Temperaturas médias da superfície oceânica (°C) para janeiro e julho. Uma comparação destes mapas com os das temperaturas médias do ar ao nível do mar (Figura 2.11) mostra semelhanças durante o verão, mas diferenças significativas no inverno.

Fonte: Reproduzido de Bottomley et al. (1990) Global Ocean Surface Temperature Atlas. Com permissão do Meteorological Office. Crown copyright ©.

3 Os oceanos e a regulação atmosférica

A atmosfera e as águas oceânicas superficiais estão conectadas em suas temperaturas e concentrações de CO_2. A atmosfera contém menos de 1,7% do CO_2 presente nos oceanos, e a quantidade absorvida pela superfície oceânica regula rapidamente a concentração da atmosfera. A absorção de CO_2 pelos oceanos é maior onde a água é rica em matéria orgânica, ou onde é fria. Desse modo, os oceanos podem regular o CO_2 atmosférico, alterando o efeito estufa e contribuindo para as mudanças climáticas. O aspecto mais importante do ciclo do carbono que liga o oceano e a atmosfera é a diferença na pressão parcial de CO_2 na atmosfera inferior e na camada superior dos oceanos. O resultado dessa diferença é que o CO_2 atmosférico é dissolvido nos oceanos. Parte desse CO_2 é convertida em carbono particulado, principalmente pela atividade do plâncton, e finalmente afunda para formar depósitos ricos em carbono no oceano profundo, como parte de um ciclo que dura centenas de anos. Assim, dois dos principais efeitos do aquecimento oceânico superficial seriam aumentar sua pressão parcial de CO_2 de equilíbrio e diminuir a abundância de plâncton. Os dois efeitos tenderiam a reduzir a absorção oceânica de CO_2, elevando a sua concentração atmosférica, e produzindo um *feedback* positivo sobre (isto é, aumentando) o aquecimento global. Entretanto, como veremos no Capítulo 13, a operação do sistema oceano-atmosfera é complexa. Assim, por exemplo, o aquecimento global pode aumentar tanto a mistura oceânica convectiva que a importação resultante de águas mais frias e plâncton para as camadas superficiais poderia exercer um efeito de freio (ou seja, *feedback* negativo) no aquecimento do sistema.

As anomalias de temperatura no Atlântico Norte parecem ter efeitos acentuados no clima da Europa, África e América do Sul. Por exemplo, as superfícies mais quentes do mar na costa noroeste da África potencializam as chuvas de monções do verão oeste-africano; e as condições secas no Sahel foram relacionadas com um Atlântico Norte mais frio. Existem relações semelhantes entre as temperaturas na superfície do mar tropical e as secas no nordeste brasileiro. A Oscilação do Atlântico Norte, a Oscilação do Pacífico Norte e os padrões observados na região norte-americana do Pacífico, discutidos anteriormente, também envolvem interações fortes entre o ar e o mar.

RESUMO

A mudança vertical na pressão com a altitude depende da estrutura da temperatura. Os sistemas de alta (baixa) pressão se intensificam com a altitude em uma coluna de ar quente (frio); assim, baixas quentes e altas frias são feições rasas. Os anticiclones subtropicais e o vórtice polar nas baixas altitudes nos dois hemisférios ilustram essa relação de "espessura". Desse modo, os ventos de oeste intermediários nas latitudes médias têm um grande componente de "vento térmico". Eles se concentram em correntes de jato na troposfera superior, acima de gradientes térmicos súbitos, como as frentes.

O fluxo superior apresenta um padrão de ondas longas de grande escala, especialmente no Hemisfério Norte, relacionado com a influência de barreiras montanhosas e diferenças entre mar e terra. O campo de pressão superficial é dominado por altas subtropicais semipermanentes, baixas subpolares e, no inverno, altas continentais frias e rasas na Sibéria e no noroeste do Canadá. A zona equatorial é predominantemente de baixa pressão. Os cinturões de ventos globais associados são os ventos Alísios de leste e os ventos de oeste de latitudes médias. Existem ventos polares de leste mais variáveis e, sobre áreas de terra, no verão, uma faixa de ventos equatoriais de oeste, representando os sistemas de monções. Essa circulação zonal (oeste-leste) média é interrompida de forma intermitente por altas de "bloqueios atmosféricos"; uma sequência idealizada é conhecida como o ciclo índice.

A circulação atmosférica geral, que transfere calor e momento em direção aos polos, encontra-se predominantemente em um plano meridional vertical nas baixas latitudes (a célula de Hadley), mas também existem circulações importantes no sentido leste-oeste (células de Walker) entre as principais regiões de subsidência e atividade convectiva. As trocas de calor e momento nas latitudes médias e altas são realizadas por ondas horizontais e vórtices (ciclones/anticiclones). Uma quantidade substancial de energia também é levada em direção aos polos pelos sistemas de correntes oceânicas. As correntes superficiais são movidas principalmente pelos ventos, mas a circulação oceânica profunda lenta (a esteira global) se deve à forçante termohalina.

A circulação de grande escala nas latitudes médias no Hemisfério Norte está sujeita a variações na intensidade dos ventos zonais de oeste, que duram de três a oito semanas (o ciclo índice). A variabilidade no setor atlântico está fortemente associada a flutuações no gradiente de pressão norte-sul (a Oscilação do Atlântico Norte, ou NAO) que levam a uma "gangorra" oeste-leste na temperatura e outras anomalias. A variabilidade no Pacífico pode estar associada a padrões como a Oscilação do Pacífico Norte (NPO) e a Oscilação Decenal do Pacífico (PDO).

A estrutura vertical do oceano varia com a latitude e a região. De forma geral, a termoclina é mais profunda nas latitudes médias, permitindo uma mistura mais turbulenta e trocas de calor atmosférico. Os oceanos são reguladores importantes das temperaturas e das concentrações atmosféricas de CO_2. A dinâmica e as características da circulação dos oceanos são análogas às encontradas na atmosfera, em escalas meso e macro. A camada de Ekman, movida pelo vento, estende-se a 100-200 m. O transporte de Ekman e as ressurgências costeiras mantêm as superfícies do mar frias na costa oeste da América do Sul e particularmente na costa sudoeste da África.

TEMAS PARA DISCUSSÃO

- Quais características dos cinturões globais de vento na superfície e na troposfera superior estão de acordo (ou diferem) com as implicadas pelo modelo de circulação meridional em três células?
- Quais são as consequências das correntes de jato de oeste para as viagens aéreas transoceânicas?
- Analise a variação da estrutura vertical do vento zonal, criando seções transversais para diferentes longitudes e meses, usando o *site* do CDC (http://cdc.noaa.gov).
- Considere os efeitos das correntes oceânicas sobre o clima das regiões costeiras nos lados ocidental e oriental dos oceanos Atlântico e Pacífico e como esses efeitos variam com a latitude.

REFERÊNCIAS E SUGESTÃO DE LEITURA

Livros

Bearman, G. (ed.) (1989) *Ocean Circulation*, The Open University, Pergamon Press, Oxford, 238pp.

Bottomley, M., Folland, C. K., Hsiung, J., Newell, R. E. and Parker, D.E. (1990) *Global Ocean Surface Temperature Atlas*, Meteorological Office, London, 20pp + 313 plates.

Corby, G. A. (ed.) (1970) *The Global Circulation of the Atmosphere*, Roy. Met. Soc., London, 257pp.

Flohn, H. and Fantechi, R. (eds) (1984) *The Climate of Europe: Past, Present and Future*, D. Reidel, Dordrecht, 356pp.

Halitner, G. J. and Martin, F. L. (1957) *Dynamical and Physical Meteorology*, McGraw-Hill, New York, 470pp. [Classic text]

Houghton, J. (ed.) (1984) *The Global Climate*, Cambridge University Press, Cambridge, 233pp.

Indian Meteorological Department (1960) *Monsoons of the World*, Delhi, 270pp.

Kuenen, Ph. H. (1955) *Realms of Water*, Cleaver-Hulme Press, London, 327pp.

Levitus, S. (1982) *Climatological Atlas of the World Ocean*, NOAA Professional Paper No. 13, Rockville, MD, 173pp.

Lorenz, E. N. (1967) *The Nature and Theory of the General Circulation of the Atmosphere*, World Meteorological Organization, Geneva, 161pp. [Classic account of the mechanisms and maintenance of the global circulation, transports of momentum, energy and moisture]

NASA (n.d.) *From Pattern to Process: The Strategy of the Earth Observing System* (Vol. II), EOS Science Steering Committee Report, NASA, Houston.

Riley, D. and Spalton, L. (1981) *World Weather and Climate* (2nd edn), Cambridge University Press, London, 128pp. [Elementary text]

Stowe, K. (1983) *Ocean Science* (2nd edn), John Wiley & Sons, New York, 673pp.

Strahler, A. N. and Strahler, A. H. (1992) *Modern Physical Geography* (4th edn), John Wiley & Sons, New York, 638pp.

Tolmazin, D. (1985) *Elements of Dynamic Oceanography*, Kluwer, Dordrecht, 182pp. [Description of ocean circulation, classical instrumental observations, satellite altimetry and acoustic tomography]

Troen, I. and Petersen, E. L. (1989) *European Wind Atlas*, Commission of the Economic Community, Risø National Laboratory, Roskilde, Denmark, 656pp.

van Loon, H. (ed.) (1984) *Climates of the Oceans*, in Landsberg, H. E. (ed.) *World Survey of Climatology* 15, Elsevier, Amsterdam, 716pp.

Wells, N. (1997) *The Atmosphere and Ocean. A Physical Introduction* (2nd edn), J. Wiley & Sons, Chichester, UK, 394pp. [Undergraduate text describing the physical properties and observed characteristics, the influence of the earth's rotation on atmospheric and ocean circulation, energy transfers and climate variability]

Artigos científicos

Barry, R. G. (1967) Models in meteorology and climatology, in Chorley, R. J. and Haggett, P. (eds) *Models in Geography*, Methuen, London, 97–144.

Borchert, J. R. (1953) Regional differences in world atmospheric circulation. *Ann. Assn Amer. Geog.* 43, 14–26.

Boville, B. A. and Randel, W. J. (1986) Observations and simulation of the variability of the stratosphere and troposphere in January. *J. Atmos. Sci.* 43, 3015–34.

Bowditch, N. (1966) American practical navigator, US Navy Hydrographic Office, Pub. No. 9, US Naval Oceanographic Office, Washington, DC.

Broecker, W. S. and Denton, G. H. (1990) What drives glacial cycles? *Sci. American* 262(1), 43–50.

Broecker, W. S., Peteet, D. M. and Rind, D. (1985) Does the ocean–atmosphere system have more than one stable mode of operation? *Nature* 315, 21–6.

Chen, P., Hoerling, M. P. and Dole, R. M. (2001) The origin of the subtropical anticyclones. *J. Atmos. Sci.* 58(13), 1827–35.

Crowe, P. R. (1949) The trade wind circulation of the world. *Trans. Inst. Brit. Geog.* 15, 38–56.

Crowe, P. R. (1950) The seasonal variation in the strength of the trades. *Trans. Inst. Brit. Geog.* 16, 23–47.

Defant, F. and Taba, H. (1957) The threefold structure of the atmosphere and the characteristics of the tropopause. *Tellus* 9, 259–74.

Dunn, C. R. (1957) The weather and circulation of December 1957: high index and abnormal warmth. *Monthly Weather Review* 85, 490–516.

Hare, F. K. (1965) Energy exchanges and the general circulation. *J. Geography* 50, 229–41.

Hastenrath, S. (1980) Heat budget of the tropical ocean and atmosphere. *J. Phys. Oceanography* 10, 159–70.

Hoskins, B. J. (1996) On the existence and strength of the summer subtropical anticyclones. *Bull. Amer. Met. Soc.* 77(6), 1287–91.

Ioannidou, L. and Yau, M.K. (2008) A climatology of the Northern Hemisphere winter anticyclones. *J. Geophys. Res.* 113: D08119, 17pp.

Kerr, R. A. (1988) Linking earth, ocean and air at the AGU. *Science* 239, 259–60.

Klein, W. H. (1958) The weather and circulation of February 1958: a month with an expanded circumpolar vortex of record intensity, *Monthly Weather Review* 86, 60–70.

Lamb, H. H. (1960) Representation of the general atmospheric circulation. *Met. Mag.* 89, 319–30.

LeMarshall, J. F., Kelly, G. A. M. and Karoly, D. J. (1985) An atmospheric climatology of the Southern Hemisphere based on 10 years of daily numerical analyses (1972–1982): I. Overview. *Austral. Met. Mag.* 33, 65–86.

Meehl, G. A. (1987a) The annual cycle and interannual variability in the tropical Pacific and Indian Ocean regions, *Monthly Weather Review* 115, 51–74.

Meehl, G. A. (1987b) The tropics and their role in the global climate system. *Geographical Journal* 153, 21–36.

Namias, J. (1972) Large-scale and long-term fluctuations in some atmospheric and ocean variables, in Dyrssen, D. and Jagner, D. (eds) *The Changing Chemistry of the Oceans*, Nobel Symposium 20, Wiley, New York, 27–48.

Niiler, P. P. (1992) The ocean circulation, in Trenberth, K. E. (ed.) *Climate System Modelling*, Cambridge University Press, Cambridge, 117–48.

O'Connor, J. F. (1961) Mean circulation patterns based on 12 years of recent northern hemispheric data. *Monthly Weather Review* 89, 211–28.

Palmén, E. (1951) The role of atmospheric disturbances in the general circulation. *Quart. J. Roy. Met. Soc.* 77, 337–54.

Persson, A. (2002) The Coriolis force and the subtropical jet stream. *Weather* 57(7), 53–9.

Riehl, H. (1962a) General atmospheric circulation of the tropics. *Science* 135, 13–22.

Riehl, H. (1962b) *Jet streams of the atmosphere*, Tech. Paper No. 32, Colorado State University, 117pp.

Riehl, H. (1969) On the role of the tropics in the general circulation of the atmosphere. *Weather* 24, 288–308.

Riehl, H. et al. (1954) The jet stream. *Met. Monogr.* 2(7), American Meteorological Society, Boston, MA, 100pp.

Rodwell, M. J. and Hoskins, B. J. (1996) Monsoons and the dynamics of deserts. *Quart. J. Roy. Met. Soc.* 122, 1,385–404.

Rodwell, M. J. and Hoskins, B. J. (2001) Subtropical anticyclones and summer monsoons. *J. Clim.* 14, 3192–211.

Rossby, C-G. (1941) The scientific basis of modern meteorology. US Dept of Agriculture Yearbook *Climate and Man*, 599–655.

Rossby, C-G. (1949) On the nature of the general circulation of the lower atmosphere, in Kulper, G. P. (ed.) *The Atmosphere of the Earth and Planets*, University of Chicago Press, Chicago, IL, 16–48.

Saltzman, B. (1983) Climatic systems analysis. *Adv. Geophys.* 25, 173–233.

Sawyer, J. S. (1957) Jet stream features of the earth's atmosphere. *Weather* 12, 333–4.

Shapiro, M. A. and Keyser, D. A. (1990) Fronts, jet streams, and the tropopause, in Newton, C. W. and Holopainen, E. D. (eds) *Extratropical Cyclones*, American Meteorological Society, Boston, MA, 167–91.

Shapiro, M. A. et al. (1987) The Arctic tropopause fold. Monthly Weather Review 115, 444–54.

Starr, V. P. (1956) The general circulation of the atmosphere. *Sci. American* 195, 40–5.

Streten, N. A. (1980) Some synoptic indices of the Southern Hemisphere mean sea level circulation 1972–77. *Monthly Weather Review* 108, 18–36.

Thompson, D. W. J. and Wallace, J. M. (1998) The Arctic oscillation signature in the wintertime geopotential height and temperature fields. *Geophys. Res. Lett.* 25(9) 1297–1300.

Tucker, G. B. (1962) The general circulation of the atmosphere. *Weather* 17, 320–40.

van Loon, H. (1964) Mid-season average zonal winds at sea level and at 500mb south of 25°S and a brief comparison with the Northern Hemisphere. *J. Appl. Met.* 3, 554–63.

van Loon, H. and Rogers, J. C. (1978) The see-saw in winter temperatures between Greenland and northern Europe Pt.1. General description: *Mon. Wea. Rev.*, 106, 296–310.

Walker, J. M. (1972) Monsoons and the global circulation. *Met. Mag.* 101, 349–55.

Wallington, C. E. (1969) Depressions as moving vortices. *Weather* 24, 42–51.

Wyrtki, K. (1985) Water displacements in the Pacific and the genesis of El Niño cycles. *J. Geophys. Res.* 90(C10), 7129–32.

Yang, S. and Webster, P.J. (1990) The effect of summer tropical heating on the location and intensity of the extratropical westerly jet streams. *J. Geophys. Res.* 95(D11), 19, 705–721.

8 Modelos numéricos da circulação geral, previsão do tempo e do clima

OBJETIVOS DE APRENDIZAGEM

Depois de ler este capítulo, você:

- conhecerá as características básicas dos modelos da circulação geral atmosférica (MCGA);
- entenderá como são realizadas as simulações da circulação atmosférica e de suas características; e
- estará familiarizado com as abordagens básicas de previsão do tempo em diferentes escalas temporais.

Nas últimas quatro décadas, houve mudanças fundamentais em nosso entendimento do comportamento complexo da atmosfera e dos processos climáticos, graças ao desenvolvimento e à aplicação de modelos numéricos do clima e do tempo. Os modelos numéricos simplesmente usam relações matemáticas para descrever processos físicos. Existem muitas formas de modelos do clima e do tempo, variando de simples abordagens de balanço de energia pontual a modelos tridimensionais da circulação geral, que tentam modelar todas as complexidades do sistema climático da Terra. Discutimos mais detalhadamente o modelo da circulação geral, em suas várias formas, usado para simular o clima e a previsão diária do tempo.

A FUNDAMENTOS DE UM MODELO DA CIRCULAÇÃO GERAL (MCG)

No modelo da circulação geral, todos os processos dinâmicos e termodinâmicos e as trocas de radiação e massa abordados nos Capítulos 2-6 são modelados usando cinco conjuntos básicos de equações. As equações básicas que descrevem a atmosfera são:

1. As equações tridimensionais do movimento (isto é, conservação do momento; ver Capítulo 6A,B).
2. A equação da continuidade (i.e., conservação de massa ou equação hidrodinâmica, p. 152).
3. A equação da continuidade para o vapor de água atmosférico (i.e., conservação do vapor de água, Capítulo 4).
4. A equação da conservação de energia (i.e., a equação termodinâmica derivada da primeira lei da termodinâmica, Capítulo 7F).
5. A equação de estado para a atmosfera (p. 30).
6. Além dessas, equações de conservação para outros constituintes atmosféricos, como os aerossóis de enxofre, podem ser aplicadas em modelos mais complexos.

A modelagem das condições climáticas atuais e futuras envolve repetir as equações do modelo para talvez dezenas a centenas de anos de tempo simulado, dependendo da questão em foco. Para resolver essas equações conectadas, processos adicionais devem ser explicados, como a transferência radiativa através da atmosfera (com ciclos diurnos e sazonais) o atrito superficial, as transferências de energia e os processos de formação de nuvens e precipitação. Elas estão conectadas da maneira apresentada esquematicamente na Figura 8.1. Começando com um conjunto de condições atmosféricas iniciais, em geral derivadas de observações, as equações são integradas no tempo futuro repetidamente, usando etapas temporais de alguns minutos a dezenas de minutos, em inúmeros pontos dispostos em uma malha sobre a Terra e em muitos níveis verticais da atmosfera; é comum usar 10-20 níveis na vertical. A malha horizontal costuma ser da ordem de vários graus de latitude por vários graus de longitude, perto do equador. Outra abordagem, mais rápida de calcular, é representar os campos horizontais por uma série de funções seno e cosseno bidimensionais (um modelo espectral). O nível de truncamento* descreve o número de ondas bidimensionais incluídas. O procedimento de truncamento pode ser romboidal (R) ou triangular (T); $R15$ (ou $T21$) corresponde aproximadamente a um espaçamento de 5° na malha, $R30$ ($T42$), a 2,5°, e $T102$, a uma malha de 1°.

O modelo da circulação geral incorpora linhas de costa e montanhas realistas e elementos essenciais da vegetação (albedo, textura) e solo (teor de umidade). Esses elementos são suavizados para que representem o estado médio de toda a célula da malha e, portanto, perdem-se muitos detalhes regionais. A extensão de gelo marinho e as temperaturas superficiais do mar muitas vezes são especificadas por uma média climatológica para cada mês do passado. Todavia, reconhecendo que o sistema climático é bastante interativo, a geração mais nova de modelos inclui algumas representações de um oceano que pode reagir a mudanças na atmosfera sobrejacente. Os modelos oceânicos (Figura 8.2) contêm um chamado oceano pantanoso, onde as temperaturas da superfície marinha são calculadas por balanço de energia e que não possibilita um ciclo anual; um oceano com camadas de mistura, onde o armazenamento e

---

* N. de R.T.: Truncamento é o espaçamento empregado na malha geográfica do MCGA.

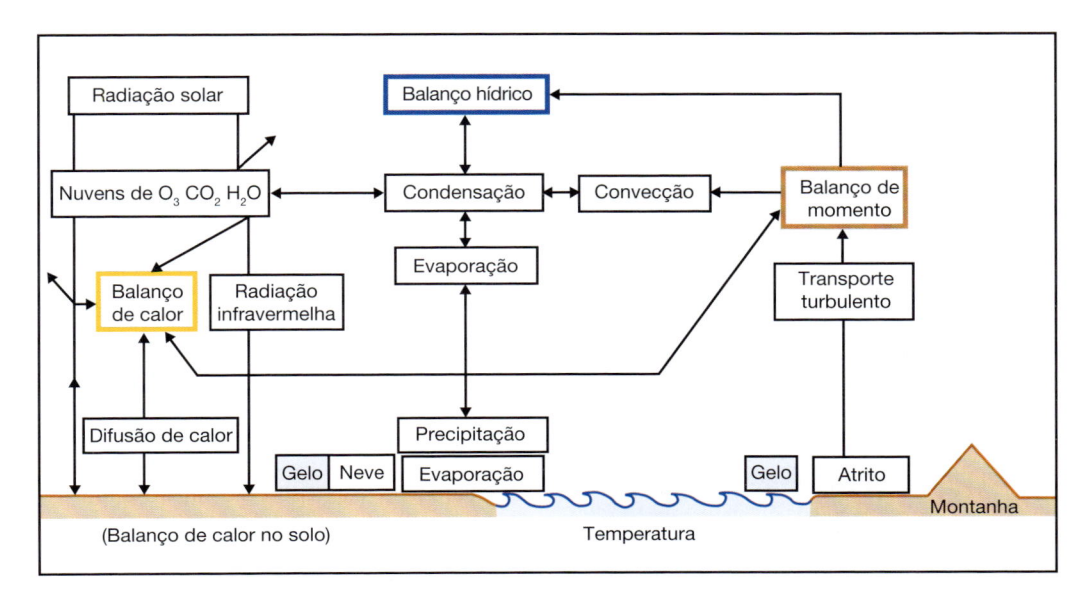

Figura 8.1 Diagrama esquemático das interações entre processos físicos em um modelo da circulação geral.
Fonte: Druyan et al. (1975).

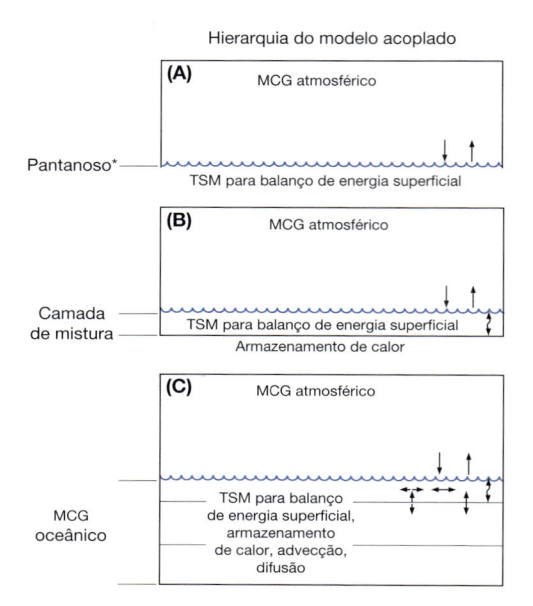

Figura 8.2 Ilustração esquemática dos três tipos de conexão de um modelo da circulação geral com o oceano: (A) oceano pantanoso, (B) camada de mistura, oceano chato e (C) modelo da circulação geral oceânica.

Fonte: Meehl in Trenberth (1992) Copyright © Cambridge University Press.

a liberação de energia podem ocorrer sazonalmente; e os modelos oceânicos dinâmicos mais complexos, que resolvem equações apropriadas para a circulação e o estado termodinâmico dos oceanos, semelhantes às equações 1-5 citadas, e que são acoplados a modelos atmosféricos. Esses modelos acoplados são chamados de Modelos de Circulação Geral da Atmosfera-Oceano (MCGAO). Quando se considera o oceano global, o congelamento/derretimento sazonal e os efeitos do gelo marinho sobre as trocas de energia e salinidade também devem ser modelados. Portanto, os modelos dinâmicos do gelo marinho, que calculam ativamente a espessura e a extensão do gelo, substituem a especificação do gelo marinho climatológico. Devido à escala temporal secular das circulações do oceano profundo, o uso de um modelo oceânico dinâmico exige grandes quantidades de tempo de simulação para balancear os diferentes componentes do modelo, o que aumenta em muito o custo de processamento desses modelos.

Como os MCGAO acoplados são usados em simulações de longo prazo (escalas de séculos ou milênios), uma preocupação importante é a "deriva do modelo" (uma tendência clara de o modelo do clima aquecer ou resfriar com o tempo) devido a erros cumulativos de vários dos modelos dos componentes. Essas tendências costumam ser limitadas ao empregar climatologias observadas em certos limites de altas latitudes ou do oceano profundo, ou ao ajustar os fluxos líquidos de calor e água doce em cada ponto da malha anualmente para manter um clima estável, mas esses procedimentos arbitrários estão sujeitos a controvérsias, especialmente para estudos sobre mudanças climáticas.

Muitos processos de tempo e clima importantes ocorrem em uma escala pequena demais para serem simulados com um modelo típico da circulação geral com uma malha de apenas alguns graus. Exemplos disso seriam os efeitos radiativos ou o calor latente da formação de nuvens ou a transferência de vapor de água para a atmosfera por uma única árvore. Ambos os processos afetam em muito o nosso clima e devem ser representados para que a simulação climática seja realista. As *parametrizações* são métodos criados para levar em conta o efeito médio de processos envolvendo nuvens ou vegetação sobre uma célula inteira da malha. As parametrizações geralmente usam uma relação estatística entre os valores de grande escala calculados para a célula da malha, de modo a determinar o efeito do processo parametrizado.

Na tentativa de ganhar confiança no desempenho dos modelos para prever estados atmosféricos futuros, é importante avaliar o quanto esses modelos conseguem representar as estatísticas climáticas atuais. O Atmospheric Model Intercomparison Program (AMIP) foi criado para fazer isso, ao comparar modelos de vários centros ao redor do mundo, usando procedimentos comuns e dados padronizados (sobre temperaturas na superfície do mar, por exemplo), e ao proporcionar uma ampla documentação sobre o desenho de modelos e os de-

---

* N. de R.T.: Oceano sem as correntes marinhas e sem circulação vertical – uma simplificação da superfície oceânica.

talhes das suas parametrizações. Desse modo, é possível detectar as diferenças comuns e talvez atribuir a elas um processo único para depois abordá-las em versões futuras do modelo. A Figura 8.3 compara a média zonal da temperatura superficial simulada para janeiro e julho para todos os participantes do AMIP com a média climatológica observada. As características gerais são bem representadas do ponto de vista qualitativo, embora possa haver grandes desvios entre os modelos específicos. A avaliação de modelos exige uma análise da sua capacidade de reproduzir a variabilidade interanual e a variabilidade na escala sinótica, bem como as condições médias. Um projeto de comparação para os MCGAO, semelhante ao AMIP, encontra-se em implementação, chamado Coupled Model Intercomparison Project (CMIP).

Os modelos recentes incorporam uma melhor resolução espacial e um tratamento mais completo dos processos físicos que antes eram negligenciados. Todavia, essas alterações podem criar problemas adicionais, como resultado da necessidade de tratar corretamente as interações complexas entre a superfície do solo (incluindo umidade e estrutura do dossel) e a camada limite atmosférica, ou as interações entre nuvens, trocas radiativas e mecanismos de precipitação. Por exemplo, a resolução espacial em escala fina é necessária no tratamento explícito de faixas de nuvens e chuva associadas a zonas frontais em ciclones de média latitude. Tais processos exigem a representação detalhada e precisa das trocas de umidade (evaporação, condensação), da microfísica das nuvens, da radiação (e das interações entre esses processos), que eram representadas como processos médios quando simulados em escalas espaciais maiores.

B SIMULAÇÕES POR MODELOS

1 MCG

As simulações realizadas por modelos climáticos são usadas para analisar possíveis climas futuros ao simular cenários plausíveis (p. ex., aumentando o CO_2 atmosférico, o desmatamento tropical) para o futuro com o uso de representações de entradas (isto é, forçantes), armazenamento entre componentes do sistema climático e trocas entre componentes (ver Figura 6.38 e Capítulo 11). Os períodos de tempo mostrados na Figura 8.4 referem-se a:

1. *Tempos das forçantes.* Os períodos de tempo característicos durante os quais ocorrem as mudanças naturais e antropogênicas nas entradas. No caso das primeiras, podem ser períodos de ciclos de radiação solar ou o efeito do vulcanismo e, no caso das segundas, o período de tempo médio durante o qual ocorrem mudanças significativas nesses efeitos antropogênicos, como um aumento no teor atmosférico de CO_2.

2. *Tempos de armazenamento.* Para cada compartimento dos subsistemas atmosférico e oceânico, são os tempos médios que uma entrada de energia térmica leva para se difundir e se misturar dentro do compartimento. Para o subsistema Terra, os tempos médios são aqueles necessários

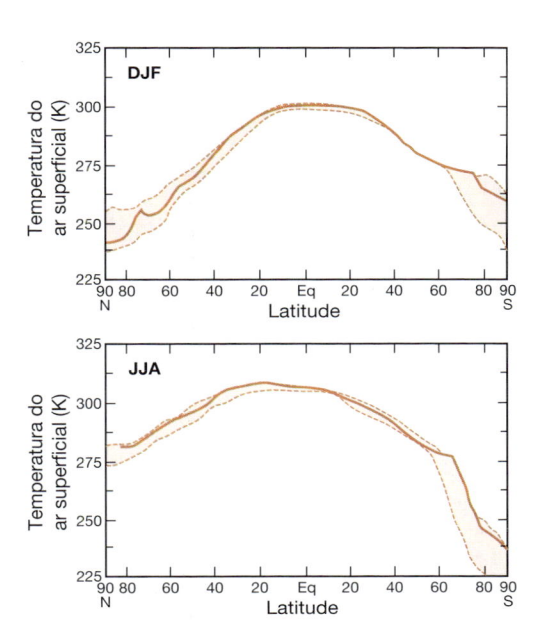

Figura 8.3 Comparação de médias zonais de temperatura para dezembro a fevereiro e junho a agosto, simuladas pelos modelos do AMIP e comparadas com observações (linha espessa).

Fonte: AMIP website.

Figura 8.4

Diagrama do sistema Terra-atmosfera-oceano:

- Forçante da radiação solar 10-100.000 + anos
- Forçante antropogênica 10 anos
- Forçante tectônica e geotérmica 10-100.000 anos

Subsistema atmosférico:
- Estratosfera 1 ano
- Troposfera 1 semana
- Camada limite atmosférica 1 dia

Subsistema oceano:
- Camada de mistura superior 2-7 meses
- Gelo marinho dias – 100 anos
- Camada de mistura inferior 7 anos
- Oceano profundo 300 anos

Subsistema Terra:
- Superfície de gelo e neve 1 dia
- Lagos, rios, solo, vegetação 11 dias
- Geleiras em montanhas 300 anos
- Mantos de gelo 3000 anos

Subsistema Terra-atmosfera-oceano

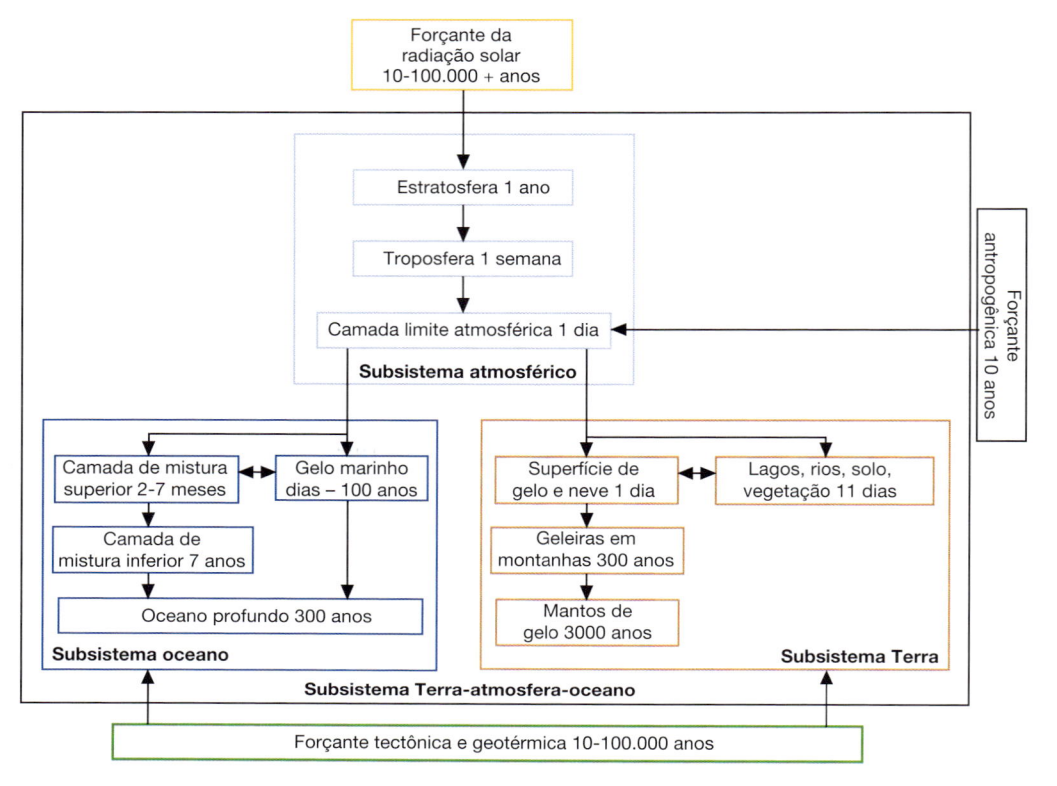

Figura 8.4 Sistema Terra-atmosfera-oceano mostrando tempos de equilíbrio estimados, com as amplas variações de tempo envolvendo os mecanismos forçantes externos solar, tectônico, geotérmico e antropogênico.
Fonte: Saltzman (1983).

para que as entradas de água atravessem cada componente.

Essas simulações são realizadas de várias maneiras. Um procedimento comum é analisar a sensibilidade do modelo a uma mudança especificada em uma única variável. Isso pode envolver mudanças em forçantes externas (maior/menor radiação solar, concentrações de CO_2 atmosférico, camada de poeira vulcânica), condições de contorno (orografia, albedo superficial da terra, mantos de gelo) ou na física do modelo (modificando o esquema convectivo ou o tratamento de trocas na biosfera). Nessas simulações, permite-se que o modelo alcance um novo equilíbrio, e o resultado é comparado com um experimento de controle. Uma segunda abordagem é conduzir um experimento genuíno sobre mudanças climáticas, no qual, por exemplo, permite-se que o clima evolua à medida que as concentrações atmosféricas de gases-traço aumentem a uma taxa anual especificada (um experimento transiente).

Uma questão fundamental nas avaliações do aquecimento induzido pelos gases-estufa é a sensibilidade do clima global à duplicação do CO_2, que está projetada para ocorrer na metade do século XXI, extrapolando as tendências atuais. As simulações dos modelos da circulação geral atmosférica para alterações nas condições de equilíbrio, com um tratamento com oceano simples, indicam um aumento na temperatura média do ar superficial de 2,5 a 5°C, comparando concentrações de $1 \times CO_2$ e $2 \times CO_2$ nos modelos. A variação resulta, em parte, de uma dependência da mudança de temperatura em relação ao nível da temperatura simulado para o estado-base $1 \times CO_2$ e, em parte, ocorre a partir das variações na intensidade dos mecanismos de *feeedback* incorporados nos modelos, particularmente o vapor de água atmosférico, as nuvens, a cobertura de neve e o gelo marinho. Todavia, o uso de modelos acoplados oceano-atmosfera sugere um aquecimento superficial de apenas 1-2°C para experimentos transientes de escala secular ou experimentos com duplicação do CO_2 (ver Capítulo 13).

2 Modelos mais simples

Como os modelos da circulação geral exigem computadores extremamente potentes, foram desenvolvidas outras abordagens de modelagem climática. Uma variação do modelo da circulação geral é o modelo estatístico-dinâmico, no qual se analisam somente características zonalmente médias, e as trocas norte-sul de energia e momento não são tratadas explicitamente, mas são representadas de forma estatística por meio da parametrização. Ainda mais simples são o modelo do balanço de energia (EBM) e o modelo radiativo convectivo (RCM). O modelo do balanço de energia pressupõe um balanço de radiação global e descreve os transportes de energia norte-sul integrados em termos de gradientes de temperatura para os polos; os modelos de balanço de energia podem ser unidimensionais (apenas variações de latitude), bidimensionais (latitude-longitude, com pesos simples para terra-oceano ou geografia simplificada) e até adimensionais (média para o planeta). Esses são utilizados particularmente em estudos sobre mudanças climáticas. Os modelos radiativos convectivos podem representar uma única coluna vertical globalmente média. A estrutura da temperatura vertical é analisada em termos de trocas radiativas e convectivas. Esses modelos menos completos complementam os modelos de circulação geral pois, por exemplo, o modelo radiativo convectivo permite estudar interações complexas entre nuvens e radiação ou o efeito da composição atmosférica sobre o gradiente adiabático na ausência de muitos efeitos complicadores da circulação. Os modelos mais simples também são importantes para a simulação paleoclimática, pois podem representar milhares ou mesmo milhões de anos de história climática.

3 Modelos regionais

Em decorrência da necessidade de transferir informações climáticas representando médias em células com centenas de quilômetros de malha para escalas pontuais, onde as informações possam ser aplicadas, uma variedade de técnicas de redução de escala foi desenvolvida e aplicada nos últimos anos. Uma metodologia é embutir um modelo climático regional em um MCG ou MCGAO para uma certa região de interesse e usar as informações do modelo global como condição de contorno para o modelo regional. O modelo climático regional típico tem grade de aproximadamente 50 km de lado, proporcionando uma simulação climática com maior resolução para uma área limitada. Desse modo, efeitos de pequena escala, como a topografia local, os corpos d'água ou as circulações de importância regional, podem ser representados em uma simulação climática. Todavia, esses efeitos locais não costumam ser retransmitidos para o modelo maior atualmente. Além disso, os modelos regionais têm um tratamento mais realista dos processos de pequena escala (p. ex., ajuste convectivo), que podem levar a simulações mais precisas.

C FONTES DE DADOS PARA PREVISÃO

Os dados necessários para a previsão e outros serviços são fornecidos por relatórios sinóticos padronizados e de âmbito mundial a cada três horas (ver Apêndice 3), e por observações semelhantes feitas a cada hora, particularmente para auxiliar as necessidades da aviação civil. As sondagens do ar em níveis elevados (em 00 e 12UTM), dados de satélite e outras redes especializadas, como estações de radar para tempo severo, proporcionam dados adicionais. No programa World Weather Watch, relatórios sinóticos são produzidos em 4000 estações em solo e 7000 navios (Figura 8.5A). Existem por volta de 700 estações fazendo sondagens do ar

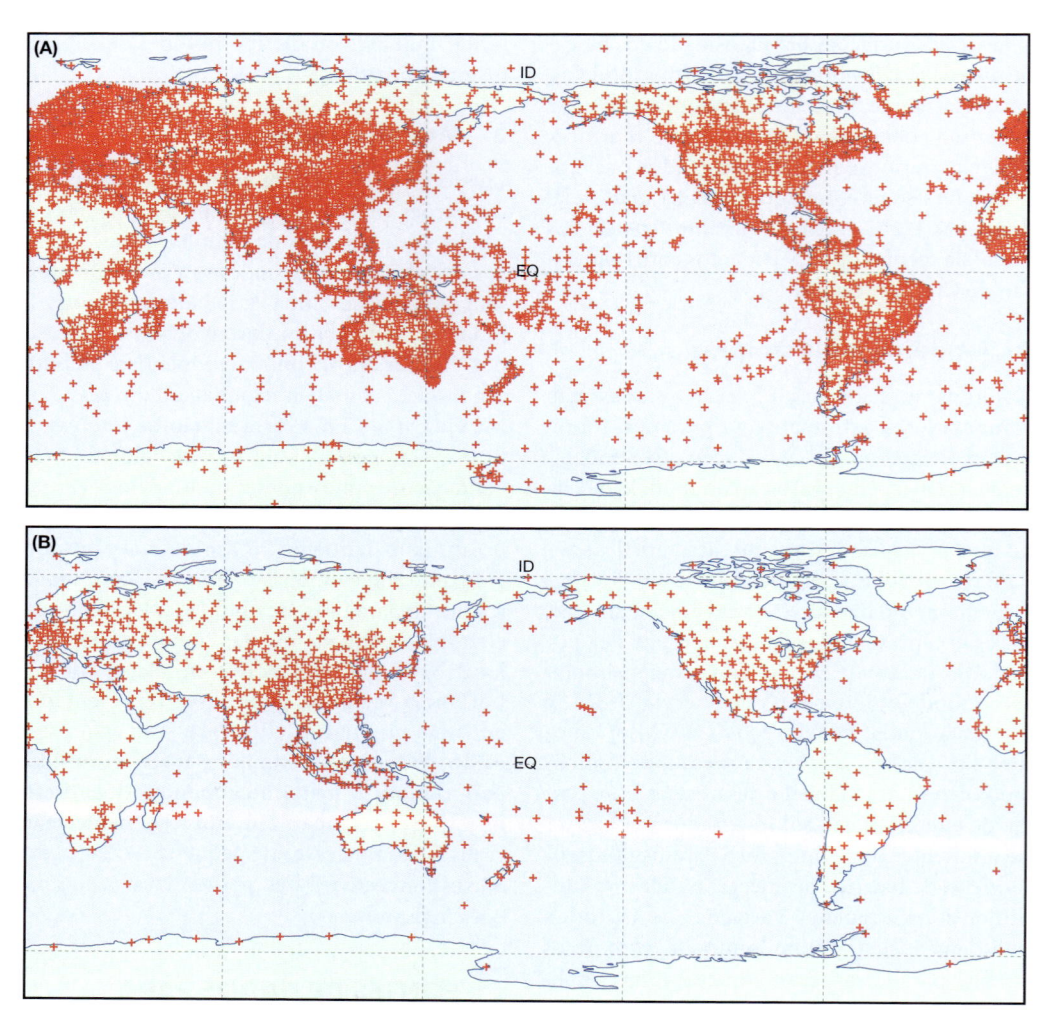

Figura 8.5 Informações sinóticas de (A) estações de solo e navios, e (B) estações de sondagem de níveis superiores, disponíveis no Sistema Global de Telecomunicação do Centro Meteorológico Nacional, NOAA, Washington, DC.
Fonte: Barry and Carleton (2001).

em níveis elevados (temperatura, pressão, umidade e vento) (Figura 8.5B). Esses dados são transmitidos via teletipo e rádio para centros regionais ou nacionais e para o Sistema Global de Telecomunicação de alta velocidade, que conecta centros climáticos mundiais em Melbourne, Moscou e Washington e 11 centros meteorológicos regionais para redistribuição. Em torno de 184 nações cooperam nessa atividade, sob a égide da Organização Meteorológica Mundial.

Informações meteorológicas têm sido coletadas operacionalmente por satélites dos Estados Unidos e da Rússia desde 1965 e, mais recentemente, pela Agência Espacial Europeia, pela Índia e pelo Japão (ver Quadro 8.1). Existem duas categorias gerais de satélites meteorológicos de órbita polar, que fazem a cobertura global duas vezes a cada 24 horas em faixas orbitais sobre os polos (como as séries NOAA e TIROS dos Estados Unidos e o Meteor da an-

AVANÇOS SIGNIFICATIVOS DO SÉCULO XX

8.1 Meteorologia por satélite

O lançamento de satélites meteorológicos revolucionou a meteorologia, em termos da visão quase global que eles proporcionam dos sistemas meteorológicas sinóticos. O primeiro satélite meteorológico transmitiu imagens em 1° de abril de 1960. Os primeiros satélites (Television and Infrared Observing Satellites – TIROS) carregavam sistemas com câmeras fotográficas e, devido à sua rotação ao redor de um eixo paralelo à superfície da Terra, fotografavam a superfície em apenas parte do tempo. Os tipos de imagens coletadas haviam sido previstos por alguns meteorologistas, mas a riqueza de informações excedeu as expectativas. Foram criados novos procedimentos para interpretar características de nuvens e de sistemas sinóticos e de mesoescala. As imagens de satélites revelaram vórtices em nuvens, correntes de jato e outros sistemas de mesoescala que eram grandes demais para serem vistos por observadores no solo e pequenos demais para serem detectados pelas redes de estações sinóticas. A Transmissão Automática de Imagens (APT) para estações no solo começou em 1963 e logo estava em uso em âmbito mundial para a previsão do tempo. Em 1972, o sistema foi atualizado para proporcionar imagens de alta resolução (HRPT).

Nos Estados Unidos, os satélites meteorológicos operacionais em órbita polar foram seguidos em 1966 por satélites geoestacionários heliossincrônicos posicionados em pontos fixos nos trópicos. Eles forneciam imagens de um disco amplo da Terra em intervalos de 20 minutos, proporcionando informações valiosas sobre o desenvolvimento diurno dos sistemas de nuvens e meteorológicos. Os Geostationary Observational Environmental Satellites (GOES) dos Estados Unidos foram posicionados a 75°W e 135°W a partir 1974 e, em 1977, o Geoestationary Meteorological Satellite (GMS) japonês e o Meteosat europeu foram adicionados a 135°E e 0° de longitude, respectivamente. A Índia deu início à série Insat em 1983, posicionada atualmente a 93,5°E.

Os primeiros sistemas fotográficos foram substituídos em meados da década de 1960 por sensores radiométricos nos comprimentos de onda visível e infravermelho. Inicialmente, eram sensores de banda larga com resolução espacial moderada. Em seguida, sensores de banda estreita com mais resolução espacial os substituíram; o Advanced Very High Resolution Radiometer (AVHRR), com 1,1 km de resolução e quatro canais, foi implementado em 1978. Outro avanço importante ocorreu em 1970, com a primeira recuperação de perfis da temperatura atmosférica de um satélite Nimbus. Em 1978, entrou em funcionamento um sistema operacional para sondagem de perfis de temperatura e umidade (o High-resolution Infrared Radiation (HIRS)), seguido por um sistema baseado no GOES em 1980.

Atualmente, os dados de satélite são coletados e trocados rotineiramente entre a NOAA nos Estados Unidos, a Agência Europeia de Satélites Meteorológicos (Eumetsat) e a Agência Meteorológica Japonesa (JMA). Também existem estações receptoras no solo em mais de 170 países coletando a transmissão de imagens dos satélites da NOAA. Os dados de satélites coletados pela Rússia, China e Índia são usados principalmente nesses países.

Existe uma vasta gama de produtos operacionais disponíveis a partir de satélites da NOAA e do Defense Meteorological Satellite Program (DMSP) do Departamento de Defesa. Os satélites da série DMSP têm órbita polar. Eles fornecem imagens a partir de 1970 e produtos digitais a partir de 1992. Os satélites Nimbus da NASA e do Earth Observing System (EOS) proporcionam muitos outros produtos para pesquisa, incluindo gelo marinho, índices de vegetação, componentes do balanço energético, quantidades de chuva tropical e ventos superficiais.

As descrições dos dados de satélite disponíveis podem ser encontradas nos endereços http://lwf.ncdc.naa.gov/oa/satellite/satelliteresources.html; http://eospso.gsfc.nasa.gov/; http://www.eumetsat.de/

Referências

Purdom, J. F. W. and Menzel, P. 1996. Evolution of satellite observations in the United States and their use in meteorology, in Fleming, J. R. (ed.) Historical Essays on Meteorology 1919–1995, Amer. Met. Soc., Boston, MA, pp. 9–155.

tiga União Soviética); e os satélites geossincrônicos (como o Geostationary Operational Environmental Satellittes (GOES) e o Meteosat), que fazem uma cobertura repetitiva (30 minutos) de quase um terço da superfície da Terra em latitudes médias (Figura 8.6). Informações sobre a atmosfera são coletadas como dados digitais ou leituras visíveis diretas e imagens de infravermelho da cobertura de nuvens e temperatura da superfície do mar, mas também na forma de perfis da temperatura global e umidade ao longo da atmosfera, obtidos a partir de sensores de infravermelho e microondas em multicanais, que recebem a radiação emitida de níveis específicos na atmosfera. Além disso, os satélites têm um sistema de coleta de dados (DCS) que transmite dados sobre diversas variáveis ambientais de plataformas de solo ou boias oceânicas para os centros de processamento; o satélite GOES pode transmitir imagens de satélite processadas em fac-símile, e os satélites orbitais polares da NOAA têm um sistema de transmissão automática de imagens (APT) utilizado em aproximadamente 1000 estações ao redor do mundo.

D PREVISÃO NUMÉRICA

Também existem diversos tipos de modelos de circulação geral aplicados operacionalmente à previsão diária do tempo nos centros ao redor do mundo. A previsão do tempo moderna não foi possível até que as informações meteorológicas pudessem ser coletadas, reunidas e processadas rapidamente. O primeiro avanço veio na metade do século XIX, com a invenção da telegrafia, que permitiu a análise imediata de dados meteorológicos com a produção de cartas sinóticas. Essas foram apresentadas pela primeira vez na Grã-Bretanha na Grande Exibição de 1851. As tempestades severas e a perda de vidas humanas e de patrimônio levaram ao desenvolvimento da previsão do tempo na Grã-Bretanha e América do Norte nas décadas de 1860-1870. As sequências de mudanças do tempo foram correlacionadas com os padrões espaço-temporais de pressão barométrica por profissionais como Fitzroy e Abercromby, mas ainda levou tempo até que se criassem modelos teóricos de sistemas meteorológicos, especial-

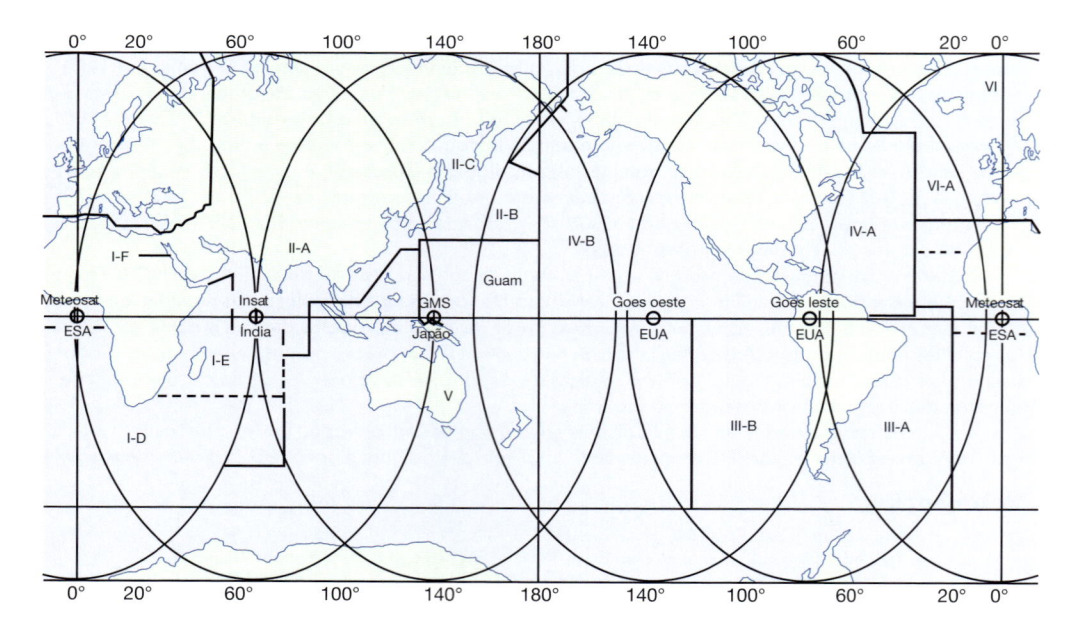

Figura 8.6 Cobertura de satélites geoestacionários e áreas de coleta de dados da WMO (áreas retangulares e números).
Fonte: Cortesia NOAA.

mente o modelo da depressão de Bjerknes (ver Figura 9.7).

As previsões são consideradas perspectivas de curto prazo (até três dias), médio prazo (até 14 dias) e longo prazo (mensal ou sazonal). As duas primeiras, atualmente, podem ser consideradas juntas, pois sua metodologia é semelhante e, graças ao aumento no poder de computação, estão se tornando menos distinguíveis como tipos separados de previsão.

1 Previsões de curto e médio prazo

Durante a primeira metade do século XX, as previsões de curto prazo baseavam-se em princípios sinóticos, regras empíricas e na extrapolação de mudanças de pressão. O modelo de Bjerknes do desenvolvimento de ciclones para latitudes médias e conceitos simples do tempo tropical (ver Capítulo 9) serviam como as ferramentas básicas do previsor. A relação entre o desenvolvimento de baixas e altas superficiais e a circulação em níveis superiores foi trabalhada durante as décadas de 1940 e 1950, por C-G. Rossby, R. C. Sutcliffe e outros, proporcionando as bases teóricas para a previsão sinótica. Desse modo, foi possível prever a posição e as intensidades das células de baixa e alta pressão e de sistemas frontais.

Desde 1955, nos Estados Unidos – e em 1965, no Reino Unido – as previsões de rotina baseiam-se em modelos numéricos, que preveem a evolução de processos físicos na atmosfera por determinações da conservação de massa, energia e momento. O princípio básico é que o aumento ou a queda na pressão superficial está relacionado com a convergência ou divergência de massa, respectivamente, na coluna de ar sobrejacente. Esse método de previsão foi proposto inicialmente por L. F. Richardson, que em 1922, fez um laborioso cálculo para testá-lo, obtendo resultados muito insatisfatórios. A principal razão para essa falta de sucesso foi que a convergência ou divergência líquida em uma coluna de ar é um termo residual pequeno, comparado com os grandes valores de convergência e divergência em diferentes níveis da atmosfera (ver Figura 6.7). Portanto, pequenos erros causados por limitações na observação podem ter um efeito considerável na correção da análise.

Os métodos de previsão numérica do tempo (PNT) desenvolvidos na década de 1950 usam uma abordagem menos direta. Os primeiros desenvolvimentos pressupunham uma atmosfera barotrópica de um nível com ventos geotróficos e, assim, sem convergência ou divergência. Podia-se prever o movimento dos sistemas, mas não as alterações na sua intensidade. Apesar das grandes simplificações envolvidas no modelo barotrópico, ele era usado para prever padrões de contorno de 500 mb. As técnicas mais novas empregam modelos baroclínicos com múltiplos níveis, e contemplam os efeitos friccionais e outros efeitos; assim, os mecanismos básicos da ciclogênese são explicados. É importante observar que os *campos* de variáveis contínuas, como pressão, vento e temperatura, são manipulados, e que as frentes são características consideradas secundárias e derivadas. O vasto aumento no número de cálculos que esses modelos realizam exigiu uma nova geração de supercomputadores para permitir a preparação de mapas de previsão a fim de nos manter suficientemente à frente das alterações do tempo!

As práticas de previsão nos principais centros nacionais de previsão do tempo ao redor do globo são basicamente as mesmas. Como exemplo do uso operacional de modelos de previsão do tempo, discutimos os métodos e procedimentos do National Centers for Environmental Prediction (NCEP) em Washington, DC, estabelecidos em 1995. O NCEP atualmente mantém um modelo espectral global em operação. O modelo Global Forecast System (GFS) (antes conhecido como previsão AVN/MRF de médio prazo para a aviação) tem um truncamento espectral de T170 (uma malha de aproximadamente $0,7 \times 0,7$ grau), 42 níveis verticais com espaçamento desigual para sete dias. O truncamento é aumentado para T62, com 28 níveis para 15 dias. Deve-se observar que, em geral, o tempo de computação exigido diminui várias vezes quando o espaçamento da malha é dobrado. Para produzir uma previsão, como condição inicial para o modelo, deve-se primeiramente gerar uma análise das condições meteorológicas observadas atualmente. Algoritmos sofisticados para a assimilação dos dados usam inúmeros dados observacionais de uma variedade de plataformas (estações de superfície, rawinsondas, navios, aviões, satélites), medidos em intervalos irregulares no espaço e no tempo e que se fundem em uma única imagem coerente das condições atmosféricas atuais para níveis de pressão padronizados e em intervalos regulares na malha. Depois disso, as equações do modelo são integradas para o futuro a partir desse ponto de partida.

O GFS hoje faz 17 simulações quatro vezes por dia, as quais são quase idênticas, exceto por pequenas diferenças nas condições iniciais. A repetição de previsões numéricas, incorporando pequenas diferenças nas condições iniciais, permite contabilizar, em termos de probabilidades, os efeitos de incertezas nas observações, as imprecisões nas formulações dos modelos e a natureza "caótica" do comportamento atmosférico. Erros em previsões numéricas ocorrem por causa de diversas fontes. Uma das mais sérias é a precisão limitada das análises iniciais, por conta de deficiências nos dados. A cobertura sobre os oceanos é esparsa, e apenas um quarto dos relatórios possíveis de navios pode ser recebido dentro de 12 horas; mesmo sobre a terra, mais de um terço dos relatórios sinóticos chega a sofrer atrasos de mais de seis horas. Todavia, as informações derivadas de satélites e a instrumentação nos aviões comerciais preenchem as lacunas nas observações realizadas em níveis superiores da atmosfera. Outra limitação é imposta pela resolução horizontal e vertical dos modelos e pela necessidade de parametrizar processos menores que a malha, como a convecção em nuvens cumulus. A natureza pequena da escala do movimento turbulento da atmosfera torna alguns fenômenos meteorológicos imprevisíveis, por exemplo, as posições específicas de células de pancadas de chuva em uma massa de ar instável. É impossível obter uma maior precisão para as previsões para o dia seguinte do que as típicas "pancadas e períodos limpos" ou "pancadas esparsas". O procedimento para preparar uma previsão do tempo está se tornando muito menos subjetivo, embora, em situações de tempo complexas, a habilidade do meteorologista experiente ainda faça da técnica tanto uma arte quanto uma ciência. Previsões regionais ou locais minuciosas somente podem ser feitas dentro do modelo da situação de previsão geral para o país e exigem que o previsor tenha conhecimento detalhado sobre a topografia ou outros efeitos locais possíveis. A média desses conjuntos é usada para a previsão de curto prazo. Os produtos da análise primária gerados a cada seis horas são pressão ao nível médio do mar, temperatura e umidade relativa a 850 mb e 700 mb, respectivamente, velocidade do vento a 300 mb, espessura da camada de 1000-500 mb e vorticidade a 500 mb.

O NCEP também calcula conjuntos de previsões de médio prazo a partir das 17 simulações do modelo realizadas a cada intervalo. Por exemplo, a probabilidade de que a quantidade de precipitação para 24 horas alguns dias adiante exceda um determinado limiar pode ser calculada contando o número de simulações do modelo em que o valor é ultrapassado em uma certa célula da malha. Essa é uma estimativa bruta da probabilidade, pois 17 simulações não podem cobrir todos os cenários meteorológicos possíveis, devido à incerteza nas condições iniciais e na formulação do modelo. As previsões atuais são feitas como uma perspectiva de 6-10 dias e de 8-14 dias para o quanto a temperatura e a precipitação se afastam do normal.

Para calcular previsões com detalhes mais regionais, o NCEP utiliza um modelo "eta" de área limitada, que faz previsões para até 84 horas, apenas para a América do Norte. Como todos os modelos meteorológicos operacionais, o eta está em um ciclo contínuo de aperfeiçoamento e redesenho. Atualmente, porém, o modelo eta tem uma malha com espaçamento de 12 km e 60 camadas verticais. Usa-se uma coordenada vertical especializada para lidar com as mudanças súbitas na topografia que um modelo de alta resolução encontra. O eta tem variáveis semelhantes às do GFS.

Como uma previsão do tempo típica, mesmo nos modelos regionais de maior resolução, deve representar uma média sobre uma grande célula da malha, as condições reais em um determinado ponto dentro dessa célula geralmente não são previstas de forma acurada. Os previsores sempre aplicam as informações dos modelos subjetivamente para fazer previsões em um ponto específico, usando a sua própria experiência de como as informações dos modelos estavam sujeitas a certas circunstâncias no passado (isto é, uma avaliação subjetiva dos vieses do modelo). Uma tentativa de tornar mais objetivo esse uso localizado de informações se chama *model output statistics* (MOS), e as condições reais do tempo em estações meteorológicas específicas são previstas atualmente com o uso dessa técnica. A MOS pode ser aplicada a qualquer modelo e visa a interpolar objetivamente os resultados de modelos para uma única estação, com base em sua história climática e meteorológica. Foram criadas várias equações de regressão para relacionar o tempo meteorológico real observado em uma estação ao longo do tempo com as condições previstas pelo modelo. Com uma história suficientemente longa, a MOS pode fazer uma correção para efeitos locais que não são simulados e para certos vieses do modelo. As variáveis usadas na MOS são temperatura máxima/mínima diária, probabilidade de ocorrência de precipitação e quantidade de precipitação em 12 horas, probabilidade de chuva congelada ocorrência de tempestades, cobertura de nuvens e ventos superficiais.

Diversos tipos de previsões especializadas também são feitos regularmente. Nos Estados Unidos, o National Hurricane Center em Miami é responsável por fazer previsões de mudanças na intensidade de furacões, bem como o caminho que a tempestade seguirá no Atlântico e em áreas do Pacífico leste. As previsões são divulgadas para 72 horas e quatro vezes por dia. O Central – Pacific Hurricane Center realiza previsões semelhantes para tempestades a oeste de 140°W e leste da linha internacional da data. O US Weather Service também usa modelos numéricos para prever a evolução do El Niño-Oscilação Sul, que é importante para previsões de longo prazo, discutidas a seguir. Eventos especiais, como os Jogos Olímpicos, começam a empregar previsões numéricas do tempo regularmente em seus preparativos e a usar modelos regionais criados para ter a máxima precisão possível no ponto específico de interesse.

2 Previsão imediata (*nowcasting*)

O tempo severo costuma ser efêmero (<2 horas) e, devido ao seu caráter de mesoescala (<100 km), afeta áreas locais/regionais, necessitando de previsões para locais específicos. Nessa categoria estão tempestades, enxurradas, frentes com rajadas de ventos, tornados, ventos fortes, especialmente ao longo de costas, sobre lagos e montanhas, neve e precipitação congelada. Os modelos de mesoescala com células que possam ter menos de 10 km de malha são usados para estudar esses fenômenos detalhadamente. O desenvolvimento de redes de radar (Prancha 7.2), de novos instrumentos e de conexões de telecomunicação de alta velocidade proporciona um meio de emitir avisos de tempo severo para a próxima hora. Vários países criaram sistemas de satélite e radar recentemente, de modo a fornecer informações sobre a extensão horizontal e vertical de tempestades, por exemplo. As redes de estações meteorológicas automáticas (incluindo boias) que medem o vento, a temperatura e a umidade complementam esses dados. Além disso, para dados detalhados sobre a camada limite e a troposfera inferior, existe atualmente uma variedade de sondas verticais, incluindo sondas acústicas (que medem a velocidade e direção do vento a partir de ecos criados por vórtices térmicos), e um radar especializado (Doppler) que mede ventos em dias limpos pelo retorno de insetos (radar com 3,5 cm de comprimento de onda) ou por variações no índice refratário do ar (radar com 10cm de comprimento de onda). As técnicas de *nowcasting* usam computadores e sistemas de análise de imagens altamente automatizados para integrar dados de uma variedade de fontes rapidamente. A interpretação visual dos dados e das imagens exige pessoal capacitado e/ou programas amplos para proporcionar as informações apropriadas. Alertas rápidos sobre os riscos causados pelo cisalhamento e por rajadas de vento em aeroportos representam um exemplo da importância dos procedimentos de *nowcasting*.

De modo geral, pode-se esperar que os maiores benefícios dos avanços na previsão ocorram na aviação e na indústria de geração de eletricidade para previsões com menos de seis horas de antecipação; nos transportes, na construção e na manufatura para previsões de 12-24 horas; e na agricultura para previsões de dois a cinco dias. Em termos de perdas econômicas, a última categoria é a que mais poderia se beneficiar com previsões mais confiáveis e precisas.

3 Perspectivas de longo prazo

O sistema oceano-atmosfera é um sistema não linear (caótico) que impossibilita fazer previsões exatas de longo prazo para eventos meteorológicos individuais. Pequenos erros nas condições iniciais usadas para começar uma simulação invariavelmente crescem em magnitude e escala espacial, e o planeta inteiro será logo afetado por um pequeno erro de observação em um único ponto. Portanto, a previsão do tempo de longo prazo e a previsão climática não tentam prever eventos meteorológicos individuais, pois certamente estariam erradas. Em vez disso, elas tentam representar as estatísticas do clima, e não do tempo local, e são associadas a probabilidades baseadas em relações estatísticas.

Assim como a previsão numérica em escalas temporais mais curtas, as perspectivas de longo prazo (mensais e sazonais) usam uma combinação de abordagens dinâmicas e estatísticas para avaliar a probabilidade de certas situações meteorológicas. As previsões de longo prazo baseiam-se na ideia de que certos tipos de clima, apesar de imprevisíveis em seus detalhes, podem, sob certas circunstâncias, ser mais prováveis do que outros. Um importante avanço recente nas previsões de longo prazo é o entendimento de que o El Niño-Oscilação Sul tem efeitos estatísticos documentados em muitos locais do globo. Para cada El Niño ou La Niña, em geral não é realista prever maior/menor precipitação em grande parte do planeta, mas muitas regiões apresentam uma tendência estatística para mais ou menos precipitação ou temperaturas mais altas/mais baixas, dependendo da fase do ENSO. As previsões de longo prazo utilizam essas relações estatísticas.

O ENSO tem uma periodicidade razoavelmente regular, permitindo a capacidade de prever mudanças de fase com base na climatologia. Diversos modelos dinâmicos também tentam prever a fase futura do ENSO, embora não tenham sido muito mais exitosos do que o conhecimento da climatologia. Atualmente, a fase do ENSO é o fator mais importante nas previsões de longo prazo.

O NCEP dos Estados Unidos exemplifica como a metodologia é usada globalmente. Hoje, o centro faz previsões de 30 dias e previsões sazonais de três meses, com até um ano de antecipação. As principais informações usadas nessas previsões são a fase do ENSO, a história climática recente e prolongada, o padrão de umidade no solo (que pode afetar a temperatura e precipitação em um futuro distante) e uma variedade de 20 simulações do MCG com temperaturas da superfície do mar obtidas com uma simulação do MCGAO para o período. Essas informações são usadas para gerar uma variedade de índices, que preveem a probabilidade de três categorias igualmente prováveis de temperatura (quase normal, acima/abaixo da normal) e precipitação (quase média, acima/abaixo da mediana) (ver Figuras 8.7 e 8.8), com tabelas para muitas cidades. A Figura 8.8A ilustra o campo de altura observado correspondente à Figura 8.7A para fevereiro de 2007, mostrando que o padrão é bem representado no mapa de previsão. As Figuras 8.8B e C mostram que, nesse caso, como é comum, as previsões

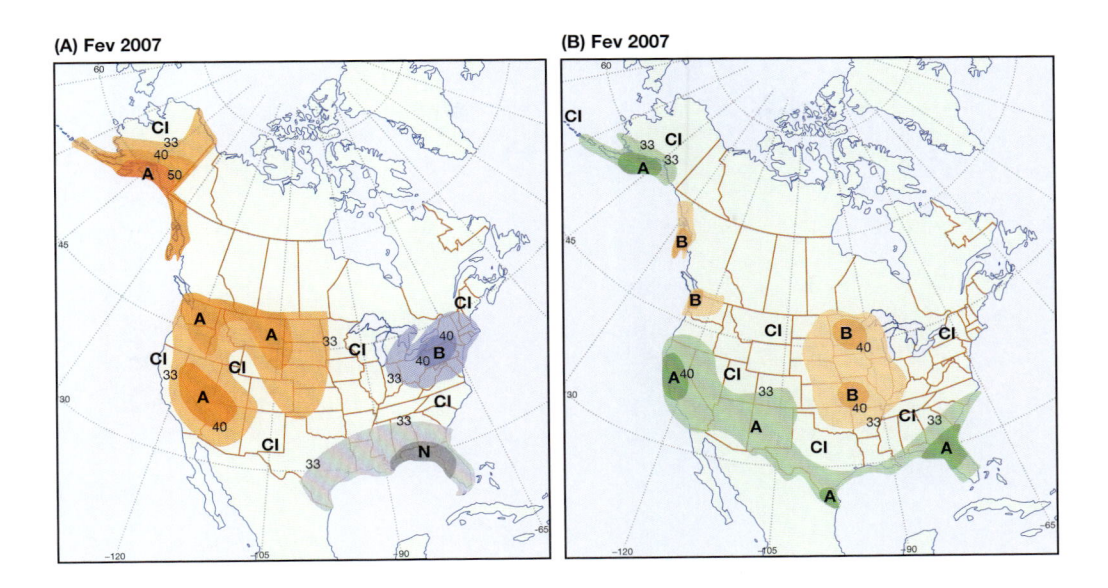

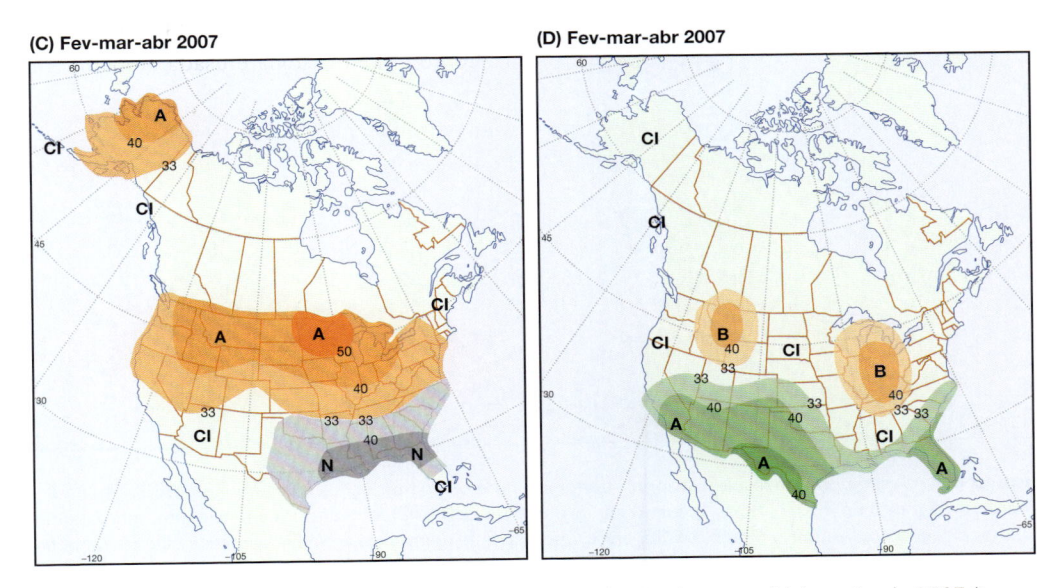

CAPÍTULO 8   Modelos numéricos da circulação geral, previsão do tempo e do clima   **219**

(A) Fev 2007

(B) Fev 2007

(C) Fev-mar-abr 2007

(D) Fev-mar-abr 2007

Figura 8.7 Previsões do tempo mensais e sazonais nos Estados Unidos para: (A) fevereiro de 2007 (temperatura no final de janeiro); (B) fevereiro de 2007 (precipitação no final de janeiro); (C) fevereiro, março, abril (temperatura no final de janeiro); (D) fevereiro, março, abril (precipitação no final de janeiro). Previsões para quatro classes: normal (N), acima do normal (A), abaixo do normal (B) e chances iguais para normal, acima do normal e abaixo do normal (CI).

Fonte: Cortesia de NOAA.

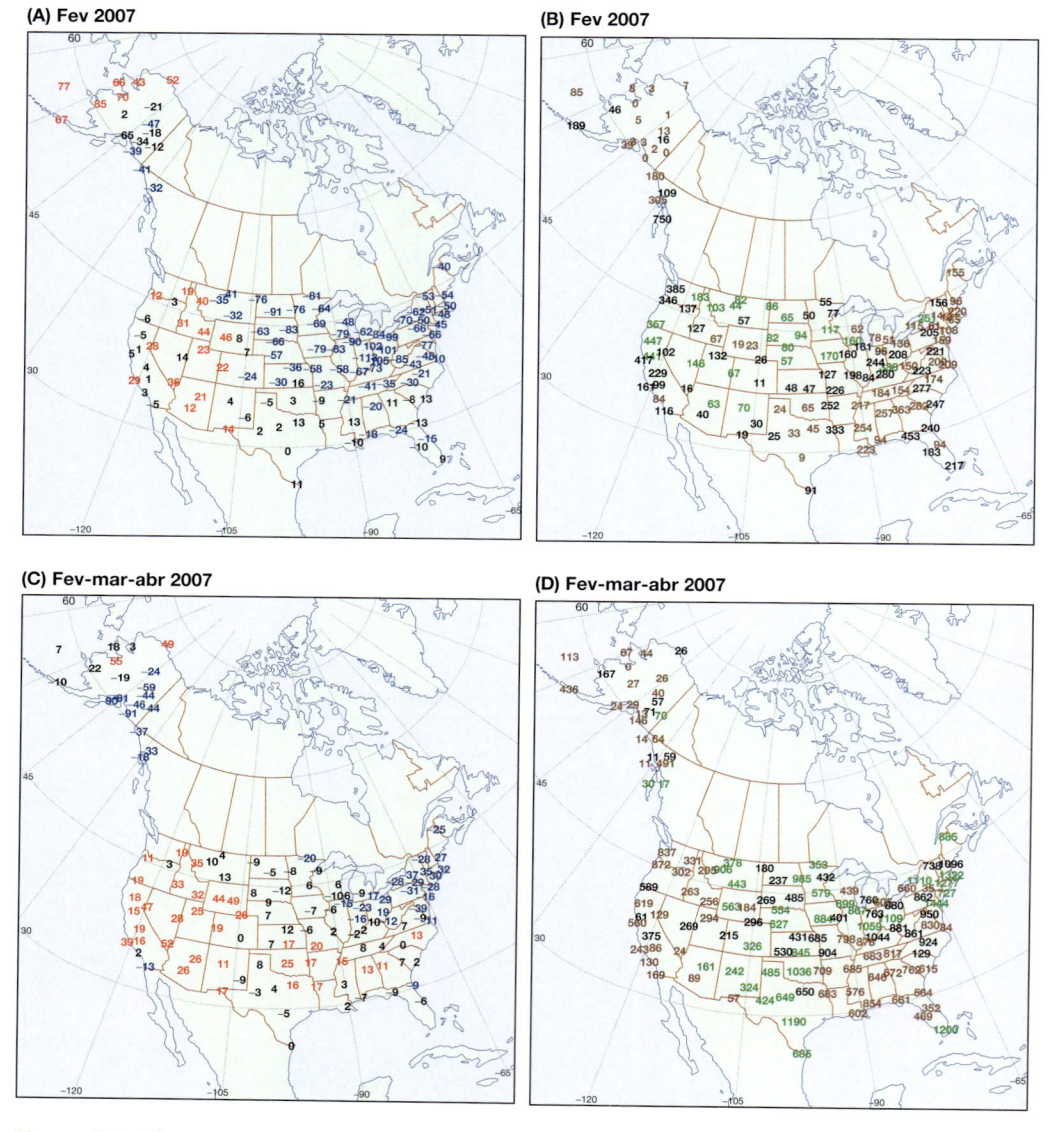

Figura 8.8 Observações mensais e sazonais do tempo para as comparações feitas na Figura 8.7: (A) temperatura em fevereiro de 2007; (B) precipitação em fevereiro de 2007; (C) temperatura em fevereiro, março, abril; (D) precipitação em fevereiro, março, abril. Para os mapas de temperatura, vermelho significa acima da média, e azul, abaixo da média, correspondendo às cores da Figura 8.7. De maneira semelhante, para os mapas de precipitação, verde significa acima da média, e marrom, abaixo da média. Observe que as previsões de temperatura para um mês são muito mais acuradas do que as previsões de precipitação, e que as previsões para as duas variáveis degradam para o período de três meses.

Fonte: Cortesia de NOAA.

da temperatura são mais confiáveis do que as da precipitação.

Uma técnica estatística chamada análise correlacional canônica usa todas as informações citadas para gerar perspectivas de longa duração. Alturas de 700 mb simuladas, padrões globais de TSM, temperatura e precipitação superficiais para o ano passado nos Estados Unidos são usados para inferir os padrões preferenciais possíveis. O histórico de temperatura e precipitação fornece informações sobre a persistência e as tendências ao longo do ano. O ENSO é enfatizado nesta análise, mas são significativos outros modos naturais de variabilidade, como a Oscilação do Atlântico Norte.

As análises secundárias, que usam variáveis preditivas individuais, se tornam mais ou menos úteis do que a análise correlacional em circunstâncias distintas. A análise composta estima os efeitos do ENSO, definindo se uma La Niña, um El Niño ou condições neutras são previstas para o período de interesse e, levando em conta se existe confiança de que essa fase do ENSO ocorrerá realmente. Outro índice prevê a temperatura e precipitação futuras com base na persistência ao longo dos últimos 10-15 anos. Essa medida enfatiza tendências e regimes de longo prazo. Um terceiro índice secundário é uma previsão análoga construída a partir de padrões de umidade do solo.

A capacidade de fazer previsões para perspectivas de longo prazo ainda é limitada. Para todas as medidas, a capacidade de prever a temperatura é maior do que para a precipitação. As previsões de precipitação geralmente apresentam pouca precisão, a menos que haja um forte El Niño ou La Niña. As perspectivas de temperatura se mostram mais precisas no final do inverno e no final do verão.

RESUMO

Tipos variados de modelos numéricos são usados para estudar os mecanismos da circulação atmosférica, os processos climáticos e a previsão do tempo. Entre eles, estão modelos de coluna vertical para processos radiativos e convectivos, modelos uni e bidimensionais do balanço energético e modelos tridimensionais completos de circulação geral (MCG), que podem ser acoplados a modelos do oceano e do gelo marinho ou a modelos climáticos regionais. Embora tenham sido desenvolvidos inicialmente para a previsão do tempo, esses modelos hoje são muito utilizados para estudar anomalias climáticas e mudanças passadas e futuras no clima global. Esses usos exigem o acoplamento de modelos gerais da circulação atmosférica e oceânica e a representação de processos superficiais do gelo e da terra.

As previsões são fornecidas para diferentes escalas temporais, e as técnicas envolvidas diferem consideravelmente. As *nowcasts* imediatas baseiam-se em dados atuais de radar e satélite. As previsões de curto e médio prazo hoje são derivadas de modelos numéricos, com orientação estatística, ao passo que as previsões de longo prazo usam modelos numéricos de maneira probabilística.

TEMAS PARA DISCUSSÃO

- Que tipos de experimentos realizados com um modelo climático global não podem ser observados na natureza?
- Quais são alguns dos problemas encontrados ao avaliar os resultados de experimentos com modelos de circulação geral?
- Considere os diferentes conceitos e metodologias usados para prever o tempo meteorológico em escalas temporais de algumas horas, para o dia seguinte e para a semana seguinte.

REFERÊNCIAS E SUGESTÃO DE LEITURA

Livros

Bader, M. J. et al. (1995) *Images in Weather Forecasting*, Cambridge University Press, Cambridge, 499pp. [Extensive collection of imagery illustrating all types of synoptive phenomena]

Barry, R. G. and Carleton, A. M. (2001) *Synoptic and Dynamic Climatology*, Routledge, London, 620pp. [Advanced text covering climate data and analysis, the general circulation, global and regional climates, teleconnections, synoptic systems, and synoptic climatology]

Browning, K. A. (ed.) (1983) *Nowcasting*, Academic Press, New York, 256pp. [Treats the design of forecast systems, new remote sensing tools, and simple and numerical forecasts]

Conway, E. D. and the Maryland Space Grant Consortium (1997) *Introduction to Satellite Imagery Interpretation*, Johns Hopkins University Press, Baltimore, MD, 242pp [Useful, well-illustrated introduction to basics of remote sensing, satellite systems and atmospheric applications – clouds, winds, jet streams, synoptic and mesoscale systems, air quality; oceanographic applications including sea ice]

Henderson-Sellers, A. (ed.) (1995, *Future Climates of the World.: A Modelling Perspective*, Elsevier, Amsterdam, 636pp. [Provides geological perspective of past climate, observed climate variability and future projections, anthropogenic effects]

McGuffie, K. and Henderson-Sellers, A. (2005) *A Climate Modelling Primer* (2nd edn), John Wiley & Sons, Chichester 296pp. [Explains the basis and mechanisms of climate models; includes CD with additional resources]

Monmonier, M. (1999) *Air Apparent. How Meteorologists Learned to Map, Predict and Dramatize the Weather*, University of Chicago Press, Chicago, IL, 309pp. [A readable history of the development of the weather map and forecasting, including the tools and technologies on which they are based]

Trenberth, K. E. (ed.) (1992) *Climate System Modeling*, Cambridge University Press, Cambridge, 788pp. [Essays by specialists covering all aspects of modeling the climate system and its components – oceans, sea ice, biosphere, gas exchanges]

Washington, W. M. and Parkinson, C. L. (2005) *An Introduction to Three-dimensional Climate Modeling*, University Science Books, Mill Valley, CA, 353pp. [Comprehensive account of the basis of atmospheric general circulation models]

Websites

http://www.meto.gov.uk/research/hadleycentre/pubs/brochures/B2001/precis.pdf

Artigos científicos

Barry, R. G. (1979) Recent advances in climate theory based on simple climate models. *Prog. Phys. Geog.* 3, 259–86.

Bosart, L. (1985) Weather forecasting, in Houghton, D. D. (ed.) *Handbook of Applied Meteorology*, Wiley, New York, 205–79.

Browning, K. A. (1980) Local weather forecasting. *Proc. Roy. Soc. Lond. Sect. A* 371, 179–211.

Carson, D. J. (1999) Climate modelling: achievements and prospects. *Quart. J. Roy. Met. Soc.* 125, 1–27.

Cullen, M. J. P. (1993) The Unified Forecast/Climate model. *Met. Mag.* 122, 81–94.

Druyan, L. M., Somerville, R. C. J. and Quirk, W. J. (1975) Extended-range forecasts with the GISS model of the global atmosphere. *Mon. Wea. Rev.* 103, 779–95.

Foreman, S. J. (1992) The role of ocean models in FOAM. *Met. Mag.* 121, 113–22.

Gates, W. L. (1992) The Atmospheric Model Intercomparison Project. *Bull. Amer. Met. Soc.* 73(120), 1962–70.

Harrison, M. J. S. (1995) Long-range forecasting since 1980 – empirical and numerical prediction out to one month for the United Kingdom. *Weather* 50(12), 440–9.

Hunt, J. C. R. (1994) Developments in forecasting the atmospheric environment. *Weather* 49(9), 312–18.

Kalnay, E., Kanamitsu, M. and Baker, W. E. (1990) Global numerical weather prediction at the National Meteorological Center. *Bull. Amer. Met. Soc.* 71, 1410–28.

Kiehl, J. T. (1992) Atmospheric general circulation modeling, in Trenberth, K. E. (ed.) *Climate System Modelling*, Cambridge University Press, Cambridge, 319–69.

Klein, W. H. (1982) Statistical weather forecasting on different time scales. *Bull. Amer. Met. Soc.* 63, 170–7.

McCallum, E. and Mansfield, D. (1996) Weather forecasts in 1996. *Weather* 51(5), 181–8.

Meehl, G. A. (1984) Modelling the earth's climate. *Climatic Change* 6, 259–86.

Meehl, G. A. (1992) Global coupled models: atmosphere, ocean, sea ice, in Trenberth, K. E. (ed.) *Climate System Modelling*, Cambridge University Press, Cambridge, 555–81.

Monin, A. S. (1975) Role of oceans in climate models, in *Physical Basis of Climate: Climate Modelling*, GARP Publications Series, Report. No. 16, WMO, Geneva, 201–5.

National Weather Service (1991) *Experimental Long-lead Forecast Bulletin*, NOAA, Climate Prediction Center, Washington, DC.

Palmer, T. N. and Anderson, D. L. T. (1994) The prospects for seasonal forecasting – a review paper. *Quart. J. Roy. Met. Soc.* 120, 755–93.

Phillips, T. J. (1996) Documentation of the AMIP models on the World Wide Web. *Bull. Amer. Met. Soc.* 77(6), 1191–6.

Reed, D. N. (1995) Developments in weather forecasting for the medium range. *Weather* 50(12), 431–40.

Saltzman, B. (1983) Climatic systems and analysis. *Adv. Geophys.* 25, 175–233.

Smagorinsky, J. (1974) Global atmospheric modeling and the numerical simulation of climate, in Hess, W. N. (ed.) *Weather and Climate Modification*, Wiley, New York, 633–86.

Wagner, A. J. (1989) Medium- and long-range weather forecasting. *Weather and Forecasting* 4, 413–26.

Washington, W. M. (1992) Climate-model responses to increased CO_2 and other greenhouse gases, in Trenberth, K. E. (ed.) *Climate System Modelling*, Cambridge University Press, Cambridge, 643–68.

9 Sistemas sinóticos e de mesoescala em latitudes médias

OBJETIVOS DE APRENDIZAGEM

Depois de ler este capítulo, você:

- entenderá o conceito de massa de ar, as características das principais massas de ar e sua ocorrência geográfica;
- conhecerá os mecanismos da frontogênese e os diversos tipos frontais;
- entenderá as relações entre processos superiores e superficiais na formação de ciclones frontais;
- conhecerá os principais tipos de ciclones não frontais e como eles se formam; e
- estará familiarizado com o papel dos sistemas convectivos de mesoescala em tempo severo.

Este capítulo analisa as ideias clássicas sobre as massas de ar e seu papel na formação de limites frontais e no desenvolvimento de ciclones extratropicais, bem como discute as limitações dessas ideias e modelos mais recentes de sistemas meteorológicos de média latitude; também são abordados sistemas de mesoescala em latitudes médias. O capítulo conclui com uma breve visão geral sobre fenômenos meteorológicos severos.

A O CONCEITO DE MASSA DE AR

Uma massa de ar é definida como um grande corpo de ar, cujas propriedades físicas (temperatura, teor de umidade e gradiente de temperatura) são mais ou menos uniformes horizontalmente por centenas de quilômetros. O ideal teórico é uma atmosfera *barotrópica*, onde superfícies de pressão constante não são cruzadas por superfícies isostéricas (de densidade constante), de modo que, em um determinado perfil vertical, conforme mostra a Figura 9.1, as isóbaras e as isotermas são paralelas.

Três fatores determinam a natureza e o grau de uniformidade das características das massas de ar: (1) a natureza da área-fonte onde a massa de ar obtém suas qualidades originais; (2) a direção do movimento e as mudanças que ocorrem à medida que uma massa de ar percorre longas distâncias; e (3) a idade da massa de ar. As massas de ar são classificadas com base em dois fatores principais. O primeiro é a temperatura, envolvendo ar ártico, polar e tropical, e o segundo é o tipo de superfície em sua região de origem, envolvendo categorias marítimas e continentais.

B A NATUREZA DA ÁREA-FONTE

A ideia básica sobre a formação de massas de ar é que trocas radiativas e turbulentas de energia e umidade entre a superfície continental ou oceânica e a atmosfera geram propriedades fí-

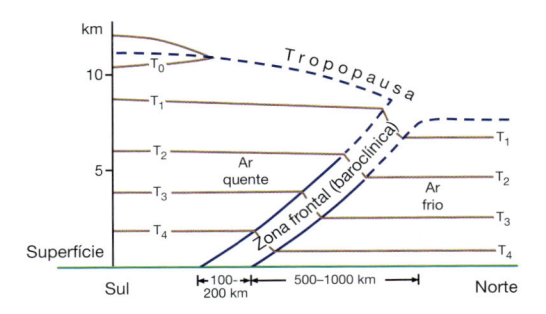

Figura 9.1 Seção transversal esquemática para o Hemisfério Norte, mostrando massas de ar barotrópicas e uma zona frontal baroclínica (supondo que a densidade apenas diminui com a altitude).

sicas características no ar sobrejacente por processos de mistura vertical. Será alcançado um grau de equilíbrio entre as condições superficiais e as propriedades da massa de ar sobrejacente se o ar permanecer sobre uma determinada região geográfica por um período de três a sete dias. As principais regiões-fonte de massas de ar são necessariamente áreas de um tipo de superfície amplo e uniforme, cobertas por sistemas de pressão semiestacionários. Esses requisitos são satisfeitos quando existe um fluxo divergente lento a partir das principais células de alta pressão térmicas e dinâmicas. Em contrapartida, as regiões de baixa pressão são zonas de convergência para as quais avançam as massas de ar (ver F, neste capítulo).

A seguir, discutiremos as principais massas de ar frias e quentes.

1 Massas de ar frio

As principais fontes de ar frio no Hemisfério Norte são: (1) os anticiclones continentais da Sibéria centro-oriental e do norte do Canadá, onde se formam massas de ar polar continental (cP), e (2) no oceano Ártico, quando predomina a alta pressão no inverno e na primavera (Figura 9.2). Às vezes, o ar do oceano Ártico é designado como Ártico continental (cA), mas as diferenças entre massas de ar cP e cA se limitam principalmente à troposfera média e superior, onde as temperaturas são mais baixas no ar cA.

As regiões-fonte dessas duas massas de ar cobertas de neve levam a um acentuado resfriamento das camadas inferiores (Figura 9.3). Como o teor de vapor do ar frio é muito limitado, as massas de ar geralmente têm uma razão de mistura de apenas 0,1-0,5 g/kg perto da superfície. A estabilidade produzida pelo efeito do resfriamento superficial impede a mistura vertical, de modo que o resfriamento ocorre mais lentamente, devido apenas a perdas por radiação. O efeito desse resfriamento radia-

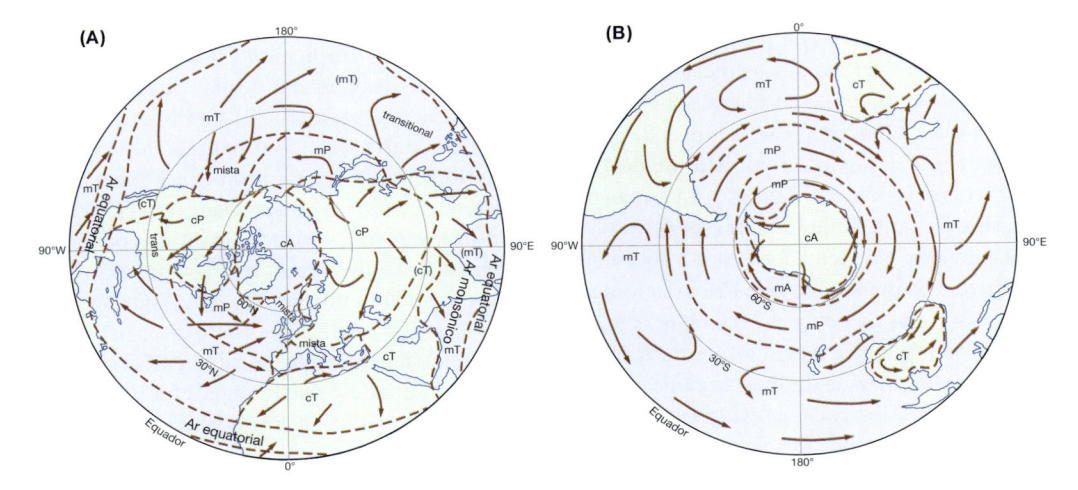

Figura 9.2 Massas de ar no inverno: (A) Hemisfério Norte e (B) Hemisfério Sul.

Fontes: (A) Adaptado de Petterssen (1950) e Crowe (1965); (B) Adaptado de Taljaard et al. (1969) e Newton (1972).

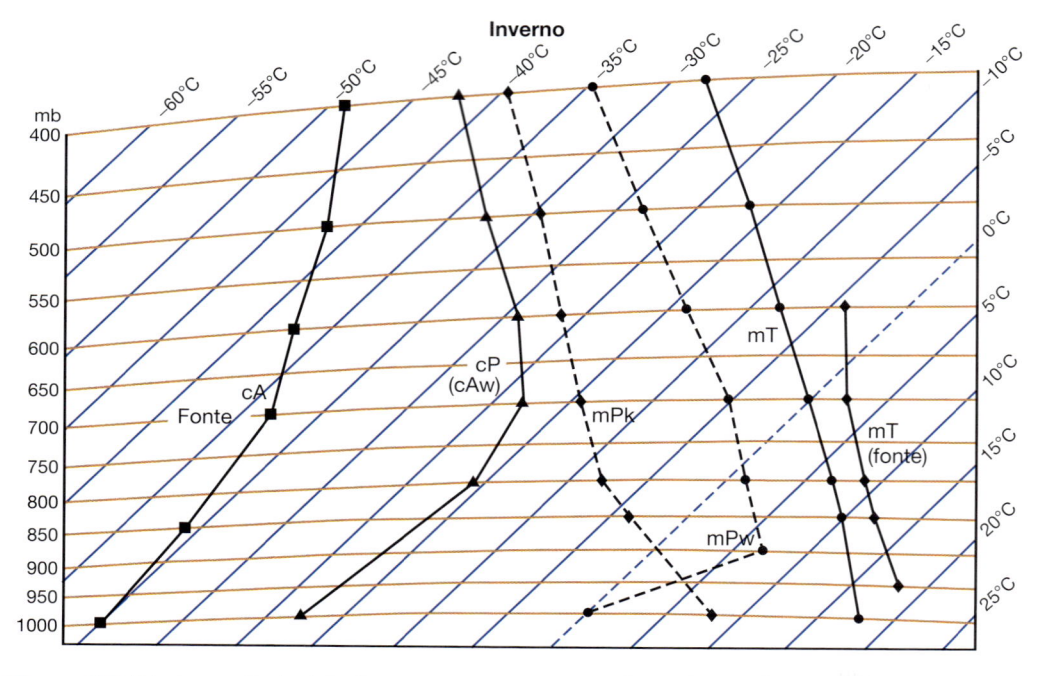

Figura 9.3 Estrutura vertical média da temperatura para massas de ar selecionadas que afetam a América do Norte a aproximadamente 45-50°N, registradas sobre suas áreas-fonte ou sobre a América do Norte no inverno.
Fonte: Adaptado de Godson (1950), Showalter (1939) e Willett.

tivo e a tendência de subsidência das massas de ar em regiões de alta pressão combinam-se para produzir uma forte inversão térmica da superfície até aproximadamente 850 mb no ar cA ou cP típicos. Devido à sua secura extrema, quantidades pequenas de nuvens e temperaturas baixas caracterizam essas massas de ar. No verão, o aquecimento continental sobre o norte do Canadá e a Sibéria faz suas fontes de ar frio praticamente desaparecerem. A fonte do Oceano Ártico permanece (Figura 9.4A), mas o ar frio ali é bastante limitado em espessura nessa época do ano. No Hemisfério Sul, o continente antártico e os mantos de gelo são uma fonte de ar cA em todas as estações (ver Figuras 9.2B e 9.4B). Todavia, não existem fontes de ar cP, devido à predominância de áreas oceânicas em latitudes médias. Em todas as estações, o ar cA ou cP é bastante modificado pela passagem sobre o oceano. Tipos secundários de massas de ar são produzidos por esses meios, e serão considerados a seguir.

2 Massas de ar quente

Elas têm origem nas células de alta pressão subtropicais e, durante a estação de verão, nos corpos de ar quente superficial que caracterizam o centro de grandes áreas continentais.

As fontes tropicais (T) são: (1) marítimas (mT), oriundas das células de alta pressão oceânicas subtropicais; (2) continentais (cT), oriundas das partes continentais dessas células subtropicais (p. ex., como no *Harmattan* norte-africano); ou (3) associadas a regiões com ventos levemente variáveis, mantidos pela subsidência da troposfera superior, sobre os principais continentes no verão (p. ex., Ásia Central). No Hemisfério Sul, a área-fonte de ar mT cobre aproximadamente a metade do hemisfério. Não existe um gradiente de temperatura significativo entre o equador e a convergência subtropical oceânica a 40°S.

O tipo mT se caracteriza por temperaturas altas (acentuadas pelo aquecimento devido à subsidência), elevada umidade nas camadas

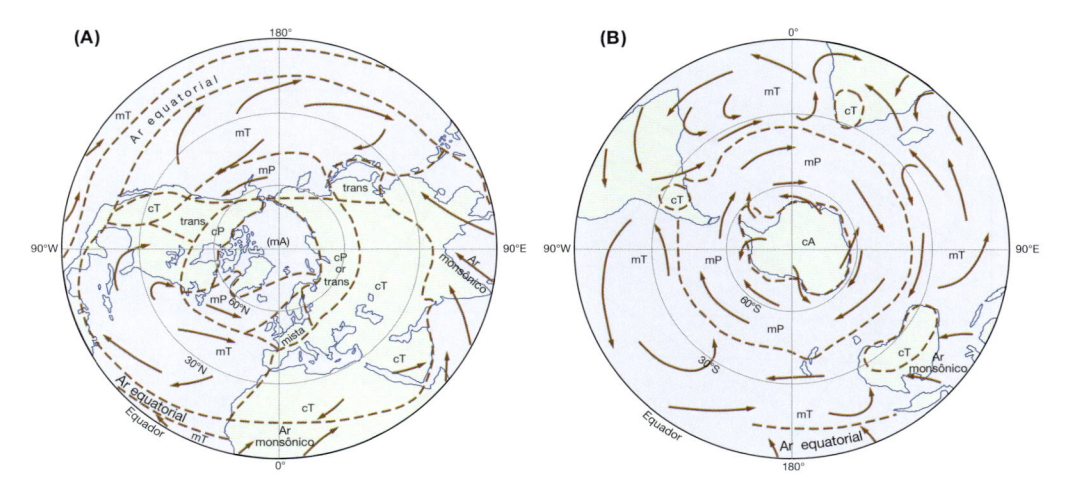

Figura 9.4 Massas de ar no verão: (A) Hemisfério Norte e (B) Hemisfério Sul
Fontes: (A) Adaptado de Petterssen (1950) e Crowe (1965); (B) Adaptado de Taljaard et al. (1969) e Newton (1972).

inferiores sobre os oceanos e estratificação estável. Como o ar é quente e úmido perto da superfície, geralmente desenvolvem-se nuvens estratiformes à medida que o ar avança da sua fonte em direção ao polo. O tipo continental se restringe no inverno principalmente ao norte da África (ver Figura 9.2), onde é uma massa de ar quente, seca e estável. No verão, o aquecimento das camadas inferiores pela terra quente gera um elevado gradiente de temperatura, mas, apesar de sua instabilidade, o baixo teor de umidade impede o desenvolvimento de nuvens e a precipitação. No Hemisfério Sul, o ar cT é muito mais predominante no inverno sobre os continentes subtropicais, com exceção da América do Sul. No verão, grande parte da região sul da África e do norte da Austrália é afetada por ar mT, ao passo que há uma pequena fonte de ar cT sobre a Argentina (ver Figura 9.4B). As características das principais massas de ar são ilustradas nas Figuras 9.3 e 9.5. Em certos casos, o movimento de afastamento da região-fonte afeta consideravelmente as suas propriedades, questão esta que será discutida mais adiante.

As regiões-fonte também podem ser definidas a partir da análise de fluxos de ar. As linhas de fluxo dos ventos resultantes (ver Nota 1) em meses específicos podem ser usadas para analisar áreas de divergência que representam regiões-fonte de massas de ar, fluxo de ar subsidente e zonas de convergência entre diferentes fluxos de ar. A Figura 9.6A mostra a predominância de massas de ar no Hemisfério Norte ao longo do ano. São indicadas quatro fontes: os anticiclones subtropicais do Pacífico Norte e do Atlântico Norte, e seus correlatos no Hemisfério Sul. Para o ano como um todo, o ar dessas fontes cobre pelo menos 25% do Hemisfério Norte; por seis meses de cada ano, elas afetam quase três quintos do hemisfério. No Hemisfério Sul, onde predominam oceanos, a climatologia da circulação de ar é muito mais simples (Figura 9.6B). As áreas-fonte são os anticiclones oceânicos subtropicais. A Antártica é a principal fonte continental, com outra principalmente no inverno sobre a Austrália.

C MODIFICAÇÃO DE MASSAS DE AR

À medida que uma massa de ar se afasta de sua região-fonte, ela é afetada por diferentes trocas de calor e umidade com a superfície do solo e por processos dinâmicos da atmosfera. Assim, uma massa de ar barotrópica se transforma gradualmente em uma circulação de ar moderadamente *baroclínica*, na qual ocorre interseção de

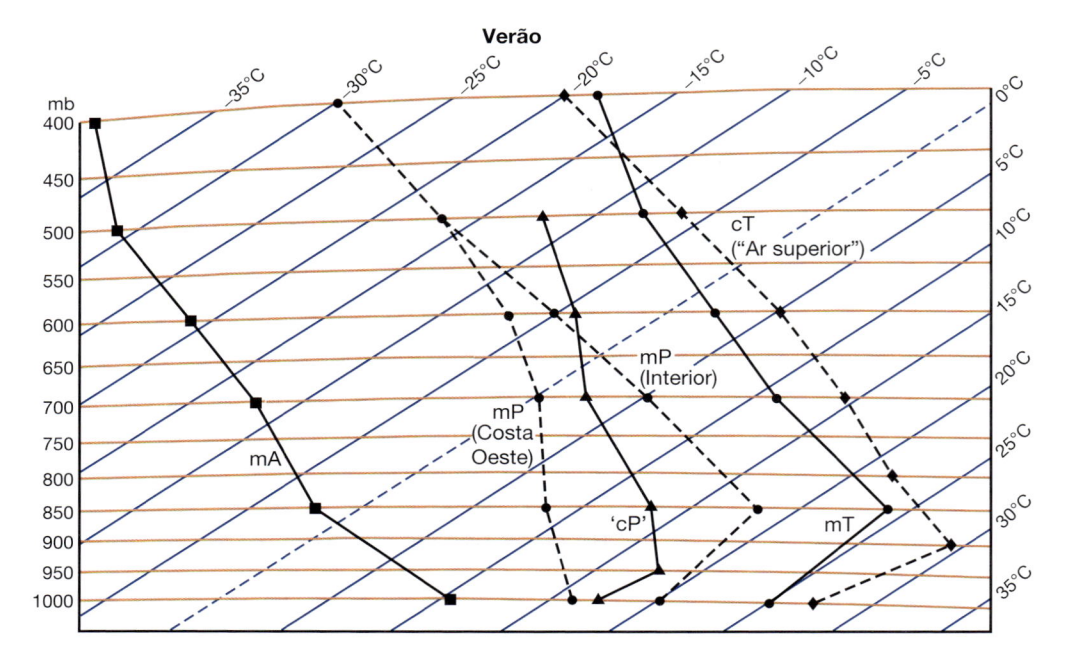

Figura 9.5 Estrutura vertical média da temperatura para massas de ar selecionadas que afetam a América do Norte no verão.

Fontes: Adaptado de Godson (1950), Showalter (1939) e Willett.

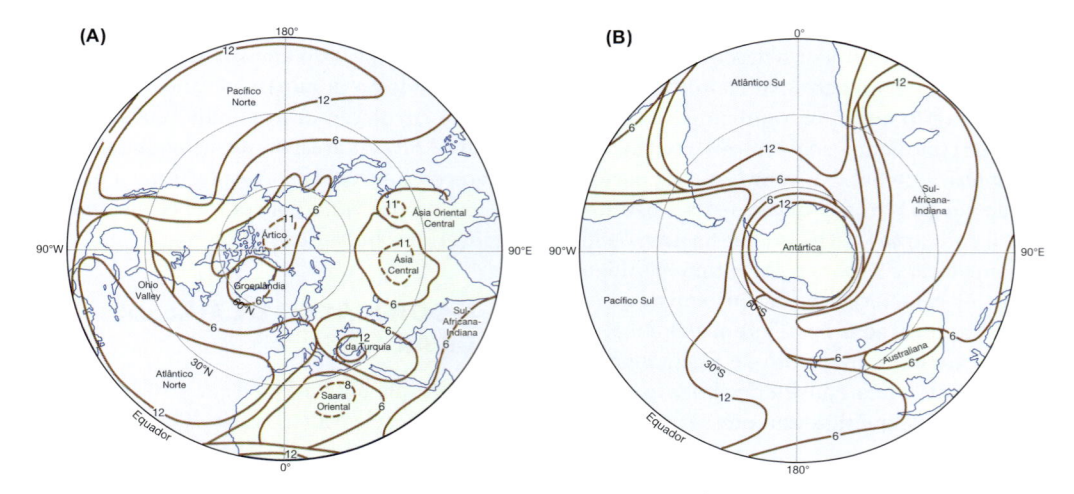

Figura 9.6 Regiões-fonte de massas de ar no Hemisfério Norte (A) e no Hemisfério Sul (B). Os números mostram as áreas afetadas pelas massas de ar nos meses por ano.

Fontes: Adaptado de Wendland e Bryson (1981) e Wendland e McDonald (1986).

superfícies isostéricas e isobáricas. A presença de gradientes horizontais de temperatura significa que o ar não pode se mover como um bloco sólido, mantendo uma estrutura interna inalterada. A trajetória (i.e., o caminho real) que uma parcela de ar segue na troposfera média ou superior normalmente será muito diferente da de uma parcela próxima à superfície, devido ao aumento na velocidade dos ventos de oeste com a altitude na troposfera e às mudanças na direção do vento mais acima. A estrutura de um fluxo de ar em um dado momento é determinada principalmente pelo histórico passado de processos de modificação de massas de ar. Apesar dessas qualificações, o conceito de massa de ar mantém seu valor prático e é usado na pesquisa da química do ar.

1 Mecanismos de modificação

Por conveniência, os mecanismos pelos quais as massas de ar são modificadas são tratados separadamente, embora, na prática, possam operar juntos.

Mudanças termodinâmicas

Uma massa de ar pode ser aquecida de baixo, ou pela passagem por uma superfície fria para uma superfície quente ou por aquecimento solar do solo sobre o qual se localiza o ar. De maneira semelhante, mas no sentido inverso, o ar pode ser resfriado por baixo. O aquecimento de baixo age de maneira a aumentar a instabilidade da massa de ar, assim, o efeito pode se espalhar rapidamente por uma espessura de ar considerável, ao passo que o resfriamento superficial produz uma inversão térmica, que limita a extensão vertical do resfriamento. Logo, o resfriamento do ar tende a ocorrer de forma gradual, por perda radiativa de calor.

Também podem ocorrer alterações pelo aumento na evaporação, sendo a umidade fornecida da superfície subjacente ou por precipitação de uma massa de ar superior. Inversamente, a perda de umidade por condensação ou precipitação também pode causar alterações. Uma mudança associada, e muito importante, é a respectiva adição ou perda de calor latente que acompanha essa condensação ou evaporação. Os valores anuais de transferência de calor latente e sensível para a atmosfera, ilustrados nas Figuras 3.30 e 3.31, mostram onde esses efeitos são importantes.

Mudanças dinâmicas

As mudanças dinâmicas (ou mecânicas) são superficialmente diferentes das termodinâmicas, pois envolvem mistura ou alterações na pressão associadas ao movimento real da massa de ar. As propriedades físicas das massas de ar são alteradas consideravelmente, por exemplo, por um período prolongado de mistura turbulenta (ver Figura 5.7). Esse processo é particularmente importante em níveis baixos, onde o atrito superficial intensifica a turbulência natural, proporcionando um mecanismo apto para a transferência de calor e umidade para níveis mais elevados.

As trocas radiativas e advectivas discutidas anteriormente são *diabáticas,* mas a subida ou descida de ar causam mudanças adiabáticas na temperatura. Uma elevação em grande escala pode resultar da ascensão forçada por uma barreira montanhosa ou por convergência de fluxos de ar. Em contrapartida, o ar pode descer quando a convergência em níveis elevados forma subsidência ou quando o ar estável, que foi forçado a subir ao longo de uma elevação da superfície pelo gradiente de pressão, desce a sotavento. Os processos dinâmicos na troposfera média ou superior são uma causa importante da modificação das massas de ar. A redução na estabilidade em níveis elevados, à medida que o ar se afasta de áreas de subsidência, é um exemplo comum desse tipo de mecanismo.

2 Os resultados da modificação: massas de ar secundárias

Estudos sobre como as massas de ar mudam de caráter esclarecem muitos aspectos de diversos fenômenos meteorológicos comuns.

Ar frio

O ar polar continental flui do Canadá para o Atlântico Norte ocidental no inverno, onde sofre uma rápida transformação. O aquecimento sobre a Deriva da Corrente do Golfo torna as camadas inferiores instáveis, e a evaporação para o ar leva a aumentos súbitos no teor de umidade (ver Figura 3.7) e à formação de nuvens. A turbulência associada à instabilidade convectiva é marcada por condições tempestuosas. Quando o ar chega ao Atlântico Central, ele se torna uma massa de ar polar marítimo (mP) fria e úmida. Processos análogos ocorrem com o fluxo proveniente da Ásia sobre o Pacífico Norte (ver Figura 7.2). Sobre as latitudes médias do Hemisfério Sul, o oceano circumpolar origina uma zona contínua de ar mP que, no verão, estende-se até a margem da Antártica. Todavia, nessa estação, um considerável gradiente de temperaturas oceânicas associadas à Convergência Antártica oceânica torna a zona nada uniforme em suas propriedades físicas.

Períodos ensolarados e pancadas de chuva, com uma cobertura de nuvens variável com nuvens cumulus e cumulonimbus, representam o tempo em fluxos de ar cP. À medida que o ar mP se dirige a oeste rumo à Europa, a superfície marinha mais fria pode produzir uma estratificação neutra ou mesmo estável perto da superfície, especialmente no verão, mas o aquecimento subsequente sobre o continente regenera as condições instáveis. Condições semelhantes, mas com temperaturas menores, ocorrem quando o ar cA cruza os oceanos em latitudes altas, produzindo ar Ártico marítimo (mA).

Quando o ar cP avança para o sul no inverno, sobre a região central da América do Norte, por exemplo, ele se torna mais instável, mas existe pouco ganho no teor de umidade. As nuvens são esparsas do tipo cumuliforme, que, apenas em raras ocasiões, produz chuvas. As exceções ocorrem no começo do inverno ao redor das costas leste e sul da Baía de Hudson e dos Grandes Lagos. Até esses corpos d'água congelarem, os fluxos de ar frio que os cortam se aquecem rapidamente e recebem umidade, levando a pesadas nevascas localizadas (p. 292). Sobre a Eurásia e a América do Norte, o ar cP pode avançar para o sul e depois desviar para norte. Alguns esquemas de classificação de massas de ar baseiam-se nessas possibilidades, especificando se o ar está mais frio (k) ou mais quente (w) do que a superfície sobre a qual está passando.

Em certas partes do mundo, as condições superficiais e a circulação do ar produzem massas de ar com características intermediárias. O norte da Ásia e o norte do Canadá se encontram nessa categoria no verão. De maneira geral, o ar tem afinidade com massas de ar polares continentais, mas essas áreas continentais têm amplas superfícies de água e pântanos, de modo que a umidade do ar e a quantidade de nuvens são bastante elevadas. De maneira semelhante, lagos com água derretida e aberturas no gelo marinho ártico fazem da área uma fonte de ar mA no verão (ver Figura 9.4A). Essa denominação também se aplica ao ar sobre gelo marinho antártico no inverno, mas que é muito menos frio em seus níveis inferiores do que o próprio ar sobre o continente.

Ar quente

A modificação de massas de ar quente costuma ser um processo gradual. O ar que avança em direção aos polos sobre superfícies progressivamente mais frias se torna cada vez mais estável nas camadas mais baixas. No caso de ar mT com teor elevado de umidade, o resfriamento superficial pode produzir neblina por advecção, que é particularmente comum, por exemplo, nas adjacências a sudoeste do Canal da Mancha durante a primavera e o começo do verão, quando o mar ainda está frio. Um desenvolvimento semelhante de neblina por advecção ocorre ao longo da costa sul da China de fevereiro a abril, e também na costa do labrador e sobre a costa norte da Califórnia na primavera e no verão. Se a velocidade do vento for suficiente para uma mistura vertical, nuvens estratiformes baixas se formam no lugar da neblina, podendo resultar em garoa. Além disso, a ascensão forçada de ar sobre elevações da superfície do solo, ou sobre uma massa de ar adjacente, pode produzir chuva forte.

O ar cT que se origina nessas partes dos anticiclones subtropicais situados sobre os subtrópicos áridos no verão é extremamente quente e seco. Também costuma ser instável em níveis baixos, podendo ocorrer tempestades de areia, mas a secura e a subsidência do ar superior limitam o desenvolvimento de nuvens. No caso da África Setentrional, o ar cT pode avançar sobre o Mediterrâneo, adquirindo umidade rapidamente, com a consequente liberação de instabilidade potencial, que desencadeia pancadas e tempestades.

As massas de ar em latitudes baixas representam problemas consideráveis de interpretação. Os contrastes de temperatura encontrados em latitudes médias e altas estão praticamente ausentes, e as diferenças que existem se devem principalmente ao teor de umidade e à presença ou ausência de subsidência. O *ar equatorial* geralmente é mais frio do que o descendente nos anticiclones subtropicais, por exemplo. Nos lados equatoriais dos anticiclones subtropicais no verão, o ar avança para oeste a partir de áreas com superfícies marinhas frias (p. ex., no noroeste da África e na Califórnia) em direção a temperaturas mais elevadas na superfície marinha. Além disso, as partes a sudoeste das células de alta pressão somente são afetadas por uma subsidência fraca por conta da estrutura vertical das células. Como resultado, o ar mT movendo-se na direção oeste nos lados equatoriais das altas subtropicais se torna muito menos estável do que em sua margem nordeste. Esse ar, eventualmente, acaba por formar o "ar equatorial" bastante quente, úmido e instável da Zona de Convergência Intertropical (ver Figuras 9.2 e 9.4). O *ar monçônico* é indicado separadamente nessas figuras, embora não exista uma diferença básica entre ele e o ar mT. As abordagens modernas na climatologia tropical são discutidas no Capítulo 11.

3 A idade da massa de ar

Em um dado momento, as misturas e modificações que acompanham o afastamento de uma massa de ar de sua fonte diminuem a taxa de troca energética com seu entorno, e os diversos fenômenos meteorológicos associados tendem a se dissipar. Esse processo leva à perda de sua identidade original até que, finalmente, suas características se fundem com as de fluxos de ar adjacentes, podendo o ar sofrer a influência de uma nova área-fonte.

A região noroeste da Europa é mostrada como uma área de massas de ar "mistas" nas Figuras 9.2 e 9.4. Isso se refere à variedade de fontes e direções de onde o ar pode invadir a região. O mesmo também se aplica ao Mar Mediterrâneo no inverno, embora a área confira suas próprias características a massas de ar polar e outras massas de ar que ficam estagnadas sobre ela. Esse ar é denominado *mediterrâneo*. No inverno, ele apresenta instabilidade convectiva (ver Figura 4.6) como resultado da umidade absorvida do Mar Mediterrâneo.

A duração do tempo enquanto uma massa de ar retém suas características originais depende muito da extensão da área-fonte e do padrão de pressão que afeta a área. De modo geral, o ar mais baixo muda muito mais rapidamente do que o ar em níveis superiores, embora modificações dinâmicas mais acima também sejam significativas em termos de processos meteorológicos. Portanto, os conceitos modernos sobre massas de ar devem ser flexíveis do ponto de vista dos estudos sinóticos e climatológicos.

D FRONTOGÊNESE

O primeiro avanço real em nossa compreensão das variações do tempo em latitudes médias veio com a descoberta de que muitas das mudanças cotidianas são associadas à formação e ao movimento de limites, ou *frentes*, entre diferentes massas de ar. Observações de temperatura, direção do vento, umidade e outros fenômenos físicos durante períodos de instabilidade mostram que as descontinuidades muitas vezes interferem entre massas de ar de características distintas. O termo "frente" para essas superfícies de conflito entre massas de ar era lógico, proposto durante a Primeira Guerra Mundial por um grupo de meteorologistas liderado por Vilhelm Bjerknes, que trabalhava na Noruega (ver Quadro 9.1). Suas ideias ainda fazem parte da análise e previsão do tempo em latitudes médias e altas.

> **AVANÇOS SIGNIFICATIVOS DO SÉCULO XX**
>
> ## 9.1 A teoria dos ciclones nas frentes polares
>
> A contribuição mais significativa e duradoura para a meteorologia sinótica no século XX veio da "escola de meteorologistas de Bergen", liderada por Vilhelm Bjerknes, que trabalhou na Noruega durante a Primeira Guerra Mundial. Isolados de outras fontes de informações pela guerra, eles se concentraram em uma análise cuidadosa e sistemática de cartas climáticas sinóticas e seções transversais temporais de sistemas meteorológicos.
>
> Existem três componentes na teoria publicada durante 1919-1922: um modelo ciclônico (Jacob Bjerknes), a ideia de um ciclo de vida ciclônico e oclusão frontal (Tor Bergeron) e o conceito de famílias de ciclones desenvolvendo-se ao longo da frente polar (Halvor Solberg). Postulou-se que os ciclones desenvolvem-se em latitudes médias junto com a frontogênese quando a convergência de fluxos de ar cria limites entre massas de ar adjacentes. O termo frente e o conceito de oclusão frontal foram introduzidos no vocabulário meteorológico. Eles também propuseram um modelo transversal de distribuição de nuvens e precipitação em relação às zonas frontais que ainda é utilizado. Na década de 1930, Bergeron distinguiu os tipos de frentes ana e cata, mas essas ideias não foram usadas até a década de 1960. Embora trabalhos recentes tenham modificado muitos aspectos das ideias da escola de Bergen, vários atributos essenciais foram elucidados e reforçados. Por exemplo, no processo de oclusão, a frente quente pode se inclinar para trás, conforme observado originalmente por Bergeron. Estudos teóricos e observacionais indicam que os principais elementos do ciclone são "esteiras" que transportam calor e umidade dentro do sistema e levam a estruturas celulares de precipitação.
>
> Sabe-se que nem todos os ciclones em latitudes médias desenvolvem-se em famílias de ondas frontais como os que se formam sobre os oceanos. Petterssen e Smeybe (1971) chamaram a atenção para as diferenças entre as ondas que se formam em uma zona frontal sobre o Atlântico Norte (tipo A) e as que se formam sobre a América do Norte (tipo B). O desenvolvimento continental geralmente envolve ar frio, com a possibilidade de uma frente fria ártica, em um cavado elevado que avança na direção leste sobre uma zona de advecção quente e baixa. Ciclogênese pode se desenvolver a partir de um cavado seco a sotavento das Montanhas Rochosas.
>
> **Referências**
>
> Friedman, R.M. (1989) *Appropriating the Weather. Vilhelm Bjerknes and the Construction of a Modern Meterology*, Cornell University Press, Ithaca, NY, 251pp.
>
> Petterssen, S. and Smeybe, S.J. (1971) On the development of extratropical cyclones. *Quart. J. Roy. Met. Soc.* 97, 457–82.

1 Ondas frontais

A geometria típica de uma interface entre massas de ar, ou frente, lembra o formato de uma onda (Figura 9.7). Padrões semelhantes de ondas, de fato, ocorrem nas interfaces entre muitos meios diferentes, por exemplo, ondas na superfície do mar, ondulações na areia da praia, dunas eólicas, e assim por diante. Ao contrário dessas formas de ondas, as ondas frontais na atmosfera em geral são instáveis; ou seja, elas se originam subitamente, aumentam de tamanho, e se dissipam de maneira gradual. Cálculos com modelos numéricos mostram que, em latitudes médias, as ondas em uma atmosfera baroclínica são instáveis se o seu comprimento de onda exceder alguns milhares de quilômetros. Os ciclones de ondas frontais geralmente têm 1500-3000 km de comprimento de onda. A circulação da troposfera superior desempenha um papel crucial ao proporcionar condições adequadas para o seu desenvolvimento e crescimento, conforme mostrado a seguir.

2 A depressão de ondas frontais

Uma depressão, também denominada baixa ou ciclone (ver Nota 2), é uma área de pressão relativamente baixa, com um padrão isobárico mais ou menos circular. Ela cobre uma área de 1500-3000 km de diâmetro e geralmente dura de quatro a sete dias. Sistemas com essas carac-

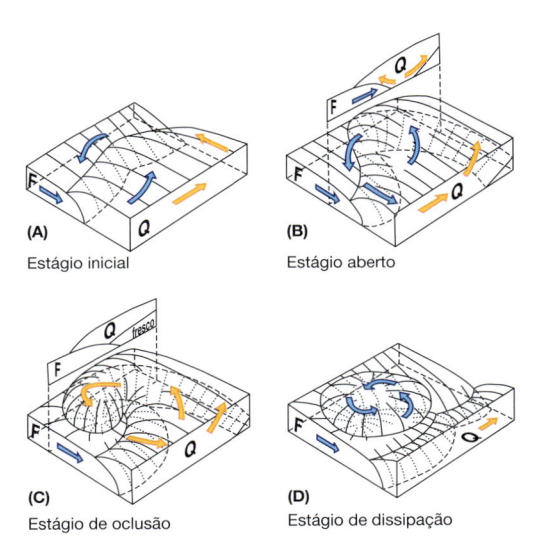

Figura 9.7 Quatro estágios no desenvolvimento típico de uma depressão de média latitude. Imagens de satélite dos sistemas de nuvens correspondentes a esses estágios são mostradas na Figura 9.8.

Fonte: Strahler (1965), modificado de Beckinsale.

Obs.: F = ar frio; Q = ar quente.

terísticas, predominantes em mapas meteorológicos diários, são chamados de feições em *escala sinótica*. A depressão de média latitude em geral é associada à convergência de massas de ar contrastantes. Segundo o "modelo ciclônico norueguês" (ver Figura 9.7), a interface entre essas massas de ar se desenvolve em forma de onda, com seu ápice localizado no centro da área de baixa pressão. A onda compreende uma massa de ar quente entre ar frio e fresco modificado na frente, e ar frio atrás. A formação da onda também cria uma distinção entre as duas seções da descontinuidade original entre as massas de ar, pois, mesmo que cada seção ainda determine o limite entre o ar frio e quente, as características do tempo encontradas dentro de cada seção são bastante diferentes. As duas seções da superfície frontal são distinguidas pelos nomes *frente quente* para a borda dianteira da onda e o ar quente e *frente fria* para a de ar frio mais atrás (ver Figura 9.7B).

O limite entre duas massas de ar adjacentes é marcado por uma zona fortemente baroclínica com um grande gradiente de temperatura, de 100-200 km de extensão (ver C, neste capítulo, e Figura 9.1). Descontinuidades bruscas nas propriedades de temperatura, umidade e vento em frentes, especialmente na frente quente, não são comuns. Essas descontinuidades geralmente resultam de uma onda pronunciada de ar fresco e frio no setor posterior de uma depressão, mas na troposfera média e superior, elas costumam ser causadas por subsidência e podem não coincidir com a localização da zona baroclínica. Em centros de análise meteorológica, são usados diversos critérios para localizar limites frontais: gradientes de espessura de 1000-500 mb, temperatura potencial de bulbo úmido a 850 mb, bandas de nuvens e precipitação, e mudanças nos ventos. Todavia, o meteorologista talvez precise usar seu próprio diagnóstico quando esses critérios estão em desacordo.

Em imagens de satélite, as frentes frias ativas em uma zona baroclínica forte costumam apresentar bandas de nuvens pronunciadas em espiral, formadas como resultado da advecção térmica (Figura 9.8B, C). Todavia, um escudo de cirrus geralmente cobre as frentes quentes. Conforme mostra a Figura 9.7, uma corrente de jato troposférica superior está associada à zona baroclínica, soprando de forma quase paralela à linha da frente superior. Essa relação será analisada a seguir.

O ar atrás da frente fria, distante do centro de baixa, em geral tem uma trajetória anticiclônica, assim avança acima da velocidade geostrófica (ver Capítulo 5A.4), impelindo a frente fria a também adquirir uma velocidade supergeostrófica. A cunha de ar quente é protuberante na superfície e elevada do solo. Esse estágio de *oclusão* elimina a forma de onda na superfície (ver Figura 9.7). A depressão geralmente alcança sua intensidade máxima 12-24 horas após o começo da oclusão. A oclusão atua gradualmente no sentido do centro da depressão para fora, ao longo da frente quente. Às vezes, a cunha de ar frio avança tão rapidamente que, na camada de atrito perto da superfície, o ar frio ultrapassa o ar quente e gera uma *linha de instabilidade* (ver Capítulo 4G).

Nem todas as baixas frontais seguem o ciclo de vida idealizado que discutimos. Ele costuma

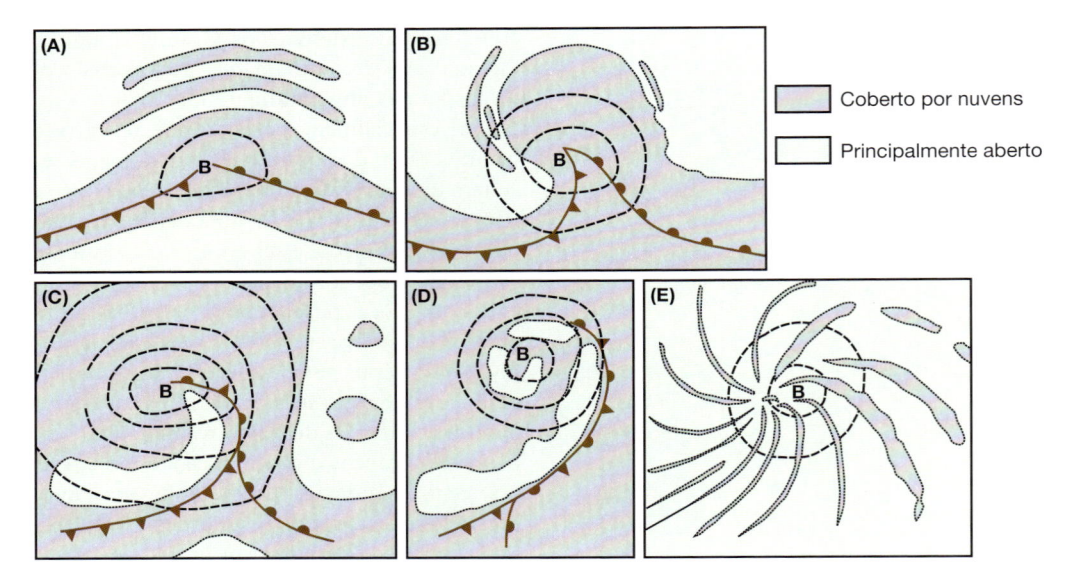

Figura 9.8 Padrões esquemáticos da cobertura de nuvens (cinza) observados de satélites, em relação a frentes superficiais e isóbaras generalizadas. A, B, C e D correspondem aos quatro estágios mostrados na Figura 9.7.
Fonte: Boucher and Newcomb (1962). Cortesia da American Meteorological Society.

ser característico da ciclogênese oceânica, embora a evolução desses sistemas tenha sido reavaliada usando observações coletadas com aviões durante programas meteorológicos realizados no Atlântico Norte no decorrer da década de 1980. Eles sugerem uma evolução diferente dos ciclones frontais marítimos (Figura 9.9). São identificados quatro estágios: (1) a incepção ciclônica apresenta uma zona frontal contínua e ampla (400 km); (2) a fratura frontal ocorre perto do centro da baixa, com gradientes frontais mais compactos; (3) desenvolve-se uma estrutura em forma de T e uma frente quente inclinada; e (4) o ciclone maduro apresenta isolamento do núcleo quente dentro da corrente de ar polar, atrás da frente fria.

Sobre a região central da América do Norte, os ciclones que se formam no inverno e na primavera afastam-se consideravelmente do modelo norueguês. Eles costumam apresentar um fluxo de ar ártico frio a leste das Montanhas Rochosas, formando uma frente ártica, um cavado a sotavento com ar seco descendo das montanhas, e um fluxo sul quente e úmido do Golfo do México (Figura 9.10). O cavado sobrepõe ar seco ao ar quente e úmido, gerando instabilidade e uma faixa de chuvas análoga a uma frente quente. O ar ártico avança para sul a oeste do centro de baixa, causando elevação de ar seco e mais quente, mas gerando pouca precipitação. Também pode haver uma frente fria superior, avançando sobre o cavado, que forma uma faixa de chuvas ao longo da sua borda frontal. Acredita-se que tenha sido esse sistema que causou uma tempestade de chuva recorde em Holt, Missouri, em 22 de junho de 1947, quando caíram 305 mm em apenas 42 minutos!

E CARACTERÍSTICAS FRONTAIS

O caráter do clima frontal depende do movimento vertical nas massas de ar. Se o ar no setor quente está subindo em relação à zona frontal, as frentes geralmente são muito ativas e denominadas *frentes ana*, ao passo que o ar quente relativo às massas de ar frio origina as menos intensas *frentes cata* (Figura 9.11).

1 A frente quente

A frente quente representa a borda frontal do setor quente da onda. O limite frontal tem uma

(A) Pressão, frentes e nuvens

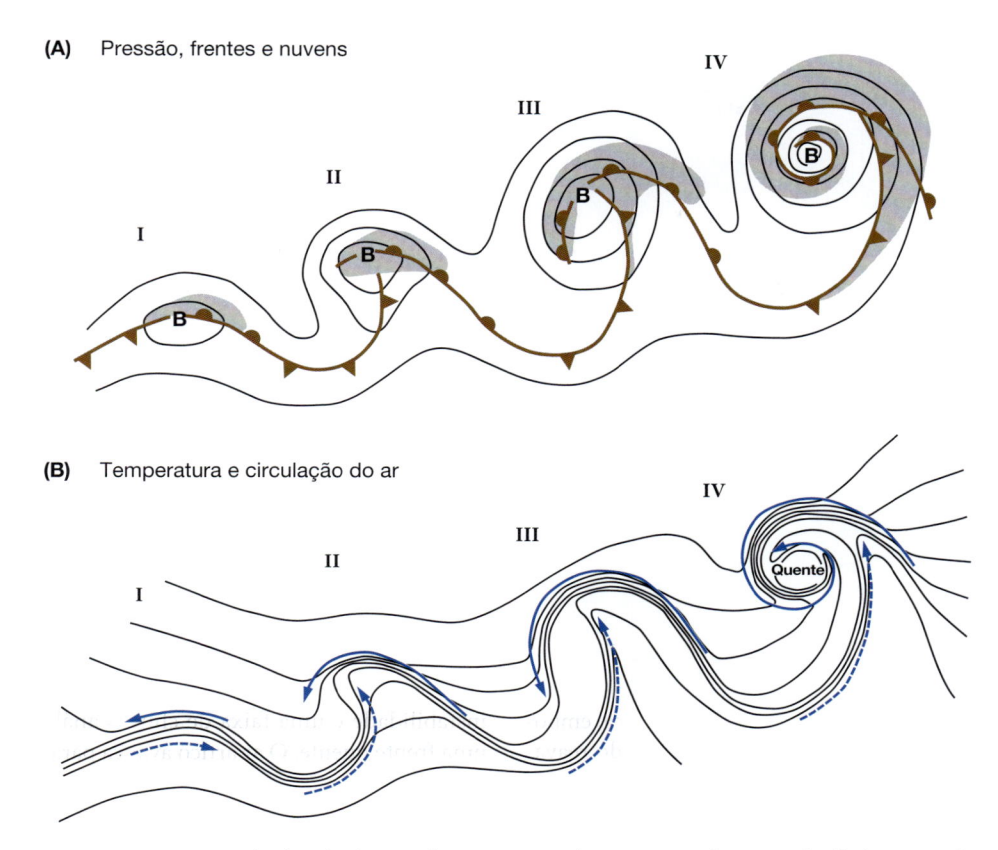

(B) Temperatura e circulação do ar

Figura 9.9 Estágios no ciclo de vida de uma depressão marinha extratropical mostrando: (I) depressão frontal incipiente, (II) fratura frontal, (III) frente quente inclinada para trás, (IV) oclusão de núcleo quente. (A) isóbaras esquemáticas da pressão ao nível do mar, frentes e cobertura de nuvens (sombreado); (B) isotermas e fluxo de ar frio (setas contínuas) e ar quente (setas tracejadas).
Fonte: Shapiro e Keyser (1990). Com permissão de American Meteorological Society.

inclinação suave, da ordem de 0,5-1°, de modo que os sistemas de nuvens associados à porção superior da frente anunciam sua aproximação por volta de 12 horas ou mais antes da chegada da frente superficial. A frente ana quente, com ar quente ascendente, tem nuvens de múltiplas camadas, que se espessam e abaixam gradualmente em direção à posição superficial da frente. As primeiras nuvens são cirrus finas e delgadas, seguidas por lâminas de cirrus e cirrostratus, bem como altostratus (Figura 9.11A). O Sol é obscurecido à medida que a camada de altostratus se espessa e começa a garoar ou chover. A nuvem costuma se estender pela maior parte da troposfera e, com precipitação contínua, é designada como nimbostratus. Fragmentos de fractostratus também podem ser formar no ar frio, à medida que a chuva que atravessa o ar sofre evaporação e o satura rapidamente.

O ar quente descendente da frente cata quente restringe o desenvolvimento de nuvens em níveis médios e elevados. A nuvem frontal é principalmente stratocumulus, com uma profundidade limitada como resultado das inversões de subsidência em ambas as massas de ar (ver Figura 9.11B). A precipitação em geral é chuva leve ou garoa, formada por coalescência.

Na passagem da frente quente, o vento vira, a temperatura sobe e a queda de pressão é controlada. A chuva se torna intermitente ou cessa no ar quente, e a fina camada de nuvens stratocumulus pode se romper.

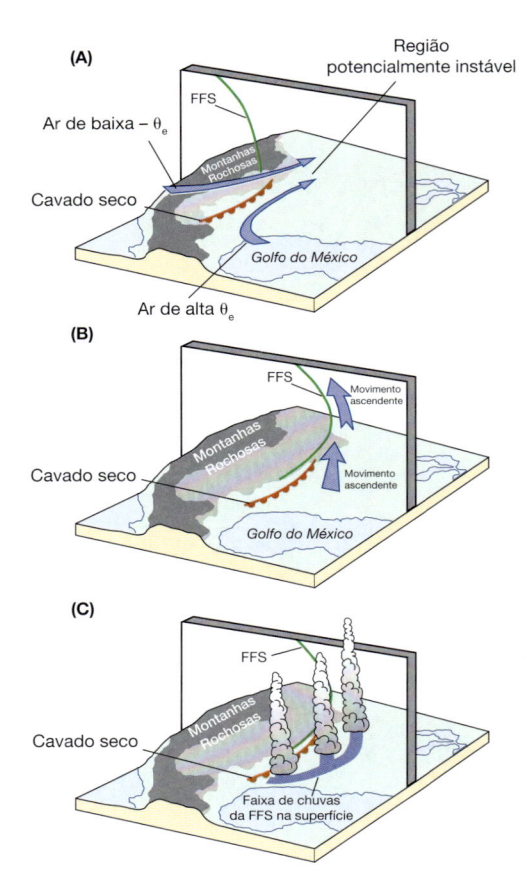

Figura 9.10 Modelo esquemático de um cavado seco e frontogênese a leste das Montanhas Rochosas. (A) o ar quente e seco com baixa temperatura potencial equivalente (U_e) das Montanhas Rochosas sobrepõe-se ao ar úmido de alta U_e do Golfo do México, formando uma zona potencialmente instável a leste do cavado seco; (B) movimento ascendente associado à frente fria superior (FFS); (C) localização da banda de chuva da FFS na superfície. [A temperatura potencial equivalente é a temperatura potencial de uma parcela de ar que se expande adiabaticamente até que todo o vapor de água seja condensado e o calor latente seja liberado e comprimido adiabaticamente à pressão de 1000 mb].

Fonte: Locatelli et al. (1995). Com permissão de American Meteorological Society.

A previsão da extensão dos cinturões de nuvens associados à frente quente é complicada pelo fato de que a maioria das frentes não é frente ana ou cata em toda a sua extensão, ou mesmo em todos os níveis da troposfera. Por essa razão, o radar é cada vez mais usado para mapear a extensão exata de cinturões de chuva e detectar diferenças na sua intensidade. Esses estudos mostram que a maior parte da produção e distribuição da precipitação é controlada por um fluxo de ar amplo, com algumas centenas de quilômetros de largura e vários quilômetros de profundidade, que flui paralelamente e adiante da frente fria superficial (ver Figura 9.12). Pouco antes da frente fria, o fluxo ocorre como um jato de baixo nível, com ventos de até 25-30 m s^{-1} a aproximadamente 1 km acima da superfície. O ar quente e úmido sobe sobre a frente quente e vira para sudeste antes da frente, fundindo-se com o fluxo mesotroposférico (B na Figura 9.13). Esse fluxo é chamado de "*esteira*" (pela transferência de calor e momento em grande escala em latitudes médias). A instabilidade convectiva (potencial) de escala ampla é gerada pela sobreposição a esse fluxo baixo por ar mais seco e potencialmente mais frio na troposfera média. A instabilidade é liberada em pequenas células de convecção que se organizam em agrupamentos, conhecidos como áreas de precipitação de mesoescala (APM). Essas APM se organizam em bandas, com 50-100 km de largura (Figura 9.13). Adiante da frente quente, as bandas são paralelas ao fluxo de ar na seção ascendente da *esteira*, ao passo que, no setor quente, elas são paralelas à frente fria e ao jato de baixo nível. Em certos casos, as células e os agrupamentos se organizam em bandas dentro do setor quente e adiante da frente quente (ver Figuras 9.13 e 9.14). A precipitação de bandas de chuva de frentes quentes costuma envolver "semeadura" por partículas de gelo que caem de camadas superiores de nuvens. Estima-se que 20-35% da precipitação sejam oriundos da zona "semeadora", e o restante, das nuvens mais abaixo (ver também Figura 5.14). Os efeitos orográficos formam algumas das células e agrupamentos, que podem se mover ao longo do vento quando a atmosfera está instável.

2 A frente fria

As condições meteorológicas observadas nas frentes frias são igualmente variáveis, depen-

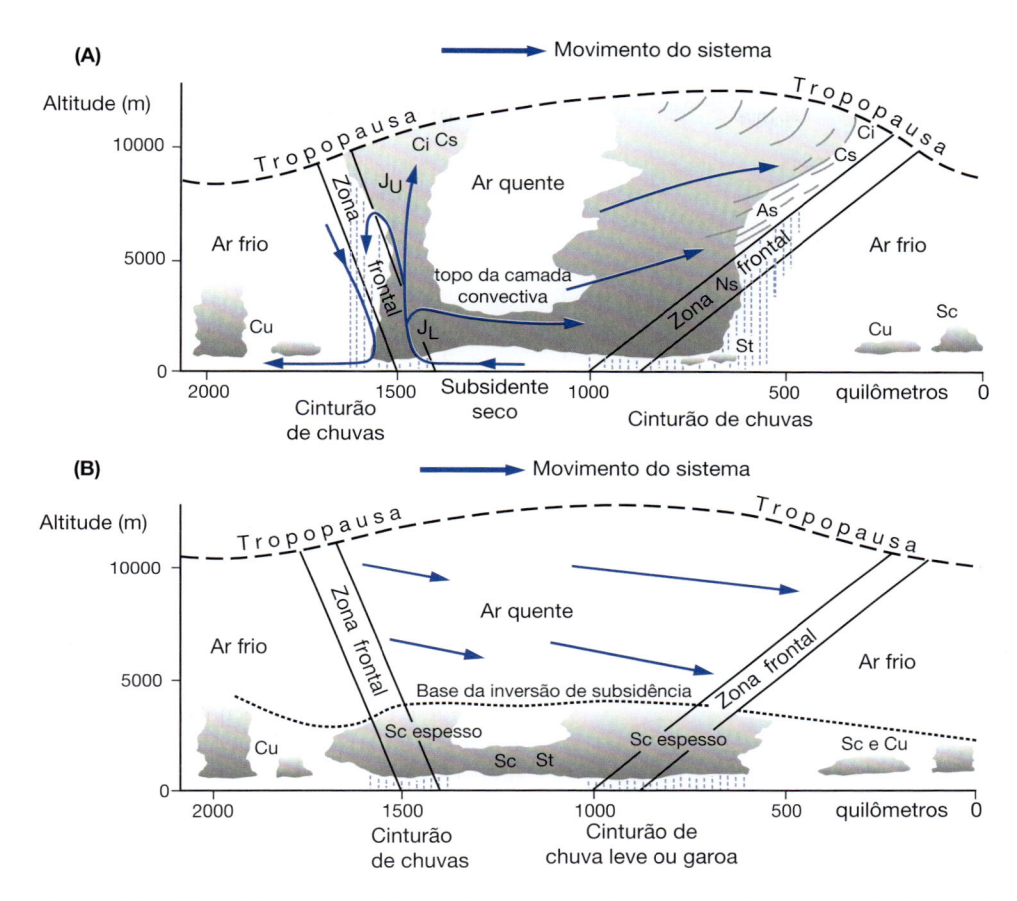

Figura 9.11 (A) modelo transversal de uma depressão com frente ana, onde o ar está subindo em relação a cada superfície frontal. Observe que uma frente ana quente pode ocorrer com uma frente cata fria e vice-versa. JU e JL mostram os locais das correntes de jato superiores e inferiores. (B) modelo de uma depressão com frente cata, onde o ar está descendo em relação a cada superfície frontal.

Fonte: After Pedgley, A Course in Elementary Meteorology, and Bennetts et al. (1988). (Crown copyright ©), reproduzido com permissão de Controller of Her Majesty's Stationery Office.

dendo da estabilidade do ar no setor quente e do movimento vertical em relação à zona frontal. O modelo clássico da frente fria é do tipo ana, e a nuvem geralmente é cumulonimbus. A Figura 9.15 ilustra a *esteira* quente associada a essa zona frontal e a linha de convecção. Sobre as Ilhas Britânicas, o ar no setor quente raramente é instável, de modo que as nuvens nimbostratus ocorrem com mais frequência na frente fria (ver Figura 9.11A). Com a frente cata fria, a nuvem geralmente é stratocumulus (ver Figura 9.11B) e a precipitação é leve. Com frentes ana frias, geralmente ocorrem chuvas torrenciais fortes,

às vezes acompanhadas por trovões. A forte inclinação da frente fria, de aproximadamente 2°, significa que o mau tempo é de menor duração do que a frente quente. Com a passagem da frente fria, o vento vira subitamente, a pressão começa a subir, e a temperatura cai. O céu pode limpar repentinamente, mesmo antes da passagem da frente fria superficial em alguns casos, embora as mudanças sejam mais graduais com as frentes cata frias. Às vezes, são observadas frentes frias inclinadas para a frente, devido ao atrito superficial – especialmente uma barreira orográfica – desacelerando o movimento da

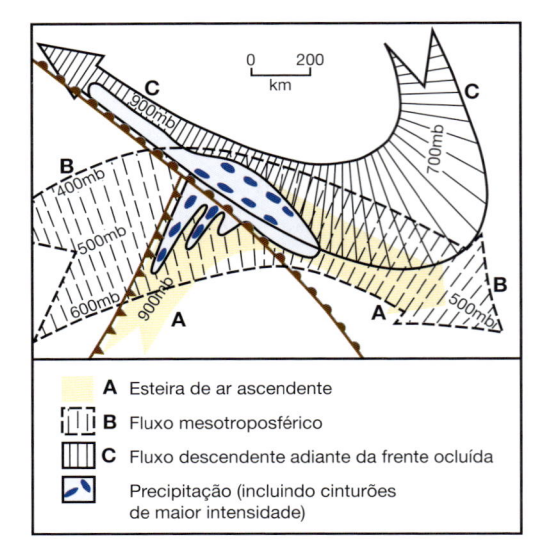

Figura 9.12 Modelo do fluxo em grande escala e estrutura da precipitação em mesoescala de uma depressão parcialmente ocluída típica das que afetam as Ilhas Britânicas. Mostra a *"esteira"* (A) subindo de 900 mb adiante da frente fria e sobre a frente quente. Ela é coberta por um fluxo mesotroposférico (B) de ar potencialmente mais frio de trás da frente fria. A maior parte da precipitação ocorre na região definida, dentro da qual apresenta uma estrutura em células e bandas.

Fonte: Harrold (1973). Royal Meteorological Society.

A Esteira de ar ascendente
B Fluxo mesotroposférico
C Fluxo descendente adiante da frente ocluída
Precipitação (incluindo cinturões de maior intensidade)

Características sinóticas
Superfície
Frente fria
Frente quente
Frente quente ocluída
Acima
Frente fria
Onda fria pré-frontal

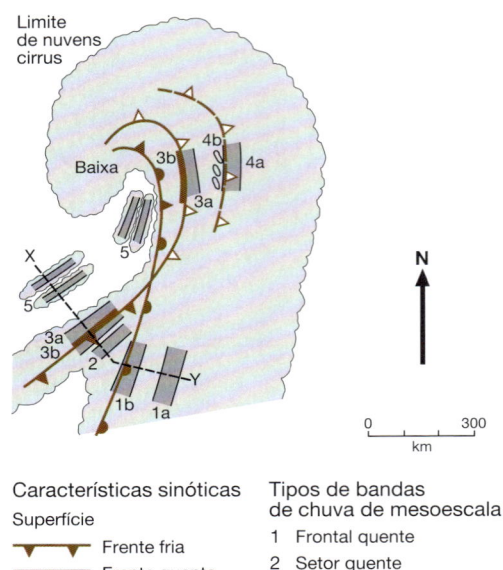

Tipos de bandas de chuva de mesoescala
1 Frontal quente
2 Setor quente
3 Frontal fria
4 Onda fria pré-frontal
5 Pós-frontal

Figura 9.13 Frentes e bandas de chuva associadas, típicas de uma depressão madura. A linha X-Y tracejada mostra a localização da seção transversal apresentada na Figura 9.14.

Fonte: Adaptado de Hobbs; in Houze e Hobbs (1982). Academic Press.

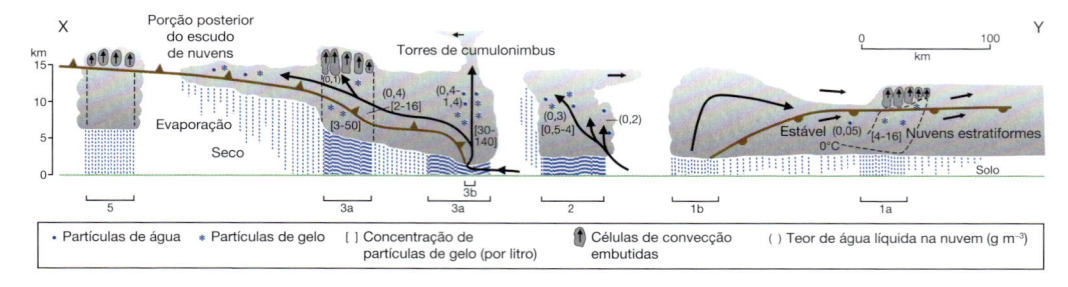

Figura 9.14 Seção transversal ao longo da linha X-Y da Figura 9.13, mostrando estruturas de nuvens e bandas de chuva. O sombreamento vertical representa a localização e intensidade da chuva. São mostradas regiões com gotas de chuva e partículas de gelo, assim como as concentrações de partículas de gelo e o teor de água líquida nas nuvens. Cinturões numerados referem-se aos mostrados na Figura 9.13. Escalas aproximadas.

Fonte: Hobbs e Matejka *et al.*; Houze Hobbs (1982). Com permissão de Academic Press.

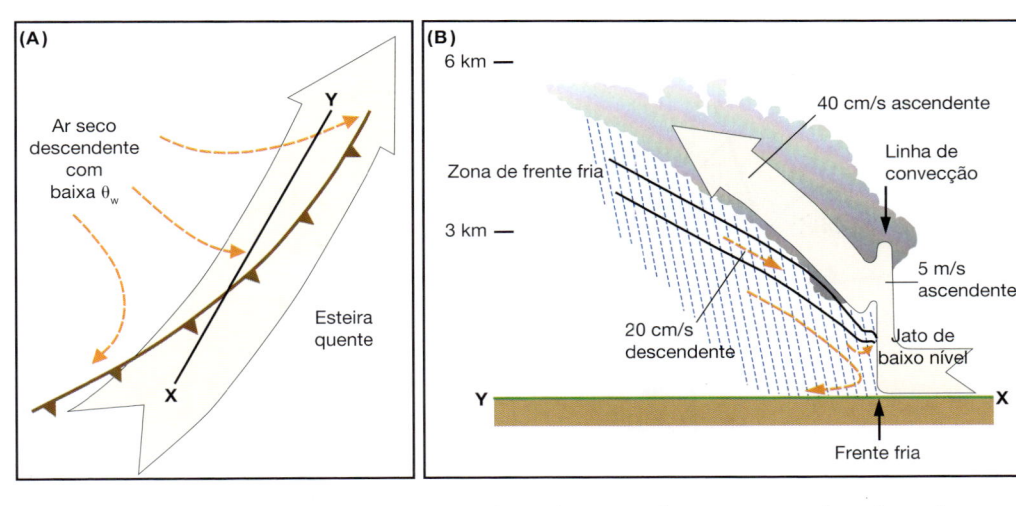

Figura 9.15 Diagramas esquemáticos mostrando fluxos de ar, em relação ao sistema frontal móvel, em uma frente fria do tipo ana. Uma esteira quente (grifado) ascende sobre a frente, com ar frio (setas tracejadas) descendo por baixo dela. (A) vista em planta; (B) seção vertical ao longo da linha X-Y, mostrando as velocidades do movimento vertical.

Fonte: Browning (1990). Com permissão de American Meteorological Society.

porção baixa da frente, ou como resultado de uma frente fria mais acima (ver Figura 9.10).

3 A oclusão

A frente fria anda mais rapidamente do que a frente quente, chegando a alcançá-la em um dado momento, o que leva a uma *oclusão*, quando o setor quente se separa do solo. As oclusões são classificadas como *frias* ou *quentes*, dependendo dos estados relativos das massas de ar à frente e atrás do setor quente (Figura 9.16). Se a massa de ar 2 estiver mais fria do que a massa de ar 1, a oclusão será quente, no caso contrário, ela é denominada oclusão fria. O ar adiante da depressão provavelmente é mais frio quando as depressões ocluem sobre a Europa no inverno e ar cP muito frio está afetando o continente. Estudos recentes sugerem que a maioria das oclusões é quente e que a definição térmica costuma ser enganosa. Propõe-se uma nova definição: uma oclusão fria (quente) se forma quando ar estaticamente estável ocorre atrás (antes) da frente fria (Figura 9.16).

A linha da cunha de ar quente mais acima é associada a uma zona de nuvens estratificadas (semelhante à encontrada em uma frente quente) e, muitas vezes, de precipitação. Assim, sua posição é indicada separadamente em alguns mapas meteorológicos e é conhecida por meteorologistas canadenses como um *trowal* (um cavado de ar quente superior). A passagem de uma frente ocluída e de um *trowal* leva ao retorno do tempo de massa de ar polar.

Um processo diferente ocorre quando existe interação entre as bandas de nuvens dentro de um cavado polar e a principal frente polar, gerando uma *oclusão instantânea*. Uma esteira quente na frente polar ascende como uma corrente troposférica superior, formando uma banda de nuvens estratiformes (Figura 9.17), enquanto uma esteira polar em níveis baixos, perpendicular a ela, produz uma banda de nuvens convectivas e uma área de precipitação no lado do polo da frente polar principal, no extremo frontal do núcleo frio.

A *frontólise* representa a última fase da existência de uma frente, embora não esteja necessariamente ligada a uma oclusão. Sua dissolução se dá quando não existem mais diferenças entre massas de ar adjacentes, o que pode ocorrer de quatro maneiras: (1) por estagnação mútua sobre uma superfície semelhante; (2) ambas

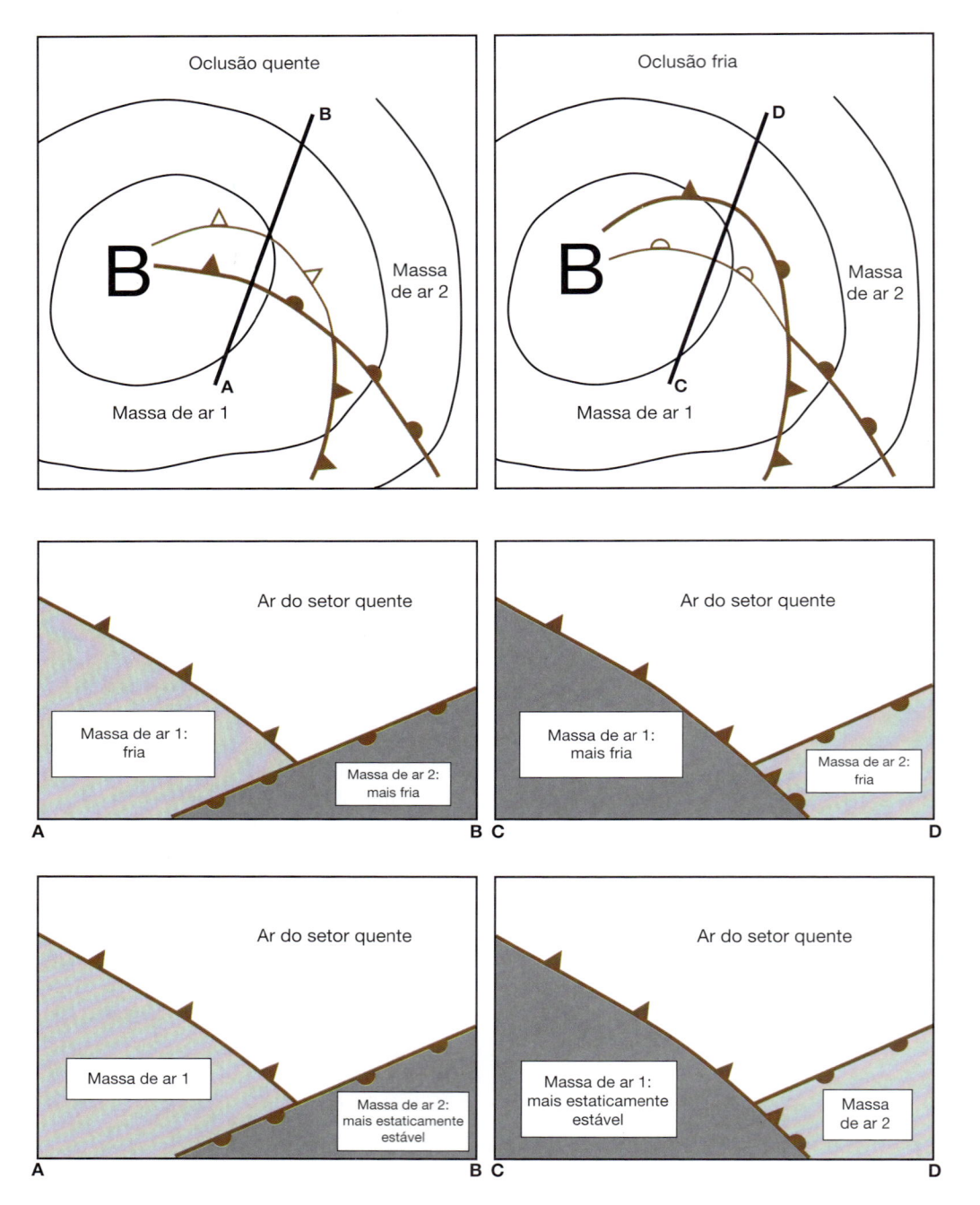

Figura 9.16 Ilustração esquemática de uma oclusão fria e uma oclusão quente no modelo clássico. Vista em planta do padrão sinótico (superior) e seções transversais ao longo da linha A-B (central). Ar mais frio com sombreamento mais escuro. O painel inferior ilustra os critérios propostos para identificar oclusões quentes e frias com base na estabilidade estática.

Fonte: Stoelinga et al., (2002, p. 710, Fig. 1). Cortesia de American Meteorological Society.

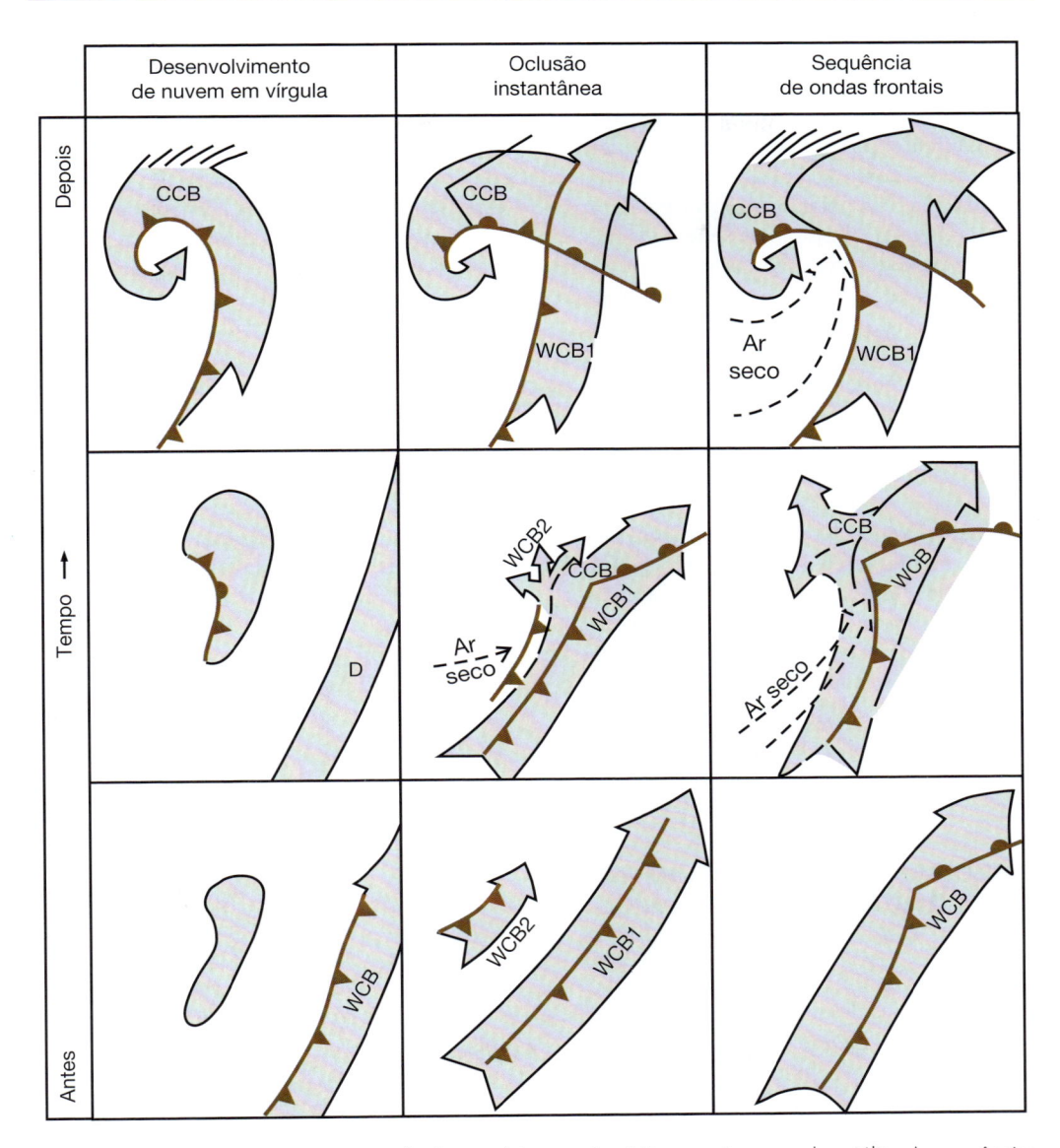

Figura 9.17 Ilustrações esquemáticas do desenvolvimento de vórtices em imagens de satélite. As sequências seguem de baixo para cima. Esquerda: nuvem em vírgula (C) desenvolvendo-se em um fluxo de ar polar. Centro: oclusão instantânea a partir da interação de um cavado polar com uma onda na frente polar. Direita: onda frontal clássica com esteiras frias e quentes (CCB, WCB). C = maior convecção; D = banda de nuvens em dissolução; a cobertura de nuvens está sombreada.
Fonte: Browning (1990). Com permissão de American Meteorological Society.

as massas de ar seguem caminhos paralelos com a mesma velocidade; (3) sucessão ao longo da mesma trilha e à mesma velocidade; ou (4) o sistema arrasta ar de mesma temperatura.

4 Famílias de ondas frontais

As observações mostram que as ondas frontais sobre os oceanos, no mínimo, não costumam ocorrer como unidades separadas, mas em *famílias* de três ou quatro (ver Figura 9.9). As depressões que sucedem a original se formam como *baixas secundárias* ao longo do caminho de uma frente fria expandida. Cada novo membro segue o curso ao sul do seu progenitor, à medida que o ar polar o empurra pela porção traseira de cada depressão da série. Finalmente, a frente estende-se ao sul e o ar polar frio forma uma ampla cunha meridional de alta pressão, terminando a sequência.

Outro padrão de desenvolvimento pode ocorrer na frente quente, particularmente no ponto de oclusão, quando uma forma de onda distinta segue à frente da depressão-mãe. Esse tipo de onda secundária é mais provável de ocorrer com ar muito frio (cA, mA ou cP) adiante da frente quente, e tende a se formar quando montanhas bloqueiam o movimento da oclusão para leste. Essa situação costuma ocorrer quando uma depressão primária está situada no Estreito de Davis, e uma onda separada se forma ao sul do Cabo Farewell (o extremo sul da Groenlândia), afastando-se no sentido leste. Situações análogas podem surgir na área de Skagerrak-Kattegat, quando a oclusão é contida pelas montanhas da Escandinávia.

F ZONAS DE DESENVOLVIMENTO DE ONDAS E FRONTOGÊNESE

As frentes e depressões associadas tendem a se desenvolver em áreas bem-definidas. As principais zonas de desenvolvimento de ondas frontais são áreas que frequentemente estão baroclínicas, como resultado da confluência de fluxos de ar (Figura 9.18). Esse é o caso ao longo da costa leste da Ásia e nordeste da América do Norte, especialmente no inverno, quando há um súbito gradiente de temperatura entre a cobertura de neve continental e as correntes quentes costa afora. Essas zonas são conhecidas como Frente Polar Pacífica e Frente Polar Atlântica, respectivamente (Figura 9.19). Sua posição é bastante variável, mas elas se deslocam no sentido do equador no inverno, quando a Zona Frontal Atlântica pode se estender até o Golfo do México. Aqui, ocorre convergência de massas de ar com estabilidade distinta entre células subtropicais de alta pressão adjacentes. As depressões que se formam aqui costumam avançar para nordeste, às vezes seguindo ou se aglutinando com outras da parte norte da própria Frente Polar ou da Frente Ártica Canadense. A frequência de frentes permanece elevada no Atlântico Norte, mas diminui para leste no Pacífico Norte, talvez em decorrência do gradiente menos acentuado na temperatura da superfície marinha. A atividade frontal é mais comum no Pacífico Norte central quando a alta subtropical se divide em duas células com fluxo de ar convergente entre elas.

Outra seção da Frente Polar, conhecida como *Frente Mediterrânea*, se localiza sobre as áreas dos mares Mediterrâneo e Cáspio no inverno. Periodicamente, o ar mP atlântico fresco, ou o ar cP frio do sudeste europeu, converge com massas de ar mais quentes oriundas do norte africano sobre a bacia mediterrânea, dando início à frontogênese. No verão, o anticiclone subtropical dos Açores influencia a área, e a zona frontal encontra-se ausente.

As posições de verão da Frente Polar sobre o Atlântico e o Pacífico ocidentais são aproximadamente 10° mais ao norte do que no inverno (ver Figura 9.19), embora a zona frontal de verão seja bastante fraca. Existe uma zona frontal sobre a Eurásia, e uma zona correspondente sobre a porção média da América do Norte. Elas refletem o gradiente de temperatura meridional geral e a influência de grande escala da orografia sobre a circulação geral (ver G, neste capítulo).

No Hemisfério Sul, a Frente Polar encontra-se, em média, a 45°S em janeiro (verão), com ramos espiralados a partir de aproximadamente 32°S na porção leste da América do Sul e 30°S 150°W no Pacífico Sul (Figura 9.20). Em julho (inverno), existem duas Zonas Frontais Polares espiraladas em direção à Antártica, a partir de aproximadamente 20°S; uma começa sobre a América do Sul, e a outra, a 170°W. Elas terminam 4-5° de latitude mais perto do polo do que no verão. Observa-se que o Hemisfério Sul tem mais atividade ciclônica no verão do que o Hemisfério Norte na mesma estação, o que parece estar relacionado com a

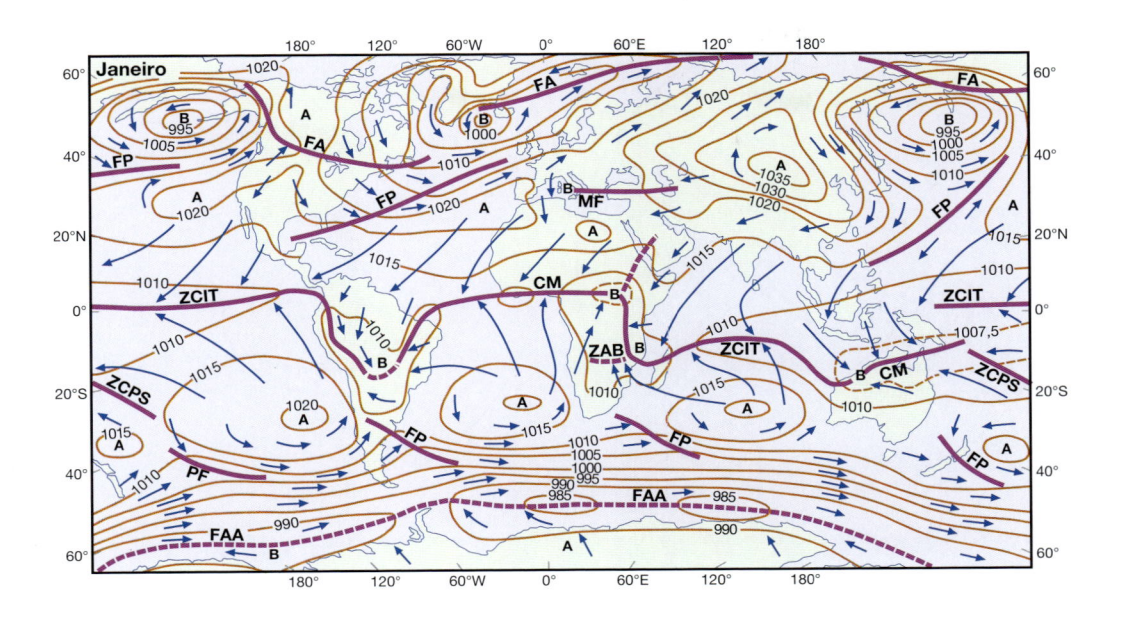

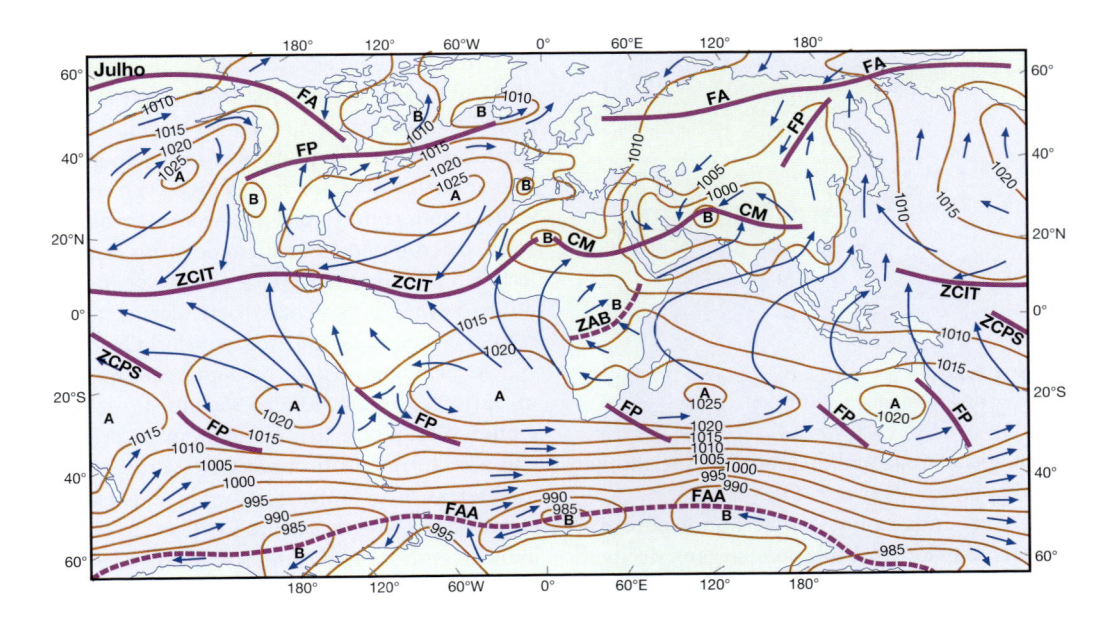

Figura 9.18 Pressão média (mb) e ventos superficiais para o mundo em janeiro e julho. As principais zonas frontais e de convergência são mostradas: Zona de Convergência Intertropical (ZCIT), Zona de Convergência do Pacífico Sul (ZCPS), Depressão Monçônica (DM), Zona de convergência de Ar do Zaire (ZAB), Frente Mediterrânea (FM), Frentes Polares dos Hemisférios Norte e Sul (FP), Frentes Árticas (FA) e Frentes Antárticas (FAA).

Fonte: Adaptado de Liljequist (1970).

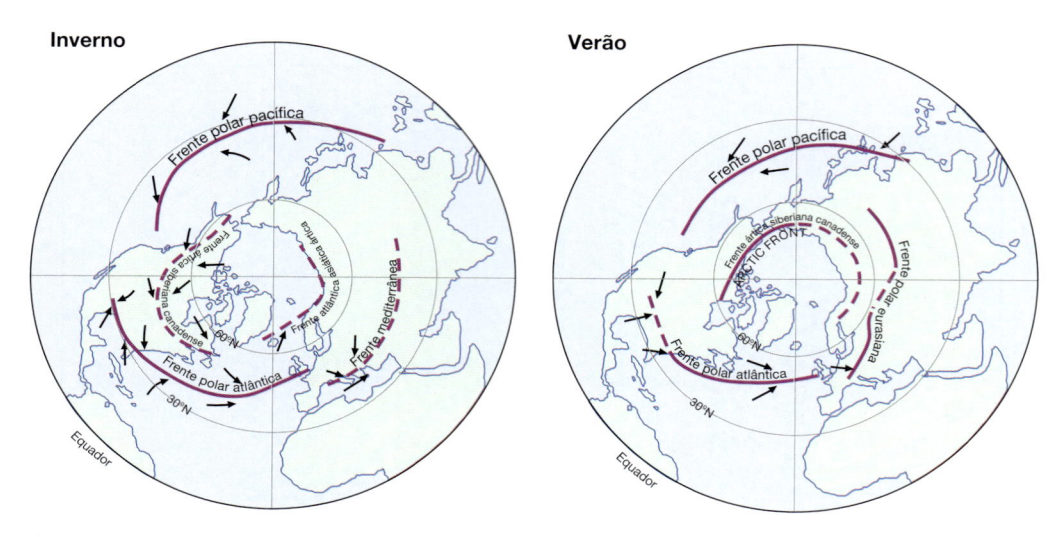

Figura 9.19 As principais zonas frontais do Hemisfério Norte no inverno e verão.

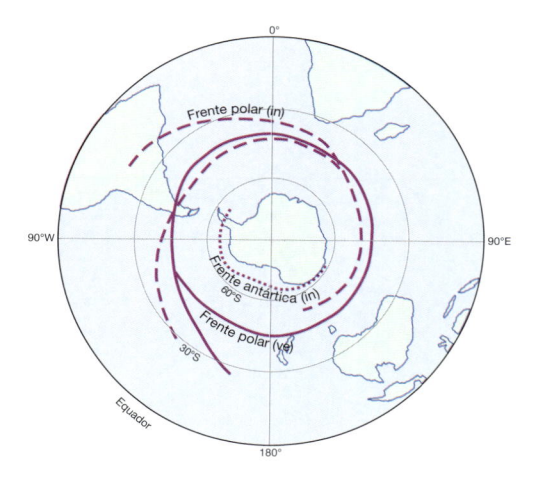

Figura 9.20 As principais zonas frontais do Hemisfério Sul no inverno (in) e verão (ve).

intensificação sazonal do gradiente meridional de temperatura (ver p. 178).

A segunda zona frontal importante é a Frente Ártica, associada às margens de neve e gelo nas altas latitudes (ver Figura 9.19). No verão, essa zona se desenvolve no limite mar--continente na Sibéria e na América do Norte, onde existe um forte gradiente de temperatura entre a porção continental aquecida livre de neve e o extenso e frio Oceano Ártico coberto de gelo marinho. No inverno, sobre a América do Norte, ele se forma entre o ar cA (ou cP) e o ar marinho do Pacífico modificado ao atravessar as Cadeias Costeiras e as Montanhas Rochosas. Também ocorre uma Zona Frontal Ártica menos pronunciada na área do Atlântico Norte--Mar da Noruega, estendendo-se ao longo da costa siberiana. Outra zona frontal fraca é encontrada no inverno no Hemisfério Sul. Ela se localiza a 65-70°, perto da borda do gelo marinho antártico no setor do Pacífico (ver Figura 9.20), embora poucos ciclones se formem ali. As zonas de confluência de fluxo de ar no Hemisfério Sul (cf. Figuras 9.2B e 9.4B) são de menor número e mais persistentes, particularmente em regiões costeiras, do que no Hemisfério Norte.

As principais trilhas de depressões no Hemisfério Norte em janeiro são mostradas na Figura 9.21. Essas trilhas refletem as principais zonas frontais discutidas. No verão, a rota mediterrânea encontra-se ausente, e as baixas atravessam a Sibéria; as outras trilhas são semelhantes, embora mais zonais e localizadas em latitudes mais elevadas (por volta de 60°N).

Entre os dois cinturões hemisféricos de alta pressão subtropical, existe outra importante zona de convergência, a Zona de Convergência Intertropical (ZCIT), anteriormente conhecida como Frente Intertropical (FIT), mas os contrastes de massas de ar não são típicos. A ZCIT afasta-se sazonalmente do equador, à medida que a atividade das células subtropicais de alta pressão se alterna nos hemisférios opostos. O contraste entre as massas de ar convergentes obviamente aumenta com a distância da ZCIT do equador, e o grau de diferença em suas características é associado a uma variação considerável na atividade meteorológica ao longo da zona de convergência. A atividade é mais intensa de junho a julho sobre o sul da Ásia e no oeste da África, quando o contraste entre as massas de ar marítimas úmidas e continentais secas atinge o seu máximo. Nesses setores, o termo Frente Intertopical é aplicável, embora isso não sugira que ela se comporte como uma zona frontal de média latitude. A natureza e a importância da ZCIT são discutidas no Capítulo 11.

G RELAÇÕES ENTRE O AR SUPERFICIAL E SUPERIOR E A FORMAÇÃO DE CICLONES FRONTAIS

Havíamos mencionado que a onda de depressão está associada a uma convergência de mas-

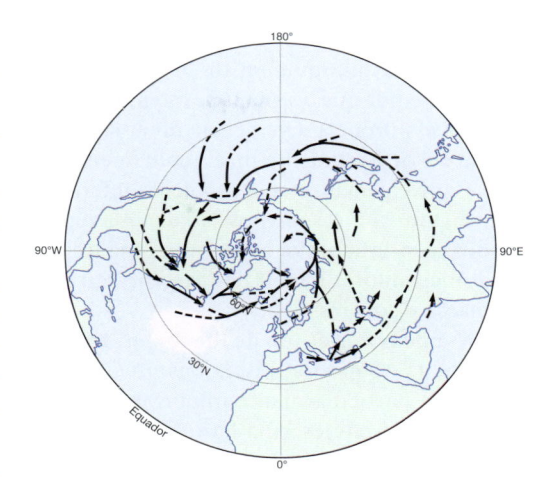

Figura 9.21 As principais trilhas de depressões no Hemisfério Norte. As linhas contínuas mostram as trilhas principais, e as linhas tracejadas, as trilhas secundárias, que são menos frequentes e menos definidas. A frequência de baixas está na máxima local onde as setas terminam. Uma área de ciclogênese frequente é indicada onde uma trilha secundária muda para uma trilha primária, ou onde duas trilhas secundárias se fundem para formar uma trilha primária.

Fonte: Klein (1957). Cortesia de US Weather Bureau.

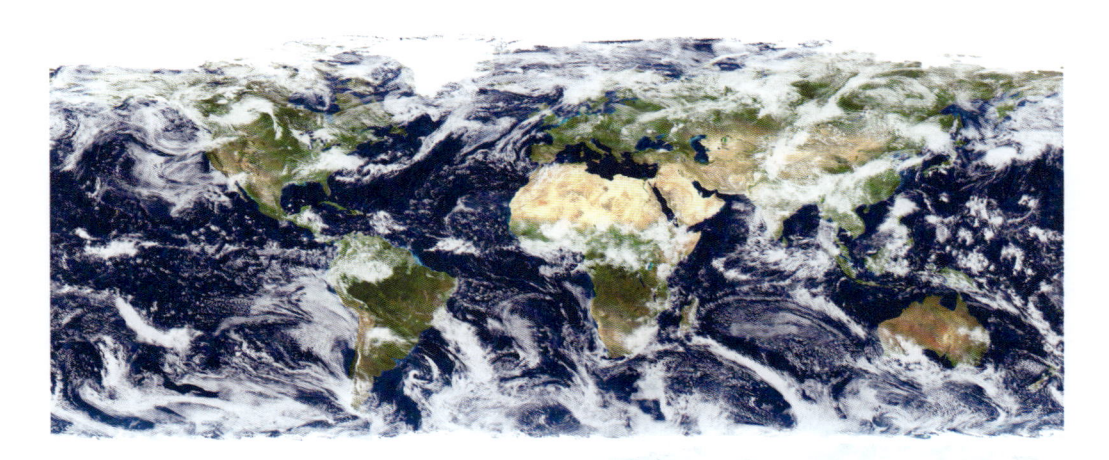

Prancha 9.1 Mosaico de imagens a partir do Moderate Imaging Spectrometer (MODIS) do satélite Terra da NASA a 700 km acima da superfície terrestre.

A cobertura de nuvens é uma composição de imagens infravermelhas termal de 29 de julho e novembro de 2001. Luzes urbanas foram sobrepostas a partir de observações do Defense Meteorological Satellite Program ao longo de um período de nove meses. Sombreamento topográfico a partir do banco de dados do US Geological Survey GTOPO 30.

Fonte: Blue Marble Visible Earth, NASA ftp://gloria 2-f.gsfc.nasa.gov/pub/stockli.

sas de ar, mas a pressão barométrica no centro da baixa pode diminuir em 10-20 mb em 12-24 horas à medida que o sistema se intensifica. Isso é possível porque a divergência do ar superior remove o ar ascendente mais rapidamente do que a convergência o repõe em níveis inferiores (ver Figura 5.7). A sobreposição de uma região de divergência superior sobre uma zona frontal é a principal força motriz da *ciclogênese* (isto é, formação de depressões).

As ondas longas (ou de Rossby) na troposfera média e superior, discutidas no Capítulo 7A.2, são particularmente importantes nesse sentido. A circunferência latitudinal limita o fluxo circumpolar de oeste a entre três e seis ondas de Rossby, que afetam a formação e o movimento de depressões superficiais. Duas ondas primárias estacionárias tendem a estar localizadas a aproximadamente 70°W e 150°E, em resposta à influência de barreiras orográficas sobre a circulação atmosférica, como as Montanhas Rochosas e o Planalto Tibetano, bem como de fontes de calor. No ramo leste dos cavados nos ventos de oeste em níveis superiores do Hemisfério Norte, o fluxo normalmente é divergente, pois o vento gradiente é subgeostrófico no cavado, mas supergeostrófico na crista (ver Capítulo 6A.4). Assim, o setor à frente de um cavado superior é uma posição bastante favorável para uma depressão superficial se formar ou se aprofundar (ver Figura 9.22). Observa-se que os cavados superiores médios se posicionam, de maneira significativa, logo a oeste das Zonas de Frentes Polares Atlânticas e Pacíficas no inverno.

Tendo essas ideias em mente, podemos analisar a natureza tridimensional da formação de depressões e a relação existente entre o fluxo troposférico superior e inferior. A teoria básica relaciona a equação da vorticidade, que afirma que, para o movimento horizontal livre de atrito, a taxa de mudança da componente vertical da vorticidade absoluta (dQ/dt ou $d(f + \zeta)/dt$) é proporcional à convergência de massas de ar ($-D$, ou seja, divergência negativa):

$$\frac{dQ}{dt} = DQ \text{ ou } D = -\frac{1}{Q}\frac{dQ}{dt}$$

A relação implica que uma coluna de ar convergente (divergente) tem vorticidade absoluta crescente (decrescente). A conservação da equação da vorticidade, que já discutimos, é, na verdade, um caso especial dessa relação.

No setor à frente de um cavado superior, a vorticidade ciclônica decrescente causa divergência (isto é, D positiva), pois a mudança em ζ é maior que a de f, favorecendo a convergência superficial e a vorticidade ciclônica em níveis baixos (ver Figura 9.23). Uma vez que a circulação ciclônica superficial se estabiliza, a geração de vorticidade aumenta, devido aos efeitos da advecção térmica. O transporte de ar quente em direção ao polo no setor quente e o avanço do

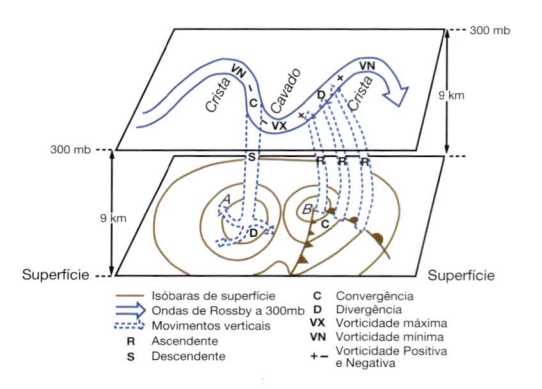

Figura 9.22 Representação esquemática da relação entre a pressão superficial (A e B), o fluxo de ar e sistemas frontais, e a localização de cristas e cavados nas ondas de Rossby no nível de 300 mb. As posições da vorticidade relativa máxima (ciclônica) e mínima (anticiclônica) são mostradas, assim como as da advecção da vorticidade negativa (anticiclônica) e positiva (ciclônica).

Fonte: Musk (1988), e Uccellini (1990). Cortesia de Cambridge University Press.

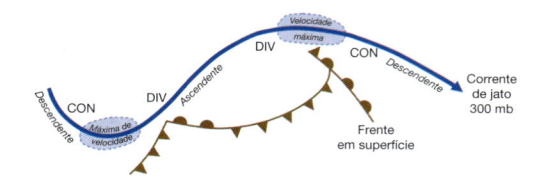

Figura 9.23 Modelo da corrente de jato e das frentes em superfície, mostrando zonas de divergência e convergência na troposfera superior e os núcleos de correntes de jato.

cavado frio superior para leste atuam de maneira a aumentar a zona baroclínica, fortalecendo a corrente de jato superior por meio do mecanismo de vento térmico (ver p. 168). Já mostramos a relação vertical entre a corrente de jato e a frente (ver Figura 7.8); um modelo da sequência de depressões é demonstrado na Figura 9.23. A relação verdadeira talvez se afaste desse caso idealizado, embora o jato costume se localizar no ar frio. A máxima de velocidade (zonas-núcleo) ocorre ao longo da corrente de jato, e a distribuição do movimento vertical a montante e a jusante desses núcleos é bastante diferente. Na área de entrada do jato (i.e, a montante do núcleo), a divergência faz o ar baixo subir no lado equatorial (i.e, direito) da corrente, ao passo que, na zona de saída (a jusante do núcleo), a ascensão ocorre no lado do polo. A Figura 9.24 mostra como a precipitação costuma estar mais relacionada com a posição da corrente de jato do que com a de frentes superficiais; as áreas de máxima precipitação se encontram no setor de entrada à direita do núcleo da corrente. Esse padrão de movimento vertical também tem importância fundamental para o estágio inicial de aprofundamento da depressão. Se o padrão superior é desfavorável (p. ex., abaixo das zonas de entrada à direita e de saída à esquerda, onde ocorre convergência), a depressão é preenchida.

O desenvolvimento de uma depressão também pode ser considerado em termos de trocas de energia. Um ciclone exige a conversão de energia potencial em energia cinética. O movimento ascendente (e rumo ao polo) do ar quente cumpre esse requisito. O cisalhamento do vento vertical e a sobreposição da divergência troposférica superior levam o ar quente ascendente sobre uma zona baroclínica. A intensificação dessa zona também fortalece os ventos superiores. A divergência superior permite que a convergência superficial e a queda na pressão ocorram simultaneamente. A teoria moderna relega as frentes a um papel subordinado. Elas se desenvolvem dentro de depressões como zonas estreitas de forte ascensão, provavelmente por meio dos efeitos da formação de nuvens.

Pesquisas recentes identificaram uma categoria de ciclones de média latitude que se formam e se intensificam rapidamente, adquirindo características que lembram os furacões

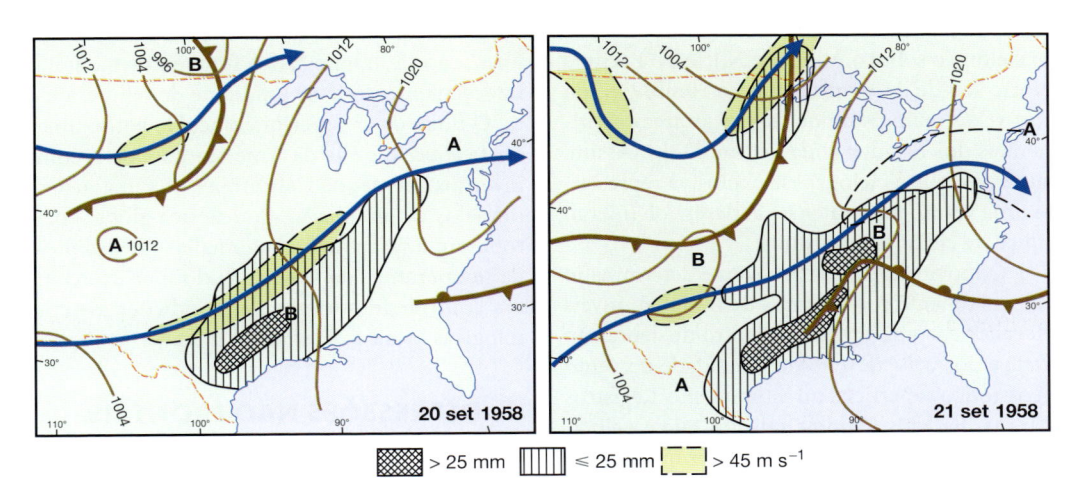

Figura 9.24 As relações entre frentes em superfície e isóbaras, precipitação superficial (≤25 mm sombreamento vertical; >25 mm sombreamento cruzado) e correntes de jato (velocidade do vento acima de 45 m s^{-1} mostrada em amarelo) sobre os Estados Unidos em 20 e 21 de setembro de 1958. A imagem ilustra como a área de precipitação superficial está mais relacionada com a posição dos jatos do que com a das frentes superficiais. O ar sobre a região centro-sul dos Estados Unidos estava perto do ponto de saturação, ao passo que o ar associado ao jato de norte e à frente marítima estava muito menos úmido.

Fonte: Richter and Dahl (1958). Cortesia de American Meteorological Society.

tropicais. Eles foram apelidados de "bombas", por causa de sua explosiva taxa de aprofundamento; são observadas quedas de pressão de, no mínimo, 24mb/24h. Por exemplo, a "tempestade *QE II*", que danificou o navio de cruzeiro *Queen Elizabeth II* na costa de Nova York em 10 de setembro de 1978, formou uma pressão central abaixo de 950mb com ventos com força e olho de furacão dentro de 24 horas (ver Capítulo 11B.2). Esses sistemas são observados principalmente durante a estação fria ao longo da Costa Leste dos Estados Unidos, no Japão e sobre partes do Pacífico Norte central e nordeste, associados a zonas baroclínicas e perto de gradientes fortes de temperatura da superfície do mar. A ciclogênese explosiva é favorecida por instabilidade na troposfera inferior, e costuma se localizar a jusante de um cavado no nível de 500 mb. As bombas se caracterizam por um forte movimento vertical, associado a um nível nitidamente definido de não divergência perto de 500 mb, e uma liberação de calor latente em grande escala. As máximas de vento na troposfera superior, organizadas como *jet streaks*, servem para amplificar a instabilidade nos níveis inferiores e o movimento ascendente. Estudos revelam que as taxas *médias* de aprofundamento ciclônico sobre o Atlântico Norte e o Pacífico Norte são de aproximadamente 10mb/24h, ou três vezes maiores do que sobre as áreas continentais dos Estados Unidos (3mb/24h). Assim, sugere-se que a ciclogênese explosiva representa uma versão mais intensa do desenvolvimento típico de ciclones marítimos.

O movimento de depressões é determinado essencialmente pelos ventos de oeste em níveis elevados e, como regra, um centro de depressão viaja a por volta de 70% da velocidade do vento geostrófico superficial no setor quente. Registros para os Estados Unidos indicam que a velocidade média das depressões no setor quente é de 32 km h^{-1} no verão e 48 km h^{-1} no inverno. A velocidade maior no inverno reflete a circulação mais forte de oeste. Depressões rasas são orientadas principalmente pela direção do vento térmico no setor quente, assim, seu caminho segue o da corrente de jato superior (ver Capítulo 6A.3). No entanto, as depressões profundas podem distorcer em muito o padrão térmico, como resultado do transporte de ar quente para norte e do transporte de ar frio para sul. Nesses casos, a depressão geralmente se torna lenta. O movimento de uma depressão também pode ser direcionado por fontes de energia, como uma superfície marinha quente que gera vorticidade ciclônica, ou por barreiras montanhosas. A depressão pode atravessar obstáculos, como as Montanhas Rochosas ou o manto de gelo da Groenlândia, como uma baixa ou cavado em um nível elevado, e voltar a se formar em seguida, com o auxílio dos efeitos de sotavento da barreira ou por novas injeções de massas de ar contrastantes.

As temperaturas da superfície oceânica podem influenciar a posição e a intensidade das trilhas de tempestades. A Figura 9.25B indica que uma superfície relativamente quente e ampla no Pacífico centro-norte no inverno de 1971-1972 causou o deslocamento da corrente de jato de oeste para norte, junto com um deslocamento compensatório para sul sobre a região oeste dos Estados Unidos, trazendo ar frio. Esse padrão contrasta com o observado durante a década de 1960 (ver Figura 9.25A), quando uma anomalia fria persistente no Pacífico central, com água mais quente para leste, levou à formação de tempestades frequentes na zona interveniente do forte gradiente de temperatura. O fluxo de ar superior associado gerou uma crista sobre o oeste da América do Norte, com invernos quentes na Califórnia e no Oregon. Os modelos de circulação atmosférica global corroboram a visão de que anomalias persistentes na temperatura da superfície do mar exercem um controle importante nas condições meteorológicas locais e de grande escala.

H DEPRESSÕES NÃO FRONTAIS

Nem todas as depressões originam-se como ondas frontais. As depressões tropicais, de fato, são principalmente não frontais, e serão consideradas no Capítulo 11. Em latitudes médias e altas, quatro tipos que se desenvolvem em situações diferentes são de particular importância e interesse: o ciclone de sotavento, a baixa térmica, a baixa polar e a baixa fria.

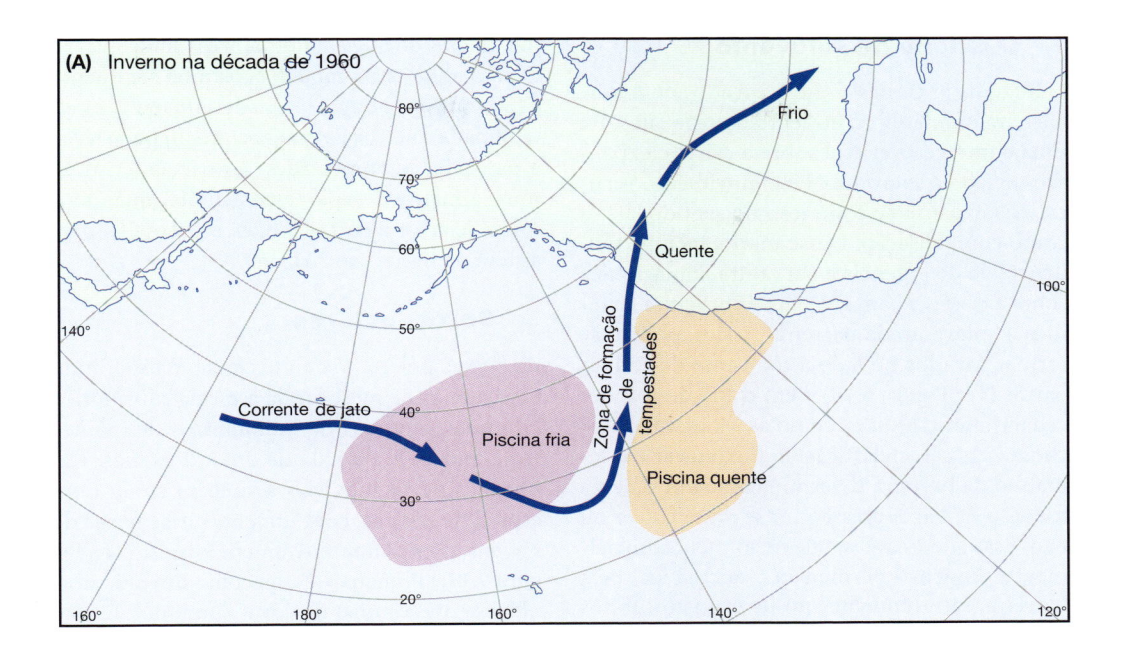

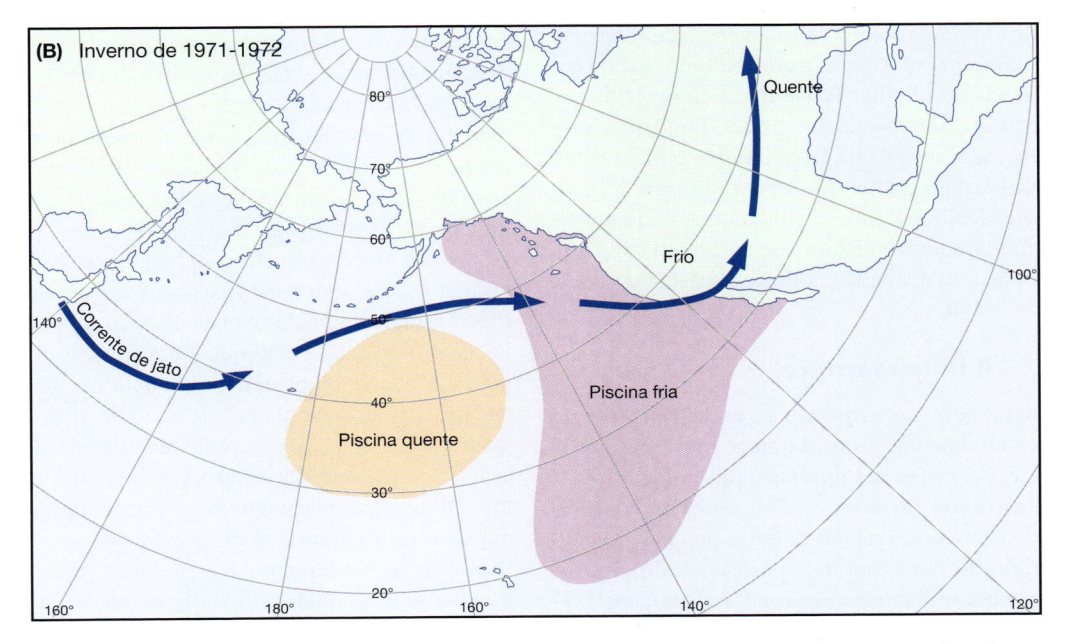

CAPÍTULO 9   Sistemas sinóticos e de mesoescala em latitudes médias   **249**

Figura 9.25 Relações generalizadas entre temperaturas da superfície do mar no Pacífico Norte, trilhas de correntes de jato, zonas de formação de tempestades e temperaturas sobre a América do Norte durante (A) condições médias de inverno na década de 1960, e (B) inverno de 1971-1972, determinadas por J. Namias.
Fonte: Wick (1973), com permissão de New Scientist.

1 O ciclone de sotavento

O fluxo de ar de oeste que é forçado sobre uma barreira montanhosa no sentido norte-sul sofre uma contração vertical sobre a crista e expansão no lado a sotavento. Esse movimento vertical cria expansão e contração no sentido lateral como compensação. Desse modo, há uma tendência de divergência e curvatura anticiclônica sobre a crista, e convergência e curvatura ciclônica a sotavento da barreira. Assim, podem se formar cavados no lado a sotavento de colinas baixas (ver Figura 6.13), bem como de grandes cadeias montanhosas, como as Montanhas Rochosas. As características do fluxo de ar e o tamanho da barreira determinam se um sistema fechado de baixa pressão irá se desenvolver ou não. Essas depressões, que, pelo menos inicialmente, tendem a permanecer "ancoradas" pela barreira, são frequentes no inverno ao sul dos Alpes, quando as montanhas bloqueiam o fluxo baixo de correntes de ar de noroeste. Muitas vezes, desenvolvem-se frentes nessas depressões, mas a baixa não se forma como onda ao longo de uma zona frontal. A ciclogênese de sotavento é comum em Alberta e no Colorado, a sotavento das Montanhas Rochosas, e no norte da Argentina, a sotavento dos Andes. Também ocorre na costa sudeste da Groenlândia, onde o efeito de barreira do manto de gelo promove a ciclogênese no Estreito da Dinamarca. O desenvolvimento desses ciclones de sotavento contribui para a intensidade e a posição média da baixa da Islândia.

2 A baixa térmica

Essas baixas ocorrem quase exclusivamente no verão, resultando do intenso aquecimento de áreas continentais durante o dia. A Figura 7.1C ilustra sua estrutura vertical. Os exemplos mais notáveis são as células de baixa pressão de verão sobre a Arábia Saudita, a parte norte do subcontinente indiano e o Arizona. A Península Ibérica é outra região que costuma ser afetada por essas baixas. Elas ocorrem sobre o sudoeste da Espanha, em 40-60% dos dias em julho e agosto. Geralmente, sua intensidade é de apenas 2-4 mb, e elas se estendem a aproximadamente 750 mb, menos do que em outras áreas subtropicais. O clima que as acompanha costuma ser quente e seco, mas, se houver umidade suficiente, a instabilidade causada pelo aquecimento pode levar a pancadas e tempestades. As baixas térmicas normalmente desaparecem à noite, quando a fonte de calor é cortada, mas, na verdade, persistem na Índia e no Arizona.

3 Baixas polares

As baixas polares são uma classe mal-definida de sistemas de mesoescala a escala subsinótica (algumas centenas de quilômetros de diâmetro), com ciclo de vida de um a dois dias. Em imagens de satélite, elas aparecem como uma espiral de nuvens, com uma ou várias faixas de nuvens, como uma nuvem em vírgula (ver Figura 9.17 e Prancha 9.2), ou como um redemoinho em ruas e linhas de nuvens cumulus. Elas se desenvolvem principalmente nos meses de inverno, quando correntes de ar mP ou mA fluem no sentido equatorial ao longo do lado leste de uma crista de alta pressão no sentido norte-sul, geralmente atrás de uma depressão primária em oclusão. Normalmente, elas se formam dentro de uma zona baroclínica, por exemplo, perto de margens de gelo marinho, onde ocorrem fortes gradientes de temperatura da superfície do mar, e seu desenvolvimento pode ser estimulado por uma perturbação inicial em níveis elevados.

No Hemisfério Norte, o tipo de nuvem em vírgula (que é uma perturbação da troposfera média com núcleo frio) é mais comum sobre o Pacífico Norte, ao passo que a baixa polar espiralada ocorre com mais frequência no Mar da Noruega. Esta é uma perturbação de núcleo quente e nível baixo, que pode ter uma circulação ciclônica fechada a aproximadamente 800 mb, ou pode simplesmente consistir de um ou mais cavados embutidos no fluxo de ar polar. Um aspecto fundamental é a presença de um fluxo úmido ascendente de sudoeste *relativo* ao centro de baixa. Essa organização acentua a instabilidade geral do fluxo de ar frio, gerando considerável precipitação, muitas vezes na forma de neve. A liberação de calor latente é um mecanismo importante para gerar baixas polares ao sul

Prancha 9.2 Sistema de uma baixa polar localizado no Oceano Ártico em 25 de fevereiro de 2008. No lado direito da imagem, encontram-se as Ilhas Queen Elizabeth, Canadá. As baixas polares assemelham-se aos ciclones tropicais quando atingem intensidade suficiente, mas duram apenas de 12 a 36 horas. Causam ventos e neve em superfícies fortes, podendo ser reconhecidas facilmente em imagens de satélite devido ao seu padrão característico, chamado às vezes de "nuvem em vírgula" por causa da sua forma de gancho.
Fonte: Jeff Schmaltz, Visible Earth, NASA.

do Mar da Noruega, enquanto a baroclinicidade mais forte e a convecção mais fraca em níveis baixos prevalecem em sistemas ao norte do Mar da Noruega e no Mar de Barents. O influxo de calor do mar para o ar frio continua dia e noite, de modo que, em áreas costeiras expostas, pode haver pancadas a qualquer momento.

No Hemisfério Sul, as baixas polares mesociclônicas parecem ser mais frequentes nas estações de transição, pois são os momentos de gradientes meridionais mais fortes de temperatura e pressão. Além disso, sobre o Oceano Austral, os padrões de ocorrência e movimento têm uma distribuição mais sazonal do que no Hemisfério Norte.

4 A baixa fria

A baixa fria (ou *piscina fria*) costuma ser mais evidente nos campos de circulação e temperatura da troposfera média. Caracteristicamente, ela apresenta isotermas simétricas ao redor do centro de baixa. Os mapas de superfície podem mostrar pouco ou nenhum sinal desses sistemas persistentes, que são frequentes sobre o nordeste da América do Norte e o nordeste da Sibéria. Eles provavelmente se formam como resultado do movimento vertical forte e do resfriamento adiabático em baixas baroclínicas ocluídas ao longo das margens costeiras árticas. Essas baixas são especialmente importantes durante o inverno ártico, pois trazem grandes quantidades de nuvens médias e altas, o que compensa o resfriamento radiativo da superfície. Com exceção disso, elas geralmente não causam "tempo meteorológico" no Ártico durante essa estação. É importante enfatizar que as baixas frias troposféricas podem estar relacionadas com células de baixa ou alta pressão na superfície.

Nas latitudes médias, podem se formar baixas frias durante períodos de padrão de circulação de índice baixo (ver Figura 6.27) pela separação de ar polar do corpo principal de ar frio ao norte (chamado às vezes de *cut off lows*). Isso gera o tipo de tempo relacionado com massas de ar polar, embora também possam ocorrer frentes fracas. Essas baixas costumam ter velocidade lenta e causam tempo instável e persistente, com trovoadas no verão. A forte precipitação observada no Colorado na primavera e no outono muitas vezes está associada a baixas frias.

I SISTEMAS CONVECTIVOS DE MESOESCALA

Os sistemas convectivos de mesoescala (SCM) são de tamanho e tempo de duração intermediários entre as perturbações sinóticas e as células individuais de cumulonimbus (ver Figura 9.26). A Figura 9.27 mostra o movimento de agrupamentos de células convectivas, cada célula com aproximadamente 1 km de diâmetro, à medida que cruzam a região sul da Grã-Bretanha com uma frente fria. Cada célula pode ter vida efêmera, mas os agrupamentos de células podem persistir por horas, intensificando-se ou enfraquecendo devido à orografia ou outros fatores.

Os sistemas convectivos de mesoescala ocorrem sazonalmente nas latitudes médias (particularmente na região central dos Estados Unidos, no leste da China e na África do Sul) e nos trópicos (Índia, África Ocidental e Central e norte da Austrália) como agrupamentos quase circulares de células convectivas ou faixas lineares de rajadas de vento. Essa *linha de instabilidade* consiste em uma linha estreita de células de tempestade, que pode se estender por centenas de quilômetros. Ela é marcada por uma virada brusca na direção do vento e condições bastante tempestuosas. A linha de instabilidade costuma ocorrer na porção dianteira da frente fria, mantendo-se como um distúrbio autopropagado ou por correntes de tempestades descendentes, podendo formar uma pseudofrente fria entre o ar resfriado pela chuva e uma zona livre de chuva dentro da mesma massa de ar. As linhas de instabilidade nas latitudes médias parecem se formar por meio de dois mecanismos: (1) um salto na pressão que se propaga como uma onda; (2) a borda frontal de uma frente fria superior que age sobre a instabilidade presente a leste de um cavado a sotavento de uma feição orográfica. Em ciclones frontais, o ar frio na porção final

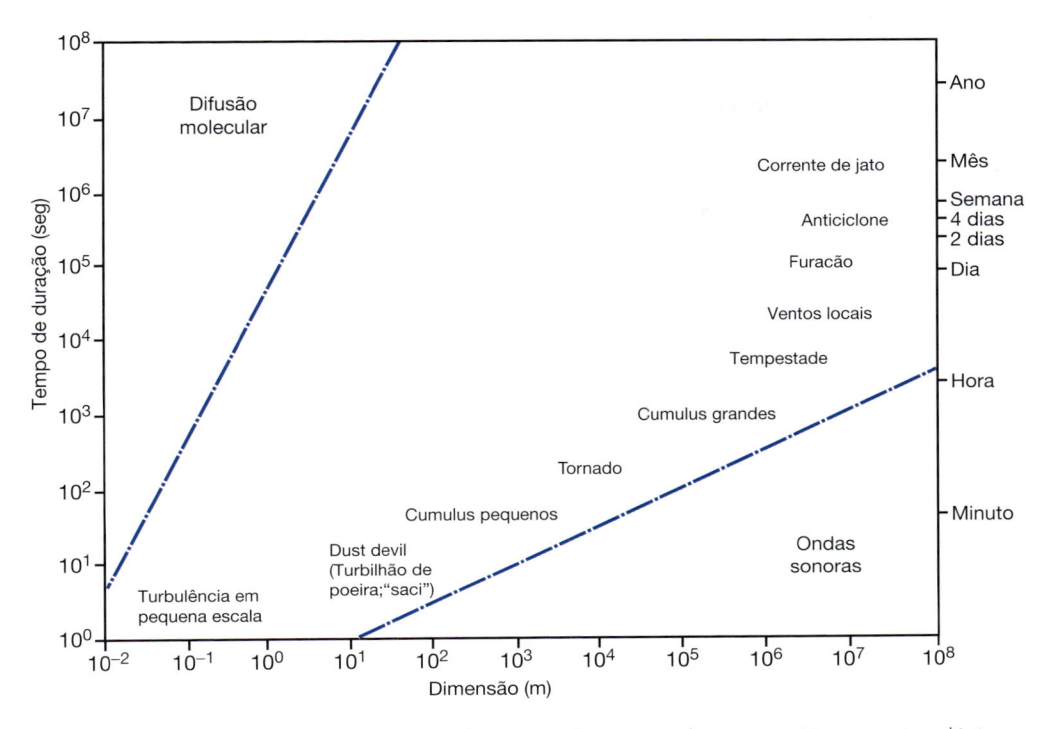

Figura 9.26 Escala espacial e temporal típica de sistemas de mesoescala e outros sistemas meteorológicos.

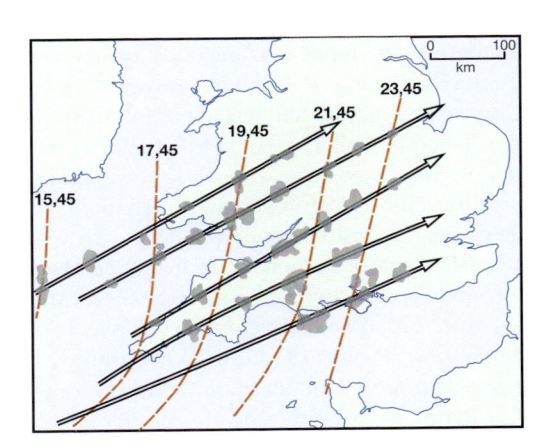

Figura 9.27 Posições sucessivas de agrupamentos individuais de células convectivas da mesotroposfera movendo-se pelo sul da Grã-Bretanha a aproximadamente 50 km h^{-1} com uma frente fria. Localização e intensidade da célula determinadas por radar.

Fonte: Browning (1990). Com permissão de Royal Meteorological Society.

da depressão pode invadir o setor quente. A intrusão dessa cunha de ar frio causa muita instabilidade, e a cunha fria em subsidência tende a agir como uma concha, que força o ar quente e mais lento a subir.

A Figura 9.28 demonstra que o movimento *relativo* do ar quente é em direção à linha de instabilidade. Essas condições geram tempestades frontais severas, como a que atingiu Wokingham, na Inglaterra, em setembro de 1959, movendo-se do sudoeste a aproximadamente 20 m s^{-1}, direcionada por um forte fluxo de oeste mais acima. O ar frio desceu de níveis mais altos como uma rajada violenta, e a corrente à sua frente produziu uma intensa tempestade de granizo. As pedras de granizo crescem por acresção na parte superior da corrente, onde velocidades acima de 50 m s^{-1} são comuns, são sopradas à frente da tempestade pelos fortes ventos altos e começam a cair. Isso causa derretimento superficial, mas a pedra é pega novamente pela linha de instabilidade, que continua avançando, e volta a subir. A superfície derreti-

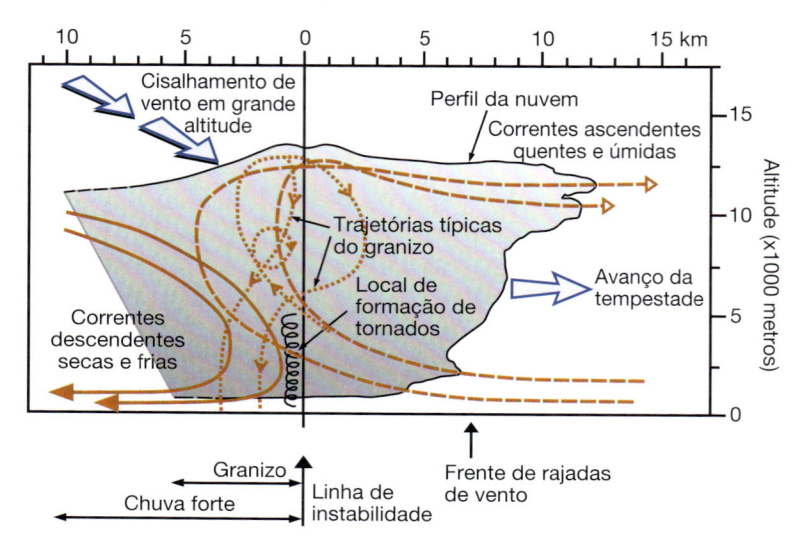

Figura 9.28 Estrutura de célula de tempestade com formação de granizo e tornado.
Fonte: Hindley (1977).

da congela, formando gelo vítreo à medida que a pedra é carregada acima do nível de congelamento, havendo novo crescimento pelo acúmulo de gotículas supercongeladas (ver também Capítulo 4, p. 124 e 140).

Diversos tipos de SCM ocorrem sobre a região central dos Estados Unidos na primavera e no verão (ver Figura 9.29), trazendo tempo severo por toda parte. Eles podem ser pequenas células convectivas organizadas de maneira linear, ou uma grande célula amorfa, conhecida como *complexo convectivo de mesoescala* (CCM), que se desenvolve a partir de células de cumulonimbus inicialmente isoladas. À medida que a chuva cai das nuvens de tempestade, o resfriamento evaporativo do ar abaixo das bases das nuvens gera correntes frias descendentes que, quando se tornam suficientemente amplas, criam uma alta pressão local com intensidade de alguns milibares. Essas correntes desencadeiam a ascensão do ar quente deslocado, e a liberação de calor latente gera um aquecimento geral da troposfera média. Há um influxo para essa região quente, acima do fluxo frio no sentido externo, causando mais convergência de ar úmido e instável. Em certos casos, um jato de baixo nível propicia esse influxo. À medida que as células individuais se organizam em um agrupamento ao longo da frente da alta superficial, novas células tendem a se formar no flanco direito (no Hemisfério Norte) pela interação das correntes frias descendentes com o ar adjacente. Por meio desse processo e da dissolução de células antigas no flanco esquerdo, o sistema de tempestade tende a avançar 10-20° para a direita da direção do vento mesotroposférico. Conforme a alta de tempestade se intensifica, um "sulco de baixa", associado à melhora no tempo, forma-se atrás dela. O sistema agora produz ventos violentos, e pancadas intensas de chuva e granizo acompanhadas por trovoadas. Durante a formação de novas células, tornados podem ocorrer, conforme discutido a seguir. À medida que o complexo convectivo de mesoescala alcança maturidade durante as horas da noite e da madrugada sobre as Grandes Planícies, a circulação de mesoescala é coberta por um amplo escudo de nuvens frias altas (>100.000 km^2), prontamente identificado em imagens de satélite em infravermelho. As estatísticas para 43 sistemas sobre as Grandes Planícies em 1978 mostraram que os sistemas duraram 12 horas em média, com a or-

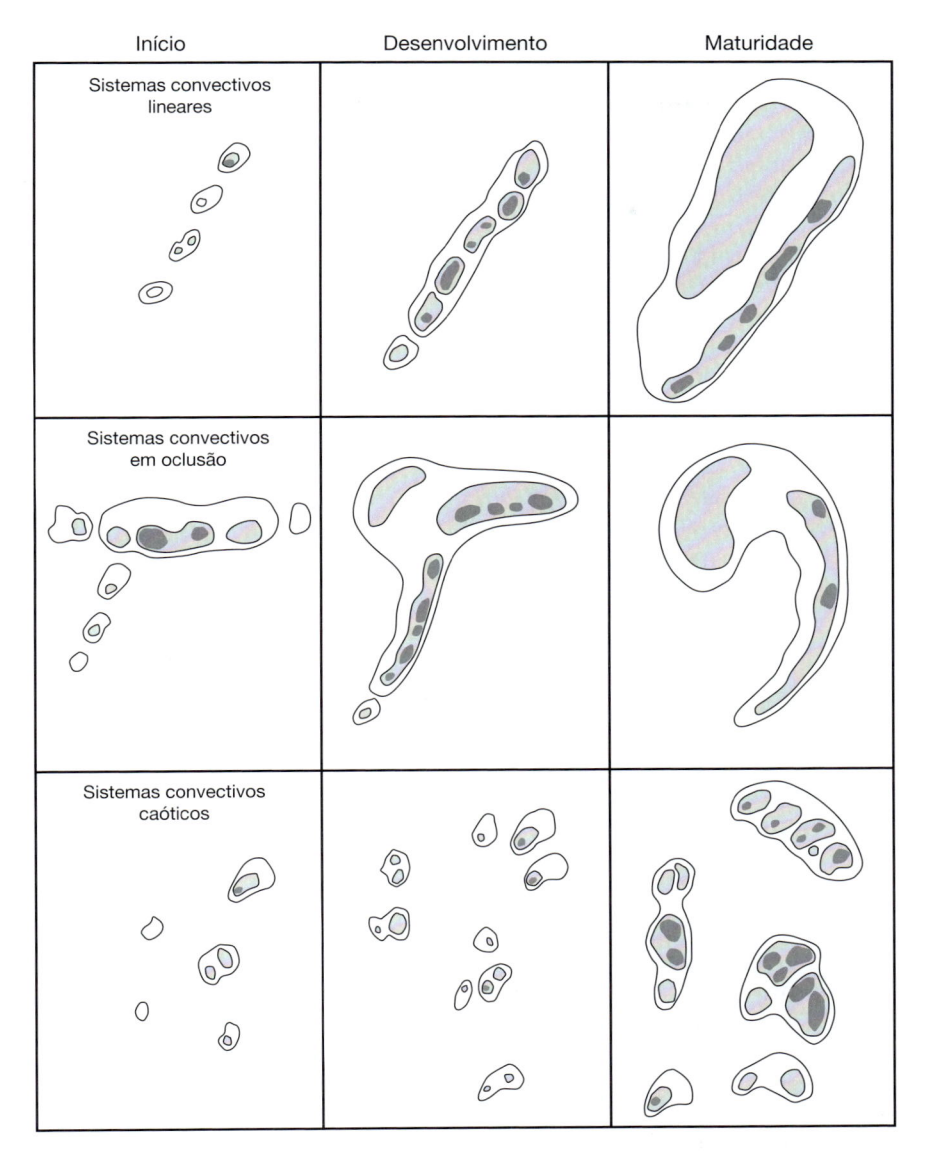

Figura 9.29 Evolução esquemática de três modos convectivos sobre as Grandes Planícies norte-americanas, mostrando várias escalas de desenvolvimento de nuvens (sombreado).
Fonte: Blanchard (1990, p. 996, Fig.2). Cortesia de American Meteorological Society.

ganização inicial de mesoescala ocorrendo no começo da noite (18:00-19:00 LST), e o nível máximo, sete horas depois. Durante seu ciclo de vida, os sistemas podem viajar da fronteira do Colorado-Kansas para o rio Mississippi ou os Grandes Lagos, ou do vale do Missouri-Mississippi até a costa leste. O complexo convectivo de mesoescala geralmente se desfaz quando feições de escala sinótica inibem a sua autopropagação. A produção de ar frio termina quando cessa a convecção, enfraquecendo as altas e baixas de mesoescala, e a chuva se torna leve e esporádica, vindo finalmente a parar por completo.

Tempestades particularmente severas são associadas a uma grande instabilidade vertical potencial (p. ex., ar quente e úmido sob ar mais seco, com ar mais frio acima). Esse foi o caso em uma tempestade severa nas proximidades de Sydney, Austrália, em 21 de janeiro de 1991 (Figura 9.30). A tempestade formou-se em uma corrente de ar baixa, quente e úmida que fluía para nordeste no lado leste das escarpas das Montanhas Azuis. Esse fluxo era coberto por uma corrente de ar quente e seco de norte, a uma elevação de 1500-6000 m, que, por sua vez, era coberta por ar frio associado a uma frente fria próxima. Cinco a sete dessas tempestades severas ocorreram todos os anos nas adjacências de Sydney durante o período 1950-1989.

Ocasionalmente, as chamadas *tempestades de supercélulas* podem se desenvolver à medida que novas células, que se formam a jusante, são varridas para cima pelo movimento de uma célula mais antiga. Elas têm aproximadamente o mesmo tamanho que os agrupamentos de células de tempestade, mas são dominadas por uma corrente ascendente gigante e correntes descendentes fortes e localizadas (Figura 9.31).

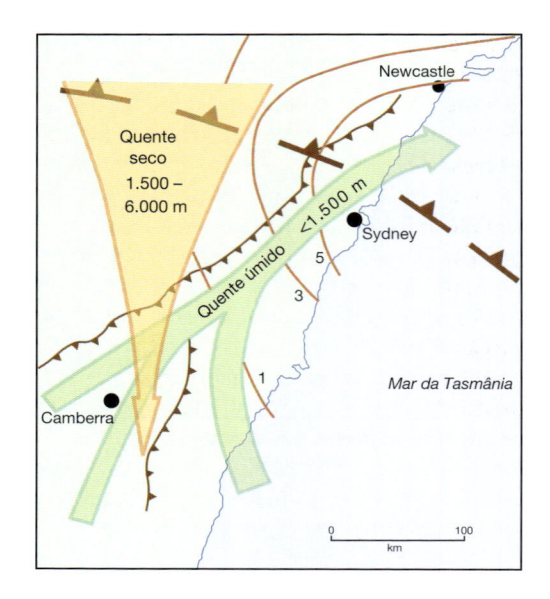

Figura 9.30 Condições associadas a uma tempestade severa perto de Sydney, Austrália, em 21 de janeiro de 1991. Os contornos indicam o número anual médio de tempestades severas (por 25.000 km²) sobre o leste de New South Wales entre 1950-1989.

Fonte: Griffiths et al. (1993). Eyre (1992), e NSW Bureau of Meteorology, *Weather* Royal Meteorological Society. Copyright ©.

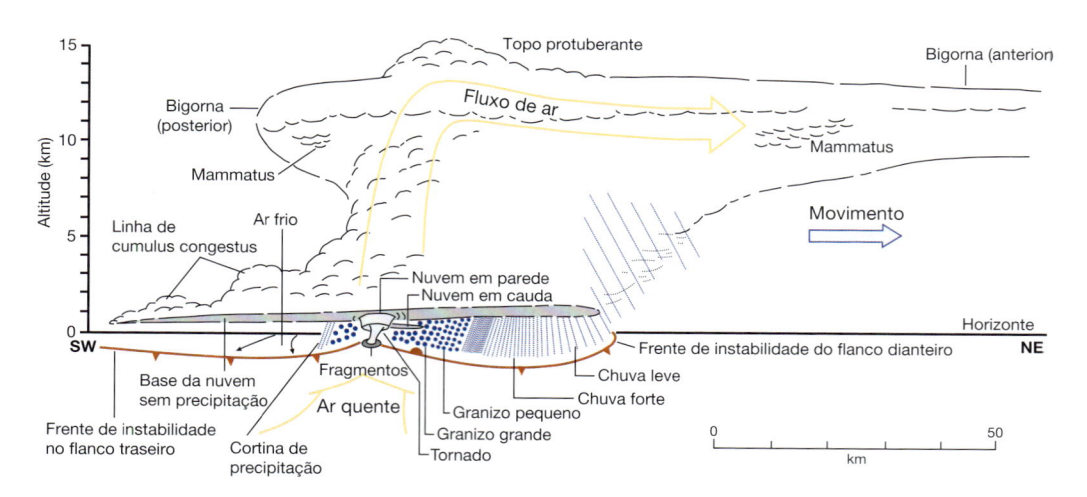

Figura 9.31 Supercélula de tempestade.

Fonte: National Severe Storms Laboratory, USA e H. Bluestein; Houze and Hobbs (1982). Copyright © Academic Press, reproduzido com permissão.

Elas podem levar a grandes pedras de granizo e tornados, embora algumas somente produzam quantidades moderadas de chuva. Uma medida útil da instabilidade em tempestades de mesoescala é o número de Richardson (Ri), que é a razão (adimensional) da supressão da turbulência por flutuação pela geração de turbulência pelo cisalhamento vertical do vento na troposfera inferior. Um valor elevado de Ri significa cisalhamento fraco em relação à flutuação; $Ri > 45$ favorece a formação de células independentes longe da corrente-mãe ascendente. Para $Ri < 30$, o cisalhamento forte sustenta uma supercélula, mantendo a corrente ascendente perto de sua corrente descendente. $Ri < 10$ indica fraca instabilidade e forte cisalhamento vertical.

Os tornados, que costumam se desenvolver dentro de sistemas convectivos de mesoescala, são comuns sobre as Grandes Planícies dos Estados Unidos, especialmente na primavera e no começo do verão (ver Figura 9.32 e Prancha 9.3). Durante esse período, ar frio e seco do platô elevado pode encobrir o ar tropical marítimo (ver Nota 1). A subsidência abaixo do jato troposférico superior de oeste (Figura 9.33) forma uma inversão a aproximadamente 1500-2000 m, cobrindo o ar úmido baixo. O ar úmido é estendido para norte por um jato de baixo nível de sul (cf. p. 259) e, pela continuação da advecção, o ar embaixo da inversão se torna cada vez mais quente e úmido. Finalmente, a convergência e a ascensão geral da depressão desencadeiam a instabilidade potencial do ar, gerando grandes nuvens cumulus, que invadem a inversão. O gatilho convectivo às vezes é disparado pela aproximação de uma frente fria em direção à borda oeste da cunha de ar úmido. Tornados também podem ocorrer em associação com ciclones tropicais (ver p. 337) e em outras situações sinóticas, se houver o contraste vertical necessário nos campos de temperatura, umidade e vento.

O mecanismo exato do tornado ainda não foi plenamente compreendido, devido às dificuldades de observação. Os tornados tendem a se desenvolver no quadrante direito posterior de uma tempestade severa. As tempestades em supercélulas costumam ser identificáveis pela análise visual em uma imagem de radar de reflexividade como um padrão de eco em gancho no flanco direito posterior (Prancha 9.4). O eco representa uma banda de nuvens em espiral (ciclônica ou anticiclônica) ao redor de um pequeno olho central, e seu surgimento pode indicar o desenvolvimento de um tornado. A origem do eco em gancho parece envolver a advecção horizontal de precipitação da porção posterior do mesociclone. A rotação ocorre onde uma corrente ascendente de tempestade interage com o fluxo horizontal. Considerando que a velocidade do vento aumenta com a altitude, o cisalhamento vertical do vento gera vorticidade (Capítulo 6C) ao redor de um eixo normal ao fluxo de ar, que então é inclinado verticalmente pela corrente ascendente. O cisalhamento direcional também gera vorticidade, que a corrente ascendente traduz verticalmente. Esses dois elementos levam à rotação na corrente ascendente na média e baixa troposfera, formando uma mesobaixa de 10-20 km de diâmetro. A pressão na mesobaixa é 2-5 mb inferior à do ambiente circundante. Em níveis baixos, a convergência horizontal aumenta a vorticidade, e o ar ascendente é reabastecido por ar úmido de níveis progressivamente mais baixos à medida que o vórtice desce e se intensifica. A mesobaixa reduz de diâmetro, e a conservação do momento aumenta a velocidade do vento. Em um determinado ponto, um tornado, às vezes com vórtices secundários (Figura 9.34), forma-se dentro da mesobaixa. Observou-se que o funil do tornado origina-se na base da nuvem e se estende para a superfície (Figura 9.34). Uma ideia é que a convergência embaixo da base de nuvens cumulonimbus, auxiliada pela interação entre as correntes descendentes frias com precipitação e correntes ascendentes vizinhas, pode dar início ao funil. Outras observações sugerem que o funil se forma simultaneamente por meio de um aprofundamento considerável da nuvem, geralmente uma nuvem cumulus em torre. A porção superior do cone do tornado nessa nuvem pode

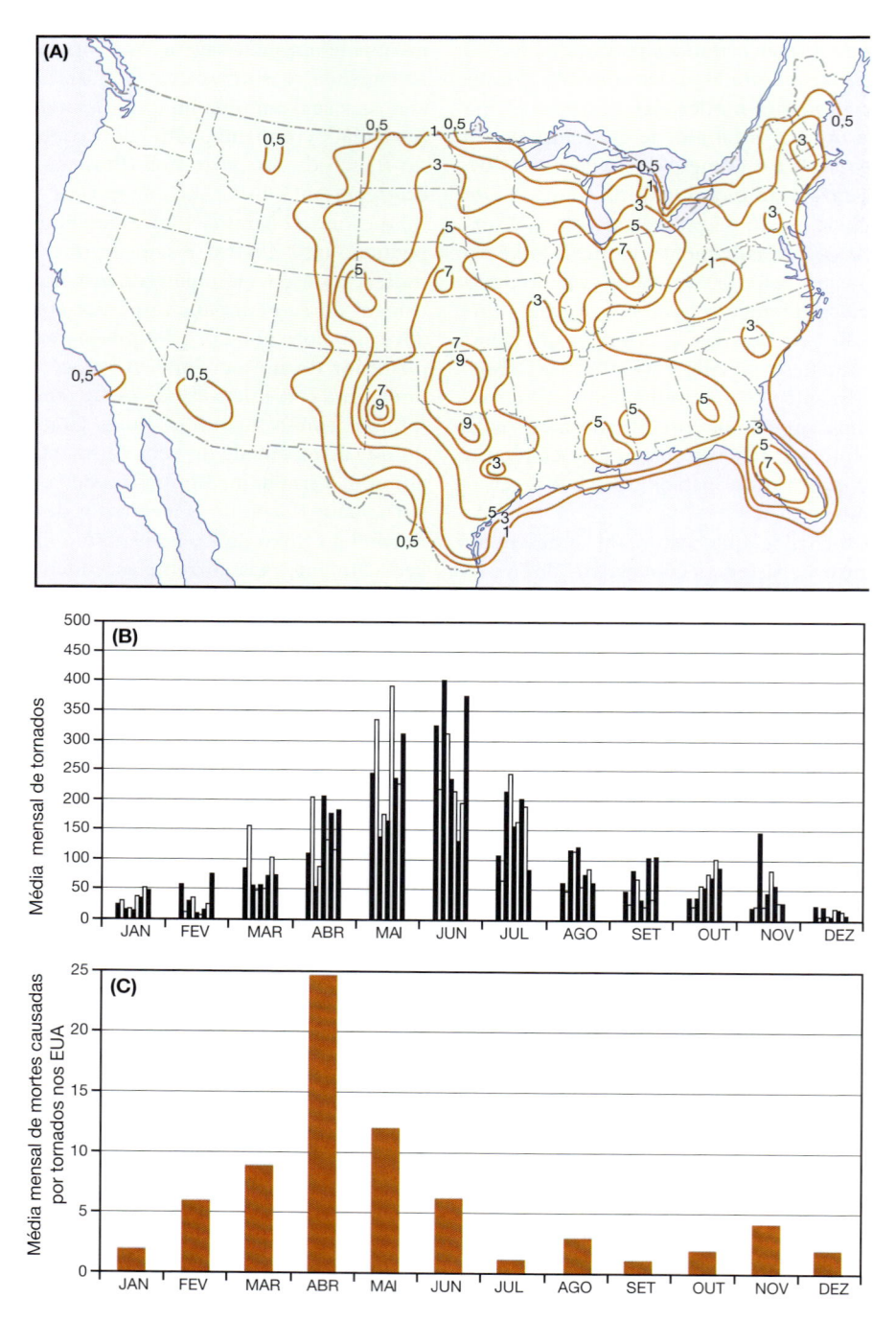

Figura 9.32 Características de tornados nos Estados Unidos: (A) frequência de tornados (por 26.000 km²) entre 1953-1980; (B) número mensal médio de tornados para cada um dos nove anos mostrados pelas barras pretas e brancas alternadas (1990-1998); (C) médias mensais de mortes resultantes (1966-1995).
Fonte: (A) NOAA (1982). (B) e (C) NOAA – Storm Prediction Center.

Prancha 9.3 Poeira levantada por um tornado no meio-oeste dos Estados Unidos.
Fonte: Cortesia de Mark Anderson, University of Nevada.

se conectar à principal corrente ascendente de uma cumulonimbus vizinha, causando a rápida remoção de ar da espiral, e permitindo uma redução abrupta da pressão na superfície. Estima-se que a queda de pressão exceda 200-250 mb em alguns casos, e é isso o que torna o funil visível, fazendo o ar que entra no vórtice atingir a saturação. Sobre a água, os tornados são chamados de trombas d'água; a maioria delas raramente atinge intensidades extremas. O vórtice do tornado em geral tem apenas algumas centenas de metros de diâmetro e, em uma banda ainda mais restrita ao redor do núcleo, os ventos atingem velocidades de até 50-100 m s^{-1}. Tornados intensos podem ter múltiplos vórtices girando no sentido anti-horário em relação ao eixo principal do tornado, cada um seguindo um caminho ciclônico. Todo o sistema do tornado confere um padrão complexo de destruição, com as velocidades máximas do vento no limite direito (no Hemisfério Norte), onde as velocidades de translação e rotação se combinam. A destruição resulta não apenas dos ventos fortes, pois

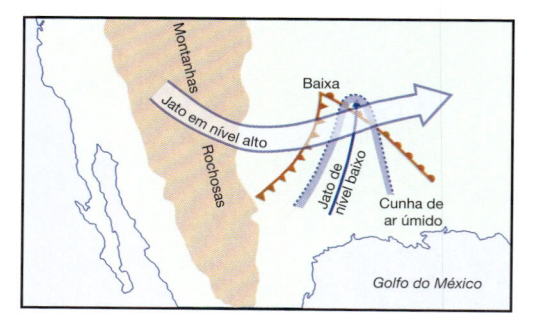

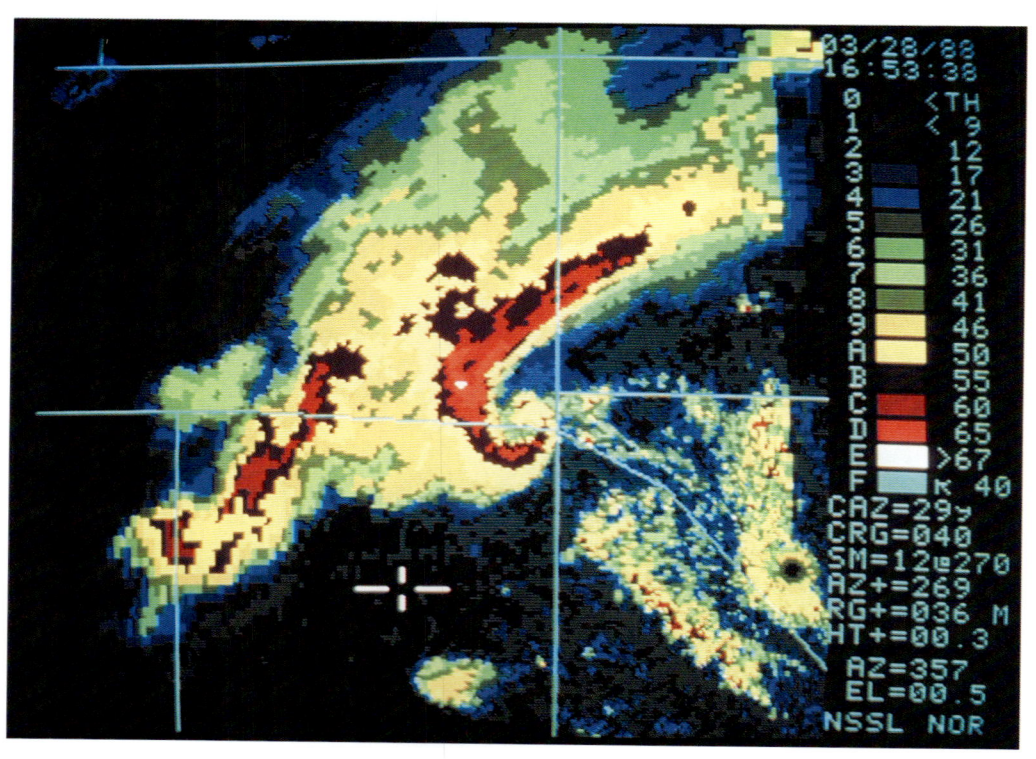

Figura 9.33 As condições sinóticas que favorecem tempestades severas e tornados sobre as Grandes Planícies.

Prancha 9.4 Imagem de radar de um eco em gancho, que costuma ser o precursor da atividade de tornados.
Fonte: NOAA NSS 0104.

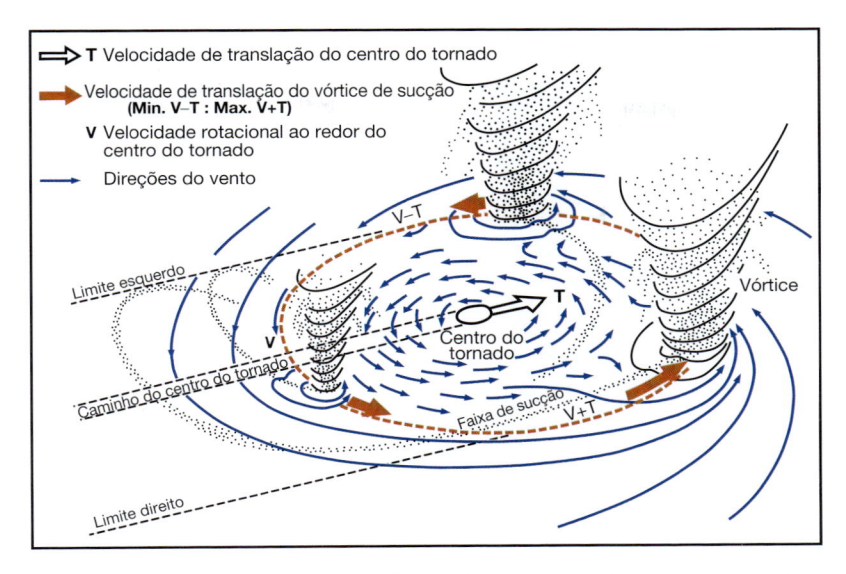

Figura 9.34 Diagrama esquemático de um tornado complexo com múltiplos vórtices de sucção.
Fonte: Fujita (1981, p.1251, fig. 15). Cortesia de American Meteorological Society.

os prédios perto do caminho do vórtice podem explodir devido à redução da pressão externa. Os tornados intensos têm problemas quanto ao seu suprimento energético, e foi sugerido recentemente que a liberação de energia térmica por raios e outras descargas elétricas pode ser uma fonte adicional de energia.

Os tornados geralmente ocorrem em famílias e se movem ao longo de caminhos retos (entre 10 e 100 km de comprimento e 200 m a 2 km de largura) em velocidades determinadas pela corrente de baixo nível. As médias de 30 anos indicam aproximadamente 750 tornados por ano nos Estados Unidos, com 60% deles ocorrendo de abril a junho (ver Figura 9.32B). A maior deflagração de tornados nos Estados Unidos ocorreu em 3-4 de abril de 1974, estendendo-se do Alabama à Geórgia no sul e ao Michigan no norte, e de Illinois no oeste à Virgínia no leste. Essa "*super deflagração*" (*super outbreak*) gerou 148 tornados em 20 horas, com uma distância total percorrida de mais de 3200 km (Prancha 9.5).

Nos Estados Unidos, os tornados causaram uma média de 59 mortes por ano no período 1975-2006, e aproximadamente 1800 feridos por ano, embora a maioria das mortes e da destruição resulte de alguns tornados efêmeros, que formam apenas 1,5% do total registrado. Por exemplo, o tornado mais severo já registrado viajou 200 km em três horas, passando por Missouri, Illinois e Indiana, em 18 de março de 1925, matando 689 pessoas. As mortes causadas por tornados somaram quase 19.000 durante o período de 1880-2005, mas a taxa anual decaiu consideravelmente a partir das décadas de 1920 e 1930. A maior proporção (44%) de mortes ocorre em trailers.

Também ocorrem tornados no Canadá, na Europa, na América do Sul, na Austrália, na África do Sul, na Índia e no Leste Asiático, e já foram observados nas Ilhas Britânicas. Durante o período de 1960-1982, houve 14 dias por ano com ocorrências de tornados. A maioria deles vem de deflagrações menores, mas, em 23 de novembro de 1981, 102 foram observados durante um fluxo de sudoeste na dianteira de uma frente fria. Eles são mais comuns no outono, quando o ar frio se move sobre mares relativamente quentes.

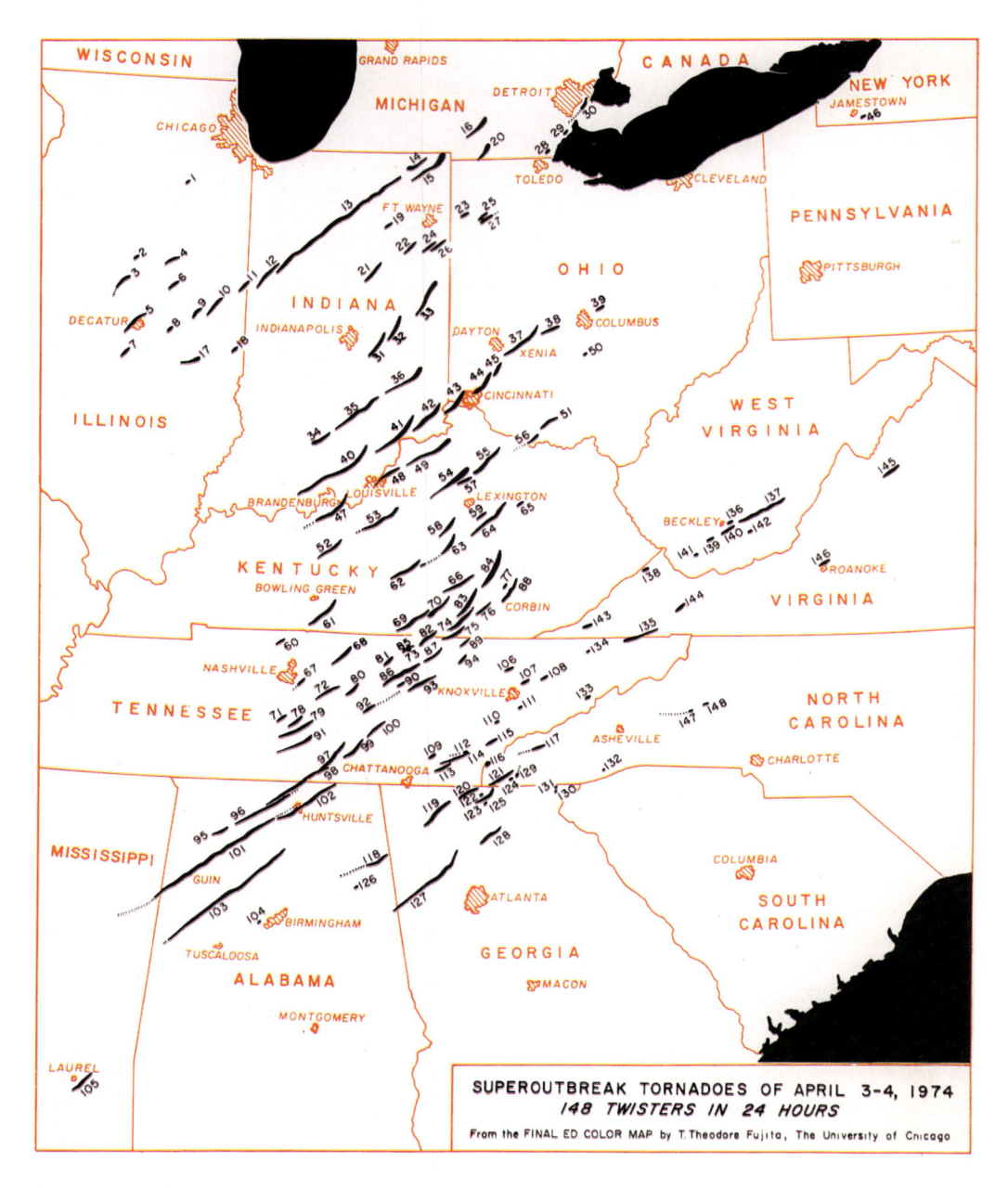

Prancha 9.5 Deflagração de supertornados em 3-4 de abril de 1974, quando 148 tornados foram observados em 24 horas; 30 desses tornados foram classificados como F4 ou F5 (ventos de 92-142 m s^{-1}) na escala de tornados Fujita-Pearson. Foram registradas 315 mortes relacionadas com as tempestades, mais de 6.100 feridos, e os prejuízos ultrapassaram US$600 milhões (em dólares de 1974).

RESUMO

As massas de ar ideais são definidas em termos de condições barotrópicas, onde as isóbaras e as isotermas são paralelas entre si e à superfície. O caráter de uma massa de ar é determinado pela natureza da área-fonte, por mudanças decorrentes do movimento da massa de ar e por sua idade. Em escala regional, as trocas energéticas e a mistura vertical levam a um nível de equilíbrio entre as condições superficiais e as do ar sobrejacente, particularmente em sistemas de alta pressão semiestacionários. Como convenção, as massas de ar são identificadas em termos das características de temperatura (ártica, polar, tropical) e da região-fonte (marítima, continental). As massas de ar primárias se originam em regiões de subsidência anticiclônica semipermanente sobre superfícies extensas com propriedades semelhantes. As massas de ar frio originam-se em anticiclones continentais no inverno (Sibéria e Canadá), onde a cobertura de neve promove baixas temperaturas e estratificação estável, ou sobre o gelo marinho em latitudes elevadas. Algumas fontes são sazonais, como a Sibéria; outras são permanentes, como a Antártica. As massas de ar quente originam-se em fontes continentais tropicais rasas no verão, ou em camadas espessas de umidade sobre os oceanos tropicais. O movimento de massas de ar causa alterações na estabilidade, por meio de processos termodinâmicos (aquecimento/resfriamento a partir de níveis inferiores e trocas de umidade) e processos dinâmicos (mistura, ascensão/subsidência), produzindo massas de ar secundárias (p. ex., ar mP). A idade de uma massa de ar determina o grau de perda de sua identidade como resultado da mistura com outras massas de ar e de trocas verticais com a superfície subjacente.

Os limites entre as massas de ar geram zonas frontais baroclínicas com algumas centenas de quilômetros de extensão. A teoria clássica (norueguesa) dos ciclones de latitudes médias considera que as frentes são um aspecto básico de sua formação e ciclo de vida. Modelos recentes mostram que, em vez do processo de oclusão frontal, a frente quente pode se inclinar para trás, com a segregação do ar quente dentro da corrente de ar polar. Os ciclones tendem a se formar ao longo de zonas frontais importantes – as frentes polares do Atlântico Norte e certas regiões do Pacífico Norte e do Oceano Austral. Uma frente ártica se dispõe no sentido do polo, e há uma zona frontal de inverno sobre o Mediterrâneo. As massas de ar e zonas frontais avançam em direção aos polos (equador) no verão (inverno).

As teorias recentes sobre a formação de ciclones consideram as frentes relativamente incidentais. As bandas de nuvens e áreas de precipitação são associadas a *esteiras* de ar quente. A divergência do ar na troposfera superior é essencial para a elevação de grande escala e a convergência em níveis baixos. A ciclogênese superficial, portanto, é favorecida no ramo leste de um cavado de onda em níveis elevados. A ciclogênese "explosiva" parece ser associada a gradientes fortes de temperatura da superfície marinha no inverno. Os ciclones são direcionados basicamente por ondas longas (de Rossby) semiestacionárias nos ventos de oeste hemisféricos, cujas posições são fortemente influenciadas por feições superficiais (grandes barreiras montanhosas e contrastes entre a temperatura dos continentes e dos oceanos). As zonas baroclínicas superiores são associadas a correntes de jato a 300-200 mb, que também seguem o padrão de ondas longas.

A sequência climática idealizada em uma depressão frontal na direção leste envolve o aumento da nebulosidade e da precipitação com a aproximação de uma frente quente; o grau de atividade depende de se o ar do setor quente está subindo ou descendo (frente ana ou frente cata, respectivamente). A frente fria seguinte costuma ser marcada por uma banda estreita de precipitação convectiva, mas a chuva adiante da frente quente e no setor quente também pode ser organizada em células e bandas de mesoescala com intensidade local, devido à "*esteira*" de ar no setor quente.

Alguns sistemas de baixa pressão se formam por meio de mecanismos não frontais, incluindo os ciclones de sotavento formados a sotavento de cadeias de montanhas; baixas térmicas devido ao aquecimento no verão; depressões de ar polar, formadas normalmente em um surgimento de ar marítimo ártico sobre os oceanos; e a baixa fria superior, que muitas vezes é um sistema que se separa durante o desenvolvimento de ondas superiores ou um ciclone ocluído em latitudes médias no Ártico.

Os sistemas convectivos de mesoescala (SCM) têm uma escala espacial de dezenas de quilômetros, e uma escala temporal de algumas horas. Eles podem causar tempo severo, incluindo tempestades e tornados. As tempestades são geradas por ascensão convectiva, que pode resultar do aquecimento diurno, ascensão orográfica ou linhas de instabilidade. Várias células podem se organizar em um complexo convectivo de mesoescala (CCU) e avançar com o fluxo de grande escala. As tempestades associadas a um sistema convectivo em deslocamento propiciam o ambiente necessário para a formação de pedras de granizo e para a geração de tornados.

> **TEMAS PARA DISCUSSÃO**
>
> - Quais são as diferenças essenciais entre sistemas de mesoescala e de escala sinótica?
> - Usando um *website* apropriado, com cartas sinóticas do tempo (ver Apêndice 4D), trace o movimento de baixas não frontais/cavados e células de alta pressão ao longo de um período de 5 dias, determinando as taxas de deslocamento e as mudanças de intensidade dos sistemas.
> - Do mesmo modo, analise a relação entre altas e baixas superficiais com feições no nível de 500 mb.
> - Considere a distribuição geográfica e a ocorrência sazonal de diferentes tipos de sistemas não frontais de baixa pressão.

REFERÊNCIAS E SUGESTÃO DE LEITURA

Livros

Church, C. R., Burgess, D., Doswell, C. and Davies-Jones, R. P. (eds) (1993) *The Tornado: Its Structure, Dynamics, Prediction, and Hazards.* Geophys. Monogr. 79, Amer. Geophys. Union, Washington, DC, 637pp. [Comprehensive accounts of vortex theory and modeling, observations of tornadic thunderstorms and tornadoes, tornado climatology, forecasting, hazards and damage surveys]

Karoly, D. I. and Vincent, D. G. (1998) *Meteorology of the Southern Hemisphere.* Met. Monogr. 27(49)., American Meteorological Society, Boston, MA, 410pp. [Comprehensive modern account of the circulation, meteorology of the land masses and Pacific Ocean, mesoscale processes, climate variability and change and modeling]

Kessler, E. (ed.) (1986) *Thunderstorm Morphology and Dynamics*, University of Oklahoma Press, Norman, OK, 411pp. [Comprehensive accounts by leading experts on convection and its modeling, all aspects of thunderstorm processes and occurrence in different environments, hail, lightning and tornadoes]

Newton, C. W. (ed.) (1972) *Meteorology of the* Southern Hemisphere, *Met. Monogr.* 13(35), American Meteorological Society, Boston, MA, 263pp. [Original comprehensive account now largely replaced by Karoly and Vincent, 1998]

Newton, C. W. and Holopainen, E. D. (eds) (1990) *Extratropical Cyclones: Palmén Memorial Symposium*, American Meteorological Society, Boston, MA, 262pp. [Invited and contributed conference papers and review articles by leading specialists]

Preston-Whyte, R. A. and Tyson, P. D. (1988) *The Atmosphere and Weather of Southern Africa*, Oxford University Press, Capetown, SA, 375pp. [An introductory meteorology text from a Southern Hemisphere viewpoint, with chapters on circulation and weather in Southern Africa as well as climate variability]

Riley, D. and Spolton, L. (1974) *World Weather and Climate*, Cambridge University Press, Cambridge, 120 pp.

Strahler, A. N. (1965) *Introduction to Physical Geography*, Wiley, New York, 455pp.

Taylor, J. A. and Yates, R. A. (1967) *British Weather in Maps*, 2nd edn, Macmillan, London 315pp [Illustrates how to interpret synoptic maps and weather reports, including the lapse-rate structure]

Artigos científicos

Ashley, W. S. (2007) Spatial and temporal analysis of tornado fatalities in the United States: 1880–2005. *Weather and Forecasting* 22, 1214–28.

Belasco, J. E. (1952) Characteristics of air masses over the British Isles, Meteorological Office. *Geophysical Memoirs* 11(87) (34pp.).

Bennetts, D. A., Grant, J. R. and McCallum, E. (1988) An introductory review of fronts: Part I Theory and observations. *Met. Mag.* 117, 357–70.

Blanchard, D. O. (1990) Mesoscale convective patterns of the southern High Plains. *Bull. Amer. Met. Soc.* 71(7), 994–1005.

Boucher, R. J. and Newcomb, R. J. (1962) Synoptic interpretation of some TIROS vortex patterns: a preliminary cyclone model. *J. Appl. Met.* 1, 122–36.

Boyden, C. J. (1963) Development of the jet stream and cut-off circulations. *Met. Mag.* 92, 287–99.

Bracegirdle, T. J. and Gray, S. L. (2008) An objective climatology of the dynamical forcing of polar lows in the Nordic seas. *Int. J. Climatol.* 28, 1903–19.

Browning, K. A. (1968) The organization of severe local storms. *Weather* 23, 429–34.

Browning, K. A. (1985) Conceptual models of precipitation systems, *Met. Mag.* 114, 293–319.

Browning, K. A. (1986) Weather radar and FRONTIERS. *Weather* 41, 9–16.

Browning, K. A. (1990) Organization of clouds and precipitation in extratropical cyclones, in Newton, C. W. and Holopainen, E. D. (eds) *Extratropical Cyclones. The Erik Palmén Memorial Volume*, American Meteorological Society, Boston, MA, 129–53.

Browning, K. A. and Hill, F. F. (1981) Orographic rain. *Weather* 36, 326–9.

Browning, K. A. and Roberts, N. M. (1994) Structure of a frontal cyclone. *Quart. J. Roy. Met. Soc.* 120, 1535–57.

Browning, K. A., Bader, M. J., Waters, A. J., Young, M. V. and Monk, G. A. (1987) Application of satellite imagery to nowcasting and very short range forecasting. *Met. Mag.* 116, 161–79.

Businger, S. (1985) The synoptic climatology of polar low outbreaks. *Tellus* 37A, 419–32.

Carleton, A. M. (1985) Satellite climatological aspects of the 'polar low' and 'instant occlusion'. *Tellus* 37A, 433–50.

Carleton, A. M. (1996) Satellite climatological aspects of cold air mesocyclones in the Arctic and Antarctic. *Global Atmos. Ocean*, 5, 1–42.

Crowe, P. R. (1949) The trade wind circulation of the world. *Trans. Inst. Brit. Geog.* 15, 38–56.

Crowe, P. R. (1965) The geographer and the atmosphere. *Trans. Inst. Brit. Geog.* 36, 1–19.

Dudhia, J. (1997) Back to basics: thunderstorms. Part 2 – Storm types and associated weather. *Weather* 52, 2–7.

Eyre, J. A. (1992) How severe can a 'severe' thunderstorm be? *Weather* 47, 374–83.

Fujita, T. T. (1981) Tornadoes and downbursts in the context of generalized planetary scales. *J. Atmos. Sci.* 38, 1511–34.

Galloway, J. L. (1958a) The three-front model: its philosophy, nature, construction and use. *Weather* 13, 3–10.

Galloway, J. L. (1958b) The three-front model, the tropopause and the jet stream. *Weather* 13, 395–403.

Galloway, J. L. (1960) The three-front model, the developing depression and the occluding process. *Weather* 15, 293–309.

Godson, W. L. (1950) The structure of North American weather systems. *Cent. Proc. Roy. Met. Soc.*, London, 89–106.

Griffiths, D. J. et al. (1993) Severe thunderstorms in New South Wales: climatology and means of assessing the impact of climate change. *Climatic Change* 25, 369–88.

Gyakum, J. R. (1983) On the evolution of the QE II storm, I: Synoptic aspects. *Monthly Weather Review* 111, 1,137–55.

Hare, F. K. (1960) The westerlies. *Geog. Rev.* 50, 345–67.

Harman, J. R. (1971) *Tropical waves, jet streams, and the United States weather patterns.* Association of American Geographers, Commission on College Geography, Resource Paper No. 11, 37pp.

Harrold, T. W. (1973) Mechanisms influencing the distribution of precipitation within baroclinic disturbances. *Quart. J. Roy. Met. Soc.* 99, 232–51.

Hindley, K. (1977) Learning to live with twisters. *New Scientist* 70, 280–2.

Hobbs, P. V. (1978) Organization and structure of clouds and precipitation on the meso-scale and micro-scale of cyclonic storms. *Rev. Geophys. and Space Phys.* 16, 741–55.

Hobbs, P. V., Locatelli, J. D. and Martin, J. E. (1996) A new conceptual model for cyclones generated in the lee of the Rocky Mountains. *Bull. Amer. Met. Soc.* 77(6), 1169–78.

Houze, R. A. and Hobbs, P. V. (1982) Organization and structure of precipitating cloud systems. *Adv. Geophys.* 24, 225–315.

Hughes, P. and Gedzelman, S. D. (1995) Superstorm success. *Weatherwise* 48(3), 18–24.

Jackson, M. C. (1977) Meso-scale and small-scale motions as revealed by hourly rainfall maps of an outstanding rainfull event: 14–16 September 1968. *Weather* 32, 2–16.

Kalnay, E. et al. (1996) The NCEP/NCAR 40-year reanalysis project. *Bull. Amer. Met. Soc.* 77(3), 437–71.

Kelly, D.L. et al. (1978) An augmented tornado climatology. *Mon. Wea. Rev.*, 106, 1172–83.

Klein, W. H. (1948) Winter precipitation as related to the 700mb circulation. *Bull. Amer. Met. Soc.* 29, 439–53.

Klein, W. H. (1957) *Principal tracks and mean frequencies of cyclones and anticyclones in the Northern Hemisphere.* Research Paper No. 40, Weather Bureau, Washington, DC 60pp.

Kocin, P. J., Schumacher, P. N., Morales, R. F., Jr. and Uccellini, L. W. (1995) Overview of the 12–14 March 1993 Superstorm. *Bull. Amer. Met. Soc.* 76(2), 165–82.

Liljequist, G. H. (1970) *Klimatologi.* Generalstabens Litografiska Anstalt, Stockholm.

Locatelli, J. D., Martin, J. E., Castle, J. A. and Hobbs, P. V. (1995) Structure and evolution of winter cyclones in the central United States and their effects on the distribution of precipitation: Part III. The development of a squall line associated with weak cold frontogenesis aloft. *Monthly Weather Review* 123, 2641–62.

Ludlam, F. H. (1961) The hailstorm. *Weather* 16, 152–62.

Lyall, I. T. (1972) The polar low over Britain. *Weather* 27, 378–90.

Maddox, R. A. (1980) Mesoscale convective complexes. *Bull. Amer. Met. Soc.* 61, 1374–87.

McPherson, R. D. (1994) The National Centers for Environmental Prediction: operational climate, ocean and weather prediction for the 21st century. *Bull. Amer. Met. Soc.* 75(3), 363–73.

Miles, M. K. (1962) Wind, temperature and humidity distribution at some cold fronts over SE England. *Quart. J. Roy. Met. Soc.* 88, 286–300.

Miller, R. C. (1959) Tornado-producing synoptic patterns. *Bull. Amer. Met. Soc.* 40, 465–72.

Miller, R. C. and Starrett, L. G. (1962) Thunderstorms in Great Britain. *Met. Mag.* 91, 247–55.

Monk, G. A. (1992) Synoptic and mesoscale analysis of intense mid-latitude cyclones. *Met. Mag.* 121, 269–83.

Musk, L. F. (1988) *Weather Systems*, Cambridge University Press, Cambridge, 160pp.

Newton, C. W. (1966) Severe convective storms. *Adv. Geophys.* 12, 257–308.

NOAA (1982) *Tornado safety. Surviving nature's most violent storms.* NOAA/PA 82001 National Weather Service, NOAA, Rockville, MD, 8pp.

Parker, D. J. (2000) Frontal theory. *Weather* 55(4), 120–1.

Pedgley, D. E. (1962) A meso-synoptic analysis of the thunderstorms on 28 August 1958. *Geophys. Memo. Meteorolog. Office* 14(1) (30pp.).

Penner, C. M. (1955) A three-front model for synoptic analyses. *Quart. J. Roy. Met. Soc.* 81, 89–91.

Petterssen, S. (1950) Some aspects of the general circulation of the atmosphere. *Cent. Proc. Roy. Met. Soc.*, London, 120–55.

Portelo, A. and Castro, M. (1996) Summer thermal lows in the Iberian Peninsula: a threedimensional simulation. *Quart. J. Roy. Met. Soc.* 122, 1–22.

Reed, R. J. (1960) Principal frontal zones of the northern hemisphere in winter and summer. *Bull. Amer. Met. Soc.* 41, 591–8.

Richter, D. A. and Dahl, R. A. (1958) Relationship of heavy precipitation to the jet maximum in the eastern United States. *Monthly Weather Review* 86, 368–76.

Roebber, P. J. (1989) On the statistical analysis of cyclone deepening rates, *Monthly Weather Review* 117, 2293–8.

Sanders, F. and Gyakum, J. R. (1980) Synopticdynamic climatology of the 'bomb'. *Monthly Weather Review* 108, 1,589–606.

Shapiro, M. A. and Keyser, D. A. (1990) Fronts, jet streams and the tropopause, in Newton, C. W. and Holopainen, E. O. (eds) *Extratropical Cyclones. The Erik Palmén Memorial Volume*, Amer. Met. Soc., Boston, MA., 167–91.

Showalter, A. K. (1939) Further studies of American air mass properties. *Monthly Weather Review* 67, 204–18.

Slater, P. M. and Richards, C. J. (1974) A memorable rainfall event over southern England. *Met. Mag.* 103, 255–68 and 288–300.

Smith, W. L. (1985) Satellites, in Houghton, D. D. (ed.) *Handbook of Applied Meteorology*, Wiley, New York, 380–472.

Stoelinga, M.T., Locatelli, J.D. and Hobbs, P.V. (2002) Warm occlusions, cold occlusions and forward-tilting cold fronts. *Bull. Ame. Met. Soc.* 83(5), 709–21.

Snow, J. T. (1984) The tornado. *Sci. American* 250(4), 56–66.

Snow, J. T. and Wyatt, A. L. (1997) Back to basics: the tornado, Nature's most violent wind. Part 1 – Worldwide occurrence and characterization. *Weather* 52(10), 298–304.

Sumner, G. (1996) Precipitation weather. *Geography* 81, 327–45.

Sutcliffe, R. C. and Forsdyke, A. G. (1950) The theory and use of upper air thickness patterns in forecasting. *Quart. J. Roy. Met. Soc.* 76, 189–217.

Taljaard, J. J., van Loon, H., Crutcher, H. L. and Jenne, R. L. (1969) Climate of the upper air: I. Southern hemisphere, in *Temperatures, Dew Points and Heights at Selected Pressure Levels*, vol. 1, U.S. Naval Weather Service, Washington DC NAVAIR 50–1C-55, 135pp.

Uccellini, L. W. (1990) Process contributing to the rapid development of extratropical cyclones, in Newton, C. and Holopainen, E. (eds) *Extratropical Cyclones: The Eric Palmen Memorial Volume*. *Amer. Met. Soc.* 81–107.

Vederman, J. (1954) The life cycles of jet streams and extratropical cyclones. *Bull. Amer. Met. Soc.* 35, 239–44.

Wallington, C. E. (1963) Meso-scale patterns of frontal rainfall and cloud. *Weather* 18, 171–81.

Wendland, W. M. and Bryson, R. A. (1981) Northern Hemisphere airstream regions. *Monthly Weather Review* 109, 255–70.

Wendland, W. M. and McDonald, N. S. (1986) Southern Hemisphere airstream climatology. *Monthly Weather Review* 114, 88–94.

Wick, G. (1973) Where Poseidon courts Aeolus. *New Scientist*, 18 January, 123–6.

Yoshino, M. M. (1967) Maps of the occurrence frequencies of fronts in the rainy season in early summer over east Asia. *Science Reports of the Tokyo University of Education* 89, 211–45.

Young, M.V. (1994a) Back to basics, depressions and anticyclones. Part 1 – Introduction. *Weather* 49, 306–12.

Young, M.V. (1994b) Back to basics: depressions and anticyclones. Part 2 – Life cycles and weather characteristics. *Weather* 49, 362–70.

O tempo e o clima em latitudes médias e altas

10

OBJETIVOS DE APRENDIZAGEM

Depois de ler este capítulo, você:

- estará familiarizado com os principais fatores que determinam o clima em muitas regiões de latitudes médias e altas e nas margens subtropicais;
- visualizará o papel das grandes barreiras topográficas na determinação do clima regional; e
- conhecerá os contrastes entre as condições climáticas no Ártico e na Antártica.

Nos Capítulos 7 e 8, apresentamos a estrutura geral da circulação atmosférica e analisamos o comportamento e a origem dos ciclones extratropicais. A contribuição direta dos sistemas de pressão para a variabilidade diária e sazonal do tempo no cinturão de ventos de oeste é clara para os habitantes das regiões temperadas. No entanto, existem contrastes igualmente evidentes no clima regional nas latitudes médias, que refletem a interação entre fatores geográficos e meteorológicos. Este capítulo faz uma síntese sobre o tempo e o clima em diversas regiões extratropicais, com base nos princípios já apresentados. As condições climáticas das margens subtropicais e polares do cinturão de ventos de oeste, e das próprias regiões polares, são analisadas nas seções finais do capítulo. Quando possível, são usados temas diferentes para ilustrar alguns dos aspectos mais significativos do clima em cada área.

A EUROPA

1 Condições de vento e pressão

Os aspectos dominantes do padrão médio de pressão sobre o Atlântico Norte são a Baixa da Islândia e a Alta dos Açores. Elas estão presentes em todas as estações (ver Figura 7.9), embora sua localização e intensidade relativa mudem consideravelmente. O fluxo superior nesse setor sofre pouca mudança sazonal em seu padrão, mas os ventos de oeste diminuem sua intensidade pela metade do inverno para o verão. O outro sistema de pressão importante que influencia os climas europeus é o anticlone siberiano de inverno, cuja ocorrência é intensificada pela ampla cobertura de neve do inverno e pela acentuada continentalidade da Eurásia. As depressões atlânticas costumam avançar em direção aos mares da Noruega ou Mediterrâneo no inverno, mas, se forem para leste, sofrem oclusão e se fecham muito antes de penetrar no centro da Sibéria. Assim, a alta pressão siberiana é quase permanente nessa estação e, quando se estende para oeste, condições severas afetam grande parte da Europa. No verão, a pressão é baixa sobre toda a Ásia, e depressões do Atlântico tendem a seguir um caminho mais zonal. Embora as trilhas de tempestades sobre a Europa não se voltem para o polo no verão, as depressões observadas nessa estação são menos intensas, de modo que os contrastes menores entre as massas de ar geram frentes mais fracas.

As velocidades dos ventos sobre a Europa Ocidental mantêm uma forte relação com a ocorrência e o movimento das depressões. Os ventos mais fortes ocorrem em costas expostas ao fluxo de ar de noroeste, que segue a passagem de sistemas frontais, ou em feições topográficas constritas que direcionam o movimento das depressões ou afunilam o fluxo de ar através delas (Figura 10.1). Por exemplo, o desfiladeiro de Carcassone no sudoeste da França é uma rota sul preferencial para depressões no sentido leste a partir do Atlântico. Os vales do Ródano e do Ebro são canais de ventos fortes na esteira de depressões localizada no Mediterrâneo ocidental, gerando os ventos mistral e cierzo, respectivamente, no inverno (ver C1, neste capítulo). Por toda a Europa Ocidental, a velocidade média dos ventos nos topos de colinas é pelo menos 100% maior do que em locais mais protegidos. Os ventos em terreno aberto são, em média, 25-30% mais fortes do que em locais protegidos; e as velocidades dos ventos costeiros são pelo menos 10-20% menores do que sobre os mares adjacentes (ver Figura 10.1).

2 Maritimidade e continentalidade

As temperaturas de inverno no noroeste europeu são 11°C ou mais acima da média latitudinal (ver Figura 3.18), fato este que costuma ser atribuído à presença da Corrente do Atlântico Norte. Todavia, existe uma complexa interação entre o oceano e a atmosfera. A corrente, que se origina na Corrente do Golfo na costa da Flórida e é intensificada pela Corrente das Antilhas, é movida principalmente pelo vento e iniciada pelos ventos predominantes de sudoeste. Ela flui a uma velocidade de 16 a 32 km por dia e, assim, a partir da Flórida, a água leva em torno de oito ou nove meses para alcançar a Irlanda e por volta de um ano para chegar à Noruega (ver Capítulo 7D.1). Os ventos de sudoeste transportam calor sensível e latente adquirido sobre o Atlântico ocidental no rumo à Europa e, embora continuem a ganhar calor sobre a porção nordeste do Atlântico Norte, esse aquecimento local ocorre principalmente por meio do efeito de arraste dos ventos sobre as águas quentes superficiais. O aquecimento de massas de ar sobre o Atlântico nordeste tem significância quando o ar polar ou ártico flui para sudeste a partir da Islândia. A temperatura nessas correntes de ar no inverno pode subir 9°C entre a Islândia e o norte da Escócia. Em contrapartida, o ar tropical marítimo esfria 4°C em média entre os Açores e o sudoeste da Inglaterra no inverno e verão. Um efeito evidente da Corrente do Atlântico Norte é a ausência de gelo ao redor da linha de costa da Noruega. Todavia, o principal fator que afeta o clima no noroeste europeu é o vento predominante *em direção à costa*, que transfere calor para a área.

A influência de massas de ar marítimo pode se estender Europa adentro devido à existência de poucas barreiras topográficas importantes ao fluxo de ar e à presença do Mar Mediterrâneo. Assim, a mudança para um regime climático mais continental é relativamente gradual, com exceção da Escandinávia, onde a cadeia montanhosa produz um nítido contraste entre o oeste da Noruega e a Suécia. Há inúmeros índices que expressam essa continentalidade, mas a maioria deles baseia-se na amplitude anual da temperatura (ver Nota 1). O índice de continentalidade de Gorczynski (K) é:

$$K = 1{,}7 \frac{A}{\operatorname{sen}\varphi} - 20{,}4$$

onde A é a amplitude anual da temperatura (°C) e φ é o ângulo da latitude. (O índice pressupõe que a amplitude anual da radiação solar aumenta com a latitude, mas, de fato, ela está no máximo ao redor de 55°N). K varia de 0 em

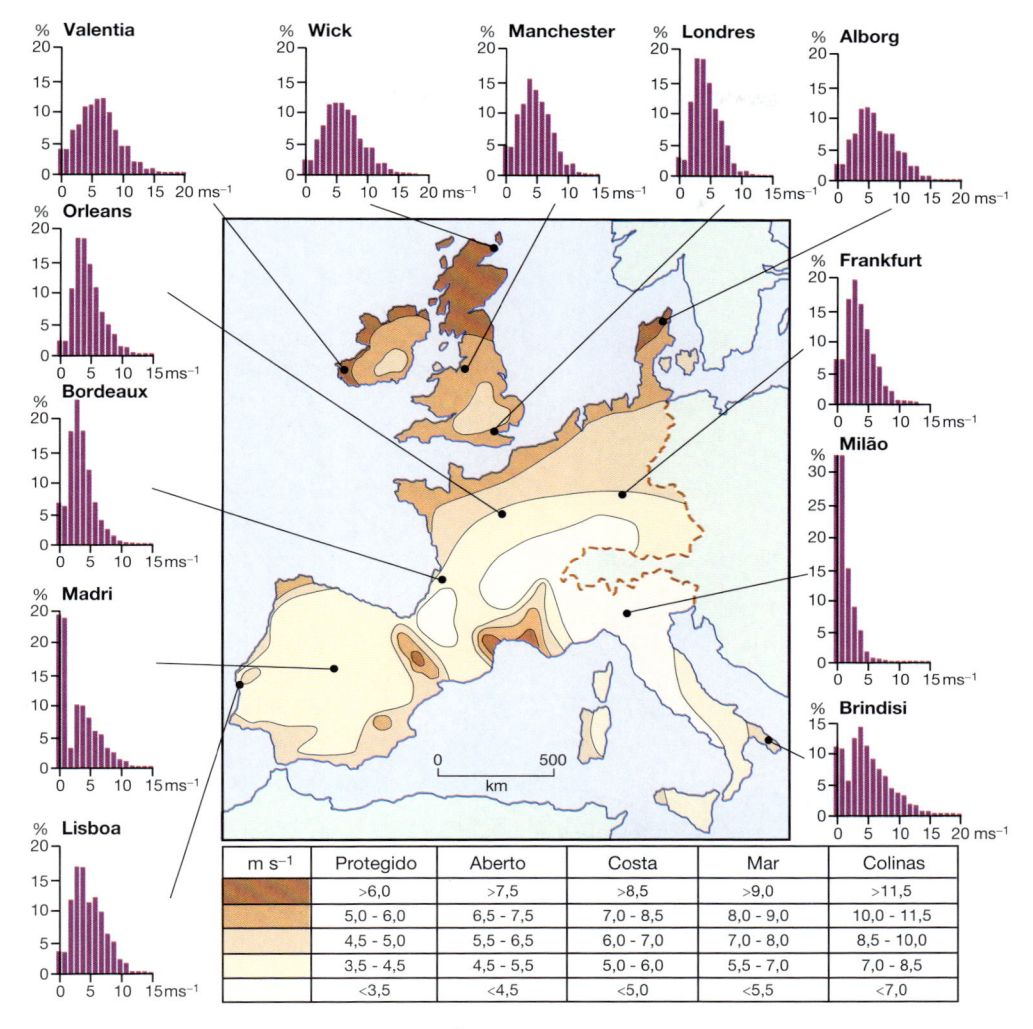

CAPÍTULO 10 O tempo e o clima em latitudes médias e altas

m s⁻¹	Protegido	Aberto	Costa	Mar	Colinas
	>6,0	>7,5	>8,5	>9,0	>11,5
	5,0 - 6,0	6,5 - 7,5	7,0 - 8,5	8,0 - 9,0	10,0 - 11,5
	4,5 - 5,0	5,5 - 6,5	6,0 - 7,0	7,0 - 8,0	8,5 - 10,0
	3,5 - 4,5	4,5 - 5,5	5,0 - 6,0	5,5 - 7,0	7,0 - 8,5
	<3,5	<4,5	<5,0	<5,5	<7,0

Figura 10.1 Velocidades médias do vento (m s⁻¹) sobre a Europa Ocidental, medidas a 50 m acima do nível do solo para terreno protegido, planícies abertas, zona costeira, mar aberto e topos de colinas. São mostradas as frequências (%) de velocidades dos ventos para 12 locais.

Fonte: Troen e Petersen (1989). Cortesia da Commission of the European Communities.

estações oceânicas extremas a 100 em estações continentais extremas, mas seus valores ocasionalmente ficam fora desses limites. Alguns valores observados na Europa são: 10 para Londres, 21 para Berlim e 42 para Moscou. A Figura 10.2 mostra a variação desse índice sobre a Europa.

Uma abordagem independente relaciona a frequência de massas de ar continental (C) com a de todas as massas de ar (N) como um índice da continentalidade, isto é, $K = C/N$ (%). A Figura 10.2 mostra que o ar não continental ocorre pelo menos na metade do tempo sobre a Europa, a oeste de 15°E, bem como sobre a Suécia e a maior parte da Finlândia.

Outro exemplo de regimes marítimos e continentais é encontrado comparando-se Valentia (Eire), Bergen e Berlim (Figura 10.3). Valentia tem temperaturas uniformes e uma máxima de pluviosidade no inverno como resultado

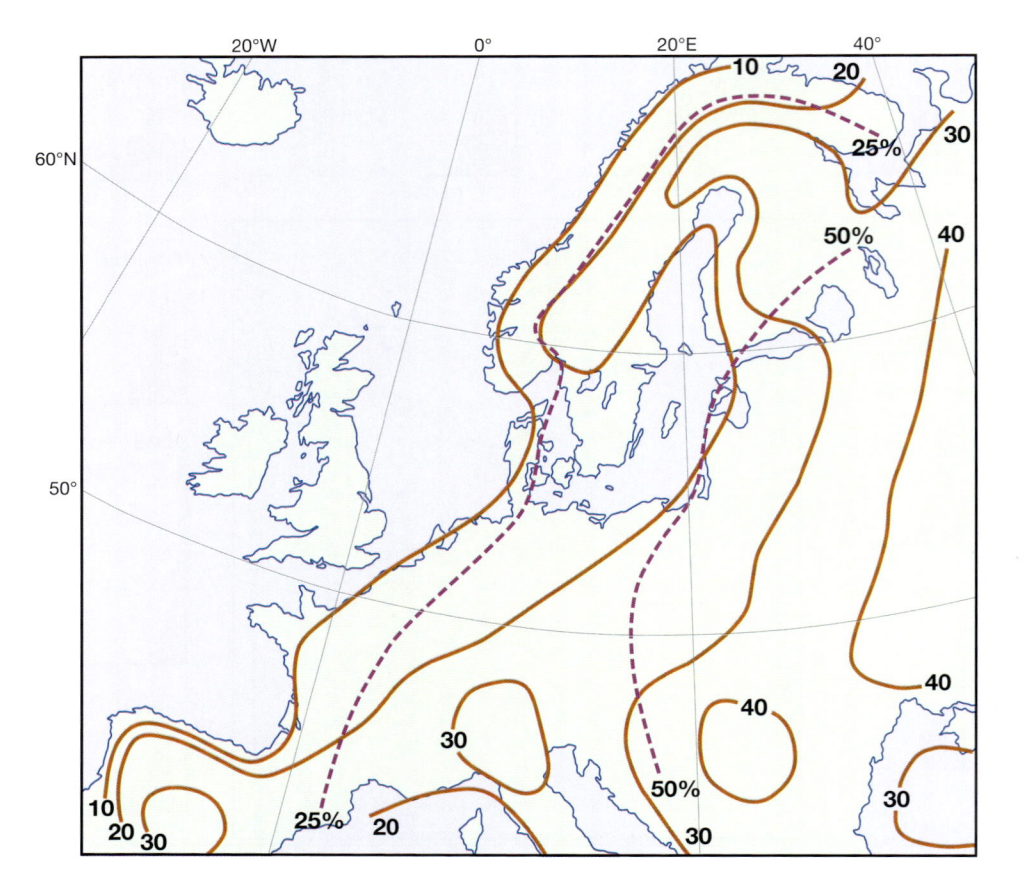

Figura 10.2 Continentalidade na Europa. Os índices de Gorczynski (linha tracejado) e Berg (linha contínua) são explicados no texto. Ver também Nota 1, Cap. 10.
Fonte: Adaptado de Blüthgen (1966).

de sua situação oceânica (p. 60), ao passo que Berlim tem uma considerável amplitude térmica e uma máxima de pluviosidade no verão. Um clima "uniforme" teoricamente ideal foi definido como aquele com temperaturas médias de 14°C em todos os meses do ano. Bergen recebe grandes totais de pluviosidade por causa da intensificação orográfica, e tem um máximo no outono e no inverno, sendo sua faixa de temperatura intermediária entre as outras duas. Essas médias transmitem apenas uma impressão geral das características climáticas e, portanto, os padrões climáticos britânicos serão analisados mais detalhadamente.

3 Padrões de vento e suas características climáticas nas Ilhas Britânicas

Os mapas meteorológicos diários para o setor das Ilhas Britânicas (50-60°N, 2°E-10°W) de 1873 ao presente foram classificados em um esquema desenvolvido pelo falecido professor H. H. Lamb, segundo a direção dos ventos ou padrão isobárico. Ele identificou sete categorias principais: tipos oeste (W), noroeste (NW), norte (N), leste (E) e sul (S) – referindo-se às direções de onde os ventos e os sistemas meteorológicos vêm. Os tipos ciclônico (B) e anticiclônico (A) indicam quando uma célula de

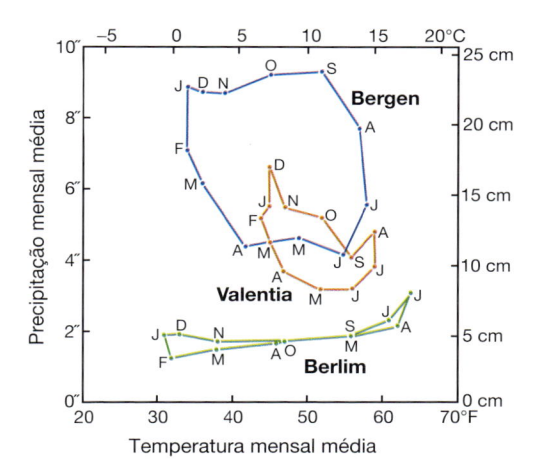

Figura 10.3 Gráfico poligonal de temperatura e precipitação (Hythergraph) para Valentia (Eire), Bergen e Berlim. São plotados os totais médios de temperatura e precipitação para cada mês.

Figura 10.4 Situações sinóticas sobre as Ilhas Britânicas, classificadas segundo os tipos de fluxos de ar de H. H. Lamb.

Fonte: Lamb; O'Hare and Sweeney (1993). Copyright © The Geographical Association and G. O'Hare.

baixa ou alta pressão, respectivamente, domina o mapa sinótico (Figura 10.4).

Em princípio, cada categoria deveria produzir um tipo característico de tempo, dependendo da estação, e o termo *tipo de tempo* às vezes é usado para transmitir essa ideia. Foram realizados estudos estatísticos das condições climáticas *reais* em diferentes localidades com padrões isobáricos específicos – um campo de estudo conhecido como *climatologia sinótica*. As condições climáticas gerais e as massas de ar associadas aos tipos de ventos identificados por Lamb sobre as Ilhas Britânicas são sintetizadas na Tabela 10.1.

Em uma média anual, o tipo de fluxo de ar mais frequente é o de oeste; incluindo os subtipos ciclônico e anticiclônico, ele tem uma frequência de 35% de dezembro a janeiro, e quase a mesma frequência de julho a setembro (Figura 10.5). O mínimo ocorre em maio (15%), quando os tipos de norte e leste atingem seus níveis máximos (por volta de 10% cada). Os padrões ciclônicos puros são mais frequentes de julho a agosto (13-17%) e os padrões anticiclônicos, em junho e setembro (20%); os padrões ciclônicos têm frequência ⩾10% em todos os meses, e os padrões anticiclônicos, ⩾13%. A Figura 10.5 ilustra a temperatura média diária na região central da Inglaterra e a precipitação média diária sobre a Inglaterra e o País de Gales para cada tipo nos meses de meia-estação para o período 1861-1979.

A frequência mensal dos diferentes tipos de massas de ar sobre as Ilhas Britânicas foi analisada por J. Belasco para 1938-1949. Existe uma predominância clara de ar marítimo polar de oeste a noroeste (mP e mPw), que tem fre-

Tabela 10.1 Características climáticas gerais e massas de ar associadas aos tipos de ventos de Lamb sobre as Ilhas Britânicas

Tipo	Condições do tempo meteorológico
Oeste	Clima instável, com direções de ventos variáveis à medida que depressões cruzam a região. Moderado e tempestuoso no inverno, geralmente fresco e nublado no verão (mP, mPw, mT).
Noroeste	Fresco, condições instáveis. Ventos fortes e pancadas afetam especialmente as costas a barlavento, mas a porção sul da Ilha Britânica pode ter clima seco e ensolarado (mP, mA).
Norte	Clima frio em todas as estações, associado muitas vezes a baixas polares. Pancadas de neve e chuva congelada no inverno, especialmente no norte e leste (mA).
Leste	Frio no semestre de inverno, às vezes com tempo muito severo no sul e leste, com neve ou chuva congelada. Quente no verão, com clima seco no oeste. Ocasionalmente tempestuoso (cA, cP).
Sul	Quente e tempestuoso no verão. No inverno, pode estar associado a uma baixa no Atlântico, gerando clima moderado e úmido, especialmente no sudoeste, ou com uma alta sobre a Europa Central, causando tempo frio e seco no inverno (mT, ou cT, verão; mT ou cP, inverno).
Ciclônico	Chuvoso, condições instáveis, acompanhado por ventanias e tempestades. Este tipo pode indicar a passagem rápida de depressões através das Ilhas Britânicas ou a persistência de uma depressão profunda (mP, mPw, mT).
Anticiclônico	Quente e seco no verão, tempestades ocasionais (mT, cT). Frio e geada no inverno, com neblina, especialmente no outono (cP).

quência de 30% ou mais sobre o sudeste da Inglaterra em todos os meses, exceto em março. A frequência máxima de ar mP em Kew (Londres) é 33% (com mais 10% de mPw) em julho. A proporção é ainda maior em distritos costeiros do oeste, com ar mP e mPw ocorrendo nas Ilhas Hébridas, por exemplo, em pelo menos 38% dos dias ao longo do ano.

Os tipos de massas de ar também podem ser usados para descrever condições meteorológicas típicas. As correntes de ar mP de noroeste produzem tempo fresco e chuvoso em todas as estações. O ar é instável, formando nuvens cumulus, embora, na terra, no inverno e à noite, as nuvens se dispersem, levando a temperaturas noturnas baixas. Sobre o mar, o aquecimento do ar próximo à superfície continua durante o dia e à noite nos meses de inverno, de modo que podem ocorrer pancadas de chuva e rajadas de vento a qualquer momento, que afetam as áreas costeiras a barlavento. As temperaturas médias diárias com ar mP ficam dentro de ±1°C das médias sazonais no inverno e verão, dependendo do caminho exato do ar. Condições mais extremas ocorrem com o ar mA, e variações da temperatura em Kew são de aproximadamente −4°C no verão e inverno. A visibilidade no ar mA costuma ser muito boa. A contribuição das massas de ar mP e mA para a pluviosidade média anual durante um período de cinco anos nas três estações no norte da Inglaterra e do País de Gales é mostrada na Tabela 10.2, embora devamos observar que as duas massas de ar também podem estar envolvidas na ocorrência de baixas polares não frontais. Sobre grande parte do sul da Inglaterra, e em áreas a sotavento de elevações, fluxos de ar de norte e noroeste geralmente levam a tempo limpo e ensolarado, com poucas chuvas, o que é ilustrado na Tabela 10.2. Em Rotherham, a sotavento dos Montes Peninos, a porcentagem de chuva que ocorre com ar mP é muito menor do que na Costa Oeste (Squires Gate).

O ar tropical marítimo geralmente forma o setor quente das depressões oriundas entre o oeste e o sul rumo às Ilhas Britânicas. O tempo é moderado e úmido para a estação, com ar mT no inverno. Geralmente, existe uma cobertura total de nuvens stratus ou stratocumulus, podendo haver garoa ou chuva leve, especialmente sobre elevações do terreno, onde as nuvens baixas causam neblina. A dispersão das nuvens à noite, com ventos leves, rapidamente resfria o ar úmido até seu ponto de orvalho, formando neblina e nevoeiro. A Tabela 10.2 mostra que uma grande proporção da pluviosidade anual é associada a frentes quentes e setores quentes e, portanto, pode ser atribuída à convergência

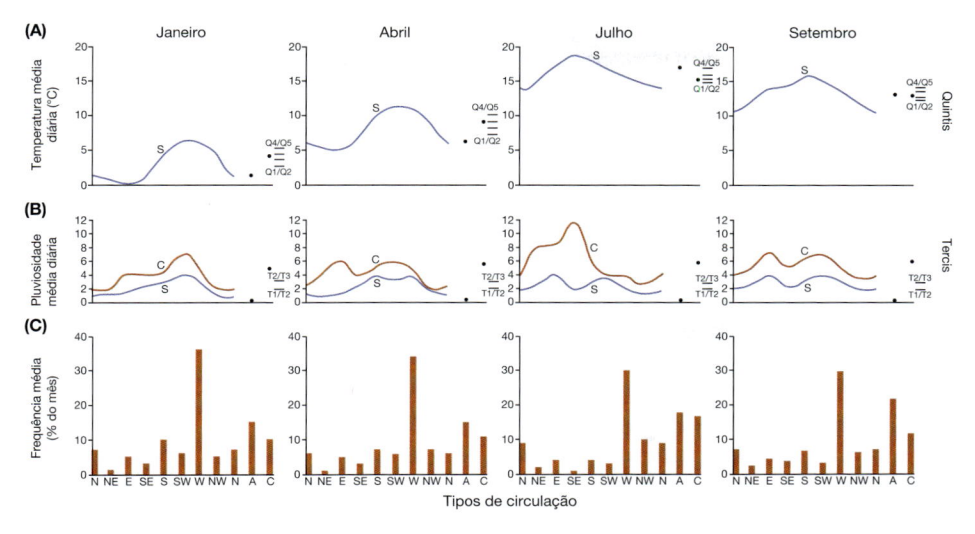

Figura 10.5 Condições climáticas médias associadas aos tipos de circulação de Lamb para janeiro, abril, julho e setembro, 1861-1979. (A): temperatura média diária (°C) no centro da Inglaterra para os tipos de fluxos médios dos ventos (S); à direita, encontram-se os quintis da temperatura média mensal (isto é, Q1/Q2 = 20%, Q4/Q5 = 80%); (B): pluviosidade média diária (em milímetros) sobre a Inglaterra e o País de Gales para os fluxos médio dos ventos (S) e ciclônico (C) de cada tipo e tercis dos valores médios (isto é, T1/T2 = 33%, T2/T3 = 67%); (C): frequência média (%) para cada tipo de circulação, incluindo anticiclônica (A) e ciclônica (C).

Fonte: Storey (1982) com permissão de Royal Meteorological Society.

e elevação frontal dentro do ar mT. No verão, a cobertura de nuvens com essa massa de ar mantém as temperaturas mais próximas da média do que no inverno; as temperaturas noturnas tendem a ser altas, mas as máximas do dia permanecem bastante baixas.

No verão, "plumas" de ar mT quente e úmido podem se espalhar para norte a partir das adjacências da Espanha para a Europa Ocidental. Esse ar é bastante instável, com um significativo cisalhamento vertical do vento e temperatura potencial de bulbo úmido que pode exceder 18°C. A instabilidade pode aumentar se o ar Atlântico mais frio sofrer advecção sob a pluma a partir do oeste. Tempestades tendem a se formar ao longo da borda norte frontal da pluma de umidade sobre as Ilhas Britânicas e o noroeste da Europa. Ocasionalmente, depres-

Tabela 10.2 Porcentagem da pluviosidade anual (1956-1960) com diferentes situações sinóticas

Estação	Categorias sinóticas								
	Frente quente	Setor quente	Frente fria	Oclusão	Baixa polar	mP	cP	Ártico	Tempestade com relâmpagos e trovoadas
Cwm Dyli (99 m)*	18	30	13	10	5	22	0,1	0,8	0,8
Squires Gate (10 m)†	23	16	14	15	7	22	0,2	0,7	3
Rotherham (21 m)‡	26	9	11	20	14	15	1,5	1,1	3

Fonte: Shaw (1962), e R. P. Mathews (inédito).

Obs.: *Snowdonia. †Costa de Lancashire (Blackpool). ‡Don Valley, Yorkshire.

sões se formam na frente e avançam para leste, trazendo tempestades por toda a região (Figura 10.6). Em média, dois sistemas convectivos de mesoescala afetam o sul das Ilhas Britânicas a cada verão, avançando para norte vindo da França.

Ocasionalmente, o ar polar afeta as Ilhas Britânicas entre dezembro e fevereiro. As temperaturas médias diárias ficam bastante abaixo da média, e as máximas alcançam apenas em torno de um grau acima do ponto de congelamento. O ar é muito frio e estável (ver o tipo leste em janeiro, Figura 10.4), mas uma trilha sobre a parte central do Mar do Norte fornece calor e umidade suficientes para causar pancadas, muitas vezes na forma de neve, sobre o leste da Inglaterra e da Escócia. De maneira geral, isso representa apenas uma contribuição muito pequena para a precipitação anual, como mostra a Tabela 10.2, e na Costa Oeste, o clima costuma ser limpo. Um tipo de massa de ar transicional cP-cT atinge as Ilhas Britânicas a partir do sudeste europeu em todas as estações, embora seja menos frequente no verão. Esses ventos são secos e estáveis.

O ar tropical continental ocorre, em média, por volta de um dia por mês no verão, o que explica a raridade das ondas de calor no verão, pois esses ventos de sul ou sudeste trazem tempo quente e estável. As camadas inferiores são estáveis, e o ar costuma ser nebuloso, mas as camadas superiores tendem a ser instáveis, e o aquecimento superficial pode ocasionalmente desencadear uma tempestade (ver tipo ciclônico de sul em julho, Figura 10.4).

4 Singularidades e o ciclo sazonal

A sabedoria popular a respeito do tempo expressa a crença de que cada estação tem o seu próprio tempo meteorológico característico (por exemplo, na Inglaterra, as "chuvas de

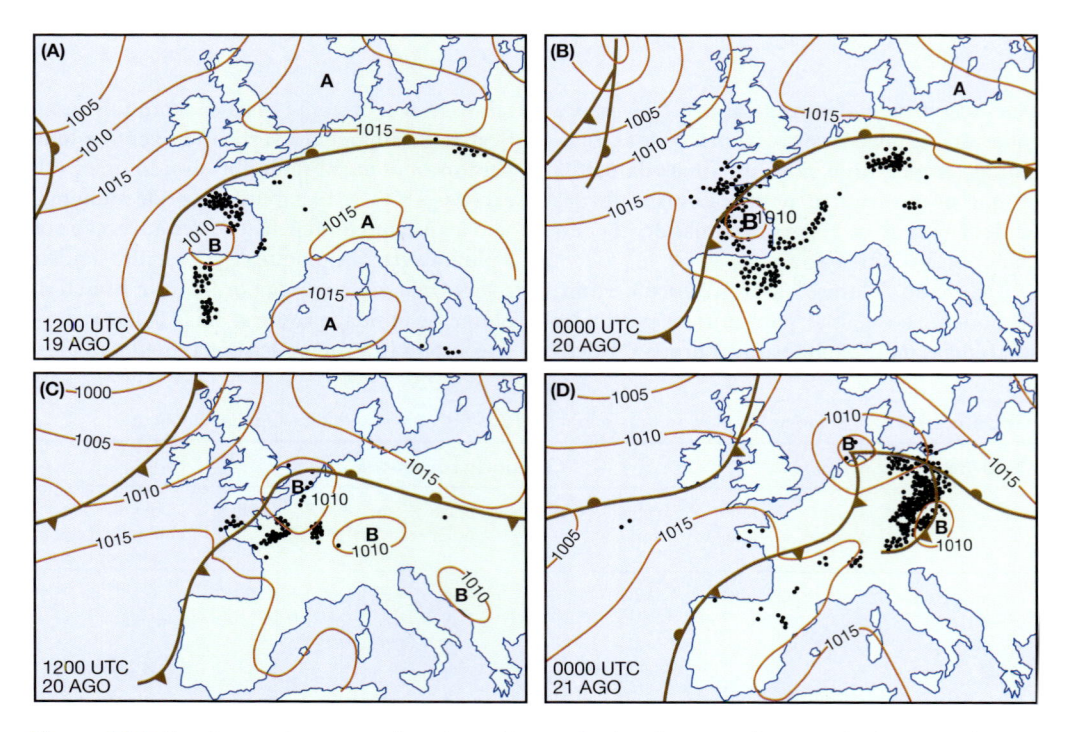

Figura 10.6 Distribuição de tempestades sobre a Europa Ocidental entre os dias 19 e 21 de agosto de 1992 (tempestades para o período de quatro horas antes da hora mostrada). Uma pequena depressão se forma sobre a Baía da Biscaia e avança para leste, ao longo do limite do ar quente, formando uma linha de rajadas fortes.

abril"). Adágios antigos sugerem que até mesmo a sequência do tempo pode ser determinada pelas condições estabelecidas em uma determinada data. Por exemplo, diz-se que 40 dias de tempo úmido ou de tempo bom ocorrem após o dia de São Swithin (St. Swithin's Day, 15 de julho) na Inglaterra; condições de sol no "Dia da Marmota" (Groundhog Day, 2 de fevereiro) anunciam seis semanas a mais de inverno nos Estados Unidos. Algumas dessas ideias são falaciosas, mas outras contêm mais que um pingo de verdade se interpretadas da maneira apropriada.

A tendência de um certo tipo de tempo se repetir com regularidade razoável em torno da mesma data é denominada *singularidade*. Muitos calendários de singularidades já foram compilados, particularmente na Europa. Os primeiros, concentrados em anomalias de temperatura ou chuvas, não se mostraram muito confiáveis. Obteve-se maior sucesso no estudo de singularidades no padrão de circulação; Flohn e Hess e Brezowsky prepararam catálogos para a Europa central, e Lamb, para as Ilhas Britânicas. Os resultados de Lamb baseiam-se em cálculos da frequência diária das categorias de ventos entre 1898 e 1947, com alguns exemplos mostrados na Figura 10.7. Um aspecto notável é a baixa frequência dos tipos de oeste na primavera, a estação mais seca do ano nas Ilhas Britânicas, e também no norte da França, norte da Alemanha e nos países ao redor do Mar do Norte. O catálogo europeu baseia-se em uma classificação dos padrões de grande escala no escoamento na troposfera inferior (*Grosswetterlage*) sobre a Europa central. Algumas das singularidades que ocorrem mais regularmente na Europa são as seguintes:

1 Em meados de junho, há um aumento súbito na frequência do tipo de oeste e noroeste sobre as Ilhas Britânicas. Essas invasões de ar marítimo também afetam a Europa Central, e esse período marca o começo das "monções de verão" europeias.

2 Por volta da segunda semana de setembro, a Europa e as Ilhas Britânicas são afetadas por um período de tempo anticiclônico.

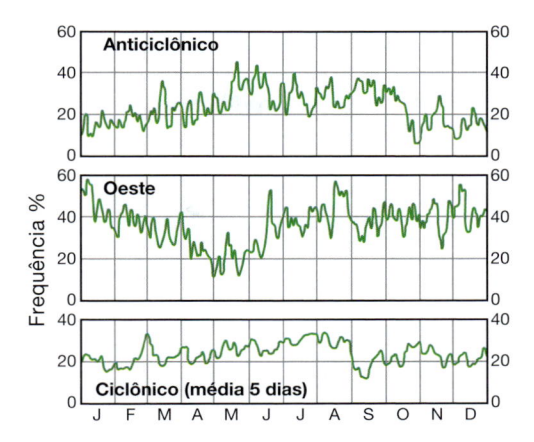

Figura 10.7 Frequência percentual de condições anticiclônicas, de oeste e ciclônicas sobre as Ilhas Britânicas, 1898-1947.
Fonte: Lamb (1950).

Ele pode ser interrompido por depressões atlânticas, trazendo clima tempestuoso para as Ilhas Britânicas no final de setembro, embora as condições anticiclônicas voltem a afetar a Europa central no final do mês e as Ilhas Britânicas durante o início de outubro.

3 Um período notável de tempo úmido costuma afetar a Europa Ocidental e a metade oeste do Mediterrâneo ao final de outubro, ao passo que o tempo na Europa Oriental geralmente permanece estável.

4 Condições anticiclônicas retornam às Ilhas Britânicas e afetam grande parte da Europa em meados de novembro, com nevoeiro e geada.

5 No começo de dezembro, depressões atlânticas de oeste trazem tempo úmido moderado sobre a maior parte da Europa.

Além dessas singularidades, são reconhecidas importantes tendências sazonais. Para as Ilhas Britânicas, Lamb identificou cinco *estações naturais* com base em períodos de um determinado tipo que duraram 25 dias ou mais durante 1898-1947 (Figura 10.8), a saber:

1 *Primavera ao começo do verão* (do começo de abril a meados de junho). Há condições meteorológicas variáveis, com menos pro-

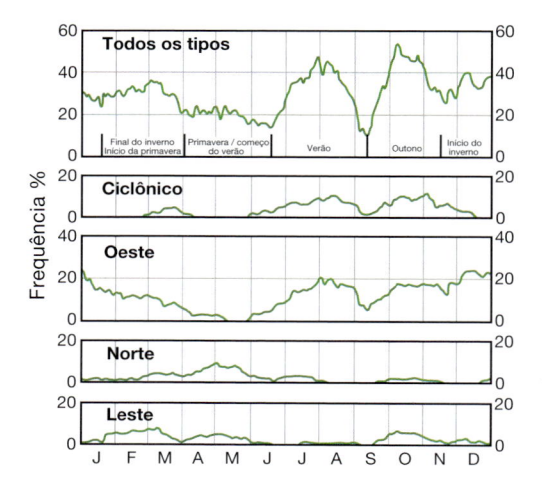

Figura 10.8 Frequência de períodos longos (25 dias ou mais) de um determinado tipo de vento sobre as Ilhas Britânicas, 1898-1947. O diagrama, que mostra todos os períodos longos, também indica a divisão do ano em "estações naturais".

Fonte: Lamb (1950). Com permissão de Royal Meteorological Society.

babilidade de que haja longos períodos de uma mesma condição. As condições de norte na primeira metade de maio são a característica mais significativa, embora haja uma tendência acentuada de anticiclones ocorrerem do final de maio ao começo de junho.

2 *Alto verão* (de meados de junho ao começo de setembro). Longos períodos de tipos variados podem ocorrer em anos diferentes. Os tipos de oeste e de noroeste são os mais comuns, e podem ser combinados com tipos ciclônicos e anticiclônicos. Sequências persistentes do tipo ciclônico ocorrem com mais frequência do que tipos anticiclônicos.

3 *Outono* (da segunda semana de setembro à metade de novembro). Períodos longos de condições específicas ocorrem na maioria dos anos. As condições anticiclônicas ocorrem principalmente na primeira metade, e os períodos ciclônicos e tempestuosos, de outubro a novembro.

4 *Começo do inverno* (da terceira semana de novembro a meados de janeiro). Períodos longos são menos frequentes do que no verão e no outono. Geralmente, são do tipo oeste, trazendo tempo tempestuoso e moderado.

5 *Final do inverno e começo da primavera* (da terceira semana de janeiro ao final de março). Os períodos longos nessa época do ano podem ser de tipos bastante diferentes, de modo que, em alguns anos, ocorre tempo típico de inverno, ao passo que, em outros, há uma primavera precoce já no final de fevereiro.

5 Anomalias sinóticas

As características meteorológicas médias dos regimes de pressão, ventos e fluxos de ar sazonais propiciam apenas um quadro parcial das condições climáticas. Alguns padrões de circulação ocorrem de forma irregular e, ainda assim, devido à sua tendência de persistir por semanas ou mesmo meses, são um elemento essencial do clima.

Os *padrões de bloqueio* são um exemplo importante. No Capítulo 7, observamos que a circulação zonal em latitudes médias às vezes se decompõe em um padrão celular. Esse fato costuma estar associado a uma divisão da corrente de jato em dois ramos sobre latitudes médias mais altas e mais baixas e à formação de uma baixa isolada (ver Capítulo 8H.4) a sul de uma célula de alta pressão, chamada de *anticiclone de bloqueio*, pois impede o movimento normal para leste de depressões no fluxo zonal. A Figura 10.9 ilustra a frequência de bloqueios para uma parte do Hemisfério Norte mostrando cinco desses grandes centros de bloqueio (A). Uma área importante é a Escandinávia, particularmente na primavera. Os ciclones são desviados para nordeste, em direção ao Mar da Noruega, ou para sudeste, rumo ao sul da Europa. Esse padrão, com um fluxo leste ao redor das margens sul do anticiclone, gera clima severo no inverno sobre grande parte do norte europeu. De janeiro a fevereiro de 1947, por exemplo, o fluxo de leste através das Ilhas Britânicas, resultado do bloqueio sobre a Escandinávia, levou a frio extremo e nevascas frequentes. Os ventos foram quase continuamente de leste entre 22 de janeiro e 22 de fevereiro, e mesmo as temperaturas durante o dia subiam pouco acima do ponto de congelamento. Houve precipitação de neve todos os dias em alguma parte das Ilhas Britânicas de 22 de janeiro a 17 de março de 1947, com fortes tempestades de neve à medida que depressões atlânticas ocluídas avançavam lentamente pela região. Outros meses de inverno notavelmente severos – janeiro de 1881, fevereiro de 1895, janeiro de 1940 e fevereiro de 1986 – resultaram de anomalias de pressão semelhantes, com pressão bastante acima da média ao norte das Ilhas Britânicas e abaixo da média para o sul, causando ventos persistentes de leste.

Os efeitos das situações de bloqueio de inverno sobre o noroeste europeu são mostrados nas Figuras 10.10 e 10.11. As quantidades de precipitação são acima do normal, principalmente sobre a Islândia e o oeste do Mediterrâneo, pois as depressões são desviadas ao redor do bloqueio, seguindo o caminho das correntes de jato em níveis mais elevados. Sobre a maior parte da Europa, a precipitação se mantém abaixo da média, e esse padrão se repete com os bloqueios de verão. As temperaturas de inverno são acima da média sobre o Atlântico nordeste e áreas de terra adjacentes, mas abaixo da média sobre a Europa Central e Oriental e o Mediterrâneo, devido a invasões de ar cP (Figura 10.11). As anomalias de temperatura negativa associadas aos fluxos de ar do norte no verão cobrem a maior parte da Europa; somente a região norte da Escandinávia tem valores acima da média.

A localização exata do bloqueio é de fundamental importância. Por exemplo, no verão de 1954, um bloqueio situado na Europa Oriental e na Escandinávia deixou depressões estagnadas sobre as Ilhas Britânicas, causando um agosto nublado e úmido, ao passo que, em 1955, o bloqueio estava localizado sobre o Mar do Norte, resultando em um verão quente e ensolarado. Um bloqueio persistente sobre o noroeste europeu causou secas nas Ilhas Britânicas e no continente durante 1975-1976. Outra localização desses bloqueios, ainda que menos comum, é a Islândia. Um exemplo notável foi o inverno de 1962-1963, quando uma alta pressão

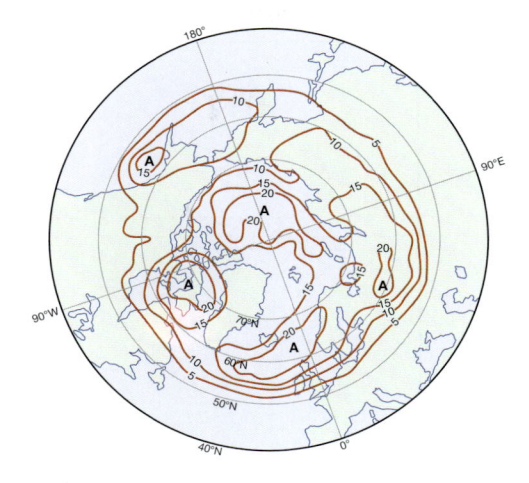

Figura 10.9 Frequência de ocorrência de condições de bloqueio no nível de 500 mb para todas as estações. Valores calculados como médias de cinco dias em uma grade com resolução de 381 × 381 km para o período 1946-78.

Fonte: Knox and Hay (1985). Com permissão de Royal Meteorological Society.

persistente a sudeste da Islândia trouxe fluxos de ar de norte e nordeste sobre as Ilhas Britânicas. As temperaturas na região central da Inglaterra foram as mais baixas observadas desde 1740, com uma média de 0°C para dezembro de 1962 a fevereiro de 1963. A Europa Central foi afetada por correntes de ar de leste, com as temperaturas médias em janeiro ficando 6°C abaixo da média.

6 Efeitos topográficos

Em diversas partes da Europa, a topografia tem um efeito notável sobre o clima, não apenas nas terras altas em si, mas também nas áreas adjacentes. Além dos efeitos mais óbvios sobre as temperaturas, as quantidades de precipitação e os ventos, as principais massas montanhosas também afetam o movimento dos sistemas frontais. O arraste friccional sobre as barreiras montanhosas aumenta a inclinação das frentes frias e diminui a das frentes quentes, de modo que estas são retardadas, e aquelas, aceleradas.

As montanhas da Escandinávia formam uma das barreiras climáticas mais significativas da Europa, como resultado de sua orientação

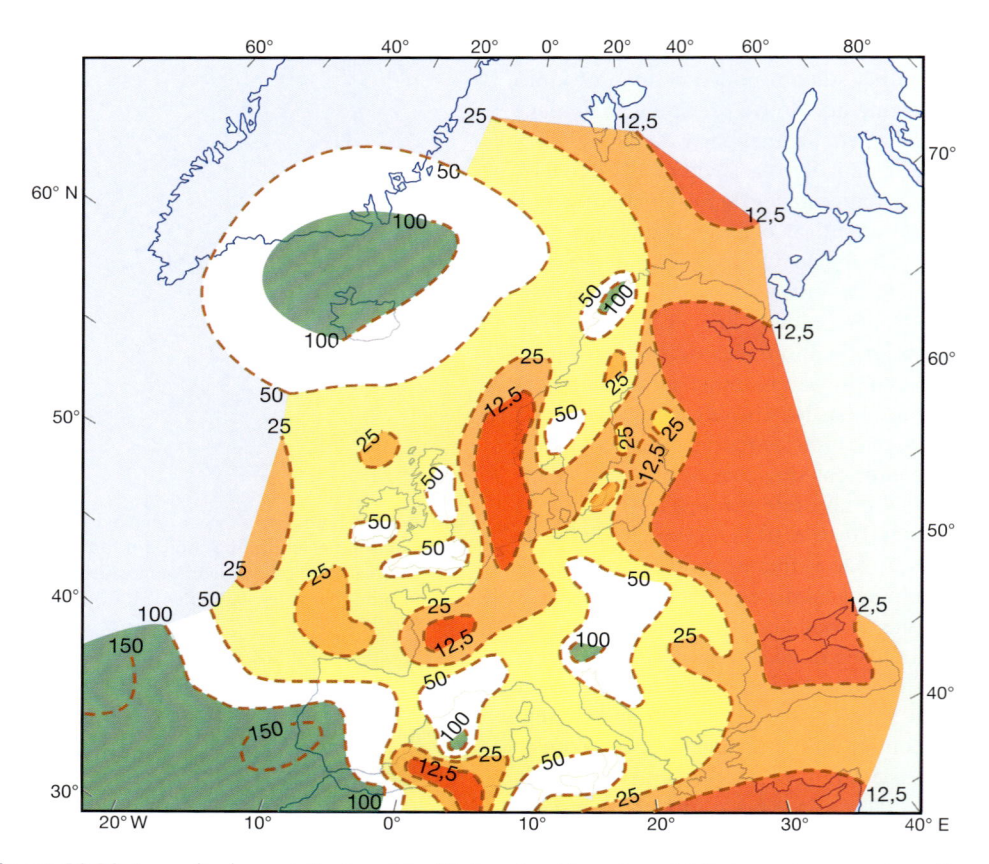

Figura 10.10 Anomalia de precipitação média (%) durante o bloqueio anticiclônico no inverno sobre a Escandinávia. As áreas acima do normal estão destacadas em verde, e as áreas registrando precipitação entre 50 e 100%, em branco.
Fonte: Rex (1950). Com permissão de Tellus.

com relação ao fluxo de ar de oeste. As massas de ar marítimas são forçadas a subir sobre as zonas elevadas, gerando totais anuais de precipitação de mais de 2500 mm nas montanhas do oeste da Noruega, ao passo que, ao descerem a sotavento, causam uma redução súbita nos totais. A região elevada de Gudbrandsdalen e Osterdalen, a sotavento das montanhas Jotunheim e Dovre, recebe uma média de menos de 500 mm, sendo também registrados valores baixos na região central da Suécia, ao redor de Östersund.

As montanhas também funcionam no sentido oposto. Por exemplo, o ar ártico do Mar de Barents pode avançar para o sul no inverno, sobre o Golfo de Bothnia, geralmente quando há uma depressão sobre o norte da Rússia, gerando temperaturas muito baixas na Suécia e na Finlândia. O oeste da Noruega raramente é afetado, pois a onda fria é contida a leste das montanhas. Em consequência disso, há um súbito gradiente climático ao longo das montanhas da Escandinávia nos meses de inverno.

Os Alpes ilustram exemplos de outros efeitos topográficos. Junto com os Pirineus e as montanhas dos Bálcãs, os Alpes efetivamente separam a região climática do Mediterrâneo da região da Europa. A penetração de massas de ar quente a norte dessas barreiras é comparativamente rara e efêmera. Todavia, com certos padrões de pressão, o ar do Mediterrâneo e do norte da Itália é forçado a cruzar os Alpes, perdendo sua umidade por precipitação sobre as

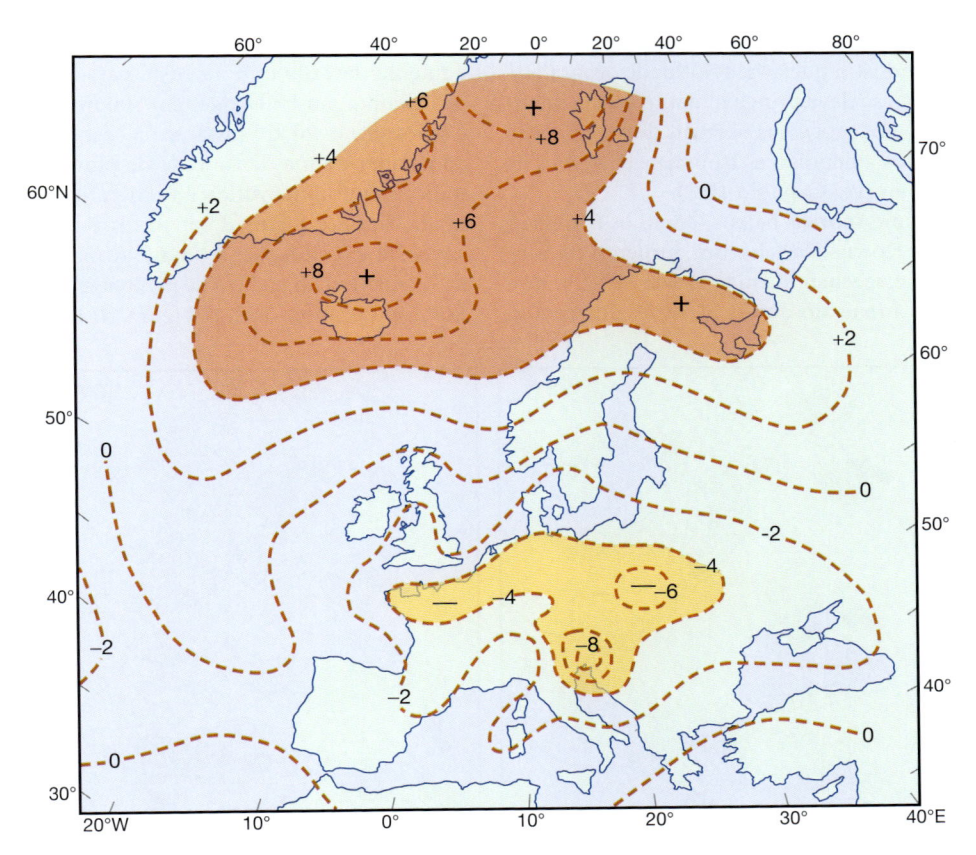

Figura 10.11 Anomalia de temperatura superficial média (°C) durante um bloqueio anticiclônico no inverno sobre a Escandinávia. As áreas com mais de 4°C acima do normal estão destacadas em marrom (+), e as áreas com mais de 4°C abaixo do normal, em amarelo (−).
Fonte: Rex (1950), com permissão de Tellus.

encostas ao sul. O aquecimento adiabático seco no lado norte das montanhas pode facilmente elevar as temperaturas em 5-6°C nos vales elevados do Aar, do Reno e do Inn. Em Innsbruck, ocorrem aproximadamente 50 dias por ano com ventos föhn, com máximas na primavera. Essas ocorrências podem levar ao rápido derretimento da neve, criando um risco de avalanches. Com o escoamento de norte ao longo dos Alpes, pode haver ventos föhn no norte da Itália, mas seus efeitos são menos expressivos.

As características do clima nas terras altas das Ilhas Britânicas ilustram alguns dos diversos efeitos da altitude. A precipitação média anual sobre a costa oeste ao nível do mar é de aproximadamente 1140 mm, mas, nas montanhas a oeste da Escócia, no Lake District e no País de Gales, as médias ultrapassam os 3800 mm por ano. O recorde anual é 6530 mm em 1954 em Sprinkling Tarn, Cumbria, e 1450 mm caíram em um único mês (outubro de 1909) a leste do cume de Snowdon em North Wales. O número anual de dias de chuva (dias com pelo menos 0,25 mm de precipitação) aumenta de aproximadamente 165 no sudeste da Inglaterra e na costa sul para mais de 230 dias no noroeste das Ilhas Britânicas. Existe um pequeno aumento na frequência da chuva com a altitude sobre as montanhas a noroeste. Assim, a pluviosidade média por dia de chuva aumenta subitamente de 5 mm perto do nível do mar no oeste e noroeste para mais de 13 mm nas Western

Highlands, no Lake District e em Snowdonia. Isso demonstra que a "pluviosidade orográfica" neste caso se deve principalmente a uma intensificação dos processos normais de precipitação associados a depressões frontais e correntes de ar instáveis (ver Capítulo 4E.3).

Mesmo morros baixos, como os Chilterns e South Downs, causam um aumento na pluviosidade, recebendo em torno de 120-130 mm por ano a mais do que as planícies adjacentes.

Em South Wales, a precipitação média anual aumenta de 1200 mm na costa para 2500 mm nas Glamorgan Hills, que têm 500 m de altura e se localizam 20 km distante da costa. Estudos com radar e uma densa rede de pluviômetros indicam que a intensificação orográfica é acentuada durante fluxos de ar fortes e baixos de sudoeste em situações frontais. A maior parte da intensificação na taxa de precipitação ocorre nos 1500 m inferiores. A Figura 10.12 mostra

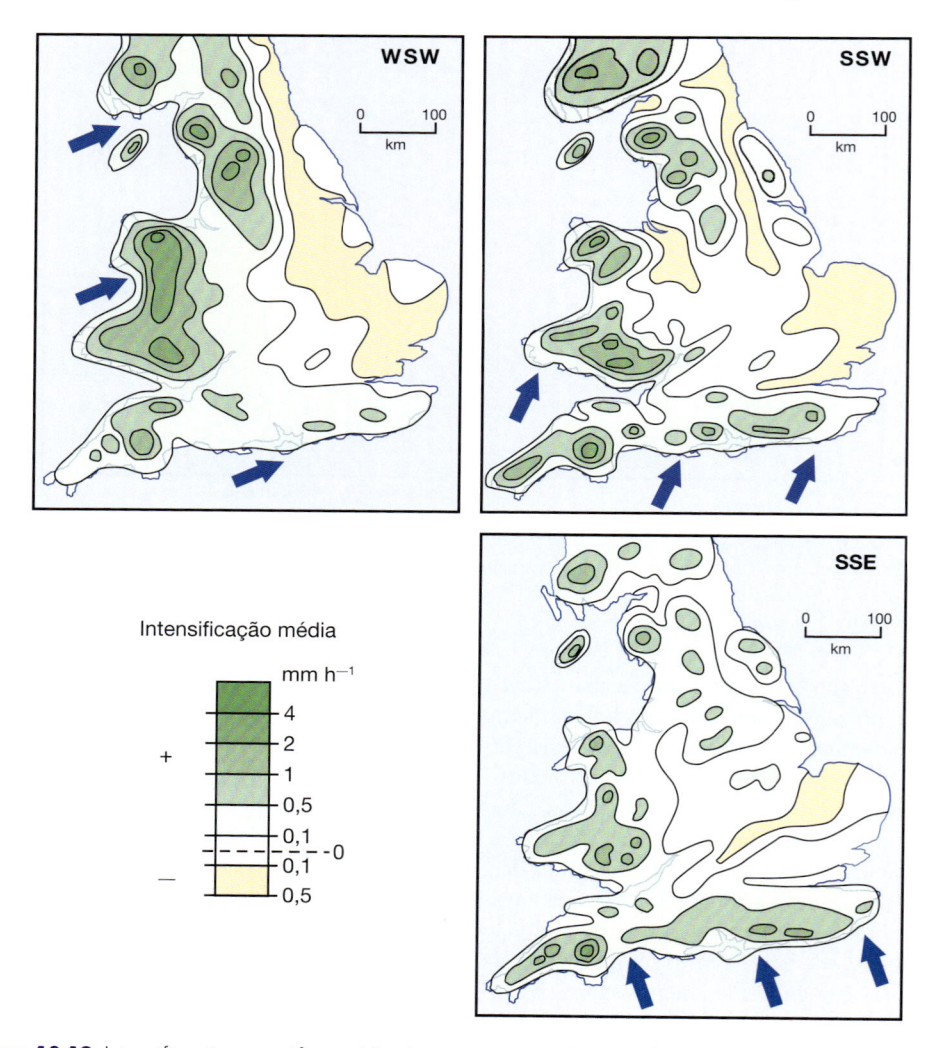

Figura 10.12 Intensificação orográfica média da precipitação sobre a Inglaterra e o País de Gales, com média para vários dias de vento com direção razoavelmente constante de cerca de 20 m s^{-1} e fluxo baixo e quase saturado.

Fonte: Browning and Hill (1981), com permissão de Royal Meteorological Society.

a intensificação média conforme a direção do vento sobre a Inglaterra e o País de Gales, com uma média de vários dias de ventos de velocidade razoavelmente constante de cerca de 20 m s^{-1} e fluxo baixo quase saturado, atribuído a um único sistema frontal por dia. Existem diferenças visíveis no País de Gales e no sul da Inglaterra entre ventos de SSW e de WSW, ao passo que, para o fluxo de SSE, as montanhas de North Wales e os Montes Peninos têm pouco efeito. Também há áreas de efeito negativo no lado a sotavento das montanhas. Os efeitos protetores das elevações geram totais anuais baixos a sotavento (com relação aos ventos predominantes). Assim, o vale do baixo Dee, a sotavento das montanhas de North Wales, recebe menos de 750 mm, em comparação com mais de 2500 mm em Snowdonia.

A complexidade dos diversos fatores que afetam a pluviosidade nas Ilhas Britânicas é demonstrada pelo fato de que existe uma correlação entre os totais anuais no noroeste da Escócia, no Lake District e no oeste da Noruega, que são afetados diretamente pelas depressões atlânticas. Ao mesmo tempo, existe uma relação inversa entre as quantidades anuais nas Western Highlands e na planície de Aberdeenshire, localizada a menos de 240 km ao leste. A precipitação anual nesta área está mais correlacionada com a da planície do leste da Inglaterra. Essencialmente, as Ilhas Britânicas compreendem duas grandes unidades climáticas para a pluviosidade – primeiro, uma "atlântica" com uma máxima sazonal de inverno, e, em segundo lugar, os distritos centrais e orientais, com afinidades "continentais" na forma de uma máxima fraca no verão na maioria dos anos. Outras áreas (o leste da Irlanda, o leste da Escócia, o nordeste da Inglaterra e a maior parte das English Midlands e dos condados da fronteira galesa) têm um segundo semestre do ano úmido.

A ocorrência de neve é outra medida dos efeitos da altitude. Perto do nível do mar, existem cinco dias por ano, em média, com queda de neve no sudoeste da Inglaterra, 15 dias no sudeste e 35 dias no norte da Escócia. Entre 60 e 300 m, a frequência aumenta em um dia a cada 15 m de elevação, e ainda mais rapidamente em terras mais altas. As cifras aproximadas para o norte das Ilhas Britânicas são 60 dias a 600 m e 90 dias a 900 m. O número de manhãs com neve depositada no solo (mais da metade do solo coberto) está relacionado com a temperatura média e, assim, com a altitude. As cifras médias variam de cerca de cinco dias por ano ou menos em grande parte do sul da Inglaterra e Irlanda, a entre 30 e 90 dias nos Montes Peninos e mais de 100 dias nas montanhas Grampiam. Nesta área (nas Cairngorms) e em Ben Nevis, existem vários depósitos semipermanentes de neve a 1160 m. Estima-se que a linha de neve climática teórica – acima da qual haveria acúmulo *líquido* de neve – esteja a 1620 m na Escócia. Desde 1987, em apenas três anos até 2000 foi observada uma duração abaixo da média (1961-2000) da cobertura de neve.

Também existem variações geográficas acentuadas no gradiente dentro das Ilhas Britânicas. Uma medida dessas variações é a duração da "estação de crescimento". Podemos determinar um índice de oportunidade de crescimento contando o número de dias em que a temperatura média diária excede um limiar de 6°C. Ao longo das costas no sudoeste da Inglaterra, a "estação de crescimento" calculada dessa forma é de quase 365 dias por ano. Ali, ela diminui em aproximadamente nove dias por 30 m de elevação, mas, no norte da Inglaterra e na Escócia, a redução é de apenas cinco dias a cada 30 m, entre 250 a 270 dias perto do nível do mar. Em climas continentais, a redução da altitude pode ser ainda mais gradual; na Europa Central e na Nova Inglaterra, por exemplo, é de cerca de dois dias por 30 m.

B AMÉRICA DO NORTE

O continente norte-americano compreende quase 60° de latitude e, como não seria surpresa, apresenta uma ampla variedade de condições climáticas. Ao contrário da Europa, a Costa oeste é delimitada pela cadeia montanhosa da Costa do Pacífico, com mais de 2750 m de altitude, que bloqueia o caminho dos ventos de oeste de latitude média e impede a extensão das influências marítimas para o continente. No interior do continente, não existem obstruções significativas do movimento do ar, e a ausência de qualquer barreira no sentido leste-oeste permite que massas de ar do Ártico e do Golfo do México atravessem as planícies interiores, causando grandes extremos no tempo e no clima. As influências marítimas no leste da América do Norte são limitadas pelo fato de que os ventos predominantes são de oeste, de modo que o regime de temperatura é continental. Entretanto, o Golfo do México é uma fonte importante de umidade para a precipitação sobre a metade leste dos Estados Unidos e, como resultado, os regimes de precipitação são diferentes dos observados no Leste Asiático.

Analisamos primeiramente as características da circulação atmosférica sobre o continente.

1 Sistemas de pressão

O padrão médio de pressão para a troposfera média apresenta um cavado proeminente sobre o leste da América do Norte no verão e no inverno (ver Figuras 7.3 e 7.4). Em parte, é um cavado de sotavento causado pelo efeito das cadeias montanhosas ocidentais sobre os ventos altos de oeste, mas, pelo menos no inverno, a forte zona baroclínica ao longo da Costa Leste do continente é um fator que contribui significativamente nesse sentido. Como resultado desse padrão ondulatório médio, os ciclones tendem a avançar na direção sudeste sobre o Meio-Oeste, carregando o ar polar continental para sul, enquanto os ciclones viajam para nordeste ao longo da Costa Atlântica. A estrutura da onda planetária sobre a região leste do Pacífico Norte e da América do Norte é conhecida como padrão do Pacífico-América do Norte (PNA), que se refere à amplitude relativa dos cavados sobre o Pacífico Norte central e o leste da América do Norte, de uma maneira, e a crista sobre o oeste da América do Norte, de outra. No modo positivo (negativo) do PNA, existe uma trilha de tempestades bem desenvolvida, que vai do Leste Asiático ao Pacífico central e depois ao Golfo do Alasca (os ciclones sobre o Leste Asiático avançam para nordeste, ao mar de Bering, com outra área de baixas na costa oeste do Canadá). As fases positivas (negativas) do PNA tendem a ser associadas a eventos de El Niño (La Niña) no Pacífico equatorial (ver 11G).

O modo do PNA tem consequências importantes para o clima em diferentes partes do continente. De fato, essa relação proporciona a base para as previsões mensais do U.S. National Weather Service. Por exemplo, se o cavado leste estiver mais pronunciado do que o normal, as temperaturas ficarão abaixo da média nas regiões central, sul e leste dos Estados Unidos, ao passo que, se o cavado estiver fraco, o fluxo de oeste será mais forte, com menor oportunidade para invasões de ar frio polar. Às vezes, o cavado é deslocado para a metade ocidental do continente, causando uma inversão do padrão climático usual, pois o fluxo de ar de nível alto de noroeste pode trazer clima frio e seco para o oeste, enquanto, no leste, ocorrem condições bastante moderadas associadas ao fluxo de nível alto de sudoeste. As quantidades de precipitação também dependem das trilhas dos ciclones. Se o cavado superior estiver muito a oeste, haverá formação de depressões à sua frente (ver Capítulo 7F) sobre a região centro-sul dos Estados Unidos, avançando para nordeste rumo ao baixo St. Lawrence, causando mais precipitação do que o normal nessas áreas, e menos ao longo da Costa Atlântica.

As principais características do mapa de pressão em superfície em janeiro (ver Figura 7.9A) são a extensão da alta subtropical sobre a região sudoeste dos Estados Unidos (chamada Great Basin High) e o anticiclone polar separado do distrito de Mackenzie no Canadá. A pressão média é baixa perto das costas leste e oeste em latitudes médias mais altas, onde fontes de calor oceânicas indiretamente originam as baixas (médias) da Islândia e das Aleutas. É interessante observar que, em média, em dezembro, entre todas as regiões do Hemisfério Norte e todos os meses do ano, a região da Great Basin tem a ocorrência mais frequente de altas, ao passo que o Golfo do Alasca tem a frequência máxima de baixas. A costa pacífica, como um todo, tem atividade ciclônica mais intensa durante o inverno, assim como a área dos Grandes Lagos, ao passo que sobre as Great Plains, a máxima é na primavera e no começo do verão. De maneira notável, a Great Basin, em junho, tem a ciclogênese mais frequente de qualquer parte do Hemisfério Norte para qualquer mês do ano. O aquecimento sobre essa área no verão ajuda a manter uma fraca célula de baixa pressão e quase permanente, em nítido contraste com o cinturão subtropical quase contínuo de alta pressão na média troposfera (ver Figura 7.4). O aquecimento continental também auxilia indiretamente na separação da baixa da Islândia, para criar um centro secundário sobre o nordeste canadense. A circulação de verão na costa oeste é dominada pelo anticiclone do Pacífico, enquanto o sudeste dos Estados Unidos é afetado pela célula anticiclônica subtropical do Atlântico (ver Figura 7.9B).

Em uma análise ampla, há três trilhas predominantes de ciclones no continente no inverno (ver Figura 9.21). Um grupo, conhecido como "Alberta clippers", avança do oeste ao longo de um caminho mais ou menos zonal a aproximadamente 45-50°N, ao passo que um segundo vira para sul sobre a região central dos Estados Unidos e então muda para nordeste rumo à Nova Inglaterra e ao Golfo de St. Lawrence. Algumas dessas depressões originam-se sobre o Pacífico, cruzam as cadeias de oeste como um cavado superior e voltam a se formar a sotavento das montanhas. Alberta é uma área conhecida por esse processo, e também pela ciclogênese primária, pois a zona frontal ártica é sobre o noroeste do Canadá no inverno. Essa zona frontal envolve ar mA bastante modificado do Golfo do Alasca e ar cA (ou cP) frio e seco. Os ciclones do terceiro grupo se formam ao longo da principal zona frontal polar, que, no inverno, se localiza na costa leste dos Estados Unidos, e avançam para nordeste, rumo a Newfoundland. Às vezes, essa zona frontal está presente sobre o continente a cerca de 35°N, com ar mT do Golfo e ar cP do norte ou ar mP modificado do Pacífico. As depressões de frente polar que se formam sobre o Colorado avançam a nordeste em direção aos Grandes Lagos; outras se formam sobre o Texas e seguem um caminho quase paralelo, mais ao sul e leste, rumo

à Nova Inglaterra. As anomalias no tempo de inverno sobre a América do Norte são fortemente influenciadas pela posição das correntes de jato e pelo movimento de sistemas de tempestades associados. A Figura 10.13 ilustra seu papel na localização de áreas de chuva forte, enchentes e extremos positivos/negativos na temperatura nos invernos de 1994-1995 e 1995-1996.

Entre as Frentes Ártica e Polar, os meteorologistas canadenses distinguem uma terceira zona frontal. Essa zona frontal marítima (ártica) está presente quando massas de ar mA e mP interagem ao longo de seus limites comuns. O modelo de três frentes (quatro massas de ar) permite que se faça uma análise detalhada da estrutura baroclínica das depressões sobre o continente norte-americano usando mapas sinóticos do tempo e seções transversais da atmosfera. A Figura 10.14 ilustra as três zonas frontais e depressões associadas em 29 de maio de 1963. A 95°W, de 60° a 40°N, as temperaturas do ponto de orvalho registradas nas quatro massas de ar foram de −8°C, 1°C, 4°C e 13°C, respectivamente.

No verão, as depressões são menos frequentes na costa leste, e as trilhas sobre o continente se deslocam para norte, com as principais trilhas sobre a Baía de Hudson e Labrador-Ungava, ou ao longo do St. Lawrence. Elas são associadas principalmente a uma zona frontal marítima mal-definida. A Frente Ártica costuma se localizar ao longo da costa norte do Alasca, onde existe um forte gradiente de temperatura entre a terra exposta e o Oceano Ártico frio, com sua camada de gelo marinho. A leste desse ponto, a frente é bastante variável em sua posição a cada dia e a cada ano. Ela ocorre com mais frequência ao norte de Keewatin e no Estreito de Hudson. Um estudo sobre as temperaturas de massas de ar e regiões de confluência de correntes de ar sugere que uma zona frontal ártica ocorre mais ao sul sobre Keewatin em julho e que sua posição média (Figura 10.15) está relacionada com os limites da floresta boreal com a tundra. Essa relação reflete a importância da predominância das massas de ar árticas para as temperaturas de verão e, consequentemente, para o crescimento de árvores, mas as diferen-

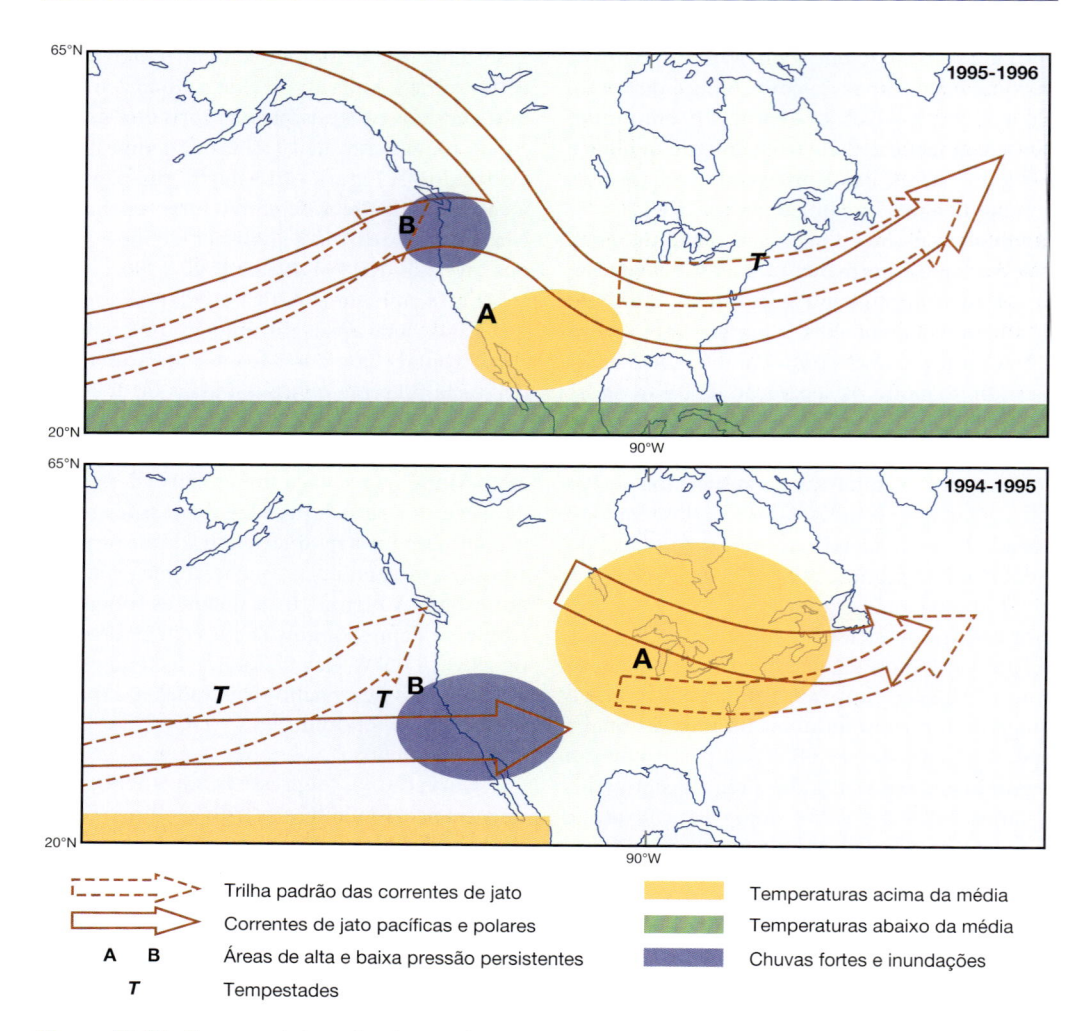

Figura 10.13 Correntes de jato, distribuição da pressão e tempo para a América do Norte durante os invernos de 1995-1996 e 1994-1995.

Fonte: US Department of Commerce, Climate Prediction Center. NOAA. Cortesia do US Department of Commerce.

ças no balanço de energia decorrentes do tipo de cobertura do solo parecem insuficientes para determinar a localização frontal.

Várias singularidades da circulação foram reconhecidas na América do Norte, assim como na Europa (ver A.4, neste capítulo). Três que receberam atenção, por sua proeminência, são: (1) o advento da primavera no final de março; (2) o salto de alta pressão na metade do verão, ao final de junho; e (3) o veranico (*indian summer*) no final de setembro ou final de outubro.

A chegada da primavera é marcada por diferentes respostas climáticas em diferentes partes do continente. Por exemplo, existe uma redução súbita na precipitação de março a abril na Califórnia, devido à extensão da alta do Pacífico. No Meio-Oeste, a intensidade da precipitação aumenta como resultado da ciclogênese mais frequente em Alberta e no Colorado, e da extensão do ar tropical marítimo do Golfo do México em direção ao norte. Essas mudanças fazem parte de um reajuste hemisférico na circulação; no começo de abril, a célula de baixa pressão dos Aleutas, que se localiza ao redor de 55°N 165°W de setembro a março, se divide em duas, com um centro no Golfo do Alasca e o outro sobre o norte da Manchúria.

No final de junho, há um rápido deslocamento das células subtropicais de alta pressão das Bermudas e do Pacífico Norte em direção ao norte. Na América do Norte, isso também empurra as trilhas de depressões para norte, o que diminui a precipitação de junho a julho nas Great Plains ao norte, em uma parte de Idaho e no leste do Oregon. Em contrapartida, o fluxo anticiclônico de sudoeste que afeta o Arizona em junho é substituído por ar do Golfo da Califórnia, e isso leva ao começo das chuvas de verão (ver B.3, neste capítulo). Bryson e Lahey (1958) sugerem que essas mudanças na circulação ao final de junho podem estar conectadas com o desaparecimento da cobertura de neve da tundra ártica. Isso leva a uma redução súbita do albedo superficial de 75 para 15%, com consequentes alterações nos componentes do balanço de calor e, assim, na circulação atmosférica.

A atividade das ondas frontais torna a primeira metade de setembro um período chuvoso nos Estados do Meio-Oeste setentrional de Iowa, Minnesota e Wisconsin, mas, depois de 20 de setembro, as condições anticiclônicas retornam com o fluxo de ar quente do sudoeste seco, trazendo tempo estável – o chamado

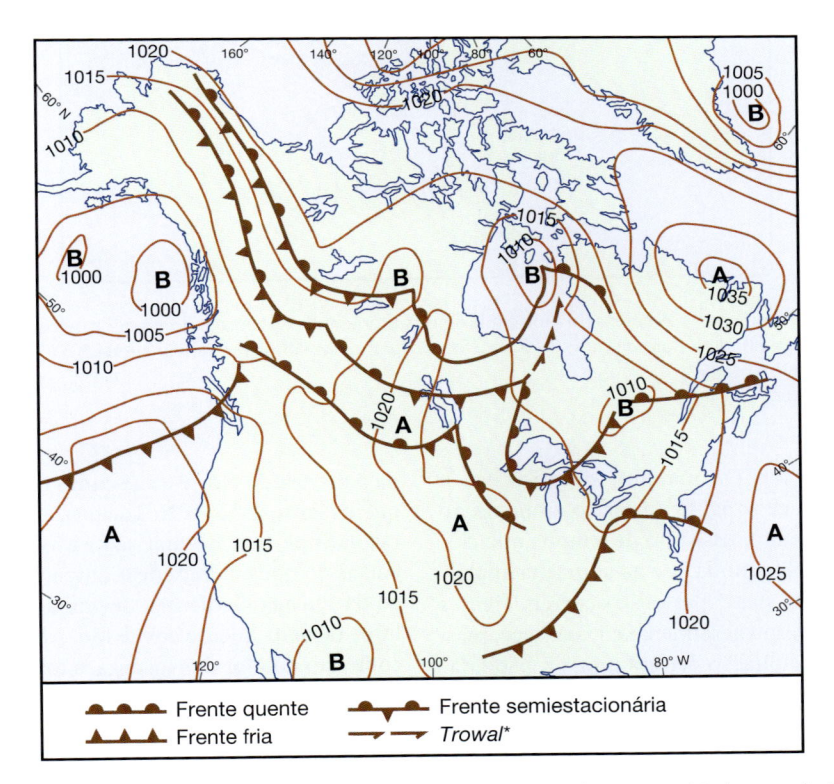

Figura 10.14 Exemplo sinótico de depressões associadas a três zonas frontais em 29 de maio de 1963 sobre a América do Norte.
Fonte: Com base nas cartas sinóticas do Edmonton Analysis Office e Daily Weather Report.

---

* N. de R.T.: *Trowal* (Trough of Warm air Aloft) é uma calha de ar quente em nível superior originada na fase de oclusão de um sistema ciclônico.

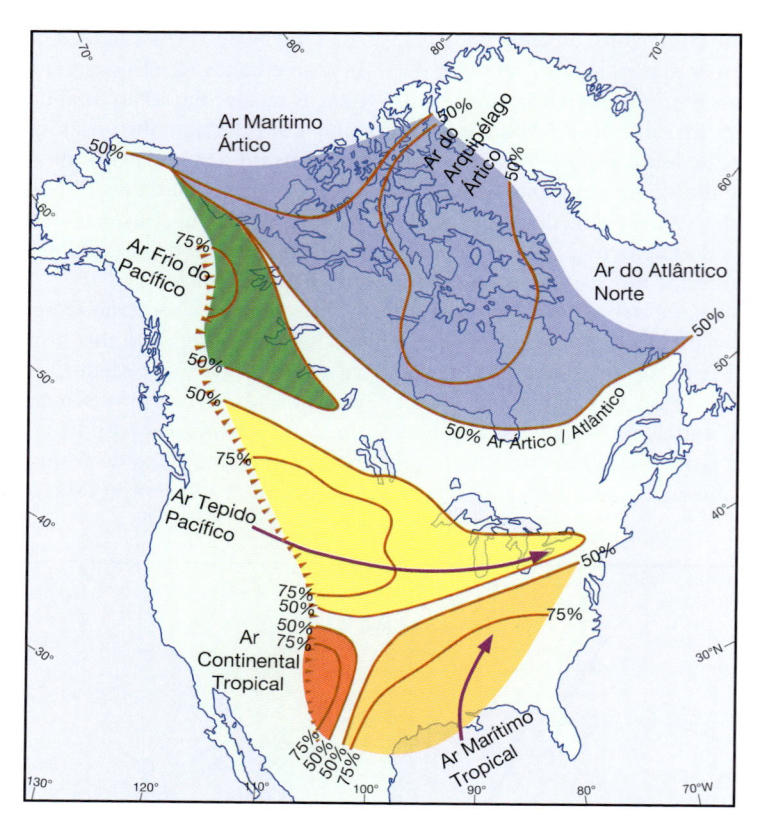

Figura 10.15 Regiões da América do Norte a leste das Montanhas Rochosas, dominadas pelos diversos tipos de massas de ar em julho durante mais de 50 e 75% do tempo. As linhas de frequência de 50% correspondem a posições frontais médias.
Fonte: Bryson (1966).

indian summer. De maneira significativa, o valor do índice zonal hemisférico aumenta no final de setembro. Esse tipo de tempo anticiclônico tem uma segunda fase na quinzena final de outubro, mas, nesse período, ocorrem frentes polares. O tempo geralmente é frio e seco, mas, havendo precipitação, haverá uma probabilidade elevada de nevar.

2 A costa oeste temperada e a cordilheira

A circulação oceânica do Pacífico Norte assemelha-se à do Atlântico Norte. A deriva da Corrente de Kuroshio na costa japonesa é impulsionada pelos ventos de oeste rumo à costa oeste da América do Norte e age como uma corrente quente entre 40° e 60°N. Todavia, as temperaturas da superfície do mar são vários graus mais baixas do que em latitudes comparáveis ao longo da Europa Ocidental, devido ao menor volume de água quente envolvido. Além disso, ao contrário do Mar da Noruega, a forma da linha de costa do Alasca impede a extensão da deriva para latitudes elevadas (ver Figura 7.29).

As cordilheiras na costa pacífica restringem a extensão das influências oceânicas terra adentro e, por essa razão, não existe um amplo clima temperado marítimo como na Europa Ocidental. As principais características climáticas reproduzem as das montanhas costeiras da Noruega e as da Nova Zelândia e do sul do

Chile no cinturão meridional de ventos de oeste. Os fatores topográficos tornam o tempo e o clima nessas áreas bastante variáveis em distâncias curtas, tanto no sentido vertical quanto no horizontal. Nesta seção, algumas características preponderantes foram selecionadas para análise.

Existe um padrão regular de encostas úmidas a barlavento e secas a sotavento ao longo das cordilheiras sucessivas de noroeste a sudeste com uma diminuição mais ampla em direção ao interior. A Coast Range na Colúmbia Britânica tem totais anuais médios de precipitação acima de 2500 mm, com 5000 mm nos locais mais úmidos, comparados com 1250 mm ou menos nos picos das Montanhas Rochosas. Ainda assim, mesmo no lado a sotavento da ilha de Vancouver, a precipitação média em Victoria é de apenas 700 mm. Análogo ao regime de ventos "oceânicos de oeste" do noroeste europeu, existe uma máxima de precipitação de inverno ao longo do litoral (Estevan Point na Figura 10.16), que também se estende além de Cascades (em Washington) e da Coast Range (na Colúmbia Britânica), mas os verões são mais secos por causa do forte anticiclone do Pacífico Norte. O regime no interior da Colúmbia Britânica é transicional entre o da região costeira e a máxima distinta de verão da região central da América do Norte (Calgary), embora, em Kamloops, no vale de Thompson (média anual de 250 mm), haja uma leve máxima de verão associada às chuvas de tempestade. De modo geral, os vales protegidos do interior recebem menos de 500 mm por ano. Nos anos mais secos, certas localidades registram apenas 150 mm. Acima de 1000 m, grande parte da precipitação cai na forma de neve (ver Figura 10.16) e algumas das maiores espessuras de neve já registradas no

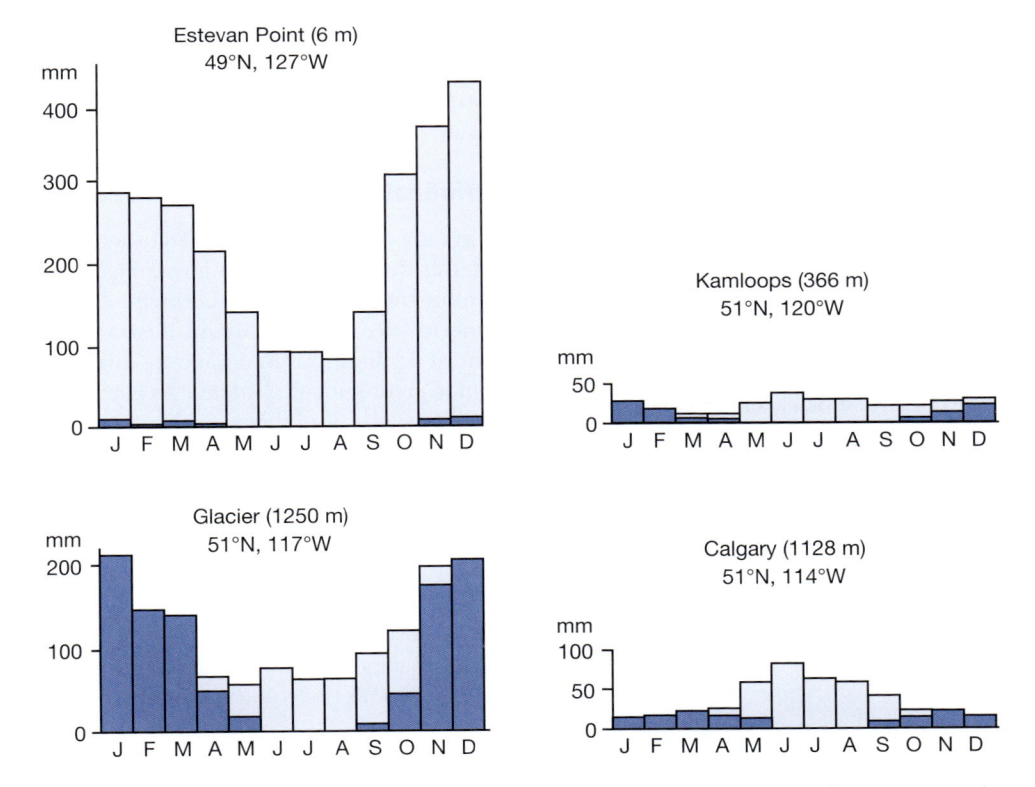

Figura 10.16 Gráficos de precipitação de estações meteorológicas do oeste do Canadá. As áreas sombreadas representam neve, expressa como equivalente de água.

mundo são da Colúmbia Britânica, e dos Estados de Washington e Oregon. Um total sazonal recorde para os Estados Unidos, de 28,96 m, foi observado em 1998-1999 na área de esqui do Monte Baker, WA, onde a quantidade média anual é de 16,4 m. Comumente, 10-15 m de neve caem por ano sobre a Cascade Range, a altitudes de cerca de 1500 m, sendo observados totais de neve consideráveis até as Montanhas Selkirk. A altura média da neve é de 9,9 m em Glacier, Colúmbia Britânica (elevação de 1250 m), e isso explica quase 70% da precipitação anual (ver Figura 10.16). Perto do nível do mar na costa externa, em contrapartida, pouquíssima precipitação cai na forma de neve (por exemplo, Estevan Point). Estima-se que a linha de neve climática eleve-se de 1600 m no lado oeste da ilha de Vancouver para 2900 m no leste da Coast Range. Dentro do continente, sua elevação aumenta de 2300 m nas encostas oeste das Montanhas Columbia para 3100 m no lado leste das Rochosas. Essa tendência reflete o padrão de precipitação citado anteriormente.

Grandes variações diurnas afetam os vales da Cordilheira. Os fortes ritmos diurnos da temperatura (especialmente no verão) e a direção do vento são características dos climas montanhosos, e seu efeito se sobrepõe aos aspectos climáticos gerais da área. A drenagem do ar frio pode produzir mínimas notavelmente baixas nos vales e nas bacias montanhosas. Em Princeton, Colúmbia Britânica (elevação 695 m), onde a mínima diária média em janeiro é de −14°C, existe uma baixa absoluta registrada de −45°C, por exemplo. Isso leva, em certos casos, à inversão do gradiente adiabático normal. Golden, situada em um vale das Montanhas Rochosas, tem uma média de −12°C em janeiro, ao passo que em Glacier (1250 m), 460 m mais alta, a média é de −10°C.

3 Interior e leste da América do Norte

A região central da América do Norte tem o clima típico de um interior continental de latitudes médias, com verões quentes e invernos frios (Figura 10.17), mas o clima no inverno está sujeito a uma acentuada variabilidade. Isso é determinado pelo abrupto gradiente de temperatura entre o Golfo do México e as planícies cobertas de neve ao norte, bem como por mudanças nos padrões ondulatórios e nas correntes de jato em níveis superiores. A atividade ciclônica no inverno é muito mais pronunciada sobre as regiões central e leste da América do Norte do que na Ásia, que é dominada pelo anticiclone siberiano (ver Figura 7.9A). Consequentemente, não existe um tipo climático com uma mínima de precipitação de inverno no leste da América do Norte.

As condições gerais de temperatura no inverno e no verão são ilustradas na Figura 10.17, mostrando a frequência com a qual as leituras da temperatura a cada hora excedem ou ficam abaixo de certos limites. As duas principais características dos quatro mapas são: (1) a dominância do gradiente de temperatura meridional, distante das costas; e (2) a continentalidade do interior e leste, em comparação com a natureza "marítima" da Costa Oeste. Nos mapas de julho, outras influências são evidentes, comentadas a seguir.

Influências continentais e oceânicas

A grande amplitude na temperatura anual no interior do continente, conforme Figura 3.24, demonstra o padrão de continentalidade da América do Norte. A figura ilustra o papel crucial da distância do oceano na direção dos ventos predominantes (oeste). As barreiras topográficas das cordilheiras ocidentais limitam a penetração de ar marítimo terra adentro. Em uma escala mais local, corpos de água interiores, como a Baía de Hudson e os Grandes Lagos, têm uma pequena influência moderadora – resfriando no verão e aquecendo no começo do inverno, antes de congelarem.

A costa do Labrador é guarnecida pelas águas de uma corrente fria, análoga à corrente de Oyashio no Leste Asiático, mas, em ambos os casos, os ventos predominantes de oeste limitam a sua significância climática. A Corrente do Labrador mantém o gelo flutuante afastado de Labrador e Terra Nova até junho, levando a

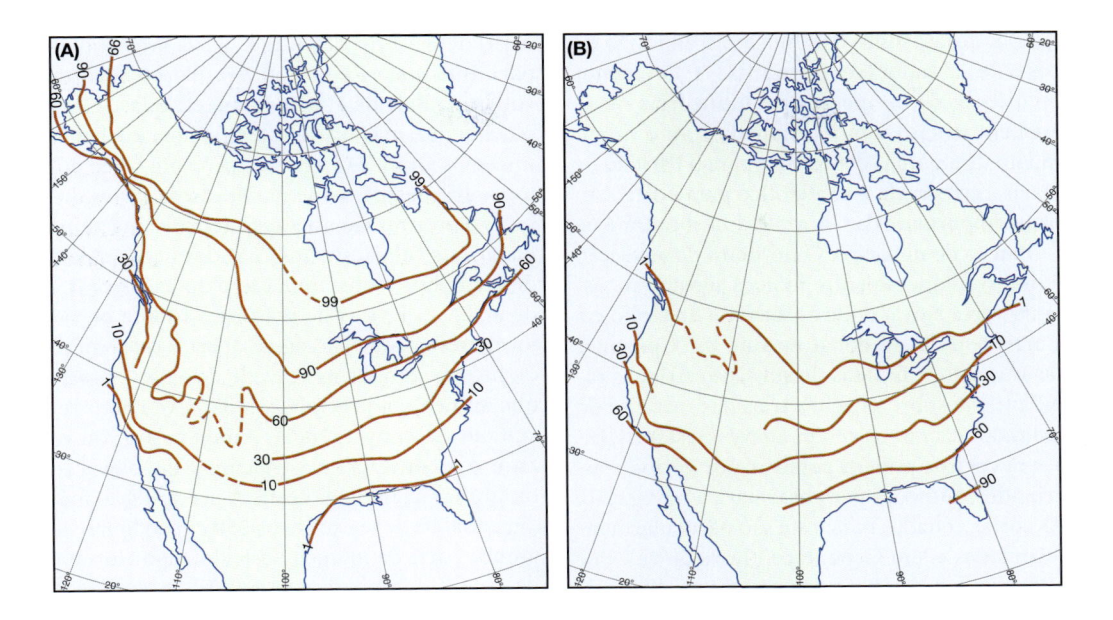

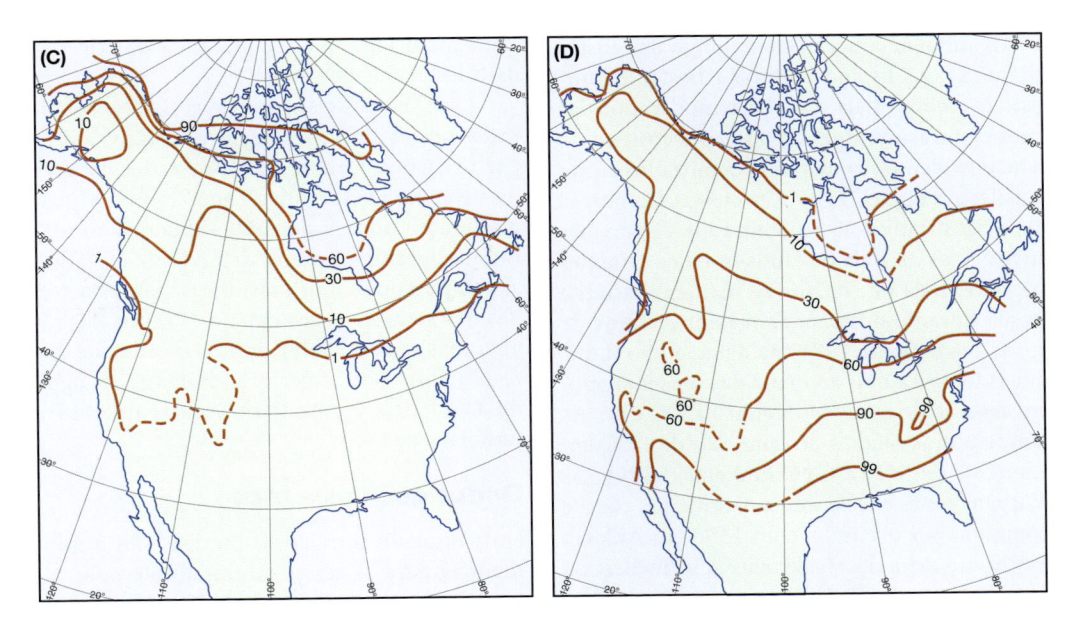

CAPÍTULO 10   O tempo e o clima em latitudes médias e altas   **289**

Figura 10.17 Frequência percentual de temperaturas por hora acima ou abaixo de certos limites para a América do Norte: (A) temperaturas em janeiro < 0°C; (B) temperaturas em janeiro > 10°C; (C) temperaturas em julho < 10°C; (D) temperaturas em julho > 21°C.
Fonte: Rayner (1961).

temperaturas muito frias no verão ao longo da costa de Labrador (ver Figura 10.17C). A menor incidência de temperaturas muito frias nessa área em janeiro está relacionada com o movimento de algumas depressões para o Estreito de Davis, carregando o ar atlântico para norte. Um papel importante da Corrente do Labrador é na formação de nevoeiro. O nevoeiro de advecção é muito frequente entre maio e agosto na costa da Terra Nova, onde a Corrente do Golfo e a Corrente do Labrador se encontram. Correntes de ar quente e úmidas de sul são resfriadas rapidamente sobre as águas frias da Corrente do Labrador e, com os ventos suaves e estáveis, esses nevoeiros podem persistir por vários dias, criando condições perigosas para a navegação. As costas voltadas para o sul são particularmente afetadas e, em Cape Race (Terra Nova), por exemplo, há 158 dias por ano, em média (visibilidade de menos de 1 km), com nevoeiro em alguns momentos do dia. A concentração de verão é mostrada pelos números para Cape Race: maio – 18 (dias), junho – 18, julho – 24, agosto – 21 e setembro – 18.

A influência oceânica ao longo das costas atlânticas dos Estados Unidos é bastante limitada e, embora haja um efeito moderador das temperaturas mínimas em estações costeiras, é pouco evidente em mapas generalizados como aqueles da Figura 10.17. Os efeitos climáticos mais significativos são encontrados, de fato, nas adjacências da Baía de Hudson e dos Grandes Lagos. A Baía de Hudson se mantém bastante fresca durante o verão, com temperaturas de aproximadamente 7-9°C na água, e isso diminui as temperaturas ao longo das suas margens, em especial no leste (ver Figura 10.17C e D). As temperaturas médias de julho são de 12°C em Churchill (59°N) e 8°C em Inukjuak (58°N), nas margens oeste e leste, respectivamente. Isso se compara, por exemplo, com 13°C em Aklavik (68°N) no delta do Mackenzie. A influência da Baía de Hudson é ainda mais notável no começo do inverno, quando a terra está coberta de neve. As correntes de ar de oeste que cruzam a água aberta são aquecidas em 11°C em média em novembro, e a umidade adicionada ao ar leva a uma quantidade considerável de precipi-

tação de neve no oeste de Ungava (ver gráfico para Inukjuak, Figura 10.20). No começo de janeiro, a Baía de Hudson congela quase completamente, mas não existem efeitos evidentes disso. Os Grandes Lagos influenciam o seu entorno da mesma maneira. Nevascas fortes durante o inverno são uma característica marcante das costas sul e leste dos Grandes Lagos. Além de contribuir com umidade para as correntes de ar cA e cP frias de noroeste, a fonte de calor representada pelas águas abertas no começo do inverno produz um cavado de baixa pressão, que aumenta a precipitação de neve como resultado da convergência. Ainda assim, outro fator é a convergência friccional e a elevação orográfica na linha de costa. A precipitação média anual de neve excede os 250 cm ao longo de grande parte da margem leste do Lago Huron e da Baía Georgian, da margem sudeste do lago Ontário, da margem nordeste do Lago Superior e de sua margem sul a leste de aproximadamente 90,5°W. Os extremos registrados são 114 cm em um dia em Watertown, New York, e 894cm durante o inverno de 1946-1947 na vizinha Bennetts Bridge, que são próximas da extremidade leste do Lago Ontário.

O sistema de transporte nas cidades localizadas nesses cinturões de neve costuma sofrer perturbações durante as tempestades de neve de inverno. Os Grandes Lagos também proporcionam uma importante influência moderadora durante os meses de inverno, elevando as temperaturas mínimas diárias em estações nas margens dos lagos em 2-4°C acima das registradas mais ao interior. Em meados de dezembro, os 60 m superiores da massa de água do Lago Erie apresentam uma temperatura uniforme de 5°C.

Ondas quentes e frias

Dois tipos de condições sinóticas são fundamentais para as temperaturas observadas no interior da América do Norte. O primeiro envolve a onda de frio causada pela entrada de ar cP pelo norte, que, no inverno, penetra regularmente na região central e leste dos Estados Unidos e pode afetar até a Flórida e a Costa do Golfo, impactando as plantações sensíveis à geada. As ondas de frio são definidas arbitrariamente como uma queda de temperatura de pelo menos 11°C em 24 horas sobre a maior parte dos Estados Unidos, e pelo menos 9°C na Califórnia, Flórida e na Costa do Golfo, abaixo de um mínimo especificado que depende do local e da estação. O critério de inverno diminui de 0°C na Califórnia, Flórida e na Costa do Golfo para −18°C sobre as Great Plains ao norte e nos Estados do nordeste. Períodos frios costumam ocorrer com o acúmulo de um anticiclone norte-sul atrás de uma frente fria. O ar polar traz tempo limpo e seco, com ventos fortes e frios, ainda que, quando se seguem ao derretimento de neve, a neve fina pode ser varrida pelo vento, criando condições de tempestades de neve sobre as planícies do norte. Essas nevascas ocorrem com ventos > 10 m s^{-1}, e a neve que cai ou é soprada reduzindo a visibilidade para menos de 400 m. Em média, um evento de nevasca afeta uma área de 150.000 km e mais de 2 milhões de pessoas.

Outro tipo de flutuação da temperatura é associado aos ventos *chinook* (föhn) a sotavento das Montanhas Rochosas (ver Capítulo 5C.2). O chinook é particularmente quente e seco, à medida que o ar desce as encostas orientais e se aquece pelo gradiente adiabático seco. O começo do chinook produz temperaturas bem acima da normal sazonal, de modo que a neve costuma derreter rapidamente; de fato, a palavra "chinook", na língua salish, significa comedor de neve. Já foram observados aumentos de temperatura de até 22°C em cinco minutos. A ocorrência desses eventos quentes é refletida nas máximas elevadas extremas nos meses do inverno em Medicine Hat (Figura 10.18). No Canadá, o efeito do chinook pode ser observado a uma distância considerável das Montanhas Rochosas, no sudoeste de Saskatchewan, mas, no Colorado, sua influência raramente é sentida para além de 50 km dos sopés das montanhas. No sudeste de Alberta, o cinturão de fortes ventos chinook de oeste e temperaturas elevadas estende-se por 150-200 km a leste das Montanhas Rochosas. As anomalias de temperatura são de 5-9°C em média acima das normais de inverno, e um setor triangular a sudeste de Calgary, em

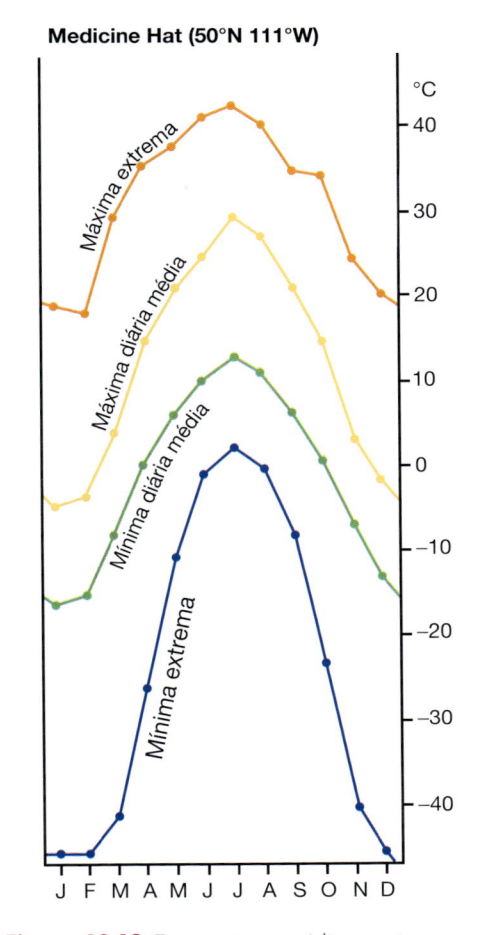

Figura 10.18 Temperaturas médias e extremas em Medicine Hat, Alberta.

direção a Medicine Hat, sofre anomalias máximas de até 15-25°C, em relação aos valores médios da temperatura máxima diária. Os eventos de chinook com ventos de oeste > 35 m s^{-1} ocorrem em 45-50 dias entre novembro e fevereiro nessa área, como resultado da linha relativamente baixa e estreita da crista das Montanhas Rochosas entre 49 e 50°N, em comparação com as montanhas ao redor de Banff e mais ao norte.

As condições de ventos chinook costumam se formar em uma corrente de ar do Pacífico, que substitui uma célula de alta pressão de inverno sobre os planaltos a oeste. Às vezes, o chinook descendente não desloca o ar cP frio e estagnado do anticiclone, formando-se uma inversão acentuada. Em outras ocasiões, o limite entre as duas massas de ar pode alcançar o nível do solo em âmbito local. Assim, por exemplo, os subúrbios a oeste de Calgary podem registrar temperaturas acima de 0°C, enquanto os situados a leste da cidade permanecem abaixo de −15°C.

O impacto climático de períodos muito frios e muito quentes nos Estados Unidos tem um custo elevado, especialmente em termos de perda de vidas. Na década de 1990, foram 292/282 mortes/ano, respectivamente, atribuídas a condições frias/quentes extremas, mais do que para qualquer outro clima severo.

Precipitação e balanço de umidade

As influências longitudinais são visíveis na distribuição da precipitação anual, embora isso seja, em grande medida, reflexo da topografia. A isoieta anual de 600 mm nos Estados Unidos segue aproximadamente o meridiano de 100°W (Figura 10.19) e, a oeste em direção às Montanhas Rochosas, há um amplo cinturão seco na sombra de chuva das cadeias montanhosas a oeste. No sudeste, os totais excedem os 1250 mm, e 1000 mm ou mais são recebidos ao longo da Costa Atlântica, estendendo-se ao norte até New Brunswick e Terra Nova.

As principais fontes de umidade para a precipitação sobre a América do Norte são o Oceano Pacífico e o Golfo do México. O primeiro não nos interessa aqui, pois, comparativamente, pouco da precipitação que cai sobre o interior parece derivar dessa fonte. A fonte do Golfo é extremamente importante em proporcionar umidade para a precipitação sobre a região central e leste da América do norte, mas a predominância de fluxos de ar de sudoeste significa que pouca precipitação cai sobre a porção oeste das Great Plains (ver Figura 10.19). Sobre os Estados Unidos, existe considerável evapotranspiração, e isso ajuda a manter totais anuais moderados ao norte e leste do Golfo, ao fornecer vapor de água adicional para a atmosfera. Ao longo da costa leste, o Oceano Atlântico é uma fonte adicional significativa de umidade para a precipitação no inverno.

Existem pelo menos oito tipos de regimes de precipitação sazonais na América do Norte (Figura 10.20); a máxima de inverno da costa oeste e o tipo de transição da região intermontanhosa nas médias latitudes já foram mencionados; os tipos subtropicais serão discutidos na próxima seção. Quatro regimes que ocorrem principalmente nas latitudes médias são distinguidos a leste das Montanhas Rochosas:

1 A máxima para a estação quente é encontrada sobre grande parte do interior continental (p. ex., Rapid City). Em um amplo cinturão que vai do Novo México até as províncias das Pradarias, mais de 40% da precipitação anual caem no verão. No Novo México, a chuva ocorre principalmente com tempestades no final do verão, mas o período de maio a junho é o mais úmido sobre as regiões central e norte das Great Plains, devido à atividade ciclônica mais frequente. Os invernos são bastante frios sobre as planícies, mas o mecanismo das precipitações ocasionais de neve é significativo. Elas ocorrem sobre as planícies a noroeste durante o fluxo de leste encosta acima, em geral em uma crista de alta pressão. Mais ao norte, no Canadá, a máxima costuma ocorrer no final do verão ou no outono, quando as trilhas de depressões estão em latitudes médias mais altas. Existe uma máxima local no outono sobre as margens orientais da Baía de Hudson (p. ex., Inukjuak), devido ao efeito das águas abertas.

2 A leste e sul da primeira zona, há uma máxima dupla em maio e setembro. Na região do alto Mississippi (p. ex., Colúmbia), há uma mínima secundária, paradoxalmente de julho a agosto, quando o ar está quente e úmido, e um perfil semelhante ocorre no norte do Texas (p. ex., Abilene). Uma crista elevada de alta pressão sobre o vale do Mississippi parece ser responsável pela redução das chuvas de tempestade no meio do verão, e uma língua de ar seco descendente estende-se para sul dessa crista, em direção ao Texas. Todavia, du-

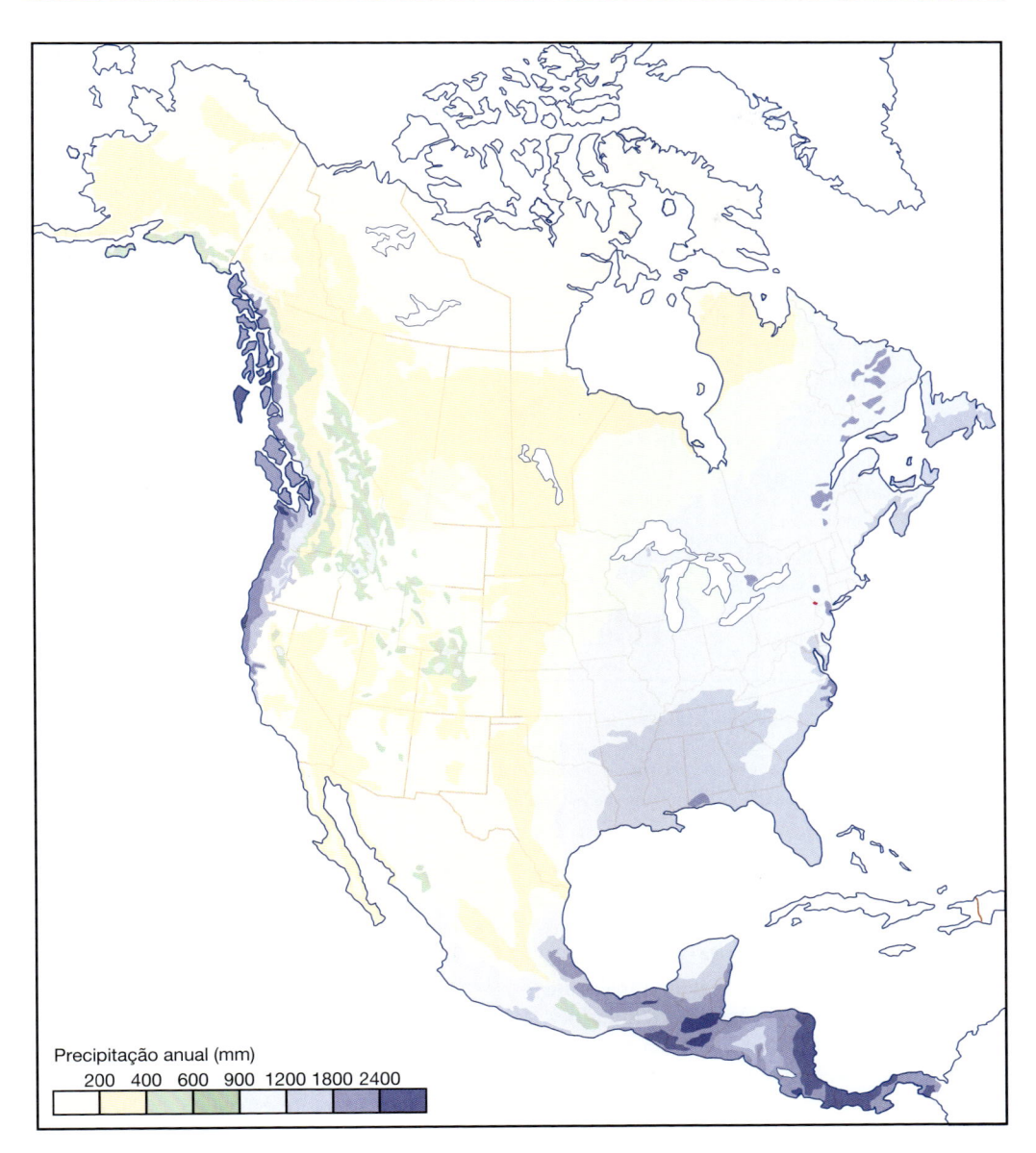

Figura 10.19 Precipitação média anual (mm) sobre a América do Norte, determinada em uma malha com quadrícula de 25 × 25 km em função da localização e elevação, com base em dados de 8000 estações climáticas para 1951-1980. Os valores do Ártico subestimam os totais verdadeiros em 30-50% devido a dificuldades para registrar a queda de neve de forma precisa com medidores de precipitação.

Fonte: Thompson et al. (1999). Cortesia de US Geological Survey.

rante o período de junho a agosto de 1993, houve grandes inundações nas porções dos rios Mississippi e Missouri no Meio-Oeste, como resultado da ocorrência de até o dobro da precipitação média de janeiro a julho, com muitas chuvas pontuais excedendo quantidades apropriadas para intervalos de recorrência de mais de 100

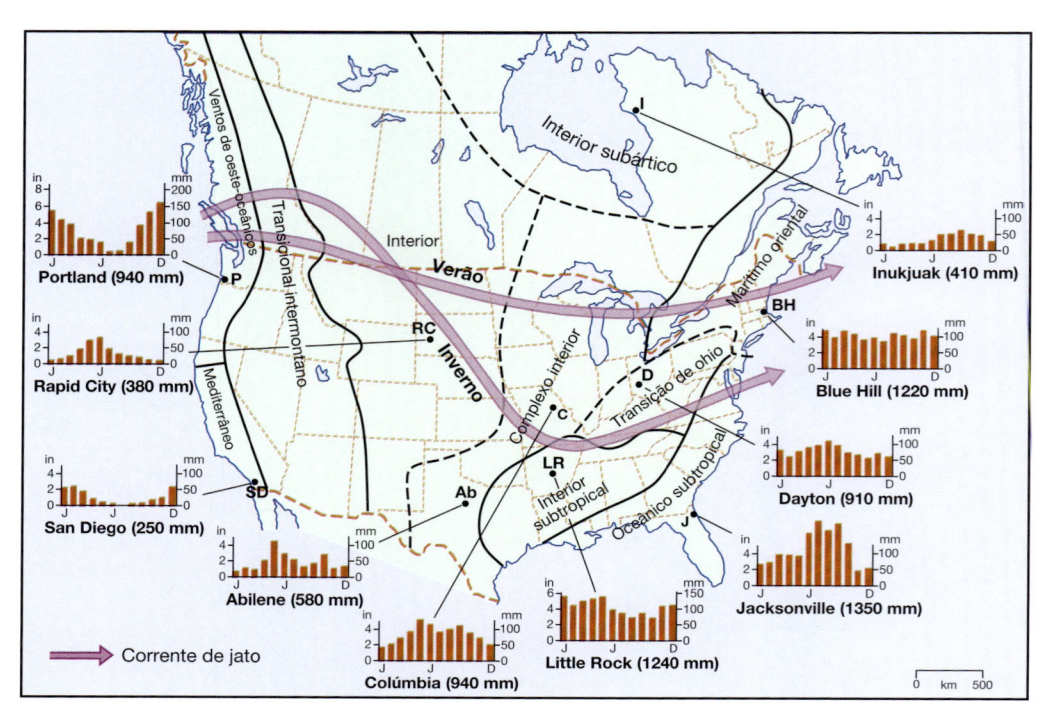

Figura 10.20 Regiões dos regimes de pluviosidade na América do Norte e histogramas mostrando médias de precipitação mensal para cada região (janeiro, junho e dezembro são indicados). Observe que a corrente de jato é ancorada pelas Rochosas mais ou menos na mesma posição em todas as estações.
Fonte: Trewartha (1981); adaptado por Henderson-Sellers and Robinson (1986).

anos (Figura 10.21). Nos três meses de verão ocorreram excessos de 500 mm acima da média, com totais de 900 mm ou mais. O forte e úmido fluxo de ar de sudoeste retornou durante o verão, com uma frente fria semiestacionária orientada do sudoeste para o nordeste ao longo da região. A enchente resultou em 48 mortes, destruiu 50.000 casas e causou prejuízos de US$10 bilhões. Em setembro, a nova atividade ciclônica associada à mudança sazonal da frente polar para o sul, em um momento em que o ar mT do Golfo ainda está quente e úmido, geralmente faz a chuva retornar. Mais adiante no ano, correntes de ar mais seco de oeste afetam o interior continental, à medida que o fluxo geral de ar se torna mais zonal.

A ocorrência de precipitação diurna nos Estados Unidos é bastante incomum para um interior continental; 60% ou mais da precipitação de verão caem durante tempestades noturnas (20:00-8:00 hora local) na região central do Kansas, e em certas partes de Nebraska, Oklahoma e Texas. Hipóteses sugerem que as tempestades noturnas que ocorrem, especialmente com amplos sistemas convectivos de mesoescala (ver p. 252), podem estar relacionadas com uma tendência de convergência noturna e ar ascendente sobre as planícies a leste das Montanhas Rochosas. A topografia do terreno parece ter um papel relevante, pois uma grande camada de inversão surge à noite sobre as montanhas, formando um jato de baixo nível (JBN) a leste das montanhas, logo acima da camada limite. Os JBN são mais frequentes da noite até as primeiras horas da manhã, e ocorrem mais de 50%

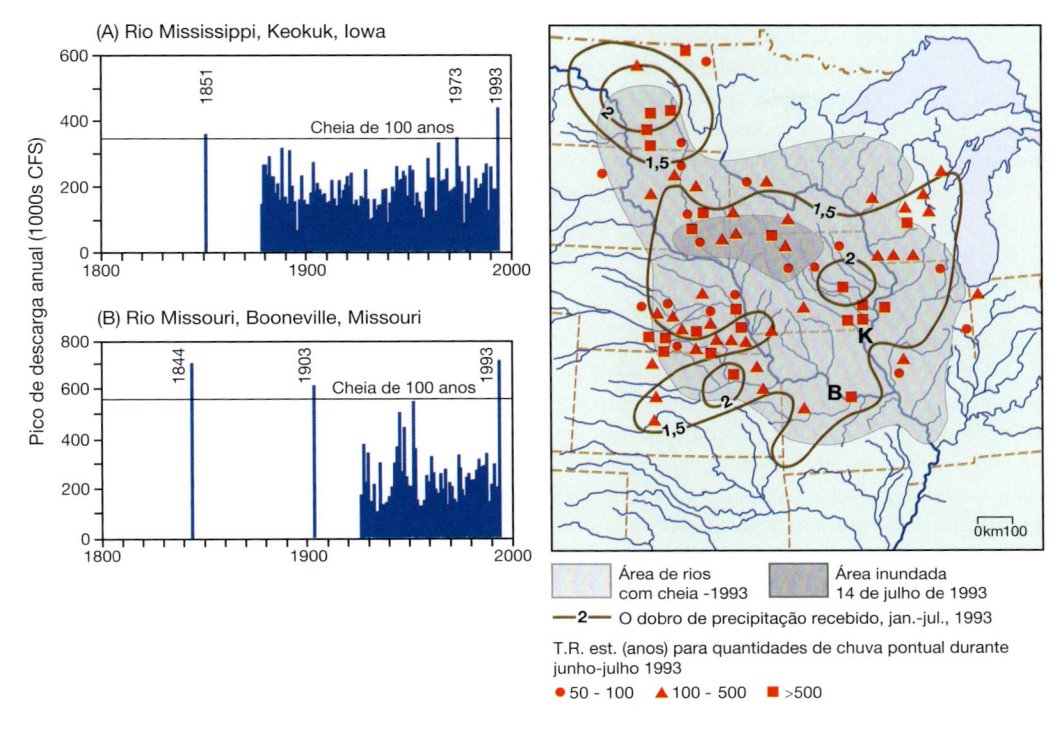

Figura 10.21 Distribuição de cheias e inundações no Meio-Oeste norte-americano durante o período de junho a agosto de 1993. São mostrados os picos de descarga para o rio Mississippi em Keokuk, Iowa (K) e no rio Missouri em Booneville, Missouri (B), com o recorde histórico da descarga máxima anual. As isopletas indicam os múltiplos da precipitação média de 30 anos para janeiro a julho que caiu nos primeiros sete meses de 1993. Os símbolos representam as estimativas dos intervalos de recorrência (IR) em anos por totais de precipitações observados, de junho a julho de 1993.
Fonte: Parrett et al. (1993) e Lott (1994). Cortesia de US Geological Survey.

das vezes no Texas no verão. Esse fluxo de sul, de 500 a 1000 m acima da superfície, pode fornecer o influxo necessário de umidade e convergência em baixos níveis para alimentar as tempestades (cf. **Figura 9.33**). Os sistemas convectivos de mesoescala explicam 30-70% da chuva de maio a setembro sobre grande parte da área a leste das Montanhas Rochosas até o rio Missouri.

3 A leste do alto Mississippi, no vale do Ohio e sul dos Grandes Lagos, existe um regime transicional entre os tipos do interior e da costa leste. A precipitação é razoavelmente abundante em todas as estações, mas a máxima de verão ainda está em evidência (p. ex., Dayton).

4 Na região leste da América do Norte (Nova Inglaterra, Províncias Marítimas, Quebec e sudeste de Ontário), a precipitação se distribui de forma equilibrada ao longo do ano (p. ex., Blue Hill). Na Nova Escócia e localmente ao redor da Baía Georgian, existe uma máxima de inverno, decorrente, no segundo caso, da influência de águas abertas. Nas Províncias Marítimas, ela está relacionada com as trilhas de tempestades do inverno (e também do outono).

Podemos comparar o regime de leste com a máxima de verão encontrada sobre o Leste Asiático. Lá, o anticiclone siberiano exclui a precipitação ciclônica no inverno, sendo sentidas influências monçônicas durante os meses de verão.

A distribuição sazonal da precipitação é de vital interesse para fins agrícolas. A chuva que cai no verão, por exemplo, quando as perdas por evaporação são elevadas, é menos efetiva do que a mesma quantidade na estação fria. A Figura 10.22 ilustra o efeito de dois regimes diferentes em termos do balanço de umidade, calculado segundo o método de Thornthwaite (ver Apêndice 1B). Em Halifax (Nova Escócia), o solo armazena umidade suficiente para manter a evaporação em sua taxa máxima (isto é, precipitação real = evaporação potencial), ao passo que, em Berkeley (Califórnia), há um déficit calculado de umidade de quase 50 mm em agosto. Isso representa um guia para a quantidade de água que será necessária para irrigar as plantações, embora, em regimes secos, o método de Thornthwaite geralmente subestime o déficit de umidade real.

A Figura 10.23 mostra a razão entre a evaporação real e a potencial (ER/EP) para a América do norte, calculada pelos métodos de Thornthwaite e Mather a partir de uma equação que relaciona a EP com a temperatura do ar. Ela foi desenhada a fim de ressaltar a variação nas regiões secas do continente. O limite que separa os climas úmidos do leste, onde a razão ER/EP excede 8% ou mais, dos climas secos do oeste (excluindo a costa oeste), segue o 95° meridiano. As principais áreas úmidas estão ao longo dos Apalaches, no nordeste e ao longo da costa do Pacífico, enquanto as áreas áridas mais extensas se encontram nas bacias intermontanhosas, nas High Plains, no sudoeste e em partes do norte do México. No oeste e sudoeste, a razão é pequena, devido à falta de precipitação, ao passo que, no noroeste do Canadá, a evaporação real é limitada pela energia disponível.

C AS MARGENS SUBTROPICAIS

1 O sudoeste semiárido dos Estados Unidos

Os mecanismos e padrões do clima em áreas dominadas pelas células subtropicais de alta

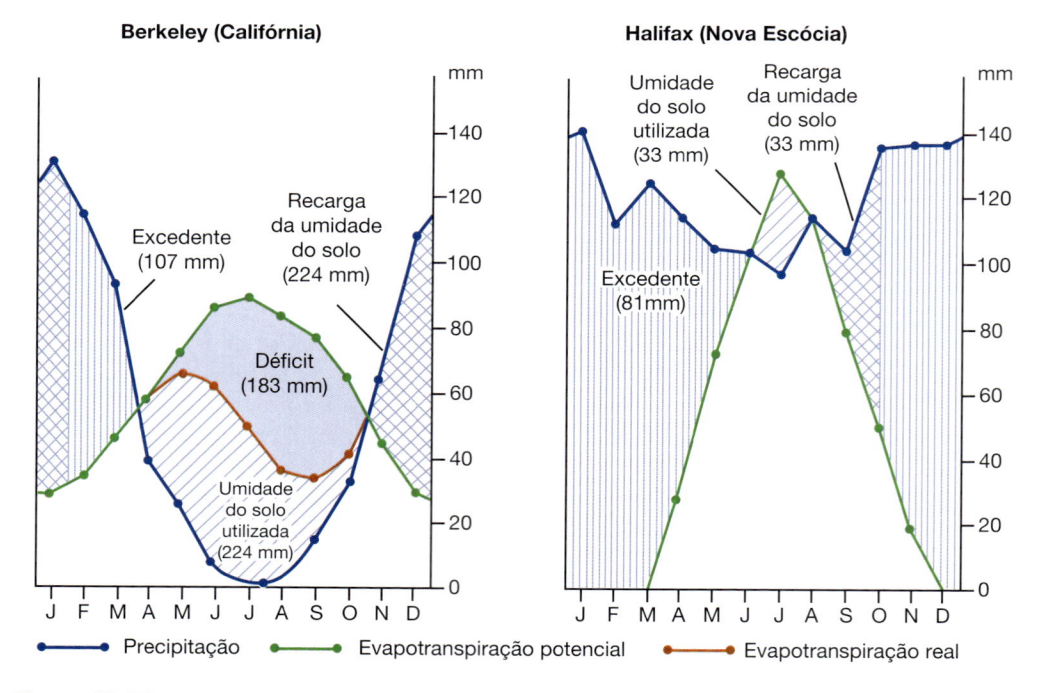

Figura 10.22 Balanços de umidade em Berkeley, Califórnia, e Halifax, Nova Escócia.
Fonte: Thornthwaite e Mather (1955).

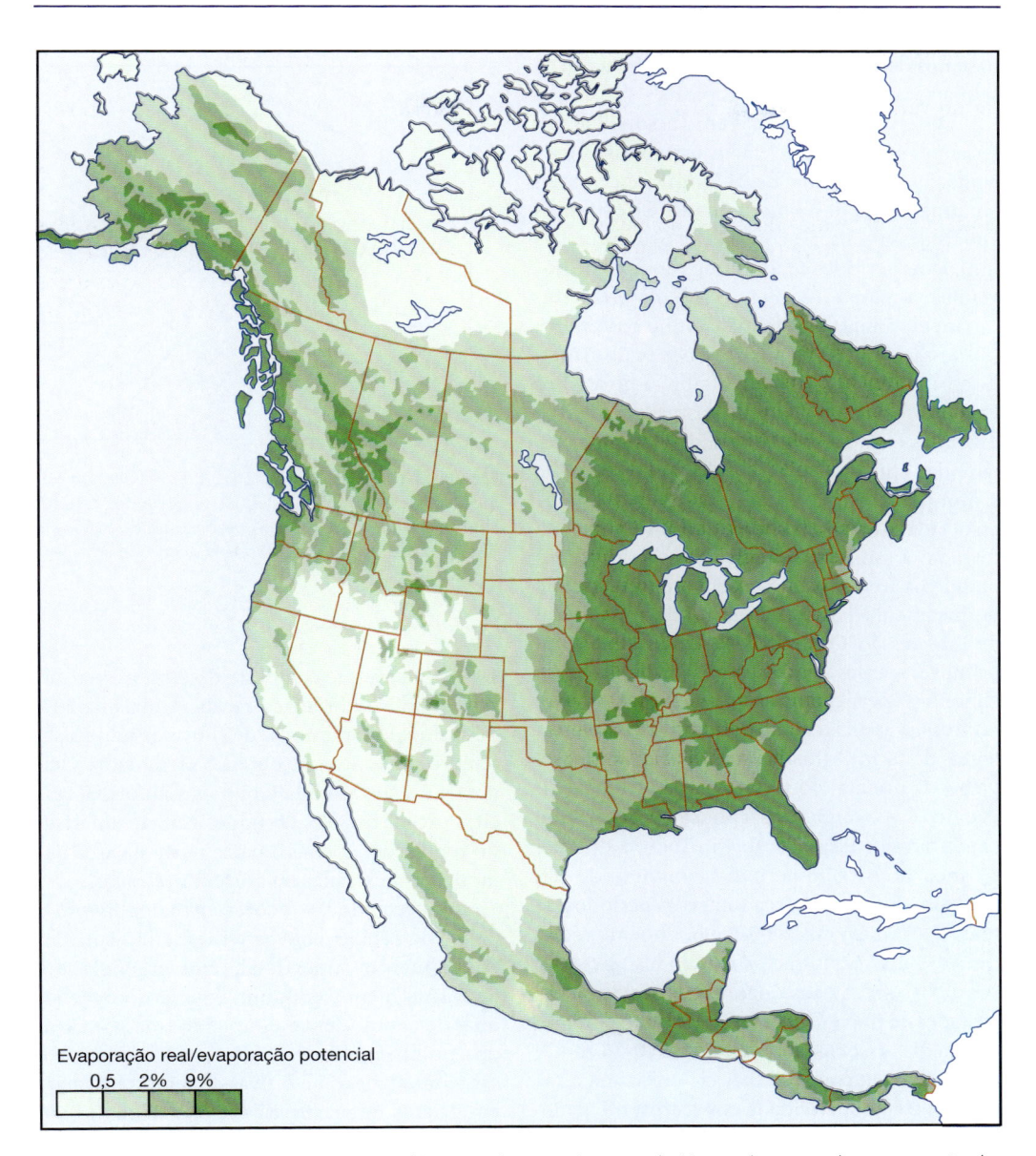

Figura 10-23 Razão de evaporação real/potencial para a América do Norte, determinada com os métodos de Thornthwaite-Mather (1955).

Fonte: Thompson *et al.* (1999). Cortesia de US Geological Survey.

pressão não estão bem documentados. A natureza inóspita dessas regiões áridas inibe a coleta de dados, e o estudo de eventos meteorológicos infrequentes exige uma rede de estações que mantenha registros contínuos durante longos períodos. Essa dificuldade fica clara na interpretação de dados sobre a precipitação no deserto, pois grande parte da chuva cai em tempestades locais, que se distribuem de maneira irregular no espaço e no tempo. As condições climáticas do sudoeste dos Estados Unidos servem para exemplificar esse tipo climático, com base nos dados mais confiáveis para as margens semiáridas das células subtropicais.

Observações realizadas em Tucson (730 m), Arizona, entre 1895 e 1957 mostram uma precipitação média anual de 277 mm, concentrada em uma média de 45 dias por ano. Os extremos anuais dessas observações são de 614 mm e 145 mm. Dois períodos mais úmidos do final de novembro a março (recebendo 30% da precipitação média anual) e do final de junho a setembro (50%) são separados por estações mais áridas, de abril a junho (8%) e de outubro a novembro (12%). As chuvas de inverno costumam ser prolongadas e de baixa intensidade (mais da metade das chuvas têm intensidade de menos de 5 mm por hora), caindo de nuvens altostratus associadas às frentes frias de depressões que são forçadas a tomar rotas para o sul pelos grandes bloqueios ao norte. Isso ocorre durante fases de deslocamento equatorial da célula subtropical de alta pressão. O restabelecimento da célula na primavera, antes do principal período de aquecimento superficial intenso e de pancadas convectivas, é associado aos episódios mais persistentes de seca. O fluxo seco de oeste a sudoeste da borda oriental do anticiclone subtropical do Pacífico é responsável pela pouca quantidade de chuva durante essa estação. Em Tucson, durante 29 anos, houve oito períodos com mais de 100 dias consecutivos de seca total e 24 períodos de mais de 70 dias. Em 2005-2006, Phoenix registrou 143 dias sem precipitação mensurável. As condições secas ocasionalmente levam a tempestades de poeira. Yuma registra nove por ano, em média, associadas a ventos de 10-15 m s^{-1}. Essas ocorrem com sistemas ciclônicos na estação fria e com a atividade convectiva no verão. Phoenix apresenta de seis a sete tempestades de poeira por ano, principalmente no verão, com a visibilidade reduzida a menos de 1 km em quase metade desses eventos.

O período de precipitação de verão (conhecido como monções norte-americanas) é definido de forma súbita. O regime de ventos de sul na superfície e a 500 mb (ver Figuras 7.12B e 7.3, respectivamente) costuma começar abruptamente por volta de 1° de julho e, portanto, é reconhecido como uma singularidade. A Figura

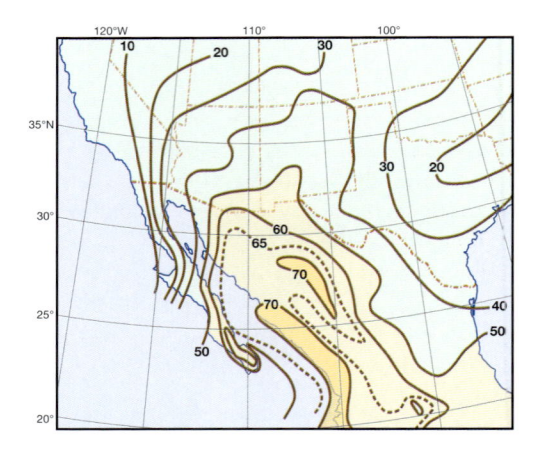

Figura 10.24 Contribuição (%) da precipitação nos meses JJA para o total anual no sudoeste dos Estados Unidos e norte do México. A área acima de 50% está destacada em amarelo claro, e a acima de 70%, em amarelo escuro.

Fonte: M. W. Douglas *et al.* (1993, p.1667, fig. 3). Cortesia de American Meteorological Society.

10.24 mostra que o sudeste do Arizona e o sudoeste do Novo México recebem mais de 50% de sua quantidade anual de chuva de julho a setembro. Mais ao sul, sobre a Sierra Madre Ocidental e a costa sul do Golfo da Califórnia, essa cifra excede os 70%. O sudoeste norte-americano representa apenas a parte norte da área das monções mexicanas ou norte-americanas.

A precipitação ocorre principalmente a partir de células convectivas que iniciam por aquecimento superficial, convergência ou, de forma menos comum, elevação orográfica quando a atmosfera é desestabilizada por cavados em níveis elevados nos ventos de oeste. Essas tempestades convectivas de verão se formam em grupos de mesoescala. Cada célula individual cobre menos de 3% da área superficial em um dado momento, persistindo por menos de uma hora, em média. Os grupos de tempestades cruzam o país na direção do movimento do ar superior. Esse movimento muitas vezes parece ser controlado por correntes de jato de baixo nível. O fluxo de ar associado a essas tempestades geralmente é de sul, ao longo das margens sul e oeste da alta subtropical do Atlântico (ou das Bermudas). A umidade em níveis baixos no sul do Arizona deriva principalmente do Golfo da

Califórnia durante "invasões" associadas à Corrente de Sonora (850-700 mb) de sul-sudoeste em níveis baixos. A umidade do Golfo do México alcança elevações maiores no Arizona-Novo México com fluxos de sudeste a 700 mb.

A precipitação dessas células convectivas é extremamente local e costuma se concentrar do meio da tarde ao começo da noite. As intensidades são muito maiores do que no inverno e, no verão, a chuva cai a mais de 10 mm por hora. Durante um período de 29 anos, por volta de um quarto da média anual da precipitação caiu em tempestades que geraram 25 mm ou mais por dia. Essas intensidades são muito menores do que as associadas a tempestades nos trópicos úmidos, mas a escassez da vegetação nas regiões mais secas permite que a chuva cause inundações súbitas e considerável erosão superficial.

2 O sudeste dos Estados Unidos

O clima da região do sudeste subtropical dos Estados Unidos não encontra um correlato exato na Ásia, que é afetada pelos sistemas de monções de verão e inverno (discutidos no Capítulo 11). As alterações sazonais nos ventos são sentidas na Flórida, que se encontra dentro do cinturão de ventos de oeste no inverno e na margem norte dos ventos tropicais de leste no verão. A máxima de pluviosidade no verão (ver Figura 10.20 para Jacksonville) é resultado dessa mudança. Em junho, o fluxo superior sobre a península da Flórida muda de noroeste para sul, à medida que um cavado avança para oeste e se estabelece no Golfo do México. Esse fluxo profundo e úmido de ar de sul proporciona as condições apropriadas para a convecção. De fato, a Flórida provavelmente é a área com o maior número de dias com tempestade no ano – 90 ou mais, em média, ao redor de Tampa. Elas costumam ocorrer ao final da tarde, embora dois fatores além do aquecimento diurno sejam considerados importantes. Um é o efeito das brisas marinhas que convergem de ambos os lados da península, e o outro é a penetração ao norte de perturbações nos ventos de leste (ver Capítulo 11). Esse segundo fator pode afetar a área a qualquer momento do dia. Os ventos de oeste retomam o controle de setembro a outubro, embora a Flórida permaneça sob influência dos ventos de leste durante setembro, quando os ciclones tropicais do Atlântico são mais frequentes.

Os ciclones tropicais contribuem com aproximadamente 15% da média anual de chuva na costa das Carolinas e 10-14% ao longo da Costa do Golfo central e da Flórida. Segundo registros da *Storm Data* para 1975-1994, os furacões que atingem o sul e leste dos Estados Unidos contabilizam mais de 40% do prejuízo total com a perda de propriedade e 20% dos danos à agricultura atribuídos a eventos meteorológicos extremos no país. As perdas anuais causadas por furacões nos Estados Unidos tiveram uma média de US$5,5 bilhões na década de 1990, com perdas nacionais comparáveis em decorrência de enchentes (US$5,3 bilhões anualmente). O desastre natural de maior custo até 1989 havia sido o furacão Hugo (US$9 bilhões), mas foi ultrapassado vertiginosamente pelas perdas de US$27 bilhões causadas pelo furacão Andrew sobre o sul da Flórida e a Louisiana em agosto de 1992, quando os ventos destruíram 130.000 casas, e os US$81 bilhões em perdas atribuídas ao furacão Katrina em agosto de 2005. A onda de 6 m causou o rompimento dos diques em Nova Orleans, inundando 80% da cidade, com a destruição difusa de propriedades e a perda de 1836 vidas. Em comparação, as lesões (mortes) durante furacões contabilizam uma média de apenas 250 (21) por ano, como resultado dos sistemas de aviso contra tempestades e da evacuação de comunidades em situação de risco.

A precipitação no inverno ao longo de grande parte da plataforma leste dos Estados Unidos é dominada por uma oscilação entre trilhas de depressão ao longo do vale do Ohio (baixas continentais) e a costa atlântica sudeste (baixas do Golfo), uma das quais costuma predominar durante cada inverno. A trilha do Ohio traz precipitação de chuva e neve abaixo da média no inverno e temperaturas acima da média para a região mesoatlântica, ao passo que as condições opostas são associadas a sistemas que seguem a trilha da costa sudeste.

A região das planícies do Mississippi e do sul dos Apalaches a oeste e norte não forma uma transição com o "tipo continental", pelo menos em termos do regime de chuvas (ver Figura 10.20). O perfil mostra uma máxima de inverno-primavera e uma máxima secundária de verão. O pico da estação fria está relacionado com as depressões de oeste, que avançam no sentido nordeste a partir da área da Costa do Golfo, e é significativo o fato de o mês mais úmido normalmente ser março, quando a corrente de jato média está mais ao sul. As chuvas de verão são associadas à convecção no ar úmido do Golfo, embora essa convecção se torne menos efetiva continente adentro, como resultado da subsidência criada pela circulação anticiclônica na troposfera média, discutida anteriormente (ver B.3, neste capítulo).

3 O Mediterrâneo

O clima característico da costa oeste dos subtrópicos é do tipo Mediterrâneo, com verões quentes e secos e invernos moderados e relativamente úmidos. Ele se interpõe entre o tipo marítimo temperado e o clima desértico árido subtropical. A fronteira que divide o clima marítimo temperado da Europa Ocidental e o do Mediterrâneo pode ser delimitada com base na sazonalidade da chuva. Todavia, outra característica diagnóstica é o aumento relativamente súbito na radiação solar na zona ao longo do norte da Espanha, no sudeste da França, no norte da Itália e a leste do Adriático (Figura 10.25). O regime do Mediterrâneo é transicional de um modo especial, pois é controlado pelos ventos de oeste no inverno e pelo anticiclone subtropical no verão. A mudança sazonal na posição da alta subtropical e a corrente de jato subtropical de oeste na troposfera superior são evidentes na Figura 10.25. A região coberta por esse tipo é diferenciada, estendendo-se mais de 3000 km para o continente euroasiático. Além disso, a configuração de mares e penínsulas produz grande variedade regional de tempo e clima. A região da Califórnia, com condições semelhantes (ver Figura 10.20), tem extensão bastante limitada e, portanto, a atenção concentra-se na bacia mediterrânea.

A estação de inverno chega de modo súbito no Mediterrâneo, quando a extensão leste de verão da célula de alta pressão dos Açores entra em colapso. Esse fenômeno pode ser observado em barógrafos espalhados pela região, mas, particularmente no Mediterrâneo ocidental, onde ocorre uma queda súbita na pressão por volta de 20 de outubro, que é acompanhada por um aumento notável na probabilidade de precipitação. A probabilidade de receber chuva em qualquer período de cinco dias aumenta de 50-70% no começo de outubro para 90% no final do mês. Essa mudança é associada às primeiras invasões de frentes frias, embora as chuvas e trovoadas sejam comuns desde agosto. A acentuada precipitação de inverno sobre o Mediterrâneo resulta das temperaturas relativamente elevadas da superfície do mar em janeiro, que são cerca de 2°C mais altas do que a temperatura média do ar. As incursões de ar mais frio na região provocam instabilidade convectiva ao longo da frente fria, produzindo chuva frontal e orográfica. As incursões de ar ártico são relativamente infrequentes (havendo, em média, seis a nove invasões de ar cA e mA a cada ano), mas a penetração de ar mP instável é muito mais comum. Essa massa de ar geralmente propicia o desenvolvimento de nuvens cumulus profundas, e é crucial na formação de depressões mediterrâneas. O início e o movimento dessas depressões (Figura 10.26) são associados a uma ramificação da corrente de jato da frente polar a aproximadamente 35°N. Essa corrente se forma durante fases de índice baixo, quando um anticiclone gera um bloqueio a aproximadamente 20°W, distorcendo os ventos de oeste sobre o Atlântico oriental. Isso cria uma corrente profunda de ar ártico que segue no sentido sul sobre as Ilhas Britânicas e a França.

Os sistemas de baixa pressão no Mediterrâneo têm três fontes principais. As depressões atlânticas que entram no Mediterrâneo ocidental como baixas superficiais compreendem 9%, e 17% se formam como ondas baroclínicas ao sul das Montanhas Atlas (as chamadas depressões do Saara; ver Figura 10.27). Estas são importantes fontes de chuva no final do inverno e na primavera; 74% desenvolvem-se no

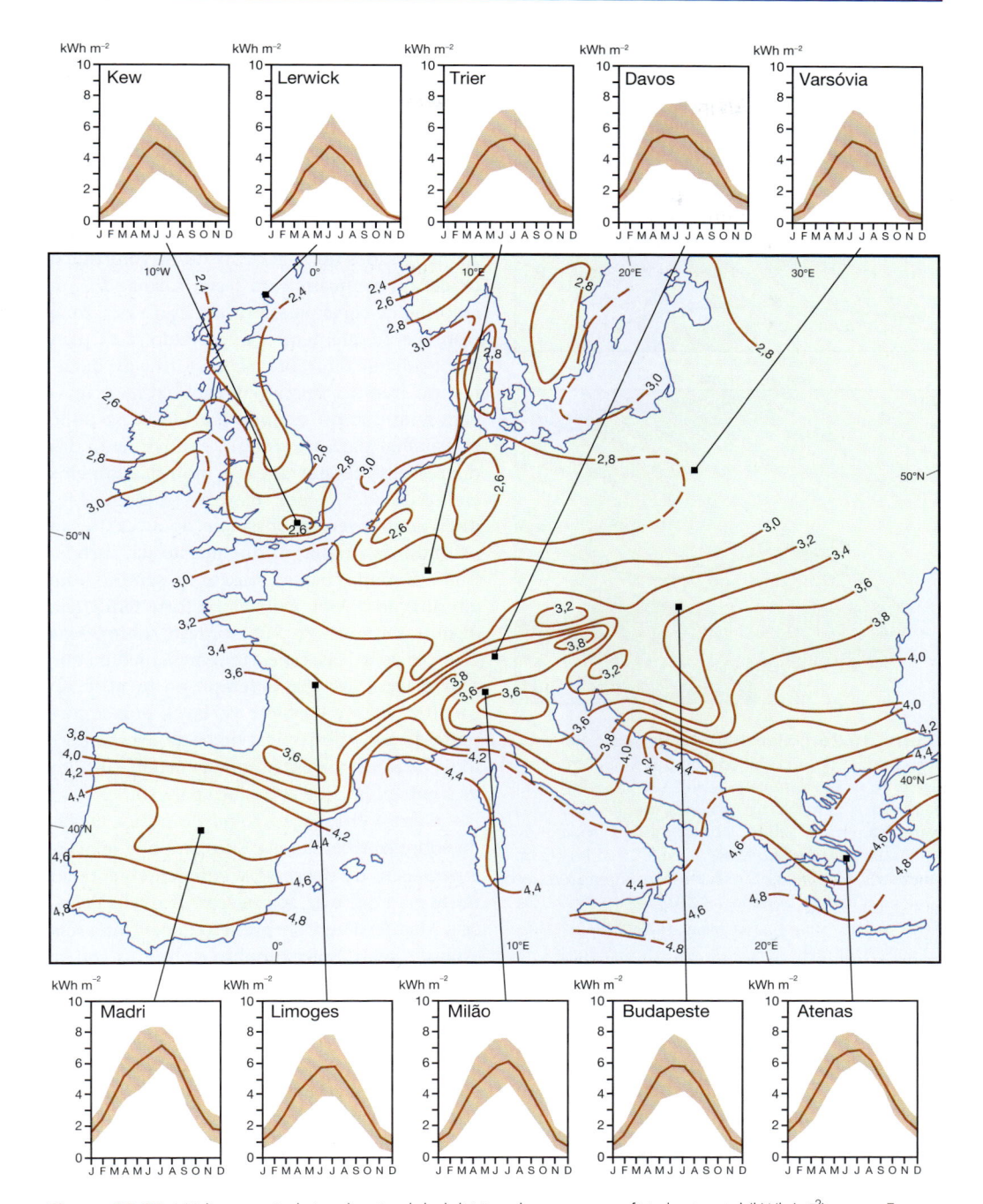

Figura 10.25 Médias anuais de irradiação global diária sobre uma superfície horizontal (kWh/m^{-2}) para a Europa Ocidental e Central, calculadas para o período 1966-1975. Também são mostradas as médias de 10 anos para médias mensais de quantidades diárias, junto com os desvios-padrão (faixa sombreada), para estações selecionadas.

Fonte: Palz (1984). Reproduzido com permmissão de Directorate-General, Science, Research and Development, European Commission, Brussels, e W. Palz.

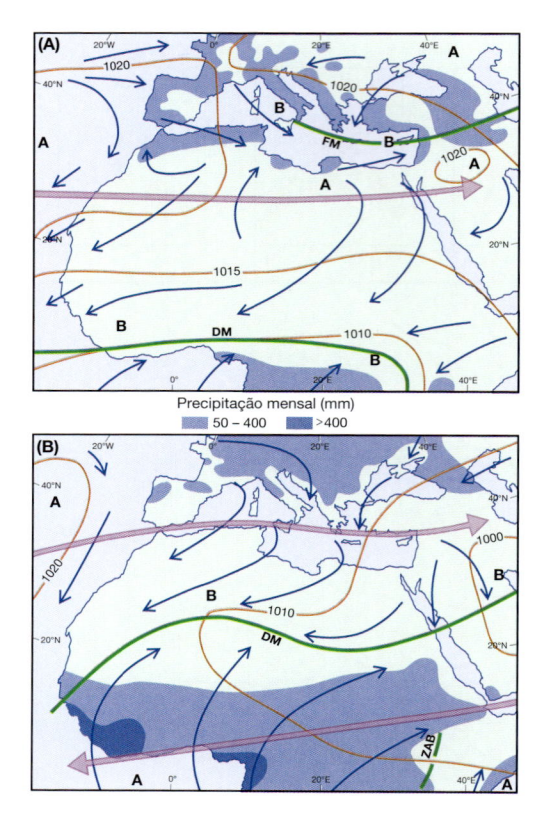

Figura 10.26 Distribuição da pressão superficial, dos ventos e da precipitação para o Mediterrâneo e Norte da África durante janeiro (A) e julho (B). Também são mostradas as posições médias das duas correntes de jato subtropical de oeste e tropical de leste, com a Depressão Monçônica (DM), a Frente do Mediterrâneo (FM) e a Zona de Convergência de Ar do Zaire (Zaire Air Boundary – ZAB).

Fonte: Weather in the Mediterranean (HMSO, 1962) (Crown Copyright Reserved).

Mediterrâneo ocidental, a sotavento dos Alpes e dos Pirineus (ver Capítulo 9H.1). A combinação entre o efeito de sotavento e o ar superficial estável sobre o Mediterrâneo ocidental explica a formação frequente dessas *depressões do tipo Gênova* sempre que o ar mP condicionalmente instável invade a região. Essas depressões são excepcionais porque a instabilidade do ar no setor quente causa uma precipitação intensa e incomum ao longo da frente quente. O ar mP instável produz chuvas fortes e trovoadas na porção posterior da frente fria, em especial

entre 5 e 25°E. Esse aquecimento do ar mP produz um tipo de ar designado como *mediterrâneo*. O limite médio entre essa massa de ar mediterrânea e o ar cT que flui no sentido nordeste a partir do Saara é conhecido como frente mediterrânea (ver Figura 10.26), podendo haver uma descontinuidade na temperatura de até 12-16°C através dela no final do inverno. As depressões do Saara e as do Mediterrâneo ocidental avançam para leste, formando um cinturão de baixa pressão associado a essa zona frontal e, frequentemente, trazendo ar cT para norte adiante da frente fria na forma do quente e poeirento *scirocco* (em especial na primavera e no outono, quando o ar do Saara pode se espalhar para a Europa). O movimento das depressões mediterrâneas é modificado pelos efeitos do relevo e por sua regeneração no Mediterrâneo oriental, por meio do ar cP fresco oriundo da Rússia ou do sudeste da Europa. Embora muitas baixas passem no sentido leste em direção à Ásia, existe uma forte tendência de outras avançarem para nordeste sobre o Mar Negro e os Bálcãs, especialmente à medida que a primavera avança. O tempo no inverno no Mediterrâneo é bastante variável, pois a corrente de jato subtropical de oeste é altamente móvel e pode coalescer com a corrente de jato da frente polar, que se desloca para sul.

Com a circulação zonal de índice elevado sobre o Atlântico e a Europa, pode ocorrer a passagem de depressões suficientemente ao norte para que o ar do seu setor frio não alcance o Mediterrâneo, permitindo que o clima seja estável e bom. Entre outubro e abril, os anticiclones são o tipo predominante de circulação em pelo menos 25% do tempo sobre a área do Mediterrâneo e, na bacia ocidental, em 48% do tempo. Isso se reflete na elevada pressão média sobre a área da bacia em janeiro (ver Figura 10.26). Consequentemente, embora o semestre de inverno seja o período chuvoso, existem poucos dias de chuva. Em média a chuva cai em apenas seis dias por mês durante o inverno no norte da Líbia e no sudeste da Espanha, sendo 12 dias de chuva por mês no oeste da Itália, no oeste da Península dos Bálcãs e na área de Chipre. As maiores frequências (e totais) estão rela-

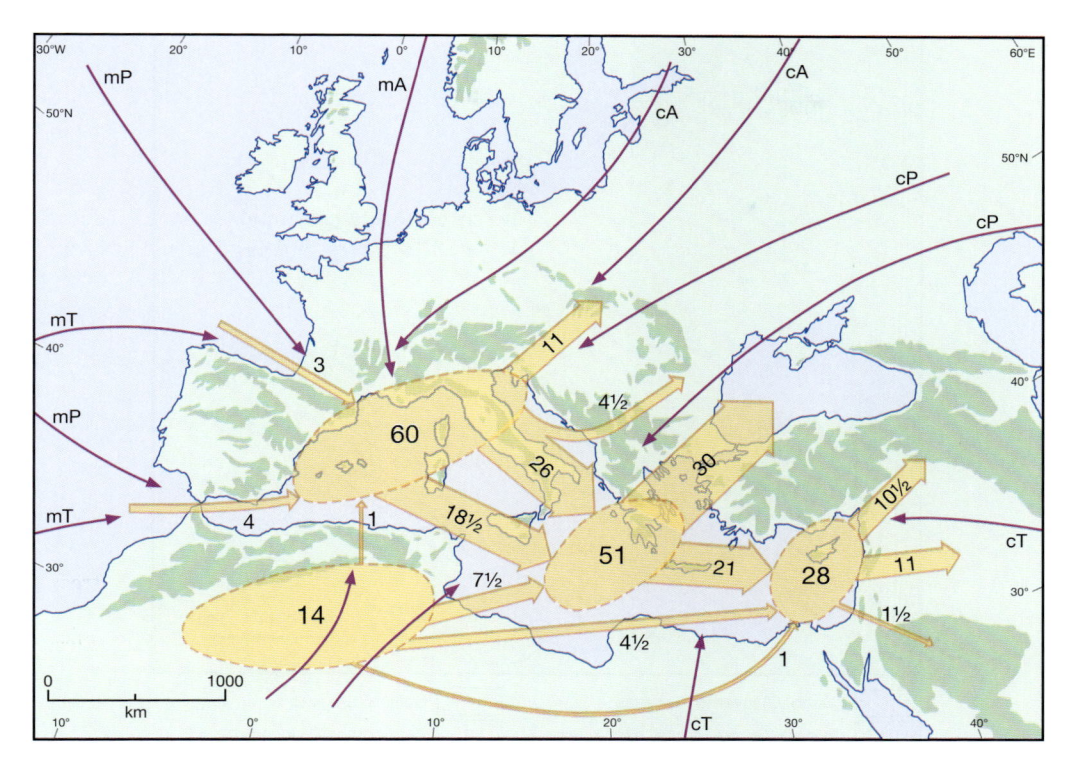

CAPÍTULO 10 O tempo e o clima em latitudes médias e altas **303**

Figura 10.27 Trilhas de depressões mediterrâneas, apresentando frequências anuais médias, e fontes de massas de ar.
Fonte: Weather in the Mediterranean (HMSO, 1962) (Crown Copyright Reserved).

cionadas com as áreas de ciclogênese e com os lados a barlavento das penínsulas.

Os ventos regionais também estão relacionados com os fatores meteorológicos e topográficos. Os conhecidos ventos frios de norte do Golfo dos Leões (o *mistral*), associados ao fluxo de ar mP de norte, se desenvolvem melhor quando uma depressão está se formando no Golfo de Gênova, a leste de uma crista de alta pressão do anticiclone dos Açores. Os efeitos catabáticos e afunilantes intensificam o fluxo no vale do Ródano e em locais semelhantes, de modo que, às vezes, são registrados ventos violentos. O mistral pode durar vários dias, até cessar o influxo de ar polar ou continental. A frequência desses ventos depende da sua definição. A frequência média de mistrais fortes no sul da França é mostrada na Tabela 10.3 (com base na ocorrência em uma ou mais estações de Perpignan ao Ródano em 1924-1927). Ventos semelhantes podem ocorrer ao longo da costa catalã da Espanha (o *tramontana*, ver Figura 10.28) e também no norte do mar Adriático (o *bora*) e do mar Egeu, quando o ar polar flui para sul na porção posterior de uma depressão no sentido leste e é forçado sobre as montanhas

Tabela 10.3 Número de dias com vento mistral forte no sul da França

Velocidade	J	F	M	A	M	J	J	A	S	O	N	D	Ano
≥11m s⁻¹ (36,6 km/h)	10	9	13	11	8	9	9	7	5	5	7	10	103
≥17m s⁻¹ (118,8 km/h)	4	4	6	5	3	2	0,6	1	0,6	0	0	4	30

Fonte: Weather in the Mediterranean (HMSO, 1962).

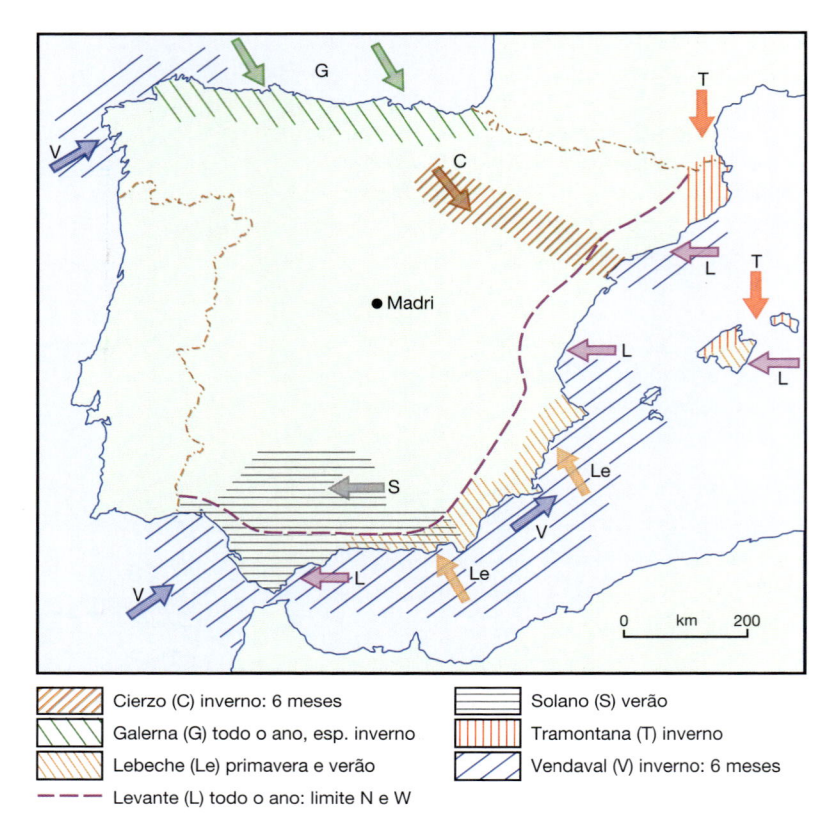

Figura 10.28 Áreas afetadas pelos principais ventos regionais na Espanha em função da estação do ano.
Fonte: Tout e Kemp (1985). Com permissão de Royal Meteorological Society.

Legenda:
- Cierzo (C) inverno: 6 meses
- Galerna (G) todo o ano, esp. inverno
- Lebeche (Le) primavera e verão
- Levante (L) todo o ano: limite N e W
- Solano (S) verão
- Tramontana (T) inverno
- Vendaval (V) inverno: 6 meses

(cf. Capítulo 5C.2). Na Espanha, ventos frios e secos de norte ocorrem em várias regiões. A Figura 10.28 mostra o *galerna* da costa norte e o *cierzo* do vale do Ebro.

A estação normalmente úmida, ventosa e moderada do inverno no Mediterrâneo é seguida por uma primavera longa e indecisa, de março a maio, com muitos falsos inícios do tempo meteorológico de verão. O período da primavera, como o começo do outono, é especialmente imprevisível. Em março de 1966, um cavado avançando pelo Mediterrâneo oriental, precedido por um vento *khamsin* quente de sul e seguido por uma corrente de ar de norte, trouxe até 70 mm de chuva em apenas quatro horas para uma área no sul do deserto de Negev. Embora abril costume ser um mês seco no Mediterrâneo oriental, com uma média de apenas três dias com 1 mm de chuva ou mais em Chipre, pode haver chuvas torrenciais, como em abril de 1971, quando quatro depressões afetaram a região. Duas delas eram depressões saarianas que avançavam no sentido leste atrás da zona de difluência no lado frio de um jato de oeste, e as outras duas intensificaram-se a sotavento de Chipre. O rápido colapso da célula eurasiática de alta pressão em abril, junto com a extensão descontínua do anticiclone dos Açores para norte e leste, estimula o deslocamento de depressões para norte. Mesmo que o ar de latitudes mais altas penetre a sul para o Mediterrâneo, a superfície do mar está relativamente fria, e o ar é mais estável do que durante o inverno.

Em meados de junho, a bacia do Mediterrâneo é dominada pela expansão do anticiclone dos Açores a oeste, enquanto, para o sul, o campo de pressão média apresenta um cavado de baixa pressão que se estende pelo Saara a partir do sul da Ásia (ver Figura 10.26). Os ventos são predominantemente de norte (p. ex., os *etesianos* do Egeu) e representam uma continuação a leste dos ventos Alísios de nordeste. Em âmbito local, as brisas marinhas reforçam esses ventos, mas, na costa de Levant, causam ventos superficiais de sul. As brisas de terra e de mar, envolvendo ar com espessura de até 1500 m, condicionam o tempo cotidiano em muitas partes da costa do norte africano. As depressões não estão ausentes nos meses de verão, mas em geral são fracas. O caráter anticiclônico da circulação de grande escala estimula a subsidência, e os contrastes entre as massas de ar são bastante reduzidos em comparação com o inverno. De tempos em tempos, formam-se fluxos térmicos sobre a Ibéria e Anatólia, embora as trovoadas sejam infrequentes por causa da umidade relativamente baixa.

Os ventos regionais mais importantes no verão são de origem tropical continental. Há uma variedade de nomes locais para essas correntes de ar geralmente quentes, secas e poeirentas – *scirocco* (Argélia e Levant), *lebeche* (sudeste da Espanha) e *khamsin* (Egito) – que se movem para norte, à frente de depressões que avançam no sentido leste. No Negev, o começo de um *khamsin* de leste pode fazer a umidade relativa cair para menos de 10% e as temperaturas subirem para até 48°C. No sul da Espanha, o *solano* de leste traz clima quente e úmido para a Andaluzia no semestre de verão, ao passo que o *levante* costeiro – que tem uma pista longa sobre o Mediterrâneo – é úmido e um pouco mais fresco (ver Figura 10.28). Esses ventos regionais ocorrem quando a alta dos Açores se estende sobre a Europa Ocidental, com um sistema de baixa pressão ao sul.

Muitas estações no Mediterrâneo recebem apenas alguns milímetros de chuva em pelo menos um dos meses do verão, mas a distribuição sazonal não condiz com o padrão de uma mesma máxima simples de inverno sobre toda a bacia do Mediterrâneo. A Figura 10.29 mostra que isso é observado no Mediterrâneo central e oriental, ao passo que a Espanha, o sul da França, o norte da Itália e o norte dos Bálcãs apresentam perfis mais complicados, com uma máxima no outono ou picos na primavera e no outono. Essa máxima dupla pode ser interpretada como uma transição entre o tipo continental interior com uma máxima de verão, e o tipo mediterrâneo com uma máxima de inverno. Uma região de transição semelhante ocorre no sudoeste dos Estados Unidos (ver Figura 10.20), mas a topografia local nessa zona intermontanhosa introduz algumas irregularidades nos regimes.

4 África do norte

A predominância de condições de alta pressão no Saara é marcada pela baixa precipitação média na região. Sobre a maior parte do Saara central, a precipitação média anual é de menos de 25 mm, embora o platô elevado de Ahaggar e Tibesti receba mais de 100 mm. Partes do oeste da Argélia tiveram pelo menos dois anos sem receber mais de 0,1 mm de chuva em qualquer período de 24 horas, e a maior parte do sudoeste do Egito, até cinco anos. No entanto, podem-se esperar tempestades com chuvas de 24 horas, aproximando-se de 50 mm (mais de 75 mm sobre os platôs elevados) em locais esparsos. Durante um período de 35 anos, houve intensidades excessivas de chuva em períodos curtos nas adjacências das encostas voltadas para o oeste na Argélia, como em Tamanrasset (46 mm em 63 minutos) (Figura 10.30), El Golea (8,7 mm em 3 minutos) e Beni Abes (38,5 mm em 25 minutos). Durante o verão, a variabilidade da pluviosidade é introduzida no sul do Saara pela penetração a norte da Depressão Monçônica (ver Figura 11.2B), que, ocasionalmente, permite que línguas de ar úmido de sudoeste penetrem ao norte e produzam centros efêmeros de baixa pressão. O estudo dessas depressões saarianas permitiu a emergência de um quadro mais claro da região. Na troposfera superior, a aproximadamente 200 mb (12 km), os ventos de oeste sobrepõem-se aos flancos voltados para o polo do cinturão subtropical de alta pressão. Ocasionalmente, as células de alta pressão se contraem e se afastam umas das outras, à me-

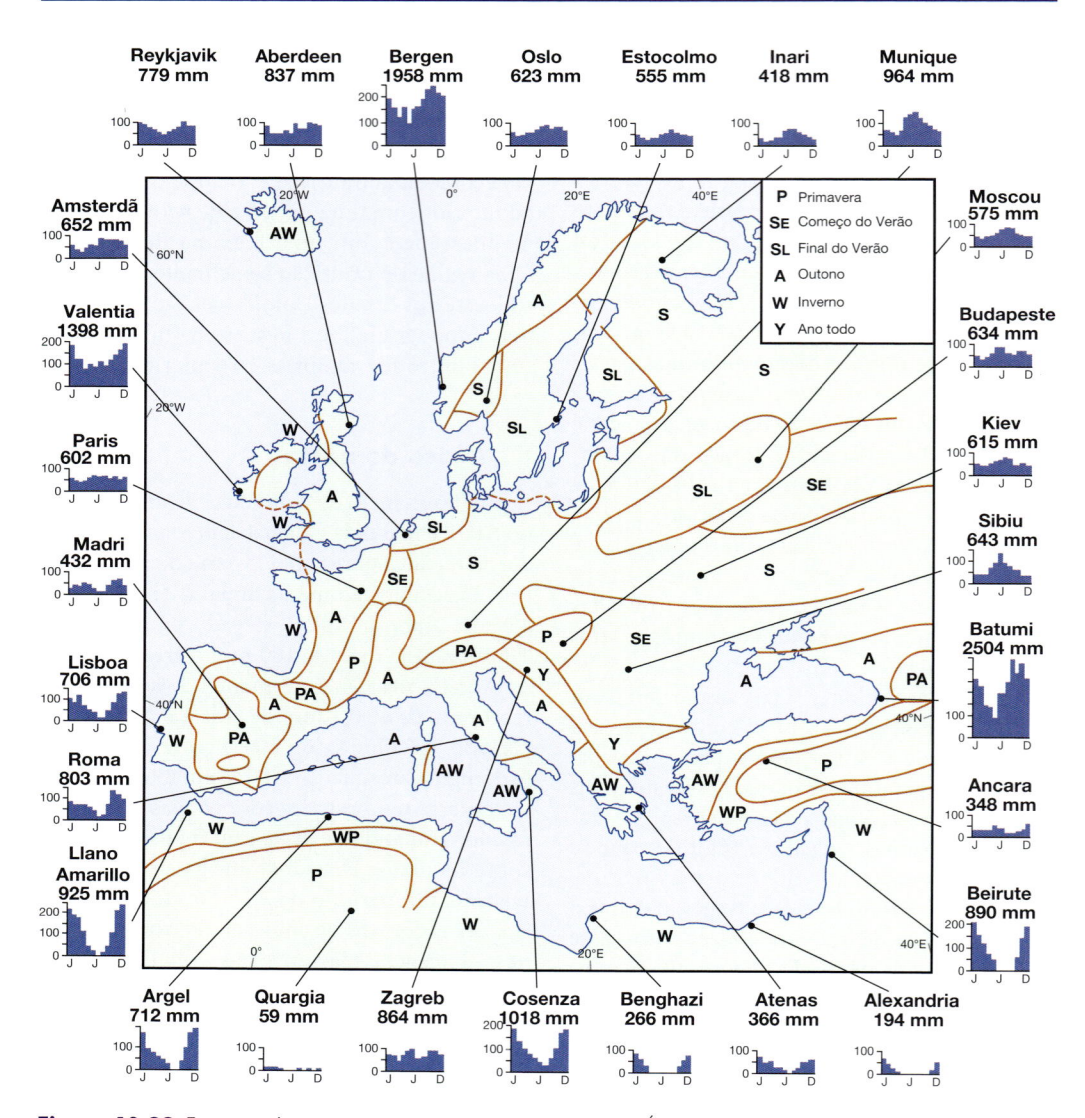

Figura 10.29 Estações de máxima precipitação para a Europa e África do norte com médias mensais e anuais (mm) para 28 estações.

Fonte: Thorn (1965) e Huttary (1950). Reimpresso de D. Martyn (1992) *Climates of the World*, com permissão de Elsevier Science NL, Sara Burgerhartstraat 25, 1055 KV Amsterdam, the Netherlands.

dida que se formam meandros dos ventos de oeste entre elas. Esses meandros podem se estender em direção ao equador, interagindo com ventos tropicais de leste baixos (Figura 10.31). Essa interação pode levar ao desenvolvimento de baixas, que se movem para o nordeste ao longo do cavado meandrante associado a chuvas e trovões. Quando chegam ao Saara central, essas chuvas se esgotam e geram tempestades de poeira, mas podem ser reativadas mais ao norte pela penetração do ar úmido do Mediterrâneo. A interação entre a circulação de oeste e de leste é mais provável de ocorrer perto dos equinócios ou às vezes no inverno, se a célula de alta pressão dos Açores predominante se contrair para oeste. Os ventos de oeste também podem

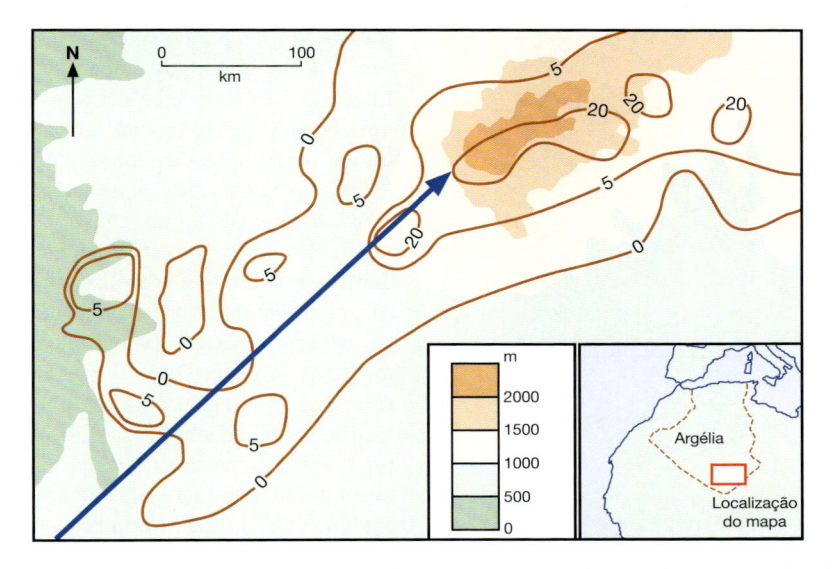

Figura 10.30 Trilha de uma tempestade e a chuva de três horas associada (mm) durante setembro de 1950 ao redor de Tamanrasset, nas adjacências das Montanhas Ahaggar, sul da Argélia.
Fonte: Adaptado de Goudie e Wilkinson (1977).

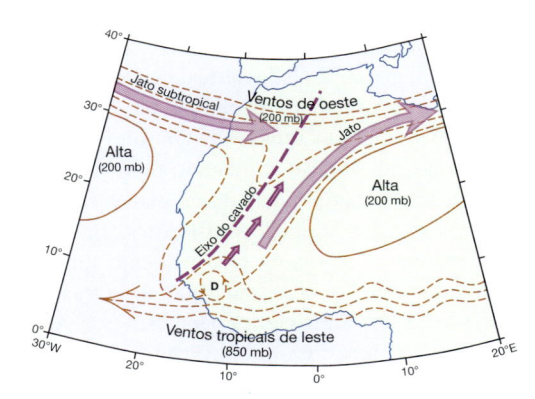

Figura 10.31 Interação entre os ventos de oeste e os ventos tropicais de leste gerando depressões saarianas (D), que avançam para norte ao longo do eixo de um cavado.
Fonte: Nicholson e Flohn (1980). Copyright © 1980/1982 de D. Reidel Publishing Company. Reimpresso mediante permissão.

afetar a região, com a penetração de frentes frias ao sul vindas do Mediterrâneo, trazendo chuva forte para áreas desérticas localizadas. Em dezembro de 1976, uma dessas depressões gerou até 40 mm de chuva durante dois dias no sul da Mauritânia.

5 Australásia

Os anticiclones subtropicais do Atlântico Sul e do Oceano Índico tendem a gerar células de alta pressão que avançam para leste, intensificando-se a sudeste da África do Sul e oeste da Austrália. São sistemas de núcleo quente, formados pelo ar descendente e estendendo-se pela troposfera. A intensificação continental da progressão constante dessas células para leste faz os mapas de pressão passar a impressão da existência de um anticiclone estável sobre a Austrália (Figura 10.32). Por volta de 40 anticiclones atravessam a Austrália anualmente, sendo um pouco mais numerosos na primavera e verão do que no outono e inverno. Sobre ambos os oceanos, a frequência de centros anticiclônicos é maior em um cinturão ao redor de 30°S no inverno e 35-40°S no verão; eles raramente ocorrem ao sul de 45°S.

Entre anticiclones sucessivos, existem cavados de baixa pressão contento frentes interanticiclônicas (às vezes denominadas "polares") (Figura 10.33). Dentro desses cavados, a corrente de jato subtropical meandra no sentido equatorial, acelera (particularmente no inverno, quando atinge uma velocidade média de 60 m s^{-1}, em comparação com um valor anual

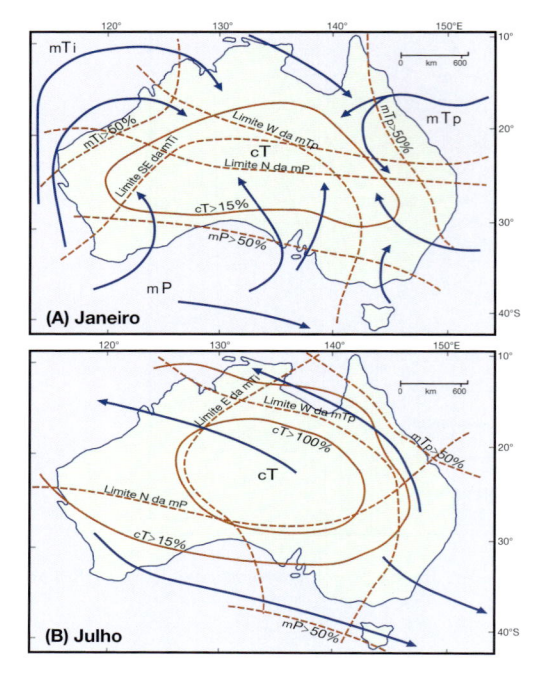

Figura 10.32 Frequências de massas de ar, áreas-fonte, direções do vento e dominância da célula de alta pressão cT sobre a Austrália no verão (A) e inverno (B).
Fonte: Gentilli (1971). Com permissão de Elsevier Science, NL.

médio de 39 m s^{-1}) e gera depressões em níveis superiores, que se movem para sudeste ao longo da frente (análogas aos sistemas da África do Norte). A variação na força dos anticiclones continentais e a passagem de frentes interanticiclônicas causa influxos periódicos de massas de ar tropical marítimo dos Oceanos Pacífico (mTp) e Índico (mTi). Também ocorrem incursões de ar polar marítimo (mP) do sul, e variações na força da fonte local de massas de ar tropical continental (cT) (ver Figura 10.32).

As condições de alta pressão sobre a Austrália promovem temperaturas especialmente elevadas sobre as porções centrais e ocidentais do continente, para onde há um grande transporte de calor no verão. Essas pressões mantêm a pluviosidade média baixa, normalmente totalizando menos de 250 mm por ano sobre 37% da Austrália. No inverno, depressões em níveis elevados ao longo das frentes interanticiclônicas trazem chuva para as regiões do sudeste e, junto com incursões de ar mTi, para o sudoeste australiano. No verão, o movimento da Zona de Convergência Intertropical para o sul e sua transformação em uma Depressão Monçônica leva a estação mais úmida para o norte da Austrália (ver Capítulo 11D), e os ventos Alísios de sudeste provocam chuva ao longo do litoral leste.

A Nova Zelândia está sujeita a controles climáticos semelhantes aos observados no sul da Austrália (Figura 10.33). Anticiclones, separados por cavados associados a frentes frias frequentemente deformadas como depressões ondulatórias, cruzam a região uma vez por semana, em média. Sua trilha mais ao sul (38,5°S) ocorre em fevereiro. O deslocamento anticiclônico para leste apresenta uma média de 570 km/dia de maio a julho e 780 km/dia de outubro a dezembro. Os anticiclones ocorrem em 7% do tempo cronológico, e são associados a tempo estável, ventos leves, brisas marinhas e um pouco de neblina. Na borda leste (na frente) da célula de alta pressão, o fluxo de ar em geral é fresco, marítimo e de sudoeste, intercalado com fluxos de sul e sudeste que produzem garoa. No lado oeste da célula, o fluxo de ar costuma ser de norte ou noroeste, trazendo condições amenas e úmidas. No outono, as condições de alta pressão aumentam de frequência em até 22%, gerando uma estação mais seca.

Os cavados simples com frentes frias não deformadas e interações relativamente simples entre as condições observadas na borda traseira e dianteira dos anticiclones persistem por volta de 44% do tempo durante o inverno, a primavera e o verão, em comparação com apenas 34% no outono. As depressões ondulatórias ocorrem com aproximadamente a mesma frequência. Se uma depressão ondulatória se forma na frente fria a oeste da Nova Zelândia, ela geralmente avançará para o sudeste ao longo da frente, passando para o sul das ilhas. Em contrapartida, uma depressão que se forma sobre a Nova Zelândia pode levar 36-48 horas para sair das ilhas, trazendo condições prolongadas de chuva (Figura 10.34). O relevo, em especial a porção dos Alpes Meridionais, controla predominantemente as quantidades de chuva. As montanhas voltadas para oeste ou noroeste recebem uma média anual de precipitação acima de 2500 mm, com certas partes da Ilha Sul

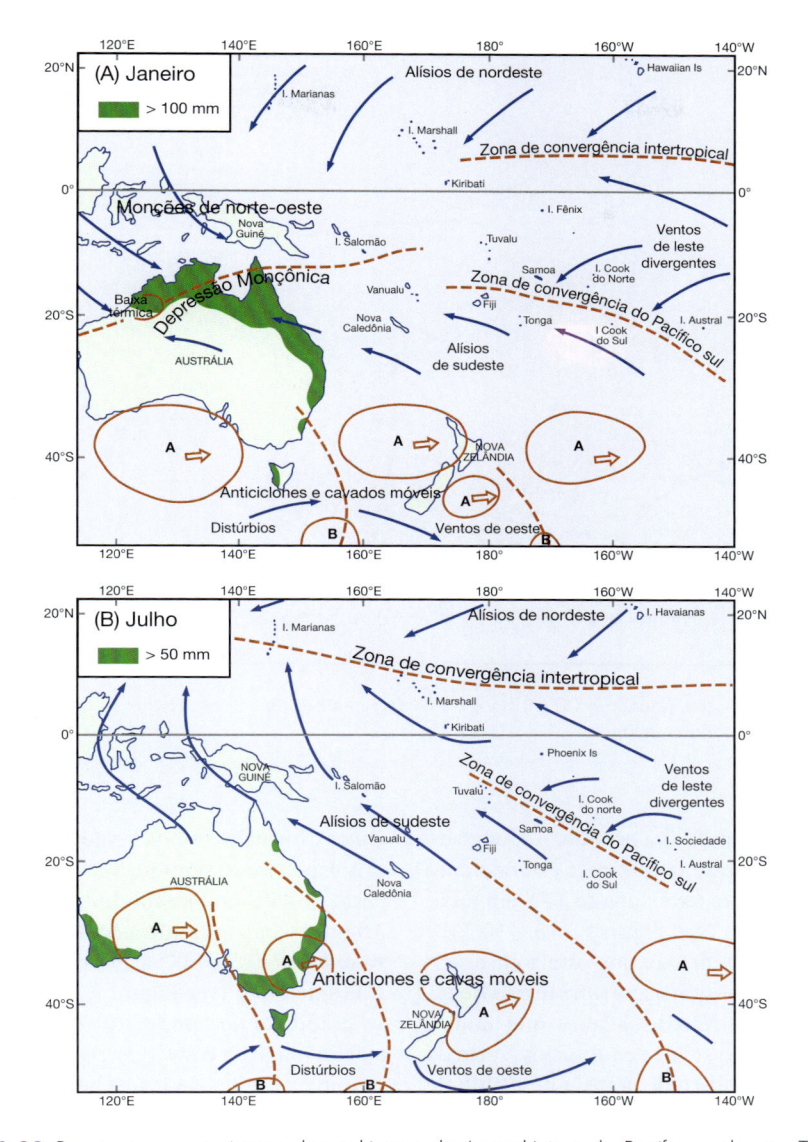

Figura 10.33 Principais características climatológicas da Australásia e do Pacífico sudoeste. Também são mostradas áreas com >100 mm (janeiro) e >50 mm (julho) de média mensal de precipitação para a Austrália.

Fonte: Steiner, in Salinger et al. (1995). *International Journal of Climatology*, copyright © John Wiley & Sons Ltd. Reproduzido mediante permissão.

excedendo os 10.000 mm (ver Figura 5.16). As áreas a sotavento ao leste têm quantidades muito menores, com menos de 500 mm em algumas partes. A Ilha Norte tem uma máxima de precipitação no inverno, mas a Ilha Sul, sob a influência de depressões nos ventos de oeste mais ao sul, tem uma máxima sazonal mais variável.

D ALTAS LATITUDES

1 Os ventos de oeste meridionais

O forte fluxo zonal no cinturão dos ventos de oeste meridionais, visível somente em mapas de médias mensais, é associado a uma grande zona frontal caracterizada pela passagem contínua de

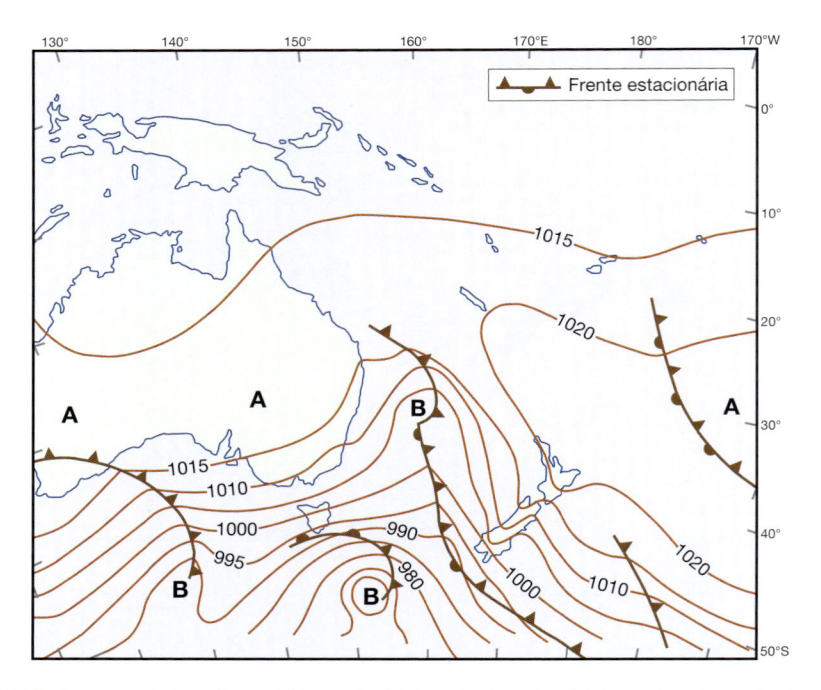

Figura 10.34 Situação sinótica à 00:00 hora de 1° de setembro de 1982, resultando em fortes chuvas nos Alpes meridionais da Nova Zelândia.
Fonte: Hessell; in Wratt et al. (1996). *Bulletin of the American Meteorological Society*, com permissão de American Meteorological Society.

depressões e cristas de alta pressão. Ao longo do Oceano Austral, esse cinturão se estende para sul a partir de aproximadamente 30°S em julho e 40°S em janeiro (ver Figuras 9.18 e 10.35B) para o Cavado Antártico, que oscila entre 60° e 72°S. O Cavado Antártico é uma região de estagnação e decaimento de ciclones, que tende a se localizar mais ao sul nos equinócios. Perto da Nova Zelândia, o fluxo de oeste, a uma altitude de 3-15 km no cinturão de 20-50°S, persiste ao longo do ano. Ele se torna uma corrente de jato a 150 mb (13,5 km), sobre 25-30°S, com uma velocidade de 60 m s^{-1} (216 km/h) em maio-agosto, diminuindo para 26 m s^{-1} (93 km/h) em fevereiro. No Pacífico, a intensidade dos ventos de oeste depende da diferença meridional na pressão entre 40 e 60°S, sendo, em média, maior durante o ano todo ao sul da Austrália ocidental e a oeste do sul do Chile.

Muitas depressões se formam como ondas nas frentes interanticiclônicas, que se movem para sudeste no cinturão dos ventos de oeste. Outras formam-se nos ventos de oeste em locais específicos, como o sul do Cabo Horn, e perto de 45°S no Oceano Índico no verão, e no Atlântico Sul em frente à costa sul-americana e ao redor de 50°S no Oceano Índico no inverno. A Frente Polar (ver Figura 9.20) está associada ao gradiente de temperatura da superfície do mar ao longo da convergência antártica, ao passo que os limites do gelo marinho mais ao sul são rodeados por água superficial igualmente fria (Figura 10.35B).

No Atlântico Sul, as depressões se movem a aproximadamente 1300 km/dia perto da borda norte do cinturão, reduzindo para 450-850 km/dia dentro de 5-10° de latitude da depressão Antártica. No Oceano Índico, as velocidades no sentido leste variam de 1000 a 1300 km/dia no cinturão de 40-60°S, alcançando uma máxima em um núcleo a 45-50°S. As depressões do Pacífico tendem a se situar da mesma maneira, e formar geralmente em um período em torno de uma semana. Como no Hemisfério Norte, o

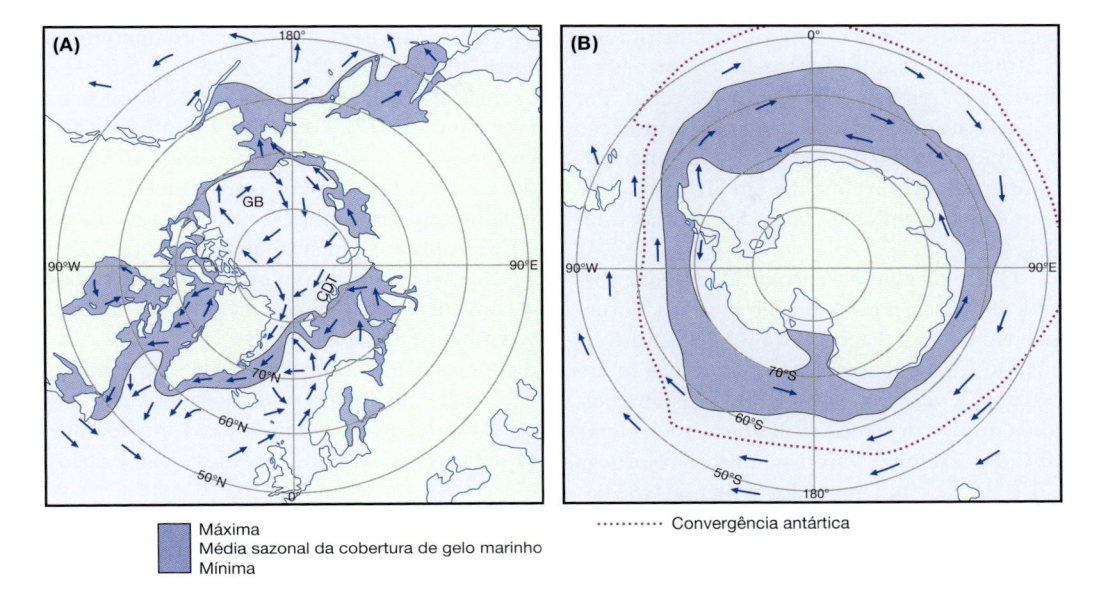

Figura 10.35 (A): correntes superficiais do Ártico: giro do mar de Bering (GB) e a corrente de Deriva Transpolar (CDT). A área em azul demarca os limites mínimos de outono e máximo de primavera da extensão média do gelo marinho para o período 1973-1990. Foram observadas mínimas recordes nos resumos de 2005, 2007 e 2008. (B): circulação da superfície do Oceano Austral, zonas de convergência e limites sazonais do gelo marinho em março e setembro.

Fonte: A: Maythum (1993) e Barry (1983). B: Barry (1986). Copyright © Plenum Publishing Corp., New York. Publicado com permissão.

alto índice zonal resulta de um forte gradiente de pressão meridional e é associado a distúrbios ondulatórios propagados no sentido leste em altas velocidades, com ventos irregulares e muitas vezes violentos e frentes com orientação zonal. Baixos índices zonais resultam em cristas de alta pressão que se estendem mais ao sul e centros de baixa pressão localizados mais ao norte. Todavia, a quebra do fluxo, que leva a um bloqueio, é menos comum e menos persistente no Hemisfério Sul do que no Hemisfério Norte.

Os ventos de oeste meridionais estão ligados ao cinturão de anticiclones e cavados móveis por frentes frias, que conectam os cavados interanticiclônicos dos últimos às depressões ondulatórias dos primeiros. Embora as trilhas de tempestades dos ventos de oeste geralmente se encontrem bastante ao sul da Austrália (Figura 10.33), as frentes podem se estender ao norte continente adentro, particularmente a partir de maio, quando ocorre a primeira chuva no sudoeste. Em média, na metade do inverno (julho), três centros de depressão margeiam a costa sudoeste. Quando uma depressão profunda avança para o sul da Nova Zelândia, a passagem da frente fria cobre as ilhas inicialmente com um fluxo de ar quente e úmido de oeste ou norte, e depois com ar mais fresco de sul. Uma série dessas depressões pode ocorrer em intervalos de 12-36 horas, sendo cada frente fria seguida por ar progressivamente mais frio. Mais a leste, sobre o Pacífico Sul, a franja norte dos ventos de sul é influenciada pelos ventos de noroeste, desviando para oeste ou sudoeste à medida que as depressões se movem para o sul. Esse padrão do tempo será interrompido por períodos de ventos de leste se os sistemas de depressão seguirem ao longo de latitudes mais baixas do que o normal.

2 O Subártico

As diferenças longitudinais nos climas de latitudes médias persistem nas margens polares setentrionais, gerando subtipos marítimos e continentais, modificados pelas condições radiativas extremas no inverno e no verão. Por exemplo, as quantidades recebidas de radiação no verão ao longo da costa ártica da Sibéria se comparam favoravelmente, em virtude do dia mais longo, com as de latitudes médias inferiores.

O tipo marítimo é encontrado na zona costeira do Alasca, na Islândia, no norte da Noruega e em partes adjacentes da Rússia. Os invernos são frios e tempestuosos, com dias muito curtos. Os verões são nublados, mas amenos, com temperaturas médias de aproximadamente 10°C. Por exemplo, Vardo, no norte da Noruega (70°N 31°E), tem temperaturas mensais médias de −6°C em janeiro e 9°C em julho, ao passo que Anchorage, no Alasca (61°N 150°W), registra −11°C e 14°C, respectivamente. A precipitação anual geralmente fica entre 600 e 1250 mm, com uma máxima na estação fresca e em torno de seis meses de cobertura de neve.

O tempo é controlado principalmente por depressões, que são fracas no verão. No inverno, a área do Alasca fica a norte das principais trilhas de depressões, sendo proeminentes as frentes ocluídas e os cavados em níveis superiores, ao passo que o norte da Noruega é afetado por depressões frontais que avançam para o Mar de Barents. A Islândia é semelhante ao Alasca, embora as depressões costumem passar lentamente sobre a área e ocluir, ao passo que outras que avançam para nordeste ao longo do Estreito da Dinamarca trazem tempo ameno e chuvoso.

Os climas frios do interior continental têm invernos muito mais severos, embora as quantidades de precipitação sejam menores. Em Yellowknife (62°N 114°W), por exemplo, a temperatura média de janeiro é de apenas −28°C. Nessas regiões, o *permafrost* (solo permanentemente congelado) é comum e, muitas vezes, tem grande profundidade. No verão, apenas os 1-2 m superiores do solo degelam e, como a água não consegue escoar rapidamente, essa "camada ativa" costuma permanecer saturada. Embora possa haver gelo durante qualquer mês, os longos dias de verão geralmente

proporcionam três meses com temperaturas médias acima de 10°C e, em muitas estações, as máximas extremas alcançam 32°C ou mais (ver Figura 10.17). Os Barren Grounds de Keewatin, porém, são muito mais frios no verão, devido às amplas áreas de lagos e turfa; somente julho tem uma temperatura diária média de 10°C. Labrador-Ungava, ao leste, entre 52° e 62°N, é semelhante, com quantidades elevadas de nuvens e precipitação máxima de junho a setembro (Figura 10.36). No inverno, as condições oscilam entre períodos de tempo muito frio, seco e de alta pressão e períodos de tempo sombrio, gélido e com neve, à medida que as depressões avançam para leste ou, ocasio-

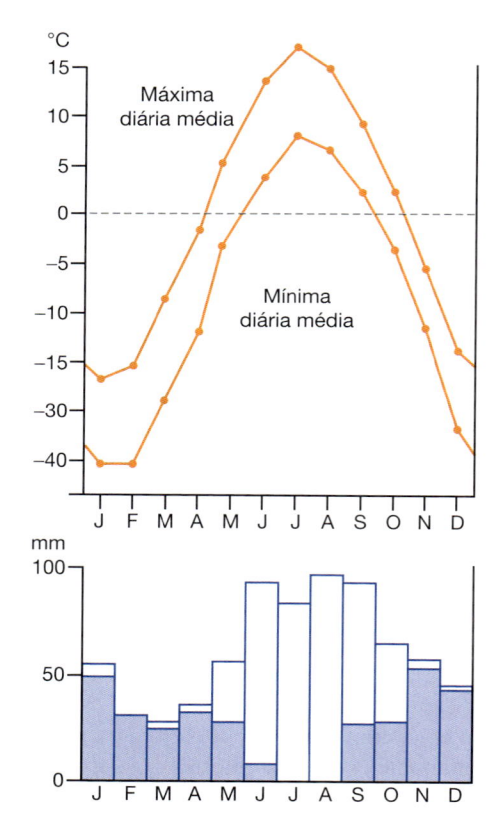

Figura 10.36 Dados climatológicos selecionados para o McGill Sub-Artic Research Laboratory, Schefferville, PQ, 1955-1962. As porções sombreadas da precipitação representam neve, expressa como equivalentes de água.

Fonte: Dados de J. B. Shaw e D. G. Tout.

nalmente, para norte sobre a área. Apesar das temperaturas médias muito baixas no inverno, existem ocasiões em que as máximas excedem os 4°C durante incursões de ar marítimo Atlântico. Essa variabilidade não é encontrada na Sibéria oriental, que é intensamente continental, exceto pela Península de Kamchatka, com o *polo frio* do Hemisfério Norte localizado no nordeste remoto (ver Figura 3.11A). Verkhoyansk e Oimyakon têm uma média de −50°C em janeiro, e ambas registraram uma mínima absoluta de −67,7°C. As estações localizadas nos vales do norte da Sibéria registram, em média, congelamento de forte a extremo em 50% do tempo durante seis meses do ano, mas verões bastante quentes (Figura 10.37).

3 As regiões polares

A alternância semianual entre a noite polar e o dia polar e a prevalência de superfícies de neve e gelo são comuns às duas regiões polares. Esses fatores controlam os regimes do balanço energético na superfície e as baixas temperaturas anuais (ver Capítulo 3B). As regiões polares também são sumidouros de energia para a circulação atmosférica global (ver Capítulo 7C.1) e, em ambos os casos, têm sobre elas grandes vórtices de circulação situados na média troposfera e mais acima (ver Figuras 7.3 e 7.4). Em outros sentidos, as duas regiões polares diferem notavelmente em decorrência de fatores geográficos. A região polar norte compreende o Oceano Ártico, com sua cobertura de gelo marinho

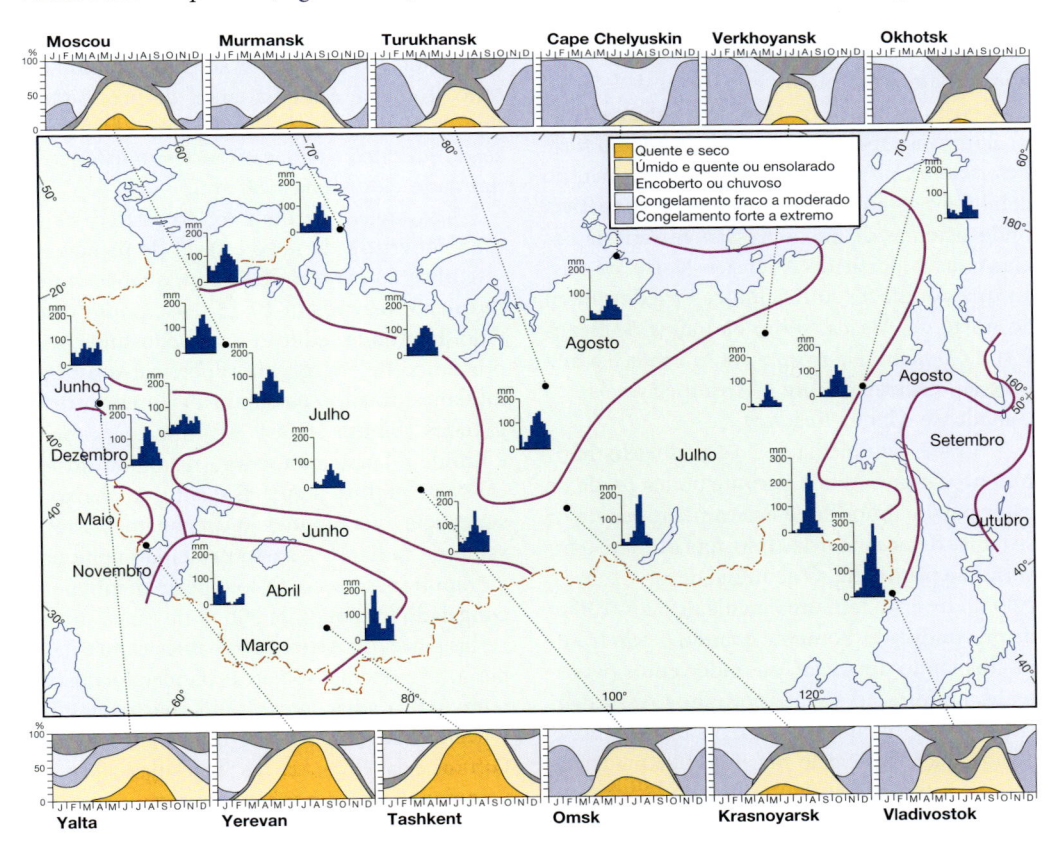

Figura 10.37 Meses de máxima precipitação, regimes anuais de precipitação média mensal e regimes anuais de frequências médias mensais dos cinco tipos climáticos principais na antiga União Soviética.

Fonte: Reimpresso de P. E. Lydolph (1977), com permissão de Elsevier Science NL, Sara Burgerhartstraat 25, 1055 KV Amsterdam, the Netherlands.

durante quase todo o ano (ver Prancha 13.4), rodeando áreas de tundra, o manto de gelo da Groenlândia e numerosas calotas de gelo menores no Canadá Ártico, em Svalbard e nas Ilhas Árticas Siberianas. Em contrapartida, a região polar sul é ocupada pelo continente antártico, com um platô de gelo de 3 a 4 km de altitude, plataformas de gelo nas enseadas do Mar de Ross e do Mar de Weddell, e rodeada por um oceano sazonalmente coberto de gelo marinho. Desse modo, o Ártico e a Antártica são tratados separadamente.

O Ártico

A 75°N, o Sol fica abaixo do horizonte por aproximadamente 90 dias, desde o começo de novembro ao começo de fevereiro. As temperaturas do ar no inverno sobre o Oceano Ártico apresentam uma média em torno de −32°C, mas costumam ser 10-12°C mais altas a 1000 m acima da superfície, como resultado da forte inversão térmica radiativa. A estação de inverno geralmente é tempestuosa no setor euroasiático, onde sistemas de baixa pressão entram na bacia Ártica a partir do Atlântico Norte, ao passo que condições anticiclônicas predominam ao norte do Alasca, sobre os mares de Beaufort e Chukchi. Na primavera, prevalece a alta pressão, centrada sobre o Arquipélago Ártico Canadense-Mar de Beaufort.

A espessura média de 2 a 4 m do gelo marinho no Oceano Ártico permite pouca perda de calor para a atmosfera e basicamente separa os sistemas do oceano e da atmosfera durante o inverno e a primavera. O acúmulo de neve sobre o gelo no inverno tem uma média de 0,25-0,30 m de profundidade. Somente quando o gelo fratura, formando um *canal*, ou onde ventos persistentes em direção ao mar e/ou uma ressurgência de água oceânica mais quente formam áreas de águas abertas e gelo marinho (chamadas de *polínias*), o efeito isolante do gelo marinho é rompido. O gelo no Ártico ocidental circula no sentido horário, em um giro impulsionado pelo campo de pressão anticiclônico médio. O gelo da margem norte desse giro, e o gelo do setor euroasiático, avança pelo Polo Norte na Corrente de Deriva Transpolar e sai do Ártico pelo Estreito de Fram e pela Corrente Leste da Groenlândia (ver Figura 10.35A). Essa exportação equilibra a formação termodinâmica anual de gelo na Bacia Ártica. No final do verão, os mares da plataforma euroasiática e a seção costeira do Mar de Beaufort se encontram praticamente livres de gelo.

No verão, o Oceano Ártico tem condições principalmente encobertas, com nuvens stratus baixas e nevoeiro. O derretimento da neve e grandes poças de água de derretimento acumuladas sobre o gelo mantêm as temperaturas do ar ao redor do ponto de congelamento. Sistemas de baixa pressão tendem a predominar, entrando na bacia a partir do Atlântico Norte ou da Eurásia. A precipitação pode cair na forma de chuva ou neve, com os maiores totais mensais observados do final do verão ao começo do outono. Todavia, a média anual da precipitação líquida menos a evaporação sobre o Ártico, baseada em cálculos do transporte atmosférico de umidade, é de apenas 180 mm.

Nas áreas continentais do Ártico, existe uma cobertura de neve estável de meados de setembro ao começo de junho, quando o derretimento ocorre em 10-15 dias. Como resultado da grande redução no albedo superficial, o balanço de energia na superfície sofre uma mudança drástica, passando a valores positivos grandes (Figura 10.38). A tundra geralmente é úmida e lamacenta, como resultado do *lençol de permafrost* a apenas 0,5-1,0 m abaixo da superfície, que bloqueia a drenagem. Assim, o saldo de radiação é gasto principalmente para a evapotranspiração. O solo permanentemente congelado tem mais de 500 m de espessura em certas partes do Ártico norte-americano e da Sibéria, e se estende sob áreas da plataforma costeira Ártica adjacente. Grande parte das Ilhas Queen Elizabeth, dos Territórios do Norte do Canadá e das Ilhas Árticas Siberianas é formada pelo frio e seco deserto polar, com superfícies de cascalho ou rocha, ou campos de gelo e geleiras. Todavia, 10-20 km continente adentro no verão, o aquecimento diurno dispersa as nuvens estratiformes, e as temperaturas à tarde podem subir a 15-20°C.

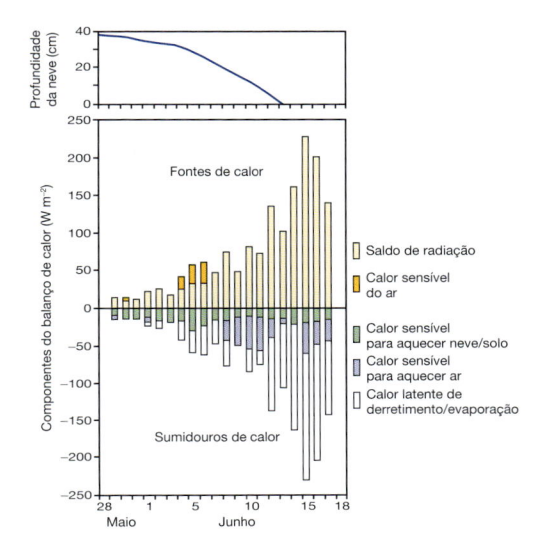

Figura 10.38 Efeito da cobertura de neve da tundra sobre o balanço de energia da superfície em Barrow, Alasca, durante o derretimento na primavera. O gráfico inferior mostra os termos de energia e o saldo de radiação diário.
Fonte: Weller e Holmgren (1974). Com permissão de American Meteorological Society.

O manto de gelo da Groenlândia, com 3 km de espessura e cobrindo uma área de 1,7 milhão de km², contém água suficiente para elevar o nível global do mar em mais de 7 m se derretesse totalmente. Todavia, não existe derretimento acima da altitude da linha de equilíbrio (onde o acúmulo se equilibra com a ablação), que fica a 2000 m (1000 m) de elevação ao sul (norte) da Groenlândia. A camada de gelo cria o seu próprio clima. Ela desvia ciclones que chegam da Terra Nova ou para o norte, para a baía de Baffin, ou para o nordeste, rumo à Islândia. Essas tempestades trazem uma grande quantidade de neve ao sul e à encosta ocidental do manto de gelo. Uma inversão baixa e persistente ocorre sobre o manto de gelo, com ventos catabáticos descendentes a uma velocidade média de 10 m s^{-1}(36 km/h), exceto quando sistemas de tempestade cruzam a área.

A Antártica

Com exceção dos picos nas Montanhas Transantárticas e na Península Antártica e dos Vales Secos de Victoria Land (77°S 160°E), mais de 97% da Antártica são cobertos por um vasto manto de gelo continental. O platô polar tem uma elevação média de 1800 m na Antártica Ocidental e 2600 m na Antártica Oriental, onde se ergue acima de 4000 m (82°S 75°E). Em setembro, gelo marinho, com uma média de 0,5-1,0 m de espessura, cobre 20 milhões de km² do Oceano Austral, mas 80% derretem a cada verão.

Sobre o manto de gelo, as temperaturas quase sempre ficam bem abaixo do ponto de congelamento. O Polo Sul (2800 m de elevação) tem uma temperatura média de verão de −28°C e uma temperatura de inverno de −58°C. Vostok (3500 m) registrou −89°C em julho de 1983, um recorde mundial para a temperatura mínima. As temperaturas mensais médias estão sempre perto de seu valor de inverno nos seis meses entre os equinócios, criando o chamado padrão de "inverno sem núcleo frio"* de variação da temperatura anual (Figura 10.39). A transferência de energia atmosférica em direção ao polo compensa a perda radiativa de energia. Entretanto, existem mudanças consideráveis na temperatura diária, associadas ao aumento na radiação incidente de ondas longas pela cobertura de nuvens, ou à mistura de ar quente de cima da inversão até a superfície causada pelos ventos. Sobre o platô, a intensidade da inversão é de aproximadamente 20-25°C. É quase impossível mensurar a precipitação, pois a neve é soprada e deriva com o vento. Estudos realizados em trincheiras de neve indicam um acúmulo anual variando de menos de 50 mm (acima do platô, a mais de 3000 m de elevação) até 500 a 800 mm em certas áreas costeiras do mar de Bellingshausen e partes da Antártica Oriental.

Os ciclones extratropicais nos ventos de oeste meridionais têm a tendência de girar no sentido horário em direção à Antártica, especialmente do sul da Austrália ao Mar de Ross, do Pacífico Sul ao Mar de Weddell e do Atlân-

---

* N. de R.T.: Inverno sem núcleo frio refere-se a uma característica exclusiva do inverno polar antártico (interior do Platô polar) que não apresenta um mês mais frio, e sim um período de aproximadamente 5 meses muito frios.

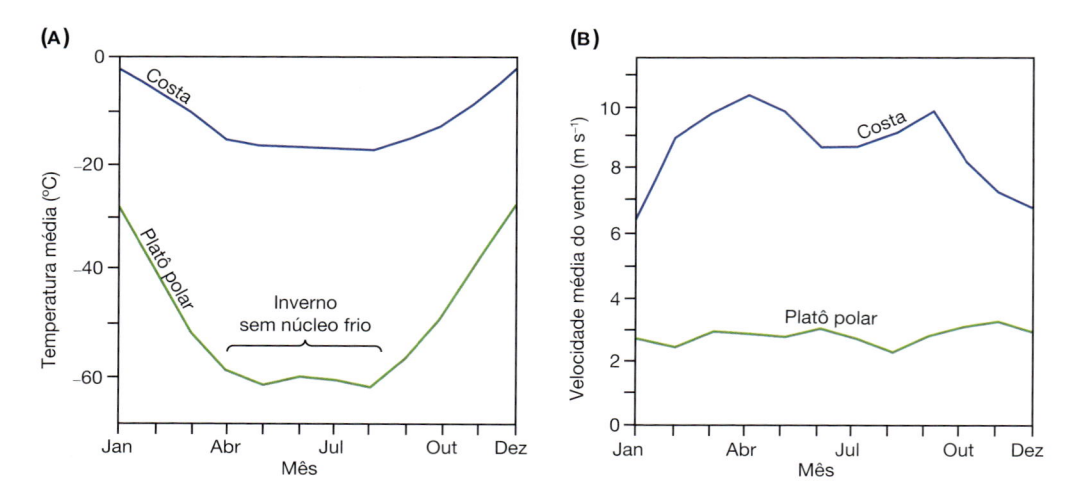

Figura 10.39 Curso anual da (A) temperatura mensal média do ar (°C) e (B) velocidade do vento (m s^{-1}) para 1980-1989 no Domo C (3280 m), 74,5°S 123,0°E (Platô polar) e D-10, uma estação meteorológica automática a 240 m, 66,7°S 139,8°E (costa).

Fonte: Stearns *et al.* (1993). American Geophysical Union.

tico Sul Ocidental à Ilha de Kerguelen e à Antártica Oriental (Figura 10.40). Sobre o Oceano Austral adjacente, a nebulosidade excede os 80% durante todo o ano a 60-65°S (ver Figuras 3.8, 5.11 e 5.12) devido aos ciclones frequentes, mas a área costeira da Antártica apresenta variabilidade mais sinótica, associada à alternância entre baixas e altas. Sobre o interior, a cobertura de nuvens geralmente é de menos de 40-50%, e a metade desse total ocorre no inverno.

A circulação do ar em direção ao polo no vórtice polar troposférico (ver Figuras 7.3 e 7.4) faz o ar descer sobre o Platô Antártico e causa um fluxo no sentido externo sobre a superfície do manto de gelo. Os ventos representam um equilíbrio entre a aceleração gravitacional, a força de Coriolis (que atua para a esquerda), o atrito e a intensidade da inversão. Nas encostas do manto de gelo, existem fluxos catabáticos mais fortes encosta abaixo, sendo observadas velocidades extremas em certas localidades costeiras. O Cabo Denison (67°S 143°E), em Adelie Land, registrou velocidades diárias médias do vento de >18 m s^{-1} (64 km/h) em mais de 60% dos dias em 1912-1913.

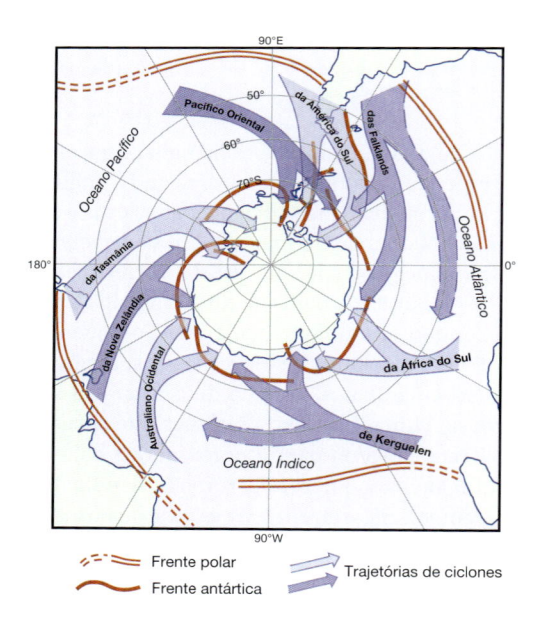

Figura 10.40 Trilhas de ciclones no Hemisfério Sul, afetando a Antártica e grandes zonas frontais no inverno. 1. Frente Polar; 2. Frente Antártica; 3. Trajetórias de ciclones.

Fonte: Carleton (1987). Copyright © Chapman & Hall, New York.

RESUMO

As mudanças sazonais na baixa da Islândia e na alta dos Açores, junto com as variações na atividade ciclônica, controlam o clima da Europa Ocidental. A penetração no sentido leste de influências marítimas relacionadas com esses processos atmosféricos, e com as águas quentes da Corrente do Atlântico Norte, é ilustrada por invernos moderados, pela sazonalidade dos regimes de precipitação e pelos índices de continentalidade. Os efeitos topográficos sobre a precipitação, a neve, a duração das estações de crescimento e os ventos locais são particularmente acentuados sobre as Montanhas da Escandinávia, as Highlands escocesas e os Alpes. Os tipos de tempo nas Ilhas Britânicas podem ser descritos em termos de sete padrões básicos de ventos, cuja frequência e aspecto variam consideravelmente com a estação. Períodos meteorológicos recorrentes ao redor de uma data específica (singularidades), como a tendência de tempo anticiclônico na metade de setembro, foram reconhecidos nas Ilhas Britânicas e na Europa, e as grandes tendências sazonais na ocorrência de regimes de fluxos de ar podem ser usadas para definir cinco ciclos sazonais. As condições meteorológicas anormais (anomalias sinóticas) são associadas a bloqueios anticiclônicos, especialmente prevalentes sobre a Escandinávia e que podem levar a invernos frios e secos e verões quentes e secos.

O clima da América do Norte também é afetado por sistemas de pressão que geram massas de ar de frequência sazonal variada. No inverno, a célula subtropical de alta pressão se estende ao norte sobre a Great Basin, com ar cP anticiclônico ao norte sobre a Baía de Hudson. Grandes cinturões de depressões ocorrem a aproximadamente 45-50°N, da região central dos Estados Unidos ao St. Lawrence, e ao longo da costa leste até Terra Nova. A Frente Ártica ocorre sobre o noroeste do Canadá; a Frente Polar está localizada ao longo da costa nordeste dos Estados Unidos e, entre as duas, pode ocorrer uma frente marítima (ártica) sobre o Canadá. No verão, as zonas frontais se movem para norte, com a Frente Ártica disposta ao longo da costa norte do Alasca, sendo a Baía de Hudson e o St. Lawrence os principais locais de trilhas de depressões. Três importantes singularidades norte-americanas são o advento da primavera no começo de março, o deslocamento da célula subtropical de alta pressão para norte na metade do verão, e o *indian summer* de setembro a outubro. No oeste da América do Norte, as Cadeias Costeiras inibem o movimento da precipitação para leste, que pode variar muito em âmbito local (p. ex., Colúmbia Britânica), especialmente no que diz respeito à queda de neve. O interior e o leste do continente, com um componente fortemente continental, sofrem efeitos moderadores da Baía de Hudson e dos Grandes Lagos no começo do inverno, com cinturões de neve com grande importância local. O clima da costa leste é dominado por influências da pressão continental. Períodos frios são produzidos no inverno pela invasão de ar cA/cP de altas latitudes na esteira de frentes frias. O fluxo de ar de oeste gera os ventos *chinook* a sotavento das Montanhas Rochosas. As principais fontes de umidade do Golfo do México e do Pacífico Norte produzem regiões de diferentes regimes sazonais: a máxima de inverno da costa oeste é separada do interior por uma região transicional intermontanhosa, com uma máxima sazonal geralmente quente; o nordeste tem uma distribuição sazonal relativamente equilibrada. Os gradientes de umidade, que influenciam a vegetação e os tipos de solo, são predominantemente de leste-oeste na região central da América do Norte, em contraste com o padrão isotérmico norte-sul.

O sudoeste semiárido dos Estados Unidos sofre a complexa influência das células de alta pressão do Pacífico e das Bermudas, apresentando variações extremas na pluviosidade, com máximas de inverno e verão devidas principalmente à depressão e às tempestades locais, respectivamente. O interior e a costa leste dos Estados Unidos são dominados por ventos de oeste no inverno e fluxos de ar tempestuosos de sul no verão. Os furacões são um elemento importante do clima de verão-outono na Costa do Golfo e no sudeste dos Estados Unidos.

A margem subtropical da Europa consiste na região mediterrânea, localizada entre os cinturões dominados pelos ventos de oeste e pelas células de alta pressão do Saara-Açores. O colapso da célula de alta pressão dos Açores em outubro permite que as depressões se movam e se formem sobre o Mar Mediterrâneo relativamente quente, gerando ventos orográficos pronunciados (p. ex., o mistral) e invernos tempestuosos e chuvosos. A primavera é uma estação imprevisível, marcada pelo enfraquecimento da célula euroasiática de alta pressão para o norte e pela intensificação do anticiclone do Saara-Açores. No verão, este gera condições secas e quentes, com fortes correntes de ar locais de sul (p. ex., o scirocco). A máxima simples de pluviosidade do inverno é mais característica da região mediterrânea leste e sul, ao passo que, no norte e oeste, as chuvas de outono e primavera se tornam mais importantes. A África do Norte é dominada por condições de alta pressão. Pode haver chuvas infrequentes ao norte com sistemas extratropicais e ao sul com depressões saarianas.

O clima australiano é determinado principalmente por células anticiclônicas móveis do Oceano Índico meridional, intercaladas com cavados de baixa pressão e frentes. Nos meses de inverno, esses cavados frontais trazem chuva para o sudeste. Na Nova Zelândia, os controles climáticos são semelhantes aos observados no sul da Austrália, mas a Ilha Sul é bastante influenciada por depressões nos ventos de oeste meridionais. As quantidades de pluviosidade variam bastante com o relevo.

Os ventos de oeste meridionais (30-40° a 60-70°S) predominam no clima do Oceano Austral. O forte fluxo zonal médio oculta uma grande variabilidade sinótica diária e passagens frontais frequentes. Os sistemas de baixa pressão persistentes na depressão antártica produzem a mais alta média zonal de nebulosidade do planeta ao longo do ano.

As margens árticas apresentam seis a nove meses de cobertura de neve e amplas áreas de solo permanentemente congelado (permafrost) nos interiores continentais, ao passo que as regiões marítimas da Europa setentrional e do norte do Canadá-Alasca têm invernos frios e tempestuosos e verões nublados e mais amenos, influenciados pela passagem de depressões. O nordeste da Sibéria tem um clima continental extremo.

O Ártico e a Antártica diferem notavelmente, graças aos tipos de superfície encontrados – um Oceano Ártico perenemente coberto por gelo marinho e rodeado por áreas de terra, e um elevado platô de gelo antártico rodeado pelo Oceano Austral e por gelo marinho sazonal pouco espesso. O Ártico é afetado por ciclones de média latitude do Atlântico Norte e, no verão, do norte da Ásia. Uma inversão superficial predomina nas condições árticas no inverno e durante todo o ano na Antártica. No verão, nuvens estratiformes cobrem o Ártico e as temperaturas ficam em torno de 0°C. Temperaturas abaixo do ponto de congelamento persistem o ano inteiro no continente antártico, e ventos catabáticos dominam o clima superficial. As quantidades de precipitação são baixas, exceto em algumas áreas costeiras, em ambas as regiões polares.

TEMAS PARA DISCUSSÃO

- Compare as condições climáticas em locais marítimos e continentais dos principais continentes e em sua própria região do mundo, usando dados de estações disponíveis em trabalhos de referência ou na Internet.
- Considere como as grandes barreiras topográficas nas Américas, na Europa Ocidental, na Nova Zelândia e em outros locais modificam os padrões de temperatura e precipitação nessas regiões.
- Analise a distribuição sazonal da precipitação em diferentes partes da Bacia Mediterrânea e considere as razões para rejeitar a visão clássica do regime de inverno úmido/verão seco.
- Analise a extensão espacial de climas do "tipo mediterrâneo" em outros continentes e as razões para essas condições.
- Compare as características e os controles climáticos das duas regiões polares.
- Quais são as causas primárias dos principais desertos do mundo?

REFERÊNCIAS E SUGESTÃO DE LEITURA

Livros

Blüthgen, J. (1966) *Allgemeine Klimageographic*, 2nd edn, W. de Gruyter, 720pp.

Bryson, R. A. and Hare, F. K. (eds) (1974) *Climates of North America*, World Survey of Climatology 11, Elsevier, Amsterdam, 420pp. [Thorough account of the circulation systems and climatic processes; climates of Canada, the USA and Mexico are treated individually; numerous statistical data tables]

Bryson, R. A. and Lahey, J. F. (1958) *The March of the Seasons*, Meteorological Department, University of Wisconsin, 41 pp.

Chagnon, S. A. (ed) (1996) *The Great Flood of 1993*, Westview Press, Boulder, CO, 321pp. [Account of the Mississippi floods of 1993]

Chandler, T. J. and Gregory, S. (eds) (1976) *The Climate of the British Isles*, Longman, London, 390pp. [Detailed treatment by element as well as synoptic climatology, climate change, coastal, upland and urban climates; many tables and references]

Durrenberger, R. W. and Ingram, R. S. (1978) *Major Storms and Floods in Arizona 1862-1977*, State of Arizona, Office of the State Climatologist, Climatological Publications, Precipitation Series No. 4, 44 pp.

Environmental Science Services Administration (1968) *Climatic Atlas of the United States*, US Department of Commerce, Washington, DC, 80pp.

Evenari, M., Shanan, L. and Tadmor, N. (1971) *The Negev*, Harvard University Press, Cambridge, MA, 345pp. [Climate and environment of the Negev Desert]

Flohn, H. (1954) *Witterung und Klima in Mitteleuropa*, Zurich, 218pp. [Synoptic climatological approach to European climatic conditions]

Gentilli, J. (ed.) (1971) *Climates of Australia and New Zealand*, World Survey of Climatology 13, Elsevier, Amsterdam, 405pp. [Standard climatology including air masses and synoptic systems]

Goudie, A. and Wilkinson, J. (1977) *The Warm Desert Environment*, Cambridge University Press, Cambridge, 88pp.

Green, C. R. and Sellers, W. D. (1964) *Arizona Climate*, University of Arizona Press, Tucson, 503pp. [Details on the climatic variability in the State of Arizona]

Hare, F. K. and Thomas, M. K. (1979) *Climate Canada* (2nd edn), Wiley, Canada, 230pp.

Henderson-Sellers, A. and Robinson, P. J. (1999) *Contemporary Climatology*, 2nd edn., Longman, London, 317pp.

Hulme, M. and Barrow, E. (eds) (1997) *Climates of the British Isles. Present, Past and Future*, Routledge, London, 454pp. [Treats overall modern climatic conditions in terms of synoptic climatology, based on H. H. Lamb; reconstruction of historical conditions, and future projections; many useful data tables]

Keen, R. A. (2004) *Skywatch West. The Complete Weather Guide*, Fulcrum, Golden, CO, 272pp. [A popular guide to the weather of the western United States]

Linacre, W. and Hobbs, J. (1977) *The Australian Climatic Environment*, Wiley, Brisbane, 354pp. [Much broader than its title; presents weather and climate from a Southern Hemisphere perspective, including chapters on the climates of the Southern Hemisphere as well as of Australia; a chapter on climatic change and four chapters on applied climatology]

Lydolph, P. E. (1977) *Climates of the Soviet Union*, World Survey of Climatology 7, Elsevier, Amsterdam, 435pp. [The most comprehensive survey of climate for this region in English; numerous tables of climate statistics]

Manley, G. (1952) *Climate and the British Scene*, Collins, London, 314pp. [Classic description of British climate and its human context]

Meteorological Office (1952) *Climatological Atlas of the British Isles*, MO 488, HMSO, London, 139pp.

Meteorological Office (1962) *Weather in the Mediterranean I, General Meteorology* (2nd edn). MO 391, HMSO, London, 362pp.

Meteorological Office (1964a) *Weather in the Mediterranean II* (2nd edn), MO 391b, HMSO, London, 372 pp. [Classic handbook]

Meteorological Office (1964b) *Weather in Home Fleet Waters I, The Northern Seas*, Part 1, MO 732a, HMSO, London, 265pp.

Palz, W. (ed.) (1984) *European Solar Radiation Atlas*, 2 vols (2nd edn), Verlag Tüv Rheinland, Cologne, 297 and 327pp.

Rayner, J. N. (1961) *Atlas of Surface Temperature Frequencies for North America and Greenland*, Arctic Meteorological Research Group, McGill University, Montreal.

Schwerdtfeger, W. (1984) *Weather and Climate of the Antarctic*, Elsevier, Amsterdam, 261 pp. [A specialized work covering radiation balance and temperature, surface winds, circulation and disturbances, moisture budget components and ice-mass budget]

Serreze, M.C. and Barry, R.G. (2005) The Arctic Climate System, Cambridge University Press, Cambridge, 385pp. [An up-to-date overview of Arctic climate discussing energy and moisture balances, circulation, regional climates, sea ice, paleoclimate, recent trends, and climate projections]

Sturman, A. P. and Tapper, N. J. (1996) The Weather and Climate of Australia and New Zealand, Oxford University Press, Oxford, 496pp. [Undergraduate text on basic processes of weather and climate in the regional context of Australia-New Zealand; covers the global setting, synoptic and sub-synoptic systems, and climate change]

Thompson, R. S., Anderson, K. H. and Bartlein, P. J. (1999) Climate – vegetation atlas of North America. US Geological Survey Professional Paper 1650 A and B.

Thorn, P. (1965) The Agro-climatic Atlas of Europe. Elsevier, Amsterdam.

Trewartha, G. T. (1981) The Earth's Problem Climates, 2nd edn, University of Wisconsin Press, Madison, 371pp.

Troen, I. and Petersen, E. L. (1989) European Wind Atlas, Commission of the European Communities, Risø National Laboratory, Roskilde, Denmark, 656 pp.

United States Weather Bureau (1947) Thunderstorm Rainfall, Vicksburg, MI, 331pp.

Visher, S. S. (1954) Climatic Atlas of the United States, Harvard University Press, Cambridge, MA, 403pp.

Wallén, C. C. (ed.) (1970) Climates of Northern and Western Europe, World Survey of Climatology 5, Elsevier, Amsterdam (253 pp.). [Standard climatological handbook]

Artigos científicos

Adam, D. K. and Comrie, A. C. (1997) The North American monsoon. *Bull. Amer. Met. Soc.* 78, 2197–213.

Axelrod, D. I. (1992) What is an equable climate? *Palaeogeogr., Palaeoclim., Palaeoecol.* 91, 1–12.

Balling, R. C., Jr. (1985) Warm seasonal nocturnal precipitation in the Great Plains of the United States. *J. Climate Appl. Met.* 24, 1383–7.

Barros, A. P. and Lettenmaier, D. P. (1994). Dynamic modeling of orographically induced precipitation. *Rev. Geophysics* 32, 265–94.

Barry, R. G. (1963) Aspects of the synoptic climatology of central south England. *Met. Mag.* 92, 300–8.

Barry, R. G. (1967) The prospects for synoptic climatology: a case study, in Steel, R. W. and Lawton, R. (eds) *Liverpool Essays in Geography*, Longman, London, 85–106.

Barry, R. G. (1973) A climatological transect on the east slope of the Front Range, Colorado. *Arct. Alp. Res.* 5, 89–110.

Barry, R. G. (1983) Arctic Ocean ice and climate: perspectives on a century of polar research. *Ann. Assn Amer. Geog.* 73(4), 485–501.

Barry, R. G. (1986) Aspects of the meteorology of the seasonal sea ice zone, in Untersteiner, N. (ed.) *The Geophysics of Sea Ice*, Plenum Press, New York, 993–1020.

Barry, R. G. (1996) Arctic, in Schneider, S. H. (ed.) *Encyclopedia of Climate and Weather*, Oxford University Press, New York, 43–7.

Barry, R. G. (2002) Dynamic and synoptic climatology, in Orme, A. R. (ed.) *The Physical Geography of North America*, Oxford University Press, Oxford, 98–111.

Barry, R. G. and Hare, F. K. (1974) Arctic climate, in Ives, J. D. and Barry, R. G. (eds) *Arctic and Alpine Environments*, Methuen, London, 17–54.

Belasco, J. E. (1952) Characteristics of air masses over the British Isles, Meteorological Office. *Geophysical Memoirs* 11(87) (34pp.).

Blackall, R. M. and Taylor, P. L. (1993) The thunderstorms of 19/20 August 1992 – a view from the United Kingdom. *Met. Mag.* 122, 189.

Blake, E.S., Rappaport, E.N. and Landsea, C.W. (2007) The deadliest, costliest, and most intense United States tropical cyclones from 1851 to 2006 (and other frequently requested hurricane facts). NOAA Tech. Mem., NWS TPC-5 (43pp.).

Boast, R. and McQuingle, J. B. (1972) Extreme weather conditions over Cyprus during April 1971, *Met. Mag.* 101, 137–53.

Borchert, J. (1950) The climate of the central North American grassland. *Ann. Assn Amer. Geog.* 40, 1–39.

Browning, K. A. and Hill, F. F. (1981) Orographic rain. *Weather* 36, 326–9.

Bryson, R. A. (1966) Air masses, streamlines and the boreal forest. *Geog. Bull.* 8, 228–69.

Burbridge, F. E. (1951) The modification of continental polar air over Hudson Bay. *Quart. J. Met. Soc.* 77, 365–74.

Butzer, K. W. (1960) Dynamic climatology of largescale circulation patterns in the Mediterranean area. *Meteorologische Rundschau* 13, 97–105.

Carleton, A. M. (1986) Synoptic-dynamic character of 'bursts' and 'breaks' in the southwest US summer precipitation singularity. *J. Climatol.* 6, 605–23.

Carleton, A. M. (1987) Antarctic climates, in Oliver, J. E. and Fairbridge, R. W. (eds) *The Encyclopedia of Climatology*, Van Nostrand Reinhold, New York, 44–64.

Chinn, T. J. (1979) How wet is the wettest of the West Coast? *New Zealand Alp. J.* 32, 84–7.

Climate Prediction Center (1996) Jet streams, pressure distribution and climate for the USA during the winters of 1995–6 and 1994–5. *The Climate Bull.* 96(3), US Department of Commerce.

Cooter, E. J. and Leduc, S. K. (1995) Recent frost date trends in the north-eastern USA. *Int. J. Climatology* 15, 65–75.

Derecki, J. A. (1976) Heat storage and advection in Lake Erie. *Water Resources Research* 12(6), 1144–50.

Douglas, M. W. et al. (1993) The Mexican monsoon. *J. Climate* 6(8), 1665–77.

Driscoll, D. M. and Yee Fong, J. M. (1992) Continentality: a basic climatic parameter reexamined. *Int. J. Climatol.* 12, 185–92.

Easterling, D. R. and Robinson, P. J. (1985) The diurnal variation of thunderstorm activity in the United States. *J. Climate Appl. Met.* 24, 1048–58.

Elsom, D. M. and Meaden, G. T. (1984) Spatial and temporal distribution of tornadoes in the United Kingdom 1960–1982. *Weather* 39, 317–23.

Ferguson, E. W., Ostby, F. P., Leftwich, P. W., Jr. and Hales, J. E., Jr. (1986) The tornado season of 1984. *Monthly Weather Review* 114, 624–35.

Forrest, B. and Nishenko, S. (1996) Losses due to natural hazards. *Natural Hazards Observer* 21(1), University of Colorado, Boulder, CO, 16–17.

Goodrich, G.R. and Ellis, A.W. (2008) Climatic controls and hydrologic impacts of a recent extreme seasonal precipitation reversal in Arizona. *J. Appl. Met.Climate* 47, 498–508.

Gorcynski, W. (1920) Sur le calcul du degré du continentalisme et son application dans la climatologie. *Geografiska Annaler* 2, 324–31.

Hales, J. E., Jr. (1974) South-western United States summer monsoon source – Gulf of Mexico or Pacific Ocean. *J. Appl. Met.* 13, 331–42.

Hare, F. K. (1968) The Arctic. *Quart. J. Roy. Met. Soc.* 74, 439–59.

Hawke, E. L. (1933) Extreme diurnal range of air temperature in the British Isles. *Quart. J. Roy. Met. Soc.* 59, 261–5.

Hill, F. F., Browning, K. A. and Bader, M. J. (1981) Radar and rain gauge observations of orographic rain over South Wales. *Quart. J. Roy. Met. Soc.* 107, 643–70.

Horn, L. H. and Bryson, R. A. (1960) Harmonic analysis of the annual march of precipitation over the United States. *Ann. Assn Amer. Geog.* 50, 157–71.

Hulme, M. et al. (1995) Construction of a 1961–1990 European climatology for climate change modelling and impact applications. *Int. J. Climatol.* 15, 1333–63.

Huttary, J. (1950) Die Verteilung der Niederschläge auf die Jahreszeiten im Mittelmeergebiet. *Meteorologische Rundschau* 3, 111–19.

Klein, W. H. (1963) Specification of precipitation from the 700mb circulation. *Monthly Weather Review* 91, 527–36.

Knappenberger, P. C. and Michaels, P. J. (1993) Cyclone tracks and wintertime climate in the mid-Atlantic region of the USA. *Int. J. Climatol.* 13, 509–31.

Knight, D. B. and Davis, R. E. (2007) Climatology of tropical cyclone rainfall in the southeastern United States. *Phys. Geogr.* 18, 126–47.

Knox, J. L. and Hay, J. E. (1985) Blocking signatures in the northern hemisphere: frequency distribution and interpretation. *J. Climatology* 5, 1–16.

Lamb, H. H. (1950) Types and spells of weather around the year in the British Isles: annual trends, seasonal structure of the year, singularities. *Quart. J. Roy. Met. Soc.* 76, 393–438.

Leffler, R. J. *et al.* (2002) Evaluation of a national seasonal snowfall record at the Mount Baker, Washington, ski area. *Nat. Wea. Digest* 25, 15–20.

Longley, R. W. (1967) The frequency of Chinooks in Alberta. *The Albertan Geographer* 3, 20–2.

Lott, J. N. (1994) The US summer of 1993: a sharp contrast in weather extremes. *Weather* 49, 370–83.

Lumb, F. E. (1961) *Seasonal variations of the sea surface temperature in coastal waters of the British Isles*, Met. Office Sci. Paper No. 6, MO 685 (21pp.).

McGinnigle, J.B. (2002) The 1952 Lynmouth floods revisited. *Weather* 57(7), 235–41.

Manley, G. (1944) Topographical features and the climate of Britain. *Geog. J.* 103, 241–58.

Manley, G. (1945) The effective rate of altitude change in temperate Atlantic climates. *Geog. Rev.* 35, 408–17.

Mather, J. R. (1985) The water budget and the distribution of climates, vegetation and soils. *Publications in Climatology* 38(2), Center for Climatic Research, University of Delaware, Newark (36pp.).

Maytham, A. P. (1993) Sea ice – a view from the Ice Bench. *Met. Mag.* 122, 190–5.

Namias, J. (1964) Seasonal persistence and recurrence of European blocking during 1958–60. *Tellus* 16, 394–407.

Nicholson, S. E. and Flohn H. (1980) African environmental and climatic changes and the general atmospheric circulation in late Pleistocene and Holocene. *Climatic Change* 2, 313–48.

Nickling, W. G. and Brazel, A. J. (1984) Temporal and spatial characteristics of Arizona dust storms (1965–1980). *Climatology* 4, 645–60.

Nkemdirim, L. C. (1996) Canada's chinook belt. *Int. J. Climatol.* 16(4), 427–39.

O'Hare, G. and Sweeney, J. (1993) Lamb's circulation types and British weather: an evaluation. *Geography* 78, 43–60.

Parrett, C., Melcher, N. B. and James, R. W., Jr. (1993) Flood discharges in the upper Mississippi River basin. *U.S. Geol. Sur. Circular* 1120-A (14pp.).

Peilke, R., Jr. and Carbone, R. E. (2002) Weather impacts, forecasts and policy: An integrated perspective. *Bull. Amer. Met. Soc.*, 83(3), 383–403.

Poltaraus, B. V. and Staviskiy, D. B. (1986) The changing continentality of climate in central Russia. *Soviet Geography* 27, 51–8.

Rex, D. F. (1950–1951) The effect of Atlantic blocking action upon European climate. *Tellus* 2, 196–211 and 275–301; 3, 100–11.

Salinger, M. J., Basher, R. E., Fitzharris, B. B., Hay, J. E., Jones, P. D., McVeigh, J. P. and Schmidely-Leleu, I. (1995) Climate trends in the southwest Pacific. *Int. J. Climatol.* 15, 285–302.

Schick, A. P. (1971) A desert flood. *Jerusalem Studies in Geography* 2, 91–155.

Schwartz, M. D. (1995) Detecting structural climate change: an air mass-based approach in the north-central United States, 1958–92. *Ann. Assn Amer. Geog.* 76, 553–68.

Schwartz, R. M. and Schmidlin, T. W. (2002) Climatology of blizzards in the conterminous United States, 1959–2000. *J. Climate* 15(13), 1765–72.

Sellers, P. *et al.* (1995) The boreal ecosystem–atmosphere study (BOREAS): an overview and early results from the 1994 field year. *Bull. Am. Met. Soc.* 76, 1549–77.

Serreze, M. C. *et al.* (1993) Characteristics of arctic synoptic activity, 1952–1989. *Met. Atmos. Phys.* 51, 147–64.

Shaw, E. M. (1962) An analysis of the origins of precipitation in Northern England, 1956–60. *Quart. J. Roy. Met. Soc.* 88, 539–47.

Sheppard, P. R. *et al.* (2002) The climate of the US Southwest. *Clim. Res.*, 21(3), 219–38.

Sivall, T. (1957) Sirocco in the Levant. *Geografiska Annaler* 39, 114–42.

Stearns, C. R. *et al.* (1993) Mean cluster data for Antarctic weather studies, in Bromwich, D. H. and Stearns, C. R. (eds) *Antarctic Meteorology and Climatology: Studies Based on Automatic Weather Stations*, Antarctic Research Series, Am. Geophys. Union 61, 1–21.

Stone, J. (1983) Circulation type and the spatial distribution of precipitation over central, eastern and southern England. *Weather* 38, 173–7, 200–5.

Storey, A. M. (1982) A study of the relationship between isobaric patterns over the UK and central England temperature and England–Wales rainfall. *Weather* 37, 2–11, 46, 88–9, 122, 151, 170, 208, 244, 260, 294, 327, 360.

Sumner, E. J. (1959) Blocking anticyclones in the Atlantic–European sector of the northern hemisphere, *Met. Mag.* 88, 300–11.

Sweeney, J. C. and O'Hare, G. P. (1992) Geographical variations in precipitation yields and circulation types in Britain and Ireland. *Trans. Inst. Brit. Geog.* (n.s.) 17, 448–63.

Thomas, M. K. (1964) *A Survey of Great Lakes Snowfall*, Great Lakes Research Division, University of Michigan, Publication No. 11, 294–310.

Thornthwaite, C. W. and Mather, J. R. (1955) The moisture balance. *Publications in Climatology* 8(1), Laboratory of Climatology, Centerton, NJ, 104pp.

Tout, D. G. and Kemp, V. (1985) The named winds of Spain. *Weather* 40, 322–9.

Trenberth, K. E. and Guillemot, C. J. (1996) Physical processes involved in the 1988 drought and 1993 floods in North America. *J. Climate* 9(6), 1288–98.

Villmow, J. R. (1956) The nature and origin of the Canadian dry belt. *Ann. Assn Amer. Geog.* 46, 221–32.

Wallace, J. M. (1975) Diurnal variations in precipitation and thunderstorm frequency over the coterminous United States. *Monthly Weather Review* 103, 406–19.

Wallén, C. C. (1960) Climate, in Somme, A. (ed.) *The Geography of Norden*, Cappelens Forlag, Oslo, 41–53.

Walters, C. K. *et al.* (2008) A long-term climatology of southerly and northerly low-level jets for the central United States. *Annals Assoc. Amer. Geogr.*, 98, 521–52.

Weller, G. and Holmgren, B. (1974) The microclimates of the arctic tundra. *J. App. Met.* 13(8), 854–62.

Woodroffe, A. (1988) Summary of the weather pattern developments of the storm of 15/16 October 1987. *Met. Mag.* 117, 99–103.

Wratt, D. S. *et al.* (1996) The New Zealand Southern Alps Experiment. *Bull. Amer. Met. Soc.* 77(4), 683–92.

11 O tempo e o clima tropical

OBJETIVOS DE APRENDIZAGEM

Depois de ler este capítulo, você:

- entenderá as características e a significância da zona de convergência intertropical;
- estará familiarizado com os principais sistemas meteorológicos que ocorrem em baixas latitudes e sua distribuição;
- conhecerá alguns dos efeitos diurnos e locais que influenciam o clima tropical;
- saberá onde e como os ciclones tropicais tendem a ocorrer; e
- entenderá as características e os mecanismos básicos dos fenômenos El Niño e La Nina.

Os climas tropicais são de especial interesse geográfico, pois 50% da superfície do planeta se encontram entre as latitudes de 30°N e 30°S, e mais de 75% da população do mundo habitam terras com climas tropicais. Este capítulo descreve os sistemas dos ventos Alísios, a zona de convergência intertropical e os sistemas meteorológicos tropicais. Os principais regimes de monções são analisados, assim como o clima da Amazônia. Discutimos os efeitos das fases alternadas do El Niño-Oscilação Sul no Oceano Pacífico equatorial, bem como outras causas de variação climática nos trópicos. Finalmente, as dificuldades para prever o clima tropical são sucintamente consideradas.

Os limites latitudinais dos climas tropicais variam com a longitude e a estação, e as condições meteorológicas tropicais podem ir muito além dos Trópicos de Câncer e Capricórnio. Por exemplo, as monções de verão se estendem até 30°N na Ásia Meridional, mas apenas a 20°N na África Ocidental, enquanto, no final do verão e no outono, os furacões tropicais podem afetar áreas "extratropicais" da Ásia Oriental e do leste da América do Norte. Não apenas as margens tropicais se estendem sazonalmente em direção aos polos, como, na zona entre as principais células subtropicais de alta pressão, existe uma interação frequente entre fenômenos temperados e tropicais. Em certos locais e em outras ocasiões, são observadas tempestades tropicais e de latitudes médias distintas. No entanto, de modo geral, a atmosfera tropical está longe de ser uma entidade discreta, e quaisquer limites meteorológicos ou climatológicos serão arbitrários. Existem, porém, vários aspectos característicos do tempo tropical, discutidos a seguir.

Diversos fatores básicos ajudam a moldar os processos meteorológicos tropicais. Em primeiro lugar, o parâmetro de Coriolis se aproxima de zero no equador, de modo que os ventos podem se afastar consideravelmente do equilíbrio geostrófico. Os gradientes de pressão também costumam ser fracos, exceto para sistemas de tempestades tropicais. Por essas razões, os mapas meteorológicos tropicais geralmente representam linhas de correntes, e não isóbaras ou alturas geopotenciais. Além disso, os gradientes de temperatura são caracteristicamente fracos. As variações espaciais e temporais no teor de umidade são características diagnósticas muito mais significativas para o clima. Em terceiro lugar, os regimes das brisas de terra/mar desempenham um papel importante nos climas costeiros, em parte como resultado da duração quase constante do dia e do forte aquecimento solar. Também ocorrem oscilações semidiurnas na pressão, de 2-3 mb, com mínimas ao redor das 4:00 e 16:00 e máximas em torno das 10:00 e 22:00 horas. Em quarto lugar, o regime anual de radiação solar incidente, com o Sol a pino no equador em março e setembro e sobre os Trópicos nos respectivos solstícios de verão, se reflete nas variações sazonais da pluviosidade em certas estações. Todavia, fatores dinâmicos afetam enormemente essa explicação convencional.

A CONVERGÊNCIA INTERTROPICAL

A tendência de os sistemas dos ventos Alísios dos dois hemisférios convergirem no Cavado Equatorial (baixa pressão) já foi discutida (ver Capítulo 6B). As visões sobre a natureza exata dessa característica estão sujeitas a revisões constantes. Da década de 1920 à de 1940, os conceitos sobre sistemas frontais desenvolvidos nas latitudes médias eram aplicados aos trópicos, e a confluência de linhas de correntes dos alísios de nordeste e sudeste era identificada como a Frente Intertropical (FI). Sobre áreas continentais, como a África Ocidental e a Ásia Meridional, onde, no verão, o ar tropical continental quente e seco encontra o ar equatorial mais fresco e úmido, esse termo tem aplicabilidade limitada (Figura 11.1). Podem ocorrer gradientes súbitos de temperatura e umidade, mas a frente raramente é um mecanismo gerador de tempo meteorológico das latitudes médias. Em outros locais em latitudes baixas, são raras as frentes verdadeiras (de contraste demarcado na densidade).

O reconhecimento da importância da convergência de campos de vento na produção do tempo tropical, nas décadas de 1940-1950, levou à designação da convergência dos ventos Alísios como a Zona de Convergência Intertropical (ZCIT). Essa feição é visível em um mapa das linhas de correntes médias, mas as áreas de convergência crescem e decaem, ou *in situ* ou dentro de feições que avançam para oeste (ver Prancha 11.1), ao longo de períodos de alguns dias. Além disso, a convergência é infrequente, mesmo como uma feição climática nas zonas de calmarias (ver Figura 7.13). Dados obtidos com satélites mostram que, sobre os oceanos, a posição e a intensidade da ZCIT variam muito a cada dia.

A ZCIT é uma feição predominantemente oceânica que tende a se localizar sobre as águas superficiais mais quentes. Assim, pequenas diferenças na temperatura da superfície do mar podem causar mudanças consideráveis na localização da ZCIT. Uma temperatura superfi-

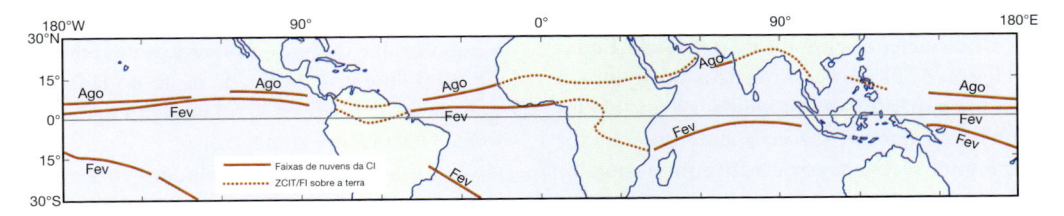

Figura 11.1 Posição do Cavado Equatorial (Zona de Convergência Intertropical ou Frente Intertropical em alguns setores) em fevereiro e agosto. A faixa de nuvens no Pacífico sudoeste em fevereiro é conhecida como Zona de Convergência do Pacífico Sul; sobre a Ásia Meridional e a África Ocidental, usa-se o termo Depressão Monçônica.
Fontes: Saha (1973), Riehl (1954) e Yoshino (1969).

Prancha 11.1 A ZCIT aparece como uma faixa de nuvens brancas no centro da imagem; esta é uma combinação de dados do GOES-11 do NOAA e de dados de classificações de tipos de cobertura da superfície.
Fonte: GOES Project Science Office.

cial do mar de pelos menos 27,5°C parece ser o limiar para a atividade convectiva organizada; acima dessa temperatura, a convecção organizada é essencialmente competitiva entre diferentes regiões disponíveis para fazer parte de uma ZCIT contínua. O cinturão de chuvas convectivas da ZCIT tem limites latitudinais nitidamente definidos. Por exemplo, ao longo da costa da África Ocidental, foram registradas as seguintes médias anuais de pluviosidade:

12°N	1939 mm
15°N	542 mm
18°N	123 mm

Em outras palavras, avançando para o sul em direção à ZCIT, a precipitação aumenta em 440%, a uma distância meridional de apenas 330 km.

Como feições climáticas, o Cavado Equatorial e a ZCIT são assimétricos ao redor do equador, situando-se, em média, ao norte. Eles também se afastam sazonalmente do equador (ver Figura 11.1) em associação com o equador térmico (a zona de máxima temperatura sazonal). A localização do equador térmico está diretamente relacionada com o aquecimento solar (ver Figuras 11.2 e 3.11), e existe uma relação óbvia entre isso e o Cavado Equatorial em termos de baixas térmicas. Todavia, se a convergência intertropical (CI) coincidisse com o Cavado Equatorial, essa zona de nebulosidade diminuiria a radiação solar incidente, reduzindo o aquecimento superficial necessário para manter o cavado de baixa pressão. De fato, isso não ocorre. A energia solar está disponível para aquecer a superfície porque a convergência dos ventos superficiais, a ascensão e a cobertura de nuvens máximas costumam se localizar vários graus no sentido do equador em relação ao cavado. No Atlântico (Figura 11.2B), por exemplo, o máximo de nebulosidade não coincide com o Cavado Equatorial em agosto. A Figura 11.2 ilustra as diferenças regionais no Cavado Equatorial e na ZCIT. A convergência dos dois sistemas de ventos Alísios ocorre sobre o Atlântico Norte central em agosto e o Pacífico Norte oriental em fevereiro. Em comparação, o Cavado Equatorial é definido por ventos de leste no lado do polo e por ventos de oeste no lado do equador sobre a África Ocidental em agosto e sobre a Nova Guiné em fevereiro.

A dinâmica das circulações oceano-atmosfera nas baixas latitudes também está envolvida. A Zona de Convergência no Pacífico Equatorial central se move sazonalmente entre cerca de 4°N em março a abril e 8°N em setembro, com uma única máxima pronunciada de pluviosidade de março a abril. Isso

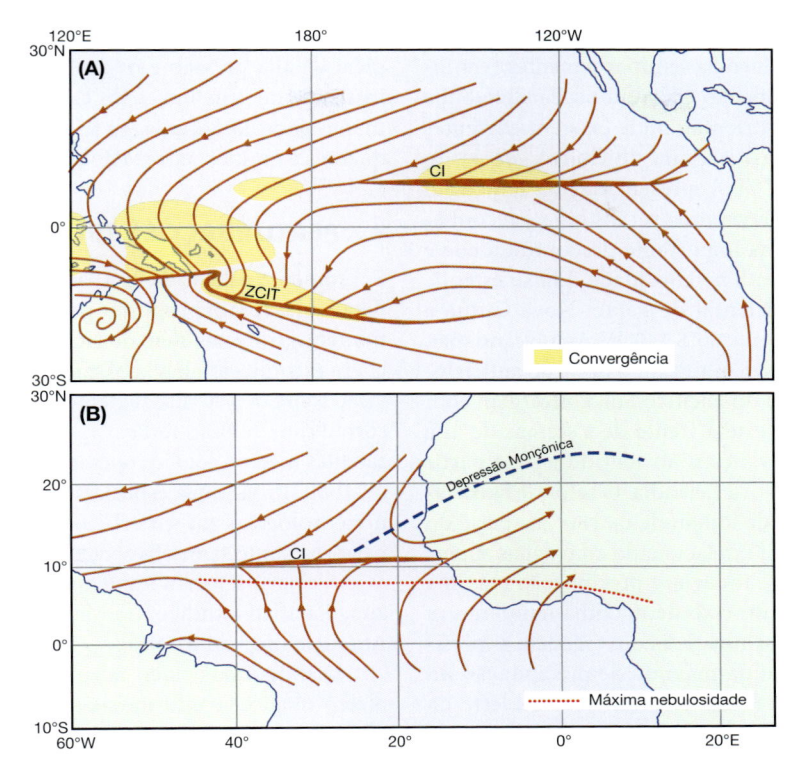

Figura 11.2 Ilustrações de (A) convergência de linhas de correntes formando uma Convergência Intertropical (CI) e uma Zona de Convergência do Pacífico Sul (ZCPS) em fevereiro, e (B) padrões contrastantes da Depressão Monçônica sobre a África Ocidental, convergência de ventos sobre o Atlântico Norte central tropical, e eixo de máxima nebulosidade ao sul para agosto.

Fonte: (A): C. S. Ramage, comunicação pessoal (1986). (B): Sadler (1975a).

parece ser uma resposta às intensidades relativas dos alísios de nordeste e sudeste. A razão da intensidade dos Alísios do Pacífico Sul/Pacífico Norte ultrapassa 2 em setembro, mas cai para 0,6 em abril. De maneira interessante, a razão varia de fase com a razão das áreas de gelo marinho na Antártica-Ártico; o gelo antártico atinge o máximo em setembro, quando o gelo ártico está em seu mínimo. O eixo de convergência costuma se alinhar próximo à zona de máximas temperaturas da superfície marinha, mas não fica ancorado a ela. De fato, a temperatura máxima da superfície marinha, localizada dentro da Contracorrente Equatorial (ver Figura 7.31), é resultado das interações entre os ventos Alísios e os movimentos horizontais e verticais na camada superficial do oceano.

Estudos realizados com o uso de aviões mostram a estrutura complexa da ZCIT no Pacífico Central. Quando alísios moderadamente fortes geram convergência horizontal de umidade, formam-se faixas de nuvens convectivas, mas a ascensão convergente pode ser insuficiente para causar chuvas na ausência de uma divergência em níveis mais elevados. Além disso, embora os alísios de sudeste cruzem o equador, os ventos médios mensais resultantes entre 115° e 180°W têm, no decorrer do ano, um componente mais meridional a norte do equador e um componente mais setentrional a sul, gerando uma zona de divergência (devido à mudança de sinal no parâmetro de Coriolis) ao longo do equador.

Nos setores a sudoeste dos oceanos Pacífico e Atlântico, estudos sobre a nebulosidade com o uso de satélites indicam a presença de duas zonas de confluência semipermanentes (ver Figura 11.1). Elas não ocorrem no Pacífico Sul e Atlântico Sul oriental, onde existem correntes oceânicas frias. A Zona de Convergência do Pacífico Sul (ZCPS) apresentada no Pacífico Sul ocidental em fevereiro (verão) hoje é reconhecida como uma importante descontinuidade e zona de máxima nebulosidade. Ela se estende do extremo oriental de Papua-Nova Guiné a aproximadamente 30°S 120°W. Ao nível do mar, ventos úmidos de nordeste, a oeste do anticiclone subtropical do Pacífico Sul, convergem com ventos de sudeste à frente de sistemas de alta pressão que avançam no sentido leste a partir da Austrália/Nova Zelândia. O setor de baixa latitude a oeste da longitude de 180° faz parte do sistema da ZCIT, relacionado com águas superficiais quentes. Todavia, a precipitação máxima ocorre ao sul do eixo de máxima temperatura superficial marinha, e a convergência superficial fica ao sul da máxima de precipitação no Pacífico Sul central. A orientação sudeste da ZCPS é causada por interações com ventos de oeste nas latitudes médias. Sua extremidade sudeste é associada a fenômenos ondulatórios e nuvens induzidas pelas correntes de jato sobre a frente polar do Pacífico Sul. A conexão ao longo dos subtrópicos parece refletir transferências de umidade e energia nas latitudes médias tropicais em níveis mais elevados, especialmente durante situações de tempestades subtropicais. Assim, a ZCPS apresenta uma substancial variabilidade interanual e de curto prazo em sua localização e desenvolvimento. A variabilidade interanual tem uma forte associação com a fase da Oscilação Sul (ver p. 374). Durante o verão setentrional, a ZCPS se encontra pouco desenvolvida, ao passo que a ZCIT está forte em todo o Pacífico. Durante o verão meridional, a ZCPS está bem desenvolvida, com uma ZCIT fraca sobre o Pacífico tropical ocidental. Depois de abril, a ZCIT se intensifica sobre o Pacífico ocidental e a ZCPS enfraquece à medida que avança para o oeste e em direção ao equador. No Atlântico, a ZCIT normalmente começa seu movimento para o norte de abril a maio, quando as temperaturas da superfície marinha no Atlântico Sul começam a cair, e a célula subtropical de alta pressão e os alísios de sudeste se intensificam. Em anos frios e secos, esse movimento pode começar já em fevereiro e, em anos quentes e úmidos, talvez não antes de junho.

B PERTURBAÇÕES TROPICAIS

Foi somente na década de 1940 que explicações detalhadas foram propostas para os tipos de fenômenos tropicais além do ciclone tropical, que já era reconhecido havia bastante tempo. Nossa visão sobre os sistemas meteorológicos tropicais sofreu uma revisão radical após o advento dos satélites meteorológicos operacionais na década de 1960. Programas especiais de mensurações meteorológicas na superfície e em níveis superiores, junto com observações realizadas em aviões e navios, foram implementados nos Oceanos Pacífico e Índico, no Mar do Caribe e no Atlântico oriental tropical.

Distinguimos cinco categorias de sistemas meteorológicos conforme suas escalas espaciais e temporais (ver Figura 11.3). A menor, com um tempo de vida de algumas horas, é a nuvem cumulus individual, com 1-10 km de diâmetro, gerada por convergência dinamicamente induzida na camada limite dos ventos Alísios. Com tempo bom, as nuvens cumulus em geral se alinham em "ruas de nuvens", mais ou menos paralelas à direção do vento, ou formam células poligonais com um padrão de favo de mel, em vez de se espalharem aleatoriamente. Isso parece estar relacionado com a estrutura da camada limite e a velocidade do vento (ver p. 120). Existe pouca interação entre as camadas de ar acima e abaixo da base das nuvens nessas condições, mas, em condições meteorológicas adversas, correntes ascendentes e descendentes geram interações entre as duas camadas, intensificando a convecção. As torres de cumulus individuais, associadas a tempestades violentas, desenvolvem-se particularmente na ZCIT, às vezes alcançando 20 km de altitude com correntes ascendentes de 10-14 m s^{-1}. Desse modo, a menor escala do sistema pode auxiliar o desenvolvimento de perturbações maiores. A convecção é mais ativa sobre superfícies marinhas

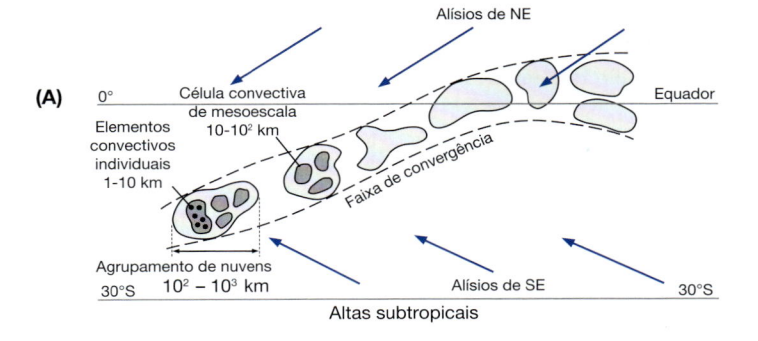

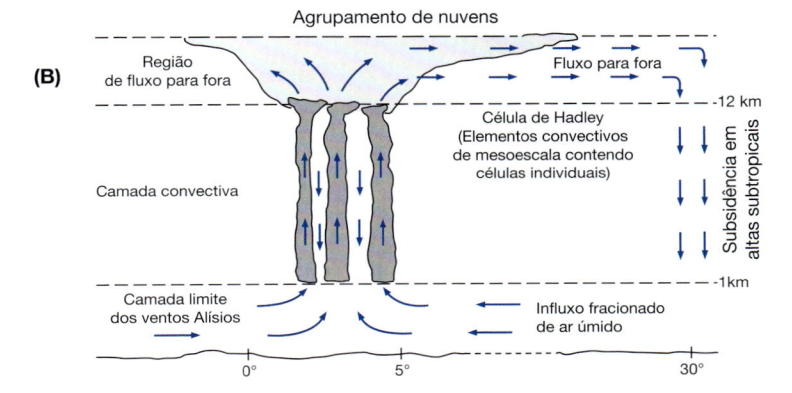

Figura 11.3 As estruturas de mesoescala e sinótica da zona do cavado equatorial (ZCIT), mostrando um modelo da distribuição espacial (A) e da estrutura vertical (B) de elementos convectivos que formam os agrupamentos de nuvens.

Fonte: Mason (1970). Royal Meteorological Society.

Tabela 11.1 Frequências anuais e ocorrência sazonal normal de ciclones tropicais (velocidades máximas sustentadas acima de 25 m s^{-1} ou 90 km h^{-1}), 1958-1977

Localização	Frequência anual	Ocorrência principal
Pacífico Norte Ocidental	26,3	Julho-outubro
Pacífico Norte Oriental	13,4	Agosto-setembro
Atlântico Norte Ocidental	8,8	Agosto-outubro
Oceano Índico Setentrional	6,4	Maio-junho; outubro-novembro
Total Hemisfério Norte	54,6	
Oceano Índico Sudoeste	8,4	Janeiro-março
Oceano Índico Sudeste	10,3	Janeiro-março
Pacífico Sul Ocidental	5,9	Janeiro-março
Total Hemisfério Sul	24,5	
Total global	79,1	

Fonte: Gray (1979).
Obs.: Totais arredondados.

com temperaturas acima de 27°C, mas, acima de 32°C, a convecção para de aumentar, devido a interações que não estão totalmente compreendidas.

A segunda categoria de sistemas se forma pelo agrupamento de nuvens cumulus em áreas convectivas de mesoescala de até 100 km de diâmetro (ver Figura 11.3). Por sua vez, diversos desses agrupamentos podem compreender um *agrupamento de nuvens* com 100-1000 km de diâmetro. Esses sistemas de escala subsinótica foram identificados inicialmente nas imagens de satélite como áreas de nuvens amorfas, e estudados principalmente a partir de dados de satélite sobre os oceanos tropicais. Sua definição é bastante arbitrária, mas elas podem se estender sobre uma área de 2°×2° a 12°×12°. É importante observar que o pico de atividade convectiva terá passado quando a cobertura de nuvens estiver mais ampla, pelo espalhamento da cobertura de nuvens cirrus. Os agrupamentos do Atlântico, definidos como mais de 50% de cobertura de nuvens estendendo-se sobre uma área de 3°×3°, apresentam frequências máximas de 10 a 15 agrupamentos por mês perto da CI e também a 15-20°N no Atlântico ocidental sobre zonas de temperatura elevada na superfície do mar. Esses consistem de um grupo de células convectivas de mesoescala, e o sistema apresenta uma camada profunda de fluxo de ar convergente (ver Figura 9.3). Alguns duram apenas um ou dois dias, mas outros se formam dentro de ondas em escala sinótica. Muitos aspectos do seu desenvolvimento e papel precisam ser determinados. Mesmo com a ênfase na convecção, estudos na região da "piscina quente" do Pacífico equatorial ocidental indicam que grandes áreas de chuva em agrupamentos de nuvens consistem principalmente em precipitação estratiforme. Isso explica mais de 75% da área total de chuva e mais da metade da quantidade de chuva. Além disso, os sistemas de nuvens não são "nuvens quentes" (p. 128), mas são formados por partículas de gelo.

A quarta categoria de sistema meteorológico tropical compreende as ondas em escala sinótica e os vórtices ciclônicos (discutidos mais adiante), e o quinto grupo é representado pelas ondas em escala planetária. As ondas planetárias (com comprimento de onda de 10.000 a 40.000 km) não nos interessam em suas minúcias. Dois tipos ocorrem na estratosfera equatorial e outro na troposfera superior equatorial. Embora possam interagir com sistemas troposféricos inferiores, eles não parecem ser mecanismos meteorológicos diretos. Os sistemas em escala sinótica que determinam grande parte do "tempo perturbado" dos trópicos são suficientemente importantes e variados para serem discutidos sob a categoria de fenômenos ondulatórios e tempestades ciclônicas.

1 Perturbações ondulatórias

Diversos tipos de ondas viajam para oeste junto aos ventos troposféricos equatoriais e tropicais de leste; as diferenças entre elas provavelmente resultam de variações regionais e sazonais na estrutura da atmosfera tropical. Seu comprimento de onda é de aproximadamente 2000-4000 km, com um tempo de vida de uma a duas semanas, viajando em torno de 6-7° de longitude (cerca de 700 km) por dia.

O primeiro tipo de onda a ser descrito nos trópicos foi a onda de leste da área do Caribe. Esse sistema é bastante diferente de uma depressão de latitude média. Existe um fraco cavado de pressão, que muitas vezes se inclina para leste com a altitude (Figura 11.4). Em geral, o desenvolvimento principal de nuvens cumulonimbus e pancadas com trovoadas ocorre atrás da linha do cavado. Esse padrão é associado ao movimento horizontal e vertical nos ventos de leste. Atrás do cavado, o ar em níveis baixos sofre convergência, enquanto, à sua frente, ele é divergente (ver Capítulo 6B.1). Isso resulta da equação para a conservação da vorticidade potencial (cf. Capítulo 7A.2), que pressupõe que o ar que viaja a um determinado nível não muda de temperatura potencial (isto é, movimento adiabático seco; ver Capítulo 5A):

$$\frac{f + \zeta}{\Delta p} = k$$

onde f = parâmetro de Coriolis, ζ = vorticidade relativa (positiva ciclônica) e Δp = espessura da coluna de ar troposférica. O ar que ultrapassa a

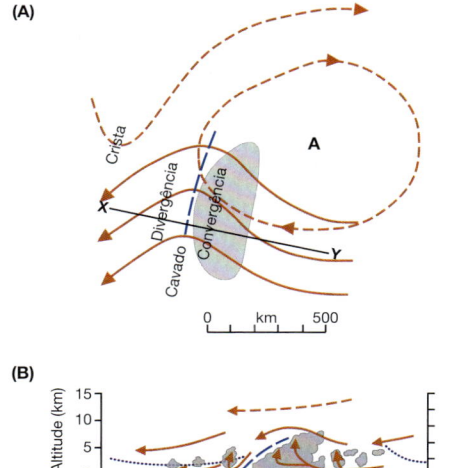

Figura 11.4 Modelo da estrutura horizontal (A) e vertical (B) de uma onda de leste. A nuvem aparece sombreada e a área de precipitação é mostrada na seção vertical. Os símbolos da linha de fluxo referem-se à estrutura horizontal, e as setas na seção vertical indicam os movimentos horizontais e verticais do ar.
Fonte: Malkus e Riehl (1964).

linha do cavado está avançando em direção ao polo (aumentando f) e para uma zona de curvatura ciclônica (aumentando ζ), de modo que, para o lado esquerdo da equação permanecer constante, Δp deve aumentar. Essa expansão vertical da coluna de ar necessita de contração (convergência) horizontal. Por outro lado, existe divergência no ar que avança para o sul adiante do cavado e se curva no sentido anticiclônico. A verdadeira zona de divergência se caracteriza por ar descendente que tende a secar, com apenas uma pequena camada de umidade perto da superfície, enquanto, nos arredores do cavado e atrás dele, a camada de umidade pode ter 4500 m ou mais de espessura. Quando o fluxo de ar de leste é mais lento que a velocidade da onda, observa-se o padrão inverso de convergência baixa à frente do cavado e divergência atrás dele, como consequência da equação da vorticidade potencial. Muitas vezes, isso ocorre

na média troposfera, de modo que o padrão de movimento vertical mostrado na Figura 11.4 é potencializado.

A passagem de uma onda transversal nos Alísios produz a seguinte sequência de tempo:

1. Na crista à frente do cavado: tempo bom, nuvens cumulus dispersas, um pouco de névoa seca.
2. Perto da linha do cavado: cumulus bem desenvolvidos, pancadas ocasionais, melhora na visibilidade.
3. Atrás do cavado: o vento gira no sentido horário (anticiclônico no HN), cumulus pesados e cumulonimbus, pancadas moderadas ou pesadas com trovões e redução na temperatura.

As imagens de satélite indicam que a onda de leste clássica é menos comum do que se supunha antes. Muitos distúrbios atlânticos apresentam uma forma de onda em "V invertido" no campo do vento em baixos níveis e nuvens associadas, ou uma nuvem em "vírgula" relacionada com um vórtice. Muitas vezes, parecem estar ligadas a um padrão ondulatório sobre a CI mais ao sul. As perturbações da África ocidental que avançam sobre o Atlântico tropical oriental geralmente apresentam confluência em níveis baixos e difluência mais acima à frente do cavado, gerando taxas de precipitação máximas nesse mesmo setor. Muitas perturbações nos ventos de leste apresentam uma circulação ciclônica fechada no nível de 600 mb (4 km).

É difícil rastrear os processos de crescimento em perturbações ondulatórias sobre os oceanos e em áreas continentais com uma cobertura de dados esparsos, mas podemos fazer algumas generalizações. Pelo menos oito de cada 10 perturbações se formam a 2-4° de latitude do Cavado Equatorial em direção ao polo. A convecção é desencadeada pela convergência de umidade no fluxo de ar, intensificada pelo atrito e mantida pelo arrasto no interior de correntes convectivas térmicas (ver Figura 11.3). Por volta de 90 perturbações tropicais se formam durante a estação de furacões de junho a novembro no Atlântico tropical, aproximadamente um sistema a cada três a cinco dias. Mais da metade deles se origina sobre a África, ao sul da latitude de 15°N. Segundo N. Frank, uma razão elevada de depressões africanas no total de tempestades em uma determinada estação indica características tropicais, ao passo que uma razão baixa sugere tempestades oriundas de baixas frias e da zona baroclínica entre o ar do Saara e o ar monçônico úmido e mais fresco. Muitas delas podem ser rastreadas para o oeste, até o Pacífico Norte oriental. Em um total anual de 60 ondas atlânticas, 23% intensificam-se em depressões tropicais e 16% se tornam furacões.

Os desenvolvimentos no Atlântico estão relacionados com a estrutura dos ventos Alísios. Nos setores orientais dos anticiclones subtropicais, a subsidência ativa mantém uma inversão térmica acentuada de 450 a 600 m (Figura 11.5). Assim, as margens orientais dos oceanos tropicais frescos se caracterizam por uma cobertura baixa de stratocumulus marinhos, que trazem pouca chuva. A jusante da corrente, a inversão enfraquece e sua base se eleva (Figura 11.6), pois a subsidência diminui à medida que se afasta da porção oriental do anticiclone e torres de cumulus penetram na inversão, eventualmente espalhando umidade no ar seco acima. Ondas de leste tendem a se formar no Caribe quando a inversão dos ventos Alísios está fraca ou mesmo ausente durante o verão e o outono, ao passo que, no inverno e na primavera, a subsidência em níveis mais elevados inibe a sua formação, embora possa haver movimento para oeste das perturbações acima da inversão. As ondas nos ventos de leste também se originam na penetração de frentes frias em latitudes baixas. No setor entre duas células subtropicais de alta pressão, o lado equatorial da frente tende a se romper, gerando uma onda que avança para oeste.

A influência dessas feições sobre o clima regional é ilustrada pelo regime de pluviosidade. Por exemplo, existe uma máxima no final do verão na Martinica, nas Ilhas de Barlavento (15°N), quando a subsidência está fraca, embora parte das chuvas de outono seja associada a tempestades tropicais. Em muitas áreas dos ventos Alísios, a chuva ocorre em tempestades associadas a alguma forma de perturbação. Em um período de 10 anos, Oahu (Havaí) teve uma média de 24 tempestades por ano, 10 das quais representaram mais de dois terços da precipitação anual. Existe uma elevada variabilidade nas chuvas de ano para ano nessas áreas, pois uma pequena redução na frequência das perturbações pode ter um grande efeito nos totais de pluviosidade.

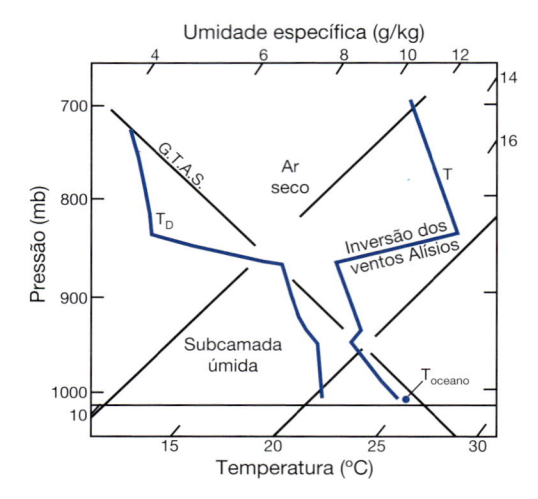

Figura 11.5 Estrutura vertical do ar nos ventos Alísios, entre a superfície e 700 mb (3 km) no Atlântico equatorial central, 6-12 de fevereiro de 1969, mostrando a temperatura do ar (T) e a temperatura do ponto de orvalho (T_D). A umidade específica pode ser lida na escala superior.
Fonte: Augstein et al. (1973, p. 104).

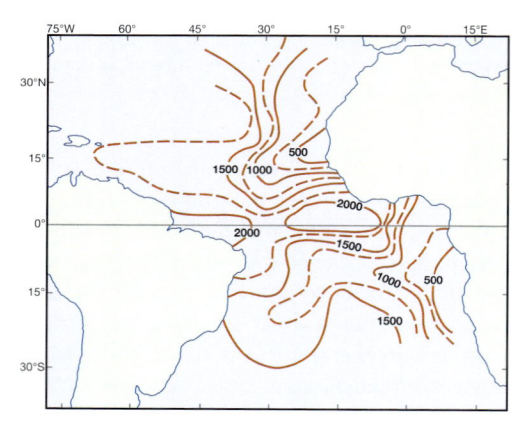

Figura 11.6 Altitude (em metros) da base da inversão dos ventos Alísios sobre o Atlântico tropical.
Fonte: Riehl (1954). Com permissão de McGraw Hill.

No Pacífico central equatorial, os sistemas dos ventos Alísios dos dois hemisférios convergem no Cavado Equatorial. Podem ser formadas perturbações ondulatórias se o cavado estiver suficientemente distante do equador (geralmente ao norte) para proporcionar uma pequena força de Coriolis a fim de dar início a um movimento ciclônico. Essas perturbações muitas vezes se tornam instáveis, gerando um vórtice ciclônico à medida que avançam para oeste, rumo às Filipinas, mas os ventos não atingem necessariamente a intensidade de furacão. A carta sinótica para uma parte do Pacífico noroeste em 17 de agosto de 1957 (Figura 11.7) mostra três estágios evolutivos dos sistemas tropicais de baixa pressão. Formou-se uma onda de leste incipiente a oeste do Havaí, que, entretanto, foi preenchida e se dissipou durante as 24 horas seguintes. Uma onda bem desenvolvida era evidente perto da Ilha Wake, com torres de cumulus espetaculares, que se estendiam acima de 9 km ao longo da zona de convergência a 480 km a leste. Essa onda se desenvolveu, em 48 horas, em uma tempestade tropical circular, com ventos de até 20 m s^{-1} (72 km h^{-1}), mas não chegou a se tornar um furacão completo. Uma circulação intensa e fechada, situada a leste das Filipinas, avançou para noroeste. Ondas equatoriais podem se formar em ambos os lados do equador, em uma corrente de leste localizada entre 5°N e S. Nesses casos, a divergência à frente de um cavado no Hemisfério Norte é compensada por convergência atrás de uma linha de cavado localizada mais a oeste no Hemisfério Sul. O leitor pode confirmar isso, se for necessário, aplicando a equação da vorticidade potencial, lembrando que f e ζ atuam no sentido oposto no Hemisfério Sul.

2 Ciclones

Furacões e tufões

O tipo mais notório de ciclone é o furacão (ou tufão). Aproximadamente 90 ciclones são responsáveis a cada ano, em média, por 20.000 mortes, além de causarem prejuízos imensos ao patrimônio e um risco sério à navegação, devido aos efeitos combinados dos ventos fortes, dos mares agitados e das enchentes causadas pelas chuvas fortes e tempestades costeiras. A previsão de sua formação e movimento tem recebido considerável atenção, de modo que sua origem e estrutura começam a ser compreendidas. Naturalmente, a força catastrófica de um furacão faz dele um fenômeno muito difícil de ser investigado, mas as informações necessárias são obtidas a

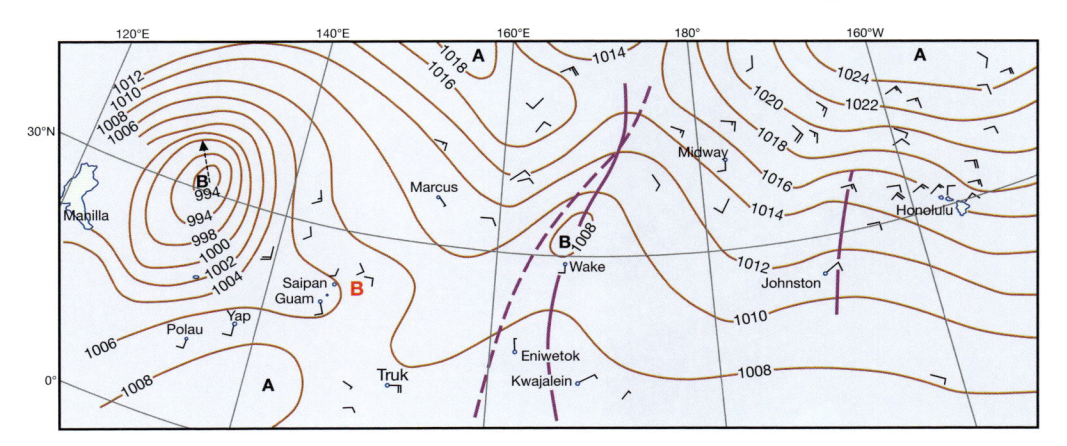

Figura 11.7 Carta sinótica de superfície para parte do Pacífico noroeste em 17 de agosto de 1957. Os movimentos do cavado central e da circulação fechada durante as 24 horas seguintes são mostrados pela linha tracejada e pelas bandeirolas, respectivamente. O B em vermelho a leste de Saipan indica a localização em que outro sistema de baixa pressão se formou posteriormente.

Fonte: Malkus e Riehl (1964). Com permissão de University of California Press.

partir de voos de reconhecimento enviados durante a "estação dos furacões", de observações de radar da estrutura das nuvens e da precipitação (Prancha 11.1) e de dados de satélite.

O sistema típico do furacão tem diâmetro de aproximadamente 650 km, menos da metade de uma depressão de latitude média, embora os tufões no Pacífico ocidental costumem ser muito maiores. A pressão central ao nível do mar costuma ser de 950 mb e, excepcionalmente, cai abaixo dos 900 mb. As tempestades tropicais batizadas são definidas tendo velocidades médias de pelo menos 18 m s^{-1} (64 km h^{-1}) durante um minuto na superfície. Se esses ventos se intensificam a pelo menos 33 m s^{-1} (119 km h^{-1}), a tempestade se torna um ciclone tropical. Existem cinco classes reconhecidas de intensidade de furacões: categoria 1, fraco, com ventos de 33-42 m s^{-1} (119-151 km h^{-1}); 2, moderado, com ventos de 43-49 m s^{-1} (155-176 km h^{-1}); 3, forte, com ventos de 50-58 m s^{-1} (180-208 km h^{-1}); 4, muito forte, com ventos de 59-69 m s^{-1} (212-248 km h^{-1}); e 5, devastador, com ventos de 70 m s^{-1} ou mais (252 km h^{-1} ou mais). O furacão Camille, que atingiu a costa do Mississippi em agosto de 1969, era uma tempestade de categoria 5, ao passo que o furacão Andrew, que devastou o sul da Flórida em agosto de 1992, foi reclassificado também como uma tempestade de categoria 5. O furacão Katrina, em agosto de 2005, foi a segunda tempestade de categoria 5 naquela estação, e o mais destrutivo até hoje (ver p. 299).

Em 1997, houve 11 supertufões no Pacífico noroeste, com ventos >66 m s^{-1} (237 km h^{-1}). O grande desenvolvimento vertical de nuvens cumulonimbus, com o topo acima de 12.000 m, reflete a imensa atividade convectiva concentrada nesses sistemas. Estudos com radar e satélite mostram que as células convectivas normal-

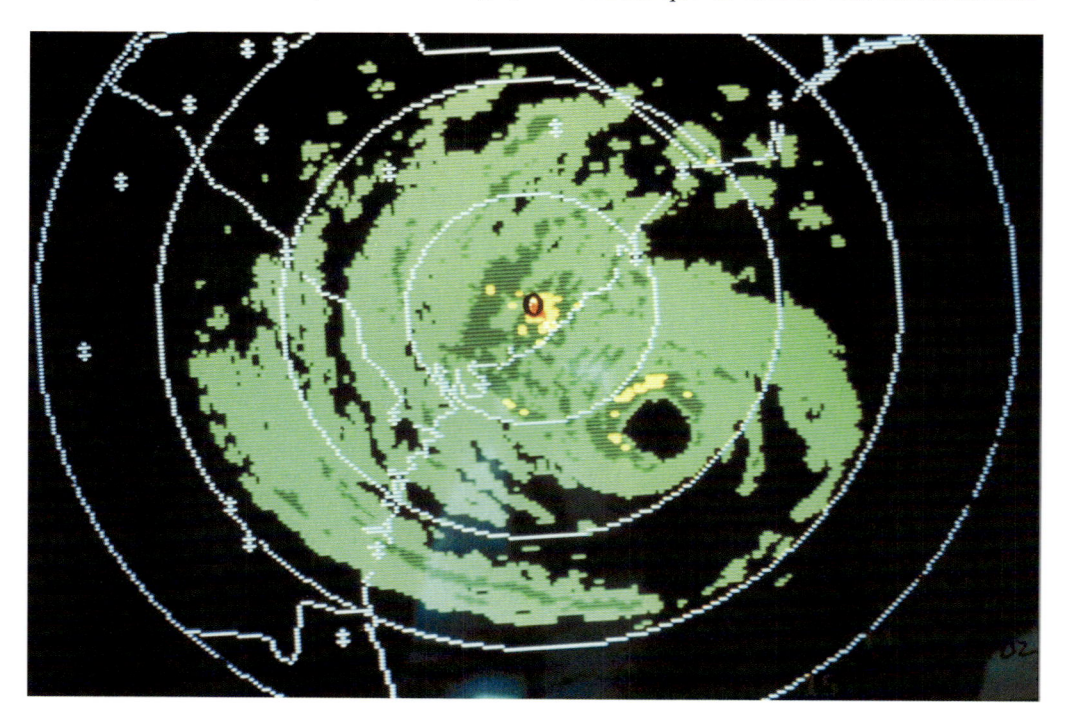

Prancha 11.2 Imagem de radar do furacão Hugo, observado pelo South Carolina Weather Service Office, em Charleston, em 21 de setembro de 1989. Na linha de costa, os ventos eram de 137 km h^{-1} (máx. 257 km h^{-1}) no Carolina do Sul. Uma maré de tempestade associada à maré alta causou perdas de US$ 1 bilhão, com prejuízos materiais, especialmente na Carolina do Norte, com sete mortes e dezenas de feridos.
Fonte: NOAA Central Library fly 00232.

mente se organizam em faixas que giram em uma espiral em direção ao centro.

Embora os maiores ciclones sejam característicos do Pacífico, o recorde pertence ao furacão caribenho "Gilbert". Ele foi gerado a 320 km a leste de Barbados, em 9 de setembro de 1988, e avançou para oeste a uma velocidade média de 24-27 km h^{-1}, dissipando-se perto da costa leste do México. Com o auxílio de uma célula de alta pressão na troposfera superior a norte de Cuba, o furacão Gilbert intensificou-se muito rapidamente, a pressão no seu centro caiu para 888 mb (o mais baixo já registrado no Hemisfério Ocidental), e as velocidades máximas do vento perto do núcleo passaram dos 55 m s^{-1} (198 km h^{-1}). Mais de 500 mm de chuva caíram sobre as partes mais elevadas da Jamaica em apenas nove horas. Todavia, a característica mais notável dessa tempestade recorde foi o seu tamanho, sendo três vezes maior do que os furacões médios do Caribe. Em sua extensão máxima, o furacão tinha um diâmetro de 3500 km, desorganizando a ZCIT ao longo de mais de um sexto da circunferência equatorial da Terra e atraindo ar desde a Flórida e as ilhas Galápagos.

A maior atividade de ciclones tropicais nos dois hemisférios ocorre no final do verão e no outono, durante momentos de máxima mudança do Cavado Equatorial para norte e para sul (Tabela 11.1, Prancha 11.3). Algumas tempestades afetam as áreas do Pacífico Norte e Atlântico Norte ocidental já em maio e até dezembro, ocorrendo durante todos os meses na primeira área. Na Baía de Bengala, também há uma máxima secundária no começo do verão. As enchentes causadas por um ciclone tropical e que atingiram a costa de Bangladesh em 24-30 de abril de 1991 causaram mais de 130.000 mortes por afogamento e deixaram mais de 10 milhões de pessoas desabrigadas. A frequência anual de ciclones mostrada na Tabela 11.1 é apenas aproximada, pois, em certos casos, não se sabe se os ventos realmente passaram da intensidade de furacão. Além disso, as tempestades nas áreas mais remotas do Pacífico Sul e do Oceano Índico seguidamente escapavam da detecção antes do uso de satélites meteorológicos. Um registro informal de 270 anos dos furacões no Atlântico Norte sugere uma redução na frequência desde 1760 ao começo da década de 1990, com valores baixos anômalos nos anos 1970-1980. A maior atividade desde 1995 representa um retorno a condições mais normais.

Para a formação de ciclones, diversas condições são necessárias, mesmo que nem sempre sejam suficientes. Um requisito, conforme a Figura 11.8, é uma ampla área oceânica com temperatura superficial maior que 27°C. Os ciclones raramente se formam perto do equador, onde o parâmetro de Coriolis se aproxima de zero, ou em zonas de forte cisalhamento vertical do vento (i.e., embaixo de uma corrente de jato), pois os dois fatores inibem o desenvolvimento de um vórtice organizado. Também existe uma conexão definitiva entre a posição sazonal do Cavado Equatorial e as zonas de formação de ciclones. Isso advém do fato de que houve ape-

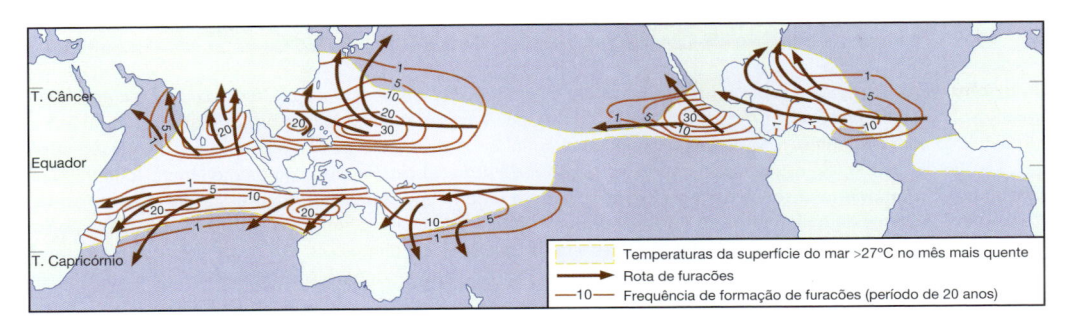

Figura 11.8 Frequência de formação de furacões (isopletas numeradas) para um período de 20 anos. Também são mostradas as principais rotas de furacões e as áreas de superfície marinha com temperaturas da água acima de 27°C no mês mais quente.

Fonte: Palmén (1948) e Gray (1979).

Prancha 11.3 Três tufões sobre o Oceano Pacífico ocidental em 7 de agosto de 2006 nesta imagem do Moderate Resolution Imaging Spectroradiometer (MODIS) do satélite Acqua da NASA. O mais forte dos três, o tufão Saomai (canto inferior direito), formou-se no Pacífico ocidental em 4 de agosto de 2006 como uma depressão tropical. Dentro de um dia, ele estava suficientemente organizado para ser classificado como uma tempestade tropical. Enquanto o Saomai estava se intensificando e se tornando uma tempestade, outra depressão tropical se formou a algumas centenas de quilômetros ao norte e, em 6 de agosto, tornou-se a tempestade tropical Maria (canto superior direito). O tufão Bopha (esquerda) formou-se assim que o Maria atingiu o *status* de tempestade e se tornou uma tempestade tropical no dia 7 de agosto. Por ser o mais jovem, com apenas algumas horas de existência, ele mostra somente a forma arredondada básica de uma tempestade tropical. O Maria, com um dia de idade, apresenta uma estrutura espiralada mais distinta, com braços e um olho central visível. Apesar de suas diferenças de aparência, ambas as tempestades aproximavam-se em tamanho e intensidade, com ventos máximos sustentados de cerca de 90 e 100 km h^{-1}, respectivamente. Muito mais poderoso do que o Maria, o tufão Saomai tinha um dia a mais de existência e, no momento da imagem, contava com ventos sustentados de aproximadamente 140 km h^{-1}.
Fonte: Jeff Schmaltz NASA Visible Earth.

nas um ciclone no Atlântico Sul (onde o cavado nunca chega ao sul de 5°S) e nenhum no Pacífico sudeste (onde o cavado permanece ao norte do equador). Todavia, o Pacífico nordeste tem um número inesperado de vórtices ciclônicos no verão. Muitos deles se movem no sentido oeste perto da linha do cavado a aproximadamente 10-15°N. Por volta de 60% dos ciclones tropicais parecem se originar a 5-10° de latitude em direção ao polo em relação ao Cavado Equatorial nos setores de calmarias, onde o cavado está a pelo menos 5° de latitude do equador. As regiões de formação de ciclones se encontram principalmente sobre as seções ocidentais dos oceanos Atlântico, Pacífico e Índico, onde as células subtropicais de alta pressão não causam subsidência e estabilidade, e o fluxo superior é divergente. Duas vezes por estação, no Pacífico equatorial ocidental, ciclones tropicais se formam quase simultaneamente em cada hemisfério perto da latitude de 5° e ao longo da mesma longitude. Os padrões de nuvens e ventos nesses ciclones "gêmeos" são aproximadamente simétricos em relação ao equador.

O papel das células convectivas na grande liberação de calor latente para fornecer energia para a tempestade foi proposto pelas primeiras teorias da formação de furacões. Todavia, acreditava-se que a sua escala era pequena demais para explicar o crescimento de uma tempestade com centenas de quilômetros de diâmetro. Pesquisas indicam que a energia pode ser transferida da escala de nuvens cumulus para a circulação de grande escala das tempestades por meio da organização das nuvens em bandas circulares (ver Figura 11.9 e Prancha 11.2), em-

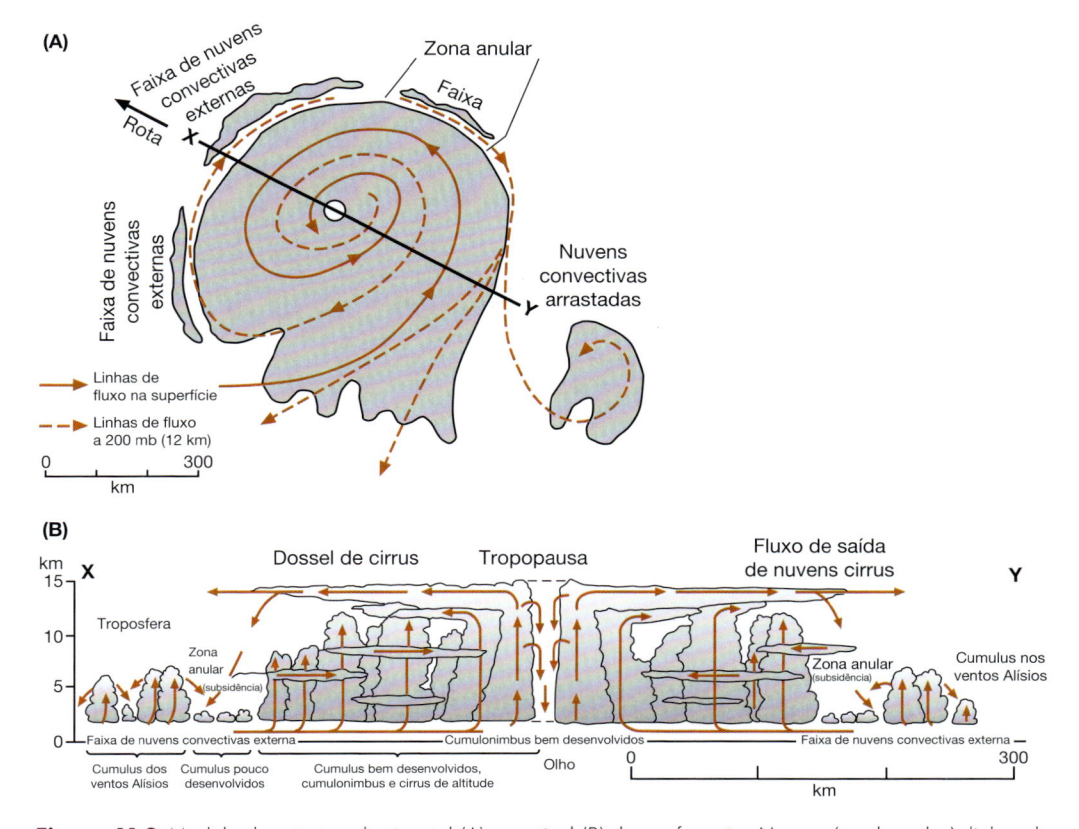

Figura 11.9 Modelo da estrutura horizontal (A) e vertical (B) de um furacão. Nuvens (sombreadas), linhas de correntes, feições convectivas e a rota são mostrados.

Fonte: Musk (1988). Com permissão de Cambridge University Press.

bora a natureza do processo ainda seja investigada. Existem evidências de que os furacões se formam a partir de distúrbios preexistentes, mas, embora muitos desses distúrbios se desenvolvam como células fechadas de baixa pressão, poucos atingem a intensidade de um furacão pleno. A chave para esse problema é o fluxo de saída nos altos níveis (Figura 11.10), que não exige um anticiclone na troposfera superior, mas pode ocorrer no ramo oriental de um cavado superior nos ventos de oeste. Esse fluxo de saída, por sua vez, permite o desenvolvimento de pressão muito baixa e ventos com velocidade muito elevada perto da superfície. Um aspecto característico do furacão é o vórtice quente, pois outras depressões tropicais e tempestades incipientes têm uma área-núcleo fria com chuvas. O núcleo quente se forma pela ação de 100-200 torres de cumulonimbus que liberam calor latente de condensação; por volta de 15% da área das faixas de nuvens têm chuvas em algum momento. As observações mostram que, embora essas "torres quentes" compreendam menos de 1% da área da tempestade dentro de um raio de aproximadamente 400 km, seu efeito é suficiente para alterar o ambiente. O núcleo quente é vital para a formação do furacão, pois fortalece o anticiclone mais acima, levando a um efeito de "retroalimentação" (*feedback*), ao estimular o influxo baixo de calor e umidade, que intensifica ainda mais a atividade convectiva, a liberação de calor latente e, portanto, a alta pressão em níveis elevados. Essa intensificação de um sistema de tempestade pela convecção em nuvens cumulus é denominada instabilidade condicional do segundo tipo, ou CISK, na sigla em inglês (cf. a instabilidade básica descrita na pág. 110). A circulação termicamente direta

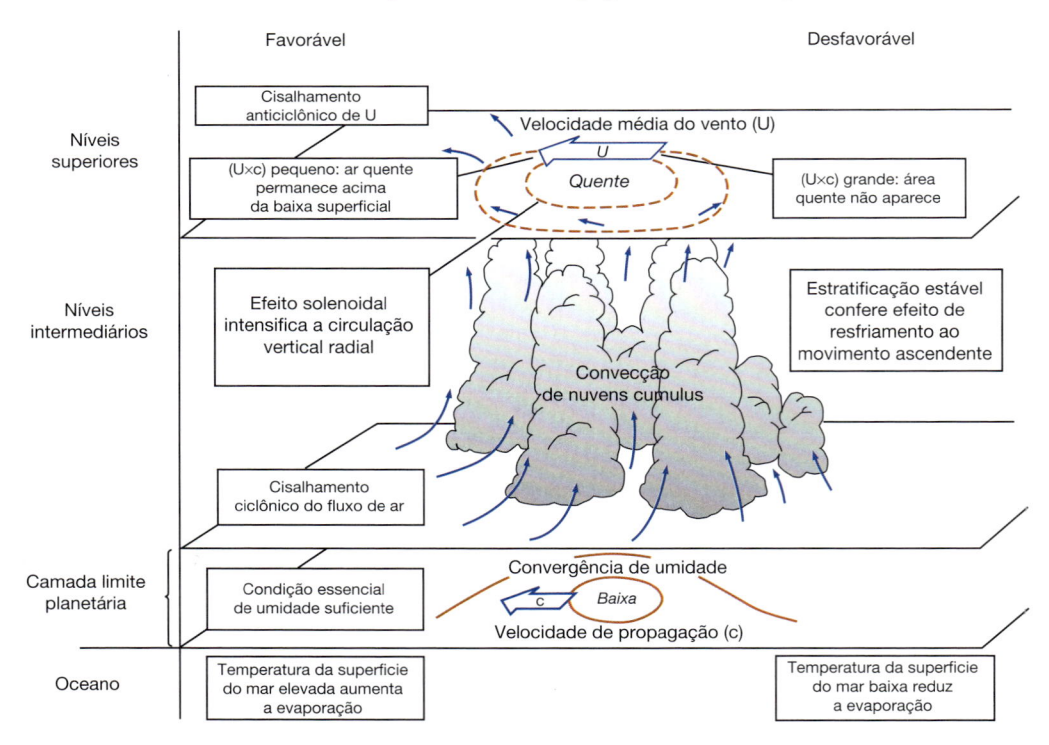

Figura 11.10 Modelo esquemático das condições favoráveis (esquerda) ou desfavoráveis (direita) à formação de uma tempestade tropical em uma onda de leste; U é a velocidade média do vento em altos níveis e c é a taxa de propagação do sistema. O vórtice quente cria um gradiente térmico que intensifica o movimento radial ao seu redor e as correntes ascendentes de ar, denominado efeito solenoidal.

Fonte: Kurihara (1985). Copyright © Academic Press.

converte o incremento de calor em energia potencial, e uma pequena fração disso – por volta de 3% – é transformada em energia cinética. O resto é exportado pela circulação anticiclônica que existe no nível de 12 km (200 mb). Uma força motriz importante é a diferença de temperatura entre a superfície oceânica (~300 K) e a troposfera superior (~200 K). O ar penetra em espiral na baixa em superfície, ascende adiabaticamente na parede do olho até a troposfera superior, e então desce fora da tempestade, completando um ciclo energético de Carnot (o ciclo mais eficiente possível para converter uma certa quantidade de energia térmica em trabalho) com uma eficiência de cerca de 33%. Pesquisas recentes sugerem que eventos de poeira no Saara talvez tendam a influenciar a formação de furacões, devido ao papel da poeira em suprimir a formação de nuvens, e pelo próprio ar seco do Saara, que é transportado por advecção sobre o Atlântico Norte oriental tropical. Acredita-se que esses processos tenham atuado durante a estação de furacões pouco ativa de 2006 no Atlântico.

No olho, ou a região mais interna da tempestade (ver Figura 11.9), o aquecimento adiabático do ar descendente acentua as temperaturas elevadas, embora, como também são observadas temperaturas altas nas massas de nuvens que formam as paredes do olho, o ar descendente seja um fator que contribua. Sem esse ar que desce no olho, a pressão central não poderia cair abaixo de 1000 mb. O olho tem diâmetro de 30-50 km, dentro dos quais o ar é praticamente calmo e a cobertura de nuvem pode se abrir. Os mecanismos da formação do olho ainda são desconhecidos. Se o ar que gira conservasse o momento angular absoluto, as velocidades do vento se tornariam infinitas no centro e, claramente, não é isso o que ocorre. Os fortes ventos que rodeiam o olho estão mais ou menos em equilíbrio ciclostrópico, com a pequena distância radial proporcionando uma grande aceleração centrípeta (ver p. 146). O ar sobe quando o gradiente de pressão não consegue mais forçá-lo a entrar. É possível que as bigornas de cumulonimbus desempenhem um papel vital na complexa relação entre as circulações horizontais e verticais ao redor do olho, redistribuindo o momento angular de modo a gerar uma concentração da rotação perto do centro.

O suprimento de calor e umidade, combinado com o pequeno arraste friccional na superfície do mar, a liberação de calor latente por condensação e a remoção do ar no nível superior são condições essenciais para a manutenção da intensidade do ciclone. Assim que um desses ingredientes diminui, a tempestade decai. Isso pode ocorrer de forma bastante rápida se a rota (determinada pelo fluxo geral na troposfera superior) levar o vórtice sobre uma superfície marinha fria ou sobre a terra. No segundo caso, o maior atrito causa maior movimento do ar através das isóbaras, aumentando temporariamente a convergência e a ascensão. Nesse estágio, o maior cisalhamento vertical do vento em células de tempestade pode gerar tornados, especialmente no quadrante nordeste da tempestade (no Hemisfério Norte). Todavia, o efeito mais importante de uma rota sobre o continente é que o corte no suprimento de umidade remove uma das principais fontes de calor. O decaimento rápido também ocorre quando ar frio é atraído para a circulação ou quando o padrão de divergência em níveis mais elevados se afasta da tempestade.

Os furacões em geral avançam a 16-24 km h^{-1}, controlados pela taxa de movimento do núcleo quente superior. Normalmente, eles se curvam em direção aos polos perto das margens ocidentais das células subtropicais de alta pressão, entrando na circulação dos ventos de oeste, onde se esgotam ou se regeneram formando perturbações extratropicais.

Alguns desses sistemas mantêm uma forte circulação, e os ventos e as ondas intensas ainda podem causar destruição. Isso é comum ao longo da costa atlântica dos Estados Unidos e, ocasionalmente, no leste do Canadá. De maneira semelhante, no Pacífico Norte ocidental, os tufões curvados são um elemento importante do clima do Japão (ver D, neste capítulo) e podem ocorrer em qualquer mês. Existe uma frequência média de 12 tufões por ano sobre o sul do Japão e áreas marinhas vizinhas.

Para resumir: um ciclone tropical se origina a partir de um distúrbio inicial, começa a se desenvolver formando uma depressão tropical e, depois, uma tempestade tropical. O estágio de tempestade tropical pode persistir por quatro a cinco dias, ao passo que o estágio de ciclone em geral dura apenas de dois a três dias (quatro a cinco dias no Pacífico ocidental). A principal fonte de energia é o calor latente derivado do vapor de água condensado e, por essa razão, os furacões são gerados e continuam a adquirir força apenas dentro dos confins dos oceanos quentes. A tempestade tropical de núcleo frio se transforma em um furacão de núcleo quente em associação com a liberação de calor latente em torres de cumulonimbus, e isso estabelece ou intensifica uma célula anticiclônica na troposfera superior. Desse modo, o fluxo de saída nos níveis superiores mantém o fluxo ascendente e para dentro nos níveis inferiores, proporcionando uma geração contínua de energia potencial (do calor latente) e sua transformação em energia cinética. O núcleo do olho que se forma pelo ar que desce é um elemento essencial do ciclo de vida.

A previsão de furacões é uma ciência complexa. Estudos recentes sobre as frequências de furacões no Atlântico Norte/Caribe sugerem que há três fatores principais envolvidos:

1 A fase oeste da Oscilação Quase-bianual do Atlântico (ou em inglês, QBO). A QBO envolve alterações periódicas nas velocidades e no cisalhamento vertical entre os ventos zonais da troposfera superior (50 mb) e os ventos da estratosfera inferior (30 mb). O começo dessa oscilação pode ser previsto, com um certo grau de confiança, com quase um ano de antecedência. A fase leste da QBO é associada a ventos fortes de leste na estratosfera inferior, entre as latitudes de 10°N e 15°N, que produzem um grande cisalhamento vertical do vento. Essa fase persiste por 12 a 15 meses e inibe a formação de furacões. A fase oeste da QBO apresenta ventos fracos de leste na estratosfera inferior e um pequeno cisalhamento vertical do vento. Essa fase, que dura de 13 a 16 meses, é associada a 50% mais tempestades batizadas, 60% mais furacões e 200% mais furacões grandes do que a fase leste.

2 A precipitação na África Ocidental durante o ano anterior ao longo do Golfo da Guiné (agosto a novembro) e no Sahel ocidental (agosto a setembro). A primeira fonte de umidade parece explicar cerca de 40% da atividade dos furacões, e a segunda, apenas 5%. Entre o final da década de 1960 e a década de 1980, a seca do Sahel foi associada a uma redução acentuada no número de ciclones e furacões tropicais atlânticos, principalmente pelos fortes ventos cisalhantes nos níveis mais elevados sobre o Atlântico Norte tropical, e a uma redução na propagação de ondas de leste sobre a África em agosto e setembro.

3 As previsões do ENSO para o ano seguinte (ver G, neste capítulo). Existe uma correlação inversa entre a frequência de El Niños e a dos furacões atlânticos.

Estudos recentes sugerem que houve um aumento no número e na proporção de furacões de categoria 4-5 nos últimos 30 anos. Os maiores aumentos ocorreram no Pacífico Norte, nos oceanos Índico e Pacífico sudoeste, e o menor aumento foi no Oceano Atlântico Norte. Ao mesmo tempo, o número de ciclones e dias com ciclones diminuiu em todas as bacias, com exceção do Atlântico Norte. O aumento relatado na energia, nos números e nas velocidades dos ventos dos ciclones tropicais em certas regiões durante as últimas décadas foi atribuído às temperaturas mais altas da superfície do mar. Todavia, outros estudos consideram que as mudanças nas técnicas de observação e instrumentação podem dar conta dessas alterações.

Outras depressões tropicais

Nem todos os sistemas de baixa pressão nos trópicos são da variedade intensa dos ciclones tropicais. Existem dois outros tipos importantes de vórtices ciclônicos. Um é a depressão monçônica que afeta a Ásia Meridional durante o verão. Essa perturbação é um tanto incomum, pois o fluxo é de oeste nos níveis baixos e de leste na troposfera superior (ver Figura 11.27). Ela é descrita em mais detalhes em C.4, neste capítulo (pág. 351).

O segundo tipo de sistema costuma ser relativamente fraco perto da superfície, mas bem desenvolvido na média troposfera. No Pacífico Norte oriental e no Oceano Índico setentrional, essas baixas são chamadas de ciclones subtropicais. Algumas se desenvolvem a partir da separação, em baixas latitudes, de uma onda fria nos níveis altos dos ventos de oeste (cf. Capítulo 9H.4). Elas possuem um olho amplo, com 150km de raio e poucas nuvens, rodeado por um cinturão de nuvens e precipitação com 300km de amplitude. No fim do inverno e na primavera, é grande a contribuição de algumas dessas tempestades para a pluviosidade das ilhas havaianas. Esses ciclones são muito persistentes, e tendem a ser reabsorvidos por um cavado nos ventos de oeste em altos níveis. Outros ciclones subtropicais ocorrem sobre o Mar da Arábia, contribuindo para as chuvas de verão ("monções") no noroeste da Índia. Esses sistemas apresentam movimento ascendente principalmente na troposfera superior. Seu desenvolvimento pode estar ligado à exportação, em níveis mais elevados, de vorticidade ciclônica a partir da baixa térmica persistente sobre a Arábia.

Um sistema climático infrequente e diferente, conhecido como *temporal*, ocorre ao longo das costas do Pacífico da América Central no outono e começo do verão. Sua principal característica é uma camada ampla de altostratus, alimentada por células convectivas individuais, que geram chuvas moderadas prolongadas. Esses sistemas originam-se na ZCIT, sobre o Oceano Pacífico Norte, e são mantidos por convergência troposférica de grande escala, convecção localizada e ascensão orográfica.

3 Agrupamentos de nuvens tropicais

Os sistemas convectivos de mesoescala (SCM) são comuns em latitudes tropicais e subtropicais. Os complexos convectivos de mesoescala de latitudes médias discutidos no Capítulo 9I são uma categoria especialmente severa de SCM. Estudos de satélite sobre assinaturas de topo de nuvens frias (altas) mostram que os sistemas tropicais em geral se estendem sobre uma área de 3000-6000 km^2. Eles são comuns sobre a América do Sul tropical e o continente marítimo da Indonésia-Malásia e a piscina quente do Oceano Pacífico equatorial ocidental adjacente. Outras áreas incluem a Austrália, a Índia e a América Central, em suas respectivas estações de verão. Como resultado dos regimes diurnos de atividade convectiva, os sistemas convectivos de mesoescala são mais frequentes no poente, em comparação com a aurora, em uma proporção de 60% sobre os continentes, e 35% mais frequentes na aurora do que no poente sobre os oceanos. A maioria dos sistemas intensos (os complexos convectivos de mesoescala) ocorre sobre os continentes, particularmente onde existe abundância de umidade e a jusante de feições orográficas que favorecem a formação de jatos de baixos níveis.

Os SCM se dividem em duas categorias: sem e com linhas de instabilidade. O primeiro tipo contém uma ou mais áreas de precipitação de mesoescala. Eles ocorrem durante o dia, por exemplo, ao longo da costa de Borneo no inverno, onde iniciam por convergência de uma brisa terral noturna com o fluxo monçônico de nordeste (Figura 11.11). Pela manhã (8:00 hora local), células de cumulonimbus causam precipitação. As células são ligadas por um escudo de nuvens superior, que persiste quando a convecção cessa ao redor do meio-dia, à medida que um sistema de brisa marinha substitui o escoamento convergente noturno. Estudos recentes sobre a piscina quente do Pacífico equatorial ocidental indicam que sistemas de nuvens convectivos explicam <50% do total em grandes áreas de precipitação (grade de 240 × 240 km), enquanto a precipitação estratiforme é mais difusa e gera mais da metade da precipitação total.

Os sistemas com linhas de instabilidade (Figura 11.12) formam a borda frontal de uma linha de células de cumulonimbus. A linha de instabilidade e a frente de rajadas avançam dentro do fluxo de baixo nível e com a formação de novas células, que amadurecem e se dissipam

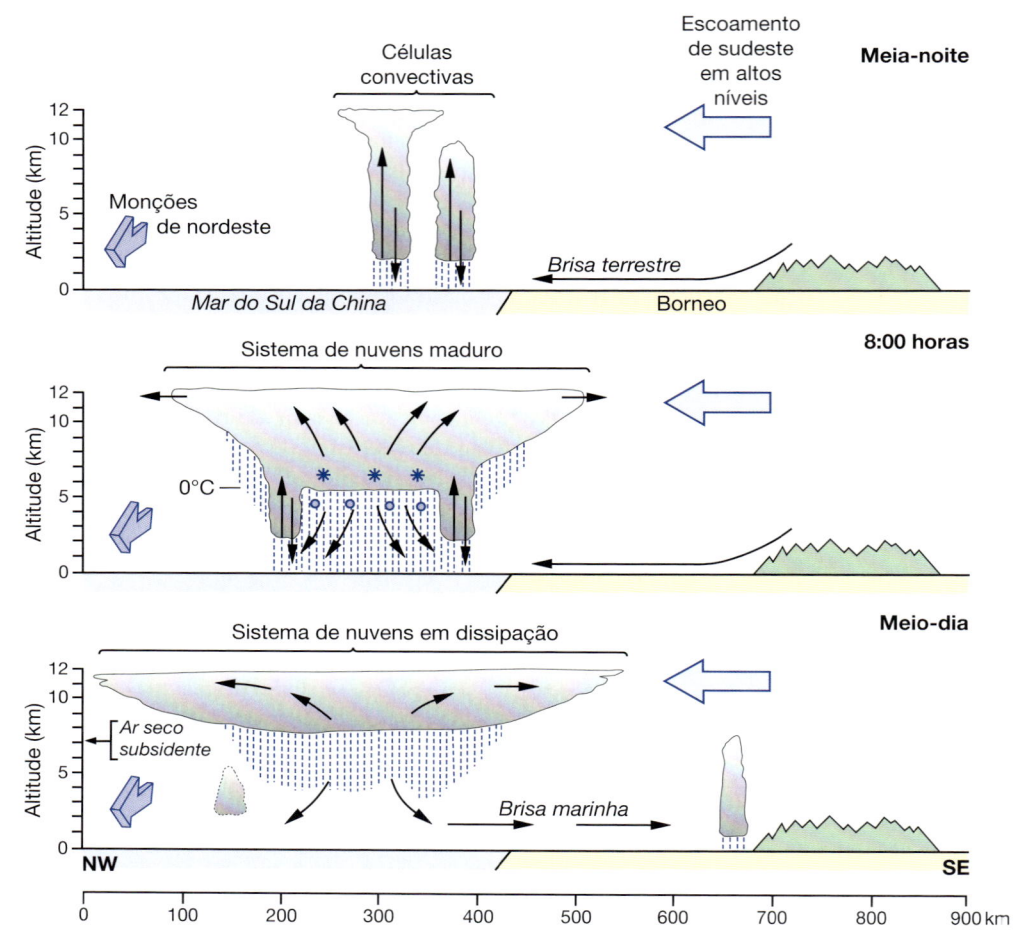

Figura 11.11 Modelo de desenvolvimento de um agrupamento de nuvens na costa norte de Borneo; setas grandes indicam a circulação principal; setas pequenas, a circulação local; as linhas tracejadas, as zonas de chuva; os asteriscos, os cristais de gelo; e os círculos, a chuva de derretimento.
Fonte: Houze et al. (1981).

finalmente atrás da linha principal. O processo é análogo ao de linhas de instabilidade em latitudes médias (ver Figura 9.28), mas as células tropicais são mais fracas. Os sistemas de linhas de instabilidade, conhecidos como sumatras, atravessam a Malásia vindos do oeste durante a estação de monções de sudoeste, trazendo chuvas fortes e trovões frequentes. Eles parecem iniciar pelos efeitos de convergência das brisas terrestres nos Estreitos de Malaca.

Na África Ocidental, sistemas conhecidos como linhas de instabilidade são uma caracte-

rística importante do clima no semestre de verão, quando o ar monçônico de baixo nível de sudoeste é encoberto por ar seco e quente do Saara. O contraste meridional entre as massas de ar ajuda a formar o Jato de Leste Africano (JLA) na troposfera inferior (ver Figura 11.38). As linhas de instabilidade convectivas são transportadas ao longo da África Ocidental por ondas de leste desviadas pelo JLA a aproximadamente 600 mb. As ondas retornam com um período de quatro a oito dias durante a estação úmida (maio a outubro). As linhas de instabili-

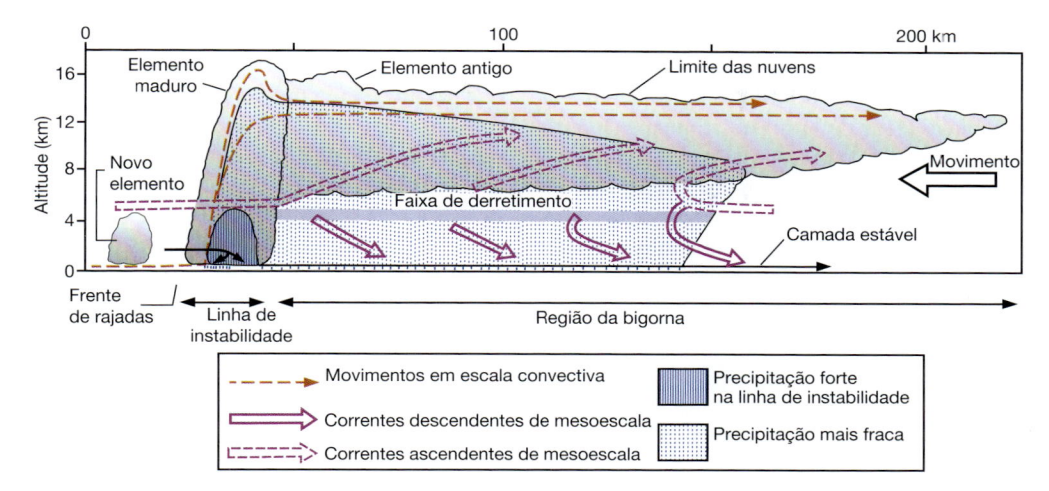

Figura 11.12 Seção transversal de um agrupamento de nuvens tropical de uma linha de instabilidade, mostrando locais de precipitação e derretimento de partículas de gelo. As setas tracejadas mostram o movimento do ar gerado pela convecção nas linhas de instabilidade, e as setas largas, a circulação de mesoescala.
Fonte: Houze; in Houze and Hobbs (1982).

dade tendem a se formar quando existe divergência na troposfera superior, ao norte do Jato de Leste Tropical (ver também Figura 11.40). Essas têm várias centenas de quilômetros de comprimento e viajam para oeste a cerca de 50 km h^{-1}, com pancadas e trovoadas antes de se dissiparem sobre as áreas de água fria do Atlântico Norte. As chuvas de primavera e outono na África Ocidental derivam em grande parte dessas perturbações. Em anos úmidos, quando o JLA está mais ao norte, a estação de ondas é prolongada, e as ondas são mais fortes. A Figura 11.13, para Kortright (Freetown) em Serra Leoa, ilustra as quantidades diárias de chuva em 1960-1961 associadas a linhas de instabilidade a 8°N. Neste caso, as chuvas monçônicas formam a maior parte do total, mas sua contribuição diminui mais ao norte.

C AS MONÇÕES DA ÁSIA MERIDIONAL

O nome monções deriva da palavra árabe *mausim*, que significa estação, referindo-se às

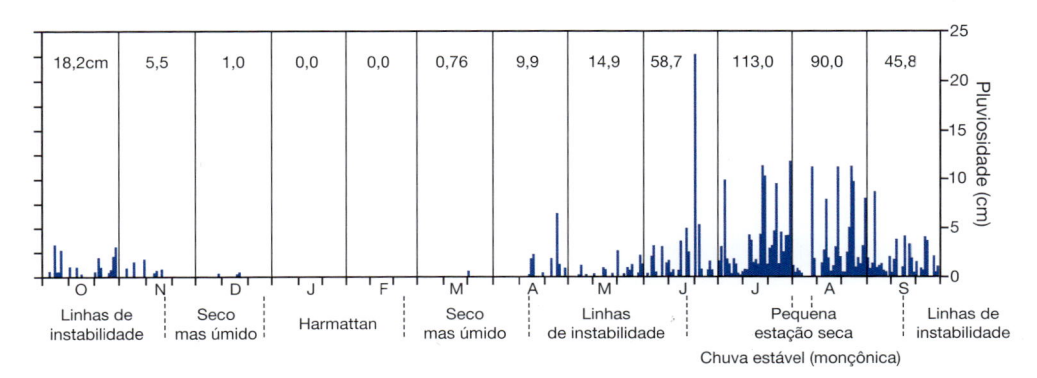

Figura 11.13 Pluviosidade diária em Kortright (Freetown), Serra Leoa, outubro de 1960 a setembro de 1961. São apresentados os totais mensais na parte superior do gráfico (cm).
Fonte: Gregory (1965).

inversões sazonais de grande escala no regime de ventos. A inversão sazonal do vento na Ásia é notável por sua vasta extensão e por sua influência além de latitudes tropicais (Figura 11.14). Todavia, essas mudanças sazonais dos ventos superficiais ocorrem em muitas regiões que não são tradicionalmente consideradas monçônicas. Embora haja uma sobreposição entre essas regiões tradicionais e as que apresentam uma frequência acima de 60% de ventos do quadrante predominante, é óbvio que existe uma variedade de mecanismos desconectados que podem levar a mudanças sazonais nos ventos. Também não é possível estabelecer uma relação simples entre a sazonalidade da pluviosidade (Figura 11.15) e as mudanças sazonais nos ventos. Áreas tradicionalmente designadas como "monçônicas" incluem algumas das regiões tropicais e quase-tropicais que apresentam uma máxima de pluviosidade no verão e

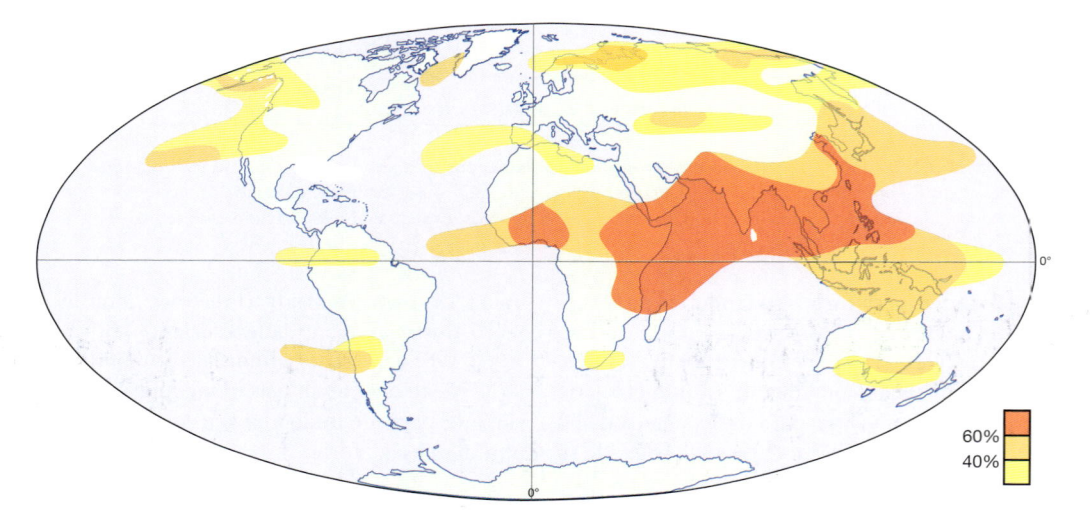

Figura 11.14 Regiões com uma mudança sazonal no vento superficial de pelo menos 120°, mostrando a frequência do quadrante predominante.
Fonte: Khromov. (1978).

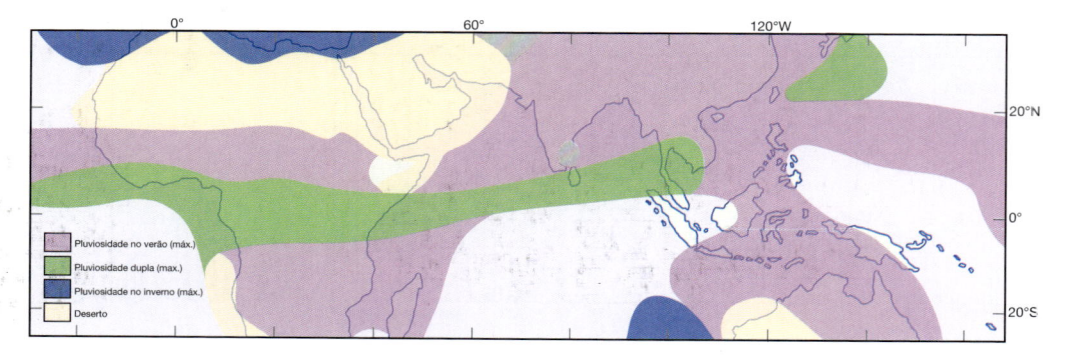

Figura 11.15 Distribuição anual da pluviosidade tropical. As áreas em verde, azul e lilás se referem a períodos em que ocorrem mais de 75% da pluviosidade média anual. Áreas com menos de 250 mm a^{-1} são classificadas como desertos (em amarelo), e as áreas em azul claro são aquelas que necessitam de pelo menos sete meses para acumular 75% da pluviosidade anual e, assim, não apresentam uma máxima sazonal.
Fonte: Ramage (1971). Com permissão de Academic Press.

a maioria das que têm uma máxima dupla de pluviosidade. Está claro que se faz necessária uma combinação de critérios para uma definição adequada de áreas de monções.

No verão, o Cavado Equatorial e os anticiclones subtropicais em toda parte se deslocam para o norte, em resposta à distribuição do aquecimento solar da Terra e, na Ásia Meridional, esse movimento é aumentado pelos efeitos da massa continental. Todavia, a simplicidade atraente da explicação tradicional, que imagina uma "brisa marinha" monçônica direcionada para uma área de baixa pressão térmica sobre o continente no verão, é inadequada como base para entender o funcionamento do sistema. O regime monçônico asiático é consequência da interação de fatores planetários e regionais, tanto na superfície quanto na troposfera superior. É conveniente analisar cada estação por vez; a Figura 11.16 mostra a circulação meridional generalizada a 90°E sobre a Índia e o Oceano Índico no inverno (dezembro a fevereiro), primavera (abril) e outono (setembro), junto com aquelas associadas a períodos ativos e intervalos durante as monções de verão, de junho a agosto.

1 Inverno

Perto da superfície, esta é a estação das "monções de inverno", que sopram no sentido do continente para o oceano, mas, em níveis mais elevados, predomina o escoamento de oeste. Isso reflete a distribuição hemisférica da pressão. Uma camada rasa de ar frio e alta pressão é centrada sobre o interior continental, mas já desaparece mesmo a 700 mb (ver Figura 7.4), onde há um cavado sobre a Ásia Oriental e uma circulação zonal sobre o continente. Os ventos de oeste superiores se dividem em duas correntes ao norte e sul do elevado Planalto Tibetano (Qinghai-Xizang) (Figura 11.17), para se reunirem novamente na costa leste da China (Figura 11.18). O planalto, que ultrapassa os 4000 m sobre uma vasta área, é uma fonte fria troposférica no inverno, particularmente sobre sua porção ocidental, embora a intensidade dessa fonte dependa da extensão e duração da cobertura de neve (o solo livre de neve atua como

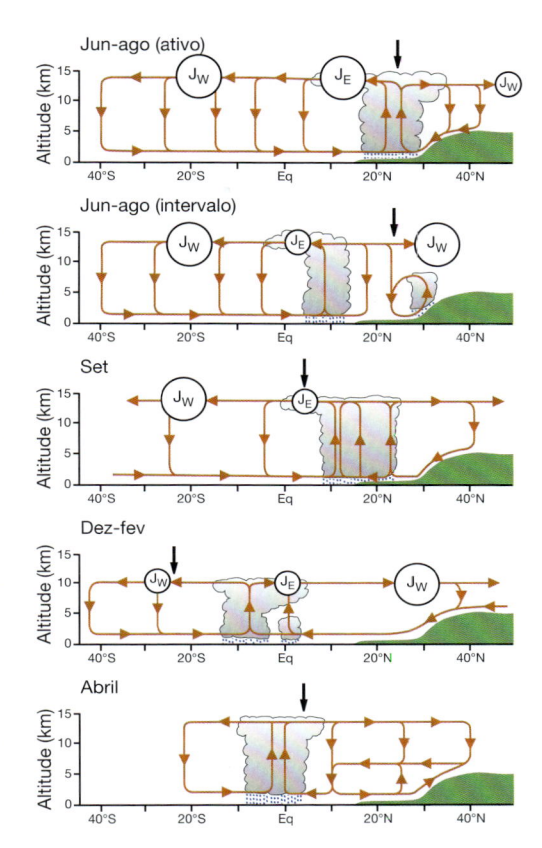

Figura 11.16 Modelo da circulação meridional sobre a Índia a 90°E em cinco períodos característicos do ano: monções de inverno (dezembro a fevereiro); aproximação da estação das monções (abril); as monções ativas de verão (junho a agosto); um intervalo nas monções de verão (junho a agosto); e um recuo das monções de verão (setembro). Correntes de jato de leste (JE) e de oeste (JW) são mostradas em tamanhos correspondentes à sua intensidade; as setas marcam as posições do Sol no zênite (preto); são indicadas zonas de precipitação máxima.
Fonte: Webster (1987a).

uma fonte de calor para a atmosfera em todos os meses). Abaixo de 600 mb, o sumidouro de calor troposférico gera um anticiclone raso e frio no planalto, que está mais desenvolvido em dezembro e janeiro. As duas correntes de jato foram atribuídas ao efeito perturbador da barreira topográfica sobre o fluxo de ar, mas isso se limita a altitudes abaixo de 4km. De fato, o jato norte é bastante móvel e pode estar loca-

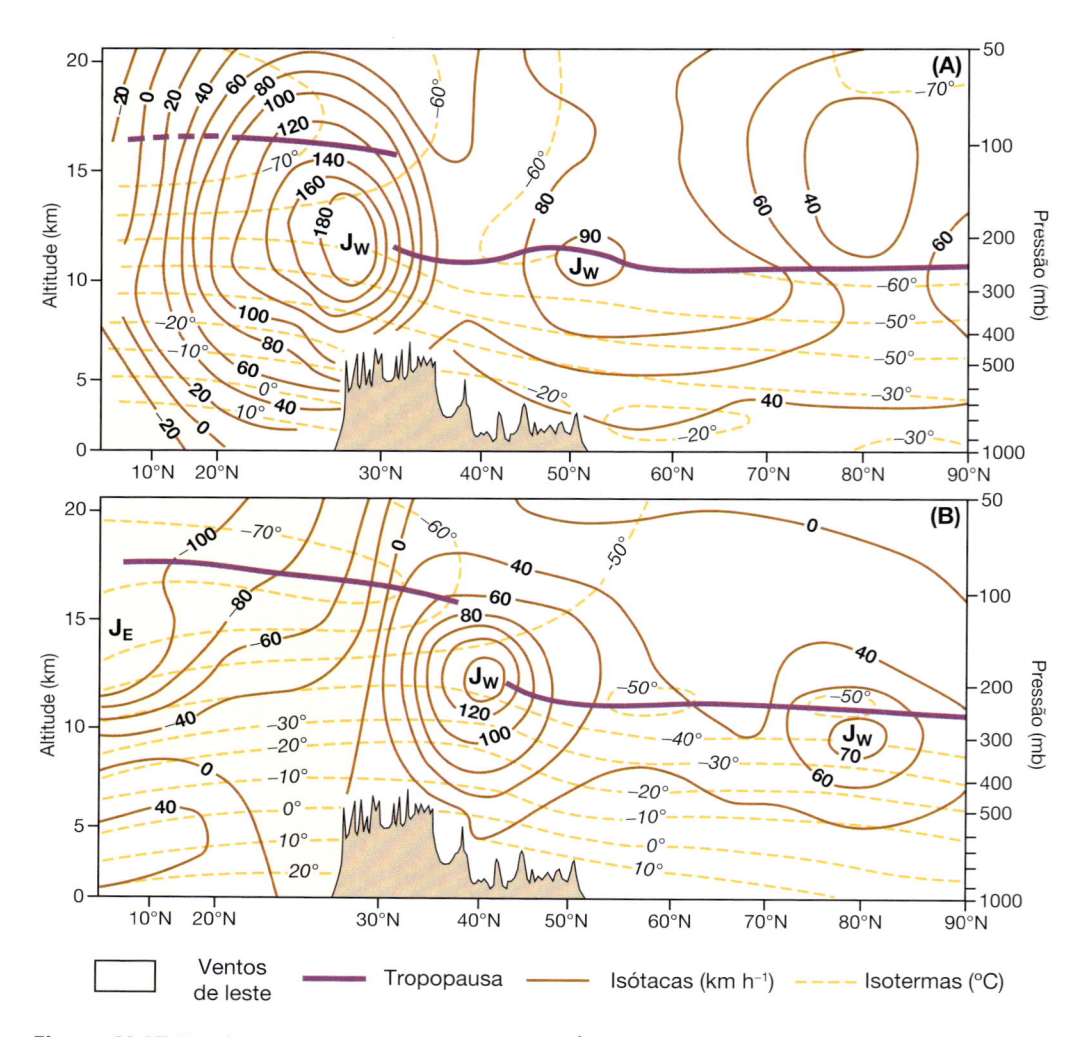

Figura 11.17 Distribuição da velocidade do vento (km h⁻¹) e da temperatura (°C) ao longo do meridiano de 90°E para janeiro (A) e julho (B), mostrando as correntes de jato (J_W) e a tropopausa. Observe os intervalos variáveis nas escalas de altitude e latitude.

Fonte: Pogosyan e Ugarova (1959). *Meteorologiya Gidrologiya*.

lizado longe do Planalto Tibetano. Também são observadas duas correntes mais a oeste, onde não existe obstáculo ao escoamento. O ramo sobre a Índia setentrional corresponde a um forte gradiente térmico latitudinal (de novembro a abril), e é provável que esse fator, combinado com o efeito térmico da barreira ao norte, seja responsável pela ancoragem do jato meridional. Esse ramo é o mais forte, com uma velocidade média de mais de 40 m s⁻¹ (144 km h⁻¹) a 200 mb, comparado com 20-25 m s⁻¹ (72-90 km h⁻¹) no ramo norte. Quando os dois se unem sobre o norte da China e o sul do Japão, a velocidade média ultrapassa os 66 m s⁻¹ (238 km h⁻¹) (Figura 11.19).

O ar que desce abaixo dessa corrente superior de oeste gera ventos secos de norte a partir do ciclone subtropical sobre o noroeste da Índia e o Paquistão. A direção do vento superficial é de noroeste sobre a maior parte da Índia

CAPÍTULO 11 O tempo e o clima tropical **345**

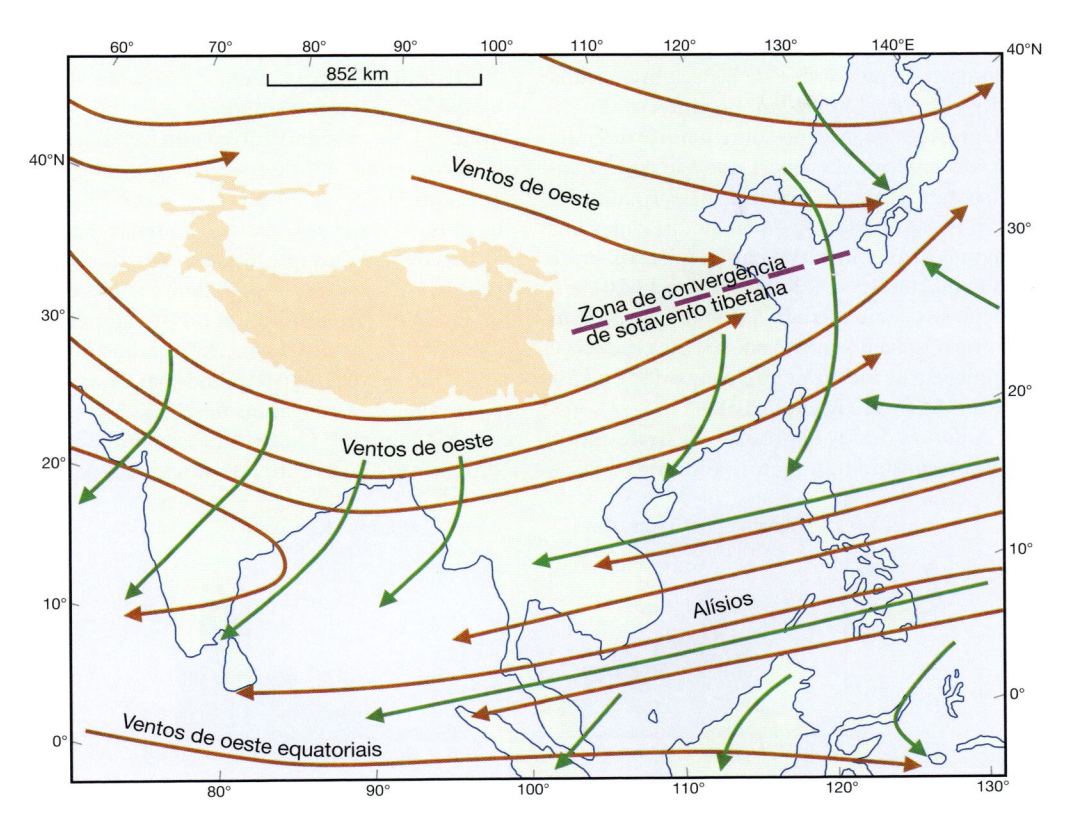

Figura 11.18 Características da circulação do ar sobre o sul e leste da Ásia no inverno. As linhas marrons indicam escoamento a aproximadamente 3000 m, e as linhas verdes, a cerca de 600 m. Os nomes se referem aos sistemas de ventos em níveis superiores.
Fonte: Thompson (1951), Flohn (1968), Frost e Stephenson (1965), e outros.

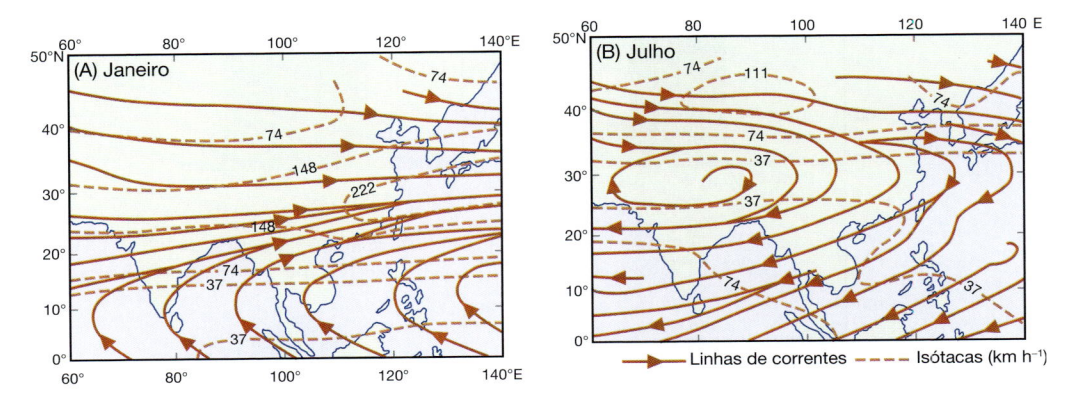

Figura 11.19 Linhas de corrente médias a 200 mb e isótacas em km h^{-1} sobre o Sudeste Asiático para janeiro (A) e julho (B), com base em observações feitas com aviões e dados de sondagem.
Fonte: Sadler (1975b). Cortesia de Dr J. C. Sadler, University of Hawaii.

meridional, tornando-se de nordeste sobre Mianmar e Bangladesh e de leste sobre a Índia peninsular. Igualmente importante é o desvio de depressões de inverno sobre o norte da Índia pelo jato superior. As baixas, que não costumam ser frontais, parecem penetrar no Oriente Médio oriundas do Mediterrâneo, sendo fontes importantes de pluviosidade para o norte da Índia e do Paquistão (p. ex., Kalat: Figura 11.20), em especial se ocorre quando a evaporação está no mínimo. O cavado equatorial de convergência e precipitação se localiza entre o equador e a latitude de 15°S (ver Figura 11.16).

Algumas dessas depressões de oeste continuam no sentido leste, retornando na zona de confluência de jatos a aproximadamente 30°N 105°E sobre a China, além da área de subsidência no sotavento imediato do Tibete (ver Figura 11.18). É significativo que o eixo médio da corrente de jato de inverno sobre a China apresente uma correlação com a distribuição da pluviosidade no inverno (Figura 11.21). Outras depressões que afetam as regiões central e norte da China viajam dentro dos ventos de oeste ao norte do Tibete ou iniciam com a liberação de ar cP fresco. Na porção traseira dessas depressões, existem invasões de ar muito frio (p. ex., as nevascas *buran* da Mongólia e da Manchúria). O efeito dessas ondas frias, comparáveis aos ventos de norte nas regiões

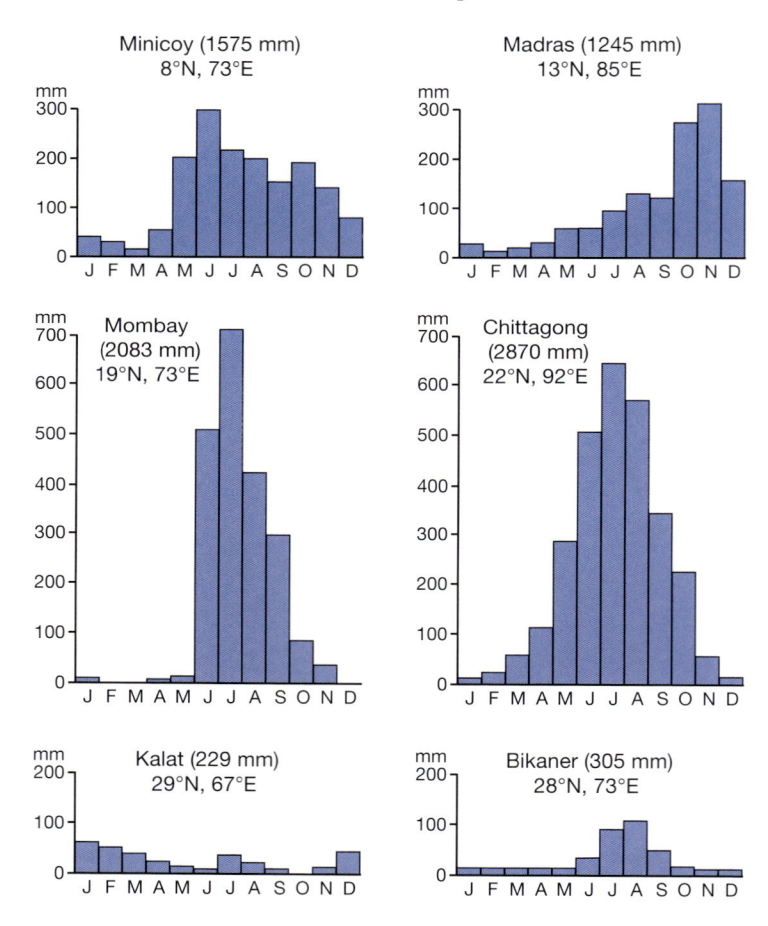

Figura 11.20 Pluviosidade mensal média (mm) em seis estações na região indiana. O total anual é fornecido após o nome da estação.

Fonte: 'CLIMAT' normals of the World Meteorological Organization entre 1931–1960.

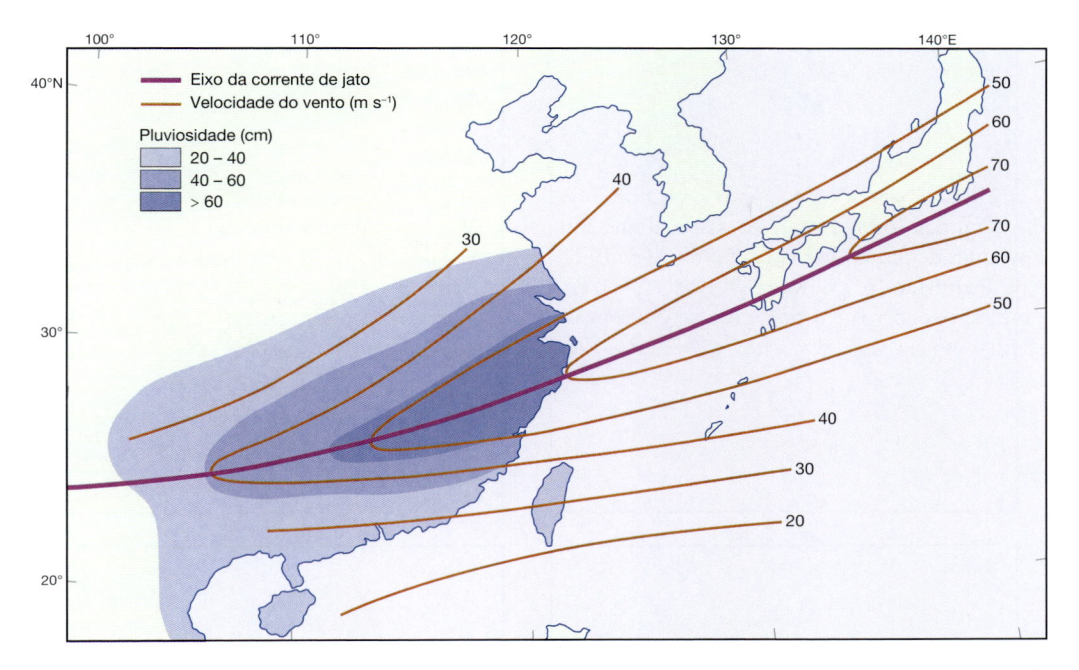

Figura 11.21 O eixo médio da corrente de jato de inverno a 12 km sobre o Extremo Oriente e a média de precipitação de inverno sobre a China (cm).
Fonte: Mohri e Yeh; in Trewartha (1958). Com permissão de University of Wisconsin Press.

central e sul dos Estados Unidos, é reduzir muito as temperaturas médias (Figura 11.22). As temperaturas médias de inverno no sul da China, uma região menos protegida, são consideravelmente menores do que em latitudes equivalentes na Índia; por exemplo, as temperaturas em Calcutá e Hong Kong (ambas a aproximadamente 22,5°N) são 19°C e 16°C em janeiro e 22°C e 15°C em fevereiro, respectivamente.

2 Primavera

A chave para a mudança durante essa estação transicional é encontrada, mais uma vez, no padrão de escoamento em níveis elevados. Em março, os ventos de oeste superiores começam sua migração sazonal para o norte, mas, embora o jato de norte se intensifique e comece a se estender ao longo da região central da China e para o Japão, o ramo meridional permanece posicionado ao sul do Tibete, ainda que enfraquecendo em intensidade.

Em abril, observa-se convecção sobre a Índia, onde a circulação é dominada por ar subsidente oriundo do cavado convectivo da ZCIT, que está centrado sobre o equador e segue o Sol no zênite no sentido norte, sobre o Oceano Índico quente (ver Figura 11.16). O tempo sobre a Índia setentrional se torna quente, seco e tempestuoso em resposta ao aumento no aquecimento pela radiação solar. As temperaturas médias em Nova Délhi aumentam de 23°C em março para 33°C em maio. A célula de baixa pressão térmica (ver Capítulo 9H.2) agora atinge a sua intensidade máxima, mas, embora se formem depressões na costa em direção ao continente, ainda falta um mês para o começo das monções, e outros mecanismos geram apenas precipitação limitada. Existe um pouco de precipitação no norte, com as "perturbações de oeste", perto do delta do Ganges, onde o influxo em baixo nível de ar quente e úmido é superado por ar seco e potencialmente frio, desencadeando linhas de instabilidade conhecidas como *nor'westers*. No noroeste, onde existe menos umidade disponí-

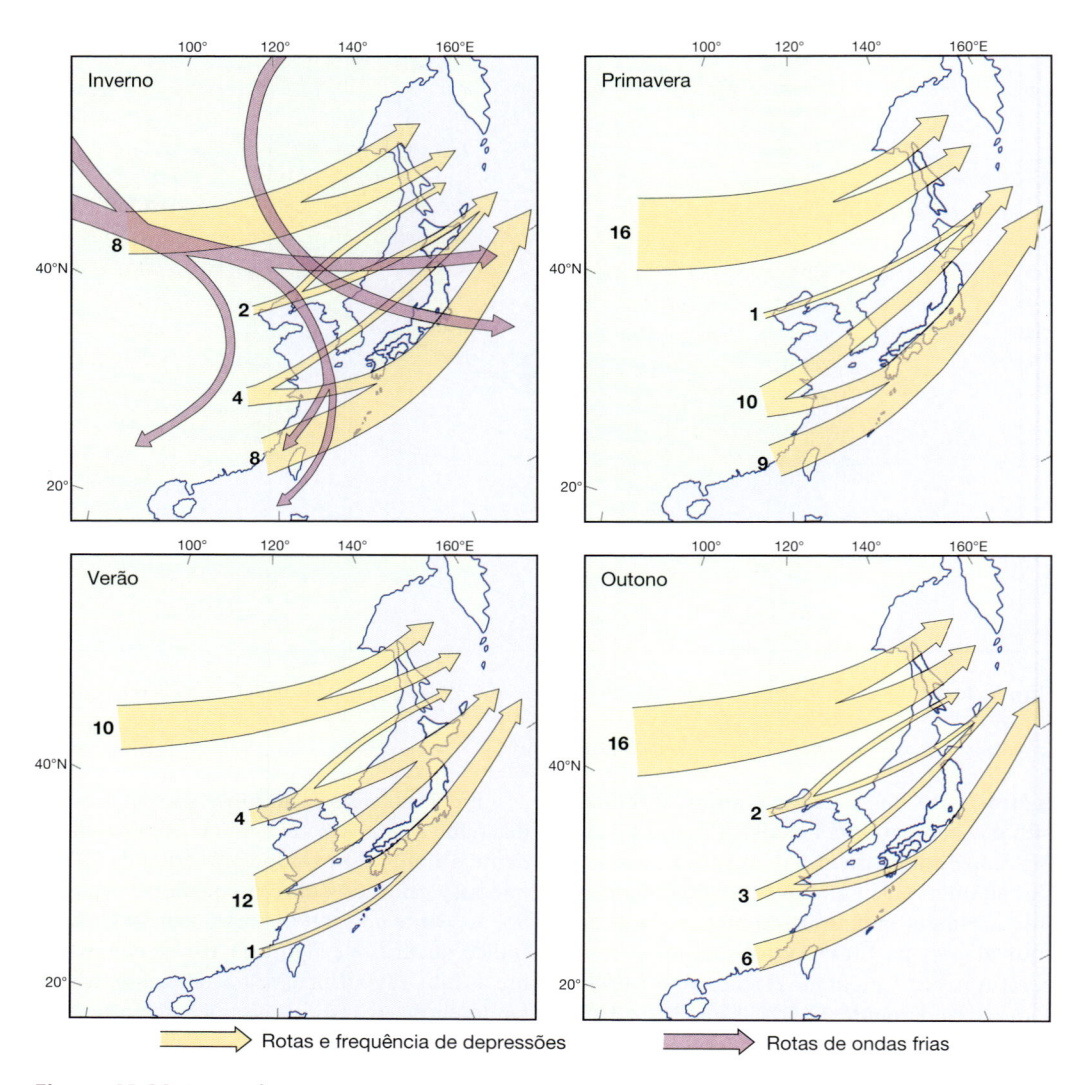

Figura 11.22 Rotas e frequências de depressões sazonais sobre a China e o Japão, com as rotas típicas de ondas frias de inverno.

Fonte: Adaptado de várias fontes, incluindo Tao, (1984), Zhang e Lin (1985), Sheng *et al.* (1986) e Domrös e Peng (1988). Com permissão de Springer Sciences & Business Media.

vel, a convecção gera rajadas e tempestades de poeira violentas, denominadas *andhis*. O mecanismo dessas tempestades não está plenamente compreendido, embora a divergência em níveis mais elevados nas ondas da corrente de jato subtropical de oeste pareça ser essencial. O começo precoce das chuvas de verão em Bengala, Bangladesh, Assam e Mianmar (p. ex., Chittagong: Figura 11.20) é favorecido por um cavado de origem orográfica nos ventos superiores de oeste, localizado a aproximadamente 85-90° E em maio. A convergência em baixos níveis de ar marítimo da Baía de Bengala, combinada com a divergência em níveis elevados à frente do cavado de 300 mb, gera rajadas de trovões. Os distúrbios tropicais na Baía de Bengala são outra fonte dessas chuvas precoces. A chuva também cai durante essa estação no Sri Lanka e no sul da

Índia (p. ex., Minicoy: Figura 11.20) em resposta ao movimento do Cavado Equatorial para norte.

3 Começo do verão

De modo geral, durante a última semana de maio, o ramo meridional do jato superior começa a se desfazer, tornando-se intermitente e mudando gradualmente para o norte sobre o Planalto Tibetano. Todavia, a 500 mb e abaixo disso, o planalto exerce um efeito bloqueador sobre o escoamento, e o eixo do jato salta do lado sul para o norte do planalto de maio a junho. Sobre a Índia, o Cavado Equatorial desvia-se para o norte a cada enfraquecimento dos ventos superiores de oeste, ao sul do Tibete, mas a deflagração final das monções, com a chegada de ventos úmidos e de baixos níveis de oeste, não ocorre até que a circulação superior tenha mudado para o seu padrão de verão (ver Figuras 11.19 e 11.23). O aumento na convecção continental supera a subsidência de primavera, e o escoamento superior de retorno para o sul é desviado pela força de Coriolis, gerando um forte jato de leste a aproximadamente 10-15°N e um jato de oeste ao sul do equador (ver Figura 11.16). Uma teoria sugere que isso ocorre em junho, quando a depressão entre as células do anticiclone tropical do Pacífico oeste e do Mar da Arábia no nível de 300mb é deslocada para oeste, de uma posição a aproximadamente 15°N 95°E em maio rumo à Índia central. O movimento das monções para noroeste (ver Figura 11.24) está aparentemente relacionado com a extensão dos ventos de leste da troposfera superior sobre a Índia.

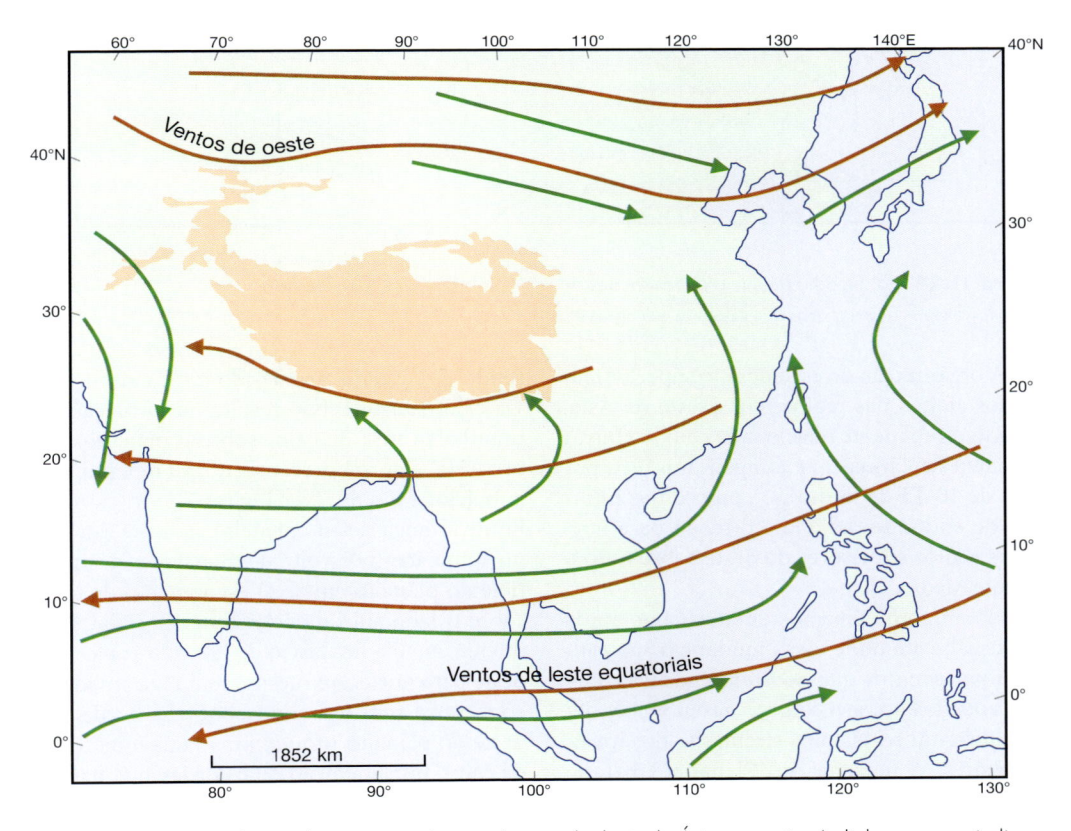

Figura 11.23 A circulação do ar característica sobre o sul e leste da Ásia no verão. As linhas marron indicam escoamento a aproximadamente 6000 m, e as linhas verde, a aproximadamente 600 m. Observe que o escoamento em baixo nível é bastante uniforme entre 600 e 3000 m.

Fonte: Thompson (1951), Flohn (1968), Frost e Stephenson (1965), e outros.

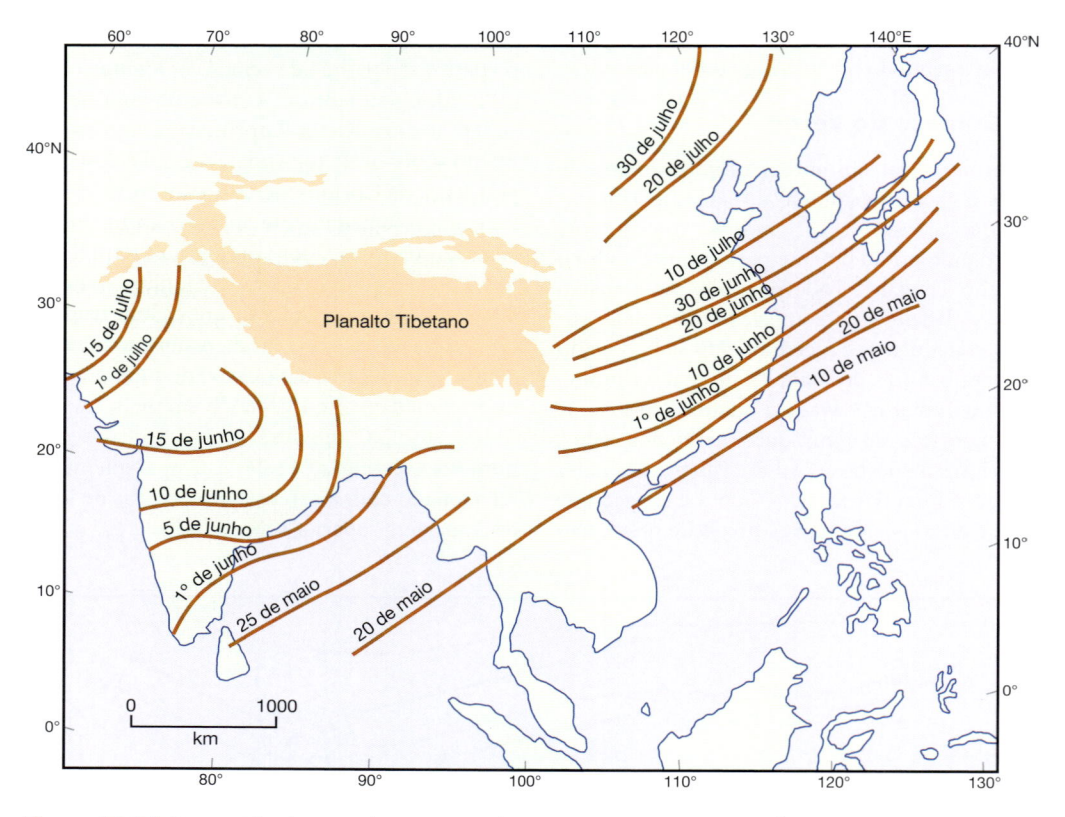

Figura 11.24 Data média de início das monções de verão sobre o sul e leste da Ásia.
Fonte: Tao Shi-yan e Chen Longxun. In Domrös e Peng (1988).

A organização do escoamento superior tem amplos efeitos nas regiões sul e leste da Ásia, estando diretamente relacionada com as chuvas de Maiyu da China (que atingem um pico por volta de 10-15 de junho), o começo das monções do sudoeste indiano e o recuo para norte dos ventos superiores de oeste sobre todo o Oriente Médio.

No entanto, devemos enfatizar que ainda não se sabe até onde essas mudanças são causadas por eventos que ocorrem em níveis elevados ou, de fato, se o começo das monções desencadeia um reajuste na circulação nos níveis superiores. A presença do Planalto Tibetano certamente tem importância, mesmo que não exista uma barreira significativa ao escoamento superior. A superfície do planalto é bastante aquecida na primavera e no começo do verão (Rn é aproximadamente 180 W m^{-2} em maio), sendo quase tudo transferido para a atmosfera via calor sensível. Isso resulta na formação de uma baixa rasa de calor sobre o planalto, sobreposta, a aproximadamente 450 mb, por um anticiclone quente (ver Figura 7.1). A camada limite atmosférica do planalto agora se estende por uma área por volta de duas vezes a superfície do planalto em si. O escoamento de leste sobre o lado sul do anticiclone superior, sem dúvida, auxilia no desvio do jato subtropical de oeste para norte. Ao mesmo tempo, a atividade convectiva pré-monçônica sobre a borda sudeste do planalto proporciona mais uma fonte de calor, por liberação de calor latente, para o anticiclone nos níveis superiores. As inversões dos ventos sazonais sobre e ao redor do Planalto Tibetano levaram os meteorologistas chineses a distinguir um sistema de "Monções do Planalto", distinto do que cobre a Índia.

4 Verão

Em meados de julho, o ar monçônico cobre a maior parte do sul e sudeste da Ásia (ver Figura 11.23) e, na Índia, o Cavado Equatorial se localiza a aproximadamente 25°N. A norte do Planalto Tibetano, há uma corrente fraca de oeste nos níveis superiores, com uma célula (subtropical) de alta pressão sobre o planalto. As monções de sudoeste na Ásia Meridional são sobrepostas por fortes ventos de leste (ver Figura 11.19), com um jato acentuado a 150 mb (por volta de 15 km), que se estende para oeste ao longo da Arábia Saudita e da África (Figura 11.25). Não foram observados jatos de leste sobre o Atlântico Tropical ou o Pacífico. O jato está relacionado com um súbito gradiente lateral na temperatura, com o ar se tornando progressivamente mais frio em direção ao sul nos níveis superiores.

Uma característica importante do jato tropical de leste é a localização do principal cinturão de chuvas de verão no lado direito (i.e., norte) do eixo, a montante da máxima de vento, e a jusante do lado esquerdo, exceto em áreas onde predomina o efeito orográfico (ver Figura 11.25). A máxima média do jato se localiza a aproximadamente 15°N 50-80°E.

A corrente monçônica não propicia um padrão meteorológico simples sobre a Índia, apesar do fato de que grande parte do país recebe 80% ou mais de sua precipitação anual durante a estação das monções (Figura 11.26). No noroeste, uma fina cunha de ar monçônico é coberta por ar continental descendente. A inversão apresenta convecção e, consequentemente, pouca ou nenhuma chuva cai nos meses de verão no noroeste árido do subcontinente (p. ex., Bikaner e Kalat: Figura 11.20). Isso é semelhante à zona do Sahel na África Ocidental, discutida a seguir.

Na região do Delta e ao longo do vale do Ganges da Baía de Bengala, os principais mecanismos climáticos no verão são as "depressões

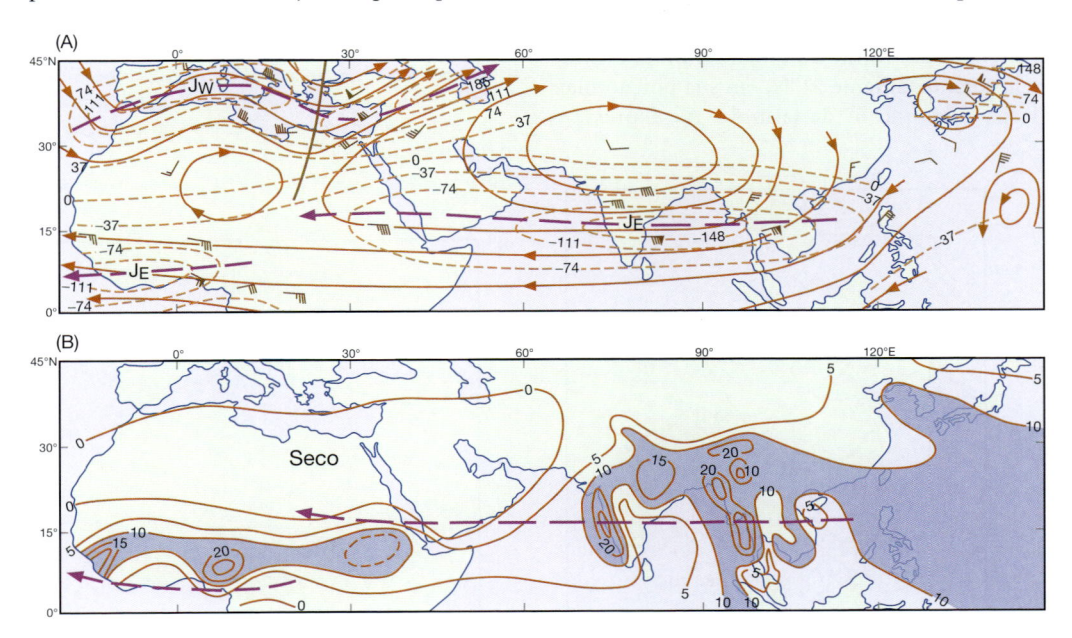

Figura 11.25 A corrente de jato tropical de leste. (A): localização das correntes de jato de leste a 200 mb em 25 de julho de 1955. As linhas de correntes são mostradas com linhas contínuas, e as isótacas (velocidade do vento), com linhas tracejadas. As velocidades do vento são apresentadas em km h^{-1} (componentes de oeste positivas, de leste negativas). (B): pluviosidade média em julho (áreas em azul recebem mais de 25 cm) em relação à localização das correntes de jato de leste.

Fonte: Koteswaram (1958). Com permissão de Tellus.

monçônicas" (Figura 11.27), que geralmente se movem para oeste ou noroeste pela Índia, movidas pelos ventos de leste superiores (Figura 11.28), em julho e agosto. Em média, elas ocorrem por volta de duas vezes por mês, aparentemente quando um cavado superior se sobrepõe a uma perturbação superficial na Baía de Bengala. As depressões monçônicas têm núcleos frios, em geral não têm frentes e apresentam um diâmetro de 1000-1250 km, com uma circulação ciclônica de cerca de 8 km, e um ciclo de vida típico de dois a cinco dias. Elas geram chuvas diárias de 120-200 mm, que ocorrem principalmente como chuvas convectivas no quadrante sudoeste da depressão. As principais áreas de chuvas ficam ao sul do Cavado Equatorial ou Monçônico (Figura 11.29), no quadrante sudoeste das depressões monçônicas, parecendo uma depressão de latitude média invertida. A Figura 11.30 mostra a extensão e magnitude de uma depressão monçônica severa. Essas tempestades ocorrem principalmente em duas zonas: (1) no vale do Ganges, a leste de 76°E; (2) em um cinturão ao longo da Índia central, a aproximadamente 21°N, em sua porção mais larga cobrindo 6° de latitude. As depressões monçônicas também tendem a ocorrer nas costas e montanhas a barlavento da Índia, Mianmar e Malásia. Sem essas perturbações, a distribuição das chuvas monçônicas seria controlada em um grau muito maior pela orografia.

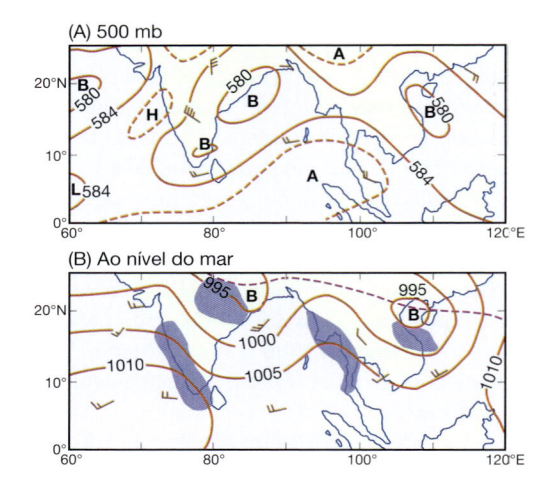

Figura 11.27 Depressões monçônicas às 12:00 GMT, 4 de julho de 1957. (A): mostra a altitude (em dezenas de metros) da superfície de 500 mb; (B): isóbaras ao nível do mar. A linha tracejada representa o Cavado Equatorial, e as áreas de precipitação são destacadas em azul.

Fonte: Modificado do IGY charts of the Deutscher Wetterdienst.

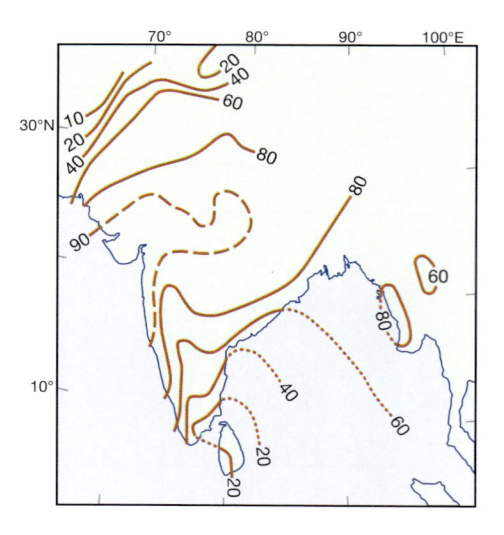

Figura 11.26 Contribuição percentual das chuvas monçônicas (junho a setembro) para o total anual.

Fonte: Rao e Ramamoorthy, in Indian Meteorological Department (1960); e Ananthakrishnan e Rajagopalachari, in Hutchings (1964).

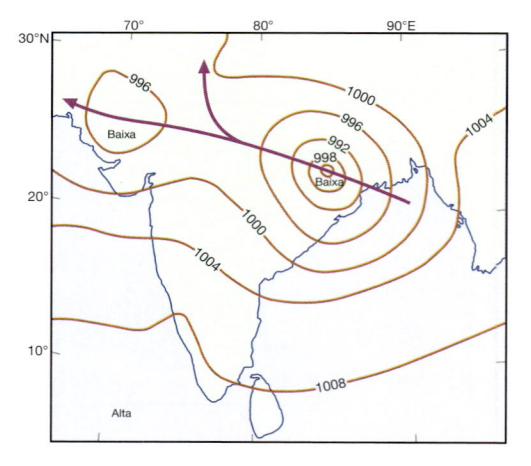

Figura 11.28 A rota normal de depressões monçônicas, com uma distribuição de pressão típica de depressões (mb).

Fonte: Das (1987). Copyright © 1987. Reproduced by permission of John Wiley & Sons, Inc.

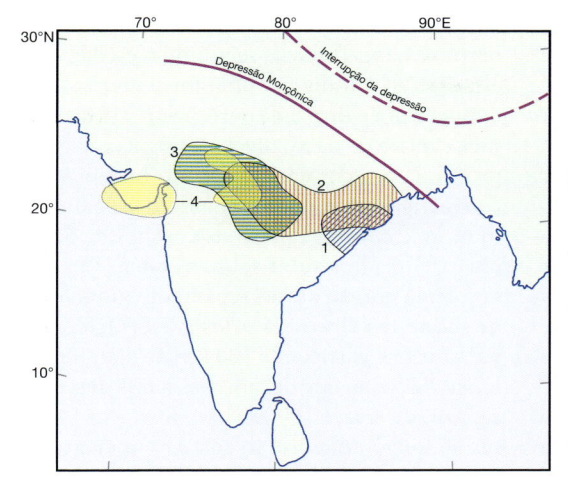

Figura 11.29 Localização da Depressão Monçônica em sua posição normal durante uma fase ativa de monções de verão (linha contínua) e durante intervalos nas monções (linha tracejada).* Áreas 1-4 indicam quatro áreas sucessivas de chuva forte diária (> 50 mm/dia) durante o período de 7-10 de julho de 1973 à medida que uma depressão monçônica avançava para oeste ao longo do vale do Ganges. As áreas de chuva mais fraca foram muito mais amplas.

Fonte: *Das (1987). Copyright © 1987. Reproduced by permission of John Wiley & Sons, Inc.

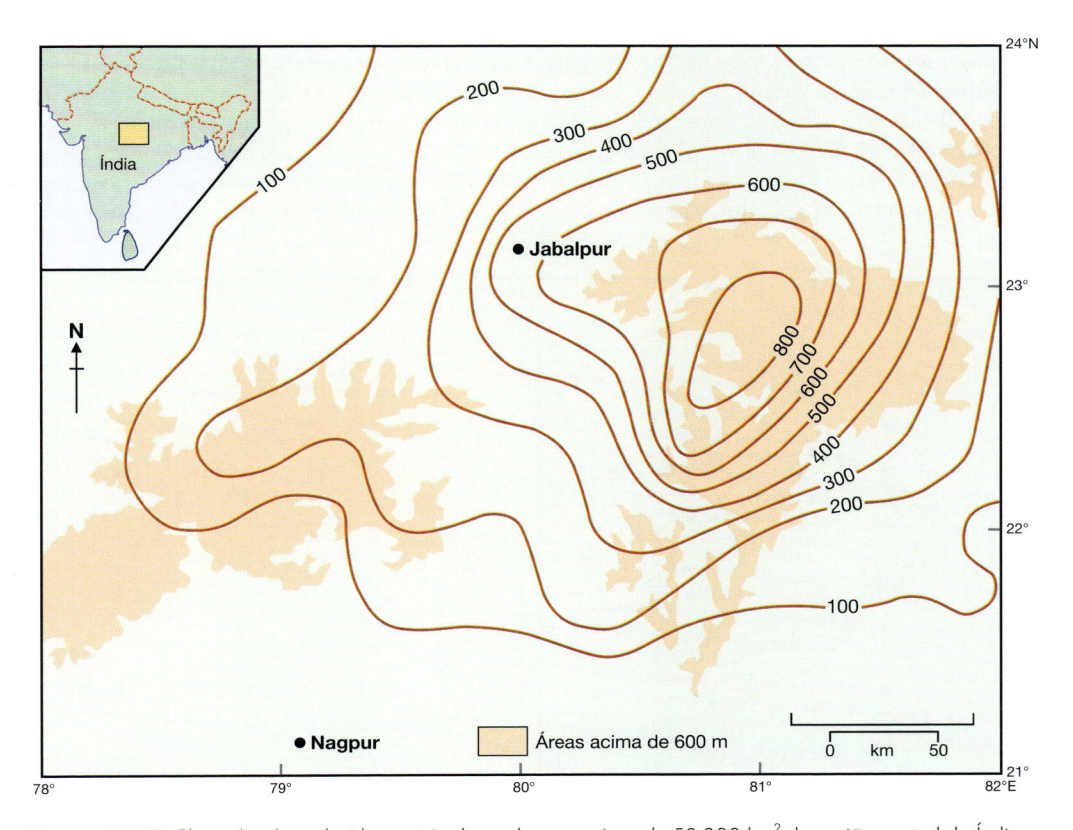

Figura 11.30 Chuva (mm) produzida em três dias sobre uma área de 50.000 km² da região central da Índia, a nordeste de Nagpur, por uma depressão monçônica severa que avançava para o oeste, durante setembro de 1926.

Fonte: Dhar e Nandargi (1993). Copyright © John Wiley & Sons Ltd. Reproduzido com permissão.

Uma parte crucial do escoamento monçônico no sentido sudoeste ocorre na forma de uma corrente de jato de 15-45 m s^{-1}, ao nível de apenas 1000-1500 m. Esse jato, mais forte durante os períodos ativos das monções indianas, flui no sentido noroeste a partir de Madagascar (Figura 11.31) e cruza o equador do sul para o norte sobre a África Oriental, onde seu núcleo costuma ser marcado por uma faixa de nuvens e onde pode trazer chuvas locais excessivas. O jato é deslocado para norte e se intensifica de fevereiro a julho; em maio, ele se comprime novamente contra o planalto da Etiópia, acelera ainda mais e é desviado para leste ao longo do Mar da Arábia, em direção à costa oeste da península indiana. Esse jato de baixo nível, peculiar ao cinturão dos ventos Alísios, flui em direção ao mar a partir do Chifre da África, trazendo águas frias para a superfície e contribuindo para uma inversão térmica que também é produzida pelo ar seco nos níveis mais elevados, oriundo da Arábia e África Oriental, e por subsidência devido à convergência dos ventos de leste no nível superior. O escoamento do sudoeste sobre o Oceano Índico é relativamente seco perto do equador e perto da costa, com exceção de uma camada úmida baixa perto da base. Todavia, seguindo o escoamento em direção à Índia, há uma forte interação de temperatura e umidade entre a superfície oceânica e o jato de baixo nível. Assim, a convecção profunda se acumula, liberando instabilidade convectiva, em especial quando o escoamento diminui e converge perto da costa oeste da Índia e é forçado a subir sobre os Ghats Ocidentais. Uma porção desse escoamento monçônico de sudoeste é desviada pelos Ghats Ocidentais para formar vórtices de 100 km de diâmetro ao longo da costa, que duram dois a três dias e são capazes de trazer 100 mm de chuva em 24 horas ao longo do cinturão costeiro ocidental da península. Em Mangalore (13°N), há uma média de 25 dias de chuva por mês em junho, 28 em julho e 25 em agosto. As médias mensais de pluviosidade são 980, 1060 e 580 mm, respectivamente, representando 75% do total anual. A sotavento dos Ghats, as quantidades são bastante reduzidas e existem áreas semiáridas que recebem menos de 640 mm por ano.

No sul da Índia, excluindo o sudeste, existe uma tendência acentuada de menos chuva quando o Cavado Equatorial está mais ao norte.

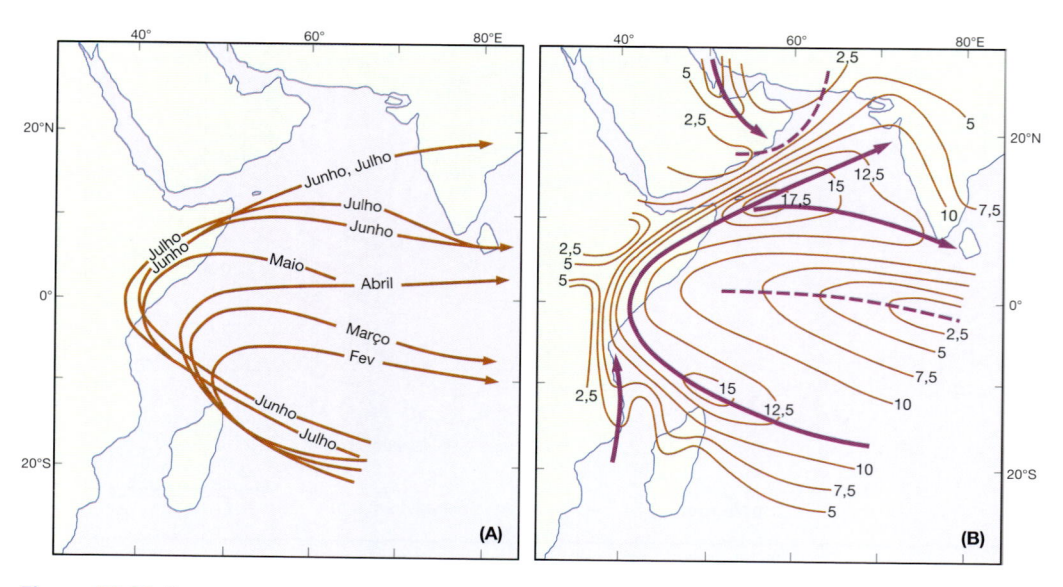

Figura 11.31 Posições mensais médias (A) e velocidade média em julho (m s^{-1}) (B) da corrente de jato de baixo nível (1 km) da Somália sobre o Oceano Índico.

Fonte: Findlater (1971). Com permissão do Controller of Her Majesty's Stationery Office.

A Figura 11.20 mostra uma máxima em Minicoy em junho, com um pico secundário em outubro, à medida que o Cavado Equatorial e os distúrbios associados a ele se afastam para o sul. Esse duplo pico ocorre em grande parte do interior da Índia peninsular ao sul de aproximadamente 20°N, e no oeste do Sri Lanka, embora o outono seja o período mais úmido.

De maio a setembro, existe um pulso variável alternando entre períodos ativos e intervalos no escoamento das monções de verão (ver Figura, 11.16), que, particularmente em momentos de expressão máxima (p. ex., 1971), gera chuvas periódicas (Figura 11.32). Durante períodos ativos, a Depressão Monçônica convectiva se localiza em uma posição ao norte, trazendo chuvas fortes para as regiões norte e central da Índia e a costa oeste (ver Figura 11.16). Consequentemente, existe um forte fluxo no sentido externo nos níveis superiores para o sul, que intensifica o jato de leste a norte do equador e o jato de oeste ao sul, sobre o Oceano Índico. O outro escoamento superior no sentido externo e para o norte alimenta o jato mais fraco de oeste que ocorre ali. A atividade convectiva avança para leste, do Oceano Índico para o Pacífico oriental mais frio, com uma periodicidade irregular (em média, 40-50 dias para ondas fortes; Nota 1), encontrando sua expressão máxima no nível de 850 mb e claramente conectada com a circulação de Walker. Após a passagem de uma onda convectiva ativa, existe um intervalo mais estável nas monções de verão quando a ZCIT muda para o sul. O jato de leste agora diminui, e o ar descendente é forçado a subir pelo Himalaia, ao longo de um cavado localizado acima dos contrafortes das montanhas (ver Figura 11.16), que substitui a Depressão Monsônica durante períodos de intervalo. Essa circulação traz chuva para os contrafortes do Himalaia e o vale do Brahmaputra, em um momento de pluviosidade baixa em outras partes. O desvio da ZCIT para o sul do subcontinente é associado a um movimento

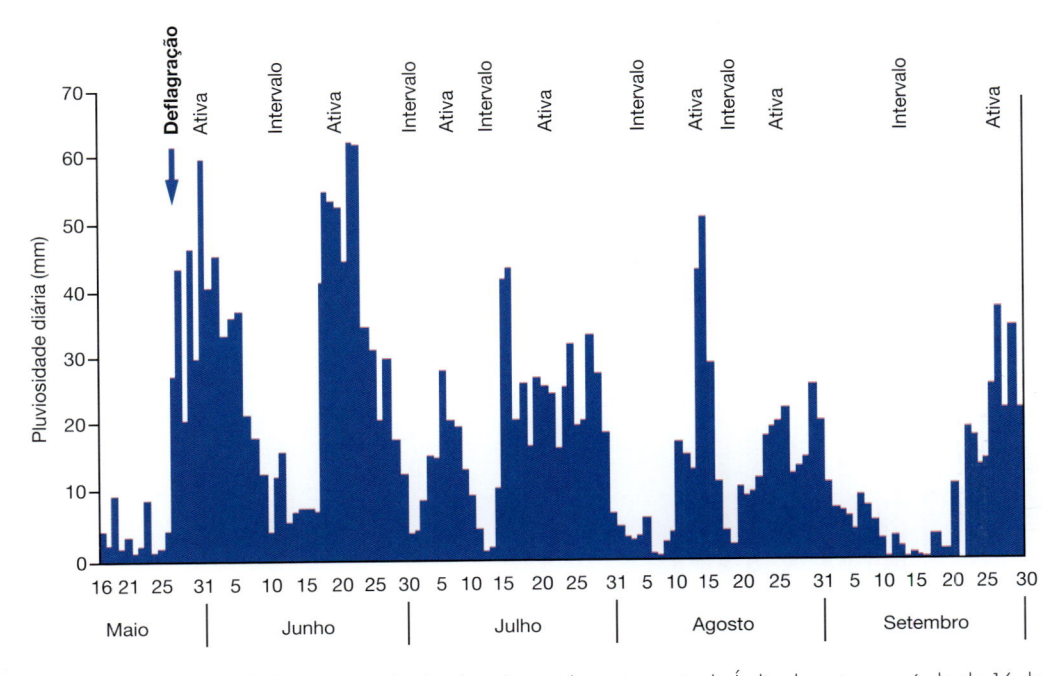

Figura 11.32 Pluviosidade diária média (mm) ao longo da costa oeste da Índia durante o período de 16 de maio a 30 de setembro de 1971, mostrando uma deflagração acentuada das monções, seguida por períodos ativos e intervalos periódicos na precipitação. Nem todos os anos apresentam essas características de forma clara.

Fonte: Webster (1987b). Copyright © 1987. Reproduzido com a permissão de John Wiley & Sons, Inc.

semelhante e à intensificação do jato de oeste para o norte, enfraquecendo o anticiclone tibetano ou deslocando-o para nordeste. A falta de chuva sobre grande parte do subcontinente durante esses períodos de intervalo pode se dever, em parte, à extensão para leste, ao longo da Índia, da célula subtropical de alta pressão centrada sobre a Arábia nesse momento.

É importante compreender que as chuvas monsônicas variam muito de ano para ano, enfatizando o papel desempenhado pelas perturbações na geração de chuvas dentro do normalmente úmido escoamento de sudoeste. As secas ocorrem com uma certa regularidade no subcontinente indiano: entre 1890 e 1975, houve nove anos de secas extremas (Figura 11.33) e pelo menos outros cinco anos de secas significativas. Essas secas foram causadas por uma combinação de uma deflagração tardia das monções de verão e um aumento no número e na duração dos períodos de intervalo. Os intervalos são mais comuns de agosto a setembro, durando cinco dias em média, mas podem ocorrer a qualquer momento durante o verão, com duração de até três semanas.

A forte fonte de calor superficial sobre o Planalto Tibetano, que é mais eficaz durante o dia, gera uma frequência de 50-85% em nuvens cumulonimbus profundas sobre as regiões central e oriental do Tibete em julho. Pancadas de chuva ou granizo ao final da tarde costumam ser acompanhadas por trovões, mas a metade ou mais da precipitação cai à noite, somando 70-80% do total na região centro-sul e sudeste do Tibete. Isso pode estar relacionado com sistemas de ventos de grande escala induzidos pelo planalto. Todavia, a parte central e oriental do planalto também apresenta a frequência máxima de linhas de cisalhamento e baixas fracas associadas a 500 mb de maio a setembro. Esses sistemas do planalto são mais rasos (2-2,5 km) e têm apenas 400-1000 km de diâmetro, mas são associados a agrupamentos de nuvens em imagens de satélite no verão.

5 Outono

No outono, há o desvio para o sul do Cavado Equatorial e da zona de máxima convecção, que se encontra logo ao norte do jato de leste enfraquecido (ver Figura 11.16). O decaimento dos sistemas de circulação de verão é associado ao fim das chuvas monçônicas, que é definido com menos clareza do que o seu começo (Figura 11.34). Em outubro, os Alísios de leste do Pacífico afetam a Baía de Bengala no nível de 500mb e geram perturbações em sua confluência com os ventos equatoriais de oeste. Essa é a principal razão para os ciclones na Baía de Bengala, e são essas perturbações, em vez das monções de nordeste que incidem sobre a costa, que

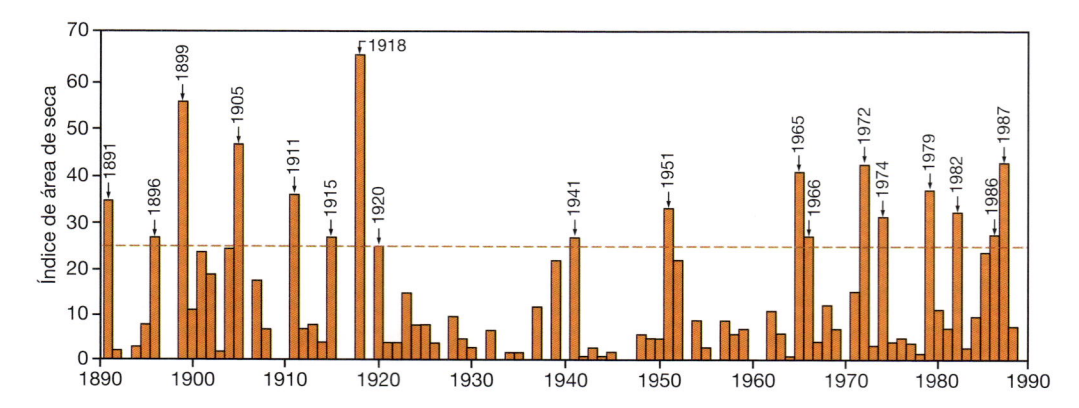

Figura 11.33 Índice de área de seca anual para o subcontinente indiano para o período 1891-1988, com base na porcentagem da área total que sofreu seca moderada, extrema ou severa. São datados os anos de seca extrema. A linha tracejada indica o limite inferior de secas importantes.

Fonte: Bhalme e Mooley (1980). Cortesia de H. M. Bhalme. Com permissão de American Meteorological Society.

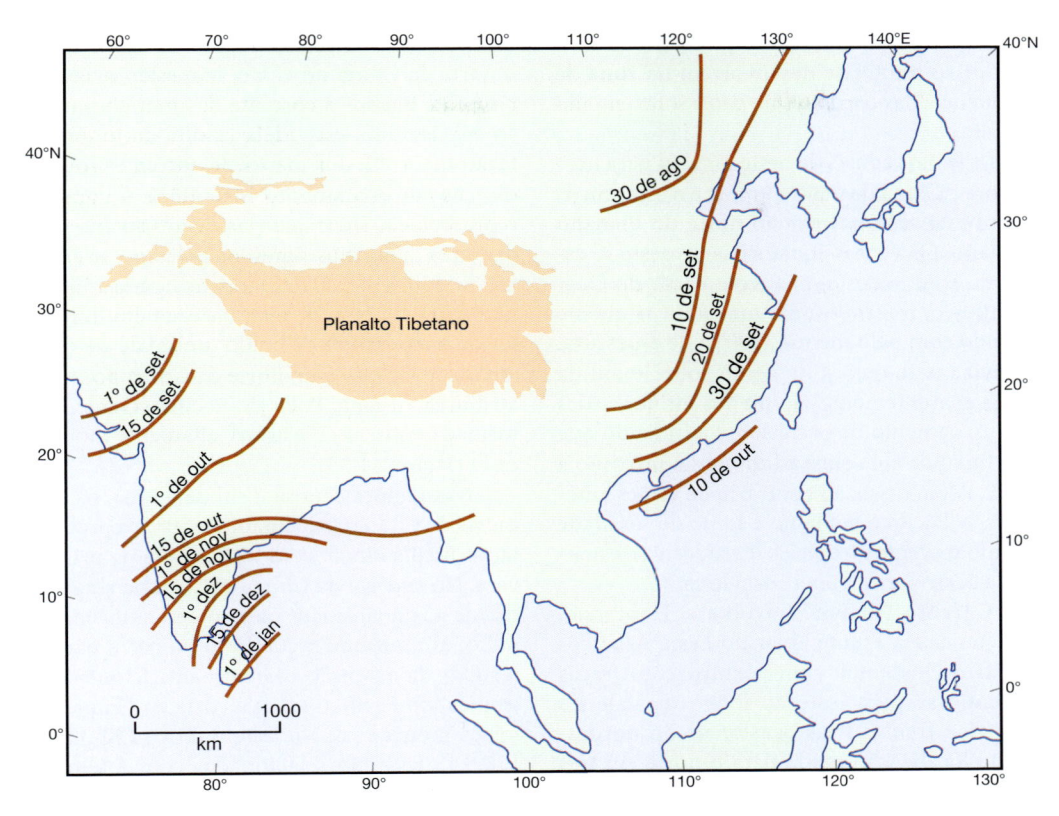

Figura 11.34 Data média de início das monções de inverno (ou seja, o recuo das monções de verão) sobre o sul e leste da Ásia.

Fonte: Tao Shi-yan e Chen Longxun. Reproduzido com a permissão de Professor Tao Shi-yan e da Chinese Geographical Society.

causam a máxima de pluviosidade de outubro/novembro no sudeste da Índia (p. ex., Madras: Figura 11.20).

Durante o mês de outubro, o jato de oeste se restabelece ao sul do Planalto Tibetano, muitas vezes em apenas alguns dias, e as condições de meia-estação são restauradas sobre a maior parte do sul e leste da Ásia.

D MONÇÕES DE VERÃO NO LESTE ASIÁTICO E NA AUSTRÁLIA

A China não tem um equivalente à estação pré-monçônica quente da Índia. As monções de inverno, de nordeste e em níveis baixos (reforçadas pelo ar que desce dos ventos de oeste em níveis mais elevados) persistem no norte da China e, mesmo no sul, somente começam a ser substituídas pelo ar tropical marítimo de abril a maio. Assim, em Guangzhou (Cantão), as temperaturas médias aumentam de apenas 17°C em março para 27°C em maio, aproximadamente 6°C mais baixas do que os valores médios sobre o norte da Índia.

As chuvas na China ocidental começam antes no noroeste, em meados de maio, e estendem-se para o sul e o leste até a metade de junho. Também durante essa estação, baixas frias que se formam nos níveis superiores a leste do Lago Baikal afetam o nordeste da China, contribuindo com 20-60% da pluviosidade da estação quente e mais da metade das tempestades de granizo. As depressões de oeste são mais frequentes sobre a China na primavera (ver Figura 11.22). Elas se formam facilmente sobre a Ásia Central durante essa estação, quando o anticiclone continental começa a enfraquecer; além disso muitas se desenvolvem na zona de confluência das correntes de jato a sotavento do planalto.

Os ventos zonais de oeste recuam para norte sobre a China de maio a junho, e o escoamento de oeste se concentra ao norte do Planalto Tibetano. Os ventos equatoriais de oeste se espalham pelo Sudeste Asiático a partir do Oceano Índico, trazendo uma massa de ar quente e úmido com pelo menos 3000 m de espessura. Todavia, as monções de verão sobre o sul da China aparentemente são menos influenciadas pelo escoamento de oeste sobre a Índia do que pelo fluxo de sul sobre a Indonésia, próximo a 100°E. Além disso, ao contrário de visões anteriores, o Pacífico somente é fonte de umidade quando os ventos tropicais de sudeste se estendem a oeste para afetar a costa leste.

A frente "maiyu" envolve a Depressão Monçônica e a Frente Polar do Leste Asiático-Pacífico Ocidental, com perturbações fracas movendo-se para leste ao longo do vale do Yangtze e frentes frias ocasionais do noroeste. Sua localização muda para o norte em três estágios, do sul do rio Yangtze no começo de maio para norte dele no final do mês, e para o norte da China em meados de julho (ver Figura 11.24), onde permanece até o final de setembro.

O fluxo de ar superficial sobre a China no verão é de sudoeste (Tabela 11.2), e os ventos superiores são fracos, com apenas uma corrente difusa de leste sobre o sul da China. Segundo as visões tradicionais, a corrente das monções alcança o norte da China em julho.

O regime anual de chuvas apresenta uma máxima distinta de verão, com, por exemplo, 64% do total anual ocorrendo em Tianun (Tientsin) (39°N) em julho e agosto. No entanto, grande parte da chuva cai durante tempestades associadas a baixas rasas, e a existência da ZCIT nessa região é questionável (ver Figura 11.1). Os ventos de sul, que predominam sobre o norte da China no verão, não estão necessariamente ligados à corrente das monções mais ao sul. De fato, essa ideia resulta da interpretação incorreta dos mapas de correntes (ou da direção do escoamento instantâneo) como a representação de trajetórias de ar (ou dos verdadeiros caminhos seguidos pelas parcelas de ar). A representação das monções sobre a China na Figura 11.24 é, de fato, baseada em um valor de temperatura de bulbo úmido de 24°C. A atividade ciclônica no norte da China pode ser atribuída à Frente Polar do Pacífico Ocidental, formada entre ar cP e ar mT altamente modificado (Figura 11.35).

Nas regiões central e sul da China, os três meses de verão representam 40-50% da precipitação média anual, com outros 30% na primavera. No sudeste da China, existe uma singularidade na pluviosidade na primeira quinzena de julho; um mínimo secundário no perfil parece resultar da extensão oeste do anticiclone subtropical do Pacífico sobre a costa da China. As fortes monções no sudeste asiático (20-30°N, 110-145°E) estão relacionadas com a temperatura da superfície do mar mais elevada no Pacífico Norte ocidental, que enfraquece o anticiclone subtropical e permite mais circulações ciclônicas.

Um padrão semelhante de máxima de pluviosidade ocorre sobre a península coreana e sobre as regiões sul e central do Japão (Figura 11.36), compreendendo duas das seis estações naturais reconhecidas nessa área. As maiores chuvas ocorrem durante a estação Bai-u das monções de sudeste, resultando de ondas, zonas de convergência e circulações fechadas que se movem principalmente no escoamento tropical ao redor do anticiclone subtropical do Pacífico, mas se originam em parte em uma corrente de sudoeste que é a extensão da circulação monçônica do sudeste asiático (Figura 11.23). A circu-

Tabela 11.2 Circulação superficial sobre a China

	Janeiro	**Julho**
Norte da China	60% dos ventos de W, NW e N	57% dos ventos de SE, S e SW
Sudeste da China	88% dos ventos de N, NE e E	56% dos ventos de SE, S e SW

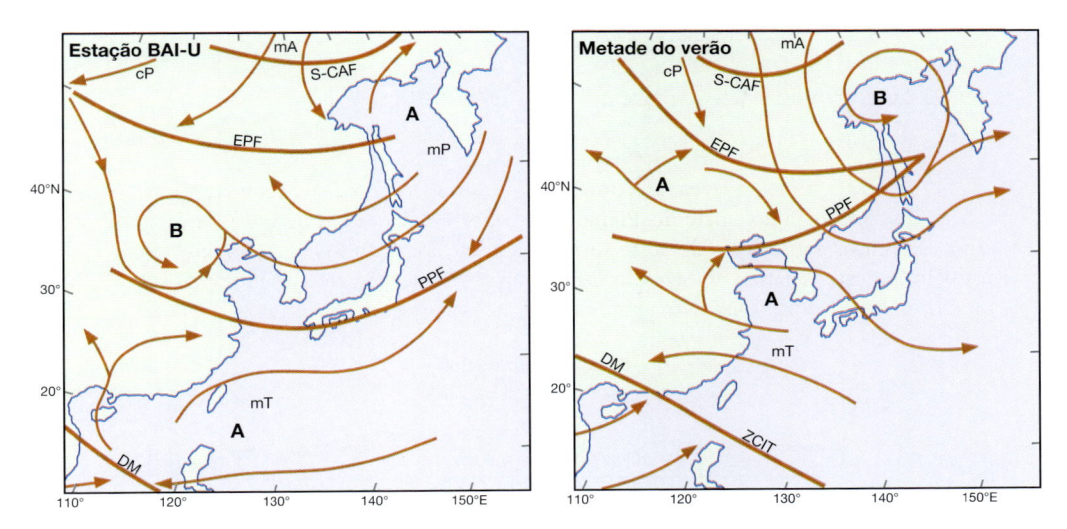

Figura 11.35 Padrão esquemático da circulação superficial e situações frontais (Frente Ártica da Sibéria e Canadá S-CAF, Frente Polar Eurasiana EPF, Frente Polar do Pacífico PPF e Depressão Monçônica/Zona de Convergência Intertropical DM/ZCIT) sobre o leste asiático durante a estação Bai-u (isto é, julho-agosto).

Fonte: Matsumoto (1985). Universidade de Tóquio.

lação de sudeste é deslocada do Japão para oeste por uma expansão zonal do anticiclone subtropical durante o final de julho e agosto, trazendo um período de tempo mais estável e ensolarado. A máxima secundária de precipitação da estação Shurin durante setembro e o começo de outubro coincide com uma contração do anticiclone subtropical do Pacífico a leste, permitindo que sistemas de baixa pressão e tufões do Pacífico virem para norte, rumo ao Japão. Embora grande parte da chuva durante a Shurin seja oriunda de tufões (ver Figura 11.36), uma parte está associada indubitavelmente aos flancos meridionais de depressões que avançam para norte ao longo da Frente Polar do Pacífico, que migra para o sul (ver Figuras 11.22 e 11.35), pois existe uma tendência acentuada de as chuvas de outono começarem primeiro no norte do Japão e se espalharem para o sul. A maneira como a localização da margem ocidental da célula de alta pressão subtropical do Pacífico Norte afeta os climas da China e do Japão é bem ilustrada pelas mudanças nas trajetórias sazonais das rotas de tufões sobre o leste asiático (Figura 11.37). As migrações do eixo zonal da célula para norte e sul em 15° de latitude, as extensões da célula de alta pressão a noroeste sobre o leste da China e o Mar do Japão em agosto, e sua contração a sudeste em outubro são especialmente acentuadas.

A região norte da Austrália tem um regime de monções durante o verão austral. Ventos de oeste em níveis baixos formam-se no final de dezembro, associados a uma baixa térmica sobre o norte da Austrália. Análogos à estrutura vertical dos ventos sobre a Ásia em julho, existem ventos de leste na troposfera superior. Diversos critérios para ventos e chuva foram usados para definir o começo das monções. Com base na ocorrência de ventos de oeste de superfície (ponderada) a 500 mb, sobrepostos por ventos de leste a 300-100 mb em Darwin (12,5°S, 131°E), a principal data de início é 28 de dezembro, e a data de recuo é 13 de março. Apesar de sua duração média de 75 dias, as condições monsônicas duraram apenas 10 dias em janeiro de 1961 e 1986, mas 123-125 dias em 1985 e 1974. Fases ativas com ventos profundos de oeste e chuva ocorrem em pouco mais da metade dos dias em uma estação, embora haja pouca sobreposição entre elas. Todavia, as chuvas de verão também podem ocorrer durante períodos de ventos profundos de leste associados a linhas de instabilidade tropicais e ciclones tropicais. As condições monçônicas ativas

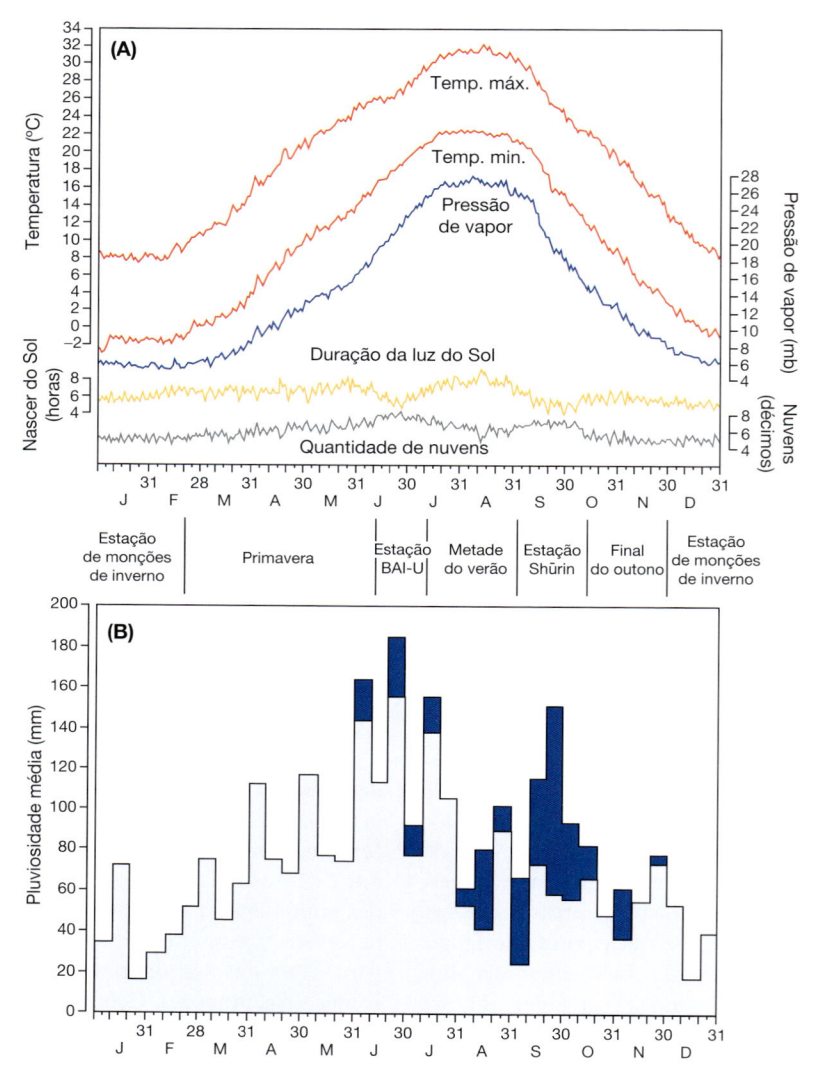

Figura 11.36 (A): variação sazonal de normais diárias em Nagoya, sul do Japão, sugerindo seis estações naturais.*
(B): quantidades médias de precipitação para 10 dias para uma estação no sul do Japão, indicando em azul escuro
a proporção de chuva produzida por circulações de tufão. Essa última atinge a máxima durante a estação Shurin.†
Fonte: *Maejima (1967). †Saito (1959), in Trewartha (1981). Com permissão de University of Wisconsin Press.

em geral persistem de 4 a 14 dias, com intervalos durando de 20 a 40 dias.

E ÁFRICA CENTRAL E MERIDIONAL

1 A monção africana

O regime climático anual sobre a África Ocidental apresenta muitas semelhanças com o da Ásia Meridional, sendo o escoamento superficial determinado pela posição da borda frontal de uma Depressão Monçônica (ver Figura 11.2). Esse escoamento é de sudoeste ao sul da depressão e de leste-nordeste ao norte (Figura 11.38). A principal distinção entre as circulações das duas regiões se deve principalmente às diferenças na geografia da distribuição con-

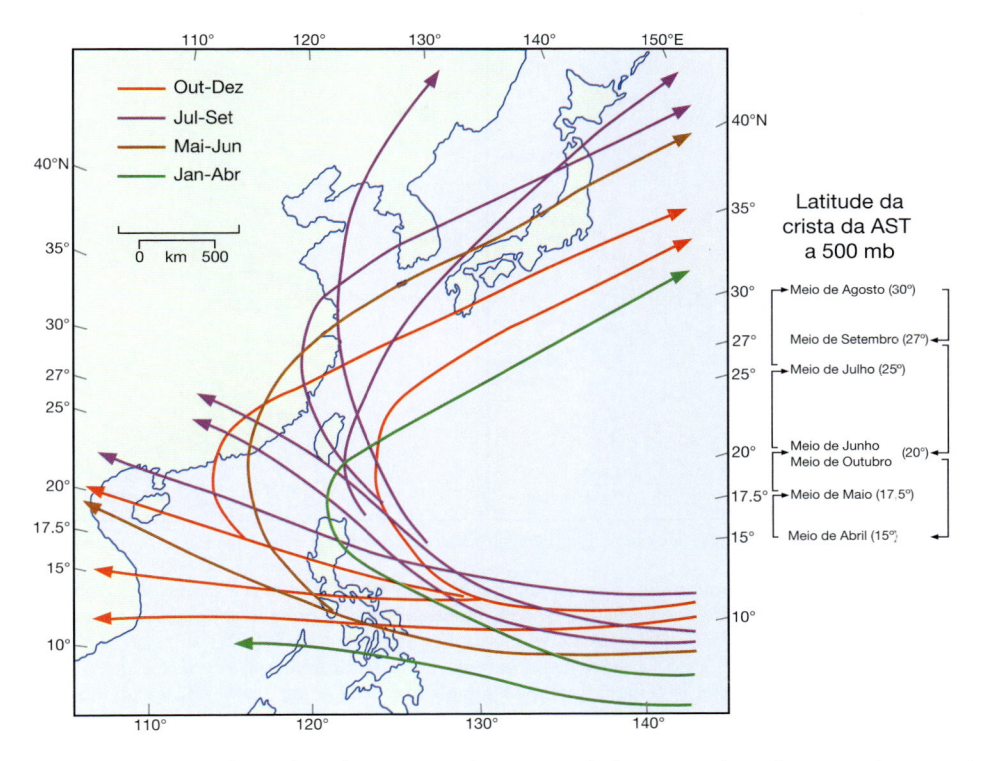

Figura 11.37 Rotas de tufões sobre o leste asiático de janeiro a abril, maio a junho, julho a setembro e outubro a dezembro, relacionadas com a latitude média do eixo da crista central da célula de alta pressão subtropical (AST) a 500 mb sobre o Pacífico ocidental.

Fonte: Adaptada de várias fontes, incluindo Lin (1982) and Tao (1984). Reproduzido com permissão de Chinese Geographical Society.

tinente-oceano e à ausência de uma grande cadeia montanhosa ao norte da África Ocidental. Isso permite que a Depressão Monsônica migre regularmente com as estações. De modo geral, a Depressão Monçônica oeste-africana oscila entre posições anuais extremas de aproximadamente 2°N e 25°N (Figura 11.39). Em 1956, por exemplo, essas posições extremas eram 5°N em 1° de janeiro e 23°N em agosto. A borda frontal da Depressão Monçônica tem uma estrutura complexa (ver Figura 11.40B), e sua posição pode oscilar muito de um dia para outro, cruzando vários graus de latitude. O modelo clássico de avanço estável das monções para norte foi questionado recentemente. O começo da estação chuvosa em fevereiro na costa se propaga para o norte, até 13°N, em maio, mas, em meados de junho, há um começo síncrono súbito de chuvas entre 9°N e 13°N. O mecanismo ainda não foi estabelecido de maneira definitiva, mas envolve uma mudança no Jato de Leste Africano de baixo nível (JLA) (ver Figura 11.40B).

No inverno, o escoamento monçônico de sudoeste sobre as costas da África Ocidental é bastante baixo (isto é, 1000 m), com 3000 m de ventos de leste sobrejacentes, que também são sobrepostos por ventos fortes (>20 m s^{-1} 72 km h^{-1}) (ver Figura 11.41). A norte da Depressão Monçônica, os ventos superficiais de norte (ou seja, o escoamento Harmattan, com 2000 m de espessura) sopram no sentido horário a partir do centro subtropical de alta pressão. Eles são compensados acima de 5000 m por um escoamento de oeste no sentido anti-horário que, a aproximadamente 12.000 m e 20-30°N, se concentra em uma corrente de jato subtropical de

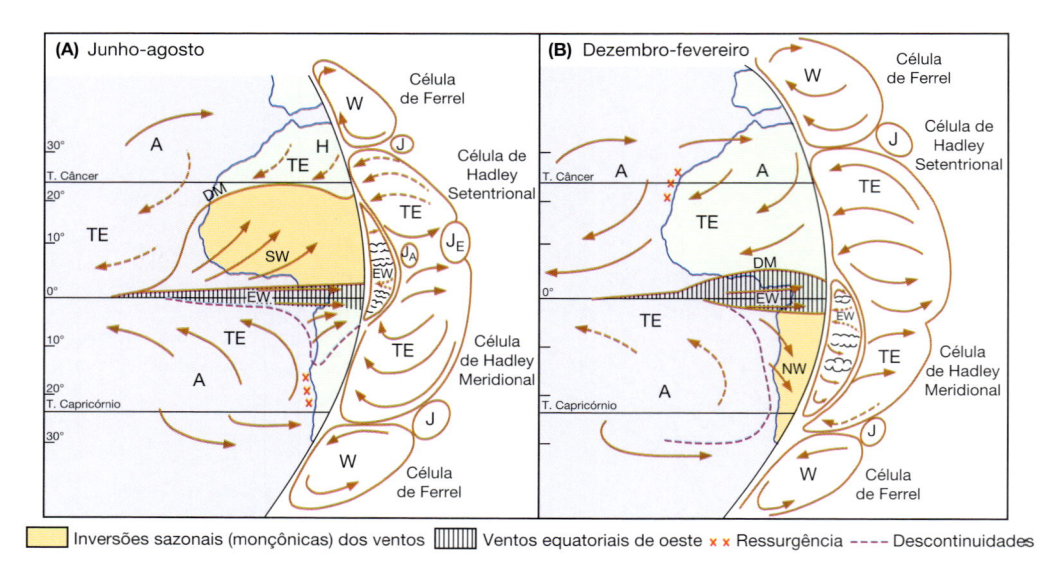

Figura 11.38 Circulação geral na África de (A) junho a agosto e (B) dezembro a fevereiro. A. células subtropicais de alta pressão; EW ventos equatoriais de oeste (úmidos, instáveis, mas contendo a crista de alta pressão do Congo); NW: ventos de noroeste (extensão de verão dos EW no Hemisfério Sul); TE: ventos tropicais de leste (Alísios); SW: escoamento monçônico de sudoeste no Hemisfério Norte; W: ventos extratropicais de oeste; J: corrente de jato subtropical de oeste; JA e JE: correntes de jato africanas (de leste); e DM: Depressão Monçônica.
Fonte: From Rossignol-Strick (1985). Com permissão de Elsevier Science Publishers B.V., Amsterdam.

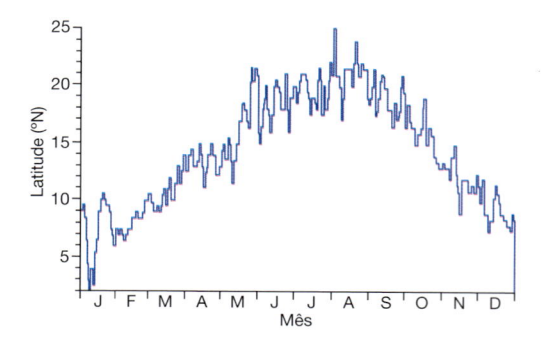

Figura 11.39 Posição diária da Depressão Monçônica na longitude 3°E durante 1957. Esse ano teve uma variação excepcionalmente ampla sobre a África Ocidental, com a depressão alcançando 2°N em janeiro e 25°N em 1º de agosto. Alguns dias após 1º de agosto, a grande oscilação da depressão deslocou-se para o sul, até a latitude de 8°.
Fonte: Clackson (1957), in Hayward e Oguntoyinho (1987). Com permissão de Hutchinson.

Com a aproximação do verão setentrional, a intensificação da célula subtropical de alta pressão do Atlântico Sul, combinada com o aumento nas temperaturas continentais, estabelece um forte escoamento de sudoeste na superfície, que se espalha para norte atrás da Depressão Monçônica, com em torno de seis semanas de defasagem em relação ao avanço do Sol no zênite. A migração da depressão para o norte oscila ao longo do dia, com uma progressão de até 200 km para o norte nas tardes, seguida por um recuo menor para o sul pela manhã. A disseminação de ar úmido, instável e relativamente frio de sudoeste do Golfo da Guiné para o norte traz chuva em diferentes quantidades para grandes áreas da África Ocidental. Mais acima, os ventos de leste giram no sentido horário a partir do centro subtropical de alta pressão (ver Figura 11.41) e se concentram entre junho e agosto em duas correntes de jato tropicais de leste (CJTL); a mais forte (>20 m s^{-1} ou 72 km h^{-1}), entre 15-20 km de altitude, e a mais fraca (>10 m s^{-1} ou 36 km h^{-1}), a 4-5 km de altitude (ver Figura 11.40B). O jato mais bai-

oeste, com velocidade média de 45 m s^{-1} (162 km h^{-1}). As temperaturas superficiais médias em janeiro diminuem de cerca de 26°C ao longo da costa sul para 14°C na Argélia meridional.

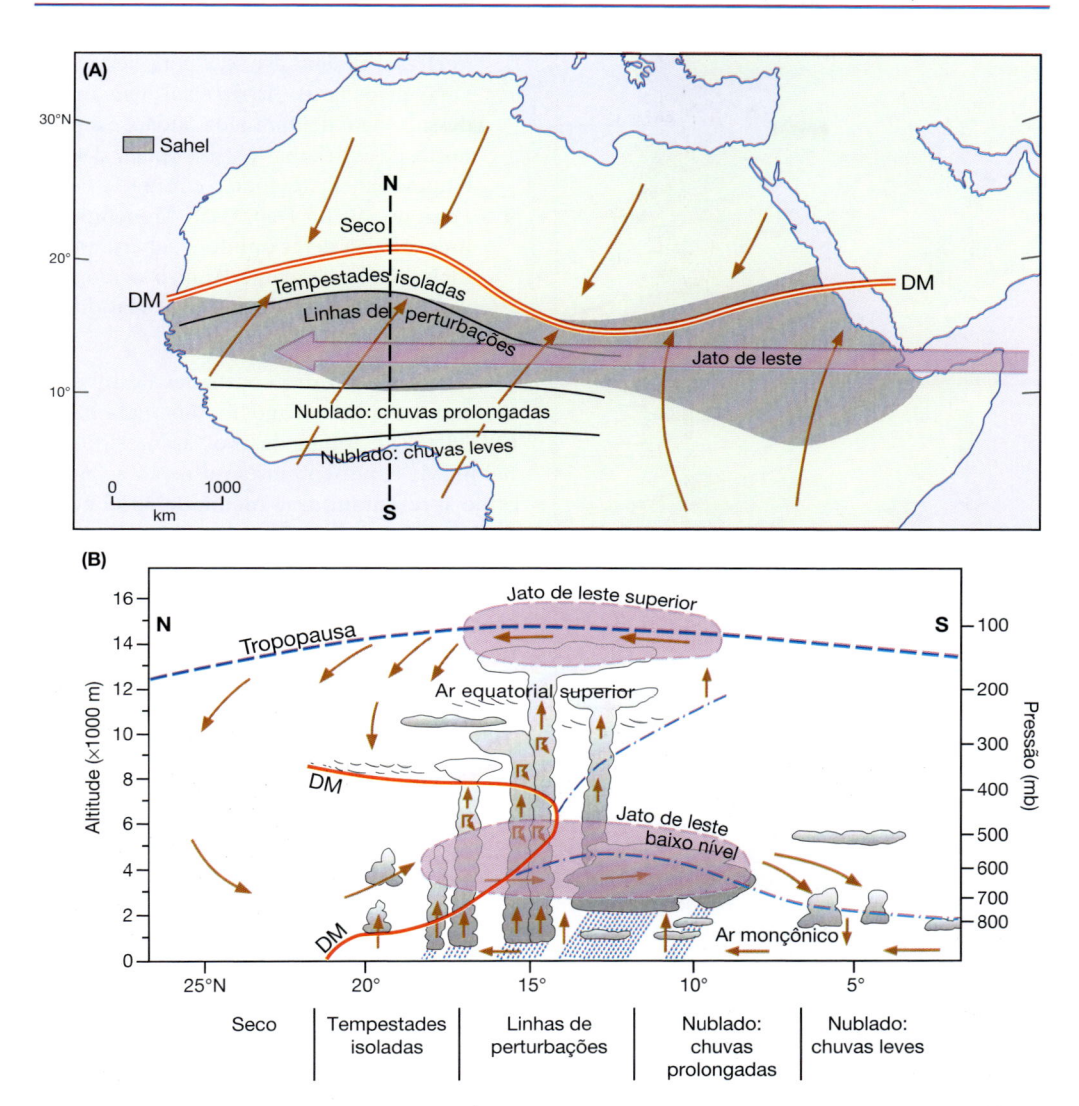

Figura 11.40 Estrutura da circulação sobre a África setentrional em agosto. (A): escoamento superficial e jato tropical de leste. (B): estrutura vertical e zonas resultantes de precipitação sobre a África Ocidental. DM = Depressão Monçônica. Observe que existe atividade de tempestade associada às torres de cumulonimbus.

Fonte: Reprodução de *Geographical magazine*, London. B: From Maley (1982) *Quaternary Research*. Copyright © Academic Press; reprodução permitida. Musk (1983). Com permissão de the *Geographical magazine*.

xo ocupa uma ampla faixa de 13°N a 20°N, em cujo flanco inferior oscilações produzem ondas de leste, que podem se transformar em linhas de instabilidade. Em julho, o escoamento monçônico de sudoeste terá se espalhado para o norte, e sistemas convectivos que avançam para oeste determinam grande parte das chuvas. O cavado frontal atinge sua posição norte máxima, aproximadamente 20°N, em agosto. Nesse momento, quatro grandes cinturões climáticos podem ser identificados sobre a África Ocidental (ver Figura 11.40A):

1 Um cinturão costeiro de nuvens e chuva leve relacionado com a convergência fric-

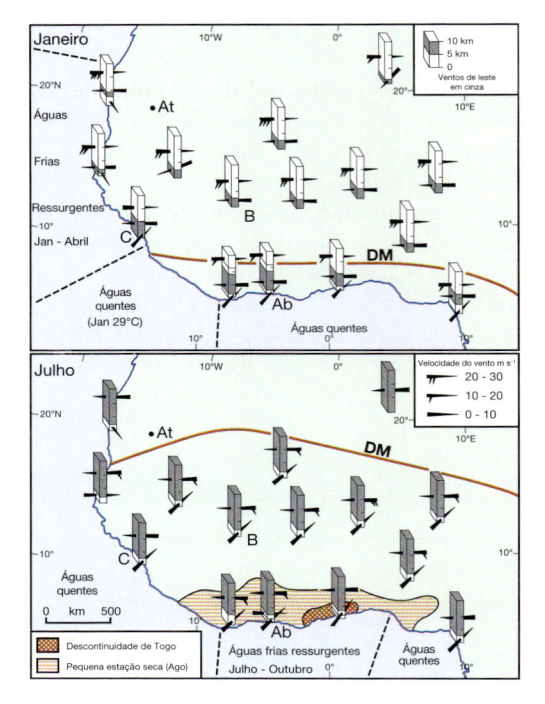

Figura 11.41 Velocidades (m s⁻¹) e direções médias do vento em janeiro e julho sobre a África Ocidental até aproximadamente 15 km. As temperaturas da superfície do mar e as posições da Depressão Monçônica também são ilustradas, assim como a área afetada pela Pequena Estação Seca de agosto e a localização da anômala Descontinuidade de Togo. As posições de Abidjan (Ab), Atar (At), Bamako (B) e Conakry (C) são mostradas (ver gráficos de precipitação na Figura 11.42).

Fonte: De Hayward and Oguntoyinbo (1987). Com permissão de Rowman and Littlefield.

cional dentro do escoamento monçônico, sobreposto por ventos descendentes de leste.

2 Uma zona semiestacionária de perturbações associada a nuvens estratiformes profundas que produzem chuvas leves prolongadas. A convergência em níveis baixos, a sul dos eixos dos jatos de leste, aparentemente associada a distúrbios nas ondas de leste provenientes da África centro-oriental, causa instabilidade no ar monsônico.

3 Uma zona ampla subjacente às correntes de jato de leste, que ajuda a ativar linhas de distúrbios e tempestades. Linhas de células de cumulonimbus profundas no sentido norte-sul podem avançar para oeste, movidas pelos jatos. A parte sul mais úmida dessa zona é denominada Sudão, e a parte norte, de Sahel, mas o uso popular designa o nome Sahel para todo o cinturão.

4 Logo ao sul da Depressão Monçônica, a língua baixa de ar úmido é coberta por ar mais seco descendente. Aqui, ocorrem apenas tempestades isoladas, pancadas difusas e tempestades ocasionais.

Ao contrário das condições de inverno, as temperaturas de agosto são mais baixas (24-25°C) ao longo das costas meridionais nebulosas e aumentam em direção ao norte, onde apresentam uma média de 30°C no sul da Argélia.

Os dois escoamentos de verão, os ventos de sudoeste abaixo e os de leste mais acima, estão sujeitos a perturbações, que contribuem significativamente para a pluviosidade durante essa estação. Três tipos de perturbações prevalecem:

1 Ondas nos ventos de oeste. São oscilações do escoamento úmido no sentido norte, com periodicidade de quatro a seis dias. Elas produzem faixas de chuvas monçônicas de verão com aproximadamente 160 km de largura e 50-80 km de extensão norte-sul, que têm seu efeito mais notável a 1100-1400 km ao sul da Depressão Monçônica superficial, cuja posição oscila com as ondas.

2 Ondas nos ventos de leste. Formam-se na interface entre o escoamento inferior de sudoeste e o escoamento superior de leste. Essas ondas têm de 1500 a 4000 km de comprimento, de norte para sul. Elas avançam no sentido oeste pela África Ocidental entre a metade de junho e outubro, com uma periodicidade de três a cinco dias e, às vezes, desenvolvem circulações ciclônicas fechadas. Sua velocidade é de aproximadamente 5-10° de longitude por dia (isto é, 18-35 km h⁻¹). No ápice das monções de verão, elas produzem mais chuva na latitude aproximada de 14°N, entre 300 e 1100 km ao sul da Depressão Monçônica. Em média, por volta de 50 ondas de leste

cruzam Dakar por ano. Algumas delas seguem na circulação geral pelo Atlântico, e estima-se que 60% dos furacões das Índias Ocidentais se originem na África Ocidental como ondas de leste.

3 Linhas de instabilidade. As ondas de leste variam muito em sua intensidade. Algumas geram poucas nuvens e chuva, ao passo que outras trazem linhas de instabilidade, quando a onda se estende até a superfície, produzindo correntes ascendentes, chuva forte e trovoadas. A formação de linhas de instabilidade é auxiliada quando há convergência topográfica superficial do escoamento de leste (p.ex., as Air Mountains, o Planalto de Fouta-Jallon). Essas linhas de perturbações avançam do leste para o oeste a até 60km h^{-1}, pela África Ocidental, por distâncias de até 3000 km (mas 600 km em média) entre junho e setembro, gerando 40-90 mm de chuva por dia. Alguns locais na zona costeira recebem por volta de 40 linhas de instabilidade por ano, representando mais de 50% da pluviosidade anual.

A pluviosidade anual diminui de 2000-3000 mm no cinturão costeiro (p. ex., Conakry, Guiné) para por volta de 1000 mm na latitude de 20°N (Figura 11.42). Perto da costa, podem cair mais de 300 mm por dia durante a estação chuvosa, mas, mais ao norte, a variabilidade aumenta, devido à extensão e ao movimento irregulares da Depressão Monçônica. As linhas de instabilidade e outras perturbações geram uma zona de pluviosidade máxima localizada a 800-1000 km ao sul da posição superficial da Depressão Monçônica (ver Figura 11.40B). As chuvas monçônicas na zona costeira da Nigéria (4°N) contribuem com 28% do total anual (por volta de 2000 mm), as tempestades, com 51%, e as linhas de instabilidade, com 21%. A 10°N, 52% do total (por volta de 1000 mm) se devem às linhas de instabilidade, 40% às tempestades e apenas 9% às monções. Sobre a maior parte do país, a pluviosidade causada pelas linhas de perturbações tem uma máxima dupla de frequência, e as tempestades têm uma única máxima no verão (ver Figura 11.43 para Minna, 9,5°N).

Nas partes setentrionais da Nigéria e de Gana, a chuva cai nos meses de verão, principalmente a partir de tempestades isoladas ou linhas de perturbações. A elevada variabilidade dessas chuvas de ano para ano caracteriza o ambiente do Sahel, que é propenso a secas.

A pluviosidade no verão no cinturão sudano-saheliano é determinada, em parte, pela penetração da Depressão Monçônica ao norte, que pode atingir até 500-800 km além da sua posição média (Figura 11.44), e pela intensidade das correntes de jato de leste, que afetam a frequência das linhas de perturbações.

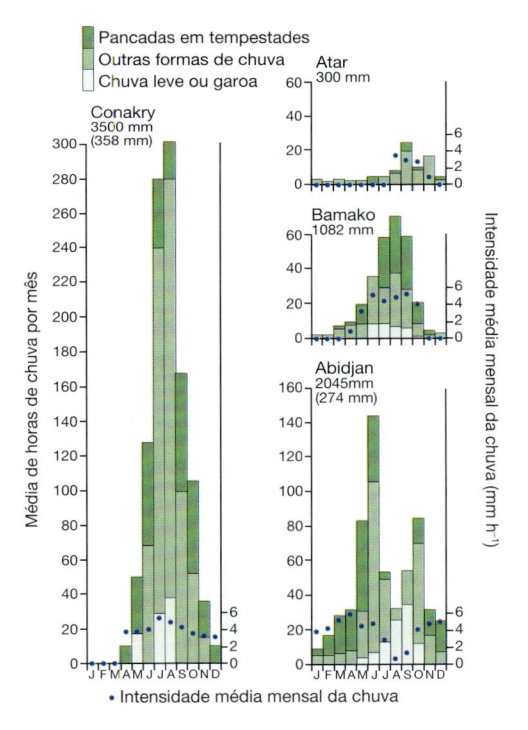

Figura 11.42 Número médio de horas de chuva por mês para quatro estações da África Ocidental. Também são mostrados os tipos de chuva, os totais anuais médios (mm) e, entre parênteses, a pluviosidade diária máxima registrada (mm) para Conakry (agosto) e Abidjan (junho). Os pontos mostram as intensidades mensais médias da pluviosidade (mm h^{-1}). Observe a Pequena Estação Seca acentuada em Abidjan. A localização das estações é mostrada na Figura 11.41.

Fonte: Hayward and Oguntoyinbo (1987). Com permissão de Rowman and Littlefield.

Efeitos climáticos anômalos ocorrem em várias localidades distintas na África Ocidental em diferentes momentos do ano. Embora as temperaturas das águas costeiras sempre ultrapassem 26°C e possam atingir 29°C em janeiro, existem duas áreas de ressurgência local de águas frias (ver Figura 11.41). Uma se encontra ao norte de Conakry, ao longo das costas do Senegal e da Mauritânia, onde, de janeiro a abril, os ventos predominantes de nordeste para o mar removem as águas superficiais, fazendo águas mais frias (20°C) ascenderem, reduzindo drasticamente a temperatura das brisas marinha à tarde. A segunda área de oceano mais frio (19-22°C) se localiza ao longo da costa centro-sul a oeste de Lagos, durante o período de julho a outubro, por uma razão que ainda não está clara. De julho a setembro, uma área de terra anomalamente seca se localiza ao longo do cinturão costeiro sul (ver Figura 11.41), durante aquilo que se chama de Pequena Estação Seca. A razão para tal é que, nesse período, a Depressão Monçônica está em sua posição mais setentrional. A zona costeira, a 1200-1500 km ao sul dela, e, principalmente, a 400-500 km ao sul de seu principal cinturão de chuvas, tem ar relativamente estável (ver Figura 11.40B), uma condição auxiliada pelas águas costeiras relativamente frias à medida que se afastam da costa. Embutida nesse cinturão relativamente nublado, mas seco, está a Descontinuidade de Togo, menor, entre 0° e 3°E e, durante o verão, com sol acima da média, convecção reduzida, pluviosidade relativamente baixa (menos de 1000 mm)

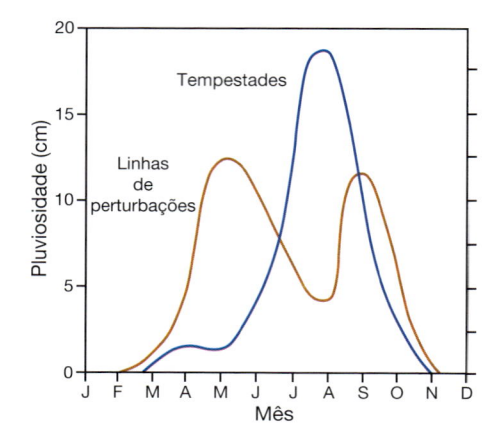

Figura 11.43 Contribuições das linhas de perturbações e tempestades para a precipitação mensal média em Minna, Nigéria (9,5°N).

Fonte: Omotosho (1985). Com permissão de Royal Meteorological Society.

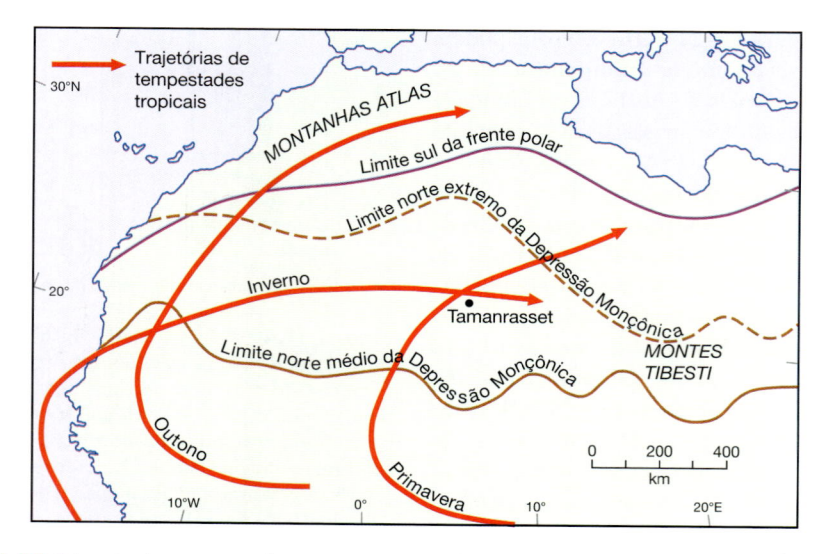

Figura 11.44 Extensão dos sistemas de precipitação que afetam as regiões oeste e central da África Setentrional e rotas típicas de depressões sudano-saelianas.

Fonte: Dubief e Yacono; in Barry (2008).

e pouca atividade de tempestades. A tendência da costa neste caso repete os ventos predominantes de sudoeste de baixo nível, limitando assim a convergência superficial induzida pelo atrito, em uma área onde as temperaturas e a convecção são inibidas de qualquer maneira pelas baixas temperaturas das águas costeiras.

2 África Meridional

A África Meridional se encontra entre as células subtropicais de alta pressão do Oceano Atlântico Sul e do Oceano Índico, em uma região sujeita à interação entre fluxos tropicais de leste e extratropicais de oeste. As duas células de alta pressão avançam para oeste e se intensificam (ver Figura 7.10) no inverno meridional. Como a célula do Atlântico Sul sempre se estende 3° de latitude mais ao norte do que a célula do Oceano Índico, ela traz ventos de oeste de baixo nível para Angola e o Zaire em todas as estações e ventos de oeste de alto nível para a região central de Angola no verão meridional. As alterações longitudinais sazonais das células subtropicais de alta pressão são especialmente significativas para o clima da África meridional com relação à célula do Oceano Índico. Enquanto a mudança longitudinal de 7-13° na célula do Atlântico Sul tem relativamente pouco efeito, o movimento da célula do Oceano Índico, de 24-30° para oeste durante o inverno meridional, traz um escoamento de leste em todos os níveis para a maior parte da África meridional. Os escoamentos e as zonas de convergência sazonais são mostrados na Figura 11.45.

No verão (isto é, em janeiro), os ventos de baixo nível de oeste sobre Angola e Zaire encontram as monções de nordeste da África Oriental junto com a ZCIT, que se estende a leste como limite entre os ventos desviados (de oeste) do Oceano Índico e os ventos tropicais espessos de leste mais ao sul. Para oeste, esses ventos de leste afetam os ventos atlânticos de oeste ao longo da Zona de Convergência do Zaire (ZAB). O ZAB está sujeito a oscilações diárias e sistemas de baixa pressão ao longo dele, tanto estacionários quanto movendo-se lentamente para oeste. Quando são profundos e associados a cavados no sentido sul, podem produzir muita chuva. Deve-se observar que a estrutura complexa da ZCIT e do ZAB indica que os principais cavados de pressão e centros de baixa pressão não coincidem com eles, mas se localizam a uma certa distância a montante no escoamento em níveis mais baixos (ver Figura 11.45), particularmente nos ventos de leste. Essa circulação de baixo nível de verão é dominada por uma combinação entre essas baixas frontais e baixas térmicas convectivas. Em março, estabelece-se um sistema unificado de alta pressão, trazendo um fluxo de ar úmido de norte, que produz chuvas de outono nas regiões ocidentais. No inverno (isto é, julho), o ZAB separa os fluxos baixos de oeste e de leste dos Oceanos Atlântico e Índico, embora ambos sejam sobrepostos por um escoamento elevado de leste. Nessa ocasião, o deslocamento da circulação geral para norte traz ventos de oeste de altos e baixos níveis com chuva para o Cabo meridional.

Desse modo, os fluxos tropicais de leste afetam grande parte da África meridional no

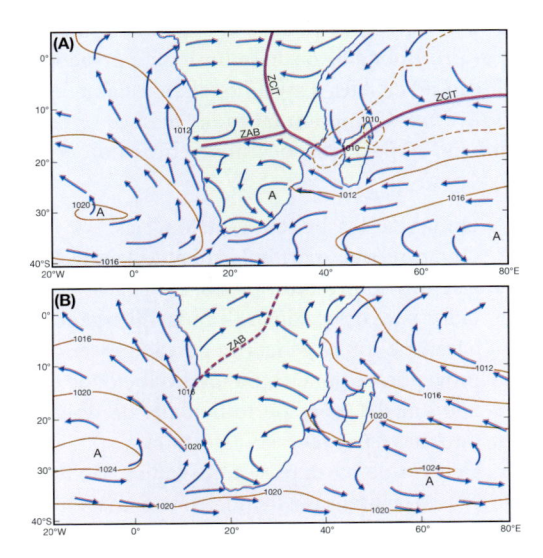

Figura 11.45 Escoamento sobre a África meridional durante janeiro (A) e julho (B), com as posições da Zona de Convergência Intertropical (ZCIT), da zona de convergência de ar do Zaire (ZAB) e das principais áreas de baixa pressão superficial.

Fonte: Van Heerden e Taljaard (1988). Cortesia da American Meteorological Society.

decorrer do ano. Um escoamento profundo de leste predomina ao sul de 10°S no inverno, e ao sul de 15-18°S no verão. Sobre a África oriental, um escoamento monçônico de nordeste ocorre no verão, substituído por um escoamento de sudeste no inverno. Nesses fluxos, formam-se ondas de leste semelhantes às ondas em outros fluxos tropicais de leste, ainda que menos móveis. Essas ondas se formam no nível de 850-700 mb (2000-3000 m) em fluxos associados aos jatos de leste, muitas vezes produzindo linhas de instabilidade, cinturões de células de trovoadas de verão e chuvas fortes. São mais comuns entre dezembro e fevereiro, quando podem produzir pelo menos 40 mm de chuva por dia, mas raras entre abril e outubro. Os ciclones tropicais no Oceano Índico Meridional ocorrem particularmente por volta de fevereiro (ver Figura 11.8 e Tabela 11.1), quando a ZCIT se encontra em sua posição meridional extrema. Essas tempestades se curvam para sul ao longo da costa leste da Tanzânia e de Moçambique, mas a sua influência é limitada principalmente ao cinturão costeiro.

Com algumas poucas exceções, os fluxos de ar profundos de oeste se limitam a posições mais ao sul da África meridional, especialmente no inverno. Como em latitudes médias setentrionais, as perturbações nos ventos de oeste envolvem:

1. Ondas de Rossby semiestacionárias.
2. Ondas móveis, particularmente acentuadas e acima do nível de 500mb, com eixos voltados para oeste com a altitude, divergência à frente e convergência na porção posterior, movendo-se para leste a uma velocidade de 550 km/dia, com periodicidade de dois a oito dias e frentes frias associadas.
3. Centros de baixa pressão isolados. São depressões intensas e de núcleo frio, mais frequentes de março a maio e de setembro a novembro, e raras de dezembro a fevereiro.

Uma característica do clima da África meridional é a prevalência de períodos úmidos e secos, associados aos aspectos mais amplos da circulação global. A pluviosidade acima da normal, que ocorre como um cinturão norte-sul sobre a região, é associada a uma circulação de Walker em fase positiva (ver p. 372). Ela apresenta um ramo ascendente sobre a África meridional; intensificação da ZCIT; intensificação de baixas tropicais e ondas de leste, muitas vezes em conjunto com uma onda de oeste em níveis elevados para o sul; e intensificação da célula subtropical de alta pressão do Atlântico Sul (ver Figura 11.45). Esse período úmido pode ocorrer particularmente da primavera ao outono. A pluviosidade abaixo do normal é associada a uma circulação de Walker em fase negativa, com um ramo descendente sobre a África meridional; enfraquecimento da ZCIT; tendência de alta pressão com menor ocorrência de baixas tropicais e ondas de leste; e enfraquecimento da célula subtropical de alta pressão do Atlântico Sul. Ao mesmo tempo, existe um cinturão de nuvens e chuva a leste do Oceano Índico ocidental, associado a um ramo ascendente da circulação de Walker e perturbações de leste em conjunto com uma onda de oeste ao sul de Madagascar (Figura 11.45).

F AMAZÔNIA

A Amazônia está disposta ao Ne ou S do equador (Figura 11.46) e contém por volta de 30% da biomassa total do planeta. As temperaturas constantemente altas (24-28°C) combinam-se com a elevada transpiração e fazem a região às vezes se comportar como se fosse uma fonte de ar equatorial marítimo.

Influências importantes sobre o clima da Amazônia são as células subtropicais de alta pressão do Atlântico Norte e Sul. A partir delas, o ar mT estável de leste invade a Amazônia em uma camada rasa (1000-2000 m) e relativamente fria e úmida, sobreposta por ar mais quente e mais seco, que é separado por uma forte inversão térmica e descontinuidade de umidade. Esse fluxo de ar raso leva precipitação a locais próximos à costa, mas produz condições mais secas no interior, a menos que esteja sujeito a convecção forte, quando uma baixa térmica se estabelece sobre o interior continental. Nessas ocasiões, a inversão sobe a 3000-4000 m e pode se desfazer completamente, fato associa-

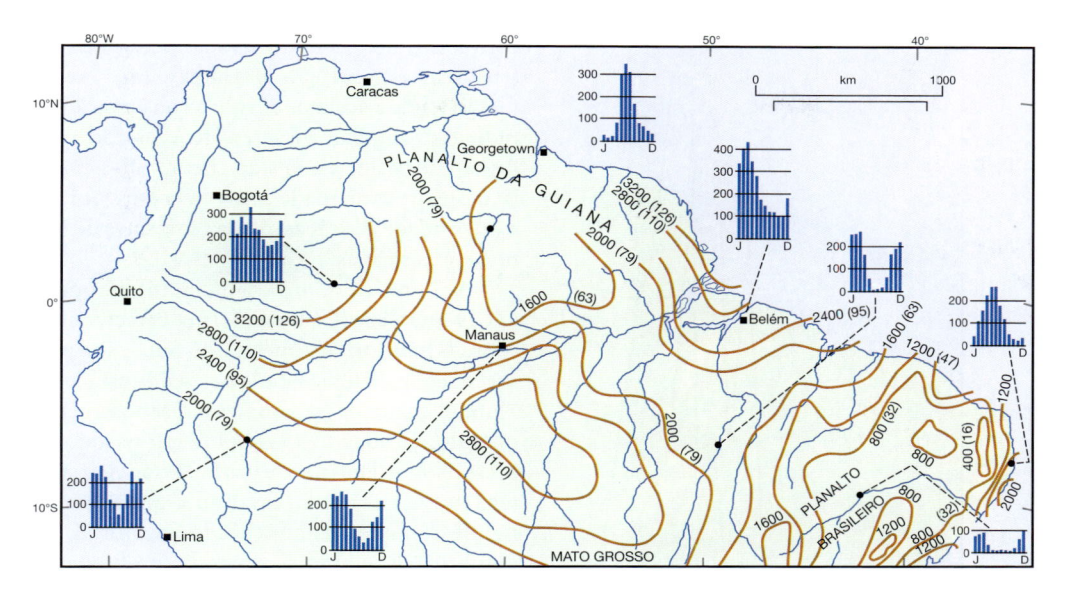

Figura 11.46 Precipitação média anual (mm) sobre a bacia amazônica, com as quantidades de precipitação mensal média para oito estações.

Fonte: De Ratisbona (1976). Com permissão de Elsevier Science NL.

do a uma forte precipitação, particularmente no final da tarde ou começo da noite. A célula subtropical de alta pressão do Atlântico Sul se expande para oeste sobre a Amazônia em julho, produzindo condições mais secas, como mostra a pluviosidade em estações no interior, como Manaus (ver Figura 11.46), mas, em setembro, começa a se contrair, e o acúmulo da baixa térmica continental com as monções sul-americanas prenuncia a estação chuvosa de outubro a abril nas porções centrais e meridionais da Amazônia.

Ao final de novembro, a convecção profunda cobre a maior parte da região central da América do Sul, do equador a 20°S, com exceção da bacia amazônica oriental e o nordeste brasileiro. A célula subtropical de alta pressão do Atlântico Norte é menos móvel do que a sua correlata meridional, mas varia de maneira mais complexa, com extensões máximas a oeste em julho e fevereiro e mínimas em novembro e abril.

No norte da Amazônia, a estação chuvosa é de maio a setembro. A pluviosidade sobre a região como um todo se deve principalmente a uma convergência baixa associada à ativida-

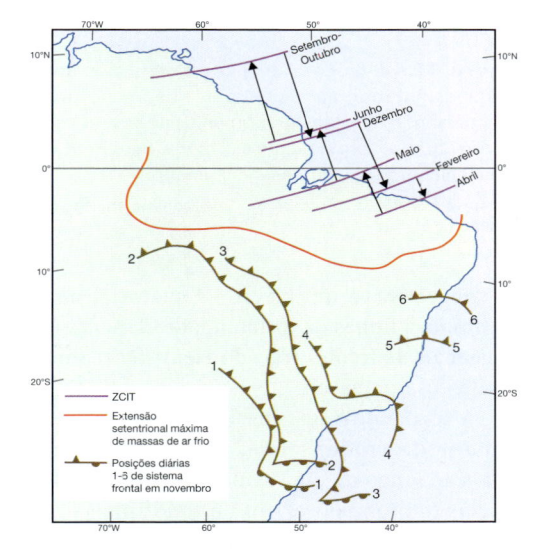

Figura 11.47 Elementos sinóticos do Brasil. Posições sazonais da Zona de Convergência Intertropical costeira; extensão setentrional máxima de massas de ar mP frias de sul; e posições de um sistema frontal típico durante seis dias sucessivos em novembro, à medida que o centro de baixa pressão avança para o sudeste rumo ao Atlântico Sul.

Fonte: De Ratisbona (1976). Com permissão de Elsevier Science NL.

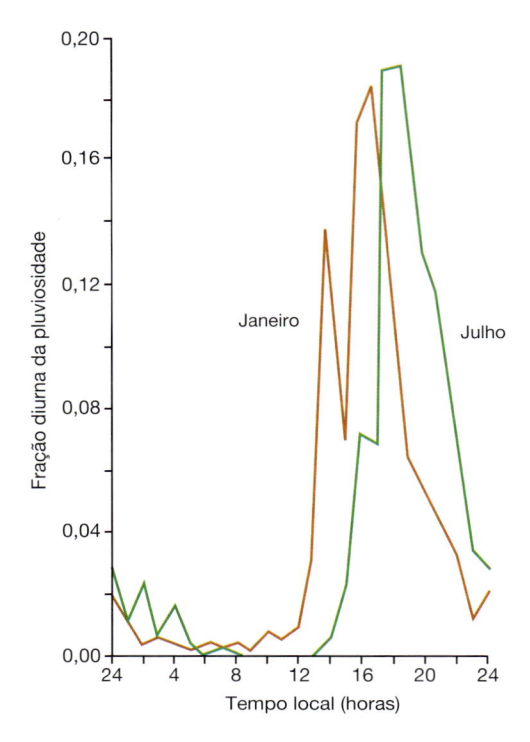

Figura 11.48 Frações da pluviosidade por hora para Belém, Brasil, para janeiro e julho. A chuva resulta principalmente de agrupamentos de nuvens convectivas que se formam sobre o mar e penetram no continente, mais rapidamente em janeiro.

Fonte: Kousky (1980). Cortesia da American Meteorological Society.

de convectiva, a um Cavado Equatorial mal-definido, a linhas de instabilidade, a incursões ocasionais de frentes frias do Hemisfério Sul, e aos efeitos do relevo.

A forte convecção térmica sobre a Amazônia pode produzir mais de 40 mm/dia de chuva ao longo de uma semana, e intensidades médias muito maiores em períodos mais curtos. Considerando que 40 mm de chuva em um dia liberam calor latente suficiente para aquecer a troposfera em 10°C, fica claro que a convecção prolongada nessa intensidade é capaz de alimentar a circulação de Walker (ver Figura 11.50). Durante as fases altas (+) do ENSO, o ar sobe sobre a Amazônia, ao passo que, durante as fases baixas (−), a seca sobre o nordeste do Brasil se intensifica. Além disso, o movimento convectivo do ar em direção ao polo pode intensificar a circulação de Hadley. Esse escoamento tende a acelerar devido à conservação do momento angular, e a intensificar as correntes de jato de oeste, tendo sido encontradas correlações entre a atividade convectiva amazônica e a intensidade e localização das correntes de jato norte-americanas.

A Zona de Convergência Intertropical (ZCIT) não existe em sua forma característica sobre o interior da América do Sul, e sua passagem afeta a pluviosidade perto da costa leste. A intensidade dessa zona varia, sendo menor quando as duas células subtropicais de alta pressão do Atlântico Norte e Sul estão mais fortes (isto é, em julho), levando a um aumento na pressão que fecha o cavado equatorial. De outubro a novembro, a convecção profunda associada à ZCIT se confina ao Atlântico central, entre 5° e 8°N. A ZCIT muda para sua posição mais ao norte de julho a outubro, quando invasões de ar mais estável do Atlântico Sul são associadas a condições mais secas sobre a Amazônia central, e à sua posição mais ao sul de março a abril (Figura 11.47). Em Manaus, os ventos superficiais são predominantemente de sudeste de maio a agosto e de nordeste de setembro a abril, ao passo que os ventos da troposfera superior são de noroeste ou oeste de maio a setembro e de sul ou sudeste de dezembro a abril. Isso reflete o desenvolvimento, no verão austral, de um anticiclone troposférico superior localizado sobre o Altiplano do Peru-Bolívia. Essa alta em níveis superiores resulta do aquecimento sensível do platô elevado e da liberação de calor latente em tempestades frequentes sobre o Altiplano, análoga à situação observada sobre o Tibete. O fluxo que escoa dessa alta desce sobre uma ampla área, estendendo-se do leste do Brasil à África Ocidental. A região do nordeste do Brasil, propensa a secas, fica particularmente deficiente de umidade durante períodos em que a ZCIT permanece em uma posição setentrional e que ar mT relativamente estável da superfície fria do Atlântico Sul predomina (ver Capítulo 9B.2). Podem ocorrer condições secas de janeiro a maio, durante eventos do ENSO (ver p. 374), quando o ramo descendente da circulação de Walker cobre a maior parte da Amazônia.

A significativa pluviosidade da Amazônia, particularmente no leste, origina-se ao longo de linhas de instabilidade de média escala, que se formam perto da costa, devido à convergência entre os ventos Alísios e as brisas marinhas vespertinas, ou à interação de brisas terrestres noturnas com os ventos Alísios que incidem sobre a costa. Essas linhas de instabilidade avançam no sentido oeste no escoamento geral, a velocidades de cerca de 50 km h^{-1}, movendo-se mais rapidamente em janeiro do que em julho e apresentando um complexo processo de crescimento, decaimento, migração e regeneração das células convectivas. Muitas dessas linhas de instabilidade alcançam apenas 100 km continente adentro, decaindo após o poente (Figura 11.48). Todavia, as instabilidades mais persistentes podem produzir uma máxima de pluviosidade por volta de 500 km continente adentro, e algumas se mantêm ativas por até 48 horas, de modo que os seus efeitos sobre a precipitação podem penetrar até os Andes no sentido oeste. Outras perturbações de mesoescala a sinótica se formam dentro da Amazônia, especialmente entre abril e setembro. Também ocorre precipitação com a penetração de massas de ar mP frio do sul, entre setembro e novembro, que são aquecidas por baixo e se tornam instáveis (ver Figura 11.47).

As incursões de ar polar (friagens) durante os meses de inverno podem causar temperaturas gélidas no sul do Brasil, com um resfriamento a 11°C mesmo na Amazônia. De junho a julho de 1994, esses eventos causaram a devastação da produção de café no Brasil. Geralmente, um cavado alto atravessa os Andes na região central do Chile, oriundo do Pacífico Sul oriental, e um escoamento associado de sul transporta ar frio para nordeste sobre o sul do Brasil. Concomitantemente, uma célula superficial de alta pressão pode avançar para norte a partir da Argentina, com os céus claros associados produzindo mais resfriamento radiativo.

Os ventos tropicais de leste sobre as margens setentrional e oriental da Amazônia são suscetíveis à formação de ondas de leste e vórtices fechados, que avançam para oeste, gerando faixas de chuva. Naturalmente, os efeitos do relevo são mais notáveis quando o escoamento se aproxima dos sopés orientais dos Andes, onde a convergência orográfica de grande escala, em uma região de alta evapotranspiração, contribui para a elevada precipitação ao longo de todo o ano.

G EVENTOS DE EL NIÑO-OSCILAÇÃO SUL (ENSO)

1 O Oceano Pacífico

A Oscilação Sul é uma variação irregular, uma "gangorra" atmosférica ou onda estacionária de massa e pressão atmosféricas, envolvendo trocas de ar entre a célula subtropical de alta pressão sobre o Pacífico Sul oriental e uma região de baixa pressão centrada no Pacífico ocidental e na Indonésia (Figura 11.49). Ela apresenta um período irregular, entre dois e 10 anos. Alguns especialistas acreditam que o seu mecanismo está centrado no controle sobre a intensidade dos ventos Alísios do Pacífico exercido pela atividade das células subtropicais de alta pressão, particularmente sobre o Pacífico Sul. Outros, reconhecendo o oceano como uma enorme fonte de energia térmica, acreditam que as variações de temperatura perto da superfície no Pacífico tropical podem atuar de maneira semelhante a um pêndulo, movimentando todo o sistema do ENSO (ver Quadro 11.1). É importante observar que uma piscina espessa (isto é, mais de 100 m) com a água superficial mais quente do planeta acumula-se no Pacífico equatorial ocidental, entre a superfície e a termoclina. Ela é causada pela insolação intensa, pela baixa perda de calor por evaporação nessa região de ventos fracos e pelo empilhamento de água superficial forçada a oeste pelos ventos Alísios de leste. Essa piscina quente se dissipa periodicamente durante o El Niño, pela mudança no padrão de circulação das correntes oceânicas e pela liberação de calor para a atmosfera – de forma direta e por evaporação.

A Oscilação Sul é associada às fases da circulação de Walker, apresentadas no Capítulo 7C.1. As fases positivas da circulação de Walker

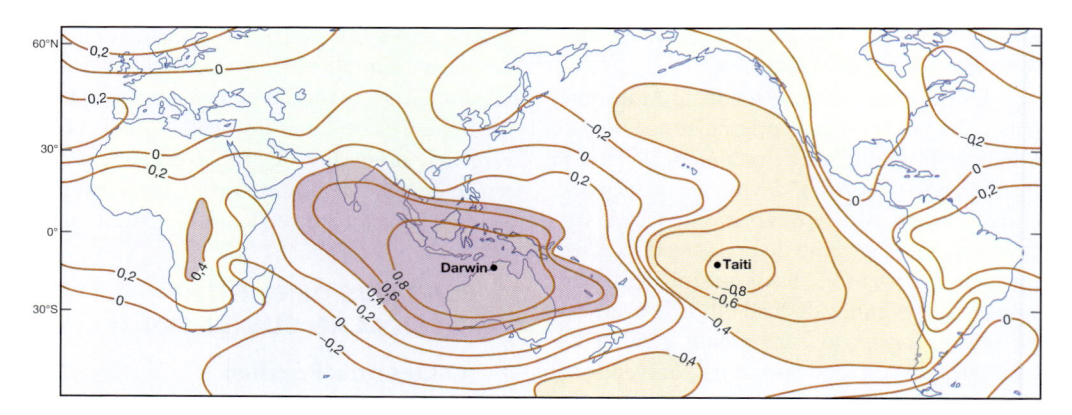

Figura 11.49 Correlação entre pressões médias anuais ao nível do mar com as observadas em Darwin, Austrália, ilustrando as duas células principais da Oscilação Sul.
Fonte: Rasmusson (1985). Copyright © *American Scientist*, (1985).

(associadas em geral a eventos não ENSO, ou La Niña), que ocorrem em média em três a cada quatro anos, alternam-se com as fases negativas (eventos ENSO, ou El Niño). Às vezes, porém, a Oscilação Sul não está em evidência, e nenhuma das duas fases predomina. O nível de atividade da Oscilação Sul no Pacífico é expresso pelo Índice da Oscilação Sul (IOS), que é uma medida complexa, envolvendo as temperaturas da superfície do mar e do ar, pressões ao nível do mar e mais acima, e pluviosidade em regiões específicas.

Durante a fase positiva (La Niña) (Figura 11.50A), os fortes ventos Alísios no Pacífico tropical oriental produzem ressurgência ao longo da costa oeste da América do Sul, resultando em uma corrente fria no sentido norte (a corrente do Peru, ou de Humboldt), denominada localmente como La Niña – a garota – por causa de sua riqueza em plâncton e peixes. As baixas temperaturas da superfície do mar produzem uma inversão rasa, intensificando os ventos Alísios (ou seja, criando um *feedback* positivo), que removem a água da superfície do Pacífico, onde se acumula água quente superficial (Figura 11.50D). Essa ação também faz a termoclina se encontrar em pouca profundidade (por volta de 40 m) no leste, em oposição aos 100-200 m observados no Pacífico ocidental. A intensificação dos Alísios de leste faz a ressurgência de água fria se espalhar para oeste, e a língua fria de água superficial se estende naquela direção, mantida pela Corrente Equatorial Sul. Essa corrente para oeste é movida pelo vento e compensada por um declive superficial mais profundo. A contração da água quente do Pacífico no sentido oeste para o Pacífico tropical central e ocidental (Figura 11.50C) produz uma área de instabilidade e convecção, alimentada pela umidade em uma zona de convergência sob a influência dual da Zona de Convergência Intertropical e da Zona de Convergência do Pacífico Sul. O ar ascendente sobre o Pacífico ocidental alimenta o fluxo de retorno na troposfera superior (isto é, a 200 mb), fechando e intensificando a circulação de Walker. Todavia, esse escoamento também intensifica a circulação de Hadley, particularmente a sua componente meridional para norte no inverno setentrional e para sul no inverno meridional.

Todos os anos, iniciando em dezembro, um fluxo fraco de água quente para o sul substitui a Corrente do Peru, que flui para o norte, e a ressurgência fria associada por volta de 6°S ao longo da costa do equador. Esse fenômeno, conhecido como El Niño (o menino, em homenagem ao menino Jesus), intensifica-se em intervalos irregulares de dois a 10 anos (seu intervalo médio é quatro anos), quando a água quente superficial se torna muito mais ampla, e a ressurgência costeira cessa inteiramente. Isso tem consequências ecológicas e econômicas ca-

(A) Dez-fev (não ENSO)

(B) Dez-fev 1982-1983 (ENSO)

(C) Dez-fev Temperaturas da superfície do mar (não ENSO)

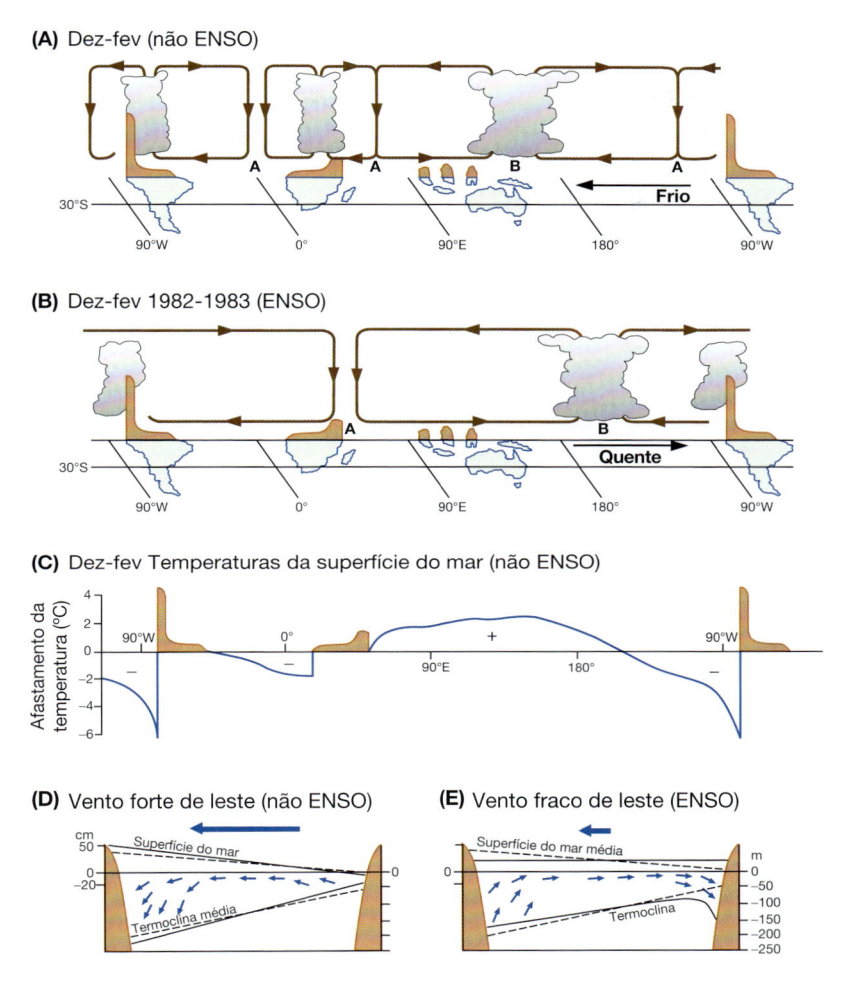

(D) Vento forte de leste (não ENSO)   **(E)** Vento fraco de leste (ENSO)

Figura 11.50 Seções transversais esquemáticas da circulação de Walker ao longo do equador, com base em cálculos de Y. M. Tourre. (A): regime médio de dezembro a fevereiro (não ENSO), La Niña; ar ascendente e chuvas fortes ocorrem sobre a bacia amazônica, África central e Indonésia-Pacífico ocidental. (B): padrão ENSO, dezembro a fevereiro 1982-1983; o ramo Pacífico ascendente desvia para leste da Linha da Data e há convecção suprimida em outros locais, devido à subsidência. (C): afastamento da temperatura da superfície do mar de sua média zonal equatorial, correspondendo ao caso não ENSO (A). (D): Alísios fortes fazem o nível do mar subir e a termoclina aprofundar no Pacífico ocidental para o caso (A). (E): os ventos diminuem, o nível do mar sobe no Pacífico oriental, à medida que a massa de água retorna a leste e a termoclina se aprofunda ao longo da costa da América do Sul durante eventos ENSO. As linhas tracejadas em (D) e (E) representam as posições médias do nível médio do mar e da termoclina.
Fonte: Baseado em Wyrtki (1982). Com permissão de World Meteorological Organization (1985).

tastróficas para a ictiofauna e a avifauna, e para os setores pesqueiro e de produção de guano no Equador, Peru e norte do Chile. A Figura 11.51 mostra a ocorrência de eventos de El Niño entre 1525 e 1987, classificados conforme a sua intensidade. Todavia, esses eventos costeiros fazem parte de uma mudança nas temperaturas da superfície do mar ao longo de todo o Oceano Pacífico. Além disso, o padrão espacial dessas mudanças não é igual para todos os El Niños.

> **AVANÇOS SIGNIFICATIVOS DO SÉCULO XX**
>
> ### 11.1 O El Niño e a Oscilação Sul
>
> Os episódios do fenômeno El Niño, com correntes costeiras quentes e consequências desastrosas para a vida e as aves marinhas, se repetem a cada quatro a sete anos, assim, já são conhecidos há muito tempo ao longo da costa oeste da América do Sul. A Oscilação Sul relacionada da pressão ao nível do mar entre o Taiti (pressão normalmente elevada) e Jacarta (ou Darwin) (pressão normalmente baixa) foi identificada por Sir Gilbert Walker em 1910, voltando a ser pesquisada na metade da década de 1950 por I. Schell e H. Berlage, e, na década de 1960, por A. J. Troup e J. Bjerknes. Troup relacionou a ocorrência de condições de El Niño a uma oscilação da atmosfera sobre o Pacífico equatorial na década de 1960. Suas implicações mais amplas para a interação entre ar e mar e as teleconexões globais foram propostas inicialmente pelo professor Jacob Bjerknes (famoso pelas frentes polares) em 1966, o qual observou as conexões de condições de El Niño e La Niña com a Oscilação Sul. A importância global dos eventos de ENSO somente foi compreendida plenamente nas décadas de 1970 e 1980, com os fortes eventos de El Niño de 1972-1973 e 1982-1983. As análises globais mostraram padrões claros de anomalias sazonais de temperatura e precipitação em regiões bem separadas durante e depois do início do aquecimento nas regiões oriental e central do Oceano Pacífico equatorial, incluindo secas no nordeste do Brasil e na Australásia e invernos frios e úmidos após o El Niño no sul e sudeste dos Estados Unidos.
>
> A ocorrência de eventos ENSO no passado foi estudada por meio de documentos históricos, inferida a partir de anéis de crescimento em árvores, recifes de corais, testemunhos de gelo e registros sedimentares de alta resolução. Estima-se que o efeito líquido dos grandes eventos de El Niño sobre as tendências da temperatura global seja de aproximadamente +0,06°C entre 1950 e 1998.
>
> **Referência**
>
> Diaz, H.F. e Markgraf, V. (eds) (1992) El Niño. *Historical and Paleoclimatic Aspects of the Southern Oscillation*, Cambridge University Press, Cambridge, 476pp.

Recentemente, K. E. Trenberth e seus colegas mostraram que, no período 1950-1977, o aquecimento durante um El Niño se espalhou para oeste a partir do Peru, ao passo que, após uma grande mudança no clima na bacia do Pacífico em 1976-1977, o aquecimento se espalhou para leste a partir do Pacífico equatorial ocidental. O acoplamento oceano-atmosfera durante os eventos de ENSO claramente varia em escalas temporais multidecenais.

Os eventos de ENSO resultam de uma reorganização radical da circulação de Walker em dois sentidos principais:

1 A pressão diminui e os Alísios enfraquecem sobre o Pacífico tropical oriental (Figura 11.50B), a ressurgência causada pelo vento diminui, permitindo que a ZCIT se estenda para o sul, em direção ao Peru. Esse aumento de 1-4°C nas temperaturas da superfície do mar reduz o gradiente oeste-leste na temperatura da superfície do mar do Pacífico e também tende a diminuir a pressão sobre o Pacífico oriental. Esse último causa outra redução na atividade dos ventos Alísios, redução na ressurgência de água fria, advecção de água quente e um aumento nas temperaturas da superfície do mar – em outras palavras, o início do El Niño ativa um circuito de *feedback* positivo no sistema oceano-atmosfera no Pacífico oriental.

2 Sobre o Pacífico tropical ocidental, a área de máxima temperatura do mar e convecção responde ao enfraquecimento citado da circulação de Walker ao mover-se para leste no Pacífico central (Figura 11.50B). Isso se deve, em parte, a um aumento na pressão no oeste, mas também a um movimento combinado da ZCIT para o sul e da ZCPS para o nordeste. Nessas condições, ondas de ventos equatoriais de oeste lançam uma imensa língua de água quente (isto é, acima de 27,5°C) a

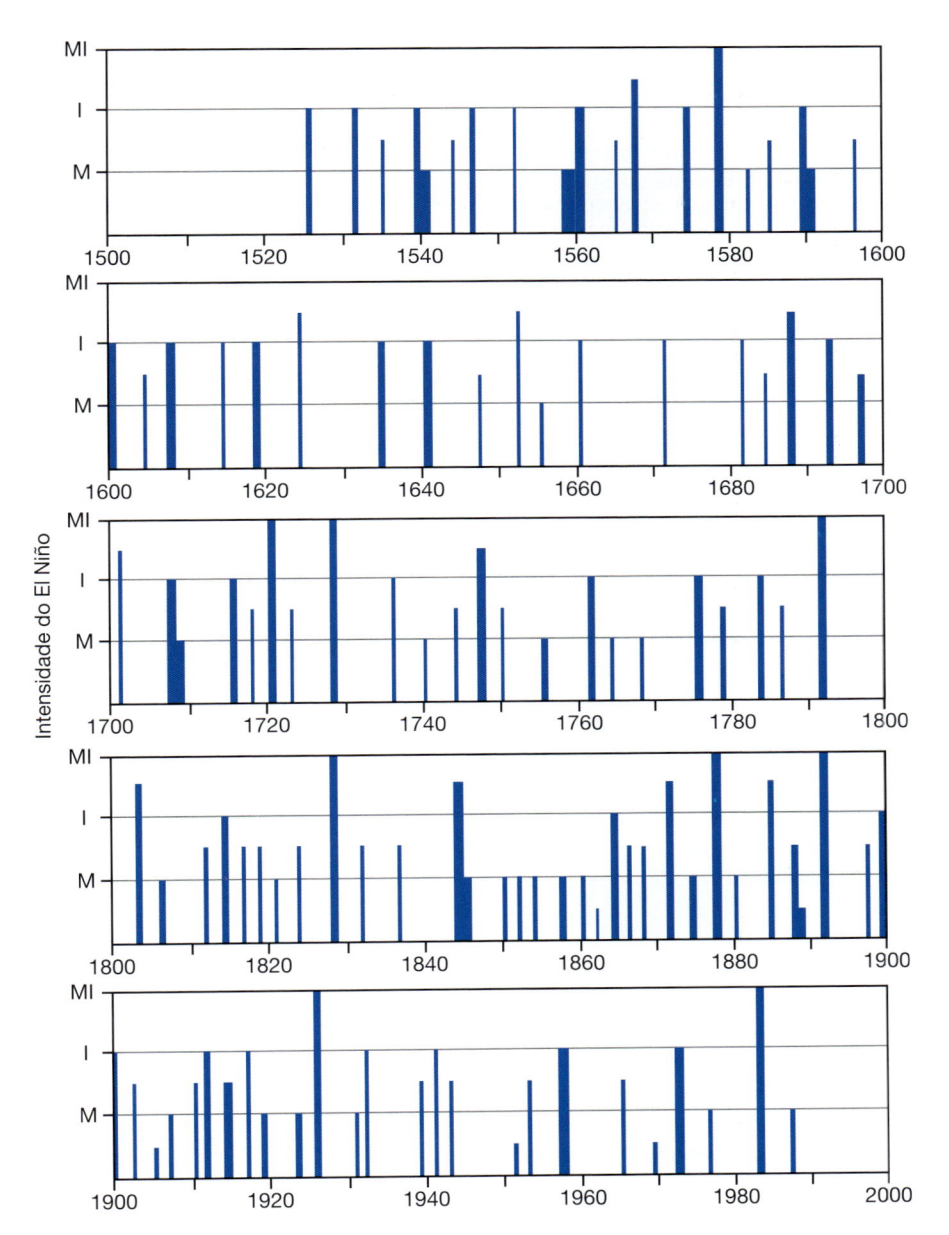

Figura 11.51 Eventos de El Niño em 1525-1987, classificados como muito intenso (MI), intenso (I) e média intensidade (M).

Fonte: Quinn and Neal (1992). Copyright © Routledge, London.

leste sobre o Pacífico central, como ondas oceânicas internas de grande escala (Kelvin). Sugere-se que esse escoamento para leste às vezes possa ser desencadeado ou intensificado pela ocorrência de pares de ciclones a norte e sul do equador. Esse fluxo de água quente para leste rebaixa a termoclina ao longo da costa da América do Sul (Figura 11.50E), impedindo que a água fria alcance a superfície.

Desse modo, se o evento que irá se formar será um La Niña ou um El Niño, trazendo água superficial fria no sentido oeste ou água superficial quente no sentido leste, respectivamente, para o Pacífico central, dependerá dos processos concorrentes de ressurgência e advecção. A fase mais intensa de um evento de El Niño geralmente dura cerca de um ano, e a mudança para o El Niño ocorre por volta de março a abril, quando os ventos Alísios e a língua fria estão em seu modo mais fraco. As alterações na circulação oceano-atmosfera no Pacífico durante o El Niño são facilitadas pelo fato de que o tempo que as correntes oceânicas superficiais levam para se adaptar a grandes mudanças nos ventos diminui notavelmente com a diminuição da latitude. Isso é demonstrado pela inversão sazonal da deriva monçônica de sudoeste e nordeste ao longo da costa da Somália no Oceano Índico. A circulação atmosférica de grande escala está sujeita a um *feedback* negativo limitante, envolvendo uma correlação negativa entre as intensidades das circulações de Walker e Hadley. Assim, o enfraquecimento da circulação de Walker durante um evento de ENSO leva a uma intensificação relativa da circulação de Hadley associada.

O término do El Niño é precedido pelo retorno da termoclina a profundidades pequenas no Pacífico equatorial oriental e central, removendo as anomalias positivas na temperatura na superfície do mar. Isso parece ocorrer em resposta a uma renovação na forçante dos ventos de leste ou a ondas de Kelvin oceânicas equatoriais. De dezembro a janeiro, existe um desvio de água a 28°C para sul do equador em anos "normais" e de El Niño, e isso causa a elevação da termoclina.

2 Teleconexões

As teleconexões são definidas como ligações entre variáveis atmosféricas e oceânicas por longas distâncias; as ligações entre condições climáticas no Oceano Pacífico tropical oriental e ocidental representam uma teleconexão "canônica". A Figura 11.52 ilustra a coincidência de eventos de ENSO com climas regionais mais úmidos ou mais secos do que o normal.

No Capítulo 7C.1, discutimos a observação de Walker de uma teleconexão entre os eventos de ENSO e a pluviosidade monçônica abaixo do normal sobre o sul e sudeste asiático (Figura 11.53). Isso se deve ao movimento para leste da zona de máxima convecção sobre o Pacífico ocidental. Todavia, é importante reconhecer que os mecanismos do ENSO são apenas uma parte do fenômeno das monções sul-asiáticas. Por exemplo, partes da Índia podem ter secas na ausência do El Niño, e o começo das monções também pode depender do controle exercido pela quantidade de cobertura de neve euroasiática sobre a persistência de célula continental de alta pressão.

O movimento da zona de máxima convecção do Pacífico ocidental para leste na fase do ENSO também diminui a pluviosidade nas monções de verão sobre o norte da Austrália, bem como a pluviosidade extratropical sobre o leste da Austrália na estação de inverno para primavera. Durante esta última, a célula de alta pressão sobre a Austrália traz secas disseminadas, mas que são compensadas pelo aumento nas chuvas no oeste da Austrália associado aos ventos de norte que ocorrem na região.

Sobre o Oceano Índico, o controle climático sazonal dominante é exercido pelas inversões sazonais nas monções, mas ainda existe um mecanismo secundário semelhante ao El Niño sobre o sudeste da África e Madagascar, que resulta em uma redução na pluviosidade durante eventos de ENSO.

Observa-se que as teleconexões do ENSO afetam as regiões extratropicais, assim como as tropicais. Durante a fase mais intensa do El Niño, duas células de alta pressão, centradas a 20°N e 20°S, formam-se sobre o Pacífico na troposfera superior, onde o aquecimento anômalo da atmosfera está no nível máximo. Essas células intensificam a circulação de Hadley, fazem ventos tropicais de níveis altos se formarem perto do equador, e intensificam correntes de jato subtropicais, deslocando-as em direção ao equador, especialmente no hemisfério de inver-

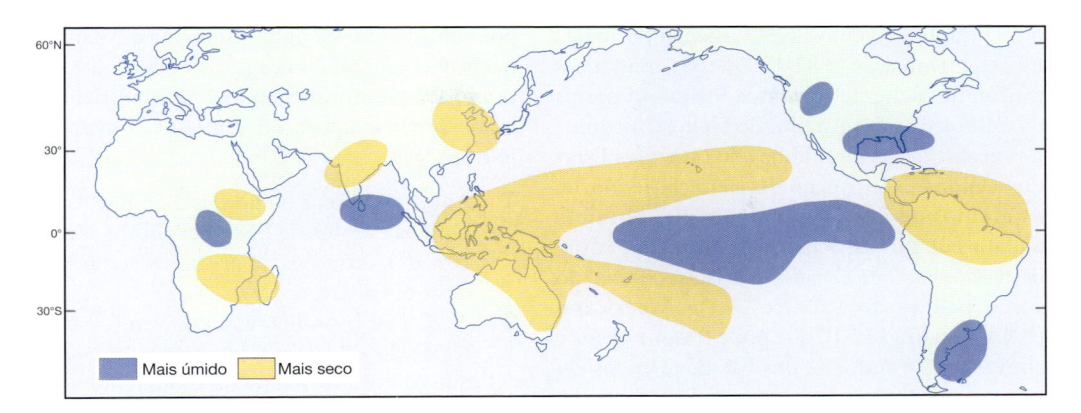

Figura 11.52 Coincidência entre eventos de ENSO e anomalias de climas regionais mais úmidos ou secos do que o normal.

Fontes: Rasmusson e Ropelowski, e Halpert. In Glantz et al. (1990). Composição reproduzida com permissão da Cambridge University Press.

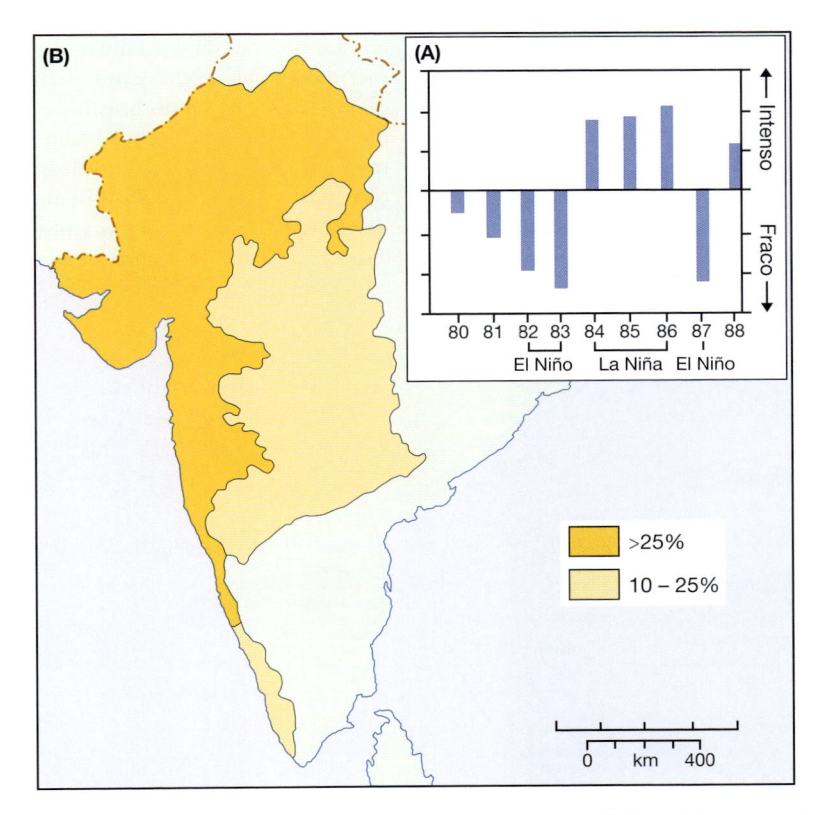

Figura 11.53 Conexão proposta entre as monções indianas de verão e o El Niño. (A): intensidade observada das monções asiáticas de verão (1980-1988) mostrando seu enfraquecimento durante os três anos de El Niño intenso, 1982, 1983 e 1987. (B): áreas da Índia onde os déficits de pluviosidade nas monções de verão (enquanto porcentagem abaixo da média de 1901-1970) foram significativamente mais frequentes em anos de El Niño.

Fonte: A: Browning (1996). B: Gregory (1988). IGU Study Group on Recent Climate Change.

no. Durante o evento ENSO intenso do inverno setentrional de 1982-1983, essas mudanças causaram enchentes e ventos fortes em partes da Califórnia e dos Estados do Golfo, com grandes nevascas nas montanhas do oeste dos Estados Unidos. No inverno do Hemisfério Norte, os eventos de ENSO com anomalias térmicas equatoriais são associados a um forte padrão de teleconexão de cavados e cristas, conhecido como padrão do Pacífico-Norte-Americano (PNA) (Figura 11.54), que pode trazer nuvens e chuvas para o sudoeste dos Estados Unidos e o noroeste do México.

O Oceano Atlântico apresenta uma tendência para um efeito modesto semelhante ao El Niño, mas a piscina ocidental de água quente é muito menor, e as diferenças tropicais entre leste e oeste são menos consideráveis do que no Pacífico. No entanto, os eventos de ENSO no Pacífico têm uma certa influência no comportamento do sistema oceano-atmosfera no Atlântico; por exemplo, o estabelecimento do centro convectivo de baixa pressão sobre a célula subtropical de alta pressão do Atlântico central e oriental e do escoamento geral dos ventos Alísios no Atlântico. Isso leva ao desenvolvimento de uma camada mais forte de inversão por subsidência, além de submeter o Atlântico tropical ocidental a mais mistura oceânica, gerando temperaturas menores na superfície do mar, menos evaporação e menos convecção. Isso tende a:

1. Aumentar a seca no nordeste do Brasil. Porém, os eventos de ENSO explicam apenas 10% das variações na precipitação no nordeste brasileiro.
2. Aumentar o cisalhamento do vento sobre a região do Atlântico Norte/Caribe, de modo que os eventos ENSO de moderados a intensos estão correlacionados com a ocorrência de aproximadamente 44% menos furacões no Atlântico do que com eventos não ENSO.

Outra influência do Pacífico envolve como a intensificação da corrente de jato subtropical meridional pelo ENSO explica em parte a forte pluviosidade no sul do Brasil, Paraguai e norte da Argentina durante um El Niño intenso. Outra teleconexão atlântica pode residir na Oscilação do Atlântico Norte (NAO), uma alternância de grande escala em massas atmosféricas entre a célula de alta pressão dos Açores e a célula de baixa pressão da Islândia (ver Capítulo 7C.2).

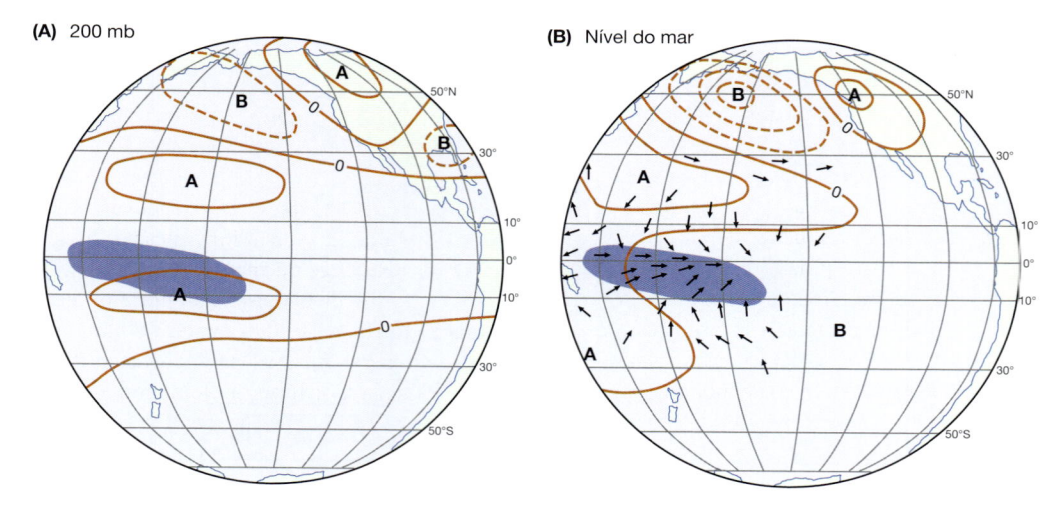

Figura 11.54 Modelo do padrão de circulação do Pacífico-Norte-Americano (PNA) na troposfera superior durante um evento de El Niño de dezembro a fevereiro. O sombreamento indica uma região de maior pluvicsidade, associada a uma convergência anômala de ventos superficiais de oeste no Pacífico ocidental equatorial.
Fonte: Shukla e Wallace (1983). Cortesia da American Meteorological Society.

A intensidade relativa desses dois sistemas de pressão parece afetar a pluviosidade do noroeste africano e da zona subsaariana.

H OUTRAS FONTES DE VARIAÇÕES CLIMÁTICAS NOS TRÓPICOS

Discutimos os principais sistemas do tempo e clima tropicais, mas vários outros elementos ajudam a criar contrastes no clima tropical no espaço e no tempo.

1 Correntes oceânicas frias

Entre as costas ocidentais dos continentes e as bordas orientais das células subtropicais de alta pressão, a superfície oceânica é relativamente fria (ver Figura 7.33). Isso resulta da importação de água de latitudes maiores pelas correntes predominantes; da lenta ressurgência (às vezes à taxa de aproximadamente 1 m em 24 horas) de água de profundidades imediatas devido ao efeito de Ekman (ver Capítulo 6A.5); e da divergência costeira (ver Figura 7.31). Essa concentração de água fria resfria o ar local suavemente até o ponto de orvalho. Como resultado, o ar seco e quente se transforma em neblina – em uma atmosfera relativamente fria, úmida e calma – onde a temperatura é comparativamente baixa, ao longo da costa oeste da América do Norte, na Califórnia (ver Prancha 11.4), na costa da América do Sul entre as latitudes de 4 e 3°S e na costa sudoeste da África (8 e 32°S). Desse modo, Callao, na costa peruana, tem uma temperatura média anual de 19,4°C, ao passo que a Bahia (na mesma latitude, na costa brasileira) tem um valor correspondente de 25°C.

O efeito de resfriamento das correntes frias mais distantes da costa não se limita às estações costeiras, pois é levado para a terra durante todo o dia, em todas as épocas do ano, por um acentuado efeito das brisas marinhas (ver Capítulo 6C.2). Ao longo das costas ocidentais da América do Sul e do sudoeste africano, o efeito protetor dos Alísios de leste dinamicamente estáveis, proporcionado pelos Andes e pelas Escarpas da Namíbia, respectivamente, permite incursões de línguas baixas de ar frio a partir do sudoeste.

Essas línguas de ar são cobertas por fortes inversões a 600 e 1500 m, reforçando as inversões regionalmente baixas dos ventos Alísios (ver Figura 11.6) e impedindo o desenvolvimento de células convectivas fortes, exceto onde existe ascensão forçada por feições orográficas. Assim, embora o ar fresco marítimo banhe perpetuamente os sopés ocidentais dos Andes com névoa e nuvens stratus baixas e Swakopmund (sudoeste da África) tenha uma média de 150 dias de nevoeiro por ano, pouca chuva cai sobre as planícies costeiras. Lima (Peru) tem um total anual médio de precipitação de apenas 46 mm, embora sofra garoas frequentes durante os meses de inverno (junho a setembro), e Swakopmund, na Namíbia, tem uma média anual de 16 mm de pluviosidade. Chuvas mais fortes ocorrem nos raros casos em que mudanças de grande escala na pressão causam a cessação da brisa marinha diurna, ou quando ar modificado do Atlântico Sul ou do Oceano Índico Meridional consegue atravessar os continentes em um momento de perturbação na estabilidade dinâmica dos ventos Alísios. No sudoeste africano, a inversão é mais provável de se desfazer durante outubro ou abril, permitindo a formação de tempestades convectivas (Swakopmund registrou 51 mm de chuva em um único dia em 1934). Todavia, em condições normais, a ocorrência de precipitação se limita principalmente às encostas montanhosas mais altas e voltadas para o mar. Mais ao norte, locais tropicais na costa oeste em Angola e Gabão mostram que a ressurgência fria é um fenômeno mais variável no espaço e no tempo; as chuvas costeiras variam notavelmente com as mudanças na temperatura da superfície do mar (Figura 11.55). Na América do sul, da Colômbia ao norte do Peru, a "maré" diurna de ar frio penetra 60 km continente adentro, subindo as encostas voltadas para o mar da Cordilheira Ocidental e derramando-se sobre os vales longitudinais dos Andes como água sobre um dique (Figura 11.56). Nas encostas voltadas para oeste dos Andes da Colômbia, o ar ascendente ou forçado contra as montanhas pode, nas condições adequadas, desencadear instabilidade convectiva nos Alísios sobrejacentes e gerar tempestades e trovoadas.

Prancha 11.4 Banco de nevoeiro envolvendo a ponte Golden Gate, São Francisco. NOAA wea00154

No sudoeste africano, porém, a "maré" continente adentro por aproximadamente 130 km e sobre os 1800 m das Escarpas da Namíbia sem produzir muita chuva, pois não é gerada instabilidade convectiva, e o resfriamento adiabático do ar é mais que compensado pelo aquecimento radiativo do solo quente.

2 Efeitos topográficos

O relevo e a configuração superficial têm um acentuado efeito sobre as quantidades de chuva em regiões tropicais, onde massas de ar quente e úmido são frequentes. No sopé sudoeste do Monte Cameroon, Debundscha (9 m de elevação) recebe 11.160 mm/ao ano em média (1960-1980) das monções de sudoeste. Nas ilhas havaianas, o total anual médio excede os 7600 mm nas montanhas, com um dos maiores totais anuais médios do mundo, de 11.990 mm a 1569 m de elevação no Monte Waialeale (Kauai), mas no lado a sotavento sofre efeitos protetores acentuados, com menos de 500 mm sobre áreas amplas. No Havaí, a máxima cai sobre os flancos orientais a aproximadamente 900 m, ao passo que os cumes de Mauna Loa e Mauna Kea, a 4200 m, que se elevam sobre a inversão dos ventos Alísios, recebem apenas 250-500 mm. Na ilha havaiana de Oahu, a precipitação máxima ocorre nas encostas ocidentais, logo a sotavento do cume de 850 m com relação aos ventos Alísios de leste. Medições realizadas nas Montanhas de Koolau, Oahu, mostram que o fator orográfico é acentuado durante o verão, quando a precipitação é associada aos ventos de leste, mas, no inverno, quando a precipitação advém de perturbações ciclônicas, ela é distribuída de forma mais regular (Tabela 11.3).

As colinas de Khasi, em Assam, são um caso excepcional do efeito combinado do relevo e da configuração da superfície. Uma parte da corrente das monções oriunda do interior da Baía de Bengala (ver Figura 11.23) é canalizada pela topografia para a elevação e a rápida ascensão, que segue a convergência do escoamento na planície afunilada para o sul, resultando em alguns dos maiores totais anuais de pluviosidade registrados em qualquer parte. Mawsyuran (1400 m de elevação), 16 km a oeste da famosa

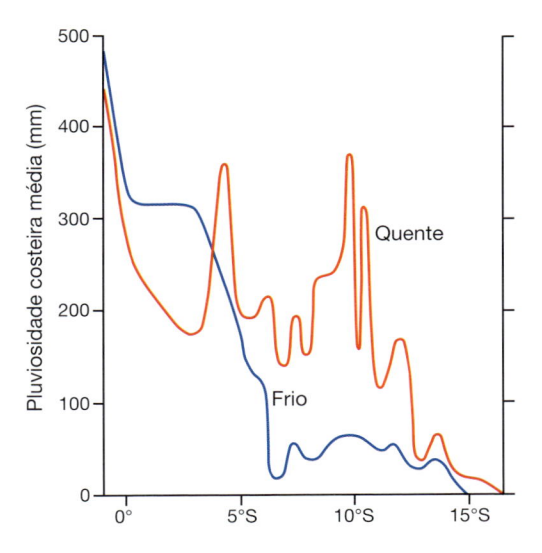

Figura 11.55 Pluviosidade em março ao longo da costa sudoeste da África (Gabão e Angola) associada a condições quentes e frias na superfície do mar.

Fonte: Nicholson e Entekhabi in Nicholson (1989). Com permissão da Royal Meteorological Society.

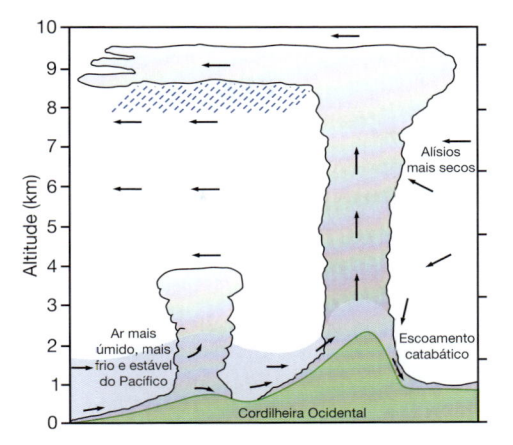

Figura 11.56 Estrutura da brisa marinha no oeste da Colômbia.

Fonte: Lopez e Howell (1967). Cortesia da American Meteorological Society.

estação de Cherrapunji, tem um total anual médio (1941-1969) de 12.210 mm e pode reivindicar o título de lugar mais úmido do mundo. Durante o mesmo período, Cherrapunji (1340 m) teve uma média de 11.020 mm; foram registrados ali extremos de 5690 mm em julho e 24.400 mm em 1974 (ver Figura 4.11). Todavia, em toda a área das monções, a topografia desempenha um papel secundário na distribuição da pluviosidade, em relação à atividade sinótica e aos sistemas de grande escala.

Um relevo realmente elevado produz grandes mudanças nas principais características meteorológicas e deve ser tratado como um tipo climático especial. Na África Oriental equatorial, os três picos vulcânicos do Monte Kilimanjaro (5800 m), Monte Quênia (5200 m) e Ruewnzori (5200 m) alimentam geleiras acima de 4700-5100 m. A precipitação anual no cume do Monte Quênia é de aproximadamente 1140 mm, semelhante às quantidades no platô ao sul, mas, nas encostas meridionais entre 2100 e 3000 m, e nas encostas orientais entre 1400 e 2400 m, os totais excedem os 2500 mm. Kabete (a uma elevação de 1800 m, perto de Nairóbi) apresenta muitas das características dos climas tropicais de altitude, com uma pequena amplitude na temperatura anual (temperaturas mensais médias de 19°C para fevereiro e 16°C para julho), uma grande amplitude na temperatura diurna (média de 9,5°C em julho e 13°C em fe-

Tabela 11.3 Precipitação nas Montanhas Koolau, Oahu, Havaí em 1957

Local	Elevação (m)	Fonte de pluviosidade (cm)		
		Ventos Alísios 28 de maio-3 de setembro	Perturbações ciclônicas	
			2-29 de janeiro	5-6 de março
Cume	850	71,3	49,9	32,9
760 m a oeste do cume	635	121,0	54,4	37,0
7.600 m a oeste do cume	350	32,9	46,7	33,4

Fonte: Mink (1960).

vereiro) e uma grande cobertura média de nuvens (média 7-8/10).

3 Variações diurnas

As variações diurnas no clima são particularmente evidentes em locais costeiros no cinturão dos ventos Alísios e no Arquipélago da Indonésia-Malásia. Os regimes de brisas continentais e marinhas são bem desenvolvidos (ver Capítulo 6C.1), pois o aquecimento do ar tropical sobre a terra pode ser até cinco vezes maior do que sobre superfícies líquidas adjacentes. A brisa marinha normalmente começa entre 8:00 e 11:00 horas, atingindo uma velocidade máxima de 6-15 m s^{-1} (21-54 km h^{-1}) entre 13:00 e 16:00, e reduzindo por volta das 20:00. Ela pode ter 1000-2000 m de altura, com velocidade máxima a uma elevação de 200-400 m, e normalmente penetra 20-60 km continente adentro.

Em grandes ilhas, sob condições de calmaria, as brisas marinhas convergem para o centro, de modo que se observa uma máxima vespertina de pluviosidade. Com ventos Alísios estáveis, o padrão se desloca com o vento, de modo que o ar descendente pode estar situado sobre o centro da ilha. Um caso típico de uma máxima vespertina é ilustrado na Figura 11.57B para Nandi (Viti Levu, Fiji) no sudoeste do Pacífico. A estação meteorológica tem exposição a sotavento nas estações úmidas e secas. Acredita-se que esse padrão de pluviosidade seja comum nos trópicos, mas, sobre o mar aberto e em pequenas ilhas, parece haver uma máxima noturna (com um pico frequente perto do amanhecer), e mesmo ilhas grandes podem apresentar esse regime noturno quando existe pouca atividade sinótica. A Figura 11.57A ilustra esse padrão noturno em quatro locais em ilhas pequenas no Pacífico ocidental. Mesmo ilhas grandes podem apresentar esse efeito, bem como a máxima vespertina associada à convergência e convecção de brisas marinhas. Existem várias teorias sobre o pico noturno de pluviosidade. Estudos recentes apontam um efeito radiativo, envolvendo um resfriamento noturno mais efetivo de áreas livres de nuvens ao redor dos sistemas de nuvens de mesoescala. Isso favorece a subsidência, que, por sua vez, aumenta a convergência em níveis baixos dos sistemas de nuvens e intensifica as correntes de ar ascendentes. O forte resfriamento dos topos das nuvens, em relação ao seu entorno, também pode produzir desestabilização localizada e estimular a formação de gotículas pela mistura de gotículas de temperaturas diferentes (ver Capítulo 5D). Esse efeito atingiria um pico perto do amanhecer. Outro fator é que a diferença na temperatura entre mar e ar e, consequentemente, o suprimento de calor oceânico para a atmosfera, é maior entre 03:00-06:00 horas. Ainda assim, outra hipótese sugere que a oscilação semidiurna na pressão estimula a convergência e, portanto, a atividade convectiva na madrugada e à noite, mas divergência e supressão da convecção ao redor do meio-dia.

Um grande levantamento dos dados do programa do satélite Tropical Rainfall Measurement Mission (TRMM) para 1998-2006 identifica três regimes diurnos de pluviosidade: (1) oceânico, com um pico às 06:00-09:00 hora local (hl) e amplitude moderada, encontrado principalmente nas zonas de convergência tropicais oceânicas; (2) continental, com um pico às 15:00-18:00 hl e grande amplitude, ocorrendo na América do Sul e África Equatorial; e (3) costeiro, com grande amplitude e propagação de fases. Isso difere do lado voltado para o mar, onde ocorrem picos entre 21:00 e 12:00 hl, com propagação para o mar, e o lado voltado para a terra, onde os picos são às 12:00-21:00 hl. O padrão (3) é acentuado no continente marítimo, no subcontinente indiano, no norte da Austrália, e na costa oeste da África equatorial, no nordeste do Brasil e na costa a partir do México ao Equador. As brisas terrestres geralmente são fracas e, portanto, não geram muita convergência. Um mecanismo alternativo nesse caso pode estar nas ondas de gravidade.

A Península da Malásia apresenta regimes diurnos de pluviosidade com grandes variações no verão. Os efeitos das brisas terrestres e marinhas, dos ventos anabáticos e catabáticos e da topografia complicam bastante o padrão das chuvas, por causa das suas interações com a corrente de baixo nível das monções de sudoeste. Por exemplo, existe uma máxima noturna na região do Estreito de Malaca, associada à convecção gerada pela convergência de brisas terrestres da Malásia e de Sumatra (cf. p. 339). Todavia, na costa leste da Malásia, a máxima ocorre no final da tarde e começo da noite, quando as brisas marinhas se estendem a aproximadamente 30 km continente adentro, contra os ventos monçônicos de sudoeste, e se formam nuvens convectivas na corrente mais profunda da brisa marinha sobre a faixa costeira. Nas montanhas interiores, as chuvas de verão têm uma máxima vespertina, devido ao processo desimpedido de convecção. No norte da Austrália, o fenômeno das brisas marinhas aparentemente se estende até 200 km continente adentro a partir do Golfo de Carpentaria no início da noite. Na estação seca de agosto a novembro, isso pode criar condições adequadas para a "Morning Glory" – uma nuvem-rolo oca e linear e uma linha de instabilidade que se propagam, geralmente a partir do nordeste, sobre a inversão criada pelo ar marítimo e pelo resfriamento noturno. As brisas marinhas costumam ser associadas a uma pesada acumulação de nuvens cumulus e pancadas vespertinas.

I PREVISÃO DO TEMPO TROPICAL

Nas últimas duas décadas, houve um significativo progresso na previsão do tempo tropical. Esse progresso resultou de muitos dos avanços na tecnologia de observação e na modelagem numérica global discutida no Capítulo 8. Particularmente importante nos trópicos tem sido a disponibilidade de dados de satélites geoestacionários, temperaturas na superfície do mar, vetores de ventos e perfis verticais da temperatura e umidade. Ao longo dos últimos anos, houve melhoras significativas nos sistemas de observação dos oceanos. Hoje existem mais de 3.300 boias ARGO operando nos oceanos do planeta, registrando a temperatura, salinidade e velocidade a 200 m de profundidade e fornecendo dados em tempo real. Também existem instalações de radares meteorológicos em grandes centros na Índia, na América Central e no Extremo Oriente; e em alguns locais na África e no Pacífico sudoeste; por enquanto, existem poucas na América do Sul. Uma grande dificuldade na previsão tropical é imposta pela fonte de energia predominante do calor latente liberado pela precipitação em sistemas de nuvens convectivas, o que não pode ser simulado com facilidade, devido aos processos de pequena escala envolvidos na dinâmica das nuvens.

1 Previsões de curto e médio prazo

A evolução e o movimento dos sistemas meteorológicos tropicais estão conectados principalmente com as áreas de convergência de velocidades de ventos e cisalhamento do vento horizontal, identificadas em análises cinemáticas de níveis baixos que representam as linhas de correntes e isótacas e sistemas associados de nuvens, com suas mudanças sendo identificadas a partir de imagens de satélites geoestacionários (a cada meia hora) e radares meteorológicos; essas imagens são úteis para fazer "*nowcasting*" e avisos. Todavia, sabe-se que os agrupamen-

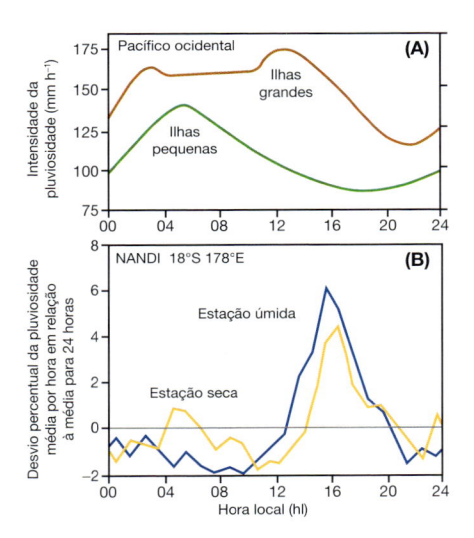

Figura 11.57 Variação diurna na intensidade da pluviosidade para ilhas tropicais no Pacífico. (A): ilhas grandes e pequenas no Pacífico ocidental. (B): estações úmidas e secas para Nandi (Fiji) no Pacífico sudoeste (desvio percentual da média diária).

Fontes: (A): Gray and Jacobson (1977). (B): Finkelstein in Hutchings (1964).

tos de nuvens são altamente irregulares em sua persistência além de 24 horas, além de estarem sujeitos a fortes variações diurnas e influências orográficas, que precisam ser avaliadas. A análise de variações diurnas na temperatura, com diferentes estados de nuvens para estações secas e úmidas, é uma ferramenta útil para a previsão local. Atribuir igual peso à persistência e à climatologia gera bons resultados para ventos em níveis baixos, por exemplo. A previsão do movimento de tempestades tropicais também se baseia principalmente em imagens de satélite e dados de radar. Para previsões de 6-12 horas, é possível fazer extrapolações a partir da rota suavizada das 12-24 horas anteriores. A precisão das previsões para a localização do centro de tempestades no solo costuma estar dentro de um raio aproximado de 150 km. Existem centros especializados para essas previsões e avisos regionais em Miami, Guam, Darwin, Hong Kong, Nova Délhi e Tóquio. Previsões para períodos de dois a cinco dias recebem pouca atenção. Nos meses de inverno, as margens tropicais, especialmente no Hemisfério Norte, podem ser afetadas pelas características da circulação em latitudes médias. Exemplos são as frentes frias que avançam para o sul, em direção à América Central e ao Caribe, ou para o norte, da Argentina para o Brasil. O movimento desses sistemas pode ser previsto a partir de modelos numéricos preparados em centros importantes, como o NCEP e o ECMWF.

2 Previsões de longo prazo

Na faixa de 15 a 90 dias, observa-se que os modelos numéricos dependem muito das condições iniciais para várias semanas. Isso é determinado pela Oscilação de Maddden-Julian (OMJ) intrassazonal (30 a 60 dias) e pela resposta lenta da atmosfera a mudanças nas condições limítrofes. Todavia, a variabilidade da OMJ pode ser removida usando médias mensais. A forçante dos limites é o principal determinante da capacidade de fazer previsões para até uma estação.

Para escalas temporais maiores, três áreas de progresso merecem atenção. As previsões do número de tempestades e furacões tropicais atlânticos e do número de dias em que cada um ocorre foram desenvolvidas a partir de relações estatísticas com o estado do El Niño, a pressão média ao nível do mar de abril a maio sobre o Caribe e a fase de leste ou oeste dos ventos tropicais estratosféricos a 30mb (ver p. 338). Os ciclones na estação de verão seguinte são mais numerosos quando, durante a primavera, os ventos zonais a 30 e 50mb são de oeste e crescentes, o ENSO está no modo La Niña (frio) e existe pressão abaixo da normal no Caribe. As condições úmidas no Sahel parecem favorecer o desenvolvimento de perturbações no Atlântico oriental e central. Em novembro, faz-se uma previsão inicial para a estação seguinte (com base na fase do vento estratosférico e na pluviosidade de agosto a novembro no Sahel ocidental), com uma segunda previsão, usando informações sobre nove indicadores, até julho do ano corrente.

Pelo menos cinco modelos de previsão foram desenvolvidos para prever as flutuações do ENSO com até 12 meses de antecedência; três envolvem modelos acoplados da circulação geral oceano-atmosfera, um é estatístico e outro usa combinação análoga. Cada um dos métodos apresenta um nível comparável de capacidade moderada para três estações à frente, com uma redução notável na capacidade para a primavera setentrional. A fase do ENSO afeta a pluviosidade sazonal no nordeste do Brasil, por exemplo, e outras áreas continentais tropicais, além de modificar o clima de inverno em partes da América do Norte, pela interação entre anomalias na temperatura da superfície do mar tropical e pela convecção em ondas planetárias em latitudes médias.

A pluviosidade das monções de verão na Índia está relacionada com o ENSO, mas as relações em geral são simultâneas, ou os eventos monçônicos ocorrem mesmo antes das mudanças no ENSO. Os anos de El Niño (La Niña) são associados a secas (enchentes) na Índia. Foram propostos diversos indicadores para prever as chuvas monçônicas em toda a Índia, incluindo as temperaturas da primavera e pressão indicando a baixa térmica, o escoamento transequatorial no Oceano Índico, as características da circulação a 500 e 200mb, e a cobertura de neve no inverno euroasiático. Um indicador crucial da pluviosidade na Índia é a latitude da crista de 500mb ao longo de 75°E em abril, mas a abordagem operacional mais proveitosa parece ser uma combinação estatística desses parâmetros, com uma previsão divulgada em maio para o período de junho a setembro. A importante questão do padrão espacial do começo, da duração e do recuo das monções e de sua variabilidade ainda não foi abordada.

A pluviosidade sobre a África Ocidental subsaariana é prevista pelo Meteorological Office do Reino Unido com o uso de métodos estatísticos. Para o Sahel, condições mais secas são associadas a uma redução no gradiente inter-hemisférico das temperaturas da superfície do mar no Atlântico tropical e a um Pacífico equatorial anomalamente quente. A pluviosidade sobre a costa da Guiné aumenta quando o Atlântico Sul está mais quente do que o normal.

RESUMO

A atmosfera tropical difere significativamente da observada em latitudes médias. Os gradientes de temperatura são fracos e os sistemas meteorológicos são produzidos principalmente pela convergência de correntes de ar, que desencadeia convecção na camada superficial úmida. Existem grandes diferenças longitudinais no clima, como resultado das zonas de subsidência (ascensão) nas margens orientais (ocidentais) das células subtropicais de alta pressão. Nas margens orientais dos oceanos, há uma forte inversão dos ventos Alísios a aproximadamente 1 km, com ar seco descendente acima, gerando estabilidade. Essa cobertura estável a favor do escoamento é elevada gradualmente pela penetração de nuvens convectivas à medida que os Alísios fluem para oeste. As massas de nuvens costumam se organizar em "agrupamentos" amorfos em escala subsinótica; alguns desses grupos têm linhas de instabilidade lineares, que são uma fonte importante de precipitação na África Ocidental. Os sistemas dos ventos Alísios dos dois hemisférios convergem, mas não de maneira espacial ou temporalmente contínua. Essa Zona de Convergência Intertropical também desvia em direção aos polos sobre os setores continentais no verão, em associação com os regimes monçônicos da Ásia Meridional, África Ocidental e Austrália Setentrional. Existe a Zona de Convergência do Pacífico Sul no verão meridional.

As perturbações ondulatórias nos ventos tropicais de leste variam regionalmente. A onda "clássica" de leste tem acumulação de nuvens e precipitação máximas atrás (a leste) da linha do cavado. Essa distribuição advém da conservação da vorticidade potencial pelo ar. Por volta de 10% das perturbações ondulatórias se intensificam posteriormente, tornando-se tempestades ou ciclones tropicais. Isso exige uma superfície marinha quente e convergência em níveis baixos para manter o suprimento de calor sensível e latente e divergência em níveis altos para manter a ascensão. As "torres quentes" de nuvens cumulonimbus explicam uma pequena fração das faixas de nuvens em espiral. Os ciclones tropicais são mais numerosos nos oceanos ocidentais do Hemisfério Norte nas estações de verão a outono.

A inversão sazonal dos ventos nas monções da Ásia Meridional é produto de influências globais e regionais. A barreira orográfica do Himalaia e do Planalto Tibetano desempenha um papel importante. No inverno, a corrente de jato subtropical de oeste está ancorada ao sul das montanhas. Observa-se subsidência sobre o norte da Índia, trazendo ventos (Alísios) superficiais de nordeste. Depressões do Mediterrâneo penetram ocasionalmente no noroeste da Índia-Paquistão. A inversão da circulação no verão é desencadeada pelo desenvolvimento de um anticiclone em altitude sobre o elevado do Planalto Tibetano, com escoamento de leste nos níveis superiores sobre a Índia. Essa mudança é acompanhada pela extensão para norte dos ventos de baixos níveis de sudoeste no Oceano Índico, que aparece primeiro no sul da Índia e na costa de Mianmar e depois se estende para noroeste. As "monções" de verão sobre a Ásia Oriental também avançam de sudeste para noroeste, mas as chuvas Mai-yu resultam principalmente de depressões que avançam no sentido nordeste e tempestades. A pluviosidade se concentra em períodos associados a "depressões monçônicas", que viajam para oeste, desviadas pelos ventos de altitude de leste. As chuvas monçônicas oscilam de intensidade, gerando períodos "ativos" e de "intervalos" em resposta aos deslocamentos da Depressão Monçônica para o sul e para o norte, respectivamente. Também existe considerável variabilidade interanual.

As monções do oeste africano têm muitas semelhanças com as da Índia, mas seu avanço para o norte não é prejudicado por uma barreira montanhosa ao norte. Foram identificados quatro cinturões climáticos zonais, relacionados com a localização de correntes de jato de leste sobrejacentes e perturbações no sentido leste-oeste. A zona do Sahel é atingida pela Depressão Monçônica, mas o ar descendente limita a pluviosidade.

O clima da África equatorial é bastante influenciado por ventos de baixos níveis de oeste, oriundos da alta do Atlântico Sul (todo o ano), e por ventos de leste no inverno, oriundos do anticiclone do Oceano Índico Meridional. Esses fluxos convergem ao longo da Zona de Conferência de ar do Zaire (ZAB) com ventos de leste em altitude. No verão, o ZAB se desloca para o sul, e ventos de nordeste sobre a África oriental encontram os ventos de oeste ao longo da ZCIT, orientados no sentido norte-sul de 0° a 12°S. As características das perturbações sobre a África são complexas e pouco conhecidas. O fluxo amplo de leste afeta a maior parte da África ao sul de 10°S (inverno) ou 15-18°S (verão), embora os ventos meridionais de oeste afetem a África Meridional no inverno.

Na Amazônia, onde existem ventos tropicais de leste, mas a ZCIT não é bem-definida, as altas subtropicais do Atlântico Norte e Sul influenciam a região. A precipitação é associada à atividade convectiva, desencadeando convergência em níveis baixos, com a formação *in situ* de perturbações em escala média e sinótica, e linhas de instabilidade geradas por ventos costeiros que avançam continente adentro.

O setor do Oceano Pacífico equatorial desempenha um papel importante nas anomalias climáticas em grande parte dos trópicos. Em intervalos irregulares, de três a cinco anos, os ventos tropicais de leste sobre o Pacífico centro-leste enfraquecem, a ressurgência cessa na costa da América do Sul, e a convecção normal sobre a Indonésia desvia-se para leste, em direção ao Pacífico central. Esses eventos quentes de ENSO, que substituem o modo La Niña normal, têm repercussões globais, pois as relações de teleconexão se estendem a algumas áreas extratropicais, particularmente a Ásia Oriental e a América do Norte.

A variabilidade nos climas tropicais também se dá por intermédio de efeitos diurnos, como brisas terrestres e marinhas, efeitos topográficos e costeiros locais sobre o escoamento, e a penetração de sistemas meteorológicos extratropicais e do fluxo de ar em latitudes mais baixas.

A previsão de curta duração para o tempo tropical costuma ser limitada pela escassez de observações e pelo pouco conhecimento das perturbações envolvidas. As previsões sazonais têm tido um certo grau de sucesso para a evolução do regime do ENSO, a atividade de furacões no Atlântico e a pluviosidade na África Ocidental.

TEMAS PARA DISCUSSÃO

- Considere os diversos fatores que influenciam os danos causados por um ciclone tropical nas regiões costeiras em diferentes partes do mundo (p. ex., o sudeste dos EUA, as ilhas do Caribe, Bangladesh, o norte da Austrália e Hong Kong).
- Use os índices ENSO, NAO, PNA e outros disponíveis na Internet (ver Apêndice 4D) para comparar anomalias de temperatura e precipitação em uma região de seu interesse durante fases positivas e negativas das oscilações.
- Analise as semelhanças e diferenças entre os principais climas monçônicos do mundo.
- Quais são as semelhanças e diferenças entre os sistemas ciclônicos em médias latitudes e nos trópicos?
- Por quais mecanismos os eventos de ENSO afetam as anomalias climáticas nos trópicos e em outras partes do mundo?

REFERÊNCIAS E SUGESTÃO DE LEITURA

Livros

Arakawa, H. (ed.) (1969) *Climates of Northern and Eastern Asia*, World Survey of Climatology 8, Elsevier, Amsterdam, 248pp. [Comprehensive account, as of the 1960s; tables of climatic statistics]

Barry, R. G. (2008) *Mountain Weather and Climate*, 3rd edn, Cambridge University Press, Cambridge, 506pp.

Dickinson, R. E. (ed.) (1987) *The Geophysiology of Amazonia: Vegetation and Climate Interactions*, John Wiley & Sons, New York, 526pp. [Overviews of climate–vegetation–human interactions in the Amazon, forest micrometeorology and hydrology, precipitation mechanisms, general circulation modeling and the effects of land-use changes]

Domrös, M. and Peng, G-B. (1988) *The Climate of China*, Springer-Verlag, Berlin, 361pp. [Good description of climatic characteristics; climatic data tables]

Dunn, G. E. and Miller, B. I. (1960) *Atlantic Hurricanes*, Louisiana State University Press, Baton Rouge, LA, 326pp. [Classic account]

Fein, J. S. and Stephens, P. L. (eds) (1987) *Monsoons*, J.Wiley and Sons, New York, 632pp. [Theory and modeling of monsoon mechanisms considered globally and regionally; many seminal contributions by leading experts]

Gentilli, J. (ed.) (1971) *Climates of Australia and New Zealand*, World Survey of Climatology 13, Elsevier, Amsterdam, 405pp. [Detailed survey of climatic characteristics; tables of climatic statistics]

Glantz, M. H., Katz, R. W. and Nicholls, N. (eds) (1990) *Teleconnections Linking Worldwide Climate Anomalies*, Cambridge University Press, Cambridge, 535pp. [Valuable essays on ENSO characteristics, causes and worldwide effects]

Goudie, A. and Wilkinson, J. (1977) *The Warm Desert Environment*, Cambridge University Press, Cambridge, 88pp.

Griffiths, J. F. (ed.) (1972) *Climates of Africa*, World Survey of Climatology 10, Elsevier, Amsterdam, 604pp. [Detailed account of the climate of major regions of Africa; tables of climatic statistics]

Hamilton, M. G. (1979) *The South Asian Summer Monsoon*, Arnold, Australia, 72pp. [Brief account of major characteristics]

Hastenrath, S. (1985) *Climate and Circulation of the Tropics*, D. Reidel, Dordrecht, 455pp. [Comprehensive survey of weather systems, climate processes, regional phenomena and climatic change in the tropics, by a meteorologist with extensive tropical experience]

Hayward, D. F. and Oguntoyinbo, J. S. (1987) *The Climatology of West Africa*, Hutchinson, London, 271pp.

Hutchings, J. W. (ed.) (1964) *Symposium on Tropical Meteorology: Proceedings*, New Zealand Meteorological Service, Wellington.

Indian Meteorological Department (1960) *Monsoons of the World*, Delhi, 270pp. [Classic account with much valuable information]

Jackson, I. J. (1977) *Climate, Water and Agriculture in the Tropics*, Longman, London, 248pp. [Material on precipitation and the hydrological cycle in the tropics]

Lighthill, J. and Pearce, R. P. (eds) (1981) *Monsoon Dynamics*, Cambridge University Press, Cambridge, 735pp. [Conference proceedings; specialist papers on observations and modeling of the Asian monsoon]

Logan, R. F. (1960) *The Central Namib Desert, South-west Africa*, National Academy of Sciences, National Research Council, Publication 758, Washington, DC (162 pp.).

Lopez, M. E. and Howell, W. E. (1967) Katabatic winds in the equatorial Andes. *J. Atmos. Sci.* 24, 29–35.

Malkus, J. S. and Riehl, H. (1964) *Cloud Structure and Distributions over the Tropical Pacific Ocean*, University of California Press, Berkeley and Los Angeles (229 pp.).

Musk, L. F. (1988) *Weather Systems*, Cambridge University Press, Cambridge, 160pp. [Basic introduction to weather systems]

NOAA (1992) *Experimental Long-lead Forecast Bulletin*, NOAA, Washington, DC.

Philander, S. G. (1990) *El Niño, La Niña, and the Southern Oscillation*, Academic Press, New York, 289pp. [Comprehensive survey]

Pielke, R. A. (1990) *The Hurricane*, Routledge, London and New York, 228pp. [Brief descriptive presentation of hurricane formation, distribution and movement; annual track maps for all Atlantic hurricanes, 1871–1989]

Ramage, C. S. (1971) *Monsoon Meteorology*, Academic Press, New York and London, 296pp. [Excellent overview of the Asian monsoon and its component weather systems by a tropical specialist]

Ramage, C. S. (1995) *Forecaster's Guide to Tropical Meteorology*, AWS/TR–95/001, Air Weather Service, Scott Air Force Base, IL, 392pp. [Useful overview of tropical weather processes and valuable local information]

Riehl, H. (1954) *Tropical Meteorology*, McGraw-Hill, New York, 392pp. [Classic account of weather systems in the tropics by the discoverer of the easterly wave]

Riehl, H. (1979) *Climate and Weather in the Tropics*, Academic Press, New York, 611pp. [Extends his earlier work with more a climatological view; extensive material on synoptic scale weather systems]

Sadler, J. C. (1975b) *The Upper Tropospheric Circulation over the Global Tropics*, UHMET–75–05, Department of Meteorology, University of Hawaii, 35 pp.

Schwerdtfeger, W. (ed.) (1976) *Climates of Central and South America*, World Survey of Climatology 12, Elsevier, Amsterdam, 532pp. [Chapters on the climate of six regions/countries and one on Atlantic tropical storms provide the most comprehensive view of the climates of this continent; many useful diagrams and data tables]

Shaw, D. B. (ed.) (1978) *Meteorology over the Tropical Oceans*, Royal Meteorological Society, Bracknell, 278pp. [Symposium papers covering a range of important topics]

Shukla, J. and Wallace, J. M. (1983) Numerical simulation of the atmospheric response to equatorial Pacific sea surface temperature anomalies. *J. Atmos. Sci.* 40, 1613–30.

Tao, S. Y. (ed. for the Chinese Geographical Society) (1984) *Physical Geography of China*, Science Press, Beijing, 161pp. (in Chinese).

Trewartha, G. T. (1981) *The Earth's Problem Climates*, 2nd edn, University of Wisconsin Press, Madison, WI, 371pp. [Worldwide examples]

Tyson, P. D. (1986) *Climatic Change and Variability in Southern Africa*, Oxford University Press, Cape Town, 220pp. [Includes subtropical and tropical circulation systems affecting Africa south of the Equator]

World Meteorological Organization (n.d.) *The Global Climate System. A Critical Review of the Climate System during 1982-1984*, World Climate Data Programme, WMO, Geneva, 52pp.

Yoshino, M. M. (ed.) (1971) *Water Balance of Monsoon Asia*, University of Tokyo Press, Tokyo, 308pp. [Essays by Japanese climatologists focusing on moisture transport and precipitation]

Young, J. A. (coordinator) (1972) *Dynamics of the Tropical Atmosphere* (Notes from a Colloquium), National Center for Atmospheric Research, Boulder, CO, 587pp. [Summer school proceedings with presentations and discussion by leading specialists]

Zhang, J. and Lin, Z. (1985) *Climate of China*, Science and Technology Press, Shanghai, 603pp. (in Chinese). [Source of some useful diagrams]

Artigos científicos

Academica Sinica (1957-1958) On the general circulation over eastern Asia. *Tellus* 9, 432-46; 10, 58-75 and 299-312.

Anthes, R. A. (1982) Tropical cyclones: their evolution, structure, and effects. *Met. Monogr.* 19(41), Amer. Met. Soc., Boston, MA (208pp.).

Augstein, A. et al. (1973) Mass and energy transports in an undisturbed Atlantic trade wind flow. *Mon. Wea. Rev.* 101, 101-11.

Avila, L. A. (1990) Atlantic tropical systems of 1989. *Monthly Weather Review* 118, 1178-85.

Barnston, A. G. (1995) Our improving capability in ENSO forecasting. *Weather* 50(12), 419-30.

Barry, R. G. (1978) Aspects of the precipitation characteristics of the New Guinea mountains. *J. Trop. Geog.* 47, 13-30.

Beckinsale, R. P. (1957) The nature of tropical rainfall. *Tropical Agriculture* 34, 76-98.

Bhalme, H. N. and Mooley, D. A. (1980) Large-scale droughts/floods and monsoon circulation. *Monthly Weather Review* 108, 1,197-211.

Blumenstock, D. I. (1958) Distribution and characteristics of tropical climates. *Proc. 9th Pacific Sci. Congr.* 20, 3-23.

Breed, C. S. et al. (1979) Regional studies of sand seas, using Landsat (ERTS) imagery. US Geological Survey Professional Paper No. 1052, 305-97.

Browning, K. A. (1996) Current research in atmospheric science. *Weather* 51(5), 167-72.

Chang, J-H. (1962) Comparative climatology of the tropical western margins of the northern oceans. *Ann. Assn Amer. Geog.* 52, 221-7.

Chang, J-H. (1967) The Indian summer monsoon. *Geog. Rev.* 57, 373-96.

Chang, J-H. (1971) The Chinese monsoon. *Geog. Rev.* 61, 370-95.

Chopra, K. P. (1973) Atmospheric and oceanic flow problems introduced by islands. *Adv. Geophys.* 16, 297-421.

Clackson, J. R. (1957) The seasonal movement of the boundary of northern air. Nigerian Meteorological Service, Technical Note 5 (see Addendum 1958).

Crowe, P. R. (1949) The trade wind circulation of the world. *Trans. Inst. Brit. Geog.* 15, 37-56.

Crowe, P. R. (1951) Wind and weather in the equatorial zone. *Trans. Inst. Brit. Geog.* 17, 23-76.

Cry, G. W. (1965) Tropical cyclones of the North Atlantic Ocean. Tech. Paper No. 55, Weather Bureau, Washington, DC (148pp.).

Curry, L. and Armstrong, R. W. (1959) Atmospheric circulation of the tropical Pacific Ocean. *Geografiska Annaler* 41, 245-55.

Das, P. K. (1987) Short- and long-range monsoon prediction in India, in Fein, J. S. and Stephens, P. L. (eds) *Monsoons*, John Wiley & Sons, New York, 549-78.

Dhar, O. N. and Nandargi, S. (1993) Zones of extreme rainstorm activity over India. *Int. J. Climatology* 13, 301-11.

Dubief, J. (1963) Le climat du Sahara. Memoire de l'Institut de Recherches Sahariennes, Université d'Alger, Algiers (275pp.).

Eldridge, R. H. (1957) A synoptic study of West African disturbance lines. *Quart. J. Roy. Met. Soc.* 83, 303-14.

Emmanuel, K. (2005) Increasing destructiveness of tropical cyclones over the past 30 years. *Nature* 436, 686-8.

Fett, R. W. (1964) Aspects of hurricane structure: new model considerations suggested by TIROS and Project Mercury observations. *Monthly Weather Review* 92, 43-59.

Findlater, J. (1971) Mean monthly airflow at low levels over the Western Indian Ocean. *Geophysical Memoirs* 115, Meteorological Office (53pp.).

Findlater, J. (1974) An extreme wind speed in the low-level jet-stream system of the western Indian Ocean. *Met. Mag.* 103, 201-5.

Flohn, H. (1968) *Contributions to a Meteorology of the Tibetan Highlands*. Atmos. Sci. Paper No. 130, Colorado State University, Fort Collins (120 pp.).

Flohn, H. (1971) Tropical circulation patterns. *Bonn. Geogr. Abhandl.* 15 (55pp.).

Fosberg, F. R., Garnier, B. J. and Küchler, A. W. (1961) Delimitation of the humid tropics, *Geog. Rev.* 51, 333-47.

Fraedrich, K. (1990) European Grosswetter during the warm and cold extremes of the El Niño/Southern Oscillation. *Int. J. Climatology* 10, 21-31.

Frank, N. L. and Hubert, P. J. (1974) Atlantic tropical systems of 1973. *Monthly Weather Review* 102, 290-5.

Frost, R. and Stephenson, P. H. (1965) Mean streamlines and isotachs at standard pressure levels over the Indian and west Pacific oceans and adjacent land areas. *Geophys. Mem.* 14(109), HMSO, London (24pp.).

Galvin, J. F. P. (2007) The weather and climate of the tropics. Part 1 – Setting the scene. *Weather* 62(9), 245-51.

Galvin, J. F. P. (2008a) The weather and climate of the tropics. Part 3 – Synoptic scale weather systems. *Weather* 63, 16-21.

Galvin, J. F. P. (2008b) The weather and climate of the tropics. Part 6 – Monsoons. *Weather* 63(5), 129–37.

Gao, Y-X. and Li, C. (1981) Influence of Qinghai-Xizang plateau on seasonal variation of general atmospheric circulation, in *Geoecological and Ecological Studies of Qinghai-Xizang Plateau*, Vol. 2, Science Press, Beijing, 1477–84.

Garnier, B. J. (1967) *Weather Conditions in Nigeria*, Climatological Research Series No. 2, McGill University Press, Montreal (163pp.).

Gray, W. M. (1968) Global view of the origin of tropical disturbances and hurricanes. *Monthly Weather Review* 96, 669–700.

Gray, W. M. (1979) Hurricanes: their formation, structure and likely role in the tropical circulation, in Shaw, D. B. (ed.) *Meteorology over the Tropical Oceans*, Royal Meteorological Society, Bracknell, 155–218.

Gray, W. M. (1984) Atlantic seasonal hurricane frequency. *Monthly Weather Review* 112, 1649–68; 1669–83.

Gray, W. M. and Jacobson, R. W. (1977) Diurnal variation of deep cumulus convection, *Monthly Weather Review* 105, 1171–88.

Gray, W. M., Mielke, P. W. and Berry, K. J. (1992) Predicting Atlantic season hurricane activity 6–11 months in advance. *Weather Forecasting* 7, 440–55.

Gregory, S. (1965) *Rainfall over Sierra Leone*. Geography Department, University of Liverpool, Research Paper No. 2 (58pp.).

Gregory, S. (1988) El Niño years and the spatial pattern of drought over India, 1901–70, in Gregory, S. (ed.) *Recent Climatic Change*, Belhaven Press, London, 226–36.

Halpert, M. S. and Ropelewski, C. F. (1992) Surface temperature patterns associated with the Southern Oscillation. *J. Climate* 5, 577–93.

Hastenrath, S. (1995) Recent advances in tropical climate prediction. *J. Climate* 8(6), 1519–32.

Houze, R. A. and Hobbs, P. V. (1982) Organization and structure of precipitating cloud systems. *Adv. Geophys.* 24, 225–315.

Houze, R. A., Goetis, S. G., Marks, F. D. and West, A. K. (1981) Winter monsoon convection in the vicinity of North Borneo. *Mon. Wea. Rev.* 109, 591–614.

Jalu, R. (1960) Etude de la situation météorologique au Sahara en Janvier 1958. *Ann. de Géog.* 69(371), 288–96.

Jordan, C. L. (1955) Some features of the rainfall at Guam. *Bull. Amer. Met. Soc.* 36, 446–55.

Kamara, S. I. (1986) The origins and types of rainfall in West Africa. *Weather* 41, 48–56.

Kikuchi, K, and Wang, B. (2008) Diurnal precipitation regimes in the global tropics. *J. Climate* 21(11), 2680–96.

Kiladis, G. N. and Diaz, H. F. (1989) Global climatic anomalies associated with extremes of the Southern Oscillation. *J. Climate* 2, 1069–90.

Knox, R. A. (1987) The Indian Ocean: interaction with the monsoon, in Fein, J. S. and Stephens, P. L. (eds) *Monsoons*, John Wiley & Sons, New York, 365–97.

Koteswaram, P. (1958) The easterly jet stream in the tropics. *Tellus* 10, 45–57.

Kousky, V. E. (1980) Diurnal rainfall variation in northeast Brazil, *Monthly Weather Review* 108, 488–98.

Kreuels, R., Fraedrich, K. and Ruprecht, E. (1975) An aerological climatology of South America. *Met. Rundsch.* 28, 17–24.

Krishna Kumar, K., Soman, M. K. and Rupa Kumar, K. (1996) Seasonal forecasting of Indian summer monsoon rainfall: a review. *Weather* 50(12), 449–67.

Krishnamurti, T. N. (ed.) (1977) Monsoon meteorology. *Pure Appl. Geophys.* 115, 1087–1529.

Kurashima, A. (1968) Studies on the winter and summer monsoons in east Asia based on dynamic concept. *Geophys. Mag.* (Tokyo) 34, 145–236.

Kurihara, Y. (1985) Numerical modeling of tropical cyclones, in Manabe, S. (ed.) *Issues in Atmospheric and Oceanic Modeling. Part B, Weather Dynamics, Advances in Geophysics*, Academic Press, New York, 255–87.

Lander, M. A. (1990) Evolution of the cloud pattern during the formation of tropical cyclone twins symmetrical with respect to the Equator. *Monthly Weather Review* 118, 1194–202.

Landsea, C. W., Gray, W. M., Mielke, P. W., Jr. and Berry, K. J. (1994) Seasonal forecasting of Atlantic hurricane activity. *Weather* 49, 273–84.

Lau, K-M. and Li, M-T. (1984) The monsoon of East Asia and its global associations – a survey. *Bull. Amer. Met. Soc.* 65, 114–25.

Le Barbe, L., Lebel, T. and Tapsoba, D. (2002) Rainfall variability in West Africa during the years 1950–90. *J. Climate* 15(2), 187–202.

Le Borgue, J. (1979) Polar invasion into Mauretania and Senegal. *Ann. de Géog.* 88(485), 521–48.

Lin, C. (1982) The establishment of the summer monsoon over the middle and lower reaches of the Yangtze River and the seasonal transition of circulation over East Asia in early summer. *Proc. Symp. Summer Monsoon South East Asia*, People's Press of Yunnan Province, Kunming, 21–8 (in Chinese).

Lockwood, J. G. (1965) The Indian monsoon – a review. *Weather* 20, 2–8.

Lowell, W. E. (1954) Local weather of the Chicama Valley, Peru. *Archiv. Met. Geophys. Biokl.* B 5, 41–51.

Lydolph, P. E. (1957) A comparative analysis of the dry western littorals. *Ann. Assn Amer. Geog.* 47, 213–30.

Maejima, I. (1967) Natural seasons and weather singularities in Japan. Geography Report No. 2, Tokyo Metropolitan University, 77–103.

Maley, J. (1982) Dust, clouds, rain types, and climatic variations in tropical North Africa. *Quaternary Res.* 18, 1–16.

Malkus, J. S. (1955–1956) The effects of a large island upon the trade-wind air stream. *Quart. J. Roy. Met. Soc.* 81, 538–50; 82, 235–8.

Malkus, J. S. (1958) Tropical weather disturbances: why do so few become hurricanes? *Weather* 13, 75–89.

Mason, B. J. (1970) Future developments in meteorology: an outlook to the year 2000. *Quart. J. Roy. Met. Soc.* 96, 349–68.

Matsumoto, J. (1985) Precipitation distribution and frontal zones over East Asia in the summer of 1979. *Bull. Dept Geog., Univ. Tokyo* 17, 45–61.

Meehl, G. A. (1987) The tropics and their role in the global climate system. *Geog. J.* 153, 21–36.

Memberry, D.A. (2001) Monsoon tropical cyclones. Part I. *Weather* 56, 431–8.

Mink, J. F. (1960) Distribution pattern of rainfall in the leeward Koolau Mountains, Oahu, Hawaii. *J. Geophys. Res.* 65, 2869–76.

Mohr, K. and Zipser, E. (1996) Mesoscale convective systems defined by their 85–GHz ice scattering signature: size and intensity comparison over tropical oceans and continents. *Monthly Weather Review* 124, 2417–37.

Molion, L. C. B. (1987) On the dynamic climatology of the Amazon Basin and associated rainproducing mechanisms, in Dickinson, R. E. (ed.) *The Geophysiology of Amazonia*, John Wiley & Sons, New York, 391–405.

Musk, L. (1983) Outlook – changeable. *Geog. Mag.* 55, 532–3.

Neal, A. B., Butterworth, L. J. and Murphy, K. M. (1977) The morning glory. *Weather* 32, 176–83.

Nicholson, S. E. (1989) Long-term changes in African rainfall. *Weather* 44, 46–56.

Nicholson, S. E. and Flohn, H. (1980) African environmental and climatic changes and the general atmospheric circulation in late Pleistocene and Holocene. *Climatic Change* 2, 313–48.

Nyberg, J. et al. (2007) Low Atlantic hurricane activity in the 1970s and 1980s compared to the past 270 years. *Nature* 447, 698–701.

Omotosho, J. B. (1985) The separate contributions of line squalls, thunderstorms and the monsoon to the total rainfall in Nigeria. *J. Climatology* 5, 543–52.

Palmén, E. (1948) On the formation and structure of tropical hurricanes. *Geophysica* 3, 26–38.

Palmer, C. E. (1951) Tropical meteorology, in Malone, T. F. (ed.) *Compendium of Meteorology*, American Meteorological Society, Boston, MA, 859–80.

Physik, W. L. and Smith, R. K. (1985) Observations and dynamics of sea breezes in northern Australia. *Austral. Met. Mag.* 33, 51–63.

Pogosyan, K. P. and Ugarova, K. F. (1959) The influence of the Central Asian mountain massif on jet streams. *Meteorol. Gidrol.* 11, 16–25 (in Russian).

Quinn, W. H. and Neal, V. T. (1992) The historical record of El Niño, in Bradley, R. S. and Jones, P. D. (eds) *Climate Since A.D. 1500*, Routledge, London, 623–48.

Raghavan, K. (1967) Influence of tropical storms on monsoon rainfall in India. *Weather* 22, 250–5.

Ramage, C. S. (1952) Relationships of general circulation to normal weather over southern Asia and the western Pacific during the cool season. *J. Met.* 9, 403–8.

Ramage, C. S. (1964) Diurnal variation of summer rainfall in Malaya. *J. Trop. Geog.* 19, 62–8.

Ramage, C. S. (1968) Problems of a monsoon ocean. *Weather* 23, 28–36.

Ramage, C. S. (1986) El Niño. *Sci. American* 254, 76–83.

Ramage, C. S., Khalsa, S. J. S. and Meisner, B. N. (1980) The central Pacific near-equatorial convergence zone. *J. Geophys. Res.* 86(7), 6,580–98.

Ramaswamy, C. (1956) On the sub-tropical jet stream and its role in the department of largescale convection. *Tellus* 8, 26–60.

Ramaswamy, C. (1962) Breaks in the Indian summer monsoon as a phenomenon of interaction between the easterly and the sub-tropical westerly jet streams. *Tellus* 14, 337–49.

Rasmusson, E. M. (1985) El Niño and variations in climate. *Amer. Sci.* 73, 168–77.

Ratisbona, L. R. (1976) The climate of Brazil, in Schwerdtfeger, W. (ed.) *Climates of Central and South America*, World Survey of Climatology 12, Elsevier, Amsterdam, 219–93.

Reynolds, R. (1985) Tropical meteorology. *Prog. Phys. Geog.* 9, 157–86.

Riehl, H. (1963) On the origin and possible modification of hurricanes. *Science* 141, 1001–10.

Rodwell, M. J. and Hoskins, B. J. (1996) Monsoons and the dynamics of deserts. *Quart. J. Roy. Met. Soc.* 122, 1385–404.

Ropelewski, C. F. and Halpert, M. S. (1987) Global and regional scale precipitation patterns associated with the El Niño/Southern Oscillation. *Monthly Weather Review* 115, 1606–25.

Rossignol-Strick, M. (1985) Mediterranean Quaternary sapropels, an immediate response of the African monsoon to variation in isolation. *Palaeogeog., Palaeoclim., Palaeoecol.* 49, 237–63.

Sadler, J. C. (1975) The monsoon circulation and cloudiness over the GATE area. *Monthly Weather Review* 103, 369–87.

Saha, R. R. (1973) Global distribution of double cloud bands over the tropical oceans. *Quart. J. Roy. Met. Soc.* 99, 551–5.

Saito, R. (1959) The climate of Japan and her meteorological disasters. *Proceedings of the International Geophysical Union*, Regional Conference in Tokyo, Japan, 173–83.

Sawyer, J. S. (1970) Large-scale disturbance of the equatorial atmosphere. *Met. Mag.* 99, 1–9.

Sikka, D. R. (1977) Some aspects of the life history, structure and movement of monsoon depressions. *Pure and Applied Geophysics* 15, 1501–29.

Suppiah, R. (1992) The Australian summer monsoon: a review. *Prog. Phys. Geog.* 16(3), 283–318.

Thompson, B. W. (1951) An essay on the general circulation over South-East Asia and the West Pacific. *Quart. J. Roy. Met. Soc.* 569–97.

Trenberth, K. E. (1976) Spatial and temporal oscillations in the Southern Oscillation. *Quart. J. Roy. Met. Soc.* 102, 639–53.

Trenberth, K. E. (1990) General characteristics of El Niño–Southern Oscillation, in Glantz, M. H., Katz, R. W. and Nicholls, N. (eds) *Teleconnections Linking Worldwide Climate Anomalies*, Cambridge University Press, Cambridge, 13–42.

Trewartha, G. T. (1958) Climate as related to the jet stream in the Orient. *Erdkunde* 12, 205–14.

Vera, C. et al. (2006) Toward a unified view of the American monsoon systems. *J. Clim.*, 19(20), 4977–5000.

Vincent, D. G. (1994) The South Pacific Convergence Zone (SPCZ): a review. *Monthly Weather Review* 122(9), 1949–70.

Webster, P. J. (1987a) The elementary monsoon, in Fein, J. S. and Stephens, P. L. (eds) *Monsoons*, John Wiley & Sons, New York, 3–32.

Webster, P. J. (1987b) The variable and interactive monsoon, in Fein, J. S. and Stephens, P. L. (eds) *Monsoons*, John Wiley & Sons, New York, 269–330.

Webster, P. J. et al. (2005) Changes in tropical cyclone number, duration, and intensity in a warming environment. *Science* 309, 1844–6.

World Meteorological Organization (1972) Synoptic analysis and forecasting in the tropics of Asia and the south-west Pacific. WMO No. 321, Geneva (524pp.).

Wyrtki, K. (1982) The Southern Oscillation, ocean–atmosphere interaction and El Niño. *Marine Tech. Soc. J.* 16, 3–10.

Yarnal, B. (1985) Extratropical teleconnections with El Niño/Southern Oscillation (ENSO) events. *Prog. Phys. Geog.* 9, 315–52.

Ye, D. (1981) Some characteristics of the summer circulation over the Qinghai–Xizang (Tibet) plateau and its neighbourhood. *Bull. Amer. Met. Soc.* 62, 14–19.

Ye, D. and Gao, Y-X. (1981) The seasonal variation of the heat source and sink over Qinghai–Xizang plateau and its role in the general circulation, in *Geoecological and Ecological Studies of Qinghai–Xizang Plateau*, Vol. 2, Science Press, Beijing, 1453–61.

Yihui, D. and Zunya, W. (2008) A study of rainy seasons in China. *Met. Atmos. Phys.*, 100, 121–38.

Yoshino, M. M. (1969) Climatological studies on the polar frontal zones and the intertropical convergence zones over South, South-east and East Asia. *Climatol. Notes* 1, Hosei University (71pp.).

Yuter, S.E. and Houze, R.A., Jr. (1998) The natural variability of precipitating clouds over the western Pacific warm pool. *Quart. J. R. Met. Soc.* 124, 53–99.

Zhang, C. et al. (2008) Climatology of warm season cold vortices in East Asia, 1979–2005. *Met. Atmos. Phys.*,100, 291–301.

12 Climas da camada limite

> **OBJETIVOS DE APRENDIZAGEM**
>
> Depois de ler este capítulo, você:
>
> - entenderá a importância das características superficiais para as trocas de energia e umidade e, assim, para os climas de pequena escala;
> - entenderá como os ambientes florestais e urbanos modificam as condições atmosféricas e o clima local; e
> - conhecerá as características de uma ilha de calor urbana.

Os fenômenos meteorológicos abrangem uma ampla variedade de escalas espaciais e temporais, desde rajadas de vento que levantam folhas e outros detritos, aos sistemas de ventos em escala global, que moldam o clima planetário. Suas escalas de tempo e extensão, assim como sua energia cinética, são ilustradas na Figura 12.1, em comparação com as de uma variedade de atividades humanas. A turbulência em pequena escala, com vórtices de vento de alguns metros de dimensão e duração de apenas alguns segundos, representa o domínio da *micrometeorologia*, ou dos climas da camada limite. Os climas de pequena escala ocorrem dentro da camada limite planetária (ver Capítulo 5) e têm escalas verticais da ordem de 10^3 m, escalas horizontais de 10^4 m, e escalas temporais de aproximadamente 10^5 segundos (isto é, um pouco mais que um dia). A camada limite geralmente tem 1 km de espessura, mas varia entre 20 m e vários quilômetros em diferentes locais e diferentes momentos no mesmo local. Dentro dessa camada, os processos de difusão mecânica e convectiva transportam massa, momento e energia, além de trocarem aerossóis e substâncias químicas entre a atmosfera inferior e a superfície da Terra. A camada limite é especialmente propensa ao resfriamento noturno e ao aquecimento diurno e, dentro dela, a velocidade do vento diminui por atrito, desde a velocidade do ar livre no alto a valores mais baixos perto da superfície, chegando finalmente à altura do *comprimento da rugosidade*, com velocidade zero (ver Capítulo 5).

Os processos de difusão dentro da camada limite são de dois tipos:

1. *Difusão em vórtices.* Os vórtices envolvem parcelas de ar que transportam energia, momento e umidade de um local para outro. Em geral, podem ser resolvidos em vórtices espiralados ascendentes que levam a transferências da superfície da Terra para a atmosfera ou de uma camada vertical de ar para outra. Esses vórtices podem ser definidos por linhas de correntes generaliza-

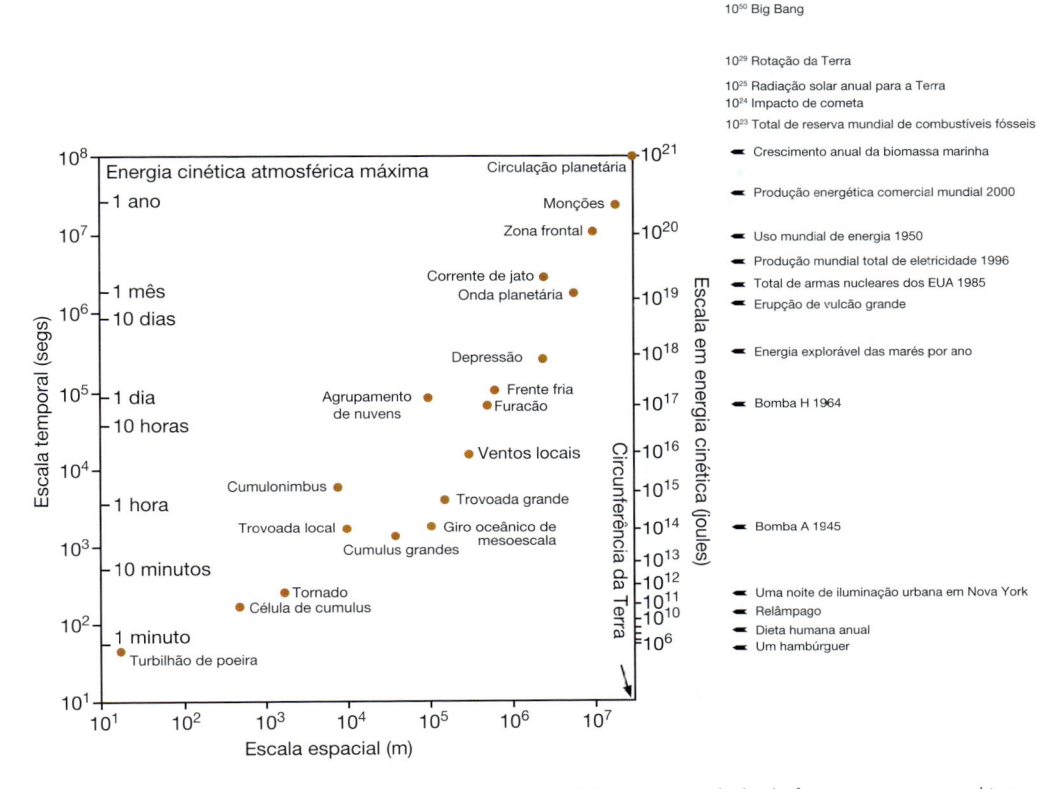

Figura 12.1 Relação entre as escalas temporal e espacial de uma variedade de fenômenos meteorológicos com seu equivalente em energia cinética (joules). Os valores equivalentes em energia cinética são mostrados para outros fenômenos antrópicos e naturais. "Impacto de cometa" refere-se ao KT (evento Cretáceo/Terciário).

das (i.e., flutuações resolvidas). Eles variam em tamanho de alguns centímetros (10^{-2}m) de diâmetro acima de uma superfície aquecida a 1-2 m (10^0m), resultando de convecção de pequena escala e rugosidade superficial, e crescem até se tornarem *dust devies* (turbilhões de poeira) (10^1m, durante 10^1-10^2s) e tornados (10^3m, durante 10^2-10^3s).

2 *Difusão turbulenta*. São flutuações aparentemente aleatórias (isto é, não resolvidas) de velocidades instantâneas, com variação de um segundo ou menos.

A BALANÇOS ENERGÉTICOS EM SUPERFÍCIE

Em primeiro lugar, revisaremos o processo de troca de energia entre a atmosfera e uma superfície sem vegetação. A equação do balanço de energia em superfície, discutida no Capítulo 3D, é escrita da seguinte forma:

$$Rn = H + LE + G$$

onde Rn, o saldo de radiação de todos os comprimentos de onda = $[S(1 - \alpha)] + Ln$

$S =$ radiação incidente de ondas curtas
$\alpha =$ fração correspondente ao albedo da superfície
$Ln =$ saldo de radiação (emitida) de ondas longas (infravermelho)

Rn geralmente é positivo durante o dia, pois a radiação solar absorvida excede o saldo de radiação emitida de ondas longas; à noite, quando $S = 0$, Rn é determinado pela magnitude negativa de Ln, pois a radiação emitida de ondas longas pela superfície, invariavelmente, excede o componente que chega da atmosfera.

Os termos do fluxo energético da superfície são definidos como positivos quando afastados da interface da superfície:

- $G =$ fluxo de calor para o solo,
- $H =$ fluxo turbulento de calor sensível para a atmosfera,
- $LE =$ fluxo turbulento de calor latente para a atmosfera ($E =$ evaporação; $L =$ calor latente de vaporização).

Durante o dia, o saldo de radiação é equilibrado pelos fluxos turbulentos emitidos de calor sensível (H) e calor latente (LE) para a atmosfera e pela condução do fluxo de calor para o solo (G). À noite, o Rn negativo causado pelo saldo de radiação emitido de ondas longas é compensado pela condução de calor do solo (G) e calor turbulento do ar (H) (Figura 12.2A). Ocasionalmente, a condensação pode contribuir com calor para a superfície.

Normalmente, existe um pequeno estoque de calor residual (ΔS) no solo na primavera/verão e um retorno do calor para a superfície no outono/inverno. Quando existe uma cobertura de vegetação, pode haver um pequeno armazenamento adicional de calor bioquímico, devido à fotossíntese, assim como de calor físico nas folhas e caules. Outro componente energético a ser considerado em áreas de cobertura vegetal mista (floresta/campo, deserto/oásis) e em corpos d'água é a transferência horizontal (*advecção*) de calor pelo vento e pelas correntes (ΔA; ver Figura 12.2B). A atmosfera transporta calor sensível e latente no sentido vertical e horizontal.

B SUPERFÍCIES NATURAIS SEM VEGETAÇÃO

1 Rocha e areia

As trocas energéticas das superfícies desérticas secas são relativamente simples. Um padrão diurno representativo da troca energética sobre superfícies desérticas é mostrado na Figura 12.3. A temperatura do ar a 2 m varia entre 17 e 29°C, embora a superfície do leito seco do lago atinja 57°C ao meio-dia. Rn alcança uma máxima em torno das 13:00 horas, quando a maior parte do calor é transferida para o ar por convecção turbulenta; no começo da manhã, o calor penetra no solo. À noite, esse calor do solo retorna para a superfície, compensando o resfriamento radiativo. Em um período de 24 horas, por volta de 90% do saldo de radiação transformam-se em calor sensível, 10% vão para o fluxo do solo. Temperaturas superficiais extremas de mais de 88°C foram medidas no Vale da Morte, Califórnia, e parece que o limite superior fica em torno de 93°C. As temperaturas máximas do ar já registradas são de 56,7°C no Rancho Greenland, no Vale da Morte, Califórnia, e 57,8°C em El Azizia, na Líbia.

As propriedades da superfície modificam a penetração do calor, como mostram as medições realizadas em meados de agosto no Saara (Figura 12.4). As temperaturas máximas alcançadas em superfícies de basalto escuro e arenito claro são quase idênticas, mas a maior condutividade térmica do basalto (3,1 W m^{-1} K^{-1}) em relação ao arenito (2,4 W m^{-1} K^{-1}) confere uma maior amplitude diurna e maior penetração da onda térmica diurna, de cerca de 1 m no basalto. Na areia, a onda térmica é desprezível a 30 cm, devido à baixa condutividade do ar intergranular. Observe que a amplitude superficial

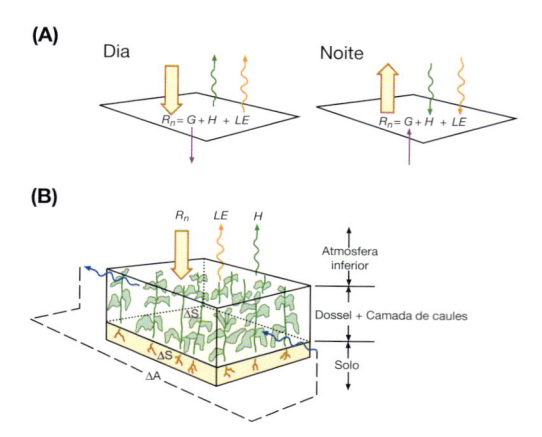

Figura 12.2 Fluxos de energia envolvidos no balanço energético de uma superfície simples durante o dia e a noite (A) e uma superfície com vegetação (B).

Fonte: Oke (1978). Cortesia de Routledge and Methuen.

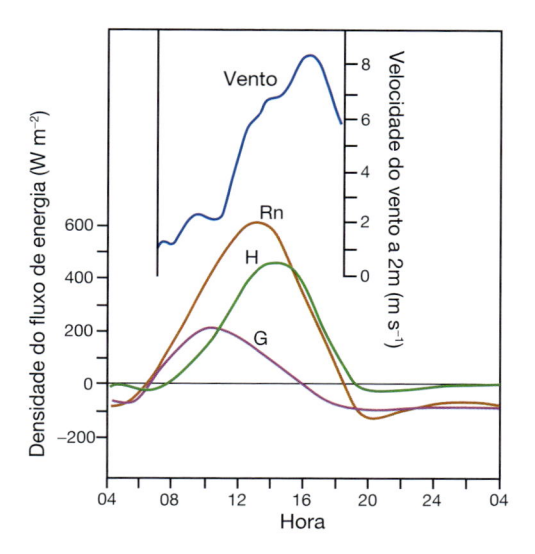

Figura 12.3 Fluxos de energia envolvidos em uma superfície de lago seco em El Mirage, Califórnia (35°N), em 10-11 de junho de 1950. A velocidade do vento decorrente de turbulência superficial foi medida a uma altura de 2 m.

Fonte: Vehrencamp (1953) e Oke (1978).

da temperatura é várias vezes maior do que no ar. A areia também tem um albedo de 0,35, comparado com aproximadamente 0,2 para uma superfície rochosa.

2 Água

Para um corpo d'água, os fluxos de energia têm proporções bastante diferentes. A Figura 12.5 ilustra o regime diurno para o Oceano Atlântico tropical, mostrando a média para 20 de junho a 2 de julho de 1969. O balanço energético simples baseia-se na premissa de que o termo advectivo horizontal devido à transferência de calor por correntes é zero, e que o influxo total de energia é absorvido nos 27 m superiores do oceano. Assim, entre 06:00 e 16:00 horas, quase todo o saldo de radiação é absorvido pela camada de água (i.e., ΔW é positivo) e, em todos os outros momentos, a água oceânica está esquentando o ar pela transferência de calor sensível e calor latente de evaporação. A máxima da tarde é determinada pela hora de temperatura máxima na água de superfície.

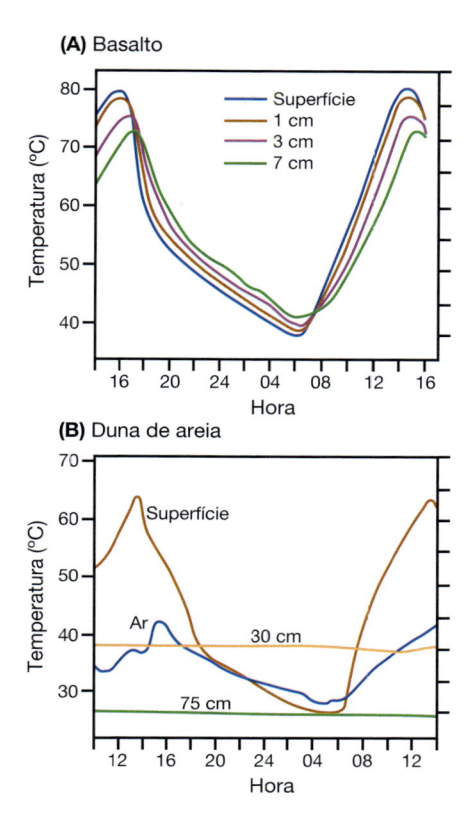

Figura 12.4 Temperaturas diurnas perto, sobre e abaixo da superfície na região de Tibesti, Saara central, em meados de agosto de 1961. (A): na superfície e a 1 cm, 3 cm e 7 cm abaixo da superfície de um basalto; (B): na camada de ar superficial, na superfície e a 30 cm e 75 cm abaixo da superfície de uma duna de areia.

Fonte: Peel (1974). Cortesia de Zeitschrift für Geomorphologie.

3 Neve e gelo

As superfícies que têm cobertura de neve ou gelo por grande parte do ano apresentam balanços energéticos mais complexos. Esses tipos de superfície são: oceano coberto por gelo marinho; geleiras, tundra; florestas boreais e estepe, que são cobertas por neve durante o longo inverno. Balanços de energia semelhantes caracterizam os meses de inverno (Figura 12.6). Uma exceção está nas áreas locais de oceano cobertas por gelo marinho fino, e as fissuras abertas no gelo têm 300 W m^{-2} disponíveis – mais do

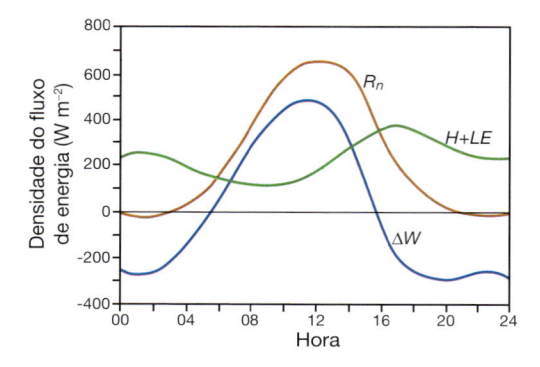

Figura 12.5 Variação diurna média dos componentes do balanço de energia dentro e sobre o Oceano Atlântico tropical durante o período de 20 de junho a 2 de julho de 1969.

Fonte: Holland. In Oke (1987). Com permissão de Routledge and Methuen, London, and T. R. Oke.

que a radiação líquida para as florestas boreais no verão. A transição para a primavera sobre o continente é bastante rápida (ver Figura 10.38). Durante o verão, quando o albedo se torna um parâmetro superficial crítico, existem importantes contrastes espaciais. No verão, o balanço de radiação do gelo marinho com mais de três metros de espessura é bastante baixo e, para geleiras em ablação, é ainda menor. O derretimento da neve envolve a componente adicional do balanço de energia (ΔM), que é a mudança (positiva) no estoque líquido de calor latente devido ao derretimento (Figura 12.7). Nesse exemplo de derretimento no Lago Bad, Saskatchewan, em 10 de abril de 1974, o valor de R_n se manteve baixo por causa do elevado albedo da neve (0,65). Como o ar sempre estava mais

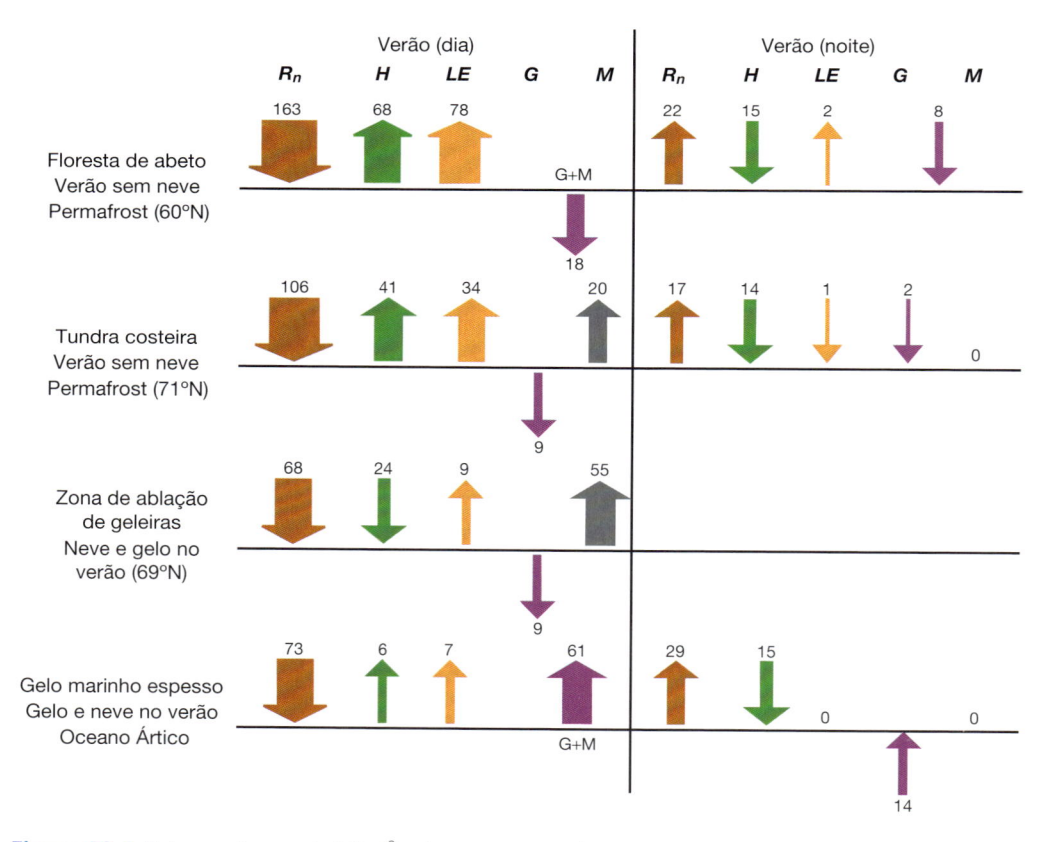

Figura 12.6 Balanços de energia (W m^{-2}) sobre quatro tipos de terreno nas regiões polares. M = energia usada para derreter a neve.

Fonte: Weller e Wendler (1990). Reimpresso de Annals of Glaciology, com permissão da International Glaciological Society.

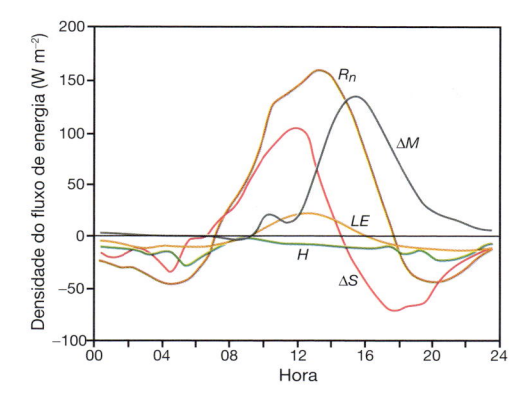

Figura 12.7 Componentes do balanço energético para uma cobertura de neve em processo de derretimento no Lago Bad, Saskatchewan (51°N) em 10 de abril de 1974.

Fonte: Granger e Male. Modified by Oke (1987).

quente do que a neve que derretia, havia um fluxo de calor sensível do ar o tempo todo (i.e., H negativo). Antes do meio-dia, quase toda a radiação líquida havia passado para o estoque de calor da neve, gerando derretimento, que atingiu seu pico à tarde (ΔM máximo). A radiação líquida explica cerca de 68% do derretimento de neve, e a convecção ($H + LE$), 31%. A neve derrete antes nas florestas boreais do que na tundra e, como o albedo das florestas de abeto expostas tende a ser menor do que o da tundra, a radiação líquida da floresta pode ser significativamente maior do que a da tundra. Assim, ao sul da linha de árvores do Ártico, a floresta boreal atua como uma importante fonte de calor.

C SUPERFÍCIES COM VEGETAÇÃO

Do ponto de vista do regime energético e dos microclimas nas coberturas vegetais, é importante considerar os cultivos de pequeno porte e as florestas separadamente.

1 Cultivos verdes de pequeno porte

Todo cultivo verde de pequeno porte, com até um metro de altura, quando recebe água suficiente e é exposto a condições semelhantes de radiação solar, tem um balanço semelhante de radiação líquida (Rn). Isso se dá principalmente por causa da pequena amplitude de albedos, 20-30% para cultivos verdes de pequeno porte, comparação com 9-18% para as florestas. A estrutura da cobertura parece ser a principal razão para essa diferença em albedo.

A Tabela 12.1 mostra números gerais para as taxas de dispersão de energia ao meio-dia em um dia de junho em uma plantação de gramíneas com 20 cm nas latitudes médias superiores.

A Figura 12.8 mostra os balanços de energia diurnos e anuais de uma plantação de gramíneas de pequeno porte perto de Copenhagen (56°N). Para um período médio de 24 horas em junho, por volta de 58% da radiação incidente são usados na evapotranspiração. Em dezembro, o saldo de radiação menor (isto é, Rn negativo) é composto por 55% de calor supridos pelo solo e 45% oriundos da transferência de calor sensível do ar para a grama.

Podemos generalizar o microclima de cultivos de pequeno porte em crescimento com base em T. R. Oke (ver Figura 12.9):

1. *Temperatura.* No começo da tarde, existe uma máxima de temperatura logo abaixo do topo da vegetação, onde ocorre a absorção máxima de energia. A temperatura é mais baixa perto da superfície do solo, onde o calor flui para dentro dele. À noite, o cultivo resfria, principalmente por emissão de ondas longas e por um pouco de transpiração que ainda prossegue, gerando uma mínima de temperatura a por volta de dois terços da altura da planta. Em condições calmas, pode haver uma inversão térmica logo acima do topo.

2. *Velocidade do vento.* Mínima na porção superior da cobertura vegetal, onde a folha-

Tabela 12.1 Taxas de dispersão de energia (W m^{-2}) ao meio-dia em uma parcela de grama (20 cm) em latitudes médias mais altas em um dia de junho

Saldo de radiação no topo do cultivo	550
Armazenamento de calor físico em folhas	6
Armazenamento de calor bioquímico (isto é, processos de crescimento)	22
Recebido na superfície do solo	200

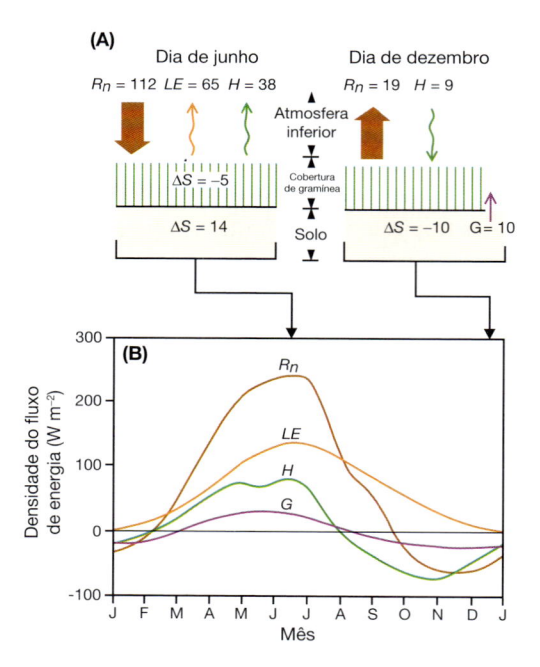

Figura 12.8 Fluxos de energia sobre gramíneas curtas perto de Copenhagen (56°N). (A): totais para um dia em junho (17 horas de luz; altura solar máxima 58°) e dezembro (7 horas de luz; altura solar máxima 11°). Unidades em W m^{-2}. (B): curvas sazonais do saldo de radiação (R_n), calor latente (LE), calor sensível (H) e fluxo de calor para o solo (G).
Fonte: Miller (1965); e Sellers (1965).

gem é mais densa. Existe um leve aumento abaixo e um notável aumento acima.

3. *Vapor d'água.* A taxa máxima diurna de evapotranspiração e produção de vapor d'água ocorre a aproximadamente dois terços da altura do cultivo, onde o dossel é mais denso.

4. *Dióxido de carbono.* Durante o dia, o CO_2 é absorvido pela fotossíntese das plantas em crescimento e, à noite, é emitido por respiração. O sumidouro e fonte máximos de CO_2 ocorrem a aproximadamente dois terços da altura do cultivo.

Finalmente, analisamos as condições que acompanham o crescimento de cultivos irrigados. A Figura 12.10 ilustra as relações energéticas em um cultivo de capim sudão irrigado com 1m de altura em Tempe, Arizona, em 20 de julho de 1962. A temperatura do ar variou entre 25 e 45°C. Durante o dia, a evapotranspiração no ar seco estava perto do seu potencial, e o LE (anomalamente alto, devido a uma inversão térmica local) excedeu o Rn, sendo a deficiência causada por uma transferência de calor sensível do ar (H negativo). A evaporação continuou durante a noite, em decorrência de um vento moderado (7 m s^{-1}) mantido pelo fluxo de calor contínuo do ar. Assim, a evapotranspiração leva a temperaturas diurnas comparativamente baixas dentro de cultivos irrigados no deserto. Quando a superfície é inundada com água, como em uma plantação de arroz, as compo-

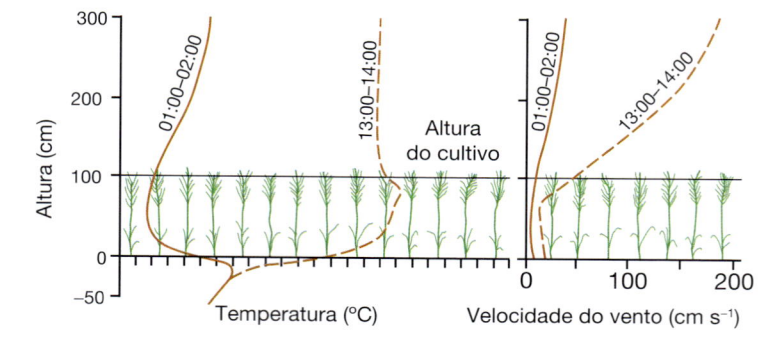

Figura 12.9 Perfis de temperatura e velocidade do vento dentro e acima de uma plantação de cevada com um metro de altura em Rothamsted, sul da Inglaterra, em 23 de julho de 1963, às 01:00-02:00 horas e 13:00-14:00 horas.
Fonte: Long et al. (1964). Com permissão da Meteorologische Rundschau.

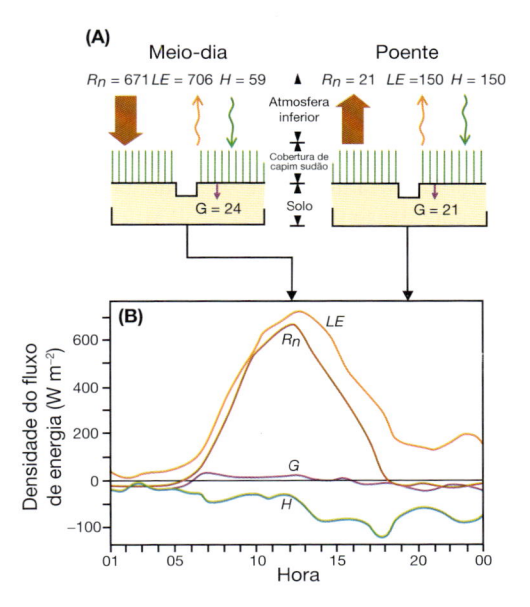

Figura 12.10 Fluxos de energia envolvidos no balanço energético diurno de uma plantação de capim sudão irrigado em Tempe, Arizona, em 20 de julho de 1962.
Fonte: Sellers (1965). Com permissão da University of Chicago Press.

nentes do balanço de energia e, assim, o clima local, assumem um caráter semelhante ao de corpos d'água (ver B, neste capítulo). À tarde e à noite, a água se torna a principal fonte de calor, e as perdas turbulentas para a atmosfera se dão na forma de calor latente.

2 Florestas

A estrutura vertical de uma floresta, que depende da composição das espécies, das associações ecológicas e da idade da vegetação, determina seu microclima. A influência climática de uma floresta pode ser explicada em termos da geometria da floresta, incluindo características morfológicas, porte, cobertura, idade e estratificação. As características morfológicas incluem a quantidade de ramificações (bifurcação), a periodicidade do crescimento (isto é, perene ou decídua), junto com o porte, a densidade e a textura das folhas. O tamanho das árvores, obviamente, é importante. Em florestas temperadas, os tamanhos podem ser bastante semelhantes, ao passo que, em florestas tropicais, pode haver grande variedade local. A cobertura do topo determina a obstrução física que o dossel representa às trocas de radiação e escoamento de ar.

As estruturas verticais diferentes nas florestas tropicais e nas florestas temperadas têm efeitos microclimáticos importantes. Em florestas tropicais, a altura média das árvores mais altas fica em torno de 46-55 m, com algumas com mais de 60 m. A altura predominante das árvores em florestas temperadas em geral é até 30 m. As florestas tropicais possuem uma grande variedade de espécies, raramente menos que 40 por hectare (100 hectares = 1 km^2) e, às vezes, mais de 100, em comparação com menos de 25 (e ocasionalmente apenas uma) espécies de árvores com diâmetro do tronco maior que 10 cm na Europa e na América do Norte. Algumas florestas nas Ilhas Britânicas têm estratificação quase contínua no dossel, desde arbustos baixos às copas de faias de 36 m, ao passo que as florestas tropicais são bastante estratificadas, com um denso sub-bosque, troncos simples e, geralmente, dois estratos superiores de folhagem. Essas estratificações resultam em microclimas mais complexos nas florestas tropicais do que nas florestas temperadas.

É conveniente descrever os efeitos climáticos das áreas de florestas em termos da modificação que causam nas transferências de energia, no escoamento de ar, no ambiente de umidade e no ambiente térmico.

Modificação das transferências de energia

Os dosséis das florestas alteram significativamente o padrão de radiação incidente e emanante. A reflectividade de ondas curtas das florestas depende em parte das características das árvores e da sua densidade. As florestas de coníferas têm albedos de 8-14%, enquanto os valores para as florestas decíduas variam entre 12 e 18%, aumentando à medida que o dossel se torna mais aberto. Os valores para a savana semiárida e matas de capoeira (caatinga) são muito maiores.

Além de refletir a energia, o dossel da floresta a aprisiona. Medidas feitas no verão em uma floresta de carvalhos de 30 anos no distrito de Voronezh na Rússia indicam que 5,5% do saldo de radiação no topo do dossel são armazenados no solo e nas árvores. Matas densas de faia vermelha (*Fagus sylvatica*) interceptam 80% da radiação incidente nas copas das árvores e menos de 5% alcançam o solo da floresta. O maior aprisionamento ocorre em condições de boa luz solar, pois, quando o céu está encoberto, a radiação incidente difusa tem maior possibilidade de penetrar lateralmente no espaço entre os troncos (Figura 12.11). Todavia, a luz visível não mostra um quadro totalmente correto do total de penetração de energia, pois mais radiação ultravioleta do que infravermelha é absorvida nos dosséis. No que tange à penetração de luz, existem grandes variações, dependendo do tipo de árvore, do espaçamento entre as árvores, da época do ano, da idade, da densidade de dossel e da altura. Por volta de 50-75% da intensidade luminosa externa podem penetrar no solo de uma floresta de faias e vidoeiros, 20-40% para pinheiros e 10-25% para abetos e pinheiros, mas, para as florestas tropicais do Congo, esse número pode ser de apenas 0,1%, e já foi registrado 0,01% para uma mata densa de olmos na Alemanha. Um dos efeitos mais importantes disso é a redução da duração da luz do dia. Para as florestas deciduais, mais de 70% da luz podem penetrar quando estão sem folhas. A idade das árvores também é importante, pois isso controla a cobertura do dossel e a altura. A Figura 12.11 mostra esse efeito complicado para abetos na floresta da Turíngia, na Alemanha.

Modificação do fluxo de ar

As florestas impedem o movimento lateral e vertical do ar. De modo geral, o movimento do ar dentro das florestas é pequeno, se comparado com o que ocorre no espaço aberto, e variações bastante grandes na velocidade dos ventos externos têm pouco efeito dentro da mata. As medidas realizadas nas florestas europeias mostram que 30m de penetração reduzem as velocidades do vento a 60-80%, 60 m a 50%, e 120 m a apenas 7%. Um vento de 2,2 m s^{-1} do lado de fora de uma floresta perene brasileira foi reduzido a 0,5 m s^{-1} a 100 m da sua borda, e foi desprezível a 1000 m. No mesmo local, ventos de tempestade do lado de fora, com 28 m s^{-1}, foram reduzidos a 2 m s^{-1} 11 km floresta adentro. Onde existe uma estruturação vertical intricada da floresta, as velocidades do vento se tornam mais complexas. Assim, nos topos dos dosséis (23 m) de uma floresta tropical no Panamá, a velocidade do vento era 23% daquela observada do lado de fora, mas apenas 20% no sub-bosque (2 m). Outras influências incluem a densidade da mata e a estação. O efeito da estação sobre as velocidades do vento em florestas deciduais é mostrado na Figura 12.12. Em uma floresta mista de carvalhos no Tennessee, as velocidades dos ventos dentro da floresta eram 12% das observadas no lado de fora em janeiro, mas apenas 2% em agosto.

O conhecimento do efeito das barreiras florestais sobre os ventos é utilizado na construção de quebra-ventos para proteger lavouras e o solo. Os quebra-ventos de ciprestes no vale do Ródano e de álamos (*Populus nigra*) na Holanda formam aspectos característicos da paisagem. Observou-se que quanto mais

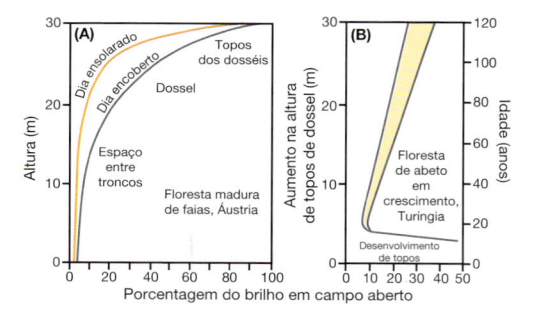

Figura 12.11 Quantidade de luz abaixo do dossel da floresta, em função da cobertura de nuvens e altura do topo do dossel: (A) para uma mata densa de faias vermelhas (*Fagus sylvatica*) de 120-150 anos de idade a uma elevação de 1000 m em uma encosta de 20° de inclinação voltada para sudeste perto de Lunz, Áustria; (B) para uma floresta de abeto na Turíngia, Alemanha, ao longo de mais de 100 anos de crescimento, durante os quais a altura do topo chegou a quase 30 m.

Fonte: Geiger (1965). Com permissão de Rowman and Littlefield.

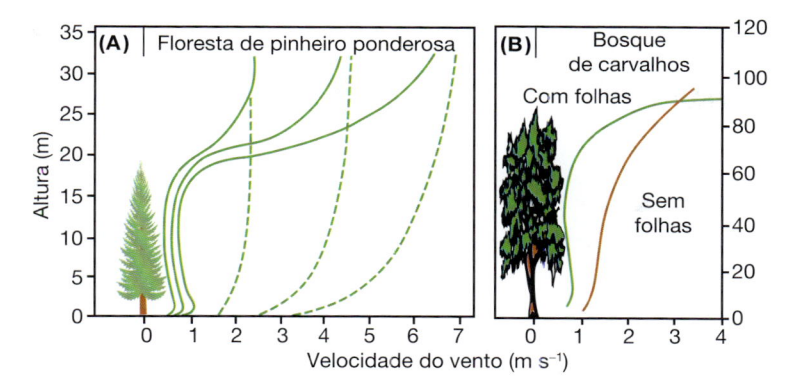

Figura 12.12 Influência sobre os perfis de velocidade do vento, exercida por: (A) uma plantação densa de pinheiro ponderosa (*Pinus ponderosa*) de 20 m de altura na Floresta Experimental Shasta, Califórnia. As linhas tracejadas indicam os perfis correspondentes sobre o campo aberto para velocidades gerais dos ventos de 2,3, 4,6 e 7,0 m s^{-1}, respectivamente; (B) um bosque de carvalhos de 25 m de altura, com e sem folhas.
Fonte: (A): Fons e Kittredge (1948). (B): R. Geiger e H. Amann (1965); Geiger (1965).

densa a obstrução, maior a proteção imediatamente atrás dela, embora a extensão de seu efeito a jusante seja reduzida pela turbulência gerada pela barreira a sotavento. Um quebra-vento com penetrabilidade de cerca de 40% (Figura 12.13) confere proteção máxima. Uma obstrução começa a fazer efeito aproximadamente 18 vezes a sua altura antes do montante, e é possível aumentar o seu efeito jusante pelo *encaixe* de mais de uma linha de árvores (ver Figura 12.13).

As barreiras florestais têm alguns efeitos microclimáticos cerca de menos óbvios. Um dos mais importantes é que a redução da velocidade do vento em clareiras na floresta aumenta o risco de geada em noites de inverno. Outro é a remoção de poeira e gotículas de neblina do ar pela ação filtradora das florestas. Medidas realizadas 1,5 km a montante, no lado a sotavento e 1,5 km a jusante de uma floresta alemã de 1 km de largura mostraram contagens de poeira (partículas por litro) de 9000, menos de 2000 e mais de 4000, respectivamente. As gotículas de neblina podem ser filtradas pelo ar que se move lateralmente, resultando em maior precipitação dentro da floresta do que fora. A quantidade de precipitação fora de uma floresta de eucalipto perto de Melbourne, Austrália, foi de 500 mm, ao passo que dentro da floresta, foi de 600 mm.

Modificação do ambiente hígrico

As condições de umidade dentro das florestas contrastam radicalmente com as observadas no espaço aberto. A evaporação do solo da floresta geralmente deve-se pela elevada umidade do ar da floresta e menos pela redução da luz solar direta, menor velocidade do vento e menor temperatura máxima. A evaporação do solo descoberto das florestas de pinheiro é 70% da observada no espaço aberto para o Arizona no verão, e apenas 42% para a região mediterrânea.

Ao contrário de muitas plantações cultivadas, as árvores da floresta apresentam uma ampla variedade de resistências fisiológicas aos processos de transpiração e, assim, as proporções de fluxos energéticos envolvidos na evapotranspiração (LE) e troca de calor sensível (H) variam. Na floresta tropical amazônica, com suas folhas largas, estimativas sugerem que, após uma chuva, até 80% do saldo da radiação solar (R_n) estão envolvidos na evapotranspiração (LE) (Figura 12.14). A Figura 12.15 compara os fluxos energéticos diurnos durante julho para uma floresta de pinheiros no leste da Inglaterra e uma floresta de abetos na Colúmbia Britânica. No primeiro caso, somente 0,33 da Rn é usado para a LE, devido à elevada resistência dos pinheiros à transpiração, ao passo que 0,66 da Rn é empregado na floresta de abeto

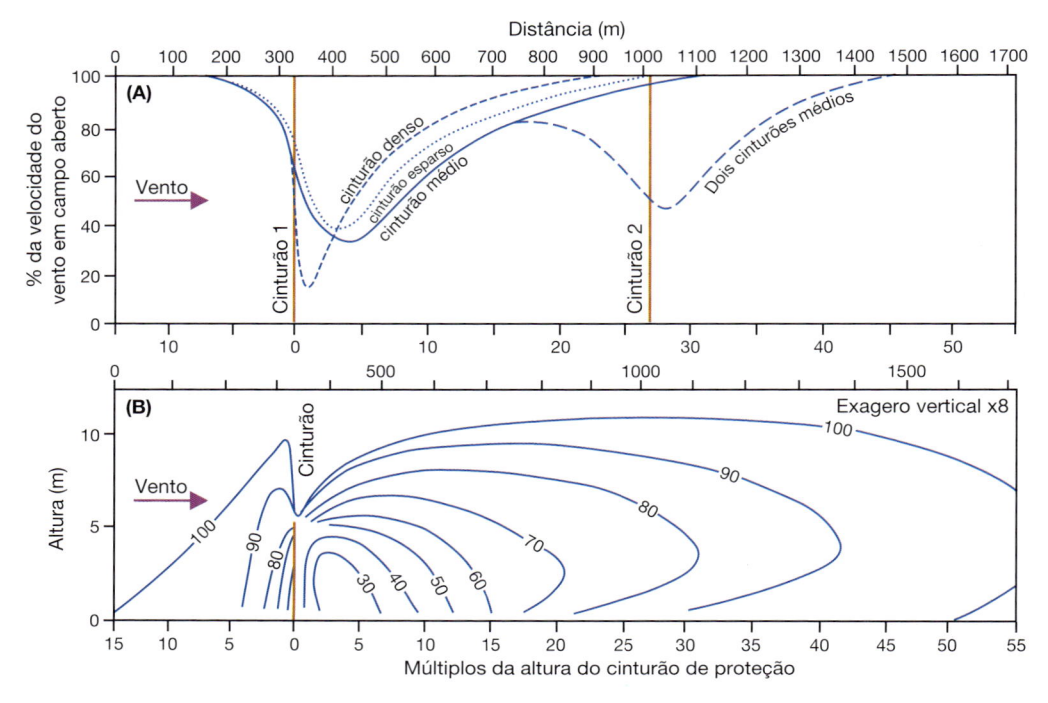

Figura 12.13 Influência dos cinturões de proteção sobre as distribuições da velocidade do vento (expressas como porcentagens da velocidade em campo aberto). (A): efeitos de um cinturão de proteção de três densidades diferentes, e de dois cinturões de proteção de densidade média acoplados; (B): efeitos detalhados de um quebra-vento edificado.

Fonte: A: W. Nägeli; e Geiger (1965). B: Bates e Stoeckeler; e Kittredge (1948).

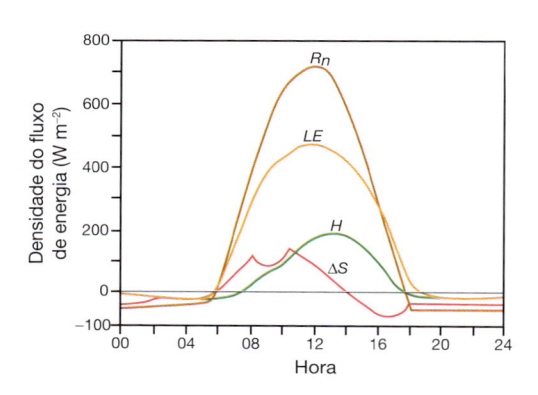

Figura 12.14 Simulação de computador dos fluxos de energia envolvidos no balanço energético diurno de uma floresta tropical primária ambrófila na Amazônia durante um período de Sol alto no segundo dia seco depois de chuvas diárias de 22 mm.

Fonte: Biosphere Atmosphere Transfer Scheme (BATS) model, de Dickinson and Henderson-Sellers (1988). Com permissão de Royal Meteorological Society.

na Colúmbia Britânica, especialmente durante a tarde. Como os cultivos de pequeno porte, somente uma proporção muito pequena da Rn acaba sendo usada para o crescimento das árvores, com uma média de aproximadamente 1,3 W m^{-2}; 60% disso geram tecido lenhoso, e 40%, resíduo florestal.

Durante a luz do dia, as folhas transpiram água por poros abertos, chamados *estômatos*. Essa perda é controlada pela duração do dia, pela temperatura da folha (modificada pelo resfriamento causado pela evaporação), pela área superficial, pelas espécies de árvores e sua idade, bem como pelos fatores meteorológicos da energia radiante disponível, pressão de vapor atmosférica e velocidade do vento. Portanto, os valores da evaporação total são extremamente variados. A evaporação de água interceptada pelas superfícies vegetais também entra nos totais, além da transpiração direta. Cálculos

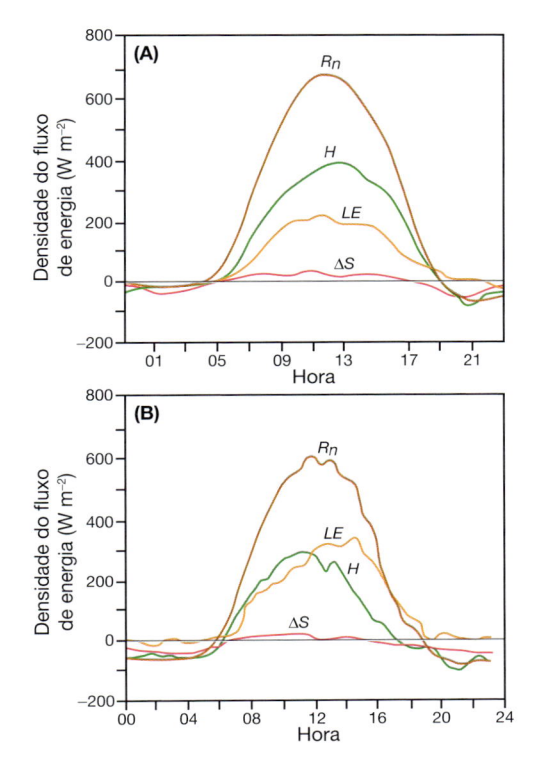

Figura 12.15 As componentes da energia em um dia de julho em dois bosques. A: Pinheiros da Escócia e da Córsega em Thetford, Inglaterra (52°N), em 7 de julho de 1971. Cobertura de nuvens presente durante o período 00:00-05:00 horas. B: Bosque de abeto (Douglas) em Haney, British Columbia (49°N), em 10 de julho de 1970. Cobertura de nuvens presente durante o período 11:00-20:00 horas.

Fonte: A: Gay e Stewart (1974); in Oke (1978); B: McNaughton e Black (1973); in Oke (1978). Com permissão de Routledge and Methuen.

feitos para uma bacia hidrográfica coberta por pinheiros-da-Noruega (*Picea abies*) nas Montanhas Harz da Alemanha mostram uma evapotranspiração anual de 340 mm e perdas adicionais de 240 mm por interceptação.

A umidade das florestas está relacionada com a quantidade de evapotranspiração e aumenta com a densidade da vegetação presente. O aumento de 3-10% na umidade relativa dentro da floresta em comparação com o ambiente externo é especialmente acentuado no verão. As pressões de vapor foram maiores dentro do que fora de um bosque de carvalhos no Tennessee para todos os meses, com exceção de dezembro. As florestas tropicais apresentam saturação noturna quase total, independentemente da elevação no espaço entre os troncos, ao passo que, durante o dia, ela está inversamente relacionada com a elevação. Medidas realizadas na Amazônia mostram que, em condições secas, a umidade específica durante o dia no espaço inferior entre os troncos (1,5 m) é de quase 20 g kg^{-1}, em comparação com 18 g kg^{-1} no topo do dossel (36 m).

Pesquisas recentes realizadas em florestas boreais mostram que elas têm baixas taxas fotossintéticas e de redução de carbono e, consequentemente, baixas taxas de transpiração. Ao longo do ano, a absorção de CO_2 por fotossíntese é balanceada por sua perda por respiração. Durante a estação de crescimento, a taxa de evapotranspiração de florestas boreais (em especial de abetos) é surpreendentemente baixa (menos de 2 mm por dia). O baixo albedo, junto com o baixo uso energético para a evapotranspiração, leva a uma grande disponibilidade de energia, a fluxos elevados de calor sensível e ao desenvolvimento de uma profunda camada limite planetária convectiva. Esse efeito é acentuado durante a primavera e o começo do verão, devido à intensa turbulência mecânica e convectiva. Já no outono, o congelamento do solo aumenta a sua capacidade térmica, levando a uma defasagem no sistema climático. Existe menos energia disponível, e a camada limite é rasa.

A influência das florestas na precipitação ainda não foi determinada. Isso se deve, em parte, às dificuldades para comparar volumes obtidos em pluviômetros em espaços abertos com os obtidos dentro das florestas, em clareiras ou embaixo de árvores. Em clareiras pequenas, as baixas velocidades dos ventos causam pouca turbulência ao redor da abertura do pluviômetro, e os volumes obtidos em geral são maiores do que fora da floresta. Em clareiras maiores, as correntes descendentes são mais prevalentes, assim, o volume obtido no pluviômetro aumenta. Em um bosque de pinheiro e faia com 25 m de altura na Alemanha, os volumes em clareiras de 12m de diâmetro foram 87% dos localizados a jusante da floresta, mas aumentaram para 105% em clareiras de 38 m. Uma análise dos registros de precipitação para Letzlinger Heath (Alemanha) antes e depois de um florestamento sugere um aumento médio anual de 6%, com os maiores excessos ocorrendo durante anos mais secos. Parece que as florestas têm pouco efeito sobre a chuva ciclônica, mas podem aumentar levemente a precipitação orográfica, por elevação e turbulência, na ordem de 1-3% em regiões temperadas.

Uma influência mais importante das florestas sobre a precipitação se dá pela interceptação direta da chuva pelo dossel. Isso varia com a cobertura do topo do dossel, a estação e a intensidade das chuvas. Medidas realizadas em florestas de faias na Alemanha indicam que, em média, elas interceptam 43% da precipitação no verão e 23% no inverno. As florestas de pinheiros podem interceptar até 94% da precipitação de baixa intensidade, mas até 15% com chuvas de intensidade alta, ficando a média para pinheiros temperados em cerca de 30%. Na floresta tropical, por volta de 13% das chuvas anuais são interceptados. A precipitação interceptada evapora no dossel, escorre pelo tronco ou pinga sobre o solo. A avaliação da precipitação total que atinge o solo exige medições cuidadosas do fluxo que escoa pelos caules e da contribuição do gotejamento do dossel. A interceptação pelo dossel contribui com 15-25% da evaporação total em florestas tropicais. Ela não representa uma perda total de umidade da floresta, pois a energia solar usada no processo de evaporação não está disponível para remover umidade do solo ou água de transpiração. Todavia, a vegetação não deriva o benefício da ciclagem de água através dela por meio do solo. A evaporação pelo dossel depende do saldo de radiação recebida e do tipo de espécie envolvida. Algumas florestas de carvalho mediterrâneas interceptam 35% das chuvas, e quase tudo isso evapora do dossel. Estudos sobre o balanço de água indicam que as florestas perenes permitem 10-50% mais evapotranspiração do que gramíneas nas mesmas condições climáticas. As gramíneas normalmente refletem 10-15% mais radiação solar do que as espécies de árvores co-níferas, assim, existe menos energia disponível para a evaporação. Além disso, as árvores têm maior rugosidade superficial, o que aumenta o movimento turbulento do ar e, portanto, a eficiência da evaporação. As perenes permitem que haja transpiração durante todo o ano. No entanto, são necessárias pesquisas para verificar esses resultados e testar diversas hipóteses.

Modificação do ambiente térmico

A vegetação florestal tem um efeito importante nas condições de temperatura em microescala. O abrigo do Sol, a cobertura à noite, as perdas de calor por evapotranspiração, a redução da velocidade do vento e o impedimento do movimento vertical do ar influenciam o ambiente térmico. O efeito mais óbvio da cobertura do dossel é que, dentro da floresta, as temperaturas máximas diárias são menores, e as mínimas são maiores (Figura 12.16). Isso é particularmente visível durante períodos de elevada evapotranspiração no verão, que diminuem as temperaturas máximas diárias e fazem as temperaturas mensais em florestas tropicais e temperadas ficarem bem abaixo das observadas fora da mata. Em florestas temperadas ao nível do mar, a temperatura média anual pode ser aproximadamente 0,6°C menor do que no espaço aberto circundante. As diferenças mensais médias podem alcançar 2,2°C no verão, mas não passam de 0,1°C no inverno. Em dias quentes de

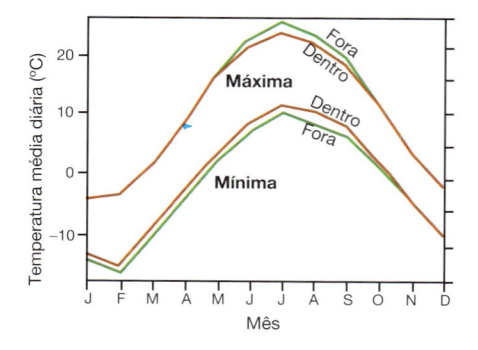

Figura 12.16 Regimes sazonais de temperaturas máximas e mínimas diárias médias dentro e fora de uma floresta com vidoeiro, faias e bordo em Michigan.
Fonte: US Department of Agriculture Yearbook (1941).

verão, a diferença pode ficar acima de 2,8°C. As temperaturas mensais médias e as variações diurnas para florestas temperadas de faia, abeto e pinheiro são apresentadas na Figura 12.17. Isso também mostra que, quando as árvores transpiram pouco no verão (p. ex., os arbustos de carvalho *forteto* do Mediterrâneo, maquis), as elevadas temperaturas diurnas nos bosques protegidos podem fazer o padrão de valores mensais médios ser o inverso das florestas temperadas. Contudo, mesmo dentro de regiões climáticas individuais, é difícil generalizar. Em elevações de 1000 m, a redução das temperaturas médias nas florestas temperadas abaixo das observadas em campo aberto pode ser o dobro da observada ao nível do mar.

A estrutura vertical dos bosques gera uma estrutura temperada complexa, mesmo em bosques relativamente simples. Por exemplo, em uma floresta de pinheiro ponderosa (*Pinus ponderosa*) no Arizona, a máxima média registrada para junho e julho aumentou em 0,8°C, simplesmente ao elevar o termômetro de 1,5 para 2,4 m acima do solo da floresta. Em florestas tropicais estratificadas, o quadro térmico é mais complexo. O denso dossel esquenta consideravelmente durante o dia e logo perde seu calor à noite, apresentando uma variação muito maior na temperatura diurna do que o sub-bosque (Figura 12.18A). Enquanto as temperaturas máximas diurnas do segundo estrato são intermediárias entre as das copas das árvores e as do sub-bosque, as mínimas noturnas são maiores do que nos dois, pois o segundo estrato fica isolado por ar aprisionado acima e abaixo (Figura 12.18B). Durante condições secas na floresta amazônica, existe uma separação semelhante entre o ar no estrato inferior e os dois terços superiores do dossel, refletida na amplitude reduzida da faixa de temperaturas diurnas. À noite, o padrão é inverso: as temperaturas respondem ao resfriamento radiativo nos dois terços inferiores do dossel. As variações da temperatura dentro de uma camada de até 25 m de altura agora são separadas das que ocorrem nas copas das árvores e mais acima.

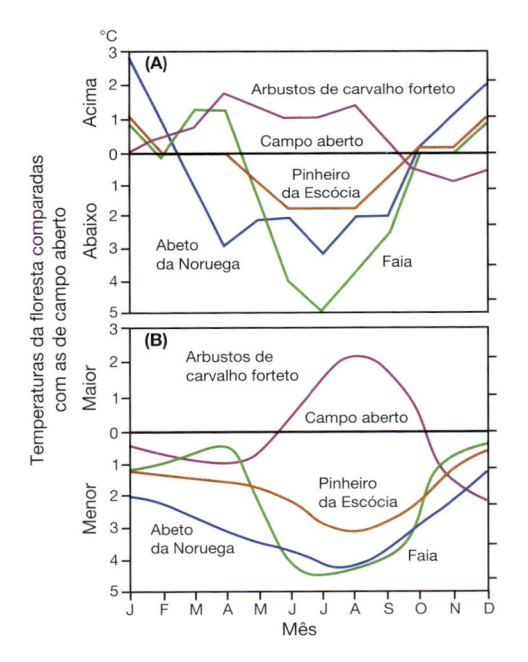

Figura 12.17 Regimes sazonais de (A) temperaturas mensais médias e (B) faixas de temperaturas mensais médias, comparadas com as observadas em campo aberto, para quatro tipos de florestas italianas. Observe as condições anômalas associadas às formações arbustivas de carvalhos *forteto* (maquis), que transpiram pouco.

Fonte: Food and Agriculture Organization of the United Nations (1962).

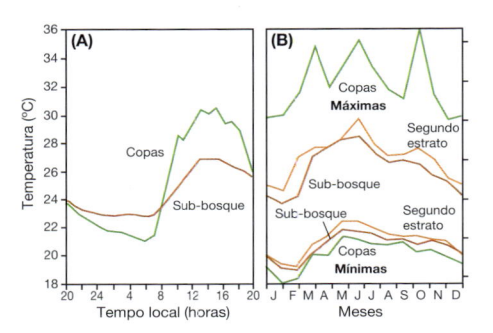

Figura 12.18 Efeito da estratificação das florestas tropicais sobre a temperatura.* (A): avanço diário da temperatura (10-11 de maio de 1936) nas copas das árvores (24 m) e no sub-bosque (0,7 m) durante a estação úmida em uma floresta tropical primária na Reserva de Shasha, Nigéria. (B): temperaturas máximas e mínimas semanais médias em três camadas de floresta primária (Dipterocarp), Monte Maquiling, Filipinas.

Fonte: *Richards (1952); A: Evans; B: Brown.

D SUPERFÍCIES URBANAS

De um total de 6,6 bilhões em 2007, projeta-se que a população mundial aumentará para 8,2 bilhões em 2025, com a proporção da população urbana aumentando de 45 para 60% durante o mesmo período. Assim, neste século, a maior parte da raça humana viverá e trabalhará influenciada pelo clima urbano (ver Quadro 12.1). A construção de cada casa, estrada ou fábrica destrói os microclimas existentes e cria novos microclimas de grande complexidade, que dependem do projeto, da densidade e da função da construção. Apesar da variação interna das influências climáticas urbanas, é possível tratar os efeitos de estruturas urbanas em termos de:

1. modificação da composição atmosférica;
2. modificação do balanço de calor;
3. modificação de características da superfície.

1 Modificação da composição atmosférica

A poluição urbana altera as propriedades térmicas da atmosfera, reduz a passagem de luz do Sol e proporciona núcleos de condensação abundantes. A atmosfera urbana moderna compreende uma mistura de gases, incluindo ozônio, dióxido de enxofre, óxidos de nitrogênio e particulados como poeira mineral, carbono e hidrocarbonetos complexos. Primeiramente, analisamos suas fontes sob duas categorias principais:

1. *Aerossóis*. O material particulado em suspensão (medido em mg m^{-3} ou μg m^{-3}) consiste principalmente em carbono, compostos de chumbo e alumínio e sílica. Estudos sobre os efeitos da exposição crônica à poluição do ar identificaram o material particulado fino como o principal fator nos efeitos prejudiciais à vida advindos do ar poluído.

2. *Gases*. A produção de gases, expressa em partes por milhão (ppm) ou pontos por bilhão (ppb) de volume, pode ser considerada em termos da queima industrial e doméstica de carvão, que libera gases como o dióxido de enxofre (SO_2), ou do ponto de vista da combustão de gasolina e óleo, que produz monóxido de carbono (CO), hidrocarbonetos (Hc), óxidos de nitrogênio

---

AVANÇOS SIGNIFICATIVOS DO SÉCULO XX

12.1 Climas urbanos

O primeiro reconhecimento do papel das cidades na modificação do clima local foi feito por Luke Howard, em um livro chamado *The Climate of London*, publicado em 1818. Howard fez observações na região da cidade entre 1806 e 1830, e chamou a atenção para o efeito das ilhas de calor. Em seu livro clássico, *Climate Near the Ground*, Rudolf Geiger relatou muitas observações desse tipo. Todavia, estudos dedicados aos climas urbanos somente começaram na década de 1950. Para complementar os dados das poucas estações meteorológicas existentes na cidade, T. J. Chandler analisou as diferenças nas temperaturas urbanas e rurais ao redor de Londres em diferentes momentos do dia e do ano, fazendo transectos com um veículo devidamente aparelhado. Repetindo a viagem na direção oposta, e calculando as médias dos resultados, o efeito causado pelas mudanças no horário foi essencialmente eliminado. Chandler (1965) escreveu um livro clássico sobre o clima de Londres. Métodos semelhantes foram adotados em outros locais, e a estrutura vertical da atmosfera urbana também foi investigada, instalando-se instrumentos sobre prédios altos e torres. Helmut Landsberg, nos Estados Unidos, concentrou-se em cidades europeias e norte-americanas com longos registros históricos, enquanto Tim Oke, no Canadá, fez estudos observacionais e de modelagem sobre os balanços de energia urbanos e as transferências radiativas e turbulentas em "cânions" urbanos.

O número de cidades modernas com populações acima de 10 milhões de habitantes chegava a pelo menos 25 em 2007, com muitas delas nos trópicos e subtrópicos, mas nosso conhecimento atual dos efeitos urbanos nessas zonas climáticas é mais limitado.

(NO_x), ozônio (O_3) e outros do gênero. Um levantamento realizado durante três anos em 39 áreas urbanas dos Estados Unidos identificou 48 compostos de hidrocarbonetos: 25 parafinas (60% do total, com uma concentração média de 266ppb de carbono), 15 aromáticos (26% do total, 116ppb C) e sete olefinas biogênicas (11%, 47ppb C). Os hidrocarbonetos biogênicos (olefinas) emitidos pela vegetação são altamente reativos. Eles destroem o ozônio e formam aerossóis em condições rurais, mas auxiliam na formação de ozônio em condições urbanas. As florestas de pinheiros emitem monoterpenos, $C_{10}H_{16}$, e as florestas deciduais, isoreno, C_3H_8; as concentrações rurais desses hidrocarbonetos se encontram na faixa de 0,1-1,5ppb e 0,6-2,3ppb, respectivamente.

Ao lidar com a poluição atmosférica, devemos lembrar, primeiro, que a difusão ou concentração de poluentes é função da estabilidade atmosférica (em especial da presença de inversões) e do movimento horizontal do ar. Ela também costuma ser maior nos dias úteis do que nos fins de semana ou feriados. Em segundo lugar, os aerossóis são removidos da atmosfera por deposição e carreamento pela chuva. Em terceiro, certos gases são suscetíveis a cadeias complexas de mudanças fotoquímicas, que podem destruir alguns gases, mas produzir outros.

Aerossóis

Conforme discutido no Capítulo 2A.2 e A.4, o balanço de energia global é afetado pela produção natural de aerossóis, que são derivados de desertos, vulcões e incêndios (ver Capítulo 13D.3). Ao longo do último século, a concentração média de poeira aumentou, particularmente na Eurásia, devido apenas em parte às erupções vulcânicas. Estima-se que a proporção de poeira atmosférica atribuída de forma direta ou indireta à atividade humana seja de 30% (ver Capítulo 2A.4). Como exemplo do segundo tipo, os tanques usados nas batalhas da Segunda Guerra Mundial no norte da África revolveram a superfície do deserto de tal maneira que o material transportado posteriormente era visível em nuvens sobre o Caribe. Aerossóis de fuligem gerados pelos incêndios florestais de setembro de 1997 e março de 2000 na Indonésia foram transportados através do Sudeste Asiático.

A concentração basal de partículas finas (MP_{10}, raio <10μm) hoje apresenta uma média de 20-30μg m^{-3} na zona rural das Ilhas Britânicas, mas os valores diários médios em cidades industriais do Leste Europeu e em muitas nações em desenvolvimento regularmente ultrapassam os 50-100μg m^{-3} perto do nível do solo. As maiores concentrações de fumaça em geral ocorrem com baixa velocidade do vento, baixa turbulência vertical, inversões térmicas, alta umidade relativa e ar oriundo de fontes de poluição em distritos industriais ou áreas de elevada concentração habitacional. O caráter das demandas por aquecimento doméstico e eletricidade faz a poluição urbana causada pela fumaça apresentar ciclos sazonais e diurnos notáveis, com as maiores concentrações ocorrendo por volta das 08:00 no começo do inverno (Figura 12.19). O súbito aumento matinal também se deve em parte a processos naturais. A poluição aprisionada durante a noite embaixo de uma camada estável a algumas centenas de metros acima da superfície pode ser trazida novamente ao nível do solo (em um processo denominado *fumigação*) quando a convecção térmica causa mistura vertical.

O efeito mais direto da poluição particulada é reduzir a visibilidade, a radiação incidente e a luz do Sol. Em Los Angeles, os aerossóis de carbono representam 40% da massa total de partículas finas e são uma importante causa das reduções severas na visibilidade, mas não são monitorados regularmente. A metade desse total vem do escapamento de veículos, e o resto, da queima de combustível industrial e de outras fontes estacionárias. No passado, a poluição, e as neblinas associadas (chamadas de *smog*), faziam algumas cidades britânicas perderem 25-55% da radiação solar incidente durante o período de novembro a março. Em 1945, estima-se que a cidade de Leicester tenha perdido 30% da radiação incidente no inverno, em comparação com 6% no verão. Essas perdas são naturalmente

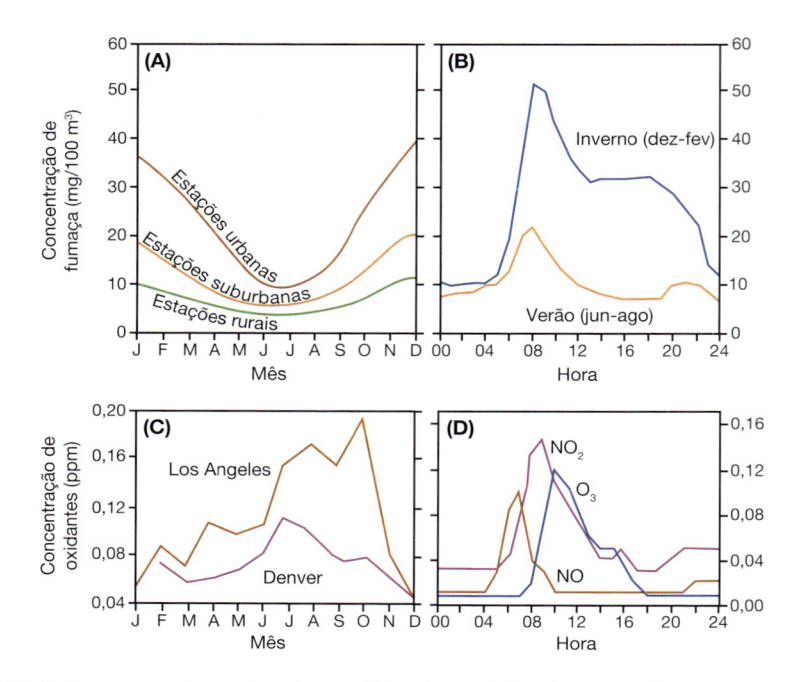

Figura 12.19 Ciclos anuais e diários de poluição. (A): ciclo anual de poluição por fumaça dentro e ao redor de Leicester, Inglaterra, durante o período 1937-1939, antes da legislação para reduzir a poluição. (B): ciclo diurno da poluição por fumaça em Leicester durante o verão e inverno, 1937-1939. (C): ciclo anual das concentrações máximas médias diárias de oxidantes, medidas em uma hora, para Los Angeles (1964-1965) e Denver (1965). (D): ciclos diurnos de concentrações de óxido nítrico (NO), dióxido de nitrogênio (NO_2) e ozônio (O_3) em Los Angeles em 19 de julho de 1965.
Fonte: (A) e (B): Meetham (1952) [et al. 1980]. (C) e (D): US DHEW (1970) e Oke (1978).

maiores quando os raios do Sol atingem a camada de *smog* em um ângulo baixo. Comparada com a radiação recebida na zona rural circundante, Viena perde 15-21% da radiação quando a altitude do Sol é de 30°, mas a perda aumenta para 29-36% com uma altitude de 10°. O efeito da poluição por fumaça é ilustrado na Figura 12.20, que compara as condições em Londres antes e depois da entrada em vigor do Clean Air Act de 1956, e do movimento para queimar combustíveis mais limpos e do declínio da indústria pesada. Antes de 1950, havia uma diferença notável na luz solar entre as áreas rurais circundantes e o centro da cidade (ver Figura 12.19A), que poderia significar uma perda média da luminosidade solar diária de 16 minutos nos subúrbios mais externos, 25 minutos nos subúrbios internos e 44 minutos no centro da cidade. Devemos lembrar, contudo, que as camadas de *smog* também impedem a reirradiação de calor superficial à noite, e que esse efeito de cobertura contribuía para as temperaturas mais elevadas na cidade durante a noite. Ocasionalmente, condições atmosféricas muito estáveis se combinam com a geração excessiva de poluição, conferindo um caráter letal ao *smog* denso. Durante o período de 5-9 de dezembro de 1952, uma inversão térmica sobre Londres causou uma densa neblina, com visibilidade de menos de 10 m por 48 horas consecutivas. Foram contabilizadas 12.000 mortes a mais (principalmente de problemas pulmonares) durante o período de dezembro de 1952 a fevereiro de 1953, em comparação com o mesmo período no ano anterior. A associação da incidência de neblina com a crescente industrialização e urbanização foi demonstrada pela cidade de Praga, onde o número médio anual de dias com ne-

ção cortaram as emissões totais de fumaça em Londres de $1,4 \times 10^8$ kg (141.000 t) em 1952 para $0,9 \times 10^8$ kg (89.000 t) em 1960. A Figura 12.20B mostra o aumento nos valores de luz solar mensal média para 1958-1967, comparados com os de 1931-1960. Desde o começo da década de 1960, as concentrações médias anuais de fumaça e dióxido de enxofre no Reino Unido caíram de 160ppm e 60ppm, respectivamente, para menos de 20ppm e 10ppm na década de 1990.

A visibilidade no Reino Unido melhorou em muitos pontos de medição durante a segunda metade do século XX. Nas décadas de 1950 e 1960, os dias com visibilidade ao meio-dia no 10° percentil inferior ficavam na faixa de 4-5 km, ao passo que, na década de 1990, esse número havia melhorado para 6-9 km. A visibilidade média anual às 12 UTC no aeroporto de Manchester era de 10 km em 1950, mas se aproximava de 30 km em 1997. As melhoras são atribuídas à maior eficiência dos combustíveis usados pelos veículos e à instalação de conversores catalíticos na década de 1970.

Gases

Além da poluição por particulados, produzida pelas atividades urbanas e industriais envolvendo a combustão de carvão e coque, existe a geração associada de gases poluentes. Antes do Clean Air Act no Reino Unido, estimava-se que a queima doméstica produzisse 80-90% da fumaça em Londres. Todavia, ela era responsável por apenas 30% do dióxido de enxofre liberado para a atmosfera – sendo o resto produzido por usinas de eletricidade (41%) e fábricas (29%). Depois do começo da década de 1960, os avanços na tecnologia, a redução gradual na queima de carvão e normas antipoluição geraram um declínio notável na poluição por dióxido de enxofre em muitas cidades europeias e norte-americanas (Figura 12.21). No entanto, o efeito das normas nem sempre foi claro. A redução na poluição atmosférica em Londres não foi visível até oito anos após a introdução do Clean Air Act de 1956, ao passo que, em Nova York, a redução observada começou no mesmo ano (1964) – *antes* das normas de controle da

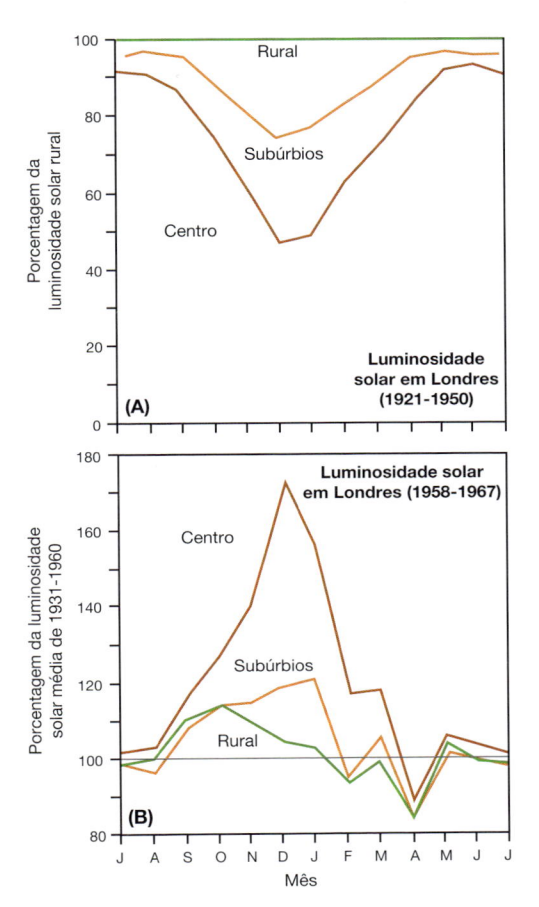

Figura 12.20 Luminosidade solar dentro e ao redor de Londres. (A): média mensal da luminosidade solar registrada na cidade e nos subúrbios para os anos 1921-1950, expressa como porcentagem da observada em áreas rurais adjacentes, mostrando os efeitos da poluição atmosférica na cidade durante o inverno. (B): média mensal da luminosidade solar registrada na cidade, nos subúrbios e nas áreas rurais circundantes durante o período 1958-1967, expressa como porcentagem das médias para o período 1931-1960, mostrando o efeito do Clean Air Act de 1956 no aumento da recepção de luminosidade solar no inverno, particularmente no centro de Londres.

Fonte: (A): Chandler (1965); (B): Jenkins (1969). Com permissão de Hutchinson e da Royal Meteorological Society.

blina aumentou de 79 durante o período 1860-1880 para 217 no período 1900-1920.

O uso de combustíveis que não produzem fumaça e outras formas de controle da polui-

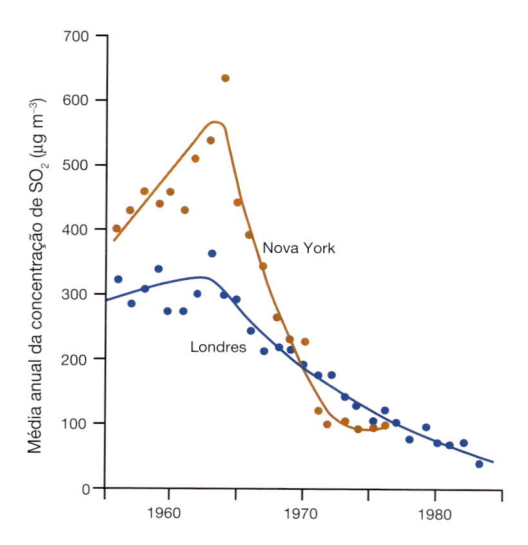

Figura 12.21 Média anual da concentração de dióxido de enxofre (mg m^{-3}) em Nova York e Londres durante um período de 25-30 anos, mostrando as drásticas reduções na poluição urbana por SO_2.

Fonte: Brimblecombe (1986). Com permissão da Cambridge University.

poluição do ar. Hoje, as concentrações médias diárias na Europa Ocidental e na América do Norte raramente ultrapassam 0,04 ppm (125 μg m^{-3}), mas onde ainda se usa carvão para aquecimento doméstico e industrial e existe um tráfego pesado movido a óleo diesel, como no Leste Europeu, na Ásia e na América do Sul, os níveis podem ser 5-10 vezes maiores.

Os complexos urbanos em muitas partes do mundo são afetados pela poluição que resulta da combustão de gasolina e óleo combustível por veículos e aeronaves, assim como por indústrias petroquímicas. Los Angeles, localizada em uma área topograficamente fechada e sujeita a inversões térmicas frequentes, é o exemplo perfeito dessa poluição, embora ela afete todas as cidades modernas. Mesmo com os controles existentes, 7% da gasolina de carros de passeio são emitidos sem serem queimados ou em uma forma mal-oxidada, outros 3,5% como *smog* fotoquímico e 33-40% como monóxido de carbono. O *smog* envolve pelo menos quatro componentes principais: fuligem de carbono, matéria orgânica particulada (MOP), sulfato (SO_4^{-2}) e nitratos de peroxiacetila (PANs). A metade da massa de aerossóis geralmente é de MOP e sulfato. Todavia, existem diferenças regionais importantes. Por exemplo, o teor de enxofre dos combustíveis usados na Califórnia e na Austrália é menor do que no leste dos Estados Unidos e na Europa, e as emissões de NO_2 excedem em muito as de SO_2 na Califórnia. A produção do *smog* em Los Angeles, que, ao contrário do *smog* urbano tradicional, ocorre caracteristicamente durante o dia no verão e no outono, é resultado de uma cadeia muito complexa de reações químicas, denominada ciclo fotolítico, que sofre perturbações (Figura 12.22). A radiação ultravioleta dissocia o NO_2 natural, formando NO e O. O oxigênio monoatômico (O) pode então se combinar com o oxigênio natural (O_2) para produzir ozônio (O_3). Este, por sua vez, reage com o NO artificial para produzir NO_2 (que retorna ao ciclo fotoquímico, formando um perigoso circuito de realimentação) e oxigênio. Os hidrocarbonetos produzidos pela combustão de gasolina combinam-se com átomos de oxigênio para produzir o radical livre de hidrocarboneto HcO*, que reage com os produtos da reação O_3–NO para gerar oxigênio e *smog* fotoquímico. Esse *smog* tem ciclos anuais e diurnos bem desenvolvidos na bacia de Los Angeles (ver Figuras 12.19C e D). Os níveis anuais de poluição por *smog* fotoquímico em Los Angeles (a partir

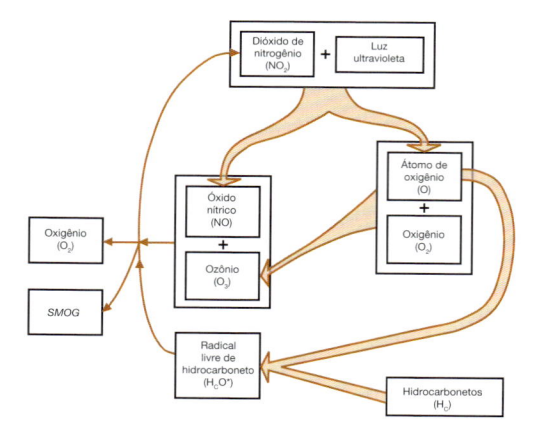

Figura 12.22 Ciclo fotolítico de NO_2, perturbado por hidrocarbonetos para produzir *smog* fotoquímico.
Fonte: US DHEW (1970) e Oke (1978).

das médias dos maiores valores por hora) são maiores no final do verão e no outono, quando céus claros, ventos leves e inversões térmicas se combinam com quantidades elevadas de radiação solar. As variações diurnas em componentes individuais do ciclo fotolítico perturbado indicam reações complexas. Por exemplo, há uma concentração de NO_2 no começo da manhã devido ao acúmulo do tráfego, e existe um pico de O_3 quando a radiação incidente é alta. O *smog* não apenas modifica o balanço de radiação das cidades, mas também gera um risco à saúde humana.

As novas normas municipais e estaduais nos Estados Unidos produziram diferenças consideráveis no tipo e na intensidade da poluição urbana. Por exemplo, Denver, no Colorado, situada em uma bacia a 1500 m de altitude, costumava ter uma "nuvem marrom" de *smog* no inverno e níveis elevados de ozônio no verão nas décadas de 1970 e 1980. No começo deste século, melhoras substanciais foram alcançadas com o uso obrigatório de aditivos na gasolina no inverno, restrições à queima de madeira e a instalação de depuradores de gás nas usinas elétricas.

Distribuição e impactos da poluição

As atmosferas poluídas apresentam características físicas bem-definidas ao redor de áreas urbanas, que dependem muito do gradiente adiabático ambiental, particularmente da presença de inversões térmicas, e da velocidade do vento. Um domo de poluição se desenvolve à medida que a poluição se acumula sob uma inversão que forma a camada limite urbana (Figura 12.23A). Um vento com velocidade de apenas 2 m s^{-1} (7,2 km h^{-1}) já é suficiente para deslocar o domo de poluição de Cincinnati a favor do vento, e um vento de 3,5 m s^{-1} (12,6 km h^{-1}) será suficiente para dispersá-lo na forma de pluma. A Figura 12.23B mostra um corte de uma pluma de poluição urbana. Essa pluma descreve um volume de mistura turbulenta no seu deslocamento. O processo de fumigação ocorre quando uma capa de inversão impede a dispersão para cima, mas as condições de gradiente térmico (devido ao aquecimento matutino do ar superficial) permitem que plumas convectivas e as correntes descendentes associadas tragam a poluição de volta para a superfície. A *elevação* ocorre a jusante, acima da inversão térmica, no topo da camada limite rural, dispersando a poluição para cima. A Figura 12.23C ilustra alguns aspectos de uma pluma de poluição até 160 km a jusante de St. Louis em 18 de julho de 1975. Diante da complexidade das reações fotoquímicas, deve-se observar que o ozônio aumenta a jusante, devido às reações fotoquímicas que ocorrem dentro da pluma, mas diminui sobre usinas elétricas, como resultado de outras reações com as emissões. Observou-se que essa pluma se estendeu a uma distância total de 240 km, mas, em condições de uma fonte de poluição intensa, um escoamento superficial estável e de grande escala e estabilidade atmosférica vertical, as plumas de poluição podem se estender por centenas de quilômetros ao longo do vento. Aeronaves que voavam alto observaram que as plumas oriundas da conurbação de Chicago-Gary se estendiam quase até Washington, DC, a 950 km de distância.

Entre os impactos da poluição do ar, estão: efeitos meteorológicos diretos (sobre a transferência radiativa, a luminosidade solar, a visibilidade e o desenvolvimento de neblina e nuvens), produção de gases de efeito estufa (pela liberação de CO_2, CH_4, NO_x, CFCs e HFCs), efeitos fotoquímicos (formação de ozônio na troposfera), acidificação (processos envolvendo SO_2, NO_x e NH_3) e transtornos para a sociedade (poeira, odor, *smog*) que afetam a saúde e a qualidade de vida, em especial em áreas urbanas.

2 Modificação do balanço de calor

O balanço de energia da superfície revestida de obra civil é semelhante às superfícies de terra descritas, exceto pela produção de calor que resulta do consumo de energia por combustão, que, em algumas cidades, pode até ultrapassar a *Rn* durante o inverno. Os valores informados para Toulose, na França, ficam em torno de 70 W m^{-2} durante o inverno e 15 W m^{-2} durante o verão. Embora a *Rn* possa não ser muito di-

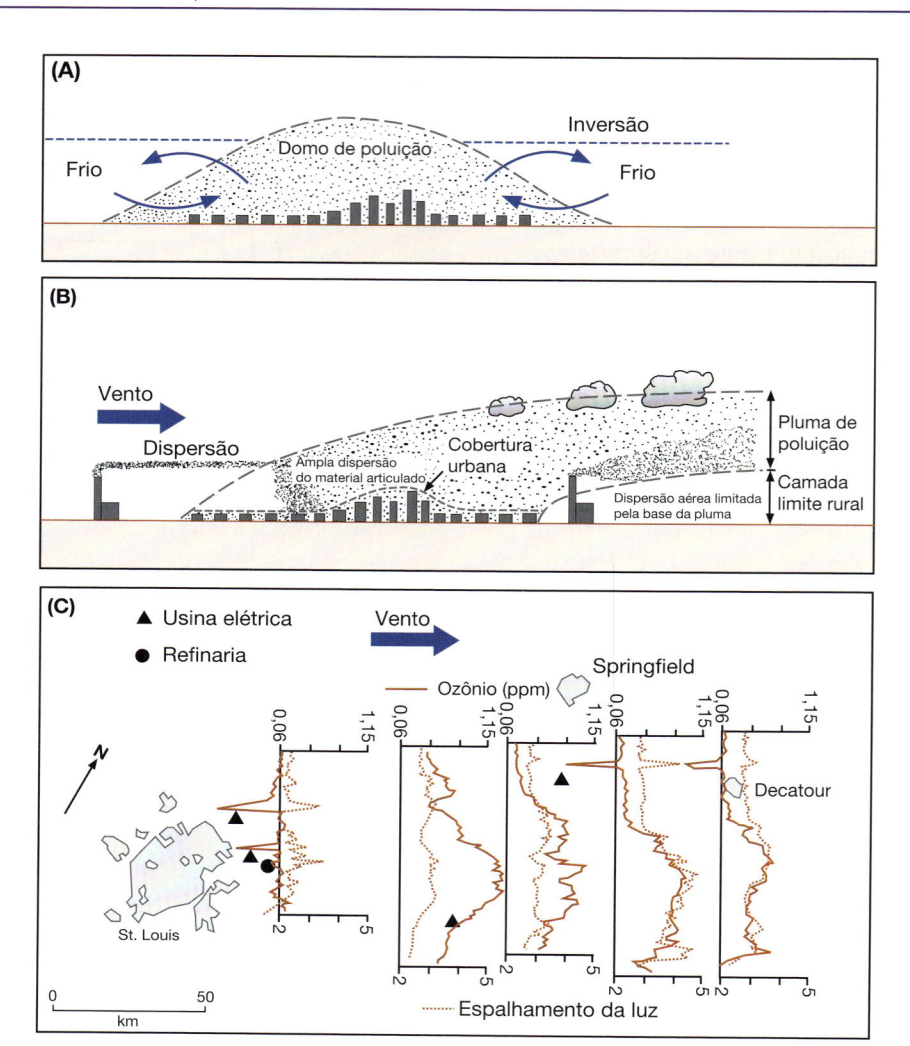

Figura 12.23 Configurações da poluição urbana. (A): domo de poluição urbana; (B): pluma de poluição urbana em uma situação estável (isto é, manhã após noite de céu claro). O sopramento é indicativo de estabilidade atmosférica vertical. (C): pluma de poluição a nordeste de St. Louis, Missouri, em 18 de julho de 1975.
Fonte: (B): Oke (1978); (C): White et al. (1976) e Oke (1978). Com permissão de Routledge and Methuen.

ferente da observada em áreas rurais próximas (exceto em períodos de poluição significativa), o armazenamento de calor pelas superfícies é maior (20-30% da R_n durante o dia), levando a valores noturnos maiores de H; a LE é muito menor nos centros das cidades. Depois de períodos secos prolongados, a evapotranspiração pode chegar a zero nos centros urbanos, exceto para certas operações industriais e para parques e jardins irrigados, onde a LE pode ultrapassar a Rn. Essa falta de LE significa que, durante o dia, 70-80% da Rn podem ser transferidos para a atmosfera como calor sensível (H). Abaixo da cobertura urbana, os efeitos da elevação e da orientação sobre o balanço de energia, que podem variar notavelmente até em uma mesma rua, determinam os microclimas das ruas e dos "cânions urbanos".

A natureza complexa da modificação urbana do balanço de calor é demonstrada por observações feitas dentro e ao redor da cidade de Vancouver. A Figura 12.24 compara os balanços de energia diurnos do verão para locais rurais e suburbanos. As áreas rurais apresentam um considerável consumo do saldo de radiação (R_n) por evapotranspiração (LE) durante o dia, gerando temperaturas mais baixas do que nos subúrbios. Embora o ganho no saldo de radiação nos subúrbios seja maior durante o dia, a perda é maior durante a noite e a madrugada, devido à liberação de calor sensível turbulento da cobertura suburbana (isto é, ΔS negativo). O balanço de energia diurno para o topo seco de um cânion urbano é simétrico por volta do meio-dia (Figura 12.25C) e dois terços do saldo de radiação são transferidos para o calor sensível atmosférico e um terço para o armazenamento de calor no material de construção (ΔS). A Figura 12.25A-C explica essa simetria no balanço de energia em termos do comportamento de seus componentes (ou seja, piso do cânion, parede voltada para oeste e parede voltada para leste); eles formam um cânion urbano branco e

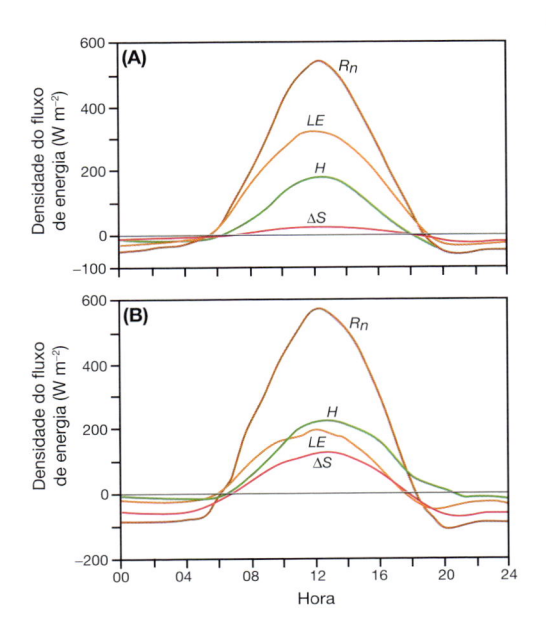

Figura 12.24 Balanços de energia diurnos médios para locais (A) rurais e (B) suburbanos na Grande Vancouver para 30 dias do verão.

Fonte: Clough e Oke, Oke (1988). Com permissão de T. R. Oke.

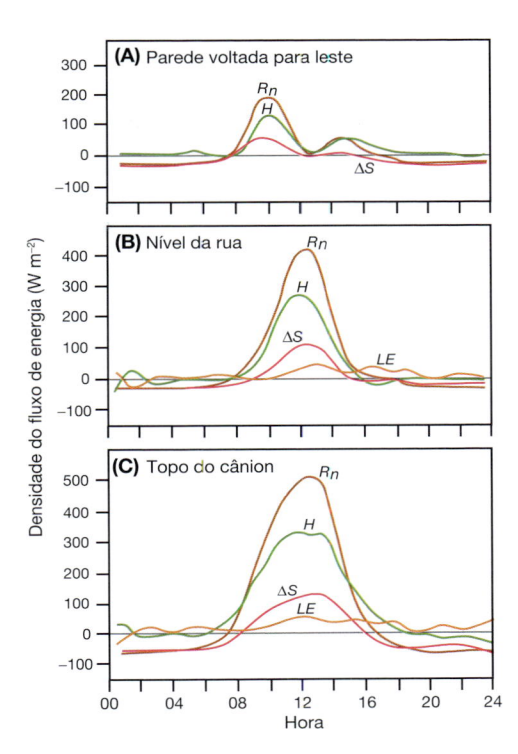

Figura 12.25 Variação diurna nos componentes do balanço de energia para um cânion urbano de orientação N-S em Vancouver, Colúmbia Britânica, com paredes de concreto brancas, sem janelas e uma razão largura-altura de 1:1, durante o período 9-11 de setembro de 1973. (A): média para a parede voltada para leste; (B): média para o piso; (C): médias de fluxos através do topo do cânion.

Fonte: Nunez and Oke, in Oke (1978). Com permissão de Routledge and Methuen.

sem janelas no começo de setembro, alinhado no sentido norte-sul e com altura igual à largura. A parede voltada para o leste recebe a primeira variação no começo da manhã, atingindo o máximo às 10:00 horas, mas fica totalmente na sombra depois das 12:00 horas. A R_n total é baixa, pois a parede voltada para o leste seguidamente está na sombra. O nível da rua (isto é, o piso do cânion) somente é iluminado pelo Sol na metade do dia, e as disposições de R_n e H são simétricas. O terceiro componente do balanço de energia total do cânion urbano é a parede voltada para o oeste, que é uma imagem espelho (centrada ao meio-dia) do balanço da parede voltada para o leste. Consequentemente, a simetria do balanço de energia no nível da rua e as imagens espelhadas das paredes voltadas para leste e oeste geram o balanço de energia diurno simétrico de R_n, H e ΔS observado no topo do cânion.

As características térmicas das áreas urbanas contrastam com as dos campos circundantes; as temperaturas urbanas, em geral mais altas, resultam da interação entre os seguintes fatores:

1. Mudanças no balanço de radiação devido à composição atmosférica.
2. Mudanças no balanço de radiação devido ao albedo e à capacidade térmica dos materiais da superfície urbana e à geometria do cânion.
3. Produção de calor por construções, tráfego e indústria.
4. Redução da difusão de calor pelas mudanças nos padrões de escoamento causados pela rugosidade da superfície urbana.
5. Redução na energia térmica exigida para evaporação e transpiração, devido ao caráter da superfície, à drenagem rápida e aos ventos com velocidade geralmente menor em áreas urbanas.

Os dois últimos fatores serão comentados em D.3, neste capítulo.

A demanda por energia para esquentar ou resfriar lares e locais de trabalho é medida pelo número de graus-dia de aquecimento e resfriamento. Esse índice quantitativo é definido nos Estados Unidos com relação a temperaturas médias diárias acima ou abaixo de 18°C. Os graus-dia de aquecimento (resfriamento) são as somas das diferenças negativas (positivas) entre a temperatura média diária e a base de 18°C. Os graus-dia de aquecimento acumulam-se de 1° de julho a 30 de junho, e os graus-dia de resfriamento, de 1° de janeiro a 31 de dezembro.

Composição atmosférica

A poluição do ar torna a *transmissividade* das atmosferas urbanas significativamente menor do que a de áreas rurais próximas. Durante o período 1960-1969, a transmissividade atmosférica sobre Detroit apresentava uma média de 9% menos do que para áreas próximas, e chegava a 25% menos em condições calmas. A maior absorção de radiação solar por aerossóis desempenha um papel importante no aquecimento do domo de poluição da camada limite pelo Sol (ver Figura 12.23A), mas é menos importante dentro da camada de cobertura urbana, que se estende à altura média dos telhados (ver Figura 12.23B). A Tabela 12.2 compara os balanços de energia urbano e rural para a região de Cincinnati durante o verão de 1968, em condições anticiclônicas com <3/10 de nuvens e ventos com velocidade <2 m s^{-1}. Os dados mostram que a poluição reduz a radiação incidente de ondas curtas, mas o albedo menor e a maior área superficial dentro dos cânions urbanos compensam esse fato. A maior Ln às 12:00 e 20:00 hl é

Tabela 12.2 Valores do balanço de energia (W m^{-2}) para a região de Cincinnati durante o verão de 1968

Hora	Distrito comercial central			Área rural circundante		
	08:00	13:00	20:00	08:00	13:00	20:00
Ondas curtas, incidente (Q + q)	288*	763	–	306	813	–
Ondas curtas, refletida [(Q + q)a]	42†	120†	–	80	159	–
Saldo de radiação de ondas longas (Ln)	−61	−100	−98	−61	−67	−67
Saldo de radiação (Rn)	184	543	−98	165	587	−67
Calor produzido pela atividade humana	36	29	26‡	0	0	0

Fonte: Bach and Patterson (1966).

Obs.: *Pico de poluição. †Uma superfície urbana reflete menos do que áreas agrícolas, e um complexo de arranha-céus pode absorver até seis vezes mais radiação incidente. ‡Substitui mais de 25% da perda de radiação de ondas longas à noite.

compensada pelo aquecimento antropogênico (ver a seguir).

Superfícies urbanas

Os principais controles que atuam sobre o clima térmico de uma cidade são o caráter e a densidade das superfícies urbanas, ou seja, a área *superficial* total de prédios e estradas, bem como a geometria das construções. A Tabela 12.2 mostra a absorção de calor relativamente elevada da superfície urbana. Um problema de medição é que, quanto mais forte a influência térmica urbana, mais fraca a absorção de calor *no nível da rua* e, consequentemente, as observações feitas apenas nas ruas podem levar a resultados errôneos. A geometria dos cânions urbanos é particularmente importante, e envolve um aumento na área superficial efetiva e o aprisionamento pela reflexão múltipla da radiação de ondas curtas, bem como uma "visão do céu" reduzida (proporcional às áreas do hemisfério abertas para o céu), que diminui a perda de radiação infravermelha. A partir de análises realizadas por T. R. Oke, parece haver uma relação linear inversa em noites claras e calmas de verão entre o fator da visão do céu (0-1,0) e a diferença máxima na temperatura nas zonas urbanas e rurais. A diferença é de 10-12°C para um fator de visão do céu de 0,3, mas apenas 3°C para um fator de 0,8-0,9.

Produção antrópica de calor

Diversos estudos mostram que as conurbações hoje produzem energia por combustão a taxas comparáveis com a radiação solar incidente no inverno. A radiação solar de inverno apresenta uma média de aproximadamente 25 W m^{-2} na Europa, comparada com a produção de calor de grandes cidades. A Figura 12.26 ilustra a magnitude e a escala espacial de fluxos de energia artificiais e naturais e aumentos projetados. Em Cincinnati, uma proporção significativa do balanço de energia é gerada pelas atividades humanas, mesmo no verão (ver Tabela 12.22). Essa proporção tem uma média de 26 W m^{-2} ou mais, dois terços dos quais foram produzidos por fontes industriais, comerciais e domésticas, e o terço restante, por carros. Na situação extrema de assentamentos no Ártico durante a noite polar, o balanço de energia durante condições calmas depende apenas da radiação líquida de ondas longas e da produção de calor por atividades antropogênicas. Em Reykjavik, Islândia (população 100.000), a liberação antropogênica de calor é de 35 W m^{-2}, principalmente como resultado do aquecimento geotérmico do pavimento e das tubulações de água quente.

Ilhas de calor

O efeito líquido dos processos térmicos urbanos é tornar as temperaturas urbanas em latitudes médias mais quentes, de modo geral, do que nas áreas rurais circundantes. Esse efeito é mais acentuado depois do poente durante tempos meteorológicos calmos e claros, quando as taxas de resfriamento nas áreas rurais excedem em muito as das áreas urbanas. As diferenças no balanço de energia que causam esse efeito dependem da geometria radiativa e das propriedades térmicas da superfície. Acredita-se que o efeito da geometria do cânion predomine na camada de cobertura urbana, ao passo que o influxo de calor sensível das superfícies urbanas determina o aquecimento da camada limite. A intensidade da ilha de calor urbana é função da razão da altura pela largura do cânion (H/W), embora aumente também com uma diferença crescente na inércia térmica das superfícies urbanas e rurais e com a radiação infravermelha que advém das camadas de poluição. Durante o dia, a camada limite urbana é aquecida pelo aumento na absorção de radiação de ondas curtas decorrente da poluição, bem como pelo calor sensível transferido de baixo e mobilizado acima por turbulência.

O efeito da *ilha de calor* pode fazer as temperaturas urbanas mínimas serem 5-6°C maiores do que as áreas rurais adjacentes. Essas diferenças podem alcançar 6-8°C nas primeiras horas de noites calmas e claras em cidades grandes, quando o calor armazenado pelas superfícies urbanas durante o dia (potencializado pelo aquecimento por combustão) é liberado. Como esse é um fenômeno *relativo*, o efeito da ilha de

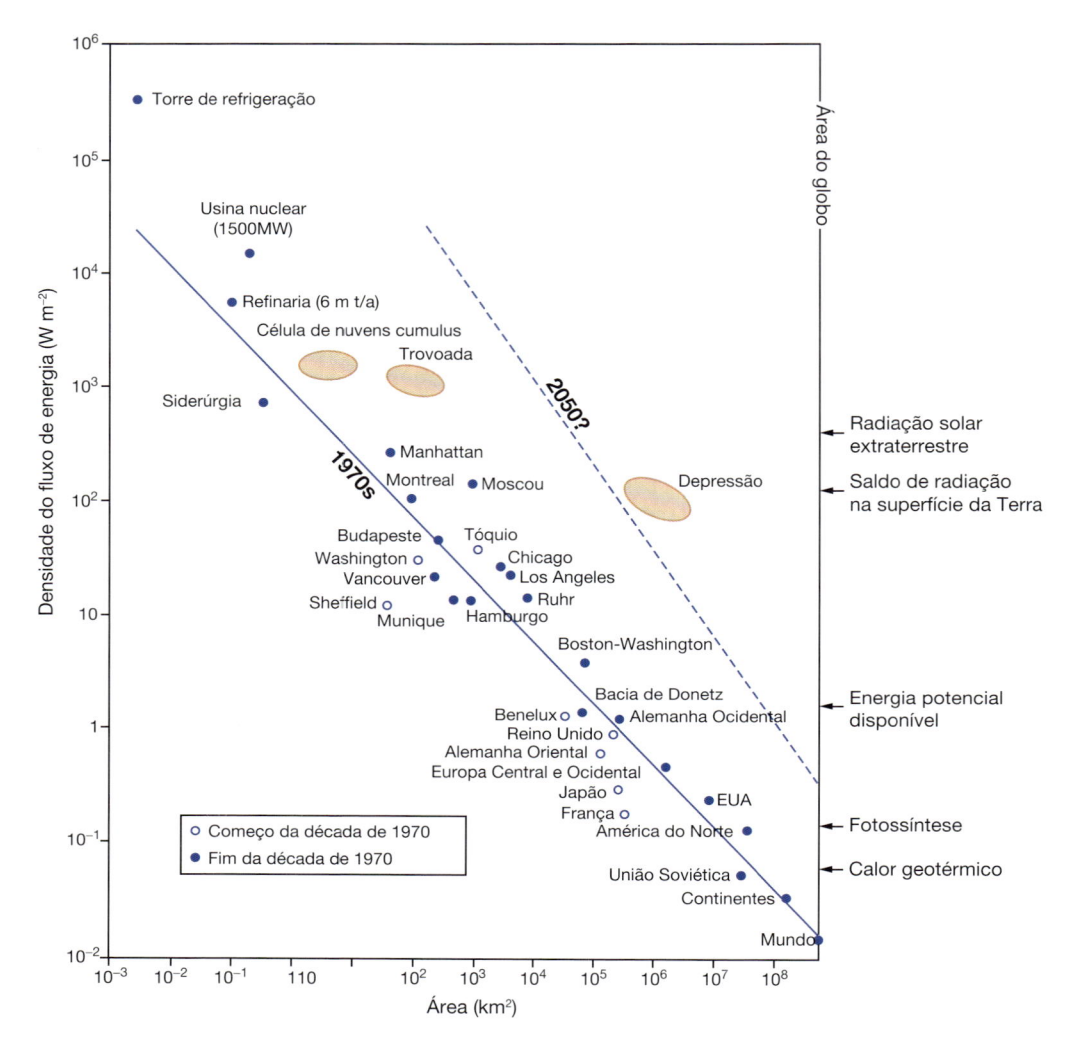

Figura 12.26 Comparação entre fontes de calor naturais e artificiais no sistema climático global nas escalas pequena, meso e sinótica. Regressões generalizadas são apresentadas para as liberações artificiais de calor na década de 1970 (início dos anos 1970: círculos, fim dos anos 1970: pontos), com previsões para 2050.
Fonte: Pankrath (1980) e Bach (1979).

calor também depende da taxa de resfriamento rural, que é influenciada pela magnitude do gradiente adiabático ambiental regional.

Para o período de 1931-1960, o centro de Londres teve uma temperatura média anual de 11,0°C, em comparação com 10,3°C para os subúrbios e 9,6°C para as áreas rurais circundantes. Cálculos realizados para Londres na década de 1950 indicam que o consumo doméstico de combustível levou a um aquecimento de 0,6°C na cidade no inverno e que isso explicava de um terço à metade do excesso no aquecimento médio da cidade, em comparação com as áreas rurais. As diferenças são mais evidentes durante condições de ar parado, em especial à noite e sob uma inversão regional (Figura 12.27). Para que o efeito da ilha de calor atue efetivamente, deve haver ventos com velocidade menor que

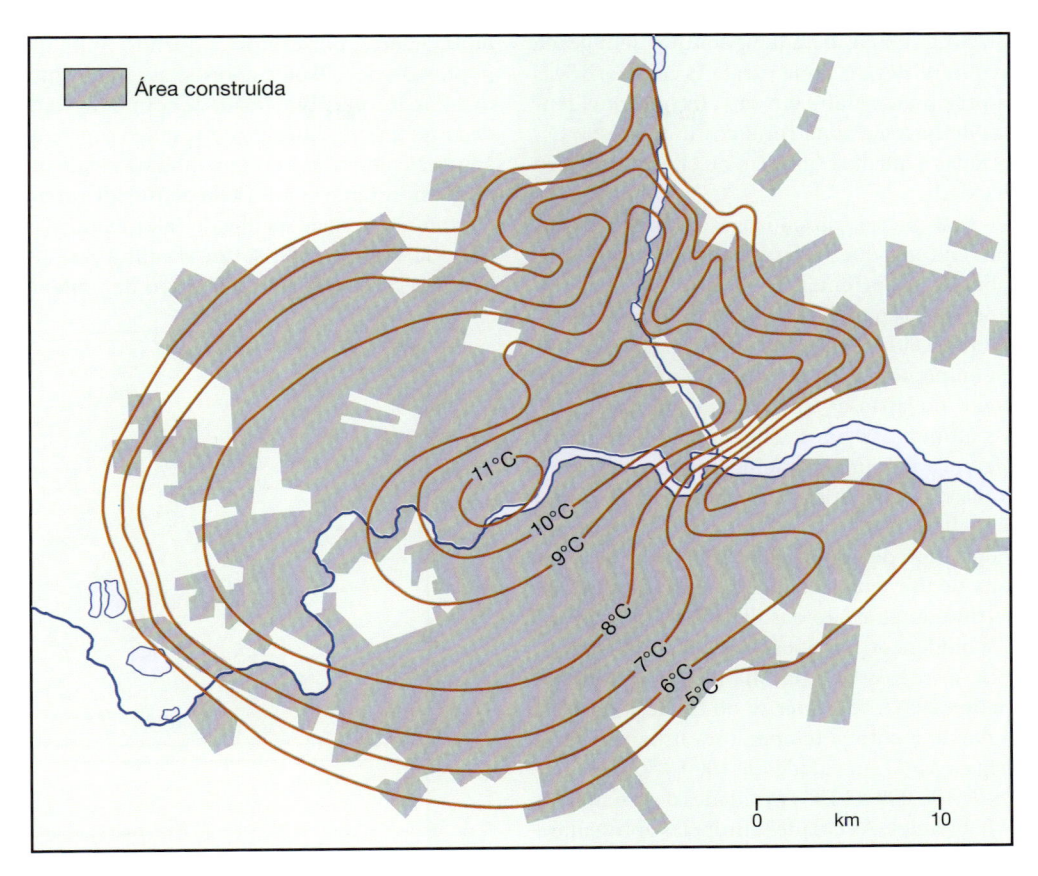

Figura 12.27 Distribuição de temperaturas mínimas (°C) em Londres em 14 de maio de 1959, mostrando a relação entre a "ilha de calor urbana" e a área construída.

Fonte: Chandler (1965). Com permissão de Hutchinson.

5-6 m s^{-1}. Ele é visível em noites calmas durante o verão e o começo do outono, quando apresenta bordas íngremes, como em um penhasco, na margem da cidade que recebe o vento, e as temperaturas mais altas são associadas à maior densidade das residências urbanas. Na ausência de ventos regionais, uma ilha de calor bem desenvolvida pode gerar a sua própria circulação local na superfície, voltada para dentro da cidade. Assim, os contrastes térmicos de uma cidade, como muitas de suas características climáticas, dependem de sua situação topográfica e são maiores para locais protegidos e com ventos suaves. O fato de que as diferenças nas temperaturas rurais-urbanas são maiores para Londres no verão, quando a combustão direta para o aquecimento doméstico e a poluição atmosférica estão no mínimo, indica que a perda de calor dos prédios por radiação é o fator mais importante que contribui para o efeito da ilha de calor. As diferenças sazonais, contudo, não são necessariamente as mesmas em outras zonas macroclimáticas.

Os efeitos sobre as temperaturas mínimas são especialmente acentuados. Para a área central de Moscou, extremos de inverno abaixo de −28°C ocorreram em apenas 11 ocasiões de 1950 a 1989, em comparação com 23 casos em Nemchinovka, a oeste da cidade. Colônia, na Alemanha, tem uma média de 34% menos dias com mínimas abaixo de 0°C do que a área do seu entorno. Em Londres, Kew tem uma média de 72 dias a mais com temperaturas sem geada do que Wisley, na zona rural. As características da precipitação também são afetadas; incidências de neve na zona rural costumam estar associadas à queda de granizo ou chuva no centro da cidade.

Embora seja difícil isolar as mudanças nas temperaturas que se devem aos efeitos urbanos daquelas decorrentes de outros fatores climáticos (ver Capítulo 13), sugere-se que o crescimento da cidade costuma vir acompanhado por um aumento na temperatura média anual. Em Osaka, no Japão, as temperaturas subiram 2,6°C nos últimos 100 anos. Em condições calmas, a diferença máxima nas temperaturas urbanas e rurais está estatisticamente relacionada com o tamanho da população, sendo quase linear com o logaritmo da população. Para Nova York, por volta de um terço do aquecimento desde 1900 é atribuído ao efeito das ilhas de calor, e o resto, a mudanças climáticas regionais. No Central Park, a intensidade da ilha de calor em 2007 era de ~2,5°C. Na América do Norte, a diferença máxima entre a temperatura urbana e rural chega a 2,5°C em cidades de 1000, 8°C em cidades de 100.000 e 12°C em cidades de um milhão de habitantes. As cidades europeias apresentam uma diferença menor na temperatura para populações equivalentes, talvez como resultado da altura geralmente menor dos edifícios.

Um exemplo convincente da relação entre o crescimento urbano e o clima é Tóquio, que se expandiu muito após 1880 e, particularmente, após 1946 (Figura 12.28A). A população aumentou para 10,4 milhões em 1953 e para 11,7 milhões em 1975. Durante o período 1880-1975, houve um aumento significativo nas temperaturas mínimas médias em janeiro, e uma redução no número de dias com temperaturas mínimas abaixo de 0°C (Figuras 12.28B e C). Embora os gráficos sugiram uma inversão dessas tendências durante a Segunda Guerra Mundial (1942-1945), quando a evacuação reduziu a população de Tóquio quase à metade, fica claro que a base das correlações entre o clima urbano e a população é complexa. A densidade urbana, a atividade industrial e a produção de calor antropogênico estão envolvidas. Leicester, na Inglaterra, por exemplo, quando tinha uma população de 270.000, apresentava aquecimento comparável em intensidade com o do centro de Londres em setores menores. Isso sugere que a influência térmica do tamanho da cidade não é tão importante quanto a da densidade urbana. A extensão vertical da ilha de calor é pouco conhecida, mas acredita-se que ela ultrapasse 100-300 m, especialmente no começo da noite. No

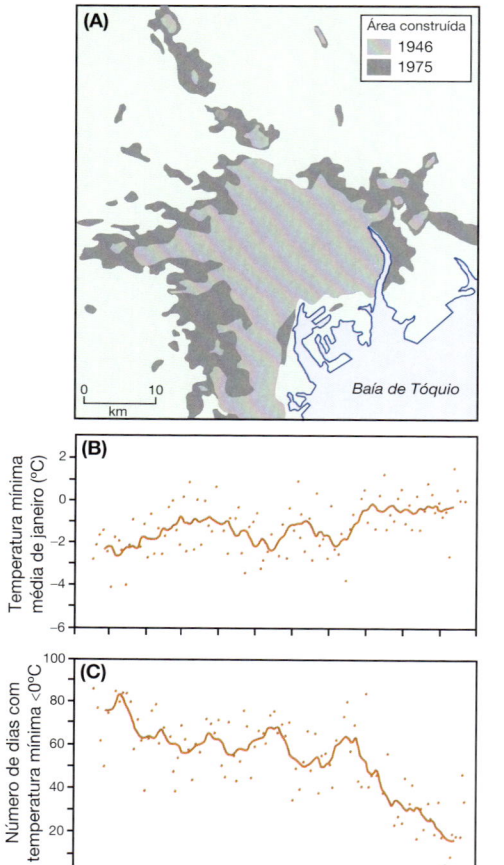

Figura 12.28 (A): área construída de Tóquio em 1946; (B): temperatura mínima média de janeiro; (C): número de dias com temperaturas abaixo de zero entre 1880-1975. Durante a Segunda Guerra Mundial, a população da cidade caiu de 10,36 milhões para 3,49 milhões, aumentando depois para 10,4 milhões em 1953 e 11,7 milhões em 1975.

Fonte: Maejima et al. (1980). Cortesia do Professor J. Matsumoto.

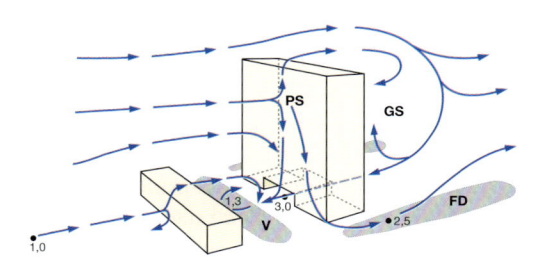

Figura 12.29 Modelo do fluxo de ar urbano ao redor de dois prédios de diferente tamanho e forma. Os números mostram as velocidades relativas do vento; as áreas sombreadas são as de maior velocidade do vento e turbulência no nível da rua.

Fonte: Plate (1972) e Oke 1978

Notas: PS = Ponto de estagnação; FD = Fluxo de desvio; V = Vórtice; GS = Giro de sotavento.

caso de cidades com arranha-céus, os padrões verticais e horizontais de vento e temperatura são muito complexos (ver Figura 12.29).

Em algumas cidades em latitudes altas, existe um efeito inverso de "ilha de frio" de 1-3°C no verão. Nos Estados Unidos, esse efeito foi observado em Boston, Dallas, Detroit e Seattle, quando se fazem correções na temperatura para diferenças em latitude e elevação. Em microescala, o baixo ângulo de elevação do Sol causa sombreamento das ruas, ao contrário de locais fora da área construída. Uma ilha de frio semelhante é observada em cidades em desertos tropicais e subtropicais, onde ela é atribuída à elevada inércia térmica da área construída, bem como a oscilações abruptas na temperatura diurna. Sua intensidade depende da orientação dos cânions das ruas – aumentando à medida que o eixo de orientação da rua se aproxima de norte-sul e diminuindo quase a zero na direção leste--oeste (ver a seguir). Um estudo recente, onde a falta de homogeneidade e outros vieses nos dados de temperatura foram analisados cuidadosamente, não encontrou um impacto estatisticamente significativo da urbanização no continente norte-americano; o mesmo número de cidades que apresentavam uma ilha de frio também tinha uma ilha de calor. Uma razão sugerida para isso é que os impactos em escala pequena e escala local predominam em relação à ilha de calor urbana de mesoescala.

São necessários mais estudos sobre esses importantes efeitos de escala.

3 Modificação das características da superfície

Fluxo de ar

Em média, as velocidades dos ventos na cidade são menores do que as registradas no espaço aberto circundante, devido ao efeito protetor dos edifícios. As velocidades médias dos ventos no centro da cidade são pelo menos 5% menores do que as dos subúrbios. Todavia, o efeito urbano sobre o movimento do ar varia muito, dependendo da hora do dia e da estação. Durante o dia, as velocidades dos ventos na cidade são consideravelmente menores do que as das áreas rurais adjacentes, mas, durante a noite, a maior turbulência mecânica sobre a cidade significa que as velocidades maiores dos ventos nos níveis mais elevados são transferidas para o ar em níveis mais baixos por mistura turbulenta. Durante o dia (13:00 horas), a média anual da velocidade do vento para o período de 1961-1962 no aeroporto de Heathrow (campo aberto entre subúrbios) foi de 2,9 m s^{-1}, em comparação com 2,1 m s^{-1} no centro de Londres. Os números comparáveis à noite (01:00 hora) foram de 2,2 m s^{-1} e 2,5 m s^{-1}. As diferenças na velocidade do vento nas zonas rural e urbana são mais acentuadas com ventos fortes, e os efeitos, portanto, são mais evidentes durante o inverno, quando uma proporção maior de ventos fortes é registrada em latitudes médias.

As estruturas urbanas afetam o movimento de ar ao gerar turbulência como resultado de sua rugosidade superficial e pelos efeitos canalizantes dos cânions urbanos. A Figura 12.29 dá uma noção da complexidade do escoamento ao redor de estruturas urbanas, ilustrando as grandes diferenças na velocidade e direção do vento no nível do solo, o desenvolvimento de vórtices e redemoinhos a sotavento e os fluxos inversos que podem ocorrer. As estruturas desempenham um papel importante na difusão da poluição dentro da cobertura urbana; por exemplo, os vórtices muitas vezes não conseguem varrer ruas estreitas. A formação de fluxos e redemoinhos de alta velocidade na atmosfera urbana, geralmente seca e poeirenta, onde existe um grande suprimento de escombros e fragmentos de materiais, faz fluxos de ar de apenas 5 m s^{-1} serem incômodos, e os de mais de 20 m s^{-1}, perigosos.

Umidade

A ausência de grandes corpos de água parada nas áreas urbanas e a rápida remoção do escoamento superficial pelas estruturas de drenagem reduzem a evaporação local. A falta de uma cobertura vegetal ampla elimina grande parte da evapotranspiração, e essa é uma fonte importante que aumenta o calor urbano. Por essas razões, o ar em cidades de média latitude tem uma tendência para menor umidade absoluta do que em seu entorno, especialmente em condições de ventos leves e céus nublados. Durante tempo calmo e claro, as ruas aprisionam ar quente, que retém sua umidade, pois menos orvalho se deposita sobre as superfícies quentes da cidade. Os contrastes de umidade entre as áreas urbanas e rurais são mais notáveis no caso da umidade relativa, que pode ser até 30% menor na cidade à noite, como resultado das temperaturas mais altas.

As influências urbanas sobre a precipitação (com exceção da neblina) são muito mais difíceis de quantificar, em parte porque há poucos pluviômetros nas cidades e em parte porque o fluxo turbulento torna a "captação" deles pouco confiável. Radares meteorológicos no solo foram usados em um estudo sobre Atlanta, Geórgia. É razoavelmente certo afirmar que as áreas urbanas na Europa e na América do Norte são responsáveis por condições locais que, em especial no verão, podem desencadear grandes quantidades de precipitação sob condições marginais. Esse gatilho envolve efeitos térmicos e a maior convergência friccional das áreas construídas. As cidades europeias e norte-americanas tendem a registrar 6-7% mais dias com chuva por ano do que as regiões adjacentes, causando um aumento de 5-10% na precipitação urbana. No sudeste da Inglaterra, durante 1951-1960, as chuvas de tempestade de verão (que compreenderam 5-15% da precipitação total) se concentraram no oeste, centro e sul de Londres, e eram notavelmente diferentes da distribuição média anual da pluviosidade total. Durante esse período, as chuvas de tempestade em Londres foram 200-250 mm maiores do que na zona rural do sudeste da Inglaterra. As áreas urbanas no meio-oeste e no sudeste dos Estados Unidos aumentam significativamente a atividade convectiva durante o verão. As áreas na região metropolitana a leste de Atlanta receberam 30% mais chuva durante dias de ar mT de junho a agosto de 2002-2006 do que as áreas a oeste da cidade. A quantidade e a frequência da precipitação aumentaram até 80 km a leste do núcleo urbano de Atlanta. A maior pluviosidade era mais evidente entre 19:00 e a meia-noite hl. Tempestades e chuvas de granizo mais frequentes ocorrem a 30-40 km a sotavento de áreas industriais de St Louis, em comparação com as áreas rurais (Figura 12.30). As anomalias ilustradas aqui estão entre os efeitos urbanos mais bem documentados com alguns desses efeitos baseando-se em estudos de caso. A Tabela 12.3 apresenta uma

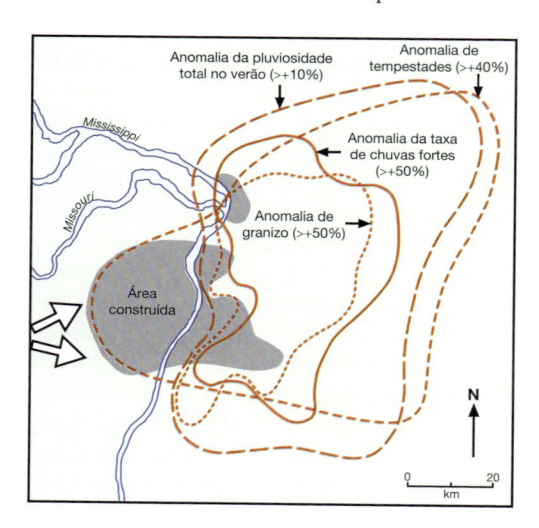

Figura 12.30 Anomalias da pluviosidade no verão, taxa de chuvas fortes, frequência de granizo e frequência de tempestades a sotavento da área metropolitana de St. Louis, MO. Setas grandes indicam a direção predominante do movimento de sistemas de chuva no verão.

Fonte: Changnon (1979). Cortesia da American Meteorological Society.

Tabela 12.3 Condições climáticas médias em centros urbanos de latitude média, comparadas com as de áreas rurais adjacentes

Composição atmosférica	Dióxido de carbono	x2
	Dióxido de enxofre	x50-200
	Óxidos de nitrogênio	x10
	Monóxido de carbono	x200(+)
	Hidrocarbonetos totais	x20
	Material particulado	x3 a 7
Radiação	Solar global	−15 a 20%
	Ultravioleta (inverno)	−30%
	Duração da luz solar	−5 a 15%
Temperatura	Mínima de inverno (média)	+1 a 2°C
	Graus-dia de aquecimento	−10%
Velocidade do vento	Média anual	−20 a 30%
	Número de calmarias	+5 a 20%
Neblina	Inverno	+100%
	Verão	+30%
Nebulosidade		+5 a 10%
Precipitação	Total	+5 a 10%
	Dias com <5 mm	+10%

Fonte: Adaptado da World Meteorological Organization (1970).

síntese das diferenças climáticas médias entre cidades e seu entorno.

4 Climas urbanos tropicais

Uma característica marcante do crescimento populacional recente e projetado no mundo é o aumento relativo nos trópicos e subtrópicos. Hoje, existem 45 megacidades no mundo com mais de 5 milhões de habitantes. Em 2025, prevê-se que, das 13 cidades que terão populações na faixa dos 20-30 milhões, 11 estarão em países menos desenvolvidos (Cidade do México, São Paulo, Lagos, Cairo, Caráchi, Nova Délhi, Bombaim, Calcutá, Daca, Xangai e Jacarta).

Apesar das dificuldades para extrapolar o conhecimento de climas urbanos de uma região para outra, a arquitetura tecnológica ubíqua da maioria dos centros de cidades e áreas residenciais com prédios elevados tende a impor influências semelhantes em seus diferentes climas de origem. No entanto, a maior parte da terra construída em centros urbanos tropicais difere do que é observado em latitudes maiores; ela costuma ser composta de uma alta densidade de prédios de um único andar, com pouco espaço aberto e péssima drenagem. Nesse ambiente, a composição dos telhados é mais importante do que a das paredes, em termos de trocas de energia térmica, e a produção de calor antropogênico tem uma distribuição mais uniforme e é menos intensa do que em cidades europeias e norte-americanas. Nos trópicos secos, os prédios têm uma massa térmica relativamente alta, e isso, combinado com a baixa umidade do solo nas áreas rurais circundantes, torna a razão de recepção térmica urbana-rural maior do que em regiões temperadas. Todavia, é difícil fazer generalizações a respeito do papel térmico das cidades nos trópicos secos, onde a vegetação urbana pode levar a efeitos de "oásis". A construção de prédios nos trópicos úmidos é caracteristicamente leve, para promover a ventilação essencial. Essas cidades diferem muito das temperadas, pois a recepção térmica é maior em áreas rurais do que em áreas urbanas, devido aos elevados níveis de umidade no solo rural e aos elevados albedos urbanos.

As características das ilhas de calor tropicais são semelhantes às de cidades temperadas, mas costumam ser mais fracas, em geral de 4°C para a máxima noturna – em comparação com 6°C em latitudes médias – e são mais desenvolvidas na estação seca. Também apresentam momentos diferentes para a temperatura máxima, bem como complicações introduzidas pelos efeitos de tempestades convectivas vespertinas e noturnas e por brisas diurnas.

As características térmicas das cidades tropicais diferem das de cidades em latitudes médias, por causa da morfologia urbana distinta (p. ex., densidade de prédios, materiais, geometria, áreas verdes) e porque elas têm menos fontes de calor antropogênico. As áreas urbanas nos trópicos tendem a ter taxas mais lentas de resfriamento e aquecimento do que as áreas rurais circundantes, e isso faz o efeito principal noturno das ilhas de calor se desenvolver mais tarde nas latitudes médias – isto é, em torno do nascente (Figura 12.31A). Os climas urbanos nos subtrópicos são ilustrados por quatro cidades mexicanas (Tabela 12.4). O efeito das

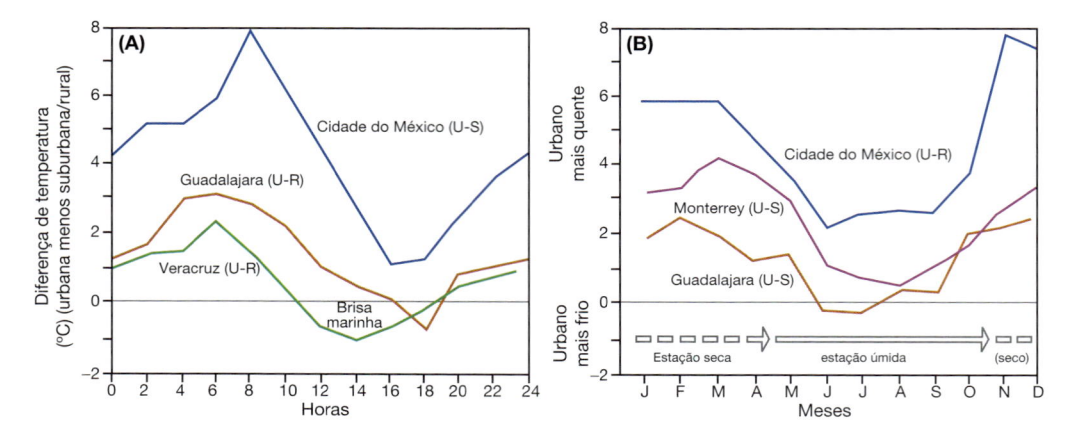

Figura 12.31 Variações diurnas (A) e sazonais (B) na intensidade das ilhas de calor (isto é, diferenças na temperatura urbana e rural ou suburbana) para quatro cidades mexicanas.
Fonte: Jauregui (1987). Copyright © Erdkunde. Publicado com permissão.

ilhas de calor, como se esperaria, é maior para grandes cidades, e mais bem exemplificado à noite durante a estação seca (novembro a abril), quando condições anticiclônicas, céus claros e inversões são mais comuns (Figura 12.31B). Devemos observar que, em certas cidades costeiras tropicais (p. ex., Veracruz; Figura 12.31A), o aquecimento urbano da tarde pode gerar instabilidade, reforçando o efeito da brisa marinha até o ponto em que ocorre um efeito urbano de "ilha de frio" (Figura 12.31A). A elevação pode desempenhar um papel térmico significativo (Tabela 12.14), como na Cidade do México, onde a ilha de calor urbana pode ser acentuada pelo rápido resfriamento noturno dos campos adjacentes. Quito, no Equador (2851 m), apresenta um efeito máximo de ilha de calor durante o dia (até 4°C) e efeitos mais fracos à noite, provavelmente por causa da drenagem noturna de ar frio do vulcão Pichincha, localizado nos arredores.

Ibadan, na Nigéria (população acima de 1 milhão; elevação 210 m), localizada a 7°N, registra temperaturas mais altas na zona rural do que na urbana pela manhã e temperaturas urbanas mais altas à tarde, em especial na estação seca (novembro a meados de março). Em dezembro, a nuvem de poeira harmattan tende a reduzir as temperaturas máximas na cidade. Durante essa estação, a média mensal das tem-

Tabela 12.4 População (1990) e altitude de quatro cidades mexicanas

	População (milhões)	Altitude (metros)
Cidade do México (19°25'N)	15,05	2.380
Guadalajara (20°40'N)	1,65	1.525
Monterey (25°49'N)	1,07	538
Veracruz (19°11'N)	0,33	Nível do mar

Fonte: Jauregui (1987).

peraturas mínimas é significativamente maior na ilha de calor urbana do que em áreas rurais (+12°C em março, mas apenas +2°C em dezembro, devido ao efeito da poeira atmosférica). De modo geral, as diferenças na temperatura mínima urbana-rural variam entre −2°C e +15°C. Duas outras cidades tropicais que apresentam ilhas de calor são Nairóbi, no Quênia (+3,5°C para temperaturas mínimas e +1,6°C para temperaturas máximas), e Nova Délhi, na Índia (+3 a 5°C para temperaturas mínimas e +2 a 4°C para temperaturas máximas).

Apesar da insuficiência de dados, parece haver uma intensificação na precipitação urbana nos trópicos, que é mantida por um período maior do ano do que a associada à convecção de verão nas latitudes médias.

RESUMO

Os climas de pequena escala são determinados pela importância relativa dos componentes do balanço de energia superficial, que variam em quantidade e sinal, dependendo da hora do dia e da estação. Superfícies de solo exposto podem ter variações amplas de temperatura, controladas por H e G, ao passo que as de corpos d'água superficiais são condicionadas pela LE e por fluxos advectivos. As superfícies de neve e gelo apresentam transferências pequenas de energia no inverno, com a radiação emitida líquida compensada por transferências de H e G para a superfície. Depois do derretimento da neve, a radiação líquida é grande e positiva, balanceada por perdas turbulentas de energia. As superfícies com vegetação apresentam trocas mais complexas, dominadas pela LE; isso pode explicar >50% da radiação incidente, em especial onde existe um amplo suprimento de água (incluindo irrigação). As florestas têm um albedo menor (<0,10 para coníferas) do que a maioria das superfícies com vegetação (0,20-0,25). Sua estrutura vertical produz diversas camadas microclimáticas distintas, particularmente em florestas tropicais. As velocidades dos ventos são caracteristicamente baixas nas florestas, e as árvores formam importantes cinturões de proteção. Ao contrário da vegetação de pequeno porte, tipos diferentes de árvores apresentam uma variedade de taxas de evapotranspiração e, portanto, afetam as temperaturas locais e a umidade da floresta de maneiras diferentes. As florestas podem ter um efeito topográfico marginal sobre a precipitação em condições convectivas nas regiões temperadas, mas o gotejamento da neblina é mais significativo em áreas nebulosas/nubladas. A disposição da umidade na floresta é afetada pela interceptação e evaporação no dossel, mas as bacias florestadas parecem ter perdas maiores por evapotranspiração do que aquelas com cobertura de gramíneas. Os microclimas florestais apresentam temperaturas mais baixas e variações diurnas menores do que seus arredores.

Os climas urbanos são dominados pela geometria e composição das superfícies construídas e pelos efeitos das atividades humanas urbanas. A composição da atmosfera urbana é modificada pela adição de aerossóis, que produzem poluição por fumaça e neblina, por gases industriais como o dióxido de enxofre, e por uma cadeia de reações químicas iniciada pela fumaça do escapamento de automóveis, que causa smog e inibe a radiação incidente e emitida. Domos e plumas de poluição se formam ao redor de cidades, sob condições adequadas de estrutura vertical da temperatura e velocidade dos ventos. H e G dominam o balanço de calor urbano, exceto nas praças da cidade, e até 70-80% da radiação incidente podem se transformar em calor sensível, que apresenta uma distribuição variável entre as complexas formas do meio construído urbano. As influências urbanas se combinam para gerar temperaturas geralmente mais altas do que nas áreas rurais adjacentes, devido, no mínimo, à importância crescente da geração de calor pelas atividades humanas. Esses fatores levam à ilha de calor urbana, que pode ser 6-8°C mais quente do que as áreas adjacentes nas primeiras horas de noites calmas e claras, quando o calor armazenado pelas superfícies urbanas está sendo liberado. A diferença de temperatura urbana-rural em condições calmas está estatisticamente relacionada com o tamanho da população da cidade; a geometria da cobertura urbana e a visão do céu são importantes fatores de controle. A ilha de calor pode ter algumas centenas de metros de espessura, dependendo da configuração dos prédios. Em alguns casos, são observadas ilhas de frio durante o dia no verão. As velocidades dos ventos urbanos em geral são menores do que em áreas rurais durante o dia, mas o fluxo do vento é complexo, dependendo da geometria das estruturas da cidade. As cidades tendem a ser menos úmidas do que as áreas rurais, mas sua topografia, rugosidade e qualidades térmicas podem intensificar a atividade convectiva no verão sobre e a sotavento da área urbana, causando mais tempestades e chuvas mais fortes. As cidades tropicais apresentam ilhas de calor, mas a fase diurna tende a ser defasada em relação às de latitudes médias. A amplitude da temperatura é maior durante condições de estação seca.

> **TEMAS PARA DISCUSSÃO**
>
> - De que maneiras as superfícies em vegetação modificam o clima superficial, comparadas com as superfícies sem vegetação, e quais são os processos envolvidos?
> - Quais são os principais efeitos de ambientes urbanos na composição atmosférica? (Dados de pontos de amostragem para a América do Norte e a Europa estão disponíveis na Internet).
> - Procure evidências, em relatórios de estações meteorológicas locais e/ou tipos de vegetação, para as diferenças topoclimáticas nos locais onde você vive/viaja e considere se elas advêm de diferenças na radiação solar, temperaturas diurnas/noturnas, balanço de umidade, velocidade do vento ou combinações entre esses fatores.
> - Procure evidências de diferenças climáticas para áreas urbanas/rurais em cidades próximas a você, usando relatórios meteorológicos sobre temperaturas diurnas/noturnas, visibilidade, eventos de neve, entre outros fatores.

REFERÊNCIAS E SUGESTÃO DE LEITURA

Livros

Bailey, W. G., Oke, T. R. and Rouse, W. R. (eds) (1997) *The Surface Climates of Canada*, McGill-Queen's University Press, Montreal and Kingston, 369pp. [Sections on surface climate concepts and processes, the climatic regimes of six different natural surfaces, as well as agricultural and urban surfaces]

Brimblecombe, P. (1986) *Air: Composition and Chemistry*, Cambridge University Press, Cambridge, 224pp. [Suitable introduction to atmospheric composition, gas phase chemistry, aerosols, air pollution sources and effects, and stratospheric ozone for environmental science students]

Chandler, T. J. (1965) *The Climate of London*, Hutchinson, London, 292pp. [Classic account of the urban effects of the city of London in the 1950–1960s]

Cotton, W. R. and Pielke, R. A. (1995) *Human Impacts on Weather and Climate*, Cambridge University Press, Cambridge, 288pp. [Treats intentional and accidental weather and climate modification on regional and global scales]

Garratt, J. R. (1992) *The Atmospheric Boundary Layer*, Cambridge University Press, Cambridge 316pp. [Advanced level text on the atmospheric boundary layer and its modeling]

Geiger, R., Aron, R. H., and Todhunter, P. (2003) *The Climate Near the Ground*, 6th edn, Rowman & Littlefield, Lanham, Md, 584pp. [Classic descriptive text on local, topo- and microclimates; extensive references to European research]

Kittredge, J. (1948) *Forest Influences*, McGraw-Hill, New York, 394pp. [Classic account of the effects of forests on climate and other aspects of the environment]

Landsberg, H. E. (ed.) (1981) *General Climatology 3*, World Survey of Climatology 3, Elsevier, Amsterdam 408pp. [Focuses on applied climatology with chapters on human bioclimatology, agricultural climatology and city climates]

Lowry, W. P. (1969) *Weather and Life: An Introduction to Biometeorology*, Academic Press, New York, 305pp. [A readable introduction to energy and moisture in the environment, energy budgets of systems, the biological environment and the urban environment]

Meetham, A. R. et al. (1980) *Atmospheric Pollution*, 4th edn, Pergamon Press, Oxford and London.

Monteith, J. L. (1973) *Principles of Environmental Physics*, Arnold, London 241pp. [Discusses radiative fluxes and radiation balance at the surface and in canopies, exchanges of heat, mass and momentum, and the micrometeorology of crops]

Monteith, J. L. (ed.) (1975) *Vegetation and the Atmosphere*, Vol. 1: Principles, Academic Press, London, 278pp. [Chapters by specialists on micrometerology and plants – radiation, exchanges of momentum, heat, moisture and particles, micrometerological models and instruments]

Munn, R. E. (1966) *Descriptive Micrometeorology*, Academic Press, New York, 245pp. [Readable introduction to processes in micrometerology including urban pollution]

Oke, T. R. (1987) *Boundary Layer Climates*, 2nd edn, Methuen, London, 435pp. [Prime text on surface climate processes in natural and human-modified environments by a renowned urban climatologist]

Richards, P. W. (1952) *The Tropical Rain Forest, An Ecological Study*, Cambridge University Press, Cambridge, 450pp. [A classic text on tropical forest biology and ecology that includes chapters on climatic and microclimatic conditions]

Sellers, W. D. (1965) *Physical Climatology*, University of Chicago Press, Chicago, 272pp. [Classic and still valuable treatment of physical processes in meteorology and climatology]

Sopper, W. E. and Lull, H. W. (eds) (1967) *International Symposium on Forest Hydrology*, Pergamon, Oxford and London, 813pp. [Includes contributions on moisture budget components in forests]

Sukachev, V. and Dylis, N. (1968) *Fundamentals of Forest Biogeocoenology*, Oliver and Boyd, Edinburgh, 672pp.

Artigos científicos

Adebayo, Y. R. (1991) 'Heat island' in a humid tropical city and its relationship with potential evaporation. *Theoret. and App. Climatology* 43, 137–47.

Anderson, G. E. (1971) Mesoscale influences on wind fields. J. App. Met. 10, 377–86.

Atkinson, B. W. (1968) A preliminary examination of the possible effect of London's urban area on the distribution of thunder rainfall 1951–60. Trans. Inst. Brit. Geog. 44, 97–118.

Atkinson, B. W. (1977) Urban Effects on Precipitation: An Investigation of London's Influence on the Severe Storm of August 1975. Department of Geography, Queen Mary College, London, Occasional Paper 8 (31pp.).

Atkinson, B. W. (1987) Precipitation, in Gregory, K. J. and Walling, D. E. (eds) Human Activity and Environmental Processes, John Wiley & Sons, Chichester, 31–50.

Bach, W. (1971) Atmospheric turbidity and air pollution in Greater Cincinnati. Geog. Rev. 61, 573–94.

Bach, W. (1979) Short-term climatic alterations caused by human activities. Prog. Phys. Geog. 3(1), 55–83.

Bach, W. and Patterson, W. (1966) Heat budget studies in Greater Cincinnati. Proc. Assn. Amer. Geog. 1, 7–16.

Betts, A. K., Ball, J. H. and McCaughey, H. (2001). Near-surface climate in the boreal forest. J. Geophys. Res. 106(D24), 33,529–541.

Brimblecombe, P. (2006) The Clean Air Act after 50 years. Weather 61(11), 311–14.

Brimblecombe, P. and Bentham, G. (1997) The air that we breathe: smogs, smoke and health. in Hulme M. and Barrow E. (eds) The Climates of the British Isles. Present, Past and Future, Routledge, London, 243–61.

Caborn, J. M. (1955) The influence of shelter-belts on microclimate. Quart. J. Roy. Met. Soc. 81, 112–15.94:1–11.

Chandler, T. J. (1967) Absolute and relative humidities in towns. Bull. Amer. Met. Soc. 48, 394–9.

Changnon, S. A. (1969) Recent studies of urban effects on precipitation in the United States. Bull. Amer. Met. Soc. 50, 411–21.

Changnon, S. A. (1979) What to do about urban-generated weather and climate changes. J. Amer. Plan. Assn. 45(1), 36–48.

Coutts, J. R. H. (1955) Soil temperatures in an afforested area in Aberdeenshire. Quart. J. Roy. Met. Soc. 81, 72–9.

Dickinson, R. E. and Henderson-Sellers, A. (1988) Modelling tropical deforestation: a study of GCM land-surface parameterizations. Quart. J. Roy. Met. Soc. 114, 439–62.

Duckworth, F. S. and Sandberg, J. S. (1954) The effect of cities upon horizontal and vertical temperature gradients. Bull. Amer. Met. Soc. 35, 198–207.

Food and Agriculture Organization of the United Nations (1962) Forest Influences, Forestry and Forest Products Studies No. 15, Rome (307pp.).

Gaffin, S. R. et al. (2008) Variability in New York city's urban heat island strength over time and space. Theor. Appl. Climatol. 94, 1–11

Garnett, A. (1967) Some climatological problems in urban geography with special reference to air pollution. Trans. Inst. Brit. Geog. 42, 21–43.

Garratt, J. R. (1994) Review: the atmospheric boundary layer. Earth-Science Reviews, 37, 89–134.

Gay, L. W. and Stewart, J. B. (1974) Energy balance studies in coniferous forests, Report No. 23, Inst. Hydrol., Nat. Env. Res. Coun., Wallingford.

Goldreich, Y. (1984) Urban topo-climatology. Prog. Phys. Geog. 8, 336–64.

Harriss, R. C. et al. (1990) The Amazon boundary layer experiment: wet season 1987. J. Geophys. Res. 95(D10), 16,721–736.

Heintzenberg, J. (1989) Arctic haze: air pollution in polar regions. Ambio 18, 50–5.

Hewson, E. W. (1951) Atmospheric pollution, in Malone, T. F. (ed.) Compendium of Meteorology, American Meteorological Society, Boston, MA, 1139–57.

Jauregui, E. (1987) Urban heat island development in medium and large urban areas in Mexico. Erdkunde 41, 48–51.

Jenkins, I. (1969) Increases in averages of sunshine in Greater London. Weather 24, 52–4.

Kessler, A. (1985) Heat balance climatology, in Essenwanger, B. M. (ed.) General Climatology, World Survey of Climatology 1A, Elsevier, Amsterdam (224pp.).

Koppány, Gy. (1975) Estimation of the life span of atmospheric motion systems by means of atmospheric energetics. Met. Mag. 104, 302–6.

Kubecka, P. (2001) A possible world record maximum natural ground surface temperature. Weather 56 (7), 218–21.

Landsberg, H. E. (1981) City climate, in Landsberg, H. E. (ed.) General Climatology 3, World Survey of Climatology 3, Elsevier, Amsterdam, 299–334.

Long, I. F., Monteith, J. L., Penman, H. L. and Szeicz, G. (1964) The plant and its environment. Meteorol. Rundschau 17(4), 97–101.

McNaughton, K. and Black, T. A. (1973) A study of evapotranspiration from a Douglas fir forest using the energy balance approach. Water Resources Research 9, 1579–90.

Maejima, I. et al. (1980) Recent climatic change and urban growth in Tokyo and its environs. Geog. Reports,Tokyo Metropolitan University, 14/15: 27–48.

Marshall, W. A. L. (1952) A Century of London Weather, Met. Office, Air Ministry Report.

Miess, M. (1979) The climate of cities, in Laurie, I. C. (ed.) Nature in Cities, Wiley, Chichester, 91–104.

Miller, D. H. (1965) The heat and water budget of the earth's surface. Adv. Geophys. 11, 175–302.

Mills, G. (2008) Luke Howard and the climate of London. Weather 63(6), 153–57.

Montavez, J. P., Gonzalez-Rouce, J. F. and Valero, F. (2008) A simple model for estimating the maximum intensity of nocturnal heat island. Int. J. Climatol., 28, 235–42.

Mote, T. L., Lacke, M. C. and Shepherd, J. M. (2007) Radar signatures of the urban effect on precipitation distribution: a case study for Atlanta, Georgia. Geophys. Res. Lett. 34, L20710.

Nicholas, F. W. and Lewis, J. E. (1980) Relationships between aerodynamic roughness and land use and land cover in Baltimore, Maryland. US Geol. Surv. Prof. Paper 1099–C (36pp.).

Nunez, M. and Oke, T. R. (1977) The energy balance of an urban canyon. J. Appl. Met. 16,11–19.

Oke, T. R. (1979) Review of Urban Climatology 1973–76, WMO Technical Note No. 169, World Meteorological Organization, Geneva (100pp.).

Oke, T. R. (1980) Climatic impacts of urbanization, in Bach, W., Pankrath, J. and Williams, J. (eds) *Interactions of Energy and Climate*, D. Reidel, Dordrecht, 339–56.

Oke, T. R. (1982) The energetic basis of the heat island. *Quart. J. Roy. Met. Soc.* 108, 1–24.

Oke, T. R. (1986) *Urban Climatology and its Applications with Special Regard to Tropical Areas*, World Meteorological Organization Publication No. 652, Geneva (534pp.).

Oke, T. R. (1988) The urban energy balance. *Prog. Phys. Geog.* 12(4), 471–508.

Oke, T. R. and East, C. (1971) The urban boundary layer in Montreal. *Boundary-Layer Met.* 1, 411–37.

Pankrath, J. (1980) Impact of heat emissions in the Upper-Rhine region, in Bach, W., Pankrath, J. and Williams, J. (eds) *Interactions of Energy and Climate*, D. Reidel, Dordrecht, 363–81.

Pearlmutter, D., Berliner, P. and Shaviv, E. (2007) Urban climatology in arid regions: current research in the Negev desert. *Int. J. Climatol.* 27, 1875–85.

Pease, R. W., Jenner, C. B. and Lewis, J. E. (1980) The influences of land use and land cover on climate analysis: an analysis of the Washington–Baltimore Area, US Geol. Surv. Prof. Paper 1099–A (39pp.).

Peel, R. F. (1974) Insolation and weathering: some measures of diurnal temperature changes in exposed rocks in the Tibesti region, central Sahara. *Zeit. für Geomorph. Supp.* 21, 19–28.

Peterson, J. T. (1971) Climate of the city, in Detwyler, T. R. (ed.) *Man's Impact on Environment*, McGraw-Hill, New York, 131–54.

Peterson, T. C. (2003) Assessment of urban versus rural in situ temperatures in the contiguous United States ; no difference found. *J. Clim.* 16, 2941–59.

Pigeon, G. et al. (2007) Anthropogenic heat release in an old European agglomeration (Toulouse, France). *Int. J. Climatol.* 27, 1969–81.

Plate, E. (1972) Berücksichtigung von Windströmungen in der Bauleitplanung, in *Seminarberichte Rahmenthema Unweltschutz*, Institut für Stätebau und Landesplanung, Selbstverlag, Karlsruhe, 201–29.

Reynolds, E. R. C. and Leyton, L. (1963) Measurement and significance of throughfall in forest stands, in Whitehead, F. M. and Rutter, A. J. (eds) *The Water Relations of Plants*, Blackwell Scientific Publications, Oxford, 127–41.

Roth, M. (2007) Review of urban climate research in (sub) tropical regions. *Int. J. Climatol.* 27, 1859–73.

Rutter, A. J. (1967) Evaporation in forests. *Endeavour* 97, 39–43.

Seinfeld, J. H. (1989) Urban air pollution: state of the science. *Science* 243, 745–52.

Shuttleworth, W. J. (1989) Micrometeorology of temperate and tropical forest. *Phil. Trans. Roy. Soc. London* B324, 299–334.

Shuttleworth, W. J. et al. (1985) Daily variation of temperature and humidity within and above the Amazonian forest. *Weather* 40, 102–8.

Steinecke, K. (1999) Urban climatological studies in the Reykjavik subarctic environment, Iceland. *Atmos. Environ.* 33 (24–5), 4157–62.

Terjung, W. H. and Louis, S. S-F. (1973) Solar radiation and urban heat islands. *Ann. Assn Amer. Geog.* 63, 181–207.

Terjung, W. H. and O'Rourke, P. A. (1980) Simulating the causal elements of urban heat islands. *Boundary-Layer Met.* 19, 93–118.

Terjung, W. H. and O'Rourke, P. A. (1981) Energy input and resultant surface temperatures for individual urban interfaces. *Archiv. Met. Geophys. Biokl.* B, 29, 1–22.

Tyson, P. D., Garstang, M. and Emmitt, G. D. (1973) *The Structure of Heat Islands*, Occasional Paper No. 12, Department of Geography and Environmental Studies, University of the Witwatersrand, Johannesburg (71pp.).

US Department of Health, Education and Welfare (1970) *Air Quality Criteria for Photochemical Oxidants*, National Air Pollution Control Administration, US Public Health Service, Publication No. AP–63, Washington, DC.

Vehrencamp, J. E. (1953) Experimental investigation of heat transfer at an air–earth interface. *Trans. Amer. Geophys. Union* 34, 22–30.

Weller, G. and Wendler, G. (1990) Energy budgets over various types of terrain in polar regions. *Ann. Glac.* 14, 311–14.

White, W. H., Anderson, J. A., Blumenthal, D. L., Husar, R. B., Gillani, N. V., Husar, J. D. and Wilson, W. E. (1976) Formation and transport of secondary air pollutants: ozone and aerosols in the St Louis urban plume. *Science* 194, 187–9.

World Meteorological Organization (1970) *Urban Climates*, WMO Technical Note No. 108 (390pp.).

Zon, R. (1941) Climate and the nation's forests, in *Climate and Man*, US Department of Agriculture Yearbook, 477–98.

Mudanças climáticas

13

OBJETIVOS DE APRENDIZAGEM

Depois de ler este capítulo, você:

- entenderá a diferença entre variabilidade climática e mudança climática e conhecerá os aspectos característicos que podem constituir uma mudança no clima;
- conhecerá as diferentes escalas temporais pelas quais se estudam as condições climáticas passadas e as fontes de evidências que podem ser usadas;
- reconhecerá os principais fatores forçantes do clima e os mecanismos de retroalimentação (feedback) e as escalas temporais em que atuam;
- entenderá as contribuições antropogênicas para as mudanças climáticas; e
- compreenderá os possíveis impactos das mudanças climáticas sobre os sistemas ambientais.

A CONSIDERAÇÕES GERAIS

Neste capítulo final, analisaremos a variabilidade e as mudanças climáticas, os fatores forçantes do clima, *feedbacks* e estados projetados para o futuro do sistema climático. Em muitas partes do mundo, o clima variou suficientemente nos últimos milhares de anos para afetar os padrões de agricultura e assentamentos humanos. Como ficará claro, existem evidências inequívocas de que as atividades humanas já começaram a influenciar o clima.

A compreensão de que o clima está longe de ser constante somente ocorreu durante a década de 1840, quando foram obtidas evidências indisputáveis de Ciclos Glaciais passados. Os estudos sobre o clima do passado começaram com alguns indivíduos na década de 1920 e ganharam *força* na de 1950 (ver Quadro 13.1). Os registros instrumentais para a maior parte do mundo cobrem apenas os últimos 100 a 150 anos e, em geral, são formatados com um tempo de resolução mensal, sazonal ou anual. Todavia, indicadores indiretos (proxy) de anéis de crescimento de árvores, polen em sedimentos de pântanos e lagos, registros de parâmetros físicos e químicos em testemunhos de gelo, e foraminíferos oceânicos em sedimentos proporcionam uma rica fonte de dados paleoclimáticos. Os anéis de crescimento das árvores e os testemunhos de gelo podem conter registros sazonais ou anuais. Os sedimentos oceânicos e a turfa de pântanos podem fornecer registros com resolução temporal de 100 a 1000 anos.

Em um estudo sobre a variabilidade e as mudanças climáticas, devemos prestar atenção nos possíveis artefatos dos registros. Para registros instrumentais, estes incluem mudanças na instrumentação (p. ex., tipos de pluviômetros), práticas observacionais, localização das estações, ou o entorno da instrumentação,

Atmosfera, Tempo e Clima

AVANÇOS SIGNIFICATIVOS DO SÉCULO XX

13.1 Pioneiros da pesquisa sobre mudanças climáticas

No final do século XIX, aceitava-se que as condições climáticas fossem descritas por médias de longo prazo (às vezes chamadas normais). Quanto mais longo o registro, melhor seria a aproximação da média de longo prazo. O intervalo padrão para calcular médias climáticas a partir de registros instrumentais adotado pela Organização Meteorológica Mundial é de 30 anos: 1971-2000, por exemplo. Os geólogos e alguns meteorologistas sabiam que os climas do passado haviam sido muito diferentes do presente e procuravam explicações para os períodos Glaciais em variações astronômicas e solares. Duas obras clássicas de C. E. P. Brooks – *The Evolution of Climate* (1922) e *Climates of the Past* (1926) – traziam um quadro notavelmente abrangente das variações ao longo do tempo geológico e estabeleceram os fatores forçantes possíveis, internos e externos ao sistema climático da Terra. Todavia, foi somente nas décadas de 1950 e 1960 que aumentou a consciência das substanciais flutuações climáticas em escalas decenais e seculares. Os registros climáticos históricos e dados climáticos obtidos com fontes indiretas (proxy) começaram a ser reunidos. Entre os pioneiros da climatologia histórica estão Gordon Manley e Hubert Lamb na Inglaterra, Herman Flohn na Alemanha, Emmanuel LeRoy Ladurie na França e J. Murray Mitchell e Reid Bryson nos Estados Unidos.

Na década de 1970, a atenção voltou-se inicialmente para a possibilidade de um novo período Glacial e para preocupações com o efeito das concentrações crescentes de dióxido de carbono na atmosfera. A possibilidade do resfriamento global advém de duas fontes principais; a primeira está nas evidências paleoclimatológicas de que as condições interglaciais anteriores duraram apenas por volta de 10.000 anos e de que o período holocênico pós-glacial já tinha essa duração. Uma conferência intitulada "The Present Interglacial – how and when it will end?" foi realizada na Brown University, em Providence, Rhode Island, em 1972 (G. Kukla, R. Matthews e J. M. Mitchell). A segunda fonte foi a preocupação com o papel dos aerossóis na redução da radiação solar incidente. Além da preocupação com o resfriamento potencial, no começo da década de 1970 houve um aumento na extensão da cobertura de neve no Hemisfério Norte (Kukla e Kukla, 1974). Quase instantaneamente, porém, começavam as primeiras conferências sobre o dióxido de carbono e o aquecimento causado pelo efeito estufa! A ocorrência de mudanças climáticas abruptas durante o final do Pleistoceno e o Holoceno começou a ser identificada nas décadas de 1970 e 1980. Mais notável é o severo resfriamento de 1.000 anos, conhecido como *younger dryas*, que ocorreu por volta de 12.000 anos atrás.

O interesse em climas passados foi motivado pelo conceito de que "o passado é a chave do futuro". A partir daí, houve esforços para documentar e entender as condições ocorridas durante períodos históricos e o passado geológico remoto, quando o clima global variou em uma faixa de extremos muito mais amplos. Como observação final, cálculos recentes de forçantes orbitais indicam que o atual interglacial durará por outros 30.000 anos.

---

ou mesmo erros em dados transcritos. Formas indiretas de registro podem ter erros nas datas ou na interpretação. Mesmo quando os sinais do clima são reais, pode ser difícil atribuí-los a causas únicas, devido à complexidade do sistema climático, que justamente se caracteriza por uma miríade de interações entre seus diversos componentes, em uma variedade de escalas espaciais e temporais (Figura 13.1).

Qual é a distinção entre variabilidade e mudanças climáticas? A variabilidade climática, conforme a definição do Painel Intergovernamental sobre Mudanças Climáticas (IPCC), refere-se a flutuações no estado médio e outras estatísticas (como o desvio-padrão, os extremos ou a forma da distribuição de frequência, ver Nota 1) de elementos climáticos em todas as escalas espaciais e temporais, além das de eventos climáticos individuais. A variabilidade pode ser associada a processos internos naturais do sistema climático, ou a variações nas forçantes climáticas naturais ou antropogênicas. As mudanças climáticas, por outro lado, são consideradas pelo IPCC como uma variação estatisticamente significativa no estado médio do clima ou em sua variabilida-

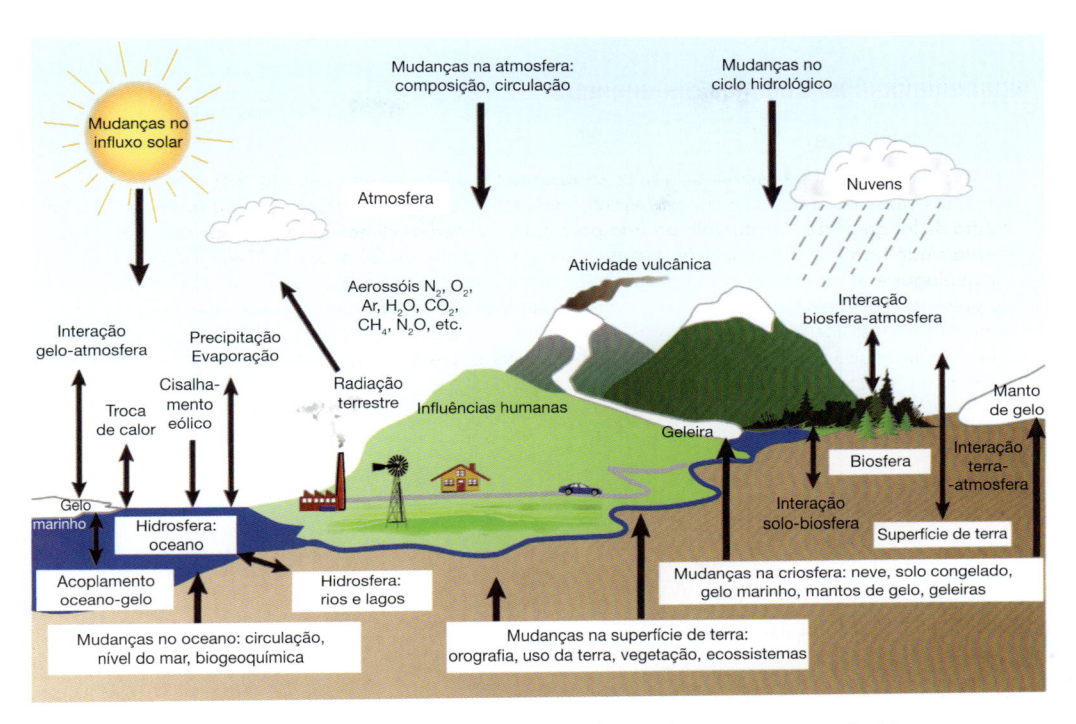

Figura 13.1 Esquema de processos que causam variabilidade e mudanças no sistema climático.
Fonte: IPCC (2007), Capítulo 1, Historical overview of climate change science, Report of WG1 1, IPCC, P. 104, FAQ 1.2, fig. 1.

de, que persiste por um período prolongado, geralmente de décadas ou mais. As mudanças climáticas podem ser decorrentes de processos internos naturais, forçantes externas naturais, ou mudanças antropogênicas persistentes na composição atmosférica e no uso da terra.

O estudante está desculpado, se a distinção parecer-lhe nebulosa. Considere a Figura 13.2. Um determinado registro climático, seja de fontes instrumentais ou fontes alternativas, pode apresentar uma variedade de comportamentos. Ele talvez documente uma mudança rápida de um estado médio para outro (B), uma tendência gradual, seguida por um novo estado médio (C) ou uma mudança na variância, sem alterações na média ao longo do período do registro (D). Mesmo com um estado médio razoavelmente estável pode haver flutuações semiperiódicas (B) ou não periódicas (C). De outra forma, um registro pode se caracterizar apenas por longas oscilações periódicas (A). Uma vez que a variabilidade climática, da maneira prevista pelo IPCC, compreende flutuações em todas as escalas espaciais e temporais além de eventos meteorológicos sinóticos, é possível considerar, de maneira legítima, todos os comportamentos na figura como expressões de variabilidade. Por outro lado, embora se possa dizer corretamente (por exemplo) que os principais ciclos glaciais e interglaciais do Pleistoceno são expressões de variabilidade climática nos últimos 2 milhões de anos, também é correto considerar a evolução de condições glaciais plenas para condições interglaciais como uma expressão de mudanças climáticas. De maneira semelhante, embora consideremos o aumento na temperatura global nos últimos 100 anos como uma mudança climática, reservando o termo variabilidade para aspectos observados em uma escala temporal mais curta, o aquecimento de um século também pode ser visto como um aspecto da variabilidade climática ao longo dos últimos 1000 anos. A distinção entre variabilidade e mudança, portanto,

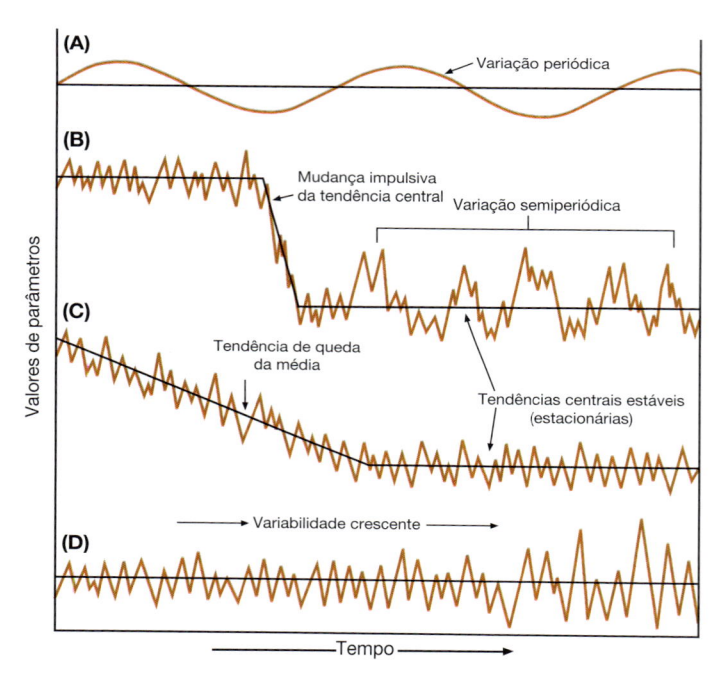

Figura 13.2 Diferentes tipos de variação climática. As escalas são arbitrárias.
Fonte: Hare (1979). Cortesia da World Meteorological Organization.

depende da estrutura temporal em que se consideram as estatísticas climáticas.

A United Nations Framework Convention on Climate Change (UNFCCC) oferece uma definição diferente que pode ajudar a resolver alguns desses problemas. Eles definem mudança como "uma alteração no clima que é atribuída direta ou indiretamente à atividade humana, que modifica a composição da atmosfera e que se soma à variabilidade climática natural observada ao longo de escalas temporais comparáveis". Essa definição é útil porque deixa clara uma distinção entre processos naturais e influências antropogênicas. O restante deste capítulo analisará as mudanças climáticas nesse contexto. A variabilidade, por sua vez, será avaliada em associação com processos naturais.

B FORÇANTES, *FEEDBACKS* E RESPOSTAS CLIMÁTICAS

A medida mais fundamental do estado climático da Terra é a média global anual da temperatura do ar junto à superfície. Variações anuais e mesmo decenais nesse valor podem ocorrer devido a processos puramente internos ao sistema climático. A fase quente do ENSO, por exemplo, pode ser vista como um processo interno, no qual o calor no reservatório oceânico (i.e., calor que já faz parte do sistema climático) é transferido para a atmosfera, expresso como um aumento na temperatura média global da superfície. Ao considerar escalas temporais de décadas ou mais, deve-se pensar nas *forçantes* climáticas e nos *feedbacks* correspondentes. Os fatores forçantes representam perturbações impostas sobre o sistema global, e são definidos como positivos quando induzem um aumento na temperatura média global na superfície, e negativos quando induzem uma redução. Os fatores forçantes podem, por sua vez, ser de origem natural ou antropogênica. A magnitude da reposta da temperatura global à forçante depende dos *feedbacks*. Os *feedbacks* positivos amplificam a mudança de temperatura, enquanto os *feedbacks* negativos reduzem a mudança.

1 Forçante climática

Diferentes tipos de forçantes climáticas podem ser identificados. As principais forçantes são associadas aos seguintes processos:

- *Tectônica de placas*. Na escala do tempo geológico, a tectônica de placas resultou em grandes mudanças na posição e no tamanho dos continentes, na configuração das bacias oceânicas e na composição atmosférica (por meio de fases associadas na atividade vulcânica). Embora existam poucas dúvidas de que essas mudanças alteraram o albedo superficial médio e as concentrações de gases de efeito estufa em escala global, os movimentos das placas também modificaram o tamanho e a localização de cadeias montanhosas e platôs. Como resultado, a circulação global da atmosfera e o padrão de circulação oceânica mudaram. Em 1912, Alfred Wegener propôs a deriva continental como um importante determinante dos climas e da biota, mas essa ideia permaneceu controversa até que o movimento das placas da crosta terrestre fosse identificado na década de 1960. As alterações na localização dos continentes contribuíram substancialmente para os principais períodos Glaciais do passado distante (como a glaciação permocarbonífera do Gondwana), bem como intervalos com amplos ambientes áridos (Permo-Triássico) ou úmidos (depósitos de carvão) durante outros períodos geológicos. No decorrer dos últimos milhões de anos, a elevação do Platô Tibetano e das cadeias do Himalaia causou o início, ou a intensificação, de condições desérticas no oeste da China e na Ásia Central.
- *Periodicidades astronômicas*. Conforme observado no Capítulo 3A.2, a órbita da Terra ao redor do Sol está sujeita a variações de longa duração, levando a mudanças na distribuição sazonal e espacial da radiação solar incidente na superfície. Essas mudanças ficaram conhecidas como forçantes de Milankovich, em homenagem ao astrônomo Milutan Milankovich, cujos cálculos cuidadosos de seus efeitos basearam-se no trabalho de astrônomos e geólogos do século XIX. Existem três efeitos principais: a excentricidade (ou alongamento) da órbita, que influencia a intensidade do contraste na radiação solar recebida no periélio (mais perto do Sol) e no afélio (mais distante do Sol), com períodos de aproximadamente 95.000 anos e 410.000 anos; a inclinação do eixo da Terra (aproximadamente 41.000 anos) que influencia a intensidade das estações; e uma oscilação na rotação do eixo da Terra, que causa alterações sazonais no momento do periélio e do afélio (Figura 13.3). Esse efeito de precessão, com um período de aproximadamente 21.000 anos, é ilustrado na Figura 3.3. A faixa de variação desses três componentes e suas consequências são sintetizadas na Tabela 13.1. As periodicidades astronômicas são associadas a flutuações de ±2-5°C na temperatura global a cada 10.000 anos. O tempo da forçante orbital é representado de forma clara nas flutuações glaciais-interglaciais, com os últimos quatro grandes ciclos glaciais durando aproximadamente 100.000 anos (ou 100ka). A teoria astronômica dos ciclos glaciais começou a ser amplamente aceita na década de 1970, depois que Hays, Imbrie e Shackleton divulgaram evidências convincentes de registros obtidos em testemunhos oceânicos.
- *Variabilidade solar*. O Sol é uma estrela variável. O ciclo solar de aproximadamente 11 anos (manchas solares), e de 22 anos para o campo magnético, é bastante conhecido. Conforme discutido no Capítulo 2, o ciclo de 11 anos das manchas solares está associado a flutuações de ±1 W m^{-2} na irradiação solar (i.e., um afastamento da constante solar; em termos da recepção média global de radiação no topo da atmosfera, o valor efetivo é apenas 0,25 W m^{-2}) (ver a seguir, e Capítulo 3A.1). Os efeitos da radiação ultravioleta são proporcionalmente maiores em termos de mudanças percentuais. Também existem evidências de variações mais prolongadas. Os intervalos onde a ativi-

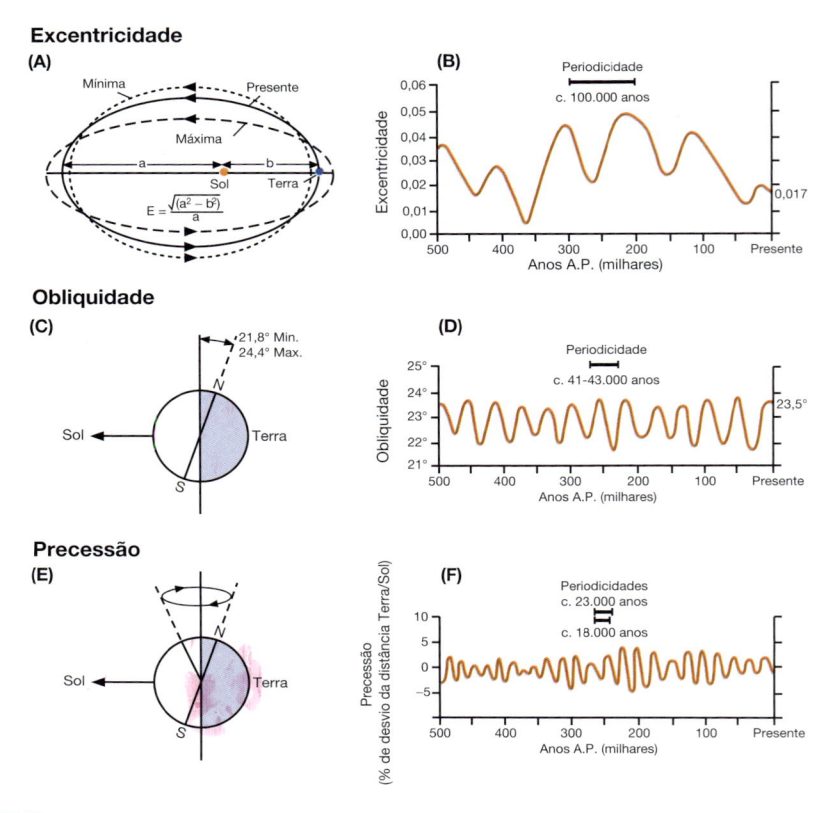

Figura 13.3 Síntese dos efeitos astronômicos (orbitais) sobre a irradiação solar e suas escalas temporais relevantes nos últimos 500.000 anos. (A) e (B): excentricidade ou alongamento orbital; (C) e (D): obliquidade ou inclinação axial; (E) e (F): precessão.

Fonte: Broecker e Van Donk 1970; e Henderson-Sellers e McGuffie 1984. B, D e F: *Review of Geophysics and Space Physics* 8 (1970). Com permissão da American Geophysical Union.

dade das manchas e chamas solares estava muito reduzida (especialmente no Mínimo de Maunder de 1645-1715) talvez estejam associados a reduções de aproximadamente 0,5°C na temperatura global. A variabilidade solar também parece ter desempenhado um papel nas variações da temperatura global em escala decenal, até o final do século XX, quando os efeitos antropogênicos se tornaram dominantes. Com relação ao passado distante, sabe-se que a irradiação solar há 3 bilhões de anos (durante o Arqueano) era de 80% do valor atual. De maneira interessante, o efeito desse débil Sol precoce provavelmente era compensado por uma concentração de dióxido de carbono talvez 100 vezes acima da atual, e talvez também pelos efeitos de uma Terra que era coberta principalmente por água (ou seja, muito vapor de água na atmosfera).

- *Erupções vulcânicas.* Grandes erupções explosivas individuais injetam poeira e gases sulfurosos (especialmente dióxido de enxofre) na estratosfera, formando gotículas de ácido sulfúrico. As plumas de erupção equatoriais se espalham para os dois hemisférios, ao passo que as plumas de erupções em latitudes médias a altas ficam confinadas ao hemisfério em questão. Evidências observacionais dos últimos 100 anos demonstram que grandes erupções podem estar associadas ao resfriamento

Tabela 13.1 Forçantes orbitais e suas características

Elemento	Variação normal	Valor atual	Periodicidade média
Obliquidade da eclíptica (') (inclinação do eixo de rotação) Efeitos iguais em ambos os hemisférios, efeito se intensifica em direção aos polos	22-24,5°	23,4°	41 ka
Baixa ' Sazonalidade fraca, gradiente de radiação abrupto em direção ao polo	Alta ' Sazonalidade forte, mais radiação nos polos no verão, gradiente de radiação mais fraco		
Precessão do equinócio (v) (oscilação do eixo de rotação) Mudança na distância Terra-Sol altera a estrutura dos ciclos sazonais; efeito complexo, modulado pela excentricidade da órbita	0,05 a -0,05	0,0164	19, 23 ka
Excentricidade da órbita (e) Confere 0,02% de variação na radiação incidente anual; modifica a amplitude do ciclo de precessão, mudando a duração e intensidade sazonal; efeitos opostos em cada hemisfério; maior em latitudes baixas	0,005 a 0,0607	0,0167	410, 95 ka

global médio de vários décimos de grau C no ano após o evento e alterações muito maiores em âmbito regional e até hemisférico. O resfriamento advém principalmente de gotículas de ácido sulfúrico que refletem a radiação solar. A poeira também causa resfriamento superficial, absorvendo radiação solar na estratosfera, mas, em comparação com o ácido sulfúrico, esses efeitos são efêmeros (semanas a meses). Os aerossóis estratosféricos também podem causar poentes esplêndidos (ver Figura 2.12). A mais recente erupção vulcânica de vulto, com impactos climáticos significativos, foi a do monte Pinatubo, em 1991.

- *Mudanças induzidas pelo ser humano na composição atmosférica e na cobertura do solo.* Já apresentamos o impacto de gases de efeito estufa, como o dióxido de carbono e o metano, sobre o balanço de radiação (ver também Capítulo 2). O acúmulo observado nesses gases desde a aurora da era industrial representa uma forçante positiva. As atividades humanas também levaram a um acúmulo de aerossóis troposféricos, que induzem um resfriamento parcialmente compensatório. Mudanças no uso da terra e na cobertura do solo também levaram a um pequeno aumento no albedo superficial, que promove o resfriamento.

Embora a característica comum de todas essas forçantes seja o fato de elas influenciarem aspectos do balanço de radiação da Terra, elas obviamente se diferenciam, em grande parte, pelas escalas temporais em que atuam. Em termos de induzir mudanças na temperatura global nos últimos 100 anos, assim como mudanças projetadas ao longo do século XXI, os efeitos da tectônica de placas (que atua em escalas temporais de milhões de anos) e das forçantes de Milankovich (que atuam em escalas temporais de dezenas de milhares de anos) são irrelevantes. Observe também que, enquanto as forçantes de Milankovich são associadas a impactos bastante significativos na distribuição sazonal e espacial da radiação solar incidente na superfície, os impactos sobre a radiação incidente, quando vistos em sua média global ao longo do ciclo anual, são bastante pequenos. Por exemplo, embora uma redução na obliquidade signifique menos radiação no verão do Hemisfério Norte, também significa mais no inverno do Hemisfério Sul, e esses efeitos sazonais praticamente se anulam.

Desse modo, as forçantes de Milankovich opõem-se fundamentalmente aos efeitos das alterações na radiação solar, das erupções vulcânicas ou das mudanças antropogênicas nas concentrações atmosféricas de gases de efeito estufa e no albedo na superfície, as quais, consideradas em termos de seu efeito imediato, têm um impacto em nível global e anual sobre o balanço de radiação no topo da atmosfera. Em decorrência dessa propriedade, elas são chamadas de *forçantes radiativas*. Por exemplo, um aumento na produção solar levará a mais radiação incidente no topo da atmosfera terrestre, independentemente da latitude ou da estação. O efeito imediato será um desequilíbrio global na radiação no topo da atmosfera (mais energia incidente do que emanante), aumentando a temperatura, o que finalmente levaria o sistema Terra-atmosfera a um novo equilíbrio radiativo. De maneira semelhante, a resposta imediata ao aumento na concentração de gases de efeito estufa será uma redução global na emissão de ondas longas para o espaço, um desequilíbrio na radiação que promoverá aquecimento, levando também a um novo equilíbrio radiativo (desde que a forçante permaneça constante).

As mudanças climáticas globais (mudanças decorrentes das influências humanas, conforme as convenções que adotamos) devem ser vistas no contexto da forçante radiativa global. No modelo do IPCC adotado aqui, a forçante radiativa se refere especificamente à quantidade pela qual um fator altera o equilíbrio radiativo global e anual no topo da atmosfera, expresso em unidades de $W\ m^{-2}$, avaliada como a forçante relativa ao ano 1750, o começo da Revolução Industrial. Em 2005, a forçante radiativa estimada para as atividades humanas era de $1,6\ W\ m^{-2}$.

2 Feedbacks climáticos

Com base no modelo da forçante radiativa, considere a mudança na temperatura global média da superfície que resulta do aumento na concentração atmosférica de dióxido de carbono. Conforme já discutido, por causa da perturbação imposta, uma quantidade maior da radiação de ondas longas emitida da superfície para cima é absorvida pela atmosfera, sendo direcionada de volta para a superfície. O resultado é um desequilíbrio radiativo no topo da atmosfera – a radiação solar líquida que penetra no topo da atmosfera excede a perda de radiação de ondas longas para o espaço. A forçante climática da adição de dióxido de carbono, portanto, é positiva. Considere agora os *feedbacks*. O mais importante deles é o *feedback* do vapor de água. O aquecimento resulta em mais evaporação, e uma atmosfera mais quente pode conter mais vapor de água. Todavia, o vapor de água também é um gás de efeito estufa, logo, causa mais aquecimento. Uma parte da cobertura de neve da Terra e do gelo marinho derreterá, reduzindo o albedo superficial planetário, além de causar mais aquecimento. Esses são exemplos de *feedbacks* positivos, pois amplificam a mudança na temperatura superficial global induzida pela forçante climática. Se a concentração de dióxido de carbono na atmosfera fosse reduzida, impondo assim uma forçante climática negativa, os *feedbacks* positivos promoveriam mais resfriamento.

Um aspecto fascinante do sistema climático global é que os *feedbacks* positivos predominam. Por exemplo, uma das respostas à elevação nos gases de efeito estufa seria um aumento na cobertura de nuvens, que, pelo aumento no albedo planetário, representaria um *feedback* negativo. Todavia, esse e outros *feedbacks* negativos potenciais somente pareceriam capazes de reduzir a taxa de aquecimento, e não de revertê-la.

Embora os *feedbacks* climáticos sejam positivos ou negativos, eles também podem ser diferenciados com base na rapidez com que atuam. No modelo da forçante radiativa global apropriado para entender as mudanças climáticas antropogênicas, os *feedbacks* rápidos são os relevantes. Os mais importantes são as mudanças no vapor de água e no albedo (mencionadas anteriormente), que podem operar em escalas temporais de dias e até menos. A cobertura de nuvens também pode variar rapidamente (horas). Exemplos de *feedbacks* lentos são as mudanças na extensão dos mantos de gelo continentais (que influenciam o albedo planetário) e os gases de efeito estufa durante o Pleistoceno, em resposta a periodicidades de Milankovich. Os registros em testemunhos de gelo mostram que esses ciclos glaciais-interglaciais eram quase coincidentes com flutuações nos níveis de dióxido de carbono (±50 ppm) e metano (±150 ppb). A natureza desses *feedbacks* de gases-traço ainda precisa ser determinada. Os mecanismos potenciais são mudanças na química dos oceanos, maior crescimento planctônico agindo de maneira a sequestrar dióxido de carbono, a supressão de trocas ar-mar pelo gelo marinho, mudanças na temperatura oceânica que afetam a solubilidade do dióxido de carbono e alterações na circulação dos oceanos. O mais provável é que uma variedade de processos atue em conjunto. As alterações negativas (positivas) nas concentrações de gases de efeito estufa estão associadas a períodos frios (quentes), conforme ilustra a Figura 2.6.

3 Resposta climática

Quanto a temperatura média da superfície global muda em resposta a uma forçante radiativa de uma determinada magnitude? Quanto tempo leva para a mudança ocorrer? Essas estão entre as perguntas mais importantes e prementes na ciência das mudanças climáticas.

A primeira pergunta lida com a questão da sensibilidade do equilíbrio climático. No modelo do IPCC, a sensibilidade do equilíbrio climático é a alteração do equilíbrio na média global anual da temperatura do ar superficial após uma duplicação no equivalente do dióxido de carbono atmosférico. A duplicação na concentração de dióxido de carbono equivale a uma forçante radiativa (desequilíbrio radiativo no topo da atmosfera) de aproximadamente 4 W m^{-2}. Em resposta a essa duplicação, a superfície e a atmosfera se aqueceriam. Em um determinado ponto, o equilíbrio radiativo seria restaurado, com uma nova e mais alta temperatura superficial. Estimativas da sensibilidade do equilíbrio climático obtidas com a atual geração de modelos climáticos globais variam de 2-4,5°C, com a melhor estimativa em 3,0°C. A incerteza está principalmente na ampliação das estimativas dos modelos dos *feedbacks* climáticos, particularmente para *feedbacks* de nuvens. Os *feedbacks* de nuvens são complexos e difíceis de modelar. Talvez os *feedbacks* negativos atuem quando o maior aquecimento global gera mais evaporação e quantidades maiores de cobertura de nuvens em grandes altitudes, refletindo mais radiação solar incidente. Todavia, outros tipos de nuvens, e nuvens nas regiões polares, podem induzir aquecimento superficial.

Expressa de forma mais conveniente, a melhor estimativa, de 3°C, para a duplicação do teor de dióxido de carbono equivale a um aumento de 0,75°C na temperatura média global por W m^{-2} para a forçante. Enfatiza-se que as simulações climáticas usadas a fim de obter esses números para a sensibilidade lidam apenas com os *feedbacks* rápidos. Se não houvesse *feedbacks* presentes no sistema climático, a sensibilidade climática seria de apenas 0,3°C por W m^{-2}. Embora a sensibilidade climática no modelo do IPCC baseie-se em uma duplicação do equivalente atmosférico em dióxido de carbono, parece que a resposta a qualquer forçante radiativa, no sentido de buscar uma temperatura de equilíbrio, é aproximadamente a mesma. Esse é um conceito importante, pois significa que, em uma primeira aproximação, é possível adicionar diferentes forçantes linearmente para obter um valor líquido, a partir do qual seja viável estimar uma mudança na temperatura de equilíbrio.

Também parece que a maior parte da resposta da temperatura de equilíbrio a uma forçante radiativa com os *feedbacks* rápidos atuantes ocorre ao longo de um período de 30 a 50 anos. A maior parte dessa defasagem se deve à grande inércia térmica dos oceanos. A questão é que os oceanos podem absorver e armazenar uma grande quantidade de calor sem um aumento expressivo na temperatura superficial (irradiante). Considere o que está acontecendo em resposta à atual forçante radiativa das atividades humanas de 1,6 W m^{-2}. O uso da sensibilidade do equilíbrio climático de 0,75 implica que essa forçante radiativa, se mantida, acabará gerando cerca de 1,2°C de aquecimento. Ao longo do registro instrumental, a temperatura global média subiu 0,7°C, sugerindo que resta 0,5°C depois que o oceano aqueceu suficientemente. Em quanto já aumentou o conteúdo do calor do oceano? Com base em dados hidrográficos existentes de 1955-1998, o oceano mundial, entre a superfície e a profundidade de 3000 m, ganhou ~1,6 × 10^{22}J. Comparado com a energia cinética atmosférica (p. 70), esse é um número muito grande.

Uma limitação óbvia do conceito de sensibilidade do equilíbrio climático é que a forçante radiativa está sempre mudando. Considere as explosivas erupções vulcânicas. Embora a forçante radiativa global de uma única erupção possa ser bastante significativa (2-3 W m^{-2} no pico), ela é efêmera (alguns anos), de modo que o sistema jamais entra em equilíbrio com ela (enquanto a temperatura da superfície global pode ser temporariamente reduzida em vários décimos de grau, isso é muito menor do que a mudança calculada na temperatura em equilíbrio com a forçante máxima). De maneira semelhante, o sistema jamais estaria em equilíbrio com a variabilidade solar associada ao ciclo de 11 anos das manchas solares. Se fôssemos congelar a atual forçante radiativa das atividades humanas em seu valor atual, o sistema climático acabaria se aproximando de uma nova temperatura de equilíbrio (pressupondo que não houvesse complicações, como erupções vulcânicas múltiplas). Todavia, a forçante radiativa das atividades humanas cresceu no século passado e continuará a crescer no futuro, indicando que o valor da temperatura de equilíbrio mudou e continuará a mudar. Dito de outra forma, o quadro ao longo dos últimos 100 anos e para o futuro é de um sistema climático que tenta constantemente alcançar uma forçante radiativa crescente, mas que está sempre defasado em relação a ela.

4 A importância do modelo

Enquanto a distinção entre forçante climática e *feedback* é razoavelmente clara quando se consideram mudanças na temperatura média global, devemos enfatizar que essa distinção pode ser alterada com a adoção de um modelo diferente, como a avaliação da variabilidade e mudanças climáticas em âmbito regional. Por exemplo, devido à perda da cobertura de gelo marinho, espera-se que os aumentos na temperatura da superfície do ar sejam especialmente acentuados sobre o Oceano Ártico. Segundo o modelo das mudanças globais antropogênicas (ver Tabela 13.2), isso pode ser considerado parte do processo de *feedback* que amplifica a resposta da temperatura global média às concentrações crescentes de gases de efeito estufa. Todavia, se fôssemos conduzir um estudo regional do Ártico, deveríamos considerar a perda de gelo marinho legitimamente como uma forçante sobre a mudança de temperatura no Ártico. De maneira semelhante, as mudanças climáticas globais podem ser auxiliadas por alterações nos padrões de circulação troposférica, precipitação e cobertura de nuvens. Enquanto na escala global esses fatores seriam considerados como *feedbacks*, investigações de impactos regionais poderiam considerá-los como forçantes.

Tabela 13.2 As quatro categorias de variáveis climáticas sujeitas a mudanças induzidos de origem antrópica

Variável modificada	Escala do efeito	Fontes de mudança
Temperatura atmosférica	Local-global	Liberação de aerossóis e gases-traço
Propriedades superficiais; balanços de energia	Regional	Desmatamento; desertificação; urbanização
Regime eólico	Local-regional	Desmatamento; urbanização
Componentes do ciclo hidrológico e urbanização	Local-regional	Desmatamento; desertificação; irrigação

Outra questão relacionada com o modelo diz respeito a como enxergamos as transições entre as condições glaciais e interglaciais. Enquanto as alterações na área de gelo marinho e as concentrações de gases de efeito estufa durante essas transições são vistas adequadamente como *feedbacks* lentos, se considerarmos as condições glaciais e interglaciais plenas como dois estados de equilíbrio, esses *feedbacks* lentos podem ser vistos como forçantes climáticas. Com estimativas de mudança na temperatura global entre os estados de equilíbrio e as forçantes, tem-se outra maneira de estimar a sensibilidade do equilíbrio climático. Os números obtidos a partir dessa abordagem estão de acordo com os advindos de modelos climáticos globais. Assim, em suma, dependendo do modelo escolhido, o *feedback* de uma pessoa pode ser a forçante de outra.

C O REGISTRO CLIMÁTICO

1 O registro geológico

Entender o significado de tendências climáticas ao longo dos últimos 100 anos exige que elas sejam vistas contra o pano de fundo de condições anteriores. Em escalas temporais geológicas, o clima global passou por grandes mudanças, entre estados livres de gelo e geralmente quentes e períodos glaciais com mantos de gelo continentais. Ao longo do tempo geológico, houve pelo menos sete grandes ciclos Glaciais. O primeiro ocorreu há 2,5 milhões de anos (Ma) no período Arqueano, seguido por três outros, entre 900 e 600 Ma, no Proterozoico. Houve dois períodos Glaciais na Era Paleozoica (o Ordoviciano, 500-430 Ma; e o Permo-Carbonífero, 345-225 Ma). O período Glacial mais recente começou por volta de 34 Ma atrás, na Antártica, no limite entre o Eoceno e o Oligoceno, e por volta de 3 milhões de anos atrás em latitudes setentrionais elevadas. Atualmente, considera-se que ainda estamos nesse período Glacial mais recente, ainda que em sua parte quente, conhecida como Holoceno, que começou por volta de 11,5ka atrás. Embora o volume total de gelo sobre a terra (compreendendo principalmente os mantos de gelo da Antártica e Groenlândia) certamente seja hoje muito menor do que era há 20ka, ainda é substancial, se comparado com outras épocas no passado do planeta.

Os principais períodos Glaciais e períodos livres de gelo podem estar ligados a uma combinação de forçantes climáticas externas e internas (tectônica de placas, concentrações de gases de efeito estufa, irradiação solar). Os mantos de gelo dos períodos Ordoviciano e Permo-Carbonífero formaram-se em latitudes meridionais elevadas no megacontinente primitivo de Gondwana. A elevação das cordilheiras a oeste da América do Norte e do Platô Tibetano pelos movimentos de placas durante o período terciário (50-2 Ma) desenvolveu a aridez regional nos respectivos interiores continentais. Todavia, os fatores geográficos são apenas uma parte da explicação para as variações climáticas. Por exemplo, as condições quentes nas latitudes elevadas durante o período Cretáceo médio, por volta de 100 Ma, podem ser atribuídas a concentrações atmosféricas de dióxido de carbono de três a sete vezes maiores do que as atuais, potencializadas pelos efeitos de alterações na distribuição terra-mar e do transporte de calor oceânico.

Sabemos muito mais sobre as condições do gelo e as forçantes climáticas durante o Quaternário, que começou há aproximadamente 2,6 milhões de anos, compreendendo as Épocas do Pleistoceno (2,6 Ma-11,5 ka) e do Holoceno (11,5 ka-presente). Fica muito claro que o período Glacial mais recente em que vivemos está longe de ser uniformemente frio. Ao contrário, essa Época tem-se caracterizado por oscilações entre condições glaciais e interglaciais (ver Quadro 13.2). Oito ciclos de volume de gelo global estão registrados na terra e em sedimentos oceânicos para o último 0,8-0,9 Ma, cada um com uma média de 100 ka, com apenas 10% de cada ciclo tendo sido tão quente quanto o século XX (Figura 13.4D e E). Cada período glacial se caracterizou por terminações abruptas. Por causa do retrabalhamento de sedimentos, apenas quatro ou cinco dessas glaciações são identificadas a partir de registros terrestres. Apesar disso, é provável que todas tenham se caracterizado por grandes mantos de gelo cobrindo a região norte da América do Norte e da Europa. Os níveis do mar também reduziram em aproximadamente 130 m, devido ao grande volume de água aprisionado na forma de gelo. Os registros de bacias de lagos tropicais mostram que essas regiões costumavam ser áridas nesses períodos. Antes de 0,9 Ma, o momento em que as glaciações ocorreram é mais complexo. Os registros dos volumes de gelo mostram uma periodicidade predominante de 41 ka, enquanto os registros oceânicos de carbonato de cálcio indicam flutuações de 400 ka.

Essas periodicidades estão ligadas às forçantes de Milankovich discutidas anteriormente (ver também Capítulo 3A). A assinatura da precessão (19 e 23 ka) é mais aparente em registros de latitudes baixas, ao passo que a obliquidade (41 ka) é representada em latitudes elevadas. Todavia, o sinal da excentricidade orbital de 100 ka é predominante de modo geral. A ideia básica é que o começo das condições glaciais é iniciado por forçantes de Milankovich, que produzem resfriamento no verão sobre as massas de terra setentrionais. Isso favorece a sobrevivência da cobertura de neve durante o verão, um *feedback* que promove mais resfriamento e crescimento do manto de gelo, levando a mais resfriamento por *feedbacks* lentos no ciclo de carbono discutido anteriormente. O início de um período interglacial funciona do modo oposto, com as forçantes de Milankovich promovendo aquecimento inicial sobre as massas de terra setentrionais, colocando os *feedbacks* em movimento para gerar mais aquecimento e derretimento de gelo.

2 O último ciclo glacial e condições pós-glaciais

O último período interglacial, conhecido como Eemiano, atingiu seu pico por volta de 125 ka atrás. O último ciclo glacial após o Eemiano foi caracterizado por períodos de gelo amplo (conhecido como *glacial*) e menos amplo (conhecido como *interglacial*). O volume máximo de gelo global (o Último Máximo Glacial, ou UMG) ocorreu há cerca de 25-18 ka. O UMG terminou com um aquecimento abrupto entre 15 e 13 ka, dependendo da latitude e área, interrompido por uma regressão fria chamada Dryas Recente (*Younger Dryas*), 13-11,7 ka, sendo seguido por uma nova tendência súbita de aquecimento (Figura 13.4). Considera-se que o Holoceno (nosso interglacial atual)

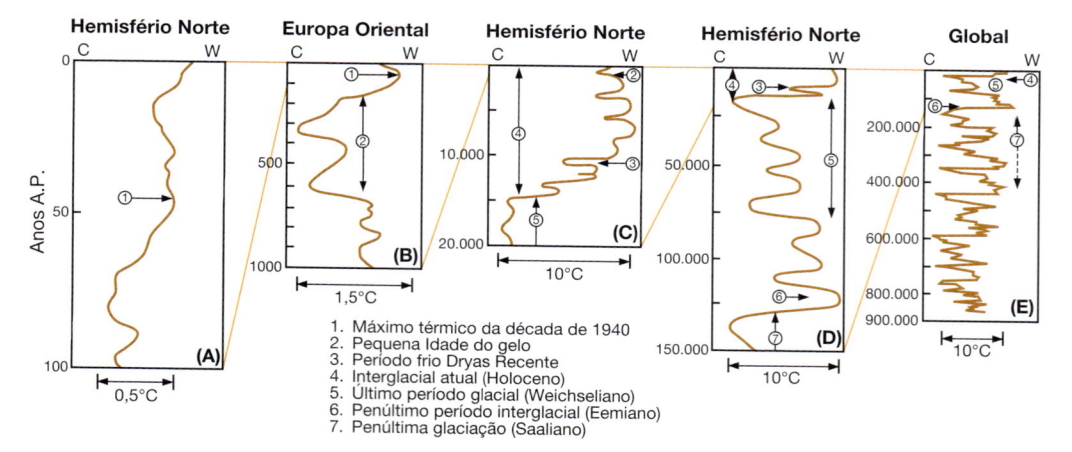

Figura 13.4 Principais tendências no clima global durante o último milhão de anos. (A): Hemisfério Norte, temperaturas médias terra-ar; (B): Europa Oriental, temperaturas de inverno; (C): Hemisfério Norte, temperaturas médias terra-ar; (D): Hemisfério Norte, temperaturas médias do ar parcialmente baseadas nas temperaturas da superfície do mar; (E): temperaturas médias globais derivadas de testemunhos marinhos profundos.

Fonte: Understanding Climatic Change: A Program for Action (1975). Com permissão da National Academy Press, Washington, DC.

AVANÇOS SIGNIFICATIVOS DO SÉCULO XX

13.2 Documentando paleoclimas

Os geólogos que documentaram o último período Glacial fizeram os primeiros estudos sobre os paleoclimas no final do século XIX. O progresso inicial foi dificultado por incertezas sobre a idade da Terra e a duração do registro geológico. Todavia, em 1902, passou-se a aceitar que houve pelo menos quatro ou cinco episódios glaciais nos Alpes e na América do Norte durante a Época do Pleistoceno. Foram procuradas explicações em variações dos períodos astronômicos que afetaram a órbita da Terra, notavelmente por J. Croll (1875) e M. Milankovich (1920, 1945), e em variações da constante solar (G. C. Simpson, 1934, 1957). A confirmação de que as periodicidades astronômicas atuam como um "marcapasso" dos períodos Glaciais não apareceu até que as grandes mudanças nos foraminíferos planctônicos nos registros de sedimentos oceânicos pudessem ser decifradas e datadas com exatidão na década de 1970 (J. Hays, J. Imbrie e N. Shackleton, 1976).

O uso de evidências indiretas para investigar o clima passado começou quase um século atrás. Em 1910, o cientista sueco Barão G. de Geer usou os depósitos anuais de sedimentos (varvitos) em lagos glaciais para datar mudanças na vegetação, inferidas a partir do registro de pólen. Os testemunhos de pólen que atravessavam o período pós-glacial, extraídos de pântanos e sedimentos de lagos, começaram a ser estudados na Europa e América do Norte nas décadas de 1950 e 1960 após o desenvolvimento da datação de materiais orgânicos com radiocarbono por W. Libby em 1951. Ao mesmo tempo, o registro sedimentar oceânico de mudanças na microfauna marinha – tanto de foraminíferos superficiais (planctônicos) como de fundo (bentônicos) – começou a ser investigado. Assembleias de fauna associadas a diferentes massas de água (polar, subpolar, latitude média, tropical) possibilitaram traçar as amplas mudanças latitudinais ocorridas nas temperaturas oceânicas durante o Quaternário. O uso de razões de isótopos de oxigênio (O^{18}/O^{16}) por C. Emiliani e S. Epstein proporcionou estimativas independentes da temperatura oceânica e, particularmente, das mudanças no volume de gelo global. Esses registros mostraram que tinha havido oito ciclos glaciais/interglaciais durante os últimos 800.000 anos.

No sudoeste dos Estados Unidos, no começo do século XX, os arqueólogos costumavam contar os anéis anuais nas árvores para datar a madeira usada nas estruturas paleoindígenas. Nas décadas de 1950-60, a largura dos anéis começou a ser investigada como um sinal de secas de verão nas margens de desertos e temperaturas de verão em locais elevados. O campo da dendroclimatologia, empregando métodos estatísticos, desenvolveu-se sob a liderança de H. C. Fritts. Em seguida, F. Schweingruber introduziu o uso de variações na densidade dos anéis, analisada por técnicas de raio X, como um indicador sazonal. Nas décadas de 1970-80 teve início o uso de numerosos indicadores biológicos sofisticados, inclusive insetos (particularmente besouros) diatomáceas, ostracoda, fezes de ratos contendo macrofósseis de plantas e corais.

As informações mais abrangentes sobre a paleoatmosfera nos últimos 1.000 a 100.000 anos foram recuperadas de testemunhos de gelo profundos na Groenlândia, Antártica e em geleiras de montanha em latitudes baixas. Os principais tipos de dados indiretos são: temperaturas atmosféricas de δO^{18} (método desenvolvido para o gelo de geleiras por W. Dansgaard), a espessura das camadas anuais acumuladas, as concentrações de dióxido de carbono e metano nas bolhas de ar aprisionadas no gelo, a atividade vulcânica a partir de variações na condutividade elétrica causada pelos sulfatos, a carga de aerossol e outras fontes (continentais, marinhas e vulcânicas). Os primeiros testemunhos profundos foram coletados em Camp Century, no noroeste da Groenlândia, e na estação Byrd, na Antártica Ocidental, na década de 1960. Posteriormente, muitos testemunhos foram coletados e analisados. Os de particular interesse são os testemunhos GISP II e GRIP de Summit, Groenlândia, que cobrem aproximadamente 140.000 anos, e os testemunhos Vostok e EPICA da Antártica, que cobrem cerca de 450.000 e 720.000 anos, respectivamente.

começa há 11,5ka, depois do encerramento do evento Dryas Recente. Com base em avaliações de forçantes de Milankovich, o atual período interglacial deveria durar pelo menos outros 30.000 anos. Um aspecto particularmente marcante do último ciclo glacial está nas mudanças rápidas, em escala de milênios, entre condições quentes e frias, conhecidas como ciclos de Dansgaard-Oeschger (D-O). O Dryas Recente é considerado o último desses ciclos D-O. Como fica evidente em vários registros indiretos (ver Figura 13.5), o começo e o término do evento frio Dryas Recente, com uma mudança de condições climáticas glaciais para interglaciais e o inverso novamente, ocorreu dentro de um período de cinco anos para as duas transições! Os processos que movem eventos D-O como o Dryas Recente ainda não foram entendidos em sua totalidade, mas provavelmente, de algum modo, envolvem grandes descargas de água doce do derretimento de mantos de gelo para o Atlântico Norte, que perturbaram a circulação termohalina do Atlântico (ver Figura 7.32).

O aquecimento observado no começo do Holoceno, por volta de 10ka, pode ser atribuído ao fato de que a radiação solar em julho era 30-40 W m^{-2} maior do que atualmente nas latitudes médias setentrionais, novamente devido a efeitos de Milankovich. Após o recuo final dos mantos de gelo continentais da Europa e América do Norte entre 10.000 e 7.000 anos atrás, o clima amenizou rapidamente nas latitudes médias e altas. Nos subtrópicos, esse período também foi mais úmido, com níveis elevados nos lagos da África e do Oriente Médio. O Máximo Térmico do Holoceno (MTH) foi alcançado nas latitudes médias há aproximadamente 5.000 anos, quando as temperaturas de verão eram 1–2°C mais altas do que atualmente (ver Figura 13.5B) e a linha de árvores do Ártico ficava várias centenas de quilômetros mais ao norte na Eurásia e na América do Norte. Nessa época, as regiões desérticas subtropicais estavam novamente muito secas e foram praticamente abandonadas pelos povos primitivos.

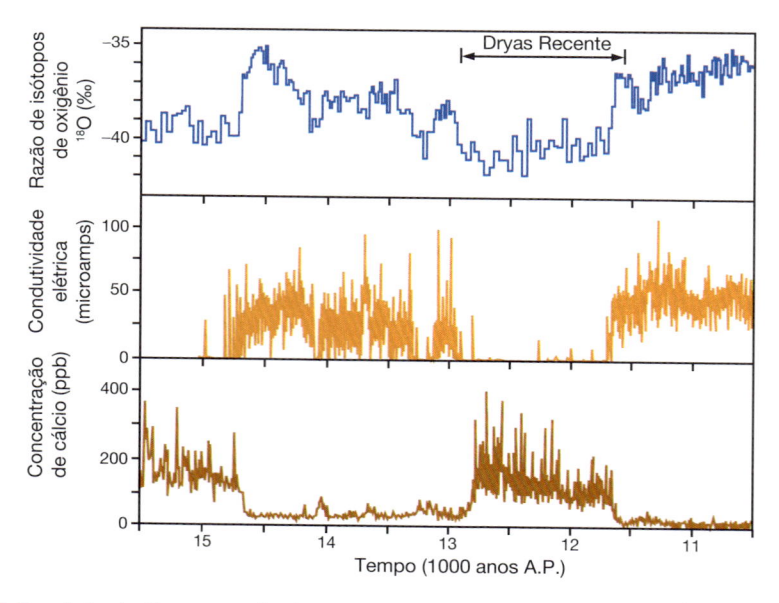

Figura 13.5 Transição do último período glacial para interglacial (14,7 a 11,6 ka), indicada por d^{18}O (ppm), condutividade elétrica (microamps) e concentrações de cálcio (ppb) no testemunho do Greenland Ice Sheet Program (GISP) da região central da Groenlândia.

Fonte: Grootes (1995). Copyright © National Academy of Sciences. Cortesia de National Academy of Sciences, Washington, DC.

Um declínio na temperatura instalou-se ao redor de 2.000 anos atrás, com condições mais frias e mais úmidas na Europa e América do Norte. Embora as temperaturas desde então jamais tenham se igualado às do MTH (estamos chegando perto), houve um período (ou períodos) relativamente mais quente(s) entre os séculos IX e XV. As temperaturas de verão na Escandinávia, na China, na Sierra Nevada (Califórnia), nas Montanhas Rochosas no Canadá e na Tasmânia ultrapassaram as que prevaleceram até o final do século XX.

3 Os últimos 1000 anos

As reconstruções da temperatura para o hemisfério norte ao longo do último milênio baseiam-se em vários tipos de dados indiretos, mas especialmente na dendrocronologia, nos testemunhos de gelo e em registros históricos. A Figura 13.6 mostra uma reconstrução baseada nesses dados para o último milênio. Até aproximadamente 1600, existe uma disparidade considerável nas estimativas dos valores médios decenais e suas amplitudes de variação. As condições parecem ter sido um pouco mais quentes entre 1050 e 1330 do que entre 1400 e 1900. Existem evidências na Europa Ocidental e Central para uma fase quente ao redor de 1300. Registros islandeses indicam condições moderadas até o final do século XII, e essa fase foi marcada pela colonização da Groenlândia pelos vikings e pela ocupação da Ilha de Ellesmere no Ártico canadense pelos Inuit.

Depois disso, as condições deterioraram. Esse período frio, conhecido como Pequena Idade do Gelo (*little Ice Age*), foi associado a um extensivo avanço do gelo ártico e das geleiras em certas áreas, chegando às posições máximas desde o final do último ciclo glacial. Esses avanços ocorreram em datas que variam da metade do século XVII ao final do século XX na Europa, como resultado da defasagem na resposta das geleiras e da variabilidade regional. O período mais frio da Pequena Idade do Gelo no Hemisfério Norte foi 1570-1730. Não está totalmente claro o que causou a Pequena Idade do Gelo. A menor atividade solar associada ao Mínimo de Maunder, menos números de manchas solares, (1645-1715), provavelmente tenha desempenhado um papel nesse evento, assim como o aumento na atividade vulcânica.

Longos registros instrumentais para estações na Europa e no leste dos Estados Unidos indicam que a tendência de aquecimento que encerrou a Pequena Idade do Gelo começou pelo menos na metade do século XIX. A série temporal da média anual da temperatura do ar superficial a partir de registros instrumentais mostra um aumento significativo na temperatura, de aproximadamente 0,7°C, de 1880 a 2007. Os dois hemisférios participam desse aquecimento, mas ele é mais acentuado no Hemisfério Norte (Figura 13.7). O aquecimento abrange regiões oceânicas e continentais, sendo mais forte sobre a terra (Figura 13.8). Ele foi menor nos trópicos e maior nas latitudes altas setentrionais, e é mais forte no inverno. Todavia, o aumento na temperatura geral não é contínuo, e quatro fases são identificadas no registro global:

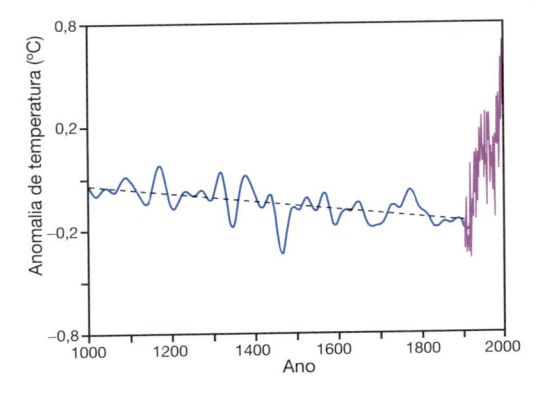

Figura 13.6 Variação na temperatura do ar superficial para o Hemisfério Norte ao longo do último milênio. Valores suavizados e reconstruídos para 40 anos são plotados para 1000-1880, com a tendência linear para 1000-1850, e temperaturas observadas para 1902-1998. A reconstrução baseia-se em estimativas obtidas com testemunhos de gelo, anéis de crescimento em árvores e registros históricos, e tem dois limites de erro-padrão de aproximadamente ±0,5°C durante 1000-1600. Os valores são plotados como anomalias relativas ao período de 1961-1990.

Fonte: Modificado de Mann et al. (1999). Cortesia de M. E. Mann, Pennsylvania State University.

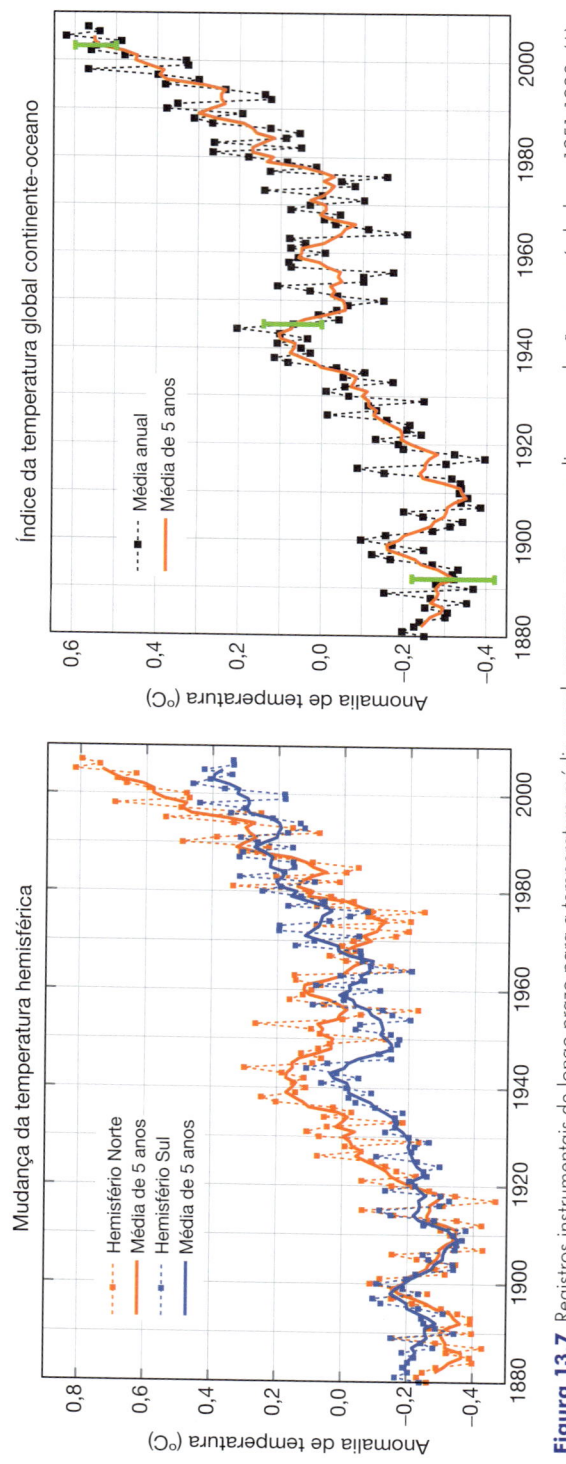

Figura 13.7 Registros instrumentais de longo prazo para a temperatura média anual, expressos como anomalias com relação ao período-base 1951-1980. (A): média global; (B): médias para os Hemisférios Norte e Sul. As linhas vermelhas apresentam a série temporal suavizada com médias de cinco anos.

Fonte: NASA, Goddard Institute for Space Sciences (http://data.giss.nasa.gov/gistemp/).

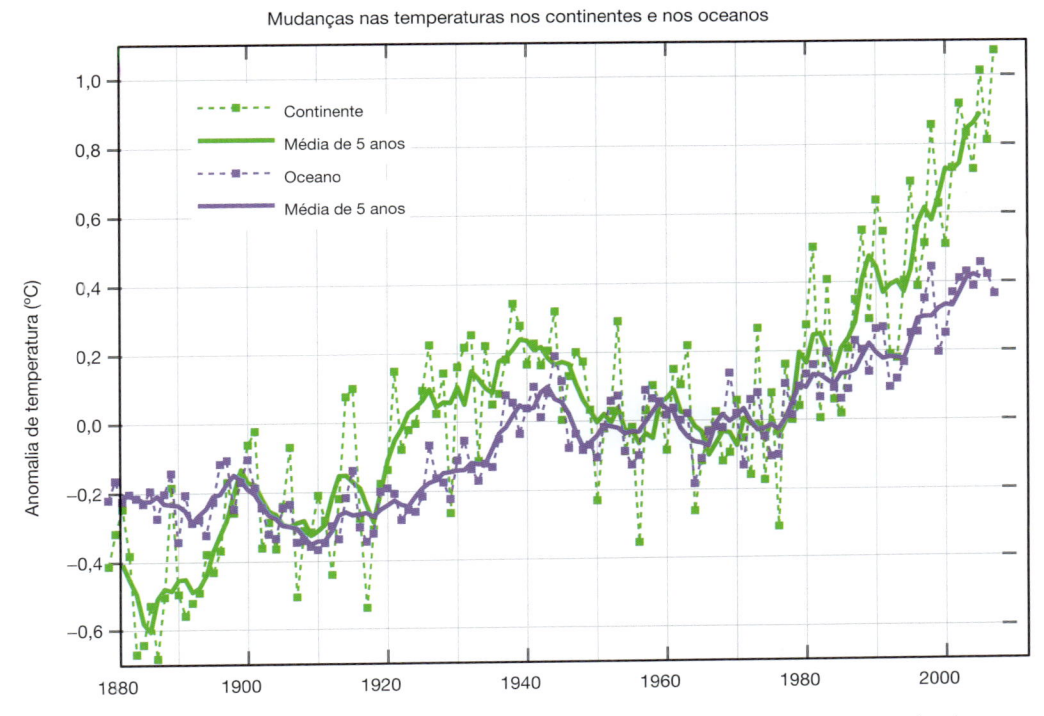

Figura 13.8 Registros instrumentais de longo prazo para a temperatura média anual do ar superficial, expressos como anomalias com relação ao período-base 1951-1980 para as áreas oceânicas e continentais globais. As linhas contínuas representam a série temporal suavizada com médias de cinco anos.

Fonte: NASA, Goddard Institute for Space Sciences (http://data.giss.nasa.gov/gistemp/).

1 1880-1920, durante a qual houve uma oscilação dentro de limites extremos de aproximadamente 0,3°C, mas sem tendências.

2 1920-metade da década de 1940, durante a qual houve um aquecimento considerável, de aproximadamente 0,4°C; esse aquecimento foi mais visível nas latitudes altas setentrionais.

3 Metade da década de 1940-começo da de 1970, durante a qual houve oscilações dentro de limites extremos de aproximadamente 0,4°C, com o Hemisfério Norte resfriando um pouco em média, e o Hemisfério Sul permanecendo razoavelmente constante em temperatura. Em âmbito regional, o norte da Sibéria e o leste do Ártico canadense e o Alasca experimentaram uma redução média das temperaturas de inverno de 2-3°C entre 1940 e 1949 e entre 1950 e 1959; essa redução foi compensada em parte por um leve aquecimento no oeste dos Estados Unidos, na Europa Oriental e no Japão.

4 Metade da década de 1970-2008, durante a qual houve um acentuado aquecimento geral, de aproximadamente 0,5°C, mas com forte variabilidade regional (ver Prancha 13.1).

Com base em sondagens feitas com balões e avaliações com satélites, as temperaturas na troposfera inferior ao longo do período de 1958 ao presente aumentaram em valores levemente maiores do que na superfície. Todavia, essa interpretação deve reconhecer descontinuidades e vieses na série temporal, causadas por mudanças nos satélites, decaimento da órbita, deriva e outros fatores. Existem evidências de que as sondagens com balões podem ter um viés de resfriamento.

As médias globais das temperaturas superficiais alcançaram seus níveis mais altos já registrados durante a última década e, provavelmente, para o último milênio. Na análise do GISS da NASA, usada para compilar a Figura 13.7, o ano mais quente já registrado foi 2005, com 2007 e 1998 empatados em segundo lugar. As classificações baseadas em outras análises da temperatura global (p. ex., da Unidade de Pesquisa Climática do Reino Unido) diferem um pouco, mas contam a mesma história de condições muito quentes para a última década. A característica espacial fundamental da mudança ao longo da última década (Figura 13.9) é um aquecimento muito forte sobre as latitudes altas setentrionais. Isso é especialmente visível no outono e no inverno e sobre o Oceano Ártico, e está relacionado com as mudanças na circulação atmosférica e o declínio na extensão do gelo marinho. Com relação a este último fator, áreas anômalas de água aberta no outono e inverno permitem grandes fluxos de calor da superfície oceânica para a atmosfera inferior. Observe também o forte aquecimento sobre a Península Antártica.

Uma das manifestações do aquecimento recente é uma estação de crescimento mais prolongada. Por exemplo, na região central da Inglaterra, a estação de crescimento (definida como temperatura média diária >5°C para cinco dias sucessivos) aumentou em 28 dias no decorrer do século XX e tinha aproximadamente 270 dias na década de 1990, em comparação com cerca de 230-250 dias nos séculos XVIII a XIX. No Ártico, existem fortes evidências de relações entre o aquecimento e as transições regionais de tundra para vegetação arbustiva. Outra tendência dos últimos 50 anos é uma redução na faixa diurna da temperatura; as temperaturas mínimas noturnas aumentaram em 0,8°C durante 1951-1990 em pelo menos metade das áreas do norte, em comparação com apenas 0,3°C para as temperaturas máximas do dia. Isso parece resultar principalmente do aumento na nebulosidade, que, por sua vez, *pode* ser uma resposta à elevação os gases de efeito estufa e ae-

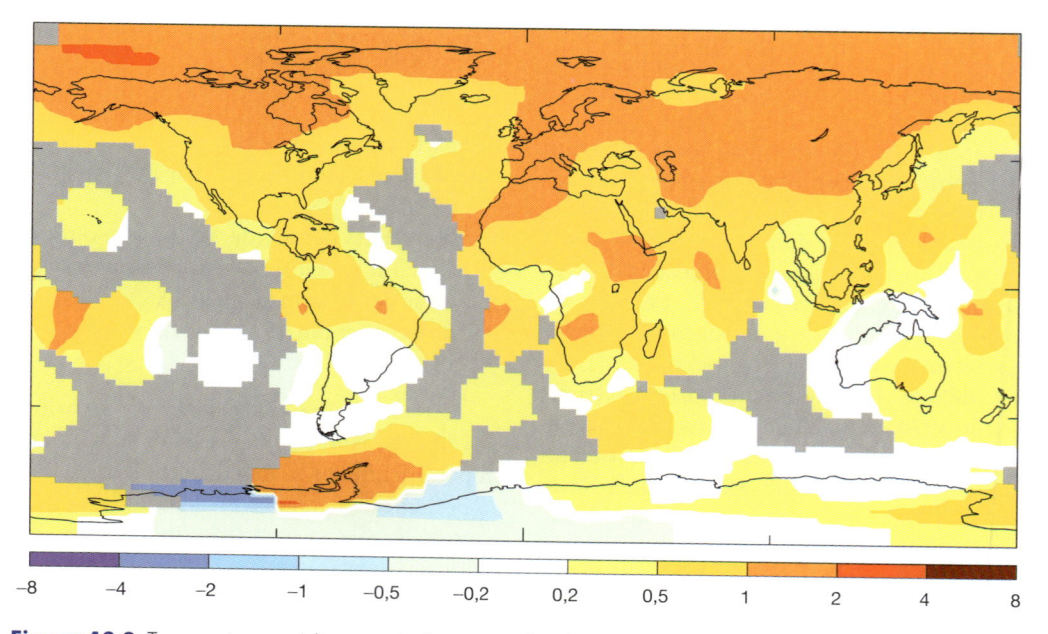

Figura 13.9 Temperaturas médias anuais do ar superficial para a década 1998-2007, expressa como anomalias com relação ao período-base 1951-1980. Áreas em cinza possuem dados insuficientes para calcular anomalias.

Fonte: NASA, Goddard Institute for Space Sciences (http://data.giss.nasa.gov/gistemp/).

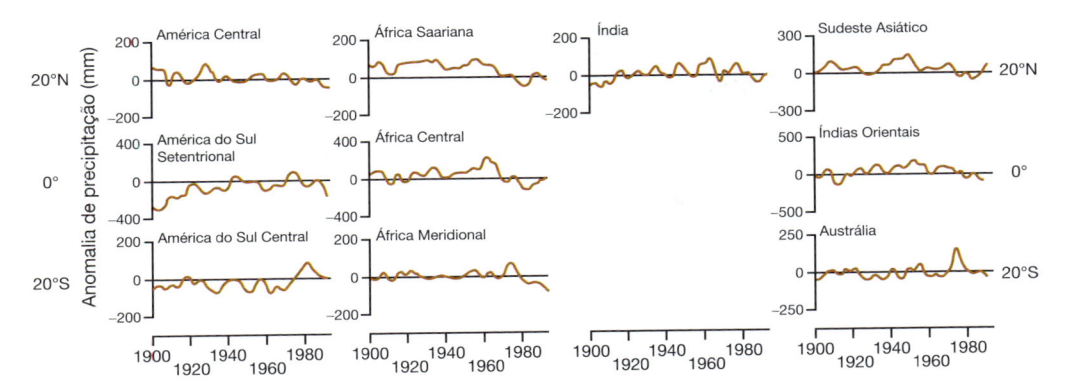

Figura 13.10 Variações de anomalias de precipitação sobre áreas continentais tropicais e subtropicais relativas a 1961-1990. Curvas suavizadas binomiais de nove pontos sobrepostas às anomalias anuais.

Fonte: Houghton et al. (1996). Com permissão da Cambridge University Press.

rossóis troposféricos. Todavia, as relações ainda não foram determinadas adequadamente.

As alterações na precipitação são muito mais difíceis de caracterizar. Desde 1900 houve um aumento geral na precipitação a norte de aproximadamente 30°N. Em comparação, desde a década de 1970, houve reduções sobre grande parte dos trópicos e subtrópicos. Todavia, esses aspectos gerais mascaram as fortes variações sazonais, regionais e temporais. Como um exemplo dessa complexidade, a Figura 13.10 mostra variações na precipitação tropical e subtropical sobre áreas continentais até a metade da década de 1990. Desde a metade do século XX, as reduções na precipitação predominam em grande parte da região da África Setentrional ao Sudeste Asiático e Indonésia mais a leste. Muitos dos episódios secos são associados a eventos de El Niño. As regiões equatoriais da América do Sul e da Australásia também apresentam influências do ENSO. A área das monções indianas tem períodos mais úmidos e mais secos; os períodos mais secos são evidentes no começo do século XX e durante o período 1961-1990.

Como mais um exemplo dessa complexidade, os registros da África Ocidental para o século XX (Figura 13.11) mostram uma tendência de anos úmidos e secos ocorrerem em séries de até 10 a 18 anos. Foram observadas mínimas de precipitação nas décadas de 1910, 1940 e após 1968, com anos úmidos intervenientes, em toda a África Ocidental subsaariana. Nas duas zonas setentrionais apresentadas na Figura 13.11, as médias para 1970-1984 foram geralmente menores que 50% das de 1950-1959, com déficits durante 1981-1984 iguais ou maiores do que os da desastrosa seca do começo da década de 1970. Os déficits continuaram na década de 1990, e sugere-se que a seca severa esteja relacionada com o enfraquecimento da corrente de

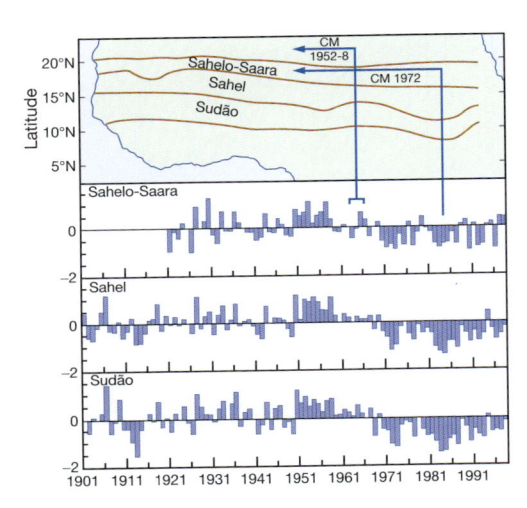

Figura 13.11 Variações na pluviosidade (porcentagem de desvios-padrão) durante 1901-1998 para as zonas do Sahelo-Saara, Sahel e Sudão na África Ocidental. São mostradas as posições médias do Cavado Monsônico (CM) no norte da Nigéria durante 1952-1958 e em 1972 (ano de El Niño).

Fonte: Nicholson (2000, p. 2630, fig. 3). Cortesia de American Meteorological Society.

jato tropical de leste e a limitada penetração ao norte do escoamento monsônico oeste-africano de sudoeste. Todavia, Sharon Nicholson atribui as oscilações da precipitação à contração e expansão do núcleo árido do Saara, e não às mudanças norte-sul na margem do deserto. Na Austrália, as alterações na pluviosidade estavam relacionadas a mudanças na localização e intensidade de anticiclones subtropicais e a modificações associadas na circulação atmosférica. A pluviosidade no inverno diminuiu no sudoeste da Austrália, enquanto a de verão aumentou no sudeste, particularmente depois de 1950. A região nordeste da Austrália apresenta oscilações decenais e grande variabilidade interanual.

A Figura 13.12 ilustra as flutuações de inverno e verão na precipitação para a Inglaterra e o País de Gales. Existe ampla variabilidade interanual, e algumas mudanças decenais consideráveis são evidentes. Também existem mudanças em períodos maiores. Por exemplo, os invernos têm sido mais úmidos desde 1860, em comparação com a parte anterior do registro. As mudanças também dependem da estação – enquanto a pluviosidade de inverno aumentou de 1960 ao final do registro, a precipitação de verão diminuiu de modo geral ao longo do mesmo período. Os registros para estações individuais mostram que mesmo em distâncias relativamente pequenas pode haver diferenças consideráveis na magnitude das anomalias, em especial na direção leste-oeste ao longo das Ilhas Britânicas.

No final do século XX e começo do XXI, houve a extremos climáticos mais frequentes. Por exemplo, a Grã-Bretanha passou por várias secas importantes durante esse período (1976, 1984, 1989-1992 e 1995); sete períodos frios severos ocorreram nos invernos entre 1978 e 1987 (comparados com apenas três nos 40 anos

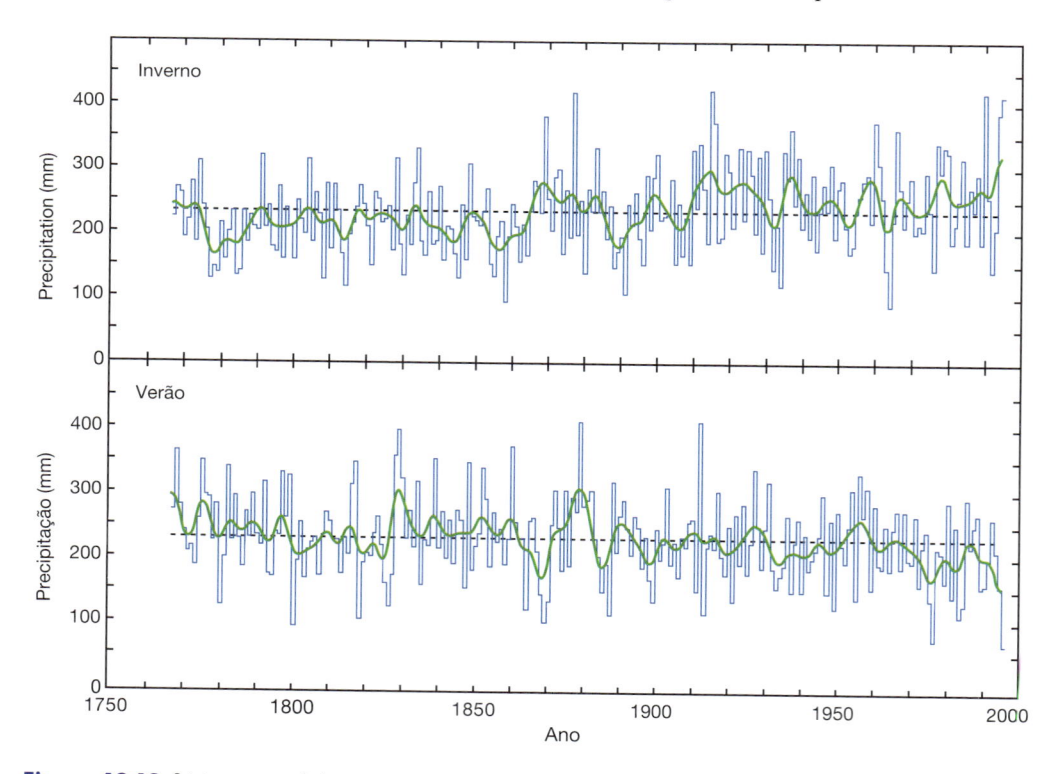

Figura 13.12 Série temporal da precipitação de inverno e verão (mm) para a Inglaterra e o País de Gales, 1767-1995. A linha contínua é um filtro que suprime variações de ≤10 anos de duração.
Fonte: P. Jones, D. Conway and K. Briffa (1997, p. 2004, fig. 10.5). Com permissão de Routledge, London.

anteriores); e várias tempestades intensas (1987, 1989 e 1990) foram registradas. O ciclo mais seco de 28 meses (1988-1992) já registrado na Grã-Bretanha desde 1850 foi seguido pelo período mais úmido de 32 meses do século XX. A Europa teve ondas de calor sem precedentes em 2003 e 2008 (ver Prancha 13.2). Nos Estados Unidos, nas décadas recentes houve um aumento notável na variabilidade interanual das temperaturas médias de inverno e da precipitação total. Em 1983, o fenômeno El Niño foi o mais intenso em um século, seguido por um evento comparável em 1998; também existem evidências de um aumento na frequência de furacões intensos (Categoria 4 e 5).

D ENTENDENDO AS MUDANÇAS CLIMÁTICAS RECENTES

Embora as evidências sejam fortes de que grande parte do aquecimento global dos últimos 100 anos é uma resposta ao aumento nas concentrações de gases de efeito estufa na atmosfera, vimos que a série temporal da temperatura global se caracteriza por flutuações em escalas temporais de interanual a decenal e até mais longos (Figura 13.7). Conforme já discutido, a variabilidade é bastante acentuada em escalas regionais. As flutuações regionais e as flutuações globais de curto prazo são consideradas expressões da variabilidade climática natural – um termo que permite a influência de forçantes radiativas que não sejam antropogênicas. É importante revisar algumas das causas das flutuações climáticas recentes embutidas na tendência geral de aquecimento global, antecipando uma discussão mais concentrada sobre as mudanças antropogênicas.

1 Mudanças na circulação

Uma das causas imediatas das flutuações climáticas é a variabilidade da circulação atmosférica global e regional, bem como os transportes de calor associados a ela. Nos primeiros 30 anos do século XX, ocorreu um aumento acentuado no vigor dos ventos de oeste sobre o Atlântico Norte, dos alísios de nordeste, das monções de verão na Ásia Meridional e dos ventos de oeste no Hemisfério Sul (no verão). Sobre o Atlântico Norte, essas mudanças consistiram de um aumento no gradiente de pressão entre a alta

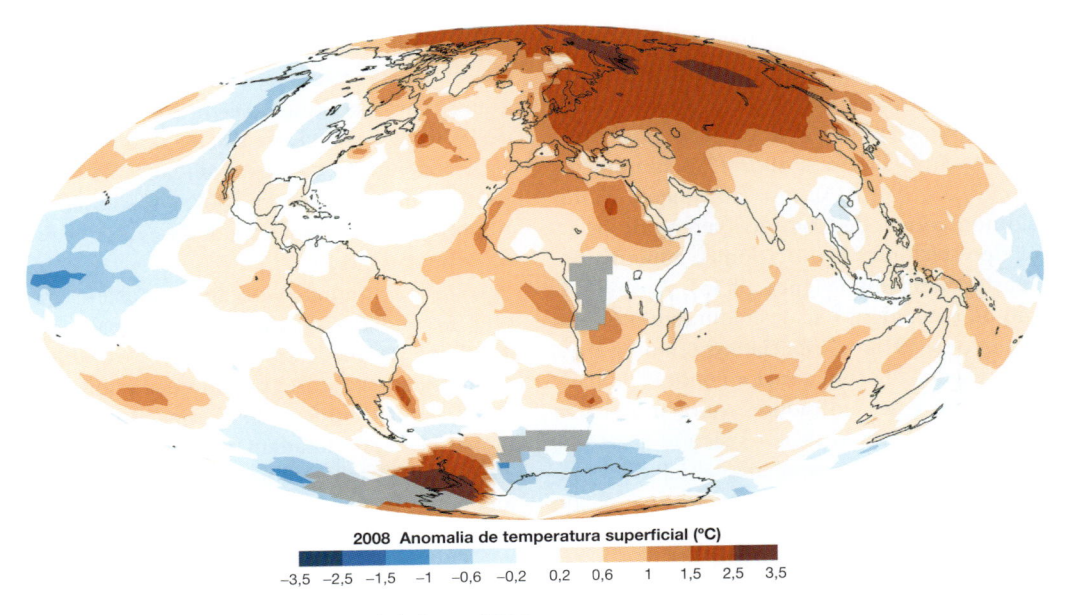

Prancha 13.1 Temperaturas do ar global para 2008.

Fonte: NASA imagem de by Robert Simmon. http://earthobservatory.nasa.gov/IODT/view.php?id=06699.

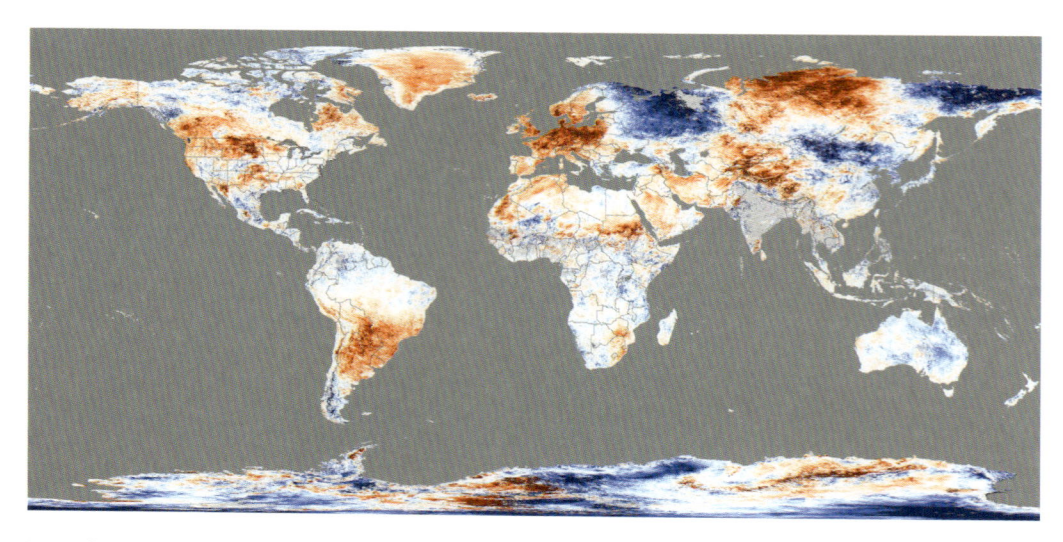

Prancha 13.2 Onda de calor sobre a Europa Ocidental, mostrada pela anomalia de temperatura superficial continental no MODIS, 20-27 de julho de 2006.
Fonte: http://earthobservatory.nasa.gov/IODT/view.php?id=M094.

dos Açores e a baixa da Islândia quando esta se aprofundou, e também entre a baixa da Islândia e a alta da Sibéria, que se estendeu para oeste. Elas foram acompanhadas por rotas de ciclones mais ao norte, e isso resultou em um aumento significativo na frequência de fluxos de ar tépido de sudoeste sobre as Ilhas Britânicas entre 1900 e 1930, conforme mostra a frequência média anual do tipo de escoamento de oeste de Lamb (ver Capítulo 10A.3). Para 1873-1897, 1898-1937, 1938-1961 e 1962-1995, os números são 27, 38, 30 e 21%, respectivamente. Coincidindo com o declínio dos ventos de oeste, os tipos ciclônico e anticiclônico aumentaram substancialmente (Figura 13.13). A diminuição no escoamento de oeste durante o último período de 30 anos, especialmente no inverno, está relacionada com a maior continentalidade na Europa. Esses indicadores regionais refletem um declínio amplo na intensidade geral dos ventos de oeste circumpolares nas latitudes médias, acompanhando uma aparente expansão do vórtice polar.

Flutuações climáticas acentuadas têm ocorrido no setor do Atlântico Norte e da Eurásia em associação com a mudança de fase da Oscilação do Atlântico Norte, ou North Atlantic Oscillation (NAO). A NAO de inverno esteve principalmente negativa da década de 1930 à de 1970 (com a baixa da Islândia e a alta dos Açores fracas), mas apresentou uma tendência geral de aumento para valores positivos fortes em meados da década de 1990 (aumentando o escoamento de oeste). O aumento abrupto observado nas temperaturas de inverno sobre grande parte da Eurásia setentrional por volta de 1970 até a metade da década de 1990 pode estar relacionado com essa mudança na NAO. Do final dos anos 1900 a 2007, a Oscilação do Atlântico Norte tem alternado fases positivas e negativas no inverno.

Outras anomalias oceano-atmosfera afetam as tendências climáticas em escala global. Por exemplo, estima-se que a ocorrência e intensidade das fases quentes dos eventos de ENSO tenham aumentado a temperatura média global em aproximadamente 0,06°C durante 1950-1998. A temperatura média global muito alta em 1998 está ligada ao forte evento de El Niño daquele ano.

Um padrão prolongado do tipo El Niño é a Oscilação Decenal do Pacífico, ou Pacific Decadal Oscillation (PDO), relacionada com a variabilidade da temperatura na superfície marinha

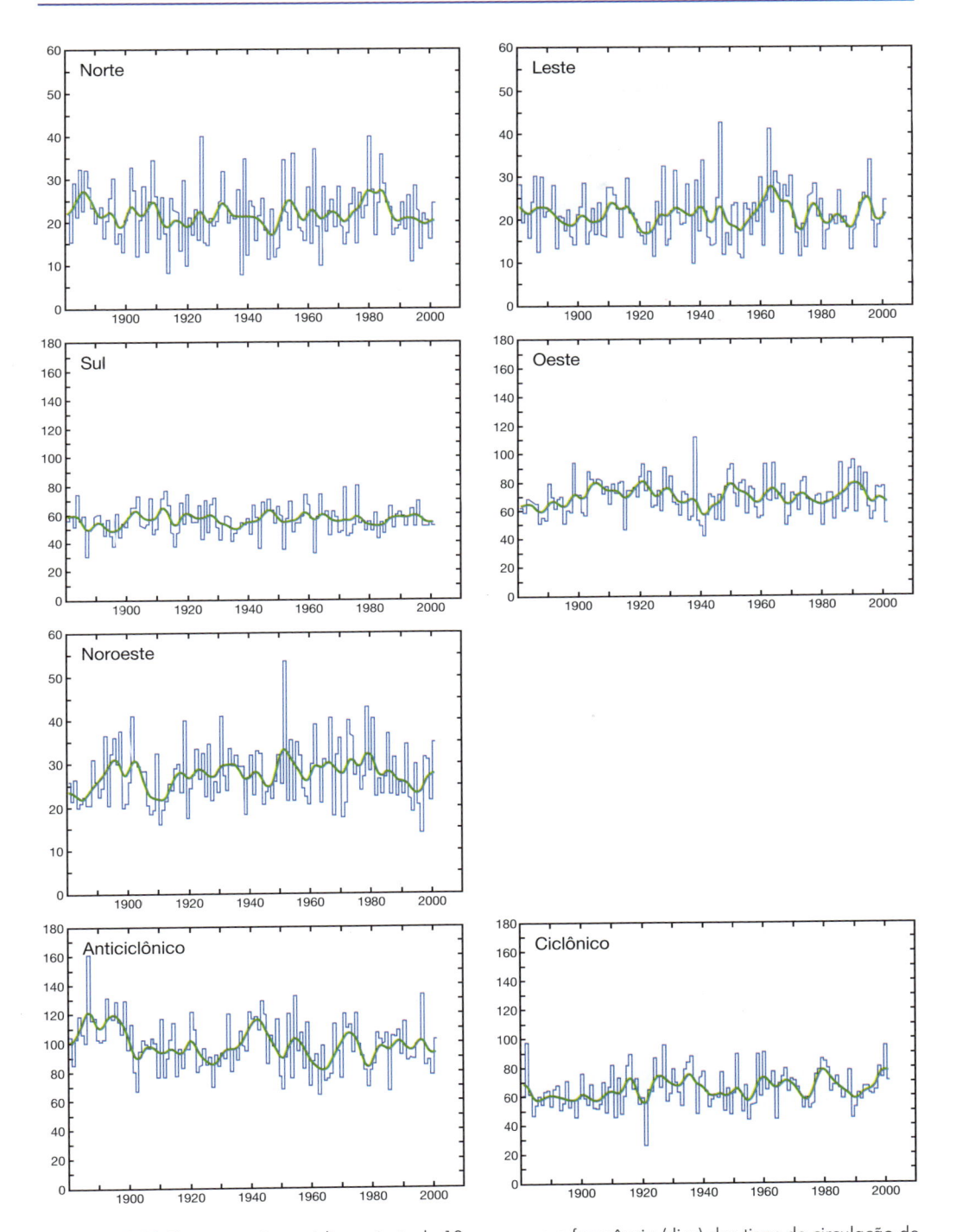

Figura 13.13 Totais anuais e médias móveis de 10 anos para a frequência (dias) dos tipos de circulação de Lamb-Jenkinson sobre as Ilhas Britânicas, 1961-1999. Observe as mudanças de escala.

Fonte: Lamb (1994). Adaptado de Climate Monitor e de dados do Climatic Research Unit, com permissão da University of East Anglia.

no Pacífico Norte. A PDO tem apresentado grandes ciclos de 20-30 anos – frios (negativos) de 1890-1924 e 1947-1976 (Pacífico Ocidental quente, Pacífico Oriental frio) e quentes (positivos) de 1925-1946 e 1977-metade da década de 1990 (Pacífico Ocidental frio, Pacífico Oriental quente). Suas causas ainda não são conhecidas. Do mesmo modo, a Oscilação Interdecenal do Pacífico de 15-30 anos afeta o Pacífico setentrional e meridional.

2 Variabilidade solar

A principal força que move o sistema climático é o Sol. O conhecido ciclo solar de aproximadamente 11 anos costuma ser medido em referência ao período entre os máximos e mínimos das manchas solares (ver Figura 3.2). Conforme os registros de satélite disponíveis desde 1980 e o que foi discutido anteriormente, a irradiação varia por um modesto 1 W m^{-2} ao longo do ciclo de 11 anos (a média do fluxo de radiação no topo da atmosfera é de apenas 25% desse valor). Como citado no Capítulo 3A.1, a explicação é que o escurecimento das manchas solares vem acompanhado por um aumento na emissão de fáculas, que é 1,5 vez maior do que o efeito do escurecimento. O ciclo de 11 anos corresponde a uma oscilação de <0,1°C na temperatura do ar no planeta.

E as variações mais longas? O forte aquecimento global observado desde 1980 não pode ser atribuído à atividade solar, pois os dados de satélite não apresentam uma tendência discernível. Por outro lado, com base em reconstruções, a variabilidade solar talvez explique a metade do aquecimento entre 1860 e 1950. As variações na irradiação solar também podem oferecer uma explicação parcial para a Pequena Idade do Gelo.

David Rind, da NASA, sugere que a forçante solar direta sobre o clima pode ter menos importância do que seu potencial para desencadear interações envolvendo uma variedade de processos de *feedback*. Parece haver padrões regionais na resposta da temperatura à variabilidade solar, com os maiores sinais nas latitudes baixas, onde existem grandes totais de insolação, e sobre os oceanos, onde o albedo é baixo.

Assim, as respostas máximas provavelmente ocorrem sobre as áreas oceânicas tropicais do leste. As simulações realizadas com modelos climáticos sugerem que a maior irradiação solar durante os picos de manchas solares, com um aumento correspondente de cerca de 1,5% na coluna de ozônio, modifica a circulação global; as células de Hadley enfraquecem, e as correntes de jato subtropicais e as células de Ferrel mudam em direção ao polo. Também foi encontrada uma relação estatística entre a ocorrência de secas no oeste norte-americano nos últimos 300 anos, determinada a partir de dados de anéis de árvores, e o ciclo duplo (Hale) de aproximadamente 22 anos da reversão na polaridade magnética do Sol. As áreas de seca são mais amplas nos dois a cinco anos após um mínimo de Hale nas manchas solares (isto é, mínimos alternados de 11 anos nas manchas solares). Contudo, não foi estabelecido um mecanismo claro para esse fenômeno.

3 Atividade vulcânica

As relações entre a variabilidade climática e a atividade vulcânica são claras (ver Quadro 13.3). Conforme discutido, o resfriamento superficial causado pelas quantidades maiores de poeira vulcânica e aerossóis superficiais na estratosfera ocorre de um a dois anos após grandes eventos explosivos. Os efeitos da erupção do Monte Pinatubo nas Filipinas em junho de 1991 (Prancha 13.3) podem ser vistos na Figura 13.7A como temperaturas médias globais mais baixas em 1992 e 1993, em comparação com os anos adjacentes. Em âmbito regional, os impactos foram maiores. As temperaturas superficiais sobre os continentes setentrionais estavam até 2°C abaixo da média no verão de 1992, mas, graças aos impactos sobre os padrões da circulação atmosférica, até 3°C acima da média nos invernos de 1991-1992 e 1992-1993 (ver Quadro 13.3). Conforme observado anteriormente, devido à curta escala temporal da forçante, um resfriamento prolongado exigiria uma série de eventos como essa de erupção; uma série de eventos como essa pode ajudar a explicar a "Pequena Idade do Gelo". O período entre 1883-1912 também teve erupções frequentes

AVANÇOS SIGNIFICATIVOS DO SÉCULO XX

13.3 Erupções vulcânicas e clima

A erupção do Krakatoa na Indonésia, em 1883, demonstrou a importância global dos grandes eventos explosivos em cones vulcânicos andesíticos. A erupção, que injetou poeira e gases de enxofre na atmosfera, foi seguida por condições frias e poentes impressionantes ao redor do mundo. Todavia, após a erupção do Katmai nas Ilhas Aleutas, em 1912, houve uma calmaria na atividade vulcânica até que o Agung entrou em erupção em Bali, em 1963. As plumas de erupções equatoriais podem se dispersar para os dois hemisférios, ao passo que as provenientes de latitudes médias e altas não conseguem se transferir para o equador, por causa da estrutura da circulação superior. As erupções não explosivas de vulcões em campos basálticos do tipo havaiano não injetam material na atmosfera.

Os aerossóis vulcânicos costumam ser medidos com relação ao índice do véu de poeira (DVI), proposto inicialmente por H. H. Lamb, que considera a depleção máxima da radiação incidente direta, medida nas latitudes médias do hemisfério envolvido, e a extensão espacial máxima do véu de poeira e sua persistência. Todavia, não podemos calcular esse índice para eventos históricos.

Os maiores valores do DVI são estimados para 1835 e 1815-1816. Os vulcanólogos usam o Índice de Explosividade Vulcânica (VEI) para classificar erupções em uma escala de 0-8. El Chichón (1982) e Agung (1963) são classificados como 4, mas o índice talvez não seja necessariamente um bom indicador de efeitos climáticos.

(ver Figura 2.12). Por outro lado, a atividade vulcânica reduzida após 1914 pode ter contribuído, em parte, para o aquecimento observado no começo do século XX.

Os agentes do resfriamento superficial incluem a transformação de dióxido de enxofre (um gás) em gotículas de ácido sulfúrico (um aerossol reflexivo) e micropartículas de poeira que absorvem a radiação solar na estratosfera (as partículas grandes assentam rapidamente). A maior acidez na neve que cai sobre os mantos de gelo é medida ao determinar o sinal da condutividade elétrica em um testemunho de gelo, o que permite registros de erupções passadas.

As temperaturas globais médias no ano após uma grande erupção podem ser reduzidas em vários décimos de grau C, mas os impactos podem ser muito maiores em escalas hemisféricas e regionais. Uma evidência impressionante desses efeitos foi o "ano sem verão" em 1816, após a erupção do Tambora em 1815, que teve um sério impacto sobre as sociedades em muitas partes do mundo. Todavia, ele também seguiu uma série de invernos frios na Europa. A erupção do Krakatoa, na Indonésia, em agosto de 1883, foi registrada por barógrafos ao redor do mundo. Houve lançamento de cinzas a até 80

Prancha 13.3 A primeira grande erupção do Monte Pinatubo, em 12 de junho de 1991. O Monte Pinatubo está localizado na parte sudoeste da ilha de Luzon, nas Filipinas. Antes de 1991, ele permaneceu adormecido por mais de 635 anos.

Fonte: K. Jackson, U.S. Air Force. NOAA/NGDC.

km de altitude. As temperaturas médias globais tiveram um resfriamento de 1,2°C em 1884, e os efeitos persistiram por 3-4 anos. Aparentemente são necessárias grandes erupções repetidas para causar efeitos de longo prazo sobre o clima. Os registros obtidos com testemunhos de gelo proporcionam longos históricos de erupções vulcânicas até o Pleistoceno tardio, e mostram episódios de erupções mais frequentes.

4 Fatores antropogênicos

Conforme apresentado anteriormente, os efeitos das atividades humanas devem ser vistos dentro do modelo da forçante radiativa global, que se refere à quantidade pela qual um fator altera o balanço de radiação no topo da atmosfera, expresso em unidades de W m^{-2}.

A Figura 13.14 sintetiza as diferentes componentes da forçante radiativa em 2005, em relação a 1750. As mudanças nas concentrações atmosféricas de gases de efeito estufa, associadas ao crescimento acentuado da população mundial, industrialização e tecnologia, foram descritas no Capítulo 2A.2. A maior forçante radiativa positiva individual advém do aumento na concentração de dióxido de carbono (em torno de 1,7 W m^{-2}). Isso significa que, comparado com 1750, o aumento na concentração de dióxido de carbono, considerado isoladamente, levaria a um desequilíbrio de mesma medida na radiação. O metano (CH_4), o óxido nitroso (N_2O) e os halocarbonos contribuem com mais 1 W m^{-2}. Assim, a forçante radiativa total proveniente de gases de efeito estufa de vida longa (no sentido de que têm um tempo de residência longo na atmosfera) é de aproximadamente 2,2 W m^{-2}. Os halocarbonos são um termo coletivo para o grupo de espécies orgânicas halogênicas, e inclui os clorofluorcarbonos (CFC). Outros fatores menos importantes com uma forçante radiativa positiva são o ozônio troposférico, o carbono negro sobre a neve (essencialmente, fuligem da queima de combustíveis fósseis) e a irradiação solar (que não está associada às ati-

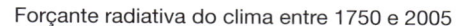

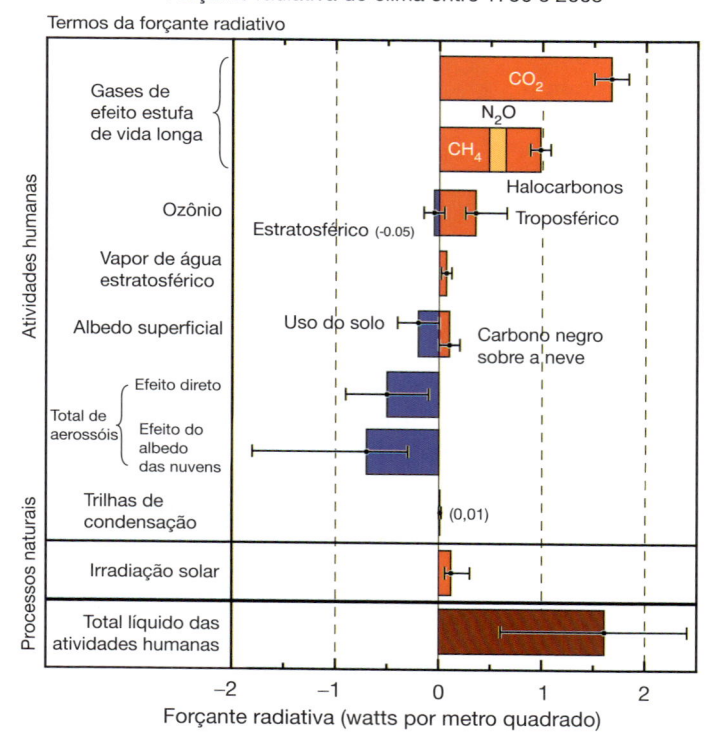

Figura 13.14 Componentes da forçante radiativa global (W m^{-2}) para o ano de 2005, expressos em relação ao ano de 1750. As barras indicam faixas de incerteza.

Fonte: IPCC (2007). IPCC (ch. 2, Changes in atmospheric constituents and in radiative forcing, Report of WG1 1, IPCC, p. 136, FAQ 2.1, fig. 2).

vidades humanas). Essas forçantes positivas são compensadas, em parte, por forçantes negativas devidas à maior concentração de aerossóis e ao maior albedo superficial associado ao uso do solo, gerando uma forçante total estimada para as atividades humanas de 1,6 W m^{-2}. A incerteza nesse valor se deve principalmente à incerteza quanto aos efeitos dos aerossóis. Por causa da sua natureza altamente episódica, a Figura 13.4 não inclui os efeitos das erupções vulcânicas.

Embora os CFC (um dos halogênios) tenham uma forçante radiativa positiva, o estudante talvez esteja mais familiarizado com a relação entre CFC e a destruição da camada de ozônio estratosférico. Apesar do Protocolo de Montreal, que ajudou a controlar a produção e o uso de CFC, eles são duradouros e ainda causam impactos sobre a camada de ozônio (ver Capítulo 2A.4). As emissões de H_2O e NO_x por aviões a jato e por emissões superficiais de N_2O têm contribuído para o problema. O ozônio circula na estratosfera de latitudes baixas para altas e, assim, sua ocorrência em regiões polares é diagnóstica da sua concentração global. Em outubro de 1984, uma área de depleção acentuada de ozônio (chamada de "buraco da camada de ozônio") foi observada na estratosfera inferior (ou seja, 12-24 km), centrada sobre o continente antártico, mas estendendo-se muito além dele. A depleção do ozônio sempre é maior na primavera antártica, mas, naquele ano, a concentração de ozônio estava mais de 40% abaixo do que em outubro de 1977. Em 1990, as concentrações de ozônio na Antártica haviam caído para cerca de 200 unidades Dobson de setembro a outubro (ver Figura 2.9), comparadas com 400 unidades na década de 1970. Nos anos extremos (1993-1995), foram registrados recordes mínimos de 116 unidades no Polo Sul. Estima-se que, graças à lentidão da circulação global de CFC e de sua reação com o ozônio, mesmo um corte nas emissões de CFC ao nível de 1970 não eliminaria o buraco da camada de ozônio por pelo menos 50 anos. A depleção do ozônio no inverno também ocorre na estratosfera ártica e estava bem acentuada em 1996 e 1997, mas ausente em 1998. Pequenos buracos localizados são bastante comuns, mas buracos amplos são raros, mesmo em invernos estratosféricos frios. Parece que, enquanto o vórtice antártico é isolado da circulação de média latitude, o vórtice ártico é mais dinâmico, de modo que o transporte de ozônio de latitudes menores compensa grande parte da perda.

As forçantes de aerossóis são diretas e indiretas. Juntas, elas têm uma forçante radiativa estimada de aproximadamente $-1,2$ W m^{-2}. Os efeitos diretos estão relacionados com a maneira como os aerossóis absorvem e espalham a radiação solar e de ondas longas; uma variedade de tipos de aerossol, incluindo carbonos orgânicos de combustíveis fósseis, carbono negro de combustíveis fósseis, queima de biomassa e poeira mineral e aerossóis de sulfatos, exerce uma significativa forçante radiativa. O efeito indireto diz respeito à maneira como os aerossóis afetam as nuvens. Uma questão crucial é o quanto uma partícula de aerossol pode atuar como um núcleo de condensação, que depende de fatores como a composição química e o tamanho do aerossol. O efeito indireto dos aerossóis compreende impactos sobre o albedo das nuvens (muitas vezes chamado de primeiro efeito indireto) e sobre a água líquida, a altura e o tempo de vida das nuvens (o segundo efeito indireto). Reduzir a grande incerteza sobre os efeitos diretos e indiretos dos aerossóis é um foco importante da pesquisa climática.

Com relação ao uso do solo, a questão básica é que o aumento das pressões populacionais tem levado ao desmatamento de florestas e ao pastoreio excessivo, elevado o albedo superficial do planeta. Enquanto a forçante radiativa relativa a 1750 é um modesto $-0,2$ W m^{-2}, os efeitos humanos sobre a cobertura de vegetação têm uma história antiga. A queima de vegetação por aborígines na Austrália remonta aos últimos 50.000 anos, enquanto o desmatamento significativo começou na Eurásia durante o Neolítico (por volta de 5000 anos atrás), como evidencia o surgimento de espécies e ervas agrícolas. O desmatamento expandiu-se nessas áreas entre 700 e 1700 d.C., à medida que as populações aumentavam lentamente, mas não começou na América do Norte até o movimento dos assentamentos para o oeste, nos séculos XVIII e XIX. Durante o último meio século, houve amplo desmatamento nas florestas tropicais do Sudeste Asiático, da África e da América do Sul. Estimativas do atual desmatamento tropical sugerem perdas de 105 km^2/ano, em uma área total de floresta tropical de 9 × 10^6 km^2. Essa cifra anual é mais da metade da cobertura total de terra irrigada atualmente. A destruição de florestas causa um aumento local de aproximadamente 10% no albedo, com consequências para os balanços de energia e umidade superficiais.

Deve-se observar que é difícil definir e monitorar o desmatamento. Ele pode se referir à perda de cobertura florestal, com a limpeza completa e conversão para um tipo de uso diferente, ou ao empobrecimento de espécies, sem grandes mudanças na estrutura física. O termo desertificação, aplicado em regiões semiáridas, cria dificuldades semelhantes. A desertificação também contribui para um aumento na remoção de solo pelo vento. Os anos do "*dust bowl*" da década de 1930 nos Estados Unidos e a seca do Sahel africano desde 1972 ilustram esse fato, assim como a poeira transportada do oeste da China através do pacífico para o Havaí, e do Saara para oeste através do Atlântico Norte. O processo de alteração da vegetação e a degradação associada do solo não devem ser atribuídos unicamente a mudanças induzidas pela ação humana, pois podem ser desencadeados por oscilações naturais na pluviosidade, levando a secas.

O desmatamento e a queima associada de biomassa também contribuíram para o aumento nas concentrações de dióxido de carbono. As florestas armazenam grandes quantidades de carbono e, quando protegidas, estabilizam o ciclo do dióxido de carbono na atmosfera. O carbono retido na vegetação da bacia amazônica é equivalente a pelo menos 20% de toda a carga atmosférica de dióxido de carbono. Estima-se que o desmatamento e a queima de biomassa na Amazônia e em outros locais representem aproximadamente 25% do aumento no dióxido de carbono atmosférico desde os períodos pré--industriais.

E PROJEÇÕES DE MUDANÇAS NA TEMPERATURA AO LONGO DO SÉCULO XXI

1 Aplicações de modelos da circulação geral

As ferramentas mais poderosas para analisar as assinaturas emergentes das mudanças climáticas e projetar mudanças ao longo do século XXI são os Modelos de Circulação Geral (MCG), sendo os mais sofisticados aqueles totalmente acoplados ao oceano, conhecidos como Modelos de Circulação Geral Atmosfera-Oceano (MCGAO). Conforme apresentado no Capítulo 8, esses modelos globais baseiam-se em representações matemáticas detalhadas da estrutura e operação do sistema Terra-oceano-atmosfera. Os estados possíveis futuros (assim como os passados) do sistema podem ser simulados aplicando-se supostas forçantes climáticas, como as concentrações de gases de efeito estufa, a irradiação solar e (no caso de estudos paleoclimáticos) a extensão dos mantos de gelo e a topografia. Os MCG são muito poderosos, mas envolvem a necessidade de uma compreensão detalhada das variáveis, dos estados, dos *feedbacks*, das transferências e das forçantes de um sistema complexo junto com as leis da física da atmosfera e dos oceanos, nas quais se baseiam.

2 As simulações do IPCC

Os MCG foram desenvolvidos por grupos de modelagem ao redor do planeta. O IPCC tem servido como um ponto focal crucial para o desenvolvimento de modelos. Conforme apresentado no Capítulo 1, um dos objetivos do IPCC é avaliar os impactos de aumentos projetados nas concentrações de gases de efeito estufa e de outras forçantes climáticas antropogênicas no decorrer do século XXI. O IPCC publicou quatro relatórios amplos (em 1990, 1995, 2001 e 2007), cada um baseado no uso de modelos cada vez mais sofisticados.

Os modelos usados no Primeiro Relatório de Avaliação (1990) eram primitivos considerando os padrões de hoje. Somente dois modelos, do NCAR e do GFDL (respectivamente, o National Center for Atmospheric Research e o Geophysical Fluid Dynamics Laboratory), incluíam o acoplamento oceânico (isto é, podiam ser classificados como um MCGAO). Outros empregavam uma camada oceânica mista "rasa" (os primeiros 50 m, aproximadamente) e várias outras simplificações, como a ausência de transporte horizontal de calor no oceano, um transporte de calor horizontal prescrito e uma cobertura de nuvens fixa com média zonal. A resolução horizontal (o tamanho da célula na malha do modelo) era grosseira, geralmente da ordem de 500 km. As simulações incluíam respostas climáticas a aumentos paulatinos (1% ao ano) em CO_2 (com os modelos NCAR e GFDL) e experimentos de equilíbrio para uma duplicação no teor de CO_2 (nos quais os modelos foram aplicados até chegar a um estado de equilíbrio climático). No Segundo Relatório de Avaliação (1995), a resolução horizontal típica havia aumentado para aproximadamente 250 km, e o acoplamento oceânico havia sido aperfeiçoado. Outros refinamentos foram o tratamento dos efeitos radiativos de aerossóis sulfatados antropogênicos e erupções vulcânicas. Onze grupos participaram, com 11 MCGAO. As simulações incluíam aumentos paulatinos na concentração de CO_2, de 1% ao ano, bem como outras mudanças no cenário dos gases de efeito estufa. No Terceiro Relatório de Avaliação (2001), as resoluções horizontais haviam melhorado ainda mais, com um tratamento mais robusto do oceano (p. ex., circulações termohalinas) e interações com a superfície de terra. Dezenove MCGAO participaram. Os modelos usados para o Quarto Relatório de Avaliação (2007) eram ainda mais maduros, com alguns incluindo a química atmosférica e a interação da vegetação. Foi avaliado um total de 23 MCGAO, representando o trabalho de 16 grupos de modelagem, de 11 países.

Um aspecto importante do terceiro e quarto relatórios é que as simulações com os diferentes modelos usaram uma variedade de cenários de emissão de gases de efeito estufa (contidos em um relatório especial sobre cenários de emissões, ou SRES) baseados em visões diferentes sobre o futuro global. Esse foi um avanço importante em vez de simplesmente pressupor-se uma taxa de crescimento de 1% ao ano ou mesmo uma duplicação do CO_2. Um conjunto de cenários de emissão (A1) pressupõe que haverá um rápido crescimento econômico, que a população global atingirá um pico na metade do século e depois decairá, e que tecnologias mais eficientes serão introduzidas. Três variantes são: A1F1, uso intensivo de combustíveis fósseis; A1T, fontes energéticas não fósseis; e A1B, equilíbrio entre todas as fontes energéticas. O cenário A2 considera a heterogeneidade global, um aumento na população e uma mudança tecnológica fragmentada e mais lenta. Um segundo conjunto contém B1, onde as tendências populacionais são como em A1, mas a economia global baseia-se no setor de serviços e informações, com tecnologias limpas e eficientes no uso de recursos. B2 projeta um aumento populacional mais lento, níveis intermediários de desenvolvimento econômico e mudança tecnológica diversa e de orientação regional. De todos esses cenários, o A1B (chamado de "Business as Usual", ou BAU) é o que tem sido investigado de forma mais ampla.

A Figura 13.15 mostra mudanças projetadas nas concentrações de CO_2, CH_4 e CFC–11 ao longo do século XXI, com base em quatro dos cenários. Dependendo do cenário, projeta-se que as concentrações de CO_2 aumentarão entre 540 e 970ppm até 2100, correspondendo a aumentos de 90 e 250% acima do nível pré-industrial. As mudanças nas concentrações de metano devem variar entre −190ppm e +1970ppb acima dos níveis de 1998 até 2100. Em 1995, estimava-se que, para estabilizar a concentração de gases de efeito estufa nos níveis de 1990, seriam necessárias as seguintes reduções percentuais em emissões oriundas de atividades antrópicas: CO_2 >60%; CH_4 15-20%; N_2O 70-80%; CFC 70-85%. O relatório de 2001 do IPCC observa que, para estabilizar as concentrações de CO_2 a 450 (650)ppm, seria necessário que as emissões antropogênicas ficassem abaixo dos níveis de 1990 dentro de algumas décadas (cerca de um século). Devido ao forte aumento nas emissões desde 2001, seriam necessárias reduções ainda maiores hoje em dia.

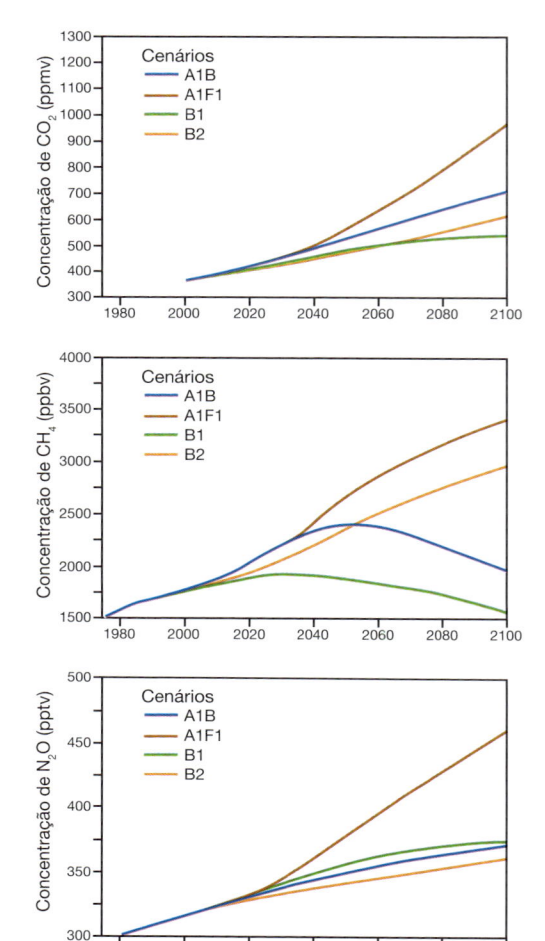

Figura 13.15 Mudanças previstas no CO_2, CH_4 e N_2O entre 1980 e 2100, com cenários do Special Report ou Emission Scenarios (SRES). A1F1, A1B e B1 (ver texto).

Fonte: Adaptado de Houghton et al. (2001). Com permissão do IPCC (Summary for Policymakers, Report of WG 1, IPCC, p. 65, fig. 18).

Nota: As unidades estão em parte por milhão por volume (ppmv), partes por bilhão (ppbv) e partes por trilhão (pptv), respectivamente.

Os aumentos projetados na forçante radiativa antropogênica (relativa às condições pré-industriais) correspondentes aos casos do SERS da Figura 13.15 são mostrados na Figura 13.16. A variação projetada é de 4 a 9 W m^{-2} até 2100. Os impactos dos aerossóis reduziriam um pou-

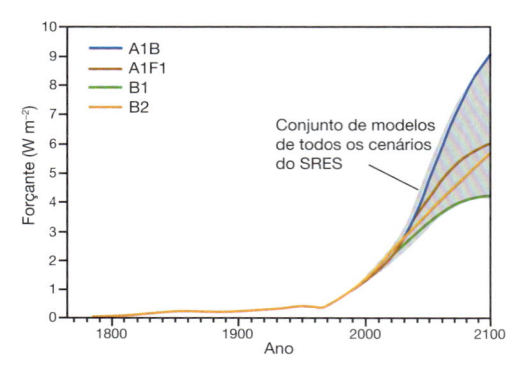

Figura 13.16 Forçante radiativa (W m^{-2}) projetada por um modelo para os cenários de emissões apresentados na Figura 13.17.

Fonte: Adaptado de Houghton et al. (2001). Com permissão do IPCC. (Summary for Policymakers, Report of WG 1, IPCC, p. 66, fig. 19.)

co esses números. Lembre que a forçante antropogênica estimada para 2005 era de 1,6 W m^{-2}.

A Figura 13.18 sintetiza as mudanças projetadas na média anual global da temperatura do ar superficial de 1900 a 2100, com base em modelos que participaram do Quarto Relatório de Avaliação. Até o final do século XX, as simulações são alimentadas com as melhores estimativas disponíveis de forçantes radiativas observadas (particularmente, mudanças em concentrações de gases de efeito estufa). Começando no século XXI, as simulações fazem uso de forçantes baseadas em diferentes cenários de emissões do SRES, incluindo um cenário que mantém constantes as concentrações de gases de efeito estufa nos níveis de 2000. Os resultados são mostrados para a média de modelos múltiplos (ou seja, uma composição das médias dos diferentes modelos juntos) e para o desvio-padrão de ±1 em relação às médias anuais de cada modelo. Como os diferentes modelos têm diferentes arquiteturas, parametrizações e níveis de complexidade, portanto, contribuindo para as diferenças em sua sensibilidade climática, acredita-se que o uso da média de modelos múltiplos confira uma projeção mais robusta das mudanças do que o resultado de qualquer modelo individual. A aplicação de projeções dos diferentes modelos (no caso da Figura 13.17, baseada no desvio-padrão de ±1)

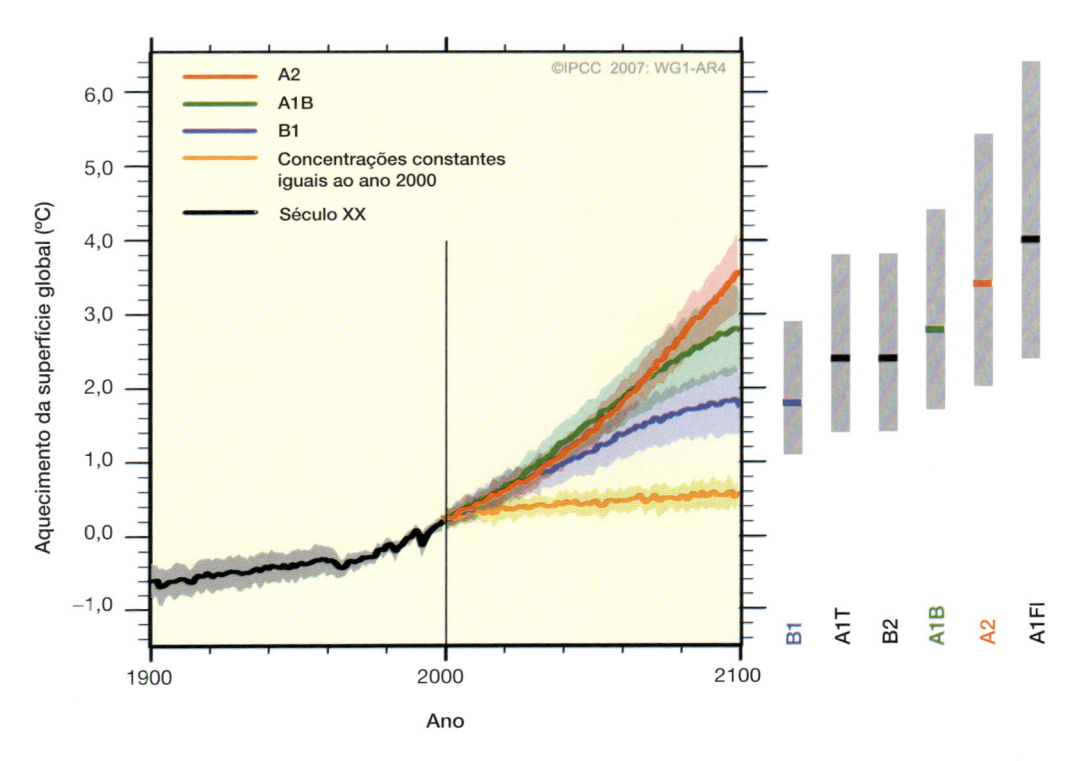

Figura 13.17 Série temporal da média global da temperatura do ar superficial, expressa como anomalias relativas ao período 1980-1999, simulada por modelos climáticos globais que participaram do Quarto Relatório de Avaliação. Os resultados para o século XX baseiam-se em forçantes radiativas observadas, e as projeções para o século XXI empregam diferentes cenários de emissões. As linhas contínuas representam a média de múltiplos modelos, enquanto o sombreamento indica o espalhamento entre diferentes modelos, com base no desvio-padrão de ±1.

Fonte: IPCC (2007). Com permissão do IPCC (Summary for Policymakers, Report of WG1 1, IPCC, p. 14, fig. SPM.5).

para cada cenário de emissões pode definir um envelope de incertezas, refletindo diferenças na arquitetura e nas características físicas do modelo, que, por sua vez, têm um impacto sobre sua sensibilidade climática.

Com base na média dos múltiplos modelos expressa com relação ao período-base de 1980-1999, espera-se que a temperatura média global no ano 2100 aumente em 1,8°C (cenário B1) a 4,1°C (cenário A2). É importante observar que, à medida que o tempo avança, a incerteza sobre as emissões de gases de efeito estufa (a variação em projeções a partir dos diferentes cenários) começa a se tornar cada vez mais importante em relação à faixa de variação entre simulações de diferentes modelos para um determinado cenário. Dito de outra forma, a incerteza com relação a quanto 2100 será mais quente é mais função de incertezas no comportamento humano do que incertezas na maneira como podemos modelar o sistema climático. Partindo do pressuposto de que a concentração de gases de efeito estufa fosse mantida nos níveis do ano 2000, haveria um pequeno aquecimento nas duas décadas seguintes. Esse aquecimento é em essencia o calor "no sistema" que vigoraria à medida que este entrasse em equilíbrio radiativo com a forçante radiativa do ano 2000.

Conforme fica claro a partir da **Figura 13.18**, a magnitude do aquecimento superficial projetado tem padrões espaciais distintos, que se mantém praticamente constantes ao longo do século XXI. A expectativa é de maior aquecimento, em relação à média global, so-

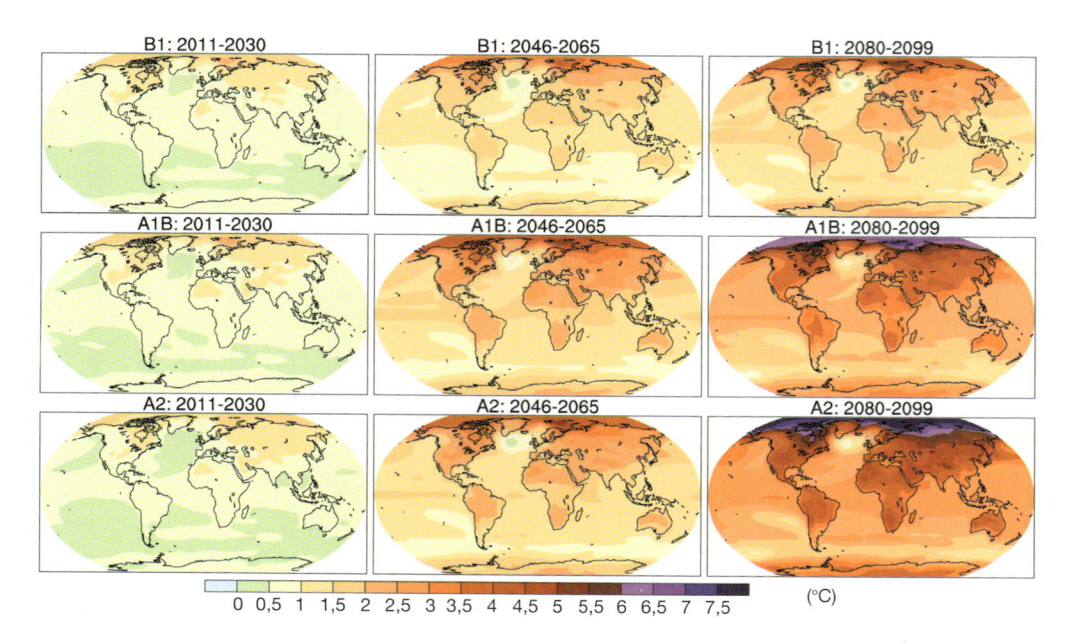

Figura 13.18 Mudanças projetadas na média anual da temperatura do ar superficial, relativas ao período 1980-1999, para os períodos de 20 anos de 2011-2030, 2046-2065 e 2080-2099. São apresentados resultados para os cenários de emissões B1 (superior), A1B (centro) e A2 (inferior) com base nos modelos do clima global que participaram do Quarto Relatório de Avaliação do IPCC. Os mapas representam a média de múltiplos modelos.
Fonte: IPCC (2007). Com permissão de IPCC (ch. 10, Global climate projections, Report of WG1 1, IPCC, p. 766, fig. 10.8).

bre a região do Polo Norte (um padrão já visto nas tendências observadas; ver Figura 13.9). Com base na discussão anterior, isso reflete, em grande parte, a perda da cobertura de gelo marinho no Ártico. Na maior parte do ano, o gelo marinho atua de maneira a isolar o Oceano Ártico relativamente quente de uma atmosfera muito mais fria. Todavia, à medida que o clima aquece, a estação de derretimento de verão se prolonga e se intensifica, levando a menos gelo marinho no final do verão. A absorção de radiação solar aumenta durante o verão em áreas de mar aberto, elevando o conteúdo de calor da camada de mistura oceânica. A formação de gelo marinho no outono é postergada, e o gelo produzido é mais fino do que antes. Isso resulta em grandes fluxos de calor do oceano para a atmosfera durante o outono e o inverno. A estação mais longa livre de neve sobre a terra (indicando maior absorção de radiação solar e, assim, mais aquecimento da atmosfera inferior)

contribui para o efeito de amplificação. Embora os resultados apresentados na Figura 13.18 sejam para a média de múltiplos modelos, a amplificação do Ártico é uma característica de todos os modelos. Observe que o aquecimento projetado para a Antártica não é tão grande. Isso manifesta a natureza diferente da circulação oceânica nas altas latitudes meridionais. No Ártico, a porção superior do oceano tem estratificação muito estável, de modo que o calor que o oceano adquire no verão permanece perto da superfície para ajudar a derreter o gelo marinho (e retardar o crescimento do gelo no outono). Já o calor absorvido na superfície oceânica nas altas latitudes meridionais se mistura rapidamente em níveis oceânicos mais profundos. Outro aspecto interessante da Figura 13.18 é que, devido à grande inércia térmica do oceano, existe um padrão geral de menos aquecimento sobre o oceano do que sobre a terra. Finalmente, observe a região distinta de menos aquecimento sobre o Atlântico Norte setentrional nas projeções para 2046-2065 e (de forma ainda mais clara) para 2080-2099. Isso manifesta a redução projetada do transporte de calor oceânico em direção ao polo por meio da Célula Meridional do Atlântico (Atlantic Meridional Overturning Circulation).

F MUDANÇAS PROJETADAS EM OUTROS COMPONENTES DO SISTEMA

1 Ciclo hidrológico e circulação atmosférica

As mudanças previstas no ciclo hidrológico no decorrer do século XXI devem considerar as interações complexas entre os aumentos na temperatura superficial e troposférica que afetam as taxas de evaporação e a capacidade da atmosfera de reter calor, alterações na fase da precipitação (neve ou chuva), mudanças nos padrões de convecção atmosférica e modificações na circulação da escala sinótica para global. Devido às mudanças previstas na estrutura vertical da temperatura (com o aquecimento da superfície da Terra e da troposfera acompanhado por resfriamento da estratosfera, como resultado do processo de atingir o equilíbrio radiativo) e à forte assimetria horizontal nos padrões de aquecimento, conforme a Figura 13.18, as alterações na circulação atmosférica não representam uma surpresa. Como exemplo dessa complexidade, a Figura 13.19 sintetiza as mudanças projetadas na temperatura do ar, na precipitação e na pressão ao nível do mar para o período de 20 anos de 2080-2099, em relação a 1980-1999, para o cenário de emissões A1B. São apresentados resultados para o inverno e o verão. O padrão é complexo. Espera-se que a precipitação aumente nas latitudes altas e ao longo da ZCIT (indicando uma convergência mais forte no fluxo de umidade), e que diminua sobre a maioria das regiões subtropicais continentais e os oceanos circundantes. A pressão ao nível do mar deve cair nas latitudes altas, com aumentos compensatórios em partes das latitudes médias e dos subtrópicos, onde as quan-

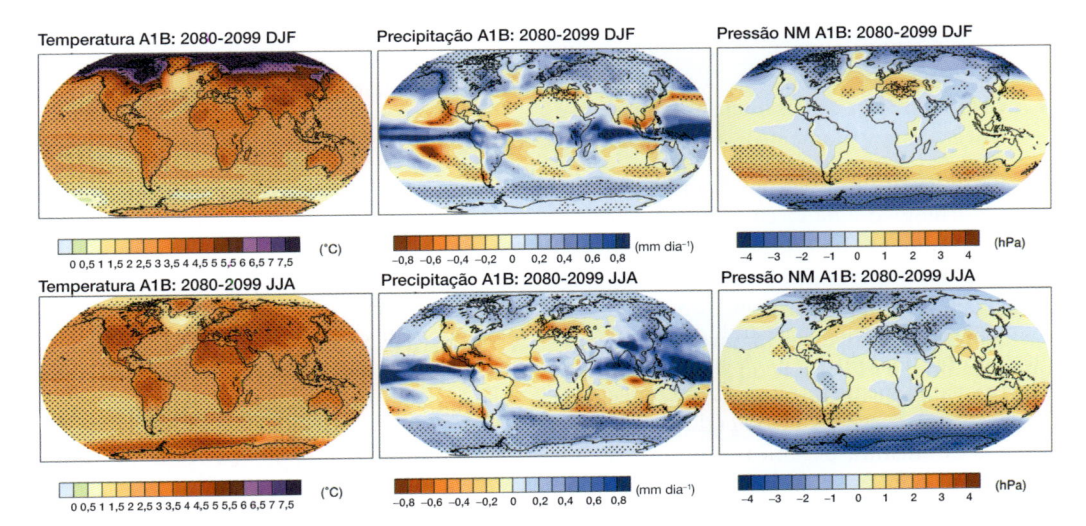

Figura 13.19 Mudanças projetadas na temperatura do ar (NM), precipitação e pressão ao nível do mar, relativas ao período 1980-1999, para o período de 20 anos de 2080-2099. São apresentados resultados para o verão e o inverno, usando o cenário de emissões A1B, baseado em modelos do clima global que participaram do Quarto Relatório de Avaliação do IPCC. Os mapas representam a média de múltiplos modelos.

Fonte: IPCC (2007). Reproduzido com permissão de IPCC (ch. 10, Global climate projections, Report of WG1 1, IPCC, p. 767, fig. 10.9).

tidades de precipitação devem diminuir. Isso baseia-se no fato de que a alta pressão na superfície tende a ser acompanhada por movimento descendente do ar e por divergência em níveis baixos, o que é desfavorável à condensação.

O quadro geral de evolução das condições ao longo do século XXI, com base nos modelos do IPCC e resultados de outros estudos, é:

1. um ciclo hidrológico global mais vigoroso;
2. secas e/ou enchentes mais severas em alguns locais e menos severas em outros;
3. um aumento nas intensidades da precipitação, possivelmente com chuvas extremas;
4. efeitos hidrológicos maiores das mudanças climáticas em áreas secas do que em áreas úmidas;
5. um aumento geral na evaporação;
6. um aumento na variabilidade das descargas dos rios junto com a elevação na pluviosidade;
7. uma antecipação no escoamento máximo causado pelo derretimento de neve na primavera, à medida que a temperatura aumenta;
8. declínios maiores nos níveis da água em lagos em regiões secas devido à evaporação elevada; e
9. ciclones tropicais mais intensos (ainda controverso neste momento).

Observe que as projeções de mudanças no ciclo hidrológico e na circulação atmosférica são especialmente incertas na escala regional e nas escalas importantes para as questões humanas. Os impactos hidrológicos das mudanças climáticas podem ser maiores em regiões que atualmente são áridas ou semiáridas, implicando que os eventos mais severos de escoamento superficial devem exacerbar a erosão do solo.

2 O nível do mar

Os mecanismos que influenciam o nível do mar globalmente são complexos e atuam em um amplo espectro de escalas temporais. Em escalas de milhões de anos, devemos considerar questões, como a tectônica de placas, que alteram a forma e o tamanho das bacias oceânicas, e os efeitos da erosão, que lentamente as preenchem com sedimentos. Avançando para escalas de milhares a dezenas de milhares de anos, sabemos que, após o Último Máximo Glacial, o nível do mar aumentou rapidamente à medida que os grandes mantos de gelo da América do Norte e da Europa Setentrional derreteram. Há 6000 anos, por volta do Máximo Térmico do Holoceno, o nível do mar havia subido por volta de 120 m em relação à menor posição glacial. O nível do mar estabilizou-se ao redor de 2000-3000 anos atrás, e não mudou significativamente até o final do século XIX, quando, à medida que o clima aquecia, começou a subir lentamente. Com base no Quarto Relatório de Avaliação do IPCC, a melhor estimativa é que o nível do mar tenha aumentado em torno de 1,7 mm a^{-1}/ano ao longo do século XX, mas mais rapidamente nas últimas décadas. Dados de altimetria por satélite apontam um valor em torno de 3 mm a^{-1}/ano desde 1993.

As principais contribuições para o aumento no nível do mar para o período 1961-2003 e de 1993-2003, baseadas em estimativas disponíveis compiladas para o Quarto Relatório de Avaliação do IPCC, são sintetizadas na Figura 13.20, incluindo:

1. A expansão térmica das águas oceânicas. O oceano superior aqueceu, e a água mais quente ocupa um volume maior por unidade de massa do que a água fria.
2. O derretimento de geleiras e campos de gelo, que tem transferido água do estoque terrestre para o oceano.
3. A perda de massa dos mantos de gelo da Groenlândia e Antártica, também transferindo água do continente para o oceano. Para o manto de gelo da Groenlândia, isso inclui contribuições do escoamento superficial de água líquida e o processo de desprendimento de icebergs (*calving*). Para a Antártica, predomina o *desprendimento*.

Todas as componentes individuais são maiores no segundo período, especialmente a expansão térmica (0,42 m a^{-1} para 1961-2003, *versus* 1,6 m a^{-1}/ano para 1993-2003), que é a

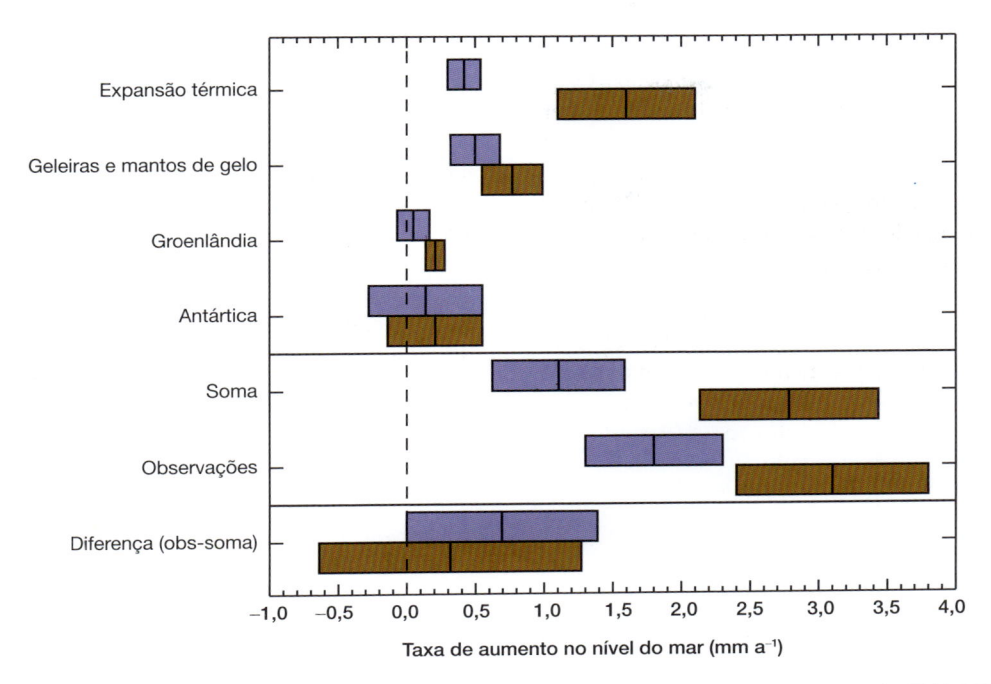

Figura 13.20 Estimativas das contribuições para as alterações no nível do mar para o período 1961-2003 (azul) e 1993-2003 (marrom). Também são apresentadas, para cada período, a soma das componentes individuais, a variação observada no nível do mar e a diferença entre as somas e as observações. As barras representam a faixa de erro de 90%.
Fonte: IPCC (2007). Com permissão do IPCC (ch. 4, Observations: Oceanic climate change and sea level, Report of WG1 1, IPCC, p. 419, fig. 5.21).

maior contribuição no período final. Para os dois períodos, o aumento observado no nível do mar excede a mudança avaliada a partir da adição de estimativas para as componentes individuais. As causas dessa discrepância ainda devem ser determinadas. Os efeitos do represamento de água pelo homem não servem como explicação, pois eles têm um impacto negativo no nível do mar. Note que as observações e estimativas para diferentes componentes contêm uma incerteza substancial. As dificuldades para estimar a magnitude da expansão térmica incluem a falta de conhecimento sobre as mudanças na temperatura do oceano profundo e os efeitos das circulações oceânicas. A incerteza nas contribuições do gelo marinho compreende dúvidas quanto ao acúmulo (pela queda de neve) e à espessura do gelo na linha de aterramento sobre a qual as plataformas de gelo flutuam.

A Figura 13.21 mostra a série temporal do nível do mar no passado e projetada ao longo do século XXI a partir dos modelos do IPCC, usando o cenário de emissões A1B. Com relação à média de 1989-1999 (a linha zero no eixo y), espera-se que o nível do mar tenha subido 200 a 500 mm até o ano 2100. Restam muitas incertezas, principalmente o comportamento dos mantos de gelo. Pesquisas recentes sugerem que a estimativa do IPCC para a elevação no nível do mar é baixa demais, pois não foram considerados os efeitos das mudanças na dinâmica do gelo na Groenlândia e na Antártica, que levam a um desprendimento acelerado de icebergs. Existe uma possibilidade ainda pouco compreendida de que um aumento no nível do mar possa fazer o manto de gelo da Antártica Ocidental flutuar e derreter totalmente (não apenas nas bordas, como no passado) e causar um aumento ainda mais catastrófico no nível

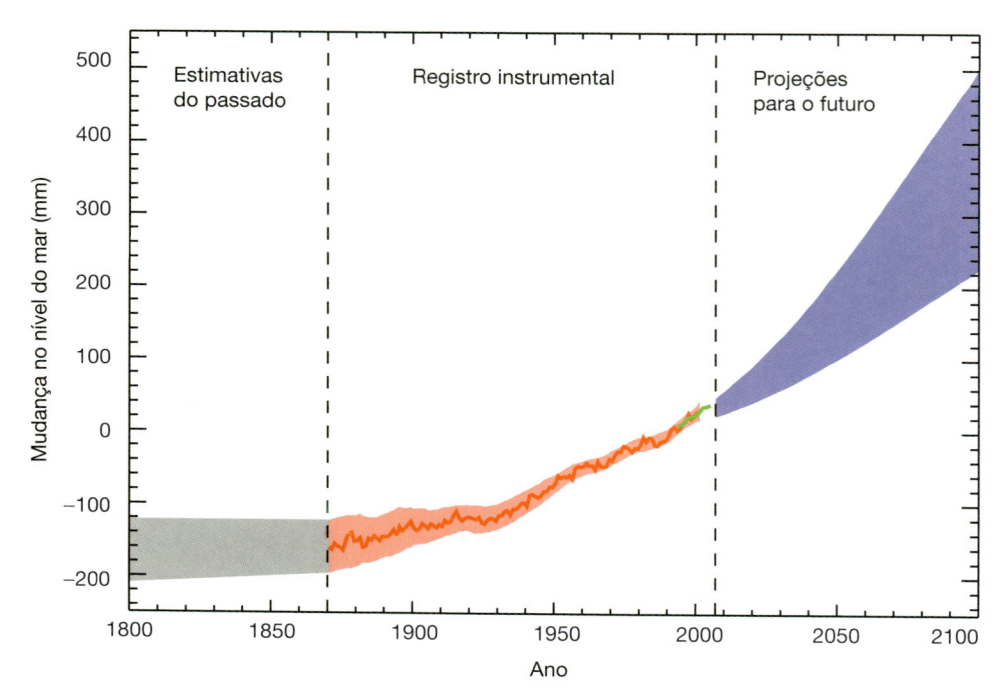

Figura 13.21 Séries temporais do nível médio do mar, expressas como anomalias relativas aos anos 1980-1999, para o período antes dos registros instrumentais (sombreamento cinza, designando uma incerteza aproximada na taxa estimada de longo prazo para a mudança no nível do mar), durante o registro instrumental e projetadas ao longo do século XXI. O sombreamento vermelho representa resultados de marégrafos e a linha verde baseia-se em altimetria por satélite. As projeções são de modelos que participaram do Quarto Relatório de Avaliação do IPCC com o cenário de emissões A1B; o sombreamento azul é a faixa de projeções do modelo.
Fonte: IPCC (2007). Reproduzido com permissão de IPCC (ch. 5, Observations: Oceanic climate change and sea level, Report of WG1 1, IPCC, p. 409, FAQ 5.1, fig. 1).

do mar, ainda que espalhado ao longo de várias centenas de anos.

3 Neve e gelo

Os efeitos das mudanças climáticas do século XX sobre a cobertura global de neve e gelo são visíveis de várias maneiras, mas as respostas diferem amplamente, como resultado dos diversos fatores e escalas temporais envolvidos. A cobertura de neve é essencialmente sazonal, relacionada com os níveis de precipitação em sistemas de tempestades e a temperatura. O gelo marinho também é um aspecto sazonal presente ao redor de grande parte do continente Antártico (ver Figura 10.35A), mas o Oceano Ártico mantém uma parte da sua cobertura de gelo marinho no decorrer do ano. Isso é conhecido como gelo marinho multianual, pois sobreviveu a pelo menos uma estação de derretimento de verão. Ele tende a ser mais espesso do que o gelo do primeiro ano, que é o gelo que se forma em uma única estação. Parte do gelo marinho multianual do Ártico pode ter uma década de idade. O gelo marinho se forma e derrete em resposta aos balanços de calor na parte superior e inferior da cobertura de gelo. No Ártico, o gelo também é transportado constantemente para o Atlântico Norte pelos ventos e pelas correntes oceânicas. A maior parte dessa exportação ocorre na forma de gelo marinho multianual mais espesso. O gelo das geleiras acumula-se a partir do balanço líquido de acumulação de neve e derretimento de verão (ablação), mas o fluxo das geleiras transporta gelo para a porção terminal, onde pode derreter ou se liberar para a água. Em pequenas geleiras, o gelo pode ter um tempo de residência de dezenas a centenas de anos, mas em campos e mantos de gelo, esse tempo aumenta para 10^3-10^6 anos.

Já discutimos a contribuição da Groenlândia, da Antártica e do derretimento das geleiras e calotas polares para o aumento recente no nível do mar. Todavia, devemos ressaltar que o recuo das geleiras e dos mantos de gelo é um fenômeno basicamente global (Figura 13.22). Isso condiz com um clima em aquecimento, agindo para prolongar a estação de derretimento, com uma elevação correspondente na linha de neve. Nos últimos 15-20 anos, o nível de congelamento na troposfera subiu 100-150 m nos trópicos, contribuindo para a rápida perda de gelo em geleiras equatoriais na África Oriental e nos Andes setentrionais. Enquanto há uma década algumas geleiras da Escandinávia estavam avançando devido ao aumento na precipitação, o padrão atual é de perda líquida de massa. Sempre é possível encontrar geleiras em avanço, mas o quadro geral é claro. As projeções para o ano de 2050 sugerem que um quarto da atual massa de gelo do mundo pode desaparecer, com consequências críticas e irreversíveis no longo prazo para os recursos hídricos em países montanhosos.

Outro indicador claro das mudanças climáticas é o encolhimento do gelo marinho no Oceano Ártico (Pranchas 13.4 e 13.5). Ao longo dos registros de satélite, que começaram em 1979, a extensão do gelo apresenta significativas tendências de redução em todos os meses, mas maiores em setembro (o final da estação de derretimento), de aproximadamente 10% por década. O ritmo da perda de gelo no verão parece ter acelerado desde a virada do século XXI. A Figura 13.23 representa graficamente a

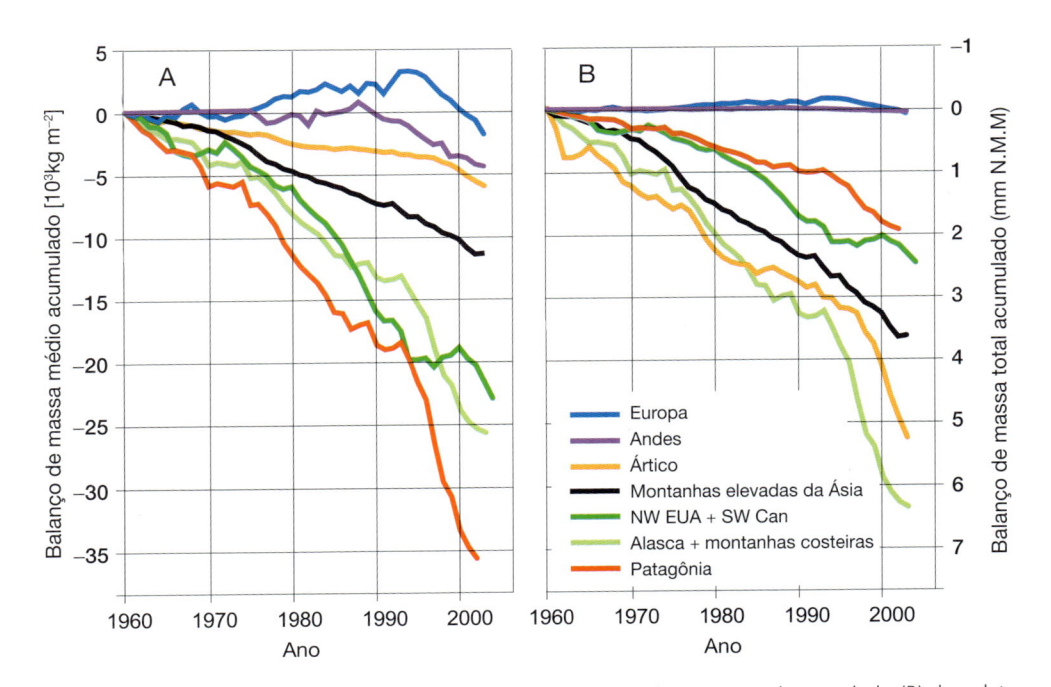

Figura 13.22 Balanço de massa médio acumulado (A) e balanço de massa total acumulado (B) de geleiras e campos de gelo, calculados para grandes regiões, com base nas análises de Dyurgeron e Meier (2005). O balanço de massa médio mostra a intensidade das mudanças climáticas para regiões distintas. O balanço de massa total é a contribuição de cada região para a elevação no nível do mar (N.M.M).

Fonte: IPCC (2007). Reproduzido com permissão de IPCC (ch. 4, Observations: Changes in snow, ice and frozen ground, Report of WG1 1, IPCC, p. 359, fig. 4.15).

extensão observada de gelo no mar Ártico para setembro, ao longo de um registro expandido que cobre os anos de 1953 a 2006, junto com a extensão simulada para o período de 1900 a 2100, a partir de uma composição de modelos do IPCC. As simulações empregam forçantes radiativas observadas ao longo do século XX e o cenário de emissões A1B para o século XXI. Essencialmente, todos os modelos indicam que a extensão do gelo marinho diminui ao longo do período de observação. Esse consenso é uma forte evidência para o papel da carga de gases de efeito estufa no declínio observado. Todavia, nenhuma das simulações para o período de 1953-2006 produziu uma tendência de redução tão grande quanto a observada. Uma explicação é que a variabilidade natural no sistema acoplado observado tem sido um fator importante. As mudanças na cobertura de nuvens, as alterações causadas pelo vento na circulação do gelo marinho e na espessura do gelo, associadas à Oscilação do Atlântico Norte e outros padrões de variabilidade atmosférica e as alterações no transporte de calor oceânico foram implicados no recuo observado. A explicação alternativa é que os modelos do IPCC, como grupo, não são suficientes para representar a sensibilidade da cobertura de gelo marinho enquanto carga de gases de efeito estufa. Os modelos do IPCC indicam que condições sem gelo marinho em setembro podem se tornar realidade a qualquer momento a partir do ano de 2050 e muito além de 2100. Devido à discrepância entre as tendências simuladas e observadas no período de sobreposição, as condições livres de gelo podem ocorrer muito antes.

A extensão do gelo marinho antártico, que tem sido monitorada com precisão des-

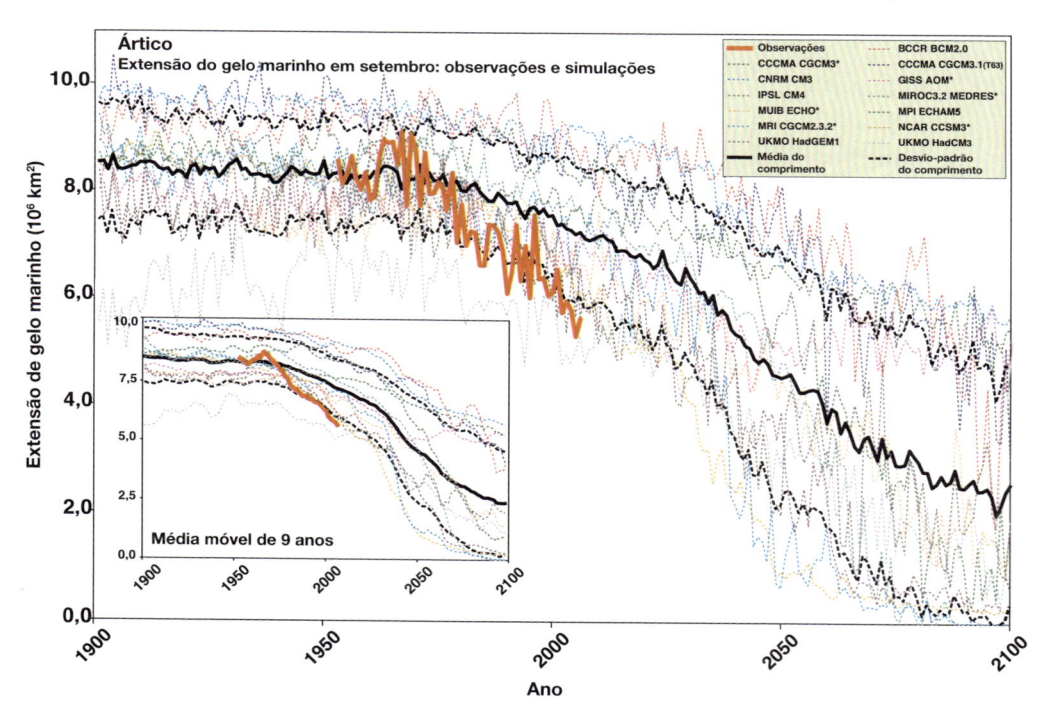

Figura 13.23 Extensão de gelo marinho no Ártico em setembro, a partir de observações (linha vermelha espessa, 1953, 2006) e de 13 modelos que participaram do Quarto Relatório de Avaliação do IPCC, junto com a média de múltiplos modelos (linha preta contínua) e o desvio-padrão (linha preta tracejada). O detalhe mostra médias móveis de nove anos.

Fonte: Stroeve et al. (2007, fig. 1). Cortesia de American Geophysical Union.

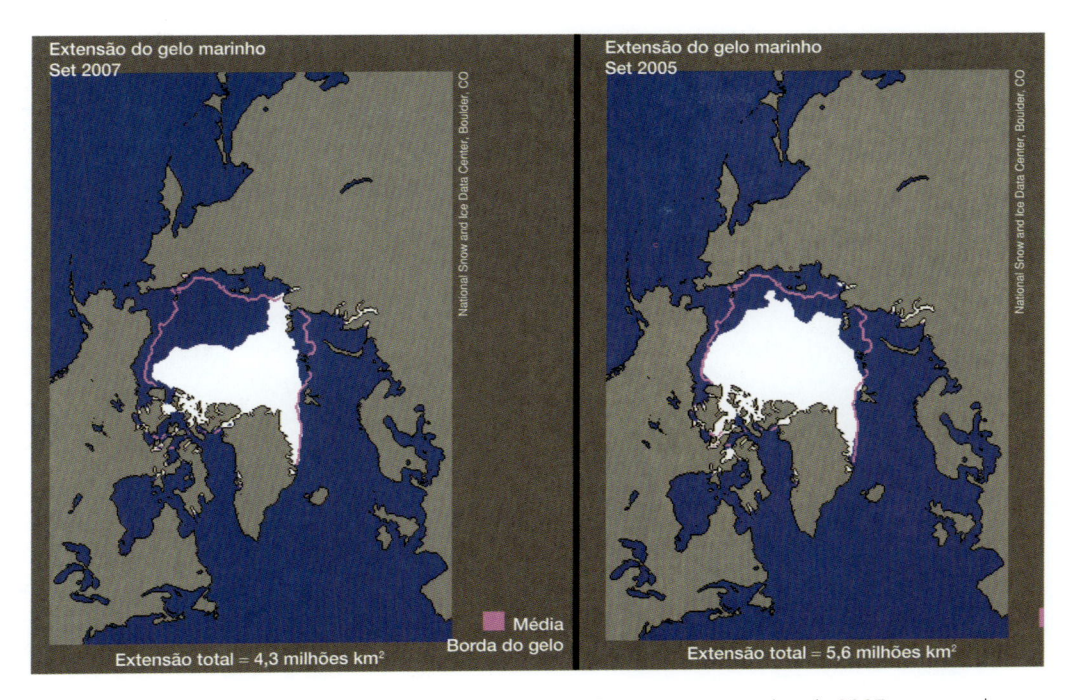

Prancha 13.4 O mínimo recorde da extensão do gelo marinho ártico em setembro de 2007, comparado com o mínimo anterior de 2005, mostrando o limite médio de setembro para 1979-2007.
Fonte: NSIDC.

de 1979, na verdade, apresenta pequenas tendências de aumento na maioria dos meses (com base em dados até 2007). Embora talvez pareça contraintuitivo, isso condiz até mesmo com as projeções da primeira geração de MCG, de uma resposta muito lenta e defasada da Antártica à carga de gases de efeito estufa, em comparação com o Ártico. Lembre-se, de uma discussão anterior (Seção 13E.2), da natureza muito diferente da circulação oceânica em altas latitudes meridionais, onde o influxo de calor para a superfície oceânica tende a se misturar rapidamente com os níveis mais profundos do oceano. As pequenas tendências de aumento observadas parecem refletir a circulação zonal persistente da atmosfera, a qual, por várias décadas, tem caracterizado a região ao redor do manto de gelo (um Modo Anular Meridional persistentemente positivo). Isso tem ajudado a manter a região fria. A exceção notável é a Península Antártica, que aqueceu aproximadamente 2,5°C nos últimos 50 anos (ver também Figura 13.9). Um aspecto interessante da Península Antártica, que parece relacionado com esse aquecimento, está nos grandes eventos de *desprendimento de icebergs* que ocorreram durante os últimos 10-15 anos ao longo de suas plataformas de gelo. Entre eles estão o desprendimento da plataforma Wordie no lado oeste na década de 1980, da plataforma setentrional Larsen no lado leste entre 1995 e março de 2002 e da plataforma de gelo flutuante Wilkins, em 2008.

A extensão da cobertura de neve também mostra uma indicação clara de uma resposta às tendências recentes da temperatura. A cobertura de neve do Hemisfério Norte tem sido mapeada com imagens de satélite visíveis desde 1966. Comparada com a década de 1970 à metade da de 1980, a cobertura anual de neve reduziu aproximadamente 10% desde 1988. A redução é acentuada na primavera, e está correlacionada

Prancha 13.5 A Passagem Noroeste no Arquipélago Ártico Canadense praticamente livre de gelo marinho, 15 de setembro de 2007.
Fonte: http://earthobservatory.nasa.gov/IODT/view.php?id=18964.

com o aquecimento primaveril (Figura 13.24). A extensão da neve no inverno apresenta pouca ou nenhuma mudança. Entretanto, a queda anual de neve na América do Norte, ao norte de 55°N, aumentou durante o período de 1950-1990. Os cenários para a metade do século XXI apontam um período mais curto com cobertura de neve na América do Norte, com uma redução de 70% sobre as Great Plains. Em áreas de montanha, as linhas de neve subirão 100-400 m, dependendo da precipitação.

4 Vegetação

Espera-se que um aumento de aproximadamente 1000ppmv na concentração de CO_2 promova o crescimento da vegetação global, além do qual pode atingir um limite de saturação. Todavia, o desmatamento diminui a capacidade da biosfera de agir como sumidouro de carbono. Um aumento prolongado de apenas 1°C causaria alterações consideráveis no crescimento, na regeneração e na extensão geográfica das espécies arbóreas. As espécies migram de forma lenta, mas, em um determinado ponto, amplas áreas florestadas podem mudar para novos tipos de vegetação. Estima-se que 33% da área florestada atual poderiam ser afetados, com até 65% da zona boreal estando sujeitos às mudanças. As linhas de árvores de montanha parecem bastante resistentes às flutuações climáticas. Contudo, levantamentos de espécies de plantas em picos nos Alpes europeus indicam uma migração ascendente de plantas alpinas, de 1-4 m por década para o último século.

É provável que as florestas tropicais sejam mais afetadas pelo desmatamento antrópico do que pelas mudanças climáticas. Todavia, as reduções na umidade do solo são prejudi-

Figura 13.24 Série temporal da extensão anual de neve e anomalias de temperatura na superfície continental. As anomalias anuais são a soma das anomalias mensais, na média sobre a região a norte de 20°N, para o ano hidrológico da neve, de outubro a setembro. A anomalia de neve (em milhões de km^2) está no eixo vertical esquerdo, e a anomalia de temperatura (°C), no eixo vertical direito. O gráfico de barras indica anomalias de neve, e a linha fina, anomalias de temperatura. O coeficiente de correlação, r, é −0,61. As curvas espessas representam valores médios ponderados para cinco anos. Os cálculos da cobertura de neve baseiam-se nos mapas da cobertura de neve da NOAA/NESDIS para 1967-2000. Os cálculos da temperatura baseiam-se nos conjuntos de dados de Jones; anomalias com relação ao período de 1960-1990.

Fonte: D. Robinson, Rutgers University, and A. Bamzai (NOAA/.OGP).

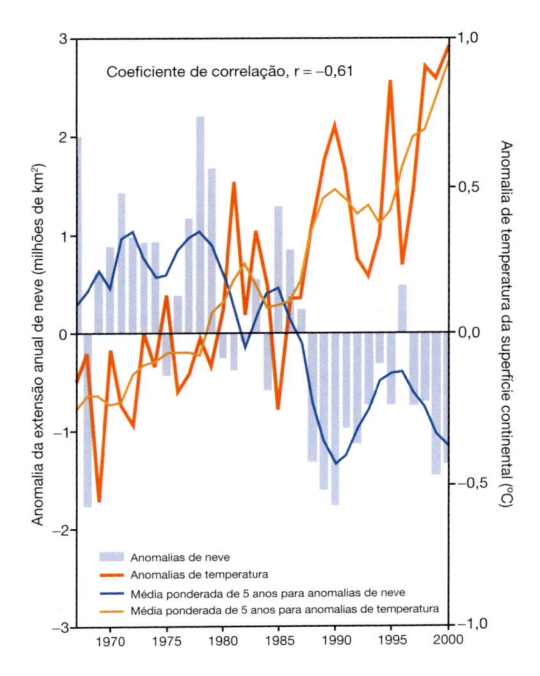

ciais em áreas hidrologicamente marginais. Na Amazônia, as previsões climáticas corroboram a ideia do aumento na convecção e, portanto, na pluviosidade em sua porção equatorial ocidental, onde a chuva presente é mais abundante. Por causa dos aumentos particularmente grandes na temperatura projetados para as altas latitudes setentrionais, espera-se que as florestas boreais sejam bastante afetadas por seu avanço para o norte, para as regiões de tundra. Isso pode gerar mais aquecimento regional, graças ao albedo menor das florestas durante a estação de neve. Prevê-se que as mudanças climáticas ao longo do século XXI tenham menor efeito sobre as florestas temperadas. O Ártico, em contrapartida, já tem áreas de tundra sendo substituídas por vegetação arbustiva, uma tendência que deve continuar. Existe um grande estoque de carbono aprisionado no permafrost. Uma preocupação crescente é que, à medida que o permafrost derreter, esse carbono possa ser liberado para a atmosfera (seja como CO_2 ou CH_4), representando um forte *feedback*, que levará a mais aquecimento.

Atualmente, as áreas úmidas cobrem 4-6% da superfície do solo, tendo sido reduzidas pelas atividades humanas em mais da metade ao longo dos últimos 100 anos. As mudanças climáticas devem afetar as áreas úmidas, principalmente ao alterar seus regimes hidrológicos. Acredita-se que o leste da China, os Estados Unidos e a Europa meridional venham a sofrer um declínio natural nas suas áreas úmidas durante este século, diminuindo o fluxo de metano para a atmosfera.

Espera-se que as terras secas sejam profundamente afetadas pelas mudanças climáticas. As áreas de campos secos (incluindo pastagens, vegetação arbustiva, savanas, desertos quentes e frios) ocupam 45% da superfície dos continentes, contendo um terço do total de carbono em seus biomas, e sustentam a metade do gado e um sexto da população humana do mundo. Os campos em baixas latitudes são os que correm maior risco, pois uma elevação na concentração de CO_2 (aumentando a razão carbono/nitrogênio) diminuiria o teor de nutrientes da forragem e a maior frequência de eventos extremos causaria degradação ambiental. É provável que a maioria dos desertos se torne mais quente, mas não significativamente mais úmida. Qualquer aumento na pluviosidade tenderá a estar associado a uma intensidade maior das tempestades. Pode-se esperar que as maiores velocidades dos ventos e a evaporação aumentem a erosão eólica, a capilaridade e a salinização de solos. A região central da Austrália é um dos poucos locais onde as condições desérticas podem melhorar.

Uma consequência importante do aquecimento global será o aumento da dessecação e erosão do solo nas regiões semiáridas, nos campos e nas savanas adjacentes aos desertos do mundo. Isso deve acelerar a taxa de desertificação, que avança a 6 milhões de hectares por ano, devido, em parte, à elevada variabilidade da pluviosidade e, em parte, a atividades agrícolas humanas inadequadas, como o pastoreio e cultivo intensivo excessivos. Estima-se que a desertificação tenha afetado quase 70% do total de áreas secas do planeta na década de 1990.

G POSFÁCIO

Nossa capacidade de entender e projetar as mudanças climáticas aumentou consideravelmente desde que o primeiro Relatório do IPCC foi publicado, em 1990, mas ainda restam muitos problemas e incertezas. Dentre as necessidades principais estão (não em ordem de importância):

- O desenvolvimento de cenários mais refinados para as forçantes, com um entendimento mais completo dos impactos do crescimento econômico, do desmatamento, das alterações no uso do solo, dos aerossóis de sulfato, dos aerossóis de carbono gerados pela queima de biomassa e dos gases-traço radiativos além do CO_2 (p. ex., metano e ozônio). O aperfeiçoamento das estimativas de forçantes representadas pelos efeitos indiretos de aerossóis merece particular atenção.
- A incorporação realista do ciclo do carbono e da dinâmica dos mantos de gelo nos MCGAO.
- Maior compreensão dos processos de *feedback*, notadamente aqueles que envolvem nuvens, vapor de água, gelo marinho e o ciclo de carbono. *Feedbacks* envolvendo a cobertura de nuvem polar e a liberação de carbono devido ao derretimento do permafrost merecem particular atenção.
- Novos aumentos na resolução de modelos climáticos, de modo a representar melhor os processos físicos de pequena escala (p. ex., aqueles relacionados com as nuvens).
- Maior compreensão e modelagem de processos oceânicos e de interações oceano-atmosfera que afetam o fluxo de calor na superfície oceânica, da capacidade dos oceanos de absorver CO_2, especialmente por processos biológicos, e de seu papel na absorção de calor que retarda a resposta do sistema climático à forçante radiativa.
- Uma capacidade maior de distinguir entre as mudanças climáticas antropogênicas e a variabilidade natural, especialmente pelo uso de simulações em conjunto.
- Uma compreensão maior do comportamento de limiares (às vezes chamados de "pontos de inflexão"), pelos quais um clima em processo de aquecimento pode condicionar sistemas fundamentais, como mantos de gelo, gelo marinho e o permafrost, a apresentar decaimento rápido.
- A coleta sistemática e continuada de observações instrumentais, indiretas e por sensores remotos de variáveis climáticas. Isso exige um comprometimento de governos nacionais com a manutenção de redes de observação na superfície e sistemas de sensoriamento remoto via satélite.

CAPÍTULO 13 Mudanças climáticas

RESUMO

A medida mais fundamental do estado climático da Terra é a média global da temperatura do ar superficial. Tal estado é influenciado por uma variedade de fatores forçantes climáticos, que atuam em escalas temporais diversas. As variações climáticas em escalas temporais de milhões de anos podem estar relacionadas com a tectônica de placas. Os grandes ciclos Glaciais e interglaciais que caracterizaram os últimos 2 milhões de anos podem estar ligadas a periodicidades na órbita da Terra ao redor do Sol, influenciando a distribuição sazonal da radiação solar sobre diferentes partes da superfície. A elevação observada na média global da temperatura do ar superficial nos últimos 100 anos pode ser atribuída principalmente a aumentos antropogênicos nas concentrações de dióxido de carbono e outros gases de efeito estufa na atmosfera, compensados em parte pelos efeitos de resfriamento da carga de aerossóis. Esses efeitos são conhecidos como forçantes radiativas, no sentido de que alteram o balanço da radiação média global no topo da atmosfera. A variabilidade solar, outra forçante radiativa, tem desempenhado um papel secundário desde a metade do século XX. O aumento geral na temperatura média da superfície global nos últimos 100 anos contém variações interanuais multidecenais, que refletem a variabilidade interna natural do sistema acoplado Terra-oceano-atmosfera, forçantes radiativas como grandes erupções vulcânicas (p. ex., Monte Pinatubo).

A magnitude da resposta da temperatura global a uma forçante radiativa de determinada magnitude, ou a um conjunto de forçantes combinadas, depende dos *feedbacks* climáticos. Os *feedbacks* positivos predominam e, assim, atuam de maneira a amplificar a resposta da temperatura a uma forçante. Em termos de mudanças climáticas induzidas pelas atividades humanas, as mais importantes são os *feedbacks* rápidos do vapor de água e albedo do gelo.

As projeções climáticas para o decorrer do século XXI, pressupondo uma variedade de cenários de emissões para gases de efeito estufa e aerossóis, indicam uma elevação na temperatura média global na faixa de 2-4°C até o ano 2100, com aumentos de 200-500 mm no nível do mar. Devido ao rápido crescimento das concentrações de gases de efeito estufa nas últimas décadas, os efeitos da dinâmica dos mantos de gelo e outras incertezas no sistema, esses valores podem estar subestimados. O Ártico eventualmente será livre de gelo marinho no verão. O aquecimento também pode vir acompanhado pelo encolhimento contínuo das geleiras, dos campos polares e do permafrost e por mudanças no ciclo hidrológico, na circulação atmosférica e na vegetação.

A pesquisa crítica deve buscar uma compreensão maior dos *feedbacks* climáticos, incluindo *feedbacks* no ciclo de carbono, e do papel dos oceanos na absorção de calor e dióxido de carbono.

TEMAS PARA DISCUSSÃO

- Analise os números que mostram as séries temporais climáticas no Capítulo 13, em busca de evidências de mudanças na média e variância, e considere onde ocorreram mudanças funcionais graduais e onde é possível detectar tendências.
- Quais são os diferentes fatores forçantes climáticos em atuação nas escalas temporais geológicas e históricas?
- Quais são as principais vantagens e limitações dos diferentes tipos de registros indiretos do paleoclima? Considere as variáveis climáticas que podem ser inferidas e a resolução temporal das informações.
- Quais são as principais razões das incertezas nas projeções do clima para o ano 2100?
- Quais são alguns dos impactos possíveis das mudanças climáticas projetadas em sua região e país?

REFERÊNCIAS E SUGESTÃO DE LEITURA

Livros

Adger, W. N. and Brown, K. (1995) *Land Use and the Causes of Global Warming*, John Wiley & Sons, New York, 282pp. [Greenhouse gas emissions from land use sources and the effects of land-use changes]

Bradley, R. S. (1999) *Quaternary Paleoclimatology: Reconstructing Climates of the Quaternary*, 2nd edn, Academic Press, San Diego, 683pp. [Details methods of paleoclimatic reconstruction, dating of evidence and modeling paleoclimates; numerous illustrations and references]

Bradley, R. S. and Jones, P. D. (eds) (1992) *Climate Since A. D. 1500*, Routledge, London, 679pp. [Collected contributions focusing on the Little Ice Age and subsequent changes from proxy, historical and observational data]

Crowley, T. J. and North, G. R. (1991) *Paleoclimatology*, Oxford University Press, New York, 339pp. [Surveys the pre-Quaternary and Quaternary history of the earth's climate, presenting observational evidence and modeling results]

Dyurgerov, M. and Meier, M. F. (2005) *Glaciers and the Changing Earth System: A 2004 Snapshot*, Occasional Paper 58, Institute of Arctic and Alpine Research, University of Colorado, Boulder, CO, 118pp. [An evaluation of recent global changes in glacier mass balance]

Fris-Christensen, E., Froehlich, C., Haigh, J. D., Schluesser, M. and von Steiger, R. (eds) (2001) *Solar Variability and Climate*, Kluwer, Dordrecht, 440pp. [Contributions on solar variations, solar influences on climate, climate observations and the role of the sun by leading specialists]

Goodess, C. M., Palutikof, J. P. and Davies, T. D. (eds) (1992) *The Nature and Causes of Climate Change: Assessing the Long-term Future*, Belhaven Press, London, 248pp. [Contributions on natural and anthropogenic forcing, proxy records, Pleistocene reconstructions and model studies]

Grove, J. M. (2004) *Little Ice Ages, Ancient and Modern*, Routledge, London, 2 vols, 718pp. [Detailed account of the Little Ice Age in terms of the response of glaciers around the world]

Harvey, L. D. D. (1998) *Global Warming: The Hard Science*, Prentice Hall/Pearson Education, Harlow, 336pp. [Detailed discussion of global warming – processes, feedbacks and environmental impacts]

Houghton, J. T. et al. (eds) (1996) *Climate Change 1995: The Science of Climate Change*, Cambridge University Press, Cambridge, 572pp.

Houghton, J. T. et al. (2001) *Climate Change 2001: The Scientific Basis*, Cambridge University Press, Cambridge, 881pp.

Hughes, M. K. and Diaz, H. F. (eds) (1994) *The Medieval Warm Period*, Kluwer Academic Publishers, Dordrecht 342pp. [Contributions on the proxy and historical evidence concerning climates around the world during about AD 900–1300]

Hughes, M. K., Kelly, P. M., Pilcher, J. R. and La Marche, V. (eds) (1981) *Climate from Tree Rings*, Cambridge University Press, Cambridge (400pp.).

Imbrie, J. and Imbrie, K. P. (1979) *Ice Ages: Solving the Mystery*, Macmillan, London, 224pp. [Readable account of the identification of the role of astronomical forcing – the Milankovitch effect – in Ice Age cycles, by one of the paleoclimatologists involved]

IPCC (2007) *Climate Change 2007: The Physical Science Basis. Contribution of Working Group I to the Fourth Assessment Report of the Intergovernmental Panel on Climate Change*, Solomon, S., Qin, D., Manning, M., Chen, Z., Marquis, M., Avery, K. B., Tignor, M. and Miller, H. L., (eds), Cambridge University Press, Cambridge, UK and New York, USA, 996pp [The Fourth Assessment Report of the IPCC on observed climate changes, the physical basis of climate change, and projections from climate models]

Jones, P., Conway, D. and Briffa, K. (1997) *Climate of The British Isles*. Present, Past and Future, Routledge, London.

Lamb, H. H. (1977) *Climate: Present, Past and Future, 2: Climatic History and the Future*, Methuen, London, 835pp. [Classic synthesis by a renowned climate historian]

Serreze, M. C. and Barry, R. G. (2005) *The Arctic Climate System*, Cambridge University Press, 385pp. [The climate system of the Arctic region, Arctic paleoclimates, modeling and projected future states]

Williams, J. (ed.) (1978) *Carbon Dioxide, Climate and Society*, Pergamon, Oxford, 332pp. [Proceedings of one of the first wide-ranging conferences on the effects of increasing carbon dioxide on climate and the environment, and societal consequences]

Artigos científicos

Anderson, D. E. (1997), Younger Dryas research and its implications for understanding abrupt climatic change. *Progr. Phys. Geog.* 21(2), 230–49.

Beer, J., Mende, W. and Stellmacher, W. (2000) The role of the sun in climate forcing. *Quatern. Sci. Rev.* 19, 403–16.

Broecker, W. S. and Denton, G. S. (1990) What drives glacial cycles? *Sci. American* 262, 48–56.

Broecker, W. S. and Van Donk, J. (1970) Insolation changes, ice volumes and the O18 record in deep sea cores. *Rev. Geophys.* 8, 169–96.

Chu, P.-S., Yu, Z.-P. and Hastenrath, S. (1994) Detecting climate change concurrent with deforestation in the Amazon Basin. *Bull. Amer. Met. Soc.* 75(4), 579–83.

Davidson, G. (1992) Icy prospects for a warmer world. *New Scientist* 135(1833), 23–6.

Diaz, H. F. and Kiladis, G. N. (1995) Climatic variability on decadal to century time-scales, in Henderson-Sellers, A. (ed.) *Future Climates of the World: A Modelling Perspective*, World Surveys of Climatology 16, Elsevier, Amsterdam, 191–244.

Douglas, B. C. and Peltier, W. R. (2002) The puzzle of global sea-level rise. *Physics Today* 55 (3), 35–41.

French, J. R., Spencer, T. and Reed, D. J. (1995) Editorial – Geomorphic response to sea-level rise: existing evidence and future impacts. *Earth Surface Processes and Landforms* 20, 1–6.

Grootes, P. (1995) Ice cores as archives of decadeto-century scale climate variability, in *Natural Climate Variabili-*

ty on Decade-to-century Time Scales, National Academy Press, Washington, DC, 544–54.

Haeberli, W. (1995) Glacier fluctuations and climate change detection. *Geogr. Fis. Dinam. Quat.* 18, 191–9.

Hansen, J. E. and Lacis, A. A. (1990) Sun and dust versus greenhouse gases: an assessment of their relative roles in global climate change. *Nature* 346, 713–19.

Hansen, J. E. and Sato, M. (2001) Trends of measured climate forcing agents. *Proceedings, National Academy of Science* 98(26), 14778–83.

Hansen, J. E. et al. (2006) Global temperature change. *Proceedings, National Academy of Science* 103, 14288–93.

Hansen, J., Nazarenko, L., Reudy, R., Sato, M., Willis, J., Del Genio, A., Koch, D., Lacis, A., Lo, K., Menon, S., Novakov, T., Perlwitz, J., Russell, G., Schmidt, G.A. and Tausnev, N. (2005) Earth's energy imbalance: confirmation and implications, *Science* 308, 1431–35.

Hare, F. K. (1979) Climatic variation and variability: empirical evidence from meteorological and other sources, in *Proceedings of the World Climate Conference*, WMO Publication No. 537, WMO, Geneva, 51–87.

Henderson-Sellers, A. and Wilson, M. F. (1983) Surface albedo data for climate modelling. *Rev. Geophys. Space Phys.* 21, 1743–8.

Hulme, M. (1992) Rainfall changes in Africa: 1931–60 to 1961–90. *Int. J. Climatol.* 12, 685–99.

Jäger, J. and Barry, R. G. (1991) Climate, in Turner, B. L. II (ed.) *The Earth as Transformed by Human Actions*, Cambridge University Press, Cambridge, 335–51.

Jones, P. D. and Bradley, R. S. (1992) Climatic variations in the longest instrumental records, in Bradley, R. S. and Jones, P. D. (eds) *Climate Since A.D. 1500*, Routledge, London, 246–68.

Jones, P. D., Wigley, T. M. L. and Farmer, G. (1991) Marine and land temperature data sets: a comparison and a look at recent trends, in Schlesinger, M. E. (ed.) *Greenhouse-gasinduced Climatic Change*, Elsevier, Amsterdam, 153–72.

Kukla, G. J. and Kukla, H. J. (1974) Increased surface albedo in the Northern Hemisphere. *Science* 183, 709–14.

Kutzbach, J. E. and Street-Perrott, A. (1985) Milankovitch forcings of fluctuations in the level of tropical lakes from 18 to 0 kyr BP. *Nature* 317, 130–9.

Lamb, H. H. (1970) Volcanic dust in the atmosphere; with a chronology and an assessment of its meteorological significance. *Phil. Trans. Roy. Soc.* A 266, 425–533.

Lamb, H. H. (1994) British Isles daily wind and weather patterns 1588, 1781–86, 1972–1991 and shorter early sequences. *Climate Monitor* 20, 47–71.

Lean, J. and Rind, D. (2001) Sun–climate connections: earth's response to a variable star. *Science* 252(5515), 234–6.

Lean, J., Beer, J. and Bradley, R. (1995) Reconstruction of solar irradiance since 1610: implications for climate change. *Geophys. Res. Lett.* 22(23), 3195–8.

Levitus, S., et al. (2001) Anthropogenic warming of the Earth's climate system. *Science* 292(5515), 267–70.

Manley, G. (1958) Temperature trends in England, 1698–1957. *Archiv. Met. Geophy. Biokl.* (Vienna) B 9, 413–33.

Mann, M. E. and Jones, P. D. (2003) Global surface temperatures over the past two millennia. *Geophys. Res. Lett.* 30(15), 1820.

Mann, M. E., Park, J. and Bradley, R. S. (1995) Global interdecadal and century-scale climate oscillations during the past five centuries. *Nature* 378(6554), 266–70.

Mann, M. E., Bradley, R. S. and Hughes, M. K. (1999) Northern Hemisphere temperatures during the past millennium: inferences, uncertainties and limitations. *Geophys. Res. Lett.* 26, 759–62.

Mann, M. E., Zhang, Z., Hughes, M. K., Bradley, R. S., Miller, S. K., Rutherford, S. and Ni, F. (2008) Proxy-based reconstructions of hemispheric and global surface temperature variations over the past two millennia. *Proc. Natl. Acad. Sci.* 105, 13252–7.

Mather, J. R. and Sdasyuk, G. V. (eds) (1991) *Global Change: Geographical Approaches* (Sections 3.2.2, 3.2.3). University of Arizona Press, Tucson.

Meehl, G. A. and Washington, W. M. (1990) CO_2 climate sensitivity and snow–sea-ice albedo parameterization in an atmospheric GCM coupled to a mixed-layer ocean model. *Climatic Change* 16, 283–306.

Meehl, G. A. et al. (2000) Anthropogenic forcing and decadal climate variability in sensitivity experiments of twentieth- and twenty-first century climate. *J. Climate* 13, 3728–44.

Meier, M. F. and Wahr, J. M. (2002) Sea level is rising: do we know why. *Proc. Nat. Acad. Sci.* 99(10), 6524–6.

Mitchell, J. F. B., Johns, T. C., Gregory, J. M. and Tett, S. F. B. (1995) Climate response to increasing levels of greenhouse gases and sulphate aerosols. *Nature* 376, 501–4.

Mitchell, T. D. and Hulme, M. (2002) Length of the growing season. *Weather* 57(5), 196–8.

Nicholson, S. E. (1980) The nature of rainfall fluctuations in subtropical West Africa. *Monthly Weather Review* 108, 473–87.

Nicholson, S. E., Some, B. and Kone, B. (2000) An analysis of recent rainfall conditions in West Africa, including the rainy seasons of the 1997 El Niño and the 1998 La Niña years. *J. Climate* 13(14), 2628–40.

Parker, D. E., Horton, E. B., Cullum, D. P. N. and Folland, C. K. (1996) Global and regional climate in 1995. *Weather* 51(6), 202–10.

Pfister, C. (1985) Snow cover, snow lines and glaciers in central Europe since the 16th century, in Tooley, M. J. and Sheail, G. M. (eds) *The Climatic Scene*, Allen & Unwin, London, 154–74.

Quinn, W. H. and Neal, V. T. (1992) The historical record of El Niño events. In Bradley, R. S. and Jones, P. D. (eds) *Climate since AD 1500*, Routledge, London, 623–48.

Rind, D. (2002) The sun's role in climate variations. *Science* 296 (5569), 673–7.

Serreze, M. C. and Francis, J. A. (2006) The Arctic amplification debate, *Climatic Change* 76, 241–64.

Sioli, H. (1985) The effects of deforestation in Amazonia. *Geog. J.* 151, 197–203.

Sokolik, I. N. and Toon, B. (1996) Direct radiative forcing by anthropogenic airborne mineral aerosols. *Nature* 381, 501–4.

Solomon, S. (1999) Stratospheric ozone depletion: a review of concepts and history. *Rev. Geophys.* 37(3), 275–316.

Stark, P. (1994) Climatic warming in the central Antarctic Peninsula area. *Weather* 49(6), 215–20.

Street, F. A. (1981) Tropical palaeoenvironments. *Prog. Phys. Geog.* 5, 157–85.

Stroeve, J., Holland, M. M., Meier, W., Scambos, T. and Serreze, M. (2007) Arctic sea ice decline: faster than forecast. *Geophysical Research Letters* 34, L09501, doi: 10.1029/2007GL029703.

Thompson, R. D. (1989) Short-term climatic change: evidence, causes, environmental consequences and strategies for action. *Prog. Phys. Geog.* 13(3), 315–47.

Wild, M. (2009) Global dimming and brightening. A review, *J. Geophys. Res.*, 114: DOOD16, 31pp.

Apêndice 1
Classificação climática

O propósito de qualquer sistema de classificação é obter um arranjo eficiente de informações de forma simplificada e generalizada. As estatísticas climáticas podem ser organizadas para descrever e delimitar os principais tipos de climas em termos quantitativos. Obviamente, qualquer classificação apenas servirá satisfatoriamente a alguns propósitos e, portanto, foram desenvolvidos diversos esquemas. Muitas classificações climáticas preocupam-se com as relações entre o clima e a vegetação ou os solos, e pouquíssimas tentam abordar os efeitos diretos do clima sobre os seres humanos.

Somente os princípios básicos dos quatro grupos dos sistemas de classificação mais conhecidos são apresentados aqui. Outras informações são encontradas nas referências listadas.

A CLASSIFICAÇÕES GENÉRICAS RELACIONADAS COM O CRESCIMENTO DE PLANTAS OU VEGETAÇÃO

Diversos esquemas foram sugeridos para relacionar os limites climáticos ao crescimento de plantas ou grupos vegetais, baseados em dois critérios – o grau de aridez e o grau de calor.

A aridez não é apenas questão de baixa precipitação, mas de "precipitação efetiva" (ou seja, precipitação menos evaporação). A razão pluviosidade/temperatura é usada como um índice da efetividade da precipitação, pois temperaturas mais altas aumentam a evaporação. W. Köppen desenvolveu o melhor exemplo para essa classificação. Entre 1900 e 1936, ele criou vários esquemas de classificação, envolvendo uma considerável complexidade em seus detalhes. O sistema tem sido usado no ensino de geografia. Os aspectos principais da abordagem de Köppen são critérios de temperatura e de aridez.

Critérios de temperatura

Cinco dos seis principais tipos climáticos baseiam-se em valores da temperatura média mensal.

1. Clima tropical pluvial: mês mais frio >18°C
2. Climas secos
3. Climas pluviais com temperaturas quentes: mês mais frio entre −3° e +18°C, mês mais quente >10°C
4. Climas frios de floresta boreal: mês mais frio <−3°C, mês mais quente >10°C. Observe que muitos trabalhadores norte-americanos usam uma versão modificada, tendo 0°C como limite C/D
5. Clima de tundra: mês mais quente 0-10°C
6. Clima de manto de gelo: mês mais quente <0°C

Os limites arbitrários da temperatura advêm de uma variedade de critérios, como a correlação da isoterma de 10°C no verão com o limite de crescimento de árvores em direção ao polo; a importância da isoterma de 18°C no inverno para certas plantas tropicais; e a indicação de algumas semanas de cobertura de neve pela isoterma de −3°C. Todavia, essas correlações estão longe de serem precisas! De Candolle determinou os critérios em 1874, a partir do estudo de grupos vegetais definidos com base fisiológica (segundo as funções internas dos órgãos das plantas).

Critérios de aridez

Os critérios implicam que, com a precipitação de inverno, ocorrem condições áridas (deserto) onde $r/T < 1$, e condições semiáridas onde $1 < r/T < 2$. Se a chuva cai no verão, é necessária uma quantidade maior para compensar a evaporação e manter uma precipitação efetiva equivalente.

As subdivisões de cada categoria são feitas com referência, primeiramente, à distribuição sazonal da precipitação. As mais comuns são: f = sem estação seca; m = monçônica, com uma estação seca curta e chuvas fortes durante o resto do ano; s = estação seca de verão; w = estação seca de inverno. Em segundo lugar, existem outros critérios de temperatura baseados na sazonalidade. São reconhecidos 27 subtipos, 23 dos quais ocorrem na Ásia. Os 10 principais tipos de Köppen têm regimes distintos para o balanço de energia anual, conforme ilustra a Figura A1.1.

A Figura A1.2A ilustra a distribuição dos principais tipos climáticos de Köppen em um continente hipotético de elevação baixa e uniforme. Experimentos usando MCGs com e sem orografia mostram que, de fato, a orientação das zonas climáticas BS/BW para os polos a partir da Costa Oeste e em direção ao interior é determinada principalmente pelas cordilheiras ocidentais. Ela não seria encontrada em um continente de elevação baixa e uniforme.

Uma nova análise de dados sobre o clima mundial foi usada por Peel et al. (2007) para mapear a distribuição dos tipos climáticos de Köppen-Geiger para cada continente e o mundo. As áreas de terra cobertas pelas principais classes são as seguintes: árida (B) 30,2%; fria (D) 24,6%; tropical (A) 19,0%; temperada (C) 13,4%; e polar (E) 12,8%.

A classificação climática de Köppen é útil para avaliar a precisão de MCGs na simulação dos padrões climáticos atuais, servindo como um índice conveniente das mudanças climáticas recentes e para os cenários climáticos projetados para uma duplicação da concentração de CO_2.

C. W. Thornthwaite propôs outra classificação empírica em 1931. Uma expressão para a *eficiência da precipitação* foi obtida ao relacionar medidas da evaporação de tanque com a temperatura e a precipitação. O segundo elemento da classificação é um índice da *eficiência térmica*, expressa pelo afastamento positivo das temperaturas médias mensais em relação ao ponto de congelamento. A distribuição para essas províncias climáticas na América do Norte e no mundo foi publicada, mas, hoje, a classificação tem interesse principalmente histórico.

Tabela A1.1 Classificação climática de Thornthwaite

Im (sistema de 1955)*		PE		Tipo climático
		cm	pol	
>100	Perúmido (A)	>114	>44,9	Megatérmico (A')
20 a 100	Úmido (B_1 a B_4)	57 a 114	22,4 a 44,9	Mesotérmico (B'_1 a B'_4)
0 a 20	Subúmido úmido (C_2)	28,5 a 57	11,2 a 22,4	Microtérmico (C'_1 a C'_2)
−33 a 0	Subúmido seco (C_1)	14,2 a 28,5	5,6 a 11,2	Tundra (D')
−67 a −33	Semiárido (D)	<14,2	<5,6	Congelado (E')
−100 a −67	Árido (E)			

Obs.: *Im = 100(S − D)/PE equivale a 100(r/PE − 1), onde: r = precipitação anual (cm); T = temperatura média anual (°C); PE = evapotranspiração potencial.

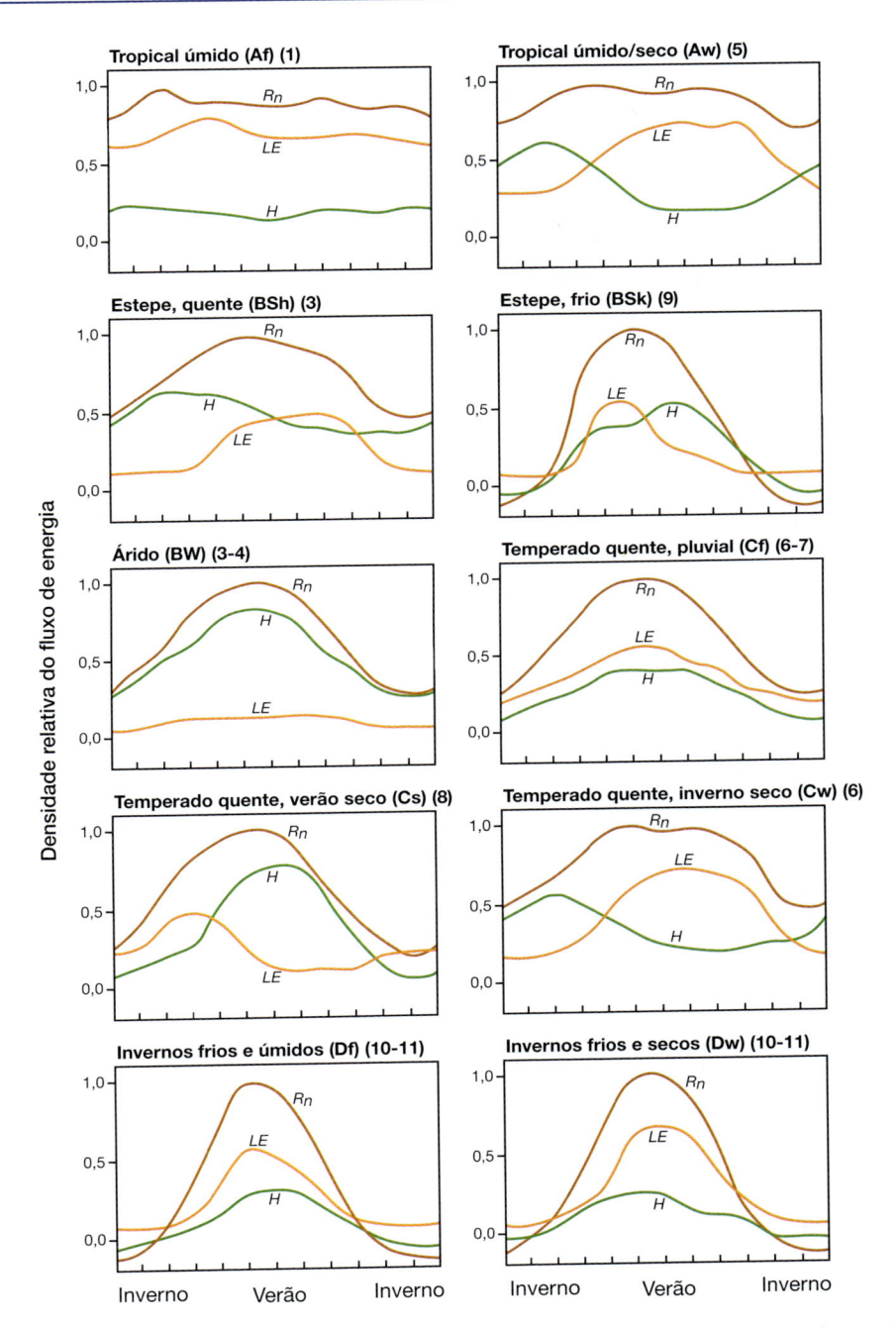

Figura A1.1 Balanços de energia anuais característicos para 10 tipos climáticos (são mostrados os símbolos de Köppen e os números de classificação de Strahler). A ordenada apresenta a densidade do fluxo de energia, normalizada com a radiação líquida máxima mensal para todos os comprimentos de onda (Rn), normalizada com os valores mensais máximos como unidade. Os intervalos da abscissa indicam os meses do ano, com o verão no centro. H = fluxo turbulento de calor sensível, LE = fluxo turbulento de calor latente para a atmosfera.

Fonte: Kraus e Alkhalaf (1995). Copyright © John Wiley & Sons Ltd. Reproduzido com permissão.

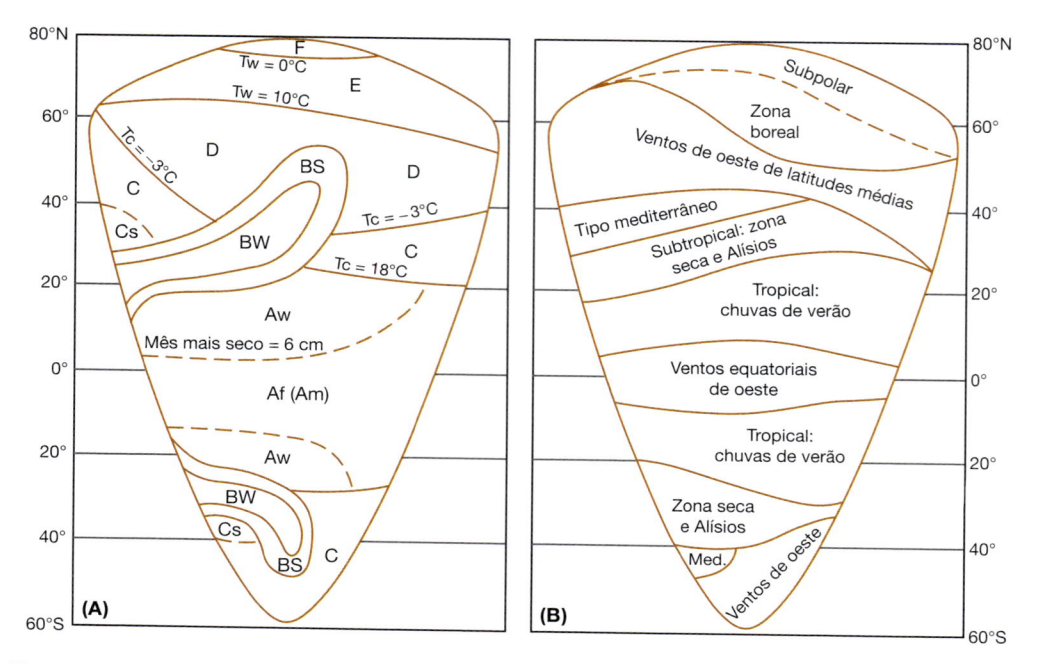

Figura A1.2 (A): distribuição dos principais tipos climáticos de Köppen em um continente hipotético de elevação baixa e uniforme. Tw = temperatura média do mês mais quente, Tc = temperatura média do mês mais frio; (B): distribuição de tipos climáticos de Flohn em um continente hipotético de elevação baixa e uniforme.
Fonte: Flohn (1950). Copyright © *Erdkunde*. Publicado com permissão.

B CLASSIFICAÇÕES DO BALANÇO DE ENERGIA E UMIDADE

A contribuição mais importante de Thornthwaite foi a sua classificação de 1948, baseada no conceito de evapotranspiração potencial e no balanço de umidade (ver Capítulos 4C e 10B.3c). A evapotranspiração potencial (PE) é calculada a partir da temperatura média mensal (em °C), com correções para a duração do dia. Para um mês de 30 dias (dias de 12 horas):

PE (em cm) = $1{,}6(10t/I)^a$

onde: I = soma para 12 meses de $(t/5)^{1,514}$

a = uma função mais complexa de I.

Existem tabelas preparadas para facilitar o cálculo desses fatores.

O superávit (S) ou déficit (D) mensal de água é determinado a partir de uma avaliação do balanço de umidade, considerando a umidade armazenada no solo (Thornthwaite e Mather 1955; Mather 1985). Um índice de umidade (Im) é fornecido por:

$Im = 100(S - D)/PE$.

Isso permite o armazenamento variável de umidade no solo conforme a cobertura vegetal e o tipo de solo, e possibilita que a taxa de evaporação varie com o teor verdadeiro de umidade no solo. O balanço médio de água é calculado por meio de um procedimento contábil. Os valores médios para as seguintes variáveis são determinados para cada mês: PE, evapotranspiração potencial, precipitação menos PE; e Ws, armazenamento de água no solo (um valor considerado adequado para aquele tipo de solo, na capacidade de campo). Ws é reduzido à medida que o solo seca (DWs). AE é a evapotranspiração real. Existem dois casos: $AE = PE$, quando Ws está na capacidade de campo, ou $(P - PE) > 0$; de outra forma, $AE = P + DWs$. O déficit mensal de umidade, D, ou o superávit, S, é determinado a partir de $D = (PE - AE)$, ou $S = (P - PE) > 0$, quando $Ws <$ capacidade de campo. Os déficits ou superávits mensais são transportados para o mês subsequente.

Um aspecto novo do sistema é que a eficiência térmica é derivada do valor de PE, que é função da temperatura. Os tipos climáticos definidos por esses dois fatores são mostrados na Tabela A1.1; ambos os elementos são subdivididos conforme a estação de déficit ou superávit de umidade e a concentração sazonal da eficiência térmica. Uma classificação de Thornthwaite revisada é proposta por J. Feddema (2005).

O sistema foi aplicado a muitas regiões, mas ainda não foi publicado um mapa-múndi. Ao contrário da abordagem de Köppen, os limites da vegetação não são usados para determinar os limites climáticos. Na região leste da América do Norte, os limites da vegetação coincidem razoavelmente com os padrões de PE, mas, em áreas tropicais e semiáridas, o método é menos satisfatório. Mudanças nos limites climáticos, conforme a classificação de Thornthwaite, foram avaliadas para os últimos 111 anos para os Estados Unidos (Grundstein, 2008).

M. I. Budyko desenvolveu uma abordagem mais fundamental usando o saldo de radiação em vez da temperatura (ver Capítulo 4A). Ele relacionou o saldo de radiação disponível para evaporação de uma superfície úmida (Ro) com o calor necessário para evaporar a precipitação média anual (Lr). Essa razão Ro/Lr (onde L = calor latente de evaporação) se chama *índice radiativo de secura*. Ele tem um valor abaixo da unidade em áreas úmidas e acima da unidade em áreas secas. Os valores-limite de Ro/Lr são: deserto (>3,0); semideserto (2,0-3,0); estepe (1,0-2,0); floresta (0,33-1,0); tundra (<0,33). Em comparação com o índice de Thornthwaite revisado ($Im = 100(r/PE - 1)$), observe que $Im = 100(Lr/Ro - 1)$ se todo o saldo de radiação for usado para evaporação de uma superfície úmida (não há transferência de energia para o solo por condução ou para o ar como calor sensível). Existe um mapa-múndi geral para Ro/Lr, mas poucas medições do saldo de radiação sobre grandes partes da Terra.

Terjung e Louie (1972) usaram os fluxos de energia para categorizar a magnitude das entradas (saldo de radiação e advecção) e saídas (calor sensível e calor latente) de energia, e sua variação sazonal. Com base nisso, 62 tipos climáticos foram diferenciados (em seis grupos amplos), e um mapa-múndi foi construído. Smith et al. (2002) determinaram os critérios de saldo de radiação de ondas curtas e de ondas

Tabela A1.2 Critérios do balanço de radiação para os principais tipos climáticos (a partir de Smith et al., 2002). Unidades em W m^{-2}

Tipo climático	Ondas curtas ano	Ondas longas ano	Variação anual de ondas curtas
CONTINENTE			
Tropical:	>140	<70	<100
Úmido	>140	<50	<100
Úmido/seco	>140	>50	<100
Deserto		>90	
Estepe		70< L_N <90	
Subtropical	>140	<70	>100
Temperado	100< S_N <140	<70	
Boreal	50 < S_N <100	<70	
Polar	0 < S_N <50	<50	
OCEANOS			
Tropical	>210		<140
Convergência e stratus	170 < S_N <210		<140
Subtropical	>150		>140
Temperado	80 < S_N < 150		
Polar	0 < S_N <80		

longas para uma classificação climática com nove tipos globais, semelhante à de Köppen, desenvolvida por Trewartha e Horn (1980). A Tabela A1.2 sintetiza seus critérios.

W. Lauer *et al.* (1996) prepararam uma nova classificação e um mapa-múndi de tipos climáticos com base em patamares térmicos e hígricos para a vegetação natural e plantações. Os limites das quatro zonas primárias (tropical, subtropical, latitudes médias e regiões polares) são determinados a partir de um índice de radiação (duração de horas diárias com luz solar). Os tipos climáticos baseiam-se em um índice térmico (somas das temperaturas) e um índice de umidade, que leva em conta a diferença entre a precipitação mensal e a evaporação potencial.

C CLASSIFICAÇÃO GENÉTICA

A base genética dos climas de grande (macro) escala é a circulação atmosférica, que pode estar relacionada com a climatologia regional em termos de regimes de vento ou massas de ar.

H. Flohn propôs um sistema em 1950. As principais categorias baseiam-se nos cinturões globais de ventos e na sazonalidade da precipitação, conforme a seguir:

1. Zona equatorial de ventos de oeste: constantemente úmida
2. Zona tropical, Alísios de inverno: chuvas de verão
3. Zona subtropical seca (Alísios, ou alta pressão subtropical): predominam condições secas
4. Zona subtropical de chuvas de inverno (tipo mediterrâneo): chuvas de inverno
5. Zona extratropical de ventos de oeste: precipitação ao longo do ano
6. Zona subpolar: precipitação limitada ao longo do ano
6a Boreal, subtipo continental: chuvas de verão, neve limitada no inverno
7. Zona polar: precipitação escassa; chuvas de verão, neve no começo do inverno

A temperatura não aparece no esquema. A Figura A1.2B mostra a distribuição desses tipos em um continente hipotético. Existe uma concordância aproximada entre esses tipos e os do esquema de Köppen. Observe que o subtipo boreal está restrito ao Hemisfério Norte e que as zonas subtropicais não ocorrem no lado oriental de uma massa de terra. A abordagem de Flohn tem valor como um modelo introdutório de ensino.

A. N. Strahler (1969) propôs uma classificação genética simples, mas eficaz, para os climas mundiais, com base nos mecanismos planetários fundamentais. Após uma divisão tripartite por latitude (baixa, média e alta), as regiões são agrupadas segundo a influência relativa da ZCIT, das células subtropicais de alta pressão, das tempestades ciclônicas, das zonas frontais de altas latitudes, e áreas-fonte de ar polar/ártico. Isso gera 14 classes e uma categoria separada de climas de montanha. Sucintamente, elas são as seguintes:

1. Climas de baixas latitudes controlados por massas de ar equatoriais e tropicais.
   - Clima equatorial úmido (10°N-10°S; Ásia 10°S-20°N) – massas de ar equatorial e mT convergentes produzem fortes chuvas convectivas; temperatura uniforme.
   - Clima litorâneo de ventos Alísios (10°-25°N e S) – ventos Alísios com Sol alto alternam-se sazonalmente com a alta pressão subtropical; forte sazonalidade da pluviosidade, temperaturas altas.
   - Deserto e estepes tropicais (15°-35°N e S) – predominância da alta pressão subtropical gera baixa pluviosidade e temperaturas máximas elevadas com variação anual moderada.
   - Clima desértico da Costa Oeste (15°-30°N e S) – predominância da alta pressão subtropical. Os mares frios mantêm a pluviosidade baixa com neblina e uma pequena variação anual na temperatura.
   - Clima tropical úmido-seco (5°-15°N e S) – estação úmida com Sol alto, estação seca com Sol baixo; pequena variação na temperatura anual.

2 Climas de latitudes médias controlados por massas de ar tropicais e polares.
- Clima subtropical úmido (20°-25°N e S) – ar mT úmido com Sol alto e ciclones com Sol baixo geram pluviosidade anual bem distribuída, com regime moderado de temperatura.
- Clima marítimo da Costa Oeste (40°-60°N e S) – costas voltadas para os ventos de oeste com ciclones durante todo o ano. Nublado; pluviosidade bem distribuída e máxima com Sol baixo.
- Clima mediterrâneo (30°-45°N e S). Verões quentes e secos, associados a altas subtropicais alternadas com ciclones de inverno que trazem chuva suficiente.
- Desertos e estepes continentais em latitudes médias (35°-50-°N e S). Ar cT de verão alterna com ar cP de inverno. Verões quentes e invernos frios geram uma grande variação anual na temperatura.
- Clima continental úmido (35°-60°N). Posições continentais centrais e orientais. Ciclones frontais. Invernos frios, verões tépidos a muito quentes, grande variação anual na temperatura. Precipitação bem distribuída.

3 Climas de altas latitudes controlados por massas de ar polares e árticas.
- Climas subárticos continentais (50°-70°N). Região-fonte do ar cP. Invernos muito frios, verões frescos e curtos, variação extrema na temperatura anual. Precipitação ciclônica durante todo o ano.
- Clima subártico marinho (50°-60°N e 45°-60°S). Dominado pela zona frontal ártica de inverno. Invernos frios e úmidos, verões frescos; pequena variação na temperatura anual.
- Climas de tundra polar (norte de 55°-60°N e sul de 60°S). Margens costeiras árticas dominadas por tempestades ciclônicas. Úmido e frio, um pouco moderado por influências marinhas no inverno.
- Climas de mantos de gelo (Groenlândia e Antártica). Regiões-fonte de ar ártico e antártico. Gelo "perpétuo", pouca precipitação de neve, exceto próximo à costa.

4 Climas de montanha – de caráter localizado e variado.

D CLASSIFICAÇÕES DE CONFORTO CLIMÁTICO

O equilíbrio térmico do corpo é determinado pela taxa metabólica, pelo armazenamento de calor nos tecidos corporais, por trocas radiativas e convectivas com as adjacências e pela perda evaporativa de calor por meio do suor. Em ambientes fechados, por volta de 60% do calor do corpo são perdidos por radiação, e 25% por evaporação dos pulmões e da pele. Ao ar livre, uma quantidade adicional de calor é perdida por transferência convectiva decorrente do vento. O conforto humano depende principalmente da temperatura do ar, da umidade relativa e da velocidade do vento (Buettner, 1962). Alguns índices de conforto foram desenvolvidos para experimentos fisiológicos em câmaras de teste, incluindo medidas do estresse térmico e do *windchill*.

O *windchill* descreve o efeito de resfriamento das baixas temperaturas e do vento sobre a pele exposta. A sensação térmica costuma ser expressa por uma temperatura equivalente de *windchill*. Por exemplo, um vento de 15 m s^{-1} (54 km h^{-1}) com uma temperatura do ar de −10°C tem um equivalente de −25°C em *windchill*. Um *windchill* de −30°C denota um risco elevado de ulceração e corresponde a uma perda de calor de cerca de 1600 W m^{-2}. Foram propostos nomogramas para determinar o *windchill*, assim como outras fórmulas que incluem o efeito protetor das roupas.

O *desconforto térmico* é avaliado a partir de medições da temperatura do ar e umidade relativa. O National Weather Service dos Estados Unidos usa um Índice de Calor baseado em uma medida da *temperatura aparente* desenvolvida por R. G. Steadman para indivíduos com roupas normais. O valor da temperatura aparente na sombra (TAPP) é de aproximadamente:

$$TAPP = -2,7 + 1,04T_A + 2,0e - 0,65V_{10}$$

onde T_A = temperatura ao meio-dia (°C), e = pressão de vapor (mb), V_{10} = velocidade do vento (m s^{-1}) a 10 m. Nos Estados Unidos, são divulgados alertas sempre que a temperatura aparente chega a 40,5°C por mais de três horas/dia em dois dias consecutivos.

Outra abordagem mede o isolamento térmico proporcionado pelas roupas. Uma unidade *"clo"* mantém uma pessoa sentada/em repouso confortável em ambientes com 21°C, umidade relativa abaixo de 50% e movimento do ar de 10 cm s^{-1} (0,36 km h^{-1}). Por exemplo, os valores de roupas representativas em unidades *clo* são: roupas tropicais <0,25, roupas leves de verão 0,5, roupas típicas diurnas masculinas/femininas 1,0, roupas de inverno com chapéu e sobretudo 2,0-2,5, roupas esportivas de lã de inverno 3,0, e roupas polares 3,6-4,5. As unidades *clo* estão diretamente correlacionadas com o *windchill* e inversamente com o índice de calor.

Uma classificação bioclimática que incorpora estimativas de conforto usando dados de temperatura, umidade relativa, luz solar e velocidade do vento foi proposta para os Estados Unidos por W. H. Terjung (1966).

BIBLIOGRAFIA

Bailey, H. P. (1960) A method for determining the temperateness of climate. *Geografiska Annaler* 42, 1–16.
Budyko, M. I. (1956) *The Heat Balance of the Earth's Surface* (trans. by N. I. Stepanova), US Weather Bureau, Washington, DC.
Budyko, M. I. (1974) *Climate and Life* (trans. D. H. Miller), Academic Press, New York, 508pp.
Buettner, K. J. (1962) Human aspects of bioclimatological classification, in Tromp, S. W. and Weihe, W. H. (eds) *Biometeorology*, Pergamon, Oxford and London, 128–40.
Carter, D. B. (1954) Climates of Africa and India according to Thornthwaite's 1948 classification, in *Publications in Climatology* 7(4), Laboratory of Climatology, Centerton, NJ.
Chang, J-H. (1959) An evaluation of the 1948 Thornthwaite classification. *Ann. Assn. Amer. Geog.* 49, 24–30.
Dixon, J. C. and Prior, M. J. (1987) Wind-chill indices – a review. *Met. Mag.* 116, 1–17.
Essenwanger, O. (2001) Classification of climates, in *General Climatology, Vol.1C. World Survey of Climatology*, Elsevier, Amsterdam, 1–102.
Feddema, J. (2005) A revised Thornthwaite-type global climate classification. *Phys. Geog.* 26, 442–66.
Flohn, H. (1950) Neue Anschauungen über die allgemeine Zirkulation der Atmosphäre und ihre klimatische Bedeutung. *Erdkunde* 4, 141–62.
Flohn, H. (1957) Zur Frage der Einteilung der Klimazonen. *Erdkunde* 11, 161–75.
Gentilli, J. (1958) *A Geography of Climate*, University of Western Australia Press, 120–66.
Gregory, S. (1954) Climatic classification and climatic change. *Erdkunde* 8, 246–52.
Grundstein, A. (2008), Assessing climate change in the contiguous United States using a modified Thornthwaite climate classification scheme. *Prof. Geog.* 60, 398–412.
Kraus, H. and Alkhalaf, A. (1995) Characteristic surface energy budgets for different climate types. *Internat. J. Climatol.* 15, 275–84.
Lauer, W., Rafiqpoor, M. D. and Frankenberg, P. (1996) Die Klimate der Erde. Eine Klassifikation auf ökophysiologischer Grundlage auf der realen Vegetation. *Erdkunde*. 50(4), 275–300.
Lohmann, U. et al. (1993) The Köppen climate classification as a diagnostic tool for general circulation models. *Climate Res.* 3, 277–94.
Mather, J. R. (1985) The water budget and the distribution of climates, vegetation and soils, in *Publications in Climatology* 38(2), Center for Climatic Research, University of Delaware, Newark 36pp.
Oliver, J. E. (1970) A genetic approach to climatic classification. *Ann. Assn. Amer. Geog.* 60, 615–37. (Commentary, see 61, 815–20.)
Oliver, J. E. and Wilson, L. (1987) Climatic classification, in Oliver, J. E. and Fairbridge, R. W. (eds) *The Encyclopedia of Climatology*, Van Nostrand Reinhold, New York, 231–6.
Osczevski, R. and Bluestein, M. (2005) The new windchill equivalent temperature chart. *Bull. Amer. Met. Soc.*, 86, 1453–58.
Peel, M. C., Finlayson, B. L. and McMahon, T. A. (2007) Updated world map of the Köppen-Geiger climate classification. *Hydrol. Earth Syst. Sci.* 11, 1633–44.
Rees, W. G. (1993) New wind-chill nomogram. *Polar Rec.* 29(170), 229–34.
Salmoud, J. and Smith, C. G. (1996). Back to basics: world climatic types. *Weather* 51, 11–18.
Sanderson, M. E. (1999) The classification of climates from Pythagoras to Koeppen. *Bull. Amer. Met. Soc.* 669–73.
Smith, G. L. et al. (2002) Surface radiation budget and climate classification. *J. Climate* 15(10), 1175–88.
Steadman, R. G. (1984) A universal scale of apparent temperature. *J. Clim. Appl. Met.* 23(12), 1674–87.
Steadman, R. G., Osczewski, R. J. and Schwerdt, R. W. (1995) Comments on 'Wind chill errors'. *Bull. Amer. Met. Soc.* 76(9), 1628–37.
Strahler, A. N. (1969) *Physical Geography* (3rd edn), Wiley, New York, 733pp.
Terjung, W. H. (1966) Physiologic climates of the conterminous United States: a bioclimatological classification based on man. *Ann. Assn. Amer. Geog.* 56, 141–79.
Terjung, W. H. and Louie, S. S-F. (1972) Energy input-output climates of the world. *Archiv. Met. Geophys. Biokl.* B, 20, 127–66.

Thornthwaite, C. W. (1948) An approach towards a rational classification of climate. *Geog. Rev.* 38, 55–94.

Thornthwaite, C. W. and Mather, J. R. (1955) The water balance, in *Publications in Climatology* 8(1), Laboratory of Climatology, Centerton, NJ, 104pp.

Thornthwaite, C. W. and Mather, J. R. (1957) Instructions and tables for computing potential evapotranspiration and the water balance, *Publications in Climatology* 10(3), Laboratory of Climatology, Centerton, NJ, 129pp.

Trewartha, G. E. and Horn, L. H. (1980) *An Introduction to Climate*, McGraw-Hill, New York, 416pp.

Troll, C. (1958) Climatic seasons and climatic classification. *Oriental Geographer* 2, 141–65.

Wang, M. and Overland, J. E. (2004) Detecting climate change using Köppen climate classification scheme. *Climatc Change* 67, 1573–80.

Yan, Y. Y. and Oliver, J. E. (1996) The clo: a utilitarian unit to measure weather/climate comfort. *Int. J. Climatol.* 16(9), 1045–56.

Apêndice 2

Unidades do Sistema Internacional (SI)

As *unidades básicas do SI* são metro, quilograma, segundo (m, kg, s):

1mm	= 0,03937 pol	1 pol	= 25,4mm
1m	= 3,2808 pés	1 pé	= 0,3048m
1km	= 0,6214 milhas	1mi	= 1,6090km
1kg	= 2,2046 lb	1lb	= 0,4536kg
1m s^{-1}	= 2,2400mi h^{-1}	1mi h^{-1}	= 0,4460m s^{-1}
1m^2	= 10,7640pés^2	1 pé^2	= 0,0929m^2
1km^2	= 0,3861 mi^2	1 mi^2	= 0,5900km^2
1°C	= 1,8°F	1°F	= 0,555°C

As *conversões de temperatura* podem ser determinadas pela fórmula:

$$\frac{T(°C)}{5} = \frac{T(°F) - 32}{9}$$

Unidades de densidade = kg m^{-2}

Unidades de pressão = N m^{-2} (=Pa); 100 Pa (= hPa) = 1mb

Pressão ao nível médio do mar = 1013mb (= 1013hPa)

Raio do Sol	= 7 × 10^{8}m
Raio da Terra	= 6,37 × 10^{6}m
Distância média Terra-Sol	= 1,495 × 10^{11}m

Fatores de conversão de energia:

4,1868J	= 1 caloria
J cm^{-2}	= 0,2388 cal cm^{-2}
Watt	= J s^{-1}
W m^{-2}	= 1,433 × 10^{-8}cal^{-2}min^{-1}
697,8W m^{-2}	= 1 cal cm^{-2}min^{-1}

Para quantidades de tempo:

Dia:	1W m^{-2}	= 8,64J cm^{-2}d^{-1}
		= 2,064cal cm^{-2}d^{-1}
Dia:	1W m^{-2}	= 8,64 × 10^{4}J m^{-2}d^{-1}
Mês:	1W m^{-2}	= 2,592M J m^{-3}(30d)$^{-1}$
		= 61,91cal cm^{-2}(30d)$^{-1}$
Ano:	1W m^{-2}	= 31,536M J m^{-2}a^{-1}
		= 753,4cal cm^{-2}a^{-1}

Aceleração gravitacional (g) = 9,81m s^{-2}

Calor latente de vaporização (288K) = 2,47 × 10^{6}Jkg^{-1}

Calor latente de fusão (273K) = 3,33 × 10^{5}Jkg^{-1}

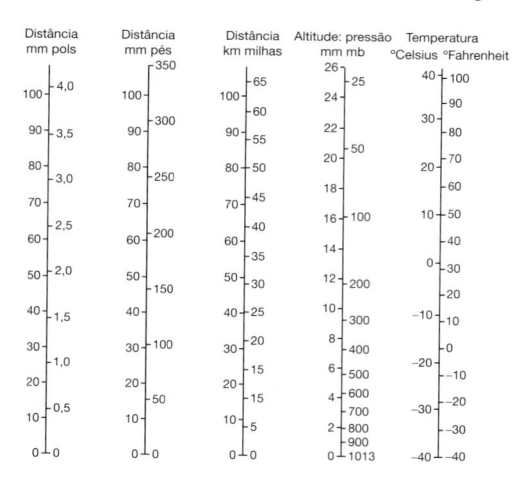

Figura A2.1 Nomogramas de altitude, pressão, distância e temperatura.

Apêndice 3
Mapas sinóticos do tempo

Tabela A3.1 Código sinótico (Organização Meteorológica Mundial, janeiro de 1982)

Chave de símbolos		Exemplo	Comentários
yy	Dia do mês (GMT)	05	Todos os grupos em blocos
GG	Tempo (GMT) até a próxima hora	06	{ de 5 dígitos
i_w	Indicador do tipo de observação da velocidade do vento e unidades	4	Medido por anemômetro (nós)
IIiii	Índice internacional para número da estação		
i_R	Indicador: dados de precipitação incluídos/omitidos (código)	3	Dados omitidos
i_X	Indicador: tipo de estação + ww W1 W2 incluído/omitido (código)	1	Estação tripulada com ww W1 W2 incluído
h	Altura da nuvem mais baixa (código)	3	
vv	Visibilidade (código)	66	
N	Quantidade total de nuvens (oitavos)	7	
dd	Direção do vento (dezenas de graus)	32	
ff	Velocidade do vento (nós, orm s^{-1})	20	Nós
1	Cabeçalho	1	
S_n	Sinal da temperatura (código)	0	Valor positivo
TTT	Temperatura (0,1°C), plotada e arredondada ao °C mais próximo	203	(1 = valor negativo)
2	Cabeçalho	2	
S_n	Sinal da temperatura (código)	0	
$T_d T_d T_d$	Temperatura do ponto de orvalho (como TTT)	138	
4	Cabeçalho	4	
PPPP	Pressão ao nível médio do mar (décimos de mb, omitindo milésimos)	0105	
5	Cabeçalho	5	
a	Característica da tendência da pressão (símbolo codificado)	3	
ppp	Tendência da pressão em 3 horas (décimos de mb)	005	
7	Cabeçalho	7	
ww	Tempo atual (símbolo codificado)	80	
W_1	Tempo passado (símbolo codificado)	9	(W_1 deve ser maior do que W_2)
W_2	Tempo passado (símbolo codificado)	8 }	
8	Cabeçalho	8	
N_h	Quantidade de nuvens baixas (oitavos)	4	
C_L	Tipo de nuvem baixa (símbolo codificado)	2	
C_M	Tipo de nuvem média (símbolo codificado)	5	
C_H	Tipo de nuvem alta (símbolo codificado)	2	

Obs.: O grupo 3 é para a pressão superficial, e o grupo 6, para os dados de precipitação.

Modelo (ampliado)	Chave		Exemplo
	N	Total de nuvens (oitavos)[1]	7
	dd	Direção do vento (dezenas de graus)	32
	ff	Velocidade do vento (nós)	20
	VV	Visibilidade (código)	66
	ww	Tempo atual (símbolo codificado)	80
	W_1	Tempo passado (símbolo codificado)	9
	W_2	Tempo passado (símbolo codificado)	8
	PPP	Pressão ao nível do mar (mb)[2]	105
	TT	Temperatura (°C)[4]	20
	N_h	Nuvens baixas (oitavos)[1]	4
	C_L	Tipo de nuvem baixa (símbolo codificado)	2
	h	Altura de C_L (código)	3
	C_M	Tipo de nuvem média (símbolo codificado)	5
	C_H	Tipo de nuvem alta (símbolo codificado)	2
	TdTd	Temperatura do ponto de orvalho (°C)[4]	14
	a	Traço do barógrafo (símbolo codificado)	3
	pp	Mudança de pressão em 3 horas (mb)[3]	05

[1] octa = oitavo
[2] Pressão em dezenas, unidades e décimos de mb: omitindo primeiro 9 ou 10, isto é, 105 = 1010,5
[3] Mudança de pressão em unidades e décimos de mb
[4] Arredondado ao °C mais próximo

Figura A3.1 Modelo básico de estação para plotar dados meteorológicos. A chave e os exemplos são tabulados na sequência internacional para mensagens teletipadas. Os dados serão precedidos por um número de identificação da estação, data e hora.

Vento: Seta aponta na direção para a qual o vento está soprando
- Calmo
- 1-2 nós
- 3-7
- 8-12
- 13-17 etc
- 48-52 nós
- 98-102
(traço = 10 nós; meio-traço 5 nós)

Tempo:
- Tempestade de areia ou poeira
- Neve soprada
- Neblina
- Garoa
- Chuva
- Neve
- Pancada de chuva
- Tempestade com trovoadas e granizo

Gêneros de nuvem:
- Cirrus
- Cirrostratus
- Cirrocumulus
- Altostratus
- Altocumulus
- Nimbostratus
- Stratocumulus
- Stratus
- Fractostratus
- Cumulus
- Torre de cumulus
- Cumulonimbus

Quantidade de nuvens:
- 0
- 1/8
- 2/8
- 3/8
- 4/8
- 5/8
- 6/8
- 7/8
- 8/8
- Céu obscurecido

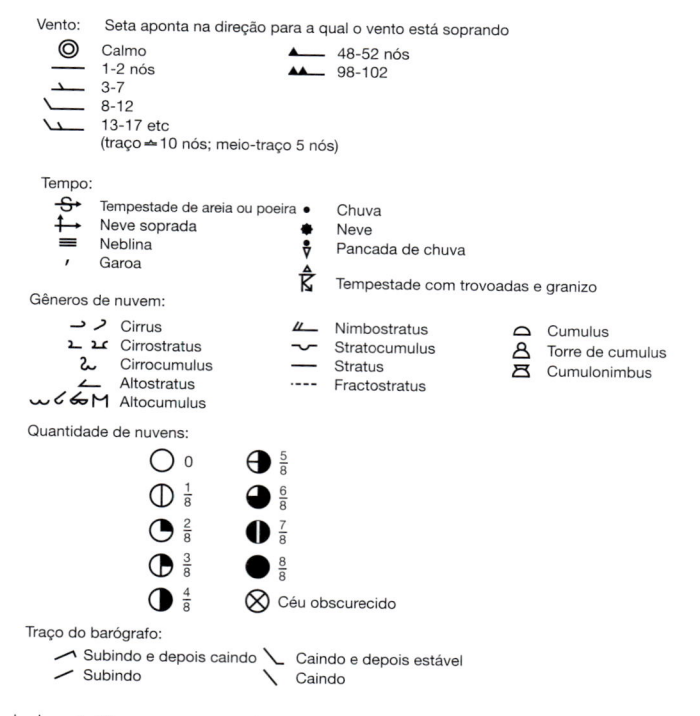

Traço do barógrafo:
- Subindo e depois caindo
- Subindo
- Caindo e depois estável
- Caindo

Figura A3.2 Símbolos sinóticos representativos.

Apêndice 4
Fontes de dados

A MAPAS E DADOS METEOROLÓGICOS DIÁRIOS

Western Europe/North Atlantic: *Daily Weather Summary* (synoptic chart, data for the UK). London Weather Center, 284 High Holborn, London WC1V 7HX, England.

Western Europe/North Atlantic: *Monthly Weather Report* (published about 15 months in arrears; tables for approximately 600 stations in the UK). London Weather Center.

Europe – Eastern/North Atlantic: *European Daily Weather Report* (synoptic chart). Deutsche Wetterdienst, Zentralamt D6050, Offenbach, Germany.

Europe – Eastern/North Atlantic: *Weather Log* (daily synopic chart, supplement to Weather magazine). Royal Meteorological Society, Bracknell, Berkshire, England.

North America: *Daily Weather Reports* (weekly publication). National Environmental Satellite Data and Information Service, NOAA, US Government Printing Office, Washington, DC 20402, USA.

B DADOS DE SATÉLITE

NOAA operational satellites (imagery, digital data). Satellite Data Services NCDC, NOAA/NESDIS, Asheville, NC 28801–5001, USA.

Defense Meteorological Satellite Program (data). National Geophysical Data Center, NOAA/NESDIS, 325 Broadway, Boulder, CO 80303, USA.

Metsat (imagery, digital data). ESOC, Robert-Bosil Str. 5, D-6100 Darmstadt, Federal Republic of Germany.

NASA research satellites (digital data). National Space Science Data Center, Goddard Space Flight Center, Greenbelt, MD 20771, USA.

UK Direct readout data from NOAA and Meteosat satellites are received at Dundee, Scotland. Dr P. E. Baylis, Department of Electrical Engineering, University of Dundee, Scotland, UK.

C DADOS CLIMÁTICOS

Canadian Climate Center: *Climatic Perspectives* (197 weekly and monthly summary charts). Atmospheric Environment Service, 4905 Dufferin Street, Downsview, Ontario, Canada M3H 5T4.

Carbon Dioxide Information Center (CDIC): Data holdings and publications on climate-related variables and indices. Carbon Dioxide Information Center, Oak Ridge National Laboratory, Oak Ridge TN 37931, USA.

National Center for Atmospheric Research, Boulder, CO 80307–3000, USA. Archives most global analyses and many global climate records.

National Climatic Center, NOAA/NESDIS: *Local Climatological Data* (1948–) (monthly tabulations, charts); Monthly Climatic Data for the World (May 1948–). National Climatic Data Center, Federal Building, Asheville NC 28801, USA.

Climate Analysis Center, NOAA/NESDIS: *Climatic Diagnostics Bulletin* (1983–) (monthly summaries of selected diagnostic product from NMC analyses). Climate Analysis Center, NMC NOAA/NWS, World Weather Building, Washington, DC 20233, USA.

Climatic Research Unit, University of East Anglia: *Climate Monitor* (1976–) (monthly summaries, global and UK). Climatic Research Unit, University of East Anglia, Norwich NR4 7TJ, England.

World Climate Data Programme: *Climate System Monitoring Bulletin* (1984–) (monthly). World Climate Data Programme, WMO Secretariat, CP5, Geneva 20 CH-1211, Switzerland.

World Meteorological Center, Melbourne: *Climate Monitoring Bulletin for the Southern Hemisphere* (1986–). Bureau of Meteorology, GPO Box 1289 K, Melbourne, Victoria 3001, Australia.

D FONTES SELECIONADAS DE INFORMAÇÕES NA INTERNET

World Meteorological Organization, Geneva, Switzerland
   http://www.wmo.ch
National Oceanic and Atmospheric Administration, Washington, DC, USA
   http://www.noaa.gov
National Climate Data Center, Asheville, NC, USA
   http://www.ncdc.noaa.gov/ncdc.html
Climate Analysis Branch, ESRL, NOAA, Boulder, CO, USA
   http://www.cdc.noaa.gov/
National Snow and Ice Data Center, Boulder, CO, USA
   http://nsidc.org
National Center for Atmospheric Research
   http://www.rap.ucar.edu/weather/
Environment Canada
   http://www.weatheroffice.gc.ca
European Center for Medium-range Weather Forecasting
   http://www.ecmwf.int
Climate Diagnostics Bulletin (US)
   http://nic.fb4.noaa.gov
UK Meteorological Office
   http://www.meto.gov.uk
US National Severe Storms Laboratory
   http://www.nssl.uoknor.edu
Windchill
   http://www.crh.noaa.gov/den/windchill.html#definitions

BIBLIOGRAFIA

Ahlquist, J. (1993) Free software and information via the computer network. *Bull. Amer. Met. Soc.* 74 (3), 377–86.

Brugge, R. (1994) Computer networks and meteorological information. *Weather* 49(9), 298–306.

Carleton, A. M. (1991) *Satellite Remote Sensing in Climatology*, Belhaven Press, London, and CRC Press, Boca Raton, FL, 291pp.

European Space Agency (1978a) *Introduction to the Metsat System*, European Space Operations Center, Darmstadt, 54pp.

European Space Agency (1978b) *Atlas of Meteosat Imagery, Atlas Meteosat*, ESA-SP-1030, ESTEC, Nordwijk, Netherlands, 494pp.

Finger, F. G., Laver, J. D., Bergman, K. H. and Patterson, V. L. (1958) The Climate Analysis Center's user information service. *Bull. Amer. Met. Soc.* 66, 413–20.

Hastings, D. A., Emery, W. J., Weaver, R. L., Fisher, W. J. and Ramsey, J. W. (1987) *Proceedings North American NOAA Polar Orbiter User Group First Meeting*, NOAA/NESDIS, US Department of Commerce, Boulder, CO, National Geophysical Data Center, 273pp.

Hattemer-Frey, H. A., Karl, T. R. and Quinlan, F. T. (1986) *An Annotated Inventory of Climatic Indices and Data Sets*, DOE/NBB-0080, Office of Energy Research, US Department of Energy, Washington, DC, 195pp.

Jenne, R. L. and McKee, T. B. (1985) Data; in Houghton, D. D. (ed.) *Handbook of Applied Meteorology*, Wiley, New York, 1175–281.

Meteorological Office (1958) *Tables of Temperature, Relative Humidity and Precipitation for the World*, HMSO, London.

Singleton, F. (1985) Weather data for schools, *Weather* 40, 310–13.

Stull, A. and Griffin, D. (1996) *Life on the Internet – Geosciences*, Prentice Hall, Upper Saddle River, NJ.

US Department of Commerce (1983) *NOAA Satellite Programs Briefing*, National Oceanic and Atmospheric Administration, Washington, DC, 203pp.

US Department of Commerce (1984) *North American Climate Data Catalog. Part 1*, National Environmental Data Referral Service, Publication NEDRES-1, National Oceanic and Atmospheric Administration, Washington, DC, 614pp.

World Meteorological Organization (1965) *Catalogue of Meteorological Data for Research*, WMO No. 174. TP-86, World Meteorological Organization, Geneva.

Notas

2 Composição, massa e estrutura da atmosfera

1. Razão de mistura = razão do número de moléculas de ozônio por moléculas de ar (partes por milhão por volume, ppm(v)). Concentração = massa por unidade de volume de ar (moléculas por metro cúbico).
2. K = graus Kelvin (ou absolutos). Omite-se o símbolo de grau.
°C = graus Celsius
°C = K − 273
Conversões para °C e °F são apresentadas no Apêndice 2.
3. Joule = 0,2388cal. As unidades do Sistema Métrico Internacional são apresentadas no Apêndice 2. Atualmente, os dados em muitas referências ainda aparecem em calorias; uma caloria é o calor exigido para elevar a temperatura de 1g de água de 14,5°C para 15,5°C. Nos Estados Unidos, outra unidade em uso comum é o Langley (ly) (ly min^{-1} = 1cal cm^{-2}min^{-1}).
4. A equação para a chamada "redução" (na verdade, o valor ajustado normalmente é maior!) da pressão da estação (p_h) para a pressão ao nível do mar (p_0) é escrita como:

   $p_0 = p_h \exp [g_0 Z_h / R_d T_v]$

   onde R_d = teor de gás para o ar seco; g_0 = média global da aceleração gravitacional (9,8ms^{-2}); Z_h = altura geopotencial da estação (≈ altura geométrica no quilômetro mais baixo); T_v = temperatura média virtual, uma temperatura fictícia usada na equação do gás ideal para compensar o fato de que a constante gasosa do ar úmido é maior do que a do ar seco. Mesmo para o ar úmido quente, T_v é apenas alguns graus maior do que a temperatura do ar.
5. A definição oficial é o nível mais baixo em que o gradiente de temperatura diminui para menos ou igual a 2°C/km (0,002°C/m ou 0,2°C/100m) (desde que o gradiente térmico médio da camada de 2 km não exceda os 2°C/km).

3 Radiação solar e balanço de energia global

1. O fluxo de radiação (por unidade de área) recebido perpendicularmente ao raio solar no topo da atmosfera da Terra é calculado a partir da emissão solar total ponderada por $1/(4\pi D^2)$, onde a distância solar D = 1,5 × 10^{11}m, pois a área superficial de uma esfera de raio r (aqui equivalente a D) é $4\pi r^2$ – isto é, o fluxo de radiação é $(6,24 \times 10^7 \text{W m}^{-2})$ $(61,58 \times 10^{23} \text{m}^2)/4\pi$ $(2,235 \times 10^{22})$ = 1367 W m^{-2}.
2. Os albedos referem-se à radiação solar recebida em cada superfície; assim, a radiação incidente é diferente para o planeta Terra, a superfície global e a cobertura global de nuvens, bem como entre qualquer um deles e os tipos individuais de nuvens ou superfícies.

5 Instabilidade atmosférica, formação de nuvens e processos de precipitação

1. É significativo que também ocorrem tempestades a sotavento de regiões de platôs no México, na Península Ibérica e na África Ocidental.

6 Movimentos atmosféricos: princípios

1. A "força" centrífuga é igual em magnitude e oposta em sinal à aceleração centrípeta. Ela é uma força aparente que surge por meio da inércia.
2. Gravidade aparente, $g = 9,78$ m s^{-2} no equador, $9,83$ m s^{-2} nos polos.
3. A vorticidade é uma medida vetorial da rotação local, ou giro, em um fluxo fluido. Ela é dada pelo produto da rotação sobre seu limite (vR) pela circunferência ($2\pi R$), onde R = raio do disco fluido. A vorticidade é $2v\pi R^2$, ou 2v por unidade de área. Ela compreende a soma do cisalhamento (anti) ciclônico através de um fluxo e da curvatura (anti)ciclônica do fluxo. A vorticidade ciclônica é definida como positiva. A vorticidade vertical relativa ocorre ao redor de um eixo vertical sobre a superfície da Terra. A vorticidade absoluta é a soma da vorticidade relativa e da vorticidade da Terra, que é o parâmetro de Coriolis, f.

7 Movimentos em escala planetária na atmosfera e no oceano

1. O conceito de vento geostrófico também se aplica aos mapas topográficos. As altitudes nesses mapas são dadas em metros geopotenciais (gpm) ou decâmetros (gpdkm).
2. A Organização Meteorológica Mundial recomenda um limite inferior arbitrário de 30 m s^{-1}.
3. A velocidade equatorial da rotação é 465 m s^{-1}.
4. Observe que, no equador, um vento de leste/oeste de 5 m s^{-1} representa um movimento absoluto de 460/470 m s^{-1} no sentido leste.

9 Sistemas sinóticos e de mesoescala em latitudes médias

1. O vento resultante é a média vetorial de todas as direções e velocidades dos ventos.
2. O último termo tende a se restringir à variedade tropical (furacão).

10 O tempo e o clima em latitudes médias e altas

1. Os índices padronizados de continentalidade desenvolvidos por Gorcynski (ver p. 268), Conrad e outros baseiam-se na variação anual da temperatura, representada pelo seno do ângulo da latitude como um recíproco na expressão. Esse índice é insatisfatório por várias razões. A pequena amplitude da variação anual da temperatura em climas tropicais úmidos o torna inaplicável para latitudes baixas. A ponderação da latitude visa a compensar as diferenças verão-inverno na radiação solar e, assim, as temperaturas, que supostamente aumentariam de modo uniforme com a latitude. Para a América do Norte, as diferenças atingem um máximo por volta de 55°N. O índice usado na Figura 10.20 baseia-se em *afastamentos* da linha de regressão da temperatura anual com a latitude. As constantes específicas da regressão diferem entre os continentes. Deve-se observar que índices como o de Gorcynski são apropriados para regiões de extensão latitudinal limitada, como mostra a Figura 10.2.

11 O tempo e o clima tropicais

1. Essa periodicidade é a Oscilação de Madden-Julian.

13 Mudanças climáticas

1 As estatísticas comumente informadas para os dados climáticos são: a *média aritmética*,

$$\bar{x} = \Sigma \frac{x_i}{n}$$

onde Σ = somatória de todos os valores para i = 1 a n
x_i = um valor individual
n = número de casos
e o *desvio-padrão*, *s* (pronunciado sigma).

$$s = \Sigma \frac{S(x_i - \bar{x})^2}{n}$$

que expressa a variabilidade das observações.

Para dados de precipitação, costuma-se usar o *coeficiente de variação*, CV:

$$CV = \frac{s}{\bar{x}} \times 100 \text{ (porcento)}$$

Para uma distribuição de frequência simétrica em forma de sino, ou *normal* (gaussiana), a média aritmética é o valor central; 68,3% da distribuição de valores se encontram dentro de ±1 s da média, e 94,5%, dentro de ±2 s da média.

A distribuição de frequência de temperaturas diárias médias costuma ser aproximadamente normal. Todavia, a distribuição de frequência de totais anuais (ou mensais) de pluviosidade ao longo de um período de anos pode ser "assimétrica", com alguns anos (meses) apresentando totais muito grandes, enquanto a maioria dos anos (meses) tem totais baixos. Para essas distribuições, a *mediana* é uma média estatística mais representativa; a mediana é o valor médio de um conjunto de dados classificado conforme a magnitude, 50% da distribuição de frequência estão acima da mediana, e 50%, abaixo dela. A variabilidade pode ser representada pelos percentis de 25 e 75 na distribuição.

Uma terceira medida da tendência central é a moda – o valor que ocorre com maior frequência. Em uma distribuição normal, a média, a mediana e a moda são idênticas.

As distribuições de frequência para quantidades de nuvens costumam ser bimodais, com mais observações apresentando quantidades pequenas ou grandes de cobertura de nuvens do que na faixa intermediária.

Bibliografia geral

Ahrens, C. D. (2003) *Meteorology Today: An Introduction to Weather, Climate and the Environment*, 7th edn, Brooks/Cole (Thomson Learning, 624pp. (Uma introdução básica a meteorologia, inclui tópicos de previsão do tempo, poluição do ar, climatologia global e mudanças climáticas; acompanha CD.)

Anthes, R. A. (1997) *Meteorology*, 7th edn, Prentice-Hall, Upper Saddle River, NJ, 214pp. (Introdução a meteorologia, tempo e clima.)

Atkinson, B. W. (1981a) *Meso-scale Atmospheric Circulations*, Academic Press, London, 496pp. (Discute ideias teóricas e o atual entendimento das principais feições da circulação de mesoescala – brisas terrestre e marinha, de vale e montanha e sistemas convectivos.)

Atkinson, B. W. (ed.) (1981b) *Dynamical Meteorology*, Methuen, London, 250pp. (Coletânea de artigos, publicados originalmente em sua maioria na Weather, apresentando aos leitores conceitos básicos e dinâmicos sobre meteorologia.)

Barry, R. G. (2008) *Mountain Weather and Climate*, 3rd edn, Cambridge University Press, Cambridge 506pp. (Especifica os efeitos da altitude e orografia nos elementos do clima, efeitos orográficos no fluxo do ar e sistemas sinóticos.)

Barry, R. G. and Carleton, A. M. (2001) *Dynamic and Synoptic Climatology*, Routledge, London 620pp. (Texto de nível de graduação no qual a circulação global e seus principais elementos – ondas planetárias, bloqueio e padrões de teleconexões – assim como, sistemas sinóticos de baixa e média latitude e suas aplicações; ainda possui um capítulo sobre dados climáticos, incluindo dados de sensoriamento remoto e suas análises; extensa bibliografia.)

Berry, F. A., Bollay, E. and Beers, N. R. (eds) (1945) *Handbook of Meteorology*, McGraw-Hill, New York, 1068pp. (Clássico manual que abrange diversos tópicos.)

Bigg, G. (1996) *The Oceans and Climate*, Cambridge University Press, Cambridge, 266pp. (Livro texto para graduação que aborda as interações físicas e químicas dos oceanos e o clima, interação oceano-atmosfera e o papel dos oceanos na variabilidade e mudança climática.)

Blüthgen, J. (1966) *Allgemeine Klimageographie*, 2nd edn, W. de Gruyter, Berlin, 720pp. (Clássico trabalho alemão em climatologia com vasta referência.)

Bradley, R. S., Ahern, L. G. and Keimig, F. T. (1994) A computer-based atlas of global instrumental climate data. *Bull. Amer. Met. Soc.* 75(1), 35–41.

Bruce, J. P. and Clark, R. H. (1966) *Introduction to Hydrometeorology*, Pergamon, Oxford, 319pp. (Texto introdutório indispensável que ainda não conta com uma obra moderna equivalente.)

Carleton, A. M. (1991) *Satellite Remote Sensing in Climatology*, Belhaven Press, London, 291pp. (Monografia de técnicas básicas e aplicações climatológicas nos estudos de nuvens, estruturas das nuvens, umidade atmosférica e balanço de energia.)

Crowe, P. R. (1971) *Concepts in Climatology*, Longman, London, 589pp. (Climatologia que abrange processos não matemáticos da circulação geral, massas de ar, sistemas frontais e climas locais.)

Geiger, R., Aron, R. and Todhunter, P. (2003) *The Climate Near the Ground*, 6th edn, Rowman & Littlefield, Lanham, MD, 584pp. (Texto clássico sobre microclima, topoclima e clima local; extensa lista de referência europeia sobre este tópico.)

Glickmann, T. S. (ed.) (2000) *Glossary of Meteorology*, 2nd edn, American Meteorological Society, Boston, MA, 855pp. (Guia indispensável de termos e conceitos em meteorologia e áreas correlatas.)

Gordon, A., Grace, W., Schwerdtfeger, P. and Byron-Scott, R. (1995) *Dynamic Meteorology: A Basic Course*, Arnold, London, 325pp. (Explica à termodinâmica e a dinâmica básica da atmosfera, com as equações-chave; análise sinótica e os ciclones tropicais.)

Haltiner, G. J. and Martin, F. L. (1957) *Dynamical and Physical Meteorology*, McGraw-Hill, New York,

470pp. (Compreensível relato dos fundamentos dos processos físicos e dinâmicos da atmosfera.)

Hartmann, D. L. (1994) *Global Physical Climatology*, Academic Press, New York, 408pp. (Abrange a base física do clima – o balanço de energia e da água, circulação atmosférica e oceânica, a física da mudança do clima, sensibilidade climática e modelos do clima.)

Henderson-Sellers, A. and Robinson, P. J. (1999) *Contemporary Climatology*, 2nd edn, Pearson Education, London, 342pp. (Obra não matemática sobre climatologia física, a circulação geral, climas locais e regionais, mudança do clima e modelagem.)

Hess, S. L. (1959) *Introduction to Theoretical Meteorology*, Henry Holt, New York, 362pp. (Uma introdução fácil e simples aos princípios e processos meteorológicos.)

Houghton, D. D. (1985)Houghton, D. D. (1985) *Handbook of Applied Meteorology*, Wiley, New York, 1461pp. (Importante fonte de referência, amplas e variadas aplicações, impactos na sociedade, incluindo fontes de dados.)

Houghton, H. G. (1985)

Houghton, H. G. (1985) *Physical Meteorology*, MIT Press, Cambridge, MA, 442pp. (Livro-texto de nível avançado para graduação e referência para trabalho em ciência atmosférica; aborda aerossóis atmosféricos; transferência radiativa, física das nuvens, fenômenos óticos e eletricidade atmosférica.)

Houghton, J. T. (ed.) (1984) *The Global Climate*, Cambridge University Press, Cambridge, 233pp. (Contribuições de especialistas no World Climate Research Programme, incluindo variabilidade, MCG, papel das nuvens, superfície, desertos, criosfera, circulação oceânica superficial e profunda, biogeoquímica e dióxido de carbono.)

Kendrew, W. G. (1961) *The Climates of the Continents*, 5th edn, Oxford University Press, London, 608pp. (Climatografia clássica com vários detalhes regionais, figuras e tabelas.)

Lamb, H. H. (1972) *Climate: Present, Past and Future 1: Fundamentals and Climate Now*, Methuen, London, 613pp. (Apresentação detalhada dos mecanismos do clima global e das variações climáticas; práticas tabelas suplementares; resumo das condições climáticas do mundo com uma extensa tabela de dados; várias referências.)

List, R. J. (1951) *Smithsonian Meteorological Tables*, 6th edn, Smithsonian Institution, Washington, 527pp. (Exclusiva coletânea de fontes de dados atmosféricos.)

Lockwood, J. G. (1974) *World Climatology: An Environmental Approach*, Arnold, London, 330pp. (Texto de climatologia para alunos de graduação; visão geral de processos climáticos e da circulação geral da atmosfera, cinco capítulos abordam os climas das regiões de baixa latitude e outros cinco sobre os climas de média e alta latitude; diagramas claros e um capítulo de referências.)

Lockwood, J. G. (1979) *Causes of Climate*, Arnold, London, 260pp. (Abrange os componentes físicos do sistema climático, circulação atmosférica, climas polares e subpolares e projeções de modelos para o futuro.)

Lutgens, F. K. and Tarbuck, E. J. (1995) *The Atmosphere: An Introduction to Meteorology*, 6th edn, Prentice-Hall, Englewood Cliffs, NJ, 462pp. (Introdução descritiva dos processos atmosféricos, tempo meteorológico, incluindo previsão e climas do mundo.)

McIlveen, R. (1992) *Fundamentals of Weather and Climate*, Chapman and Hall, London, 497pp. (Introdução basicamente quantitativa dos processos atmosféricos, sistemas meteorológicos regionais e a circulação geral da atmosfera; apêndices com derivações matemáticas; problemas numéricos.)

McIntosh, D. H. and Thom, A. S. (1972) *Essentials of Meteorology*, Wykeham Publications, London, 239pp. (Texto introdutório sobre os principais conceitos de dinâmica e termodinâmica da atmosfera.)

Malone, T. F. (ed.) (1951) *Compendium of Meteorology*, American Meteorological Society, Boston, MA, 1334pp. (Relatório das condições meteorológicas de diversas áreas em 1950.)

Martyn, D. (1992) *Climates of the World*, Elsevier, Amsterdam, 435pp. (Esquema sucinto dos elementos e fatores climáticos seguida pela climatografia de áreas oceânicas e continentais. Fontes de dados principalmente dos anos de 1960 e 1970; algumas tabelas.)

Moran, J. M. and Morgan, M. D. (1997) *Meteorology: The Atmosphere and Science of Weather*, 5th edn, Prentice-Hall, Upper Saddle River, NJ, 550pp. (Introdução à meteorologia, tempo e clima para iniciantes.)

Musk, L. F. (1988) *Weather Systems*, Cambridge University Press, Cambridge, 160pp. (Introdução básica aos sistemas do tempo.)

Oliver, J. E. and Fairbridge, R. W. (eds) (1987) *The Encyclopedia of Climatology*, Van Nostrand Reinhold, New York, 986pp. (Abrangente, artigos ilustrados e várias referências.)

Palmén, E. and Newton, C. W. (1969) *Atmosphere Circulation Systems: Their Structure and Physical Interpretation*, Academic Press, New York, 603pp. (Um trabalho que no presente ainda não se encontra similar devido a sua visão da circulação global e seus principais elementos.)

Pedgley, D. E. (1962) *A Course of Elementary Meteorology*, HMSO, London, 189pp. (Uma introdução concisa e útil.)

Peixoto, J. P. and Oort, A. H. (1992) *Physics of Climate*, American Institute of Physics, New York, 520pp. (Descrição avançada dos estados médios da atmosfera e dos oceanos e sua variabilidade, as características do momentum, energia e transporte de umidade, ciclo global de energia e simulações climáticas.)

Petterssen, S. (1956) *Weather Analysis and Forecasting* (2 vols), McGraw-Hill, New York, 428 and 266pp. (Trabalho clássico dos anos 1950; informações básicas úteis de sistemas meteorológicos e frentes.)

Petterssen, S. (1969) *Introduction to Meteorology*, 3rd edn, McGraw-Hill, New York, 333pp. (Texto clássico introdutório que inclui os climas do mundo.)

Pickard, G. L. and Emery, W. J. (1990) *Descriptive Physical Oceanography*, 5th edn, Pergamon Press, Oxford. (Fácil introdução das propriedades físicas, processos e circulação dos oceanos do mundo.)

Reiter, E. R. (1963) *Jet Stream Meteorology*, University of Chicago Press, Chicago, IL, 515pp. (Texto clássico sobre correntes de jato, seus mecanismos e tempo associado.)

Rex, D. F. (ed.) (1969) *Climate of the Free Atmosphere. World Survey of Climatology Vol. 4*, Elsevier, Amsterdam, 450pp. (Estrutura detalhada da atmosfera, nuvens associadas a circulação troposférica e correntes de jato, ozônio e radiação ultravioleta e a dinâmica da estratosfera.)

Rohli, R. V. and Vega, A. J. (2008) *Climatology*, Jones & Bartlett, Sudbury, MA, 467pp. (Texto avançado que aborda os princípios da climatologia, balanço global da água, circulação atmosférica e classificação climática.)

Schaefer, V. J. and Day, J. A. (1981) *A Field Guide to the Atmosphere*, Houghton Mifflin, Boston, MA, 359pp. (Texto de linguagem popular com boas fotografias dos fenômenos atmosféricos.)

Singh, H. B. (ed.) (1992) *Composition, Chemistry, and Climate of the Atmosphere*, Van Nostrand Reinhold, New York, 527pp.

Strahler, A. N. (1965) *Introduction to Physical Geography*, Wiley, New York, 455pp. (Ampla pesquisa que inclui características climáticas, controles e distribuição dos tipos de clima.)

Strangeways, I. (2003) *Measuring the Natural Environment*, 2nd edn, Cambridge University Press, Cambridge, 548pp. (Livro muito bem ilustrado sobre instrumentos de observação do tempo em superfície e dos elementos do clima, juntamente com informações práticas e muitas referencias.)

Stringer, E. T. (1972a) *Foundations of Climatology, An Introduction to Physical, Dynamic, Synoptic and Geographical Climatology*, W. H. Freeman, San Francisco, CA, 586pp. (Texto para estudantes de climatologia com detalhada descrição dos processos e propriedades atmosféricas, circulação geral, dinâmica e termodinâmica elementar e métodos sinóticos; apêndices com notas e fórmulas.)

Stringer, E. T. (1972b) *Techniques of Climatology*, W. H. Freeman, San Francisco, CA, 539pp. (Volume complementar ao de 1972a lidando com observações e análises do tempo, aplicações para radiação, temperatura e nuvens, e estudo dos climas regionais.)

Sverdrup, H. V. (1945) *Oceanography for Meteorologists*, Allen & Unwin, London, 235pp. (Texto clássico sobre aspectos da oceanografia meteorologicamente relevantes.)

Sverdrup, H. V., Johnson, M. W. and Fleming, R. H. (1942) *The Oceans: Their Physics, Chemistry and General Biology*, Prentice-Hall, New York, 1087pp. (Referência clássica de trabalho sobre os oceanos.)

Trewartha, G. T. (1981) *The Earth's Problem Climates* (2nd edn), University of Wisconsin Press, Madison (371pp.). (Enfoque sobre regimes climáticos que não se adéquam em classificações climáticas usuais; controles da circulação são enfatizados.)

Trewartha, G. T. and Horne, L. H. (1980) *An Introduction to Climate*, 5th edn, McGraw-Hill, New York, 416pp. (Um texto de climatologia tradicional.)

van Loon, H. (ed.) (1984) *Climates of the Oceans: World Survey of Climatology 15*, Elsevier, Amsterdam, 716pp. (Capítulos substantivos sobre o clima de cada bacia oceânica do mundo.)

Wallace, J. M. and Hobbs, P. V. (2006) *Atmospheric Science: An Introductory Survey*, 2nd edn, Academic Press, New York, 467pp. (Texto introdutório compreensivo para meteorologistas; dinâmica e termodinâmica atmosférica, perturbações sinóticas, balanço de energia global e a circulação geral; problemas qualitativos numéricos.)

World Meteorological Organization (1962) *Climatological Normals (CLINO) for CLIMAT and CLIMAT SHIP Stations for the Period 1931–60*, World Meteorological Organization, Geneva.

Índice

Abercromby 214-215
Aberdeenshire 281-282
Abilene, TX 292-295
absolutamente estável 110-113
absolutamente instável 110-113
absorção
    bandas na atmosfera 41, 63-64
    da radiação solar 47-49
aceleração centrípeta 143, 146-147, 159
aceleração gravitacional 482
acidez da neve compactada 16-17
acidez da precipitação 15-16, 37
ácido sulfúrico 433
Açores 188-189
    anticiclone subtropical dos Açores
        188-189, 242, 267, 304-305, 317,
        318, 378-379
adiabática saturada 108
adiabáticos secos 108
advecção 70, 72
    de calor 394
    ver também transporte de calor
aerossóis 12, 16-17, 37, 114-115,
    406-407, 428, 468-469
    carbonato 407-408
    carga de 28-29
    concentração de 453
    efeito sobre propriedades de nuvens
        115-116, 453
    forçante climática 453
    poeira vulcânica 28-29
    produção de 17-18
    troposféricos 16-19, 433
    urbanos 406-407
aerossóis biogênicos 125
aerossóis estratosféricos 28-30, 433
    ozônio estratosférico 20-21, 37,
        47-48, 63-64, 453
aerossóis sulfatados 16-17, 28-30,
    47-48, 410-411

afélio 44-45, 430-431
África
    Central 252-254, 360-367
    equatorial 382-383, 385-386
    grandes circulações 361-362
    Meridional 227, 252-254, 366-369
    Ocidental 170, 245, 252-254
    Oriental 99-100
    pluviosidade na costa sudoeste
        380-381
    Setentrional 227, 230, 242
África Meridional 366-368, 385-386
    escoamento sobre 366-368
África Ocidental, monções 94-95,
    385-386
    chuvas monçônicas de verão
        202-203, 364-365
África Ocidental 170, 245, 322, 323,
    324, 339-340, 360-365, 384-385
    circulação e precipitação 362-363
    costa:
    horas de chuva por mês 364-365
    Pequena Estação Seca 362-364,
        366-367
    precipitação 338-339
    velocidades e direção do vento
        362-364
África Oriental, monções de nordeste
    366-368
África Setentrional 305-308
    circulação sobre 362-363
    estações de máxima precipitação 306
    precipitação 302-303
    pressão superficial 302-303
    tanques de guerra 407-408
    ventos 302-303
água doce 78
água interceptada 85
água profunda do Atlântico Norte
    199-200

Ahaggar 305-306
    montanhas 307
Air Mountains 364-365
Aklavik 290-291
Alabama 261, 263
Alasca
    costa norte 283-284
    limite floresta boreal-tundra
        283-284
    tundra 395-396
    zona costeira 311-312
albedo 49, 52, 55-56, 155, 395-397,
    399, 487
    da floresta 403-404, 454
    da neve 49
    da superfície 434, 453
    efeitos antropogênicos 453, 454
    média anual 56
    planetário 49, 56, 73, 75, 435
Alberta 250, 283-284
    "Alberta clippers" 283-284
Alemanha 403-404
Aleutas 174
    baixa das 191-192, 282-285
Alpes 97-98, 156, 250, 278, 317
Alpes Dináricos 158
Alpes suíços 100-101
alta de bloqueio 102-103
    inverno 277
alta de pressão 62-63
    bloqueio 202-203
    inclinação do eixo com a altura 164
alta polar 178
alta pressão siberiana 202-203, 268,
    294-296
    anticiclones na região central e
        oriental 225
alta subtropical das Bermudas 298-299
altas continentais frias 202-203
altas frias 202-203

Altiplano do Peru-Bolívia 370-371
altitude
  composição atmosférica 18-21
  efeito da radiação solar 59-60
  efeitos climáticos na Europa 278-282
  variação da velocidade dos ventos 148, 166-170
  variação na pressão 33
  variações na precipitação 96-101
altitude da linha de equilíbrio 315-316
alto verão 275-276
altura geopotencial 487
  500 mb para inverno setentrional 167
Amazônia 368-371
América Central 383-384
  costa do Pacífico 339-340
  frentes frias
América do Norte 281-282
  central 230, 233-236
  clima 284-285
  cordilheira 285-286, 437-438
  correntes de jato 284-285
  costa leste 282-283
  costa oeste temperada 285-288, 290
  distribuição de pressão 284-285
  evaporação 293
  influências continentais 288, 290
  influências oceânicas 288, 290
  interior 288, 290
  leste 170, 242, 288, 290
  massas de ar 230
  Meio-oeste 282-283
  precipitação anual 293
  regimes de precipitação 292-294
  temperaturas por hora 289
  tipos de massas de ar a leste das Montanhas Rochosas 286-287
  zona frontal 232
América do Norte ocidental, imagem de satélite 198-199
América do Sul 378-379, 382-383
  convecção profunda central 368-370
  costa oeste 372-374
  leste 242
análise composta 220
análise correlacional canônica 219
análise frontal, modelo de três frentes 283-286
Anchorage, AK 311-312
Andes 156, 166, 378-379
anéis ciclônicos de núcleo frio 196-197
anéis de crescimento em árvores 8-10, 439
anemômetros sônicos 86
Angola, ventos baixos de leste 366-367
Ano Geofísico Internacional (IGY) 7-8
anomalias sinóticas 275-277

anos de "*dust-bowl*" 454
Antártica 6-7, 20-21, 62-63 178 226, 261, 263, 315-316, 318, 437-439
  aquecimento projetado 458
  buraco na camada de ozônio 22, 453
  gelo compacto 230, 244
  oriental 184
  testemunhos de gelo 24-25
anticiclone glacial 6-7
anticiclones
  Atlântico Sul subtropical 368-370
  continentais 225
  de bloqueio 275-276, 278, 279, 317
  frios 162
  Pacífico Norte 287-288
  platô frio 343-344
  polares 282-283
  quentes 162, 350-351
  tibetanos 356
  vorticidade 151
anticiclones subtropicais 183, 185, 202-203, 282-283, 343-344, 359
  Hemisfério Sul 195-196
  Pacífico Sul 326
  processos no verão 184
antiga União Soviética
  precipitação 313
  tipos climáticos 313
Apalaches, sul 299-300
Apeninos 158
aquecimento, zonas de máximo 49-50
aquecimento global 63-64
ar equatorial 231-232
ar marítimo polar 272
ar monçônico 231-232
ar polar
  ar ártico 478-479
  continental 274
  depressões 250
  incursões de frio 370-371
ar supersaturado 114-115
Arábia 356
Arábia Saudita 250, 351
áreas convectivas de mesoescala 326
áreas de precipitação de mesoescala (MPAs) 236-239
áreas elevadas tropicais 133
áreas úmidas 466-467
Argélia 361-362
Argentina 227, 370-371, 378-379
argônio 2
aridez, critérios 473, 474, 476
Arizona 250
armazenamento de água 79
armazenamento de calor 394
  no solo 394
  superficial 394, 411-413
Arqueano 431-432
arraste da forma 147, 149

arrozais 399
Ártico 62-63, 314-316, 469-470
  amplificação 458
  aquecimento súbito 35
  circulação atmosférica 6-7
  continental 225
  correntes superficiais 311
  gelo compacto 230
  noite polar 21-22, 35, 46
  temperaturas na estratosfera 22
  terra 314
  vórtice 453
ascensão forçada 117-118, 140, 229
Ásia Central 156, 226, 358, 430-431
Ásia Meridional 182-183, 245, 323
  circulação no inverno 345
  circulação no verão 349-350
  data de início das monções de inverno 357
  início médio das monções de verão 350-351
  regime de monções 384-386
Ásia Oriental 170, 242
  caminhos de tufões sobre 359-361
  circulação no inverno 345
  circulação no verão 349-350
  data de início das monções de inverno 357
  monções de verão 357-361
  padrões de circulação 345
  posições frontais 359
  regime de monções 384-385
Ásia Setentrional 230
Askervein Hill, South Uist 155, 157
assimilação de dados 215-216
Atlanta, Georgia 419-421
Atlântico Norte 183, 185, 196-199, 263-264, 244
  central 324
  furacões 327, 333
  salinidade 199-200
  zona subtropical de alta pressão 368-370
Atlântico Sul 310
  célula subtropical de alta pressão 368-370
Atlas Internacional de Nuvens 116-117
atmosfera
  absorção da radiação solar 47-49
  balanço de energia 65-66, 68-73, 75
  baroclínica 232
  barotrópica 224
  concentração de dióxido de carbono 21-22
  descobertas históricas 1-3
  estrutura em camadas 32-33
  fluxo de calor sensível para 394
  massa 28-33
  turbulência 149

Índice

atmosfera livre 145
atmosfera média 36
Atmospheric Model Intercomparison Programme (AMIP) 208-210
Aurora, Austral 36
  Boreal 36
Australásia 307-308
  aspectos climatológicos 308
Austrália 101-102, 318
  frequências de massas de ar 308
  setentrional 227, 252-254, 382-383
Austrália Ocidental 376, 378
Austrália Setentrional
  pluviosidade das monções de verão 359, 376, 378
  regime de monções 384-385

bacia amazônica 82-83
  precipitação anual 368-369
Bacia Ártica 225, 226
bacia do rio Mississippi 82-83, 292-295
Bahia 378-379
Baía da Biscaia 55, 58-59
Baía de Bengala 352
Baía de Hudson 230, 288, 290-291, 317
Baixa da Islândia 188-189, 267, 282-283, 317, 378-379
baixa de calor (baixa térmica) 250, 350-351
baixa pressão subpolar 178
baixas frias 252-253, 263-264
baixas polares 250, 251
baixas quentes 202-203
baixas subpolares 174, 202-203
baixas térmicas 250, 263-264, 305-306, 441, 443-444
  anomalias mundiais 61
  ar superficial global, séries temporais 457
  áreas polares
  aumento 1880-2008
  defasagem em relação à radiação 58-59
  diferença urbano-rural 414-415
  distribuição vertical 33, 59-60
  gradiente meridional 72-73
  inversões 62-63
  máxima média na sombra 53
  mudanças projetadas para o século XXI 454-459
  nível médio do mar 54
  temperatura de bulbo úmido 109
  temperatura potencial 163
  troposfera 2
  variação anual média 69-70
balanço anual de umidade 87-88
  para estações na Grã-Bretanha 87-88

balanço de calor
  da Terra 65-69
  modificação urbana do 411-415, 423-424
  padrão espacial 72-73, 75
balanço de energia
  cânion urbano 413-414
  floresta de abeto 395-396
  floresta tropical amazônica 401-403
  gelo marinho 395-396
  locais suburbanos e rurais 413-414
  para tipos climáticos 475
  permafrost 395-396
  plantações verdes baixas 397
  superfícies com vegetação 397, 422-423
  superfícies de gelo e neve 394-397, 422-423
  tundra costeira 395-396
  zona de ablação de geleiras 395-396
balanço de massa de geleiras e calotas polares 463-464
balanços de energia 86, 438
  água 394-395
  áreas urbanas 413-419
  areia 394
  classificação climática 474, 476
  equilíbrio atmosférico 65-71
  gelo 394-397
  global 40-73, 75
  neve 394-397
  padrões espaciais 72-73, 75
  saldo de radiação planetária média 71
  regimes de balanço anual de energia 474, 476
  rocha 394
  superficial 65-66, 68-69, 317, 393
  superfície simples 394
  superfícies com vegetação 394
  superfícies sem vegetação 394-397
  terrenos polares 395-396
  transporte de calor horizontal 70, 72
  ver também transferências de energia; balanço de calor; radiação; radiação solar
balanços de umidade atmosférica 78
  ciclo hidrológico global 78, 459
Bálcãs 302-303
balões, medições no ar em níveis superiores 3
  sondagens 212
bandas de nuvens em espiral 130-131, 233-336
Bangladesh 333
barômetro 1
barômetro de mercúrio 28-32
barreira de vento 152, 155
Barren Grounds de Keewatin 311-312

Barrow, AK 315-316
Belém, pluviosidade por hora 368-370
Ben Nevis 281-282
Berg 270
Bergen 270, 271
Bergeron, T. 132, 134, 232
Bergeron-Findeisen, teoria 121-122, 140
Berlage, H. 372-374
Berlim 269-271
Bermudas 284-285
Bikaner 351
Bjerknes, J. 232, 372-374
Bjerknes, Vilhelm 5-7, 232
boias ancoradas ou flutuantes 190-191
boias ARGO 382-383
bolsões de ar frio 153
bomba biológica 24-25
"bombas" 248
bombeamento de Ekman 148, 192-193, 378-379
bora 152, 158
Borneo 339-340
Boston 418-419
Boulder, Colorado 158
branco total 47
Brasil 378-379, 383-384
  frentes frias:
    leste 370-371
    nordeste 101-102, 368-370
    secas nordestinas 202-203, 372-374
Brezowsky 274-275
brisa da *playa* 154
brisa de vale 152, 153
brisa lacustre 154
brisa marinha 152
  Colúmbia ocidental 380-381
  efeito 378-379
  na costa da Califórnia 155
brisa terral 152, 382-383
brisas terra-mar 153, 385-386
brometo (BrO) 20-21
Brooks, C.E.P. 428
Bryson, Reid 428
Budyko, M.I. 477
Buettner 479-480

Cabo Denison 316
Cabo Farewell 242
Cabo Horn 310
cadeias costeiras 317
cadeias de montanhas 96-97
cadeias de montanhas da costa do Pacífico 281-282, 286-287
Calgary 291-292
Califórnia 101-102, 153, 155, 291-292, 376, 378-379
  Berkeley 294-298
  norte da Califórnia 230

Callao 378-379
calor corporal 479-480
calor específico 2, 58
calor latente 2, 47, 66, 68, 70, 72, 74-73, 75, 79, 108, 135, 229, 335-336, 368-371, 383-384
    de fusão 47, 85, 482
    de sublimação 47
    de vaporização 47, 84, 482
    em áreas urbanas 411-413
    fluxo para a atmosfera 394
calor sensível 47, 66, 68, 70, 72-75, 411-413, 415-418, 423-424
    fluxo de calor para a atmosfera 394
camada de Ekman 193-194
Camada de Gelo da Groenlândia 248, 314
    perda de massa 460-461
camada de mistura superficial 191-192
camada limite 326
    urbana 415-418
camada limite planetária 147, 148
camada profunda 191-192
Camp Century 439
campos secos 467-468
Canadá 131-132
    altas continentais frias no noroeste 202-203, 225
    distrito de Mackenzie 282-283
    influências oceânicas 286-288
    massas de ar polar continental 225
    norte 230
    precipitação 287-288
    ver também América do Norte
Canal da Mancha 230
capacidade térmica 58
capacidade térmica da superfície
    urbana 413-414
características frontais 234-242
carbono negro 47-48, 453
Caribe 328-331, 378-379, 383-384, 407-408
carta de superfícies isobáricas 164
carvalho forteto 404-406
Cascade Range 287-288
categorias sinóticas 273
    pluviosidade anual associada 273
Cáucaso 156
caulinita 125
Cavado Antártico 310
cavado equatorial 176-177, 182-183, 323, 324, 327-330, 333, 341-342, 348-350, 355, 368-370
cavado sub-antártico 173
cavados de onda 250
cavados superiores médios 246
Celsius 1
célula de Ferrel 181-182
    ventos de oeste 32-33, 177-178

célula de Walker 197-199, 202-203
Célula Meridional do Atlântico 457
célula termalmente direta (polar) 181-182
células anticiclônicas 183, 185
células convectivas 129-130
    grupo de 252-254
células de alta pressão subtropicais 95-96, 101-102, 171, 172, 174, 176-177, 226, 317, 337-338, 356, 384-385, 478-479
    Atlântico Norte 368-370
    Atlântico Sul 362-363, 368-370
    Bermudas 298-299
    Pacífico 298-299
    Pacífico Norte 284-285
    sudoeste dos EUA 296-298
células de Hadley 179-181, 183, 185
    média 182-183
células de nuvens com padrão poligonal de colmeia 118, 133, 326
células horizontais 181-182
células poligonais fechadas 118
cenário "Business as Usual" 455
cenários de emissões 455, 468-469
cerca de neve dupla 90-91
Chandler, T. J. 406-407
Cherrapunji 380-381
Chifre da África 354
Chile 101-102
    central 370-371
Chilterns 280
China 349-350
    caminhos de depressões sazonais 348-349
    central 358
    costa sul da China 230
    meridional 288, 290, 358
    ocidental 357, 430-431
    oriental 252-254
    precipitação no inverno 347-348
    setentrional 343-344, 358
Chipre 304-305
Churchill 290-291
chuva convectiva 134
    verão 298-299
chuva gélida 89-90
chuvas de tempestade noturnas 294-296
chuvas monçônicas, contribuição para total anual 352
ciclo de Chapman 19-20
ciclo de manchas solares 41, 44, 430-432
    números 43
ciclo de vida 254-256
ciclo do carbono 23, 468-469
ciclo elétrico atmosférico 139
    gradiente potencial do campo elétrico vertical 139

ciclo energético de Carnot 337-338
ciclo hidrológico 79, 438
    mudança projetada no 459-461
ciclo índice 202-203
ciclo solar *ver* ciclo de manchas solares
ciclogênese 232
    explosiva 248, 263-264
    superficial 263-264
ciclogênese superficial 263-264
ciclone subtropical 338-340
ciclones
    ciclo de vida 232
    de sotavento 250, 265
    extratropical 224
    famílias 232
    frontal marítimo 233-236
    modelo de 232
    precipitação de "tipo ciclônico" 130-132
    teoria da frente polar 232
    trilhas 283-284
    vorticidade 151
ciclones tropicais 130-131, 299-300, 327, 331-339
    condições de crescimento 336
    e tornados 257, 260
    formação 333-336
    mudanças projetadas 460-461
ciclos de Dansgaard-Oeschger 438
ciclos glaciais 430-431
Cidade do México 421-423
cierzo 303-304
Cincinnati 411-415
cinturão de alta pressão subtropical 174
cinturão de proteção, influência sobre a velocidade do vento 401-402
cinturões de ventos 181-182
    de oeste 267
    globais 174-178
circulação atmosférica
    corrente zonal 165
    mudanças 459
    variações no Hemisfério Norte 186-187
    ver também sistemas de pressão
circulação de Hadley 3, 374-376
circulação de Walker 182-183, 185-186, 199-200, 355, 367-370, 374-376
    fase negativa 186-187
    fase positiva 186-187
    seção transversal 373
circulação geral 178-192
    em planos verticais e horizontais 179-187
circulação global 3-4, 178-187
circulação meridional 180-181
    modelo de três células 181-183

Índice

circulação oceânica termohalina 192-193, 199-200, 202
circulação superficial do oceano 194-195
circulação zonal, índice elevado 202-203
cisalhamento de vento 247
cisalhamento do vento vertical 149, 168
cisalhamento friccional 149
classificação bioclimática 479-480
classificação climática 5, 86, 473-480
    balanço de energia e umidade 474, 476-479
    conforto climático 479-480
    Flohn 478-479
    genérico 473-474, 476
    genético 478-479
    Köppen 473, 474, 476
    relacionada com a vegetação 473
    relacionada com o crescimento de plantas 473
    Thornthwaite 474, 476-477
classificação de ventos locais 152
Clean Air Act, RU 407-410
    Meteorological Office 190-191, 384-385
clima
    climas temperados chuvosos e quentes 473
    em latitudes médias e altas 267-318
    feedback 430-431, 434-445
    médias 428
    resposta 435-437
    sistema 429
    tendências no clima global 438
    variabilidade 428-429
clima chuvoso tropical 473
clima continental 479-480
    deserto 479-480
    subártico 479-480
    úmido 479-480
clima de congelamento perpétuo 473
clima equatorial 478-479
clima na costa oeste
    deserto 478-479
    marinho 478-479
clima severo 217-218, 257, 260
clima tropical 322-391
    efeitos topográficos 379-383
    em áreas urbanas 420-423
    regime de pluviosidade diurna 382-383
    variações diurnas 381-383
clima tropical úmido-seco 478-479
climas de camada limite 392-424
climas de terras altas 478-479
climas de terras altas na Grã-Bretanha 279

climas secos 473
climas urbanos 406-407, 420-421
    tropicais 420-423
climatologia 4-5
climatologia sinótica 271
cloreto (ClO) 20-21
cloreto de lítio 82
clorofluorcarbonos (CFCs) 14-15, 26-28, 453
cobertura do solo, mudanças antropogênicas 466-468
cobertura global de nuvens 118
código sinótico 483
coeficiente de emissividade 62-63
coeficiente de variação 489
Coffeyville, Kansas 129-130
Colinas Khasi 380-381
Colônia 415-418
Colorado 62-63, 250, 283-284
    ar ártico a leste das Montanhas Rochosas 233-236
    Montanhas Rochosas 97-98, 155, 156, 158, 166, 232
Colúmbia: brisa marinha 380-381
Colúmbia Britânica 287-288, 401-403
    montanhas costeiras 286-287
componente do "vento térmico" 202-203
componente vertical da vorticidade absoluta 246
componentes da energia em florestas 403-404
composição atmosférica 13-31
    aerossóis 16-19
    gases 13-15
    modificação urbana da 406-418
    mudanças antropogênicas na 438
    teor médio de água 79
    teor médio de vapor de água 81
    variações com o tempo 21-31
    variações latitudinais e sazonais 20-22
    variações na altura 18-19
    ver também poluição do ar
comprimento de onda 232
comprimento de onda estacionário 166
comprimentos de rugosidades 148, 149
    barreira orográfica 246, 248
Conakry 364-365
condensação 79, 84, 88-89, 140
    na atmosfera 103-104
    sobre superfícies 206
condicionalmente instável 110-113
condições barotrópicas 261, 263
condições de pressão superficial 171-174
condições dos ventos em níveis superiores 129-132, 166-170
condições pós-glaciais 438-441

condução 47, 55
confluência 149
conservação do momento 257, 260-261
constante de Stefan-Boltzmann 41
constante solar 41, 45
continental 226
    ar polar 274
    ar tropical 274-275
    influências 288, 290
continentalidade 52, 58-60
    América do Norte 288, 290
    Europa 270
    índice 268, 269, 488
Continente Marítimo 339-340
contornos médios, 500mb 164
convecção 47, 326
convecção forçada 110-111
convecção livre 110-111
convergência 149, 250
    costeira 150
Convergência Antártica 230
convergência de correntes de ar 229, 384-385
convergência de massas de ar 246
Convergência Intertropical (ITC) 323
conversão de unidades de evaporação para energia 86
Copenhagen 397, 398
Coriolis, G. G. 144-145
corpo negro 41, 64-65, 73, 75
    curvas de radiação 41
correlação de vórtices 86
Corrente Australiana de Oeste 196-197
Corrente da Califórnia 196-197
Corrente das Agulhas 195-196
Corrente das Canárias 196-197
Corrente de Benguela 166, 195-199
Corrente de Deriva Transpolar 314
Corrente de Humboldt (Peru) 166, 196-197
Corrente do Atlântico Norte 196-199, 268, 317
Corrente do Brasil 195-196
Corrente do Golfo 194-200
Corrente do Labrador 288, 290
Corrente do Peru 372-374
Corrente Equatorial Norte 195-196
Corrente Equatorial Sul 195-196
Corrente Leste da Groenlândia 314
correntes ascendentes 135
correntes de jato 6-7, 162, 169, 183, 185, 202-203, 246, 247, 263-264, 310
    ártica 170
    de leste 349-350
    de leste africana 339-341
    de oeste 344, 355
    descoberta de 170
    divisão da corrente de jato 275-276
    em níveis baixos 298-299

frente polar 169, 300, 302
frontal ártica 169
jato de baixo nível da Somália 354
no inverno sobre o Extremo Oriente 347-348
subtropical 169, 170, 179-180, 307
subtropical de oeste 170, 186-187, 300, 302-303, 347-348
subtropical de sul 378-379
tropical de leste 170, 351
troposférica superior 233-235
velocidade 172
zona frontal 169
correntes oceânicas 190-191
circulação geral das correntes oceânicas 194-195
frias 378-380
profundas 58-59
transporte de calor 72-73
correntes superficiais 202-203
correntômetros 190-191
Costa do Golfo 138, 139, 291-292
Costa Rica 133, 134
crachin 89-90
crescimento de gotículas
por coalescência 116-117
por condensação 116-117
crista de bloqueio 101-102
cristais de gelo 125, 136, 140
critérios térmicos de tipos climáticos 473
Croll, J. 439
cumulus congestus 99-100
curvas de Kohler 115-116
cut off lows 252-253, 367-368
Cwm Dyli 273

dados climáticos 211-215
Dakar 364-365
Dallas 418-419
Dansgaard, W. 439
Darwin, Austrália 185-186, 359, 371-374
datação por radiocarbono 439
de Candolle 473
de Geer, Barão G. 439
débil Sol precoce 431-432
decomposição ácida 15-16
delta do Ganges 347-348
dendroclimatologia 439
densidade 28-31
densidade de redes de medição 90-91
Denver 410-412
depressão 232
associada a zonas frontais 285-286
Atlântica 300, 302
baixas secundárias 241
ciclo de vida de depressões marinhas extratropicais 233-235

cinturões 317
de oeste 344
do tipo Gênova 300, 302
faixa de frentes e chuva em depressão madura 235-238
fluxo de grande escala 235-238
formação de 233-234
mediterrânea 303-304
não frontal 248-254
precipitação de mesoescala 235-238
saariana 300, 302, 305-307, 318
trilhas 245, 248, 299-300
velocidade média de 248
depressão monçônica 305-306, 308, 355, 359, 385-386
localização 353
depressão monçônica 338-339, 351-352
pluviosidade na Índia central 353
depressões tropicais 338-340
deriva continental 430-431
Deriva da Corrente do Golfo 230
deriva do modelo 208-209
Deriva do vento de Oeste 195-197
derretimento
de geleiras e mantos de gelo polar 460-461
neve 395-397
neve no Lago Bad, Saskatchewan 397
descarga pontual 139
desconforto térmico 479-480
Descontinuidade de Togo 362-364, 366-367
desertificação 103-104, 454, 467-468
deserto de Kyzylkum-Karakum 183, 185
deserto tropical 478-479
desfiladeiro de Carcassonne 268
desmatamento 454, 466-467
e mudanças climáticas 465-466
tropical 454
desvio-padrão 489
Detroit 414-415, 418-419
Dia da Marmota 274-275
diabático 107, 229
diferença na temperatura rural e urbana 414-415
difluência 149
difusão de vórtices 392
difusão turbulenta 393
dimetil sulfeto (DMS) 15-16, 115-116
dióxido de carbono (CO_2) 2, 13-15, 22-23, 37, 428, 435, 468-469
bandas de absorção 64-65
clima global e duplicação da concentração de CO_2 455
efeito estufa 63-64
estimativas da concentração em testemunhos de gelo antárticos 25-26

impacto sobre a temperatura global 24-25
plantações verdes 398
projetado 455
química dos oceanos 435
teor na atmosfera 21-22
dióxido de enxofre (SO_2) 15-16, 409-411, 431-432
dióxido de nitrogênio (NO_2) 15-16
ciclo fotolítico 410-411
direção do escoamento de ar 270
leste 274
oeste 271, 275-276
dispersão de energia na grama 397
distribuição da pressão vertical 162
distribuição de frequência 489
distribuição zonal da evaporação média 84
divergência 149, 250
costeira 150
na atmosfera superior 263-264
nível médio de não divergência 150
Divergência Antártica 196-197
divergência costeira 150, 378-379
Doldrums 176-177, 333
Domo C 316
temperatura mensal média do ar 316
velocidade do vento 316
drenagem catabática 153
Dry Valleys 315-316
Dryas Recente 438, 440-441
duração da luz do dia 46, 400

eco em gancho 257, 260
imagem de radar 257, 260
Eemiano 438
efeito "borboleta" 12
efeito da geometria do cânion 415-418, 423-424
efeito de ilha de calor 418-419, 423-424
efeito de precessão 430-433, 437-438
"efeito de Venturi" 154, 155
efeito do plano beta 166
efeito estufa 2, 62-66, 73, 75
aquecimento 428
efeito radiativo do CO_2 63-64
forçante 9-10, 434, 436-437, 456, 468-469
efeitos friccionais 150
efeitos orbitais 430-432
forçantes 433
efeitos orográficos 131-132, 140
ascensão forçada 131-132
desencadeamento de instabilidade 131-132
retardando sistemas ciclônicos 131-132
efeitos protetores 281-282

Índice

efeitos topográficos 277-282
Egeu 304-305
Ekman, V. W. 148
El Azizia, Líbia 394
El Chichón 28-30
El Niño 8-9
    eventos 186-187
El Niño-Oscilação Sul (ENSO) 185-186, 368-379, 383-386, 429-430
    circulação PNA 191-192
    coincidência com clima regional 377
    e monções indianas 377
    efeito sobre tendências da temperatura global 372-374
    eventos ENSO 186-187, 197-199, 374-375
    fase 371-373
    método da análise estatística 219
    Oceano Pacífico 370-376
    previsão e furacões 338-339
    previsão por modelos numéricos 217-218
    previsões de longo prazo 218, 221
    relação com chuvas monçônicas no verão indiano 384-385
    teleconexões 8-9, 191-192
elevação 411-413
elevação e precipitação anual média 99-100
Emiliani, C. 439
enchentes
    mudanças projetadas 460-461
    no meio-oeste norte-americano 292-295
energia
    cinética 68-70
    fatores de conversão 482
    geopotential 68-70
    interna 68-70
energia cinética 2, 5-7, 178, 247, 336, 393
    de redemoinhos 188-189
energia potencial 5-7, 178, 247, 338-339
energia solar 3, 40-44
energia térmica, difusão de 58-59
entremear 113-114
entropia 108
enxofre reduzido (H_2S, DMS) 15-16
Epstein, S. 439
equação da conservação de energia 206
equação da continuidade 206
equação da vorticidade 246
equação de estado 28-31, 206
equação de Planck 41
equação do movimento 206
equação hidrostática 31-32
equações de regressão múltiplas 217-218

Equador 372-374
equador térmico 52
equilíbrio hidrostático 143
equilíbrio radiativo 435
equilíbrio térmico 69-70
era glacial do Ordoviciano 437-438
Eras Glaciais 428, 430-431
erupções vulcânicas 28-30, 431-433, 436-437, 450-451, 468-469
    Agung 451
    El Chichón 28-30
    Katmai 451
    Monte Pinatubo 28-30, 450-451
    poeira vulcânica do Krakatoa 28-30, 451
    Tambora 452
escala de pH 15-16
escalas de fenômenos meteorológicos 393
escalas temporal e espacial de fenômenos meteorológicos 393
Escandinávia 268
    bloqueio anticiclônico 278-279
escarpas da Namíbia 378-380
escoamento baroclínico 229
escoamento superficial por derretimento de neve; mudanças 460-461
Escócia 281-282
escudo de vento 90-91
escurecimento global 16-17, 47-48
espalhamento 47
    Mie 47
    múltiplo 47
    Rayleigh 47
Espanha, ventos regionais 304-305
espécies de gases reativas 14-15, 37
espessura da pressão 162, 168
    espessura da camada de 1000 a 500 mb 168
    relação da espessura 202-203
espiral de Ekman 148, 192-193, 197-199
estabilidade atmosférica 110-115, 407-408
estabilidade do ar 110-113
    neutra 110-113
estação Bai-u 358
estação Byrd 439
estação de crescimento 281-282, 317, 445
estações de observação
    ar superior 211-212
    superfície 211-212
estações de sondagem, níveis superiores 212
estações meteorológicas automáticas 217-218
estações na superfície 212
estações naturais 317, 358

estado neutro de falha nas monções na Índia 101-102
Estados Unidos 87-88, 138, 248, 406-407
    características de tornados 258, 261, 263
    central 252-254, 283-284, 294-296
    costa atlântica 337-338
    costa leste 248
    sudeste 299-300, 372-374
    sudoeste 317
    sudoeste semiárido 296-298, 317
esteira global
    frente quente 232, 235-238
    oceânica 199-200
    quente 236-239, 263-264
Estevan Point 287-288
estômatos 401-403
estratopausa 35
estratosfera 35
    descoberta da 35
    inferior 37
Estreito de Davis 242, 288, 290
Estreito de Fram 314
Estreitos da Flórida 195-196
Estreitos de Malaca 382-383
estresse térmico 479-480
estrutura atmosférica 32-37
    convergência 149-150
    distribuição vertical da temperatura e pressão 32-33
    divergência 149-150
    movimento horizontal 143-149
    movimento vertical 150
    princípios 143
    ventos locais 151-155
    vorticidade 150-151
    ver também circulação atmosférica; ventos
estrutura e circulação do oceano 191-203
    acima da termoclina 191-192
    camada profunda 191-192
    estratificação vertical 191-192
    filamentos de jato 194-195
    giros oceânicos 195-196
    redemoinhos ciclônicos e anticiclônicos 194-195
    temperaturas superficiais 248, 249
    termoclina 191-192
etesianos 304-305
Eurásia 230
    cobertura de neve e começo das monções 374-376
Europa 230, 301
    central 274-275
    estações de precipitação máxima 306
    "monções de verão" 274-275

noroeste 101-102
ocidental 317
Europa Ocidental 188-189, 199-200
velocidades médias dos ventos 269
Europa Oriental 407-408
evaporação 73, 75, 84, 199-200, 229
abordagem aerodinâmica (ou bulk) 86
anual sobre a Grã-Bretanha 87-88
evaporação média 87
evaporação potencial 87-88, 294-296
evapotranspiração 85, 103-104, 403-404, 411-414, 422-423
em cidades 419-420
evapotranspiração potencial (PE) 474, 476
excentricidade da órbita 430-433, 437-438
exosfera 36
extensão de gelo no mar da Antártica 464-465
extensão máxima do gelo marinho 311

fadas (sprites) 139
Fahrenheit 1
faixa de temperatura diurna 85, 288, 290, 394-395
falha nas monções na Índia 101-102
fator de vista do céu 414-415, 423-424
fatores antropogênicos
desmatamento 465-466
nas mudanças climáticas 438
fazendo chover 125, 126
fécula 41
Feddema, J. 477
feedback 430-431, 468-469
efeitos 336
mecanismos 11
negativo 11, 202-203, 434
positivo 64-65, 200, 202, 374-376, 434, 469-470
Ferrel, W. 4, 180-181
filamentos de jato 194-195
Filipinas 330-331
Finlândia 269
First CARP Global Experiment (FGGE) 10
Fitzroy 215-216
Flohn, H. 274-275, 428
floresta amazônica 405-406
floresta boreal 403-404
climas frios 473
limite floresta boreal-tundra 283-284
floresta de abetos na Alemanha 400
floresta de eucalipto 401-403
florestas 399
abeto 395-396
efeitos microclimáticos das 401-403

influência sobre precipitação 403-404
interceptação de chuvas 403-404
luz abaixo do dossel 400
modificação de transferências de energia 400
modificação do ambiente de umidade 401-405
modificação do ambiente térmico 404-405
modificação do fluxo de ar 400
movimento do ar dentro de 400
florestas temperadas, estrutura vertical 399
florestas tropicais: efeito sobre a temperatura 405-406
estrutura vertical nas 399
florestas tropicais no Congo 400
Flórida 138, 140, 268, 291-292, 299-300
flutuação 256-257
fluxo de calor para o solo 394
fluxo de energia atmosférica em direção ao polo 3, 69-70
fluxos catabáticos 316
fluxos de energia 394-395, 477
em superfície de lago seco 394-395
sobre gramíneas de pequeno porte perto de Copenhagen 398
föhn 152, 156, 158, 279
fontes de calor, artificiais e naturais 415-416
fontes de dados 485
dados climáticos 485
dados de satélite 485
mapas climáticos diários 485
para previsão 211-215
World Wide Web 486
foraminíferos 439
força centrífuga 146, 488
força de Coriolis 143, 144 146, 148, 159, 193-194
circulação oceânica 192-193
força deflectiva 144
força do gradiente de pressão 143, 144, 159
forçante climática 43-39
aerossóis 433, 453
antropogênica 456
externa 430-431
forçante positiva 453
orbital 430-434
radiativa 9-10, 434, 436-437, 455
forçante de Milankovitch 8-9, 434, 437-438
forças friccionais 143, 147
formação de nuvens com células abertas 118, 133
fotosfera 40
fotossíntese 394, 403-404

Frank, N. 328-330
frente ártica 242, 263-264, 317, 359
frente ártica canadense 242
frente de Maiyu 358
chuvas 349-350, 385-386
Frente Intertropical 245, 323
frente marítima 226, 294-296, 317
ar tropical 272
Frente Polar do Pacífico Ocidental 358
frente quente 130-131, 234-239
alimentada por partículas de gelo 236-239
bandas de chuva 236-239
estrutura de nuvens 236-239
frentes frias 236-239, 252-254, 383-384
cumulonimbus 236-239
esteira global quente 236-239
frente fria cata 236-239
inclinação de 236-239
movimento vertical 239
tipo ana 236-239
frentes oceânicas 196-197
frentes polares 232, 242, 263-264, 317
corrente de jato 6-7
do Pacífico 359
eurasiáticas 359
teoria ciclônica 232
frentes superficiais 246, 247
friagens 370-371
Fritts, H.C. 439
frontogênese 231-232, 242-245
leste das Montanhas Rochosas 233-236
frontólise 239, 283-284
frente cata quente 235-238
fria 233-235
intertropical 245
mediterrânea 242
oceanos, polares 242
quente 233-234
superficial 246
tipo cata 234-237, 263-264
Frota de Observação Voluntária 190-191
fuligem 16-17, 410-411
fuligem de carbono 16-17
carbono atmosférico 454
ver também carbono negro
fumaça 407-410, 422-423
fumigação 407-413
furacão 331-339
Atlântico Norte 333, 383-384
Caribe 332-333
classes de intensidade 332-333
Colômbia 379-380
estação 328-330
frequência de gênese 333
previsão 338-339
ventos fortes 248

furacões
    Andrew 299-300, 332-333
    Gilbert 332-333
    Hugo 299-300, 332-333
    Katrina 299-300

galerna 303-304
Gana 365-366
garoa 89-90, 235-238
GARP Atlantic Tropical Experiment (GATE) 10
gases
    climas urbanos 406-407
    espécies reativas 14-16
    primários 13-15
gases de efeito estufa 14-15, 435, 469-470
    cenários de emissão 455, 468-469
    efeitos sobre as temperaturas atmosféricas 63-64
gases-traço 14-15, 62-65, 468-469
    efeito estufa 63-64
gaussiano 489
geada 90-91
    ponto de congelamento de geada 89-90
Geiger, Rudolf 406-407
geleiras 381-383, 462-463
    balanço de massa específico das 463-464
    encolhimento 468-469
    perda de massa das 462-464
gelo marinho 315-316
    feedback do albedo 395-396
    formação 199-200
    Oceano Ártico 55, 57, 457, 469-470
gelo marinho Antárctica-Ártico, razão 325, 464-465
gelo multianual, Ártico 462-463
Geophysical Fluid Dynamics Laboratory (GFDL) 455
Geórgia 261, 263
Ghats Ocidentais 129-130, 354
giros transientes 181-182
GISP 2
glaciação do Permo-Carbonífero 430-431
    idade do gelo 437-438
glaciações *ver* Eras Glaciais
Glacier, Colúmbia Britânica 288, 290
Glamorgan Hills 280
Golfo da Califórnia 284-285, 298-299
Golfo da Guiné 362-364
Golfo de Carpentária 382-383
Golfo de Tonkin 89-90
Golfo do Alasca 282-285
Golfo do México 233-236, 281-282, 291-292, 298-300
Gondwanaland 437-438
Gorczynski 270

gotícula super-resfriada 121-122, 138, 140
gradiente
    adiabático 107-108
    ambiental 62-63, 108
gradiente adiabático seco 108, 140
gradiente ambiental médio 108
gradiente térmico vertical médio 106, 140
gradiente vertical da temperatura 62
Grampians 158
Grande Anomalia de Salinidade 199-200
Grandes Lagos 154, 230, 283-284, 288, 290-291
    brisa lacustre 154
    nevasca forte 290-291
granizo 89-90, 129-130, 135, 254-256
    formação de pedras 263-264
    grãos de 136
    pedras de 138, 252-254
    pedras de granizo gigantes 129-130
grãos de gelo 129-130
grãos de granizo macios 129-130
graupel 90-91, 138
graus Kelvin 28-31, 487
graus-dia de aquecimento 413-415
graus-dia de resfriamento 413-415
gravidade aparente 146, 488
gravidade-padrão 31-32
Great Basin 317
    alta da Great Basin 282-283
Great Plains (EUA) 101-102, 254-256, 284-285, 291-292
    condições sinóticas para clima severo 257, 260
    precipitação 292-294
    tornados 256-257
Great Salt Lake 154
Groenlândia 174, 195-196, 439
    testemunhos de gelo 439
Grosswetterlage 274-275
Grundstein 477
grupo de nuvens tropicais 339-342
grupos de nuvens de mesoescala 7-8
guia 314

Hadley, G. 4, 180-181
Halifax, Nova Escócia 294-298
Halley 4
halocarbonos 14-15
halocarbonos hidrogenados (HFCs, HCFCs) 14-15
Harmattan 226, 361-362
Havaí 99-100, 380-381
    Mauna Kea 380-381
    Mauna Loa 380-381
    Oahu 330-331
Hays, J.D. 430-431, 439

hélio (He) 36
Hemisfério Norte
    cobertura de neve 465-466
    trilhas de depressão 244, 244
    zonas frontais 244
Hemisfério Sul 96-97, 170
    frente polar 242
    rotas de ciclones 316
    ventos de oeste 7-8, 177, 311, 318
    zonas frontais 244
Hess 274-275
hidrocarbonos 406-407
hidrogênio (H) 36
hietogramas 92
High Plains 294-296
Highlands escocesas 317
higrógrafo 82
higrógrafo de cabelo 2, 82
higrômetro de ponto de orvalho 82
Himalaia 174, 385-386, 430-431
horas de luz do sol 409-410
Horn, L. 477
Howard, Luke 116-117

Ibadan 422-423
ilha de calor 406-407, 415-420, 423-424
    em cidades tropicais 421-423
Ilha de Kerguelen 178
Ilha de Macquarie 178
Ilha de Vancouver 286-288
Ilha de Wake 331-332
Ilhas Britânicas 236-239, 261, 263
    tipos climáticos 317
Ilhas da Sicília 177
Ilhas Havaianas 339-340
Ilhas Queen Elizabeth 251, 314
ilhas tropicais, variações na pluviosidade diurna 381-383
Illinois 261, 263
Imbrie, J. 430-431, 439
incêndios em florestas na Indonésia 407-408
inclinação do eixo da Terra 430-431
Índia
    chuva diária na costa oeste 355
    chuvas monçônicas relacionadas com o ENSO 384-385
    circulação sobre 343-344
    falhas nas monções 101-102
    meridional 170, 252-253, 354-355
    regiões com monções de verão 183, 185
    SCM 252-254
    seca relacionada com o ENSO 384-385
    setentrional 344
indicadores alternativos 43
índice baixo 6-7

Índice da Oscilação Sul (SOI) 185-186, 371-372
Índice de Explosividade Vulcânica 451
índice elevado 6-7
índice radiativo de secura 477
índice zonal alto 311
índices de conforto 479-480
 conforto humano 479-480
Indonésia-Malásia, continente marítimo 339-340
indução 136, 138
Inglaterra
 leste 281-282
 neve no sudoeste 281-282
 sul 101-102
Inglaterra e País de Gales, variações na pluviosidade 446
insolação 3, 199-200
instabilidade 110-113, 140
instabilidade atmosférica 107
instabilidade baroclínica 232
instabilidade condicional 110-113
 do segundo tipo (CISK) 336
instabilidade convectiva 113-115, 236-239
instabilidade dinâmica 147
instabilidade do ar 110-113, 140
 ver também convecção
intensidade recorde 92
interação oceano-atmosfera 194-196
 absorção de CO_2 435
 regulação atmosférica 200, 202
interações da água oceânica profunda 196-200, 202
 circulação 197-200, 202
Inukjuak 290-291
"inverno sem núcleo" 315-316
inversão 351
 intensidade 315-316
 subsidência 328-330, 378-379
iodeto de prata 125
ionização 36
ionosfera 36, 139
irradiação global, diária 301
irradiância solar 453
 efeitos astronômicos sobre 44-45
isentrópicas 108
Islândia 174, 188-189, 311-312
isóbaras 108
isopreno 406-407
isótacas 149
isotermas 108
isotermas anuais médias para o Hemisfério Norte 4
isotrópico 47

Jacarta 372-374
Jacksonville 299-300
Jamaica 333
janelas atmosféricas 47-48, 66, 68
Japão 248
 central 358
 rotas de depressões sazonais 348-349
jato de baixo nível 236-239, 294-296
 Sonoran 298-299
jato de leste 349-350
Jato de Leste Africano (JLA) 339-341, 362-364
Jato Tropical de Leste 340-341, 362-364
Joule 487

Kalat 351
Kaliningrado 55, 58-59
khamsin 304-306
Köppen, Wladimir 5
Kortright 340-342
Kukla, G. 428
Kuroshio 195-196, 285-286

La Niña 371-374, 385-386
 enchentes na Índia 384-385
Labrador, costa 288, 290
Labrador-Ungava 311-312
Ladurie, Emmanuel LeRoy 428
Lago Baikal 357
Lagos 366-367
Lake District 279
Lamb, H. H. 270, 271, 428
Landsberg, Helmut 406-407
Langmuir 126
Latham, J. 136
latitude
 efeito da radiação solar 46, 49-52
 temperatura diurna e anual 66, 68-69
latitudes altas 308-316
Lauer, W. 478-479
lebeche 305-306
Lei de Boyle 28-31
Lei de Charles 28-31
Lei de Stefan 41, 62-63, 73, 75
Lei de Wien 41, 73, 75
lei do gás ideal 1, 28-31
Leicester 408-409, 418-419
leis do movimento horizontal 143
levante 305-306
Libby, W. 439
lidar 163
limite Eoceno/Oligoceno 437-438
limites frontais, gradientes de espessura de 1000-500mb 233-235
limites sazonais do gelo 311
linha de árvores, alpina 465-466
linha de costa antártica 178
 península 464-465
 setor do Oceano Índico 178

linha de neve climática 281-282
linhas de correntes 149, 151, 323, 345
 convergência 325
 de ventos médios resultantes 227
linhas de instabilidade 136, 233-236, 252-254, 339-342, 347-348, 362-365
 sistemas convectivos sem linhas de instabilidade 339-340
 sistemas tropicais 339-340, 360
 sumatras 339-340
linhas de razão de mistura de saturação 108
lisímetro 85, 103-104
Londres 269, 406-409
 chuvas de tempestade 420-421
 ilha de calor 415-419
 temperaturas mínimas, luz do sol em 409-410
Los Angeles 407-411
Louie 477
Lunz 400
luz do dia, duração 46
luz visível 41

Madagascar 354
magnetosfera 36
Malásia 339-340, 352, 382-383
Manaus 59-60, 370-371
Manchester 408-409
Mangalore 354
Manley, Gordon 428
manto de gelo 315-316, 435, 461-462
 Antártica Ocidental 461-462
 dinâmica 468-469
 Groenlândia 461-463
manto de gelo antártico 55, 174
 perda de massa 460-461
mantos de gelo continentais 440-441
mapas sinóticos do tempo 232, 483-484
mapas-múndi
 de precipitação 4, 97-98
 nebulosidade anual e mensal 4, 51
Mar da Arábia 339-340, 354
Mar da Noruega 195-196, 244, 250
Mar de Barents 250, 311-312
Mar de Beaufort 314
Mar de Ross 314
Mar de Sargasso 196-197
Mar de Weddell 198-200, 314-316
Mar do Labrador 188-189
 gelo marinho extensivo no 188-189
Mar do Norte 274
Mar Mediterrâneo 318
Mar Negro 302-303
Mar Vermelho 19-20
margens subtropicais 296-308
Margules 5-7
Martinica 330-331

massas de ar 224, 261, 263
   América do Norte 226, 228
   áreas-fonte 224-225, 228
   ártica marítima 230
   baixas latitudes 231-232
   barotrópicas 225
   conceito de 224
   efeito da mistura 89-90
   frequências 308
   frias 225-226, 229, 261, 263
   Hemisfério Norte 225, 227, 228
   Hemisfério Sul 225, 227
   inverno 225
   mediterrânea, mistura 225
   quente 226-227, 230, 261, 263
   secundárias 261, 263
   subsidência 227, 228
   temperatura vertical média 226, 228
   tipos 286-287
   verão 227, 228
matéria orgânica particulada (MOP) 410-411
Mather 476
Matthews, R. 428
Mauna Loa 64-65
Mawsyuram 380-381
máxima de precipitação na costa oeste em latitudes médias 95-96
máxima precipitação esperada 94-95
   para EUA continentais 94-95
MCG do oceano 208-209
mecanismo "semeador-alimentador" 126, 131-132, 134
mecanismo de desenvolvimento de ondas longas 165
   de movimento vertical 117-118
mecanismo de fragmentação 138
média aritmética 488
média anual da forçante líquida das nuvens 118, 121
média anual da temperatura da superfície do ar, mudanças projetadas 458
média anual do transporte de calor meridional 69-73, 193-194
média global do nível do mar 462-463
mediana 489
Medicine Hat, Alberta 290-292
medições com pipas 163
medições do ar em níveis superiores, história 163
medidas por aeronaves 16-17
Mediterrâneo 230-232, 278, 300, 302-304, 344
   clima 478-479
   depressões 303-304
   frentes 242, 263-264, 299-300, 302
   oriental 183, 185
   precipitação 301
   ventos 302-303

Meio-oeste 138
meses de inverno severo 277
mesobaixa 257, 260-261
mesopausa 36, 37
mesosfera 35-36, 139
metano (CH_4) 13-15, 21-25, 37, 435
   concentração em testemunhos de gelo 26-27
   projetada 455
meteorologia e climatologia, história 1-12
meteorologia por radar 92
meteorologia por satélite 213
México, cidades no 421-423
Mianmar 352, 385-386
Michigan 261, 263
microclima de plantações de pequeno porte 397
   dióxido de carbono 398
   temperatura 397
   vapor de água 398
   velocidade do vento 398
micrômetro 41
Milankovitch, Milutin 8-9, 430-431, 439
milibar (mb) 28-31
Minicoy 348-349, 355
Mínima de Maunder 44, 431-432
Minna, precipitação 365-366
mistura de camadas contrastantes 89-90
mistura turbulenta 229
mistura vertical, efeitos de uma massa de ar 114-115
Mitchell, J. Murray 428
Moçambique 367-368
moda 489
modelo
   baroclínico 215-216
   Global Forecast System (GFS) 215-216
   model output statistics (MOS) 216-217
   modelo do balanço de energia (EBM) 211-212
   modelo estatístico dinâmico 211-212
   modelo radiativo convectivo (RCM) 211-212
   modelos da coluna vertical 222
   modelos de balaço de energia 222
   modelos do clima global 457
   "modelos ETA" de área limitada 216-217
   modelos regionais 211-212
   ver também Modelos de Circulação Geral
modelo ciclônico norueguês 233-234
modelo da estação para dados meteorológicos 484

modelo das nuvens "semeadoras-alimentadoras" 131-132
modelo de Bjerknes da formação de ciclones 215-216, 232
modelo de três células da circulação atmosférica 4, 181-182
modelo espectral 207
modelos acoplados 207-209
Modelos de Circulação Geral (MCG) 9-10, 209-212
   aplicações 454
   fundamentos 206-210
   interações entre processos físicos 207
   modelos mais simples 211-212
   simulações 209-212
modelos dinâmicos do gelo marinho 208-209
modelos numéricos 206-222
   a circulação geral 209-212
   clima 457
   previsão do tempo 214-216
   modelos regionais 211-212
modificação de massas de ar 227-232
   alterações dinâmicas 229
   alterações termodinâmicas 229
   idade 231-232
   massas de ar secundárias 229
   mecanismos 229
   polar marítima 230
Modo Anular Norte 188-189
Modo Anular Sul 189-190, 464-465
modos convectivos 255-256
   evolução de 255-256
momento angular 169, 179-180, 194-195
   conservação do 206
momentum, conservação do 206, 257, 260-261
monções asiáticas
   data de início no inverno 357
   data de início no verão 350-351
monções da América do Sul 368-370
monções de verão 101-102, 177
monções de verão australianas 357-361
monções na Ásia meridional 7-8, 94-95, 340-357
   começo do verão 348-351
   inverno 343-347
   outono 356-357
   primavera 346-349
   verão 350-356
monções norte-americanas 298-299
monoterpeno 406-407
monóxido de carbono 406-407
Montanhas Atlas 300, 302
montanhas da Guatemala 99-100
montanhas galesas 158
Montanhas Harz 401-403
Montanhas Koolau 380-381

Montanhas Rochosas 97-98, 155, 156, 158, 166, 291-292
   aumento na neve por semeadura na encosta oeste 126
   cavados em ondas 250
Montanhas Transantárticas 315-316
Monte Baker, WA 287-288
Monte Cameroon 380-381
Monte Kenya 381-383
Monte Kilimanjaro 381-383
Monte Pinatubo 28-30, 450-451
Monte Waialeale 380-381
Monte Washington 155
"Morning Glory" 382-383
Moscou 269, 415-418
movimento atmosférico 143
   convergência 149-150
   divergência 149-150
   leis do movimento horizontal 143-149
   movimento vertical 150
   princípios do 143
   ventos locais 151-155
   vorticidade 150-151
   ver também circulação atmosférica; ventos
movimento ciclostrófico 147
movimento vertical 149, 150, 247
movimentos em escala planetária 161
mudanças adiabáticas na temperatura 108, 229
mudanças antropogênicas na composição atmosférica e cobertura do solo 433
   no clima global 436-437
mudanças climáticas 427-472
   alterações no nível do mar 460-462
   fatores antropogênicos 455, 468-469
   modelos de previsão 456
   modelos do IPCC 461-456
   mudança projetada 459-469
   neve e gelo 461-462
   período glacial 438, 439
   período histórico 440-441, 443
   recentes 441, 443-447
   registro climático 436-447
   taxas de mudança
   vegetação 465-466
mudanças sazonais em ventos superficiais 342-343

Nagoia, variações sazonais de normais 360
Nairóbi 381-383, 422-423
Nandi 381-383
National Center for Atmospheric Research (NCAR) 455
National Centers For Environmental Prediction (NCEP) 215-216

National Hurricane Center 217-218
   estações naturais 274-276
neblina 16-17, 117-118, 288, 290
   advecção 230, 288, 290
   gotículas 401-403
neblina de vapor 89-90
nebulosidade 49-50, 64-65, 315-316
neutral, camada limite 148
nevascas de Buran 346-347
nevascas fortes 230, 290-291
neve 129-130, 277
   albedo 49
   balanço de energia 394-397
   depositada sobre o solo 281-282
   deriva 315-316
   duração média anual 55
   espessura 287-288
   extensão 57, 467-468
   Hemisfério Norte 57
   mudanças na cobertura de neve 261, 263, 285-286, 465-466
   na Grã-Bretanha 277
   ocorrência com a altitude 281-282
   sobre as terras do Ártico 314
   soprada 315-316
neve no Himalaia 7-8
Nicholson, Sharon 446-447
Nigéria
   chuvas monçônicas 365-366
   linhas de instabilidade 365-366
   tempestades 365-366
nitratos de peroxiacetila (PANs) 410-411
nitrogênio (N_2) 2, 13, 36
nível de condensação 110-111
nível de condensação convectiva 110-112
   determinado pelo uso de carta adiabática 110-112
nível de condensação por elevação 110-112
nível de condensação por mistura 114-115
nível de congelamento 129-130, 462-463
nível de convecção livre 110-113
nível de não divergência 150
nível do mar 437-438
   contribuições para a mudança 461-462
   mudanças projetadas 460-461
nível médio do mar 37
noite polar 21-22, 35, 46
nomogramas de altura, pressão, distância e temperatura 482
nor'westers 347-348
North Wales 281-282
Noruega 131-132, 268
   norte 311-312

Nova Délhi 347-348, 422-423
Nova Inglaterra 283-284, 294-296
Nova Orleans 299-300
Nova York 410-411, 417-418
Nova Zelândia 308, 318
   Alpes 156
   chuvas fortes 310
Novo México 139, 292-294
núcleos de condensação 114-115, 121-122
núcleos de congelamento 121-122, 140
núcleos higroscópicos 114-116, 140
Número de Richardson (Ri) 149, 256-257
nuvem cumuliforme 116-118
nuvem em vírgula 241, 250, 328-330
nuvem estratiforme 99-100, 117-118, 227, 362-364
nuvem
   água 80
   cobertura 245
   espirais 250
   forçante 121
   gotículas 125
   núcleos de condensação 115-116, 453
   sistemas 234-237
nuvens
   alimentadora 126
   altura da base 116-117
   10 grupos básicos de nuvens 117-118, 140
   baixa altitude 52
   cirrus 116-117, 128
   classificação 116-117
   cobertura global 51
   cumulonimbus 129-131, 135, 182-183, 236-239, 257, 260-261, 356
   cumulus 117-118, 125, 326
   de tempestade 123
   depressões frontais 232
   distribuição zonal 2
   efeitos da radiação 49-52, 64-66
   eletrificação 136, 140
   formação 107, 114-115
   formação de gotas de chuva em 114-122
   grupo 326-329, 356, 383-384
   nimbostratus 236-239
   observadas de satélites 233-234
   padrões de 233-234
   resfriamento radiativo de 64-65
   "ruas de nuvens" 118, 120, 326
   ruas 326
   semeadora 126
   semeadura 125
   stratocumulus 236-239
   stratus 117-118, 230
nuvens cirriformes 116-117

nuvens estratosféricas polares 20-21, 35
nuvens marítimas 126
nuvens noctilucentes 36
nuvens quentes 125, 328-329
nuvens stratus 117-118, 230

obliquidade 431-433, 437-438
Observatório Hohenpeissenberg 98-99
Oceano Ártico 314, 318
   encolhimento do gelo marinho 463-464
Oceano Atlântico, núcleo quente 376, 378
   ver também Atlântico Norte; Atlântico Sul
Oceano Atlântico Tropical, variação diurna do balanço de energia 394-396
oceano chato 208-209
Oceano Índico 170, 310, 318, 376, 378, 385-386
Oceano Meridional 310, 315-316
   circulação superficial 311
oceano na camada de mistura 207-209
Oceano Pacífico 291-292
   característica climatológica do Pacífico sudoeste 308
   célula de alta pressão do Pacífico ocidental subtropical 298-299
   central 374-376
   piscina quente 328-329, 339-340
Oceano Pacífico equatorial 339-340
   núcleo quente 328-329
oceano pantanoso 207-209
oceano-atmosfera, interações 192-193, 468-469
   modelos de circulação geral (MCGAO) 208-210, 455
   processos 192-193
oceanos 78
   boias ARGOS 382-383
   condutividade, temperatura e sensores de profundidade 190-191
   conteúdo de calor 436-437
   expansão térmica 460-461
   inércia térmica 435
   medidas dos 190-191
   papel 58-60
   perfis de salinidade 190-191
oclusão frontal 232, 263-264
oclusões 236-241
   frias 239, 240
   instantâneas 239, 241
   processo de oclusão 232-236
   quentes 239, 240
Ohio Valley 294-296
Oimyakon 313
Oke, T. R. 406-407, 414-415
Oklahoma 137
olho do ciclone 338-339

Olympic Mountains 99-100
onda com forma de "V invertido" 33
onda de calor europeia 446-447
onda de leste 328-330, 362-364, 367-368
ondas
   móveis 367-368
   nos ventos de leste 328-329, 364-365
   nos ventos de sudoeste 364-365
   V invertido 328-330
ondas atlânticas 328-330
ondas de frio 290-291
ondas de Kelvin 196-197
   oceânicas internas 374-376
ondas de leste africanas 339-341
ondas de Rossby 6-7, 164-166, 168, 177, 183, 185, 196-197, 367-368
   na troposfera média e superior 246
ondas de sotavento 155, 156
ondas estacionárias 181-182
ondas frontais 231-232
   clássicas 241
   duração de depressões 232
   famílias 241-242
   zonas de formação 242
ondas longas semiestacionárias (Rossby) 263-264
Oregon 131-132
   costa do 154
Organização Meteorológica Mundial (WMO) 10, 428, 483
   áreas de coleta de dados 214-215
Oriente Médio 344
orografia 103-104
   cavado orográfico de sotavento 252-254
   pluviosidade orográfica 134
orvalho 90-91
Osaka 415-418
Oscilação Antártica 189-190
Oscilação Ártica (OA) 188-189
Oscilação de Madden-Julian (MJO) 383-384
Oscilação Decenal do Pacífico (PDO) 190-191, 202-203
Oscilação do Atlântico Norte (NAO) 188-191, 202-203, 378-379, 463-464
Oscilação do Pacífico Norte (NPO) 191-192, 202-203
Oscilação Quase-bienal (QBO) em ventos estratosféricos 338-339, 383-384
Oscilação Sul 7-9, 185-186, 326, 371-372
oscilações semidiurnas na pressão, 382-383
óxido de nitrogênio (NO_x) 15-16, 406-407
óxido nítrico (NO) 15-16

óxido nitroso (N_2O) 14-15, 23, 25-28
oxigênio (O_2) 2, 13, 36
ozônio (O_3) 13-15, 18-21, 406-407
   Antártica concentra 453
   "buraco" 21-22, 27-28, 37, 453
   depleção 27-28
   efeito estufa 63-64
   estratosfera 22, 27-29
   na estratosfera ártica 453
   na troposfera 23, 27-28, 453
   redução no Ártico 27-28
ozônio atmosférico total 35

Pacific Hurricane Center 217-218
Pacífico Central 374-376
Pacífico Norte 183, 185, 242, 250, 263-264
   ciclones tropicais 327
   corrente 196-197
Pacífico Sul 242
   anticiclone subtropical 326
padrão de ondas longas 202-203
padrão do Pacífico-América do Norte (PNA) 191-192, 282-283, 376, 378
padrão mundial de precipitação 94-95, 97-98
padrões de bloqueio 275-276
padrões de escoamento, Grã-Bretanha 270
padrões do ar superior 164-166
padrões médios em níveis superiores 164
Painel Intergovernamental sobre Mudanças Climáticas (IPCC) 12, 428-429
   simulações 454
País de Gales 279, 280
paleoclima 7-8
Palmer Drought Severity Index (PDSI) 87-89
Pamir 100-101
pancadas de chuva 126, 129-130, 135
Papua-Nova Guiné 100-101, 326
Paquistão 344
Paraguai 378-379
parametrizações 208-209
parâmetro de Coriolis 145, 151, 164, 165, 183, 185, 333, 488
partículas atmosféricas 18-19
partículas de Aitken 17-18
Pascal (Pa) 28-31
Passagem Noroeste 466-467
penetração de luz, florestas tropicais 400
Península da Coreia 358
Península de Kamchatka 313
Península Ibérica 250
Penman, H.L. 86
Pequena Idade do Gelo 441, 443

perda de massa de mantos de gelo 460-461
perfiladores de vento 163
perfis da velocidade do vento 401-402
　carvalhos 401-402
　em floretas de pinheiro Ponderosa 401-402
periélio 44-45, 430-431
periodicidades astronômicas 430-431
período Cretáceo 437-438
período do Holoceno 428, 437-438, 440-441
　Máxima Térmica 440-441, 460-461
período Terciário 437-438
períodos 317
　de clima anticiclônico 274-276
　frequência de períodos longos sobre a Grã-Bretanha 275-276
　frios 282-283, 290-291
　quentes 290-291
permafrost 311-312, 318, 395-396, 469-470
　derretimento 468-469
　lençol de permafrost 314
Permo-Triássico 430-431
Perpignan 303-304
perspectivas de longo prazo 217-222
　capacidade de prever 222
　previsões análogas 222
　previsões mensais e sazonais 218, 221
　resultados mensais e sazonais 220
perturbações de latitude média 5-7
perturbações na África Ocidental 328-330
perturbações ondulatórias 328-332
perturbações tropicais 326-332
Peru 374-375
Petterssen 232
Phoenix 298-299
picnoclina 191-192
Pincher Creek, Alberta 157
plages 41, 44
Planalto Tibetano 166, 246, 343-344, 348-350, 356, 358, 430-431, 437-438
planícies de sal 154
planícies do Mississippi 299-300
plataformas de gelo 314, 465-466
Platô de Fouta-Jallon 364-365
platô polar 316
Platô Polar Antártico 316
Pleistoceno 429-430, 435, 437-439
Pleistoceno Tardio 428
plumas de poeira 19-20
pluviômetro 90-91
pluviosidade 89-90, 103-104
　chuva gélida 89-90
　convectiva 134
　diagramas de frequência da duração 95-96

distribuição sobre o sudoeste da Inglaterra 96-97
intensidade 90-91
intensidade e duração 93
interceptação 85
orográfica 134
tropical 342-343
variações diurnas em ilhas tropicais 381-383
poeira mineral 17-18
polínia 314
polo frio 313
Polo Sul 315-316, 453
poluição 422-424
　ciclos 410-411
　controle 410-411
　distribuição 411-413
　domo 411-412, 414-415
　impactos 411-413
poluição do ar 414-415
　controle da 410-411
　ver também Clean Air Act, RU
poluição por particulados 407-408
precipitação 89-90
　África Ocidental 362-366
　antiga União Soviética 313
　aumento da taxa 280
　aumento sobre Inglaterra e País de Gales 280
　características 89-91
　e o balanço de umidade 291-298
　eficiência 474, 476
　estações no oeste do Canadá 287-288
　estratiforme 326
　formação 121-122, 140
　formas de 89-90
　máxima altitudinal 96-97
　medidas 89-91
　mudanças 459
　no oeste da Grã-Bretanha 98-99
　orográfica 131-132
　padrão mundial 94-95
　processos 107
　tipo ciclônico 130-131
　tipo convectivo 129-130
　urbana 419-421
precipitação efetiva 473
precipitação global média 97-99
precipitação sólida 129-130
precipitação superficial 247
pressão
　atmosférica 28-32
　distribuição ao nível do mar 173
　vapor 31-33
　variação com altura 37, 161
pressão ao nível do mar 487
　cálculo da 31-32
　distribuição 173
　mudanças projetadas 459

pressão ao nível médio do mar 31-32
　distribuição 173
pressão de vapor 31-32, 80
　saturação 116-117, 121-122
pressão global média 243
pressão mensal média 5, 173
pressão parcial 31-32
pressão total 28-31
previsão
　curto prazo 214-218, 222
　longo prazo 214-215, 222
　médio prazo 214-218, 222
previsão: fontes de dados para 211-212
　clima tropical 382-384
　encontro de furacões com a terra 383-384
previsão do tempo, métodos numéricos 215-216
previsão imediata (nowcasting) 217-218, 222
previsões numéricas, erros nas 216-217
procedimento de truncamento 207
processo de Bergeron 126, 135
processos de difusão 392
produção de calor humano 414-418, 423-424, 479-480
Programa de Pesquisa Atmosférica Global (GARP) 10
Proterozoico 437-438
Protocolo de Montreal 22, 26-27, 453
psicrômetro 82

Quarto Relatório de Avaliação 456, 457, 460-461
Quaternário 437-438
Quebec 294-296
quebra-ventos 400
queima de biomassa 454
queima de combustíveis fósseis 21-22
Quito 421-422

radar 163, 235-238
　Doppler 217-218
　imagem 332-333
radar meteorológico 92, 383-384
radiação 47, 67
　balanço, saldo 65-66, 68-70
　distribuição solar anual 53
　e variações na temperatura 68-69
　espalhamento 47
　de ondas longas, saldo 67, 394
　para todos os comprimentos de onda, saldo 72-73, 393
　planetária líquida 71
　ver também balanços de energia; radiação solar
radiação de ondas curtas 3, 47, 67, 73, 75

radiação de ondas longas (térmica) 3, 47-48, 63-64, 67, 434
radiação infravermelha 47-48, 73, 75
radiação, saldo de 66, 68, 71, 73, 75, 411-413
 balanço 70, 72-73
radiação próxima da vermelha 41
radiação solar 40-60
 albedo 49, 52, 55-56
 altura do sol 46
 distância do sol 44-46
 distribuição espectral 42
 duração do dia 46
 efeito da atmosfera 47-49
 efeito da cobertura de nuvens 49-50
 efeito da latitude 45, 47-52
 efeito da terra e mar 52-60
 efeitos da altitude 62
 elevação e orientação 59-60
 espectro de energia 41-43
 global anual média 53
 líquida 434
 penetrando na superfície do mar 57
 produção solar 40-44
 recepção superficial 46-47, 49, 55
 sobre encostas 59-60, 62
 visível 40
radiação terrestre 42, 59-60, 62-69, 73, 75
 emanante 66, 68
radiação ultravioleta 35, 36, 41, 410-411
 radiação ultravioleta-B 28-29
radical OH 15-16
radiossonda 3, 163
raios 135, 136, 138-140
 descargas da nuvem para o solo 138
 distribuição global de relâmpagos 137
 estágio de líder 138
 estrutura das cargas elétricas em tempestades em massas de ar 139
 golpes de retorno 138
 potencial de colapso para haver descarga elétrica 139
 raios das nuvens para o solo 137
 relâmpago laminar 138
 trovão 138
Rapid City, SD 292-294
rawinsonde 32-33, 108, 163
razão de Bowen 86
razão de mistura 225, 487
razão de mistura de massa 80
recordes mundiais de pluviosidade 93, 380-381
Rede Norte-Americana de Detecção de Raios 140
redemoinhos turbulentos 149
redes de radares 217-218

refletividade do radar e taxa de pluviosidade 92
região de "piscina quente" 328-340
região do Mississippi 292-295
região indiana, pluviosidade mensal 346-347
regime de ventos 438
regime de ventos quase-bienal 35
regimes de temperatura em florestas 404-406
regiões árticas
 extensão de gelo marinho em setembro 464-466
 gelo marinho 55, 325, 461-462
regiões desérticas subtropicais 440-441
regiões monçônicas 94-95, 182-183
 períodos ativos e intervalos 353, 355, 356, 360, 385-386
regiões polares 6-7, 313
 balanço de energia 395-396
registro climático 436-447
 atual e pós-glacial 438, 440-441
 eras glaciais 437-438
 Quaternário 437-438
 registro geológico 436-437
 últimos 1000 anos 440-438
registro de polen 427, 439
registro geológico 436-438
registros da pluviosidade 2, 93, 380-381
registros em testemunhos de gelo 8-9, 435, 439
 erupções vulcânicas em testemunhos de gelo GISP 2 28-29
 estimativas de concentrações em testemunhos antárticos 25-26
registros sinóticos 211-212
relação de Clausius-Clapeyron 31-32
relações ar superior/superficial 245-248
 correntes de jato e frentes de superfície 246
 temperaturas da superfície oceânica e trilhas de correntes de jato 249
Relatório Especial sobre Cenários de Emissões (SRES) 455, 456
reservatórios globais de carbono 23
resfriamento adiabático 110-113
resfriamento por contato 88-89
resfriamento radiativo 62-63, 88-89, 226
resolução horizontal 207, 211-212, 455
ressurgência 191-193, 195-199, 378-379
 mecanismos 199-200
Reunião 80
Reykjavik 415-418
Richardson, L. F., 215-216
rime 90-91, 136
Rind, David 430-431

Rossby, C. G., 215-216
Rotherham 272, 273
rotor 155, 156
rugosidade aerodinâmica 149
rugosidade superficial 404-405
Ruwenzori 381-383

Saara 183, 185, 305-306
 eventos de poeira 337-338
Sahel 101-104, 202-203
 pluviosidade 384-385
 seca 202-203, 454
salto de alta pressão no meio do verão 283-284
Santa Ana 157
São Francisco, banco de neblina 379-380
saraiva 90-91, 129-130
satélites 151
 Advanced Very High Resolution Radiometer (AVHRR) 213
 Automatic Picture Transmission (APT) 213
 cobertura de geoestacionários 214-215
 Defense Meteorological Satellite Program (DMPS) 213
 Earth Observing System (EOS), imagens geoestacionárias 383-384
 Geostationary Operational Environmental Satellites (GOES) 212
 Nimbus da NASA 213
 satélites climáticos em órbita polar 213
 sonda High-Resolution Infrared Radiation (HIRS) 213
 Television and Infrared Observing Satellites (TIROS) 213
 Tropical Rainfall Measurement Mission (TRMM) 382-383
satélites orbitais polares 212
saturação 80, 110-111
Schefferville PQ 311-312
Schell, I. 372-374
Schweingruber, F. 439
scirocco 305-306
Seattle 418-419
seca 100-101, 103-104, 439
 áreas da região central dos EUA 101-103
 Great Plains 101-102
 Ilhas Britânicas 446-447
 Índia 356
 Inglaterra e País de Gales 102-103, 277
 mudanças projetadas 460-461
 nordeste brasileiro 372-374, 378-379
 noroeste da Europa 102-103
 o Sahel 102-103, 202-203

sensibilidade climática 11, 435-437
  equilíbrio 435
Serra Leoa 340-342
Shackleton, N. 430-431, 439
Shurin
  chuvas 359
  estação 359
Sibéria 261, 263, 268
Sierra Nevada 97-98, 155
  aumento na neve com semeadura na encosta oeste 126
símbolos sinóticos 484
Simpson, G.C. 439
simulações com modelos 209-212
  climáticos 209-210, 456, 457
  completos 219
simulações compostas 216-217
singularidades 274-276, 317
  de padrões de circulação 274-275, 283-284
sistema climático 9-10, 429
Sistema Internacional (SI) 482
sistema Terra-atmosfera, mudanças de energia 179-180, 210-211
sistemas convectivos de mesoescala (MCSs) 252-254, 263-264, 274, 339-341
sistemas de baixa pressão 62-63
  inclinação dos eixos com a altura 164
sistemas de mesoescala 224
  sistemas de nuvens 382-383
sistemas de nuvens 234-237
  convectivos 339-340
sistemas de nuvens convectivas 339-340
sistemas de pressão 162, 282-286
  variação vertical 162
sistemas de ventos globais 96-97
sistemas polares de baixa pressão 314
sistemas sinóticos 224
Skagerrak-Kattegat 242
Smeybe 232
Smith 477
smog 410-411
Snowdon 279
Snowdonia 281-282
sodar 163
Sol
  altura do 46
  distância do 44-46
  ver também radiação solar
solo congelado 318
solos, variação na temperatura diurna 58
Somália
  corrente de jato de baixo nível 354
  costa 374-376
sondagens atmosféricas verticais 163

sondas acústicas 217-218
sondas de micro-ondas 163
sorgo em Tempe 398
  balanço de energia diurno 399
South Downs 280
South Wales 280
Squires Gate 273
Sri Lanka 348-349, 355
St. Lawrence 317
St. Louis 411-412, 420-421
St. Swithin's Day 274-275
Steadman, R.G. 479-480
Strahler, N. 478-479
stratocumulus 117-118, 235-238
  marinha 330-331
subártico 311-313
subcontinente indiano 250, 382-383
subgeostrófico 147
sublimação/deposição de gelo 85
subsidência 110-113, 256-257
Sudano-Saheliano: cinturões e depressões 365-366
Suécia 133, 269
Suíça 90-91
"sulco de baixa" 254-256
Sumatra 382-383
sumatras 339-340
"super deflagração" de tornados 262-263
superfícies isobáricas 229
superfícies isostéricas 224, 229
superfícies urbanas 414-415
  albedo 413-414
  calor sensível 415-418
supersaturação 115-116, 140
  em nuvens 116-117
Sutcliffe, R. C., 215-216
Swakopmund 379-380
Sydney, tempestade severa 254-257

Taiti 185-186, 372-374
Tamanrasset 305-306
Tampa 300, 302
  dias com tempestades 299-300
Tanzânia 367-368
taxa de evaporação 103-104
  do dossel 404-405
  média global 87
  mudança projetada 460-461
taxa de evaporação 85
taxas climáticas extremas 92
taxas de aprofundamento ciclônico 248
tectônica de placas 430-431
tefigrama 108-111
  caso de ar estável e ar instável 110-111
  instabilidade condicional 113-114
Teisserenc de Bort 35
tela de Stevenson 82

teleconexões 8-9, 191-192, 374-379
temperatura 33, 34, 438
  advecção horizontal 62
  anomalias e extensão da neve 467-468
  conversões 482
  no oceano 58
  planetária efetiva 63-64
  plantação de cevada 398
  redução com a altitude 73, 75
  registros instrumentais 427
  superficial global média 63-64
  variações anuais e diurnas 58, 66-69
  variações na atmosfera livre 59-60, 62-63
temperatura de bulbo úmido 358
temperatura do ponto de orvalho 82, 103-104
temperatura potencial constante 108
temperatura potencial de bulbo úmido 109, 233-235, 274
temperatura potencial equivalente 233-236
temperaturas do solo 55, 58-59
temperaturas médias da superfície oceânica 201
temperaturas na superfície do mar 58-59
"tempestade QE II" 248
tempestades 92, 134, 140, 263-264, 274, 362-364
  ciclo de tempestades 135
  correntes ascendentes 257, 260-261
  dias com 299-300
  distribuição vertical de cargas eletrostáticas 136, 138
  faixas de cargas positivas e negativas 138
  formação de 134
  severas 254-257
  sobre a Europa Ocidental 274
  sobre o planeta 140
  supercélula 256-257
tempestades ciclônicas 478-479
tempestades convectivas de verão 298-299
tempestades de poeira 230
tempestades de supercélulas 256-257
tempestades de vento, Grã-Bretanha 446-447
tempestades de vento encosta abaixo 158
tempestades tropicais 384-385
tempo de residência médio da água 78
tempo em latitudes médias e altas 267-318
tempo tropical 7-8, 322-391
  previsão 382-384
temporal 339-340

tempos das forçantes 209-210
tempos de armazenamento 209-210
tempos de equilíbrio 210-211
teor de água precipitável 80
teor de vapor 95-96
teor médio de água na atmosfera 79, 81
teorema de Normand 110-111
teorias de coalescência 126, 140, 235-238
Terjung, W. H. 477, 479-480
termais 117-118
termoclina
    permanente 191-192
    sazonal 55, 58-59, 191-192, 202-203, 374-376
termodinâmica, primeira lei 206
termômetro 1
termômetro de bulbo úmido 82
termosfera 36
Terra Nova 230, 288, 290, 315-316
terras altas da Escandinávia 278
    montanhas 242, 277, 317
Territórios do Noroeste 314
testemunho de gelo 22
testemunho de gelo EPICA 439
Texas 292-296
    Costa do Golfo 154
Thornthwaite, C. W. 86-88, 474, 476
    classificação de climas 5, 86, 474, 476
Tianjin 358
Tibesti 305-306
Tibete, sudeste 356
Tien Shan 100-101
tipo de fluxo de ar de oeste (Lamb), frequência 272
tipos anticiclônicos 271
tipos ciclônicos 271
tipos climáticos 478-479
tipos climáticos de Köppen 474, 476
tipos de circulação: condições climáticas médias associadas 273
    de H. H. Lamb 273
    sobre as Ilhas Britânicas 317
tipos de clima 5
    antiga União Soviética 313
    nas Ilhas Britânicas 317
tipos de escoamento 271
    características climáticas gerais 272
    de H. H. Lambs 272
    massas de ar associadas 272
    sobre as Ilhas Britânicas 272
Tóquio 417-419
tornado 147, 259, 257, 260, 263-264
    características nos EUA 258
    condições sinóticas que favorecem 257, 260
    formação 254-256
    funil 257, 260-261

    mecanismo 257, 260
    número médio nos EUA 261, 263
    sobre as Great Plains 256-257
    superdeflagração 262
Toronto 58-60
trajetória 229
transferência de carga não indutiva 136
transferências de energia
    circulação geral 69-70
    em direção aos polos 70, 72, 73, 75
    horizontal (advecção) 70, 72
    modificação das 399
    mudanças esquemáticas
    oceanos 72-73, 75
    padrões espaciais 70, 72-73, 75
    radiação 65-69
transição glacial-interglacial 438
transmissividade 414-415
transmontana 303-304
transpiração 85, 401-403
transporte de calor 68-73, 75
    calor latente 70, 72
    calor sensível 70, 72
    oceanos 70, 72-73
transporte de energia em direção ao polo 69-70, 72-73, 182-183
transporte meridional de vapor de água 82-83
Trenberth, K. E. 372-374
Trewartha, G. 477
Trier 62
trilhas de tempestades 101-102, 190-191, 248, 282-283
    África Setentrional 307
    sobre a Europa 268
trombas d'água 257, 260-261
Tropical Rainfall Measurement Mission (TRMM) 382-383
Trópico de Câncer 322
Trópico de Capricórnio 322
Trópicos 49-50
    fontes de variação climática 378-383
    previsões de curto prazo e expandidas 383-384
    previsões de longo prazo 383-384
tropopausa 3, 32-33, 344
    estrutura meridional 171
    falhas na 32-33
troposfera 32-33
    descoberta 35
    inferior 37
    redução da temperatura com a altitude 32-33
Troup, A. J. 372-374
trovões 138
trowal 239
Tucson 62, 296-299

tufões 331-339
    Pacífico Ocidental 333-334
    pluviosidade 359, 360
    rotas sobre a Ásia oriental 359
tundra 314, 466-467
    clima 473
    cobertura de neve 315-316
    costeira 395-396
turbulência 256-257

últimas condições glaciais 438, 440-441
último ciclo glacial 438-441
Último Máximo Glacial 460-461
umidade 80
    balanço 291-292, 296-298
    balanço 87-88
    classificações por balanço 474, 476
    divergência 79
    florestas 401-403
    medidas da umidade atmosférica 103-104
    teor 80
    transporte 82
umidade absoluta 80
umidade específica 80
umidade relativa 80, 82
unidade "clo" 479-480
unidades (SI) 482
unidades Dobson (DU) 22
United Nations Framework Convention on Climate Change (UNFCCC) 429-430
urbano, fluxo de ar 418-419
    balanço de calor, modificação do 413-419, 423-424
    camada limite 415-418
    cânion 413-414
    gases 406-412
    ilhas de calor 406-407, 415-419, 423-424
    influências sobre a precipitação 419-421, 423-424
    modificação de características da superfície 418-419
    poluição 406-407
    umidade 419-420
    velocidades de ventos 419-420, 423-424
Utah 154

Vale da Morte, Califórnia 394
Vale de Yangtze 358
Vale do Ebro 268, 303-304
vale do Ganges 351
Vale do Ródano 268, 302-303
Valentia 58-60, 270, 271
vales da cordilheira 288, 290
Vancouver, balanço de energia diurno 411-413

vapor de água (H$_2$O) 18-19, 37
  absorção 64-65
  armazenamento 80
  conservação de 206
  divergência 82-83
  efeito estufa 63-64
  feedback 434
  pressão 103-104
  teor na atmosfera 21-22
vapor de pressão saturado 31-32, 80, 85
  como função da temperatura 31-32
Vard 311-312
variabilidade climática 428
variabilidade na descarga de rios 460-461
variabilidade no clima regional 436-437
variabilidade solar 430-433, 468-469
variação climática, tipos de 429-430
variação da pressão com a altura 37, 161
variação do ozônio total com a latitude e a estação 21-22
variação vertical do teor de vapor atmosférico 80
variações de pluviosidade na zona do Sudão 446-447
variações na pluviosidade do Sahelo-Saara 445
variações no índice zonal 186-189
varvitos 439
vegetação e mudança climática 465-468
velocidade angular 145, 150
  para a Terra 145, 179-180
velocidade do vento
  com altitude 161
  em plantação de cevada 398
  sobre a Europa Ocidental 268
velocidades dos ventos nas cidades 419-420
velocidades médias dos ventos 180-181
vento anabático 152
vento antitríptico 148
vento de montanha 152
vento geostrófico 145, 146, 159, 166, 168, 488
vento gradiente 146, 147, 159
vento solar 36, 40
vento supergeostrófico 147
vento térmico 168, 247
ventos
  Alemanha 403-404
  brisas terrestres e marinhas 153-155
  cierzo 268

  cinturões globais 174-178
  condições dos ventos em níveis superiores 164-169
  de leste polares 178, 202-203
  devido a barreiras topográficas 155
  geostróficos 145, 146, 159, 166, 168, 488
  meridionais de oeste 311
  mistral 268, 302-303
  montanha e vale 152
  resultantes 488
  ventos de oeste em latitudes médias 177-178
ventos Alísios, cinturão 4, 84, 87, 176-177
  inversão 2, 330-331, 378-381
  sistemas 323-325
ventos Alísios 176-177, 202-203, 370-371, 374-376, 380-381, 478-479
  estrutura vertical do ar 330-331
ventos catabáticos 152, 315-316, 318
ventos *chinook (föhn)* 152, 156, 291-292
ventos de leste: polares 175, 178
ventos de leste na troposfera superior 349-350
ventos de oeste, níveis baixos 366-367
ventos de oeste de latitudes médias 177, 179-180, 202-203
"ventos de queda" 158
ventos equatoriais de oeste 176-177, 202-203, 356, 358
ventos locais 151, 159, 317
ventos mistrais 302-303, 318
  no sul da França 303-304
ventos polares de leste 178, 202-203
ventos superficiais médios 243
ventos tropicais estratosféricos 383-384
ventos zonais 166, 182-183
ventos zonais de oeste 34, 358
ventos zonais médios (de oeste) 34
veranico (Indian Summer) 283-286, 317
Verkhoyansk 313
vértices de mesoescala 196-197
Virgínia 261, 263
viscosidade de vórtices 149
viscosidade molecular 149
visibilidade, no RU 408-410
volume global de gelo 439
  ciclos 437-438
voos de balão pilotados 163
vórtice ciclônico circumpolar 164
vórtice circumpolar 164
vórtice polar 202-203, 315-316
vórtices de sucção 257, 260-261

vorticidade 149, 150, 488
vorticidade absoluta 151
  componente vertical da 151
  conservação da 165
vorticidade ciclônica 151, 488
vorticidade potencial, conservação 328-330
vorticidade relativa 151, 194-195
vorticidade vertical absoluta 159
vorticidade vertical relativa 151, 159
Vostok 315-316
  testemunho de gelo 439

Walker, Sir G. 185-186, 188-189, 372-374
Washington 131-132
Watertown, NY 290-291
Wegener, Alfred 430-431
Western Highlands 279, 281-282
windchill 479-480
Wokingham, Inglaterra 252-254
World Climate Research Programme (WCRP) 10
World Weather Watch 211-212

Yellowknife 311-312

Zaire
  de baixo nível sobre 366-367
  ventos de oeste 366-367
  zona de convergência de ar 366-367, 385-386
zona baroclínica 233-235, 247, 250, 282-283
Zona de Convergência do Pacífico Sul (ZCPS) 325, 326, 374-376
Zona de Convergência Intertropical (ZCIT) 7-8, 121, 176-177, 231-232, 244, 308, 323-326, 339-340, 355, 366-371, 374-376, 385-386
  mudanças projetadas para 459
  sobre a América do Sul 368-369
zona de máxima precipitação 99-100
zonas de ventos globais 175
zonas frontais 169, 171, 478-479
  América do Norte
  árticas 244
  atlânticas 242
  baroclínicas 225, 263-264
  depressões associadas a 285-286
  Hemisfério Norte 244
  Hemisfério Sul 244
  marítimas (árticas) 283-284
  polares 283-284